研究生教学用书

现代色谱法

（第二版）

主　编　孙毓庆
副主编　邸　欣

科学出版社

北　京

内 容 简 介

本书是中国科学院出版基金资助的图书和教育部学位管理与研究生教育司推荐的研究生教学用书，也是现代色谱技术的专著。

本书共15章，可分为4部分：①绪论与色谱基础理论两章；②色谱方法七章：气相色谱法、高效液相色谱法、薄层色谱法、毛细管电泳法及微流控分析法，新增加了超临界流体色谱法与制备色谱法；③色谱联用技术四章：气相色谱联用技术、液相色谱-质谱联用技术、毛细管电泳-质谱联用技术及多维指纹图谱技术；④其他相关方法两章：溶剂系统和运行电解质的选择与优化、样品预处理方法。

本书理论与实践并重，基础理论与应用实例配合，既有常用的色谱方法，又有大多数的色谱新技术。根据16年的研究生教学经验与使用情况，力求内容与叙述方法符合认识规律与启发性，以利于教学与色谱工作的需求。

本书可作为高等学校药学、化学及化工等专业研究生的色谱法教材及色谱工作者的参考书。

图书在版编目(CIP)数据

现代色谱法/孙毓庆主编．—2版．—北京：科学出版社，2015.6
研究生教学用书
ISBN 978-7-03-045017-3

Ⅰ.①现… Ⅱ.①孙… Ⅲ.①色谱法-研究生-教材 Ⅳ.①O657.7

中国版本图书馆CIP数据核字(2015)第130849号

责任编辑：赵晓霞/责任校对：张小霞
责任印制：徐晓晨/封面设计：迷底书装

科学出版社出版
北京东黄城根北街16号
邮政编码：100717
http://www.sciencep.com
北京盛通商印快线网络科技有限公司 印刷
科学出版社发行 各地新华书店经销
*
2005年9月第 一 版 开本：787×1092 1/16
2015年6月第 二 版 印张：37
2020年3月第七次印刷 字数：915 000

定价：149.00元
(如有印装质量问题，我社负责调换)

《现代色谱法》编写委员会

主　编　孙毓庆

副主编　邸　欣

编　委（以姓名汉语拼音为序）

班允东　（沈阳药科大学）

陈　蓉　（中国药科大学）

邸　欣　（沈阳药科大学）

方　群　（浙江大学）

郭怀忠　（河北大学）

金　郁　（华东理工大学）

刘袁媛　（沈阳药科大学）

马　欣　（安捷伦科技[中国]有限公司）

彭　缨　（沈阳药科大学）

阮婧华　（贵州省中国科学院天然产物化学重点实验室）

孙国祥　（沈阳药科大学）

孙　璐　（沈阳药科大学）

孙秀燕　（烟台大学）

孙毓庆　（沈阳药科大学）

王祝伟　（安捷伦科技[中国]有限公司）

肖珊珊　（辽宁出入境检验检疫局）

赵怀清　（沈阳药科大学）

第二版前言

色谱分析法具有高分离效率、高选择性、高灵敏度及分析速度快(三高、一快)的特点,应用广泛、发展迅猛。它已成为复杂成分混合物首选的分离分析方法,已广泛用于天然产物、药物、化工产品、食品和环境分析,以及生物工程、临床诊断、生命科学研究及法医鉴定等诸多领域。

《现代色谱法及其在药物分析中的应用》(科学出版社,2005)是中国科学院出版基金资助和教育部学位管理与研究生教育司推荐的研究生教学用书。因此,该书具有研究生教材与参考书的双层功能。故在改编中,既要照顾教学的需要,又要考虑色谱工作者的需求。该书经过 16 年的研究生色谱法教学的使用,获得了较好的效果。

本书是在《现代色谱法及其在药物分析中的应用》(科学出版社,2005)的基础上,补充了一些新方法、新内容,改编而成。

本书共 15 章,相比《现代色谱法及其在药物分析中的应用》增加了超临界流体色谱法、制备色谱法、多维指纹图谱法,并根据色谱法的发展与应用的需要,将色谱联用技术扩充为 3 章。本书的组成可分为四部分:一是绪论与色谱基础理论;二是色谱方法七章:气相色谱法、高效液相色谱法、薄层色谱法、超临界流体色谱法、制备色谱法、毛细管电泳法及微流控分析法等;三是色谱联用技术四章:气相色谱联用技术、液相色谱-质谱联用技术、毛细管电泳-质谱联用技术及多维指纹图谱技术(用于鉴定和评价中药等复杂成分的混合物);四是其他相关方法:溶剂系统和运行电解质的选择与优化、样品预处理方法。

本书在第一版的基础上,由孙毓庆(第 1、4 及 8 章)、邸欣(第 2 章;第 4、5、10 及 14 章部分)、郭怀忠(第 3 章)、彭缨(第 5 章主要部分)、金郁(第 6 及 7 章)、方群(第 9 章)、孙秀燕(第 10 章大部分)、孙璐(第 11 章大部分)、马欣(第 11 章部分)、陈蓉(第 12 章)、孙国祥(第 13 章及 14 章大部分)、赵怀清(第 15 章)、刘袁媛(附录及缩写与符号),以及班允东、王祝伟、阮婧华及肖珊珊等同志通力合作改写而成。

在本书出版过程中,中国科学院大连化学物理研究所张玉奎院士为第一版作序,并与梁鑫淼教授审阅了第一版的书稿。在本书改编的过程中,还得到了第一版原副主编王延琮教授、中国药科大学胡育筑教授及沈阳药科大学袁波教授、周密高级工程师、洪福山和王鑫工程师等的帮助与支持。安捷伦科技[中国]有限公司汪江山博士与 Waters 公司王峰博士等提供了最新的有关资料,在此一并表示衷心感谢!

由于水平有限,编者较多,书中难免有不妥之处,恳请广大读者不吝赐教,给予指正。

耄耋翁 孙毓庆
2014 年 11 月

第一版序言

随着科学技术的不断发展，色谱分析法已成为现代分析方法中最重要的分析手段之一。由于它具有分离效率高、选择性强、分离分析速度快、灵敏度高等特点，现已广泛地应用于石油化工、医药生产、生命科学、生物工程和环境监测等各个领域，并发挥着重要作用。

进入21世纪以来，色谱分析又有了飞速的发展，新方法层出不穷，并形成了气相色谱、液相色谱、薄层色谱、离子色谱、超临界流体色谱、微流控芯片分析技术、毛细管电泳和电色谱等许多分支。特别是色谱-光谱联用技术的飞速发展，和以此技术为基础而出现的液相色谱－质谱联用仪、毛细管电泳-质谱联用仪及液相色谱-质谱-核磁共振波谱仪等，已成为令世人瞩目的高科技产品，在分析领域里占有重要地位。

《现代色谱分析法及其在药物分析中的应用》一书，是孙毓庆教授与王延琮教授等人积多年的教学经验与科研成果，在原《现代色谱分析法及其在医药中的应用》基础上，补充大量新内容，重新编写而成。书中除介绍色谱方面的基本理论与基本方法之外，增加了全二维气相色谱法、微流控分析法、毛细管电色谱法、毛细管电泳-质谱联用法等新内容。书中很多章节都是采用了最新资料和最新研究成果编写而成，内容丰富、材料新颖、实用性强。我相信该书的出版，将对色谱学的发展，特别是对药物分析学的发展具有重要意义。

中国科学院院士

中国色谱学会理事长

中国科学院大连化学物理研究所生物技术部

張玉奎

2005年7月于大连

第一版前言

色谱分析法因其具有高分离能力、高灵敏度、高分析速度等独特的优点，近年来得到了迅猛发展，它已成为药物分析领域中最重要的分析手段之一，并得到广泛应用。

在色谱分析法发展的不同阶段，国内外相继出版了数十本有关的专著，但在药物分析领域里，全面阐述色谱分析的基础理论、现代色谱技术与方法及其应用的专著还较少。为了满足药物分析工作者对色谱新技术与新方法的需求，我们在原《现代色谱法及其在医药中的应用》基础上，补充了大量新内容、新成果，重新编写成本书。

本书共10章，主要介绍四个部分的内容：一是色谱的基本概念与基础理论，包括色谱参数、塔板理论及速率理论等；二是常用的色谱方法，包括气相色谱法、高效液相色谱法及薄层色谱法；三是近年来发展起来的色谱新技术与新方法，如全二维气相色谱法、液相色谱溶剂系统优化方法、超高效液相色谱仪（简介）、毛细管电泳法、液相色谱-质谱联用法、毛细管电泳-质谱联用法及微流控芯片分析系统等；四是样品预处理方法等。

本书由孙毓庆、王延琮、赵怀清、孙秀燕、邸欣、方群及孙璐等同志通力合作，精心编写而成。具体分工如下：第1、4、7章和第9章的CE-MS由孙毓庆执笔；第2、3、5章由王延琮执笔；第6章由邸欣执笔；第8章由方群执笔；第9章的GC-MS及LC-MS分别由孙秀燕及孙璐执笔；第10章由赵怀清执笔。全书由孙毓庆任主编，王延琮任副主编。

在本书出版过程中，得到了中国科学院科学出版基金资助、科学出版社的全力帮助以及Waters公司与Agilent公司的大力支持，在此深表谢意。

在本书编写过程中，得到了浙江大学方肇伦院士，中国科学院大连化学物理研究所张玉奎院士，中国药科大学胡育筑教授，《现代色谱法及其在医药中的应用》原编写组成员林乐明研究员、李发美教授、班允东教授，沈阳药科大学孙国祥副教授、赵新峰博士、郭怀忠博士、王祝伟博士、阮婧华硕士、马欣硕士、金郁博士生、肖珊珊博士生、陈蓉博士生、洪福山高工及周密高工等的大力支持，在此一并致谢。

由于水平有限，书中疏漏和错误在所难免，恳请广大读者不吝赐教，给予指正。

孙毓庆

2005年5月

目　　录

第1章　绪　　论

色谱法　利用组分在固定相与流动相间的分配系数差异，进行分离、分析的方法称为色谱法(chromatography)或层析法。色谱法是一种物理或物理化学的分离分析方法。

起源　1903年，俄国植物学家Tswett将碳酸钙装在竖立的玻璃柱中，从顶端倒入植物色素的石油醚浸取液①②，并用石油醚冲洗，在柱中碳酸钙的不同部位形成三种颜色的6条色带(叶绿素、叶黄素及胡萝卜素等)。Tswett把这些色带称为色谱图(chromatogram)。1906年Tswett提出了专用名词——色谱法。玻璃柱内的填充物称为固定相(stationary phase)，冲洗剂称为流动相(mobile phase)，填充了固定相的玻璃柱称为色谱柱(chromatographic column)或层析柱。

分离原理　典型的色谱法是利用物质在流动相与固定相两相中的分配系数差异而被分离。当两相相对运动时，样品中的各组分将在两相中多次分配，分配系数大的组分迁移速率慢，反之迁移速率快，因迁移速率不同而分离。

色谱学　色谱法不仅用于有色物质的分离分析，而且大量用于无色物质的分离分析，色谱的"色"字虽已失去原有含义，但色谱名词仍沿用。由于色谱法的飞速发展，派生出众多的分离分析方法，形成一门专门的科学——色谱学，已成为多种复杂样品分析的首选及最重要的分离分析手段。

1.1　色谱法的分类

色谱法通常可按固定相及流动相的物态(分子聚集状态)、分离原理、操作形式及流动相驱动力等的不同进行分类[1]。

1. 按流动相的物态分类

在色谱法中，流动相可以是气体、液体或超临界流体。按流动相物态的不同，可分为气相色谱法(gas chromatography，GC)、液相色谱法(liquid chromatography，LC)和超临界流体色谱法(supercritical fluid chromatography，SFC)等类别。

2. 按固定相的物态分类

色谱法的固定相可为固体或液体。由此，气相色谱法可分为气-固色谱法(gas-solid chromatography，GSC)与气-液色谱法(gas-liquid chromatography，GLC)两类；液相色谱法则可分为液-固色谱法(liquid-solid chromatography，LSC)及液-液色谱法(liquid-liquid chromatography，LLC)两类。

---

① Tswett M. Proc. Warsaw Soc Nat Sci(Biol)，1903，(6)：14

② 1901年Tswett分离色素；1903年发表论文《新的吸附现象及其在生化分析的应用》；1906年创立"色谱"专用名词。

3. 按固定相承载器的形状分类

按固定相承载器的形状，色谱法可分为柱色谱法、平面色谱法等类别。

1）柱色谱法

将固定相装于色谱柱内，色谱过程在色谱柱内进行，称为柱色谱法（column chromatography）。

（1）按色谱柱粗细，可分为一般柱色谱法（柱内径毫米级）、毛细管色谱法（capillary chromatography，柱内径微米级）及制备色谱法（preparative chromatography，柱内径厘米级）等级别。

（2）按固定相填充情况，可分为填充（柱）色谱法（packing chromatography，PC）、整体柱色谱法（monolithic column chromatography，MCC）及开口柱色谱法（open tubular column chromatography，OTCC）等。

填充（柱）色谱法又可分为填充液相色谱法（packing liquid chromatography）、填充气相色谱法（packing gas chromatography）、微填充色谱法（micro-packing chromatography，MPC）等

气相色谱法、经典柱色谱法、高效液相色谱法（high performance liquid chromatography，HPLC）及超临界流体色谱法等都属于柱色谱法范围。高效液相色谱法与经典液相柱色谱法的主要不同有两点：一是固定相的性能不同，前者采用高效固定相，后者采用一般固定相；二是装置不同，前者仪器化，后者手工操作。

2）平面色谱法

色谱过程在固定相构成的平面层内进行的色谱法称为平面色谱法（plane chromatography）。平面色谱法又分为薄层色谱法（thin layer chromatography，TLC）、薄膜色谱法（thin film chromatography，TFC）及纸色谱法（paper chromatography，PC）等类别。

用滤纸作固定液载体的色谱法称为纸色谱法。将固定相涂布在载板（玻璃板或铝箔板等）上面，构成一定厚度的固定相薄层，用这种薄层板进行分离、分析的方法称为薄层色谱法。薄膜色谱法与薄层色谱法类似，其主要区别是其固定相是将高分子制成的薄膜（常用聚酰胺等）附着在纸片或基质膜上。

4. 按色谱过程的分离机制分类

按色谱过程的分离机制（原理）可分为：一般色谱法、毛细管电泳法及电色谱法三大类分离分析方法。它们分别依靠组分的分配系数差别、电泳淌度差别、电泳淌度和分配系数差别而分离。下面只介绍按分配系数不同的色谱法分类。

在一般色谱法中，按分配系数的不同，可分为吸附色谱法、分配色谱法、分子排阻色谱法、离子交换色谱法、化学键合相色谱法、亲和色谱法、手性色谱法和超临界流体色谱法等。前四种为基本类型色谱法。

（1）吸附色谱法（adsorption chromatography）。所用固定相为吸附剂，靠样品组分在吸附剂上的吸附系数（吸附能力）差别而分离。GSC、LSC 及大部分 TLC 等属于此类方法。

（2）分配色谱法（partition chromatography）。分配色谱法的固定相为液体，利用样品组分在固定液与流动相（液体或气体）中的溶解度不同，所造成的（狭义）分配系数（partition coefficient）的差别而分离。LLC、GLC 及 SFC 等属于分配色谱法范围。

流动相的极性大于固定相的极性的液相色谱法称为反相（reversed phase，RP 或 R）色谱

法;反之,称为正相(normal phase, NP 或 N)色谱法。

(3) 分子排阻色谱法(molecular exclusion chromatography,MEC)。以凝胶为固定相的色谱法称为分子排阻色谱法或空间排阻色谱法(steric exclusion chromatography,SEC),简称凝胶色谱法(gel chromatography)。其分离原理是靠高分子样品的分子尺寸与凝胶的孔径之间的关系,即渗透系数差别而分离。按流动相的性质不同(亲油或亲水)分为凝胶渗透色谱法(gel permeation chromatography,GPC)及凝胶过滤色谱法(gel filtration chromatography,GFC)两种。

若所用固定相不是具有三维立体孔结构的凝胶,而是线性高分子溶液,则称为无胶筛分色谱法(non-gel sieving chromatography, NGSC)。近年来,无胶筛分介质在毛细管电泳中广泛应用,但筛分机制与凝胶色谱相反,需注意。

(4) 离子交换色谱法(ion exchange chromatography,IEC)。用离子交换剂为固定相的色谱法称为离子交换色谱法。这种方法是靠样品离子与固定相的可交换基团交换能力(交换系数)的差别而分离。离子交换色谱法按分离对象或流路与柱系统构成的不同,可分为一般离子交换色谱法、氨基酸分析法(aminoacid analysis,AA)及离子色谱法(ion chromatography,IC)等类别。

上述四种色谱法为基本色谱法,它们的(狭义)分配系数(K_c)、吸附系数(K_a)、渗透系数(K_p)及交换系数(K_e),统称(广义)分配系数,都可用 K 表示。

(5) 化学键合相色谱法(chemical bonded phase chromatography,CBPC)。将固定相的官能团键合在载体表面,所形成的固定相称为化学键合相。用化学键合相的色谱法称为化学键合相色谱法,简称键合相色谱法。由于化学键合相具有分配与吸附两种性能,因此将其单列为一类色谱法介绍。

键合相反相色谱法(RHPLC)是应用最广的色谱法,还可派生离子对色谱法(paired ion chromatography,PIC 或 IPC)及离子抑制色谱法(ion suppression chromatography,ISC),用于分析酸、碱、盐。

化学键合相不仅可作为分配色谱法的固定相,还可作为离子交换色谱法、手性色谱法及亲和色谱法等的固定相。

(6) 亲和色谱法(affinity chromatography,AC)。将具有生物活性的配基(如酶、辅酶、抗体等)键合到非溶性载体或基质表面上形成固定相。利用蛋白质或生物大分子与亲和色谱固定相表面上配基的专属性亲和力,进行分离的色谱法称为亲和色谱法。这种方法专用于生物样品的分离分析与纯化。

(7) 手性色谱法(chiral chromatography, CC)。利用手性固定相(chiral stationary phase, CSP)或含有手性添加剂(chiral mobile phase additive, CMPA)的流动相分离(拆分)、分析立体异构体的色谱法称为手性色谱法。其分离原理是基于固定相与组分对映体之间的配对关系强弱而分离。手性色谱法是分离分析、制备手性化合物的重要手段。

(8) 超临界流体色谱法(SFC)。虽然其分离原理也是靠组分的分配系数的差别,但由于其流动相是超临界流体,其性质介于气体与液体之间。因此,SFC 可以在较低的柱温下,分离、分析热不稳定、相对分子质量较大的组分。SFC 是介于 GC 与 LC 之间的色谱法。

5. *按流动相的驱动力分类*

按色谱过程中流动相的驱动力不同,可分为气相色谱法、液相色谱法及毛细管电泳法等类别。气相色谱法是依靠气压驱动流动相；液相色谱法是依靠液压或毛细管虹吸现象驱动流动相；毛细管电泳法与微流控芯片分析法，则是靠高电压驱动流动相；毛细管电色谱法却是依靠高电压或电压加液压驱动流动相。

电动微分析法 流动相依靠直流高电压驱动，样品组分在毛细管中进行分离分析的方法可统称电动微分析法(electrokinetic micro-analytical method，EMAM)或毛细管电分离分析法(capillary electro-separation analysis，CESA)。各类毛细管电泳法、微流控芯片分析法及毛细管电色谱法，都属于电动微分析法的范畴。

(1) 毛细管电泳法(capillary electrophoresis，CE)。在充满电解质溶液的毛细管中，在电场力的作用下，样品离子靠电泳淌度等的差别而分离的分析方法称为毛细管电泳法。

毛细管电泳法可分为许多类别，常见的有：毛细管区带电泳法(capillary zone electrophoresis，CZE)、胶束电动毛细管色谱法(micellar electrokinetic capillary chromatography，MECC)、毛细管凝胶电泳法(capillary gel electrophoresis，CGE)及毛细管等电聚焦(capillary isoelectric focusing，CIEF)电泳法等。

毛细管电泳法具有高柱效(可达 10^6/m)、分析速率快、经济、不怕污染等特点。毛细管电泳法已广泛用于各种无机与有机离子、生物大分子以及中性分子。特别是在 DNA 分析与生命科学的研究中，已成为最重要的分离分析手段。在中药的分析上，虽然历史较短，但已显现出其卓越的分离能力。

在毛细管电泳法中，CZE、MECC 及 CGE 应用最广。而 CGE 中的毛细管无胶筛分电泳法(capillary non-gel sieving electrophoresis，CNGSE)近年来飞速发展，并成功地用于人类基因组的测定。

毛细管区带电泳法(CZE)的分离原理与色谱法不同，但为什么把 CZE 也归纳入色谱法？原因有二：一是 CZE 的分离过程、检测手段及某些参数的表述与色谱法有诸多相似或相同之处；二是 CE 包含的多种方法，除了 CZE，其他多数方法的分离机制与色谱行为有关。因而通常把毛细管电泳法视为色谱法的一个重要发展、一个分支。因此，早在 1979 年 Mikes 就把电泳法(指普通电泳法)作为色谱法中的方法之一，并称为电迁移法(electromigration method，EMM)[2]。由于普通低压电泳法在分析化学中应用不多，故不再介绍。

(2) 毛细管电色谱法(capillary electro-chromatography，CEC)。毛细管电色谱法是近十几年才发展起来的分析方法。其分离机制是靠组分的色谱行为(分配系数)与电泳行为(电泳淌度)的差别而分离。毛细管电色谱法是在毛细管电泳的基础上发展而成的。

按毛细管电色谱柱的不同，CEC 可分为填充柱、开管柱及整体柱毛细管电色谱法等类别；按驱动力是电压还是电压加液压，又可分为非加压(液压)毛细管电色谱法(CEC)与加压毛细管电色谱法(pCEC)两种。

(3) 微流控芯片(microfluidic chips，MFC)分析法，简称微流控分析法。将毛细管通道刻画在芯片上，在芯片上完成采样、衍生化、分离等完整的毛细管电泳分析过程，这种方法称为微流控芯片分析法。MFC 是 20 世纪 90 年代出现的微分析方法，是生命科学研究的重要手段。

6. 按洗脱动力学过程分类

按流动相洗脱的动力学过程，可分为冲洗法、顶替法与迎头法三种。现代色谱分析中主要采用冲洗法。

综上所述，简化分类如图 1-1 所示。有关 GC、HPLC、TLC 及 CE 的细分类见本书各有关章节。

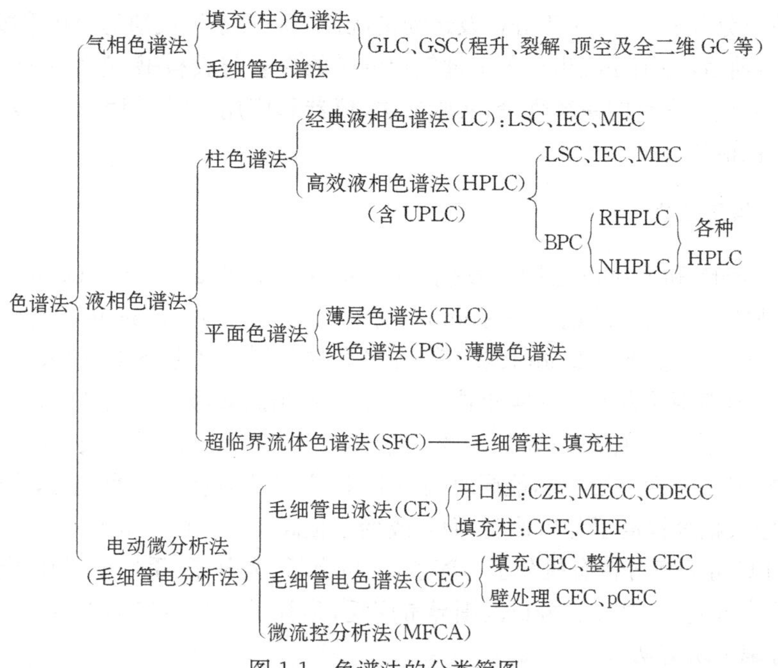

图1-1 色谱法的分类简图

GLC为气-液色谱法;GSC为气-固色谱法;LSC为液-固色谱法;IEC为离子交换色谱法;MEC为分子排阻色谱法(凝胶色谱法);BPC为化学键合相色谱法;RHPLC为反相高效液相色谱法;NHPLC为正相高效液相色谱法;CZE为毛细管区带电泳法;MECC为胶束电动毛细管色谱法;CDECC为环糊精电动毛细管色谱法;CGE为毛细管凝胶电泳法;CIEF为等电聚焦毛细管电泳法;pCEC为加压毛细管电色谱法

1.2 色谱法的发展概况与应用

1.2.1 色谱法发展简史

最早在1850年,Runge在纸上分离盐溶液;1869年,Goppalsroeder在长条纸上分析染料和动植物色素,产生了纸色谱法的雏形。1903年,俄国植物学家Tswett[2]提出了色谱法专用名词“chromatography”,1907年,他在德国生物会议上第一次向世界展示呈彩色环带的色谱柱。1935年,Adams和Holmes发明了苯酚-甲醛型离子交换树脂,并进一步发明了离子交换色谱法。1938年,Izmailov发明薄层色谱法;1941年,Martin和Synge发明了液-液分配色谱法;1944年,Consden、Gordon和Martin发明纸色谱法。由于上述这些色谱法的发明,在20世纪,色谱法成为一门分析技术。各类主要色谱法的发展简史,分述如下。

1. 气相色谱法

1952年,英国化学家James与英国生物化学家Martin创立了气-液色谱法[3]。1953年,Janak发明气-固色谱;1956年,van Deemter等[4]总结了塔板理论的不足,提出了速率理论(van Deemter方程式),奠定了气相色谱法的理论基础。同年美国工程师Golay[5]认为,可把填充柱视为一束内壁涂渍固定液的毛细管柱,从而提出了开口色谱柱理论,次年诞生了毛细管气相色谱法。

20世纪60年代,产生了气相色谱-质谱联用法(GC-MS),有效地弥补了气相色谱定性分析特征性差的弱点，大幅度提升了气相色谱定量分析能力，开创了色谱-质谱联用的新局面，已成为天然产品成分分析、石油化工分析及运动员尿样监测等不可或缺的分析手段。

在 1962 年前后，各国相继出现了一批气相色谱的专著与教科书，总结了气相色谱法的有关文章、论述，形成了完整的系统理论、实验方法、仪器和应用，使气相色谱发展成为一门独立的新学科——色谱学。

2. 高效液相色谱法[6]

1959 年，Porath 和 Flodin 发明凝胶色谱；1965 年，Giddings 在 van Deemter 方程式的基础上，提出了液相色谱速度理论——Giddings 方程式[7]。1966～1968 年，Green(1966)、Scott(1967)、Snyder(1967)及 Kirkland(1968)等，在经典柱色谱法的基础上，引入气相色谱法塔板理论、Giddings 速率理论及 GC 的实验技术，成功研究出高效液相色谱法(HPLC)。1975 年，Small 等成功研制了离子色谱仪(IC)[8]。20 世纪 80 年代初，出现了二极管阵列检测器，可得到每个组分的 HPLC-UV 三维谱，能同时获得定性、定量的信息。21 世纪初，出现了超高效液相色谱法，不但大幅度提高了分析速度，而且改变了板高-流速曲线，是 HPLC 的突破性进展。

由于 HPLC 可分离分析有机分子与离子、无机离子、大分子、手性分子和两性分子等一切能制成溶液的成分复杂的样品，分析范围异常广泛，弥补了气相色谱的不足，因而成为当代最重要的常规分离分析方法。

3. 薄层色谱法

1938 年，Izmailov 与 Schraiber[9]率先将氧化铝涂在玻璃板上，用以分离药物。因为是将展开剂滴加在薄层板上，所以称为点滴色谱法(drop chromatography)。1950～1954 年，Kirchner 及其同事[10,11]将吸附剂涂在玻璃板上，用上行法展开，称为色谱条(chromatostrip)。20 世纪 50 年代末，Stahl[12,13]首先提出了薄层色谱法的名词，并且规范了薄层色谱的术语、器材及操作方法。Stahl 与 Kirchner 奠定了现代薄层色谱法的基础。1964 年，Hara 等[14]设计了薄层扫描光密度计(薄层扫描仪)，开创了薄层色谱"准在线"定量分析的新局面。20 世纪 70 年代，高效薄层板、薄层扫描仪、自动点样装置及自动展开装置的商品相继推出，使薄层色谱法的规范化及仪器化程度大为提高，其定量分析的准确度达到了与高效液相色谱法相当的程度。薄层色谱法经济、简便、应用广泛，已成为药物分析应用最多的色谱方法。

4. 毛细管电泳法

在电场的作用下，离子在电解质溶液中，向与其所带电荷相反的电极方向运动的现象称为电泳。电泳现象早在 18 世纪即被发现，1937 年瑞典科学家 Tiselius[15]成功地研制出(低压)区带电泳仪，用于正常人血清蛋白的分离获得了白蛋白、α_1-球蛋白、α_2-球蛋白、β-球蛋白及 γ-球蛋白 5 种组分，因而在 1948 年 Tiselius 获得诺贝尔化学奖。分析时间长、效率低是低压电泳技术的缺点。增加电压则产生焦耳热，使区带展宽、溶剂蒸发，反而降低分离效率。1967 年，Hjerten[16]提出在 3mm 内径的石英管中进行高电压的区带电泳，它通过旋转石英管来减小热效应对分离效率的影响，但操作繁琐。1979 年，Mikkers 等[17]在 0.2mm 内径、20cm 长的聚四氟乙烯管中进行区带电泳，获得了 3.6×10^4/m 的高柱效(以 β-萘磺酸计算)。

到 20 世纪 80 年代，毛细管电泳技术取得了突破性的进展。1981 年，Jorgenson 和 Lukacs[18]提出了在内径小于 80μm 的毛细管中，轴向扩散是影响柱效的主要因素。他们使用

75μm 内径、100cm 长的毛细管、30kV 电压及荧光检测器，分离了氨基酸和多肽物质，柱效为 4.0×10^5/m，并实现了正、负离子的同时分离。他们的工作为毛细管电泳的发展奠定了基础，此项工作被认为是毛细管电泳技术发展的里程碑。1984 年，Terabe 等[19]提出一种新的毛细管电泳技术——胶束电动色谱法(MECC)，弥补了 CZE 不能分离中性组分的缺陷。1987 年，Hjerten[20]提出了毛细管等电聚焦电泳(CIEF)；Cohen 和 Karger[21]发展了毛细管凝胶电泳(CGE)，使得传统的等电聚焦和凝胶电泳技术在一根毛细管中得以实现。

在 1988 年美国匹兹堡国际色谱学术会议上，毛细管电泳引起了与会专家的特别关注，会议总结报告把它列为榜首。并且指出：当电泳从凝胶板上移到毛细管中以后，发生了奇迹般的变化，分析灵敏度提高到 10^{-19}mol，分离效率达百万理论塔板数。1989 年，在波士顿召开了首届 HPCE 专题会议，第二届 HPCE 国际会议于 1990 年在旧金山召开。来自 20 多个国家的 560 多名科学家及有关人员出席了会议，并展示了九种最新的毛细管电泳系统。

由 Tswett 提出色谱名词之后，至气相色谱法的创立，是现代色谱法的第一个里程碑，GC-MS联用技术、高效液相色谱法及毛细管电泳法可分别视为色谱法的第二、第三及第四个里程碑。

1.2.2 色谱法的进展

色谱法的进展有诸多内容，就其主要内容，概要介绍色谱-光谱联用技术、二维色谱法、毛细管电色谱法及微流控芯片分析等方面的进展。

1. 色谱-光谱(质谱)联用技术[22]

色谱联用技术一般可分为：色谱-光谱联用、色谱-质谱联用与色谱-色谱联用三大类。在色谱-光谱(质谱)联用仪器中，色谱部分“司分离”，光谱(质谱)部分“司鉴定”，两者互为补充，各用其长。因而，色谱联用技术是当今最重要的分离分析方法，其中色谱-质谱联用尤为重要。

1912 年，英国物理学家 Joseph John Thomson 研制出世界上第一台质谱仪(1906 年诺贝尔物理学奖获得者)。1953 年，Paul 等提出质谱四极杆质量分析器。1955 年，Wiley 等发明了飞行时间质谱仪(TOF)。1957 年，Hlmes 与 Morrell 首次实现了气相色谱-质谱联用仪(GC-MS)；1982 年，离子束 GC-MS 接口出现；1984 年，第一台电喷雾质谱仪诞生；1989 年，Dohmelt 和 Paul，因离子阱(ion trap)的应用而获诺贝尔物理学奖；至 20 世纪 80 年代，GC-MS 联用仪已经成熟，配备了工作站及质谱谱库，可以方便地检索色谱成分，极大地提高了 GC 的定性能力，成为当时最重要的联用仪器。

2002 年，Penn 与田中耕一因发明电喷雾电离接口(ESI)等而获得诺贝尔化学奖。这为 LC-MS 联用奠定了基础。

20 世纪末至 21 世纪初，除了 GC-MS 以外，常见的还有：气相色谱-傅里叶变换红外吸收光谱联用仪(GC-FTIR)、液相色谱-质谱联用仪(LC-MS)、液相色谱-紫外吸收光谱联用仪(LC-DAD)、超临界流体色谱-质谱联用仪(SFC-MS)、薄层扫描-紫外吸收光谱联用仪(TLCS-UV)及毛细管电泳-质谱联用仪(CE-MS)等。近年来又出现了毛细管电色谱-质谱联用仪(CEC-MS)及液相色谱-核磁共振波谱联用仪(LC-NMR)等联用技术或商品。现选择较重要的联用技术分述如下。

(1) 液相色谱-质谱联用技术[23]。20 世纪 60 年代至 80 年代，相继出现了软电离源接口：电喷雾离子源(ESI)及大气压化学电离源(APCI)[24]，1989 年成功研究出 LC-MS-MS，使

LC-MS联用技术成熟。21 世纪初又出现了 LC-TOF(飞行时间质谱)及 LC-QTOF(四极杆飞行时间质谱)联用技术。由于 LC-MS 能快速提供色谱组分丰富的定性、定量与结构信息,已成为当今应用最多的联用技术,是生物样品、医学研究及中药分析最重要的分析手段之一。

(2) 液相色谱-傅里叶红外光谱联用技术(LC-FTIR)。虽然 IR 是有机化合物定性的最佳手段之一,但由于一般 LC 的流动相严重干扰组分的红外吸收光谱,需要除去,因此设备比较复杂,尚不普及。

(3) 液相色谱-核磁共振波谱联用技术(LC-NMR)。该联用技术是在 20 世纪末推出 600～800MHz的超导核磁共振波谱仪,检测灵敏度大幅度提高后,才使 LC-NMR 联用成为可能,因此出现了数种商品仪器。由于 NMR 具有最好的定性特征性与重复性,理论上也应是最重要的联用技术。但事实上,由于 FTNMR 的检测速率,在多数情况下跟不上 HPLC 的出峰速率,因此目前多是将色谱组分采取"回路收集"后再检测的方法,故还应算是"准在线联用"仪器。

20 世纪末,还出现了 HPLC-MS-NMR 联用仪商品。该仪器是三种分析方法的联用仪器,很有发展前途。

(4) 毛细管电泳-质谱联用技术(CE-MS)[25]。CE-MS 是 20 世纪 90 年代末期才发展起来的联用技术,是利用毛细管电泳的高分离能力与质谱的高灵敏相结合的仪器,是强强联合的仪器。该联用装置与 LC-MS 有许多相似之处,主要差别是 CE 的运行电解质的流量(μL/min)远小于 HPLC 流动相的流量(mL/min)。因此,CE-MS 的接口与 LC-MS 有较大差别。CE 对于复杂成分微量样品的分离已经体现出其巨大的威力,但定性分析一直是个难题。CE-MS仪器商品的出现,特别是 CE-TOF 的出现,为解决毛细管电泳的定性问题,提供了有力的手段。但由于质谱仪接口的限制,在联用时,只能用含有挥发性缓冲盐的运行电解质,因而影响了 CE 的分离效果。此缺点是 CE-MS 联用亟待解决的课题,即研制能隔离或除去电解质的新接口是关键。

(5) 毛细管电色谱-质谱联用技术(EC-MS)[26]。20 世纪末,CEC-MS 兴起,虽然刚刚起步,但就 CEC 可以不用含有非挥发性缓冲盐的流动相,仍然具有的高选择性及高分离能力的特点而言,有望解决 CE-MS 的难题。

由于计算机的运用,这些联用仪一般都能绘制色谱-光谱三维谱,在一张图谱上同时可获得定性、定量分析的信息。

2. 色谱-色谱联用技术

色谱-色谱联用技术是指两种色谱方法的联用,因此也称二维色谱法。其目的是用一种色谱法补充另一种色谱法分离效果上的不足。常见的有:全二维气相色谱法(GC×GC)、高效液相色谱-气相色谱联用(HPLC-GC)、高效液相色谱-高效液相色谱联用、高效液相色谱-薄层色谱联用(HPLC-TLC)及二维薄层色谱法(双向展开或用两种薄层板)等。由于有的联用装置具有绘制三维图谱的功能,因此可得到色谱-色谱联用法的二维谱(虽为三维坐标图谱,因是两种色谱法联用,故习惯上称为二维谱)。色谱-色谱联用法可提高分离效果,获得更多的定性分析信息。例如,用薄层色谱法研究人参成分,一维展开仅得十几个斑点,而用双向展开,则可获得 35 个斑点,用 CS-9000 扫描,可得到 TLC 二维谱[27]。

(1) 全二维气相色谱法(GC×GC):是 20 世纪 90 年代初才发展起来的一种新技术[28]。它是将两根气相色谱柱通过调制器(modulator)以串联方式结合而成的多维气相色谱仪器。

该仪器不仅提高了色谱系统的分辨率而且其峰容量是2根色谱柱峰容量的乘积(GC×GC)。全二维气相色谱法特别适合用于具有一定挥发性的复杂成分样品的分离分析,如石油化工样品、中药样品等。有关全二维气相色谱法的内容见本书第10章。

(2) 高效液相色谱-高效液相色谱联用:也称柱切换技术。它是把两种不同性质的色谱柱串联,如ODS-MEC、ODS-IEC等,起到弥补一种色谱柱对样品中某些组分分离效果不佳的情况。

3. 毛细管电色谱法[29,30]

毛细管电色谱法(CEC)是CE的发展与重要分支。毛细管电色谱法是在毛细管中填充微粒固定相或用化学反应法制备整体柱,用作毛细管电色谱柱。毛细管电色谱法是依靠电渗流或同时加液压推动流动相,携带样品迁移。根据样品离子的荷质比、分子尺寸及分配系数的差别而分离。因此毛细管电色谱法具有电泳与色谱双重分离功能,且具有良好的选择性,适用范围更广泛,是大有发展前途的分离分析方法。

虽然早在1974年毛细管电色谱法已经出现[31],但直至20世纪90年代初才开始发展。1981年,Jorgenson和Lukacs[32]在内径170μm的毛细管中填充Partisil-10-ODS-2使用电渗流(电泳力)推动流动相,分离多环芳烃,柱效为3.1×10^4/m。1987年,Knox和Grant[33]在内径50μm的毛细管中填充了5μm的Hypersil-ODS,用于分离芘类,柱效为6.9×10^4/m。该法又可分为填充毛细管电色谱法(packed column CEC)及开管毛细管电色谱法(open tubular CEC)两大类。填充毛细管电色谱法是在毛细管中填充微粒固定相或用化学反应法制备整体柱,用作毛细管电色谱柱。开管毛细管电色谱法是把固定相的官能团键合在毛细管内壁表面上,而形成的色谱柱。按毛细管电色谱柱是否加液压,又分为加压毛细管电色谱法(pCEC)与非加压毛细管电色谱法两种。

4. 微流控芯片分析法[34]

1992年,Manz与Harrison等[35]发表了首篇在芯片上完成毛细管电泳分离的论文,后被命名为微流控芯片(MFC)分析系统,1995年美国加利福尼亚大学伯克利分校的Mathies研究组,在微流控芯片上成功地实现了高速DNA测序[36]。1996年,Mathies等又实现了在微流控芯片上多通道毛细管电泳DNA测序[37]。1999年,Agilent公司与Caliper联合研制出首台微流控芯片商品化仪器。近年来,微流控芯片分析技术飞速发展,备受重视,已成为生命科学研究的最重要手段(详见本书第9章)。

5. 超高效液相色谱法

超高效液相色谱法(UPLC或UHPLC)[38]:2001年美国UNC大学Groove教授用351.6MPa(51 000psi)的超高压,进行分离分析的探索。21世纪初,Waters公司推出了超高效液相色谱仪(ACQUITY UPLC™),主要由超高压输液泵、超高效液相色谱柱、快速自动进样器、高速检测器及工作站等组成。该仪器与一般的高效液相色谱仪的差别是:①超高压输液泵,在1mL/min流量时耐压可高达103.4MPa(15 000psi),比一般输液泵的压强高2.5倍以上(一般泵最高40MPa);②用1.7μm粒径的超高效填料(BPEOS),5cm长、1.0mm或2.1mm内径的色谱柱,分析速率快,峰容量大;③当粒径小至1.7μm时,板高-流速曲线几乎平行于横轴,最佳流速的选择范围大大加宽。由于填料的粒径小,柱阻大,因此要求超压输液;柱效高、峰宽窄、分析速率快，要求高灵敏及小体积(1μL)的流通池，因而带来液相色谱仪的一系列改革。目前，Agilent 与岛津公司也都相继推出了超高效液相色谱仪器。

1.2.3 色谱法在国内外的应用概况

自 20 世纪 60 年代色谱-光谱联用法产生，70 年代高效液相色谱法的崛起及 80 年代毛细管电泳法的诞生，色谱法飞速发展已成为分析化学中最重要的分析方法，而广泛应用于科研、生产各领域。

由几届匹兹堡会议上所发表的色谱法文章所占的比例，即可说明色谱法在分析领域所占的重要地位及发展之迅猛。1991 年，第 42 届匹兹堡会议上，发表论文共 1062 篇，其中色谱分析、光谱分析、电化学分析、波谱分析、质谱分析、环境分析和联用技术与化学计量学的文章分别为 498 篇、104 篇、82 篇、142 篇、135 篇、66 篇、35 篇，色谱法文章的数量居首位，占46.89%。在色谱法文章中，液相色谱居首位为 216 篇，占 43.37%。而在 1995 年及 1996 年第 46 与第 47 届匹兹堡国际会议上，色谱分析文章分别为 504 篇与 424 篇，其中以 HPLC 的文章数最多，分别为 176 篇与 158 篇。以毛细管电泳法的文章增加最快，分别为 114 篇与 92 篇。在 2003 年第 54 届匹兹堡会议上[39]，有关色谱法及其应用的口头报告 166 篇，居口头报告的第二位，若包括微流控芯片分析技术、毛细管电泳法及 LC-MS 等有关报告 86 篇，则多于第一位的生物化学的 199 篇。由此可见，色谱法在分析化学中具有重要地位。2013 年，第 63 届匹兹堡会议上共发表色谱法文章 726 篇(不完全统计)，其中 LC 217 篇，占首位，其他依次为：LC-MS 141 篇、GC-MS 137 篇、Chip(芯片分析)125 篇、GC 66 篇和 CE 40 篇。据不完全统计，自 1995 年至 2013 年的匹兹堡会议上，LC 与 LC-MS 的文章数之和，经久不衰地稳居色谱法文章数量的榜首，可见其应用之广泛。新兴技术——微流控芯片分析与毛细管电泳，发展势头迅猛。

色谱法是分析化学领域中发展最快、应用最广的分析方法之一。这是因为现代色谱法具有分离与分析两种功能，能排除组分间的相互干扰，逐个将组分进行定性、定量分析，还能制备纯组分。因此，在药物分析中，对于成分复杂的药品(如中药材、中成药、复方制剂等)分析、杂质检查、痕量分析或含量相差悬殊的成分分析的课题，多数情况都首选色谱法。

在各国药典中都大量收载色谱法，是有力的证明。以《中华人民共和国药典》(以下简称《中国药典》)2010 年版[40]为例，在《中国药典》一部品种中，用 TLC 鉴别的品种(中成药、提取物及中药材)共新增 2492 个(2005 年版 1507 个)，用薄层扫描法(TLCS)含量测定的新增 15 个(2005 年版，47 个)；用高效液相色谱法测含量的品种新增 1138 个(2005 年版 505 个)；用 GC 鉴别和含量测定的新增 40 个(2005 年版 31 个)。

在《中国药典》2010 年版二部中，新修订用 HPLC 进行有关物质检查的品种 707 个(2005 年版 142 个)；新修订用 HPLC 含量测定的品种 694 个(2005 年版 359 个)；TLC 439 个，GC 187 个。大量采用色谱法，成为药典法定分析方法。

毛细管电泳法在《中国药典》2005 年版的附录中，收载了毛细管区带电泳(CZE)、毛细管凝胶电泳法(CGE)、毛细管等速电泳法(CITP)、毛细管等电聚焦电泳法(CIEF)、胶束电动毛细管色谱法(MEC)及毛细管电色谱法(CEC)等各种分离模式，描述内容比 2000 年版有所增加。2010 年版附录中新增加了离子色谱法。

由此可见，色谱法在药物分析中具有重要地位。在医学上，如生命科学研究、临床诊断、病理研究、药物代谢动力学研究以及法医鉴定等方面，无不广泛采用色谱法。甚至于，毛细管电泳法已成为生命科学研究、诊断与刑事侦查必不可少的手段。

1.3 色谱法的实验结果评价

分析方法验证的目的是证明采用的方法适合于相应检测要求。

1.3.1 系统适用性试验[41]

根据《中国药典》2010年版规定，色谱系统的适用性试验，通常包括理论板数、分离度、重复性和拖尾因子等四个指标。

按各品种项下的要求对色谱系统进行适用性试验，即用规定的对照品对色谱系统进行试验，应符合要求。如达不到要求，可对色谱分离条件作适当的调整。

规定 ①色谱柱的理论板数：在规定的色谱条件下，注入供试品溶液或规定的内标物溶液，由峰面积计算理论板数，应不低于各品种项下规定的最小理论板数；②分离度(R)：无特殊规定时，定量峰与其他峰的R不小于1.5；③重复性：取各项下的对照品溶液，连续进样5次，除另有规定外，其峰面积的测量值的相对标准偏差(RSD)应不大于2.0%；④拖尾因子(T)：除另有规定外，用峰高法定量时，T应为0.95～1.05。

系统适用性试验，主要对色谱仪(气相色谱仪、高效液相色谱仪及毛细管电泳仪)与实验条件构成的色谱系统的检验。

1.3.2 建立色谱分析方法需考查的内容[42]

建立色谱方法除进行色谱系统适用性试验外，还必须进行方法学的考查。《中国药典》2010年版二部，附录ⅩⅣA“样品质量标准分析方法验证指导原则”(本书附录ⅩⅤ)，规定的内容有：方法的精密度(包括重复性、中间精密度和重现性)、准确度、专属性、检测限、定量限、线性与定量范围和耐用性等。视具体方法拟定验证的内容，见表1-1。

表1-1 药品质量标准分析方法验证的项目和内容

内容＼项目	鉴别	杂质测定		含量测定及溶出量测定
		定量	限度	
准确度	－	＋	－	＋
精密度	－	－	－	＋
重复性	－	＋	－	＋
中间精密度	－	＋①	－	＋①
专属性②	＋	＋	＋	＋
检测限	－	－③	＋	－
定量限	－	＋	－	－
线性	－	＋	－	＋
定量范围	－	＋	－	＋
耐用性	＋	＋	＋	＋

① 已有重现性验证，不需验证中间精密度。

② 如一种方法不够专属，可用其他分析方法予以补充。

③ 视具体情况予以验证。

针对上述的有关规定，补充、解释如下。

1. 准确度

准确度(accuracy)是指用该方法测定的结果与真实值或参考值接近的程度，一般用回收率(%)表示。准确度应在规定的范围内测试。

准确度是测量的系统误差和随机误差的综合，反映了方法所得结果对真实值的接近程度。准确度的测量可分为绝对方法和相对方法。绝对方法是指测定纯物质或标准物质，得到的结果和真实值的偏差就是准确度的量度。大多数化学测量采用相对方法，用标准物质或者用经实践证明是可靠的公认的标准方法来验证相对测量方法的准确度。

回收率试验　在实际工作中经常用做回收率试验的方法来评价准确度，对已知标准品加入量的样品用待评定方法测定其含量作为回收量。计算回收量和加入量的百分比作为方法的百分回收率。测定回收率的常用方法包括模拟样品法和标准加入法两种。

含量测定方法的准确度　原料药可用已知纯度的对照品或样品进行测定，或用本法所得结果与已建立准确度的另一方法测定的结果进行比较。

制剂可用含已知量被测物的各组分混合物进行测定。如不能得到制剂的全部组分，可向制剂中加入已知量的被测物进行测定，或与另一种已建立准确度的方法比较结果。

数据要求　在规定范围内，至少用共 9 次测定结果进行评价，如制备 3 个不同浓度(高、中、低)的样品各测定 3 次。应报告已知加入量的回收率(%)，或测定结果平均值与真实值之差及其可信限。

方法准确度的允许范围随测定方法和分析对象而异，有的文献提出反映准确度大小的系统误差不应超过偶然误差的 4 倍，即若方法的标准差为 0.5，则其系统误差应不大于 2。

2. 灵敏度

灵敏度(sensitivity，S)又称响应值或应答值，一定浓度或一定量的样品进入色谱仪器(主要是检测器)后，进样量 ΔQ 与信号强度改变 ΔR 之比称为仪器的灵敏度。以进样量 Q 对检测器响应信号 R 作图，就可以得到一条直线，直线的斜率就是检测器的灵敏度。

$$S=\Delta R/\Delta Q \tag{1-1}$$

由于灵敏度只反映仪器对样品的敏感程度，而未考虑仪器的噪声对检测的影响，因此通常都用检测限来衡量。

3. 检测限

检测限(detection limit，D)是指试样中被测物能被检测出的最低量，表示为能产生确证在样品中存在的被测组分信号所需要的该分析物的最低浓度或最小量。一般被表示为分析物质的浓度(%或 ppm)。检测限是指在适当的置信概率被检出的组分最低浓度或最小量。检测限的定义式如式(1-2)所示。

$$D=N/S \tag{1-2}$$

式中：N 为仪器的噪声；S 为仪器的灵敏度。

由于考虑问题的出发点不同，对检测限的定义目前尚不统一。我们推荐美国国家标准学会的方法，将检测下限分为以下三类：

(1) 仪器检测限。相对于背景仪器检测的最小的可靠信号，通常用信噪比(S/N)表示，当

$S/N \geqslant 3$（或2）定义为仪器检测下限。

（2）方法检测限。即某方法可检测的最小浓度。通常用外推法可求得方法的检测下限。其方法是在低浓度范围内测试3个浓度的对照品，每个浓度均分别测试3～7次。计算其标准偏差，以标准偏差-浓度用线性回归法计算或绘制回归线，然后把回归线延长外推与纵坐标的交点的标准偏差值即为方法的检测限。也就是把浓度为零时的标准偏差定义为检测限。

（3）样品检测限。即相对于空白可检测的最小样本含量。定义样本检测限为3倍空白标准偏差。从统计学的观点，检测限应表示为样品信号为空白样品的信号值加上3倍空白样品信号标准差对应的样品浓度，其数学表达式为

$$D=\frac{c\times 3\sigma}{A} \tag{1-3}$$

式中：σ为空白溶液10次以上测定的标准差；c为浓度接近检测限的样品溶液的实际浓度；A为测得的样品液的信号值。

式(1-3)中A/c应为校正曲线的斜率，表示被测组分的浓度或质量改变一个单位时校正曲线上分析信号的变化量，即灵敏度。

与检测限类似的参数，还有最小检测量($m_{\min}$)及最小检测浓度($c_{\min}$)。产生3倍（或2倍）于噪声峰高的样品量，称为最小检测量，一般以g或ng为单位。最小检测量与进样量（质量或体积）之比称为最小检测浓度，它的单位是mg/L或百万分率(ppm)。浓度型检测器的检测限(g/mL)、最小检测量(g、μg、ng)及最小检测浓度[百万分率(ppm)、十亿分率(ppb)]的含义类似，但单位不同，使用时必须注意。浓度型检测器的检测限，是指1mL流动相将组分带入检测器，能产生2倍于噪声所需组分的量(g)。因此，检测限中的体积是流动相的体积，而最小检测浓度中的体积是进样体积。

4. 定量限

定量限(quantitation limit)是指样品中被测物能被定量测定的最低量，其测定结果应具定量分析方法应达到的准确度和精密度。由于受到校正曲线在低浓度区域的非线性关系、试剂纯度、沾污等因素的影响，定量限一般都高于检测限，仪器方法定量限常用信噪比法确定，以10倍于仪器噪声标准差时实际测得的浓度或质量来表示。用定量测定方法研究杂质和降解产物时，应确定定量限。

5. 定量范围和线性

定量范围(range)　即一个定量分析方法的适用范围，指分析物浓度的上下限范围。在该定量范围内，应用本法能达到方法本身的精密度、准确度及线性等。

按国际惯例，定量范围的确定以空白信号值加10倍空白标准偏差为定量下限，95%最大灵敏度为定量上限。定量下限和定量上限之间的浓度范围为方法适用范围。但是也经常仅粗略地以工作曲线弯曲处作为定量上限。

在药物分析中，原料药和制剂含量测定，定量范围应为测试浓度的80%～120%；制剂含量均匀度检查范围应为测试浓度的70%～130%，即范围应为限度的±20%或±30%。

线性(linearity)　指在规定的范围内，实验结果和分析浓度成正比的能力。在线性范围内可以直接应用分析方法建立的工作曲线或回归方程计算样品的浓度。线性的定量表示大多用我们所熟悉的相关系数进行评价。但可以证明，相关系数对实验数据的改变并不灵敏，统

计意义上对线性的评价用在定量范围内测得的工作曲线斜率的方差比较合理，也可由下列方程 x 的指数的大小来确定。

$$y=ax^n+b \tag{1-4}$$

一般应用色谱定量方法时，式(1-4)中 $0.9<n<1.1$ 可认为线性符合要求。

浓度型检测器的信号输出与样品(单一组分)在流动相中的浓度关系，也可用式(1-5)说明。

$$A=Bc^x \tag{1-5}$$

式中：A 为响应值(峰高或峰面积)；B 为比例系数；c 为样品在流动相中的浓度；x 为响应指数。

当 $x=1$ 时，为线性响应。$x=0.98\sim1.02$ 可以视为线性响应。例如，Waters 996 光电二极管阵列检测器的线性范围是－0.1～2.0AU(吸光度单位)，误差≤5％。

6. 标准方法的验证内容

不同的分析方法评价的内容不一定相同，并不是以上介绍的方法对每个新建立的方法都有同样要求。例如，《中国药典》2010 年版把药品检验方法，按检验项目分为鉴别、杂质测定(包括定量和限度试验两种)及含量测定和溶出量测定三类。不同类别的检验方法验证的内容见表 1-1(详见本书附录ⅩⅤ)。

由表 1-1 可以看出，不同类型样品的分析方法评价内容有所不同。例如，一般含量测定方法不要求评价检测限和定量限，而杂质测定定量则需要评价定量限，限度试验则要求检测限和选择性的评价。仅有耐用性对所有的法定方法都要求进行。根据人用药物注册技术要求，国际协调会(International Conference on Harmonization of Technical Requirements for Registration of Pharmaceuticals for Human Use，ICH)和《中国药典》的有关规定，凡对标准方法验证的仪器，应通过系统适用性试验符合要求的方可使用。

(沈阳药科大学　孙毓庆)

参考文献

[1] 孙毓庆，王延琮. 现代色谱法及其在药物分析中的应用. 北京：科学出版社，2005

[2] Tswett M. Proc Warsow Soc Nat Sci(Biol)，1903，(6)：14

[3] James A T，Martin A J P. Biochem J，1952，50：679

[4] van Deemter J J，Zuiderweg F J，Klinkenberg A. Chem Eng Sci，1956，5：271

[5] Golay M J E. Gas Chromatography. London：Butterworths，1958. 36

[6] 杨先碧，阮慎康 . 高效液相色谱发展史 . 化学通报，1998，11：56

[7] Giddings J C. J Chem Educ，1958，35：588

[8] Small H，Stevens S，Bauman W C. Anal Chem，1975，47：1801

[9] Izmailov N A，Schraiber M S. Farmatsiya，1938，1(3)：1

[10] Kirchner J G，Keller G J. J Am Chem Soc，1950，72：1867

[11] Kirchner J G，Keller G J. Agric Food Chem，1954，2：1031

[12] Stahl E，Schroeter G，Kraft G，et al. Pharmazie，1956，11：633

[13] Stahl E. Chem Zth，1958，82：323

[14] Hara S，et al. Chem Pharm Bull，1964，12(5)：626-630

[15] Tiselius A. J Biochem，1937，31：1464

[16] Hjerten S. Chromatogr Rew，1967，9：122

[17]Mikkers F, Everaerts F, Verhehhen T. J Chromatogr, 1979,169:11
[18] Jorgenson J W, Lukacs K D. Anal Chem, 1981,53:1298
[19] Terabe S, Otsuka K, Ichikawa K, et al. Anal Chem, 1984,56:111
[20] Hjerten S, Liao J, Yao K. J Chromatogr, 1987,387:127
[21] Cohen A, Karger B. J Chromatogr, 1987,397:409
[22] 汪正范 . 杨树民,吴侔天,等. 色谱联用技术 . 2 版. 北京:化学工业出版社,2007
[23] Willoughby R, Sheehan E, Mitrovich S. A Global View of LC/MS. Pittsbrgh: Global View Publishing, 2002
[24] Pool C F, Pool S K. Chromatography Today. Amsterdam: Elsevier,1991
[25] Schmitt-Kopplin P, Frommberger M. Electrophoresis,2003, 24:3837-3867
[26] Klampfl C W. J Chromatogr A. 2004,1044:131-144
[27] 邸欣 . 药物薄层色谱专家系统的总体设计研究. 沈阳:沈阳药科大学博士学位论文,1995. 72
[28] 许国旺. 全二维气相色谱法. 北京:科学出版社,2003
[29] 邹汉法,刘震,叶明亮,等. 毛细管电色谱法及其应用. 北京:科学出版社,2001
[30] 张玉奎. 现代生物样品分离分析方法. 北京:科学出版社,2003. 236-260
[31] Pretorius V,Hopkins B J,Schieke J D. J Chromatogr, 1974, 99:23
[32] Jorgenson J W, Lukacs K D. Anal Chem, 1981, 53:1298
[33] Knox J H, Grant I H. Chromatographia, 1987,24:135
[34] 方肇伦. 微流控分析芯片. 北京:科学出版社,2003
[35] Manz A, Harrison D J,Verpoorte E M J,et al. J Chromatogr, 1992, 593:253
[36] Woolley A T, Mathies R A. Anal Chem, 1995, 67:3676
[37] Kheterpal I, Mathies R A. Anal Chem, 1999,71:31A
[38] Waters 公司北京实验室. Waters ACQUITY UPLC™介绍. 环境化学, 2004,23(5):605-611
[39] 陈焕文,金钦汉. 2003 年匹兹堡会议简介. 现代科学仪器,2003,2:41-45
[40] 国家药典委员会. 中华人民共和国药典, 2010 年版. 北京:中国医药科技出版社, 2010
[41] 国家药典委员会. 中华人民共和国药典, 2010 年版. 北京:中国医药科技出版社, 2010,二部. 附录VD, 29
[42] 国家药典委员会. 中华人民共和国药典, 2010 年版. 北京:中国医药科技出版社, 2010,二部. 附录ⅪX

第 2 章　色谱基础理论[1]

色谱参数主要包括相平衡参数、定性参数、定量参数、柱效参数及分离参数等。色谱理论可分为热力学理论和动力学理论两大类。热力学理论是由相平衡观点来研究色谱过程，以塔板理论为代表；动力学理论是以动力学观点——速率来研究色谱过程中各种动力学因素对色谱峰扩展的影响，以速率理论为代表。本章将详细介绍常用的色谱参数、塔板理论和速率理论。

2.1　色谱参数

由于大多数色谱参数都是依据色谱流出曲线而定义的，故本节先介绍色谱流出曲线，再介绍各类色谱参数。

2.1.1　色谱流出曲线与色谱峰

1. 色谱流出曲线

经色谱柱分离后的样品组分流经检测器时，所得到的响应信号随时间变化的曲线称为色谱流出曲线，即色谱图，如图 2-1 所示。

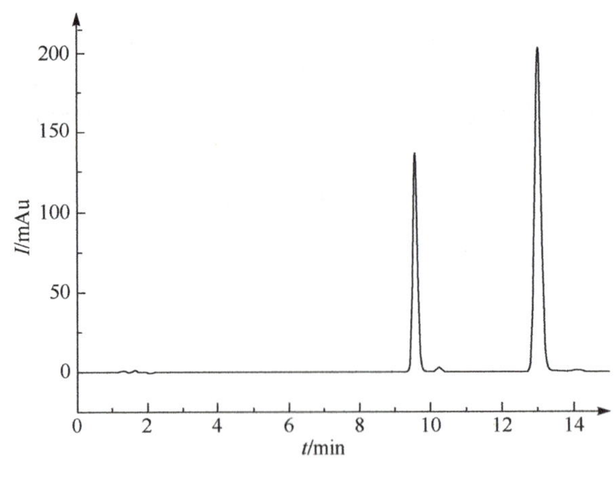

图 2-1　色谱流出曲线

2. 基线

检测器中只有流动相通过或虽有样品的浓度变化但不能被检测器检出时，所得到的流出曲线称为基线(base line)。正常基线应为一条平行于横轴(时间轴)的直线。基线反映仪器及操作条件的恒定程度。基线的高低，反映检测器的本底高低，主要由流动相中的杂质等因素决定。

(1) 噪声。各种未知的偶然因素引起的基线波动的现象称为噪声(noise)。噪声的大小用噪声带(峰-峰值)的宽度来衡量。通常记录 1h 的基线,取噪声带的最宽处 R_N 作为噪声的衡量,如图 2-2 所示。

起伏周期短暂的噪声,称为短噪声,如基线上的"毛刺",通常因为仪器接触不良或电源的瞬时过负荷所引起。起伏周期较长的噪声,称为长噪声。

(2) 漂移。基线随时间朝某一方向的缓慢变化,称为漂移(shift)。漂移用单位时间基线水平的变化 d 来衡量,如图 2-2 所示。漂移主要是由于实验条件不稳定所引起的。

3. 色谱峰

色谱流出曲线上的突起部分称为色谱峰(peak)。正常色谱峰为对称形正态分布曲线,曲线有最高点,以此点的横坐标为中心,曲线对称地向两侧快速单调下降。

(1) 拖尾峰。前沿陡峭,后沿拖尾的不对称色谱峰称为拖尾峰(tailing peak)。

(2) 前延峰。前沿平缓,后沿陡峭的不对称色谱峰称为前延峰(leading peak)。

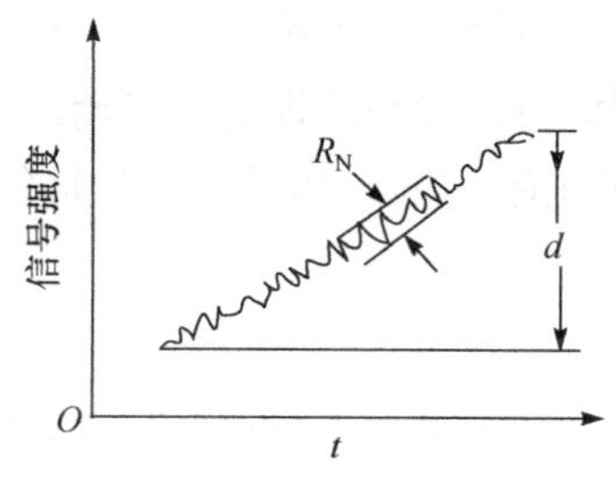

图 2-2　噪声与漂移

三种色谱峰形状及其与吸附(或分配)等温线的对应关系如图 2-3 所示。A 型等温线为理想情况,而实际多为 B 型等温线(拖尾峰)。因此,只有在稀浓度(进样量小)时,才接近于直线型吸附等温线,从而获得正常峰(A)。C 型等温线(前延峰)较少见。

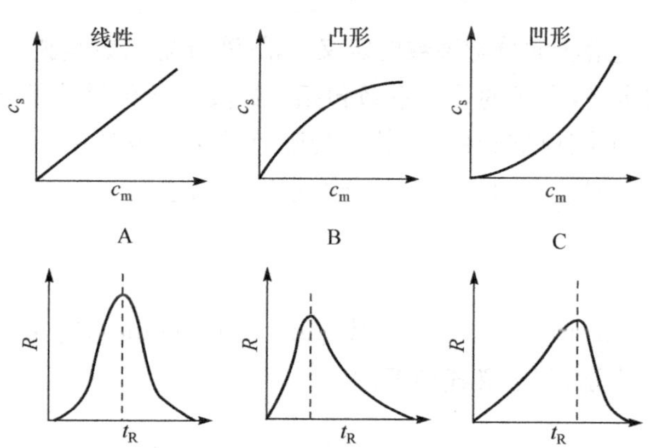

图 2-3　色谱峰形状与吸附等温线的对应关系
A. 正常峰;B. 拖尾峰;C. 前延峰

(3) 对称因子。色谱峰的对称性可用对称因子 f_s 来衡量,也称拖尾因子。

$$f_s = \frac{B+A}{2A} \tag{2-1}$$

式中:$(B+A)$为峰高 5%处的峰宽;A 为峰极大到前伸沿之间距离(图 2-4)。$f_s = 0.95 \sim 1.05$ 为正常峰;$f_s < 0.95$ 为前延峰,$f_s > 1.05$ 为拖尾峰。

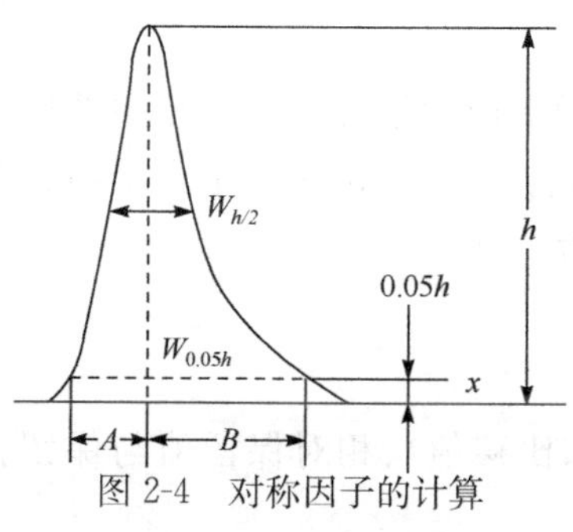

图 2-4　对称因子的计算

一个样品组分的色谱峰可用三个参数来描述:峰高(或峰面积)用于定量;峰位用于定性;峰宽用于衡量柱效。若描述一组色谱峰,还需用分离参数表述相邻峰的重叠程度。

下面介绍四类色谱参数，即相平衡参数、定性参数、柱效参数和分离参数，关于定量分析参数（峰高和峰面积）将在后面章节中介绍。

2.1.2 相平衡参数

相平衡参数用以描述色谱过程中，样品组分在相对运动的两相中的质量或浓度间的比例关系。常用的相平衡参数有分配系数和容量因子。

色谱平衡理论把色谱过程视为相平衡过程，而真实的色谱过程不可能达到真正的相平衡，因此色谱非平衡理论是平衡理论的发展。人们研究的思路总是由“理想”到“实际”，故色谱平衡理论是基础，相平衡参数是色谱法的重要基本参数。

1. 分配系数

在温度一定时，物质在两相中达到分配平衡后，其在固定相中的浓度（c_s）与在流动相中的浓度（c_m）之比称为分配系数，常用 K 表示。

$$K=\frac{c_s}{c_m} \tag{2-2}$$

K 与组分、固定相和流动相的性质及温度有关，而与流动相的流速及柱长无关。在实验条件（流动相、固定相、温度等）一定、浓度很稀（c_s、c_m很小）时，分配系数只取决于物质的性质，而与浓度无关。

上述是液-液分配色谱法的分配系数的定义。液-液分配系数是狭义的分配系数。在不同色谱法中 K 有不同的定义，广义的分配系数包括：液-液分配色谱法的分配系数、吸附色谱法的吸附系数、离子交换色谱法的选择性系数及凝胶色谱法的渗透系数等。这些分配系数的物理意义虽然各异，但一般情况均可用狭义的分配系数来描述。

2. 容量因子

容量因子（capacity factor）也称分配容量（partition volume）、容量比（capacity ratio）及质量分配系数等，常用 k 表示，其定义式如下：

$$k=K\frac{V_s}{V_m} \tag{2-3}$$

式中：V_s和 V_m分别为色谱柱中固定相和流动相所占有的体积。

将式 (2-2)代入式(2-3)中，得

$$k=\frac{c_sV_s}{c_mV_m}=\frac{m_s}{m_m} \tag{2-4}$$

由式(2-4)可以了解容量因子的物理意义，即在达到分配平衡后组分在固定相中的质量（m_s）与流动相中的质量（m_m）之比（质量分配系数即由此而得名）。容量因子是描述溶质在两相中分配的简便形式，它是选择控制色谱条件的一个重要参数。

2.1.3 定性参数

色谱定性参数常用的有：保留值（保留时间、保留体积和比移值）、相对保留值与保留指数等。

1. 保留值

1）保留时间

保留时间　从进样开始到某个组分的色谱峰顶的时间间隔，称为该组分的保留时间（retention time），常用 t_R 表示。图 2-5 中，t_{R_1} 及 t_{R_2} 分别为组分 1 及组分 2 的保留时间。

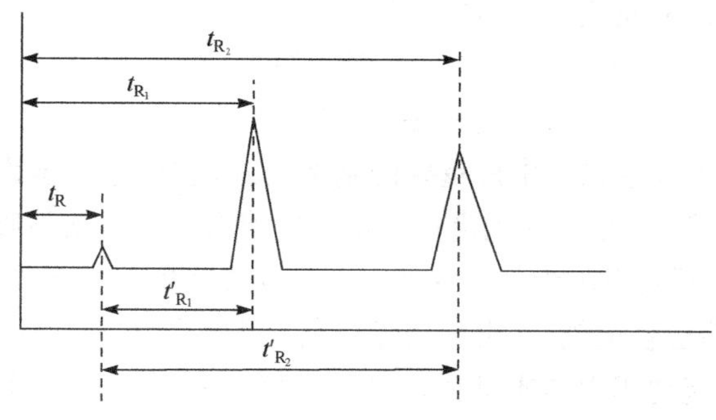

图 2-5　色谱图

死时间　不被固定相吸附或溶解的组分的保留时间，称为死时间（dead time），常用 t_0 表示。

在气相色谱中常用空气（热导检测器）或甲烷气（氢火焰离子化检测器）测定死时间。

调整保留时间　调整保留时间（adjusted retention time）也称折合保留时间（reduced retention time），常用 t'_R 表示，它与保留时间的关系如下：

$$t'_R = t_R - t_0 \tag{2-5}$$

调整保留时间的含义：某组分由于溶解于固定相或被吸附，而比不溶解或不被吸附的组分在柱中多停留的时间，即为调整保留时间。在实验条件（温度、固定相、流动相等）一定时，调整保留时间只取决于组分的性质，因此它是色谱法定性的基本参数。

保留时间与分配系数及容量因子的关系　设在单位时间内，一个分子在流动相出现的概率（或在流动相中停留的时间）以 R' 表示，若 $R'-1/3$，则这个分子有 1/3 时间在流动相中，2/3时间在固定相中。对于大量分子，则可表示有 1/3 的溶质分子在流动相中，而 2/3（即 $1-R'$）的溶质分子在固定相中。因为在流动相及固定相中溶质的量可分别用 c_mV_m 及 c_sV_s 表示，所以

$$\frac{1-R'}{R'} = \frac{c_sV_s}{c_mV_m} = K\frac{V_s}{V_m} \tag{2-6}$$

整理式（2-6）可得

$$\frac{1}{R'} = 1 + K\frac{V_s}{V_m} \tag{2-7}$$

由于 R' 表示溶质分子在流动相中出现的概率，因此 $R'=1/3$，则表示它在色谱柱中的移行速度将是流动相分子移行速度的 1/3。因为 t_0 表示流动相分子流经整个色谱柱所需时间，所以溶质分子流经同样路程所需时间 t_R 将是 t_0 的 $1/R'$ 倍。因此

$$t_R = \frac{t_0}{R'} = t_0\left(1 + K\frac{V_s}{V_m}\right) \tag{2-8}$$

即

$$\frac{t_R - t_0}{t_0} = K\frac{V_s}{V_m} \tag{2-9}$$

或
$$\frac{t'_R}{t_0}=K\frac{V_s}{V_m} \tag{2-10}$$

式(2-10)说明，在实验条件一定时，t'_R(或 t_R)取决于 K，而 K 取决于组分、固定相、流动相的性质及温度，在实验条件(流动相、固定相、温度等)一定时，t'_R(或 t_R)取决于组分的性质，因此 t'_R(或 t_R)可用于定性分析。

将式(2-3)代入式(2-8)及式(2-10)中，得

$$t_R=t_0(1+k) \tag{2-11}$$

$$t'_R=t_0k \tag{2-12}$$

式(2-11)和式(2-12)是色谱法中最重要的基本公式，它们进一步说明了容量因子的物理意义：第一，k 的大小说明一个组分在色谱柱固定相中溶解(分配)或被吸附等原因使它多停留的时间(t'_R)，是不溶解或不被吸附组分的保留时间(t_0)的倍数。若倍数越大，说明色谱柱对此组分的保留能力越强，即柱容量越大(出柱越慢)，因此将 k 称为容量因子、容量比等。第二，因为 k 为组分在固定相与流动相中的质量比，所以也可称为质量分配系数，它与分配系数 K 的不同点是，K 取决于组分、固定相、流动相的性质及温度，而与体积 V_s、V_m 无关。但 k 除了与物质性质及温度有关外，还与 V_s、V_m 有关。

2) 保留体积

保留体积　流动相携带样品进入色谱柱，由进样开始，到样品组分在柱后出现浓度极大值时，所需通过色谱柱的流动相体积，称为保留体积(retention volume)，又称洗脱体积，常用 V_R 表示。对于具有正常色谱峰形(线形洗脱)的组分，保留体积为样品组分的 1/2 量被流动相带出色谱柱时所需的流动相体积，也就是，样品组分的 1/2 量由色谱柱中洗脱出来，所需流动相的体积，故又称洗脱体积，显然

$$V_R=t_RF_c \tag{2-13}$$

式中：F_c 为流动相的流量(mL/min)。

由式(2-13)可以看出，保留时间长的组分，其洗脱体积大。

死体积　在色谱仪中，由进样器至检测器出口，未被固定相所占有的空间称为死体积(dead volume)，常用 V_0 表示。V_0 为进样器至色谱柱管路的空间(V_{it})、固定相颗粒间隙(V_m)、柱出口管路(V_{0t})及检测器内腔空间(V_d)的总和。死体积大，被分离组分扩散，使色谱峰展宽，对分离不利。流动相充满死体积的时间，称为死时间。

$$V_0=V_m+V_{it}+V_{0t}+V_d \tag{2-14}$$

V_m 参与色谱平衡过程，其余部分的体积只起峰扩展作用。为了防止峰扩展，应尽量使进样器导管、柱入口、柱出口接头及检测器内腔等体积减小，只有在这些体积可忽略的情况下，$V_0\approx V_m$。

调整保留体积　扣除死体积后的保留体积，称为调整保留体积(adjusted retention volume)，又称校正保留体积，常用 V'_R 表示。

$$V'_R=V_R-V_0 \tag{2-15}$$

$$V'_R=t'_RF_c \tag{2-16}$$

保留体积与分配系数及容量因子的关系　将式(2-8)等式两侧乘以流动相的流量 F_c 得

$$V_R=V_0\left(1+K\frac{V_s}{V_m}\right) \tag{2-17}$$

若 $V_0\approx V_m$，则式(2-17)可改写为

$$V_R = V_m + KV_s \tag{2-18}$$

式(2-18)说明一个组分的保留体积与分配系数 K 值的关系，K 值越大，保留体积越大。由于保留时间是流动相流量的函数，而保留体积与流速无关，因此也常用保留体积定性。式(2-18)是凝胶色谱法中应用最多的公式之一。在该法中，V_R 及 V_m 又分别称为淋洗体积及凝胶的孔容。

仿照式(2-11)的导出方式，将 $k = K \cdot V_s/V_m$ 代入式(2-17)中，得

$$V_R = V_0(1+k) \tag{2-19}$$

$$V'_R = V_0 k \tag{2-20}$$

式(2-19)和式(2-20)也是色谱法中重要的基本公式。

3) 比移值

比移值(R_f value)在色谱定时展开与定距展开中的表达形式不同。

定时展开　观测在相同展开时间内，组分与展开溶剂的迁移距离，称为定时展开。组分的迁移距离(l)与展开溶剂(流动相)的迁移距离(l_0)之比，称为比移值。

$$R_f = \frac{l}{l_0} \tag{2-21}$$

式中：l 为由原点至某组分斑点质量重心间的距离；l_0 为由原点至展开溶剂前沿间的距离(图 2-6)。

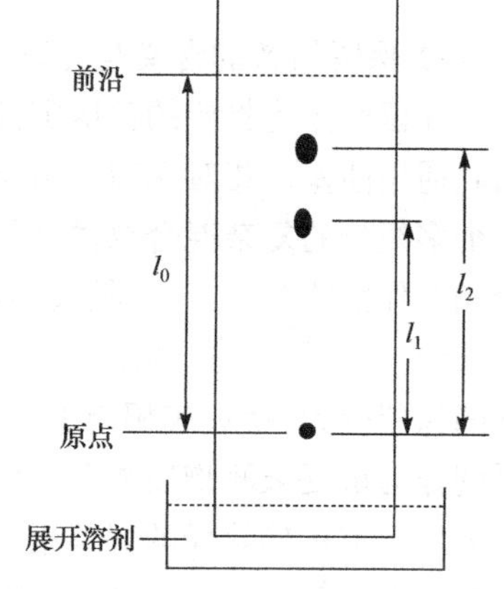

图 2-6　薄层色谱展开示意图

定距展开　记录组分与流动相通过相同距离所需时间的展开方式，称为定距展开(定距洗脱)。

$$R_f = \frac{t_0}{t_R} \tag{2-22}$$

式中：t_0为流动相的保留时间(死时间)；t_R为组分的保留时间。

比移值与分配系数及容量因子的关系　将式(2-22)代入式(2-8)中，整理得

$$R_f = \frac{V_m}{V_m + KV_s} \tag{2-23}$$

式(2-23)是薄层色谱法中的基本公式之一。它说明了 R_f与 K、V_m及 V_s的关系。在薄层板一定时，即 V_m及 V_s一定，R_f由各组分的 K 值决定，K 值大的组分，R_f值小；K 值小的组分，R_f大。K 值与被分离组分的性质、流动相的性质及温度有关，在吸附与分配薄层色谱法中，主要是通过改变流动相的极性来改变分配系数，以达到改变 R_f 的目的。

将式(2-23)右侧的分子与分母均除以 V_m，并将式(2-3)代入得

$$R_f = \frac{1}{1+k} \quad 或 \quad k = \frac{1}{R_f} - 1 \tag{2-24}$$

由式(2-24)可看出 k 值大的组分，R_f值小。以硅胶(极性吸附剂)为固定相的吸附色谱法为例，增大展开溶剂的极性，可以增大组分的 R_f值。这是因为溶剂的极性增大，极性组分在流动相中溶解度增加，m_s/m_m降低，容量因子变小，而使 R_f值增大。

2. 相对保留值

一种物质与另一种物质调整保留值之比，称为相对保留值，又称分配系数比或容量因子

比，并以 α 表示，即

$$\alpha=\frac{t'_{R_2}}{t'_{R_1}}=\frac{V'_{R_2}}{V'_{R_1}}=\frac{k_2}{k_1}=\frac{K_2}{K_1} \tag{2-25}$$

对于给定的色谱体系而言，在一定温度下，两组分的相对保留值是一个常数，与色谱柱长度及内径等无关。在定性分析中，常选一种化合物作为标准，样品中各组分与标准化合物的相对保留值作为色谱定性的依据。色谱图中两相邻组分相对保留值也用作色谱系统分离选择性指标。

两组分保留值之比，称为选择性系数，用 α' 表示

$$\alpha'=\frac{t_{R_2}}{t_{R_1}}=\frac{1+k_2}{1+k_1} \tag{2-26}$$

将式(2-25)代入式(2-26)中，并经变换整理可得 α 与 α' 的关系

$$\alpha'-1=(\alpha-1)\frac{k_1}{1+k_1} \tag{2-27}$$

因 $t_{R_2}>t_{R_1}$，$t'_{R_2}>t'_{R_1}$，$k_2>k_1$，故 α 与 α' 总是大于 1。α、α' 越大，色谱柱的选择性越高。

3. 保留指数(I)

1) 保留指数的含义与计算

保留值作为物质的色谱定性参数，最大的不足之处是它受色谱操作条件的影响比较严重，因此通用性差。相对保留值由于选取标准物质作为参照物，减少了色谱条件的影响，但对分析一个多组分的复杂混合物时，因各组分的保留值差别很大，只选用一种标准物质测定其中各组分相对保留值时，会带来较大的误差，这样就不得不引用多种不同的标准物质，使应用受到一定限制。为了克服这些缺陷，1958 年 Kovats 提出了保留指数，又称 Kovats 指数。他是把组分的保留行为，换算成相当于含有几个碳的正构烷烃的保留行为来描述。也就是以正构烷烃系列作为量度被测物质相对保留值的标准物质，而不是以一种物质作为标准物质。Kovats 还人为地规定正构烷烃的保留指数为其碳原子数的 100 倍，如正己烷为 600，正庚烷为 700，正癸烷为 1000，依此类推。这一人为规定与任何实验条件无关，它构成了保留指数体系的基础。但对于非正构烷烃的其他物质的保留指数，仍受实验条件(如固定相、柱温等)的影响，因此在指明某一物质的保留指数的同时，还应说明实验条件。

通常是用与待测物的保留时间相近的两种标准物质来标定待测物的保留指数(I_X)。计算方法如下.

$$I_X=100\times\left[Z+n\,\frac{\lg t'_{R(X)}-\lg t'_{R(Z)}}{\lg t'_{R(Z+n)}-\lg t'_{R(Z)}}\right] \tag{2-28}$$

式中：Z 与 $Z+n$ 分别为含有 Z 与 $Z+n$ 个碳原子的正构烷烃，n 可为 1、2，通常 $n=1$。

【例 2-1】 乙酸正丁酯保留指数的测定。Apiezon L 柱，柱温 100℃，用正庚烷及正辛烷标定(图 2-7)，测定结果为

C_7：$t'_R=174$s，乙酸正丁酯：$t'_R=310$s，C_8：$t'_R=373.4$s，$Z=7$，$Z+n=8$，$n=1$。

解
$$I=100\left[7+1\times\frac{\lg 310\quad \lg 174}{\lg 373.4-\lg 174}\right]=775.6$$

说明乙酸正丁酯在 Apiezon L 柱上的保留行为相当于含有 7.756 个碳的正构烷烃的保留行为。

保留指数是色谱定性常用的参数，也可用其他同系物代替正构烷烃。

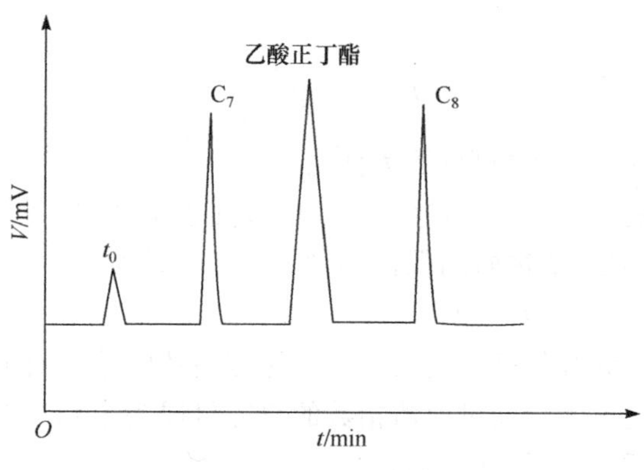

图 2-7　测定保留指数示意

2）保留指数计算式的推导

某物质的保留指数是以与它具有相同调整保留时间的假想的正构烷烃的碳数(乘 100)来表示的。保留指数是以相同调整保留时间为前提，折合成对应的正构烷烃的碳数。所以说是假想正构烷烃的碳数，因为求出的保留指数常含有小数值。例如，苯在 20% 角鲨烷固定相、100℃柱温下，求得保留指数为 6.49(未乘 100)，事实上并不存在含有 6.49 个碳的正构烷烃，只是假想而已。乘 100 是为了减少小数的位数。

保留指数的含义从其计算式的推导中更容易理解。

若要测定某物质的保留指数，先选取两个正构烷烃，它们相差的碳数最好为 1 或 2 个，且它们的调整保留时间一个比待测物长，另一个比待测物短。若低碳数的正构烷烃碳数为 Z，高碳数正构烷烃的碳数为 $Z+n$($n=1,2,3,\cdots$，此值不宜过大)，假定与待测物质具有相同调整保留时间的正构烷烃碳数为 X。一般来说，同系物调整保留时间的对数与碳原子数具有线性关系，即

$$\lg t'_{\mathrm{R}}=aC+b \tag{2-29}$$

式中：C 为碳数；a、b 为常数。

依据式(2-29)可得

$$\lg t'_{\mathrm{R}(Z+n)}=a(Z+n)+b \tag{2-30}$$

$$\lg t'_{\mathrm{R}(X)}=aX+b \tag{2-31}$$

$$\lg t'_{\mathrm{R}(Z)}=aZ+b \tag{2-32}$$

消除上面三个公式中的常数 a 与 b，得

$$X=Z+n\frac{\lg t'_{\mathrm{R}(X)}-\lg t'_{\mathrm{R}(Z)}}{\lg t'_{\mathrm{R}(Z+n)}-\lg t'_{\mathrm{R}(Z)}} \tag{2-33}$$

这样计算出来的 X 常含有小数部分，为此将 X 乘以 100，就是 Kovats 提出的保留指数，并以 I 表示，则得式(2-28)。

3）保留指数的特点

保留指数是目前使用较为广泛并被国际公认的气相色谱定性指标，其特点可以归纳如下：

(1) 具有很好的重现性和准确度。保留指数的精密度可达±0.1 指数单位或更低，相对误差<1%。因此只要柱温和固定液相同，就可利用文献发表的保留指数进行定性，而不需要使用纯物质进行对照。

(2) 保留指数与温度的近似线性关系。保留指数与温度(T)的关系比较复杂，它遵循

Antonine 型双曲线方程

$$I = A + \frac{B}{T_c + C} \tag{2-34}$$

式中：A、B 和 C 为常数；I 为保留指数；T_c为柱温。

在气相色谱所涉及的温度范围内，这部分双曲线几乎呈直线。利用这一规律可以求出不同柱温下的保留指数。例如，某物质的保留指数在 100℃时为 654，150℃时为 688，则不难算出该物质在 125 ℃时的保留指数应为 671。

(3) 保留指数与分子结构有密切关系。研究保留指数的重要目的之一，是通过分子结构来预测保留指数或者反之。无疑通过保留指数的研究可以为未知物的鉴别提供可靠的信息，并在固定相的分类上起重要作用(详见第 3 章)。

2.1.4 柱效参数

色谱柱(或薄层板)的柱效(或板效)通常用理论塔板数或有效理论塔板数衡量，而它们取决于区域宽度。现分述如下。

1. 区域宽度

区域宽度有下述三种表示方法。

1) 标准差

在数理统计中，讨论正态分布曲线时，将 $x=\pm1$ 处(拐点)的峰宽之半称为标准差 (standard deviation)，常用 σ 表示。

在正态分布中，曲线的高度 $\Phi(x)$ 为 x 的函数，关系如下：

$$\Phi(x) = \frac{1}{\sqrt{2\pi}} e^{-x/2} \tag{2-35}$$

当 $x=0$ 时，$\Phi(x)=0.3989$；当 $x=1$ 时，$\Phi(x)=0.2420$。

由于 $x=0$ 时，曲线的高度为峰高 h，当峰高为 0.3989 时，则高 0.2420 处的峰宽之半为标准差。因为$\frac{0.2420}{0.3989}=0.607$，即标准差为峰高 0.607 倍($0.607h$)处的峰宽之半。

标准差的大小，说明组分流经色谱柱后物质的分散程度，σ 小，分散程度小、峰顶点对应的浓度大、峰形窄、柱效高。反之，σ 大，峰形宽、柱效低。

由于 $0.607h$ 不便于测量，故常使用半峰宽或峰宽来表示区域宽度，但它们都是由 σ 派生而来。

2) 半峰宽

色谱峰峰高之半处的峰宽称为半峰宽(peak width at half-height)，常用 $W_{1/2}$表示。

$$W_{1/2} = 2\sigma\sqrt{2\ln 2} \tag{2-36}$$

式(2-36)的导出，见塔板理论。半峰宽也可写成

$$W_{1/2} = 2.355\sigma \tag{2-37}$$

因为半峰宽易确定，且 $W_{1/2}$ 比 σ 大，因此测量误差比 σ 小。

3) 峰宽

通过色谱峰两侧的拐点作切线，在基线上所截的距离，称为峰宽(peak width)，也称基线宽度，常用 W 表示。

由于作切线后为等腰三角形，底边为峰宽，而 σ 为等腰三角形高度一半处的宽度之半。

所以

$$W=4\sigma \tag{2-38}$$

将式(2-37)代入式(2-38)得

$$W=1.699W_{1/2} \tag{2-39}$$

$W_{1/2}$、W 与 σ 的关系，可由图 2-8 说明。

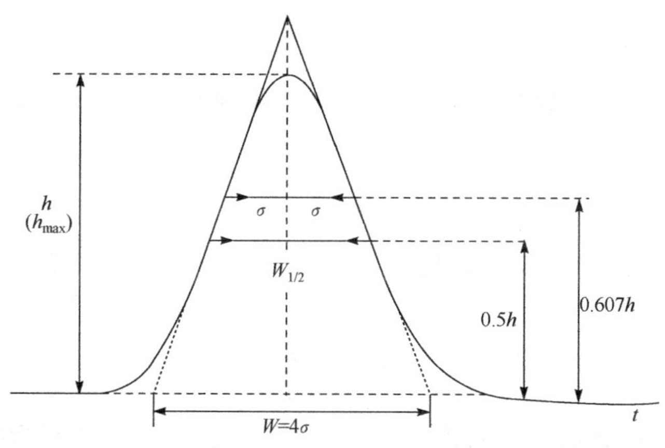

图 2-8　σ、$W_{1/2}$ 与 W 的关系

2. 理论塔板数与理论塔板高度

1) 理论塔板数

理论塔板数(theoretical plate number)是塔板理论提出的一个衡量柱效的指标，常用 n 表示，其计算公式(导出见后)如下：

$$n=\left(\frac{t_R}{\sigma}\right)^2 \tag{2-40}$$

因为

$$\sigma=\frac{1}{2.355}W_{1/2}=\frac{1}{4}W$$

因此，式(2-40)也可写成

$$n=5.54\left(\frac{t_R}{W_{1/2}}\right)^2 \tag{2-41}$$

用半峰宽($W_{1/2}$)计算理论塔板数(n)是最常用的方法。组分的保留时间越长，σ、$W_{1/2}$ 或 W 越小(即峰越瘦)，则理论塔板数越大，柱效越高。

若应用调整保留时间 t'_R 替换式(2-41)中的 t_R 时，所得值称为有效塔板数($n_{有效}$ 或 n_{eff})

$$n_{有效}=\left(\frac{t'_R}{\sigma}\right)^2=5.54\left(\frac{t'_R}{W_{1/2}}\right)^2=16\left(\frac{t'_R}{W}\right)^2 \tag{2-42}$$

上述诸式用于 GC 及 HPLC 的色谱柱理论塔板数或有效塔板数的计算。在 TLC 中，计算板效时，将式(2-41)中的 t_R 改为 l(某组分斑点质量重心至原点的距离)即可，但其 $W_{1/2}$ 常用 b 表示，于是有

$$n=5.54\left(\frac{l}{b}\right)^2 \tag{2-43}$$

在 TLC 中还多用真实塔板数($n_{真实}$)代替理论塔板数描写板效

$$n_{真实}=5.54\left(\frac{l}{b_1-b_0}\right)^2 \tag{2-44}$$

式中：b_1为$R_f=1$组分的半峰宽；b_0为$R_f=0$组分的半峰宽。

理论塔板数取决于固定相种类、性质（粒度、粒度分布等）和填充（或铺涂）状况、柱长（或板长），流动相的流速及测定柱效（或板效）所用物质的性质。在液相色谱法中还与流动相的种类、性质有关。

2）理论塔板高度

理论塔板高度（height equivalent to a theoretical plate）也是塔板理论中衡量柱效的指标，用H表示。

$$H=\frac{L}{n} \tag{2-45}$$

式中：L为GC与HPLC中的柱长或TLC薄层板上由原点至溶剂前沿间的距离；n为理论塔板数。

$$H_{有效}=\frac{L}{n_{有效}} \tag{2-46}$$

式(2-45)中的n换成$n_{真实}$，则可由式(2-43)计算出薄层板的真实塔板高度。

2.1.5 分离参数

分离参数用于衡量分离条件的优劣。常用的分离参数有分离度和分离数等，现分述如下。

1. 分离度

1）分离度的定义与含义

定义式：

$$R=\frac{2(t_{R_2}-t_{R_1})}{W_1+W_2} \tag{2-47}$$

含义：相邻两峰分开的距离（图2-9）是平均峰宽[$(W_1+W_2)/2$]的倍数，称为分离度（resolution），常用R表示。

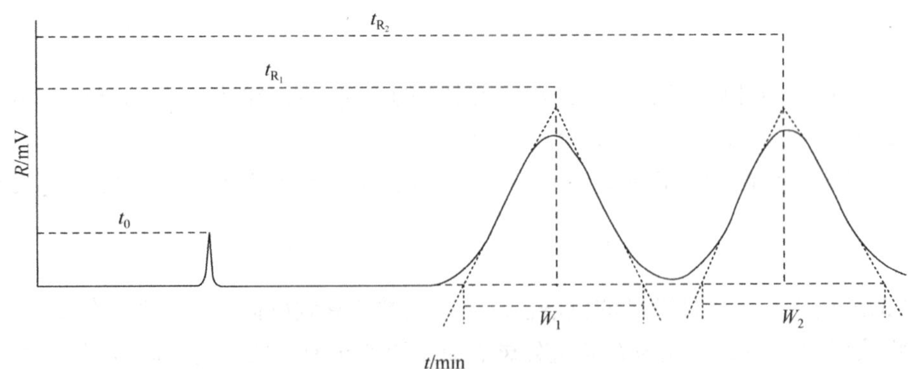

图2-9 分离度的计算

分离度的数值与相邻两峰分离状况的关系如下：

(1) $R=1$，称为4σ分离（峰顶间距为4σ），两峰基本分开（两峰峰基略有重叠），裸露峰面积

≥95.4%。因为 $W_1=4\sigma_1$，$W_2=4\sigma_2$，设 $\sigma_1=\sigma_2$，则在 $R=1$ 时，$t_{R_2}-t_{R_1}=4\sigma$，即相邻两峰顶间的距离为 4σ，故又称 4σ 分离。

因为在 $t_R\pm2\sigma$ 区间的面积，约占峰面积的 95.4%，所以在 $R=1$ 时，分离后各峰露出的面积大于或等于各自峰全部面积的 95.4%（指该两相邻峰的外侧无其他组分的色谱峰干扰，且峰高相近时，内侧峰基重叠约为 2%）。

(2) $R=1.5$，$t_{R_2}-t_{R_1}=6\sigma$，称为 6σ 分离（峰顶间距为 6σ）。

$R=1.5$ 时，在两侧无其他组分峰干扰时，分离后各峰露出的面积≥99.7%。$R\geq1.5$ 称为完全分离。

(3) $R=0.5$，$t_{R_2}-t_{R_1}=2\sigma$，称为 2σ 分离。在其两侧无其他组分峰的干扰时，分离后各峰露出的面积≥68.3%。$R\leq0.5$ 时说明分离条件不佳。

在 TLC 中，式(2-47)改为

$$R=\frac{2(l_2-l_1)}{W_1+W_2} \tag{2-48}$$

或

$$R=\frac{2d}{b_2'+b_1'} \tag{2-49}$$

式中：l_1 与 l_2 为斑点 1 与斑点 2 的中心至原点的距离；W_1、W_2 分别为由薄层扫描图测得的斑点 1 与斑点 2 的峰宽（图 2-10）。在 TLC 中，峰宽 W 也常用 b' 表示，l_2-l_1 常用 d 表示。

2) 分离方程式

分离度的影响因素可用基本分离方程式（导出见第 3 章）概括。

在 GC 和 HPLC 中

$$R=\frac{\sqrt{n}}{4}\left(\frac{\alpha-1}{\alpha}\right)\left(\frac{k_2}{1+k_2}\right) \tag{2-50}$$

a　　b　　c

式中：n 为色谱柱的理论塔板数；α 为相对保留值（$\alpha=k_2/k_1$）；k_2 为相邻两组分中保留时间长的组分的容量因子；k_1 为保留时间短的组分的容量因子；a 为柱效项；b 为柱选择性项；c 为柱容量项。

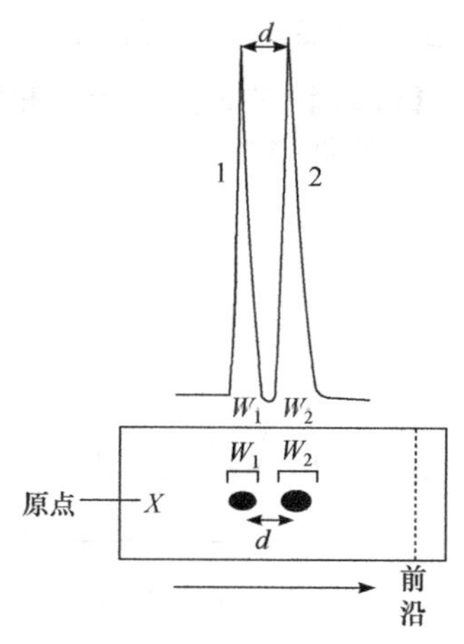

图 2-10　薄层色谱分离度的计算

a 项取决于柱效，柱效高（n 大），a 项大。b 项与 c 项相关联，在 GC 中，b 项与 c 项虽然都与色谱柱的性质有关，但 b 项主要受色谱柱性质影响，c 项主要受柱温所左右。在 HPLC 中，b 项与 c 项都与色谱柱及流动相的性质有关，但 b 项主要取决于组成流动相的溶剂种类（极性），组成流动相的溶剂种类确定后，调整流动相的配比，可改变洗脱能力，进而改变 c 项。

在 TLC 中

$$R=\frac{\sqrt{n}}{4}\left(\frac{\alpha-1}{\alpha}\right)(1-R_{f_1}) \tag{2-51}$$

a　　b　　c

式中：n 为薄层色谱板的理论塔板数；α 的含义与式(2-50)中相同；R_{f_1} 为相邻两组分中靠原点近的组分的比移值。

由于$R_f=1/(k+1)$，因此R_f值小（即容量因子大）的组分即为保留时间长的组分。由于在TLC与HPLC中保留时间的标识顺序有别，在TLC中R_f值小的（保留时间长的），靠原点近的标为“1”；而在HPLC中，保留时间长的标为“2”。因此，R_{f_1}的组分即对应于式(2-50)中容量因子为k_2的组分。

在TLC中，式(2-51)中的a项主要取决于薄层板的性能；与HPLC相同，b项、c项分别主要受溶剂系统的极性与配比影响。

式(2-50)和式(2-51)对分离条件的选择具有重要指导意义。选择实验条件，首要任务是使$\alpha \neq 1$，即b项不能为零。只有在$\alpha \neq 1$的前提下，增加n，适当增加k_2（或适当降低R_{f_1}），才能增加分离度R。有关这部分内容将在GC、HPLC及TLC各章中介绍。

2. 分离值

分离值(separation value)常用SV表示，其在柱色谱法和薄层色谱法中的表达形式不同。

(1) 在柱色谱法中，分离值的定义式如下：

$$SV=\frac{R_{(Z+1)/Z}}{R^*}-1 \tag{2-52}$$

含义：两个相邻峰的分离度为R^*时，在含Z与$Z+1$个碳的同系物色谱峰间所能容纳的峰数。

【例2-2】 若$R_{(Z+1)/Z}=6$，$R^*=1.5$（6σ分离，分离面积≥99.7%），则SV=3，说明在含Z与$Z+1$个碳的色谱峰间能容纳3个色谱峰（图2-11）。

【例2-3】 若$R_{(Z+1)/Z}=6$，相邻峰的$R^*=1$（4σ分离，分离面积≥95.4%），则SV=5，说明在含Z与$Z+1$个碳的同系物间可容纳5个色谱峰（图2-12）。

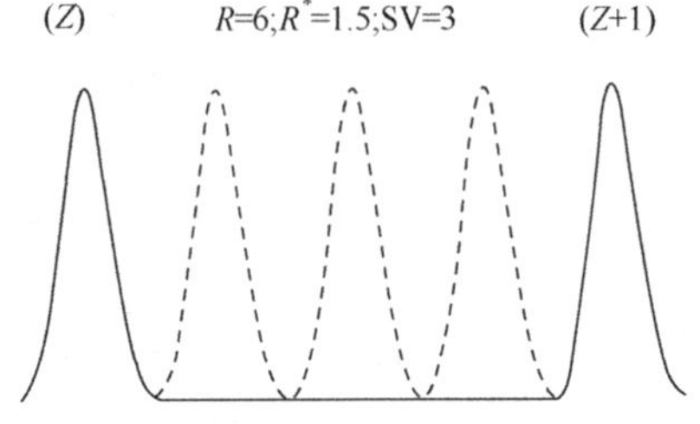

图2-11 $R^*=1.5$，SV=3时的色谱示意图

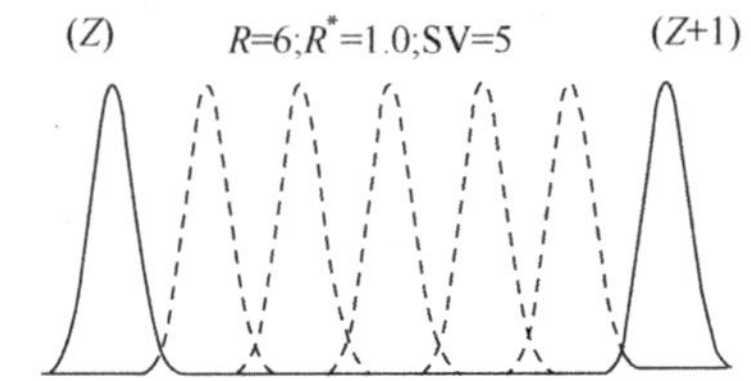

图2-12 $R^*=1$，SV=5时的色谱示意图

(2) 在薄层色谱法中，分离值的定义式与式(2-52)相同，只是表示方法简化为

$$SV=\frac{R}{R^*}-1 \tag{2-53}$$

式中：R为$R_f=0$及$R_f=1$两个组分斑点的分离度；R^*为相邻两组分斑点的分离度。

SV的含义：在$R_f=0$及$R_f=1$两种组分的斑点间，能容纳相邻组分分离度为R^*的斑点数，SV的数值取决于R及R^*。

现举例说明SV的物理意义。

【例2-4】 若$R_f=0$及$R_f=1$两组分的薄层斑点分离度$R=6$；两相邻组分斑点的$R^*=1.5$（6σ分离），求SV。

解

$$SV=\frac{6}{1.5}-1=3$$

说明在薄层板上 $R_f=0$ 与 $R_f=1$ 间能容纳裸露面积≥99.7%的斑点 3 个。

【例 2-5】 若 $R=6$, $R^*=1.0$(4σ 分离)，求 SV。

解

$$SV=(6/1.0)-1=5$$。

说明在 $R_f=0$ 及 $R_f=1$ 的斑点间可容纳裸露面积≥95.4%的斑点 5 个。

综上所述，SV 的数值取决于 R 与 R^*，R^* 若无统一规定，则不便于比较，因而在色谱法中，常用下面将要介绍的分离数来衡量色谱柱或薄层板的分离性能。

3. 分离数

分离数(separation number)在柱色谱法和薄层色谱法中的表达形式不同。

(1) 在柱色谱法中，分离数常用 SN 表示，其定义式如下：

$$SN=\frac{t_{R(Z+1)}-t_{R(Z)}}{W_{1/2(Z+1)}+W_{1/2(Z)}}-1 \tag{2-54}$$

因为 $W_{1/2}=W/1.699$，代入式(2-54)，得

$$SN=\frac{1.699[t_{R(Z+1)}-t_{R(Z)}]}{W_{(Z+1)}+W_{(Z)}}-1 \tag{2-55}$$

将分离度[式(2-47)]代入式(2-55)，得

$$SN=\frac{1.699}{2}R_{(Z+1)/(Z)}-1$$

$$SN=\frac{R_{(Z+1)/(Z)}}{1.177}-1 \tag{2-56}$$

比较式(2-56)与式(2-52)，可以看出当 $R^*=1.177$ 时，则

$$SN=SV$$

因而 SN 的含义为在相邻峰的分离度(R^*)为 1.177(4.7σ 分离，裸露面积≥98.1%)时，在含有 Z 与 $Z+1$ 个碳同系物间所能容纳的色谱峰数。

【例 2-6】 一个长 20m，内径 0.24mm 的 WCOT 柱，固定液为 Carbowax 20M，在 80℃测定正构醇同系物得：正戊醇、正己醇及正庚醇的保留时间(色谱峰宽)分别为 554.0s(7.54)、870.6s(12.03)及 1459.2s(20.40)。用正戊醇与正己醇的数据计算 SN。

解

$$SN=\frac{1.699\times(870.6-554.0)}{7.54+12.03}-1=26.5$$

说明在实验条件下，在 WCOT 柱上，正戊醇与正己醇间可容纳相邻峰分离度为 1.177 的色谱峰 26.5 个。

(2) 在薄层色谱法中，分离数的定义式如下：

$$SN=\frac{L}{b_0+b_1}-1 \tag{2-57}$$

式中：L 为 $R_f=1$ 及 $R_f=0$ 两组分的斑点质量重心间距离(薄层扫描图中峰顶间距离)，近似为原点至溶剂前沿距离；b_0 为 $R_f=0$ 斑点的半峰宽；b_1 为 $R_f=1$ 斑点的半峰宽。

在 TLC 中，计算 $R_f=0$ 及 $R_f=1$ 两种组分斑点的分离度可用下式表述

$$R=1.177\left(\frac{L}{b_0+b_1}\right) \tag{2-58}$$

即

$$\frac{L}{b_0+b_1}=\frac{R}{1.177} \tag{2-59}$$

将式(2-59)代入式(2-57)，得

$$SN=\frac{R}{1.177}-1 \tag{2-60}$$

比较式(2-60)与式(2-53)，可以看出当 $R^*=1.177$ 时，有

$$SN=SV$$

因而SN的含义为在相邻斑点的分离度为1.177(4.7σ分离，裸露峰面积≥98.1%)时，在 $R_f=0$ 及 $R_f=1$ 两种组分的斑点间能容纳的斑点数。SN越大，薄层板的容量越大。SN是衡量薄层色谱分离条件的主要参数之一。

【例 2-7】 用硅胶板，在一定的分离条件下，得下述数据：$L=127\text{mm}$，$R_f=0$ 物质的 $b_0=3.9\text{mm}$，$R_f=1$ 物质的 $b_1=8.2\text{mm}$，计算SN。

解
$$SN=\frac{127}{3.9+8.2}-1=9.5$$

说明在 $R_f=0$ 及 $R_f=1$ 的两组分的斑点间，可容纳相邻斑点的分离度为1.177的斑点9.5个。

一般来说，普通薄层板的SN在10以下，高效薄层板大于10。

b_0 及 b_1 通常不能直接测量，需由薄层扫描图上测得。通常前沿与原点斑点的形状都不正常，或者样品中不含 $R_f=0$ 及 $R_f=1$ 的组分，故常都用外推法求算 b_0 及 b_1，这是因为在一定样品范围内，半峰宽与 R_f 呈直线关系，因此很容易求出其回归方程式。

2.2 塔板理论

塔板理论是色谱学中的热力学平衡理论，即由相平衡观点来研究色谱过程。塔板理论把样品组分在色谱柱(或薄层板)中的分离过程，视为组分在分馏塔中的分馏过程，即把色谱柱看成一个分馏塔。分馏塔是分离沸点不同的混合物的一种装置，在塔的底层加热，利用各组分的沸点不同，在塔板上经过多次气-液平衡，最终低沸点组分在塔顶的流出液中含量高，高沸点组分在塔底层含量高，而达到分馏目的。

混合物在分馏塔中因组分的沸点不同而分馏，相当于在色谱柱中因组分的分配系数不同而分离。为了理解上的方便，下面先介绍色谱过程的差速迁移。

2.2.1 差速迁移

色谱过程是物质在相对运动着的两相间分配平衡的过程。若混合物中两种组分的分配系数(或吸附平衡常数)不等，则它们被流动相携带移动的速度也不同，即二组分差速迁移。

举例说明：设一个二组分A与B的混合物，它们在通过色谱柱时，若能被分离，必须二者的迁移速度不等(差速迁移)。若A的迁移速度小于B，则 $t_{R_A}>t_{R_B}$。A与B在色谱柱中的分离情况可由图2-13说明。因为B的保留时间短，先被流动相带出色谱柱。当B进入检测器时，流出曲线开始突起，随着B在检测器中的浓度变化而形成B峰。当B组分完全通过检测器后，流出曲线恢复平直。同理，随后A组分通过检测器而形成A峰。A、B两组分分离的主要原因可由式(2-8)说明。根据式(2-12)，A、B两组分的调整保留时间如下：

$$t'_{R_B}=t_0k_B \tag*{①}$$
$$t'_{R_A}=t_0k_A \tag*{②}$$

② －①，得

$$\Delta t'_R = t_0(k_A - k_B)$$

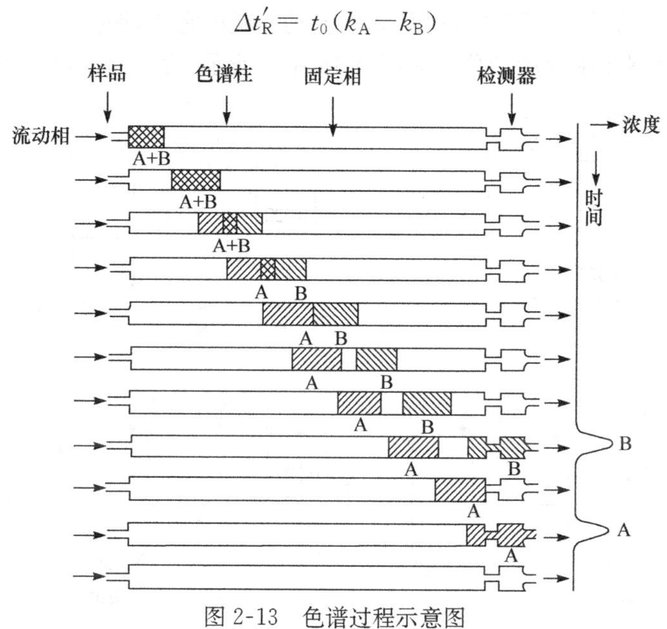

图 2-13　色谱过程示意图

若 $k_A = k_B$，则 $\Delta t'_R = 0$，A、B 两组分重叠而不能分开。只有 $k_A \neq k_B$时，才能使 $\Delta t'_R \neq 0$。因为 $k = K(V_s/V_m)$，所以分配系数(或容量因子)不等是分离的前提。若使 A、B 两组分在流经色谱柱后被分离，必须选适宜的实验条件(固定相及温度等)使它们的分配系数不等，分配系数差别越大，两组分的分离越完全。因此，在一个多组分混合物中，各组分按分配系数的大小顺序(分配系数小的先出柱)，依次流出色谱柱。

2.2.2　塔板理论的基本假设

塔板理论假设在色谱柱(或薄层板)中存在着许多塔板，样品(混合物)中各组分在相邻塔板的间隔(塔板高度)内，在相对移动的流动相与固定相中达到分配平衡，而后被流动相携带从一块塔板转移至另一块塔板，再达到分配平衡。经多次的平衡、转移，使各组分按分配系数的大小顺序，依次流出色谱柱，此过程已在 2.2.1 节中介绍。由于一根色谱柱的塔板数远比分馏塔的塔板数多(HPLC 柱一般为 10^5/m)，因此只要组分间的分配系数存在微小的差异，即可通过色谱柱(或薄层板)而被分离。塔板理论的基本假设可归纳为以下四条：

(1) 色谱柱中存在塔板，样品中的组分在色谱柱的“H”高度区间内可以很快达到分配平衡。H 称为塔板高度，且组分在 H 高度内服从分配定律。

(2) 样品的各组分都先加在第 0 号塔板上，且组分沿色谱柱轴方向的扩散(纵向扩散)可以忽略不计。

(3) 流动相进入色谱柱(洗脱过程)不是连续的，而是间歇进入，每次进入一个塔板体积。

(4) 分配系数在所有塔板上相同，与组分在塔板上的量无关(线性等温线)。

2.2.3　二项式分布

为了叙述上的方便，可把每一块塔板看作一个分液漏斗，由逆流分配及二项式分布来说明色谱过程。例如，设一个组分的分配系数为 2，即 $c_s/c_m = 2$，并假设分液漏斗上层(流动相)与下层(固定相)的体积相等。若溶质(样品)加至 0 号漏斗的量用 100% 表示，则此漏斗经振摇、平衡后，上层含溶质为 33.3%，下层含溶质为 66.7%。将上下两层分开，并将上层转移至 1 号漏斗。然后将 0 及 1 号漏斗分别添加等体积的流动相或固定相，振摇、平衡、转移，重复此操作三次，则溶质在各号漏斗中含量的分布如图 2-14 中 3 所示（为了简化，将分液漏斗绘成试管）。

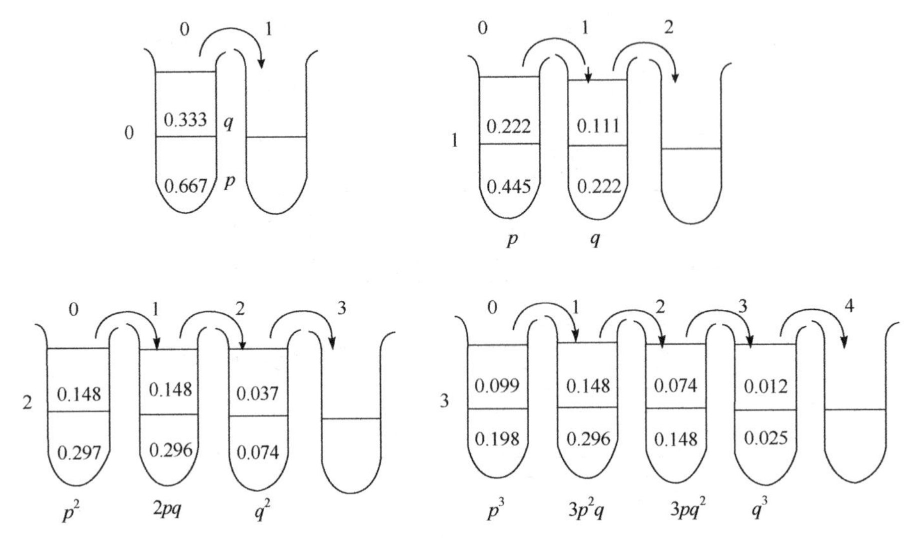

图 2-14　逆流分配示意图

由图 2-14 可以看出，在该萃取过程中，上层溶剂向右移动，下层虽然不动，相当于向左移动。溶质在逆向运动的两个液相中分配，故称为逆流分配。

在逆流分配中，设 0 号漏斗（试管）上层溶剂中溶质的含量为 q，下层中的含量为 p。经 N 次转移后，在各号漏斗中溶质含量的分布服从二项式，故称为二项式分布，即

$$(p+q)^N$$

若 p 与 q 用百分数表示，则

$$(p+q)^N=1 \tag{2-61}$$

转移 3 次（$N=3$）时，各漏斗中溶质的含量与二项式展开式的各项数值相对应：

$$(p+q)^3=p^3+3p^2q+3pq^2+q^3$$

将 $p=0.667$，$q=0.333$，代入式（2-61），得

$$(0.667+0.333)^3=0.297+0.444+0.222+0.037=1$$

漏斗号　　　0　　1　　2　　3

由二项式展开所得出的四个数值：0.297、0.444、0.222 及 0.037 正好是 0、1、2 及 3 号漏斗中上下两层溶质含量百分数之和，它们的总和为 100%。

转移 N 次后，r 号漏斗中溶质的含量 ${}^NX_r$ 可由下述通式（二项式展开后的第 r 项）直接求出

$${}^NX_r=\frac{N!}{r!\ (N-r)!}p^{N-r}q^r \tag{2-62}$$

用式（2-62）可直接计算 $N=3$ 时，0 及 3 号漏斗中溶质含量

$${}^3X_0=\frac{3!}{0!\ (3-0)!}\times0.667^{3-0}\times0.333^0=\frac{6}{1\times6}\times0.297\times1=0.297$$

$${}^3X_3=\frac{3!}{3!\ (3-3)!}\times0.667^{3-3}\times0.333^3=\frac{6}{6\times1}\times0.0369\times1=0.0369$$

需要说明的一点是，q 与 p 原分别为未转移时，0 号漏斗上、下层溶液中溶质含量，但在 $N=1$时(转移一次)，q 转移到 1 号漏斗，则成为 1 号漏斗中上下两层溶质含量之和。因此由二项式展开解出的各项是各号漏斗中上下两层溶质含量之和。若需求转移 N 次后，在 r 号漏斗中，流动相中溶质含量(${}^{N}q_{r}$)及固定相中溶质含量(${}^{N}p_{r}$)则需由分配系数计算。

$$ {}^{N}q_{r}=\frac{1}{1+K}{}^{N}X_{r} \tag{2-63} $$

$$ {}^{N}p_{r}=\frac{K}{1+K}{}^{N}X_{r} \tag{2-64} $$

用式(2-63)和式(2-64)可直接计算 $N=3$ 时，3 号漏斗的流动相和固定相中溶质的含量

$$ {}^{3}q_{3}=\frac{1}{2+1}\times 0.0369=0.0123 $$

$$ {}^{3}p_{3}=\frac{2}{2+1}\times 0.0369=0.0246 $$

假定样品为一个两组分的混合物，且 $K_{\mathrm{A}}=2$，$K_{\mathrm{B}}=0.5$。根据塔板理论的假设，按逆流分布的解析方法，现结合表 2-1 所示的液-液分配色谱过程加以说明。表中每一竖格代表一块塔板，每一竖格中的上层格代表流动相，下层格代表固定相，格中数据代表组分 A 及 B 的含量，N 为转移次数。每次转移包括两步：首先进入一个塔板体积的流动相，各塔板中的流动相转移至下一块塔板；下一步是分配平衡。箭头的方向是溶质迁移的方向。

在表 2-1 中，按塔板理论假设，样品一次加入至 0 号塔板，每次流动相加入一个塔板体积。待溶质在两相中分配平衡后，再向 0 号塔板加入另一个塔板体积的流动相，将原 0 号塔板中含有溶质的流动相推入 1 号塔板。0 号塔板中的新鲜流动相与含有溶质的固定相相遇，产生溶质交换。待 0 号和 1 号塔板中的溶质分配平衡后，再向 0 号塔板加入一个塔板体积的流动相，则将 0、1 号塔板中含溶质的流动相依次推入 1、2 号塔板中。待分配平衡后再依次转移，周而复始。

为了计算上的方便，设在每块塔板中流动相与固定相的体积相同。每块塔板分配平衡后，溶质的含量根据式(2-62)、式(2-63)和式(2-64)算出。

由表 2-1 可以看出，分配系数大的组分 A($K_{\mathrm{A}}=2$)，转移 4 次后，其浓度最高峰在 1 号塔板上，含量为 0.132+0.263；而分配系数小的组分 B($K_{\mathrm{B}}=0.5$)的浓度最高峰则在 3 号塔板上，含量为 0.263+0.132。因此，分配系数小的组分移行速度快，反之则移行速度慢。以上仅分析了 5 块塔板、转移 4 次后的分离情况。而事实上，一根色谱柱的塔板数为 $10^{3}\sim10^{6}$，因此只要两个组分的分配系数存在微小的差异，它们的保留时间将存在较大的区别。

上述以液-液分配色谱为例说明色谱过程，同样适用于气-液分配色谱。对于吸附色谱，完全可以用同样方式说明，只是分配系数的含义不同而已。

在转移次数不多时(一般不大于 20 次)，可由二项式求得塔板中溶质的含量(X)，所绘制的 N-X 曲线，称为二项式分布曲线(图 2-15)。

图 2-15 的曲线为非对称形，而通过色谱柱的正常色谱流出曲线为对称形的正态分布曲线。它们不一致的原因是图 2-15 的转移次数太少。若 $N>50$ 次，则可得到近似正态分布曲线。当溶质在色谱柱中的转移次数很大(塔板数很大)时，如一根色谱柱的塔板数在 10^{3}以上，已不能用二项式来计算各塔板中溶质的含量，需用正态分布方程来描述。由此可见，二项式分布是正态分布的中间过程。

表 2-1 分配色谱过程模型图

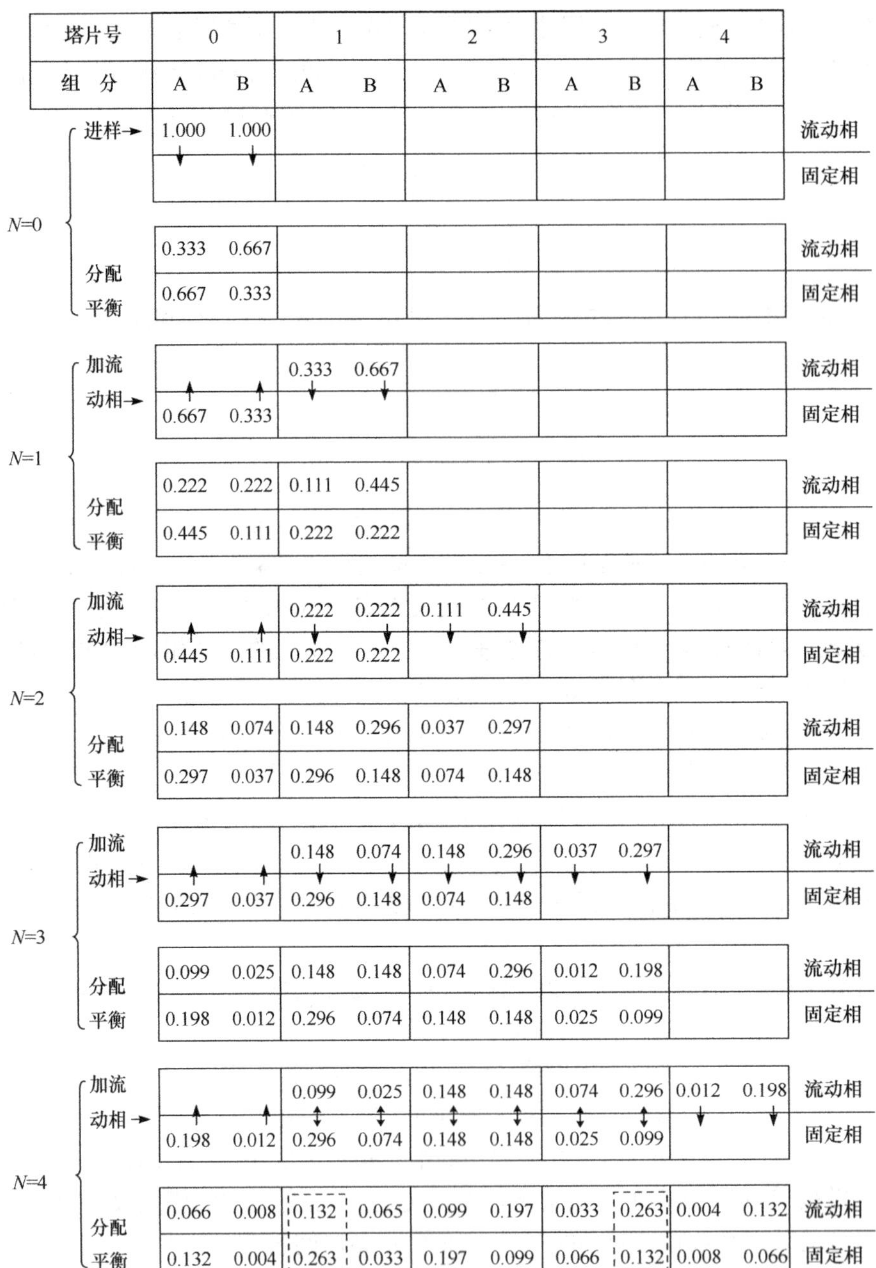

		塔片号 0		1		2		3		4		
	组分	A	B	A	B	A	B	A	B	A	B	
N=0	进样→	1.000	1.000									流动相
												固定相
	分配平衡	0.333	0.667									流动相
		0.667	0.333									固定相
N=1	加流动相→			0.333	0.667							流动相
		0.667	0.333									固定相
	分配平衡	0.222	0.222	0.111	0.445							流动相
		0.445	0.111	0.222	0.222							固定相
N=2	加流动相→			0.222	0.222	0.111	0.445					流动相
		0.445	0.111	0.222	0.222							固定相
	分配平衡	0.148	0.074	0.148	0.296	0.037	0.297					流动相
		0.297	0.037	0.296	0.148	0.074	0.148					固定相
N=3	加流动相→			0.148	0.074	0.148	0.296	0.037	0.297			流动相
		0.297	0.037	0.296	0.148	0.074	0.148					固定相
	分配平衡	0.099	0.025	0.148	0.148	0.074	0.296	0.012	0.198			流动相
		0.198	0.012	0.296	0.074	0.148	0.148	0.025	0.099			固定相
N=4	加流动相→			0.099	0.025	0.148	0.148	0.074	0.296	0.012	0.198	流动相
		0.198	0.012	0.296	0.074	0.148	0.148	0.025	0.099			固定相
	分配平衡	0.066	0.008	0.132	0.065	0.099	0.197	0.033	0.263	0.004	0.132	流动相
		0.132	0.004	0.263	0.033	0.197	0.099	0.066	0.132	0.008	0.066	固定相

2.2.4 色谱流出曲线方程的连续函数形式

在二项式分布中，式(2-62)是表述流动相通过 N 次转移后，在第 r 号塔板上组分质量分数或者说是组分分子经过 N 次转移后，出现在第 r 号塔板上的概率，又称二项式分布概率密度函数，它是一个非连续函数的表达形式，当 N 和 r 很大时计算起来相当麻烦。经过一系列的数学处理，可将其近似地转变成连续函数形式

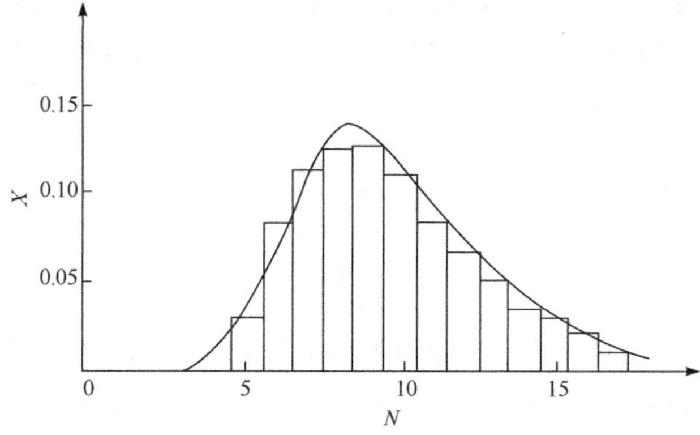

图 2-15　二项式分布曲线

$$^{N}X_{r}=\frac{1}{\sqrt{2\pi LHS^{2}\varphi^{2}k(1+k)}}\mathrm{e}^{-\frac{(V-V_{\mathrm{R}})^{2}}{2LHS^{2}\varphi^{2}k(1+k)}} \tag{2-65}$$

式中：H 为塔板高度；L 为色谱柱长；S 为色谱柱横截面积；φ 为流动相所占截面积的分数。式(2-65)即是某一特定分子在柱后出现的概率分布曲线。

若令 $\sigma=\sqrt{LHS^{2}\varphi^{2}k(1+k)}$，则式(2-65)可表示为

$$^{N}X_{r}=\frac{1}{\sigma\sqrt{2\pi}}\mathrm{e}^{-\frac{(V-V_{\mathrm{R}})^{2}}{2\sigma^{2}}} \tag{2-66}$$

式(2-66)为高斯(Gaussian)方程。不难看出，它是一条正态分布曲线。

在实际应用中，进样量 m 远多于一个分子，而色谱图的纵坐标常以浓度 c 来表示，色谱流出曲线的连续函数形式可表示为

$$c=\frac{m}{\sqrt{2\pi LHS^{2}\varphi^{2}k(1+k)}}\mathrm{e}^{-\frac{(V-V_{\mathrm{R}})^{2}}{2LHS^{2}\varphi^{2}k(1+k)}} \tag{2-67}$$

当 $V=V_{\mathrm{R}}$时

$$c=c_{\max}=\frac{m}{\sqrt{2\pi LHS^{2}\varphi^{2}k(1+k)}} \tag{2-68}$$

式(2-67)又可写为

$$c=c_{\max}\mathrm{e}^{-\frac{\Delta V^{2}}{2\sigma^{2}}} \tag{2-69}$$

式中：$\Delta V=V-V_{\mathrm{R}}$。

从塔板理论推出的色谱流出曲线的函数形式，是以 $V=V_{\mathrm{R}}$ 为对称轴的正态分布曲线，这是因为做了近似数学处理，才把非对称分布的二项式分布近似地变换成对称的连续分布曲线。应当特别强调指出的是，塔板理论并不认为色谱峰形是完全对称的。

2.2.5　正态分布方程式

前面已经叙述过，在 N 很大时，流出曲线趋于正态分布，因此流出曲线可用正态分布(高斯分布)方程式来描述。在数学上正态分布方程式的形式为

$$Y=\frac{1}{\sigma\sqrt{2\pi}}\mathrm{e}^{-\frac{(x-\mu)^{2}}{2\sigma^{2}}} \tag{2-70}$$

式(2-70)说明 Y 与 x 的关系，σ 为标准差，μ 为分布均数。当 $x=\mu$ 时，Y 值最大。$x>\mu$

或$x<\mu$时，Y都小于Y_{max}，而且x与μ相差越大，Y值越小。式(2-70)是将曲线下的面积作为1的情况，否则公式中的1需要相应的常数来代替。将正态分布方程式用于色谱流出曲线，把某些函数作相应的改换即可得

$$c=\frac{c_0}{\sigma\sqrt{2\pi}}e^{-\frac{(t-t_R)^2}{2\sigma^2}} \tag{2-71}$$

$$c=\frac{c_0}{\sigma\sqrt{2\pi}}e^{-\frac{(V-V_R)^2}{2\sigma^2}} \tag{2-72}$$

式中：t为时间；t_R为保留时间；V为流动相体积；V_R为保留体积；σ为标准差，它的单位由横坐标而定，横坐标为t时，σ为时间，横坐标为V时，σ为体积；c_0相当于某组分的量(质量或面积)；c为随时间而变化的浓度。式(2-71)或式(2-72)称为色谱流出曲线方程式，它说明某组分流出色谱柱的浓度变化与时间的关系。

1. 讨论

1) 当$t=t_R$时

$$c=\frac{c_0}{\sigma\sqrt{2\pi}}$$

因为此时的浓度最大，故用c_{max}表示，则有

$$c_{max}=\frac{c_0}{\sigma\sqrt{2\pi}} \tag{2-73}$$

由式(2-73)可说明，在σ一定时，峰高(即c_{max})取决于组分的量c_0。在c_0一定时，则峰越“瘦”(σ越小，柱效越高)，峰越高。

2) 当$t>t_R$或$t<t_R$时

将式(2-73)代入式(2-71)则得

$$c=c_{max}e^{-\frac{(t-t_R)^2}{2\sigma^2}} \tag{2-74}$$

或

$$h=h_{max}e^{-\frac{(t-t_R)^2}{2\sigma^2}} \tag{2-75}$$

式(2-74)与式(2-75)是流出曲线方程式的另一基本形式，也可以写成对数型。

$$\ln\frac{c_{max}}{c}=\frac{(t-t_R)^2}{2\sigma^2} \tag{2-76}$$

$$\ln\frac{h_{max}}{h}=\frac{(t-t_R)^2}{2\sigma^2} \tag{2-77}$$

式中的t及t_R可相应用V及V_R替换。由式(2-76)与式(2-77)可看出，当$t>t_R$或$t<t_R$时，$c<c_{max}$，$h<h_{max}$。

2. 证明下述关系

1) σ位于峰高(h_{max})的0.607倍处

当$t-t_R=\sigma$(或$-\sigma$)时

$$\ln\frac{h_{max}}{h}=\frac{\sigma^2}{2\sigma^2}=\frac{1}{2}$$

$$\frac{h_{max}}{h}=e^{\frac{1}{2}}$$

所以
$$h=\frac{1}{\sqrt{2.71828}}h_{max}=0.607h_{max}$$

上述证明说明，在峰高 0.607 倍处，时间与保留时间 t_R之差为标准差 σ。

2) $W_{1/2}=2.355\sigma$

根据定义，峰高之半处的宽度为 $W_{1/2}$。此处，$h=(1/2)h_{max}$；$t-t_R=(1/2)W_{1/2}$。代入式(2-77)中，得

$$\ln\frac{h_{max}}{0.5h_{max}}=\frac{\left(\frac{1}{2}W_{1/2}\right)^2}{2\sigma^2}$$

$$\ln2=\frac{W_{1/2}^2}{8\sigma^2}$$

所以
$$W_{1/2}=\sqrt{8\ln2}\,\sigma=2.355\sigma$$

3) 峰宽相当于 0.135 倍峰高处的宽度

因为 $W=4\sigma$，即 $t-t_R=2\sigma$，将峰宽数据代入式(2-77)中，看 h 与 h_{max}的关系，即

$$\ln\frac{h_{max}}{h}=\frac{(2\sigma)^2}{2\sigma^2}=2$$

$$\frac{h_{max}}{h}=e^2=7.3890$$

所以
$$h=0.135h_{max}$$

4) 峰面积 $A=1.065W_{1/2}h_{max}$

根据式(2-73)可得

$$h_{max}=\frac{c_0}{\sigma\sqrt{2\pi}}$$

式中 h_{max}的单位为 cm 时，σ 的单位也用 cm，则 c_0的单位需取 cm^2，即某组分的量可用峰面积表示。用峰面积 A 代表 c_0，代入上式得

$$A=\sqrt{2\pi}\sigma h_{max} \tag{2-78}$$

因为，已经证明 $W_{1/2}=2.355\sigma$，代入式(2-78)得

$$A=\frac{\sqrt{2\pi}}{2.355}W_{1/2}h_{max}$$

所以
$$A=1.065W_{1/2}h_{max}$$

上式说明高斯峰的面积是 $W_{1/2}\times h_{max}$所得的三角形峰面积的 1.065 倍。

由上述讨论及证明可以看出，流出曲线方程式可以说明色谱峰的形状、宽窄、浓度极大点的位置，以及进样量与峰面积和峰高的关系。现可归纳如下：

(1) 流出曲线方程式可以说明组分由色谱柱流出时的浓度变化与时间的关系。

(2) 曲线在 $t=t_R$时，有浓度极大点。t 与 t_R相差越大，则相应浓度越小。

(3) 进样量一定时，即某组分的量 c_0一定时，σ 越小(柱效越高)，峰高越高；反之，峰高越低。

(4) 在实验条件一定时，在一定进样量范围内，峰高与进样量成正比，因此，呈正常峰形的

组分，可用峰高定量。

2.2.6 理论塔板数与理论塔板高度的计算

1. 理论塔板数与理论塔板高度(板高)是柱效指标

一根色谱柱的塔板数取决于柱长、固定相种类及性质(粒度、粒度分布、比表面积等)、填充状态等，对于气-液色谱柱，其塔板数还与固定液膜的厚度有关。

理论塔板数(n)、理论塔板高度(H)、有效理论塔板数($n_{有效}$)及有效理论塔板高度($H_{有效}$)已在本章柱效参数中介绍过。根据式(2-41)及式(2-45)，n 与 H 分别为

$$n=5.54\left(\frac{t_R}{W_{1/2}}\right)^2$$

$$H=\frac{L}{n}$$

用半峰宽($W_{1/2}$)计算理论塔板数是最常用的方法，样品组分的保留时间越长、区域宽度(σ、$W_{1/2}$或 W)越小(峰越窄)，则理论塔板数越多，柱效越高。

若将式(2-41)中的 t_R 改为调整保留时间 t'_R，所得值称为有效塔板数($n_{有效}$或 n_{eff})。

根据式(2-42)及式(2-46)有

$$n_{有效}=5.54\left(\frac{t'_R}{W_{1/2}}\right)^2 \qquad H_{有效}=\frac{L}{n_{有效}}$$

2. 理论塔板数与理论塔板高度计算式的导出

在色谱流出曲线连续函数形式式(2-67)中，当浓度为最大浓度(c_{max})一半时，记为 $c_{1/2}$，对应的 $\Delta V=V-V_R$，记为 $\Delta V_{1/2}$，则有

$$\frac{c_{max}}{c_{1/2}}=2=e^{\frac{\Delta V_{1/2}^2}{2LHS^2\varphi^2k(1+k)}} \tag{2-79}$$

两端取自然对数后，可得

$$\ln2=\frac{\Delta V_{1/2}^2}{2LHS^2\varphi^2k(1+k)} \tag{2-80}$$

所以有

$$\Delta V_{1/2}=\sqrt{2\ln2LHS^2\varphi^2k(1+k)} \tag{2-81}$$

已知 $V_R=rHS\varphi(1+k)$，$L=rH$，所以

$$V_R=LS\varphi(1+k) \tag{2-82}$$

因此，式(2-82)除以式(2-81)可得

$$\frac{V_R}{2\Delta V_{1/2}}=\frac{LS\varphi(1+k)}{2\sqrt{2\ln2LHS^2\varphi^2k(1+k)}}$$

$$=\frac{1}{2\sqrt{2\ln2}}\sqrt{L/H}\sqrt{(1+k)/k}$$

这样可得

$$n=\frac{L}{H}=8\ln2\left(\frac{V_R}{2\Delta V_{1/2}}\right)^2\left(\frac{k}{1+k}\right) \tag{2-83}$$

因为 $k\gg1$，式(2-83)可简化为

$$n=8\ln 2\left(\frac{V_R}{2\Delta V_{1/2}}\right)^2=5.54\left(\frac{V_R}{2\Delta V_{1/2}}\right)^2 \tag{2-84}$$

可以看出，若测定出 V_R 与 $\Delta V_{1/2}$ 后，代入式(2-84)就能很方便地将理论塔板数计算出来。

若采用时间或距离坐标时，式(2-84)又可写为

$$n=5.54\left(\frac{t_R}{W_{1/2}}\right)^2 \tag{2-85}$$

有了理论塔板数计算公式后，就很容易计算出理论塔板高度，即

$$H=\frac{L}{n}$$

理论塔板数和理论塔板高度可定量地描述色谱柱的柱效，但由于色谱系统存在死体积，溶质消耗在死体积和死时间内与分配平衡无关，则 n、H 与色谱柱实际柱效不完全一致，特别是对 k 很小的组分更是如此，因而又提出有效塔板数($n_{有效}$)与有效塔板高度($H_{有效}$)的概念，即

$$n_{有效}=5.54\left(\frac{t'_R}{W_{1/2}}\right)^2=5.54\left(\frac{V'_R}{2\Delta V_{1/2}}\right)^2 \tag{2-86}$$

$n_{有效}$、$H_{有效}$扣除了与分配平衡无关的死体积或死时间的影响，可更好地反映色谱柱的实际柱效。

根据 $t'_R=t_R-t_0$，$k=t'_R/t_0$，可得

$$\frac{n}{n_{有效}}=\left(\frac{t_R}{t'_R}\right)^2=\left(\frac{t'_R+t_0}{t'_R}\right)^2=\left(\frac{1+k}{k}\right)^2 \tag{2-87}$$

所以有

$$n=\left(\frac{1+k}{k}\right)^2 n_{有效} \tag{2-88}$$

同样可得

$$H=\left(\frac{1+k}{k}\right)^2 H_{有效} \tag{2-89}$$

当 k 很大时，$n\approx n_{有效}$，$H\approx H_{有效}$；但当 k 很小时，二者将有较大的差别。

2.2.7　塔板理论的局限性

塔板理论是以分配平衡为基础，并依此导出色谱流出曲线方程，阐明了溶质的分布随流经色谱柱的流动相体积的变化规律及溶质浓度极大点的位置及其影响因素；塔板理论定量地说明了色谱柱的柱效以及决定色谱峰区域宽度的参数，导出了保留体积的基本关系式，说明塔板理论初步揭示了色谱分离的真实过程。塔板数是溶质在色谱柱内两相间分配平衡次数的量度，塔板数与塔板高度是广泛应用在色谱实践中评价色谱柱柱效的主要指标，具有重要的理论与实用价值。

尽管塔板理论在某些方面是成功的，但它毕竟是一种具有一定局限性的半经验性理论，因此它还不能解释诸如为什么同一溶质在不同的流动相流速下，给出不同的理论塔板数；未能阐明理论塔板数和塔板高度的色谱含义与本质；它还不能深入地说明色谱柱结构参数、操作条件与理论塔板数的关系，也未能说明影响塔板高度的因素。因此，它对色谱体系的设计、色谱操作条件选择的指导意义是有限的，当然更缺乏理论的预见性。究其原因是，塔板理论所依据的分配平衡在色谱过程中只是一种理想状态、极限状态，色谱分离实际上是一个动态过程，很难实现真正的分配平衡；其次，溶质在随流动相转移的过程中，不可避免地存在纵向扩散(沿色谱柱轴方向扩散)，它与流动相的流速、流动相的性质及填料的性质有关。由于塔板理论的某些

假设与实际不符,必然导致该理论有一定的局限性。

2.3 速率理论

从色谱动力学理论发展过程看,平衡理论是第一个色谱理论,塔板理论是平衡色谱理论的发展,它奠定了色谱理论基础。然而由于其本身的局限性,塔板理论不能深入地揭示色谱过程的本质,其原因是:色谱体系中几乎不存在真正的平衡状态;分配系数与浓度无关,只是在有限浓度范围内成立;纵向扩散也是不可忽略的。后来的学者从非平衡态去研究色谱过程,其结果不仅与塔板理论导出的结论相符,还能解释塔板理论所不能说明的问题。

速率理论就是把色谱过程看作一个动态过程,研究过程中的动力学因素对峰展宽(柱效)的影响。Martin 于 1952 年指出,在气相色谱过程中,溶质分子的纵向扩散是引起色谱峰展宽的主要因素。在此基础上,后来有人提出了纵向扩散理论。1956 年,van Deemter 全面概括了影响气相色谱柱效的动力学因素,提出了气相色谱速率理论方程式——van Deemter 方程式。1958 年,Giddings 与 Snyder 等根据液体与气体性质的差别,提出了液相色谱速率理论方程式——Giddings 方程式。

2.3.1 塔板高度的统计学意义

某溶质通过色谱柱时,每个溶质分子经过多次溶解(或吸附)-转移(解吸)过程。当它们在流动相中时,将随流动相速率移动;当它们进入固定相中,相对于流动相而言是固定不动的。由于溶质分子运动过程中分子间的碰撞以及运动路径是无规则的、随机的,因而可用随机模型来描述它们的行为。随机过程总是导致高斯分布,标准差 σ 或方差 σ^2 作为溶质分子在色谱柱内离散的量度。总的离散程度应为单位柱长分子离散程度的累计,且与柱长成正比,即

$$\sigma^2 = HL \tag{2-90}$$

式中:H 为比例系数;HL 相当于正态分布曲线的方差;σ^2 为随机变量的分散程度,则 H 为单位柱长的分子离散,即

$$H = \sigma^2 / L \tag{2-91}$$

这里为简便起见,H 仍称为塔板高度。式(2-91)表明了理论塔板高度与色谱分布曲线方差间的关系,与塔板理论导出的"塔板高度"在形式上相同。由于色谱柱不存在塔板,所以用"塔板"和"塔板高度"等术语来表示塔板的存在似乎不妥。虽然速率理论仍沿用"理论塔板高度"的概念,但与塔板理论中的塔板高度具有不同的含义。速率理论的塔板高度(H)是柱内单位长度中溶质分子离散的程度,作为一个色谱参数使用,是描述色谱区域宽度或色谱峰扩张的指标。

根据随机理论,有限个独立随机变量和的方差等于它们的方差和。因此色谱过程总的色谱区域宽度的扩张等于各独立因素引起的色谱区域宽度扩张的和,即溶质分子总的离散等于各独立离散因素的和,因此离散项具有加和性,即

$$\sigma^2 = \sigma_1^2 + \sigma_2^2 + \sigma_3^2 + \cdots + \sigma_n^2 = \sum_{i=1}^{n} \sigma_i^2 \tag{2-92}$$

色谱柱柱效采用单位柱长上溶质分子离散项的和表示,即

$$\begin{aligned} H &= H_1 + H_2 + H_3 + \cdots + H_n \\ &= \sigma_1^2/L + \sigma_2^2/L + \sigma_3^2/L + \cdots + \sigma_n^2/L = \sum_{i=1}^{n} H_i \end{aligned} \tag{2-93}$$

总的塔板高度等于各种因素对塔板高度贡献之和。H 为单位柱长上溶质分子总的离散度，是单个分子离散度的统计概念。

2.3.2　气相色谱速率理论方程式

气相色谱速率理论方程式，以 van Deemter 方程式为代表。通过实验发现：在载气流速很低时，峰变锐（柱效增加）；超过某一速度后，流速再增加，峰变钝（柱效降低）。用塔板高度（板高）H 对载气流速 u 作图为二次曲线。曲线最低点所对应的塔板高度最小（$H_{最小}$），柱效最高，此时的流速称为最佳流速（$u_{最佳}$）。H-u 曲线如图 2-16 所示。

板高随载气流速而改变，而且有最佳点的现象是平衡理论所无法解释的。van Deemter 根据气相色谱过程中的物料平衡、扩散及传质现象与溶质运动速率关系的偏微分方程，导出了 van Deemter 方程式[2]。

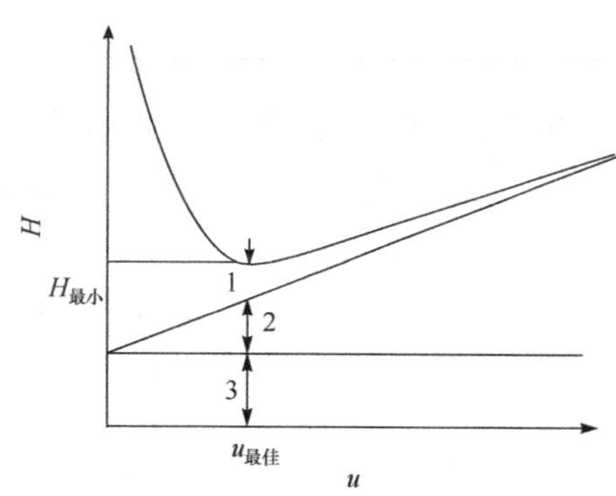

图 2-16　塔板高度-流速曲线

1. B/u；2. C_u；3. A

van Deemter 方程式的简单形式如下：

$$H=A+B/u+Cu \tag{2-94}$$

式中：A、B、C 是三个常数，其单位分别为 cm、cm^2/s 及 s；u 为载气的线速度（cm/s），$u\approx L/t_0$；L 为柱长（cm）；t_0 为死时间（s）。

式（2-94）说明：在 u 一定时，A、B 及 C 三个常数越小，峰越锐，柱效越高，反之，则峰展宽增大，柱效降低。塔板高度由 A、B/u 及 Cu 三项构成。

用 van Deemter 方程式可以解释塔板高度-流速曲线。在低速时（$0\sim u_{最佳}$），u 越小，B/u 项越大，Cu 项越小。此时，Cu 项可以忽略，B/u 项起主导作用，u 增加则 H 降低，柱效升高。在高速时（$u>u_{最佳}$），u 越大，Cu 越大，B/u 越小，Cu 项起主导作用。此时 u 增加，H 升高，柱效降低。

1. 影响塔板高度的因素

1）涡流扩散

常数 A 称为涡流扩散（eddy diffusion）项或多径项（multiple paths item）。A 项说明填充柱由于填充不均匀而引起的峰（谱带）展宽。填充不均匀，使组分的不同分子经过多个不同长度的途径流出色谱柱，而使峰展宽，因此也称多径项。填充不均匀引起的峰展宽示意图如图 2-17所示。

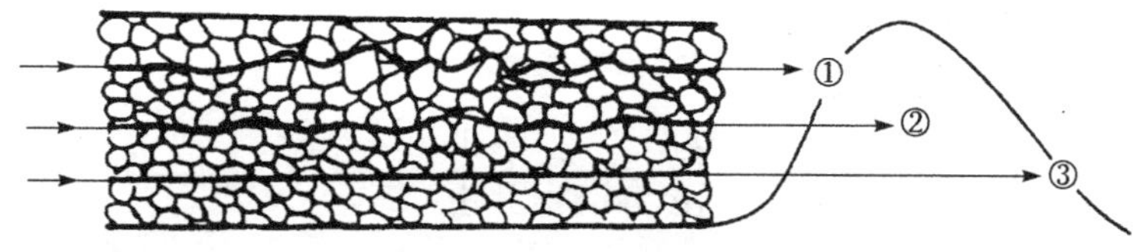

图 2-17　涡流扩散对峰展宽的影响

溶质分子不同路径引起溶质分布的扩展（峰展宽）可表示为

$$H_1=H_e=A=\sigma_1^2/L=2\lambda d_P \tag{2-95}$$

式中：λ 为填充不规则因子；d_P 为填料（固定相）颗粒的直径。

色谱柱填充越不均匀，λ 越大。根据式（2-95），d_P 越小越好，但 d_P 越小，越不易填匀，而且柱阻也增大。d_P 与 λ 的关系见表 2-2。

表 2-2　填料粒径对 A 项的影响

筛目	d_P/cm	λ	A/cm
20～40	0.04～0.08	1	0.12
50～100	0.015～0.03	3	0.14
200～400	0.004～0.007	8	0.09

由表 2-2 看出，d_P 越小，A 越小，但柱阻大，且越不易装均匀。因此在气相色谱中，一般多采用 80～100 目的填料。开口毛细管柱，只有一个流路，无多径项，A 项为零。

2）纵向扩散

由分子纵向扩散引起的色谱峰展宽用式（2-96）表示

$$H_2=H_d=B/u=\sigma_2^2/L=2\gamma D_m/u \tag{2-96}$$

其中

$$B=2\gamma D_m \tag{2-97}$$

式中：B 为纵向扩散（longitudinal diffusion）系数或分子扩散系数；γ 为扩散阻碍因子；D_m 为组分在流动相中的扩散系数。

B/u 称为纵向扩散项。γ 与填充物的形状、填充状况有关，它反映组分的扩散。流动相在柱内运动受填料的影响，使路径弯曲，扩散受到阻碍。填充柱 $\gamma<1$，硅藻土载体 γ 为 0.5～0.7，毛细管柱 $\gamma=1$（无扩散阻碍）。阻碍因子与载体的关系见表 2-3。

表 2-3　阻碍因子 γ 的近似值

载体	γ
玻璃微珠	0.6～0.7
白色硅藻土载体	0.74
红色硅藻土载体	0.46

扩散是浓度趋向均一的现象，扩散速度的快慢可用扩散系数衡量。由于样品组分被载气带入色谱柱后，是以“塞子”的形式存在于色谱柱的很小一段空间中，在“塞子”前后（纵向）存在着浓度差，而形成浓度梯度，因此势必使运动着的分子产生纵向扩散。纵向扩散与分子在载气中停留的时间及扩散系数成正比。组分在流动相中的扩散系数 D_m 与载气相对分子质量的平方根成反比，此外还与柱温有关。

组分在流动相中的扩散公式为

$$\frac{dm}{dt}=-D_m S\frac{dc}{dt} \tag{2-98}$$

式中：D_m 为扩散系数；S 为扩散截面积。

在单位时间内，单位浓度梯度（$dc/dt=1$）下，通过单位截面积（$S=1$）物质的量（m）称为扩散系数。负号表明向低浓度方向扩散。

在气相色谱中，为了减小组分分子在载气中的停留时间，可采用较高的载气流速、选择相对分子质量大的重载气(如 N_2),可以降低 D_m。但载气相对分子质量大时,黏度大,柱压降大。因此,载气线速率较小时用 N_2,较大时用 H_2 或 He。

由上述讨论可以说明,纵向扩散是使峰展宽、塔板高度增大、柱效降低的第二个因素。

3) 传质阻力

在式(2-94)中,C 称为传质阻力(mass transfer resistance)系数,Cu 称为传质阻力项。所谓传质是指样品混合物被载气带入色谱柱后,组分在气、液两相中分配,由于组分与固定相分子间的作用力,组分由气-液界面溶入固定液,进而扩散到固定液内部,而后趋向"分配平衡"。由于载气流动,这种"平衡"被破坏。当纯净载气或含有组分的载气(比平衡时浓度低)到达后,则固定液中组分的部分分子将回到气-液界面,而被载气带走(转移)。这种溶解、扩散、平衡及转移的整个过程称为传质过程。影响此过程进行的阻力,称为传质阻力。色谱过程中,流动相处于连续流动状态,由于传质阻力的存在,有些溶质分子在固定相中未能达到分配平衡就随流动相前移,发生了分子超前;有些溶质分子进入固定相中,由于传质阻力的存在,不能迅速转入流动相中,发生了分子滞后。图 2-18 描述了由传质阻力导致非平衡过程所引起色谱峰的展宽。

根据随机行走模型,溶质分子在固定相中,可看作停留的步子;进入流动相中看作向前移动的步子。设溶质在固定相中每停留一步的时间为 t_s,t_s 与固定液液膜厚度 d_f 的平方成正比,而与溶质在固定相中扩散系数 D_s 成反比[3],即

$$t_s = q\frac{d_f^2}{D_s} \tag{2-99}$$

式中:q 为由固定相颗粒形状和孔结构决定的结构因子。

固定相载体为球形,固定液液膜近似于球面时,q 为 $8/\pi^2$;若载体形状不规则,固定液液面呈平面状,则 q 为 2/3。

溶质在固定液中停留的时间为 t'_R,则溶质在固定液中停留平均步数 N_s 为

$$N_s = \frac{t'_R}{t_s} = t_0 k \Big/ \left(q\frac{d_f^2}{D_s}\right) = \frac{kLD_s}{qd_f^2 u} \tag{2-100}$$

式中:u 为流动相通过色谱柱的速率;L 为色谱柱柱长。

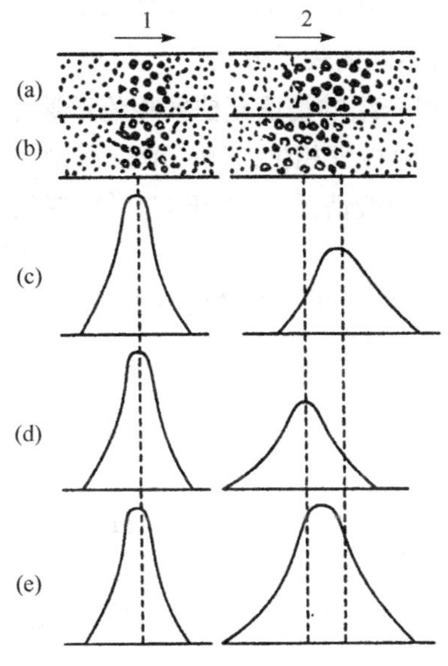

图 2-18　传质阻力对色谱峰展宽的影响

(a) 流动相;(b) 固定相;(c) 流动相中组分的分布;(d) 固定相中组分的分布;(e) 色谱峰扩张

1. 无液相传质阻力;2. 有液相传质阻力

溶质在色谱柱内迁移速率 $u_x = u/(1+k)$,这是因为 $ut_0 = u_x t_R$。所以溶质每步迁移所需要的时间乘以迁移速率,则得迁移的平均步长 l,即

$$l = t_s\frac{u}{1+k} = q\frac{d_f^2}{(1+k)D_s}u \tag{2-101}$$

固定相传质在单位柱长上引起的谱带展宽为

$$H_3 = H_s = C_s u = \sigma_3^2/L = N_s l^2/L = q\frac{k}{(1+k)^2}\frac{d_f^2}{D_s}u \tag{2-102}$$

固定相传质阻力系数以 C_s 表示,则有

$$C_s = q \frac{k}{(1+k)^2} \frac{d_f^2}{D_s} \tag{2-103}$$

固定相传质阻力系数与固定相液膜厚度的平方成正比，而与固定相内溶质分子扩散系数成反比。

式(2-94)中 C 为传质阻力系数，它是由固定相传质阻力系数(C_s)与流动相传质阻力系数(C_m)所组成，即 $C=C_s+C_m$。

在气相色谱中，因载气的黏度小、相对分子质量小，因而组分在载气中的扩散系数较大，使得流动相传质阻力系数较小。在 u 不太大时，$C_m u$ 与 $C_s u$ 相比，$C_m u$ 可以忽略。因此，早期导出的气相色谱速率方程式中，$C \approx C_s$。

由上述讨论可以看出，van Deemter 方程式对于分离条件的选择具有指导意义。它可以说明：填充均匀程度、载体粒度、载气种类、载气流速、柱温、固定液膜厚度等对色谱柱柱效(峰展宽)的影响。

2. van Deemter 方程式在气相色谱中的表现形式

综上所述，van Deemter 方程式由于在固定液膜厚度、载气线速度及填充柱或开口柱等差别，而有不同的表示方式。

这里介绍的是填充柱气相色谱速率理论方程，而毛细管柱气相色谱速率理论方程将在第3章毛细管柱气相色谱法一节中讨论。

(1) 一般情况下，由于 C_m 可以忽略，$C \approx C_s$，则

$$H = A + B/u + C_s u \tag{2-104}$$

合并式(2-95)和式(2-96)及式(2-102)得到气相色谱速率理论方程式，通常称为 van Deemter 方程，即

$$H = 2\lambda d_P + \frac{2\gamma D_m}{u} + q \frac{k}{(1+k)^2} \frac{d_f^2}{D_s} u \tag{2-105}$$

$$H = 2\lambda d_P + \frac{2\gamma D_m}{u} + \frac{8}{\pi^2} \frac{k}{(1+k)^2} \frac{d_f^2}{D_s} u \tag{2-106}$$

$$H = 2\lambda d_P + \frac{2\gamma D_m}{u} + \frac{2}{3} \frac{k}{(1+k)^2} \frac{d_f^2}{D_s} u \tag{2-107}$$

式(2-106)和式(2-107)分别是将式(2-105)中的 q 作为球面和平面处理。

(2) 快速气相色谱法。它是采用薄液膜固定相及高载气线速度的色谱法，因分析速度较快，也称快速气相色谱法。在这种情况下，流动相传质阻力对色谱峰展宽的影响已不可忽略，此时

$$H = A + B/u + C_m u + C_s u \tag{2-108}$$

气相传质阻力的存在造成单位柱长上色谱峰展宽为

$$H_m = C_m u = \sigma_4^2 / L = 0.01 \frac{k^2}{(1+k)^2} \frac{d_P^2}{D_m} u \tag{2-109}$$

气相传质阻力系数为

$$C_m = 0.01 \frac{k^2}{(1+k)^2} \frac{d_P^2}{D_m} \tag{2-110}$$

式中：d_P 为固定相颗粒直径(cm)；D_m 为溶质在流动相中的扩散系数。

将式(2-109)合并到式(2-107)中，得

$$H=2\lambda d_P+\frac{2\gamma D_m}{u}+0.01\frac{k^2}{(1+k)^2}\frac{d_P^2}{D_m}+\frac{2}{3}\frac{k}{(1+k)^2}\frac{d_f^2}{D_s}u \tag{2-111}$$

式(2-111)为公认的填充柱气相色谱速率理论方程式，即改进的 van Deemter 方程式(将 q 作平面处理)。

2.3.3 液相色谱速率理论方程式

液相色谱与气相色谱的主要区别可归结于液体与气体性质的差异：液体的扩散系数比气体要小 10^5 倍左右；液体黏度比气体约大 10^2 倍；液体表面张力比气体约大 10^4 倍；液体密度比气体约大 10^3 倍；液体是不可压缩的。这些差别对液相色谱的扩散和传质过程影响很大，而传质阻力对峰展宽的影响尤为显著，因此，液相色谱的速率理论方程式与气相色谱的速率理论方程式的主要差别表现在纵向扩散项(B/u)及传质阻力项(Cu)上。1958 年，Giddings 等在 van Deemter 方程式的基础上提出液相色谱速率理论方程式，两者类似，但某些函数的含义不同。

1. Giddings 液相色谱速率理论方程式[4]

由 Giddings 与 Snyder 等提出的液相色谱速率理论方程式如下：

$$H=H_e+H_d+H_m+H_s+H_{sm}=A+B/u+C_m u+C_s u+C_{sm} u \tag{2-112}$$

式(2-112)与 van Deemter 方程式相比，多了静态流动相传质阻力项 $C_{sm}u$。A、B、C_m及 C_s 的含义虽然与 van Deemter 方程式中对应项形式相同，但内容还是有些差异。

根据式(2-97)，纵向扩散系数 $B=2\gamma D_m$。D_m为被分离组分的分子在流动相中的扩散系数。在液相色谱法中，流动相为液体，黏度(η)比载气大很多，而且柱温多采用室温，一般比气相色谱的柱温低得多，而 $D_m\propto T/\eta$，因此液相色谱中的 D_m比气相色谱的 D_m约小 10^5 倍。其次，为了节约分析时间，一般采用的流动相流速至少是最佳流速的 3～10 倍，若流动相的线速度>1cm/s，则纵向扩散项 B/u 可以忽略不计。于是，式(2-112)可写为

$$H=H_e+H_m+H_s+H_{sm}=A+C_m u+C_s u+C_{sm} u \tag{2-113}$$

式(2-113)是常用的 Giddings 液相色谱速率理论方程式。该式说明在液相色谱法中色谱柱的塔板高度由涡流扩散项(H_e)、流动相传质阻力项(H_m)、固定相传质阻力项(H_s)及静态流动相传质阻力项(H_{sm})构成。将各函数代入式(2-113)中得

$$H=2\lambda d_P+\omega\frac{d_P^2}{D_m}u+q\frac{k}{(1+k)^2}\frac{d_f^2}{D_s}u+\frac{(1-\varepsilon+k)^2}{30(1-\varepsilon)(1+k)^2}\frac{d_P^2}{\gamma D_m}u \tag{2-114}$$

简易表达式可写为

$$H=2\lambda d_P+C'_m\frac{d_P^2}{D_m}u+C'_s\frac{d_f^2}{D_s}u+C'_{sm}\frac{d_P^2}{D_m}u \tag{2-115}$$

式中：d_P、d_f、D_m及 D_s与 van Deemter 方程式中的相应函数的含义相同；ω(即 C'_m)与柱内径、形状、填料的性质有关，其值在 0.01～10，是一个无因次的常数；ε 是固定相的孔隙度；γ 是与固定相颗粒、孔道弯曲程度有关的系数。

式(2-113)中的四项均为色谱峰展宽的因素，它们对峰展宽的影响可由图 2-19 说明。

涡流扩散所引起的峰展宽是相同迁移速率的分子，走了不同途径，距离不等所致(图 2-19 中 b)。动态流动相传质阻力引起峰展宽是在一个流路中处于流路中心与处于流路边缘的分子的迁移速率不等所致(图 2-19 中 c)。处境不同，分子迁移速率不同，这是因为处于边缘的分

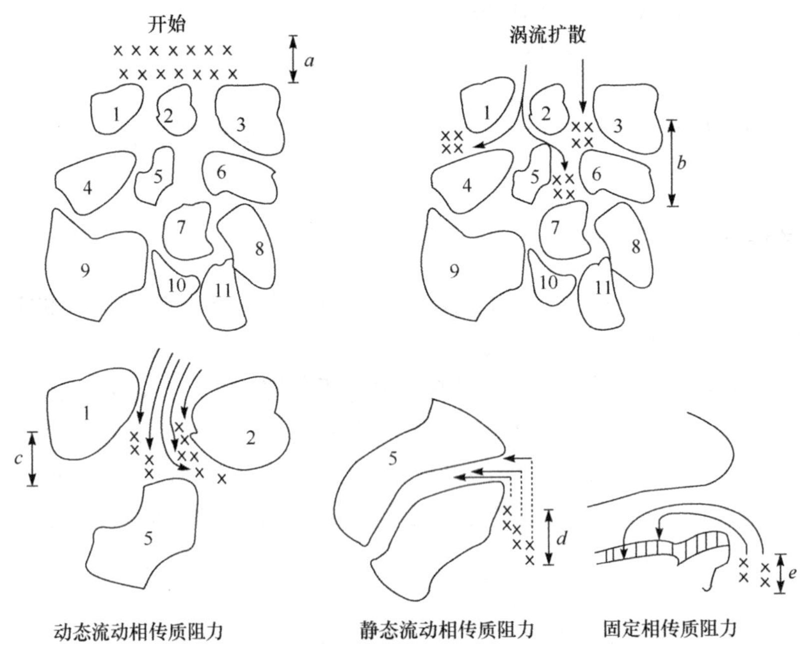

图 2-19　涡流扩散与各种传质阻力对液相色谱峰展宽的影响

“x”表示被分离组分的分子；a 为原始样品带宽；b、c、d 及 e 分别为经涡流扩散、动态流动相传质阻力、静态流动相传质阻力及固定相传质阻力展宽后的谱带宽度

子与固定相的作用力相对大于处于中心分子。静态流动相传质阻力是分子进入处于固定相较深孔穴内的静止流动相中，而晚回到流动相所引起的峰展宽(图 2-19 中 d)。固定相传质阻力引起的峰展宽，则是分子进入厚涂层固定液，相对晚回到流动相之故(图 2-19 中 e)。

2. Giddings 偶合式

Giddings 偶合式又称速率理论方程偶合式。Giddings 认为 van Deemter 方程式中影响塔板高度的各项因素，并不都是孤立的，而且证明了涡流扩散项(A)与流动相传质阻力项($C_m u$)是相互关联(偶合)的。因为一组分子不可能自始至终在一个流路中迁移，而保持流路中的中心分子与边缘分子的恒定速度差(图 2-19 中 c)。由图 2-19 可以了解到，在一个流路中分子间的速度差与一组分子走多径产生的距离差，这两种作用均引起峰的展宽，分别为流动相传质阻力项($C_m u$)及涡流扩散项(A)。由于色谱柱内存在着横向(指垂直于管壁的方向)扩散作用，在另一瞬间可能使分子进入另一流路中，改变了在原流路中分子间的速度差关系，以致速度差被部分抵消，即峰展宽被部分抵消。这说明了 $C_m u$ 与 A 两项峰展宽因素互相关联(H_e与 H_m偶合)，而不是独立的，它们对峰展宽的贡献小于它们单独贡献之和，如图 2-20 所示。因此，其偶合项可用原两项倒数和的倒数表示，即

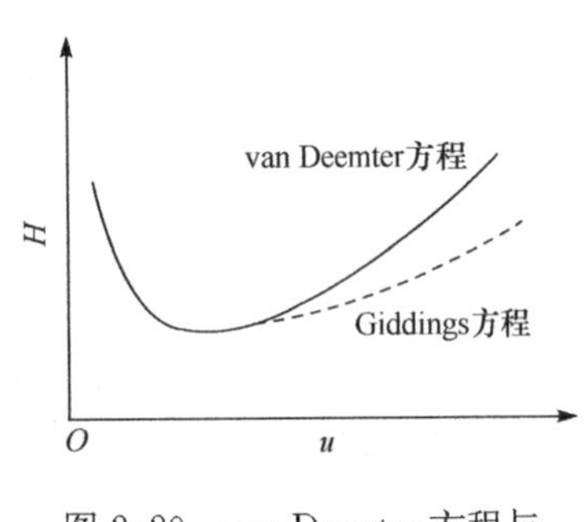

图 2-20　van Deemter 方程与 Giddings 方程

$$
\begin{aligned}
H &= \left(\frac{1}{A}+\frac{1}{C_{\mathrm{m}}u}\right)^{-1}+B/u+C_{\mathrm{s}}u+C_{\mathrm{sm}}u \\
&= \left(\frac{1}{H_{\mathrm{s}}}+\frac{1}{H_{\mathrm{m}}}\right)^{-1}+B/u+C_{\mathrm{s}}u+C_{\mathrm{sm}}u \\
&= H_{\mathrm{A}}+H_{\mathrm{d}}+H_{\mathrm{s}}+H_{\mathrm{sm}}
\end{aligned}
\tag{2-116}
$$

H_A称为偶合项，其他各项含义同前。Giddings 偶合式说明塔板高度由 H_{A}、H_{d}、H_{s}及H_{sm}组成。

2.3.4　速率理论方程式的讨论

1. 塔板高度与载气流速的关系

从图 2-16 中可看到，曲线有一最低点，其柱效最高，塔板高度最小，以 $H_{最小}$ 表示。对应此点的载气线速度称为最佳流速($u_{最佳}$)，这些均可由式(2-94)求出。

对式(2-94)求导数，因对应曲线最低点的一阶导数为 0，可得

$$\mathrm{d}H/\mathrm{d}u=-B/u^2+C=0$$

$$u_{最佳}=\sqrt{B/C} \tag{2-117}$$

$$H_{最小}=A+2\sqrt{BC} \tag{2-118}$$

由图 2-16 中可以看出

(1) 当 $u<u_{最佳}$时，因 u 比较小，H/u 项起主要作用，即纵向扩散是引起色谱峰扩张的主要因素，传质对塔板高度的影响可以忽略，则式(2-94)变为

$$H=A+B/u \tag{2-119}$$

按式(2-119)作 H-u 图，得一直线，由斜率可求出分子扩散系数 B。

(2) 当 $u>u_{最佳}$时，因 u 比较大，Cu 起主要作用，即传质阻力是引起色谱峰扩张的主要因素，随着 u 升高，H 增加，但变化较缓慢。u 很高时，分子扩散对塔板高度影响可以忽略，则式(2-94)变为

$$H=A+Cu \tag{2-120}$$

由式(2-120)作 H-u 图，其截距为 A，斜率为 C(即 $C_{\mathrm{m}}+C_{\mathrm{s}}$)。

(3) 当 $u=u_{最佳}$时，分子扩散和传质阻力对色谱区带扩张影响最小，H 最小，柱效最高。实际应用中一般选择 $u>u_{最佳}$，H 升高曲线较平滑，柱效缓慢降低，但却能提高分析速度。

(4) A 与流动相流速无关。从图 2-21 可见，在液相色谱 H-u 曲线中，塔板高度 H 随流动相流速 u 增加而缓慢升高，且趋向平直。

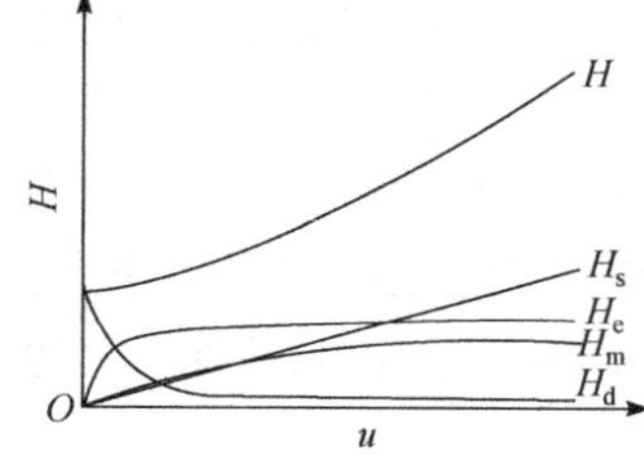

图 2-21　液相色谱中 H 与 u 的关系

比较图 2-21 与图 2-16，由于液体扩散系数很小，只有在流速很低时才能观察到分子扩散对塔板高度的影响。常用的色谱条件下，分子扩散项的影响可以忽略，决定色谱区带扩张的主要因素是传质阻力，并用式(2-120)表示。在液相色谱 H-u 曲线中，未出现流速降低塔板高度增加的现象，由于最佳流速趋近于零时，一般观察不到最低塔板高度相对应的最佳流速。正常情况下，流速降低，塔板高度总是降低，这与气相色谱有明显的不同。

2. 塔板高度与容量因子的关系

固定相传质阻力项都包含 $k/(1+k)^2$，因此 $C_s u$ 与 k 有关，H 受 k 值影响。$k/(1+k)^2$ 随 k 的变化关系如图 2-22 所示。

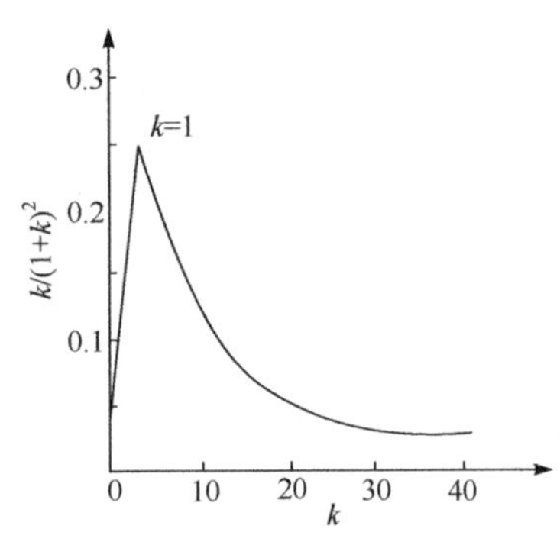

图 2-22 $k/(1+k)^2$ 与 k 的关系

当 k 比较大时，即 $k \gg 1$ 时，$k/(1+k)^2 \approx 1/k$，k 增加，C_s 降低，$k \to \infty$，$C_s \to 0$；

当 $k=1$ 时，$C_s \approx d_f^2/6D_s$（$q=2/3$，即做球面处理），其值最大。当 $k<1$ 时，k 值降低，C_s 也将降低，$k \to 0$，$C_s \to 0$。当 $k>1$ 时，k 增大有利于固定相传质阻力的降低，但分析时间将增长，因此，若兼顾分析速度，k 不宜太大。

3. 塔板高度与温度的关系

速率理论方程中并无温度参数，但温度影响扩散系数 D_m 和 D_s，因而影响分子扩散和传质阻力项。当温度升高时，D_m 与 D_s 将随之升高，D_m 的升高使 C_m 增大，分子扩散使色谱峰展宽，柱效降低；而 D_s 的升高，使 C_s 降低，提高了传质速率，有利于提高柱效。因此温度变化，对色谱过程的分子扩散和传质的影响是相反的。根据色谱系统性质，要判断出引起色谱峰扩张的主要因素是分子扩散还是传质阻力，以选择合适的柱温。

4. 塔板高度与填料粒度的关系

速率方程中有些参数与填料粒度有关，如涡流扩散、流动相传质阻力项都包含填料颗粒直径 d_P。在气相色谱法中，如果流动相传质阻力成为影响色谱峰扩张的主要因素，则塔板高度随填料粒度的平方而变化。对于高效液相色谱，由于采用填料粒度越来越小，H 与 d_P 间不再是 $H \propto d_P^2$ 的关系，其值为 $H \propto d_P^{1.3} \sim d_P^{1.8}$。

柱效随 d_P 降低而提高，但 d_P 的降低，会使色谱柱渗透性下降，柱前压升高，因此填料颗粒也不是越小越好。在气相色谱法中，填料多选用 80～100 目；在高效液相色谱法中，填料颗粒的直径多为 3～10μm。

2.3.5 柱外峰展宽

柱外峰展宽又称柱外效应。速率理论研究的是影响柱内溶质的色谱峰展宽（谱带扩张）及塔板高度增加（柱效降低）的因素。实际上，在色谱系统中，除了柱内峰展宽外，在色谱柱外还存在着引起色谱峰展宽的因素，因为待测组分经进样器进样，再经连接管进入色谱柱。流出色谱柱后，还要通过连接管进入检测器，各处内腔体积均会引起色谱峰展宽。因此色谱峰展宽的总方差，等于柱内、柱外及其他独立因素的方差和，即

$$\sigma_{总}^2=\sigma_{柱内}^2+\sigma_{柱外}^2+\sigma_{其他}^2 \tag{2-121}$$

σ 为描述色谱峰区域宽度的标准差。用 σ 作为溶质分子在色谱系统内所产生离散程度的量度。在式(2-121)中，通常主要考虑前两项。

速率理论方程式主要讨论的是溶质分子在色谱柱内的峰展宽及其影响因素，这里将讨论色谱柱外峰展宽问题。

对于气相色谱而言，由于色谱柱体积占色谱系统总体积的比例很大，柱外效应比较小，而

高效液相色谱，由于色谱柱体积较小，且溶质在液相中扩散系数很低，柱外效应对于色谱峰展宽成为不可忽略的因素。使用细内径色谱柱，考虑柱外效应尤为重要。

柱外峰展宽(柱外效应，$\sigma_{外}$)是指经进样及被分离后的组分(溶质分子)由色谱柱出口流出后至检测器间所产生的峰展宽，即从进样器到检测池之间除柱子本身外的所有死空间，如进样器、连接管和检测池中的死体积等，都将导致色谱峰的展宽，柱效下降。总的柱外效应也应当是各独立影响因素的方差之和，即

$$\sigma_{柱外}^2=\sigma_{连接管}^2+\sigma_{进样}^2+\sigma_{检测器}^2+\sigma_{其他}^2 \tag{2-122}$$

1. 连接管内的色谱峰展宽

若把连接管作为色谱系统一部分，则连接管内产生的色谱峰展宽就成为色谱系统峰展宽的一部分。将 θ^2 定义为连接管色谱峰展宽的分量，其与连接管的关系，可以式(2-123)表示[5]

$$l=\frac{384\theta^2 D_m V_R^2}{\pi n F_c d_c^2} \tag{2-123}$$

式中：l 为连接管长；d_c为管内径；F_c为流量；D_m为溶质在流动相中的扩散系数；n 为色谱柱理论塔板数；V_R为保留体积。

式(2-123)的意义在于可根据欲控制连接管内色谱峰展宽在一定的 θ^2 范围内，计算出最大允许连接管长度。

若管内径减小，其长度可增加；而管内径增大，则长度要缩短。计算表明：控制 θ^2 为 1%，0.25mm 内径连接管应保持在 100mm 左右或更短。若采用 0.5mm 内径连接管，则长度应在 10mm 以下，因而在进样器和检测器之间一般不使用 0.5mm 的连接管。但连接管内径减小，管内压力降将增加。

2. 进样造成的色谱峰展宽

进样可能是柱外峰展宽的主要原因，它取决于进样体积和进样方式。进样方式一般指阀门进样与注射进样两种。Martin 等提出最大允许进样体积的关系式为[6]

$$V_i=\theta V_R\frac{K_{in}}{\sqrt{n}} \tag{2-124}$$

式中：θ 为进样产生的色谱峰展宽分量；K_{in}为进样质量的特性参数。据报道，K_{in}约等于 2。阀门进样的 K_{in}值高，允许进样体积大；注射进样的 K_{in}值小，允许进样体积小。然而，进样体积还与溶质 k 值有关，溶质 k 值越大，允许进样体积越大。

3. 检测器引起的色谱峰展宽

色谱检测器流通池的结构、体积、流体流动状态都会影响色谱峰的展宽。一般是通过控制检测器的体积来控制检测器引起的峰展宽。

Martin 提出允许检测池的最大体积为

$$V_d=\theta\frac{V_R}{\sqrt{n}} \tag{2-125}$$

式中：θ 为检测器引起的色谱峰展宽的分量。当 K_{in}为 2，与式(2-124)比较，得

$$V_d=\frac{V_i}{2} \tag{2-126}$$

一般检测池内色谱峰展宽小于总的色谱峰展宽的 10%时，则要求检测池体积小于 14μL。一般为 5～8μL。

以上各种柱外峰展宽所引起的方差大小是不同的。现代高效液相色谱仪和气相色谱仪的设计已日臻完善，对其各部件都已尽可能地进行了优化，因此进样器、连接管与检测池所引起色谱峰的展宽是有限的。

事实上，柱外峰展宽是不可避免的，我们只能尽量降低而不能根本消除它们。那么，多大的柱外方差可以被允许呢？ Klinkenberg[7]建议

$$\sigma_{柱外}^2 \leqslant 0.1\sigma_{总}^2 \tag{2-127}$$

式(2-127)说明，可允许的柱外方差应小于或等于总方差的 10%。

（沈阳药科大学　邱欣）

参考文献

[1] 孙毓庆，王延琮. 现代色谱法及其在药物分析中的应用. 北京：科学出版社，2005. 21
[2] 卢佩章，戴朝政. 色谱理论基础. 北京：科学出版社，1989. 42
[3] 达世禄. 色谱学导论. 2 版. 武汉：武汉大学出版社，1999. 81
[4] Giddings J C. J Chromatogr，1961，5：46
[5] 达世禄. 色谱学导论. 2 版. 武汉：武汉大学出版社，1999. 95
[6] 刘国诠，余兆楼. 色谱柱技术. 北京：化学工业出版社，2001. 17
[7] Klinkenberg A. Gas Chromatography. London：Butterworths Scientific Publication，1960. 194

第3章　气相色谱法

3.1　概　　述

以气体为流动相的色谱法称为气相色谱法(GC)。流动相中的气态样品与涂覆或键合有多种固定相的柱壁或填料表面相互作用,不同组分将根据其沸点(或蒸气压)和/或分配系数的差异在不同时间依次被洗脱出来。目前约有20%的物质可用气相色谱法进行分析。

3.1.1　分类

1. 按固定相状态分

气-固色谱法　固定相在使用温度下为固体的称为气-固色谱法。

气-液色谱法　固定相在使用温度下为液体的称为气-液色谱法。

2. 按柱径粗细分

填充柱气相色谱法　该法使用填充色谱柱。一般是将固定相填充在内径约4mm、长1.5～10m(常用2～4m)的金属或玻璃管内制成。

毛细管柱气相色谱法　该法使用内径一般为0.1～0.5mm的玻璃或石英毛细管柱。若将固定相涂敷在毛细管内壁上,管中心是空的,称为开管毛细管柱;若将固定相装到玻璃或石英管内,再拉成毛细管即为填充毛细管柱。

3. 按分离机制分

吸附色谱法　利用吸附剂对不同组分吸附性能的差异进行分离的气相色谱法。气-固色谱法多属此类。

分配色谱法　利用不同组分在两相中分配系数的差异而进行分离的气相色谱法。气-液色谱法多属此类。

3.1.2　气相色谱法的特点

1. 分离效能高

气相色谱法中,对于一般的填充色谱柱,可具有每米上千块的理论塔板数,而毛细管色谱柱柱数可达到10^6/m,因此它们具有很高的分离效能,可以分离理化性质极为相似的组分,如同系物、异构体、同位素、沸点十分相近的组分,以及组成非常复杂的混合物如石油制品等,如用气相毛细管柱一次可分离轻油中的150个组分。

2. 分析速度快

一般的气相色谱分析一次仅需几分钟时间,最长也可在几十分钟内完成。某些快速分析,甚至可在几秒内完成,这是一般液相色谱和化学分析所不及的。

3. 样品用量少、灵敏度高

样品用量一般以微克计，有时以纳克计，这是由于气相色谱普遍使用了高灵敏度的检测器，可以检出 10^{-14}～10^{-11}g 的物质。因此，气相色谱法广泛用于痕量杂质和超纯物质等的分析，如在农药残留分析中，可检出 ppb 级的农药残留；在大气污染物分析中，可检出 ppt 级的微量组分。

4. 应用范围广

气相色谱法应用广泛，其操作温度一般在 25～450℃（在采用液态 CO_2 和液氮等情况下可达－40～－196℃），只要在这个温度范围内有不小于 27～1333Pa 的蒸气压，并且对操作温度稳定，相对分子质量在 1000 以下的气体、易挥发物或可转化为易挥发物的液体和固体样品，都可以采用气相色谱法进行分析。对一般易挥发的有机化合物可直接进样分析；而对那些挥发性差或热稳定性差的化合物，可通过衍生化制成挥发性大和热稳定性好的化合物后再进行分析；部分无机化合物可转化成金属卤化物或金属螯合物等进行分析；部分高分子或生物大分子可先进行裂解，再用裂解色谱法进行分析。此外气相色谱法也用于超纯试剂的制备和工业生产中流程的指示与控制等方面。

3.1.3　气相色谱法的一般流程

当前气相色谱仪的型号和种类很多，但它们都是由气路系统、温控系统、进样器、色谱柱、检测器以及数据采集处理系统组成的。

在图 3-1 中，1 为高压气瓶或气体发生器，它可提供具有一定压力的载气（N_2、He 或 H_2 等），经压力调节器 2 降压后，再经气体净化器 3 脱水及净化，由流量调节器 4 调至适宜的流量后进入色谱柱 7 中，再经检测器 6 后放空。

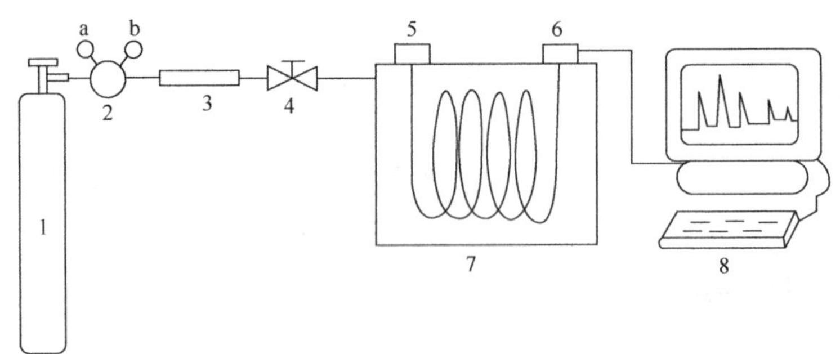

图 3-1　气相色谱仪示意图

1. 高压气瓶；2. 压力调节器（a. 瓶压，b. 输出压）；3. 气体净化器；4. 流量调节器；5. 进样器；6. 检测器；7. 色谱柱；8. 数据采集处理系统

待流量、温度及基线稳定后，用微量注射器吸取适量样品溶液，通过进样器 5 将样品注入气相色谱仪中，样品瞬间气化后被载气带入色谱柱进行分离。由于各组分在两相中的分配系数不等，它们将按其分配系数的大小依次被载气带出色谱柱并进入检测器。分配系数小的组分先出柱，分配系数大的组分后出柱。检测器将各组分浓度（或质量）随时间的变化转变为电压或电流的相应变化，并由记录器或色谱工作站记录下来。该电信号的强度正比于组分的浓度（或质量），所记录的电压（或电流）-时间曲线即浓度-时间曲线称为色谱流出曲线。利用气

相色谱流出曲线进行组分分析的方法即我们常说的气相色谱法。

不难看出，色谱柱及检测器是气相色谱仪的两个关键部件。

现代气相色谱仪都广泛应用色谱工作站软件，它不仅具有采集、处理数据，以及打印报告等基本功能，还可设定色谱操作条件，并通过编程控制仪器实现自动分析。

3.2　填充柱气相色谱法

色谱柱是气相色谱仪的心脏部分，其选择是分析方法优化的一个重要步骤，要求所选择的色谱柱既能满足分离的要求，又能实现快速定性与定量的目的。虽然当前气相色谱的填充柱已基本退位给毛细管柱，但了解其发生发展的历程和知识将有助于我们了解气相色谱柱的基本理论和应用技术。

填充柱气相色谱法是指使用填充柱的一种气相色谱法。所谓填充柱是指将固定相填充在柱管内制成的色谱柱。填充的固定相种类很多，按操作条件下固定相的物理状态，可分为液体固定相和固体固定相两大类。液体固定相大多为高沸点的有机化合物，在操作条件下呈液态，称为固定液。固定液不能直接装在色谱柱内，而是将它涂渍在一种颗粒状的固体表面上，这种固体颗粒称为载体(或担体)，它也是固定相的重要组成部分。固体固定相包括固体吸附剂、多孔性聚合物等。

填充柱按柱管管径粗细又可分成常规填充柱和填充毛细管柱。常规填充柱使用内径为4～6mm的柱管，一般长 2～4m，由于其固定相用量较大，载样量高，不仅适用于分离分析，也适用于制备超纯化合物。但它的柱渗透性差、传质阻力高，因此柱效较低。填充毛细管柱使用内径为 0.1～0.5mm 的柱管，我们将在 3.3 节中再进一步介绍。本节只介绍常规填充柱常用的固定液、载体、吸附剂以及填充柱的制备等内容。

填充柱由于制备简单，可供选择的吸附剂、固定液和载体种类很多，因而一度应用广泛，解决了很多复杂样品的分离分析问题。

3.2.1　气-液填充柱

1. 固定液

固定液与组分之间的作用力主要包括色散力、氢键、范德华力等。这些作用力综合作用的大小对组分的分配系数和色谱分析的选择性具有极大影响。

1）对固定液的要求

(1) 操作温度下呈液态，蒸气压应很低。固定液蒸气压较高易使其流失，色谱柱寿命变短，且造成检测本底高。不同类型的检测器对蒸气压高低的要求也不同，热导检测器允许它比氢火焰离子化检测器的高，原因是热导检测器的灵敏度较低。各种固定液均具有最高使用温度，超过此温度，固定液蒸气压急剧上升，加速固定液流失。因此某固定液使用时，不能超过其最高使用温度。

(2) 对待测组分应有较高的选择性，从而实现沸点或性质相近组分的分离。

(3) 对样品应具有足够的溶解性，使待测组分具有足够大的分配系数。

(4) 黏度小，凝固点低。黏度和凝固点决定了固定液的最低使用温度。在此温度下，液相传质阻力急剧上升，柱效迅速下降，峰展宽严重。

(5) 稳定性好。在高温下不分解，不与载体和待测组分发生化学反应。

(6) 对载体具有良好的浸润性，以形成均匀的薄膜。

2) 固定液的分类

目前可用作固定液的化合物达数百种之多，固定液科学合理的分类对快速选择固定液是至关重要的。目前常按极性和化学类型两种方法对固定液进行分类。

(1) 极性。

① 相对极性。1959 年，Rohrschneider 提出用相对极性(P)标定固定液的分离特性。他规定典型的非极性固定液角鲨烷的 $P=0$，强极性固定液 β,β'-氧二丙腈的 $P=100$。选取一对物质，如苯与环己烷(或正丁烷与丁二烯)，分别测定它们在以上选定的两种固定液和被测固定液上的相对调整保留时间的对数，即

$$q=\lg\frac{t'_{R(苯)}}{t'_{R(环己烷)}} \tag{3-1}$$

再将其代入式(3-2)计算相对极性 P_x

$$P_x=100\left(1-\frac{q_1-q_x}{q_1-q_2}\right) \tag{3-2}$$

式中：q_1、q_2 和 q_x 分别为苯和环己烷在 β,β'-氧二丙腈、角鲨烷和待测固定液上的 q 值。

将按上述方法计算得到的固定液相对极性从 0～100 分成五级：$P=0$～20 标为“+1”，$P=21$～40标为“+2”，$P=41$～60 标为“+3”，$P=61$～80 标为“+4”，$P=81$～100 标为“+5”。按相对极性对固定液分类的情况见表 3-1。

表 3-1 常用固定液的相对极性

固定液	P	级别	固定液	P	级别
角鲨烷	0	+1	PEG-20M	68	+3
SE-30,OV-1	13	+1	DEGA	72	+4
己二酸二辛酯	21	+2	PEG-600	74	+4
DNP	25	+2	双甘油	89	+5
DOP,QF-1	28	+2	β,β'-氧二丙腈	100	+5
XE-60	52	+3			

虽然相对极性的分类方法比较简单，但大量事实表明，固定液相对极性的大小不仅取决于固定液自身，也取决于它与组分的相互作用，即固定液的相对极性随该作用力的变化而变化。由一对非极性组分来建立各种固定液的相对极性很不全面，因为它只反映了固定液分子与组分分子间的色散力与诱导力。为此，Rohrschneider 于 1966 年又改进了固定液的评价方法，提出了罗氏固定液特征常数(罗氏常数)的概念。

②罗氏固定液特征常数。Rohrschneider 在相对极性评价方法的基础上做了两个方面的改进。一是选用与固定液之间作用力类型不同的五种组分来表征一种固定液，这五种组分分别是苯、乙醇、甲乙酮、硝基甲烷和吡啶。苯为电子给予体，乙醇为质子给予体，甲乙酮表征定向偶极力，硝基甲烷为电子接受体，吡啶为质子接受体。二是用保留指数差 ΔI 表示某固定液相对极性的大小。ΔI 是测定组分在该固定液和参比固定液角鲨烷上的保留指数差，此差值越大，表示固定液与该组分分子间的作用力就越大，即

$$\Delta I_P^m=I_P-I_S \tag{3-3}$$

式中：I_P与 I_S分别代表组分 m 在某固定液和角鲨烷上的保留指数。

根据分子间作用力的加和性，某组分 m 与固定液之间的作用力应是所选取五种组分各自所表征作用力的总和，即某固定液的总极性为

$$\Delta I_P^m = aX + bY + cZ + dU + eS \tag{3-4}$$

式中：a、b、c、d、e 分别为组分 m 各种作用力的极性因子，称为组分常数或质常数；X、Y、Z、U、S 分别为固定液各种作用力的极性因子，称为固定相常数或相常数。

由于所选取的五种组分各自代表不同的作用力，因此需要对它们的质常数加以规定（表 3-2）。

表 3-2　五种组分的质常数

组分	a	b	c	d	e	组分	a	b	c	d	e
苯	100	0	0	0	0	硝基甲烷	0	0	0	100	0
乙醇	0	100	0	0	0	吡啶	0	0	0	0	100
甲乙酮	0	0	100	0	0						

测定某固定液极性时，仅需在相同的柱温条件下，先测定苯在该固定液及角鲨烷上的保留指数，然后代入式(3-4)中，得

$$\Delta I_P^m = \Delta I_P^{苯} - \Delta I_S^{苯} = 100X + 0 + 0 + 0 + 0$$

所以

$$X = \frac{\Delta I_P^{苯}}{100} \tag{3-5}$$

依此类推，再分别测定乙醇、甲乙酮、硝基甲烷及吡啶在该固定液与角鲨烷上的 ΔI，求出 Y、Z、U 与 S 如下：

$$\left.\begin{aligned} Y &= \frac{\Delta I_P^{乙醇}}{100} \\ Z &= \frac{\Delta I_P^{甲乙酮}}{100} \\ U &= \frac{\Delta I_P^{硝基甲烷}}{100} \\ S &= \frac{\Delta I_P^{吡啶}}{100} \end{aligned}\right\} \tag{3-6}$$

式(3-5)与式(3-6)中求出的 X、Y、Z、U、S 就是所测固定液各种作用力的罗氏常数，其数值越大，表示固定液的极性越强。对于角鲨烷，相常数 X、Y、Z、U、S 均为零。表 3-3 为部分固定液的罗氏常数。

表 3-3　部分固定液的罗氏常数

固定液	X	Y	Z	U	S
角鲨烷	0	0	0	0	0
SE-30	0.16	0.20	0.50	0.85	0.48
OV-3	0.42	0.81	0.85	1.52	0.89
OV-7	0.70	1.12	1.19	1.98	1.34
OV-17	1.30	1.66	1.79	2.83	2.47

续表

固定液	X	Y	Z	U	S
OV-22	1.58	1.80	2.04	3.27	2.59
QF-1	1.41	2.13	3.55	4.73	3.04
XE-60	2.08	3.85	3.62	5.33	3.45
聚乙二醇-4000	3.22	5.46	3.86	7.15	5.17
DEGS	4.93	7.58	6.14	9.50	8.37
1,2,3-三(2-氰乙氧基)丙烷	6.00	8.71	7.94	11.53	9.40

③麦氏固定液特征常数。McReynolds 于 1970 年对罗氏常数加以改进。他认为罗氏所选用的乙醇、甲乙酮和硝基甲烷在非极性固定液上的保留时间太短,测得的保留指数准确性较差。另外,在同一系列化合物中,最前面的化合物不一定能完全代表后面化合物的特性。因此他以正丁醇、戊酮-2 和硝基丙烷分别代替了乙醇、甲乙酮和硝基甲烷来测定。麦氏还考虑到罗氏常数计算式中每个常数都除以 100 是可以去掉的,这样就得到用新的五种组分测定的固定液的麦氏固定液特征常数(麦氏常数),其值为

$$\left.\begin{aligned} X' &= \Delta I_{\mathrm{P}}^{苯} \\ Y' &= \Delta I_{\mathrm{P}}^{正丁醇} \\ Z' &= \Delta I_{\mathrm{P}}^{戊酮-2} \\ U' &= \Delta I_{\mathrm{P}}^{硝基丙烷} \\ S' &= \Delta I_{\mathrm{P}}^{吡啶} \end{aligned}\right\} \tag{3-7}$$

五个相常数的平均值称为平均极性($\overline{P}$),它们的和称为总极性($P_{总}$)。固定液的总极性越大,其极性就越强。常用固定液的麦氏常数见表 3-4。

表 3-4　麦氏固定液特征常数(120℃,非极性固定液:角鲨烷)

固定液	X'	Y'	Z'	U'	S'	$\overline{P}$	$P_{总}$	最高使用温度/℃
角鲨烷(SQ)	0	0	0	0	0	0	0	100
甲基硅橡胶(SE-30)	15	53	44	64	41	43	217	300
苯基(10%)甲基聚硅氧烷(OV-3)	44	86	81	124	88	85	423	350
苯基(20%)甲基聚硅氧烷(OV-7)	69	113	111	171	128	118	592	350
苯基(50%)甲基聚硅氧烷(OV-17)	119	158	162	243	202	177	884	350
苯基(60%)甲基聚硅氧烷(OV-22)	160	188	191	283	253	219	1075	300(350)
三氟丙基(50%)甲基聚硅氧烷(QF-1)	144	233	355	463	305	300	1500	300(250)
β-氰乙基(25%)甲基聚硅氧烷(XE-60)	204	381	340	493	367	357	1785	275(250)
聚乙二醇-20000(PEG-20M)	322	536	368	572	510	462	2308	200(225)
己二酸二乙二醇聚酯(DEGA)	377	601	458	663	655	551	2754	200
丁二酸二乙二醇聚酯(DEGS)	492	733	581	833	791	686	3430	225(200)
1,2,3-三(2-氰乙氧基)丙烷(TCEP)	593	357	752	1023	915	829	4145	175

注:最高使用温度与聚合物的相对分子质量有关。同一名称的固定液,相对分子质量不同,最高使用温度也不同。

由于麦氏常数表比罗氏常数表更详尽，应用起来更方便，因此麦氏常数的应用更为广泛。麦氏常数中的五个相常数，分别反映固定液对各种不同类型化合物的分离选择特性。某个相常数值大，表明该固定液对所表征的那种化合物选择性就强，这有助于固定液的选择。麦氏常数及其所表征的物质见表 3-5。

表 3-5　麦氏常数对固定液的表征表

常数	代表性化合物结构特征	代表性化合物
X'	易极化，电子给予体化合物	芳烃、烯烃
Y'	含羟基、质子给予体，形成氢键化合物	醇、腈、酸、氯化物、氟化物
Z'	含羰基、定向偶极力，接受氢键化合物	酮、醚、醛、酯、环氧化合物
U'	含强极性基团的电子接受体化合物	硝基化合物、腈类衍生物
S'	质子接受体化合物	含喹啉、吡啶、氧氮杂环化合物

（2）化学类型。

为了增大组分在固定液中的分配系数，依据“相似相溶”原则，总是选择性质与组分性质有某些相似的固定液。因此常将具有相同官能团的固定液编为一组，不仅便于从结构上了解它们，更便于选择合适的固定液。

①烃类。包括烷烃和芳烃，是极性最弱的一类固定液。

烷烃　常用的有角鲨烷（异三十烷）、阿皮松（Apiezon，高真空润滑脂）等。角鲨烷相对极性为零，是分离 C_9 以下烃类较理想的固定液。角鲨烷的结构为

$$\begin{array}{c}\mathrm{CH_3}\qquad\qquad\quad \mathrm{CH_3}\qquad\qquad\quad \mathrm{CH_3}\qquad\qquad\qquad\qquad\qquad\qquad\qquad\qquad\qquad \mathrm{CH_3}\\ \mathrm{H{-}\underset{CH_3}{C}{-}(CH_2)_3{-}CH{-}(CH_2)_3{-}CH{-}(CH_2)_4{-}\underset{CH_3}{CH}{-}(CH_2)_3{-}\underset{CH_3}{CH}{-}(CH_2)_3{-}\underset{CH_3}{C}{-}H}\end{array}$$

芳烃　包括苄基联苯、聚苯基焦油等，其色谱性质类似于烷烃。

烃类固定液与组分之间的作用力主要是色散力。它适用于分离非极性化合物，主要为烃类。对沸点相近的异构体分离能力很差。

②聚硅氧烷类。这类固定液目前使用最为广泛。其主要优点是：温度黏滞系数小，柱温对柱效影响不大，使用温度范围很宽；蒸气压低，热稳定性好，固定液流失少；对大多数有机化合物均有很好的溶解能力，成为一类通用型固定液。由于硅原子上可引入多种官能团，形成具有不同极性的固定液，这也是此类固定液应用最广泛的主要原因。

按硅原子上引入官能团的不同，可分为以下几类。

甲基聚硅氧烷　这类固定液的结构式如下：

$$\mathrm{CH_3{-}\overset{CH_3}{\underset{CH_3}{Si}}{-}O{-}\left[\overset{CH_3}{\underset{CH_3}{Si}}{-}O\right]_n{-}\overset{CH_3}{\underset{CH_3}{Si}}{-}CH_3}$$

当 $n<400$ 时，称为甲基硅油，最高使用温度为 220～270℃，如甲基硅油Ⅰ、甲基硅油 350、OV-101、DC-200 等。

当 $n>400$ 时，称为甲基硅橡胶，最高使用温度为 300～320℃，如 OV-1、SE-30、DC-123 及硅酮弹性体Ⅰ、硅酮弹性体Ⅱ等。

甲基聚硅氧烷是一类极性很弱的固定液。

苯基聚硅氧烷 它在硅原子上引入了苯基，所以对芳香性组分溶解度增大，对极性组分保留升高，它的极性比甲基聚硅氧烷强。

由于引入苯基的含量(%)不同，又分为低苯基聚硅氧烷、中苯基聚硅氧烷和高苯基聚硅氧烷。

低苯基聚硅氧烷的苯基含量在 20%以下，如 SE-52/54(5%)、OV-3(10%)和 OV-7(20%)等。

中苯基聚硅氧烷的苯基含量为 20%～50%，如 OV-11(35%)、OV-17(50%)，是使用很广的一类固定液。此外还有 DC-550(25%)、DC-702(25%)、DC-703(50%)等。

高苯基聚硅氧烷的苯基含量在 50%以上，如 OV-22(65%)、OV-25(75%)等。

氟烷基聚硅氧烷 这是一类中等极性的固定液，它在硅原子上引入了氟烷基，如 QF-1 和 OV-210 等均含三氟丙基 50%。

氰烷基聚硅氧烷 这是一类极性很强、选择性很高和热稳定性很好的固定液。它在硅原子上引入了氰烷基，如 XE-60(含氰乙基 25%)、OV-225、OV-275 等。

③醇类。这类固定液中，一种为长链脂肪醇(十六碳醇及十八碳醇等)和多元醇(如甘油、丁四醇和环己六醇等)，特别是后者易与化合物的活泼氢形成氢键，对强极性组分有很好的选择性；另一种为聚二醇，主要指聚乙二醇和聚丙二醇。聚乙二醇的结构式如下：

$$HOCH_2CH_2[OCH_2CH_2]_nOCH_2CH_2OH$$

聚乙二醇分子中含有醚基与羟基，在形成氢键的过程中，既是质子接受体，又是质子给予体，因此属于氢键型固定液。

固定液的相对分子质量不同，其中羟基与醚基的比例也不同。相对分子质量越小，羟基的比例越大，极性就越强。聚乙二醇的平均相对分子质量可从 300 到 20000，随相对分子质量增大，羟基比例下降，氢键作用变差，极性减弱。故对极性组分分离而言，其与保留体积(单位质量固定相所显示的保留体积)与固定液相对分子质量的倒数呈线性关系。

PEG-6000 和 PEG-20M 等均属于聚乙二醇固定液，其中 PEG-20M 是最常用的气相色谱极性固定液。

④酯类。这类固定液是中强极性固定液，分为酯与聚酯两种。酯中最常用的有邻苯二甲酸酯，如

$$C_6H_4(COOR)_2$$

$R=C_9H_{19}$为邻苯二甲酸二壬酯(DNP)，而 $R=C_8H_{17}$为邻苯二甲酸二辛酯(DOP)。其中 DNP 是分析低沸点化合物最常用的固定液之一。

聚酯是由多元酸和多元醇反应得到的线性脂肪族聚酯，如丁二酸二乙二醇聚酯(DEGS)，其结构式如下：

$$HO[CH_2CH_2OCH_2CH_2OCOCH_2CH_2CH_2COO]_nH$$

此外，常用的聚酯类固定液还有己二酸二乙二醇聚酯(DEGA)、己二酸新戊二醇聚酯(NGA)等。

在高温下，酸性或碱性物质会使聚酯水解，200℃以上的水蒸气也会使它水解，因此限制了聚酯在分析有机化合物水溶液方面的应用。

⑤其他类。常用的还有极性很强的腈类固定液，它对非极性化合物保留很差，而对极性和

易被极化的化合物具有很高的选择性。

有机皂土是一种分离芳香性异构体十分有效和特殊的固定液。它是由二甲基双十八烷基氯化铵(一种季铵盐)与皂土(一种含有钠离子的微晶高岭土)进行离子交换后得到的。此外，还有硝基苯类、胺类、聚酰胺类、杂环类固定液，以及新型的液晶、手性固定液等。

2. 载体

固定液不能直接填充到空色谱柱中，它应稳定、均匀地分布于微小惰性固体颗粒表面后再填装到空柱管中，这个惰性固体颗粒即为载体，又称担体。固定液在载体上分布成一均匀薄层液膜，使固定液具有比较大的物质交换表面，便于样品在气、液间建立分配平衡。气-液色谱的固定相就是由载体和固定液所构成的。

1) 要求

(1) 有足够大的比表面积和良好的孔穴结构，渗透性好。

(2) 呈化学惰性，不与任何样品和固定液起化学反应，并对固定液有较好的吸附浸润性。

(3) 颗粒规整，大小均匀，具有一定的机械强度。

完全满足上述要求的载体极难找到，应根据具体分析要求选择合适的载体。

2) 分类

气相色谱使用的载体种类很多，若按化学成分大致可分为两大类：硅藻土型载体与非硅藻土型载体。

(1) 硅藻土型载体。这是目前应用最广泛的一类载体，由硅藻土煅烧而成。根据制造方法不同又可分为红色载体和白色载体。

红色载体 将硅藻土与黏合剂在900℃煅烧后粉碎、过筛而成。因煅烧时硅藻土中所含的铁形成氧化铁，使载体呈淡红色，故称之为红色载体。它的比表面积大(约$4m^2/g$)，平均孔径约$1\mu m$，机械强度高，吸附性和催化性均较强，特别是对强极性化合物。它适于作非极性固定液的载体，分析非极性化合物如烃类等。

上海试剂厂生产的201、202和6201系列，美国的C-22系列和Chromosorb P均属于此类载体。

白色载体 将硅藻土与20%的碳酸钠(助溶剂)混合煅烧而成。硅藻土中的氧化铁在高温下与碳酸钠作用，生成无色的铁硅酸钠络合物而呈白色，故称之为白色载体。它的比表面积小(约$1m^2/g$)，平均孔径为$8\sim9\mu m$，机械强度低，吸附、催化性较弱，适宜作极性固定液载体，分析极性化合物。例如，上海试剂厂生产的101、102系列及Chromosorb W等属于此类载体。

(2) 非硅藻土型载体。气相色谱分析中，仅在一些特殊分析对象中使用非硅藻土型载体，其应用远不如硅藻土型载体普遍。

玻璃微球 这是一种规则的小球，常用的为60～80目颗粒。通常将它看作无孔、表面惰性的载体。因其比表面积小，固定液涂布量小于0.5%，且不易涂布均匀，所以柱效低，载样量小，柱寿命较短。但因其固定液涂布量小，从而传质速度较快，可在低温下分析高沸点化合物，在保持同样分离度的情况下实现快速分析。

氟载体 聚四氟乙烯是广泛使用的非硅藻土型多孔性载体。其特点是吸附性小，耐腐蚀性强，最适宜分析强腐蚀性物质，但由于其表面浸润性差导致柱效较低。

除氟载体外，还有氟氯载体，主要是聚三氟氯乙烯。

3) 载体的表面处理

理想的载体表面应该对组分和固定液均呈惰性。但硅藻土型载体由于表面存在硅醇基团，易与极性组分形成氢键，从而引起色谱峰的拖尾。拖尾的程度随组分形成氢键的能力增强而增大，也随固定液配比的减少而增大。此外，硅藻土型载体由于含有氧化铝、氧化铁等矿物杂质，可能使组分或固定液被催化降解，并对酸性或碱性化合物产生很严重的吸附。为此，常采用以下方法对硅藻土型载体进行表面处理。

（1）酸洗、碱洗法。酸洗通常是将载体放在浓盐酸中加热处理 20～30min，然后把酸除净，用水漂洗至中性，再用甲醇脱水，烘干、过筛。这样处理后，可除去载体表面大部分 Al、Fe 等无机杂质，表面吸附能力显著下降。因酸洗不能除去硅醇基，只能降低吸附性，所以酸洗的载体适用于作分析酸性和酯类化合物的载体。

碱洗通常将酸洗后的载体放在 10%氢氧化钠溶液中浸泡或加热回流，然后用水洗至中性，用甲醇脱水，烘干、过筛。碱洗的目的主要是除去 Al_2O_3 等酸性杂质。这样的载体适用于分析碱性化合物。

（2）硅烷化法。硅烷化法是除去载体表面硅醇基最有效的方法之一。载体表面的硅醇基与硅烷化试剂发生反应生成硅烷醚，去除了形成氢键的硅醇基，从而消除了形成氢键的能力，用于分析易形成氢键的组分如水、醇和胺等，色谱峰峰形良好。

常用的硅烷化试剂有二甲基二氯硅烷（DMCS）和六甲基二硅氨烷（HMDS）等，其中前者硅烷化效果较好。载体酸洗后再进行硅烷化效果更好。

（3）釉化法。将载体浸入 10 倍体积的 20%硼砂水溶液中两昼夜，抽滤；再洗涤和抽滤后，烘干，逐渐升温至 950℃灼烧一定时间，冷却，洗涤，110℃烘干。

釉化的目的是在载体表面产生一层玻璃状的“釉”，这一釉层屏蔽或惰化了载体表面的吸附活性中心，从而降低了色谱峰的拖尾。还因载体微孔内吸附的硼砂在灼烧时部分熔融而将微孔堵死，使载体孔隙结构趋于均一，可提高柱效。这种处理对微孔多的红色载体效果更佳。此外，釉化也增加了载体的机械强度。

3. 气-液填充柱的制备

1）制备填充柱的要求

填充柱的制备目前尚未完全规范化，不同实验室，甚至同一实验室不同操作人员的制备方法也不尽相同。但不管采用何种制备方法，都必须满足如下一些基本要求：载体或固定相的粒度分布均匀；固定液在载体表面均匀涂渍，同时覆盖载体表面的活性吸附中心，减小吸附作用；固定相填料在色谱柱内填充均匀并无死体积。应避免固定相颗粒破碎，因其破碎后，未经处理或未涂渍的表面就暴露出来，产生吸附作用，造成色谱峰拖尾。另外，破碎的细颗粒还可导致柱压升高，载气线速度下降，分析时间延长。

2）固定液的涂渍

首先要根据固定液性质选择合适的溶剂。溶剂对固定液应有足够的溶解能力，而本身又要有适当的挥发性，挥发性过大或过小均会影响固定液涂渍的均匀程度。常用的溶剂有氯仿、丙酮、乙酸乙酯、乙醇和苯等。根据样品性质确定固定液涂渍的配比，一般用固定液占填料总质量的百分比或固定液与载体的质量比来表示，实际工作中后者采用较多。

固定液与载体的配比主要由两个因素决定，即样品的沸点及载体的比表面积。分析气体与沸点低的液体，为了获得较长的保留时间，需采用高固定液配比；而分析高沸点样品，为了缩短保留时间，应采用低固定液配比。固定液与载体的配比是以能完全覆盖载体表面为下限。硅藻土载体的下限一般为 1%，但这种情况下不易涂渍均匀。固定液与载体的比例范围常为

3%～20%。根据 van Deemter 方程式的讨论，固定液薄，柱效高。在有适当分配系数的情况下，应尽量降低固定液的配比。

确定好固定液配比后，按配比称取固定液，并将其溶于溶剂中，滤除可能的不溶性残渣。溶剂的量以正好浸没载体为宜。待固定液完全溶解后，将载体一次性倒入其中，使所有颗粒浸湿，然后在红外灯下慢慢烘干溶剂，可不断搅拌加快烘干过程。待溶剂全部蒸发后，就完成了固定液的涂渍过程。这种涂渍方法又称蒸发法。这种方法操作比较简单，填料中的固定液比例易于控制。但蒸发法中不断搅拌会造成比较严重的填料破碎，而且固定液涂渍得也不十分均匀。另一种涂渍方法称为过滤法，它是先称取比实际需要多的固定液，将其溶解于体积比载体体积大得多的溶剂中，再将载体倾于其中浸润，滤去过量的溶液，将湿填料铺开，置于接近于溶剂沸点的温度下干燥。过滤法的优点是固定液涂渍得比较均匀，填料破碎现象大大减少，所得填料均一性好。但此法对于缺乏经验的操作者而言，填料中固定液的配比较难控制，它常通过测定滤液中残存的固定液量估算出来。

3）色谱柱的填充

新的不锈钢空管可用 5%氢氧化钠溶液、水、醇和乙醚依次充分洗涤，最后用水洗至中性，烘干，在干燥器中保存或将管口封死，以防潮气侵入，备用。根据空柱管的容量确定固定相用量，在装柱时可帮助检查是否装满。

一般多用抽气法填充色谱柱。用玻璃棉将空柱管的一端塞牢，经缓冲瓶与抽气机连接，柱管的另一端装一个漏斗，徐徐倒入固定相，边抽边轻敲柱管，直至装满为止。玻璃螺旋柱边抽气边观察，装满装紧即可。

4）色谱柱的老化

将装填好的色谱柱接入色谱仪中，但柱出口端不与检测器相连，以防止加热时从柱内挥发出的杂质污染检测器。同时一定要注意将装柱时接真空泵的一端与检测器相接，因这一端装得更紧，若反接，填料在载气的压力作用下，会向填装松散的一端移动而形成空隙，使柱效下降。

在低于最高使用温度的情况下通入载气，将柱加热数小时甚至更长，这一过程称为柱的老化。老化的目的是除去残留溶剂及固定液的杂质，并使固定液膜在呈液体状态下更趋均匀。老化时升温要缓慢，从室温到老化温度最好在数小时内完成。老化完毕后，将色谱柱与检测器连接上，待基线平直后即可进样分析。

3.2.2　气-固填充柱

气-固填充柱是由固体固定相与金属柱管或玻璃柱管组成的。固体固定相可分为吸附剂与高分子多孔微球两类。

1. 吸附剂

常见的吸附剂有活性炭、硅胶、氧化铝和分子筛四种。这些吸附剂多用于分离永久性气体及低级烃类，在药物分析上应用不多，这里只介绍分子筛。

分子筛是硅酸铝的钠盐或钙盐，具有良好的孔穴结构及吸附性能，它是极性很强的吸附剂。气相色谱中常用的有 4A（钠型）、5A（钙型）和 13X（钠型）三种类型。4、5 和 13 表示平均孔径的大小，A、X 表示类型。A 型与 X 型化学组成相似，但 X 型硅铝含量更高些。

关于分子筛的分离机制，一般认为它能对不同大小的分子起到筛分作用，即小于孔穴直径的分子可进入孔穴中晚出柱，大于孔穴直径的分子不进入孔穴，而是通过分子筛颗粒间隙流动，先出柱。分子筛的作用与生活中筛子的作用恰好相反，故用“反筛子”来形容它的分离作用。

2. 高分子多孔微球

高分子多孔微球又称高分子多孔小球(GDX)，这是一类合成的有机固定相。它是由苯乙烯(STY 单体)和二乙烯苯(DVB 交联剂)聚合而成的高聚物，属于非极性固定相。若在聚合时引入不同极性的基团，就可得到具有一定极性的高聚物。它的特点是：

(1) 选择性强，分离效果好，特别是对水和含羟基的化合物，作用力小，先出柱，是分析有机化合物中水的最有效的固定相。

(2) 热稳定性好，无流失现象，能在 250℃下长期使用。

(3) 改变其制备条件和原料，可制得多种孔径大小和表面性质的固定相，可根据样品性质加以选择。

(4) 具有较大的比表面积，但对极性物质无吸附活性，因此对极性组分仍可得到对称峰。

(5) 粒度均匀，机械强度高，不易破碎，耐腐蚀性好。

(6) 不仅可直接用作固定相，也可在其上涂渍固定液作为载体使用。

关于高分子多孔微球的分离机制，一般认为它具有吸附、分配及分子筛三种作用，在药物分析中应用很广，如酊剂中乙醇量的测定。

常用的这类固定相，国内的商品名为 GDX、401 有机担体等，国外主要是 Porapak 和 Chromosorb 系列等。

3.3 毛细管柱气相色谱法

3.3.1 毛细管柱速率理论

与填充柱相比，开管毛细管柱的色谱理论有所不同。1958 年，Golay 基于 van Deemter 方程，提出了影响毛细管柱气相色谱峰展宽的主要因素是纵向分子扩散、流动相传质阻力和固定相传质阻力(由于毛细管开管柱中只有一个流路，无涡流扩散项)，从而导出了毛细管柱的速率理论方程(Golay 方程)。

1. 纵向分子扩散

纵向分子扩散包括气相和液相分子扩散。由于液相分子扩散系数小，因而在气相色谱中，峰的展宽主要是由气相分子的扩散引起的。

纵向分子扩散系数与填充柱不同，可表示为

$$B=2D_m \tag{3-8}$$

式中：B 为纵向分子扩散系数；D_m为溶质在气相(流动相)中的扩散系数。

2. 流动相(气相)传质阻力

由于开管柱中心与管壁处的载气流速存在一定的差异，而这种局部流速的非均一性会导致溶质在流动相中的非平衡分布，形成了气相传质阻力，导致了塔板高度的增加。气相传质阻力的大小，可以用气相传质阻力系数 C_m来表示

$$C_m=\frac{1+6k+11k^2}{24(1+k)^2}\frac{r^2}{D_m} \tag{3-9}$$

式中：k 为容量因子；r 为毛细管柱内径。

3. 固定相(液相)传质阻力

假定固定液液膜均匀，溶质在固定相中的传质阻力取决于溶质在液相中的扩散系数 D_s 和分配系数 K。液相传质阻力大小以液相传质阻力系数 C_s 表示

$$C_s=\frac{k^3}{6(1+k)^2K^2}\frac{r^2}{D_s} \tag{3-10}$$

如果令 $\beta=V_m/V_s$，并称之为相比。它表示色谱柱中流动相体积 V_m 与固定相体积 V_s 的比值。又知 $k=KV_s/V_m$，所以 $K=k\beta$，将其代入式(3-10)中，可得

$$C_s=\frac{k}{6(1+k)^2\beta^2}\frac{r^2}{D_s} \tag{3-11}$$

因为

$$\beta=\frac{V_m}{V_s}=\frac{(r-d_f)^2}{r^2-(r-d_f)^2}=\frac{(r-d_f)^2}{d_f(2r-d_f)}$$

d_f 为固定液液膜厚度，由于 $r\gg d_f$，则

$$\beta=\frac{r}{2d_f} \tag{3-12}$$

代入式(3-11)，可得

$$C_s=\frac{2}{3}\frac{k}{(1+k)^2}\frac{d_f^2}{D_s} \tag{3-13}$$

与 van Deemter 方程对比，可得开管毛细管柱速率理论方程如下：

$$\begin{aligned} H&=B/u+C_m u+C_s u\\ &=2D_m/u+\frac{1+k+11k^2}{24(1+k)^2}\frac{r^2}{D_m}u+\frac{2}{3}\frac{k}{(1+k)^2}\frac{d_f^2}{D_s}u \end{aligned} \tag{3-14}$$

将式(3-14)与填充柱速率理论进行比较可得：

(1) 在毛细管柱中只有一个流路，无涡流扩散项，所以 $A=0$。

(2) 分子扩散项与填充柱相似，但因管中无填料，因此阻碍因子 $\gamma=1$。

(3) 传质阻力项与填充柱相似，但以柱内径 r 代替填料颗粒直径 d_p，且 C_s 一般比填充柱小，气相传质阻力常为色谱峰展宽的主要因素。

3.3.2 毛细管柱的特点与分类

与常规填充柱气相色谱法相比，毛细管柱气相色谱法具有如下特点：

柱效高　毛细管柱可使用比填充柱长得多的柱子(几米到上百米)，若柱效为 2000～5000/m，总柱效可达 10^4～10^6/m。

分析速度快　因为所使用的固定液膜薄且均匀，传质速率快，一个含几种或几十种组分的样品，可在几分钟甚至几十秒内完成分析。

易于实现色谱-质谱联用　毛细管柱的载气流量小，与质谱的高真空要求及检测的高灵敏度匹配。

应用范围广 随着科学的发展,需要分析的对象越来越复杂,分析的物质量也越来越少(如对空气中污染物的分析),毛细管柱气相色谱法除在环保、食品安全分析等领域应用外,在药物分析中(药物杂质检查、中药成分分析、体内药物分析、药代动力学研究等)也有着广泛的应用。近年来,随着毛细管柱制备技术的不断发展,超高惰性等新型高效毛细管柱的不断出现,大大提高了气相色谱法的柱效和对复杂物质的分离能力。

毛细管柱因其制备方法不同,可分类如下:

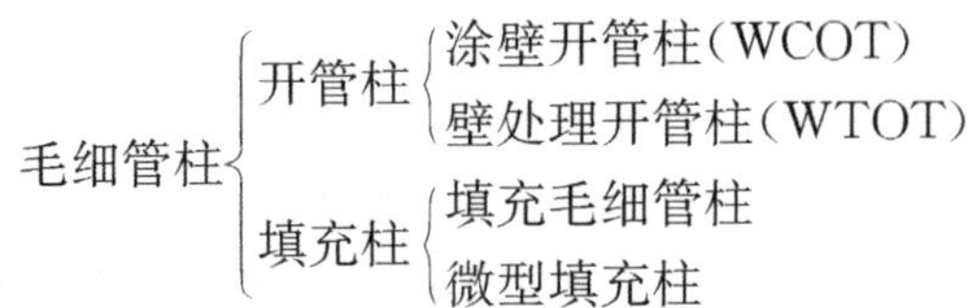

1. 开管柱

1) 涂壁开管柱(wall coated open tubular column,WCOT)

它是将固定液直接涂在玻璃或石英毛细管内壁上制成的。玻璃或石英毛细管内壁具有极性,涂低黏度的极性或弱极性固定液后,柱效可大于2000/m。但直接涂非极性固定液时,柱效仅在500~700/m,且柱寿命也短。此外,因玻璃或石英表面具有硅醇基($\geq$Si—OH),使能形成氢键的组分产生严重的拖尾,为此常采用硅烷化法处理毛细管内壁表面,以降低其吸附性。

经典涂壁毛细管柱由于是将固定液直接涂于光滑的毛细管内壁上,因此它有以下不足:

(1) 柱内壁表面有限,可涂渍的固定液量很少,因而分离能力低。

(2) 容量因子小,最大允许进样量小,不适合痕量物质的分析。

(3) 玻璃表面对许多固定液是非浸润性的,特别是对具有较高表面张力的极性固定液,因而易造成固定液涂渍不均匀(往往缩成液滴),使柱效下降,为此必须对玻璃表面粗糙化或进行化学改性。

2) 壁处理开管柱(wall treated open tubular column,WTOT)

使玻璃表面粗糙化是常用的改性方法之一,其目的主要是改善内壁性质。

(1) 载体涂层毛细管柱:又称载体涂层开管柱(support coated open tubular column,SCOT),是目前应用最广的新型壁处理毛细管柱。为了使玻璃表面粗糙,增大表面积,改善表面性质,常在毛细管内壁涂上一层载体,然后将固定液涂在其上,构成了分配型的多孔层毛细管柱,即SCOT柱。它是先将载体粉末粘在事先涂有有机胶(聚甲基丙烯酸二乙氨基乙酯的乙酸盐)的管壁上,再在600~700℃温度下拉制成毛细管柱。有机胶因受热分解掉,在柱壁上留下薄而较均匀的载体层,可用于涂渍各种极性、非极性固定液。SCOT柱的优点是除可以涂渍各类固定液外,最大允许进样量与柱效都比较高,固定液液膜吸着牢固,柱寿命较长。

(2) 氯化氢气体腐蚀处理的玻璃毛细管柱:将干燥的浓氯化氢气体充满玻璃毛细管,将两端封死后置于350℃下处理数小时,然后用氮气吹2h。处理后的玻璃表面形成一层均匀的氯化钠微晶,增大了表面积,改善了固定液的铺展性,有利于固定液的涂渍。

2. 填充柱

1) 填充毛细管柱

它是将载体、吸附剂等松散地装入玻璃管中,然后拉制成毛细管。一般柱内径不超过

1.0mm，填料的粒度与柱径的比值为 0.2～0.3。这类柱可用作吸附柱，也可再涂固定液使用。其渗透性介于普通填充柱与开管柱之间，柱效为 3000～4000/m。

2）微型填充柱

又称细径填充柱。它是将已拉制好的直径小于 1.0mm 的毛细管，填入涂有固定液的细颗粒填料（30～50μm）而成。填料的粒度与柱径比小于 0.2，柱效可达 4000～6000/m。

由于制备困难及柱阻力大等原因，目前，该类型的毛细管柱已几乎不再使用。

另外，按照柱内径还可将毛细管柱分为常规毛细管柱（0.20～0.33mm）、小内径毛细管柱（≤0.1mm）和大内径毛细管柱（0.53mm 和 0.75mm）。

3.3.3 影响分离度的因素

1. 载气流速

在讨论填充柱时，已知存在一种最佳流速，即

$$u_{最佳}=\sqrt{\frac{B}{C_m+C_s}}$$

这种关系式同样适用于毛细管柱。但对毛细管柱而言，固定液液膜薄，β 值较大，C_s 与 C_m 相比可略去，从而可得

$$u_{最佳}=\sqrt{B/C_m}=\frac{4D_m}{r}\sqrt{\frac{3(1+k)^2}{1+6k+11k^2}} \tag{3-15}$$

当 $k\rightarrow 0$ 时，$u_{最佳}=6.9D_m/r$；$k\rightarrow\infty$ 时，$u_{最佳}=2.1D_m/r$。

由式(3-15)计算出来的 $u_{最佳}$ 很小，分析时间需要很长，所以实际操作时载气的流速要高于 $u_{最佳}$。当 $u>u_{最佳}$ 时，塔板高度 H 将变高，但从图 3-2 可以看出，无论是 SCOT 柱还是 WCOT 柱，其 H-u 曲线斜率均较填充柱小，说明在高载气流速下，毛细管柱柱效降低不多，比填充柱更适用于快速分析。

如果载气线速度增加到大于最佳流速（柱效降低 20%时的流速）时，分析时间将进一步缩短，此时柱效将明显降低，但因毛细管柱具有的塔板数一般比实际需要的多，所以在大于最佳线速度下操作，柱效往往也能满足需要。特别是对 FID，高载气流速增加峰高，从而提高系统最低检测浓度（图 3-3）。

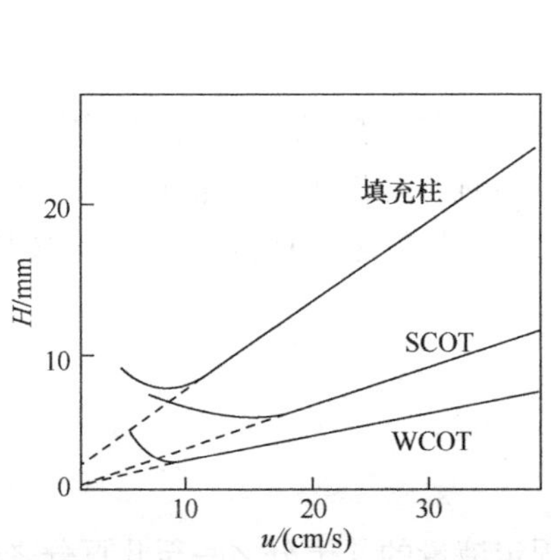

图 3-2　开管柱和填充柱的 H-u 曲线比较

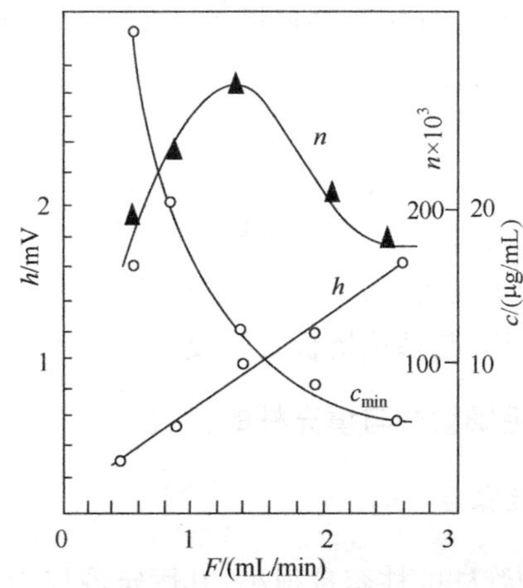

图 3-3　峰高、塔板数、最低检测浓度与流速关系图

2. 柱内径

在毛细管柱色谱中，$A=0$，C_s可忽略，对应$u_{最佳}$存在最小塔板高度，即

$$H_{最小}=2\sqrt{BC_m}=r\sqrt{\frac{1+6k+11k^2}{3(1+k)^2}} \tag{3-16}$$

当$k\to 0$时，$H_{最小}=0.58r$；$k\to\infty$，$H_{最小}=1.9r$，可见$H_{最小}$与柱内径成正比。一般来说，WCOT柱内径小于SCOT柱，因此WCOT柱效较高。当k值一定时，柱内径越大，塔板高度越高，柱效越低。理论上讲，柱内径越小越好，但实际上柱内径一般均大于0.25mm。因柱内径太小，柱渗透性差，固定液涂渍量降低，柱容量小，操作不便。因此，柱内径的选择要兼顾柱效、分析速度和柱容量等多种因素。

3. 液膜厚度

对于毛细管柱来说，液膜厚度(d_f)是最重要的柱参数之一。式(3-13)说明液相传质阻力系数C_s与液膜厚度d_f^2成正比，降低液膜厚度是提高柱效的重要方法，但d_f的降低是有限度的。由于d_f的降低，k值变小，则达到同样分离度所需要的理论塔板数将增加；另外，d_f降低，使柱负荷减小，为此，d_f要与柱容量相适应。d_f过大，分配过程加长，延长了分析时间，液膜的稳定性也将下降。因此液膜厚度的选择要兼顾柱效、柱容量和柱稳定性等因素。WCOT柱的液膜厚度一般为0.1～1μm，SCOT柱为0.8～2μm。

4. 柱温

提高柱温，有利于加速组分在气-液相中的传质速率，提高柱效，但同时也加剧了纵向分子扩散，故应适当提高载气的线速度来抑制这个不利因素。当然柱温提高虽可缩短分析时间，但又会使柱选择性下降，即α值变小，从而使总分离效能降低。在较低的柱温下操作，分配系数将增加，由于β值的变化可以忽略，因而k值必然增加。降低柱温，既定分离所需的塔板数也会降低。

例如，$r_{is}=1.05$，$R=1.5$，50℃时，需要理论塔板数$n=128\ 900$，而25℃时，其他条件不变，只需$n=57\ 300$。因此尽可能在较低的柱温下操作。但温度也不能太低，否则k值太大，分析时间加长。柱温的选择也是一个比较复杂的问题。

5. 进样量

进样量也称样品容量，每根色谱柱都有一定的样品容量，这取决于色谱柱固定液的含量。当进样量超过允许量后，则柱效会降低，色谱峰展宽，不对称峰出现。一般把柱效下降10%时的进样量定义为最大进样量。理论上可以证明，最大允许进样量与柱直径的平方、柱长和容量因子成正比，与理论塔板数成反比。

3.3.4 毛细管柱与填充柱的比较

1. 柱容量

毛细管柱的柱容量很小，其固定液仅为填充柱固定液量的几十分之一至几百分之一，因此进样量必须非常小。要把这样微量的样品重复地、定量地引入毛细管柱中进行定量分析，对仪

器结构、性能的要求也更为严格。

2. 柱效

毛细管柱柱效要比填充柱高得多，其理论塔板数一般比填充柱高 10～100 倍。其本质差别在于毛细管柱的相比远高于填充柱。填充柱相比 β 一般是 4～40，而毛细管柱则在 50～1500 范围内。

根据式(3-12)可知，相比 β 与 r 成正比，与 d_f 成反比，分配系数 K 就可表示为

$$K=\beta k=\frac{r}{2d_f}k \tag{3-17}$$

式中：K 为取决于固定液和溶质性质及柱温的常数，它与柱内径及液膜厚度等参数无关。r 增大，d_f 降低，则 β 增加，k 减小。

由式(3-45)可得

$$\begin{aligned} n &= 16R^2\left(\frac{\alpha}{\alpha-1}\right)^2\left(1+\frac{1}{k_2}\right)^2 \\ &= 16R^2\left(\frac{\alpha}{\alpha-1}\right)^2\left(1+\frac{\beta}{K_2}\right)^2 \end{aligned} \tag{3-18}$$

式中：K_2 为物质对中第二个组分的分配系数。当 α、R 一定时，在一定温度下，对于同一种固定液，溶质在毛细管柱中的 k 值总是小于填充柱；且由于毛细管柱 β 值高，分离相同物质对时，对毛细管柱所需的理论塔板数要比填充柱高得多。WCOT 柱的 β 值一般高于 SCOT 柱，这意味着分离同一物质对，WCOT 柱所需理论塔板数要高于 SCOT 柱。不难看出，增加柱内径后，若想达到同样的分离度时，必须增加柱长，而降低柱内径，可缩短柱长。

根据 $n_{有效}=n[k/(1+k)]^2$，填充柱 k 值较大，$n_{有效}$ 与 n 数值上差别较小。毛细管柱由于 β 值高，k 值小，$n_{有效}$ 仅是 n 的一部分。因此，用 $n_{有效}$ 比较填充柱与毛细管柱的柱效更为合理。

表 3-6 是采用 DEGS 作固定液，分离硬脂酸甲酯和油酸甲酯的实验数据。三种柱的柱温与载气相同。

表 3-6　在最佳实用流速下 DEGS 柱性能比较

柱参数	单位	柱型		
		填充柱	WCOT	SCOT
柱长 L	cm	240	10000	1500
载气平均线速度 u	cm/s	8	16	20
塔板高度 H	cm	0.073	0.034	0.061
容量因子 k		58.6	2.7	11.2
理论塔板数 n		3.29×10^3	2.94×10^5	2.46×10^4
有效塔板数 $n_{有效}$		3.18×10^3	1.56×10^5	2.07×10^4
相比 β		10	217	52
分离度 R		1.51	10.6	3.87
死时间 t_0	s	30	625	75
分离时间 t_R	s	1790	2290	917

表 3-6 中数据说明，使用 WCOT 柱和 SCOT 柱均可获得很高的分离度。由于 WCOT 柱

为 100m 长，分离时间与填充柱差别不很大。表 3-7 是上述“物质对”达到相同分离度（R＝1.5）时，三种色谱柱的参数。数据说明，获得相同分离度时，毛细管柱分离速度快。

表 3-7 DEGS 柱达到相同分离度时的柱参数

柱参数	单位	柱型		
		填充柱	WCOT	SCOT
分离度 R		1.5	1.5	1.5
容量因子 k		58.6	2.7	11.2
理论塔板数 n		3290	5890	3270
柱长 L	cm	240	500	300
理论塔板高度 H	cm	0.073	0.085	0.081
载气线速度 u	cm/s	8.0	37.0	30.5
分离时间 t_R	s	1790	50	120

3. 比渗透率

一般用比渗透率（B_0）来表示色谱柱对气流的阻力大小。毛细管柱为一根空心柱，比填充柱对气流的阻力要小得多，即比渗透率大，因此可用较长的柱，很高的载气流速进行快速分析。

对于填充柱，其比渗透率可近似表示为

$$B_0=\frac{d_P^2}{1012} \tag{3-19}$$

式中：d_P为固定相粒径。对于毛细管柱，其比渗透率表示为

$$B_0=\frac{d^2}{32}=\frac{r^2}{8} \tag{3-20}$$

式中：d 与 r 分别为毛细管的内直径和内半径；B_0为色谱柱的特性参数，与所用固定液无关。对于填充柱，B_0正比于固定相粒径的平方；对于毛细管柱，B_0正比于柱半径的平方。

B_0与色谱柱压力降（Δp）的关系为

$$\Delta p=\frac{\eta}{B_0}Lu \tag{3-21}$$

式中：η 为载气在柱温下的黏度；L 为柱长；u 为载气平均线速度。式(3-21)说明，填充柱的压力降随固定相颗粒直径的降低和柱长的增加而增加；毛细管柱的压力降随柱内径的减小和柱长增加而增加。当柱长、载气平均线速度相同时，填充柱的进口压要比毛细管柱大 100～400 倍，因此填充柱不能太长。当毛细管柱与填充柱具有相同压力降时，毛细管柱长可为填充柱的 30～50 倍。尽管毛细管柱用得很长，但因其 k 值比填充柱小，而且可采用很高的载气线速度，因而分析所用时间仍比填充柱短。

3.3.5 毛细管柱的性能指标

1. 柱效

理论塔板数不能直接反映毛细管柱的分离性能。例如，在一根很长的毛细管柱上，某组分流出柱的时间 t_R很长，但死时间 t_0也会很大，结果计算出的理论塔板数的值相当大，但分离能力却很低。因此毛细管柱的理论塔板数多是一种表面现象，原因是它的有效塔板数并不多。

对某组分的有效塔板数 $n_{有效}$ 定义为

$$n_{有效}=5.54\left(\frac{t_R-t_0}{W_{1/2}}\right)^2=5.54\left(\frac{t'_R}{W_{1/2}}\right)^2=16\left(\frac{t'_R}{W}\right)^2 \tag{3-22}$$

某组分流出色谱柱的时间 t_R 越靠近死时间 t_0（空气或甲烷出峰的时间），其有效塔板数越少，分离效能越低。因此有效塔板数与理论塔板数不同，它直接反映色谱柱对物质对分离能力的高低。一根结构和操作条件不佳的毛细管柱，其理论塔板数与有效塔板数相差很大，其原因通常是由于柱管内径太大、固定液膜太薄且不均匀、载气流速过高、进样量过大或柱温太高等因素的影响，致使有效塔板数下降。虽然理论塔板数多的色谱柱，有效塔板数不一定很多，但还是说明这根色谱柱有潜力可挖，只要改善操作条件，就可使它成为一根有效塔板数多的色谱柱；而理论塔板数不多的柱子，有效塔板数也不可能多，这就是理论塔板数至今仍经常用以评价柱效的原因。图 3-4 表示同一长度的柱子具有相同的有效塔板数、不同理论塔板数所得到的色谱图。

从图 3-4 中可以看出，分离的清晰程度是相同的，理论塔板数越高的柱流出的色谱峰就越窄，出柱时间较短。因此，理论塔板数实际上是表征柱内峰宽变化的指标。

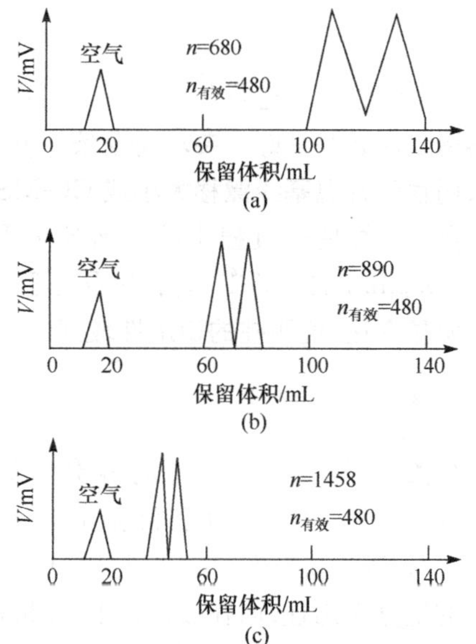

图 3-4　有效塔板数相同、理论塔板数不同的毛细管柱的分离情况

根据理论塔板数 n 与有效塔板数 n_{eff} 间的关系式

$$n_{有效}=n\left(\frac{k}{1+k}\right)^2$$

对于 $k=1$ 的组分，$n_{有效}$ 只是 n 的 25%；而对于强保留组分，如 $k=10$ 的组分，$n_{有效}$ 与 n 趋于相同，此时 $n_{有效}$ 与 n 都是合适的柱效指标。一般是在 $k>2$ 的条件下进行柱效的测定，并以/m 表示。

柱效也可用理论塔板高度 H 或有效塔板高度 $H_{有效}$ 来表征。

2. 涂渍效率

涂渍效率（coating efficiency，CE）是指在最佳条件下理论塔板高度（即最小塔板高度 $H_{最小}$）与实测塔板高度 H 之比，以百分数表示。

$$CE=\frac{H_{最小}}{H}\times 100\% \tag{3-23}$$

一根色谱柱涂渍效率高，表明柱子的理论利用率高，即达到“理想化的程度”高。用它来评价柱效的优点是与柱长无关，而且包含组分的容量因子和柱径等参数，可用作柱子之间质量的比较。WCOT 柱的 CE 一般为 20%～60%，SCOT 柱为 30%～80%。

3. 分离数

毛细管柱的分离性能虽可用分离度 R 表示，但习惯上多用分离数 TZ。它是指在碳原子数 z 与 $z+1$ 的两个相邻标准同系物峰之间，可插入分离度达到 $R=1.177$ 时的组分峰的数目。分离数是在程序升温条件下测得的柱效参数，它与固定液的特性、柱长、柱温以及载气流速有关。它与色谱柱有效塔板数关系如下：

$$TZ=0.425\left(\frac{\alpha-1}{\alpha+1}\right)\sqrt{n_{有效}}-1 \tag{3-24}$$

式中：α 为分配系数比。由于分离数随被测组分的容量因子而改变，因此必须规定被测组分。通常用 $k=3$ 的组分的分离数来比较柱效。

4. 柱惰性

色谱柱的惰性反映了柱子的去活程度，通常以色谱峰拖尾的程度来衡量。色谱柱惰性的好坏直接影响柱效、柱内液膜稳定性以及对组分的有效分离与检测。特别是对一些强极性组分，由于受柱内活性位点的吸附或催化反应影响，峰严重拖尾或减小，甚至消失，因此色谱柱的惰性是衡量柱性能好坏的又一重要指标。色谱柱的惰性主要取决于柱管的材料和处理方法。它可从标准试样中色谱峰的拖尾程度、相对峰高或某些极性组分的保留时间来判断。

5. 热稳定性

在毛细管柱上进行分离分析，大多数是在较高的柱温下或采用程序升温来实现的，因此柱的热稳定性必须良好。要求高温条件下固定液保持稳定，流失和分解最小且柱效不下降。一般采用程序升温基线漂移大小或GC-MS中的总离子流基线漂移等来评价柱的稳定性。

根据连续使用过程中给定溶质 k 和柱效的变化，也能说明柱的稳定性。如 SiO_2 涂层47m×0.4mm的OV-17玻璃和石英毛细管柱，在100→260℃程序升温中使用7～10个月，柱效无明显变化，说明柱的稳定性较好。

6. 极性和吸附性

分离由不同极性和沸点的溶质组成的"试验混合物"，可评价色谱柱的极性和吸附性等。试验混合物包含有极性和沸点顺序相反的组分，如乙醇（b. p. 78.5℃）、甲乙酮（b. p. 79.6℃）、苯（b. p. 80.1℃）、环己烷（b. p. 80.7℃）。在非极性柱上，组分按沸点顺序出柱，低沸点的组分先出柱；而在极性柱上，按极性顺序出柱，极性弱的先出柱；在弱极性柱上环己烷先于苯出柱。根据组分出柱顺序就可判别色谱柱的极性。

色谱峰是否拖尾可反映色谱柱是否有残余吸附活性。如果乙醇、甲乙酮等极性物质色谱峰拖尾，说明色谱柱存在残余吸附活性；而环己烷峰拖尾则反映色谱系统死体积太大或固定液液膜太厚。

3.3.6 毛细管柱气相色谱系统

1. 流路系统

毛细管柱气相色谱的流路系统与填充柱气相色谱的流路系统并无本质的差别，它们的主要不同在于，毛细管柱的进样部分有用载气分流放空的控制流路，以及为检测器提供柱后尾吹的流路系统，如图3-5所示。

2. 进样系统

毛细管柱内径细，固定液也仅有几十毫克，柱容量很小，这样进样量必须极小。若采用填充柱常规进样方式，引入的样品量必超过色谱柱负荷，为此一般采用分流进样方式，即在气化

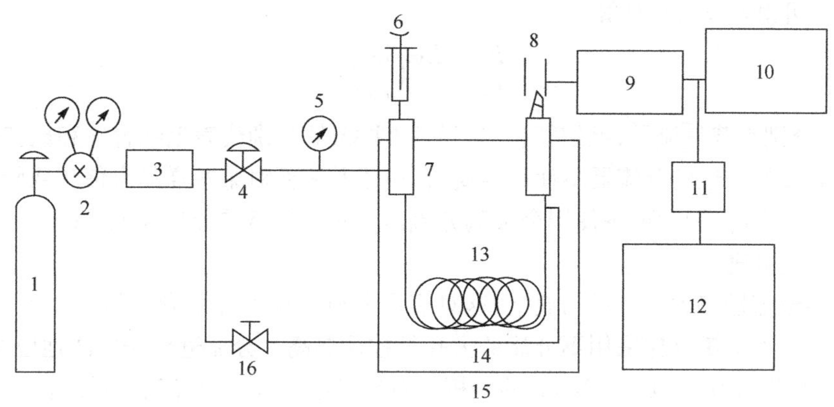

图 3-5　毛细管柱气相色谱仪流程示意图

1. 载气钢瓶；2. 减压阀；3. 净化器；4. 稳压阀；5. 压力表；6. 注射器；7. 气化室（进样系统）；8. 检测器；9. 静电计；10. 记录仪；11. 数模转换器；12. 数据处理系统；13. 毛细管色谱柱；14. 尾吹气；15. 柱恒温箱；16. 针形阀

室出口处分成两路，一路是将绝大部分气样放空；另一路是将极微量的气样引入毛细管色谱柱中，这两部分比例称为分流比。这种分流进样法又分为动态法和静态法两种。由于色谱过程处于动态过程，目前多采用动态法，静态法已很少使用。

完成分流的装置称为分流器。分流器虽有各种形式，但均必须满足如下要求：

(1) 分流后各组分峰的相对比例，必须与计算值或未分流时相同。

(2) 分析不同浓度样品时，峰面积必须与浓度成比例。

(3) 改变分析条件，如柱温、分流比、载气流速等，各色谱峰相对比例必须保持不变。

不同仪器上所使用的分流器形式也不相同。图 3-6 所示为四种不同形式的分流器，其中(b)、(d)两种的线性和重现性较好。所谓线性即指样品中每个组分都能被准确地分成相同比例，而与其理化性质和浓度无关。

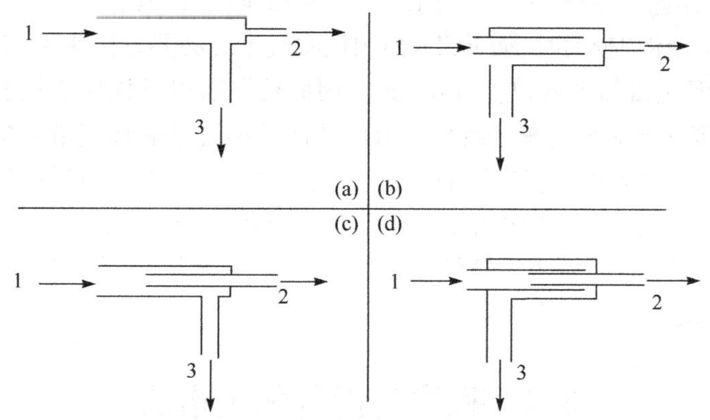

图 3-6　四种毛细管分流器

(a) T 形旁通器；(b) 同心管；(c) 反流 T 形旁通管；(d)改进同心管

1. 注射头；2. 进毛细管柱；3. 放空

通常在分流器的放空处接一个阻力装置。这个装置可以是一段毛细管、一个细径的针头或一个针形阀。通过改变阻力装置的阻力大小来调节分流比。使用毛细管阻力装置时，则分

流比(F_C/F_V)可由式(3-25)计算

$$\frac{F_C}{F_V}=\frac{L_V}{L_C}\left(\frac{r_C}{r_V}\right)^2 \tag{3-25}$$

式中:F、L、r 分别为载气流量、毛细管长、半径;脚注 C、V 分别代表毛细管柱和放空管。

大多数有良好线性的分流器不使用金属管,由于其表面对某些样品有催化或降解作用,毛细管柱的稳定性下降,因此最好使用全玻璃分流器。对更严格的分析来说,甚至还需对玻璃分流器进行硅烷化处理。

由于使用分流器将大部分样品放空,这对痕量分析来说十分不利。但由于毛细管柱的柱效高,峰很窄,因而灵敏度比采用不分流的大孔径柱还要高。分流进样法广泛地应用于样品中主要组分(浓度范围为 0.01%～10%)的分析。对痕量组分分析,分流法不甚适宜。

经典分流进样技术,由于不适于痕量组分分析,因此,在毛细管柱色谱中也使用不分流进样技术,它使痕量组分的绝对进样量明显增加、峰形尖锐,检测灵敏度可增加 1～3 个数量级,而且准确度也高。它在样品高度稀释溶液的痕量和超痕量分析中得到了广泛的应用。

不分流进样的优点是:样品全部进柱,色谱峰绝对响应值高,适用于有机溶剂稀溶液样品的直接分析;气化室温度低且不要求动力学分流,较好地消除了样品的吸附、分解等,适用于热敏感及极性样品分析;节省样品,对数量有限的样品更具有实际意义。

目前,商品气相色谱仪所装配的进样器均具有这两种进样功能。

3. 检测系统

气相色谱检测器很多,但只有几种适用于毛细管柱,因为与毛细管柱相匹配的检测器必须具有灵敏度高、响应迅速,以及死体积极小的特点。最常用的检测器是氢火焰离子化检测器(FID)。火焰光度检测器(FPD)与电子捕获检测器(ECD)也可使用。小体积及单热丝的热导检测器(TCD)也用于毛细管柱色谱仪中。随着计算机技术的应用,毛细管柱气相色谱-质谱以及傅里叶红外光谱联用技术在气相色谱的检测中发挥了重要作用。

在毛细管柱气相色谱系统中,使用 FID 时需要加尾吹气,其目的是减小峰展宽,提高柱效。特别是检测器死体积较大时,如 ECD,使用尾吹气十分必要。因为毛细管柱内径很小,尽管载气流速很高,但流量却很低,1～3mL/min,因此检测器以及柱后连接管道死体积都必须很小,使它们对谱带展宽的影响减至最小。当样品被很小流量的载气带入检测器后速度会锐减,必造成色谱峰扩张,因此在色谱柱出口加一个辅助尾吹气,以加速样品通过检测器。实验表明,用氮气作载气和尾吹气,要比用氦气在 FID 中能得到较高的灵敏度。此外,尾吹气的流量决定 FID 的灵敏度。这是因为毛细管柱色谱中,载气流量很小,而尾吹气需要几十毫升,所以检测器灵敏度取决于尾吹气的流量。

3.4 程序升温气相色谱法

程序升温气相色谱法是一种重要的色谱技术。每一台气相色谱仪均带有程序升温控制装置,从而使气相色谱法的应用更加广泛。

3.4.1 概述

在气相色谱分析中,样品中的每一种组分都有其最佳分离柱温,它在填充柱上接近组分的沸点，而在毛细管柱上大约比组分的沸点低 50℃。但我们通常会遇到宽沸程(混合物中高沸点组分与低沸点组分沸点的差称为沸程)的多组分样品，如中药挥发油、残留农药和环境样品等。这时使用恒温(柱温恒定)气相色谱分析时，就会出现低沸点组分因柱温太高，色谱峰出柱过快，峰窄而相互重叠；而高沸点组分又因柱温太低，出柱很慢，峰宽而平，有的组分甚至不能被洗脱出来。对于这种宽沸程多组分样品一般不使用恒温分析，而是让柱温按照预先设定的程序，随时间呈线性或非线性增加，则混合物中不同沸点的组分将基本在各自的最佳温度下依次流出色谱柱。采用足够低的初始温度，低沸点组分先出柱，随着柱温升高，较高沸点的组分将被洗脱出来，柱温再升高，高沸点组分也能较快地流出色谱柱，各组分均可得到良好的分离。

在程序升温色谱法中，若能选择适当的初始温度、升温速率和终止温度，就可得到宽沸程多组分样品各组分分离良好，且峰宽、峰间距相近的色谱曲线，同时总分离时间比恒温色谱的短，分析速度快。一般认为沸程大于 80～100℃的样品，需要采用程序升温气相色谱分析。

升温的程序即柱温随时间变化的方式，一般分为线性升温与非线性升温两种。

线性升温是指柱温(T_C)随时间(t)成比例地增加，即

$$T_C = T_0 + rt \tag{3-26}$$

式中：T_0为起始温度(℃)；r 为升温速率(℃/min)；t 为升温时间。非线性升温有四种不同的形式，如图 3-7 所示。

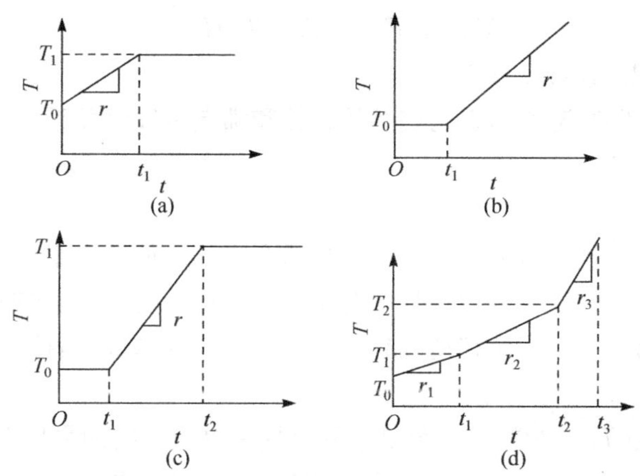

图 3-7　四种不同升温方式的温度-时间示意图

1. 线性升温→恒温

首先线性升温到接近固定液最高使用温度，然后恒温到把最后几个高沸点组分洗脱出来。这种升温方式适用于高沸点组分的分离[图 3-7(a)]。

2. 恒温→线性升温

先恒温分离低沸点组分，再线性升温到分离完成[图 3-7(b)]。

3. 恒温→线性升温→恒温

开始恒温分离低沸点组分，中间线性升温，同时使中沸点组分被洗脱，再恒温将高沸点组分洗脱出来。这种方式适用于沸点范围很宽的样品[图中 3-7(c)]。

4. 多种速率升温

开始以 r_1速率升温，然后依次以 r_2、r_3等速率升温[图 3-7(d)]。

恒温色谱主要用在沸程较窄、组分较少的样品分析中，由于其操作简单，稳定性好，应用较广泛。对宽沸程多组分混合物只能用程序升温。但后者较复杂，稳定性、重复性均较恒温分离要差。

3.4.2 程序升温的基本原理

1. 保留温度

某组分的保留温度是指在程序升温色谱分离过程中，该组分从色谱柱中被洗脱出来时的柱温，并以 T_R表示。它是程序升温色谱法中的基本参数。在一定色谱条件下，T_R为组分的特征参数，可用于定性分析，与恒温色谱中的保留时间或保留体积相似。升温速率、载气流速、柱长和起始温度等因素变化不大时对 T_R影响很小。在线性程序升温中，其保留温度 T_R为

$$T_R = T_0 + rt_R \tag{3-27}$$

式中：T_0为起始温度；r 为升温速率；t_R为组分的保留时间。

线性程序升温色谱中，保留体积 V_R与 T_R关系如下：

$$V_R = t_R F_C = (T_R - T_0) F_C / r \tag{3-28}$$

式中：F_C为载气的体积流速(mL/min)。

程序升温色谱中，保留温度与正构烷烃的碳数和沸点呈线性关系。

2. 初期冻结

宽沸程样品进入色谱柱后，低的起始温度将适合于分离低沸点组分，而高沸点组分溶在柱头固定液中几乎停滞不动，这种现象是程序升温色谱所特有的，称为初期冻结或初期凝聚。随着柱温的升高，较高沸点组分开始移动，温度越高，移动速度越快，当柱温达到该组分保留温度时，流出色谱柱。

一般来说，柱温在(T_R−30℃)时，色谱带移至柱中央，在 T_R的最后 30℃，溶质通过色谱柱后半段。溶质在柱内的位置与柱温的关系如图 3-8 所示。从图 3-8 中可看出，在 T_R − 30℃时，溶质恰好处在柱中央。

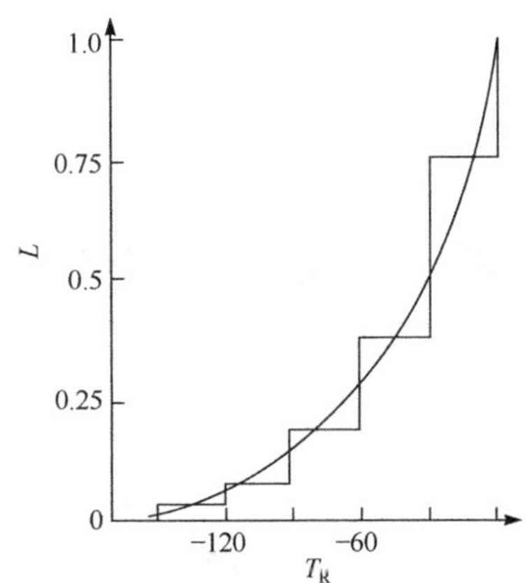

图 3-8　组分在程序升温柱中的移动位置与柱温的关系图

3. 有效温度

图 3-8 说明，柱温为 T_R−30℃时，溶质在柱长的 1/2 处。在这个区间内，可以认为色谱带以 T_R−15℃处的平均速度移过色谱柱长的后半段，即 $L/2$。同样，在 T_R−60℃到 T_R−30℃区间，谱带以 T_R−45℃处的平均速度移过了柱长的 $L/4$，以 T_R−75℃处的平均速度移动了 $L/8$…依此类推。

各平均速度处的柱温乘以移动柱长的分数之和，称为有效温度，以 T'表示，即

$$
\begin{aligned}
T' &= (T_R-15)\frac{1}{2}+(T_R-45)\frac{1}{4}+(T_R-75)\frac{1}{8}+\cdots \\
&= T_R\left(\frac{1}{2}+\frac{1}{6}+\frac{1}{8}+\cdots\right)-15\left(\frac{1}{2}+\frac{3}{4}+\frac{5}{8}+\cdots\right) \\
&= T_R-15\times 3
\end{aligned}
$$

故

$$T' = T_R - 45(℃) \tag{3-29}$$

在有效温度下，对相邻两组分进行恒温分离，能达到与程序升温时同样的柱效和分离度。因此它是对应一定理论塔板数和分离特征的温度。

4. 柱效率

在程序升温色谱中，柱效仍用理论塔板数来评价。

$$n = 16\left(\frac{V_{TR}}{W_V}\right)^2 = 16\left(\frac{t_{TR}}{W_t}\right)^2 \tag{3-30}$$

式中：W_V、W_t分别为用体积和时间表示的在保留温度下流出的色谱峰峰宽；V_{TR}、t_{TR}为在相同色谱条件下，以保留温度为柱温时，在恒温色谱中测得同一组分的保留体积和保留时间，如图 3-9 所示。

实验证明，在程序升温色谱中，用 t_{TR}代替 t_R求得的理论塔板数，与以 T_R为恒定柱温测得的理论塔板数能很好吻合，柱温与载气流速变化对柱效影响较小。

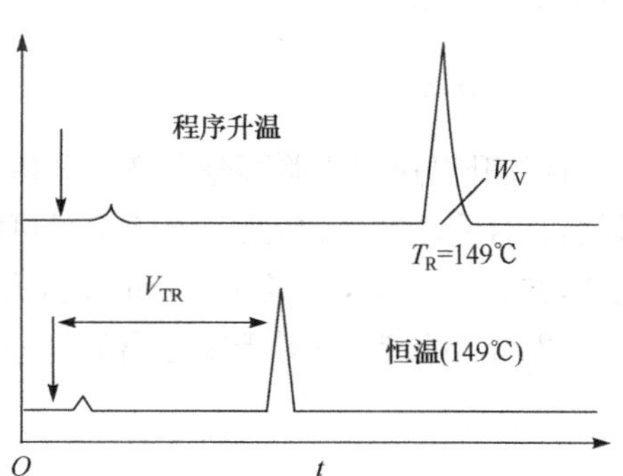

图 3-9　理论塔板数公式中 V_{TR}与 W_V示意图

3.4.3　程序升温色谱系统

程序升温色谱技术对色谱系统有特殊要求，与恒温色谱的色谱系统有所不同。

(1) 双气路流程。由双柱和双检测器组成，可克服由于固定液流失和温度变化引起的基线漂移，提高了仪器的稳定性。当然也可采用单气路系统，通过扣除空白运行的基线漂移来提高仪器的稳定性。

(2) 载气流速控制。在程序升温色谱法中，要求升温过程中载气流速恒定。但由于气体黏度随温度升高而增大，色谱柱阻力也增大。如果载气入口压强恒定，则载气流速会随柱温升高而降低。这就要求安装稳流阀来控制并保持流速恒定。

(3) 三个独立加热系统。程序升温色谱的气化室、柱温箱和检测器需要有各自独立的加热系统。这是因为色谱柱的温度需要程序升温和迅速降温，而气化室、检测器需要恒定的温度，以防止基线漂移并造成检测器的响应变化。

为了使色谱柱能迅速升温和降温，一般采用薄壁的短色谱柱，同时要求色谱柱柱温箱体积小、热容低、保温性好、加热功率大，温度控制精度在 1℃以内。

(4) 程序升温控制器。程度升温分为单级和多级升温两种。单级升温控制器控制的项目有初始温度、初始恒温时间、升温速率、终止温度(终温)、终止恒温时间、停止加热、排风冷却，而多级升温控制除上述项目外还包括改变升温速率。程序升温控制必须具有良好的重现性，保证保留时间和保留温度的重复性。

3.4.4 程序升温色谱条件的选择

1. 升温方式

升温方式的选择取决于样品的性质和具体条件。通常对于沸点分布均匀的样品采用单级线性升温。对于沸点间隔较大、性质不同的样品,可采用多级非线性升温。

2. 柱长

柱长的选择由分离度和分析速度决定。对于填充柱以 1～3m 为宜。

3. 起始温度

起始温度主要由样品中最低沸点组分的沸点来决定,这与恒温色谱分析低沸点组分是相似的。对于填充柱,起始温度一般选在低沸点组分的沸点附近。温度过低,分析时间长;而过高,则低沸点组分分离度差。

4. 升温速率

选择升温速率要兼顾分离度与分析速度两方面。较低的升温速率使分离度增大,但分析时间长,且峰较宽;较高的升温速率虽可缩短分析时间,但柱效与分离度均有所下降。对于填充柱,柱长 1～3m,内径 1～6mm 时,升温速率以 3～8℃/min 为宜;对于开管毛细管柱,以 0.5～20℃/min为宜;对于难分离的组分,需采用较低升温速率或恒温分离。

5. 终止温度

终止温度取决于固定相的最高使用温度和样品中高沸点组分的保留温度。填充柱的终止温度一般选在高沸点组分平均沸点附近。若固定相的最高使用温度低于高沸点组分沸点,终止温度由固定相最高使用温度决定,然后在终止温度恒温下洗脱出高沸点组分。固定相的最高使用温度应高于终止温度,即选用高于高沸点组分沸点的固定相。

3.5 顶空气相色谱法

3.5.1 概述

顶空气相色谱法又称气相色谱顶空分析(GC headspace analysis,GC-HS),也称液上气相色谱分析。它是指用气相色谱法来分析封闭系统中与样品液体(或固体)相平衡的气体的方法,并以此来达到分析与气体平衡的液体(或固体)样品的目的。

顶空气相色谱法不仅可分析含量低的组分,也可分析组成复杂的混合物;还因这种方法不是直接进液体或固体样品,而是将与其平衡的气体样品送进气相色谱仪,所以在很多情况下,此法比普通气相色谱分析更为简便,可省去样品前处理操作,有时还可获得更低的检测限。对于易挥发或易分解和无法直接进样分析的液体或固体样品而言,更有它的实用价值。由于顶空气相色谱法具有很多优点,因此除分析中草药中的挥发性成分外,还常用于固体物质、包装材料、药物的残留溶剂分析。顶空气相色谱法可以避免将样品中难挥发性物质引入色谱柱中,从而减少直接进样对色谱柱的污染。但相对而言,顶空气相色谱法的准确性与重复性均较差。

根据取样和进样方式不同，顶空分析可分为静态顶空分析和动态顶空分析。静态顶空分析是先将液体或固体样品密封在一个容器内，一定温度下放置一段时间，待两相达到平衡后，取上层气相进行分析。动态顶空分析是用流动的惰性气体通入液体样品或置于固体样品表面，将样品中的挥发性成分“吹扫”出来，再用一个捕集器吸附吹扫出来的物质，然后热解吸样品并将其送入气相色谱仪进行分析。因此该法又称吹扫-捕集(purge & trap)进样法。

3.5.2　基本原理

当样品的蒸气压相当低时，色谱峰峰面积(A_i)与挥发性组分(i)的蒸气压(p_i)成正比，即

$$A_i = C_i p_i \tag{3-31}$$

式中：C_i为与物质种类及检测器有关的特定常数。对于理想混合体系，依据拉乌尔(Raoult)定律可得

$$p_i = p_i^0 X_i \tag{3-32}$$

式中：p_i^0为 i 的纯组分的蒸气压；X_i为 i 组分的摩尔分数。

对于真实体系，i 组分的分压 p_i可表示如下

$$p_i = \gamma_i p_i^0 X_i \tag{3-33}$$

式中：γ_i为 i 组分的活度系数。

近似于理想溶液的有正庚烷/甲基环已烷、已烷/庚烷、苯/甲苯、乙醇/异丙醇等。

然而，对于大多数溶液而言，各分子间的吸引力不完全相同，距离也不完全相等，致使溶液的实际蒸气压与拉乌尔定律计算值之间存在偏差，这种溶液称为非理想溶液，即组分的$\gamma_i \neq 1$。

当 $\gamma_i > 1$ 时，由于不同种类分子间的吸引力小于纯物质分子间的吸引力，此时，它们企图离开混合物，这就造成液上气体压力(分压和总压)大于拉乌尔定律计算值，产生正偏差。一般当极性分子与非极性分子在一起时，可能出现这种情况，如庚烷/苯、乙醚/乙醇、乙醇/庚烷、乙醇/乙腈等。

当 $\gamma_i < 1$ 时，反映在混合样品中，不同种类分子间的吸引力大于纯物质分子间的吸引力时，则此混合物的液上气体压力(分压和总压)则小于拉乌尔定律计算值，产生负偏差。若分子具有永久性或诱导偶极矩时，这些静电作用力将导致氢键的发生或使分子间产生不稳定的化学键，使它们不易离开混合样品，造成液上气体压力小于拉乌尔定律计算值，如丙酮/1,1,2-三氯乙烷、三氯乙烯/四氢呋喃、丙酮/氯仿等。

服从拉乌尔定律的混合体系，其峰面积与浓度呈线性关系。但在高浓度区域内分压的变化与浓度变化不呈线性关系，有时甚至与浓度无关。如果不注意这点，顶空分析会得到错误的结果，因此分析中定量校正工作尤为重要。在很多情况下，样品溶液若能充分稀释，则有可能使其接近理想混合体系，服从拉乌尔定律。

3.5.3　顶空气相色谱分析装置

在密闭系统中，与液相处于平衡状态的各种蒸气的气相色谱分析需要一种特殊的实验技术，而这种技术与一般气体分析法完全不同。所用仪器应使样品容器维持在某一恒定和重现的温度上。这一点也适用于样品的制备过程以及从液面上容器中的实际采样过程。因此，为了进行液上气相色谱分析，需有特别设计的装置。其中的主要部件是样品瓶、恒温装置和取样装置。目前已有很多商品化的专用仪器供选择使用。图 3-10 是一种静态顶空气相色谱进样装置，图 3-11 是顶空气相色谱装置图。

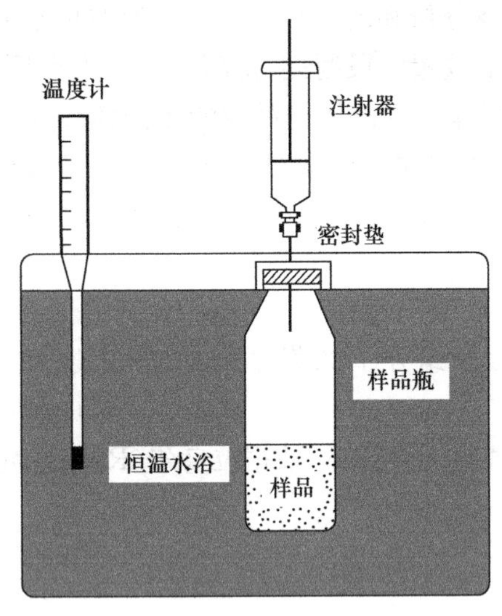

图 3-10　静态顶空气相色谱进样装置示意图

通常用体积 5mL 或 10mL 带有硅橡胶隔垫瓶盖的玻璃瓶作为密封系统，其中可盛液体样品 1～5mL，固体样品 1～2g。将样品瓶在恒温水浴内平衡 30～60min，然后用容量为 0.5mL 或 2.5mL 气密性好的注射器，从瓶的顶空抽取 0.2～2.0mL 气体，迅速注入色谱仪的进样器中进行色谱分析。分析的相对标准差在 3%以内。

虽然顶空气相色谱分析的装置与操作比较简单，但需要注意的细节很多，稍有疏忽即可导致较大的失误。其中主要应注意的问题如下：

(1) 取液体样品时，须用虹吸管或移液管取样，不宜用倾倒法，以使取的样品具有代表性。取样量应使顶空样品瓶留有 2/3 的空间为好。

(2) 样品瓶盖的硅橡胶隔垫应用金属或聚四氟乙烯片将其与样品隔离，以免吸附，产生误差。

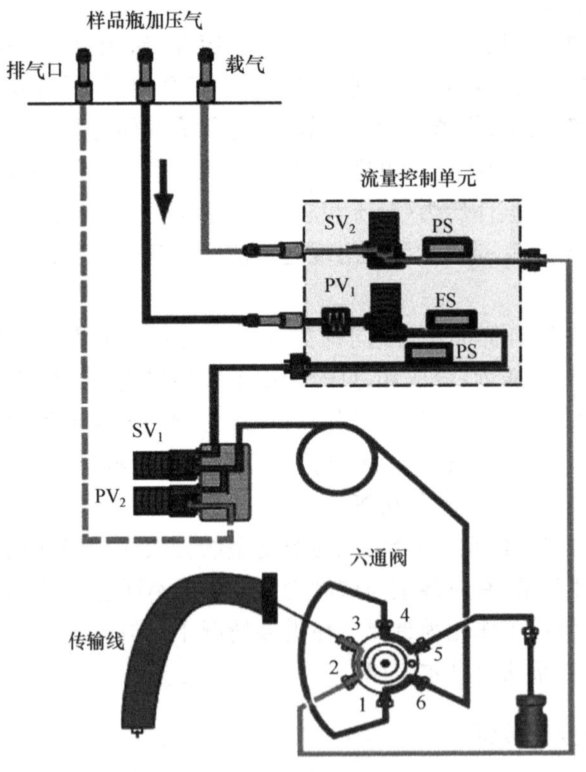

图 3-11　Agilent 顶空气相色谱装置图

PS. 压力传感器；FS. 流量传感器；SV. 切换阀；PV. 比例阀

(3) 控制恒温槽的温度为±0.1℃。

(4) 取样注射器密封性应良好。取样、进样的操作要迅速，以免发生样品冷凝。取样体积最好不多于顶空气体的 1/5。

3.6　气相色谱仪

3.6.1　基本单元

气相色谱仪的软硬件组成一般包括载气系统、进样器、色谱柱、检测器、温控系统和数据采集处理系统。

载气系统包括气源和流量控制器等。气源提供高纯载气，载气纯度一般在99.99%以上，对于高灵敏度的检测器如电子捕获检测器和质谱等，纯度要求更高。气源当前主要包括高压气瓶和气体发生器两种。高压气瓶提供单一气体，纯度高，如氮气、氢气和氦气。但由于每一种气体都需要一个钢瓶，组成较复杂，占用实验室空间较大。气体发生器可以同时提供几种气体，如最常见的氮气、氢气和空气发生器，使用方便，占用实验室空间小，但所提供气体的纯度较低。

根据气相色谱的要求，气相色谱仪进样器的气化室、柱温箱和检测器均需精密温度控制。早期柱温箱和检测器的温控是一体化的，当前已分开，以满足各部件不同的温度要求，提高了方法开发和仪器维护的灵活性。

数据采集处理系统对检测器输出的信号进行记录、整理和计算，输出色谱峰的保留时间、峰面积(或峰高)等定性、定量数据结果。近年来，色谱仪与色谱数据采集处理系统已构建为一个整体，单纯的色谱数据采集处理系统已升级为色谱工作站。色谱工作站既可完成数据的采集与处理工作，又可实现对色谱仪的进样系统、温控系统、检测器和打印机等部件的操作参数进行设置和实时控制，实现了仪器运行的全自动化，保证了测定的重现性与准确性，提高了分析效率。这些控制主要是通过人机对话由计算机来完成的。目前色谱工作站数据的兼容性已大大提高，可方便地对数据文件进行编辑处理等工作，还可通过网络进行数据传输，实现资源共享、远程诊断和技术支持。

下面将重点对气相色谱的进样器和检测器进行介绍。

3.6.2　进样器

进样器是将样品引入载气流中的装置，它通常固定在柱头上。在气相色谱分析中，一般采用微量注射器、自动进样器和阀将一定量气体或液体样品注入进样器进样口。采用微量注射器手动进样简便易行，但进样量重复性较差。自动进样器进样可降低手动进样误差，减少人工操作成本，适用于批量样品的分析。阀进样不仅重复性好，还可以构建多柱多阀的阀进样组合完成一些特殊分析。气体进样阀可以隔绝环境空气，避免空气污染样品，其样品定量管的体积一般在0.25mL以上。液体进样阀的定量环一般是阀芯处的一个体积为0.1～1.0μL的刻槽。对于样品中的挥发性化合物需要富集和净化后分析的，还可结合使用固相微萃取纤维、吹扫-捕集和热解吸装置进样。进样器常见的类型有以下几种。

1. 分流/不分流进样器

样品经隔垫进入进样器加热小室(气化室)后瞬间气化，然后载气将气化后的样品全部(不分流)或部分(分流)吹扫入色谱柱中。在分流模式中，大部分样品与载气通过分流口放空，分流比一般为1∶1～1∶50。当样品中的组分浓度较高(>0.1%)或检测器灵敏度很高时宜采用分流进样，但对于农药残留等痕量分析(<0.01%)，则最好采用不分流进样。毛细管柱由于

柱容量较小常采用分流进样。

2. 柱头进样器

样品不经加热直接从柱头导入色谱柱。常用于填充柱而少用于毛细管柱。

3. 程序升温蒸发进样器

程序升温蒸发(programmed temperature vaporization,PTV)进样是环境和生物样品中痕量组分气相色谱分析的突破性大体积进样技术。只要待测物有较低的蒸气压,并可在溶剂放空过程中定量存留在衬管内,就可应用 PTV 进样。

PTV 进样器利用快速程序升温实施大体积进样,与常规分析相比,进样量可提高 100 倍以上(≥100μL),既节省了样品前处理所需的大量人力、物力和时间,又大大提高了检测灵敏度和分析精密度,还可避免或减少气相色谱柱受样品基质的污染、热不稳定待测物的降解,以及样品浓缩中易导致待测物损失、易引入外来干扰物等常规热进样技术时常面临的难题。PTV 进样器的基本结构和常规的分流/不分流进样器一致。进样器内置衬管(填充型)的内径有 1mm 和 4mm 两种,供进样量(或最大容纳的样品量 V_{max})不同时选用,前者适用于 10～25μL,后者适用于 100～150μL,而 1～4mm 空心衬管的 V_{max}少于 5μL。

实际操作中,PTV 进样器温度首先保持在低于样品溶剂沸点的温度(0～50℃)。样品注入进样口时,分流阀打开,大部分溶剂蒸气在载气吹扫下自分流阀逸出,高沸点待测物则存留在衬管上。然后分流阀关闭,使 PTV 进样器快速升温,衬管上的待测物将被全部转移到色谱柱顶端。此后分流阀再度打开,以除去进样器内残留的溶剂和样品基质。如果进样量超过 V_{max},可考虑采用多次进样或控速进样。

PTV 进样器的衬管和装填物均要求呈惰性,对待测物无强烈吸附和热降解作用。衬管一般用石英或玻璃制成,并经硅烷化处理去活。装填物以低比表面积、惰性处理(酸洗和硅烷化)的硅藻土为宜,也可采用聚合物多孔材料,它不仅用来储留液体样品,还可防止难挥发的样品基质污染色谱柱。

4. 顶空进样系统

顶空进样器主要用于固体、半固体、液体样品基质中挥发性有机化合物的分析,如水中的挥发性有机化合物(VOC)、茶叶中的香气成分,以及合成高分子材料中残留单体的分析等。相关内容详见本章 3.5 节介绍。

5. 自动进样器

气相色谱的自动进样器按照其机械运行方式分为转盘式、机械手式和 XYZ 三维式几种。还可以选配多种模块,运行顶空、SPME、微阱捕集、稀释和衍生化等样品前处理功能,实现气体和液体样品高通量、自动化的精密分析。

3.6.3 检测器

检测器是将流出色谱柱载气中样品组分的浓度或量的变化转变为电信号(电压或电流)变化的装置。据统计,目前已有 30 余种气相色谱检测器,但最常用的也不过几种。一般气相色谱仪的标配是氢火焰离子化检测器(hydrogen flame ionization detector,FID)与热导检测器

(thermal conductivity detector,TCD)。这两种检测器对多种化合物有高灵敏度的响应,线性范围宽。TCD 是通用性的,在检测器设定温度下,可用于检测除了载气之外与载气具有不同热导性能的任何物质。FID 主要用于检测含碳有机化合物,比 TCD 的响应更灵敏,但却不能用来检测水。由于 TCD 的检测是非破坏性的,它可以串联到破坏性的 FID 之前使用,从而对同一分析物给出两个相补的分析信息。其他的检测器要么专属性很强,要么线性范围很窄,主要包括:火焰光度检测器(flame photometric detector,FPD)、电子捕获检测器(electron capature detector,ECD)、氮磷检测器(NPD)、质谱检测器(MS)、放电离子化检测器(DID)、光离子化检测器(PID)、氦离子化检测器(HID)、霍尔电导检测器(EICD)和脉冲放电检测器(PDD)等。质谱本书有专章介绍,这里我们只介绍 TCD、FID、ECD 和 FPD 几种。

1. 检测器的分类与性能指标

1) 分类

检测器可分为积分型检测器与微分型检测器两类。由于积分型检测器灵敏度低,且不能显示出保留时间,因而目前已很少应用。在常用的微分型检测器中,根据其检测原理不同,又可分为浓度型检测器和质量型检测器两种。

(1) 浓度型检测器。这类检测器的输出信号强度(R)与载气中组分的浓度(c)成正比,即 $R\propto c$,因此称为浓度型检测器。它的输出信号强度只取决于组分的浓度,与载气流速(F)无关。当进样量一定时,峰高 h 基本与载气流速无关,但其峰面积 A 则与流速呈反比(图 3-12)。常用的这类检测器有 TCD 和 ECD 等。

(2) 质量型检测器。这类检测器的输出信号强度(R)正比于单位时间内进入检测器的组分量($\mathrm{d}m/\mathrm{d}t$),即 $R\propto \mathrm{d}m/\mathrm{d}t$,因此称为质量型检测器。它的输出信号强度 R 与进入检测器的样品速度呈正比。当一定浓度样品引入检测器时,所得峰高与载气流速(F)呈正比,而峰面积与流速无关(图 3-13)。这是由于流速加快、峰高增大、峰宽变窄的缘故,但峰面积大小保持不变。常用的此类检测器有 FID 和 FPD 等。

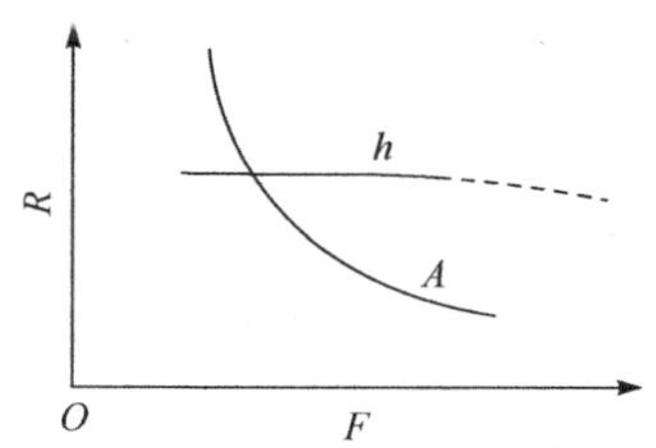

图 3-12　浓度型检测器 R-F 关系

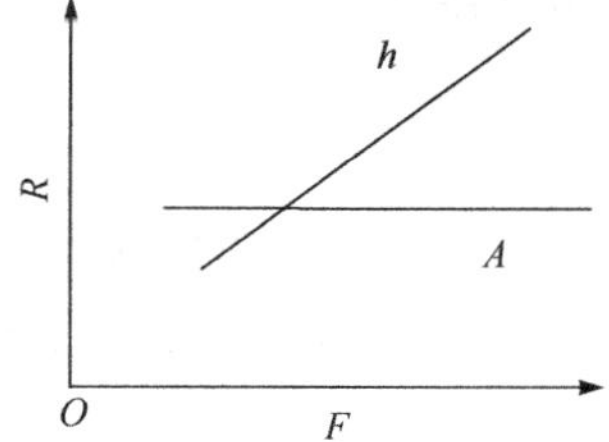

图 3-13　质量型检测器 R-F 关系

2) 性能指标

在不同的浓度范围和不同的操作条件下检测不同类型的样品时,检测器都应能对其准确、快速指示并测量出来。其具体指标是:

(1) 噪声与漂移。噪声是指无样品通过检测器时,由仪器本身和工作条件所造成的基线起伏的值(R_N),称为噪声,常以毫伏来表示(图 3-14)。

无样品通过检测器时,单位时间内基线向某一方向的移动称为漂移(shift)(R_d),常以 mV/h 来表示。

(2) 灵敏度(sensitivity,S)。又称响应值或应答值,是用来评价检测器质量,以及与其他

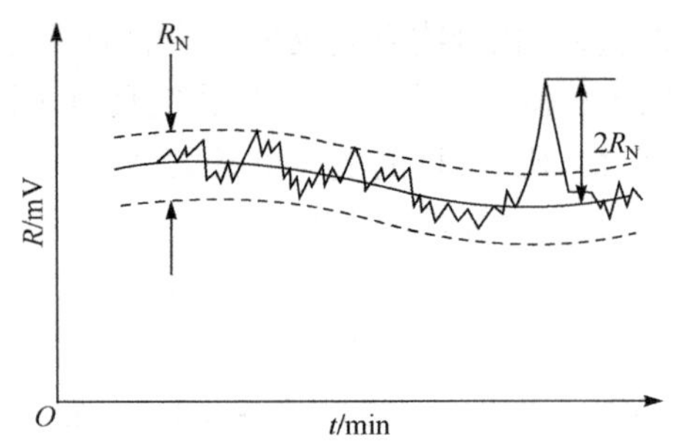

图 3-14　检测器噪声和检测限

类型检测器进行比较时的重要指标。实验表明，一定浓度或一定量的样品进入检测器后，产生一定的信号强度(R)。进样量改变 ΔQ，信号强度也将改变 ΔR。这样，任何类型检测器的灵敏度均可表示为

$$S=\frac{\Delta R}{\Delta Q} \tag{3-34}$$

S 越大，则检测器越灵敏。

①浓度型检测器的灵敏度(S_c)。它是 1mL 载气中含有 1mg 的某组分通过检测器时所产生的电信号值(mV)。S_c常用于液态样品，单位为 mV·mL/mg。

②质量型检测器的灵敏度(S_m)。它是每秒有 1g 的某组分被载气携带通过检测器时所产生的电信号值(mV 或 A)，单位为 mV·s/g。

(3) 检测限。检测器性能的优劣只用灵敏度来说明是不完善的，因为它不能反映检测器噪声水平的高低。若信号较弱而噪声较大，即使信号放大，它会淹没在一同放大的噪声中仍将难以辨认。可见，性能优良的检测器，不仅灵敏度要高，且本身的噪声要小，而检测限这项指标正是从这两方面来说明检测器性能的。

检测限(D)一般是以检测器恰能产生 2 倍噪声信号(峰高，mV)时(图 3-14)，单位时间内引入检测器的组分量或单位体积载气中所含的组分量来表示的。低于此限的某组分的色谱峰将与噪声难于明确分辨，无法检出，故称为检测限。它的计算式为

$$D=\frac{2R_N}{S} \tag{3-35}$$

对浓度型检测器有

$$D_c=\frac{2R_N}{S_c} \tag{3-36}$$

对质量型检测器有

$$D_m=\frac{2R_N}{S_m} \tag{3-37}$$

式中：R_N的单位为 mV；D_c的单位为 mg/mL；D_m的单位为 g/s。

例如，某 FID 的噪声 $R_N=\pm 0.01\text{mV}$，$S_m=2\times 10^8\text{mV}\cdot\text{s/g}$，则其检测限 D_m 为

$$D_m=\frac{2\times 0.01\text{mV}}{2\times 10^8\text{mV}\cdot\text{s/g}}=1\times 10^{-10}\text{g/s}$$

(4) 线性范围。它是指检测器的响应信号强度与被测物质浓度或质量之间呈线性关系的范围，并以线性范围(liner range)内最大浓度与最小浓度(或最大进样量与最小进样量)的比值来表示。线性范围与定量分析密切相关。人们总希望线性范围越宽越好，这表明该检测器对常量或微量成分都能准确定量。FID 的线性范围可达 10^7。

(5) 响应时间。又称应答时间。该时间的长短直接影响对组分浓度或质量变化的跟踪速度。缩短响应时间，可以提高快速分析中峰的可靠性和准确性。响应时间(response time)是这样测定的：当一个恒定浓度或质量的样品连续通过检测器时，可得到一定强度的信号，当样品浓度或质量突然变至另一值时，信号达到新平衡条件下应有信号强度的 63%时所需要的时间，就是响应时间。

表 3-8 列出了几种气相色谱常用检测器的性能指标。

表 3-8　常用检测器的性能指标

名称	灵敏度	检测限	线性范围	响应时间	适应范围
热导检测器	1×10^{4}mV · mL/mg(苯)	2×10^{-9}g/mL	10^{5}	<1s	通用
氢火焰离子化检测器	1×10^{-2}A · s/g(苯)	2×10^{-12}g/s	$10^{7}\sim10^{8}$	<0.1s	含碳有机物
电子捕获检测器	800A · mL/g(甲基 1605)	2×10^{-14}g/mL	10^{3}	<1s	卤、氧、氮化合物
火焰光度检测器	300Coul/g(甲烷)	1×10^{-12}g/s	10^{4}	<0.1s	硫、磷化合物

另外，为保证检测器在高灵敏度状态下工作，一般要求 20mL/min 的载气流量，而毛细管柱的载气流量太低(常规为 1～3mL/min)，不能满足上述要求。所以通过在色谱柱后增加一路载气，即尾吹气(又称补充气或辅助气)直接进入检测器来解决这一问题。填充柱流量大，不需要尾吹气。另外，尾吹气还可以消除因检测器死体积造成的柱外效应，防止谱带展宽。尾吹气的流量大小要依所用检测器和色谱柱的尺寸而定。例如，用 0.53mm 大口径柱时，柱内流量可达 15mL/min，对于微型 TCD 和单丝 TCD 来说已无需再加尾吹气；而对于 FID、NPD、FPD 来说则需要加至少 10mL/min 的尾吹气流量，对于 ECD 就需要 20mL/min 的尾吹气(ECD 一般需要载气总流量大于 25mL/min)。使用常规或微径柱时，尾吹气流量应相应加大。一般 FID、NPD、FPD 要求柱内载气和尾吹气的流量之和为 30mL/min 左右，ECD 则需要 40～60mL/min。一般情况下尾吹气所用气体类型应与载气相同。实验表明，用氮气作载气和尾吹气，要比氦气在 FID 中能得到较高的灵敏度。

2. 常用检测器

1) 热导检测器

(1) 结构与原理。在一个不锈钢块上钻出孔道，装入热敏组件(热丝)，构成热导池。热敏组件常用钨丝或铼钨丝等制成，它们的电阻随温度的升高而增大，并且具有较大的电阻温度系数，故称为“热敏”组件。铼钨丝的抗氧化性能及电阻率比钨丝高。

将两个材质、电阻相同的热敏组件，装入同一个双腔的池体中，构成双臂热导池[图 3-15(a)]。一臂连接在色谱柱之前，只通载气，称为参考臂；另一臂连接在色谱柱之后，称为测量臂。两臂与两个阻值相等的固定电阻 R_1、R_2 组成桥式电路(图 3-16)。

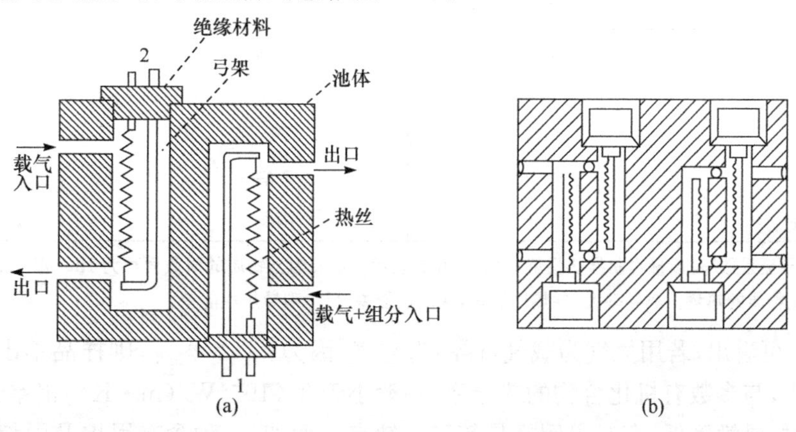

图 3-15　双臂(a)和四臂(b)热导池

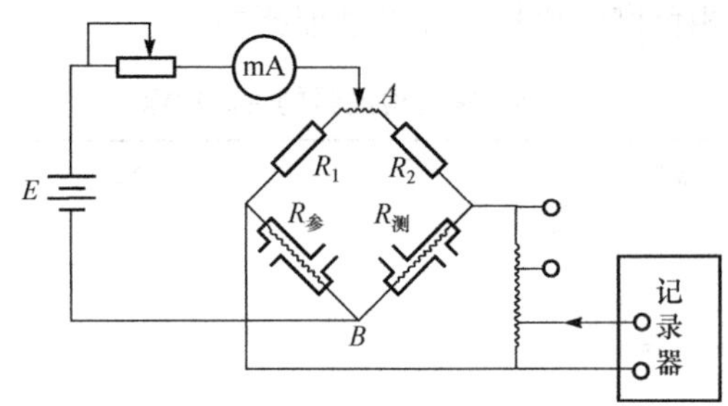

图 3-16　热导池检测原理示意图

当载气以恒定的速度进入热导池，并以恒定的电压给热导池的热丝加热时，热丝温度升高，所产生的热量，主要经载气由热传导方式传给温度低于热丝的池体；其余部分被载气的“强制”对流带走，热辐射散失的热量很少，可忽略不计。当热量的产生与散失建立热动平衡后，热丝的温度恒定。若测量臂无样气通过，只通载气时，两个热导池钨丝的电阻相等，此时检流计中无电流通过。当样品由进样器注入并经色谱柱分离后，某组分被载气带入测量臂时，若该组分与载气的热导率不等，则测量臂的热动平衡被破坏，钨丝的温度将改变。当组分的热导率小于载气的热导率，则热传导散热减少，钨丝的温度升高，测量臂电阻 $R_{测}$ 增大。因 $R_{参}$ 未变，则 $R_1/R_2 \neq R_{参}/R_{测}$，检流计指针偏转。当组分完全通过测量臂后，指针又恢复至零点。若用记录器（电子毫伏计）代替检流计，则可记录 $mV\text{-}t$ 曲线，即色谱流出曲线。

由于 V_{AB} 的大小取决于组分与载气的热导率之差以及组分在载气中的浓度，因此在载气与组分一定时，峰高（V_{AB}）或峰面积可用于定量。

早期生产的气相色谱仪多采用双臂热导池，灵敏度较低。目前的仪器都采用四臂热导池[图 3-15(b)]，其灵敏度在同样条件下是双臂热导池的 2 倍。

(2) 特点。TCD 具有构造简单、测定范围广、线性范围宽、热稳定性好和样品不被破坏等优点，是一种通用型检测器，但其缺点是灵敏度较低。

(3) 载气的选择。在热导池体温度与载气流速等条件一定时，TCD 的灵敏度取决于载气与组分热导率之差 $\Delta\lambda$，两者相差越大，电阻 R_1 改变越大，越灵敏。若 $\lambda_{组分}=\lambda_{载气}$，则不产生信号。现将几种物质的热导率列于表 3-9 中。

表 3-9　几种气体与有机液体蒸气在 373K(100℃)下的热导率

物质	$\lambda/[\times 10^{-2}\,W/(m\cdot K)]$	物质	$\lambda/[\times 10^{-2}\,W/(m\cdot K)]$
氢气	22.36	乙烯	3.10
氦气	17.42	丙烷	2.64
空气	3.14	苯	1.84
氮气	3.14	乙醇	2.22
甲烷	4.56	丙酮	1.76

注：热导率（导热系数）是衡量物质导热性能的指标，用 λ 表示。定义为当物质的横截面积为 $1m^2$、厚 1m、两侧温差为 1K 时，1s 内传导过此物质的热量。热导率大，导热性能好，保温性能差；反之则导热性能差。

由表 3-9 可看出，若用氮气为载气，样品为空气，因为 $\lambda_{氮气}=\lambda_{空气}$，则样品不出峰。氮气的热导率比较小，与多数有机化合物的热导率[一般小于 $3\times 10^{-2}\,W/(m\cdot K)$]相差较小，因此用氮气为载气时，灵敏度低，有时出倒峰是其又一缺点。例如，一种含有甲烷及丙烷的混合物用氮气做载气分离后，当甲烷进入检测器时，因 $\lambda_{甲烷}>\lambda_{氮气}$，散热多，钨丝温度降低，电阻减小；当丙烷进入检测器后，$\lambda_{丙烷} < \lambda_{氮气}$，散热少，钨丝温度升高，电阻增大。因此，若后者为正峰，则前者为倒峰。

在用 TCD 时，选氢气为载气可获得较高的检测灵敏度，而且不出倒峰，但不安全是其缺点。氦气较理想，但价格较贵。

(4) 使用注意事项。

①TCD 为浓度型检测器，在进样量一定时，峰面积与载气流速呈反比，因此用峰面积定量时，需保持流速恒定。

②不通载气时不能加桥电流，否则热导池中的热敏组件易烧断。

③桥电流的大小与载气的热导率及检测器恒温箱(检测室)的温度有关。选择的原则是：散热多(载气的热导率大、检测室温度低)，可选较大的桥电流。在灵敏度满足要求的情况下，应尽量采用低桥电流，以保护热敏组件。

④载气中的氧气会使 TCD 热丝寿命缩短，所以载气应彻底除氧气。不要使用聚四氟乙烯做载气输送管，因为它会透过氧气。

2) 氢火焰离子化检测器

(1) 结构与原理。FID 是由点火器、氢火焰和收集极等组成的(图 3-17)。

有机化合物进入氢火焰，在燃烧过程中直接或间接产生离子。检测器的收集极(阳极)与极化环(阴极，图 3-17 中未画出)间加有电压，使离子在收集极与极化环间作定向流动而形成离子流。离子流强度与进入检测器中组分的量及分子中的含碳量呈正比，因此在组分一定时，测定电流(离子流)强度即可对物质进行定量。

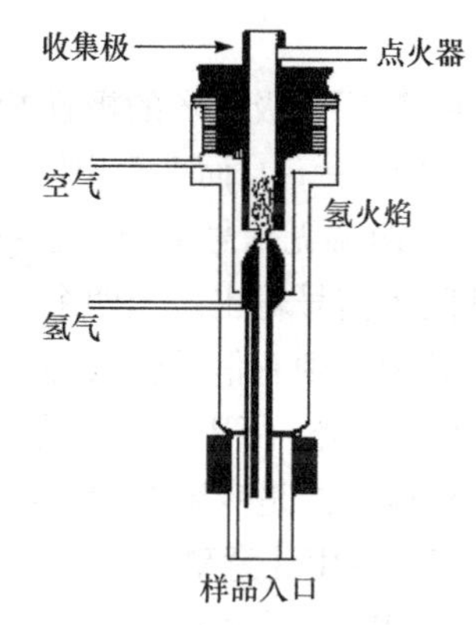

图 3-17　氢火焰离子化检测器检测原理示意图

在没有有机化合物通过检测器时，氢气燃烧，在电场作用下，也能产生极微弱的离子流，但一般只有 $10^{-12} \sim 10^{-11}$ A，此电流称为检测器的本底。在有微量有机化合物引入检测器后，电流急剧增加，可达到 10^{-7} A。虽然电流急剧增加，但仍然很小，用一般电流表不能测量其变化。在实际仪器中，将电流表拆去，代之以高电阻($10^{8} \sim 10^{11}$ Ω)，并与微电流放大器的输入端并联。当电流产生微小变化时，则在高电阻上产生很大的电压变化，再经放大器放大，然后由记录器(电子电位差计)记录电压随时间的变化，从而得到色谱流出曲线。

有机化合物在氢火焰中的离子化机制有几种说法，其中化学电离理论能较好地解释烃类的离子化，有一定的参考价值。该理论认为有机化合物在氢火焰中先形成自由基，而后与氧作用生成正离子，再与水反应生成洪离子。由这些离子形成的离子流产生电信号。

以苯为例，苯在氢火焰中的化学电离反应如下：

$$C_6H_6 \longrightarrow 6\cdot\dot{\underset{\cdot}{C}}H$$

$$6\cdot\dot{\underset{\cdot}{C}}H + 3O_2 \longrightarrow 6HC{\equiv}O^+ + 6e^-$$

$$6HC{\equiv}O^+ + 6H_2O \longrightarrow 6CO + 6H_3O^+$$

苯在氢火焰中首先裂解为 CH 自由基，与 O_2 反应生成 CHO^+，再与火焰中的水蒸气分子

相撞生成 H_3O^+。在外加电场作用下，CHO^+ 或 H_3O^+ 及电子向两极运动形成电流。

FID 不仅可应用在恒温气相色谱分析中，也可用于程序升温分析。但随着程序升温的进行，基线也将产生漂移，为此，程序升温系统大多采用双柱、双气路和双氢火焰检测系统。两个检测器各接在一个气路上，两者极性反相并联(图 3-18)。

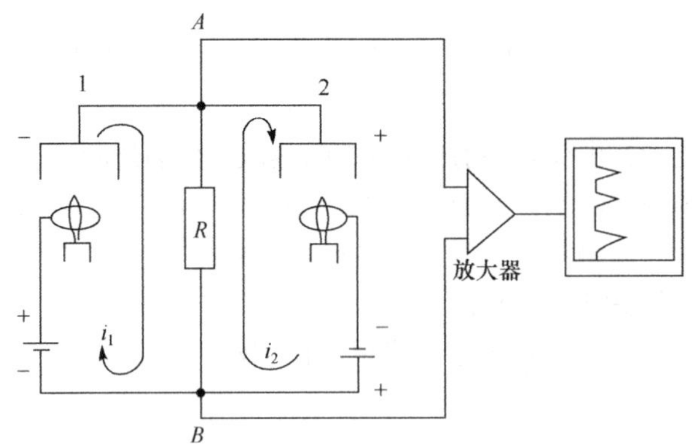

图 3-18　氢火焰离子化检测器补偿示意图

1. 测量氢火焰；2. 参考氢火焰

两个 FID 极化环的极性相反，当两氢火焰中均无组分通过时，所产生的基流(检测器本底)相等($i_1=i_2$)，而在高电阻 R 上的电流方向相反，因而在高电阻 R 上所产生的电位降抵消，则 A、B 两端无信号输出。若程序升温时，两个基流虽然都增加，但由于相互抵消，仍可保持 A、B 间无信号输出。当两个 FID 中的任一个有组分通过，而 $i_1 \neq i_2$ 时，则 $R(i_1-i_2) \neq 0$，$V_{AB} \neq 0$，A、B 两端则有信号输入到放大器，产生色谱峰。

(2) 特点。FID 具有灵敏度高、响应快、线性范围宽等优点，是目前最常用的检测器之一。但这种检测器是专属型检测器，一般只能测定含碳有机化合物，而且检测时样品被破坏。

(3) 使用注意事项。

①FID 为质量型检测器，峰面积取决于单位时间内进入检测器中组分的质量。在进样量一定时，峰高与载气流速成正比。在用峰高定量时，需保持载气流速恒定，而用峰面积定量则与载气流速无关。

②FID 多用氮气作载气。通常 N_2 ∶ H_2(燃气)＝1∶1～1∶1.5，H_2∶空气(助燃气)＝1∶5～1∶10。

③若用硅油为固定相，则需选用相对分子质量较大的，并在较低的柱温下使用，否则常因硅油流失，在 FID 收集极表面形成一层绝缘层，使检测器不能产生信号，这时需彻底清洗才能恢复正常。

④FID 使用时应注意安全问题。测定流量时一定不能使氢气和空气混合，即测氢气时要关闭空气，反之亦然。另外，无论什么原因导致火焰熄灭时，应尽快关闭氢气阀门，直到故障排除重新点火时再打开。高档气相色谱仪设有自动检测和保护功能，氢火焰熄灭时可自动关闭氢气。

⑤为防止检测器污染，应设置检测器温度高于色谱柱最高使用温度 20～50℃。

3) 电子捕获检测器

(1) 结构与原理。ECD 实际上是一种放射性离子化检测器，它需要一个放射源和一个电场，其结构如图 3-19 所示。检测器内有两个电极和筒状的 β 放射源。β 放射源贴在阴极壁上，内腔中央的不锈钢棒作阳极，在两极间施加直流或脉冲电压。检测器要求气密性和绝缘性要好，内腔死体积小并有精确的极间距离。β 放射源不断放射出 β 粒子，即初级电子，约每秒 10^8 个，这相当于比 10^{-9} A 略大的电流。当载气(Ar 或 N_2)分子进入内腔时，不断受到 β 粒子轰击而离子化，形成了次级电子和正离子，即

$$Ar + \beta \longrightarrow Ar^+ + e^-$$

在电场的作用下，初级和次级电子一起向阳极运动，并被阳极所收集，产生 $10^{-9} \sim 10^{-8}$ A 的基始电流(基流)，也称背景电流(I_0)。它反映在色谱仪的记录器上是一条平直的基线。

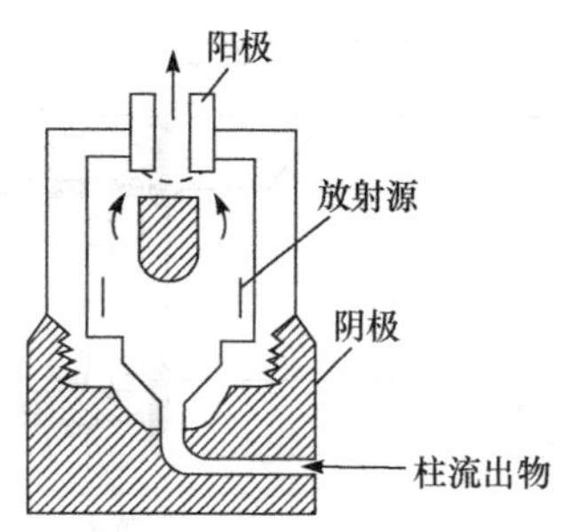

图 3-19　电子捕获检测器结构图

当电负性组分(AB)进入检测器后，立即捕获这些自由电子。捕获可分为两类：

① $AB + e^- \rightleftharpoons AB^-$

② $AB + e^- \rightleftharpoons A + B^-$(或 $A^- + B$)

电负性组分捕获电子的结果是使基流下降，在记录器上产生一系列倒峰(图 3-20)。在一定浓度(c)范围内，响应信号强度与组分浓度的关系为

$$I_e = I_0 e^{-KAc} \tag{3-38}$$

式中：I_e为信号电流；I_0为基流；K 为检测器常数；A 为组分电子吸收系数，它与组分的性质有关。

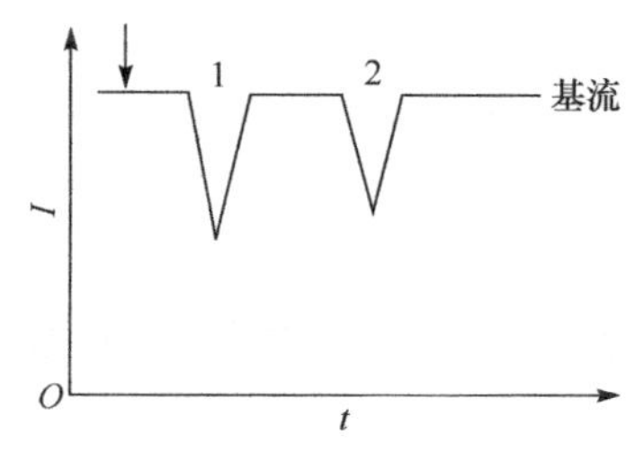

图 3-20　电子捕获检测器检测信号

(2) 特点。ECD 是一种专属性检测器，是目前分析痕量电负性有机化合物灵敏度最高的检测器。它对含卤素、硫、氧、硝基、羰基、氰基、共轭双键体系，以及有机金属化合物等均有很高的检测响应值，但对烷烃、烯烃和炔烃等的响应值很低。如对 CCl_4 的响应值是己烷的 4×10^8 倍，可检测出 10^{-14} g/mL 的 CCl_4。但这种检测器的线性范围较窄，只有 10^3 左右，且响应易受操作条件的影响，分析的重现性较差。

(3) 使用注意事项。

①应使用高纯氮气(高于 99.99%)作载气，否则载气中含有的氧气、水及其他电负性杂质会捕获电子，造成基流下降，降低检测灵敏度。若无高纯氮气，可用活性铜脱 O_2(可脱至 1ppm)，用分子筛脱水。还可以用含 5%甲烷的氩气作载气，线性范围更宽些，且两者的检测限基本相同。

②检测器温度应高于柱温，但不能过高，否则因温度太高，加速放射源的放射，寿命缩短。因此，在满足灵敏度的前提下，检测器温度宜低不宜高，但一般不应低于 250℃，否则 ECD 很难平衡。

③一般使用低于饱和基流所对应的极化电压，因极化电压低，电子能量小，分子捕获电子的可能性大，检测灵敏度高。但电子能量不能太低，否则基流过小，灵敏度下降。

④防止放射性污染。ECD 都有放射源(一般为 ^{63}Ni)，故检测器出口一定要连接几米长金属或塑料管道到室外，最好接到通风出口。另外，这样也可防止氧气反扩散进入检测器。不经过培训，不得自己拆开 ECD。要遵循实验室放射性管理条例，定期测试有无放射性泄漏。

4) 火焰光度检测器

(1) 结构与原理。FPD 的结构如图 3-21 所示。它由燃烧系统和光学系统两部分组成。燃烧系统主要是氢火焰部分。光学系统则包括石英窗、滤光片和光电倍增管等。为使光学系统绝热，在石英窗、滤光片之间装有金属散热片及绝热器。石英窗用于保护滤光片免受水汽和燃烧产物的腐蚀。

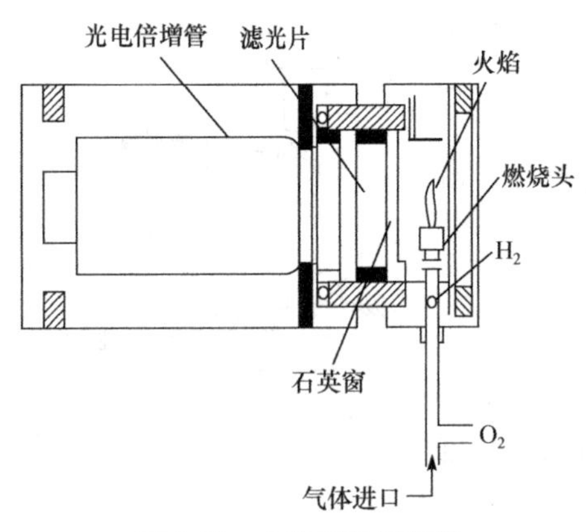

图 3-21　火焰光度检测器

这种检测器主要是检测含硫或磷化合物，其检测原理是：在富氢火焰($H_2:O_2>3:1$，即氢的供给量远大于化学计量值)中，含硫或磷化合物燃烧均可生成化学发光物质，并产生特征波长的光，投射到光电倍增管上产生电流，并经放大器放大后被记录下来。通过特征波长光强的测定，可计算出含硫或磷化合物的含量。

磷的检测　含磷化合物首先氧化燃烧生成磷的氧化物，然后被富氢火焰中的氢还原生成 HPO，它在高温火焰激发下，产生以 526nm 为最强的光，其光强正比于 HPO 的浓度。

硫的检测　硫化物(RS)在富氢火焰中燃烧，在适当温度下产生激发态的 S_2^* 分子，当其回到基态时，发出 350～430nm 的特征光谱，最强波长为 394nm。反应式为

$$RS+2O_2 \longrightarrow SO_2+CO_2$$

$$2SO_2+4H_2 \longrightarrow 2S+4H_2O$$

$$S+S \longrightarrow S_2^*$$

$$S_2^* \longrightarrow S_2+h\nu$$

此过程需在 390℃温度下进行，生成的激发态硫分子(S_2^*)是一种化学发光物质，当它返回基态时发出特征的分子光谱。

硫、磷的特征光谱表示在图 3-22 中。

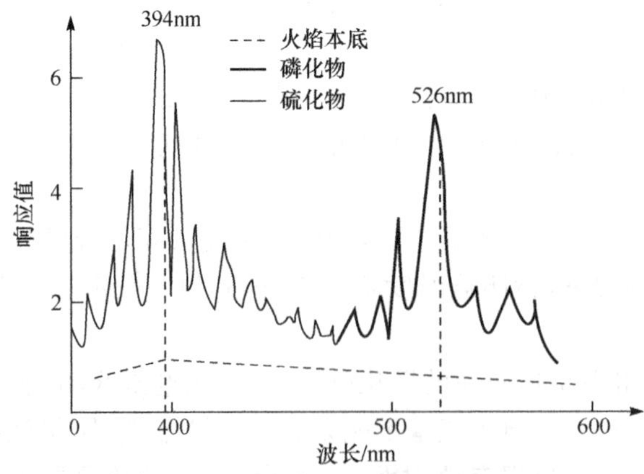

图 3-22　硫、磷的特征光谱(狭缝 0.5mm)

(2) 特点。FPD 属于质量型检测器，是一种对微量含硫、磷化合物具有高选择性和高灵敏度的检测器，因此又称“硫磷检测器”。它对磷的敏感度可达 1.7×10^{-12} g/s，对硫达 2.0×10^{-12} g/s，比对烃类高 10^4 倍，多用于大气痕量污染物的分析及水、农副产品中有机磷和有机

硫农药残留量的测定。这种检测器的缺点是线性范围较窄，测磷为10^5，测硫只有10～10^2。

(3) 使用注意事项。

①要保证燃烧火焰为富氢火焰，否则将不会产生特征光谱，或灵敏度很低。

②为延长光电倍增管的寿命，在点火之前，不要开高压电源。

③当检测器温度低于100℃时不要点火，以免使检测器积水受潮。

④FPD也使用氢火焰，安全注意事项与FID相同。

⑤FPD的氢气、空气和尾吹气与FID不同，一般氢气为60～80mL/min，空气为100～120mL/min，而尾吹气和柱流量之和为20～25mL/min。

3.6.4 实验操作要点及维护注意事项

1. 实验操作要点

(1) 首先开载气，检查气路是否漏气，然后开总压阀，再调节减压阀和稳压阀等，使载气流速(或柱前压)达到所需要求，并调节好载气输出压力。

(2) 打开电源总开关，在温度控制面板上设定进样器、柱温箱和检测器温度或温度程序。

(3) 打开电脑，进入色谱工作站，设定各项采集参数。

(4) 开检测器。如打开空气、氢气，选择好压力后，打开FID电源开关，待检测器温度升至100℃以上时，点火。

(5) 待基线平稳后，进样。点击采集数据，待所有峰出完后，点击停止采集。

(6) 浏览并打印实验报告。

(7) 实验完毕，先关闭氢气、空气，再关闭FID电源，将恒温箱温度降到50℃以下后，关闭主机电源，关闭载气，关闭计算机。

(8) 清洗微量注射器。

2. 气相色谱仪的维护

气相色谱仪宜放置在10～35℃，相对湿度<85%的环境中，室内无腐蚀性气体和强磁场，有排气装置、氢气报警器和去湿设备，最好接有单独的稳压电源，地线应接地良好。

1) 进样

液体样品可以采用微量注射器直接进样，样品为气体时，可用气体六通阀或直接用注射器进样。常用的液体注射器有0.1μL、0.2μL、0.5μL、1μL、2μL和5μL等规格，实际工作中可根据需要适当选择。用注射器取样前，应先用丙酮抽洗5～6次后，再用被测试液抽洗5～6次，然后缓缓抽取一定量试液(稍多于需要量)，此时若有空气带入注射器内，应先排除气泡后，再排去过量的试液，并用滤纸吸去针杆处所沾的试液。取样后应立即进样，进样时要求迅速刺穿硅橡胶垫，平稳、敏捷地推进针筒将样品注入，完成后立即拔出。进样时要求操作稳当、连贯、迅速。进针位置及速度、针尖停留和拔出速度都会影响进样的重现性。一般进样相对误差为2%～5%。微量注射器使用后应立即清洗处理，但切忌用强碱性溶液洗涤，以免玻璃和不锈钢零件受腐蚀而漏水漏气，如发现注射器内有不锈钢氧化物(发黑现象)影响正常使用时，可在不锈钢芯子上蘸少量肥皂水塞入注射器内，来回抽拉几次就可去掉，然后洗清即可。

2) 检测器

若检测器污染，目前常用的净化方法是将载气或尾吹气换成氢气，调流速至30～40mL/

min。气化室和柱温为室温，将检测器升至 300～350℃，保持 18～24h，使污染物在高温下与氢作用而除去。这种方法称为氢烘烤。氢烘烤完毕，将系统调回至原状态，稳定数小时即可。

3.7 分离条件的选择

3.7.1 影响分离度的因素

1. 分离度方程

在色谱分离中，常将两个相邻色谱峰对应的组分称为物质对。混合物分离条件的选择，主要是提高需要分离或最难分离物质对的分离度。而分离度大小的要求又由定量分析误差、最难分离物质对的峰高比等因素来决定。最常用的分离度表达式为

$$R=\frac{2(t_{R_2}-t_{R_1})}{W_1+W_2}$$

结合公式 $n=(t_R/\sigma)^2$，可知

$$W=4\sigma=\frac{4t_R}{\sqrt{n}} \tag{3-39}$$

当两组分保留值相近时，柱效几乎相等，即可认为 $n_1=n_2=n$，将它与式(3-39)代入分离度公式，可得

$$R=\frac{\sqrt{n}}{2}\frac{t_{R_2}-t_{R_1}}{t_{R_2}+t_{R_1}} \tag{3-40}$$

将 $t_R=t_0(1+k)$，$\alpha=k_2/k_1(>1)$代入式(3-40)，可得

$$R=\frac{\sqrt{n}}{2}\frac{(\alpha-1)k_1}{(\alpha+1)k_1+2} \tag{3-41}$$

设两相邻峰容量因子的平均值 $k=(k_2+k_1)/2$，则 $k_1(\alpha+1)/2=k$，代入式(3-41)得

$$R=\frac{\sqrt{n}}{2}\frac{(\alpha-1)k_1}{2k+2}=\frac{\sqrt{n}}{4}(\alpha-1)\frac{k_1}{k+1} \tag{3-42}$$

将 k_1 也变换成 k，则

$$R=\frac{\sqrt{n}}{2}\frac{(\alpha-1)}{(\alpha+1)}\frac{k}{k+1} \tag{3-43}$$

式(3-42)与式(3-43)是准确表示分离度与各种色谱参数关系的通用方程，称为分离度方程。

当相邻色谱峰底宽相近时，可近似地取 $W_1+W_2=2W_2$，则分离度可表示为

$$\begin{aligned}R&=\frac{t_{R_2}-t_{R_1}}{W_2}=\frac{\sqrt{n}}{4}\frac{t_{R_2}-t_{R_1}}{t_{R_2}}\\&=\frac{\sqrt{n}}{4}\frac{k_2-k_1}{1+k_2}=\sqrt{\frac{n}{4}}(\alpha-1)\frac{k_1}{1+k_2}\end{aligned} \tag{3-44}$$

或写为

$$R=\frac{\sqrt{n}}{4}\left(\frac{\alpha-1}{\alpha}\right)\left(\frac{k_2}{1+k_2}\right) \tag{3-45}$$

式中：$\sqrt{n}/4$ 项为柱效项；$(\alpha-1)/\alpha$ 为柱选择项；$k_2/(1+k_2)$为柱容量项。该式为分离度方程的

近似表达式。

2. 影响分离度的因素

分离度方程(3-43)中，反映出分离度是分配系数比 α、容量因子 k 与色谱柱柱效 n 的函数。其中 α 受物质对、流动相、固定相的性质及柱温的影响；k 与流动相组成、固定相用量、相比，以及柱温有关；n 或 H 由 van Deemter 方程中各项参数决定，一般随色谱柱柱长、流动相流速和温度等操作条件变化而变化。

图 3-23 表明了分离度受 α、k 及 n 影响的情况。

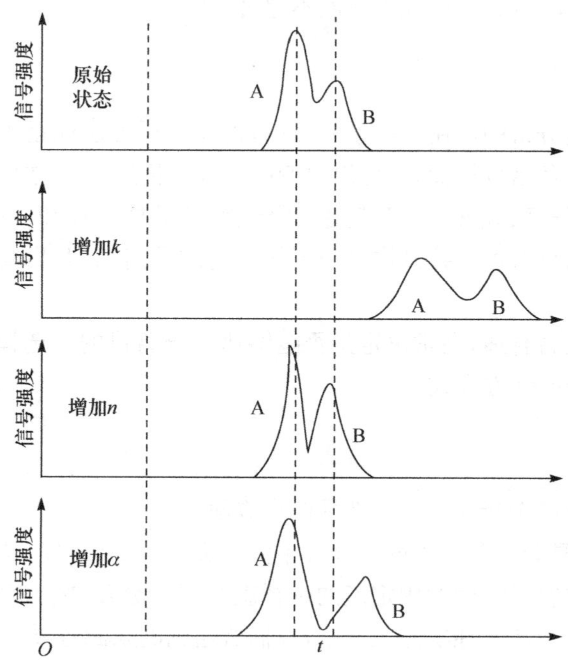

图 3-23　容量因子(k)、柱效(n)及分配系数比(α)对分离度(R)的影响

从式(3-43)中可以看出：

(1) 当 $\alpha=1$(即 $k_2=k_1$)时，柱选择性项为零，这时无论柱效有多高，柱容量项有多大，分离度仍为零，即组分 1 与组分 2 在此条件下不能分离。这也说明分配系数不等是分离的前提。因此要将组分 1 和组分 2 分离，必须选择适宜的固定相、流动相和柱温等，使两组分的分配系数不等。

α 对分离度的影响，可从表 3-10 中看出。

表 3-10　α 与 $(\alpha-1)/\alpha$ 的关系

α	1.0	1.001	1.01	1.1	1.5	2.0
$(\alpha-1)/\alpha$	0	0.001	0.01	0.091	0.33	0.50

表 3-10 中数据说明，当 α 从 1.01 增加到 1.1，约增加 9%时，R 增加到原来的 9 倍；而当 α 从 1.5 增加到 2.0，约增加 33%时，R 却只增加到原来的 1.5 倍。这说明 α 在 1 附近略有增加对分离度的改善是非常有效的。

(2) 在 $\alpha>1$ 的前提下，n 越大，则 R 越大。因此，选用粒度均匀的高效固定相、均匀地填充、降低死体积，以及选用较佳的载气流速均可提高柱效和分离度。

(3) 在 $\alpha>1$ 的前提下，柱容量项越大，则分离度 R 也越大。从这个意义上讲，应使容量因子尽可能地大，才能使柱容量项变大，两者的关系可从表 3-11 中看出。

表 3-11　k 与 $k/(1+k)$ 的关系

k	0.1	1.0	3.0	5.0	8.0	10	20	30	50
$k/(1+k)$	0.33	0.50	0.75	0.83	0.89	0.91	0.95	0.97	0.98

表 3-11 中数据说明，当 k 超过 20 时，k 再增加，$k/(1+k)$ 增加也不明显，对 R 的改进不大，反而增大了保留时间和峰宽，因此 k 一般不超过 20。

3.7.2　实验条件的选择

分析方法本质上是分析中使用的一系列条件，建立分析方法就是确定某一分析最佳实验条件的过程。对于气相色谱分析而言，可以改变的条件包括进样口的类型和温度、检测器的类型和温度、柱温和控温程序、载气种类和流速、固定相、色谱柱内径和长度、进样量和进样方式等。还有一些气相色谱仪有可以控制样品与载气流向的阀门，其开启与关闭时间设置将对分析结果产生显著影响。

实验条件的选择是否合适，通常决定是否能够达到分离目的。选择实验条件主要是依据分离度方程和 van Deemter 方程式。

1. 色谱柱的选择

它包括固定相类型的选择和柱长的选择两个方面。

在气相色谱法中，复杂组分分离度的改善主要取决于固定相和柱温的选择。在气-液色谱中，由于载体起支持体的作用，因此固定液的选择就显得十分重要。事实上，同一样品也可以采用不同的固定液加以分离。在实际工作中，我们所遇到的来源各异的样品往往十分复杂，虽然尚无严格的规律可循，但按照前人总结的基本规律去选择固定液仍不失为一条捷径。如“相似相溶”原则必须遵循，分子间作用力需要考虑等。若组分与固定液分子的化学结构相似、官能团相似或相对极性相似，则分子间作用力就强，保留时间就长。但由于分离的好坏还取决于柱温、载气流速等许多因素，因此“相似相溶”原则只是作为固定液选择的原则之一。

为了利用“相似相溶”原则选择固定液，必须要了解样品中各组分(化合物)按极性分类的情况。表 3-12 就是将各类化合物按极性强弱(形成氢键的能力)分为五组。

表 3-12　化合物按极性分组

第一组 (最强极性、氢键型)	第二组 (强极性)	第三组 (中等极性)	第四组 (弱极性)	第五组 (非极性)
水	脂肪酸类	酮类	二氯甲烷	饱和碳氢化合物
二醇、甘油等	酚类	醛类	氯仿	二硫化碳
氨基醇类	伯、仲胺类	酯类	氯乙烷等	硫醇类
羟酸类	肟类($R_2C{=}N{-}OH$)	叔胺类	芳香烃类	硫化物类

续表

第一组 （最强极性、氢键型）	第二组 （强极性）	第三组 （中等极性）	第四组 （弱极性）	第五组 （非极性）
多酚类	含 α-氢原子的硝基化合物	不含 α-氢原子的硝基	烯烃类	不包含在第四组中的卤化碳如 CCl_4
二羟酸等	含 α-氢原子的腈化物、氨、HF、肼、HCN	化合物及不含 α-氢原子的腈类		

第一组为最强极性化合物，这组化合物形成氢键的能力很强；第二组为强性化合物，极性小于第一组，这组化合物的分子中含有氢键接受原子（O、F、N 等）及活泼氢原子；第三组为中等极性化合物，其分子中只具有氢键接受原子，而不含活泼氢原子；第四组为弱极性化合物，其分子中只含活泼氢原子；第五组为非极性化合物，这类化合物无形成氢键的能力。

固定液的选择是依据样品的性质进行的。样品又分为两种情况：一种是样品中被分析主要组分的性质是已知的，另一种是样品中各组分性质均是未知的。

1）样品组分性质已知时固定液的选择

样品中组分性质已知时，选择合适的固定液，使最难分离的物质对达到要求的分离度，同时又要有适宜的分析时间，这就是固定液选择的依据。

（1）按相似性原则选择固定液。

按极性选择　对非极性组分，一般选非极性固定液，如先使用 $P=0$ 或 $+1$ 的固定液。在非极性固定液上，无论样品是非极性的还是极性的，它们之间的作用力主要是色散力。固定液的亚甲基越多，则色散力越强，对烃类同系物的选择性就越好。在同沸点的化合物中，对烃类的保留值最大。在这类固定液上，组分基本按沸点顺序出柱，低沸点组分先出柱，高沸点组分后出柱。

对中等极性的组分，一般选用中等极性固定液，如 $P=+2$ 或 $+3$ 的固定液。这类固定液分子中含有极性和非极性基团，与组分分子间的作用力为色散力与诱导力，没有特殊的选择性，基本按沸点顺序出柱。但对沸点相同的极性和非极性组分，则诱导力起主要作用，非极性组分先出柱。例如，苯与环己烷在磷酸三甲酚酯柱上，环己烷先出柱。

对于强极性组分则选用强极性固定液，如 $P=+4$ 或 $+5$。这类固定液分子中含有强极性基团，组分与固定液分子间的作用力主要为定向力，而诱导力与色散力处于次要地位。样品组分按极性顺序出柱，非极性与弱极性组分先出柱，极性组分后出柱。对于能形成氢键的组分，可选用氢键型固定液，如 $P=+5$。

按化学官能团选择　当选择的固定液分子所具有的化学官能团与组分分子的化学官能团相同时，则相互作用力最强，选择性高。例如，分析酯类化合物时，选用酯或聚酯类固定液；分析醇类化合物时，可选用聚乙二醇等醇类固定液。

按主要差别选择　如果样品中各组分之间的主要差别为沸点时，可选用非极性固定液；主要差别为极性时，可选用极性固定液。

例如，分离苯与环己烷的混合物。二者沸点相差 0.6℃（苯 80.1℃，环己烷 80.7℃）。苯为弱极性化合物（第四组），环己烷为非极性化合物（第五组），二者的极性差别虽然不大，但相对而言比沸点差别大，极性差别是主要矛盾，因此在用非极性固定液（填充柱）分离时，较难将苯与环己烷分开。改用中等极性固定液，如邻苯二甲酸二辛酯，则苯的保留时间是环己烷保留时间的 1.5 倍。若再换用氢键型固定液，如聚乙二醇-400，则苯的保留时间是环己烷的 3.9 倍。再选极性更强的固定液，保留时间的差别将进一步增大。这说明用极性固定液能否分离样品，主要是由被分离组分的极性差别决定，与沸点的关系不大。

使用混合固定液　在分析一些复杂样品或异构体时，使用一种固定液有时达不到分离的目的，往往需要采用混合固定液。混合固定液是指将两种或两种以上极性不同的固定液按一定比例混合后，涂布于载体上(混涂)，或将分别涂有不同固定液的载体，按一定比例混匀装入一根柱管中(混装)，或将不同极性的色谱柱串联起来使用(串联)，以使难分离的组分得到理想的分离。

在选择混合固定液的配比时，一般可用图解法。例如，有 A、B、C 和 D 四种组分，在固定液Ⅱ上，B 与 C 不能分离，在固定液Ⅰ上，A 和 D 不能分离。若分别测得四种组分在两柱上的调整保留时间 t'_R，并以 t'_R 为纵坐标，固定液的比例为横坐标作图，再将两根柱上 A、B、C、D 的 t'_R 一一对应连接起来，就得图 3-24。

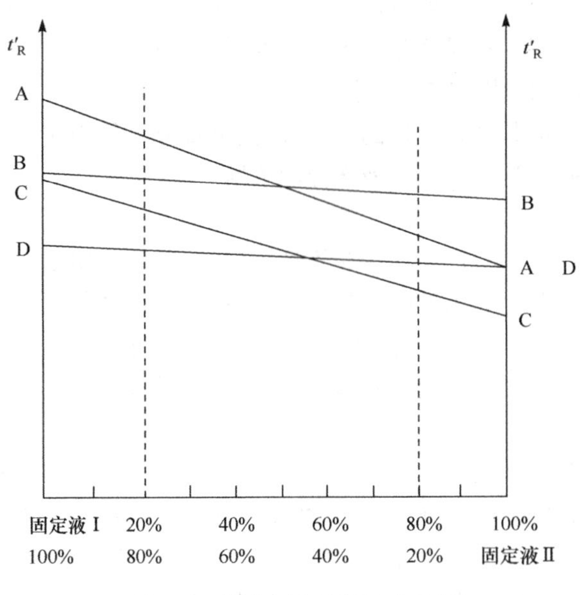

图 3-24　混合固定液配比的选择

从图 3-24 中可以看出，在两虚线对应的两种配比下，四种组分都能获得良好分离，且保留时间间隔均匀，但左侧虚线对应的混合固定液保留时间比右侧的长，显然选取右侧虚线对应的混合固定液的配比更好。横坐标所指示的配比，是固定液Ⅰ和固定液Ⅱ在混合固定液中各占的百分数。

(2) 按麦氏常数选择固定液。由于麦氏常数比较全面地描述了固定液的分离特性，因此，依据固定液的麦氏常数除了可以比较、区分固定液的分离特性外，还可以根据分析任务尽快地选出可使用的固定液。

如我们要分离饱和与不饱和脂肪酸甲酯，现有的酯类固定液为丁二酸二乙二醇聚酯(DEGS)和丁二酸新戊二醇聚酯(NPGS)，两种固定液选哪一种更合适呢?

我们先查出两种固定液的麦氏常数(表 3-13)。

表 3-13　两种固定液的麦氏常数

名称	相常数				
	X'	Y'	Z'	U'	S'
DEGS	492	733	581	833	791
NPGS	272	467	365	539	472

由表 3-5 可以看出，各个相常数所表征的物质是不同的。现在要分离的是饱和与不饱和脂肪酸酯，我们必须考虑相常数中的 X'（表征物质为芳烃和烯烃）和 Z'（表征物质为酯）。这两个相常数数值越大，对分离给定样品越有利。从表 3-13 中可看出，使用 DEGS 固定液比使用 NPGS 固定液更好。

又如，有三种固定液，它们的麦氏常数列在表 3-14 中。从表 3-14 中不难看出，前两种固定液的麦氏常数基本相同，分离性能相近，可以互相替代，但与 XE-60 相比，后者 Z' 与 U' 值均比前两者高，因此 XE-60 更适合于分离酮、醛、酯类化合物、硝基化合物和腈基衍生物等。

表 3-14　三种固定液的麦氏常数

名称	相常数				
	X'	Y'	Z'	U'	S'
聚烷撑二醇醚	202	394	253	292	341
聚乙二醇十八醚	202	395	251	395	344
XE-60	204	381	340	493	367

2) 样品组分性质未知时固定液的选择

样品中大多数组分性质未知，这也是分析中常遇到的情况，这时固定液的选择要和定性分析结合起来，选择的指标只能由分离峰数目的多少、峰形和主要组分分离的好坏来评价。

(1) 用高效毛细管柱进行初分离。高效毛细管柱由于具有很高的分离效能（$n_{有效}>1000/\text{m}$），一般组分未知的样品都可得到良好分离。如果使用不同极性的毛细管柱进行定性分析，就可确定出未知样品中组分的峰数、分离难分离物质对的固定液的极性范围等。毛细管柱在组分性质未知样品的分析上有着很重要的作用。

(2) 尝试法。组分性质未知的样品，可先用最常用的 5 根色谱柱：SE-30（$\overline{P}=43$）、OV-17（$\overline{P}=177$）、QF-1（$\overline{P}=300$）、PEG-20M（$\overline{P}=462$）和 DEGS（$\overline{P}=686$）进行测试。这 5 根柱子极性依次增大，前四根柱的平均极性依次增加 150 左右。

未知样品可先在 QF-1 柱上分离，而后换成 OV-17 柱。在同样的柱温、载气流速下观察未知样品的分离情况。若在 OV-17 柱上分离度有所改善，则可再减小柱极性，换成 SE-30 柱。反之则可增加柱极性，换成 PEG-20M 柱，以至于 DEGS 柱。若这 5 根柱子都不够理想（因 $\overline{P}$ 跨度较大），则可根据表 3-4 中的 12 种固定液进行选择。

表 3-4 中的 12 种固定液是最有代表性的固定液。Leary 用“最相邻技术”观察了麦氏提出的 226 种固定液特征常数间的关系，发现许多固定液性质相似。他根据最相邻距离 D 值选出了这 12 种固定液，这些固定液的性质可以概括 226 种固定液。

$$D=\left[\sum_{i=1}^{m}(\Delta I_{\mathrm{Ai}}-\Delta I_{\mathrm{Bi}})^2\right]^{1/2} \tag{3-46}$$

式中：D 为固定液 A 与 B 间的距离；ΔI_{Ai} 为物质 i 在 A 固定液与角鲨烷(S)上所得的保留指数

之差($\Delta I_{Ai}=I_{Ai}-I_{Si}$);$\Delta I_{Bi}$为物质i在B固定液与角鲨烷(S)上所得的保留指数之差($\Delta I_{Bi}=I_{Bi}-I_{Si}$);$\Delta I_{Ai}-\Delta I_{Bi}=(I_{Ai}-I_{Si})-(I_{Bi}-I_{Si})=I_{Ai}-I_{Bi}$,即$\Delta I_{Ai}-\Delta I_{Bi}$与$I_{Si}$无关;$m$为测试固定液所用的物质数目。

由表3-4可看出这些固定液间的距离(D值)大体相当。平均极性$\overline{P}$为0~829,几乎遍及整个极性(0~1000)范围,因而这12种固定液的选择性很有代表性。

固定液确定后,还可通过改变柱温及载气流速等改善分离状况。

有人提出利用优选法按麦氏常数表去选择固定液,这样可通过较少次数的实验,得到更多的分离峰数,从而选出最佳固定液。

固定液的配比与样品性质有关,样品为高沸点化合物,最好采用低配比,因化合物蒸气压很低,分配时集中在固定相上,k很大,过大的k对分离度改善不显著,且保留时间大为延长,谱带展宽严重,对痕量组分检测尤为不利。采用低配比,就可使用较低的柱温,也使固定液的选择受"最高使用温度"的限制减少,可供选择的固定液数目增加。低配比一般从3%开始,若保留时间仍过长,可再适当减少。但过低配比,固定液不易涂渍均匀,常会造成色谱峰拖尾。而对于低沸点化合物宜采用高配比,因为它们的分配系数很小,只有通过增加固定液的量(V_S)来增加k,以达到良好的分离效果。

关于色谱柱柱长对分离度的影响,可从式(3-45)分离度方程中看出:柱长加长,分离度提高,但分析时间也随之延长,峰宽加大,因此单纯追求长柱也不可取。填充柱长度一般为0.5~6m,超过6m的柱子很少使用。在不加长色谱柱时,更有效的办法是增加n值,即减小柱的塔板高度H,这就要求按速率理论制备出一根性能优良的色谱柱,并在最佳条件下使用。

柱长的确定,可通过以下方法进行:先选择一根极性适宜任意长度(假定为$L_1=1$m)的色谱柱,测试某两种组分在该柱上的分离度,若$R_1=0.75$,则使该两组分分离度达$R_2=1.5$时的柱长L_2,就可依据$n=L/H$和式(3-45)来计算。

$$\left(\frac{R_1}{R_2}\right)^2=\frac{L_1}{L_2} \tag{3-47}$$

$$L_2=\left(\frac{R_2}{R_1}\right)^2\cdot L_1\left(\frac{1.5}{0.75}\right)^2\times 1=4(\text{m})$$

在其他条件不变时,使用这样的4m柱就可达到$R=1.5$的要求。

2. 柱温的选择

气相色谱柱放置于温度精确控制的柱温箱内。样品通过色谱柱的速率与温度正相关,柱温越高,样品通过色谱柱越快,但它与固定相之间的相互作用也就越小,因此分离效果也越差。一般来说,柱温的选择是综合考虑分离时间与分离度的结果。

因为柱温的变化对不同组分影响程度不同,所以柱温是改善分离度的重要参数。柱温主要影响分配系数(K)、容量因子(k)、组分在流动相中的扩散系数(D_m)和组分在固定相中的扩散系数(D_s),从而影响分离度和分析时间。

降低柱温的优点:

(1) 增大K值,提高固定相的选择性。

(2) 降低D_m,从而降低了组分在流动相中的纵向扩散。

(3) 减少固定液的流失、延长柱寿命和降低检测器的本底。

降低柱温的缺点:

(1) 由于 D_s 减小，增大了传质阻力，造成峰展宽。

(2) 保留时间变长，延长了分析时间。

权衡利弊，一般是在使难分离物质对达到要求分离度的前提下，尽可能采用低柱温。只有在高固定液配比条件下，才用较高的柱温，以便在较短的分析时间内实现良好的分离。

对于宽沸程样品，通常采用程序升温法进行分离。图 3-25 表示的是沸程 225℃，烷烃与卤代烃共九种组分组成的样品，采用恒定柱温与程序升温法对其分析结果的比较。可以看出，图 3-25(a)是采用恒定柱温 T_C = 45℃分析 30min 的色谱图，共有五种组分流出色谱柱，说明对低沸点的组分分离得较好；图 3-25(b)的 T_C = 120℃，九种组分在 30min 内虽然均流出了色谱柱，但低沸点组分峰密集，分离度不佳；图 3-25(c)为程序升温，初始温度 30℃，升温速率 5℃/min，30min 后升高到 180℃，这时低沸点与高沸点组分均可在各自适宜的温度下流出色谱柱，得到良好的分离。

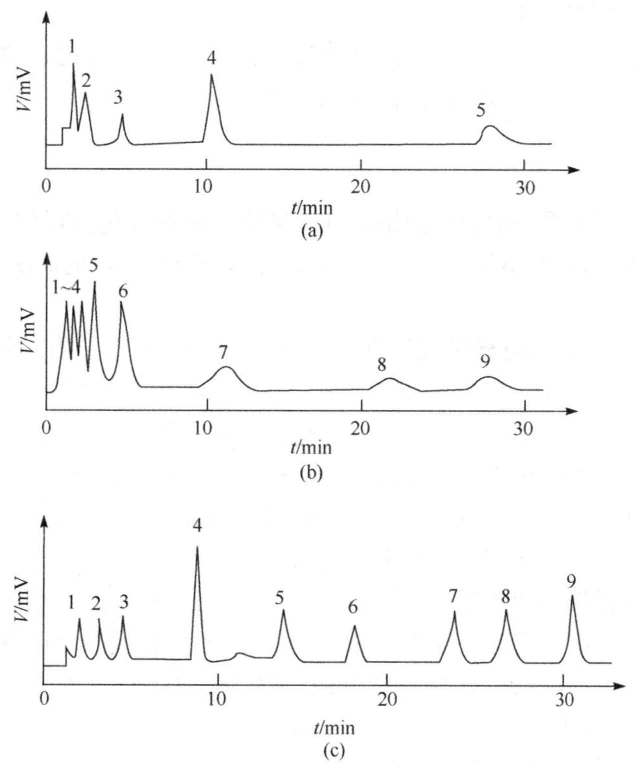

图3-25　宽沸程混合物的恒温色谱与程序升温色谱分离效果的比较

(a) T_C = 45℃；(b) T_C = 120℃；(c) T_C = 30～180℃

1. 丙烷(−42℃)；2. 丁烷(−0.5℃)；3. 戊烷(36℃)；4. 己烷(68℃)；
5. 庚烷(98℃)；6. 辛烷(126℃)；7. 溴仿(150.5℃)；
8. 间氯甲苯(161.6℃)；9. 间溴甲苯(183℃)

3. 载气的选择

气相色谱分析中的常用载气包括氦气、氢气、氮气和氩气等。载气应是惰性(如氦气)或反应性差的气体(如氮气)。虽然氢气黏度系数小、渗透扩散性好、传质阻力低，将它用作载气时分离效率最高，分离效果最好，但使用中需注意安全性。氦气在与氢气效率相当的范围内有较大的流速调节范围，同时还具有不可燃烧以及适用于多种检测器等优点。

选择载气主要从对峰展宽、柱压降和检测器灵敏度的影响三个方面来考虑。当载气流速较低时，分子扩散占主导地位，为提高柱效，宜用相对分子质量较大的载气，如氮气；当流速较高时，传质阻力占主导地位，宜用低相对分子质量的载气，如氢气或氦气。用低相对分子质量载气有利于提高线速度，实现快速分析。载气流速对分析的影响在方式上与柱温类似。载气流速越高，分析速度越快，但是分离度也越差。因此，最佳载气流速的选择与柱温的选择一样，都需要在分析速度与分离度之间取得平衡。为获得高柱效，应选用最佳流速，但在此流速下，一般分析时间较长。为缩短分析时间，载气流速可高于最佳流速，这样柱效下降很少，却节省了很多分析时间。常用的载气流速为 20～80mL/min。对于较长的色谱柱，由于在柱上会产生较大的压力降，此时宜用低相对分子质量载气。考虑对检测器灵敏度的影响时，对于 TCD，应选用氢气或氦气，用 FID 时，则一般用氮气，而放电离子化检测器(DID)需要氦气作为载气，载气的纯度应在 99.995%以上。

很多现代的气相色谱仪已经能用电路自动测定载气流速，并通过自动控制柱前压来控制流速。因此，载气压强与流速可以在运行过程中调整。

4. 进样量的选择

进样量的大小直接关系到谱带的初始宽度。谱带初始宽度越大，经柱内、外展宽后，进入检测器的最终带宽也就越大，不易达到良好分离，因此，只要检测器的灵敏度足够高，进样量越小越好。

当进样量较小时，峰高与进样量成比例，保留时间不随进样量变化，两组分分离情况也保持不变。当进样量超过最大允许进样量(柱的塔板数下降 10%时的进样量)时，色谱柱已超载，柱效将大大降低。特别是使用低配比固定液时，柱效对进样量变化更为敏感。一般来说，柱越长，管径越粗，固定液配比越高，组分的 k 值越大，则允许的进样量就越多。对于填充柱，气体样品为 0.1～1mL，液体样品为 0.1～1μL，最大不超过 4μL。此外，进样速度要快，进样时间要短，样品在载气中扩散时间短，有利于分离。

进样口类型和进样技术的选择通常与样品存在的形态(液态、气态、固态)、是否被吸附，以及是否存在需要气化的溶剂有关。如果样品分散良好，那么它可以通过冷柱头进样口直接进样；如果需要除去部分气化样品，就应使用分流/不分流进样口；气体样品通常采用气体阀进样。被吸附的样品(如在吸附管上)可以通过外部的在线或离线解吸装置(如吹扫捕集系统)或者在分流/不分流进样器中解吸(使用固相微萃取技术)。

柱上进样技术多用于填充柱而非毛细管柱。

5. 气化温度

在气相色谱中，气相中物质的浓度只是气体蒸气压的函数。气化温度取决于样品的挥发性、沸点范围及进样量等因素。气化温度一般相当于样品沸点或高于沸点，以保证瞬间气化。但一般不要超过沸点 50℃以上，以防样品分解。样品气化速率直接影响样品在气相中的浓度，气化速率越高，一定量样品就会分布在越小的气相体积中，即初始带宽越窄；反之，初始带宽越宽。

因为气相色谱是一个无限稀释的体系，极微量样品可以瞬间气化。所以，对于稳定性差的样品可使用小进样量和高灵敏度检测器，这时样品可在远低于其沸点的温度下气化。对一般气相色谱分析而言，气化温度比柱温高 10～50℃即可。

3.8 定性分析方法

色谱定性主要指的是鉴定色谱图中的每个峰代表的是样品中的何种化合物。色谱法按其本质讲是一种分离方法，但色谱分析数据一般不能直接鉴定各个组分，多数检测器给出的信号也难以表征典型的分子结构特征。从色谱分离看，不同组分的色谱保留值与其分子结构有关，然而这种关系的内在规律远未阐明，因此目前以色谱保留值进行定性仅是一种相对的方法，该手段只能鉴定已知物，对未知新化合物的定性常需要结合其他方法来进行。

3.8.1 利用保留值定性

1. 已知物对照法

这种定性的依据是同一种物质在相同的色谱条件下具有恒定的保留值。可以取样品和对照品分别进样测定，也可以将对照品加入样品中，对比加入前后的色谱图，若某色谱峰相对升高，则该色谱峰所代表的组分与对照品可能为同一物质。但由于所使用的色谱柱不一定适合于对照品与待定性组分的分离，虽为两种物质，色谱峰也可能产生重叠现象。因此，还需选一根与上述色谱柱极性差别较大的色谱柱再进行如上的分析。若在两根柱子上均产生重叠现象，才可认定待定性组分与对照品是同一物质。

已知物对照法可用于复方药物和中药等复杂样品中目标组分的定性分析，准确度高，使用方便，目前在药典中的应用日益广泛。

2. 利用相对保留值定性

这是采用某物质与另一参照物的相对保留值来定性的方法，能消除某些条件的影响，使用也比较方便。所谓相对保留值是指任一组分(i)与参照物(s)调整保留值的比值，即

$$r_{is}=\frac{t'_{Ri}}{t'_{Rs}}=\frac{V'_{Ri}}{V'_{Rs}}=\frac{K_i}{K_s} \tag{3-48}$$

由式(3-48)可以看出，相对保留值 r_{is} 仅取决于它们的分配系数比。而分配系数比又取决于组分的性质、柱温与固定液的性质。它与固定液的用量、柱长、柱填充情况及载气流速等无关。因此，某些气相色谱手册收载了一些化合物的相对保留值，方便定性分析。

利用此法定性，可根据手册规定的实验条件及所用参照物进行实验，求算出 r_{is}，再与手册数据对比定性。

3. 利用保留指数定性

相对保留值测定只用一个参照物时，那些离参照物较远组分的保留值测定误差也较大。若选用多种参照物，又易造成混乱。1958 年，Kovats 提出了保留指数的概念，指出保留指数与物质结构有一定的关系，利用这些关系可以帮助确定物质的结构。只要柱温和固定液与文献的相同，就可利用文献的保留指数对物质进行定性。这是固定液与柱温一定时，保留指数为物质的特性参数的缘故。

3.8.2 利用选择性检测器定性

不同类型的检测器对同一样品的响应信号是不同的，即检测器的信号是有选择性的，因此

可依据检测器的响应信号对组分进行定性。例如，要鉴定某一气体样品中是否存在有机化合物，可使用 FID 分析，如有信号，则说明样品中含有有机化合物。

两种或两种以上检测器的联用，有助于未知组分的分类与鉴定。将一种选择性检测器与另一种非选择性检测器，或两种不同的选择性检测器平行安装，让柱后流出物分成两部分并分别进入不同的检测器，对得到的两张不同色谱图进行对照鉴定，如图 3-26 所示。

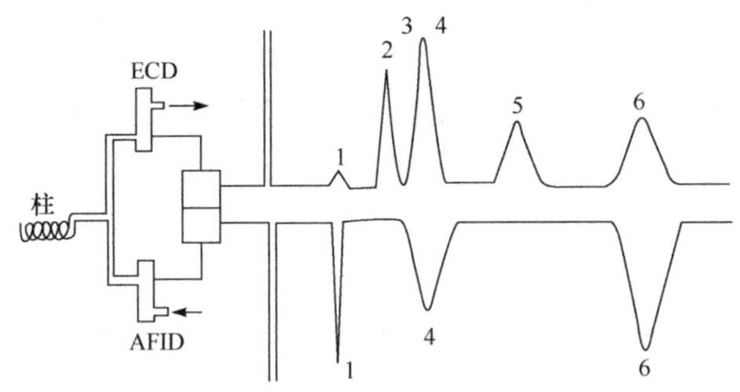

图 3-26 检测器的联用

1、4、6. 有机磷化合物；2、3. 有机氯化合物；5. 有机硫化合物

（AFID 为碱盐离子化检测器）

选择性检测器只对部分物质具有高响应值，使其应用受到限制。如果能对样品进行化学衍生化，就可扩大选择性检测器的应用范围。例如，甾体、生物胺、氨基酸和多种药物代谢物可与含氟衍生化试剂反应，生成多氟衍生物，然后用 ECD 进行检测、鉴定。

3.8.3 利用化学反应定性

最常用的方法是将欲鉴定的色谱流出物通入官能团分类试剂中，利用显色或沉淀反应粗略地判断该组分含有什么官能团或属于哪类化合物。

例如，检查醛、酮，可用 2,4-二硝基苯肼试剂，若产生橙色沉淀，则说明组分是含 1～8 个碳原子的酮或醛，检测灵敏度为 2μg。若使用 FID，可在色谱柱与检测器间装一个分流阀，从分流阀收集待测组分进行鉴定。因样品在 FID 中将被破坏，故不能用尾气检查。

3.8.4 利用两谱联用定性

气相色谱具有很高的分离效率，但单靠色谱数据对未知物定性非常困难。红外吸收光谱、质谱等是鉴别未知物结构的有力手段，但要求所分析的样品为单一物质，因它们本身不具有分离能力。为此，人们将气相色谱作为分离工具，将红外光谱仪或质谱仪作为气相色谱的检测器承担定性任务，从而构成了两谱联用装置。常见的联用方式有两种：一种为在线联用，即将气相色谱仪与质谱仪或红外光谱仪等联合制成一台完整的仪器使用；另一种为先通过冷阱等装置，收集经气相色谱分离后的各组分，再用紫外光谱仪、红外光谱仪、质谱仪或核磁共振波谱仪等进行定性分析，这属于离线联用。

3.9 定量分析方法

除定性分析外，分析的另一个主要目的就是对物质进行定量分析，即得出混合物中各组分的含量。利用气相色谱法进行定量分析简便、灵敏、准确度高。定量分析的依据是组分的质量

(m_i)或其在载气中的浓度与检测器的响应信号(色谱图上的峰面积或峰高)呈正比，即 $m_i=f_iA_i$，显然要准确进行定量分析，必须准确测量峰面积 A_i 和比例常数 f_i(又称校正因子)。

3.9.1　定量校正因子

1. 绝对定量校正因子

色谱定量分析是以被测组分的量与其峰高或峰面积呈正比为基础的。大量事实表明，相同量的同一种物质在不同类型检测器上有不同的响应灵敏度，同一种检测器对不同的物质也有不同的响应灵敏度，如FID对不同类型物质的响应灵敏度可相差2～3个数量级。这将导致混合物中各组分峰面积(或峰高)的相对百分数，不等于各组分的真实百分含量。为此，当依据面积(或峰高)进行含量计算时，必须将面积乘上一个比例常数 f_i'，使得到的面积值与其物质量相对应，即

$$m_i=f_i'A_i \tag{3-49}$$

式中：m_i 为组分量，它可以是质量，也可以是物质的量，对气体则可为体积；f_i'称为绝对定量校正因子，定义为单位峰面积所代表的被测组分的量，即

$$f_i'=m_i/A_i \tag{3-50}$$

f_i'是以峰面积作为定量依据导出的，类似地也可以用峰高作定量依据，求出峰高绝对定量校正因子。

由于组分绝对定量校正因子的大小随色谱条件的变化而变化，缺乏通用性，故目前定量中已很少使用。

2. 相对定量校正因子

在实际工作中，一般以相对定量校正因子代替绝对定量校正因子。它定义为某物质与一选定的标准物质的绝对定量校正因子的比值，用通式表示即

$$f_m=\frac{f_i'}{f_{ms}'}=\frac{m_i/A_i}{m_s/A_s}=\frac{A_sm_i}{A_im_s} \tag{3-51}$$

式中：f_m为相对定量校正因子；角标i和s分别代表被测物质和标准物质。注意所选取的标准物质要与待测物质具有相近的色谱保留行为和响应值。同理我们可以得到相对摩尔校正因子 f_M。

f_m使用比较方便，在定量分析中应用较多，具有实用价值；而 f_M的大小直观反映组分响应信号的大小，并与相对分子质量、碳原子数间有线性关系，具有理论价值。

在实际应用中，由于绝对定量校正因子很少使用，因此常将相对定量校正因子中的“相对定量”字样省略，简称校正因子，并将其对应的符号 f_m简写为 f。

校正因子原则上是一个通用常数，其大小与检测器的类型有关，而与检测器的具体结构及色谱条件无关。

3.9.2　定量分析方法

1. 归一化法

如果样品中所有组分都能流出色谱柱，且在检测器上均可得到相应的色谱峰，同时已知各组分的校正因子时，可按下式求出各组分的含量

$$c_i = \frac{m_i}{m_1 + m_2 + \cdots + m_i + \cdots + m_n} \times 100\%$$
$$= \frac{f_i A_i}{f_1 A_1 + f_2 A_2 + \cdots + f_i A_i + \cdots + f_n A_n} \times 100\% \tag{3-52}$$
$$= \frac{f_i A_i}{\sum f_i A_i} \times 100\%$$

式(3-52)为校正面积归一化法。若样品中各组分的校正因子相近，可将校正因子消去，直接用面积进行归一化计算，即

$$c_i = \frac{A_i}{\sum A_i} \times 100\% \tag{3-53}$$

同理也可采用校正峰高归一化法进行定量，甚至对分离在半峰宽以上的组分利用峰高也能定量。一般对出峰早、半峰宽窄的组分宜用峰高法定量。但以峰高定量时，应注意峰高与组分量之间的线性范围比峰面积与组分量之间的线性范围窄，并且操作条件要保持恒定。

归一化法简便，准确，当操作条件略有变动，或进样量控制不十分准确时对分析结果影响很小。缺点是要求所有组分均要产生色谱峰，并且还需要知道各组分的校正因子，这很难做到。

【例 3-1】 用热导检测器分析乙醇、庚烷、苯和乙酸乙酯的混合物。

实验测得它们的色谱峰面积分别为 5.0cm^2、9.0cm^2、4.0cm^2 和 7.0cm^2。由手册查得它们的 f_m 分别为 0.64、0.70、0.78 和 0.79。按归一化法分别求出它们的百分含量：

(1) $w_{乙醇} = \frac{0.64 \times 5.0}{0.64 \times 5.0 + 0.70 \times 9.0 + 0.78 \times 4.0 + 0.79 \times 7.0} \times 100\%$

$= \frac{3.20}{18.15} \times 100\% = 17.6\%$

(2) $w_{庚烷} = \frac{0.79 \times 9.0}{18.15} \times 100\% = 34.7\%$

(3) $w_{苯} = \frac{0.78 \times 4.0}{18.15} \times 100\% = 17.2\%$

(4) $w_{乙酸乙酯} = \frac{0.79 \times 0.70}{18.15} \times 100\% = 30.5\%$

2. 外标法

外标法包括标准曲线法和直接比较法。这是一种简便、快速的绝对定量方法，使用的标准物质与待测物质是同一化合物。其中标准曲线法是先用标准物质配制成系列浓度的标准溶液 $(c_i)_{标准}$，然后与测定样品相同的色谱条件下测定，测得各峰的峰面积 $(A_i)_{标准}$ 或峰高 $(h_i)_{标准}$，再用峰面积或峰高对标准溶液的浓度进行回归，得到工作曲线 $(c_i)_{标准} = b(A_i)_{标准} + a$ 或 $(c_i)_{标准} = b(h_i)_{标准} + a$。然后在相同的色谱条件下测定样品溶液的峰面积或峰高，并利用工作曲线算出样品中待测组分的浓度，即

$$(c_i)_{样品} = b(A_i)_{样品} + a \tag{3-54}$$

式中：a 与 b 分别为工作曲线的截距与斜率。a 不等于零，则工作曲线不通过原点，说明测定方法存在系统误差。

如果用一种浓度的标准溶液对比，求出待测组分的浓度，称为外标一点法，即

$$(c_i)_{样品}=(c_i)_{标准}\times(A_i)_{样品}/(A_i)_{标准} \tag{3-55}$$

但这只能在工作曲线通过原点即 $a=0$ 的情况下使用。如果工作曲线不通过原点，则可使用比较简单的外标二点法进行待测组分含量的测定。它是使用两种浓度的标准溶液确定工作曲线，再求出待测组分的含量。

外标法的优点是不使用校正因子，只要待测组分出峰，且无干扰，即可进行定量分析。外标法的缺点是要求进样必须准确，否则定量误差比较大。

3. 内标法

将一定量的内标物加入样品中，进样，再经色谱分离，根据样品质量(m)和内标物质量(m_s)，以及待测组分峰面积 A_i 和内标物峰面积 A_s，就可求出待测组分(m_i)的含量。内标的加入可以校正进样量的不准确和仪器各次分析响应间的差异。因为

$$\frac{m_i}{m_s}=\frac{f_iA_i}{f_sA_s}$$

则

$$m_i=\frac{f_iA_im_s}{f_sA_s}$$

待测组分 i 的百分含量为

$$w_i=\frac{m_i}{m}\times100\%=\frac{f_iA_im_s}{f_sA_sm}\times100\% \tag{3-56}$$

【例 3-2】 无水乙醇中微量水分的测定(图 3-27)。

样品制备　精密量取被检无水乙醇 100mL，称重为 79.37g。用减重法加入无水甲醇(内标物)约 0.25g，精密称定为 0.2572g，与样品混匀，待用。

实验条件　色谱柱：上试 401 有机载体(或 GDX-203)，柱长：2m，柱温：120℃，气化室温度：160℃，检测器：TCD，载气：氢气，流速：40～50mL/min。

测得数据　水：　$h=4.60\text{cm}$，$W_{1/2}=0.130\text{cm}$

甲醇：　$h=4.30\text{cm}$，$W_{1/2}=0.187\text{cm}$

计算

1) 百分含量

(1) 用峰面积进行计算。以峰面积表示的校正因子 $f_{水}=0.55$，$f_{甲醇}=0.58$，则

$$w_{水}=\frac{1.065\times4.60\times0.130\times0.55}{1.065\times4.30\times0.187\times0.58}\times\frac{0.2572}{79.37}\times100\%=0.23\%$$

(2) 用峰高进行计算。峰高校正因子 $F_{水}=0.224$，$F_{甲醇}=0.340$，则

$$w_{水}=\frac{4.60\times0.224\times0.2572}{4.30\times0.340\times79.37}\times100\%=0.23\%$$

2) 质量浓度

$$w_{水}=\frac{4.60\times0.224\times0.2572}{4.30\times0.340\times100}\times100\%=0.18\%$$

所选内标物应满足如下要求：① 应为样品中不含有的组分；② 其保留时间应与待测组分的保留时间相近，并能完全分开；③ 应为纯物质。

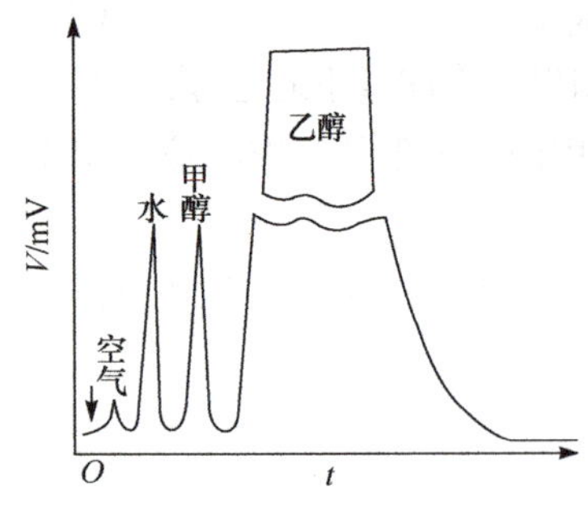

图 3-27 无水乙醇中微量水分的测定

4. 内标对比法

内标法需要知道待测组分和内标物的校正因子，但这有时非常困难。内标对比法是内标法在校正因子未知时的一种应用，在当前的药物分析中应用广泛。

先将一定量的内标物加到对照品溶液中制成对照溶液，然后将相同量的内标物加到相同体积的对照品溶液中，制成样品溶液。将两种溶液分别进样，由下式可计算出样品溶液中待测组分的含量。

$$\frac{(A_i/A_s)_{样品}}{(A_i/A_s)_{对照}}=\frac{(c_i)_{样品}}{(c_i)_{对照}}$$

则

$$w_{样品}=(c_i)_{样品}=\frac{(A_i/A_s)_{样品}}{(A_i/A_s)_{对照}}\times(c_i)_{对照} \tag{3-57}$$

式中：$(A_i/A_s)_{样品}$、$(A_i/A_s)_{对照}$分别为样品溶液和标准溶液中，待测组分(i)与内标物(s)峰面积的比；$(c_i)_{样品}$与$(c_i)_{对照}$分别为待测组分 i 在样品溶液中和 i 组分对照品在对照溶液中的百分含量。

配制对照溶液的目的实际上是用来测定校正因子的，但由于两溶液的配制条件相同，校正因子在计算中可以被消去。因此，实际上在本方法中我们往往可以省略校正因子计算这一繁琐步骤。

对于正常峰，也可用峰高代替峰面积计算含量，即

$$w_{样品}=(c_i)_{样品}=\frac{(h_i/h_s)_{样品}}{(h_i/h_s)_{对照}}\times(c_i)_{对照} \tag{3-58}$$

【**例 3-3**】 藿香正气水中乙醇量的测定(应为 40%～50%)[1]。

(1) 标准溶液 精密量取无水乙醇 5mL 及正丙醇(内标物)5mL，置 100mL 量瓶中，用水稀释至刻度。

(2) 样品溶液 精密量取样品溶液 10mL 及正丙醇 5mL，置 100mL 量瓶中，用水稀释至刻度。

(3) 测峰面积比平均值 将标准溶液与样品溶液分别进样三次，每次 2μL，测得它们峰面积比的平均值分别为 26 353/13 486 及 22 656/13 037。

(4) 计算酊剂中乙醇的体积分数

$$\phi_{乙醇}=\frac{(22\ 656/13\ 037)\times10}{(26\ 353/13\ 486)}\times5\%=44\%$$

式中“10”是稀释倍数。检测器 FID，载气为氮气，其余实验条件与例 3-2 类似。

3.10 应用与示例

气相色谱法具有分析速度快、分离效果好、检测灵敏高等优点，在药物成分分析、中药指纹图谱研究、药物有机溶剂残留和农药残留分析、手性拆分、体内药物分析和环境污染物监测等方面应用广泛。

【例 3-4】 毛细管气相色谱法测定正红花油中 α-蒎烯、水杨酸甲酯、丁香酚的含量(图 3-28)[2]。

仪器与试药　HP6890 系列 C1530A 气相色谱仪(FID)；正红花油样品。

色谱条件　毛细管色谱柱为 HP-1(30m×0.25mm，0.25μm)；氮气 1mL/min，氢气 40mL/min，空气 400mL/min；温度：进样口 280℃，色谱柱程序升温起始温度 50℃，保持 5min，以 5℃/min 升至 90℃，保持 5min，以 10℃/min 升至 280℃终止，检测器温度 300℃；分流比：1∶10，进样量 1μL。

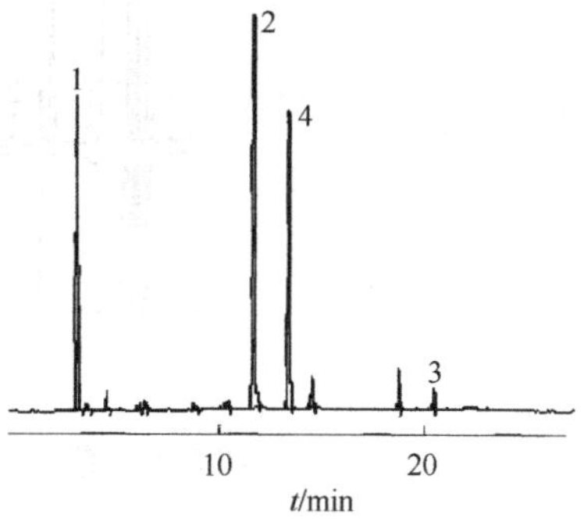

图 3-28　正红花油样品色谱图

1. α-蒎烯；2. 水杨酸甲酯；3. 丁香酚；4. 十二烷(内标)

【例 3-5】 气相色谱指纹图谱用于连翘的质量控制(图 3-29)[3]。

仪器与试药　日本岛津 GC-16A 气相色谱仪(FID)；连翘药材。

色谱条件　毛细管色谱柱为 ZOV-1701(25m×0.32mm)；氮气流速 25mL/min；温度：进样口 230℃，色谱柱程序升温起始温度 60℃，保持 3min，以 3℃/min 升至 250℃终止，检测器温度 250℃；分流比：1∶30，进样量 0.5μL。

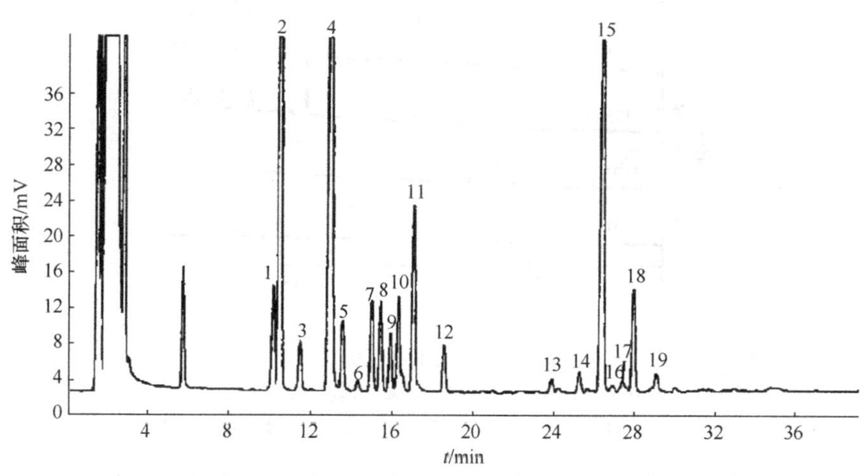

图 3-29　连翘 1 号样品的气相色谱指纹图谱

【例 3-6】 气相色谱法同时测定莲菊感冒胶囊中 16 种有机残留溶剂(图 3-30)[4]。

仪器与试药　安捷伦 GC7890 气相色谱仪(FID)；莲菊感冒胶囊样品。

色谱条件　1%氰丙基苯基-94%聚二甲基硅氧烷为固定相的 Alltech AT-624 大口径石英毛细管柱(30m×0.53mm，3μm)；氮气柱前压 20 kPa，氢气 40 mL/min，空气 400 mL/min；温度：进样口 220℃，色谱柱程序升温起始温度 50℃，保持 5min，以 8℃/min 升至 160℃，保持 5min，以 20℃/min 升至 220℃，保持 5min，检测器温度 280℃；分流比：1∶1，进样量 0.6μL。

【例 3-7】 吹扫捕集和气相色谱(PT-GC)联用测定水中 N-亚硝基胺(图 3-31)[5]。

仪器与试药　Claus500 气相色谱仪(FID)；Tekmar 3000 Purge & Trap Concentrate StratUm PTCTM 吹扫捕集仪。

色谱条件　毛细管色谱柱为 Elite-5MS(60m×0.25mm，0.25μm)；温度：进样口 250℃，色谱柱程序升温起始温度 50℃，保持 1min，以 10℃/min 升至 200℃，保持 1min，，检测器温度 250℃；分流比：1∶24。

吹扫捕集条件　吹扫气体为高纯氮气，吹扫流速 40L/min，时间 11min；捕集阱吹扫时温度 40℃，热解吸时温度 250℃，解吸时间 2min，热解吸后捕集阱在 260℃焙烤 8min；进样量 5mL。

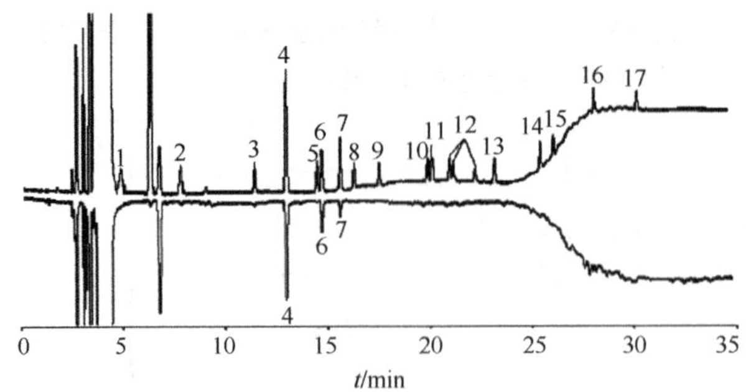

图 3-30　莲菊感冒胶囊中 16 种有机溶剂残留测定 GC 色谱图

（上：对照品，下：样品）

1. 正己烷；2. 苯；3. 甲苯；4. 乙酸丁酯（内标）；5. 乙苯；6. 间二甲苯；
7. 苯乙烯；8. 异丙苯；9. 正癸烷；10. 正丁基苯；11. 十一烷；12. 二乙烯苯；
13. 十二烷；14. 萘；15. 十三烷；16. 十四烷；17. 十五烷

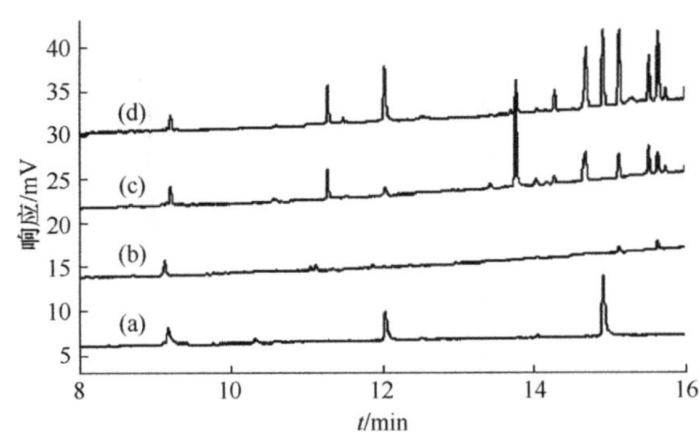

图 3-31　饮用水色谱图

(a) 对照品（N-亚硝基二乙胺、N-亚硝基二丙胺、N-亚硝基二丁胺）；
(b) 饮用水样品；(c)和(d) 分别来自 A 和 B 公司生产的密封圈

【例 3-8】 加速溶剂萃取-气相色谱/气相色谱-质谱法测定土壤中 7 种多氯联苯（图 3-32）[6]。

仪器与试药　美国戴安公司 ASE-200 加速溶剂萃取仪；GC-2010 气相色谱仪（^{63}Ni 电子捕获检测器，日本岛津公司）；美国赛默飞世尔公司 TRACE DSQ 气相色谱-质谱联用仪。

色谱条件　DB-5 石英毛细管柱（30m×0.25mm，0.25μm）；高纯氮气作为载气（纯度大于 99.999%），流量 1.0mL/min；尾吹气 30mL/min；温度：进样口 250℃，色谱柱程序升温初始温度 100℃，保持 1min，以 15℃/min升至 170℃，以 60℃/min 升至 220℃，保持 2min，以 15℃/min 升至 290℃，保持 5min，检测器温度 310℃；不分流进样，进样量 1μL。

气相色谱-质谱分析条件　DB-5MS 石英毛细管柱（30m×0.25mm，0.25μm）；高纯氦气载气（>99.999%），恒流方式，流速 1.0mL/min，进样和升温条件同上；电子轰击电离（EI）模式，电离能量 70eV，离子源温度 250℃，传输线温度 260℃，选择离子扫描方式。

【例 3-9】 顶空气相色谱法-质谱法同时测定蜂蜜中 57 种挥发性有机溶剂残留（图 3-33）[7]。

仪器与试药　Agilent 5975C 气相色谱-质谱仪（美国安捷伦公司）；DANI HSS 8650 自动顶空进样器（意大利 DANI 公司）；20mL 钳口平底顶空瓶（配聚四氟乙烯硅橡胶垫）；M63210-33 涡漩混合器（美国 Thermolyne 公司）。

顶空条件　顶空瓶加热温度为 80℃；进样温度为 90℃；传输线温度为 90℃；样品平衡时间为 30min；定量环为 1mL。

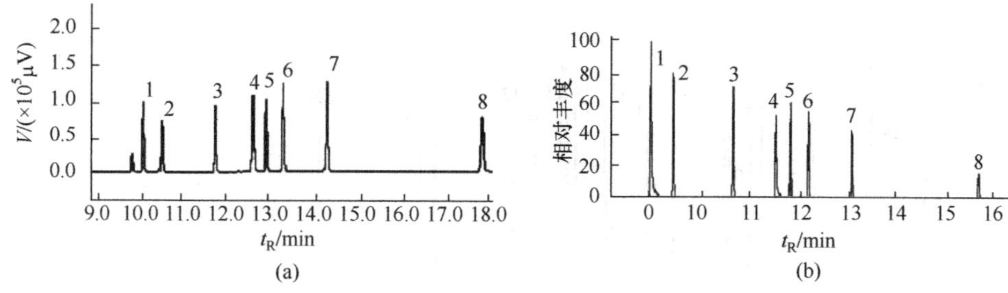

图 3-32　GC-ECD(a)和 GC-MS(b)分析 7 种 PCB 和替代物的色谱图

1. PCB 28；2. PCB 52；3. PCB 101；4. PCB 118；5. PCB 153；
6. PCB 138；7. PCB 180；8. PCB 209(替代物)

色谱条件　DB-624 毛细管色谱柱(60m×0.25mm，1.40μm)；载气为氦气，纯度≥99.999%，流速 1.5mL/min；进样口温度 200℃；进样方式为分流进样，分流比为 10∶1。升温程序：初始温度 45℃，保持 3min；以 8℃/min 的速率升温至 90℃，保持 4min；以 6℃/min 的速率升温至 200℃，保持 6min。

质谱条件　电子轰击离子源，碰撞能量 70eV；离子源温度 230℃；四极杆温度 150℃；传输线温度 280℃；溶剂延迟时间 4.8min；选择离子监测(SIM)模式。

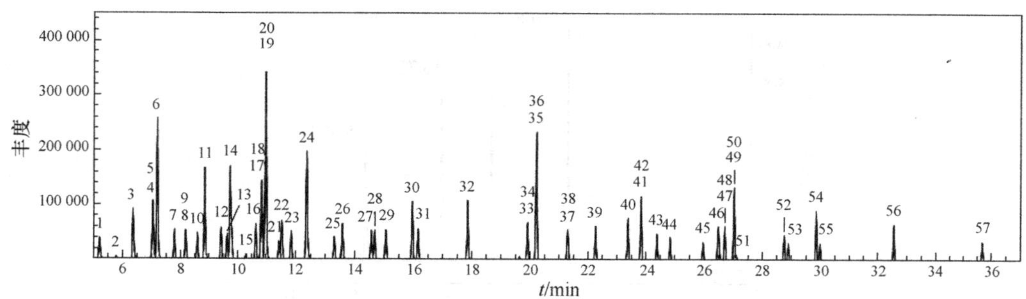

图 3-33　57 种挥发性有机溶剂的总离子流图

【例 3-10】　21 种三嗪类农药多残留的气相色谱分析(图 3-34)。

仪器与试药　Agilent HP 6890 气相色谱仪。

色谱条件　DB-5MS 毛细管色谱柱(30m×0.25mm，0.25 μm)；载气为氦气，纯度≥99.99%，流速为 1.2mL/min；氢气：3.0mL/min；空气：60mL/min；尾吹气：氮气，14mL/min；进样口温度为 250℃；检测器温度为 340℃；进样方式为不分流进样，进样体积：1μL，0.75min 后分流阀打开；升温程序：初始温度 80℃，以 6℃/min 的速率升温至 188℃，以 15℃/min 的速率升温至 270℃，保持 5min。

【例 3-11】　四种塑化剂的气相色谱分析(图 3-35)[8]。

仪器与试药　Agilent 5975C 气相色谱(美国安捷伦公司)；FID 检测器。

色谱条件　ZB-FFAP 毛细管色谱柱(30m×0.53mm，1.00μm)；载气为氦气，纯度≥99.999%，流速为 11.4mL/min；氢气流速 40mL/min，空气流速 400mL/min；进样口温度 280℃；检测器温度 280℃；进样方式为不分流进样，进样体积 1μL；升温程序：初始温度 50℃，保持 2min；以 40℃/min 的速率升温至 210℃；以 30℃/min 的速率升温至 280℃，保持 11min。

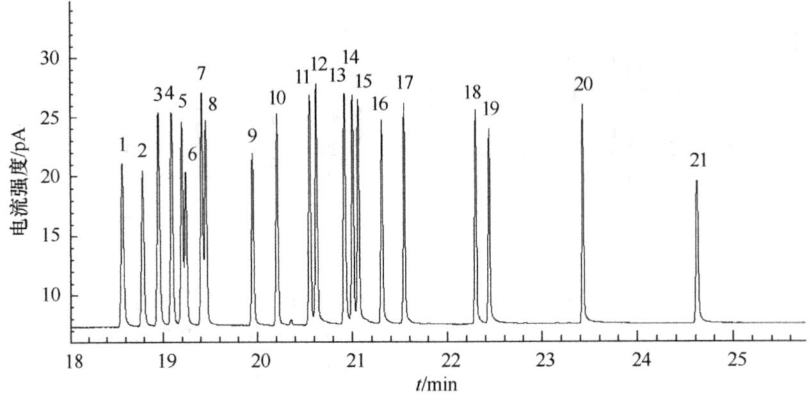

图 3-34 21 种三嗪类农药多残留的气相色谱

1. 西玛通；2. 莠去通；3. 西玛津；4. 莠去津；5. 扑灭津；6. 特丁通；7. 草达津；8. 特丁津；9. 仲丁通；10. 另丁津；11. 敌草净；12. 环丙津；13. 西草净；14. 莠灭净；15. 扑草净；16. 特丁净；17. 异丙净；18. 二甲丙乙净；19. 环丙净；20. 甲氧丙净；21. 环嗪酮

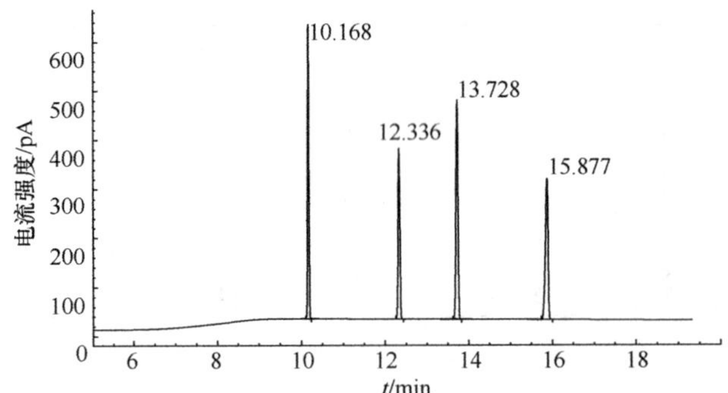

图 3-35 四种塑化剂气相色谱分析谱图

保留时间 10.168min：邻苯二甲酸二丁酯(DBP)；12.336min：邻苯二甲酸丁基苄基酯(BBP)；13.728min：邻苯二甲酸(2-乙基)已酯(DEHP)；15.877min：邻苯二甲酸二正辛酯(DNOP)

（河北大学 郭怀忠）

（辽宁出入境检验检疫局肖珊珊提供应用实例）

参考文献

[1] 国家药典委员会. 中华人民共和国药典 2010 年版(一部). 北京：中国医药科技出版社，2010：1233

[2] 武彦文，孙素琴，陶家洵. 毛细管气相色谱法测定正红油中 α-蒎烯、水杨酸甲酯、丁香酚的含量. 药物分析杂志，2008，28(11)：1869

[3] 袁敏，曾志，宋力飞，等. 气相色谱指纹图谱用于连翘的质量控制. 分析化学，2003，31(4)：455

[4] 刘丽娜，樊燕，郑林，等. 气相色谱法同时测定莲菊感冒胶囊中 16 种有机残留溶剂. 中国实验方剂学杂志，2012，18(20)：283

[5] 刘树萍，关卫平，刁炳祥. 吹扫捕集和气相色谱(PT-GC)联用测定水中 N-亚硝基胺. 净水技术，2012，31(1)：68

[6] 陈卫明，李庆霞，张芳，等. 加速溶剂萃取-气相色谱/气相色谱-质谱法测定土壤中 7 种多氯联苯. 岩矿测试，2011，30(1)：33

[7] 刘永明，葛娜，王飞，等. 顶空气相色谱-质谱法同时测定蜂蜜中 57 种挥发性有机溶剂残留. 色谱，2012，30(8)：782

[8] 李一尘，徐静，董伟峰，等. 气相色谱及气相色谱-质谱法检测食品中增塑剂. 检验检疫学刊，2012，22(5)：40

第 4 章　高效液相色谱法[1]

4.1　概　　述

以液体为流动相的色谱法称为液相色谱法。采用普通规格的固定相及流动相常压输送的液相色谱法称为经典液相色谱法。这种色谱法的柱效低、分离周期长，一般不具备在线检测器，通常作为分离手段使用。

高效液相色谱法（HPLC）是在 20 世纪 60 年代末，以经典液相色谱法为基础，引入气相色谱法的理论与实验方法，发展而成的分离分析方法。它与经典液相色谱法的主要区别有三点：一是流动相改为高压输送；二是采用高效固定相；三是具有在线检测器。现代高效液相色谱仪，具有自动化功能。HPLC 具有分离效能高、分析速度快及应用范围广等特点。

在 HPLC 的发展过程中，人们根据该法的某些特点而命名，称为高速液相色谱法（high speed LC，SPLC）、高压液相色谱法（high pressure LC，HPLC）、高分辨液相色谱法（high resolution LC，HRLC）或高效液相色谱法等名称。这些名称是在该法发展的不同阶段中产生的，而高效液相色谱法是当今色谱工作者普遍认同的名称。

4.1.1　高效液相色谱法与气相色谱法应用范围对比

气相色谱法虽然也具有快速、分离效率高、用样量少等优点，但它要求样品能够气化，从而常受到样品的挥发性限制。在约 300 万个有机化合物中，可以直接用气相色谱法分析的仅占 20%。对于挥发性差或热稳定性差的化合物，虽然可以采取裂解、酯化、硅烷化等预处理方法，但毕竟增加了操作上的麻烦，而且改变了样品原来的面目，有的还不易复原。

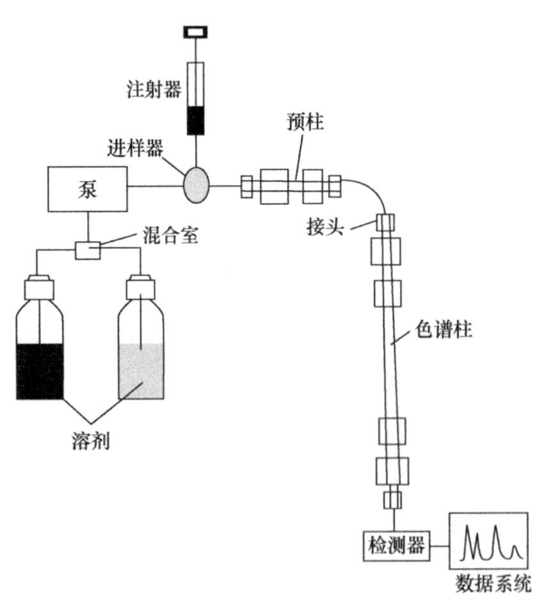

图 4-1　高效液相色谱仪示意图

高效液相色谱法分析对象广泛，它只要求样品能制成溶液，而不需要气化，因此不受样品挥发性的约束。对于挥发性低、热稳定性差、相对分子质量大的样品，以及离子型化合物尤为有利。例如，氨基酸、多肽、蛋白质、生物碱、核酸类（DNA 等）、糖类、甾体、类脂、维生素、抗生素及无机盐类等都可用各类高效液相色谱法进行分析。

高效液相色谱仪示意图如图 4-1 所示。高效液相色谱法与经典液相色谱法对比如表 4-1所示。

表 4-1　高效液相色谱法与经典液相色谱法性能对比

性能	经典液相色谱法	高效液相色谱法(分析型)
固定相	一般规格	特殊规格
固定相粒度/μm	75～500	3～10(UPLC:1.7)
固定相粒度分布(RSD)/%	20～30	<5
柱长/cm	10～100	5～25(分析型)
柱内径/cm	2～5	0.3～0.46
柱入口压强/MPa	0.001～0.1	10～40(UPLC 可达 10^2)
柱效/(/m)	10～100	3×10^4～8×10^4(UPLC 可达 10^5)
样品用量/g	1～10	10^{-6}～10^{-4}
分析所需时间/h	1～20	0.05～0.5
装置	非仪器化	仪器化、自动化

高效液相色谱法的特点　①适用范围广;②分离性能好;③分析速度快;④流动相的可选择的范围宽;⑤灵敏度高;⑥色谱柱可反复使用;⑦流出组分容易收集;⑧安全。

4.1.2　高效液相色谱法的分类

按固定相的聚集状态可分为液-液色谱法(LLC)及液-固色谱法(LSC)两大类。按分离机制可分为吸附色谱法、分配色谱法、离子交换色谱法、分子排阻色谱法、化学键合相色谱法、胶束色谱法、亲和色谱法、手性色谱法及环糊精色谱法等类别,前四类为基本类型色谱法。

按流动相的压强 (柱压)与固定相的粒径可分为高效液相色谱法(HPLC)与超高效液相色谱法(ultra high performance liquid chromatography,UPLC 或 UHPLC)两类。UPLC 是 21 世纪才兴起的液相色谱技术,采用小粒径(1.7μm)、窄分布的固定相及流动相的超高压输送。UPLC 的流动相的压强可高达一般液相色谱仪的近 10 倍(350MPa),不但可缩短分析时间,而且降低柱体积与死体积,大幅提高色谱柱性能[2]。并且使塔板高度-流速曲线近似平行于横轴,大大改善了流动相最佳流速的选择范围。

近年来,高效液相色谱法发展迅猛,许多新方法相继涌现。了解高效液相色谱法的分类,有助于了解各种方法间的关系。液相色谱法按分离原理分类,如图 4-2 所示。

- HPLC
  - 1. LSC
  - 2. LLC
    - NLLC
    - RLLC
  - 3. BPC(狭义)
    - NBPC
    - RBPC
      - 一般 RBPC
      - PIC
      - ISC
  - 4. IEC
    - 一般 IEC
    - IC
    - AA
  - 5. MEC
    - GPC
    - GFC
  - 6. MC
  - 7. CC
  - 8. CDC
  - 9. AC

图 4-2　液相色谱按分离原理分类

LSC. 液-固吸附色谱法;LLC. 液-液分配色谱法(N 表示正相,R 表示反相);IEC. 离子交换色谱法;IC. 离子色谱法;AA. 氨基酸分析法;BPC. 化学键合相色谱法;PIC. 离子对色谱法;ISC 离子抑制色谱法;MEC. 分子排阻色谱法;GPC. 凝胶渗透色谱法;GFC. 凝胶过滤色谱法;MC. 胶束色谱法;CC. 手性色谱法;CDC. 环糊精色谱法;AC. 亲和色谱法分类中所列的化学键合相色谱法是指狭义的键合相色谱法。因为除凝胶色谱法外，化学键合相可用于所有其他色谱法。应用化学键合相的色谱法都可视为广义化学键合相色谱法，如亲和色谱法、手性色谱法及离子交换色谱法等。

4.2 基本原理

高效液相色谱法是将经典液相色谱法与气相色谱法的基本原理和实验方法相结合而产生。在色谱分析法概论与气相色谱法中介绍过的基本概念、保留值与分配系数的关系、塔板理论及速率理论，都可应用于高效液相色谱法（毛细管电泳法除外）。由于高效液相色谱法与气相色谱法的主要差别是流动相的性质不同。因此，某些公式的表现形式或参数的含义有某些差别。学习本章，需认真复习第 2 章的基本概念、塔板理论及速率理论等内容。

4.2.1 各类液相色谱的保留值

1. 保留时间(t_R)

$$t_R=t_0\left(1+K\frac{V_s}{V_m}\right) \quad 或 \quad t_R=t_0(1+k) \tag{4-1}$$

式中：t_R为保留时间；t_0为死时间；V_s、V_m分别为固定相与流动相在色谱柱中占有的体积。

色谱柱中固定相体积 V_s与分配系数 K 和容量因子 k 在不同类型的色谱法中含义不同。

(1) 在分配色谱法中，V_s为在色谱柱中固定液的体积，K_c 是狭义分配系数（partition coefficient），$K_c=c_s/c_m=(X_s/V_s)/(X_m/V_m)$。$c_s/c_m$为组分在固定相与流动相中的浓度之比，$X$ 为组分的质量。

(2) 在吸附色谱法中，K 是吸附系数（adsorption coefficient，用 K_a表示），V_s相当于色谱柱中吸附剂的表面积(S)。

(3) 在离子交换色谱法中，K 是选择系数（selective coefficient，用 K_s表示），V_s为色谱法柱中离子交换剂的总交换容量。

(4) 在分子排阻色谱法中，K 是渗透系数（permeation coefficient，用 K_p表示）V_s为色谱柱中凝胶的总孔容。

(5) 化学键合相色谱法具有分配色谱与吸附色谱两种功能，按键合相表面所键合的官能团所占的比例而定主次，一般前者为主，因此可视 K 是狭义分配系数 K_c。V_s为色谱柱中键合相表面的官能团的总体积。

综上所述，虽然 K 在四种不同类型的色谱法中含义不同，但 K_c、K_a、K_s及 K_p均可用广义的分配系数（distribution coefficient）概括，通称分配系数，通用 K 表示。有关各种色谱法的分配系数及容量因子的含义与具体表达式，可参见各色谱法的个论。

由式(4-1)可见，若样品组分的分配系数 K 或容量因子 k 大，则保留时间（或调整保留时间）长；t_R与容量因子 k 呈线性关系，死时间 t_0是截距与斜率。

2. 保留体积(V_R)

当死体积 $V_0\approx V_m$时，得式(4-2)

$$V_R=V_0+KV_s \tag{4-2}$$

式(4-2)中分配系数 K 在各类色谱法中的含义同上。色谱柱中固定相的体积 V_s 大，保留体积 V_R 大。式(4-2)是凝胶色谱最常用的公式，在凝胶色谱法中，V_R 又称淋洗体积。V_R 与 V_s 呈直线关系，V_0 与 K 分别是直线的截距与斜率。

4.2.2　速率理论

在第2章基础理论中，已经介绍了塔板理论及 van Deemter 方程式在 HPLC 的表现形式与影响因素，本节只作某些补充。

1. van Deemter 方程式

在液相色谱中，流动相是液体，黏度(η)比气体大得多，柱温又比气相色谱低得多(LC 多采用 25℃)，又因 $D_m \propto T/\eta$，因此液相色谱的 D_m 比气相色谱的 D_m 约小 10^5 倍。另外，为了节约分析时间，在液相色谱中，所采用的流动相的流速，一般至少是最佳流速的 3～5 倍。这些因素都促使纵向扩散项 B/u 减小，一般可忽略不计，于是 van Deemter 方程式在 HPLC 中为

$$H=A+Cu \tag{4-3}$$

式(4-3)说明，在 HPLC 中，可以近似地认为流动相的流速与塔板高度呈直线关系，A 为截距，C 是斜率。流速增大，塔板高度增加，色谱柱柱效降低。为了兼顾柱效与分析速度，一般都尽可能地采用较低流速。内径(I. D.)4.6mm 柱，流量多采用 1mL/min。

流动相的流速对 GC 与 HPLC 塔板高度影响的差别如图 4-3 所示。

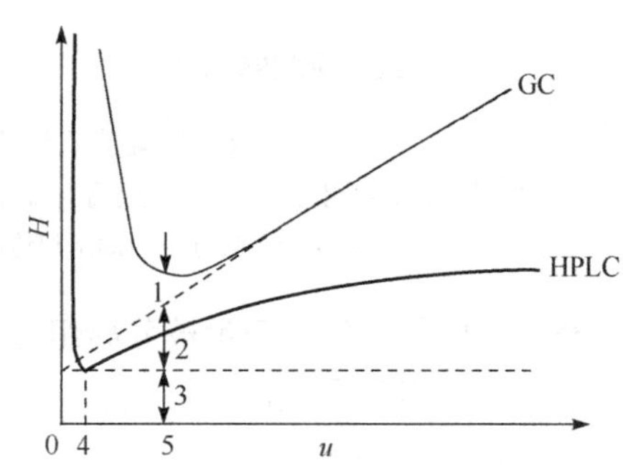

图 4-3　理论-流速曲线

(1) 涡流扩散项与传质阻力项对柱效的影响，简要讨论如下。

涡流扩散项　在气相色谱中已介绍，$A=2\lambda d_P$。为了使 A 减小，提高色谱柱柱效，可从两方面采取措施：①降低 d_P。采用小粒度固定相，直径(d_P)越小，A 越小。以前多用 10μm 固定相，目前商品柱多采用 3～5μm 粒径的固定相。②降低 λ。采用球形、仄粒度分布(RSD<5%)固定相及匀浆装柱。

球形固定相，除了能降低 λ 外，还能增加柱渗透性，降低柱压。但固定相的粒度越小，越难装均匀，因此需采用高压、匀浆装柱法。3～5μm 球形固定相，柱效一般为 5～8×10⁴/m。

传质阻力项　传质阻力项是传质阻力系数与流动相流速之积。传质阻力系数在 HPLC 中与 GC 不同。在 HPLC 中组分的传质阻力系数由三个系数组成。

$$C=C_m+C_{sm}+C_s \tag{4-4}$$

式中：C_m 为流动相传质阻力系数；C_{sm} 为静态流动相传质阻力系数；C_s 为固定相中的传质阻力系数。

由于通常在 HPLC 中都采用化学键合相，其固定液是键合在载体表面固定液官能团的单分子层。因此，组分在固定液中的传质阻力可以忽略。于是，$C=C_m+C_{sm}$，替换式(4-3)中的 C，得

$$H=A+C_m u+C_{sm} u \tag{4-5}$$

式(4-5)是 van Deemter 方程式用于 HPLC 最常见的表现形式。该式说明，HPLC 色谱柱的理论塔板高度，主要由涡流扩散项、流动相传质阻力项和静态流动相传质阻力项三项所构

成。各种阻力项对色谱峰展宽的影响如图 4-4 所示。

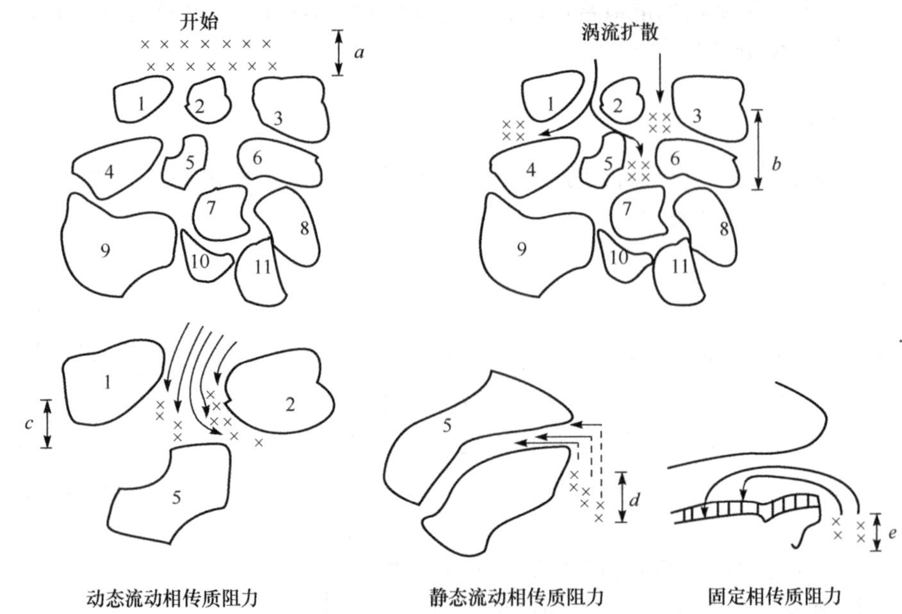

图 4-4　涡流扩散与各种传质阻力对液相色谱峰展宽的影响

"×"为被分离组分的分子；a 为原始样品带宽；b 为涡流扩散；c 为动态流动相传质阻力；d 为静态流动相传质阻力；e 为固定相传质阻力；各图中表示的宽度为展宽后的谱带宽度

图 4-4 中的"×"号表示被分离组分的分子(以下简称分子)，a 表示样品带原宽度，b、c、d 及 e 相应为经各种展宽因素展宽后的谱带宽度(相当于峰宽)。涡流扩散所引起的峰展宽相同迁移速率的分子，走了不同途径，距离不等所致(图 4-4 中 b)。动态流动相传质阻力引起峰展宽的原因是，在一个流路中处于流路中心与处于流路边缘的分子的迁移速率不等(图 4-4 中 c)。处境不同，分子迁移速率不同，这是因为处于边缘的分子与固定相的作用力相对大于处于中心分子。静态流动相传质阻力是分子进入处于固定相较深孔穴内的静止流动相中，而晚回到流动相引起的峰展宽(图 4-4 中 d)。固定相传质阻力引起的峰展宽，则是分子进入厚涂层固定液，相对晚回到流动相之故(图 4-4 中 e)。

(2) 应用 van Deemter 方程式选择 HPLC 的分离条件。已知高效液相色谱柱的塔板高度，主要由 A、$C_m u$ 及 $C_{sm} u$ 三项构成。涡流扩散项 A 与固定相的粒度、形状、粒度分布及柱填充均匀程度密切相关，有关内容业已讨论，不再重复。现主要讨论传质阻力对塔板高度的影响。

$$C_m = C_m'(d_P^2/D_m)$$

流动相传质阻力系数和静态流动相传质阻力系数中的 d_P 是固定相微粒的直径，D_m 是被分离组分分子的扩散系数，它们的物理含义同第 2 章基础理论的描述。如何降低 C_m 及 C_{sm} 以提高柱效，主要从减小 d_P、增大 D_m 入手。固定相粒度对 C_m 及 C_{sm} 的影响，与对 A 的影响一样，无须重述。因 $D_m \propto T/\eta$，故采用低黏度流动相或增加柱温都可增加 D_m，而增加柱效。但在用有机溶剂为流动相的色谱法中，增加柱温易产生气泡，因此一般柱温多选择 25℃左右。为了增加实验的重复性，应该使用柱温箱，以避免室温的波动。通常，改善柱效主要采用低黏度流动相，还可以降低柱阻。例如，虽然甲醇对人体有害，却在 HPLC 中广泛使用，而很少用无害的乙醇。这是因为甲醇的黏度[0.6cp(厘泊)]只有乙醇黏度(1.2cp)的一半。

由讨论 van Deemter 方程式，所获得的选择 HPLC 分离条件的信息，可概括为：①采用小粒度、仄分布的球形固定相。首选化学键合相，用匀浆法装柱。②采用低黏度流动相及低流量(1mL/min)。③柱温以 25℃ 为宜。柱温太低，则使流动相的黏度增加；温度高易产生气泡。用不含有机溶剂的水溶液为流动相的色谱法(如 IEC、IC 等)可按需升温。

2. van Deemter 方程式的简化式

如果我们只关心理论塔板高度(H)与流速(线速度)和填料颗粒度，可把无关项合并至相应的常数中，则 van Deemter 方程式可简化如式(4-6)所示。

$$H=a(d_P)+\frac{B}{u}+c(d_P)^2u \tag{4-6}$$

式中：$a(d_P)$为涡流扩散项 A；B/u 为纵向扩散项；$c(d_P)^2u$ 为传质阻力项 C。

由式(4-6)可看出：$a(d_P)$的数值取决于固定相的粒度和柱床填装的优良程度；流动相的线速度越大，纵向扩散项 B/u 越小(UPLC 的理论基础)；固定相的粒度对传质阻力项 C 影响很大，d_P 越小，H 越小，柱效越高。因此，由式(4-6)可知，流动相的流速与填料的粒度是影响柱效的两大因素，而填料的粒度的影响更甚。固定相的粒度对色谱柱的理论塔板高度的影响如图 4-5 所示[2]。

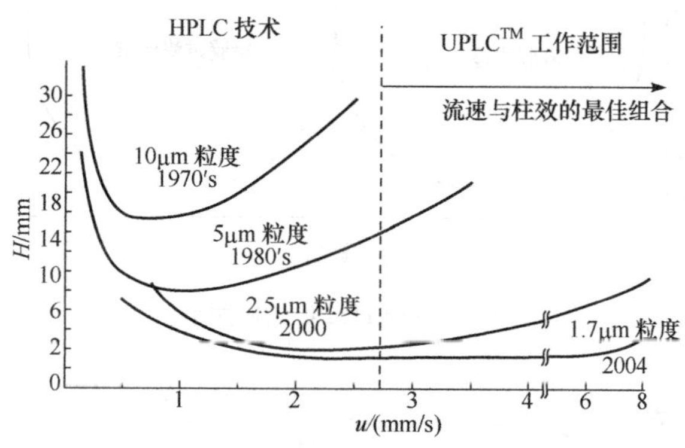

图 4-5　固定相的粒度与理论塔板高度-流速曲线的关系

由图 4-5 证明，固定相的粒度越小，理论塔板高度越小，柱效越高，粒度控制着分离的质量。每种固定相的粒度尺寸，都有相应的最佳柱效的流速，而更小的颗粒度使最高柱效点向更高流速(线速度)方向移动，而且有更宽的最佳线速度范围。当固定相的粒径为 1.7μm 时，塔板高度-流速曲线几乎成一平行于横轴的直线，流速与塔板高度几乎无关。由此可见，降低固定相的粒度不但可以增加柱效，而且可以选择高流速，以减少分离时间。UPLC 就是以此为依据，选用小粒度的固定相及超高压输送流动相，以提高分离效率。

4.3　各类高效液相色谱法的分离机制

高效液相色谱法可分为许多类别，分配色谱法、吸附色谱法、离子交换色谱法及分子排阻色谱法为四种基本类型色谱法。其他还有化学键合相色谱法、胶束色谱法、环糊精色谱法、手性色谱法及亲和色谱法等类别。

各种高效液相色谱的分离机制及适用范围分述如下。

各类高效液相色谱法的应用范围如图 4-6[3]所示。图 4-6 的纵、横坐标分别为样品的相对分子质量与极性。该图说明，如何根据样品的极性、相对分子质量及是否溶于水的性质，来选择适宜的色谱法（分离模式）。

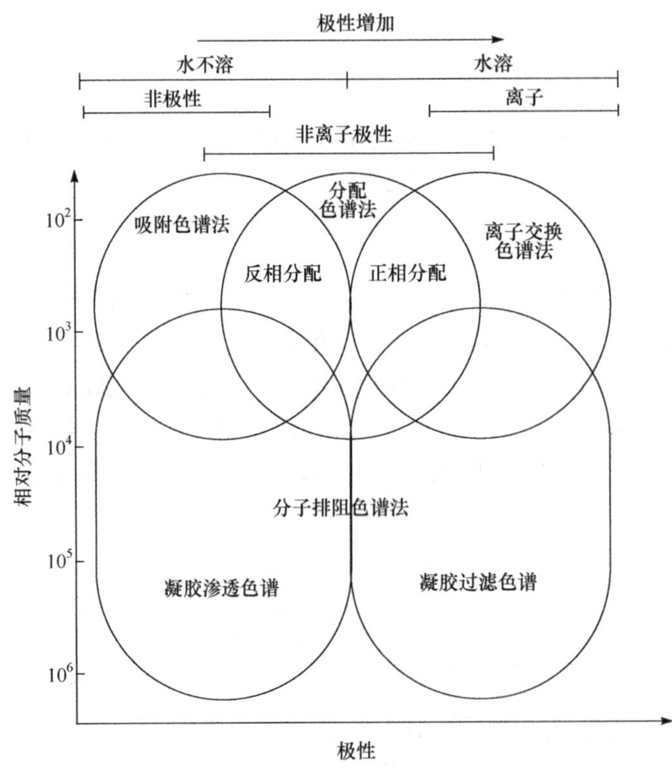

图 4-6 各种 HPLC 的应用范围

4.3.1 液-固吸附色谱法

流动相为液体，固定相是固体吸附剂的色谱法，称为液-固吸附色谱法（liquid-solid adsorption chromatography，LSC），简称液-固色谱法。由于液-固吸附色谱法是最早的液相色谱法，是液相色谱法的基础，因此首先介绍。

1. 分离机制

吸附色谱是被分离的组分分子（溶质分子）与流动相分子争夺吸附剂表面活性中心，不同的溶质分子靠其吸附系数的差别而分离，如图 4-7 所示。图中的 X 表示溶质分子，Y 表示溶剂分子，下脚注 m 与 a 分别表示流动相与吸附剂。吸附过程是流动相中的溶质分子 X_m 与吸附在吸附剂表面的 n 个溶剂分子 Y_a 相置换，溶质分子被吸附，以 X_a 表示；溶剂分子回到流动相，以 Y_m 表示。吸附过程可用下述反应式表示

$$X_m + nY_a \rightleftharpoons X_a + nY_m$$

吸附过程达到平衡，服从质量作用定律：

$$K_a = \frac{[X_a][Y_m]^n}{[X_m][Y_a]^n} \tag{4-7}$$

近似式

$$K_a=[X_a]/[X_m]$$

K_a称为吸附平衡常数(adsorption equilibrium constant)或吸附系数。因为溶质分子只吸附于吸附剂表面，而不进入其内部，因此$[X_a]$实质是溶质在吸附剂表面(S_a)上的浓度，于是吸附系数式(4-7)可改为

$$K_a=\frac{X_a/S_a}{X_m/V_m} \tag{4-8}$$

根据式(4-8)，式(4-1)用于液-固吸附色谱法时，应改写为

$$t_R=t_0\left(1+K\frac{S_a}{V_m}\right) \tag{4-9}$$

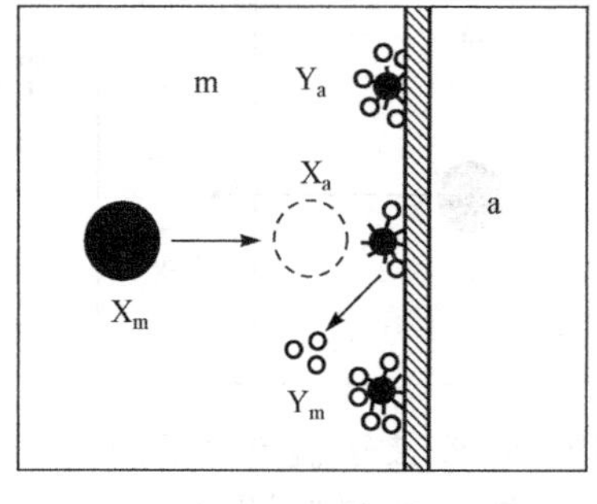

图 4-7　液固吸附色谱示意图
a. 吸附剂；m. 流动相；X. 溶质分子；Y. 流动分子

已经介绍，吸附系数 K_a 可用广义分配系数 K 概括，因此平时无须脚角注 a，用 K 表示即可。

在吸附色谱法中，选择实验条件务使组分间的吸附系数产生差别，以达到分离的目的。由于色谱柱中吸附剂的表面积不好测，通常都用容量因子 k 代替吸附系数K 讨论问题，$k=KS_a/V_m$。

2. 影响容量因子的因素

在色谱柱一定(S 与 V_m一定)及柱温一定时，k 与溶质及溶剂的性质有关。在吸附色谱法中，硅胶是最常用的吸附剂，故以硅胶为例讨论。

(1) 硅胶与溶质分子的亲和力顺序(容量因子序)：饱和烃＜芳烃＜有机卤化物＜硫醚＜醚＜硝基化合物＜酯≈醛≈酮＜醇≈胺＜砜＜亚砜＜酰胺＜羧酸。

与硅胶亲和力大的溶质，k 大，t'_R(或 t_R)大，晚出柱。

(2) 溶质的极性：在用硅胶为固定相的液-固色谱法中，常用的流动相是以烷烃为底剂，加入适当量的极性调整剂组成的二元或多元溶剂系统。溶剂系统的极性越大，洗脱力越强，组分的容量因子 k 越小，t_R越小。调整溶剂的极性，可以控制组分的保留时间。

需要说明一点，硅胶遇水容易失去吸附活性，但微量水可改善某些拖尾状况(减尾剂)。若硅胶含水量超过某限度(质量分数 17%)，则完全失活，而变成分配色谱，此时水为固定液。因此，在用硅胶柱进行吸附色谱分析时，必须使用不含水的流动相。硅胶除作为吸附剂应用外，更主要的是作为键合相的载体(或称担体)。

4.3.2　液-液分配色谱法

流动相与固定相都是液体的色谱法，称为液-液色谱法(liquid-liquid chromatography)，全称液-液分配色谱法。

1. 分离机制

液-液分配色谱是靠样品组分溶入固定相(s)与流动相(m)达到“平衡”后分配系数(狭义)的差别而分离(图 4-8)。

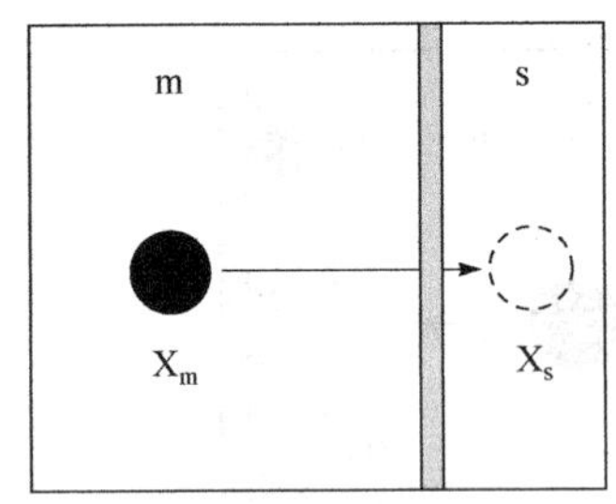

图 4-8 液-液分配色谱法示意图
●在流动相中的溶质分子
○进入固定液的溶质分子

在液-液分配色谱中，溶质分子在流动相与固定相中处于平衡状态，平衡时溶质分子在固定相与流动相中的浓度之比为分配系数，即

$$\frac{X_s/V_s}{X_m/V_m}=\frac{c_s}{c_m}=K \tag{4-10}$$

保留时间与分配系数的关系服从式(4-1)。在流动相体积 V_m 与固定液体积 V_s 一定时，分配系数大的组分保留时间长。在选择分离条件时，务使样品的各组分在固定相与流动相中的溶解度产生差别，即使 K 或 k 产生差别，才能分离。

2. 正、反相液-液色谱法

按照固定相与流动相的极性差别，可把液-液色谱法分为正相(normal phase, NP)与反相(reversed phase,RP)色谱法两类。

1) 正相液-液色谱法

流动相极性小于固定相极性的液-液色谱法称为正相液-液色谱法，简称正相色谱法或称正相洗脱、正相冲洗。在作正相洗脱时，主要靠组分的极性差别，在两相中产生的溶解度差别而分离。样品中极性小的组分先流出色谱柱，极性大的组分后出柱。这是由于极性小的组分在固定相中的溶解度小，容量因子小的缘故。

用含水硅胶为固定相，以烷烃等为流动相，可作为原始正相液-液色谱法的代表。这种方法虽在 TLC 中还广泛应用，但因固定液易流失、重复性差，在 HPLC 中已被正相键合相色谱法所替代。

2) 反相液-液色谱法

流动相极性大于固定相极性的液-液色谱法称为反相(逆相)液-液色谱法，简称反相色谱法或反相洗脱、反相冲洗。在作反相洗脱时，样品中极性大的组分先流出色谱柱，极性小的组分后出柱，与正相洗脱正好相反，是得名反相色谱法的又一原因。

最早反相液-液色谱法的例子，是 1950 年，Howard 和 Martin 用正辛烷作固定相，用水作流动相，进行液状石蜡的液-液色谱分离。由于反相洗脱固定液更易流失，物理涂渍的液-液色谱固定相已失去应用的价值，已被化学键合相所取代。有关反相色谱法的讨论见化学键合相色谱法。

4.3.3 化学键合相色谱法

将固定液的官能团键合在载体的表面，而构成化学键合相。以化学键合相为固定相的色谱法称为化学键合相色谱法(bonded phase chromatography,BPC)，简称键合相色谱法。由于常用的化学键合相既有分配作用，又有吸附性能(封尾键合相除外，其只有分配性能，而无吸附功能)，此其单独列项介绍的原因之一。另外，化学键合相色谱法，是应用最广泛的色谱法。化学键合相已广泛用于除分子排阻色谱法而外，几乎所有色谱法，如正相与反相色谱法、离子对色谱法、离子抑制色谱法、离子交换色谱法、手性色谱法、亲和色谱法及毛细管电色谱法等。

1. 反相键合相色谱法

典型的反相键合色谱法(RBPC 或 RHPLC，简称反相色谱法)是用非极性固定相和极性流动相组成的色谱体系。固定相常用十八烷基键合硅胶（octadecylsilane，ODS 或 C_{18}），简称十八烷基键合相；流动相常用甲醇-水或乙腈-水。

非典型反相色谱系统，由弱极性或中等极性的键合相与极性大于固定相的流动相组成。

分离机制　反相键合相表面具有非极性烷基官能团及未被取代的硅醇基。硅醇基具有吸附性能，剩余硅醇基的多寡，视覆盖率而定。因此，分离机制较复杂，其说法有：疏溶剂理论、双保留机理、顶替吸附-液相相互作用模型等，现简要介绍疏溶剂理论与内嵌极性基团反相固定相的分离机理。

1）疏溶剂理论

1976 年，Horvath 提出疏溶剂理论。

(1) 固定相 ODS 的性质。ODS 的载体硅胶的表面覆盖一层由 Si—C 键结合的十八烷基的“毛发”，可称为“分子毛”（图 4-9）。该烷基“分子毛”是非极性的。由于反相液相色谱的溶剂是极性的。因此“分子毛”是疏溶剂的。

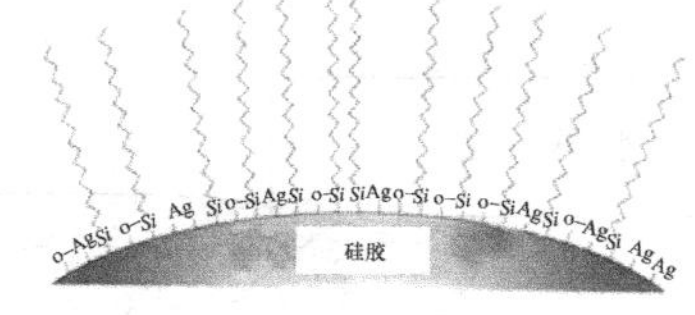

图 4-9　ODS 的“分子毛”

(2) 溶质的性质。在一般反相 HPLC 中分析的对象是非极性、弱极性或中等极性的分子。后两者的溶质分子由非极性部分与极性官能团组成。

(3) 疏溶剂效应。当非极性溶质或溶质分子中的非极性部分与极性溶剂相接触时，相互产生斥力，此现象称为疏溶剂效应（solvophobic interaction）或疏水效应。

(4) 缔合作用[4]。该理论认为，在键合相反相色谱法中溶质的保留主要不是由于溶质分子与键合相间的色散力，而是溶质分子与极性溶剂分子间的排斥力，促使溶质分子(S)与键合相的“分子毛”(L)发生缔合作用，缔合反应是可逆的。缔合作用的强弱，决定溶质分子保留时间的长短，即

$$\mathrm{S}+\mathrm{L} \rightleftharpoons \mathrm{SL}$$

按热力学第二定律，反应自发地向自由能(G)减少的方向进行，与其分配系数 K 的关系如下

$$\ln K=-\Delta G/RT$$

则其容量因子 k 与自由能变化 ΔG 的关系如式(4-11)所述

$$\ln k=\ln V_s/V_m-\Delta G/RT \tag{4-11}$$

式中：R 为理想气体常量；T 为开尔文温度；V_s 为色谱柱中键合相表面所键合的官能团的体积；V_m 为色谱柱中流动相的体积。该式说明缔合反应的 ΔG 越大，被分离组分的 k 越小，保留时间越短。

2）内嵌极性基团反相固定相的分离机理

1995 年，Waters 公司推出 Symmetry Shield™ 内嵌极性基团反相固定相，这种固定相与传统的反相固定相不同，它是在反相固定相的长链碳链中嵌入极性官能团（$-\overset{\overset{\large O}{\|}}{C}-NH-$ 等）（图 4-10 与图 4-11）[5]。其优点是改善反相固定相与水的浸润性，使之在固定相的表面形成水层（图 4-11）。水层屏蔽了硅羟基解离后带负电的 $\equiv Si-O^-$ 基，降低碱性物质的保留，减少拖尾。水与硅胶载体有氢键作用，降低“脱水”危险。因此，这种固定相适用的 pH 范围宽，特别

适合于碱性物质的分离。

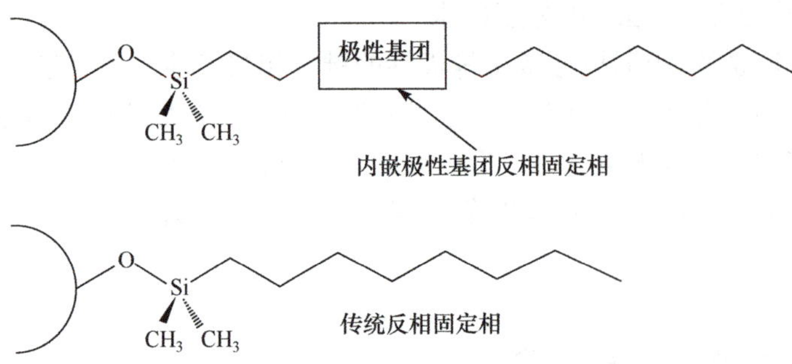

图 4-10　内嵌极性基团反相固定相与传统反相固定相的区别

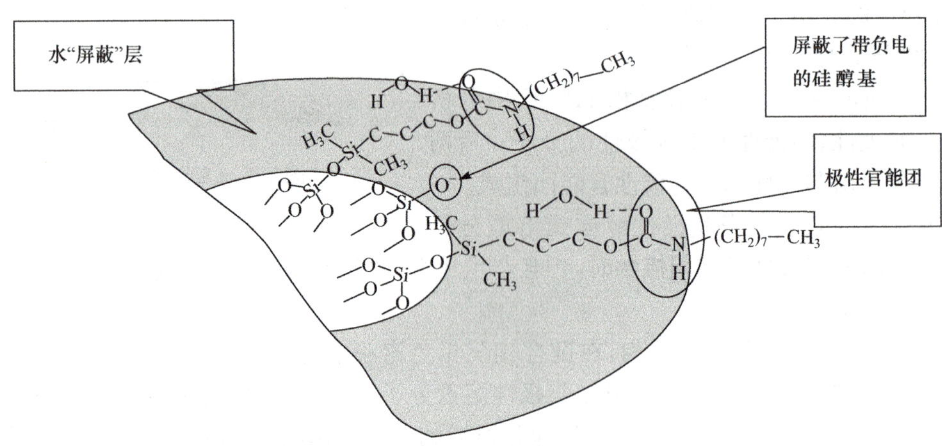

图 4-11　内嵌极性基团固定相的水屏蔽层

内嵌极性基团反相固定相的分离机制与传统的反相固定相不同，它的分离机制可能是：①被分析物与内嵌极性基团作用；②被分析物与硅醇羟基作用。作用力强弱不同，而达到分离的目的。

3）流动相的极性与容量因子的关系

流动相的洗脱能力随流动相的极性增大而降低，使溶质的容量因子 k 增大，t_R增大；反之，k 与 t_R减小。分离结构相近的组分时，极性大的组分先出柱。

反相色谱法是应用最广的色谱法，虽然主要用于分离非极性至中等极性的各类分子型化合物，因为键合相表面的官能团不流失，溶剂的极性可以在很大范围内调整，因此应用范围很宽。由它派生的反相离子对色谱法与离子抑制色谱法，可以分离有机酸、碱、盐等离子型化合物。用反相液相色谱法，可以解决 80%的液相色谱课题之说，并不过分。因此，必须给予反相色谱法足够的重视。对于结构异构体的分离，则应选用吸附色谱法。

2. 正相键合相色谱法

氰基与氨基化学键合相（详见本章固定相）是正相键合色谱法（NBPC 或 NHPLC）较常用的固定相。流动相与以硅胶为固定相的吸附色谱法的流动相相似，也是用烷烃（常用正己烷等）加适量极性调整剂而构成。氰基键合相的分离选择性与硅胶相似，但极性小于硅胶，即用相同的流动相及相同其他条件时，同一极性组分的保留时间将小于硅胶。许多需用硅胶柱分离的课题，可用氰基键合相柱完成。

氨基键合相与硅胶的性质有较大差异，前者为碱性；后者为酸性。氨基键合相可作为正相或反相色谱法的固定相，视流动相的极性而定。在作正相洗脱时，表现出与硅胶不同的选择性。氨基键合相色谱柱是分析糖类最重要的色谱柱，也称碳水化合物柱。在分析糖类时，因糖不溶于烷烃，而用乙腈-水为流动相进行反相洗脱，则构成反相色谱法。

1）分离机制

主要靠范德华作用力的定向作用力、诱导作用力或氢键作用力。例如，用氨基键合相分离极性化合物（含可形成氢键的基团）时，主要靠被分离组分的分子与键合相的氢键作用力的强弱差别而分离，如对糖类的分离等。若分离含有芳环等可诱导极化的非极性样品，则氰基键合相与组分分子间的作用力，主要是诱导作用力。

2）流动相的极性与容量因子的关系

在作正相洗脱时，流动相的极性增大，洗脱能力增加，k 减小，t_R减小；反之 k 与 t_R增大。分离结构相近的组分时，极性大的组分后出柱。

4.3.4　离子对色谱法

离子对色谱法（paired ion chromatography，PIC 或 ion pair chromatography，IPC）可分为正相与反相离子对色谱法，因为前者已很少用，故只介绍反相离子对色谱法（RPIC）。在反相色谱法的流动相中加入离子对试剂则构成反相离子对色谱法。

1. 分离机制

离子对色谱法的分离机制，有离子对模型、动态离子交换模型及离子相互作用模型等说法。

1）离子对模型说

离子对模型说以分配平衡原理解释离子对色谱法的分离机理。认为样品离子首先在流动相中与离子对试剂的反离子生成不荷电的疏水性离子对，然后溶解或吸附于非极性固定相表面。从而增加了样品离子在非极性固定相中的溶解度，使分配系数增加，改善分离效果。离子对试剂的烷基碳链越长，生成的离子对与非极性固定相的亲和力越大，因此组分的保留值也越大。

以 RPIC 分离碱类物质为例，用离子对模型说，说明分离机制。

图 4-12 中 B 为碱分子，遇 H^+ 生成 BH^+ 正离子，在流动相中与离子对试剂的反离子 RSO_3^- 生成不荷电的中性离子对$[BH^+ \cdot RSO_3^-]$而溶入非极性固定相中。分配平衡后，分配系数与离子对试剂的碳链长度及被分离组分的极性有关。分配系数 K 越大，保留时间越长。分离有机碱或有机酸的分配系数的计算如下。

（1）分离碱（RNH_2）：流动相 pH＝3～3.5，则

$$K=\frac{[RNH_3^+ \cdot PICB^-]_s}{[RNH_3^+ \cdot PICB^-]_m} \tag{4-12}$$

式（4-12）说明分离的碱类物质时的分配系数 K 等于其阳离子与离子对的阴离子，达到平衡后

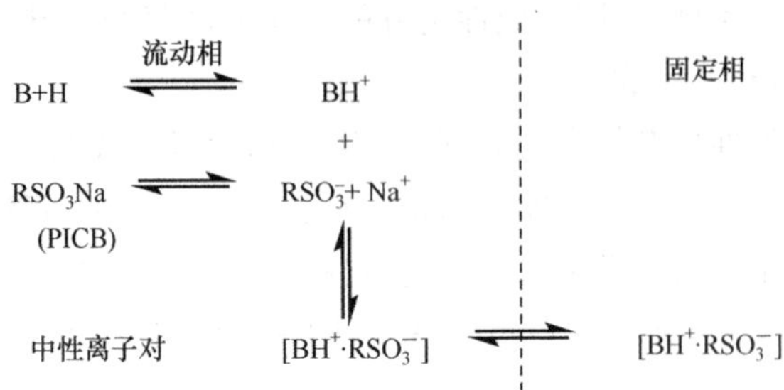

图 4-12 离子对色谱法的分离机制示意图

在固定相与流动相中的浓度之比。PICB 表示用于分析碱类样品的离子对试剂,烷基磺酸盐是常用的 PICB,如己基磺酸钠($PICB_6$)等。

(2) 分离酸(RCOOH):流动相 pH≈7.5,则

$$K=\frac{[RCOO^- \cdot PICA^+]_s}{[RCOO^- \cdot PICA^+]_m} \tag{4-13}$$

式(4-13)为分离酸类样品的分配系数的表达式。式中的 PICA 是分析酸类样品的离子对试剂的代号。烷基季铵盐是分析碱类样品常用的 PICA,如十六烷基三甲基溴化铵(CTAB)。

RPIC 的出柱顺序与 RHPLC 一致,分配系数 K 除与 RHPLC 有同样的影响规律外,还与 PIC 试剂的碳链长度有关。碳链长度增加,K(或 k)相应增大。在足够生成离子对的前提下,保留时间与 PIC 的浓度关系不大。RPIC 很容易实现,用 ODS 柱,在流动相甲醇-水或乙腈-水中加入 0.003~0.01mol/L PIC 试剂即可。市售为浓溶液,按要求用流动相稀释,并调至一定的 pH 即可作为离子对色谱法的流动相使用。

2) 动态离子交换模型说

该说法是以离子交换原理解释离子对色谱法的分离机理。认为离子对试剂在流动相中解离后,疏水的反离子被吸附在固定相上(图 4-13),形成动态覆盖的离子交换剂,通过离子交换反应,组分被固定相所保留。由于烷基碳链较长的离子对试剂在固定相表面吸附量较大,因此离子性质的样品交换容量大,其保留值也大。

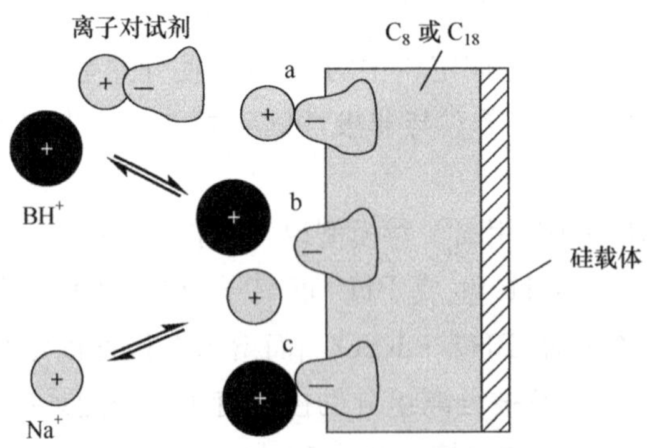

图 4-13 离子对动态离子交换模型示意图[4]

a. 固定相表面 PICB 的 Na^+;b. 有机碱的盐的 BH^+ 与固定相表面的 Na^+ 的交换反应,Na^+ 进入流动相;c. BH^+ 吸附在固定相表面

以用烷基磺酸钠(PICB)分离有机碱(B)为例。PICB 的疏水反离子 PIC^- 覆盖在 ODS 或

C_8固定相的表面，PICB 的 Na^+（B^+）为可交换离子，如图 4-13 所示。有机碱在 pH＝3～3.5 的流动相中生成 BH^+ 与 PICB 的 Na^+ 发生离子交换反应。交换过程可用下列平衡反应表示

$$BH_m^+ + (Na^+ PIC^-)_s \rightleftharpoons Na_m^+ + (BH^+ \cdot PIC^-)_s$$

式中：m 为流动相；s 为固定相表面。

上述交换反应，左向进行为吸附，右向进行为解吸（洗脱）。交换反应服从质量作用定律，实验条件一定时，交换平衡常数 K 大的组分，保留时间长。

2. 常用的离子对试剂

通常所选用的离子对试剂的电荷应与被分离溶质的电荷相反。

(1) PICB。用于分析碱类或带正电荷的物质，常用带负电荷的烷基磺酸钠 $CH_3(CH_2)_nSO_3Na$（n＝5，6，7 或 10），如正戊磺酸钠（$PICB_5$）、正己磺酸钠（$PICB_6$）、正庚磺酸钠（$PICB_7$）及正葵磺酸钠（$PICB_{10}$）等，以 $PICB_7$最常用。

烷基硫酸钠 $CH_3(CH_2)_nOSO_3Na$（n＝8～12）也可作为离子对色谱试剂使用，价格便宜，但分离效果不如烷基磺酸钠。

(2) PICA。用于分析酸类或带负电荷的物质，常用带正电荷的季铵盐，如十六烷基三甲基溴化铵［$C_{16}H_{33}N(CH_3)_3{}^+Br^-$］或十六烷基三甲基氯化铵等。

表 4-2 列出了常用的离子对试剂及其主要应用对象。

表 4-2　反相色谱常用的离子对试剂及其应用对象

离子对试剂	主要应用对象
烷基磺酸盐（如戊烷-、己烷-、庚烷-），樟脑磺酸盐	强碱、弱碱、儿茶酚胺、肽、鸦片碱、烟酸、烟酸胺等
季铵盐（如四甲胺、四丁胺、十六烷基三甲胺等）	强酸、弱酸、磺酸染料、羧酸、氢化可的松及其盐类
叔胺（如三辛胺）	磺酸盐、羧酸
高氯酸	可与碱性物质（如有机胺、甲状腺碘代氨基酸肽等）生成稳定的离子对
烷基硫酸盐（如辛烷、癸烷、十二烷基硫酸盐）	与烷基磺酸盐相似，选择性有所不同

3. 离子对色谱法的应用与优缺点

反相离子对色谱法（RPIC）是在离子交换色谱法（IEC）之后发展起来的特殊反相液相色谱法。该法使反相色谱法可以用于有机酸、碱、盐的分离，还可避免用普通的 HPLC 仪器长期进行 IEC 时，流动相（酸、碱）对泵与流路的腐蚀。在许多药物分析课题中可用 RPIC 替代 IEC，但 PIC 试剂的价格较贵是其缺点。离子对色谱法采用广泛使用的反相高效液相色谱柱，而且可在一般的通用型高效液相色谱仪上运行，它兼有反相色谱和离子交换色谱的优点，分析速度快、效率高、操作简便。

离子对色谱法适用于有机酸、碱、盐的分离，以及用离子交换色谱法无法分离的离子和非离子混合物的分离。在药物分析中，离子对色谱法的应用非常广泛，如生物碱、有机酸、磺胺类药物、某些抗生素与维生素等的分析。在体内药物分析上也有许多应用，如在测定人体内碱性药物的血药浓度时，有利于与其代谢产物和内源性酸性杂质分离。

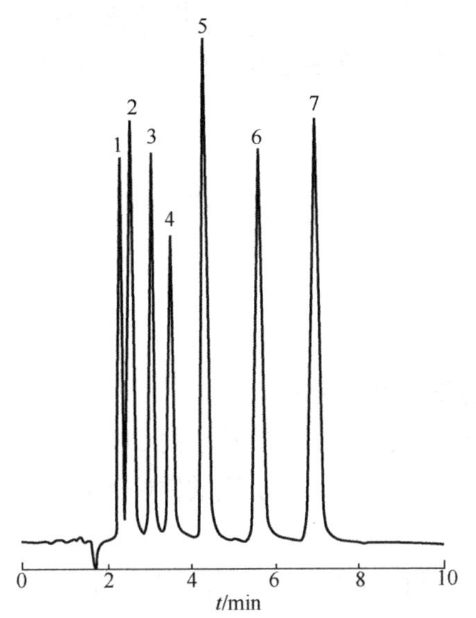

图 4-14　用离子对色谱法分离水溶性维生素

1. 尼克酰胺；2. 泛酸钙；3. 吡哆醛；4. 盐酸吡啶醇；5. 盐酸吡啶胺；6. 维生素 B_2（核黄素）；7. 头孢噻乙胺唑

【例 4-1】　水溶性维生素的分析（图 4-14）。

色谱柱：Waters Symmetry C_{18}，150mm×3.9mm；Sentry 保护柱 20mm×3.9mm。

流动相：20mmol/L $PICB_6$（正己烷基磺酸钠）含 0.1%磷酸（pH 2.2）-甲醇（75∶25）。

流量：0.7mL/min。

检测波长：210nm；进样量：10μL。

4.3.5　离子抑制色谱法

在反相色谱法中，通过调节流动相的 pH，抑制样品组分的解离，增加它在固定相中的溶解度，以达到分离有机弱酸、弱碱的目的，这种技术称为离子抑制色谱法（ion suppression chromatography，ISC）。

1. 适用范围

适用于 3.0≤pK_a≤7.0 的弱酸及 7.0≤pK_a≤8.0 的弱碱。对于 pK_a<3.0 的酸及 pK_a>8.0 的碱，应采用离子对色谱法或离子交换色谱法。

2. 抑制剂

通过向流动相中加入少量弱酸（常用乙酸）、弱碱（常用氨水）或缓冲盐（常用磷酸盐及乙酸盐）为抑制剂。调节 pH 或同离子效应，抑制样品中离子组分的解离，增加中性分子在流动相中存在的概率，从而增加在固定相中的溶解度。

3. 容量因子及其影响因素

除与反相色谱法有相同的影响因素外，主要还受流动相的 pH 的影响。对于弱酸，当流动相的 pH 小于它的 pK_a 值时，组分以分子形式为主，k 值增大，t_R 增大；反之，pH>pK_a，组分以离子形式为主，k 值变小，t_R 减小。对于弱碱，情况相反。

在进行离子抑制色谱法时，流动相的 pH 需在 2～7.5 范围内。pH>8，可能使载体硅胶溶解；pH<2 可能使键合相的键合基团脱落。特殊类型的键合相柱，如 Waters Xterra ODS 柱及 Agilent Zorbax Extend-C_{18} 柱，可在 pH>8 使用。而且后者，在 pH 达 11.0 时，还能获得 30 000/m 的柱效。

在进行离子抑制色谱法时，实验后，应及时用不含缓冲盐的流动相冲洗，以防腐蚀仪器流路系统。

4. 离子抑制色谱法与离子对色谱法的区别

（1）分离机制不同。

离子抑制色谱法　一是向流动相中加入抑制剂，抑制被测组分的自身解离。被测组分保持分子状态，以增加在固定相中的溶解度，延长保留时间，而达到分离的目的。二是所加的抑制剂为低分子的弱酸、弱碱或缓冲盐等，抑制离子(反离子)是组分本身所具有的离子，如 H^+ 或 OH^- 等。

离子对色谱法　一是向流动相中加离子对试剂，被测组分在一定的 pH 下，先形成离子，而后与离子对试剂的反离子形成不荷电的离子对，最后被分离。二是离子对试剂是具有长碳链的表面活性剂，抑制离子是外来的。

(2) 分离对象的范围不同。离子抑制色谱法适用于有机弱酸、弱碱与两性化合物的分离，以及它们与分子型化合物共存时的分离。ISC 不适用于 $pK_a<3.0$ 的酸及 $pK_a>8.0$ 的碱，而需用 PIC 分离。

(3) 离子抑制色谱法简便，比离子对色谱法经济，但重复性较差是其缺点。用离子抑制色谱法必须每天用不含酸、碱及盐的流动相冲洗管路，保护流路不被腐蚀。离子对色谱法虽然也需定时冲洗管路，因一般离子对试剂的浓度较低，腐蚀性较小。

离子抑制色谱法在《化学文摘》(CA)中虽未单独列项，但收载实例比比皆是。

【例 4-2】　用离子抑制色谱法分离头孢菌素类药物(图 4-15)。

色谱柱：Spherisorb-C_{18}(300mm×4.6mm，10μm)。

流动相：甲醇-水-0.5mol/L 乙酸钠-0.42mol/L 乙酸(20∶78∶1.5∶0.5)。

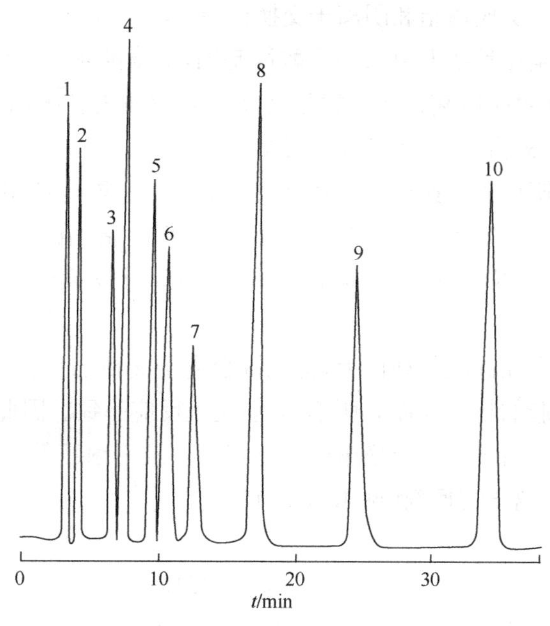

图 4-15　用离子抑制色谱法分离头孢菌素类药物

1. 头孢磺吡苄；2. 头孢塔齐定；3. 先峰美伦醇；4. 头孢呋肟；5. 头孢唑啉；6. 头孢氨噻肟唑；7. 头孢噻乙胺唑；8. 头孢氨苄；9. 头孢拉定；10. 乙酰苯胺(内标)

4.3.6　离子交换色谱法

以离子交换剂为固定相，以缓冲溶液为流动相，借助于样品离子对离子交换剂亲和力的不同以达到分离离子型或可离子化的分子的目的，这种方法称为离子交换色谱法(ion exchange chromatography，IEC)。

离子交换色谱的分离机制是基于样品离子与流动相离子竞争占领离子交换剂上带相反电

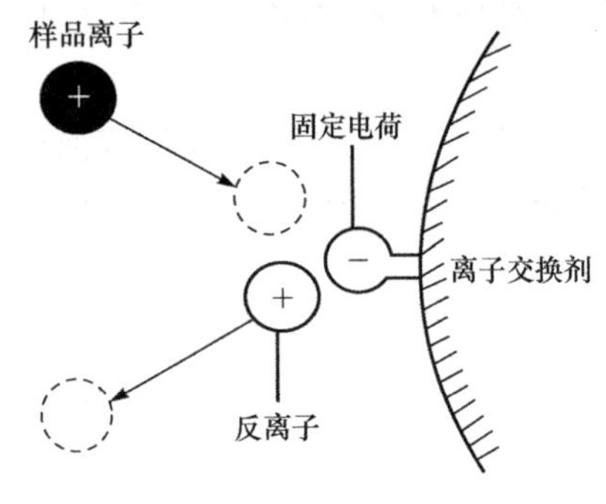

图 4-16 离子交换示意图

荷的位置。图 4-16表明用阴离子交换剂进行离子交换分离的过程。

离子交换色谱法是最早的色谱法之一，但仪器化的离子交换色谱法始于 20 世纪 50 年代氨基酸分析仪的产生。60 年代全多孔键合离子交换剂的出现，才导致近代高效离子交换色谱法的产生。

1. 离子交换剂

常用的离子交换剂分为两类：以交联聚苯乙烯为基体的离子交换树脂和以硅胶为基体的键合离子交换剂。离子交换剂又可分为强酸性阳离子、强碱性阴离子、弱酸性阳离子及弱碱性阴离子离子交换剂四种。

1）离子交换树脂

聚苯乙烯型树脂的骨架是以苯乙烯为单体，二乙烯苯为交联剂所形成的网状立体结构的聚合物，通过化学反应可在骨架上引入离子交换基团。根据所引入的离子交换基团的不同，离子交换树脂可分为阳离子交换树脂和阴离子交换树脂。

阳离子交换树脂 是在骨架上引入一些酸性基团，如磺酸基（$—SO_3H$）、羧基（—COOH）和酚羟基等，根据这些基团能电离出 H^+ 的程度又可分为强酸型阳离子交换树脂（如含磺酸基）和弱酸型阳离子交换树脂（如含羧基和酚羟基）。

阴离子交换树脂 阴离子交换树脂是在骨架上引入一些能电离出 OH^- 的碱性基团。含有季铵基[$—N(CH_3)_3^+$]的树脂为强碱型阴离子交换树脂，含有氨基（$—NH_2$）、仲氨基（$—NH—CH_3$）、叔氨基[$—N(CH_3)_2$]的树脂为弱碱型阴离子交换树脂。

2）键合离子交换剂

将离子交换基团键合在硅胶等载体上，构成键合离子交换剂（简称离子交换剂）。虽然离子交换剂与离子交换树脂的物理性能有所不同，但交换反应一致。因此在离子交换色谱法中，首先介绍离子交换树脂。由于离子交换树脂具有膨胀性及不耐压等缺点，因此目前离子交换色谱柱的填料，多用键合离子交换剂（见 4. 4. 3 节）。

3）交换反应

以强酸性及强碱性离子交换剂为代表，说明交换反应。

（1）强酸型阳离子交换剂的交换与再生反应如下式所示：

$$R—SO_3^- H^+ + X^+ \underset{再生}{\overset{交换}{\rightleftharpoons}} R—SO_3^- X^+ + H^+$$

上述交换反应为可逆反应。阳离子被交换到离子交换剂上后，H^+ 被释放到溶液中，反应正向进行，是交换过程。当离子交换剂上所有的可交换离子均被交换，而不再具有可交换的 H^+ 时，离子交换剂即失去活性。

将离子交换剂用一定浓度的稀酸溶液浸泡处理，由于溶液中存在高浓度的 H^+，交换反应逆向进行，阳离子交换剂将恢复交换阳离子的能力，这个过程称为再生。阳离子交换色谱柱，需用稀 HCl 溶液冲洗处理，可使柱再生。

（2）强碱性阴离子交换剂的交换与再生反应。强碱性阴离子交换剂常用强碱性季铵盐阴离子交换剂，如 $R—N(CH_3)_3Cl$。这种阴离子交换剂需用 NaOH 溶液处理，而后则转变为 —OH型阴离子交换剂使用，其交换反应可表示为

$$R—N(CH_3)_3^+OH^- + Y^- \underset{\text{再生}}{\overset{\text{交换}}{\rightleftharpoons}} R—N(CH_3)_3{}^+Y^- + OH^-$$

用一定浓度的稀 NaOH 溶液冲洗处理，可使强碱性阴离子交换柱的再生。

4）交换容量

交换容量是指单位质量的交换剂，能与其他离子发生离子交换的量，单位是毫摩尔/克(mmol/g)或微摩尔/克(μmol/g)。一根色谱柱的交换总容量(m_T)是离子交换剂的交换容量与其质量的乘积。

交换容量主要与交换剂的结构、组成、交联度及流动相的 pH 有关。在其他条件不变时，交换容量越大，分配系数越大。

5）交换容量与 pH 的关系

离子交换剂的交换容量明显受 pH 影响，如图 4-17 中曲线所示。强酸性阳离子交换剂在低 pH 时交换容量为零，在 pH>1 时，才有交换容量，至 pH>2 时，才可获得稳定的交换容量，因此可用于 pH>1 的色谱体系。同理，弱酸性阳离子交换剂适用于 pH>6 的色谱体系。强碱性与弱碱性的阴离子交换剂则分别用于 pH<11 及 pH<6 的色谱体系。

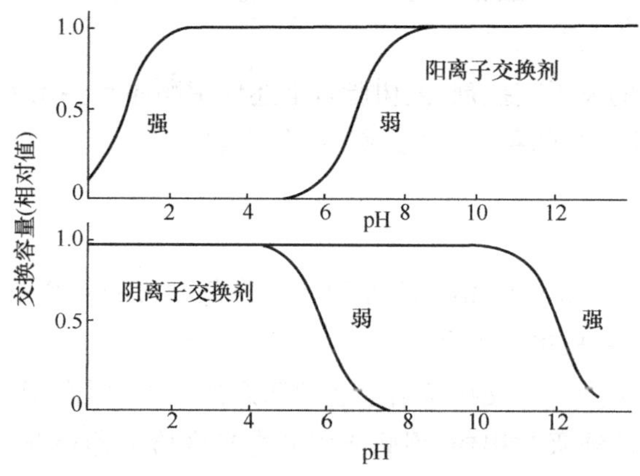

图 4-17　pH 对离子交换剂的交换容量的影响

2. 离子交换平衡

1）交换平衡常数

以一价阴离子交换反应为例，当阴离子交换剂(或树脂)和洗脱液达到平衡后，交换剂上离子交换基中的正电荷位置即被洗脱液阴离子 B^- 所占据。当样品阴离子 A^- 进入色谱柱后，将与洗脱液阴离子 B^- 争夺树脂上的正电荷位置，这种离子交换过程可用下式表示

$$R—B^- + A^- \rightleftharpoons R—A^- + B^-$$

当上述交换反应达到平衡时，以浓度表示的平衡常数为

$$K_A = \frac{[R—A^-][B^-]}{[R—B^-][A^-]} \tag{4-14}$$

平衡常数 K_A 也称 A^- 对 B^- 的选择性系数，它是衡量某离子对离子交换剂亲和力大小的

一种量度。若 $K_A>1$，则表示离子交换剂对 A^- 的亲和力大于对 B^- 的亲和力。选择性系数大的组分，在离子交换柱上的保留时间长，后流出色谱柱。

$$t_{R_A}=\left(1+K_A\frac{m_T}{V_m}\right) \tag{4-15}$$

式中：m_T 为离子交换柱的交换总容量。

2）影响选择性系数的因素

选择性系数与离子的电价和水合离子半径有关。电价高、水合离子半径小的离子，其选择性系数大。

强酸型阳离子交换剂 同价离子的选择性系数随水合离子半径的减小（或原子序数的增加）而增大。例如

一价离子：$Li^+<H^+<Na^+<NH_4^+<K^+<Rb^+<Cs^+<Ag^+<Te^+$

二价离子：$Be^{2+}<Mn^{2+}\leqslant Fe^{2+}<Mg^{2+}=Zn^{2+}<Co^{2+}<Cu^{2+}<Cd^{2+}<Ni^{2+}<Ca^{2+}<Sr^{2+}<Hg^{2+}<Pb^{2+}<Ra^{2+}$

不同价离子的价态越高，选择性系数越大，如 $Tb^{4+}>Ce^{3+}>Ca^{2+}>Na^+$。

强碱型阴离子交换剂

柠檬酸根离子 $>SO_4^{2-}>$ 草酸根离子 $>I^->NO_3^->CrO_4^{2-}>I^->Br^->SCN^->Cl^->HCOO^->CH_3COO^->OH^->F^-$

对于不同商品牌号的离子交换剂（或树脂），上述保留顺序有些出入。此外，选择性系数还受离子交换剂的性质、流动相的种类、浓度和 pH 的影响。

4.3.7 离子色谱法

离子色谱法（ion chromatography，IC）是离子交换色谱法的一个重要分支，是离子交换色谱法的发展。因内容较多，故单列项介绍。

许多离子型化合物可用离子交换色谱法达到满意的分离，但由于一些常见的无机离子在可见或近紫外区没有吸收或吸收很弱，因此能用分光光度检测器检测的无机离子较少。虽然在离子交换色谱法中，试样离子被洗脱时，能产生电导的变化，因其变化微小，往往被洗脱液的高本底电导所淹没，难以采用电导法检测。另外，在进行无机离子样品的离子交换色谱法时，常采用高浓度的酸或碱作为洗脱液，对管路及柱子的腐蚀均较大。由于以上原因，无机物的液相色谱分析技术的发展一直比较缓慢，直到 20 世纪 70 年代初期发展起来的离子色谱法才很好地解决了无机离子的分析问题。

离子色谱含两大分支：一是抑制型离子色谱法（双柱离子色谱法）；二是非抑制型离子色谱法（单柱离子色谱法）。

1. 抑制型（双柱）离子色谱法

抑制型离子色谱法是开发最早，也是目前最广泛应用的一种离子色谱法。1975 年，Small[6] 等发表了有关离子色谱法的第一篇论文。首先提出在分离柱和检测器之间串联一个抑制柱，以消除洗脱液本底电导的影响，从而可以用电导检测器来测定多种无机离子。因此，人们把这种方法称为“抑制型离子色谱法”或“双柱离子色谱法”。此法的流程图如图 4-18 所

示。现以阴离子分析为例说明方法原理。

离子色谱法分析 Cl^-、Br^-、NO_3^- 及 SO_4^{2-} 时，用 NaOH 或 $NaHCO_3$ 稀溶液作为洗脱液，在分离柱中填有低交换容量的阴离子交换剂(R—OH)。洗脱液携带样品组分的阴离子在分离柱上逐渐分离，从柱尾流出后进入抑制柱，与填充于抑制柱内的高交换容量阳离子交换剂发生反应，然后进入电导检测器，记录阴离子色谱图。

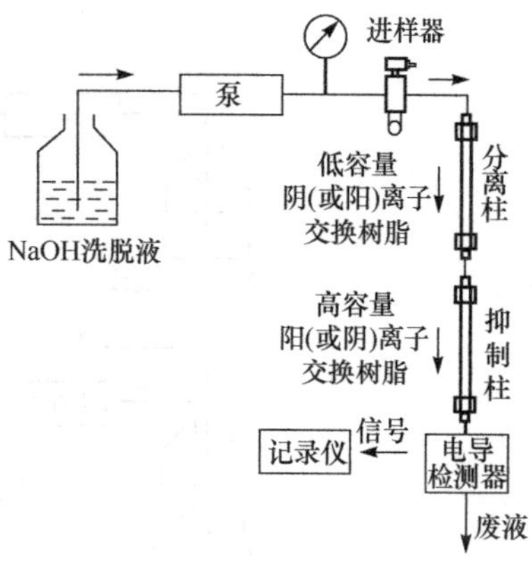

图 4-18　双柱离子色谱法流程图

1) 交换过程

(1) 分离柱。

交换反应　$R-OH^- + NaX \longrightarrow R-X^- + NaOH$

洗脱反应　$R-X^- + NaOH \longrightarrow R-OH^- + NaX$

(2) 抑制柱。

对洗脱液的反应　$R-H^+ + NaOH \longrightarrow R-Na^+ + H_2O$

对阴离子的反应　$R-H^+ + NaX \longrightarrow R-Na^+ + HX$

由上述反应可见，若用 NaOH 为洗脱液，在抑制柱尾端流出的是水和含有在不同时间内流出的由被测离子组成的游离酸 HX。如此，通过抑制后，洗脱液以水为本底电导，而被测阴离子 X^- 形成的游离酸 HX 具有较大的电导率，因此很容易被检测，从而消除了原洗脱液(NaOH)高本底电导对检测的干扰。

2) 交换树脂抑制柱

抑制型色谱法所用的第一代抑制柱是树脂填充抑制柱，这种抑制柱的缺点是连续使用几小时后，因积累了洗脱液的离子(阳离子抑制柱由 H^+ 型变为 Na^+ 型；阴离子抑制柱由 OH^- 型变为 Cl^- 型)，而逐渐失去抑制作用。因此需要定期用酸或碱进行再生，以恢复到原来的抑制能力。为了使抑制柱的使用周期不致太短和避免频繁地再生，需要使用高容量离子交换树脂填充的抑制柱。但不利的一面是随着抑制柱的性能劣化，溶质的保留时间与谱带展宽、峰高改变。

3) 纤维抑制柱

为了克服填充抑制柱的缺点，Stevens 等提出了纤维抑制柱。该柱是由离子交换膜制成的空心纤维管，管内填充惰性微珠构成。纤维抑制柱的出现克服了填充抑制柱的缺点。管内填充惰性微珠以减小死体积和增加洗脱液离子与管壁的接触。例如，对于阴离子纤维抑制柱空心纤维管壁是带有磺酸基团的阳离子交换膜，阳离子可以自由地透过，阴离子因受静电排斥而不能透过。如图 4-19 所示，当洗脱液 NaOH 在纤维管内流动，而再生液 H_2SO_4 以相反的方向在管壁外连续不断地流动时，管内的 Na^+ 和管外的 H^+ 均被管壁上的 $-SO_3^-$ 吸引，并通过管壁发生交换，从而使 H^+ 进入膜内与 OH^- 结合成水，通过检测器，SO_3^- 透出膜外。由于再生液不间断地泵入抑制柱，因此可以连续地使用。

2. 非抑制型(单柱)离子色谱法

1979 年，Fritz 等提出非抑制型离子色谱法(单柱离子色谱法)。该法用交换容量更低的离子交换树脂为分离柱的填料，使用低浓度、电导率更低的洗脱液。样品离子经分离柱分离后

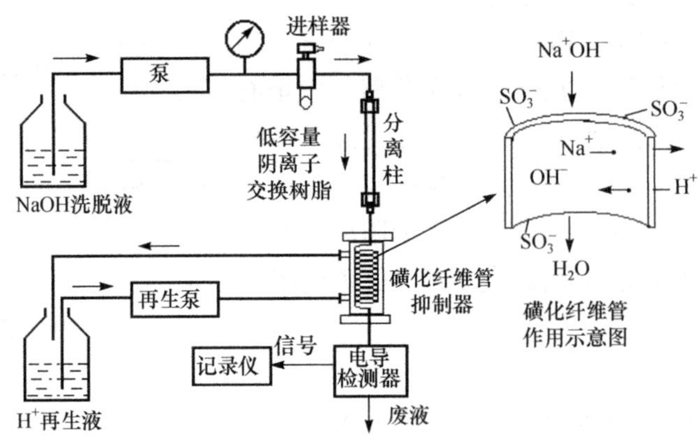

图 4-19　纤维管抑制柱的抑制、再生流程图

直接进入电导检测器检测，而不用抑制柱。

非抑制型离子色谱法的本底电导直接由洗脱液的电导水平决定。为了增大信噪比，洗脱液本底电导只能较低，因此洗脱液的浓度必须保持在较低的水平，但这会使样品离子的保留时间增大，为此固定相的交换容量也要相应地降低。Fritz 等通过两项改进使非抑制型离子色谱法成为可能：①用交换容量为 0.007～0.04mmol/g 的特殊阴离子交换树脂；②采用了低浓度、低电导的洗脱液，如 0.1～1mmol/L 的苯甲酸盐或邻苯二甲酸盐。

非抑制型离子色谱法仪器结构简单，柱外展宽小，分辨率高，但由于本底电导的影响，其检测灵敏度一般较抑制型离子色谱法低。

3. 应用

离子色谱对无机阴离子的分析是分析化学中的一项重要突破。同样，离子色谱也是分析有机化合物的重要手段。特别是对于那些酸性或碱性较强的有机化合物，用离子色谱分析尤为适宜。目前，离子色谱技术已进入了许多传统的 HPLC 分析领域，如在糖、氨基酸以及 DNA 和 RNA 水解产物的分析中，离子色谱法也获得了一定的成功。随着离子色谱能够分析的离子的范围的扩大，除使用最广泛的电导检测器外，其他检测器也能应用于离子色谱中，如紫外-可见光度检测器、安培检测器、库伦检测器、荧光光度检测器和原子吸收检测器等。

【例 4-3】 糖的分析。

离子色谱法已成功地用于糖的分析，采用脉冲安培检测器提高了检测灵敏度，其检测下限达十亿分率(ppb)级。该法采用高效薄壳阴离子交换剂作固定相，用 0.15mol/LNaOH 作洗脱液，在 15min 内分离出 11 种糖(图 4-20)。

4.3.8　分子排阻色谱法

以多孔凝胶为固定相，靠凝胶孔隙的孔径大小与高分子样品的分子体积(线团尺寸)间的相对关系而分离的色谱法，称为分子排阻色谱法(molecular exclusion chromatography，MEC)、立体排斥色谱法(steric exclusion chromatography，SEC)、空间排阻色谱法、分子尺寸排斥色谱法(size exclusion chromatography，SEC)或凝胶色谱法(gel chromatography)等许多

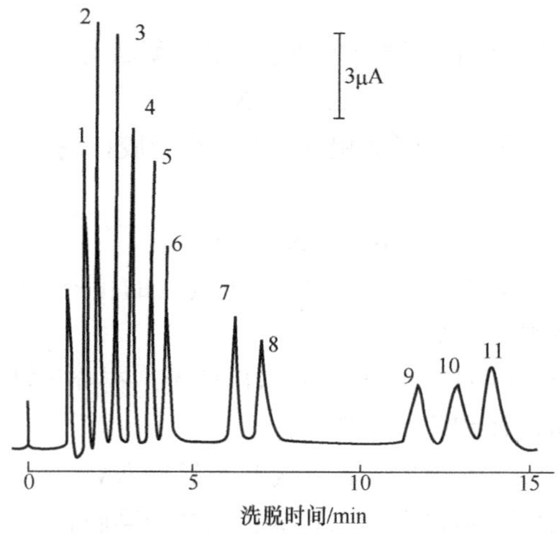

图 4-20　糖醇和糖的离子色谱法分离

色谱柱：HPIC AS6 阴离子交换柱，30℃恒温；淋洗剂 0.15mol/L NaOH，1mL/min；检测方法：三重脉冲安培；1～6 号峰的样品量为 2.5μg，7～11 号峰的样品量为 5μg

1. 木糖醇；2. 山梨糖醇；3. 鼠李三糖；4. 阿戊糖；5. 葡萄糖；6. 果糖；7. 乳糖；8. 蔗糖；9. 棉籽糖；10. 水苏糖；11. 麦芽糖

名称。但分子排阻色谱法与凝胶色谱法的名称最常用。

分子排阻色谱法所用的固定相是具有一定孔径范围的多孔性物质，称为凝胶。按流动相的不同，分子排阻色谱法可分为两类。当流动相为有机溶剂时，称为凝胶渗透色谱(gel permeation chromatography，GPC)；当流动相为水溶液时，称为凝胶过滤色谱(gel filtration chromatography，GFC)。

1. 分离机制

分子排阻色谱法的分离机制与大多数的色谱法 LSC、LLC、BPC 及 IEC 等完全不同，它是靠被分离组分分子体积与凝胶的孔径大小之间的相对关系而分离，流动相只是溶质的良溶剂，而不影响分配系数。分子排阻色谱的分离机制类似于分子筛效应，可用图 4-21 说明。

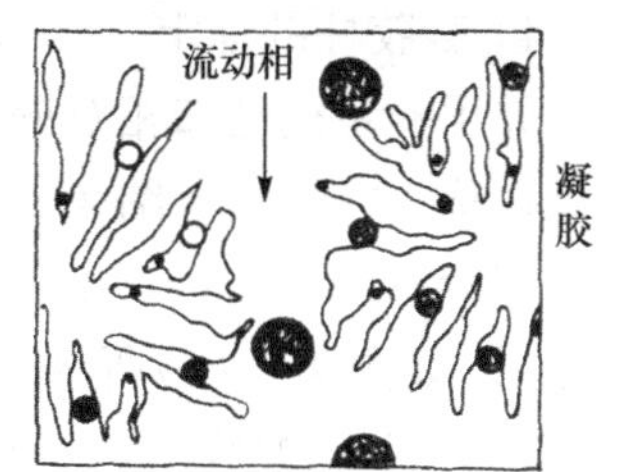

图 4-21　分子排阻色谱法示意图

凝胶是一种具有一定孔径分布的多孔性填料(固定相)。当色谱柱中填充了这种填料时，被流动相携带的不同分子体积(线团尺寸)的溶质分子能否进入凝胶孔穴，由两者的体积大小决定。大体积的分子只能渗入少量的大孔，因此在色谱柱中所走的途径较短，则保留时间较短。当某些分子的体积大到不能进入凝胶的所有孔穴时，则随流动相由固定相的间隙通过色谱柱，所走的路程最短，保留时间为死时间。反之，当分子的体积越小，可进入凝胶的孔穴越多，则走的路程越长，保留时间越长。因此不同体积的分子在通过凝胶柱时，保留时间不同。对于相同化学组成的高分子化合物，其分子体积大小与相对分子质量成正比，因此凝胶色谱可以研究高分子化合物的相对分子质量与质量分布。

1）空间排斥理论

分子排阻色谱法的分离机制有许多说法，空间排斥理论是目前被多数人所接受的理论，上述解释不同体积的分子在凝胶中的保留时间不同，即根据此理论得出的。该理论有如下两个重要假设。

(1) 凝胶孔穴内外同等大小的溶质分子处于扩散平衡状态。

$$X_m \rightleftharpoons X_s$$

上式说明某种体积的分子X,在流动相(m)中与在凝胶(s)孔穴中处于扩散平衡,平衡时两者浓度之比为渗透系数K_P。

$$K_P=[X_s]/[X_m] \tag{4-16}$$

(2) 渗透系数K_P完全由溶质分子的体积大小与孔穴的孔径大小的相对关系决定。

2) 渗透系数与保留体积的关系

渗透系数大的分子保留时间长,保留体积大,出柱慢。在分子排阻色谱中,保留体积(V_R)常称为淋洗体积(V_t),用淋洗体积作为定性指标。

$$V_R=V_0+KV_s \text{或} V_t=V_0+KV_s \tag{4-17}$$

式中:V_0为死体积,相当于凝胶的粒间体积;V_s为色谱柱中凝胶孔穴的总体积。

式(4-17)可说明保留体积与渗透系数的关系,讨论如下:

(1) 当分子体积大到不能进入所有凝胶的孔穴时,$[X_s]=0$则$K=0$。此时,$V_R=V_0$,即保留体积等于色谱柱中凝胶粒间空隙的体积(死体积)。

(2) 当分子体积小到能进入凝胶的所有孔穴时,$[X_s]=[X_m]$,$K=1$,此时$V_R=V_0+V_s$,保留体积最大。

(3) 分子体积在上述两种分子之间时,则保留体积在V_0及V_0+V_s之间,即当$0<K<1$,则$V_0<V_R<(V_0+V_s)$。

由上述三种情况可以看出,保留体积与分子的体积有关。对于同一物质的高分子化合物,其分子体积与相对分子质量成正比。因此可测定高分子化合物的相对分子质量分布等。

分子排阻色谱法可用于测定高分子化合物的数均、重均与Z均相对分子质量及相对分子质量分布。通常的实验方法是先标柱而后测样品。

2. 高分子化合物的相对分子质量测定

1) 凝胶柱的标定

先用一系列已知相对分子质量的标准样品,测定它们的保留体积,绘制$\lg M$-V_R曲线,这一步操作称为"标柱"。图4-22(a)是选用四种已知相对分子质量M的同系物标样,其渗透系数K,分别为$K=0$、$K=0.4$、$K=0.8$及$K=1.0$。测定这四种标样的保留体积V_R,绘制的$\lg M$-V_R曲线,如图4-22(b)所示。

在$\lg M$-V_R曲线上,大于A点对应的相对分子质量的分子,不能进入凝胶的所有孔穴,故A点称为全排斥点。大于此相对分子质量的分子,不论其相对分子质量有多大,理论上它们的保留体积一律为死体积V_0。小于B点所对应的相对分子质量的分子,不论相对分子质量有多小,它们的保留体积一律为V_0+V_s。V_0为凝胶孔穴内溶剂的总体积。B点称为全渗透点,即该分子的体积等于或小于该体积的分子能进入凝胶所有孔穴。相对分子质量在A~B的分子,能选择进入一部分大于分子体积的凝胶孔穴。在此范围内,分子越小,进入的孔穴越多,保留体积越大,A、B区间称为选择渗透区。

2) 各种平均相对分子质量的计算公式

用已知相对分子质量的标准样品(化学物质相同,相对分子质量不同的高分子),可以标定凝胶柱的V_R与M的关系,绘得$\lg M$-V_R曲线,由此曲线可测得同一化学组成的高分子化合物

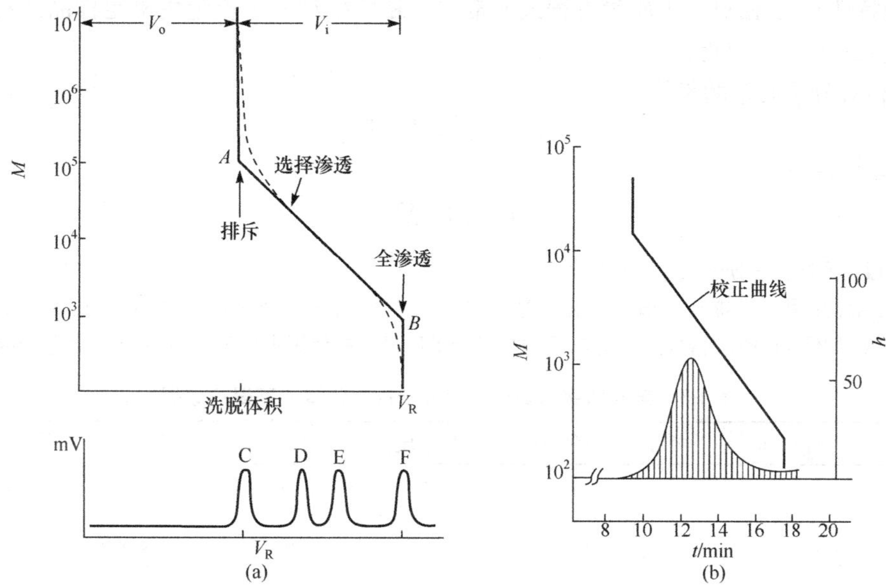

图 4-22　凝胶柱的标化与样品的测定

(a) 凝胶色谱柱的标化；(b) 标准聚乙烯的校准曲线及样品的色谱图

的相对分子质量分布，并可计算出其数均、重均、Z 均及黏均相对分子质量。

(1) 数均相对分子质量($\overline{M}_n$)。定义式

$$\overline{M}_n = \sum X_i M_i \tag{4-18}$$

式中：X_i 为相对分子质量为 M_i 级分的摩尔分数，$X_i = N_i / \sum N_i$。代入式(4-18)，得

$$\overline{M}_n = \frac{\sum N_i M_i}{\sum N_i} = \frac{\sum m_i}{\sum m_i / M_i} \tag{4-19}$$

式(4-19)是计算数均相对分了质量的常用公式。

(2) 重均相对分子质量($\overline{M}_w$)。定义式

$$\overline{M}_w = \sum Y_i M_i \tag{4-20}$$

式中：Y_i 是相对分子质量为 M_i 级分的质量分数。因此，$Y_i = N_0 M_i / \sum N_i$，代入式(4-20)得

$$\overline{M}_w = \frac{\sum N_i M_i^2}{\sum N_i M_i} = \frac{\sum m_i M_i}{\sum m_i} \tag{4-21}$$

(3) Z 均相对分子质量($\overline{M}_z$)。定义式

$$\overline{M}_z = \frac{\sum N_i M_i^3}{\sum N_i M_i^2} \tag{4-22}$$

Z 均相对分子质量是由超速离心法或沉降平衡法求得，它相当于重均相对分子质量算式[式(4-21)]的分子、分母乘以 M_i。

(4) 黏均相对分子质量($\overline{M}_\eta$)。定义式

$$\overline{M}_\eta = \left[\frac{\sum N_i M_i^{(1+\alpha)}}{\sum N_i M_i}\right]^{1/\alpha} \tag{4-23}$$

式中:α 为特性黏度-相对分子质量方程式的常数。黏均相对分子质量由测定样品的特性黏度求出 α,代入式(4-23)求得。

(5) 相对分子质量的规律。

$$\overline{M}_z > \overline{M}_w > \overline{M}_\eta > \overline{M}_n$$

(6) 分散度(D)。

$$D = \overline{M}_w / \overline{M}_n \tag{4-24}$$

【例 4-4】 平均相对分子质量计算实例。

某聚乙烯样品用分子排阻色谱法测得的数据如表 4-3,色谱图类似于图 4-22(b)。由表中的数据,按式(4-19)~式(4-22)可计算出数均、重均与 Z 均相对分子质量。在计算中用色谱峰高 H_i 替代分子数 N_i。

表 4-3 某未知聚乙烯样品用分子排阻色谱法测得的数据

序号	保留时间 t/min	相对分子质量(M_i)	峰高(H_i)	H_i/M_i	$H_i \times M_i$	$H_i \times M_i^2$($\times 10^6$)
1	10.5	10 000	8.0	0.000 8	80 000	800.00
2	11.0	7 000	25.0	0.003 6	175 000	1 225.00
3	11.5	5 400	45.0	0.008 3	243 000	1 312.20
4	12.0	4 000	59.0	0.014 8	236 000	944.00
5	12.5	3 200	66.0	0.020 6	211200	675.84
6	13.0	2 300	66.0	0.028 7	151 800	349.14
7	13.5	1 800	60.0	0.033 3	108 000	194.40
8	14.0	1 400	51.0	0.036 4	71 400	99.96
9	14.5	1 050	40.0	0.038 1	42 000	44.10
10	15.0	800	29.0	0.036 3	23 200	28.56
11	15.5	640	18.0	0.028 1	11 520	7.37
12	16.0	470	8.0	0.017 0	3 760	1.77
13	16.5	370	3.0	0.008 1	1 110	0.41
14	17.0	280	1.0	0.003 6	280	0.08
$\sum$			479.0	0.277 7	1 358 270	5 672.83

(1) 由式(4-19)求数均相对分子质量

$$\overline{M}_n = \sum H_i M_i / \sum H_i = 1\ 358\ 270/479 = 2835.6$$

(2) 由式(4-21)求重均相对分子质量

$$\overline{M}_w = \sum H_i M_i^2 / \sum H_i M_i = 5672.83 \times 10^6 / 1\ 358\ 270 = 4176$$

(3) 由式(4-22)求 Z 均相对分子质量

$$\overline{M}_z = \sum H_i M_i^3 / \sum H_i M_i^2 = 3096.76 \times 10^{10} / 5672.83 \times 10^6 = 5459$$

计算结果表明:$M_z > M_w > M_n$。

【例 4-5】 脂肪酸同系物分析。

脂肪酸 $CH_3(CH_2)_nCOOH$ 同系物(n=5~20)相对分子质量 116~344,用分子排阻色谱法分析。所得的色谱图如图 4-23 所示。

色谱柱：聚苯乙烯柱，7.5mm×600mm；相对分子质量排斥限 1×10^3。

流动相：四氢呋喃，流量 1.2mL/min。

检测器：示差折光检测器。

以保留时间为横坐标，绘制脂肪酸 $CH_3(CH_2)_nCOOH$ 的凝胶色谱图（图 4-23）。不同相对分子质量的分子的保留时间不同。$n=2$ 的脂肪酸的分子体积最小，保留时间最长（约 24.5min）；$n=20$ 的脂肪酸的分子体积最大，保留时间最短（约 16.5min）。其他相对分子质量的脂肪酸的保留时间介于其间。

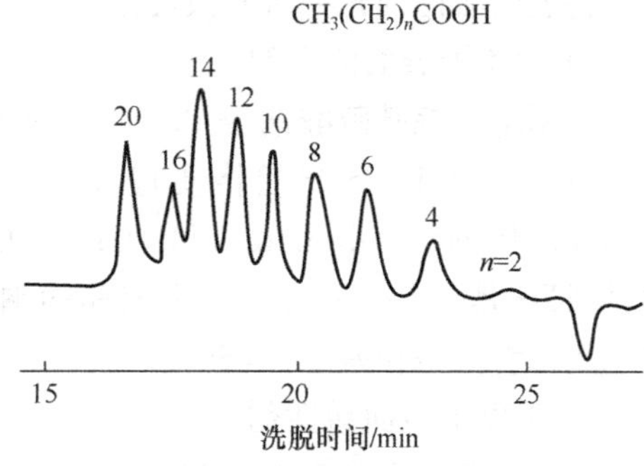

图 4-23　脂肪酸同系物的凝胶色谱图

引自：本章参考文献[2]760 页

由例 4-5 可以说明，高分子化合物的相对分子质量与保留时间或保留体积的关系。相对分子质量越大（分子体积越大），保留时间越短（如 $n=20$ 的脂肪酸）；反之，相对分子质量越小（分子体积越小），保留时间越长（如 $n=2$ 的脂肪酸）。

4.3.9　胶束色谱法

以胶束水溶液为流动相的色谱法称为胶束色谱法（micellar chromatography，MC）。因为在流动相中又增加了一相（胶束相），故又称假相色谱。该系统具有固定相-流动相-胶束-固定相、三个界面、三个分配系数，因此有较好的选择性。其次是胶束水溶液无毒、便宜、安全。

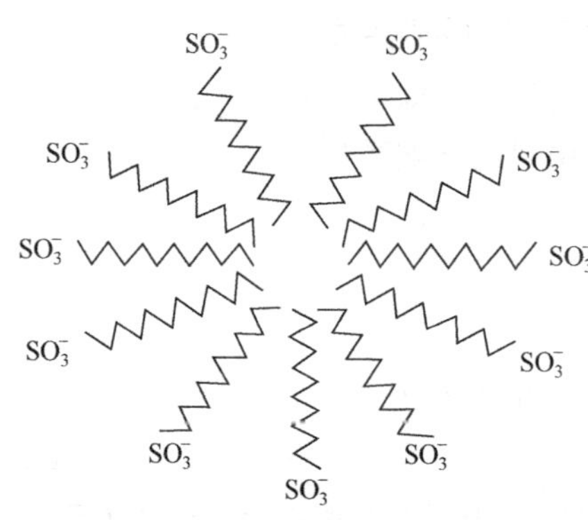

图 4-24　SDS 胶束结构示意图

表面活性剂在水中超过某一定浓度（临界胶束浓度，CMC）时，多余的表面活性剂不再溶解，而聚集成胶束（胶粒）（图 4-24）。以胶束分散体系为流动相的色谱法称为胶束色谱法（micellar chromatography，MC）。胶束色谱法最早是 1979 年 Armstrong[7] 首先用于 HPLC。这种色谱法与一般液相色谱法的主要不同之处是：①流动相为胶束多相分散体系，不是真溶液；②流动相中不含有机溶剂，便宜、无毒。

由于胶束色谱法的流动相是多相分散体系，在整个色谱体系中又增加了一相，因此有人把该色谱法称为假相色谱法（pseudo phase chromatography）。这种色谱法具有固定相与水、胶束与水和胶束与固定相的界面，相应有三个分配系数左右分离结果，因此有一定的特殊选择性，但目前应用还不够广泛。

1. 胶束色谱中常用表面活性剂

1）正、负胶束

胶束色谱应用的表面活性剂都是含有极性与非极性（长链烷基）基团的两性化合物。表面活性剂在水中有一定的溶解度，大于胶束临界浓度（critical micellar concentration，CMC）时，多余的表面活性剂分子聚结成胶束。聚结方式有两种：聚结后，亲水基向外称为正胶束（图 4-23）；反之，疏水基向外则称为负胶束。用水直接配制的胶束分散体系为正胶束分散体系。将表面活性剂先溶入非极性溶剂,而后再用水稀释,得负胶束分散体系。

2) 阴离子表面活性剂

常用十二烷基硫酸钠(sodium dodecyl sulfate,SDS)$CH_3(CH_2)_{10}CH_2OSO_3Na$,其 CMC=$8.1\times10^{-3}$ mol/L。SDS 价格便宜,是最常用的正胶束溶液的表面活性剂。十二烷基磺酸钠(sodium dodecyl sulfonate)$CH_3(CH_2)_{10}CH_2SO_3Na$ 较少应用。十二烷基磺酸钠与 SDS 的区别是:SDS 是十二烷醇与硫酸生成酯的钠盐;而十二烷基磺酸钠是十二烷磺酸的钠盐。另一差别是二者价格相差悬殊,SDS 便宜,故多用。

3) 阳离子表面活性剂

常用的阳离子表面活性剂有十六烷基三甲基溴化铵或氯化铵。十六烷基三甲基溴化铵(cetyl-trimethyl-ammonium bromide,CTAB),结构式为 $C_{16}H_{33}—N—(CH_3)_3^+Br^-$,CMC=$9.2\times10^{-4}$ mol/L。十六烷基三甲基氯化铵(CTAC)也是常见的阳离子表面活性剂,但不如 CTAB 应用广泛。

2. 分离机制

由于胶束溶液是多相分散体系,溶质的保留行为受固定相-水、胶束-固定相和胶束-水三个分配系数所左右,因此有较好的选择性。三个分配系数间的关系如图 4-25 所示。

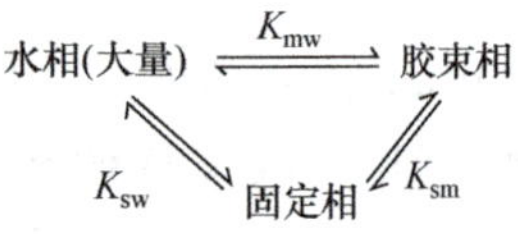

水相(大量) $\overset{K_{mw}}{\rightleftharpoons}$ 胶束相

K_{sw} 固定相 K_{sm}

图 4-25 胶束色谱的三个分配系数

K_{mw} 为溶质在胶束相与水相间的分配系数

$$K_{mw}=[X_m]/[X_w]$$

K_{sw} 为溶质在固定相与水相间的分配系数

$$K_{sw}=[X_s]/[X_w]$$

K_{sm} 为溶质在固定相与胶束相间的分配系数

$$K_{sm}=[X_s]/[X_m]$$

以上三式中的 X 表示在某相中的浓度。由这三个公式可以看出

$$K_{sm}=K_{sw}/K_{mw} \tag{4-25}$$

1979 年,Armstrong 等[7]根据溶质在固定相、胶束相与水相间的分配关系,导出在高效液相色谱法中保留体积与胶束浓度的关系

$$\frac{V_s}{V_R-V_m}=\frac{\bar{v}(K_{mw}-1)}{K_{sw}}c_m+\frac{1}{K_{sw}} \tag{4-26}$$

式中:V_s 为固定相体积;V_m 为流动相体积;V_R 为样品组分的保留体积(洗脱体积);$\bar{v}$ 为表面活性剂的分配比体积(partition specific volume);c_m 为胶束在流动相的浓度($c_m=c-\text{CMC}$);c 为表面活性剂的浓度;K_{sw} 及 K_{mw} 的含义同前。

根据式(4-2),$V_R=V_m+KV_m$,因此,$1/K=V_s/(V_R-V_m)$,代入式(4-26),得

$$\frac{1}{K}=\frac{\bar{v}(K_{mw}-1)}{K_{sw}}c_m+\frac{1}{K_{sw}} \tag{4-27}$$

式(4-27)是胶束色谱法的最主要公式。该式说明胶束色谱系统的总体分配系数 K 的倒数与胶束的浓度 c_m 呈直线关系,$1/K_{sm}$ 为直线截距,$\bar{v}(K_{mw}-1)/K_{sw}$ 为直线的斜率。该式说明胶束浓度越大,分配系数 K 越小,组分的保留时间越短。K_{mw}、K_{sw} 及 $\bar{v}$ 左右胶束色谱系统的选择性。K_{mw} 越大,说明组分在胶束相中的浓度越大,总体分配系数 K 越小,组分跟随胶束流

出色谱柱越快。K_{sw}大，说明组分在固定相的浓度越大，组分的保留时间越长，因此总体分配系数 K 越大。

【例 4-6】 水溶性维生素的分析(图 4-26)。

色谱柱：YWG-C_{18}(6mm×250mm，10μm)，大连化学物理所产品。

流动相：0.05mol/L 的 SDS 加入体积分数 0.17%的三乙胺，用质量浓度 20%的磷酸水溶液调 pH 至 3.5。

检测波长：254nm。

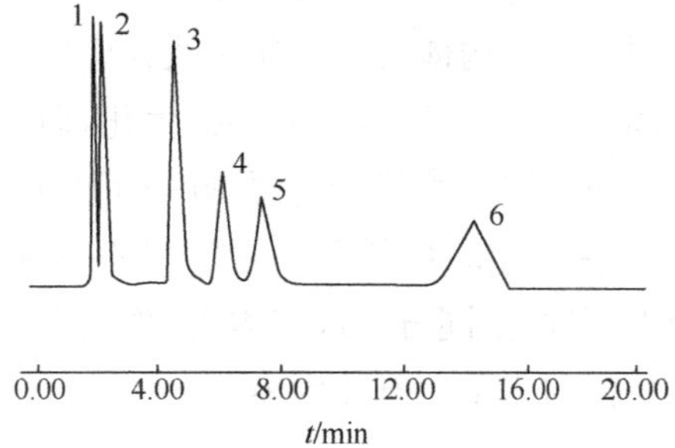

图 4-26　六种水溶性维生素标样的分离

1. 维生素 C；2. 维生素 B_1；3. 烟酸；4. 维生素 B_2；5 叶酸；6. 烟酰胺

引自：第十次全国色谱学术报告会文集. 南京：1995. 424

4.3.10　手性色谱法[8]

利用手性固定相(chiral stationary phase，CSP)或含有手性添加剂(chiral mobile phase additive，CMPA)的流动相分离(拆分)、分析立体异构体的色谱法称为手性色谱法(chiral chromatography，CC)。

1. 手性药物的拆分意义

对映异构体之间存在着实物与映像关系，由于分子具有不对称因素，而不能互相重合，类似人的左、右手关系，因此这类分子称为手性分子。手性化合物因具有不对称因素，而具有旋光性。

在具有手性碳的药物合成中，经常得到的是外消旋体。人们逐渐认识到含有手性分子的药物的药效、代谢途径及毒副作用与分子的立体构型有密切关系。通常是一种对映异构体有效，称为活性异构体(eufomer)；而另一种异构体无效或有毒副作用，这种异构体称为无活性异构体(aditomer)。例如，人们最熟悉的氯霉素(含有两个手性碳)，只有右旋 D-苏式-(−)异构体有效(比旋度+18.5～+21.5)，而左旋异构体完全无效。更有甚者，还有的手性药物两种对映体的药效完全相反。例如，5-乙基-5-(1，3-二甲-丁基)巴比妥盐，其 S-(−)异构体是催眠镇痛药(抑制剂)，而其 R-(+)异构体却是惊厥剂，能引起惊厥和痉挛，两种对映体的药效完全相反。

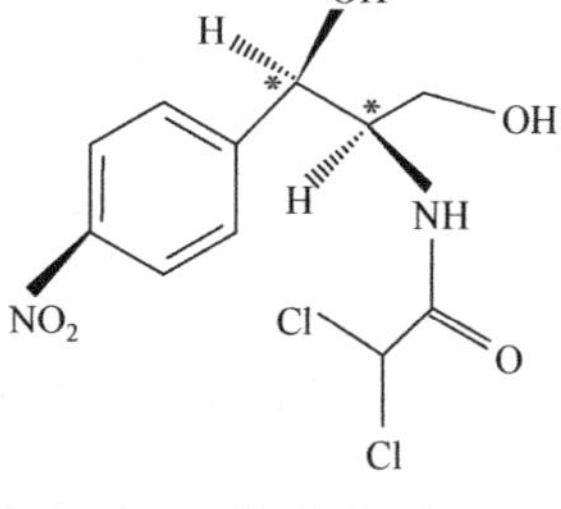

氯霉素的结构式

诸如此类的例子，不胜枚举。由此可见为了降低无活性异构体的毒副作用，或虽无效，而需减少人体器官的负担，许多手性药物需要或必须拆分。

使用单一活性异构体代替外消旋体药物，已成为当今制药业的趋势。而今，手性色谱法不仅可以精确测定数千种手性化合物对映体的含量、纯度，而且可以测定其绝对构型。大容量手性色谱柱，可用于制备，能一次拆分几十克量的外消旋体，可以获得单一的活性异构体；能达到99%的旋光纯度。因此手性色谱法在制药行业必将成为重要的分析方法与制备手段。

手性药物拆分方法可分为直接法与间接法两类。间接法是先将样品与手性试剂反应，将一对对映异构体转变为非对映异构体，利用它们的物理、化学性质的差别，用一般色谱柱即可分离分析。直接法，不需要衍生化，而是用手性色谱柱或含有手性添加剂的流动相，直接分离分析对映体。直接法简便，省去了事先衍生化的麻烦。本书只介绍直接拆分法的分离机制。

手性色谱法，因手性固定相的来源（合成、天然）或作用机制（吸附型、电荷转移型、配体交换型等）的不同分为许多类别，现只介绍最常用的 Pirkle 手性固定相[9]及环糊精手性固定相分离机制与应用等有关内容。

2. 手性固定相的分离机制

直接拆分法所用固定相品种繁多，按手性固定相的来源（合成、天然）或作用机制不同（吸附型、电荷转移型、配体交换型等）分为许多类别（详见 4.4 节）。Pirkle 手性固定相及环糊精手性固定相是手性色谱法最常用的固定相。

下述先介绍吸附型有代表性的 Pirkle 手性固定相（CSP）的分离机制，而后介绍环糊精手性固定相等。

吸附型手性固定相与对映体（样品）间的作用力的强弱，首先取决于两者间的作用点是否“配对”，“配对”则作用力强，保留时间长；反之，保留时间短。一般是手性固定相与相反构型的样品对映体间的作用力强，因此可将对映体拆分。

对于吸附型手性固定相与对映体间的作用机制，20 世纪 50 年代，Dalgliesh[10]提出“三点相互作用”（three-point interaction）理论来解释（图 4-27）。

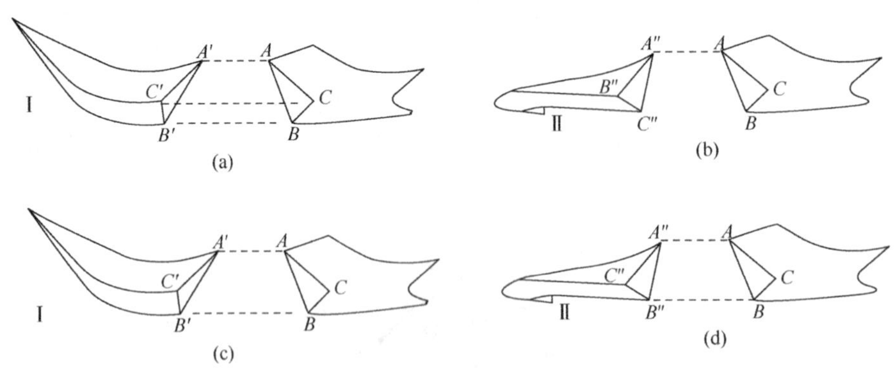

图 4-27 手性色谱法三点相互作用理论

(a)三点识别；(b)一点作用；(c)及(d)两点作用

Dalgliesh 认为一对对映体被手性固定相识别，至少要有三个作用点。两者间的作用力可以是氢键缔合、偶极作用、π-π 作用、疏水作用及空间位阻等。手性固定相的三个位点 A、B 及 C，与一对对映体中的一个光学异构体的 A'、B'及 C'相应的三个位点发生作用。而不与另一光学异构体的三个位点相应，不发生作用，如此则发生作用的异构体在手性柱上的保留时间长而分离。这种解释也称为三点手性识别模式（three-point chiral recognition model）即至少三点识别才能分离。

合成手性固定相发展迅猛，以美国学者 Pirkle 等贡献最大，他们已研制出第三代 Pirkle 手性固定相。现以其第二代手性固定相为代表，介绍其分离机制。

第二代 Pirkle 手性固定相是把(*R*)-*N*-(3，5-二硝基苯甲酰)苯甘酸键合在具有丙氨基的硅胶载体上而成，结构式如图 4-28 所示。新型 Pirkle 手性固定相见本章 4. 4. 5 节。

手性固定相与对映异构体间作用力的强弱，首先取决于两者间的作用点的空间取向是否能“配对”。即是否符合三点识别模式，符合(配对)，则相对作用力强，保留时间长。

图 4-29 是 *R* 构型的 Pirkle 手性固定相拆分 *N*-芳基氨基酸。说明该 *R* 构型的手性固定相与被拆分物间有三个作用点(三点手性识别模型)，分别是芳环间的 π-π 作用、羰基与氨基及羰基与羟基间的氢键作用，即这三个位点间的相互作用。被拆分物的 *R* 与 *S* 构型异构体空间取向不同，与 *R* 构型手性固定相的配对效果不同。*R* 构型的手性固定相一般与被拆分物的 *S* 构型异构体的配对效果较好，作用力强，因而与 *R* 构型异构体的保留时间有差别。

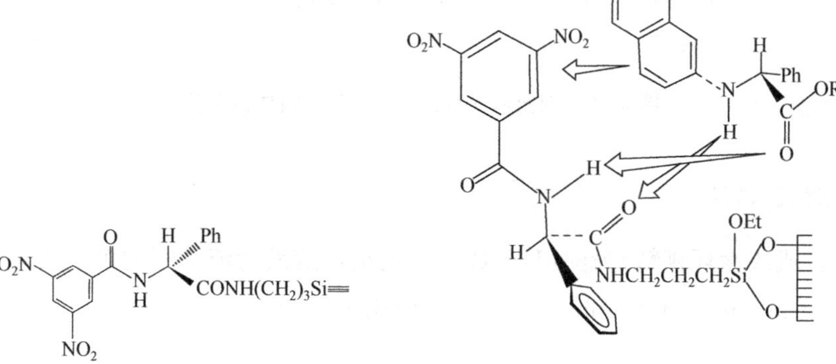

图 4-28　Pirkle 手性固定相

图 4-29　用 *R* 构型 Pirkle 手性固定相拆分 *N*-芳基氨基酸

3. 应用

能用 Pirkle 手性固定相拆分的对映体相当广泛，如氨基酸、芳胺、芳酸及芳杂环化合物等。手性固定相拆分对映体实例如下。

【例 4-7】 用手性 Chirex 3022 柱拆分呼吸系统药物氨双氯喘通对映体(图 4-30)。

色谱柱：Chirex 3022，250mm×4mm(i. d.)。

流动相：己烷-1，2-二氯乙烷-乙醇(含 5%三氟乙酸)(80∶10∶10，体积比)，0. 8mL/min。

柱温：23℃。

检测器：UV 254nm。

灵敏度：0. 01 AUFS。

进样量：1nmol。

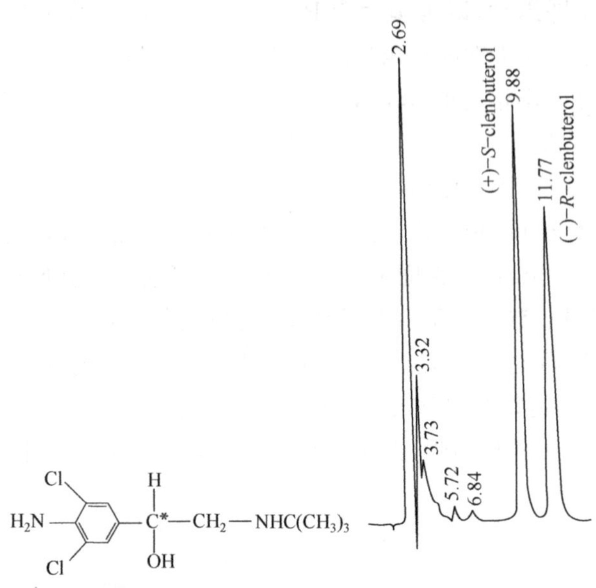

图 4-30　双氯醇胺(clenbuterol)对映体的分离

4.3.11　环糊精色谱法

以环糊精(或改性环糊精)为固定相,或用环糊精水溶液为流动相的色谱法,称为环糊精色谱法(cyclodextrin chromatography,CDC)。主要用于异构体的分离分析。

1. 环糊精手性固定相的分离机制

环糊精(cyclodextrin,CD)是由淀粉经发酵而成。含 6～12 个 D-(＋)-吡喃葡萄糖单位,由 1,4-α-苷键首尾相接,形成一个大环分子。通常用 α-CD、β-CD、γ-CD…分别表示六环糖环糊精、七环糖环糊精、八环糖环糊精…。环糊精中每个葡萄糖都取椅式构象。将环糊精通过不水解的硅烷链(间隔臂)连接在硅胶上构成环糊精手性固定相,结构如图 4-31 所示。

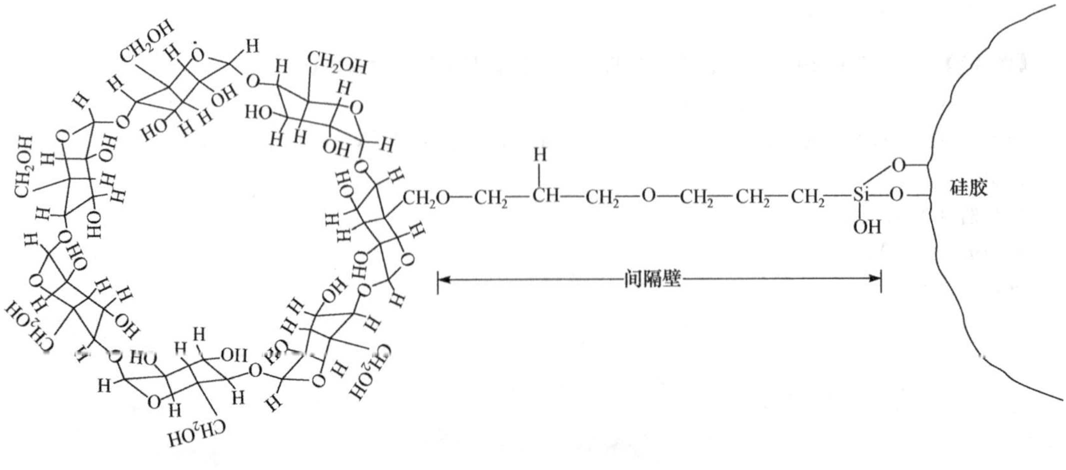

图 4-31　β-CD 固定相

环糊精分子成锥筒型，构成一个洞穴，洞穴的孔径由环糊精环的大小所决定。洞穴唇口有羟基，比较亲水；洞穴内部因有缩醛氧原子，相对比较疏水。因此，可用于异构体的分离分析。

目前关于环糊精手性拆分机制的解释主要有：主客相互作用机制、缔合作用机制和构象诱导作用机制，它们从不同角度说明了环糊精分子中的多手性中心以及孔穴尺寸大小在手性拆分中所起的重要作用。但包埋机制是较多人认同的机制。

包埋机制　用环糊精手性固定相产生手性识别的要求：首先是被拆分物能进入环糊精的洞穴（包埋），形成包络物。其次是被拆分的分子的疏水部分的体积要正好与洞穴大小相适应（极性关系相适应），这样才能紧密地进入洞穴，形成包埋复合物（图 4-32）。保留时间以异构体能否进入洞穴及其紧密程度而定，能紧密进入洞穴的异构体保留时间长，反之则短。在 HPLC 中常用β-环糊精手性固定相色谱柱，已成功地拆分了二茂铁等金属有机络合物、氨基酸及生物碱等。在分离其他立体异构体，如顺反异构、差向异构及取代位置不同的结构异构体等方面都获得了很好的分离效果。表 4-4 说明了一些手性药物在β-环糊精色谱柱上的分离参数。

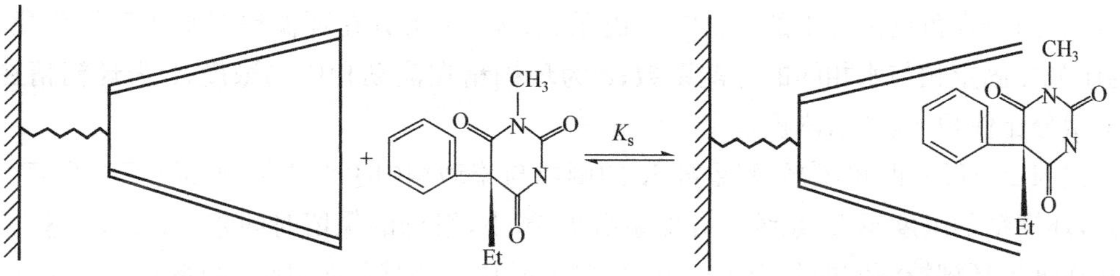

图 4-32　环糊精分子与溶质形成包埋复合物示意图

表 4-4　手性药物在β-环糊精柱上的分离

手性药物名称	k	α	R	流动相	柱
普萘洛尔（β-受体阻断药）	2.78	1.04	1.40	25/75	b
氯苯吡胺（扑尔敏游离碱）	5.86	1.07	1.51	15/85	c
氯噻酮（利尿药）	0.50	1.44	1.95	30/70	c
环己烯巴比妥（镇静药）	9.39	1.14	1.95	30/70	d
甲基苯巴比妥（镇静药）	14.80	1.14	1.60	20/80	d
3-甲基苯乙妥因（抗癫痫药）	0.48	1.33	1.83	40/60	c
苯酮苯丙酸（消炎镇痛药）	7.67	1.06	1.24	27/73	b

注：b. 两根 25cm β-环糊精柱串联；c. 一根 25cm β-环糊精柱；d. 一根 10cm β-环糊精柱。

引自：尤田耙. 手性化合物的现代研究方法. 合肥：中国科学技术大学出版社，1993. 78-79。

环糊精属聚合物类手性物质，除环糊精外，纤维素衍生物及冠醚等也可用作手性固定相。

【**例 4-8**】　用β-环糊精手性色谱柱分离手性药物。

色谱柱：β-环糊精手性色谱柱，柱长 10～50cm（详见表 4-4 注）。

流动相：甲醇-三乙胺乙酸盐水溶液（体积分数，具体比例见表 4-4）。

用上述条件分析表 4-4 中的手性药物。这些药物的左、右旋异构体的分离结果列入表 4-4 中，$R \geqslant 1.5$ 时，说明两个异构体达到了基线分离。表中多数手性药物光学异构体的分离度超过 1.5。k 与 α 分别是容量因子与分配系数比，前者说明保留时间，后者说明柱选择性。

2. 用环糊精作流动相的分离机制

环糊精在水中有一定的溶解度，其水溶液为真溶液。用环糊精作为手性添加剂（CMPA）加入流动相，其分离机制与用环糊精作手性固定相相同，但保留行为正好相反。这是因为环糊精加在流动相中，异构体越能紧密进入环糊精的洞穴，则跟随流动相出柱越快，因而保留时间越短。

色谱系统的分配系数与流动相中环糊精的浓度的关系如下式所示：

$$\frac{1}{K}=\frac{\bar{v}(K_{cw}-1)}{K_{sw}}c_c+\frac{1}{K_{sw}} \tag{4-28}$$

式中：K 为组分在色谱系统中的（总体）分配系数；K_{cw} 为组分在环糊精与水相间的分配系数；K_{sw} 为组分在固定相与水相间的分配系数；c_c 为环糊精在流动相中的浓度；$\bar{v}$ 为环糊精在流动相中的微分比体积（偏摩尔体积）。

由式（4-28）很易得知：①分配系数 K 的倒数与流动相中手性添加剂环糊精的浓度 c_c 呈直线关系，环糊精的浓度越大，系统的分配系数 K 越小，组分的保留时间越短；②K_{cw} 越大，说明某异构体进入环糊精洞穴的紧密程度越大，即包埋复合物越稳定，则分配系数 K 越小；③K_{sw} 越大，说明某异构体在固定相的浓度大，保留时间长。将式（4-28）与胶束色谱的式（4-27）比较，可知二者的规律完全一致，只不过是前者用环糊精浓度代替了胶束浓度而已；其次差别是，胶束浓度 c_m 是表面活性剂的浓度减去临界胶束浓度之差，而 c_c 是环糊精在流动相中的浓度，因为环糊精流动相是真溶液。

4.3.12 亲和色谱法

亲和色谱法（affinity chromatography，AC）是一种利用生物大分子，如酶与底物、酶与辅酶及抗体与抗原等相互之间存在专一的特殊亲和力，进行分离、分析和纯化的液相色谱技术。

亲和色谱的概念最早由 Cuatrecasas 等[11]提出。传统的亲和色谱几乎都是在软胶基质（载体）上进行的，因此不属于高效液相色谱的范畴。自 1978 年 Ohlson 等[12]首次使用硅胶作为亲和色谱的刚性基质后，就产生了高效亲和色谱（high performance affinity chromatography，HPAC）。高效亲和色谱将传统亲和色谱的专一性与高效液相色谱的快速、稳定、检测方便等优点结合起来，既适合于生物活性物质的分离纯化，也适合于分析测定，同时还为研究生物体内各种分子间相互作用及其机制提供有效手段，可用于测定生化平衡常数，确定蛋白质活性部位等。

1. 亲和色谱的固定相

亲和色谱的固定相由载体（基质）与配基或载体、间隔臂与配基构成。

在自然界中，酶与底物、酶与辅酶、酶与抑制剂、抗原与抗体、激素与细胞受体、维生素与结合蛋白、基因与核酸、外源凝集素与红细胞表面的抗原等相互存在着专一的特殊亲和力关系。相当于“一把钥匙，只能开一把锁”的专一配对关系。利用这种专一的特殊亲和力关系，“配对”中的一方，都可以作为对方的配基。如酶与底物、抗原与抗体等中一方，可以作为对方的配基。

将配基键合在载体上构成亲和色谱法的固定相。对于小分子配基，为了避免离载体表面太近，受载体的立体障碍，而失去活性，经常在配基与载体间引入间隔臂。其制法是，先将间隔臂键合在载体上，而后，再将配基连接在间隔臂的顶端。例如，用磺胺甲噁唑(SMZ)为配基，以2-羟基丙醚为间隔臂，键合在硅胶上制成 SMZ/Si 亲和色谱固定相，其结构式如下

$$\text{(Si)}-O-\underset{\underset{|}{O}}{\overset{\overset{|}{O}}{\underset{|}{\overset{|}{Si}}}}-(CH_2)_3OCH_2\overset{\overset{OH}{|}}{C}HCH_2NH-C_6H_4-SO_2NH-\overset{N-O}{\bigcirc}-CH_3$$

载体除用硅胶外，还可用交联琼脂糖、纤维素、葡聚糖及聚四氟乙烯等(见本章 4.4 节)。

2. 亲和色谱的分离机制

亲和色谱是基于样品中各种物质与固定在载体上的配基之间的亲和作用的差别而实现分离的。亲和色谱的过程是待分离物质与配基间的亲和复合物形成及其解离的过程(图 4-33)。

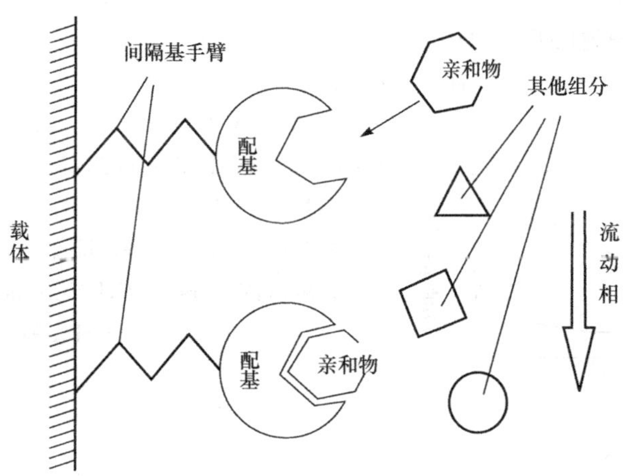

图 4-33　亲和色谱法示意图

将能与待分离物质 X 产生亲和作用的配基 L 连接于适宜的载体上，制成亲和色谱固定相，在有利于复合物 X—L 形成的条件下，将含有 X 和其他组分的样品溶液通过色谱柱，待纯化对象 X 被结合在固定相上，因其他杂质与配基没有亲和作用，而直接流出色谱柱。有些非专一性吸附的杂质，可用缓冲溶液洗涤除去。然后再选择适当的流动相(洗脱剂)，将结合在配基固定相上的组分洗脱下来。如果亲和复合物的亲和力不强，在杂质被洗出后继续以平衡缓冲溶液为流动相，就可洗脱得到被纯化的组分 X。当配基与被分离组分的亲和力较强时，可以改变流动相的 pH，或采用离子强度高的盐溶液，或者添加有机溶剂作为流动相，有时采用 0.1mol/L乙酸或氨水作为流动相，以减弱亲和力，使所形成的复合物解离，将被纯化的组分洗

脱下来。亲和力很强的物质必须用"激烈"的流动相才能洗脱，这些流动相通常是较强的酸或碱，或者是含有尿素或盐酸胍的溶剂。这些洗脱剂往往会破坏蛋白质的结构，导致不可逆变化而使其丧失生物活性，因此用于纯化制备蛋白质时，在洗脱后应立即进行中和，稀释或透析，以恢复其天然构造和生物活性。非常紧密地结合在固定相配基上的物质的洗脱，可采用含有能与组分竞争配基的分子的溶液或者较高浓度的配基溶液(可以是与固定相上的配基相同，也可以是不同)作为流动相。

配基与待分离物质的亲和作用的强弱可以用亲和复合物的结合常数来表示。这一常数不宜太低，也不宜太高。太低则专一性差，太高则洗脱困难。结合在亲和色谱固定相上的生物分子的活力 R 与复合物的解离常数 K 和固定化配基的浓度[L]有关。

$$R=[\mathrm{L}]/K \tag{4-29}$$

固定相配基的浓度越大，亲和作用越强，但浓度过大反而造成空间障碍或产生非专一性吸附。而解离常数的大小往往与配基的选择有重要关系。理想的配基，在用平衡溶液洗涤时应把非专一性吸附的杂质完全除去，而复合物不发生解离，在洗脱条件下复合物应完全解离而迅速进入流动相，被洗脱出柱。在高效亲和色谱中配基的适宜与否更加严重地影响着洗脱的化学动力学过程，进而影响柱效。亲和色谱的动力学研究表明，蛋白质与配基的结合速率受分子水平的扩散系数(D)所控制，速度常数 K 为

$$K=4\pi r_s D \tag{4-30}$$

K 的数值大约为 $10^{-10}\mathrm{cm}^3/\mathrm{s}$，在浓度为 $10^{-5}\mathrm{mol/mL}$ 时，相当于每秒传输 10^5 个分子。

【例 4-9】 S_2 肽的分离纯化(图 4-34)。

色谱柱：纤维素-DNA 填料(30～70 目)，20cm×3.6mm(i.d.)。

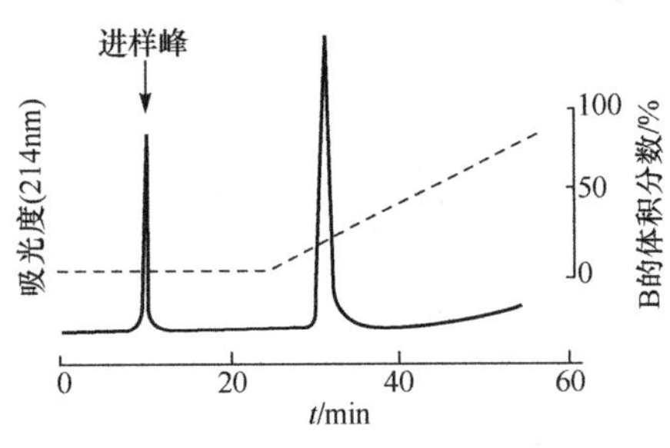

图 4-34 S_2 肽的高效亲和色谱图[31]

流动相：A，10mmol/L Tris/HCl(pH 8.0)；B，2.0mol/L NaCl+10mmol/L Tris/HCl(pH 8.0)

流量：1.0mL/min。

检测波长：280nm；进样量：250μg。

检测器：Waters 490E，UV 214nm，1.000 AUFS。

S_2 肽＝SerProArgLysSerProArgLysNH$_2$

3. 亲和色谱法的应用

亲和色谱法可以用于纯化酶、抗体、抗原、结合蛋白、辅助蛋白和抑制蛋白，分离细胞和病毒、变性蛋白和化学改性蛋白、核酸和核苷以及浓缩低浓度的蛋白质溶液等，也可以作为分离分析方法。因此，亲和色谱法是生物样品分析、纯化的重要方法。其主要应用如表 4-5 及表 4-6 所述。

表 4-5　亲和色谱法的应用[13]

配体	应用对象
腺苷	腺苷激酶、脱氢酶
腺苷-5-二磷酸(ADP)	肌球蛋白、己糖激酶、原苷三磷酸酶
腺苷-5-单磷酸(AMP)	磷酸化酶、氧化型辅酶Ⅰ、脱氢酶
辅酶 A(COA)	COA 转移酶和乙酰 COA 酶
氧化型辅酶(NADP)	核酸酶
脱氧核糖核酸-纤维素(小牛胸腺脱氧核糖核酸)	脱氧核酸聚合物、核酸外切酶、天然脱氧核糖核酸结合蛋白
脱氧核糖核酸-纤维素(变性小牛胸腺脱氧核糖核酸)	脱氧核糖核酸、脱氧核糖核酸结合蛋白、几种脱氧核糖核酸和聚合酶
脱氧核糖核酸-琼脂糖	哺乳动物病毒、白血病病毒核苷酸序列、T4 多核苷酸激酶、脱氧核糖酸酶
聚肌苷胞苷酸-琼脂糖	核苷酸聚合系统中模板及底物干扰素的诱导
生物素	抗生物素蛋白、乙酰-辅酶 A、羧化酶
维生素 B_{12}	维生素 B_{12}结合蛋白、核糖核酸还原酶、内源因子
核黄素	卵白核黄素蛋白、黄素激酶、羟乙酸脱辅基氧化酶
叶酸及叶酸类似物	叶酸结合蛋白、二氢叶酸还原酶
血红素	清蛋白、血液结合素
硫辛酸	硫辛酰胺脱氢酶
焦磷酸硫胺素(TPP)	大肠杆菌硫胺素结合蛋白、大肠杆菌丙酮酸氧化酶
L-天门冬氨酸	天冬氨酸酶、天冬酰胺酶
L-赖氨酸	白纤维蛋白溶酶原、核糖体核糖核酸分级分离
L-苯丙氨酸	γ-球蛋白、凝血酶、苯丙氨酸转移核糖核酸连接酶
L-色氨酸	糜蛋白酶、羧肽酶 A
L-酪氨酸	酪氨酰-转移核糖核酸合成酶

表 4-6　亲和色谱法在蛋白纯化中的应用[13]

固定化配基	能纯化的蛋白质
二价和三价金属离子	具有丰富组氨酸、色氯酸和胱氨酸残留的蛋白质
卵磷脂	糖朊、细胞
糖类	卵磷脂
反应性染料	大部分蛋白质包括核苷酸结合蛋白质
核酸	核苷酸、聚合酶和其他核酸结合蛋白质
氨基酸(如赖氨酸、精氨酸)	蛋白酶
核苷酸、辅因子、底物和抑制剂	酶
蛋白质 A、蛋白质 G	免疫球蛋白
激素、药物	受体
抗体	抗原
抗原	抗体
植物血球凝集素	糖蛋白
氨苯基硼酸	血红蛋白

4.4 固 定 相

色谱柱中的固定相(stationary phase,或称填充剂、填料)是高效液相色谱法的最重要的组成部分,它直接关系到柱效与分离度。在高效液相色谱法分析中,对固定相的要求比气相色谱分析要求高得多。现将主要类型的高效液相色谱固定相介绍如下。

4.4.1 液-固色谱固定相

液-固吸附色谱法用的固定相,多是具有吸附活性的吸附剂,最常用的是硅胶。虽然高分子多孔微球(有机胶)20 世纪 70～80 年代应用范围较广,但其柱效较低,当前在 HPLC 中已较少使用。其他还有氧化铝、分子筛及聚酰胺等,都在 HPLC 中应用较少。因此,本节只着重介绍硅胶。

硅胶作为吸附色谱的固定相,在 HPLC 中主要用于分离溶于有机溶剂的极性至弱极性的分子型化合物,但需用不含水的流动相。由于其易吸水而失去吸附活性,因此在 HPLC 中,更主要的是作为键合相的载体使用。硅胶也是薄层色谱法及经典柱色谱法最重要的固定相。

硅胶可分为全多空硅胶、表面多孔硅胶、杂化硅胶及薄膜硅胶等类型。

1. 全多孔硅胶

全多孔硅胶按物理性状与孔径性质,可分为无定形全多孔硅胶、球形全多孔硅胶、堆积硅珠及灌注微粒硅胶等类型(图 4-35)。

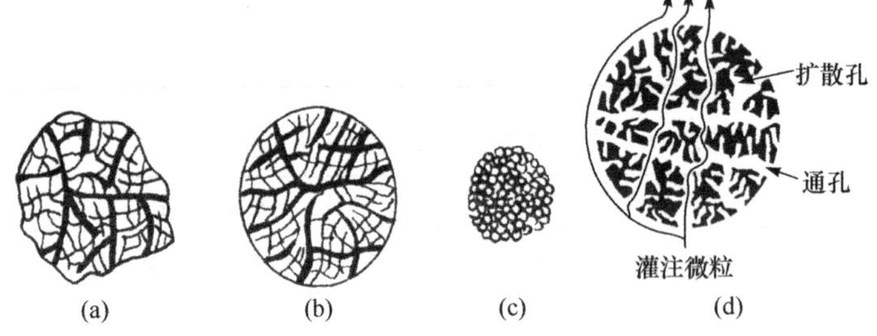

图 4-35 各种类型硅胶示意图

(a) 无定形全多孔硅胶;(b)球形全多孔硅胶;(c)堆积硅珠;(d) 灌注微粒硅胶

1) 无定形全多孔硅胶

无定形全多孔硅胶或称非球形硅胶,虽为无定形,但近似于球形[图 4-35(a)]。粒径一般为 5～10μm,柱效可达 5×10^4/m 左右,比表面约为 $300m^2/g$,载样量大,可作为分析型柱与制备型柱的固定相,也常作为载体使用。价格便宜、柱效高及载样量大是这种固定相的优点,涡流扩散项大及柱渗透性差是其缺点。

国产无定形全多孔硅胶代号为 YWG(Y 表示液,W 表示无,G 表示硅),型号较多。国产的有 3μm、5μm 及 7μm 规格 ,柱效高、分离效果好,已达到国外同类产品的水平。

国外有代表性的产品,如 μ-Porasil(非球形,粒径 10μm,比表面 $300m^2/g$,平均孔径 10nm)、LiChromrb SI 60(非球形,粒径 5μm、10μm、20μm,比表面 $500m^2/g$,平均孔径 6nm)及 Zorbax-Sil(粒径 6～8μm,比表面 $300m^2/g$,平均孔径 60nm)等。

2）球形全多孔硅胶

球形全多孔硅胶[图 4-35(b)]外形为球形，常用粒径为 3～10μm。这种硅胶除具有无定形全多孔硅胶的优点外，还具有涡流扩散项小及渗透性好等优点，是化学键合相理想的载体。

球形全多孔硅胶国内产品的代号为 YQG。规格有 3μm、5μm 及 7μm。5μm 的 YQG，比表面 $400m^2/g$，孔径 8nm。

有代表性的进口产品如 Hypersil（球形，粒径 3μm、5μm、10μm，比表面 $170m^2/g$，平均孔径 10nm）、LiChrosphere SI 100（球形，粒径 5、7、10μm，比表面 $250m^2/g$，平均孔径 10nm）及 Radial-Pak SI（球形，10μm，$200m^2/g$，平均孔径 10nm）。

全多孔硅胶中有大孔及微孔（深孔），表面羟基裸露，起吸附作用（图 4-36）。

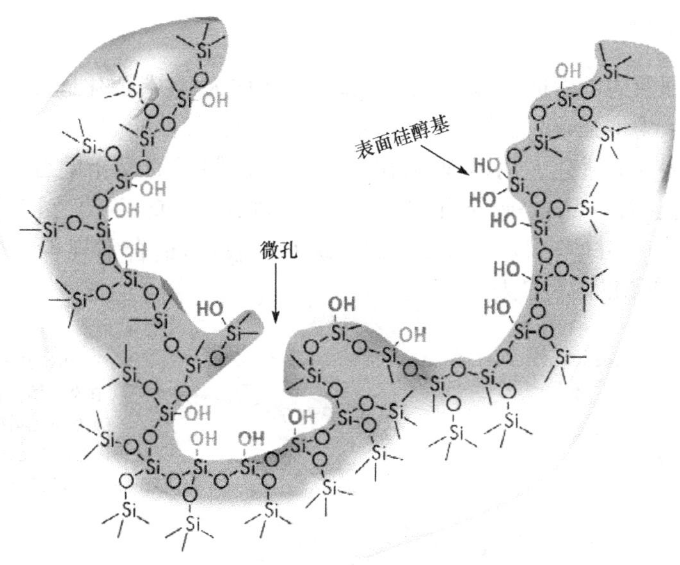

图 4-36　全多孔硅胶的微孔及表面硅羟基

3）堆积硅珠

堆积硅珠是二氧化硅溶胶加凝结剂，聚结而成，又称堆积硅珠硅胶[图 4-35(c)]。该硅胶亦属全多孔型，与球形全多孔硅胶类似并具有球形全多孔硅胶的一切优点。粒径一般为 3～5μm，柱效可达 8×10^4/m 以上，传质阻力小、样品容量大，是一种较理想的高效填料。因为堆积硅珠也属球形硅胶，国内厂家有的也用 YQG 为代号。

4）灌注微粒硅胶

灌注微粒硅胶[图 4-35(d)]是球形全多孔硅胶的一种，用作灌注色谱法的填料。该填料具有孔径达 400～800nm 的贯穿孔，而且在这些贯穿孔网络中还有较小的内联孔（30～100nm）。在流动相高流速时，溶质通过对流和扩散的协同作用，进入或离开孔结构，减少了峰展宽。所以，大的灌注微粒硅胶的柱效与小微粒固定相相当，但压力降却小得多。由于这种填料具有快速传质的动力学性能，因此比较适于大分子如蛋白质的分离与制备，而用于小分子的分析还较少。

2. 表面多孔硅胶

表面多孔硅胶，简称表孔硅胶。早期的表孔硅胶，因为粒径太大（30～40μm）、柱效低及载样量少等缺点，而被淘汰。近年来表孔硅胶或称表面多孔填料（SPP）重新兴起。与过去不同的是，以 Porosheil-120 填料[14]为例，它具有一个很小粒径的实心核（1.7μm 直径）和覆盖在外的多孔硅胶层，层厚 0.5μm（图 4-37）。由于扩散仅发生在多孔外壳，而实心核不参与扩散，因此与同样粒径的全多孔填料相比，柱效提高。例如，2.7μm 表面多孔硅胶，相当于 1.8μm 全多孔填料的柱效。表面多孔填料柱的巨大优势在于产生的反压很小，从而可以通过提高流动相的流速加快分析速度，并可获得良好的分离度，而且色谱柱不容易堵塞。粒径约 3μm 的填料主要用于一般的小分子反相分离。粒径 5μm 及多孔硅胶层厚 0.25μm 的填料，在特低流速下，可用于多肽和蛋白质的分离。

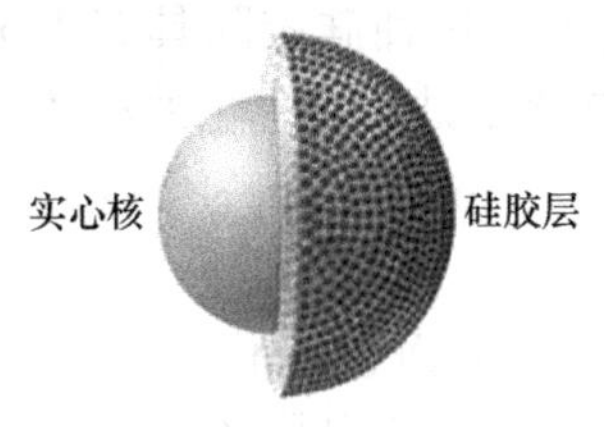

图 4-37　表面多孔硅胶

3. 硅-碳杂化硅胶

在硅胶的表面及内部镶嵌入稳定的有机碳-硅键称为硅-碳杂化硅胶(图 4-38。这种硅胶不但化学稳定性大为增强，而且减少了硅羟基对反相键合相性能的影响。硅-碳杂化硅胶与一般硅胶的对比如表 4-7 所述。用硅-碳杂化硅胶为载体制成的反相键合相，可降低硅羟基影响，提高键合相的性能。用硅-碳杂化硅胶为载体制成 C_{18} 或 C_8 的色谱柱 XTerra® RP18/RP8[14]，峰形好，适用 pH 范围宽（pH 2～12），疏水性较小，适合常规色谱分析。还有适合于 LC-MS 的 XTerra® MS C_{18}/C_8 柱。

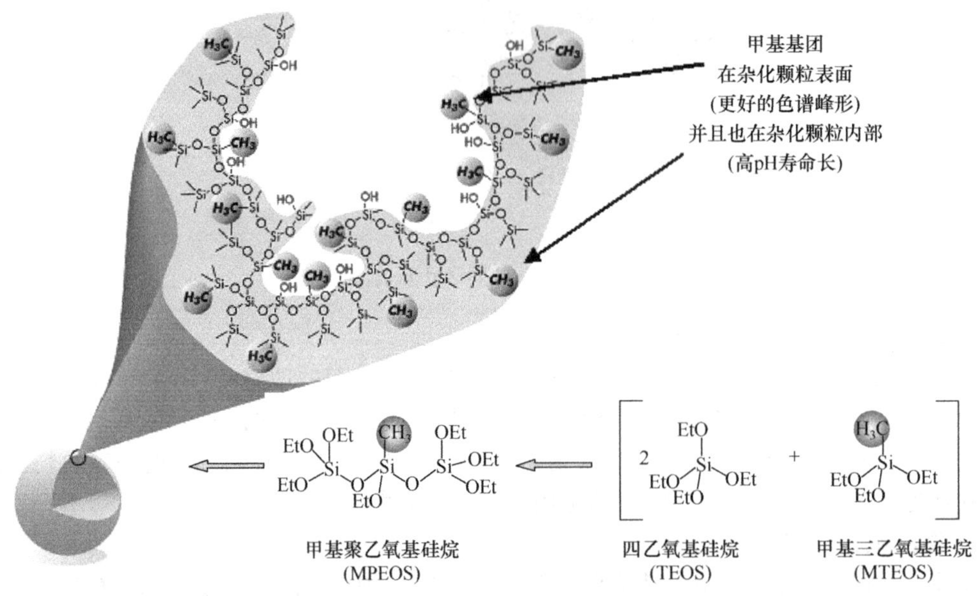

图 4-38　硅-碳杂化硅胶结构示意图

图中 1/3 的硅羟基被甲基取代，图中下部为杂化硅胶的合成步骤

表 4-7　硅-碳杂化硅胶与普通硅胶的性能比较

组成	$SiO_2(CH_3SiO_{1.5})_{0.5}$	SiO_2
含碳量质量分数/%	6.9	0.0
比表面积/(m^2/g)	173	340
孔径/nm	12.5	10.0
孔体积/(mL/g)	0.72	0.85

2003 年，Waters 公司[15]又提出了新的合成过程，使用双(三乙氧基硅)乙烷在硅胶中形成桥式乙基基团，这样合成出来的填料为聚乙氧基硅烷(BPEOS)内部有了更多的"交联"结构(图 4-39)。BPEOS 填料的机械强度有了极为显著的提高，耐压超过了 138MPa(20 000psi)。制成了用于超高效液相色谱(UPLC)的 1.7μm 颗粒度的"ACQUITY UPLC™"填料。

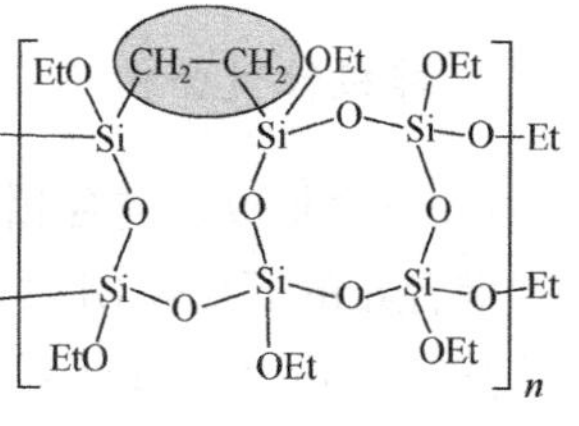

图 4-39 聚乙氧基硅烷

4. 硅聚合物薄膜型硅胶

1987 年，日本资生堂推出硅聚合物薄膜型填料(CAPCELL PAK)[16]，其载体是通过气相沉积作用法，在超纯硅胶表面上包裹一层均匀致密的硅聚合物薄膜，形成的硅聚合物薄膜型硅胶，从而遮挡残留的酸性硅羟基。这种设计既增加了机械强度又扩大了 pH 的适用范围。

5. 硅胶的主要性能参数

硅胶的主要性能参数有形状、粒度、粒度分布、比表面积及平均孔径等(详见本书附录Ⅵ)。硅胶是应用最广的载体，也可作为吸附色谱的固定相。主要用于分离溶于有机溶剂的极性至弱极性的分子型化合物(见本章 4.3.1 节液-固吸附色谱法，硅胶亲和力顺序)。由于硅胶的吸附活性中心也有一定的几何排列顺序，因此也可用于分离某些几何异构体，但不如氧化铝。氧化铝固定相可用于薄层色谱法，在高效液相色谱法中已很少应用，不再介绍。

4.4.2 化学键合相

用化学反应的方法将固定液的官能团键合在载体表面上，所形成的填料称为化学键合相(chemically bonded phase，CBP)，简称键合相。化学键合相在高效液相色谱法中占有极重要的地位。

键合相的优点 ①使用过程不流失；②化学性能稳定，在 pH 2～8 的溶液中不变质；③热稳定性好，一般在 70℃以下稳定；④载样量大，比硅胶约高一个数量级；⑤适于作梯度洗脱；⑥表面没有液坑，比一般液体固定相传质快。

键合相的合成步骤 ①合成硅胶基质；②键合官能团(配体)；③端基封口。一般的化学键合相用硅胶为载体，具有分配作用及一定的吸附作用。吸附作用的大小，视键合覆盖率而定。用化学反应方法将载体表面上残存的硅羟基除去，称为封尾、封顶或遮盖(end capping)，所形成的键合相称为封尾键合相。这种键合相没有吸附作用，但强疏水性是其缺点。

键合反应 以硅胶为载体的化学键合相为例，键合反应主要有：①用醇或胺与硅羟基反应，形成 Si—O—C 和 Si—N—C 键型键合相；②利用有机氯硅烷与硅羟基反应，形成 Si—O—Si—C 键型键合相；③利用氯化硅胶与有机锂或格氏试剂反应，形成 Si—C 键型键合相。

Si—C 键型键合相稳定，但不易制备，因而无商品。Si－O－C 键型键合相，因易发生水解而损坏，已被淘汰。Si—N—C 键型固定相，虽然稳定性优于 Si－O－C 键型，但仍不如硅氧烷键型键合相。因此，目前多用硅氧烷键型(Si—O—Si—C)键合相。

硅氧烷键型键合相的分类 按极性可将其分为非极性、中等极性与极性三类。键合相的性质和键合官能团性质与链长、载体性质及表面覆盖率等有关。

1. 非极性键合相

1）一般非极性键合相

键合相的表面基团为非极性烃基，如十八烷基、辛烷基、甲基与苯基（可诱导极化）等。十八烷基（octadecyl，ODS 或 C_{18}）键合相是最常用的非极性键合相。将十八烷基氯硅烷试剂与硅胶表面的硅羟基，经多步反应生成 ODS 键合相（图 4-40）。键合反应简化如下

$$\equiv Si-OH+Cl-Si(R_2)-C_{18}H_{37}\xrightarrow{-HCl}\equiv Si-O-Si(R_2)-C_{18}H_{37}$$

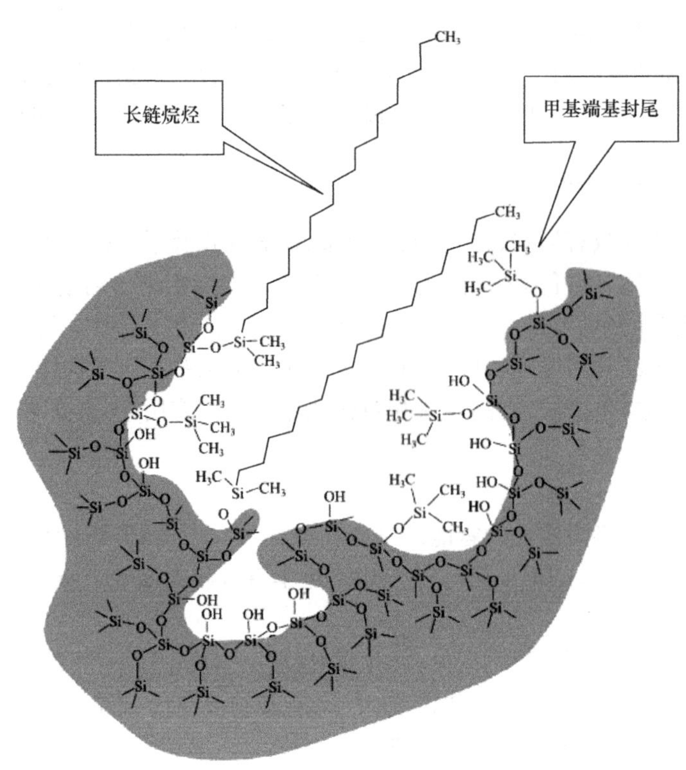

图 4-40　ODS 示意图

若上述反应式中的 R_2 是两个甲基，则构成高碳 ODS 键合相。若 R_2 是一个甲基、一个氯，氯与硅胶表面的另一个硅羟基再脱一分子 HCl，则生成中碳 ODS 键合相（$(\equiv Si-O-)_2Si(CH_3)-C_{18}H_{37}$）。若 R_2 是两个氯，则与硅胶表面的另两个硅羟基再脱两分子 HCl，生成低碳 ODS 键合相（$(\equiv Si-O-)_3Si-C_{18}H_{37}$）。高碳 ODS 键合相载样量大、吸附性能也大。

被键合的十八烷基在硅胶的表面形成刷子型的单分子层，因为烷基较长、较多类似于“毛发”，因此可称为“分子毛”（图 4-9），图 4-40 只是载体硅胶一个孔穴表面键合十八烷基的示意图。

（1）载体性质。多数产品采用全多孔 YWG、YQG 或堆积硅球作为 ODS 键合相的载体。载体的比表面决定键合基团的总量，总量大，k 大，保留时间长。涡流扩散项与柱渗透性，取决于载体的形状，以球形为好。按载体不同区分为各种型号。

国产品：YWG-$C_{18}H_{37}$（5μm、10μm）、YQG-$C_{18}H_{37}$（堆积硅珠，3～5μm）及 YWG-C_6H_5

(5μm、10μm)等。固定相代号的前部为载体,后部为官能团。

进口品:Nucieosil C_{18}(球形,3μm 或 5μm)及 Zorbax-ODS (球形,6μm)等。

(2) 表面覆盖度。在硅胶表面,每平方纳米约有 6 个硅羟基可供化学键合。由于键合基团的立体结构障碍,这些硅羟基不能全部参加键合反应。参加反应的硅羟基数目占硅胶表面硅羟基总数的比例,称为该固定相的表面覆盖度。覆盖度的大小,决定键合相是分配,还是吸附占主导。Partisil 5-ODS 的表面覆盖度为 98%,即残存 2%的硅羟基,分配占主导。Partisil 10-ODS 的表面覆盖度为 50%,既有分配作用,又有吸附作用。封尾键合相只有分配作用,如国内产品 YWG-FN 是用氟酰胺遮盖了硅胶的吸附部位,分离效果良好,但疏水性强。在同样分离条件下,柱压高于普通键合相柱。

(3) 键合基团的链长。链长增加,极性降低,载样量增大、k 值增大,如 C_{18} 大于 C_8。ODS 键合相最大允许载样量为每克固定相 2×10^{-3}g。

2) 有内嵌极性基团的反相固定相

传统的非极性固定相是将长链烷烃键合在载体的硅羟基上,内嵌极性基团的反相固定相(图 4-11)则是先将极性基团键合,而后再键合上非极性官能团。1995 年,Waters 公司生产了 SymmetryShield™(Shield RP18)内嵌极性基团的反相固定相[5],其内嵌极性基团是氨基甲酸酯(图 4-41)。由于内嵌极性基团增加了填料表层亲水性,内嵌极性基团的反相固定相的优点是:在固定相表面形成了水层。①改善了反相固定相对的亲水性(水湿性),水与颗粒有氢键作用,降低"脱水"危险可完全兼容 100%水相;②水层屏蔽了荷负电的硅羟基,降低碱性物质的保留,使碱性化合物的峰形更佳;③减少了拖尾现象,重复性好;④提供与 C_{18} 不同的选择性;⑤流动相的 pH(2～11)、温度和压力的耐受范围宽。

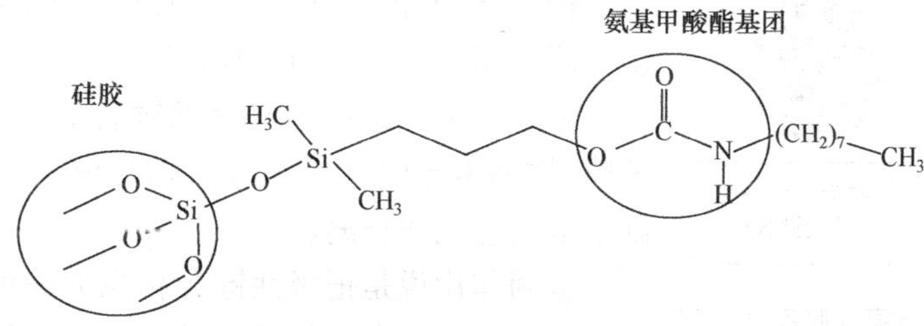

图 4-41　Symmetry Shield™内嵌极性基团

【例 4-10】　Symmetry Shield™内嵌极性基团的 C_8 反相柱与 Symmetry® C_8 反相柱对比(图 4-42)

流动相:50mmol/L H_3PO_4-KH_2PO_4(pH 3.0)-乙腈(φ80/20)Symmetry Shield™内嵌极性基团的 C_8 反相柱分析的分析时间明显缩短,峰形优于 Symmetry® C_8 柱。

3) 硅聚合物薄膜硅胶键合相

用硅聚合物薄膜硅胶制成的键合相 CAPCELL PAK(日本资生堂产品)[16],与一般化学键合相不同。一般的化学键合相是将官能团直接键合在硅胶表面上,而该填料是将官能团键合在硅胶的聚合物薄膜上(图 4-43)。用这种填料制成的色谱柱有下述优点:①可消除由样品组分分子与痕量金属杂质和硅羟基相互作用而造成的峰拖尾;②耐碱性的聚合物薄膜扩展了固定相的适用范围(pH 2～12),延长了柱寿命;③柱渗透性好、低柱压,可进行快速分离;④聚合物薄膜和官能基化学修饰是优异的重现性的保证;⑤色谱柱因具有键合相柱及聚合物柱的两种性能,而具有良好的选择性。

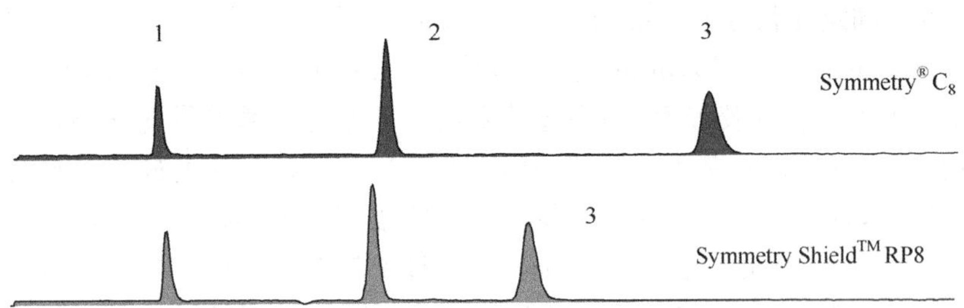

图 4-42 内嵌极性基团的 C_8 柱与一般 C_8 柱对比

1. 马来酸(maleate);2. 苯甲酰胺(toluamide);3. 氯苯吡胺(chlorpheniramine)

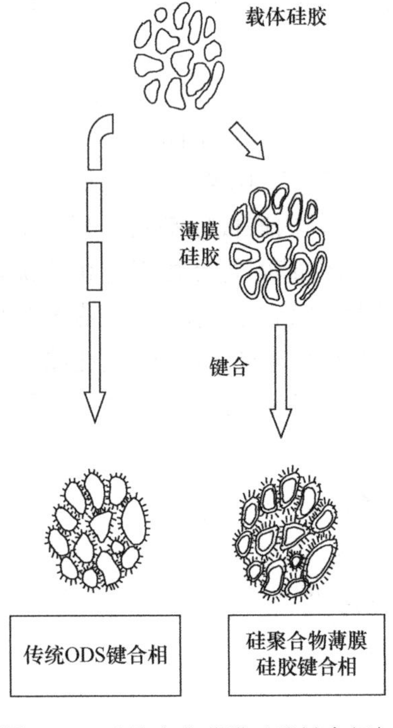

图 4-43 硅聚合物薄膜硅胶键合相与一般键合相比较

2. 中等极性键合相

常见的中等极性键合相有醚基键合相(YWG-ROR′)等。这种键合相既可作正相色谱的固定相,又可作反相色谱的固定相,视流动相的极性而定。

3. 极性键合相

将极性官能团键合在载体(常用硅胶)上,构成极性键合相。氨基键合相及腈基键合相是常用的极性键合相,其次还有双羟基键合相及乙二醇键合相等。

1) 分离机制

极性键合相的分离机制有两种说法:①分配作用;②吸附作用,更多的人倾向后者。

分配作用说是把硅胶表面键合的极性基团视为一层液膜,样品组分的分子在流动相与极性液膜间分配,按分配系数的差别而分离。

吸附作用说是把极性键合相视为一种弱吸附剂,样品组分的分子与固定相的极性基团发生诱导作用、氢键作用或静电作用,而实现选择性分离。同理,吸附系数大的组分的保留时间长。

2) 氨基键合相

将氨丙硅烷基[$\rangle$Si$(CH_2)_3NH_2$]键合在载体硅胶上,制成氨基键合相。氨丙硅烷基键合在多孔硅胶上,形成单分子层,键合量约为 3.2μmol/m^2。

氨基键合相虽为较强极性的键合相,但也可用于反相色谱法,视固定相与流动相的相对极性大小而定。

氨基键合相是分析糖类最常用的固定相,氨基键合相色谱柱一般作为分析糖的专用色谱柱使用。在分析糖时,常用乙腈-水为流动相,而不用烷烃,因为糖不溶解于烷烃。此时,氨基键合相作为反相固定相使用。

商品氨基键合相有:国产品 YWG-NH_2(粒径 5μm、10μm)及 YQG-NH_2(粒径 5μm、10μm);进口品 LiChrosob-NH_2(非球形,粒径 5μm、10μm)(用于糖、肽分析)及 Nucleosil NH_2

(球形,粒径 5μm、10μm)等。

【例 4-11】 寡糖的分析(图 4-44)。
色谱柱:polymercoated NH_2,25cm×4.6mm(i. d.)。
柱温:40℃。
流动相:乙腈-水(65∶35,体积比)。
流量:1.0mL/min。
检测器:示差折光检测器(RI)。

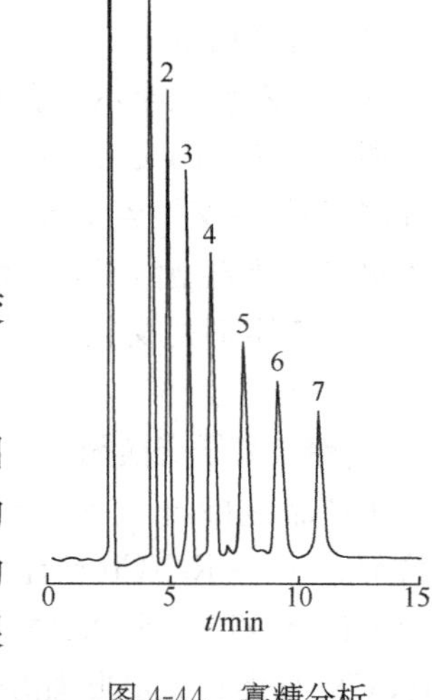

图 4-44　寡糖分析
1. 葡萄糖;2. 麦芽糖;3. 麦芽三糖;4. 麦芽四糖;5. 麦芽五糖;6. 麦芽六糖;7. 麦芽七糖
引自:Kutsuna H,et al. J Chromatogr,1993,635:187

3) 氰基键合相

氰基键合相是将氰乙硅烷基[$\gt Si(CH_2)_2CN$]键合在硅胶上而制成。

氰基键合相的分离选择性与硅胶相似,但极性比硅胶弱。因此,在相同流动相的条件下的保留值较硅胶小。若要维持相似的保留值,则需用极性更小的流动相洗脱。许多能在硅胶上分离的样品,可以在氰基键合相上完成。氰基键合相对双键异构体有很好的分离选择性。

国产品:YWG-CN(粒径 5μm、10μm)及 YQG-CN(粒径 5μm、10μm)。

进口品:Lichrosorb-CN(无定形,粒径 10μm)、Zorbax-CN(球形,粒径 4～6μm)等。

此处介绍的化学键合相是用于反相与正相色谱的化学键合相。广义的化学键合相,还包括键合型离子交换剂、手性固定相及亲和色谱固定相等。

4.4.3 离子交换剂

离子交换剂分为离子交换树脂和键合型离子交换剂两类。

1) 离子交换树脂

离子交换树脂是以高分子聚合物,如苯乙烯-二乙烯苯为基体,经化学反应在其骨架上引入离子交换基团而生成。离子交换树脂在经典液相色谱中广泛应用,但在高效液相离子交换色谱法中,因这种固定相具有膨胀性、不耐压及传质阻力比较大等缺点,在高效液相色谱法中基本上已被键合型离子交换剂所替代。

2) 键合型离子交换剂

键合型离子交换剂是以全多孔球形、无定形硅胶或薄壳型硅胶为载体,其表面经化学键合上所需的离子交换基团。强酸性磺酸型($-SO_3H$)阳离子键合相和强碱性季铵盐型($-NR_3Cl$)阴离子键合相,分别是阳离子和阴离子交换色谱法常用的固定相。又根据所引入基团能电离出阴、阳离子的程度,可分为强碱、弱碱或强酸、弱酸性离子交换剂,如含羧酸基或酚羟基的弱酸性阳离子交换剂等。

3) 载样量与流动相的 pH 范围

薄壳键合型离子交换剂的柱效低及载样量较小是其缺点,但传质快是其优点。全多孔硅胶所键合的离子交换剂的柱效高,样品容量大,并具有较高的耐压性、化学和热稳定性,可以用高压匀浆法装柱。但它在 pH>8 的流动相中,硅胶容易溶解,特别是未键合的残留硅羟基容易生成硅酸盐。因此,一般以普通硅胶为载体的键合离子交换剂的使用范围为 pH 0~8。在色谱过程中,流动相的 pH、离子强度(盐的浓度)对被测组分的容量因子和分配系数有很大影响。在实际应用中流动相大多采用一定 pH 和一定浓度的缓冲液,并严格控制其离子强度。

4) 交换容量

交换容量通常用 1g 干燥的氢型或氯型的离子交换剂,以酸碱滴定方法测定每克固定相能交换的毫摩尔或微摩尔数表示。色谱柱的总交换容量等于固定相的交换容量乘以固定相的克数。离子交换剂的交换容量与固定相有关,也就是与有效离子交换基团的数目有关。当其他条件固定时,总交换容量大,保留时间也长。全多孔微粒键合离子交换剂的交换容量一般在毫摩尔水平。薄壳型由于表面较小,一般只有微摩尔水平。

离子交换剂的交换容量受流动相的 pH 影响很大,交换容量与 pH 的关系,如图 4-16 所示。

5) 键合离子交换剂

国产品:阳离子交换剂有 YWG-SO_3H(强酸性,粒径 10μm,交换容量<1mmol/g);阴离子交换剂有 YSG-R_3NCl(粒径 10μm,交换容量<1mmol/g)。

进口品:Zipax-SAX(薄壳载体,强碱性阴离子键合相粒径 7μm,pH 1~9),Lichrosorb Si 100 SCX(全多孔无定形强酸性阳离子键合相)、Zipax-SCX(薄壳型强酸性阳离子键合相)、Zipax-WAX 及 Zipax-WCX(分别为薄壳载体弱阴离子及弱阳离子键合相)等*。

4.4.4 凝胶

分子排阻色谱法所用的固定相称为凝胶。凝胶是具有一定孔径范围的多孔性固定相。根据耐压程度,凝胶可分为软质、半硬质及硬质三种。软质凝胶(如葡聚糖等)在压强 0.1MPa 左右即被压坏,因此这类凝胶只能用于常压下的凝胶色谱法。

1) 半硬质凝胶

半硬质凝胶是由苯乙烯和二乙烯苯交联的聚合物,能耐较高的压强,可用作以有机溶剂为流动相的高效凝胶渗透色谱法的填料。这种凝胶的优点是具有可压缩性,能填得紧密,柱效高。缺点是在有机溶媒中具有膨胀性,当流动相流经时,随时改变着柱的填充状态。常用的有各种型号的苯乙烯和二乙烯苯交联共聚物凝胶,国产品如 NGS-01~08 系列,进口品如 μ-Styragel 系列等。

2) 硬质凝胶

硬质凝胶可分为多孔硅胶及多孔玻璃珠等种类,它们属于无机凝胶。其优点是在溶剂中不变形,孔径尺寸固定,溶剂互换性好。其缺点是装柱时较易碎,不易装紧,因此柱效较低,一般为有机凝胶柱效的 1/3~1/4。它们的吸附性较强,有时易拖尾。常用的国产硬质凝胶,如多孔硅珠(别名为凝胶渗透色谱多孔硅珠)NDG-1~6 等。进口品 Porasil(A、B、C、D、E、F、S、T),属于多孔二氧化硅凝胶。

3) 凝胶的主要性能参数

凝胶的分离作用类似于分子筛效应。在选用凝胶时,必须注意凝胶的相对分子质量排阻极限(或相对分子质量范围)及平均孔径等参数。

凝胶的相对分子质量排阻极限及平均孔径是凝胶性能的主要参数。例如,μ-Styragel 系

---

* A 表示阴离子;X 表示交换;C 表示阳离子;S 表示强;W 表示弱。

列，粒径 10μm，平均孔径 500～10^7 nm。该凝胶的平均孔径为 5000nm 时，相对分子质量排阻极限为 5000～10^4；平均孔径为 10^6 nm 时，相对分子质量排阻极限为 10^5～5×10^6。可见相对分子质量排阻极限随凝胶的平均孔径的增大而增大。

凝胶的相对分子质量排阻极限（或相对分子质量范围）：是指高分子化合物（组分）达到某相对分子质量后，而不能进入凝胶的所有孔径，此时组分的相对分子质量称为该凝胶的相对分子质量排阻极限。选择凝胶时，必须使样品的相对分子质量小于凝胶的相对分子质量排阻极限，而大于全渗透点的相对分子质量，即使样品的相对分子质量落入凝胶的相对分子质量范围。否则，t_R（或 V_R）将不随相对分子质量而变化。由于不同化学成分的高分子化合物具有相同相对分子质量的分子，其分子体积可能有很大差别，因此凝胶的相对分子质量排阻极限与相对分子质量范围等参数，是用指定物质的标准样品测得。例如，NDG-1 的平均孔径小于 10nm，由标准样品聚乙烯测得其相对分子质量排阻极限为 4×10^4。因此，不能将此参数用于聚乙烯以外的其他化学成分的高分子样品。在测其他样品时，可参考凝胶的平均孔径，使样品的平均分子体积略小于凝胶的平均孔径。对于无法估计样品的分子体积与平均相对分子质量时，可采用尝试法，用一系列凝胶柱测定，选出适宜相对分子质量范围的凝胶柱。

有关凝胶的具体规格、型号详见本书附录。

4.4.5　手性固定相

用于对映体拆分的固定相称为手性固定相（chiral stationary phase，CSP），可用于对映体的分离分析与单一对映体的制备。

对映体的拆分曾被认为是非常困难和繁杂的实验技术，随着 20 世纪 70 年代后期手性高效液相色谱法的兴起和迅速发展，这一难题已被很好地解决。用高效液相色谱法分离对映体的方法有三种：手性固定相法（CSP）、手性流动相法（CMPA）和手性衍生化试剂法（CDR），其中手性固定相法由于具有直接、高效、快速、简便以及适用性广等优点而成为分离对映体最有效的方法。近十多年来，有关各种类型手性固定相的研制及其作用机制的研究报道不断涌现，已实现商品化的手性固定相有近百种。但鉴于手性拆分的复杂性，迄今为止，还没有一种“万能”的手性固定相可以解决所有的对映体拆分的问题，而这似乎也是不大可能的。手性流动相法是将手性试剂加入固定相中，这种方法简单、便宜，但应用范围较窄。

1. 手性固定相的分类

手性固定相按其获得过程，可分为合成与天然手性固定相两大类，按其作用机制又可分为吸附型、电荷转移型、模拟酶移植型及配体交换型等若干种类。

1）合成手性固定相

合成手性固定相是将手性官能团键合在载体上而形成。合成手性固定相有吸附型、配体交换型及电荷转移型等类别。吸附型手性固定相以 π-氢键型手性固定相应用最多。该固定相是将具有光学活性的有机小分子通过间隔基键合到硅胶上而制得，以 Pirkle 手性固定相应用最广泛。

2）天然手性固定相

天然手性固定相是将天然手性物质固着在载体（常用硅胶）上而构成。常用的天然手性物质有环糊精、蛋白质及纤维素衍生物（如微晶纤维素三乙酸酯等）等。

环糊精还可作为手性添加剂加入流动相中，分离几何异构体与对映体。

下述介绍较常用的手性固定相。

2. Pirkle 手性固定相[17]

Pirkle 手性固定相是吸附型手性固定相中有代表性的、应用最为广泛的一种。此种固定相是将光学活性的有机小分子通过一定的间隔基键合到硅胶上而制得的。20 世纪 70 年代后期，Pirkle 等研制了一种蒽取代氟醇型手性固定相，对具有 3，5-二硝基苯甲酰(DNB)取代的多种类型化合物都有很好的拆分效果。在此基础上制备了共价键合型和离子键合型氨基酸 3，5-二硝基苯甲酰胺类及萘基-烷基胺类手性固定相。此类手性固定相与溶质间的相互作用包括 π-π 相互作用、氢键作用和偶极-偶极作用。Pirkle 手性固定相具有良好的手性识别能力，其可拆分的化合物达四十类近万种，现已由多家厂商生产，商品名有 Chiral L-DPG、Daltosil 100、Bakerbond Chiral Covalent DNBPG、Sumipax OA-2000 等。除 Pirkle 手性固定相外，*N*-乙酰化氨基酸型、脲或酰脲衍生物型的手性固定相也具有较好的拆分效果。

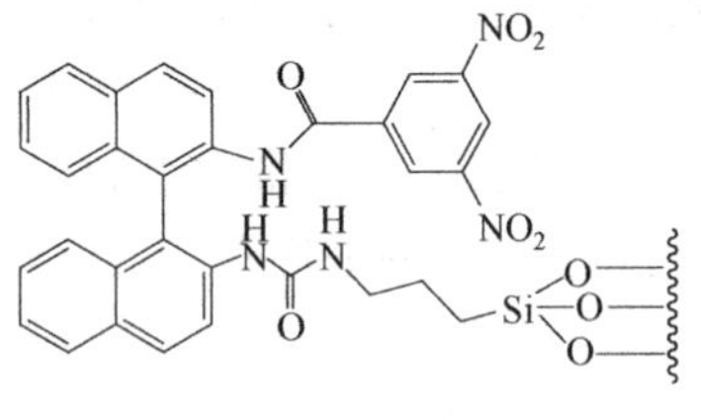

图 4-45 新型 Pirkle 固定相的结构式

2011 年，沈阳药科大学李发美等[18]研制成功了新型 Pirkle 手性固定相。该手性固定相由 *N*-[2′-(3-丙基脲)-1，1′对联二萘-2-]-3，5-二硝基苯甲酰胺与硅胶键合而成，其分子结构如图 4-45 所示。

该手性固定相已成功地用于具有芳香基团的酰类化合物和含有二硝基苯甲酰基的化合物对映体的拆分。其拆分机制是化合物与固定相间有效的 π-π 主客体的相互作用、氢键作用及空间作用等，有效地实现了手性识别的拆分功能。并且，该手性固定相既可用于 π-电子给予体化合物对映体的拆分，又可用于 π-电子受体化合物对映体的拆分，用途广泛。

3. 环糊精固定相[19]

环糊精(cyclodextrin，CD)是应用仅次于 Pirkle 型的手性固定相。环糊精是由 6～12 个 D-(+)-吡喃葡萄糖单元通过 1，4-α-苷键连接的环状低聚糖(图 4-46)。含有 6、7、8 个单元的 CD 分别称为 α-、β-、γ-CD，其中以 β-CD 应用最多。由于 CD 环结构中的葡萄糖单元结合互为椅式构象，CD 分子中的官能团形成特殊的排列，整个分子为中空的去顶锥形圆筒状结构，形成洞穴(笼式)，洞唇呈亲水性，洞穴内呈疏水性。近年来的新进展是将 CD 烷基化或乙酰化而改性为一系列选择性不同的衍生物，其中用得最多的是乙酰化 β-CD 及萘乙氨基甲酸酯环糊精等。

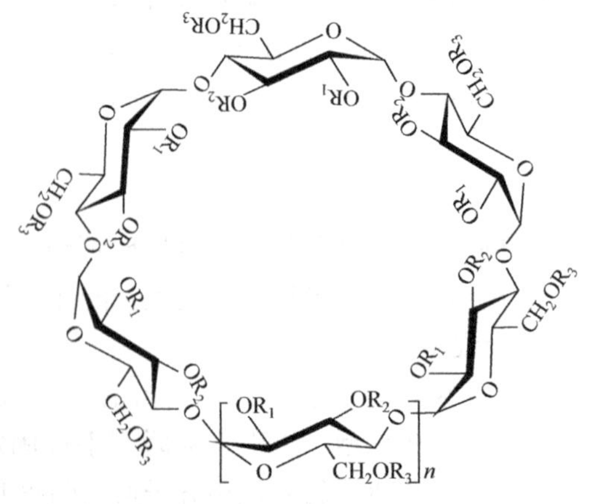

图 4-46 β-环糊精的结构

用于 HPLC 的 CD 或 CD 改性固定相是通过环氧丙烷或[3-(2-氨乙基氨)-丙基]三甲氧基硅烷将 CD 或 CD 衍生物键合到硅胶表面而制得的。它们具有选择性高、应用范围广等优点，可用于拆分如丹酰氨基酸、巴比妥类、雌激素、麻黄素等环状化合物。β-CD 固定相的商品有 Cyclobond I、β-Cyclodextrin、Daltosil 100 等。

4. 配体交换固定相

配体交换固定相是利用配体交换的分离机制而制成的固定相。即一个金属离子可结合一个配体分子和一个对映体溶质分子，形成可逆的非对映异构体复合物，以达到分离对映体的目的。早期多以交联聚苯乙烯为载体，以 L-氨基酸为固定配体，配合物中的金属离子为过渡金属离子、Cu(Ⅱ)、Ni(Ⅱ)等，其中用脯氨酸、羟脯氨酸、哌啶酸等环状氨基酸作固定配体而生成的固定相具有最强的对映体识别能力。上述固定相虽然对映体选择性高，但疏水性太强，使氨基酸等物质在色谱过程中传质困难。用亲水性聚合物如交联聚丙烯酰胺、交联聚甲基丙烯酸酯、球形酚醛树脂和交联聚乙烯胺作载体合成的一系列手性固定相克服了上述缺点，但是，由于这些固定相的机械强度较差，难以满足高效液相色谱对填料的要求。

将手性配体通过各种间隔基与硅胶键合，可合成集亲水性、高选择性、高强度与高负载量等优点于一体的固定相。除氨基酸外，常用作配体的有 L-1,2-二氨丙烷、β-羟基氨基酸、L-麻黄素、L-组氨酸、L-苯丙氨酸、L-氮杂-2-环丁烷羧酸、L-酒石酸、L-2-哌啶酸及(－)-反-1,2-环己二胺等。此种固定相可用来拆分氨基酸、二肽和 α-羟基酸及有关药物如 α-甲基多巴、甲状腺激素等。

5. 手性冠醚固定相

冠醚是具有一定大小空腔的大环聚醚化合物，呈王冠状结构，环的外沿是亲脂性乙撑基，环的内沿是富电子的杂原子，如氧、氮、硫等。用手性冠醚作固定相分离对映体的主要依据是溶质分子与手性冠醚环腔形成主客体络合物的稳定常数不同。一般能质子化的胺基化合物，尤其是氨基酸对映体在手性冠醚固定相上可得到较好的分离。冠醚的手性“臂障”越大，其手性识别能力越高。通常用作 HPLC 固定相的多是以联萘基为基础的冠醚，可将其键合到聚苯乙烯树脂上，也可涂渍到 ODS 固定相上。目前手性冠醚在色谱中的应用还处于初始阶段，但它是一类很有前途的手性固定相。

6. 蛋白质手性固定相

蛋白质是一类由手性亚甲基(L-氨基酸)组成的高分子聚合物，具有天然的对映体选择性质。将 α_1-酸性糖蛋白(AGP)化学键合到微粒硅胶上而制备的手性固定相，对许多碱性药物对映体的分离特别有效。商品名有 Chiral AGP、EnantioPac。

将牛血清蛋白(BSA)键合到硅胶载体上，制成的手性固定相，可用来分离氨基酸及其衍生物、芳香砜类、香豆素类衍生物、安息香及其衍生物等光学异构体，商品名为 Resolvoil。

蛋白质具有大量不同的可与样品分子结合的部位。另外，样品组分的保留和选择性易受流动相的 pH、离子强度、有机改性剂的浓度等影响，因此蛋白质手性固定相的对映体选择性较其他手性固定相要高。但由于样品分子与蛋白质强烈的相互作用而常导致色谱峰展宽甚至拖尾，其实际分离效率往往较差。用蛋白质手性固定相填充的 HPLC 柱，其柱容量很低(1～2nmol/次)，不能进行制备分离。

其他手性固定相还有：手性聚合物固定相(吸附型)、氨基酸手性固定相(吸附型)、电荷转移型手性固定相及模拟酶移植型手性固定相等。

4.4.6　亲和色谱固定相

亲和色谱的固定相或称亲和吸附剂，是由载体与配基或载体、间隔臂与配基所组成。配基有生物专一性配基及基团亲和配基等类别。生物专一性相互作用的体系，如抗原-抗体、酶-底物、酶-抑制物及激素、受体等的任一方都可作为另一方的配基。硅胶、交联琼脂糖凝胶及聚丙烯酰胺凝胶是常用的载体。对于小分子配基，由于离载体表面太近，易受载体空间障碍的影响，而丧失亲和力，因此需在配基与载体间引入适当长度的间隔臂。

这种固定相要有利于亲和复合物的形成与洗脱，为此必须选择适宜的载体和配基。有时还要在载体上连接活性基团，以适合配基键合在固体载体上。

1. 载体的选择

载体是负载着配基的固体支持物。亲和配基必须固定化在适宜的载体上才能实际使用。载体的性质直接影响着配基的连接及配基与待分离物质分子间的相互作用。理想的载体应具备如下性能：①不溶于水，有一定的硬度。用于高效亲和色谱（HPAC）的载体的硬度要求更高，应能承受足够大的压力，有好的机械稳定性。②多孔网状结构，易使大分子自由扩散。③具有足够数量的可与配基键合的活性基团。④不产生非专一性吸附。⑤化学稳定，不与流动相发生作用。⑥不受微生物腐蚀和酶解。⑦表面亲水性强。

早期的亲和色谱多采用球形软凝胶为载体，近年发展起来的高效亲和色谱采用了细粒径的刚性或半刚性的载体。灌注硅胶也用作亲和色谱法的载体[20]。下面介绍几种常用载体。

1）多孔硅胶

多孔硅胶是高效亲和色谱法中使用最广的刚性载体。与传统亲和色谱载体相比，其具有粒度小（$<100\mu m$），均匀坚固的球状结构和良好的流动性等性能。硅胶的表面是硅羟基，可以进行偶联，如果选择适当的化学反应还可引入其他活性基团。利用硅烷化反应，在硅胶表面引入一层疏水性基团可以降低或消除其表面的非专一性吸附。对于小分子配基，还须在载体与配基引入间隔臂。

2）交联琼脂糖凝胶

琼脂糖是由1,3-位连接的D-吡喃半乳糖和1,4-位连接的3,6-脱水-L-吡喃半乳糖构成的直链多糖（图4-47）。凝胶状态时多糖链形成平行的双螺旋，链间形成氢键，这些多糖键纵横交错形成多孔性结构，多糖上的羟基可与配基偶联。Sepharose和Bio-gel A就是球状琼脂糖凝胶。

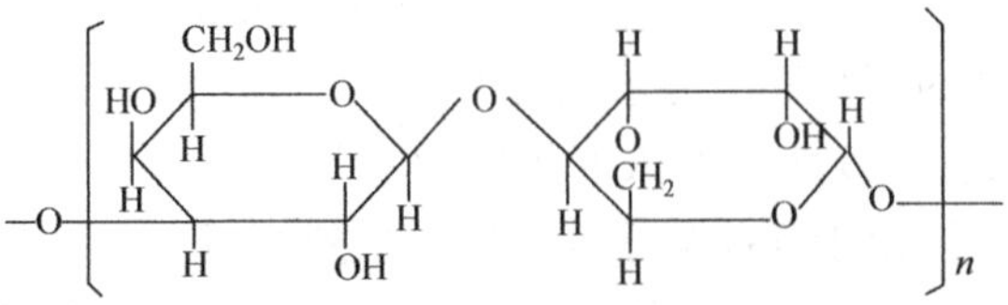

D-吡喃-半乳糖　　3,6-脱水-L-半乳糖

图4-47　琼脂糖的基本结构

琼脂糖凝胶必须保持湿润状态，其悬浮液在pH 4～9范围内稳定。球状凝胶在0.1mol/L NaOH或1mol/L HCl中，2～3h不改变物理性质。用环氧氯丙烷、双环氧乙烷等交联剂处理所生成的交联凝胶的网状结构更坚实，富有弹性，在pH 3～12的范围稳定，能经受有机溶剂

处理，还能加热至 100℃而不熔化。高交联度的琼脂糖凝胶可作为高效亲和色谱的载体。

3）聚丙烯酰胺凝胶

聚丙烯酰胺是由丙烯酰胺和交联剂 N,N-甲叉双丙烯酰胺聚合而成的稳定凝胶，不同比例的单体和交联剂可制得不同孔径的凝胶。凝胶表面的酰胺基能与配基偶联。

聚丙烯酰胺凝胶能以干粉保存，能经受有机溶剂、盐类、盐酸或尿素稀溶液处理，但其结构紧密，孔小，有些大分子不能进入孔内与孔内的配基作用。大孔径的聚丙烯酰胺可用于高效亲和色谱。

2. 配基的选择

配基的选择是亲和色谱的关键。配基必须与被分离对象有适宜的亲和力，还必须具有可与载体相偶联的化学基团，配基的固定化应该不影响其与被分离对象的亲和作用。为了制备均一的固定相，配基必须很纯，而且能以同样的成键方式和数目与载体偶联。亲和配基可以分为生物专一性配基和基团亲和配基。

1）生物专一性配基

生物专一性相互作用体系，如抗原-抗体、酶-底物、酶-抑制剂、激素-受体等体系中的任何一方都可作为分离另一方的配基，这类配基就是生物专一性配基。基于抗体-抗原间的专一性亲和作用的方法早期曾被称为“免疫亲和色谱”。由于这类配基作用的专一性，因此纯化效率很高，如以 IL-Ⅱ单克隆抗体为配基键合于 Sepharose-6B 上制得的亲和色谱柱，用于纯化 IL-Ⅱ可提高纯度 1000 倍。但是这种“一种蛋白质一种配基”的方法成本高，制备困难。另外，单克隆抗体是通过杂交菌制备的，如果抗体与载体键合不牢，在洗脱过程中便有将小鼠 IgG 或杂交病毒 DNA 混入产品的可能，这显然不适于医药用品的纯化。

为了选择和制备生物专一性亲和配基，近年来发展了“全套抗体”和“无规多肽文库技术”。这是利用 IgG 分子单链上某一功能区域仍保存分子的大部分亲和活力的性质，通过生物工程的方法大量制备这一功能区域作为配基。利用反义肽与其对应的蛋白质或多肽的专一亲和力，可以用反义肽作为配基。还可通过反相亲和色谱，从相关蛋白质中筛选适当的配基。

2）基团亲和配基

基团亲和配基分为金属离子、天然及染料基团亲和配基等类别。

金属离子配基　将金属离子如 Zn^{2+}、Ni^{2+}、Cu^{2+}、Co^{2+}、Fe^{3+}等作为配基，固化在载体上。它是应用很早很广的一类基团亲和配基，它们对含色氨酸或组氨酸等残基的蛋白质有一定的亲和力，可用于过氧化氢酶、超氧化歧化酶等能与金属离子作用的蛋白质的分离纯化。这类亲和色谱也称金属螯合剂相互作用色谱（MCIC）。

天然基团配基　天然基团亲和配基主要包括核苷酸、氨基酸和植物凝集素等。这类配基的专一性强，但化学稳定性差，一般难于经受原位消毒的激烈条件。核苷酸如 ATP 配基，可用于纯化核苷酸结合蛋白；氨基酸配基用于纯化多种蛋白质，如凝乳酶、血纤维蛋白溶酶、IgG 等；植物凝集素配基主要用于糖和糖蛋白的分离纯化。

染料配基　大多是三嗪染料，这类配基容易制得，但专属性差是其缺点。主要用于蛋白质的分离与纯化。

常见的亲和色谱固定相见表 4-8。

表 4-8 亲和色谱固定相(RIO-RAD)

商品名	载体	配基	适用 pH	适用压强	应用
Affi-Gel protein A gel	交联琼脂糖	protem A	2～10	1bar	IgG
Affi-Gel protein A support	耐压高聚物	protem A	2～10	70bar	IgG
Affi-Gel blue gel	交联琼脂糖	cibacron blue F3GA	2～10	1bar	酶、清蛋白等各种蛋白质
DEAE Affi-Gel blue gel	交联琼脂糖	Cibacron blue F3GA 和 DEAE	2～10	1bar	IgG
CM Affi-Gel blue gel	交联琼脂糖	Cibacron blue F3GA 和 CM	2～11	1bar	清蛋白、抗体
Affi-Gel heparin gel	交联琼脂糖	Heparin	5～10	1bar	生长因子、酶、脂蛋白等
Affi-Prep pol-ymyxin support	耐压高聚物	polymyxin	2～10	70bar	除内毒素
Affi-Gel 501 gel	交联琼脂糖	Organomer Curial	4～8	1bar	巯基蛋白、低分子巯基化合物
Affi-Gel 601 gel	聚丙烯酰胺	Boronate	2～10	1bar	含顺式 OH 的糖、核糖和糖肽

注：1bar=10^5Pa，下同。

4.5 流 动 相

当 HPLC 的固定相一定时，被分离组分的分配系数 K 主要受流动相性质的影响，但凝胶色谱法除外，因其分配系数 K 主要取决于凝胶的孔径大小与被分离组分分子尺寸之间的相对关系，而与流动相的性质没有直接的关系。

4.5.1 对流动相的基本要求

HPLC 的流动相一般要符合以下基本要求：①对样品有适宜的溶解度；②不与固定相发生不可逆化学反应；③能与检测器相适应（如用紫外检测器时，不能选用溶剂的截止波长大于样品组分检测波长的溶剂）；④黏度尽可能小（如常用甲醇而不用乙醇）；⑤纯度高（一般选用色谱纯溶剂）。

另外，用于配制流动相的所有溶剂在使用之前必须经 0.45μm 滤膜滤过，以除去溶剂中的机械杂质，防止输液管道或进样阀堵塞；所用水应为新鲜制备的高纯水或市售高纯水，磷酸盐、乙酸盐等缓冲液应尽量新鲜配制使用。配制的流动相必须脱气后再使用，因为流动相中含有溶解的氧气、二氧化碳等，会影响输液泵的正常工作，还会影响色谱柱的分离效率、检测器的灵敏度和基线稳定性等。流动相一般应储存于玻璃或聚四氟乙烯容器内，不能储存于塑料容器中，因一些有机溶剂如甲醇、乙酸等可浸出塑料表面的增塑剂，导致溶剂污染，还可能使柱效降低。储存流动相的容器一定要密闭，以防止溶剂挥发而引起流动相组成变化或氧气、二氧化碳重新溶解于已脱气的流动相中。

4.5.2　分离方程式

除上述基本要求外，针对实际样品的 HPLC 分析，流动相还应满足两个特殊要求，即合适的溶剂强度和良好的分离选择性。溶剂强度指的是流动相对样品组分的洗脱能力，样品组分的 k 值越小，流动相的洗脱能力越强，即溶剂强度越大。流动相对分离度的影响可用分离方程式(4-31)说明：

$$R=\frac{\sqrt{n}}{4}\cdot\frac{\alpha-1}{\alpha}\cdot\frac{k_2}{1+k_2} \tag{4-31}$$

由式(4-31)可见，通过改变 n、α 及 k 值均可改善分离，其中，改变 α 和 k 值是提高分离度较为简便的方法。在 HPLC 中，α 主要受溶剂种类的影响，选择不同种类的溶剂，流动相与组分间的分子间作用力不同，则选择性不同，即 α 不同；在溶剂种类确定后，k 主要受溶剂配比的影响，改变多元溶剂系统的配比，则溶剂强度改变，即 k 改变。选择流动相是以能获得较大的 α 值与适宜的 k 值为目的。通常情况下，k 值的适宜范围为 1～10，但对于复杂样品的分离，k 值可控制在 1～20 范围内。k 值过大，不但分析时间延长，而且峰形变平坦，分离度和检测灵敏度均降低。

4.5.3　液-固吸附色谱法的流动相

在液-固吸附色谱法中，常用溶剂强度参数 ε^0 来定量表示溶剂强度：

$$\varepsilon^0=E/A \tag{4-32}$$

式中：E 为吸附能；A 为吸附剂表面积。显然，ε^0 是溶剂分子在单位吸附剂表面上的吸附自由能。ε^0 值越大，固定相对溶剂的吸附能力越强，则溶质在固定相上的保留越弱，即溶剂的洗脱能力越强。

表 4-9 列出了以硅胶为吸附剂时一些纯溶剂的 ε^0 值。当某溶质在硅胶柱上进行分离时，如果选用的初始溶剂太强而使得样品组分的 k 值过小，那么就要由表中改选 ε^0 值较小的溶剂来代替；反之，如果初选溶剂的 ε^0 值太小而使得样品组分的 k 值过大，则应改选用 ε^0 值较大的溶剂。但以单一溶剂为流动相常不能解决复杂样品的分离问题，这是因为单一溶剂很难同时满足适宜溶剂强度和分离选择性，所以常需要使用两种或两种以上溶剂按比例混合作为流动相。混合溶剂的 ε^0 值与其组成并不成线性关系，一般在弱溶剂 A 中加入少量强溶剂 B，ε^0 值迅速增加，继续加入溶剂 B 时，则逐渐增加到纯溶剂 B 的 ε^0 值，相关内容可查阅有关文献，在此不作详细讨论。

表 4-9　以硅胶为吸附剂时一些纯溶剂的 ε^0 值

溶剂	溶剂强度	溶剂	溶剂强度
己烷	0.00	乙醚	0.38
氯仿	0.26	乙腈	0.50
二氯甲烷	0.32	异丙醇	0.63
四氢呋喃	0.35	甲醇	0.73
乙酸乙酯	0.38	水	20.73

液-固吸附色谱法常以非极性的烃类如己烷、庚烷等作为流动相的主体，再适当加入二氯甲烷、氯仿、乙醚、乙酸乙酯、甲基叔丁基醚等中等极性溶剂，或四氢呋喃、乙腈、异丙醇、甲醇等极性溶剂作为改性剂，以调节流动相的洗脱强度，实现样品中不同组分的良好分离。需注意的

是，非极性溶剂与极性溶剂不能以任意比例混合，容易发生溶剂的分层现象。水的含量对硅胶、氧化铝等固定相的吸附性能有很大的影响，即使有微量的水吸附在其表面，也会使色谱柱的分离性能发生很大变化，故应避免使用含水的流动相。

4.5.4 化学键合相色谱法的流动相[21]

1. Snyder 溶剂分类

Snyder 选用乙醇、二氧六环、硝基甲烷等三种极性溶质为参考物质，用于检验溶剂与溶质间的三种分子间作用力，即质子受体作用力、质子给予作用力和强偶极作用力，并以此作为溶剂选择性分类的依据(表 4-10)。

表 4-10 参考物与被检溶剂间的作用力关系

参考物	乙醇(质子给予体)	二氧六环(质子受体)	硝基甲烷(强偶极)
被检溶剂作用力类型	质子受体作用力	质子给予作用力	强偶极作用力

根据 Rohrschneider 溶解度数据计算溶剂的极性参数 P'：

$$P'=\lg(K''_g)_{乙醇}+\lg(K''_g)_{二氧六环}+\lg(K''_g)_{硝基甲烷} \tag{4-33}$$

式中：K_g''为极性分配系数。同时定义选择性参数 X_e、X_d和 X_n分别为

$$X_e=\frac{\lg(K''_g)_{乙醇}}{P'},X_d=\frac{\lg(K''_g)_{二氧六环}}{P'},X_n=\frac{\lg(K''_g)_{硝基甲烷}}{P'} \tag{4-34}$$

X_e、X_d与 X_n分别反映了溶剂接受质子、给予质子和偶极作用的能力，三者之和为 1。表 4-11列出了一些常用溶剂的 P'、X_e、X_d与 X_n值。

表 4-11 常用溶剂的极性参数与分子间作用力

溶剂	P'	X_e	X_d	X_n	溶剂	P'	X_e	X_d	X_n
正戊烷	0.0				乙醇	4.3	0.51	0.19	0.29
正己烷	0.1				乙酸乙酯	4.4	0.34	0.23	0.43
苯	2.7	0.23	0.32	0.45	丙酮	5.1	0.35	0.23	0.42
乙醚	2.8	0.53	0.13	0.34	甲醇	5.1	0.48	0.22	0.31
二氯甲烷	3.1	0.24	0.18	0.53	乙腈	5.8	0.31	0.27	0.42
正丙醇	4.0	0.53	0.21	0.26	乙酸	6.0	0.39	0.31	0.30
四氢呋喃	4.0	0.38	0.20	0.42	水	10.2	0.37	0.37	0.25
氯仿	4.1	0.25	0.41	0.33					

Snyder 将 81 种溶剂的 X_e、X_d与 X_n值标在三角坐标的相应位置上，将处于一定区域的相邻溶剂圈成一组，共分为 8 组，称为 Snyder 溶剂选择性三角形，如图 4-48 所示。由图可以看出，Ⅰ组溶剂处于三角形顶部，组中各溶剂的 X_e值都较大，属于质子受体溶剂，以脂肪醚为代表；Ⅷ组溶剂处于左下角，X_d值相对较大，属于质子给予体溶剂，以氯仿为代表；Ⅴ组溶剂处于右下角，X_n值相对较大，属于偶极作用力溶剂，以二氯甲烷为代表。处于同一组中的各溶剂与样品组分间的主要作用力相似，在色谱分离中具有相似的选择性；而不同组别的溶剂与样品组分间的作用力不同，即分离选择性不同。Snyder 溶剂选择性三角形常被用于流动相优化时的初始溶剂选择，Snyder 溶剂选择性分组见表 4-12，其中带下划线的溶剂为各组常用溶剂。

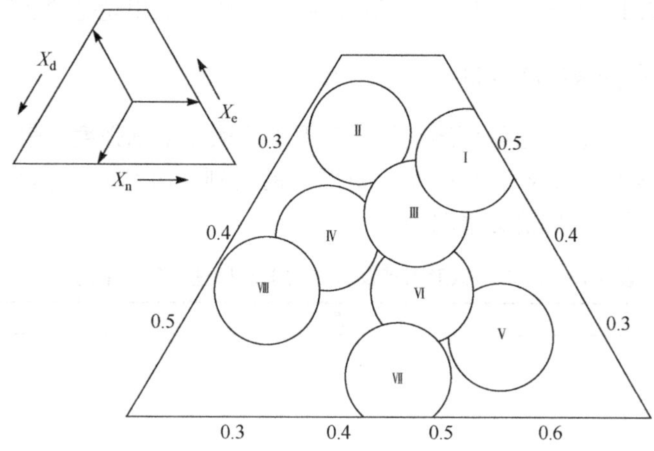

图 4-48　Snyder 溶剂选择性三角形

表 4-12　Snyder 溶剂选择性分组

组别	溶剂
Ⅰ	脂肪醚、甲基叔丁基醚、四甲基胍、六甲基磷酰胺、三烷基胺
Ⅱ	脂肪醇、甲醇
Ⅲ	吡啶衍生物、四氢呋喃、酰胺(甲酰胺除外)、乙二醇醚、亚砜
Ⅳ	乙二醇、苄醇、乙酸、甲酰胺
Ⅴ	二氯乙烷、二氯甲烷
Ⅵ	①三甲苯基磷酸酯、脂肪酮和酯、聚醚、二噁烷;②砜、腈、乙腈、碳酸亚丙酯
Ⅶ	芳烃、甲苯、卤代芳烃、硝基化合物、芳醚
Ⅷ	氟代醇、间甲酚、水、氯仿

2. 正相键合相色谱法的流动相

在正相键合相色谱法中,通常用溶剂的极性参数 P' 表示溶剂强度。溶剂的 P' 值越大,其洗脱能力越强。由表 4-11 可知,水的正相洗脱能力最强($P'=10.2$)。混合溶剂的 P'值可用下式进行计算:

$$P' = \sum_i P'_i \phi_i \tag{4-35}$$

式中:P'_i为溶剂 i 的极性参数;ϕ_i为混合溶剂中溶剂 i 的体积分数。可见,通过调节混合溶剂的配比即可连续改变溶剂的洗脱强度,从而改变样品组分的 k 值。

正相键合相色谱法一般以己烷为底剂(底剂通常指洗脱强度最弱的溶剂),再加入一定量的可与己烷互溶的强溶剂(通常从Ⅰ、Ⅷ、Ⅴ组选),如乙醚(Ⅰ组),组成二元溶剂系统,通过调节二元溶剂的配比来改变溶剂强度。确定溶剂强度后,若分离选择性不好,可以改用其他组别的溶剂,如氯仿(Ⅷ组)或二氯甲烷(Ⅴ组),与己烷组成具有相似溶剂强度的二元溶剂系统,则有可能改善分离选择性。若二元溶剂系统难以达到所需要的分离,还可以使用三元或四元溶剂系统。相同洗脱强度的不同溶剂系统的配比可根据式(4-35)计算。例如,采用氯仿-己烷(60∶40)为正相洗脱的流动相,其溶剂强度 $S=4.1\times0.6+0\times0.4=2.46$,用二氯甲烷代替氯仿，计算 $2.46=3.1\times\phi_1+0\times(1-\phi_1)$，得 $\phi_1=0.79$，即二氯甲烷-己烷(79∶21)。

3. 反相键合相色谱法的流动相

在反相键合相色谱法中，通常用溶剂的强度因子 S 表示溶剂强度。表 4-13 列出了反相洗脱溶剂的强度因子 S 及其在溶剂选择性三角形中的组别。溶剂的 S 值越大，其洗脱能力越强。由表可知，水的反相洗脱能力最弱($S=0$)。

表 4-13　溶剂的强度因子及其在溶剂选择性三角形中的组别

溶剂	S 值	组别
水	0	Ⅷ
甲醇	2.6	Ⅱ
乙腈	3.2	Ⅵ
丙酮	3.4	Ⅵ
二噁烷	3.5	Ⅵ
乙醇	3.6	Ⅱ
异丙醇	4.2	Ⅱ
四氢呋喃	4.5	Ⅲ

混合溶剂的 S 值可用下式进行计算：

$$S=\sum_{i}S_i\phi_i \tag{4-36}$$

式中：S_i 为溶剂 i 的强度因子；ϕ_i 为混合溶剂中溶剂 i 的体积分数。同样，通过调节混合溶剂的配比即可连续改变溶剂的洗脱强度，从而改变样品组分的 k 值。

反相洗脱一般以水为底剂，再加入一定量的可与水互溶的强溶剂(通常从Ⅱ、Ⅲ、Ⅵ组选)，如甲醇(Ⅱ组)，组成二元溶剂系统，通过调节二元溶剂的配比来改变溶剂强度。确定溶剂强度后，若分离选择性不好，可以改用其他组别的溶剂，如乙腈(Ⅵ组)或四氢呋喃(Ⅲ组)，与水组成具有相似溶剂强度的二元溶剂系统，则有可能改善分离选择性。若二元溶剂系统难以达到所需要的分离，也可以使用三元或四元溶剂系统。图 4-49(a)为采用甲醇-水(50∶50)为流动相分离某样品的色谱图，虽然溶剂强度合适，但组分 1 和 2 无法分离；图 4-49(b)为采用四氢呋喃-水(32∶68)为流动相进行分离的色谱图，组分 1 和 2 可分离，但组分 2 和 3 无法分离；图 4-49(c)为采用甲醇-四氢呋喃-水(35∶10∶55)三元溶剂系统为流动相进行分离的色谱图，由图可见，所有组分均得到较好的分离[22]。

用反相键合相色谱法分离弱有机酸或弱有机碱样品时，可采用离子抑制色谱法，即通过在流动相中加入少量弱酸或弱碱，抑制相应组分的解离，以增加样品组分在反相固定相中的溶解度，延长保留时间，如可在流动相中加入约 1%的乙酸或 1%的氨水，也可以加入适量的磷酸缓冲盐或乙酸缓冲盐。

使用未经封尾处理的硅胶基质固定相分离一些易解离化合物和碱性化合物时，色谱峰易出现拖尾现象，此时可在流动相中加入适量的减尾剂，常用的减尾剂为有机碱类，如三乙胺等，有机碱可与硅胶表面的酸性硅羟基作用，从而降低硅胶的吸附作用。

在反相键合相色谱法中，水与有机溶剂的混合体系通常比纯物质具有更高的黏度，常用的二元溶剂体系甲醇-水、四氢呋喃-水和乙腈-水的黏度与有机溶剂比例的关系如图 4-50 所示。可见，甲醇与水混溶后黏度增加最显著，当甲醇比例为 40%时，黏度达到最大，约为纯甲醇黏度的 3 倍、纯水黏度的 2 倍。但是，如果流动相中需要加入缓冲盐或者离子对试剂，则它们在甲醇中的溶解性比在乙腈或四氢呋喃中要好。与使用甲醇或乙腈进行梯度洗脱相比，使用四

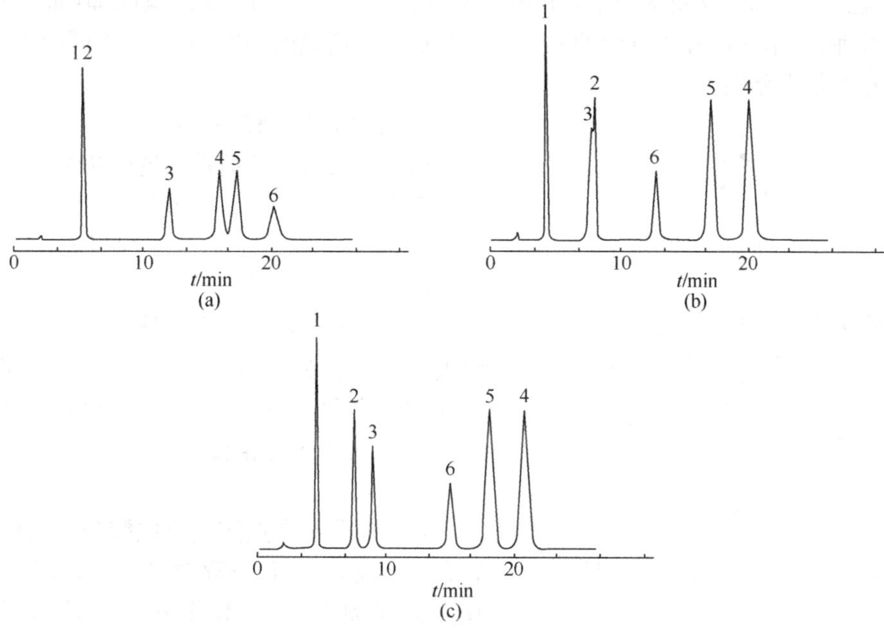

图 4-49　等洗脱强度的不同溶剂系统的分离选择性比较

(a)甲醇-水(50∶50);(b)四氢呋喃-水(32∶68);(c)甲醇-四氢呋喃-水(35∶10∶55)

氢呋喃的色谱柱再平衡时间更长。一旦一瓶色谱纯的四氢呋喃打开之后,很快会产生过氧化物,并可能与待测物发生反应,引发安全性危险。另外,四氢呋喃的紫外截止波长比甲醇和乙腈更长。

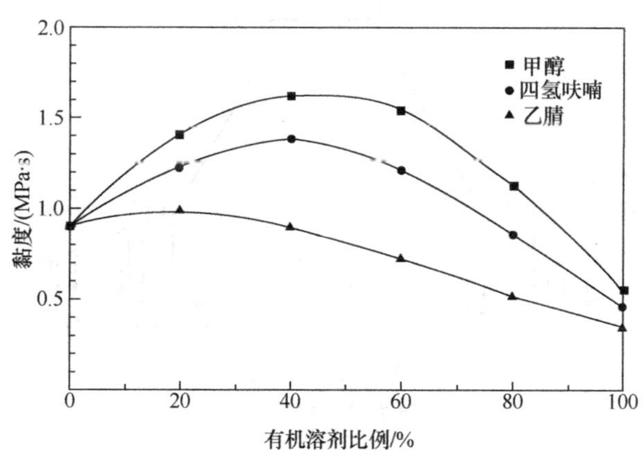

图 4-50　水与有机溶剂的混合物的黏度(25℃)

4. Glajch 三角形法

Glajch 等在 Snyder 溶剂选择性三角形的基础上提出了用统计方法确定溶剂强度及选择性的三角形优化法(图 4-51)。该法是选择三种选择性差别较大的纯溶剂,分别与底剂组成三个等洗脱强度的二元基本溶剂①、②、③,将这三个二元基本溶剂置于正三角形的三个顶点,由三个顶点分别向对边作垂线,由此构成的④～⑥点为三个三元溶剂,再将每条垂线三等分,由此构成的⑦～⑩点为四个四元溶剂。正相洗脱中,首选乙醚(Ⅰ组)、氯仿(Ⅷ组)及二氯甲烷

(Ⅴ组),以己烷作底剂;反相洗脱中,首选甲醇(Ⅱ组)、乙腈(Ⅵ组)及四氢呋喃(Ⅲ组),以水为底剂。不难理解,用这种方法设计的三角形上各点的溶剂强度基本一致,但不同溶剂系统的分离选择性却有很大差别。

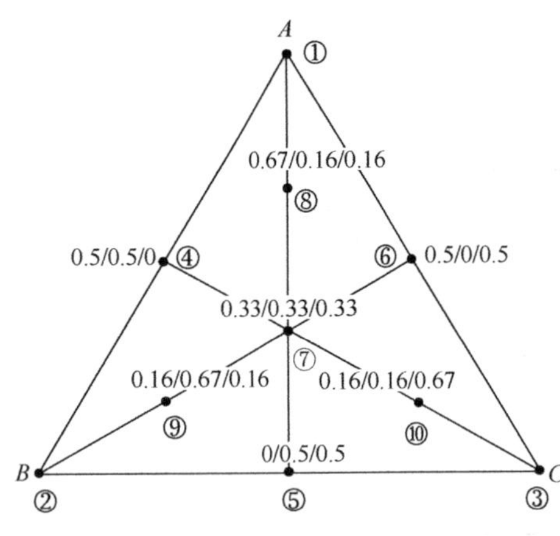

图 4-51　Clajch 三角形的 10 点溶剂设计

该法的基本步骤如下:

(1) 以某二元溶剂系统进行初试实验,调节混合溶剂的配比,使样品组分的 k 值在适宜范围内(如 1～10),据此确定①点溶剂组成,并计算其溶剂强度。

(2) 根据①点溶剂强度计算出②、③点溶剂系统的配比,再将①、②、③三个二元溶剂作为正三角形的三个顶点,按图 4-51 所标的比例,计算出④～⑥点三个三元溶剂的组成及⑦～⑩点四个四元溶剂的组成。

(3) 按①～⑦点溶剂组成配制流动相,分别进行色谱实验,并评价分离效果。例如,图 4-52 为采用 7 点溶剂设计技术分离 9 种取代萘的色谱图[23]。由图可见,用⑤点溶剂可将 9 种组分完全分离,则无需进一步优化。如果 7 点溶剂实验的结果均不理想,则转到步骤 4)或 5)。

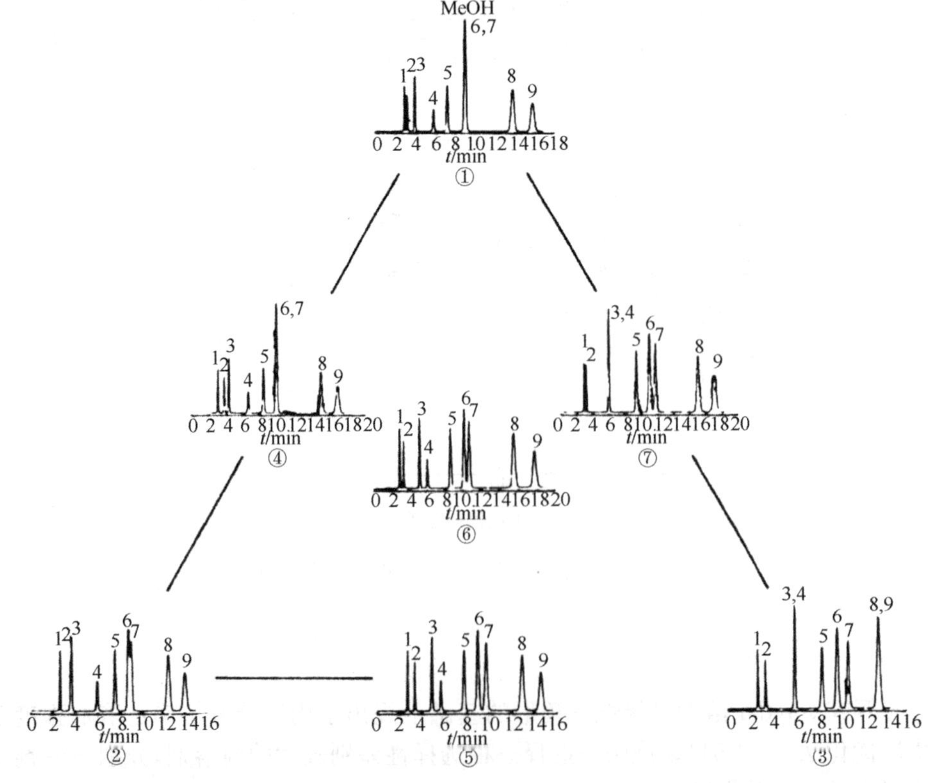

图 4-52　采用 7 点溶剂设计技术分离 9 种取代萘的色谱图

(4) 进一步优化可配制⑧～⑩点溶剂,也可在某一区域组成小三角形进一步搜索,如

图 4-51中的③、⑤、⑥点，或④、⑥、⑦点组成的小三角区域。

(5) 将①～⑦点的实验数据进行多项式回归计算，多项式模型可采用 $\ln k=\beta_0+\beta_1X_1+\beta_2X_2+\beta_3X_3+\beta_{12}X_1X_2+\beta_{23}X_2X_3+\beta_{13}X_1X_3$ 或 $\ln k=\beta_1X_1+\beta_2X_2+\beta_3X_3+\beta_{12}X_1X_2+\beta_{23}X_2X_3+\beta_{13}X_1X_3+\beta_{123}X_1X_2X_3$ 等，其中 X 为溶剂的体积分数，β 为待定系数。采用网格搜索法，逐点计算整个三角形区域的优化指标值，最后按寻找到的最佳溶剂系统进行实验。

Glajch 三角形法利用了二维空间的三角形来优化等溶剂强度的四元溶剂系统，但也有人认为，进行溶剂系统优化时无需预设溶剂强度，原则上有必要寻找四元溶剂系统的所有可能组成。后来，d'Agostino 在 Glajch 三角形法的基础上提出了四面体法[24]，即利用三维空间的四面体来描述四元溶剂系统的所有可能组成。该法选择三种选择性差别较大的纯溶剂与底剂组成正四面体(图 4-53)，四面体的每一个边代表相应两个纯溶剂组成的二元溶剂系统的配比。将四面体上底剂含量较大和较小的区域截掉，因为按该区域的溶剂配比进行色谱分离会导致分析时间过长或过短，这样就可得到一截棱锥，然后采用 12 点溶剂设计代替三角形法的 7 点溶剂设计进行寻优，如图 4-53 所示。

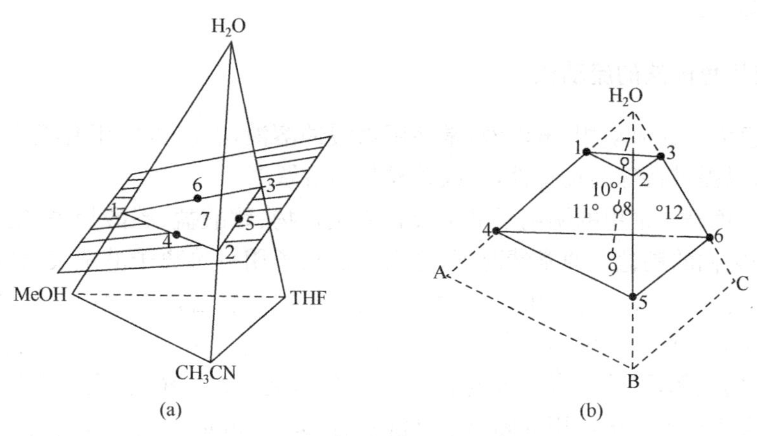

图 4-53　四面体法示意图

(a)四面体上的等洗脱面；(b)四面体法的 12 点溶剂设计

Glajch 三角形法及由此发展而得的四面体法都是基于 Snyder 溶剂选择性三角形来选择溶剂，再利用多项式逼近优化指标与溶剂配比之间的关系进行优化，其优化精度取决于多项式的拟合精度。两种方法所需实验次数较少，但通常要求对峰组分进行鉴别，故常用于已知样品的优化。

4.5.5　反相离子对色谱法的流动相[25]

反相离子对色谱法常用的流动相为甲醇-水或乙腈-水中加入少量的离子对试剂。离子对试剂的选择依赖于被分析样品的性质，分析碱类化合物常用磺酸盐类为离子对试剂，如庚烷磺酸盐、十二烷基磺酸盐等，分析酸类化合物常用季铵盐类为离子对试剂，如四丁基铵盐、十六烷基三甲基铵盐等。离子对试剂种类不同，其与组分形成的中性离子对在固定相上的保留程度也不同。对于同一类别的离子对试剂，其碳链长度越长，所形成的离子对越易在固定相上保留。长链离子对试剂如十二烷基磺酸盐、十六烷基三甲基铵盐等均为表面活性剂，其在低浓度时主要提供对离子，但浓度升高到临界值时，会形成胶束溶液，反而起到使缔合物产生胶束增溶作用，从而引起负效应。随着流动相中离子对试剂浓度的逐渐增加，样品组分的保留也逐渐增加到一极大值,若继续增加离子对试剂浓度,则样品组分的保留反而减少,这是因为离子对试剂的反离子如四丁基氯化铵(TBA^+Cl^-)中 Cl^- 与样品离子(如 COO^-) 竞争保留在(TBA^+)上。通常使用的离子对试剂的浓度为 10^{-4}～10^{-2} mol/L。

流动相的 pH 对弱酸或弱碱类组分的保留性质和选择性有较大的影响,但对强酸或强碱类组分的影响极小。由于弱酸碱的离子化程度随 pH 而改变,应调节流动相的 pH 使样品组分的离子化程度最大,从而使组分与离子对试剂形成的中性离子对在固定相上的保留最大。一般来说,pH 高于或低于组分的 pK_a 两个 pH 单位,有助于获得好的、尖锐的峰形,但需注意 pH 不能超出以硅胶为基质的烷基键合相所能承受的范围,一般应控制 pH 为 2～7.4,pH 太大或太小都会影响柱填料的稳定性。

在流动相中增加有机溶剂的比例,应考虑离子对试剂的反离子在流动相中的溶解度。常用的离子对试剂季铵盐类通常是氯化物盐,大部分易溶于甲醇,在乙腈中的溶解度较低,但如果水相的比例增大会使季铵盐的溶解度增加,一般流动相中含水量需达到 10%～20%。磺酸盐也易溶于甲醇,在乙腈中增加水的比例也可以解决问题,但十二烷基磺酸钠在乙腈中比在甲醇中的溶解度要大。

4.5.6 离子交换色谱法的流动相[26]

离子交换色谱法的流动相(淋洗液)常使用水缓冲溶液,有时也使用有机溶剂与水缓冲溶液的混合溶液,以提供特殊的选择性,并改善样品的溶解度。

抑制型离子色谱法常用的阴离子淋洗液有氢氧化物、硼酸盐、碳酸盐等,钠离子是较适合的阳离子,常用它们的钠盐。通常情况下,分离一价离子用一价离子淋洗液,分离二价离子用二价离子淋洗液。在阴离子淋洗液中,碳酸钠-碳酸氢钠混合溶液既含有一价淋洗离子,又含有二价淋洗离子,可用于多种混合阴离子试样的分离,是通用的阴离子淋洗液,通过改变 HCO_3^- 和 CO_3^{2-} 的比例,可改变淋洗液的 pH 和选择性,通过改变浓度,则可改变分离离子的洗脱速度。抑制型离子色谱法常用的阳离子淋洗液有:0.005mol/L 盐酸溶液用于一价阳离子的分离,0.0015mol/L 盐酸和 0.0015mol/L 间苯二胺的混合溶液用于碱土金属离子的分离。

用单柱非抑制型离子色谱法分离阴离子时,淋洗液通常采用 pH 4～9 的有机酸盐缓冲溶液,如苯甲酸盐水溶液适用于分离一价、二价阴离子,邻苯二甲酸盐水溶液可用于二价阴离子及强保留离子的分离,调整 pH 3～4,也可以作为分离乙酸、甲酸和琥珀酸等有机酸混合物的淋洗液,柠檬酸盐水溶液是一种较强的淋洗液,特别适用于强保留离子的分离。用单柱非抑制型离子色谱法分离阳离子时,盐酸、硝酸及高氯酸等淋洗液适用于碱金属的分离,间苯二胺和乙二胺的硝酸盐淋洗液适用于碱土金属的分离。

在离子交换色谱法中,流动相的影响因素可概括为以下几个方面:

(1) 淋洗液离子的浓度。淋洗液离子的浓度越高,组分离子的洗脱时间越短,其中二价离子的洗脱时间比一价离子缩短更明显,可能导致各离子的峰洗脱顺序改变。

(2) 淋洗液的 pH。淋洗液的 pH 影响离子交换功能基、淋洗液和组分离子的存在形式,一般来说,羧酸、弱酸的阴离子(如氟离子、磷酸根离子、硅酸根离子、硼酸根离子)和大多数胺类,受淋洗液 pH 影响较大,而强酸阴离子和强碱阳离子受 pH 影响较小。

(3) 有机改性剂。淋洗液中加入甲醇、乙腈、乙醇、糖醇、糖类和聚乙烯醇等有机改性剂可以改善疏水性离子对离子交换剂的亲和力、弱酸或弱碱组分的离子化程度、强保留组分的保留和色谱峰形、离子交换剂功能基和组分离子的溶剂化等,但是应注意所选改性剂的种类和浓度要与离子交换柱和抑制柱相匹配。甲醇作改性剂可以延长保留时间，改善峰的分离度；乙腈则会缩短保留时间，但在碱性条件下，乙腈会水解成乙酸和氨，乙酸会导致高的背景电导并改变淋洗液的组成，洗脱时引起大的基线波动。为避免淋洗液的降解，应将乙腈单独放置，按所需比例直接泵入系统。

（4）温度。离子交换过程为放热时，保留时间随温度的升高而缩短，离子交换过程为吸热时，保留时间随温度的升高而延长。一般地，弱保留多电荷阴离子（SO_4^{2-}、PO_4^{3-}等）的保留时间随温度的升高而延长，强保留单电荷阴离子（I^-、SCN^-等）的保留时间随温度的升高而明显缩短，而弱保留单电荷阴离子（IO_3^-、Br^-、NO_3^-等）的保留时间可能延长，也可能缩短。

离子排斥色谱法中淋洗液的主要作用是改变溶液的 pH，控制有机酸的解离。淋洗液的 pH 越小，即淋洗液的浓度越高，离子的保留时间越长。最简单的淋洗液是去离子水，可用来分离碳酸盐，为改善纯水中有机酸拖尾现象，可使用酸性的流动相。常用的分析有机酸的淋洗液有盐酸、硫酸等矿物酸，全氟羧酸、脂肪磺酸、芳香酸等有机酸，以及多元醇、糖等非酸亲水性淋洗液。

选择流动相时应充分考虑样品组分的酸性、极性、溶剂化性质及检测器类型等因素。例如，如果使用 Ag^+ 型阳离子交换剂作抑制柱填料时，只能选择盐酸作为淋洗液；如果采用直接紫外检测，最好选择硫酸作为淋洗液；如果采用间接紫外检测，最好选择芳香酸作为淋洗液；如果采用抑制型电导检测，可选择浓度范围为 0.0005 ～0.01mol/L 的烷基磺酸（辛烷磺酸、甲基磺酸、己烷磺酸等）或全氟羧酸（十三氟庚酸、全氟丁酸等）作为淋洗液；如果采用非抑制型电导检测，常用芳香酸淋洗液，对摩尔电导较低的弱酸，为了提高其电导检测灵敏度，可在淋洗液中加入少量“衍生剂”，如在分析硼酸时，利用硼酸可以与多元醇或 α-羟基酸反应生成酸性较强的配合物的特点，可选择酒石酸和甘露醇的混合溶液作淋洗液。

4.5.7　凝胶色谱法的流动相[27]

在凝胶色谱法中，样品组分的保留值和分离选择性与流动相的性质无关，因此在选择流动相时主要考虑以下几点：

（1）用作流动相的溶剂应对样品有较好的溶解能力。

（2）用作流动相的溶剂不能使凝胶填料收缩或溶胀。

（3）流动相应与所使用的检测器相匹配。使用示差折光检测器时，应使流动相的折光指数与被测样品组分的折光指数尽可能有较大的差别，以提高检测的灵敏度；使用紫外检测器时，应使用在检测波长下无吸收的溶剂作流动相。

（4）由于高分子样品的扩散系数小，应尽可能采用低黏度溶剂。

在凝胶过滤色谱法中，一般采用水溶液或缓冲液作为流动相。当使用亲水性有机凝胶（葡聚糖、琼脂糖、聚丙烯酰胺和改性硅胶等）作固定相时，为消除吸附作用与疏水作用，通常向流动相中加入少量无机盐，如 NaCl、KCl 和 NH_4Cl 等，使用钠、钾、铵的硫酸盐或磷酸盐的效果更好。当需洗脱生物大分子蛋白质时，可向流动相中加入 6mol/L 盐酸胍（CH_5N_5 · HCL）、8mol/L 脲或 0.1%十二烷基磺酸钠、聚乙二醇 6000 或聚乙二醇 20000 等改性剂（或称变性剂），并在低流速（0.25～0.5mL/min）下进行洗脱。当使用硅胶基质凝胶时，为防止破坏硅胶键合相，应使流动相的 pH 保持在 4～8。

在凝胶渗透色谱法中，最常用的流动相是四氢呋喃，因为四氢呋喃对样品具有良好的溶解性能且其黏度低，此外还有二甲基甲酰胺、邻二氯苯、三氯苯和间甲酚等，这些溶剂可在高柱温下使用，而强极性的六氟异丙醇、三氟乙醇、二甲基亚砜等可用于粒度小于 10μm 的硅质凝胶柱。凝胶渗透色谱法中常用溶剂的性能见表 4-14。

表 4-14 凝胶渗透色谱法常用的流动相

溶剂	物理性质				使用温度/℃
	沸点/℃	动力黏度/(mPa·s)	折射率/$n_D^{20℃}$	无 UV 吸收下限/nm	
四氢呋喃	66	0.55	1.4070	220	25～45
N,*N*-二甲基甲酰胺	150	0.09	1.4280	295	25～85
邻二氯苯	180	1.26	1.5515	294	25～100
1,2,4-三氯苯	213	1.89	1.5717	307	130～160
氯仿	61.7	0.58	1.4460	254	25
甲苯	110.6	0.59	1.4969	285	25～70
六氟异丙醇	58.2	1.02	1.2752	190	25～40
二甲基亚砜	189	2.24	1.4770	260	25～100
二氧六环	101.3	1.44	1.4221	215	25～60

4.5.8 手性色谱法的流动相[28]

1. 手性试剂衍生化法

由于该法采用常规 HPLC 色谱柱，所以流动相的选择可参考化学键合相色谱法流动相的选择。

2. 手性固定相法

使用 Pirkle 手性固定相时，一般采用正相色谱体系，流动相主要由正己烷和异丙醇组成，有时也采用四氢呋喃和其他氢键受体溶剂，其中异丙醇的比例为 0.2%～20%。流动相的 pH 范围为 2.5～7.5。如果被分离组分是酸性或碱性较强的物质，可在流动相中添加改性剂以改善峰形和提高分离度。拆分酸性化合物时常用的改性剂为乙酸或乙酸铵；拆分碱性化合物时常用的改性剂为三乙胺、二乙胺或乙酸铵。一般改性剂的加入量不超过 0.1%。需特别注意的是，使用 Pirkle 手性固定相时，流动相中应禁止使用三氟乙酸。

使用聚合物手性固定相分析中性样品时，选择甲醇-水、乙腈-水作流动相；分析酸性样品时，选择乙酸、三氟乙酸、甲磺酸、乙磺酸等酸性溶剂代替水；分析碱性样品时，选择三乙胺、碱性缓冲盐等碱性溶剂作流动相。正相条件下，常用正己烷-异丙醇和正己烷-乙醇作流动相，也可加入四氢呋喃、三氯甲烷等改性剂。为改善峰形或提高分离度，对于酸性、碱性药物的分离常加入三氟乙酸、二乙胺作为调节剂。

使用蛋白质手性固定相时，由于蛋白质易变性，只能用温和的水相缓冲液作流动相，通常可以在流动相中加入少量改性剂来调整样品组分在色谱柱上的保留行为，常用的改性剂可分为四类:①中性有机改性剂,如异丙醇、乙醇、丙醇、正丁醇、乙腈和四氢呋喃等;②阳离子有机改性剂,如 *N*,*N*-二甲基辛铵和溴化四丙铵等;③阴离子有机改性剂,如脂肪酸和链烷磺酸等;④无机离子改性剂,如氯化钠和氨水等。改性剂一般会减弱固定相和样品组分间的疏水作用,导致溶质的保留时间缩短。

3. 手性流动相添加剂法

采用手性包含复合法时,常用流动相添加剂为环糊精、手性冠醚和(去甲)万古霉素等,用环糊精作添加剂时,常采用反相色谱体系,能在较宽的 pH 范围内保持稳定,在分离脂溶性较强的化合物时,可在水性流动相中添加甲醇、二甲基甲酰胺、二甲亚砜和乙腈等有机溶剂,但应注意环糊精在有机溶剂与水混合溶液中的溶解度。用万古霉素作添加剂时,增加万古霉素浓度可使选择系数和分离度明显增加;增大有机溶剂含量,则分离选择性会变差。因此,在保证适当保留时间的前提下,应尽量减少有机溶剂的用量以提高分离效率。

采用手性配合交换色谱法时,流动相中金属离子一般选择 Cu(Ⅱ),用二齿配位体作为添加剂时,流动相中金属离子/配位体的比率应为 1∶2;若为四齿配位体时,则其比率应为 1∶1。随着流动相中二元配合物浓度的逐渐增加,样品组分的容量因子、选择性和分离度也相应增大,但浓度增加到一定程度后,变化将趋于平缓。调节流动相的 pH,可以改变氨基酸类添加剂的解离平衡,从而影响金属螯合离子的分布平衡,在较高 pH 下,金属离子会发生水解,产生氢氧化物沉淀。流动相中还可加入有机改性剂,如甲醇、乙腈、四氢呋喃和 1,4-二氧六环等,以缩短保留时间。降低流动相中改性剂的含量可以延长样品组分的保留时间并提高异构体的分离度。另外,增加离子强度可以减少强脂溶性化合物的保留时间。

采用手性离子对色谱法时,常用的手性反离子有奎宁、奎宁丁、10-樟脑磺酸、*N*-苯甲酰氧基羰基-甘氨酸-L-脯氨酸、*N*-苄氧羰基-*S*-苯基-L-半胱氨酸甲酯、酒石酸衍生物等,流动相常用二氯甲烷加少量醇、水、乙腈等极性成分进行修饰。在正相中可用三种极性不同的溶剂组合优化分离度。常用的中等极性溶剂有二噁烷、四氢呋喃、氯代烃烷(三氯甲烷、二氯甲烷)等;疏水性溶剂有正己烷等,疏水性溶剂可改变保留值,对立体选择性无影响;极性组分有戊醇等,极性组分主要影响柱效,对立体选择性影响较小。

4.5.9　亲和色谱法的流动相[27]

亲和色谱法多用于分离和纯化生物分子,以极性化合物居多,少数还具有生物活性,因此使用的流动相多为 pH 接近中性的稀缓冲液,并在较温和的条件下洗脱,以保持样品组分的生物活性。缓冲溶液体系主要由无机和有机弱酸或弱碱与其相应的盐的水溶液组成,如磷酸盐、硼酸盐、乙酸盐、柠檬酸盐缓冲溶液体系,三(羟甲基)氨基甲烷(Tris)与盐酸、顺丁烯二酸构成的缓冲溶液体系,为保持生物大分子的活性,生物研究中常用氢离子缓冲物(good's buffers),如 HEPES[*N*-(2-羟乙基)-*N*-(2-磺化乙基)]-哌嗪、TEEN(*N*,*N*,*N*′,*N*′-四乙基乙二胺)、CHES[2-(环已基氨基)乙基磺酸]、CAPS[3-(环已基氨基)丙基磺酸]等。常用的无机和有机弱酸或弱碱及其盐构成的缓冲体系见表 4-15。

在亲和色谱法中,具有不同 pH 的缓冲液可使络合物解离,从而将被分析的生物分子洗脱,但是应注意所采用的 pH 条件是否会使样品分子失去生物活性。为减轻生物分子与亲和色谱固定相产生的非特异性相互作用,实现样品分子的顺利洗脱,可在流动相中添加 0.1～1.0mol/LNaCl 溶液,也可以加入极少量的有机改性剂,如甲醇、乙腈、二氧六环、四氢呋喃、乙二醇、二甲基甲酰胺等。为加速蛋白质分子从亲和色谱固定相上洗脱，可以在流动相中加入硫氰化钾、脲、盐酸胍、三氯乙酸等离液序列试剂，浓度约为 10mmol/L。

表 4-15 常用的无机和有机弱酸或弱碱及其盐构成的缓冲体系

化合物	pK_a	化合物	pK_a
草酸	1.23(pK_{a1})	谷氨酸	4.32
	4.19(pK_{a2})	乙酸	4.74
磷酸	2.12(pK_{a1})	咪唑	7.00
	7.21(pK_{a2})	麦黄酮	8.05
	12.32(pK_{a3})	甘氨酰胺(氯化物)	8.220
丙二酸	2.90(pK_{a1})	甘氨酰甘氨酸	8.25
	5.70(pK_{a2})	三(羟甲基)氨基甲烷(Tris)	8.30
琥珀酸	4.19(pK_{a1})	吗啉	8.49
	5.57(pK_{a2})	硼酸	9.24
柠檬酸	3.06(pK_{a1})	氢氧化铵	9.26
	4.74(pK_{a2})	碳酸铵	6.35
	5.40(pK_{a3})	甲酸	3.74
2-羟基异丁酸	3.97	亚氨基二乙酸	2.33

4.6 高效液相色谱仪

高效液相色谱仪(简称液相色谱仪)由输液泵、进样器、色谱柱、检测器及工作站等组成(图 4-54)。输液泵、色谱柱及检测器是仪器的基础部件。

4.6.1 输液泵

在高效液相色谱中是利用输液泵实施流动相的输送任务。输液泵的种类很多，按输出液体的情况，可分为恒压泵及恒流泵两大类。按恒流泵结构的不同，可分为螺旋泵及往复泵两种。往复泵又分为柱塞往复泵及隔膜往复泵。恒压泵流量受柱阻影响，流量不恒定，螺旋泵的缸体太大，这两种泵已经淘汰。目前，都用柱塞往复泵。

1. 柱塞往复泵

柱塞往复泵(图 4-55)的偏心轮带动柱塞向后(右)运动，单向阀$_1$封闭，单向阀$_2$打开，储液瓶中的液体吸入缸体。向前(左)运动，单向阀$_2$封闭，单向阀$_1$打开，液体输出，流向色谱柱。如此前后往复运动，将流动相源源不断地输送到色谱柱中。分析型的柱塞往复泵的容积一般只有 1mL 左右，容易清洗和更换流动相。

柱塞往复泵属于恒流泵，流量不受柱阻影响。一般高效液相色谱仪最高泵压为 40MPa(约 400kg/cm^2)。这类泵的优点很多，但输液的脉动性较大是其缺点。商品超高效液相色谱仪(ultra-performance liquid chromatograph, UPLC)的输液泵的最高泵压可达 103MPa(15 000psi)，将另外介绍。

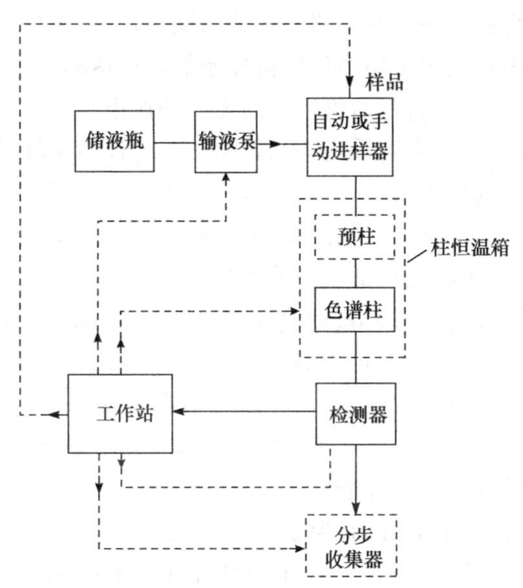

图 4-54　高效液相色谱仪方块图

“[ ]”表示不是所有仪器都具有的装置；虚线表示可由工作站控制

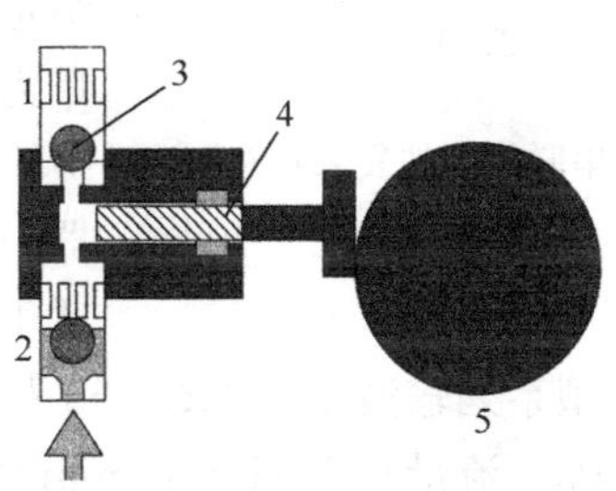

图 4-55　柱塞往复泵示意图[29]

1. 单向阀$_1$；2. 单向阀$_2$；3. 宝石球；4. 柱塞；5. 偏心轮

目前多采用双泵补偿法克服脉动性。按泵连接方式分为并联式[图 4-56(a)]与串联式[图 4-56(b)]，后者较多，因为串联式可节约一对单向阀，便宜。

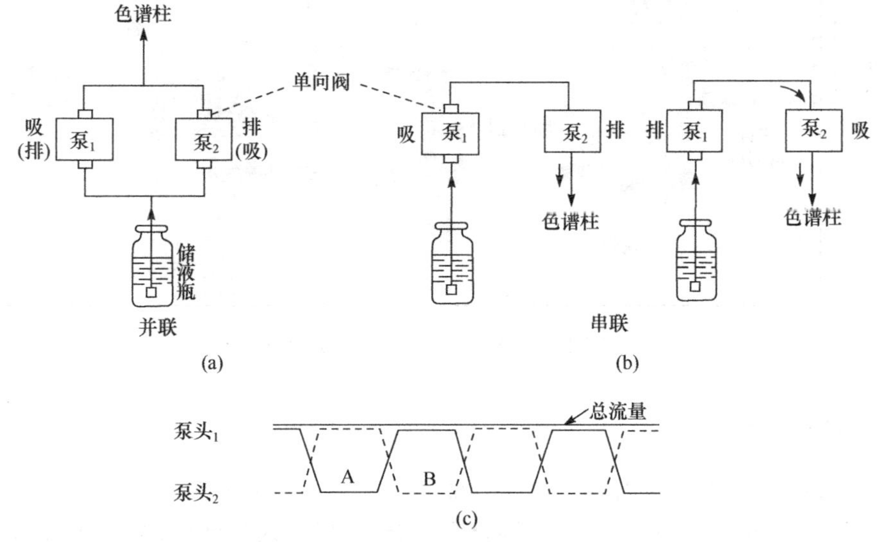

图 4-56　柱塞往复泵的两种连接方式

(a)并联式；(b)串联式(其泵$_2$ 无单向阀)；(c)双柱塞并联往复恒流泵排液特性(实际总流量曲线与两个泵的 1/2 流出曲线重叠)

串联补偿法是将两个柱塞往复泵串联(图 4-57)，泵$_1$的缸体容量比泵$_2$大一倍，两者的柱塞运动方向相反。当泵$_1$吸液时，泵$_2$排液；当泵$_1$排液时，泵$_2$吸取泵$_1$输液的 1/2，另 1/2 量输出。如此，往复运动，泵$_2$弥补了在泵$_1$吸液时的压力下降，减小了输液脉冲。由于一般双柱塞串联泵的两个泵头的柱塞，是通过在偏心轮上所处的位置不同而一个吸液，一个排液。因偏心轮由一个马达驱动，势必有排液的死角，因此虽有补偿，仍有一定的脉动性[图 4-56(c)]。

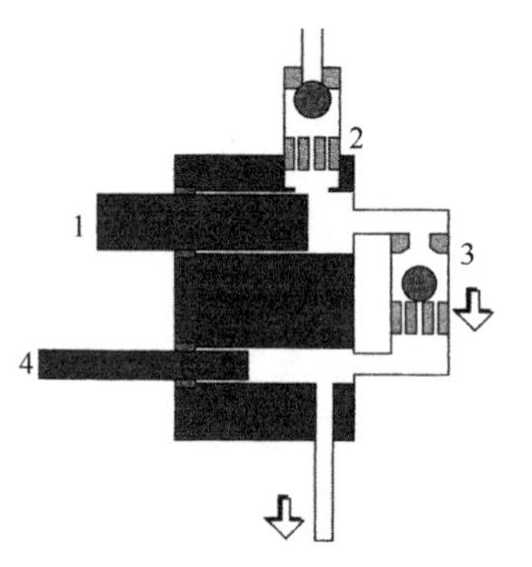

图 4-57 串联柱塞往复泵示意图[29]
1. 泵$_1$；2. 单向阀$_1$；3. 单向阀$_2$；4. 泵$_2$

为了克服一般串联泵仍有脉冲的缺点，近年来生产的新型双柱塞串联泵多采用由计算机控制的双马达驱动，一个马达驱动一个泵头的柱塞，可以实现无脉动输出。

新型输液泵，有的采用小凸轮驱动短行程柱塞杆及步进电机细分控制技术，还有的在泵$_1$与泵$_2$之间增加了一个阻尼器，以实现无脉动输出，如图 4-58为 Agilent1200 输液泵[30]。

总之，高效液相色谱仪对输液泵的要求是：无脉动、流量恒定、流量可以自由调节、耐高压。分析型仪器输液泵的流量为 0.001～10.000mL/min，流量精密度 RSD＜0.3%（高级输液泵的 RSD 可达±0.075%）。最高输液压力：一般仪器为 40MPa，高档仪器可达 60MPa。除此，还要求耐腐蚀、适于进行梯度洗脱等性能。

1200 型系列输液泵[30]（图 4-58 左）在流量 5mL/min 内，为 60/40MPa；在流量 5～10mL/min 时为 20MPa。流量 0.5～10mL/min 可用于内径 3.0mm 或 4.6mm 以至于 10mm 的常规分析或半制备的色谱工作。

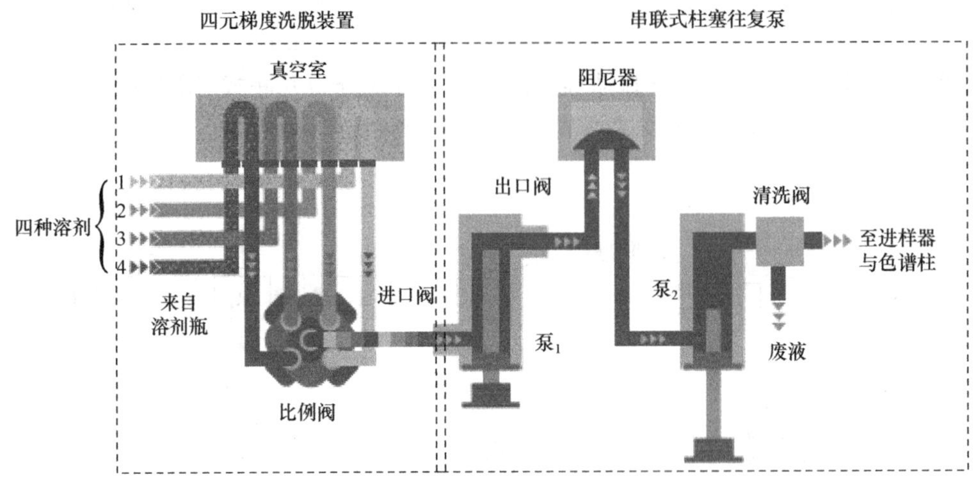

图 4-58 Agilent 1260 型四元泵

2. 梯度洗脱装置

按多元流动相的加压与混合顺序，可分为高压与低压梯度两种洗脱装置。高压梯度通常是用两台高压泵将溶剂增压后送入梯度混合室混合，然后送入色谱柱（图 4-59）；低压梯度是在常压下用比例阀先将溶剂按程序混合，而后由输液泵增压送入色谱柱（图 4-60）。多溶剂（多元）单泵及低压梯度是目前多数仪器采用梯度洗脱装置。高档高效液相色谱仪的输液泵与梯度装置组成一个整体。例如，Agilent 1260 四元泵[30]（图 4-58）具有四元低压梯度装置。

现代高效液相色谱仪的输液泵的梯度洗脱装置，都由计算机控制。梯度洗脱曲线的形状可以是线形、弧线形（凹、凸）或阶梯形，由分析工作者按需设定，由计算机执行。各种梯度曲线对分离的影响不同，梯度速率对分离效果也有明显影响。梯度洗脱程序一般是以等强度洗脱的结果为基础，通过实验确定的。高级高效液相色谱仪的梯度洗脱的重复性可以达到 2%

(RSD),简易仪器的重复性不如恒组成洗脱。

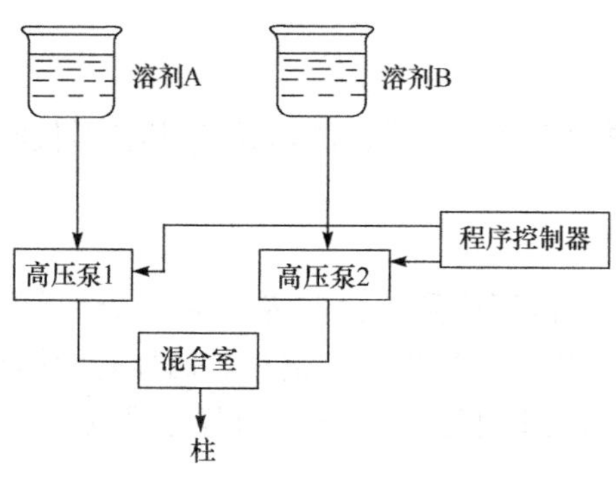

图 4-59 高压梯度流程示意图

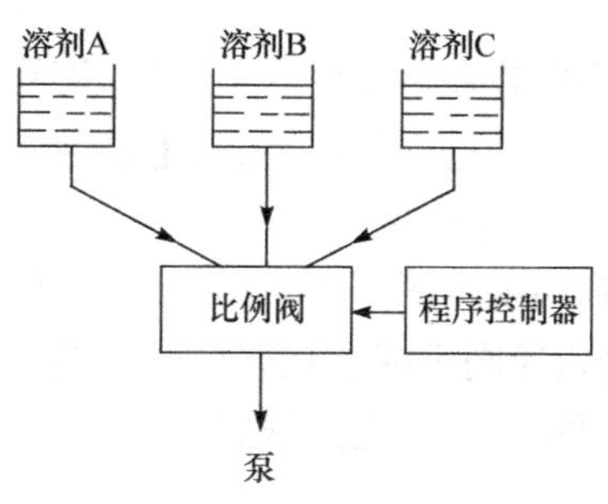

图 4-60 低压梯度流程示意图
(溶剂瓶 2～4 个)

3. 梯度洗脱方程式[31]

当样品中存在各种类型的组分时,我们很难用等度洗脱(恒定流动相组成)在适当时间内让所有组分都得到分离。梯度洗脱是一个随时间改变流动相洗脱强度的过程。使每个组分都能在流动相适宜的洗脱强度下被洗脱。从而,不但加快分析速度,而且改善峰形(峰宽变窄与峰高增加),增加定量结果的准确性。在自动进样的 HPLC 仪器,梯度洗脱定量结果的精密度与准确性都完全合乎要求。

在等度洗脱中,$k=KV_s/V_m$ 或 $k=(t_R-t_0)/t_0$,在色谱柱规格、性质与实验条件一定时,V_s/V_m一定,容量因子 k 由组分的分配系数 K 确定。在等度洗脱中,以 $k=3\sim5$ 或$(3\sim10)$为流动相的最佳洗脱强度。

在梯度洗脱过程中,保留时间与容量因子(k^*)都与等度洗脱不同。k^* 不但与组分的分配系数有关,还与流速(F)、梯度时间(t_G)、流动相的组成变化有关。对容量因子(k^*)的影响,可由梯度洗脱方程式(简称梯度方程)描述。如何保持各个组分的容量因子恒定,梯度方程式(4-37)给出了方向性的启示。

$$k^*=\frac{t_G F}{S\Delta\phi V_0} \tag{4-37}$$

式中:k^* 为组分在梯度洗脱时的容量因子(梯度保留因子);t_G 为梯度时间;S 为常数;$\Delta\phi$ 为梯度组成;V_0 为色谱柱的死体积。

在梯度方程中,梯度组成 $\Delta\phi$ 即二元流动相中,B 溶剂的体积变化。在梯度洗脱中,如需改变洗脱方程的分子则需按比例改变分母,反之亦然。式中,S 与所分离的分子大小有关。小分子的 S 值为 4～6;多肽和蛋白质的 S 值为 10～1000,相对分子质量越大,S 值越大。在使用不同柱长的色谱柱时,或为了实现高通量而选用短柱,或使用细内径柱(如用于质谱检测)时 V_0 不同,则必须按比例缩短梯度时间(t_G)或减小流速(F),以补偿柱死体积(V_0)的减少。使用相同规格的色谱柱时,如果想保持相同的梯度斜率和 k^* 值时,则需在梯度时间(t_G)内按比例调整流动相的梯度组成或改变流速(F)。

4.6.2 色谱柱系统

色谱柱是色谱仪最重要的部件。完整的色谱柱系统包括进样器、色谱柱、柱的进出口接头及至检测器的导管等。现选其主要部分叙述如下。

1. 进样器

进样器装在色谱柱的入口处，简易液相色谱仪配置六通进样阀，高级液相色谱仪配有自动进样器。自动进样器效率高、重复性好。

1）六通进样阀

六通阀示意图如图 4-61 所示。在状态(a)位置，用微量注射器将样品注入储样管。进样后，转动六通阀手柄至状态(b)，储样管内的样品被流动相带入色谱柱。储样管的体积固定，可按需更换。用六通进样阀进样，具有进样量准确、重复性好、可带压进样等优点。

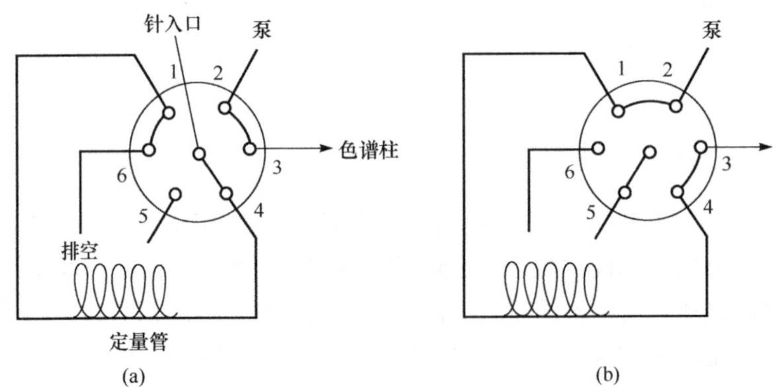

图 4-61　六通阀示意图

(a)充满定量管；(b)进样

2）自动进样器

将配制好的样品装入自动进样器的样品瓶中，设定进样程序(进样量、进样次数及顺序等)，由工作站自动执行进样程序。图 4-62 是 Agilent 1100 系列自动进样器的内部结构示意图。

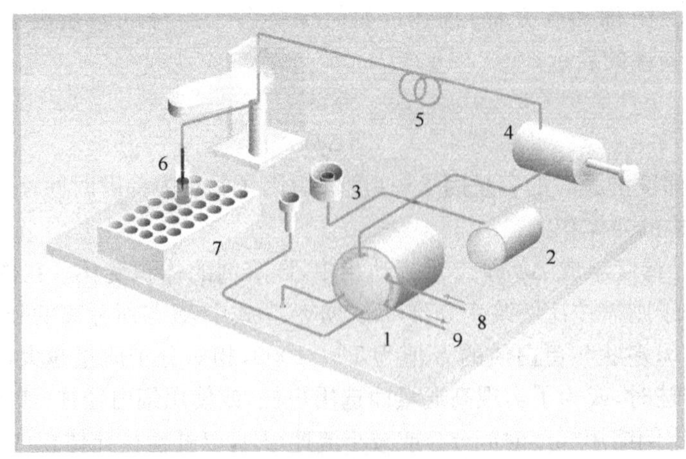

图 4-62　Agilent 1100 系列自动进样器

1. 进样阀；2. 蠕动泵；3. 冲洗口；4. 计量器；5. 样品环；6. 进样针；7. 样品管架；8. 由泵来；9. 至色谱柱

1100 型自动进样器的性能参数　样品管：2mL(或 1.8mL)×100 个；进样范围：0.1 ～

100μL(增量 0.1μL);重复进样:1 个样品瓶可重复进样 1～99 次;精密度:1～5μL 的峰面积的 RSD<1%,5～100μL 的峰面积的 RSD<0.5%。

2. 色谱柱

1) 色谱柱的规格

色谱柱由柱管与固定相组成,柱管多用不锈钢制成,管内壁要求具有很高的光洁度。固定相采用匀浆法高压装柱。商品色谱柱按规格不同分为一般分析型、超高效及制备型液相色谱柱等类别。

(1) 一般分析型柱。

常量柱:内径(i.d.)2～4.6mm,柱长 10～25cm;固定相粒径 3～5μm。半微量柱:内径1～1.5mm,柱长 10～20cm。

(2) 制备柱 分为半制备柱、制备柱及大型制备柱等类别。

半制备柱(实验室制备型柱):内径 8～10mm,柱长 15～25cm;固定相粒径 5～20μm。

制备柱:内径 20～50mm,柱长 15～25cm;固定相粒径 5～20μm。

大型制备柱:内径通常为 100～800mm,甚至可以达到 1m,长度范围在 25～50cm,一般填装颗粒直径为 10μm 以上的填料。大型制备柱属于制备色谱法的内容,详见第 7 章。

(3) 超高效色谱柱:内径 2.1mm,柱长 5～10cm,常用固定相粒径为 1.7μm。详见本章 4.6.10 节超高效液相色谱仪。

2) 色谱柱的柱效评价

色谱柱的柱效评价可以了解所用色谱柱是否合乎要求。《中国药典》2010 年版附录中规定,用高效液相色谱法建立分析方法时,需进行"系统适用性试验",给出分析状态下色谱柱(应达到的)最小理论塔板数、分离度、重复性和拖尾因子。分析样品时,需检验柱性能是否合乎要求,可见柱效评价的重要意义。

常用色谱柱柱效评价共有条件:流动相流量 1mL/min,进样量 10pg(简易仪器,1μg),其他具体条件见表 4-16。

表 4-16　评价各种常用色谱柱的样品及其操作条件[32]

色谱柱	样品	流动相(体积比)	进样量/pg	检测器
烷基键合相柱(C_8,C_{18})	苯、萘、联苯、菲	甲醇-水(83∶17)	10	UV 254nm
苯基键合相柱	苯、萘、联苯、菲	甲醇-水(57∶43)	10	UV 254nm
氰基键合相柱	三苯甲醇、苯乙醇、苯甲醇	正庚烷-异丙醇(93∶7)	10	UV 254nm
氨基键合相柱(极性固定相)	苯、萘、联苯、菲	正庚烷-异丙醇(93∶7)	10	UV 254nm
氨基键合相柱(弱阴离子交换剂)	核糖、鼠李糖、木糖、果糖、葡萄糖	水-乙腈(98.5∶1.5)	10	示差折光
—SO_3H 键合相柱(强阳离子交换剂)	阿司匹林、咖啡因、非那西丁	0.05mol/L 甲酸胺-乙醇(90∶10)	10	UV 254nm
R_4NCl 键合相柱(强阴离子交换剂)	尿苷、胞苷、脱氧胸腺苷、腺苷、脱氧腺苷	0.1mol/L 硼酸盐溶液(加 KCl)(pH 9.2)	10	UV 254nm
硅胶柱	苯、萘、联苯、菲	正己烷(无水)	10	UV 254nm

死时间测定 反相色谱柱用苯磺酸钠水溶液；正相色谱柱用四氯乙烯。

按表 4-16 的条件，测得各组分的 $W_{1/2}$ 及 t_R，求出理论塔板数 n 及相邻组分的分离度 $R(\geqslant 1.5)$。

一般液相色谱柱柱效指标 填料粒径为 3μm、4μm、5μm、7μm 或 10μm 时，柱效应分别大于 8×10^4/m、6×10^4/m、5×10^4/m、4×10^4/m 及 2.5×10^4/m。

3）色谱柱的再生

色谱柱的价格较贵，再生可以延长使用柱寿命。反相与正相色谱柱的一般再生方法如下所述。

(1) 反相色谱柱。以甲醇-水(95：5，体积比)、纯甲醇、一氯甲烷、氯仿、甲醇为流动相，依次冲洗，顺序不得颠倒。每种流动相的冲洗体积应 20 倍于柱体积。然后，再以相反顺序依次冲洗。

(2) 正相化学键合相柱。用四氢呋喃、甲醇、四氢呋喃、二氯甲烷及无苯正己烷依次冲洗[33]。顺序不得颠倒，每种流动相的冲洗体积应 20 倍于柱体积。

(3) 硅胶柱。以严格脱水的正己烷、异丙醇、一氯甲烷及甲醇为流动相，依次冲洗，顺序不得颠倒。其他步骤同上。

3. 色谱柱切换装置

色谱柱切换装置是实现色谱-色谱联用(多维色谱)很方便的部件。有关两谱联用的重要意义，见本书第 10 章。图 4-63 是常见的色谱柱切换阀示意图。一般用两个六通阀连接多根色谱柱，改变六通阀的通向，可以很方便地实现按需更换色谱柱。

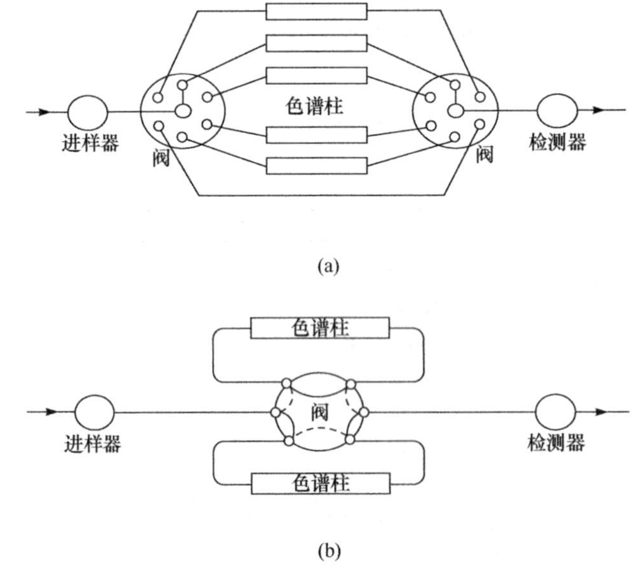

图 4-63 色谱柱切换装置

(a)多柱切换阀的流路；(b)双柱切换阀流路

4.6.3 检测器概述

高效液相色谱仪的检测器是检测色谱过程中组分的浓度(或质量)随时间变化的部件。要求检测器具有灵敏度高、噪声低、线性范围宽、重复性好、适用化合物的种类广等性能。

分类　按流动相进入检测器中组分的浓度或质量与检测器输出信号的关系,可分为浓度型与质量型检测器。浓度型检测器如紫外检测器、荧光检测器、电导检测器、化学发光检测器及示差折光检测器等;质量型检测器如质谱检测器、蒸发光散射检测器及安培检测器等。

也可按工作原理分为光学检测器、电化学检测器及质谱检测器等类别。还可分为专属型与通用型两类。如紫外检测器、荧光检测器、电化学检测器及化学发光检测器等为专属型检测器。示差折光检测器、蒸发光散射检测器及质谱检测器等为通用型检测器。虽然示差折光检测器是通用型检测器,但检测灵敏度较低,通常可用蒸发光散射检测器代替。

目前,应用最多的是紫外检测器(UVD),其次是荧光检测器(FD)、电导检测器(ECD)及蒸发光散射检测器(ELSD)等。质谱检测器给出的信息最多,灵敏度最高,是定性分析最重要的检测器,其内容将在本书第 11 章液相色谱-质谱联用技术中介绍。

各种高效液相色谱检测器的性能见表 4-17。

表 4-17　常用高效液相色谱检测器的性能比较

性能	紫外-可见	荧光	蒸发光散射	示差折光	安培	电导
类型	选择型	选择型	通用型	通用型	选择型	选择型
梯度洗脱	可以	可以	可以	不可以	不可以	可以
线性范围	10^5	约 10^3	较小	10^4	10^6	$10^3 \sim 10^4$
灵敏度/(g/mL)	10^{-10}	10^{-11}	10^{-9}	10^{-7}	10^{-12}	10^{-8}
对流速变化	不敏感	不敏感	不敏感	不敏感	敏感	不敏感

4.6.4 紫外检测器

紫外检测器(ultraviolet detector,UVD 或 UV)是高效液相色谱仪配置最普遍的检测器。

检测原理　检测样品组分通过流通池时对特定波长紫外线的吸收,引起透过光强的变化,而获得浓度-时间曲线。浓度与吸光度的关系服从 Lambert-Beer 定律。检测系统由光源、流通池(池体积一般为 8μL)、检测元件及工作站等组成。

紫外检测器的特点　①灵敏度高。最高可达 0.001Abs/FS(FS 是 full scale 或 AUFS——满量程吸光度单位);噪声低,最小检出量可达 $10^{-12} \sim 10^{-7}$g。②不破坏样品,能与其他检测器串联,可用于制备。③对温度及流动相流量波动不敏感,可用于梯度洗脱。④属浓度型检测器(特点见本书第 3 章气相色谱法)。

紫外检测器的弱点　①只能检测有紫外吸收的样品(无紫外吸收的样品,有时可以用反吸收法检测);②流动相的选择有一定限制,检测波长必须大于流动相的截止波长。

紫外检测器的应用范围　主要用于检测具有 π-π 或 p-π 共轭结构的化合物,如芳烃与稠环芳烃、芳香基取代物、芳香氨基酸、核酸、甾体激素、羧基与羰基化合物等。检测只含有 p-π 共轭结构的化合物(脂肪羧酸、酮及醛等)时,需用末端吸收。常见官能团的紫外吸收范围见表 4-18,以资在选用紫外检测器时参考。

表 4-18　常见官能团的紫外吸收范围

最大吸收波长范围	官能团
在 230mm 以下	C═C　C—C　C═C—C═C C≡C　C═S　S—H　O═C—OH
230～270nm	C═O　苯环　杂环
270～320nm	环氧基（C—C—C(═O)）　O═C—C═O　三元环（N—N═N） N═O　萘　苯乙烯（Ph—C═C）
在 320nm 以上	N═N　C═C—C(═O)—C═C　蒽

截止波长　用 1cm 光径的吸收池装入待测溶剂，用空气为参比，改变照射波长，当吸光度 $A=1$时，此时的波长称为该溶剂的截止波长。常用色谱纯溶剂的截止波长(nm)：水 190、乙腈 210、甲醇 210、正己烷 210、乙醚 220、四氢呋喃 220、二氯甲烷 230 及氯仿 245(表 4-19)。另有以水为参比的截止波长，数据不同。

表 4-19　常用溶剂的截止波长

溶剂	截止波长/nm	溶剂	截止波长/nm
水	190	甲酸乙酯	260
甲醇	210 (205)	乙酸丁酯	255
己烷	210	丙酸乙酯	255
庚烷	210	乙酸乙酯	260
乙腈	210 (190)	乙酸甲酯	260
环己烷	210	四氯化碳	265
环庚烷	210	苯	280
庚烷	210	甲苯	285
乙醚	220	四氯乙烯	290
四氢呋喃	220 (212)	间二甲苯	290
二氧六环	220	吡啶	305
二氯甲烷	230	丙酮	330
丁醚	235	溴仿	360
氯仿	245	二硫化碳	380

了解溶剂的截止波长，有助于在使用紫外检测器时，能正确选择溶剂系统。例如，当检测波长为 220nm 时，只能选用小于此截止波长的溶剂，如正戊烷、水、甲醇、乙腈等溶剂，而不能用截止波长≥220nm 的溶剂，如二氯甲烷、四氢呋喃及氯仿等纯溶剂或其高配比溶剂系统为流动相。因为，若用截止波长大的溶剂系统，流动相的本底吸收高，而影响组分的检测。

紫外检测器的类型　分为三种：固定波长型、可变波长型及二极管阵列检测器。

固定波长检测器是光源波长固定的光度计，一般波长为 254nm，相当于定波长紫外光度计。由于这类检测器的波长不能调节，不能选择在被测组分的最佳吸收波长下检测，除有些制备型高效液相色谱仪器还配置外，已基本淘汰。

1. 可变波长紫外检测器

可变波长紫外检测器(UVD)是一台紫外-可见分光光度计或紫外分光光度计，波长可按需要选择。可选择被测组分的最大吸收波长为检测波长，以增加检测灵敏度。但由于光源是通过单色器分光后再照射到样品上，照射光的强度相应减弱。因此，这类检测器对检测元件(光电转换元件)及放大器都有较高的要求。UVD 是当前高效液相色谱仪配置最多的检测器。其光学结构与一般的紫外分光光度计一致，主要区别是用流通池替代了吸收池(图 4-64)。

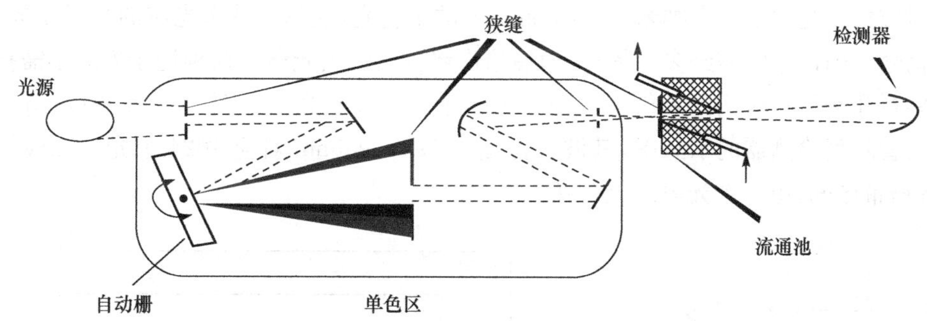

图 4-64　可变波长紫外检测器光路示意图
(HPLC 的 UV 检测器的检测波长一般为 195～360nm)

紫外检测器流通池的设计以减少紊流、光散射、死体积和流量、温度等因素对紫外检测器稳定性的影响为目的。常见的有 H 与 Z 型流通池(图 4-65)。

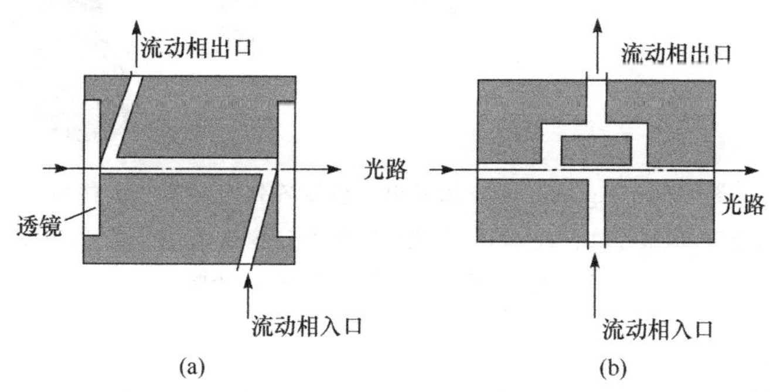

图 4-65　流通池的示意图
(a)Z 型池；(b)H 型池

H 型流通池[图 4-65(b)]，因有利于补偿由流量变化而引起的噪声与漂移，是一种较好的结构类型。这种流通池的光径一般为 10mm，直径 1mm，池体积 8μL，由于池体积小，由流通池内腔引起的峰扩展可以忽略。

2. 光电二极管阵列检测器

光电二极管阵列检测器(photodiode array detector，DAD)是由多个光电二极管组成的阵列为光电转换元件的检测器。

色谱法定性困难，一直是需要解决的问题。虽然紫外吸收光谱的专属性不如红外吸收光谱，但也是有参考价值的定性方法。人们希望能测定通过流通池时各色谱组分的紫外吸收光谱而获得定性信息。但由于有些色谱组分在流动池中停留时间很短(<1s)，普通紫外分光光度计的扫描速率跟不上，若停流扫描则破坏了分离状态。因而，在20世纪80年代出现了二极管阵列检测器。这种检测器的检测速率快，记录一张光谱仅需几毫秒，因此可在色谱进行过程中给出每个色谱峰的紫外吸收光谱。

1）工作原理

当复光透过流通池后，被组分选择性吸收，其透过光具有了组分的光谱特征。此透过光(复光)被光栅分光后，形成组分的吸收光谱，照射到光电二极管阵列装置上。一般是一个光电二极管对应接受光谱上一个纳米(nm)谱带宽度的单色光，使每个纳米光波的光强变成相应强度的电信号。因信号弱需经多次累加，而后给出组分的吸收光谱。这种记录方式不需扫描，因此最短能在几毫秒的瞬间内获得流通池中色谱组分的吸收光谱。图4-66是Agilent 1100型光电二极管阵列检测器的示意图，其波长范围为190～950nm对应1024个光电二极管，平均0.74nm谱带区间，由一个光电二极管接收。

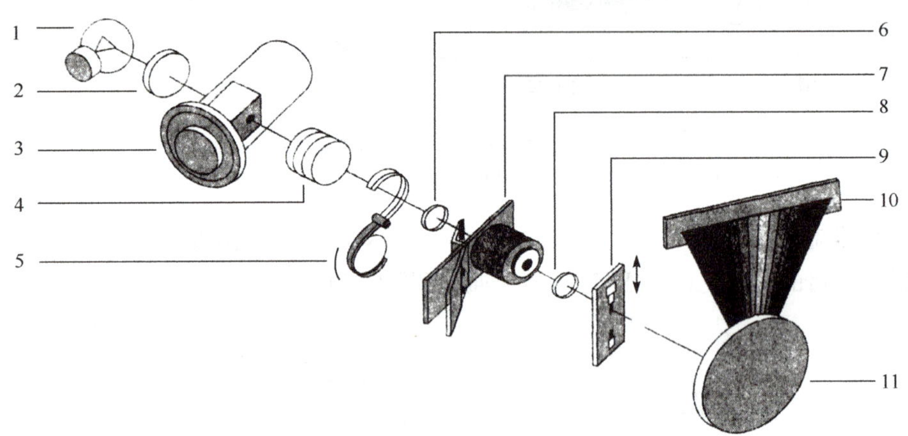

图4-66　Agilent 1100型光电二极管阵列检测器的示意图

1. 钨灯；2. 离合镜；3. 氘灯；4. 消色镜；5. 氧化钬滤光片；6. 窗孔；7. 流通池；8. 光谱镜；9. 狭缝；10. 光电二极管阵列装置(靶)；11. 光栅

2）特点与用途

用二极管阵列装置可以同时获得样品的色谱图(C-t曲线)及每个色谱峰的吸收光谱(A-λ曲线)。色谱图用于定量，光谱图用于定性。也可以用计算机将这两种图谱绘在一张三维坐标图上(X-t、Y-A、Z-λ)，而获得三维光谱-色谱图(3D-spectro-chromatogram)。同时得到定性、定量及色谱峰是否为单一组分的信息。三维谱示意图与分析实例[34]如图4-67～图4-70所示。图4-68是板蓝根注射液的三维光谱-色谱图。在该图上可看出每个组分的立体吸收峰。图4-69是板蓝根注射液在254nm波长下的色谱图，图4-70是各组分的紫外吸收光谱，图4-71是板蓝根注射液中6个主要成分*的分子结构式。

* 板蓝根注射液中主要成分SR-告伊春(SR-goitrin)消旋体，是板蓝根鉴定的特征性成分。

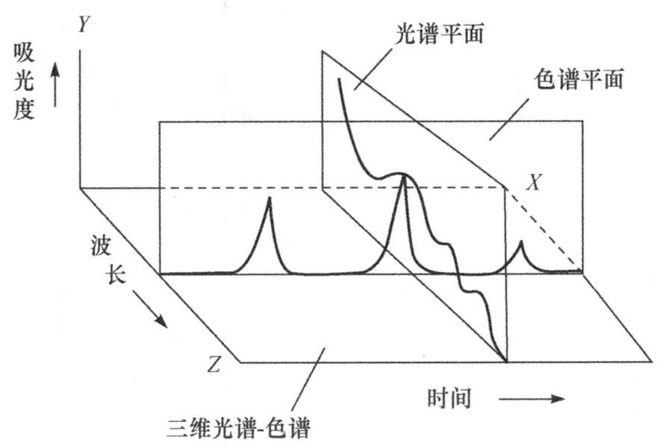

图 4-67　三维光谱-色谱示意图

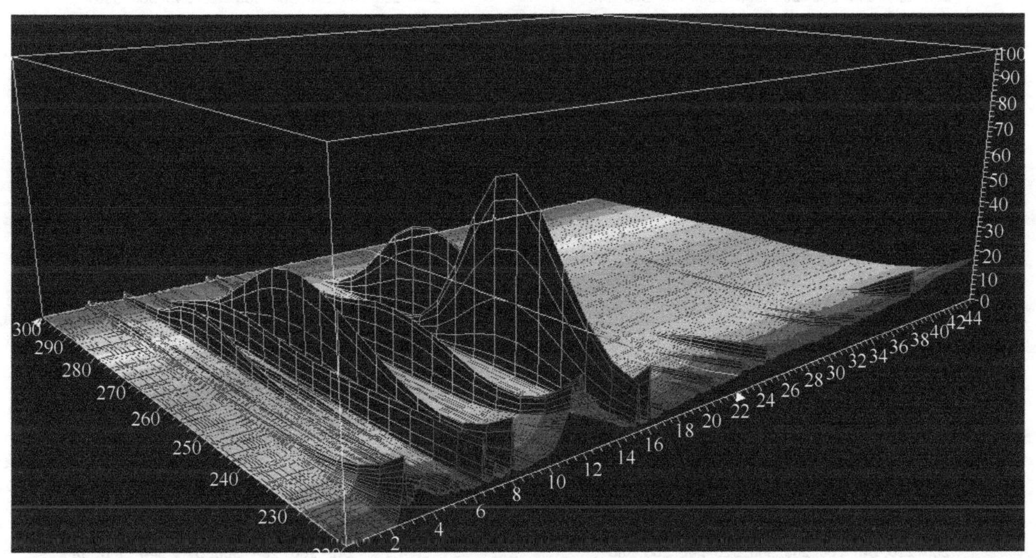

图 4-68　板蓝根注射液的三维光谱-色谱图(220～300nm)

由左至右依次为胞苷、尿苷、鸟苷、腺嘌呤、SR-告伊春及腺苷的紫外吸收光谱

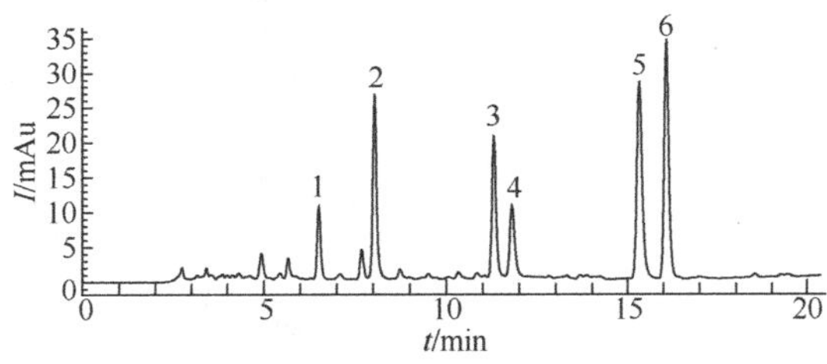

图 4-69　板蓝根注射液的色谱图(254nm)

1. 胞苷；2. 尿苷；3. 鸟苷；4. 腺嘌呤；5. SR-告伊春；6. 腺苷

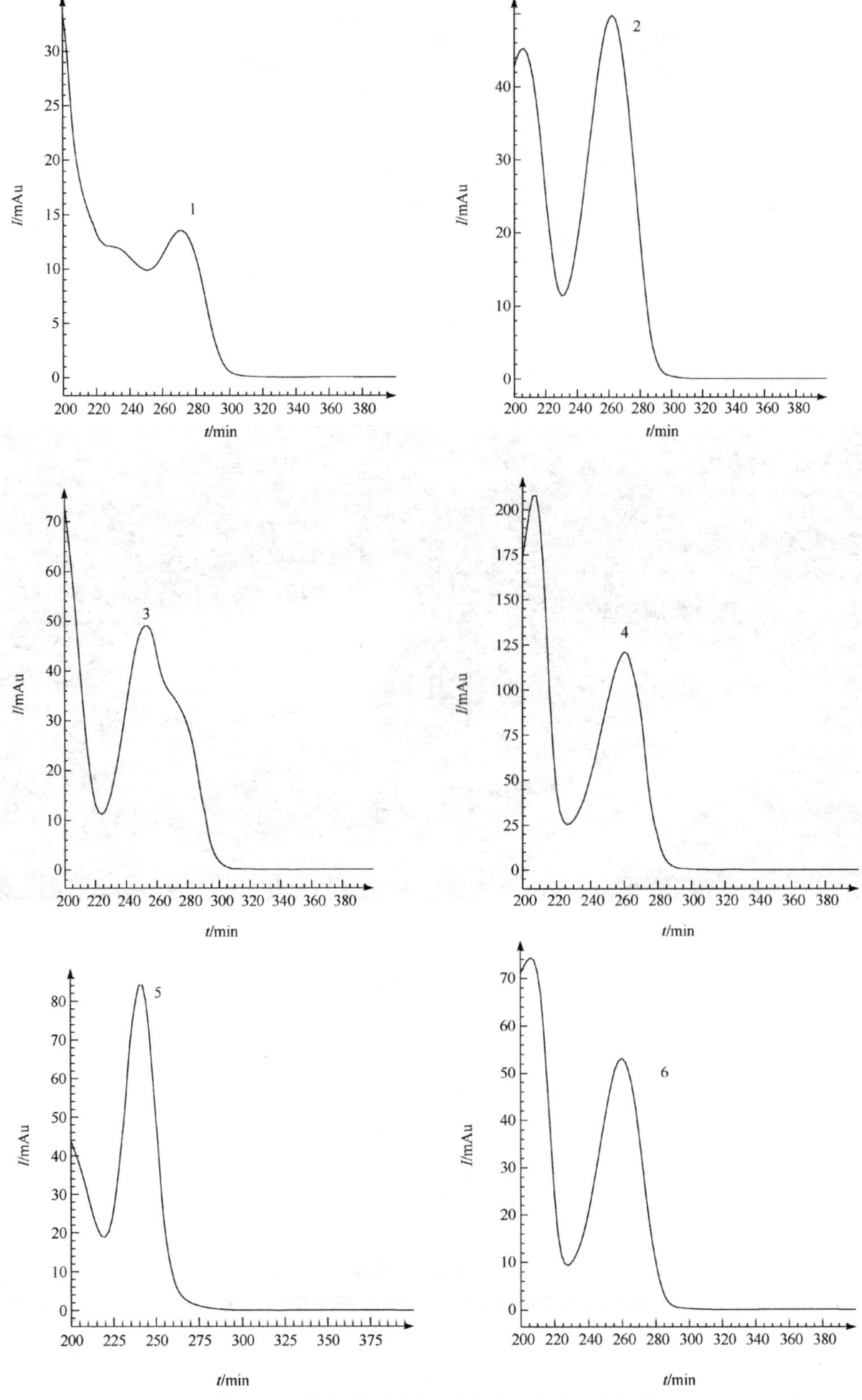

图 4-70　板蓝根注射液 6 种成分的紫外吸收光谱

1. 胞苷；2. 尿苷；3. 鸟苷；4. 腺嘌呤；5. SR-告伊春；6. 腺苷

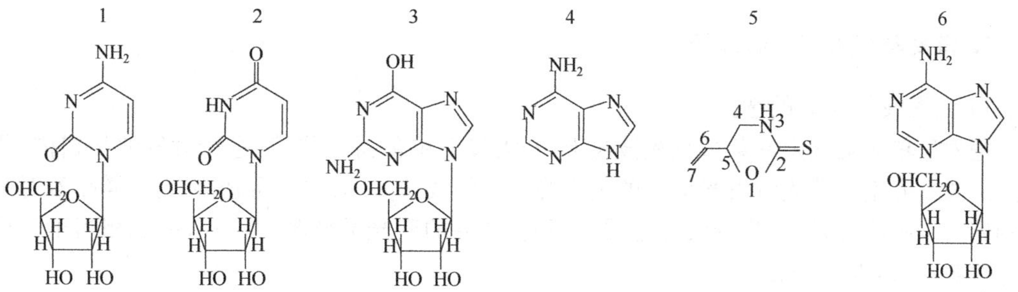

图 4-71　板蓝根注射液主要成分的化学结构式

1. 胞苷；2. 尿苷；3. 鸟苷；4. 腺嘌呤；5. SR-告伊春；6. 腺苷

DAD 检测器的功能与用途　DAD 除可给出三维光谱-色谱图外，还可给出等高线图、某指定波长下的色谱图、各成分的光谱图及色谱峰任一部位的光谱图等功能。①三维光谱-色谱图主要用于确定最佳定量波长的选择和了解成分数量与杂质情况等。②等高线图除与三维光谱-色谱图有同样的功能外，还能较容易地确定色谱成分的最大吸收波长。③吸收光谱曲线用于定性；测定色谱峰前半部与后半部的光谱，用以检测色谱峰是否是单一成分，若是单一成分，则前部与后部的两条光谱曲线一致；否则，是两个或多个成分。④给出最佳指定波长的色谱图，用于定量分析。

Agilent 1100 系列的 DAD 与 Waters 996 型二极管阵列检测器都具有这种功能。

4.6.5　荧光检测器

荧光检测器(fluorescence detector，FD)：早期的荧光检测器是具有滤光片的荧光光度计，已经淘汰。目前使用的荧光检测器多是具有流通池的荧光分光光度计(图 4-72)。荧光检测器的检测限可达 1×10^{-10}g/mL，比紫外检测器灵敏，但只适用于能产生荧光或其衍生物能发荧光的物质。主要用于氨基酸、多环芳烃、维生素、甾体化合物及酶类等的检测。由于荧光检测器的灵敏度高，是体内药物分析常用的检测器之一。在用于氨基酸检测时，由于多数氨基酸无荧光，需用衍生法制备衍生物。衍生法分为柱前与柱后衍生两种方法。常用邻苯二甲醛(OPA)或异氰硫基苯(PICO-TAG 法)为衍生化试剂，是分析氨基酸应用最广的方法之一，分析实例见 4.8 节。

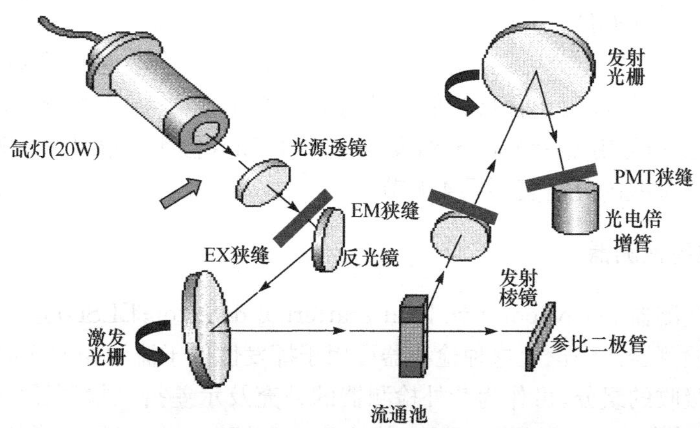

图 4-72　荧光分光光度检测器的光路图

1. 激发与发射波长的选择

1) 激发波长(λ_{ex})的选择

把发射单色器固定在某可见光波长上，开大发射单色器的狭缝，进行激发波长扫描，测定样品的激发光谱。荧光激发光谱上的荧光峰对应的波长，一般情况可选为λ_{ex}。样品若对某波长的紫外线吸收强，所产生的荧光也强。因而，样品的荧光最佳激发波长，一般相当于其最大紫外吸收波长，即$\lambda_{ex} \approx \lambda_{max}$。

2) 发射波长(λ_{em})的选择

将激发单色器的波长固定在λ_{ex}上，进行发射波长扫描，荧光最强处的波长为荧光发射波长。$\lambda_{em} > \lambda_{ex}$，是一个普遍的规律。若荧光光谱上有几个荧光峰，一般选荧光强度最大的波长，但需避开溶剂的拉曼光与瑞利光的波长。对于多组分的检测，激发波长一般勿须精选，可将λ_{ex}固定在250～350nm任一波长上，改变发射单色器的波长，以获得较多的色谱峰与较大的灵敏度的波长，定为λ_{em}。精密选择需避开溶剂的拉曼光等。几种常用溶剂的拉曼光波长见表4-20。

表4-20 在不同汞线照射下几种主要溶剂的拉曼波长(nm)

溶剂	激发波长				
	248	313	365	405	436
水	271	350	416	469	511
乙醇	267	344	409	459	500
环己烷	267	344	408	458	499
四氯化碳	—	320	375	418	450
氯仿	—	346	410	461	502

2. 氨基酸的荧光检测

氨基酸的邻苯二甲醛(OPA)衍生化，可产生强荧光衍生物。将氨基酸与邻苯二甲醛和硫醇反应，反应如下

$$R{-}CH(NH_2)COOH + CH_3CH_2SH + C_6H_4(CHO)_2 \longrightarrow \text{(1-}S{-}CH_2CH_3\text{, 2-}N{-}CH(R){-}COOH\text{ 异吲哚衍生物)}$$

(OPA) 强荧光物质

OPA衍生化反应只适用于含具有伯氨基官能团的化合物，方法虽较旧，却是一种较实用的方法。OPA衍生物可用λ_{ex}=338nm激发及λ_{em}=425nm检测。也可用紫外检测器检测，检测波长340nm。氨基酸的分析实例见4.8节。

4.6.6 蒸发光散射检测器

蒸发光散射检测器[35](evaporative light scattering detector，ELSD)是20世纪90年代出现的新型的泛用检测器。理论上这种检测器可用于挥发性低于流动相的任何样品组分。特别是用于没有紫外吸收的组分，可作为紫外检测器的补充及示差折光检测器的替代品。主要用于糖类、高分子化合物、高级脂肪酸、磷脂、维生素、氨基酸、甘油三酯及甾体类等几十类化合物。其最小检测量为5ng葡萄糖。蒸发光散射检测器不仅可用于一般高效液相色谱及凝胶色谱的检测器，还可用作超临界流体色谱的检测器等。

1. 检测原理

将流出色谱柱的流动相及组分先引入已通气体(常用高纯氮,有时也用空气)的蒸发室,加热,使流动相蒸发而除去。样品组分在蒸发室内形成气溶胶,而后进入检测室。用强光或激光照射气溶胶而产生光散射(丁铎尔光效应),测定散射光强而获得组分的浓度信号,原理示意图如图 4-73 及图 4-74 所示。

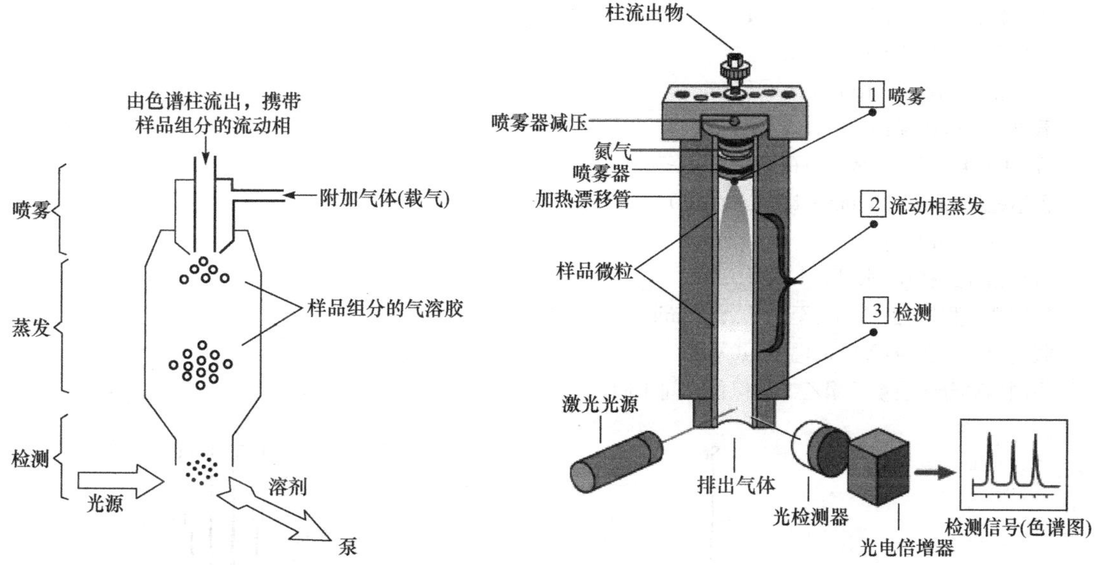

图 4-73　蒸发光散射检测器原理

图 4-74　蒸发光散射检测器原理图

在气溶胶受固定光强的强光照射后,气溶胶中待测组分的粒子质量和(m)与所产生的散射光光强(I)的关系,可用下式描述

$$I=km^b \tag{4-38}$$

式中:k 及 b 为与蒸发室温度及流动相性质等实验条件有关的常数。

式(4-39)取对数,得

$$\lg I=b\lg m+\lg k \tag{4-39}$$

式(4-39)说明散射光的对数响应值与粒子的质量和 m 的对数呈线性关系,b 为斜率,$\lg k$ 为截距。如 SEDEX55 型蒸发光散射检测器,测得进样量与检测信号强度的直线相关系数 $\gamma=0.997$,最小检测量葡萄糖小于 5ng、磷脂小于 800pg,漂移小于 1mV/h。

蒸发光散射检测器的主要缺点,除了对有紫外吸收组分的检测灵敏度比 UVD 低(约低 1 个数量级)外,其次是只适用于流动相能挥发的色谱洗脱。例如,在 RHPLC 中常用乙腈-水、甲醇-水等,而不能用含非挥发性缓冲盐的流动相。因为盐不挥发,形成高本底,影响检测。若需进行离子抑制色谱,则只能选择能挥发的抑制剂,如氨水及乙酸等。

目前多数蒸发光散射检测器的光源为卤钨灯,如法国 SEDEX-55 型及美国 Waters 产的 ELSD 等。少数仪器用激光光源,如美国 Alltech 的 ELSD,波长 670nm。检测原件为硅光电二极管(图 4-73)。由 Waters 产品的技术参数可增加对 ELSD 的了解。

Waters 产的 ELSD 的技术参数雾化器:前置咬合设计;温控雾化室:加热器 0~100%;气体:氮气,至少 65psi;温度范围漂移管:0.1℃递增,反馈精度至 0.1℃;最大流量:100%水相,2mL/min;过滤器设置:加权平均,0~5.0s,以 0.1s 增量递增;光路:加热的光路(常为 50℃);

光源：卤钨灯，前置，预校准，2000h；灯校正：PMT 校正/归一化，弥补灯随时间的衰减；检测器：光电倍增管；电压范围：0～1250VDC；数据范围：0.1～2000 光散射单元，全范围。数字采集：24bit 数字化数据，80Hz。

2. 检测实例

【例 4-12】 糖类分析(图 4-75)。

色谱柱：Asahipak NH_2，250mm×4.6mm。
进样量：20μL(2ppm)。
流动相：乙腈(A)-水(B)，1.0mL/min。
载气：空气；压强：0.2MPa；温度：50℃。
【例 4-13】 聚乙二醇 600 的分析(图 4-76)。
色谱柱：PLRPS(150nm×4.6mm，5μm)。
进样量：20μL(10μg)。
流动相：乙腈(A)-水(B)，1.0mL/min。
梯度洗脱程序：由 A90%至 A10%，40min。
载气：空气；压强：2.5Pa；温度：40℃。
不同相对分子质量的聚乙二醇保留时间不同。

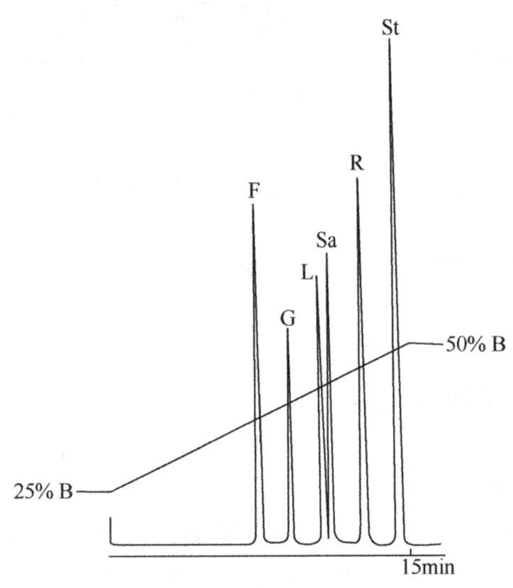

图 4-75 糖的分析
F. 果糖；G. 葡萄糖；L. 乳糖；Sa. 蔗糖；R. 蜜三糖；St. 水苏糖

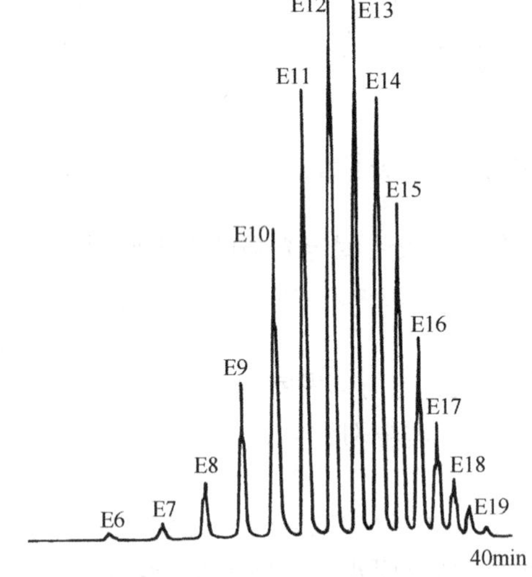

图 4-76 聚乙二醇(PEG)600 的分析

4.6.7 化学发光检测器[39]

化学发光检测器是近年来发展起来的高选择性及高灵敏度的新型检测器。该检测器设备简单，自身发光，不需要光源，价格便宜，是一种有发展前途的检测器。将流出色谱柱的组分与发光试剂混合，产生化学发光反应，而发光。光辐射可用光导纤维传输，由光电倍增管检测，而获得检测信号。吸收型检测器与发光检测器的最大区别是：前者是在明背景下测定组分的吸收；而后者是在暗背景下测定组分的发光，因而微弱的发光信号即可被检出。犹如在晚间一个微弱的蜡烛亮光，即可在远处看到；而 100W 灯泡的亮光在大太阳下，也不易被发现。因此，化学发光检测器的灵敏度很高，最小检测量可达 10^{-12} g 级（pg 级）。缺点是适于化学发光检测的物质范围不广。

高效液相色谱化学发光检测的关键是流出色谱柱的洗脱液必须与发光试剂混合均匀，否则信号不稳定。在发光免疫测定法中，发光试剂既可用作抗原或抗体的标记物，也可以游离的形式参与用催化剂（酶）和辅助剂标记的抗原或抗体的发光反应。因此，用化学发光检测器，可进行药物代谢分析及免疫研究，已引起药物分析工作者与药理研究者的关注。

1. 检测原理

某些物质在常温下与发光试剂反应，生成处于激发态的产物，当它们由激发态返回基态时发射光子。由于物质激发态的能量来源于化学反应，因此称为化学发光。当被分离组分由色谱柱流出后，与发光试剂反应，而产生光辐射，其光强与该组分的浓度成正比。这种检测器相当灵敏，但需注意输送化学发光剂的流量必须恒定。化学发光剂的浓度、缓冲液的离子强度及 pH 等必须适宜，否则影响发光强度与半衰期。常用化学发光剂列于表 4-21 中。图 4-77 是化学发光检测器的示意图。

表 4-21　采用化学发光可测定的发光物质及发光体系[36]

待测物	化学发光体系	待测物	化学发光体系
多环芳香烃	TCPO	羧酸或伯、仲胺	ABEI
儿茶酚胺	TCPO 或草酸盐、过氧化物	丹磺氨酸	草酸盐-过氧化物
氨基酸	TCPO、DNOP 或鲁米诺	多环芳香族	草酸盐-过氧化物
蛋白质	鲁米诺	胆碱、乙酰胆碱	固化酶-TCPO
抗坏血酸	光泽精	多环芳香族、氮杂环	氧-臭氧
肌酸激酶	荧光素酶	氮族杂环、肼类	氧-臭氧
叶绿素	氯酸钠-过氧化物	叠氮化物和硫化物	氧-臭氧

注：TCPO 为 2,4,6-三氮苯基草酸酯；DNPO 为双(2,4-二硝基苯基)草酸酯；ABEI 为 *N*-(4-氨丁基)-*N*-乙基异鲁米诺。

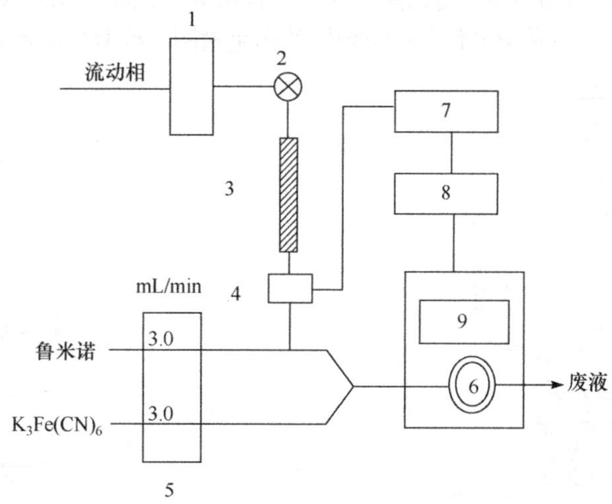

图 4-77　高效液相色谱-化学发光检测系统

1. HPLC 输液泵；2. 进样器；3. 色谱柱；4. DAD；5. 蠕动泵；6. 流通池；7. 计算机；8. 接口；9. 光电倍增管

2. 应用范围

化学发光检测器，虽然也可用于有紫外吸收的芳烃类化合物，但主要用于无紫外吸收的氨基酸与蛋白质等。主要测定对象见表 4-21。

化学发光检测器在药物分析中的应用，可参阅有关文献[37,38]。

4.6.8 电化学检测器

电化学检测器包括安培检测器、电导检测器、极谱检测器等。电导检测器主要用于离子色谱，安培检测器与极谱检测器可用于可氧化、还原的物质的检测。下述介绍应用较广的安培检测器与电导检测器。

1. 安培检测器

安培检测器(ampere detector，AD)对有机还原性物质的检测限可达 1×10^{-12} g/mL，灵敏度很高，但不能检测不能氧化、还原的物质。

检测原理　利用组分的氧化还原反应产生电流的变化，而进行检测。检测器相当于一个微型电解池。当被分析组分通过电极表面，在两电极间施加超过该组分氧化(或还原)电位的恒定电压时，组分将被电解，而产生电流，服从法拉第定律，于是

$$I=nF\frac{\mathrm{d}N}{\mathrm{d}t} \tag{4-40}$$

式中：I 为电流；n 为 1mol 物质在氧化还原过程中失去或得到的电子数；F 为法拉第常量；N 为被分析物质的摩尔数；t 为时间。

安培检测器的结构示意图如图 4-78 所示。受环境温度影响较大是安培检测器的缺点。

2. 电导检测器[33]

电导检测器(electroconductive detector，ECD)是离子色谱通用型的检测器。

检测原理　用具有 2 个铂电极(镀铂黑)的电导池，用电导仪测量由色谱柱流出的离子型溶质溶液的电导。由溶质的电导(浓度)随时间的变化，给出色谱图。检测器的示意图如图 4-79所示。

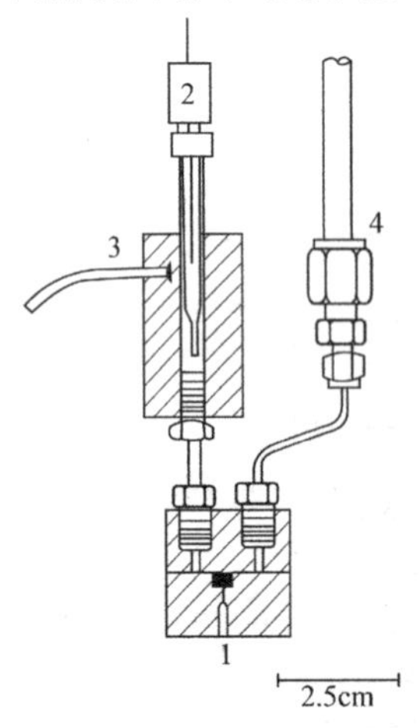

图 4-78　典型的薄层式安培检测器的结构图

1. 工作电极；2. 参比电极；3. 辅助电极；4. 色谱法

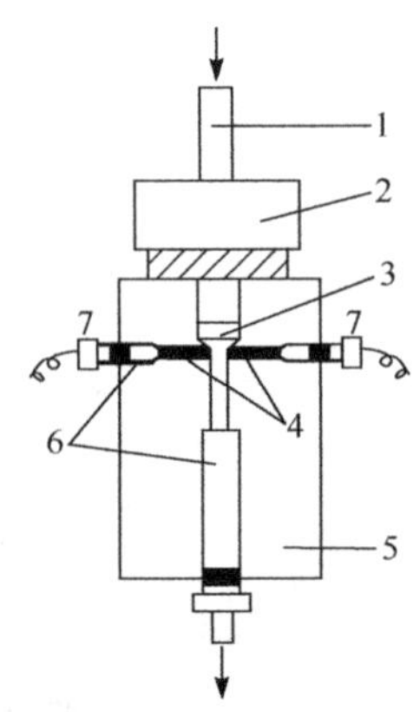

图 4-79　电导检测器示意图

1. 溶液入口；2. 连接螺母；3，6. 密封；4. 铂电极；5. 有机玻璃；7. 电极导线

溶液的电导值 L(电阻 R 的倒数)与电导池的参数及各离子的电导之间的关系如式 4-41 所示。

$$L=\frac{1}{1000}\frac{A}{l}\sum c_i\lambda_i \tag{4-41}$$

式中:A 为电极截面积;l 为两电极间距离;A/l 为电导池常数 K;c_i 为 i 离子的物质的量浓度;λ_i 为离子的摩尔电导。

在电导测量中,当电导池常数 $K=1$ 时,所测得的电导为比电导率,单位为 Ω/cm。

特点　结构简单、价格便宜、死体积小,灵敏度高。灵敏度最高可达 10^{-8}g/mL,但 pH>7 时,不够灵敏。线性范围一般为 $10^3\sim10^4$。

【例 4-14】　七种阴离子的分析(图 4-80)。

色谱柱:阴离子交换柱 IonPac AG12A/AS12A。

流动相:2.7mmol/L Na_2CO_3/0.3mmol/L $NaHCO_3$。

流量:1.2mL/min;电导检测器。

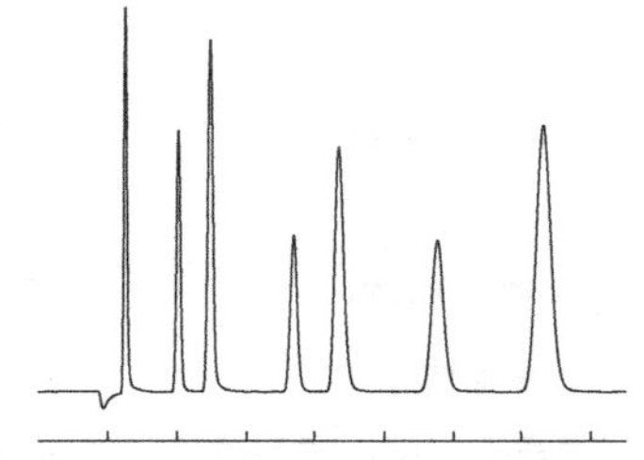

图 4-80　七种阴离子分析

自左至右分别为 F^-、Cl^-、NO_2^-、Br^-、NO_3^-、HPO_4^{2-}、SO_4^{2-}

4.6.9　其他检测器

1. 示差折光检测器

示差折光检测器(differential refractive index detector, DRID)是利用组分与流动相的折射率之差,进行检测。虽是通用型检测器,但只对少数类别物质的检测灵敏度较高,如糖类的检测限可达 1×10^{-8}g/mL。由于对多数物质灵敏度较低,而且受温度影响较大,因此在多数情况下,可选用蒸发光散射检测器代替。

2. 化学反应检测器[39]

HPLC 的发展,要求通用型的高灵敏度检测器。前面介绍的 HPLC 常用检测器中,灵敏度高者多是选择型检测器,如 UVD 及 FD 等。它们都要求被测物质具有某些特定的性质。一般通用型检测器只有示差折光检测器及蒸发光散射检测器两种,但灵敏度都不很高,对某些成分达不到微量或痕量分析的要求。因此,近年来发展了将被测物质进行某种化学反应(衍生化反应、酶反应等)后,再用高灵敏度的某种检测器检测,这种组合称为化学反应检测器。事实上,它不是独立意义的检测器,而是在检测前,增加了衍生化反应装置而已,因此称为化学检测法较确切。氨基酸分析仪是其典型应用,将无色的氨基酸通过色谱柱分离后与衍生化试剂茚三酮反应,生成在 570nm 处有强吸收的有色化合物,然后用紫外-可见光吸收检测器检测。可用化学反应检测器检测的化合物列于表 4-22。

表 4-22 可用化学反应检测器检测的化合物

试剂	检测的化合物	说明
荧光胺	胺、氨基酸、肽	快速,很灵敏,荧光检测
邻苯二甲醛	胺、氨基酸	快速,很灵敏,荧光检测
茚三酮	胺、氨基酸	140℃,1min,570nm、440nm 检测
邻硝基酚钠盐	羧酸、其他酸	快速,432nm 检测
2,4-二硝基苯肼	醛、酮	反应时间 3min,430nm 检测
Ce^{4+}	酚、糖类、羧酸、其他可氧化有机物	反应时间和温度对不同化合物不同,荧光检测
酶和酶作用物	酶抑制剂(如有机磷和氨甲酸酯杀虫剂)	很灵敏,特征反应
对于某一特定酶的反应物	任何酶类(如乳酸脱氢酶、肌磷酸转移酶、碱性磷酸酯等)	很灵敏,特征反应
Griess 试剂	亚硝酸醇、亚硝酰、亚硝基、氨基甲酸醣、亚硝酸烷基馥	反应时间 3min,550nm 检测
铁氰化合物	还原糖、可氧化的化合物	用电化学检测器检测亚铁氰化物
新亚铜试剂	还原糖	反应 3~15min,97℃
5,5′-二硫代(2-硝基)苯甲酸	硫醇或带有—SH 的酶类	快速反应,412nm 检测
乙二胺-六氰高铁酸盐	儿茶酚胺	75℃,5min,λ_{ex} 400nm,λ_{em} 510nm,荧光检测
Kober 反应(H_2SO_4-氢醌)	雌激素类	120℃(10~15)min,λ_{ex} 535nm,λ_{em} 561nm,荧光检测
9,10-菲醌	胍基化合物	60℃,2min,λ_{ex} 365nm,λ_{em} 460nm. 荧光检测
Ⅳ-甲基萘酰氯	—CH_2—CO—基团	100℃,2min,λ_{ex} 380nm,λ_{em} 450nm,荧光检测
异烟肼	Δ^4-3-17 酮甾类	70℃,2min,λ_{ex} 360nm,λ_{em} 460nm,荧光检测

3. 其他检测器

其他检测器还有质谱检测器、红外检测器、介电常数检测器、火焰光度检测器及放射性检测器等。虽然红外吸收光谱是有机化合物定性分析的重要手段,因为这种检测器"怕水",因此比较少用。质谱检测器是最重要的检测器之一,将在本书第 11 章液相色谱-质谱联用技术中介绍。其他检测器则较少应用,不再介绍。

4.6.10 超高效液相色谱仪[2,40,41]

1. 概述

超高效液相色谱法(ultra performance liquid chromatography,UPLC 或 ultra high performance liquid chromatography,UHPLC)是分离科学中的一个全新类别,UPLC 借助于 HPLC(高效液相色谱法)的理论及方法,涵盖了小颗粒填料、超高压输液及快速检测手段等全新技术。

1996 年,Waters 公司率先推出世界首个商品化的超高效液相色谱仪 ACQUITY UPLC™。21 世纪初,Agilent 公司与岛津公司等也相继推出超高效液相色谱仪(UHPLC)。

UPLC(UHPLC)由超高压输液泵、超高效液相色谱柱、快速自动进样器、高速检测器及工作站等组成。

UPLC 与 HPLC 的主要不同　一是，色谱柱采用极细粒度的填料（常用 1.7μm 的填料），使塔板高度-流速曲线（H-u）接近平行于横轴的直线，使最佳柱效范围的流动相流速的选择范围大大加宽。二是，用超高压泵（100MPa 以上）输送流动相。这是因固定相的粒度小，柱压高，需用超高压泵输液输送。三是，因分辨率高、峰容量大、出柱速度快，因而需采用高速、高灵敏的检测器。四是，采用快速、低扩散及低交叉污染的自动进样器等一系列新部件。

UPLC 的优点：

(1) 高柱效。根据 van Deemter 方程式，柱效反比于固定相的粒度。UPLC 系统常用固定相粒径为 1.7μm。因此，该系统的柱效将比 5μm 粒径系统高 70%，而比 3.5μm 粒径高 40%。

(2) 高分离度。根据分离方程式，分离度正比于柱效的平方根。因此，柱效增加，分离度也相应提高。一般情况下，UPLC 的分离度可达 HPLC 的 1.7 倍。

(3) 高速度。根据 van Deemter 方程式，最佳流速反比于粒度。在不影响分离度的情况下，小粒度固定相能提供更高的分析速度或使柱长缩短。

例如，使用 1.7μm 粒径的 ODS 固定相，相对于 5μm ODS，在不影响柱效的情况下，柱长将可以立方级地减少，而且可以在 3 倍的流速下运行。在相同分离度的情况下，分离速度大为提高（图 4-81）。

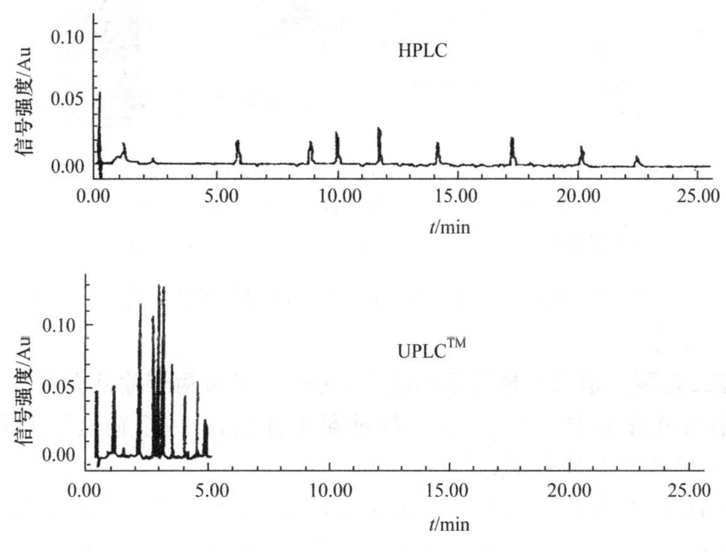

图 4-81　HPLC 与 UPLC 分析结果对比

(4) 高灵敏度。因 UPLC 提高了柱效 N，而使峰宽 W 变窄、峰高增加，系统的灵敏度增加。例如，用 1.7μm ODS 固定相的 UPLC 系统，比 5μm 和 3.5μm 粒径的灵敏度分别提高了 70%和 40%。而在柱效相同情况下，能分别提供 3 倍和 2 倍的灵敏度。

UPLC 是一个新兴的领域，多应用于代谢组学分析及其他一些生化领域，在天然产物的分析方面运用也逐渐增多，因为在这些领域深入研究需要更高的分析要求。使用 UPLC 与Q-TOF-MS 或 Trap-TOF-MS 等质谱检测器连接，对天然产物分析，特别是中药研究领域的发展将是一个极大的促进。

2. 超高压输液泵

Waters的超高压输液泵(图4-82)是具有独立柱塞驱动、四个溶剂切换的两元高压梯度泵。两个高压输液泵(柱塞往复泵)为并联式,每个泵由两个串联式泵头组成。在1mL/min流量时,耐压可高达103.4MPa(15 000psi)。溶剂输送精度RSD为0.075%或SD为0.02min;流速范围0.010~2.000mL/min,增量0.001mL/min。梯度曲线有11种,包括线性、凹线、凸线和两种步进梯度变化。具有标准混合器,溶剂选择最多四种,可在A1与A2与B1和B2溶剂之间选择。集成改进的真空脱气技术,使四个溶剂及两个进样器洗针溶剂同时得到良好的脱气。

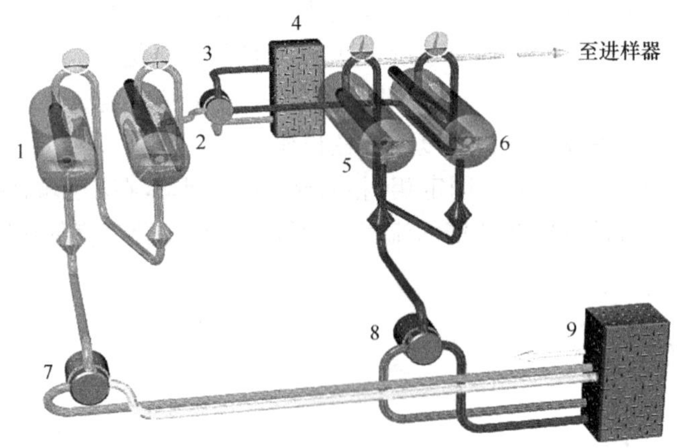

图4-82 Waters超高压输液泵

1. A主泵头;2. A蓄积泵头;3. 旁路阀;4 过滤器-混合器;5. B主泵头;6. B蓄积泵头;7. A路溶剂选择阀;8. B路溶剂选择阀;9 六通脱气阀

Agilent 1290 Infinity超高压输液泵[42]有两种:二元泵和四元泵。最高压力输出都可达到120MPa(17 000psi,约1200kg/cm^2)。

1290超高压二元泵 是二元超高压梯度泵,两种溶剂由两个输液泵先加超高压,而后混合,输送至进样器与色谱柱(图4-83)。两个输液泵为并联式,每个输液泵由串联式的两个泵头(一级泵头A与二级泵头B)组成。

新型1290 Infinity四元泵 是低压四元梯度泵(图4-84),其最高压力120MPa。该泵是在常压下用比例阀将四元溶剂混合,而后加超高压输送至进样器与色谱柱。该泵与1260四元泵的结构基本相同(图4-58)。主要区别:柱塞杆的材质不同(为新型材料);泵传动装置具有极高分辨率;革新的Jet Weaver混合器,能实现低延迟体积下的多元溶剂的高效混合及采用安捷伦专属的微流体技术等一系列新技术。该四元泵系统,还具有“已知溶剂性质”的特殊功能。能自动了解/表征流动相的压缩因子特性,自动设置输液泵的相关参数,而获得最佳输液性能。而不需要使用者根据溶剂的压缩因子设置。因而该泵具有智能化泵的输液功能,并且使在宽流速范围内的高压运行成为可能。

岛津UHPLC LC-30A(Nexera)超高效液相色谱仪的超高压输液泵 最高压力130MPa(19 000psi),最高通量2300个样品/天。

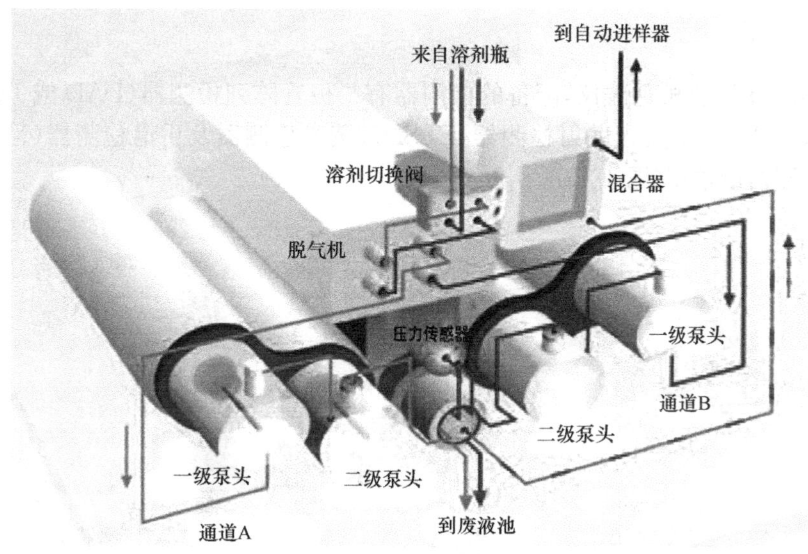

图 4-83　Agilent 1290 Infinity 二元泵结构示意图

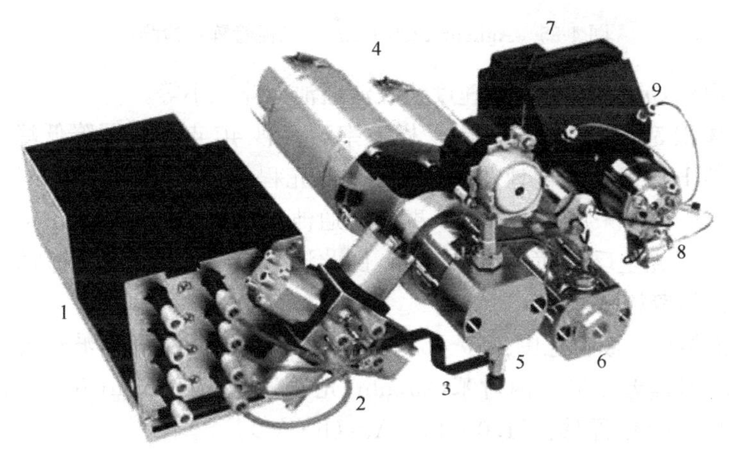

图 4-84　Agilent 1290 Infinity 四元泵照相图

1. 四通道脱气单元；2. 四元比例阀；3. 入口 Weaver 混合器；4. 高分辨泵驱动装置；5. 泵头$_1$；6. 泵头$_2$；7. 自动密封垫冲洗器；8. 多功能阀；9. 出口 Weaver 混合器(至色谱法)

3. 超高效液相色谱柱

Waters ACQUITY 超高效液相色谱柱　内径 2.1mm，柱长 5～10cm，内装桥式乙基的杂化填料(BPEOS)，粒度 1.7μm。柱效为一般高效液相色谱柱的 3 倍或 3 倍以上。超高效液相色谱柱主要用于分析。

Agilent 超高效液相色谱柱　有三种类型：①ZORBAX 快速分离高通量(RRHT)1.8μm 粒径柱；②填充 2.7μm 表面多孔填料的 Poroshell 120 柱；③ZORBAX 超高压快速高分辨率(RRHD)1.8μm 柱。前两者可在 600bar 以上操作，后者在 1200bar 下稳定。分析柱柱长 5～15cm，柱内径 2.1～4.6mm。

4. 高速检测器

当前商品超高效液相色谱仪,配备的检测器有二极管阵列检测器(DAD 或 PDA)、紫外-可见检测器(UV-Vis)、蒸发光散射检测器(ELSD)、荧光检测器及质谱检测器(MSD)等。以二极管阵列检测器最常用(图 4-85)。

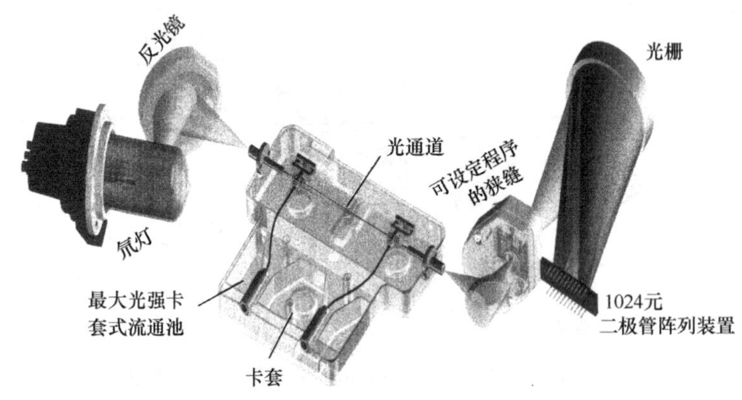

图 4-85 Agilent 1290 Infinity 二极管阵列检测

对检测器的要求:灵敏度高、响应速度快及流通池池体积小等。

流通池的池体积 500nL,光程 1mm,采样速率达每秒 40 点。为了降低峰扩散,高速检测器的池体积是一般 HPLC 流通池池体积的 1/20,而光程与一般 HPLC 流通池一致。由于池体积小,为了避免光损失,采用 Teflon AF 壁的流通池,用新型光纤传导光信号,提高光通量。由于 Teflon AF 壁对光全反射,而不损失能量,因此池体积虽小,仍能获得高信噪比。

Waters光电二极管检测器

(1) 主要性能指标。波长范围:190～500nm;光源:预校准的氘灯;波长准确度:±1nm;线性范围:在 2.0Au 时偏差≤5%,丙对苯,257nm;光学分辨率:1.2nm;基线噪声:≤10×10^{-6} Au,在 230nm×10mm 池;漂移:≤1.0×10^{-3} Au/(h·℃)。

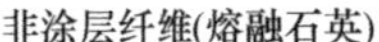

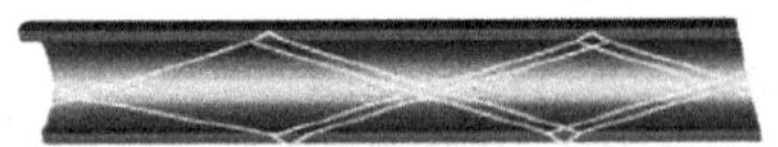

图 4-86 光学波导流通池(卡套式流通池)

(2) 流通池。光学波导 UPLC 流通池(图 4-86),316 不锈钢、熔融石英、Teflon AF、PEEK 等材料;光径长度:10mm(分析池);池体积:500nL(分析池);采样速率:最高到 80Hz;耐压:1000psi。

Agilent 流通池 具体一个常规的 10mm 长的流通池和最大光强的 60mm 长的流通池。10mm 流通池的内体积是 1μL,最大光强流通池 60mm 的内体积是 4μL。

利用非涂层熔融石英毛细管的全内反射原理,这种非涂层熔融石英毛细管能实现 100%全反射,几乎无折射反应,同时流通池光程长而且色散体积很小,大大提高了光传输效率。该设计可将由流通池内的折射率变化引起的基线扰动降至最低。

Waters 流通池 光导全反射流通池,316 不锈钢、熔融石英、Teflon AF、PEEK 等材料;池长:10mm;池体积:500nL (分析池);池耐压:1000psi。

图 4-87 是用 HPLC 与 UPLC 分析多肽的紫外检测色谱图的比较。在同样条件下,UPLC 比 HPLC 能分离的色谱峰多出一倍还多。HPLC 用 5μm 的 ODS 固定相,UPLC 用 1.7μm 的

新型 ODS 固定相,色谱峰数与峰容量是前者的 2.5 倍左右。

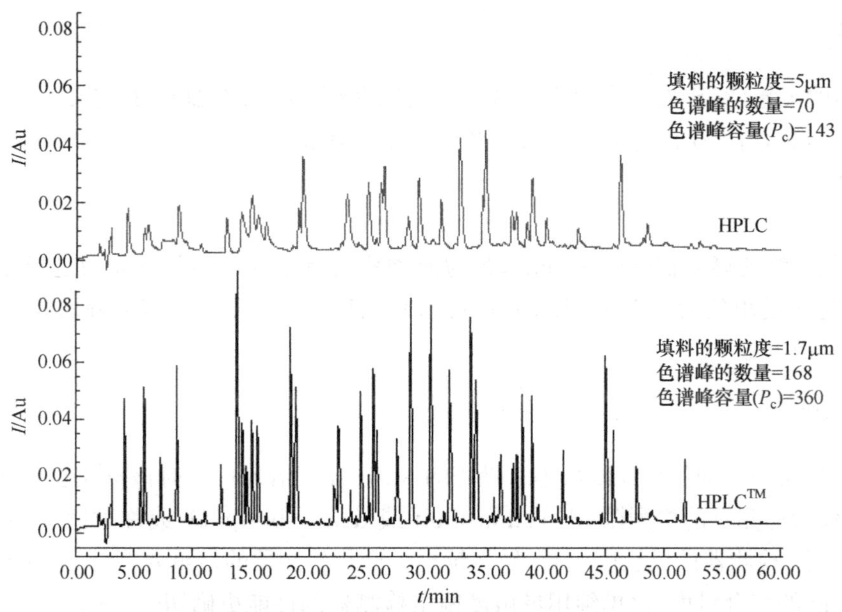

图 4-87　多肽的 HPLC 与 UPLC 的色谱图比较

5. 应用

UPLC 应用广泛,目前主要用于药物分析(如天然产物与中药中复杂组分的分析)、生化分析(如蛋白质、多肽、代谢组学等生化样品)、食品分析(如食品中农药残留的检测)、环境分析(如水中微囊藻毒素的检测)等、其他(如化妆品中违禁品的检测)等。

UPLC 尤其对中药研究领域的发展是一个极大的促进。中药的组分复杂、分离困难等问题都可以通过超高效液相色谱法逐渐解决。在同样条件下,UPLC 能分离的色谱峰比 HPLC 多出一倍至三倍的峰容量。在同样条件下,UPLC 的分辨率能够认出更多的色谱峰。这对于改善从新药发现到食品安全和环境分析(如农药筛查)中的许多复杂成分的分离非常有利。具体应用实例见 4.8 节。

4.6.11　仪器性能测试

主要技术指标有流量重复性、噪声、漂移、检测限、线性、定性重复性及定量重复性等,紫外检测器及荧光检测器等光学检测器,还有波长精度等指标。

1. 流量重复性

流量的重复性以流量的 RSD 表示。通常,测定 1.0mL/min、2.0mL/min 及 3.0mL/min,各 5 次,分别求各流量下的相对标准差(RSD)。一般 HPLC 的流量重复性 RSD≤1%。

2. 噪声与漂移

噪声与漂移的概念已在第 2 章中介绍。通常,在仪器稳定后,记录 1h 的基线,噪声带最宽处的带宽作为噪声的量度。基线在 1h 内的变化为漂移的量度。它们的单位分别为 mV 及

mV/h。一般仪器的噪声≤5×10^{-5}AUFS(满量程吸光度),漂移≤5×10^{-4}AUFS/h。

3. 灵敏度

检测器的灵敏度(S)在本书第1章概论中已经介绍,$S=\Delta R/\Delta Q$。其定义为:1mL流动相中,含1g纯组分,所产生的峰面积为浓度型检测器的灵敏度。

具体计算:

$$S_c=AF/Km \tag{4-42}$$

式中:A为色谱峰的峰面积(mV·min);F为流动相的流量(mL/min);m为进样量(g);K为衰减;灵敏度S_c的单位为(mV·mL/g),也可由系列进样量ΔQ与对应的峰面积ΔR作图,求出斜率,即灵敏度S_c。

4. 检测限

某纯组分所产生的信号强度恰等于噪声的3倍(或2倍)时,此时该物质在流动相单位体积中的量,称为检测器的检测限(detection limit或detectability,D)或称敏感度(susceptibility,M),D越小,检测器的灵敏度越高,噪声越小。D是检测器的最重要指标,它是检测器噪声与灵敏度性能的综合量度,比单纯用灵敏度衡量检测器的性能更确切。

检测器的检测限可分为仪器检测限、方法检测限及样品检测限三种。仪器检测限主要用于衡量仪器的性能,后两者用于定量分析方法的考查。

浓度型及质量型检测器的检测限分别用D_c及D_m表示。此处只介绍浓度型检测器的检测限。

$$D_c=\frac{3N}{S}\text{或}D_c=\frac{2N}{S} \tag{4-43}$$

式中:N为噪声(mV);S为检测器的灵敏度(mV·mL/g)。

以紫外检测器为例,可进样萘溶液0.1~0.5μg,在254nm测定检测器的灵敏度与检测限D。一般$D_c\leqslant1\times10^{-10}$g/mL。高级型液相色谱仪,可由工作站自动给出检测限,无需自己计算。

检测限主要取决于检测器的性能,还与色谱操作条件、色谱柱及仪器的稳定性有关,因此可把检测限视为仪器整体性能的量度。

与检测限类似的参数,还有最小检测量($m_{\min}$)及最小检测浓度($c_{\min}$)等,它们与检测限不同,其定义参见本书第1章1.3节。

有关实验方法的检测限、样品检测限、定量限、定量范围、线性及系统适用性试验等,以及色谱分析方法验证或建立色谱分析法需考查的内容,可参阅本书1.3节。

5. 定性、定量重复性

定性、定量重复性用于考核仪器的整体稳定性。

(1) 定性重复性。用在同一实验条件下测定某组分的保留时间的重复性衡量。测定该组分5次(或7次)进样的保留时间,求出其相对标准差(RSD),用以衡量仪器的定性重复性。

(2) 定量重复性。用在同一实验条件下的某组分的峰面积的重复性衡量。测定该组分5次(或7次)进样所得的峰面积,求出其RSD,衡量仪器的定量重复性。

若用紫外检测器时,仪器的定性、定量重复性可用萘、蒽及芘的混合溶液测定。定性重复性用两种组分的保留时间之差的 RSD(n=5)衡量,RSD≤1%。定量重复性用两种组分的峰面积比的 RSD(n=5)衡量,一般仪器的 RSD≤1%～2%。定性、定量重复性的计算用相对值计算,是由于保留时间与峰面积的绝对值易波动。

每台仪器的各项指标均有具体规定,可对照仪器的规格与所测得的性能数据,即可评价。

【例 4-15】 某高效液相色谱仪的定性、定量重复性检查(图 4-88)。

色谱柱:4.0mm×150mm,ODS 柱。

流动相:甲醇。

检测波长:UV 254nm。

进样量:萘 700ng、蒽 15ng 及苊 50ng。

进样 7 次,测得的色谱图如图 4-88 所示。由 7 次测得相邻两色谱峰(1 与 2 及 2 与 3)的保留时间之差,算出的定性误差 RSD<0.25%。以相邻两色谱峰的峰面积比,算出定量误差 RSD<0.5%。

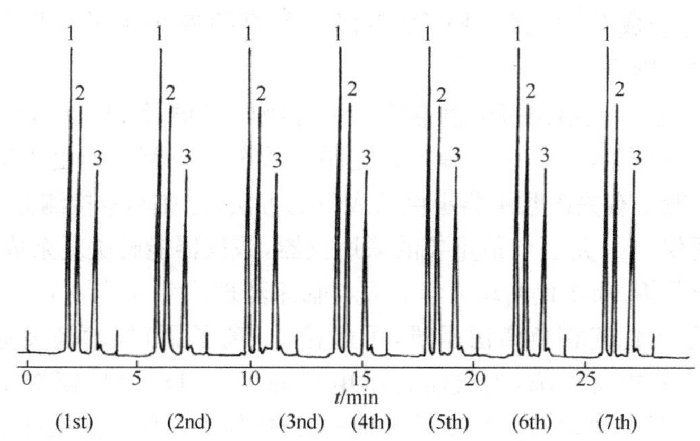

图 4-88　高效液相色谱仪的定性、定量重复性

1. 萘;2. 蒽;3. 苊

4.7　定性分析方法与定量分析方法

4.7.1　定性分析方法

高效液相色谱的定性方法与气相色谱有很多相似之处,可分为色谱鉴定法及非色谱鉴定法两类。

1. 色谱鉴定法

色谱鉴定法多用保留时间对照法。该法是用组分的纯物质和样品中该组分的保留时间或相对保留时间对照,确认的定性鉴别的方法。方法虽简单粗糙,但仍是已知范围未知物常用的鉴定方法。

2. 化学鉴定法

化学鉴定法是利用专属性化学反应对分离后收集的组分定性。由于用高效液相色谱收集组分比气相色谱容易,因此该法是较实用的方法之一。官能团鉴定试剂与气相色谱的官能团试剂相同,可参阅气相色谱有关书籍。

3. 色谱-光谱(质谱)联用鉴定法

1）非在线色谱-光谱联用法

把高效液相色谱作为分离手段，制备纯组分，而后用光谱仪器鉴定。当相邻组分的分离度足够大时，接收待测组分，而后测定其红外吸收光谱、质谱或核磁共振波谱等，进行光谱解析而定性。红外吸收光谱与质谱需样量约 1mg；核磁共振波谱需样量较大，一般需 3mg，太少需增加累加次数。

2）色谱-光谱(质谱)联用仪

将高效液相色谱仪与光谱仪（或质谱仪）用接口连接成一个完整仪器，实现在线检测，称为色谱-光谱（质谱）联用仪。色谱-光谱（质谱）联用仪能给出样品的色谱图，并能快速给出每个色谱峰的光谱（质谱）图，能同时获得定性与定量信息。因此，用高效液相色谱-光谱（质谱）联用仪是分析、鉴定复杂成分样品的最重要手段。主要的液相色谱联用仪有 HPLC-DAD、HPLC-MS、HPLC-NMR 等。

HPLC-DAD 联用仪 能给出每个色谱峰的紫外吸收光谱及 HPLC-UV 三维谱。对于选择 HPLC 的最佳检测条件及鉴定色谱峰是否是单一成分很有利。但由于紫外吸收光谱的特征性差，定性效果一般。有关该联用鉴定色谱成分的方法，已在本章检测器中介绍。

HPLC-MS 联用仪[43] 是当前最重要的联用仪器，该仪器能解决复杂成分样品的定性、定量问题，是中药成分分析、药物代谢动力学研究与临床药理研究等的最重要的分析手段。

由于流动相的除去比气相色谱法困难，因此接口（离子源）技术是关键。电喷雾离子源（ESI）是当前应用最多的离子源，大气压化学电离源（APCI），也是较常用的离子源。应用 HPLC-MS，必须注意对流动相的特殊要求。流动相中不得含有非挥发性的酸、碱、盐。因为它们干扰质谱分析，损坏仪器。若流动相中必须加酸、碱、盐，只能用乙酸、氨水或乙酸氨等挥发性物质。

HPLC-NMR 联用仪 虽然 NMR 是有机化合物鉴定的最重要的手段之一，但由于检测速度跟不上色谱成分的出柱速度。因此，目前还停留在“准在线”联用的水平，即仪器先将色谱成分收集、存储，而后逐个测定其 NMR。

有关 HPLC-MS 等色谱联用技术，详见本书第 11、12 章或《仪器分析选论》第 13 章[44]。

4.7.2 定量分析方法

液相色谱法的定量分析方法与气相色谱法相同，但很难查到在相同实验条件下各组分的定量校正因子，因此较少使用校正归一化法。常用外标法及内标对比法等进行定量分析。

1. 外标法

用待测组分的对照品（或标准品）的已知浓度溶液作为对照品溶液，对比求算样品（供试品）溶液中待测组分含量的方法称为外标法。外标法分为外标工作曲线法、外标一点法及外标二点法等。外标法的优点是不需要知道校正因子，只要被测组分出峰、无干扰、保留时间适宜，就可进行定量分析。缺点：进样量必须准确，否则定量误差大。

在 HPLC 中，进样量一般为 10μL，而且用六通阀或自动进样器定量进样，进样量误差相对较小。因此，外标法是 HPLC 常用定量方法之一。外标工作曲线法，常用于检验线性范围及工作曲线是否通过原点。因为只有截距为零时，才能用外标一点法定量。

1) 工作曲线法

用样品待测组分的对照品，配制一系列浓度不同的标准溶液(对照品溶液)。准确进样，测量峰面积(A_i)或峰高(h_i)，绘制工作曲线并求出回归方程式。利用工作曲线或回归方程式，计算样品溶液中待测组分的含量。

$$c_i = bA_i + a \text{ 或 } c_i = bh_i + a \tag{4-44}$$

式中：c_i为 i 组分的浓度；A_i为 i 组分的峰面积；h_i为 i 组分的峰高；b 为直线的斜率；a 为直线的截距。若用峰高代替峰面积定量，必须是拖尾因子在 0.95～1.09 的正常峰。

2) 外标一点法

用待测组分 i 单一浓度的对照品溶液，对比求算同一组分在样品中含量的方法，称为外标一点法。只有在工作曲线通过原点，即截距为零时，才可用外标一点法进行定量分析，否则需用外标二点法定量。外标一点法的计算公式如下：

$$c_i = c_{i(对照品)} \times \frac{A_i}{A_{i(对照品)}} \tag{4-45}$$

式中：c_i与 A_i分别为样品中 i 组分的浓度与峰面积；$c_{i(对照品)}$ 与 $A_{i(对照品)}$ 分别为对照品 i 组分的浓度与峰面积。

峰形为正常峰时，式(4-45)中的峰面积 A_i可用峰高 h_i代替。

在药物分析中常用随行外标一点法，即每次测定，同时进对照品与样品，以减少因仪器不稳定所带来的误差。

2. 内标法

内标法可分为内标工作曲线法、内标一点法(内标对比法)、内标二点法及校正因子法等四种方法。在 HPLC 中最常用的是内标对比法。内标法的定义、特点、计算公式以及对内标物的要求，均已在本书第 3 章气相色谱法中介绍，此处根据在 HPLC 定量分析中的特点，补充说明。在气相色谱法中已经说明选择内标物的三个条件(纯、样品中不含有、保留时间与待测组分相近)，在 HPLC 中的要求与气相色谱法完全一致。一般可选择一种化学结构与待测组分相似、物理性质相近的纯品作为内标物。将内标物加到待测样品(供试品)溶液中，经过样品前处理后进样。使用内标法可抵消仪器稳定性差、进样量不够准确等原因带来的定量分析误差。

1) 内标工作曲线法

内标工作曲线法与外标法相同，只是在各种浓度的对照品溶液中，加入相同量的内标物，进样。分别测量 i 组分与内标物 s 的峰面积 A(或峰高 h)，以其峰面积比 A_i/A_s(或 h_i/h_s)与 c_i(对照品溶液中对照品 i 组分的浓度)绘制工作曲线，或求出回归方程式(4-46)。

$$c_i = bA_i/A_s + a \tag{4-46}$$

工作曲线测定　先用加内标物的各种浓度的对照品溶液求出直线的斜率 b 与截距 a。但有时测定工作曲线并非直接用于定量分析，而是检验是否可用内标一点法进行定量分析。因为只有截距 a 为零时才可用内标一点法定量。

样品(供试品)测定　将含有与对照品溶液相同量的内标物的样品溶液，进样。分别测量样品与内标物峰面积比或峰高比，代入式(4-46)计算出样品中 i 组分的含量。

2）内标对比法

内标对比法也称内标一点法，在式(4-46)中的截距为零时，可用此法定量，否则需用内标二点法。内标对比法的计算公式如下

$$c_{i(样品)}=\frac{(A_i/A_s)_{(样品)}}{(A_i/A_s)_{(对照品)}}\times c_{i(对照品)} 或 c_{i(样品)}=\frac{(h_i/h_s)_{(样品)}}{(h_i/h_s)_{(对照品)}}\times c_{i(对照品)} \tag{4-47}$$

在药物分析中分析结果的含量，常用标示量表示，则式(4-47)改为

$$标示量=\frac{(A_i/A_s)_{(样品)}}{(A_i/A_s)_{(对照品)}}\times\frac{m_{s(样品)}}{m_{s(对照品)}}\times\frac{\overline{m}}{m}\times 100\% \tag{4-48}$$

式中：$m_{s(样品)}$与$m_{s(对照品)}$分别是内标物在试样溶液及对照溶液中的量；$\overline{m}$为平均片重(或丸重等)；m为取样量，其他符号的含义同GC章。若试样溶液与标准溶液中加入内标物的量相等，所称取的样品重与平均片重相同，则式(4-48)的后两项均等于1。

【例4-16】 复方氯喘胶囊用内标对比法含量测定[45]。

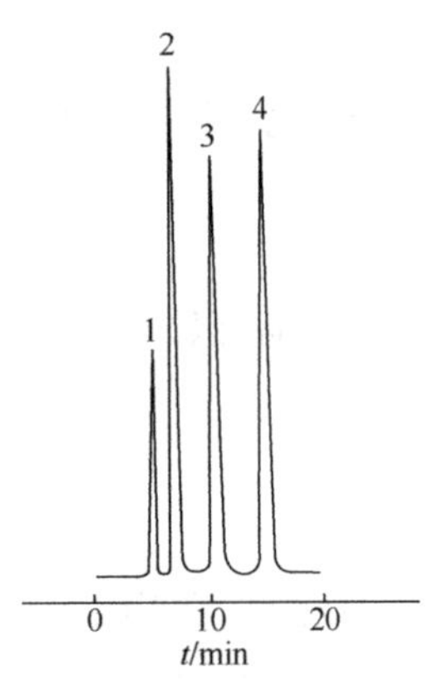

图4-89 样品的色谱图

1. 盐酸氯喘；2. 盐酸去氯羟嗪；3. 盐酸溴己新；4. 内标

实验条件 色谱柱：WATERS RADIAL-PAKC$_{18}$（100mm×8mm，10μm）；流动相：10mmol/L KH_2PO_4水溶液-甲醇（3∶7，体积比）加PIC试剂于流动相，使含PIC试剂浓度为1.5mmol/L；流量：1mL/min；检测波长：210nm。

对照溶液的配制 按《中国药典》复方去氯羟嗪胶囊处方（一粒量），精密称取盐酸氯丙那林(1)、盐酸溴己新(2)、盐酸去氯羟嗪(3)和联苯(内标物)(4)的标准品5mg、10mg、25mg及10mg(m_s)，置于100mL容量瓶中，用不含PIC试剂的流动相溶解，并稀释至刻度，备用。

样品溶液的配制 取复方去氯羟嗪胶囊20粒，精密称定，求出平均装量。精密称取适量(约相当于一粒胶囊的量)，精密称定为m(g)。置100mL容量瓶中，用不含PIC试剂的流动相溶解，并稀释至刻度，作为供试溶液，备用。

测定 对照品溶液与样品溶液分别每次进样15μL，进样3～5次。组分相对保留时间(1)5.53min、(2)8.00min、(3)10.45min及(4)(内标)14.50min(图4-89)。测定各峰面积的平均值，数据如表4-23所示。将这些数据代入式(4-48)，分别计算盐酸氯丙那林(1)、盐酸溴己新(2)、盐酸去氯羟嗪(3)的标示量，计算结果如下。

表4-23 复方氯喘胶囊各成分的平均峰面积(μV·s)

	1	2	3	4
对照品溶液	174 042	352 554	311 928	272953
样品溶液	178 612	366 472	317 412	282 461

因对照品称样量与标示量相同

盐酸氯丙那林的标示量=(178 612 /282 461)÷(174 042/272 953)×100%=99.2%

盐酸去氯羟嗪的标示量=(366 472/282 461)÷(352 554/272 953)×100%=100.4%

盐酸溴己新的标示量=(317 412/282 461)÷(311 928/272 953)×100%=98.3%

3）内标校正因子法

内标校正因子法计算公式如式(4-48)所示，已在第3章气相色谱法中介绍。用此法需已知校正因子，而高效液相色谱法的校正因子很难由手册中查到，常需自己测定。以APC片剂为例，测定校正因子只需配制含有内标物及被测组分纯品的对照品溶液，用上述完全相同的实

验条件，进样 5～10 次，分别测定峰面积，代入式(4-49)求得。

$$f_i=\frac{m_i/A_i}{m_s/A_s} \tag{4-49}$$

式中：m_i与 A_i分别为待测组分的量与峰面积；m_s与 A_s分别为内标物的量与峰面积。

3. 叠加法与叠加对比法

1）叠加法(又称内加法)

将一定量的待测物 i 的纯品加至待测样品溶液中，测定增加 i 的纯品后的溶液比原样品溶液中 i 组分的峰面积增量，来求算 i 组分在样品溶液中的含量的定量分析方法，称为叠加法。叠加法的色谱示意图如图 4-90 所示，叠加法的定量分析计算公式由内标法演变而来，如式(4-50)所示。

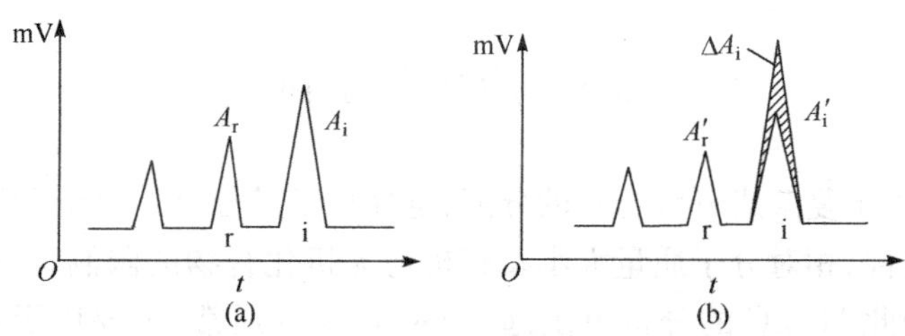

图 4-90　叠加对比法示意图

(a)原样品的色谱图；(b)添加 i 组分纯品后的色谱图

A_r 表示参比峰；A_i 表示待测组分峰；A_i'表示添加 i 组分后增加的峰面积

根据内标法计算公式$\frac{m_i}{\Delta m_i}=\frac{f_iA_i}{f_i\Delta A_i}$；因为是同一物质，校正因子相等 $f_i=f_i$，因此样品溶液中 i 组分的含量 m_i

$$m_i=\frac{A_i}{\Delta A_i}\Delta m_i \tag{4-50}$$

式中：A_i为原样品中 i 组分的峰面积；ΔA_i为在样品溶液中增加了 i 组分纯品 Δm_i后，峰面积的增加值。

式(4-50)是叠加法的基本公式。因为 Δm_i已知，A_i与 ΔA_i可由色谱图 4-89 测得，因此样品溶液中 m_i的含量可以算出。但为了克服两次进样量的误差，或仪器波动性等的不稳定因素等带来的误差，而采用叠加对比法进行定量分析。

2）叠加对比法

在色谱图中选择与待测组分的峰面积与保留时间相近的稳定色谱峰，作为参比峰(相当于内标峰)。用待测组分峰面积与参比峰之比，代替峰面积的绝对值的定量分析方法，称为叠加对比法。计算公式如下

$$m_i=\Delta m_i\times\frac{A_i/A_r}{A_i'/A_r'-A_i/A_r} \tag{4-51}$$

式中：A_i为待测组分的原峰面积；A_i'为增加待测组分纯物质 Δm_i后，待测组分的峰面积；A_r为参比峰的原峰面积；A_r'为增加待测组分纯物质 Δm_i后，进样，测得的参比峰的峰面积。

用叠加对比法计算待测组分在样品中的含量时，用相对峰面积替代了峰面积的绝对值，因此可以克服进样量不准确或仪器波动等不稳定因素所带来的定量误差。该法不用内标物，却具有

内标法的优点，特别适用于复杂成分样品的含量测定。样品的成分较复杂时，一般较难找到合适的内标物或色谱峰过于密集，无处可插入内标峰等情况，此时宜用叠加对比法进行定量分析。

叠加对比法的做法是，在样品的色谱图中选择一个保留时间、峰面积与待测组分相近，稳定的色谱峰作为参比峰。将样品溶液均分为两半，其中之一精密加入待测组分纯物质 Δm_i，分别进样 3 次，将所得数据的均值代入式(4-51)，即可求得含量 m_i。需说明一点，式(4-51)是叠加对比一点法的计算公式，若工作曲线的截距不等于零，则需用叠加对比二点法计算含量。

以复方 APC 片剂的分析为例，若用叠加对比法，可以不加内标物扑热息痛，而能获得内标对比法的优点。具体做法是，测定片剂中阿司匹林的含量时，加入精密称量的阿司匹林纯品。测定阿司匹林纯品加入前后的色谱图，以非那西丁峰或咖啡因峰为参比峰。同理，若测片剂中非那西丁的含量，则加入精密称量的非那西丁纯品，以阿司匹林或咖啡因的色谱峰为参比峰。以此类推，也可测定咖啡因的含量。实例见第 8 章例 8-12。

4.8 应用与示例

HPLC 法主要用于复杂成分混合物的分离、定性与定量分析。由于 HPLC 分析的样品范围不受沸点、热稳定性、相对分子质量大小及有机与无机化合物的限制。一般来说，只要能制成溶液就可分析，因此 HPLC 的分析范围远较 GC 广泛。通常，主要用于各种有机混合物的分离分析，对纳克级水平以上的绝大多数有机化合物都能达到分离分析的目的。HPLC 已广泛用于微量有机药物、中草药、农药、化工产品、生物样品、食品及环境样品等成分分离、鉴定与含量测定。近年来，用 HPLC 对体液中原形药物及其代谢产物的分离分析，无论在灵敏度、专属性及快速性等方面都有独特的优点，已成为体内药物分析、药理研究、临床检验及法医鉴定的重要手段。HPLC 法是名副其实的高效微量分离、分析方法。

1. 多环芳烃的分析

多环芳烃的分析，可用反相或吸附色谱法分析。反相色谱法用 ODS 柱，用乙腈-水或甲醇-水为流动相。但用甲醇-水时，保留时间较长，因此多采用梯度洗脱。多环芳烃也可用硅胶(YWG 等)柱，以不含水的正己烷为流动相，也能获得较好的分离效果，但需注意溶解样品的溶剂应与流动相的性质相近。许多多环芳烃是致癌物质，其含量监测在食品分析与环保监测中都有实用意义。

【例 4-17】 多环芳烃的分析[46]。

样品：16 种多环芳烃的混合物(各 50μg/mL)。

仪器：Agilent 1290 Infinity 液相色谱仪(二元泵、自动进样器及 DAD 检测器等)。

色谱柱：ZORBAX Eclipse PAH，50mm×4.6mm(i. d.)，固定相粒径 1.8μm。

进样量：2μL。

流动相：乙腈-水，梯度洗脱。

流量与梯度　2mL/min：0～0.33min 40% B，0.33～10min 40%～100% B。

检测器：DAD 220nm/254nm。

柱温：25℃。

分析结果如图 4-91 所示。

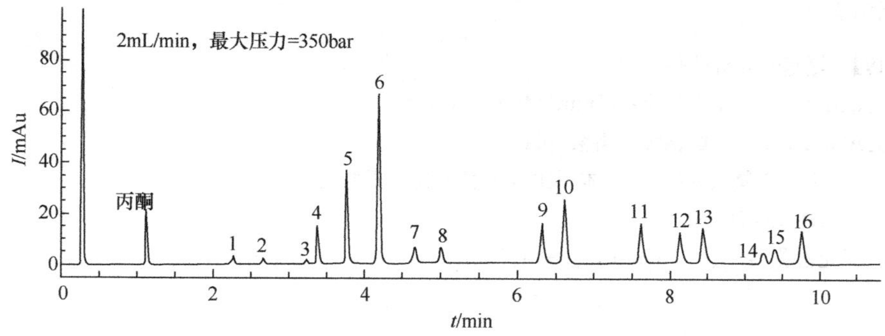

图 4-91　多环芳烃的分析

1. 萘；2. 苊；3. 二氢苊；4. 芴；5. 菲；6. 蒽；7. 荧蒽；8. 芘；9. 苯并[a]蒽；10. 䓛；11. 苯并[b]荧蒽；12. 苯并[k]荧蒽；13. 苯并[a]芘；14. 苯并[a,h]蒽；15. 苯并[g,h,i]芘；16. 茚并(1,2,3-cd)芘

2. 磺胺类药物的分析

【例 4-18】 磺胺类药物的分析[47]。

样品：10 种磺胺类药物的混合物。

色谱柱：Porasheil 120 EC-C_{18} 10cm×4.6mm(i. d.)，2.7μm。

流动相：A 0.1%甲醇-水溶液；B 0.1%甲酸-甲醇溶液。

梯度洗脱：0min(8% B)→10min(33% B)→11min(33% B)→12min(8% B)。

流量：1mL/min。

进样量：2μL。

检测波长：UV 254nm。

分析结果如图 4-92 所示。

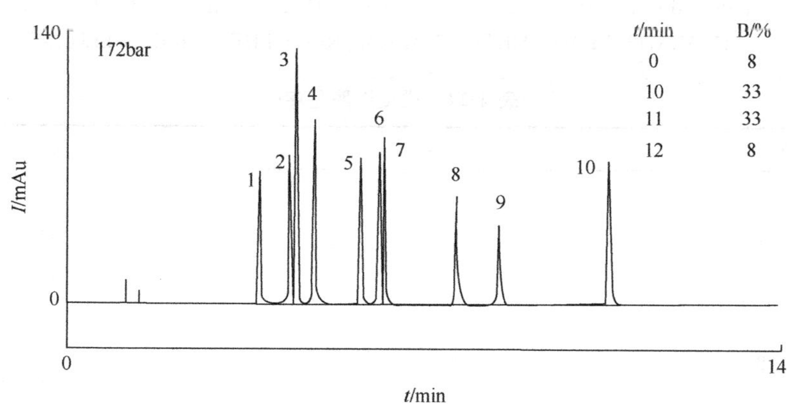

图 4-92　磺胺类药物混合物的分析

1. 磺胺哒嗪；2. 磺胺噻唑；3. 磺胺吡啶；4. 磺胺甲基嘧啶；5. 磺胺间二甲嘧啶 6. 磺胺二甲噁唑；7. 磺胺甲氧哒嗪；8. 磺胺氯哒嗪；9. 磺胺甲噁唑；10. 磺胺多辛

3. 氨基酸的分析

氨基酸的分析，一般多用衍生化法生成强荧光衍生物，用荧光检测器检测。图 4-93 是使

用最简便的邻苯二甲醛(OPA)预处理柱衍生化法,用反相液相色谱法,测某样品,得 18 个氨基酸的色谱峰[48]。

【例 4-19】 氨基酸分析(图 4-93)[48]。

色谱柱:Ultrasphere ODS(3μm),75mm×4mm(i,d.)

流动相:A. 0.1mol/L 乙酸钠缓冲溶液(pH 7.2);

B. 甲醇-四氢呋喃(97∶3,体积比),梯度洗脱程序见表 4-24。

流量:1.5mL,柱温:21℃。

检测器:荧光检测器,λ_{ex}= 338nm ,λ_{em}= 425nm。

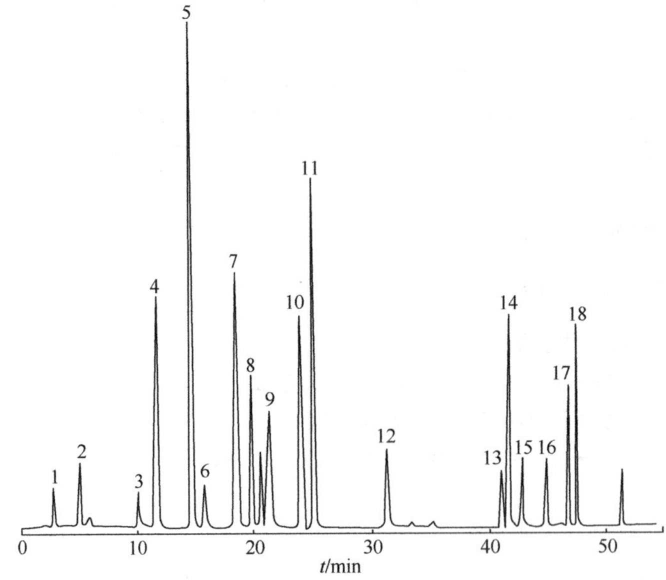

图 4-93 OPA 柱前衍生氨基酸的色谱图

1. ASP;2. GLU;3. ASN;4. SER;5. GLN;6. HIS;7. GLY;8. THR;9. ARG;10. TAU;11. ALA;12. TYR;13. MET;14. VAL;15. TRP;16. PHE;17. ILE;18. LEU

表 4-24 梯度洗脱程序

时间/min	A/%	B/%
0	100	0
12	82	18
16	82	18
20	72	28
28	72	28
40	55	45
40	55	45
51	30	70
52	0	100
55	0	100
56	90	10
66	90	10

4. 中药分析

HPLC 大量用于中药成分研究、含量测定及中药的指纹图谱研究。有关中药指纹图谱的内容可参考有关书籍[49]。

银杏叶是治疗心血管及老年痴呆等症的重要中药材，银杏叶制剂在欧洲销量很广。银杏叶含有 30 多种黄酮类化合物，按其化学结构，可分为单黄酮类、双黄酮类及儿茶素类 3 类化合物。用 HPLC 分离银杏叶的成分，是很成熟的方法，图 4-93 是用 RHPLC 分离银杏叶中 33 种黄酮对照品[50]。沈阳药科大学研究了银杏叶的 HPLC-MS[51] 及毛细管电泳指纹图谱。

【例 4-20】 银杏叶中黄酮类化合物的 HPLC 分析(图 4-94)[50]。

样品：银杏叶含有的 33 种黄酮对照品的混合物。

色谱柱：Nucleosil 100-C_{18} (3μm) 100mm×4mm。

流动相：A. 异丙醇-四氢呋喃(25∶65，体积比)，B. 乙腈，C. 0.5%磷酸溶液，梯度洗脱程序见表 4-25。

检测器：UV 350nm。

表 4-25　梯度洗脱程序

时间/min	A/%	B/%	C/%
0.01	15.0	1.5	83.5
7.00	15.0	1.5	83.5
7.01	12.0	5.0	83.0
12.00	12.0	5.0	83.0
16.00	15.0	13.0	72.0
20.00	5.0	25.0	70.0
20.01	5.0	30.0	65.0
24.00	8.0	42.0	50.0
24.01	0.0	48.0	52.0
30.00	0.0	78.0	22.0

5. 药物动力学研究

药物在生物体内发生的生物转化的化学反应称为药物代谢反应。生物转化的产物称为代谢物。药物的代谢反应，主要由存在于肝、肾、肺等脏器及皮肤、血液中的代谢活性酶引起。代谢反应可分为两种类型：第一阶段反应包括药物的氧化、还原及水解反应等初级反应；第二阶段反应是指第一阶段反应生成的初级代谢物与体内物质的结合反应。通过第二阶段反应，几乎使所有的药物完全失活，并且增加了水溶性，易于排泄。

研究药物在生物体内吸收、分布、生物转化、排泄等速度规律的科学，称为药物动力学。

很多药物的有效性和安全性都与药物及其代谢物在体液和组织中的浓度有关。因此，研究药物代谢对新药筛选、药物设计及临床安全用药有重要的指导意义。

所有临床实验都必须测定生物样品中药物及其代谢物的浓度。HPLC 是研究药物代谢的常用方法之一[52]。

现代药物的作用增强使得剂量降低，血、尿和生物组织中的药物及其代谢物的浓度更低，

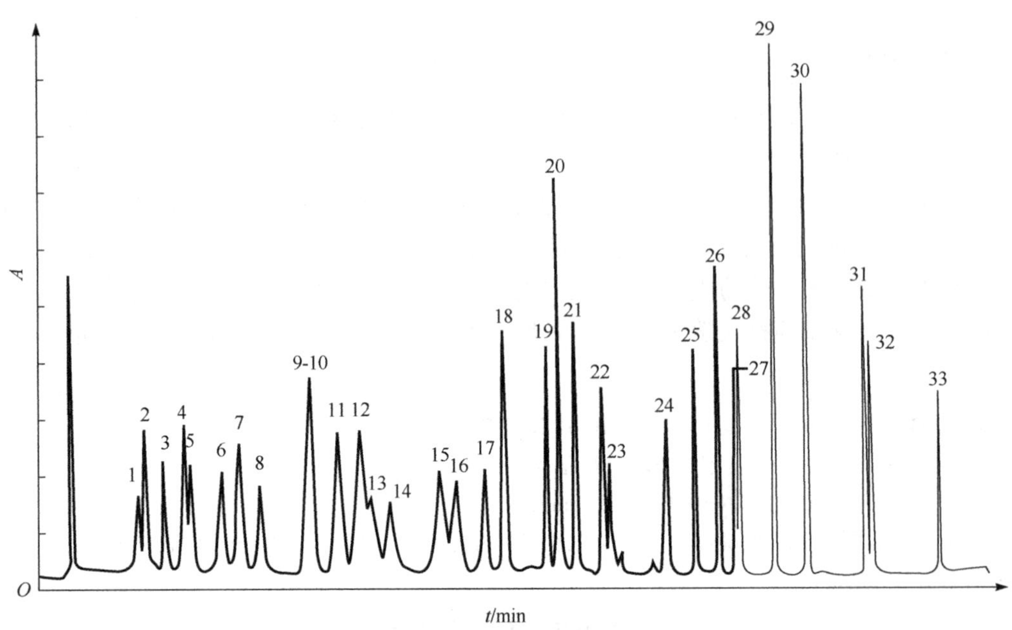

图 4-94 银杏叶中黄酮类化合物的 HPLC 分析

1. 3-O-{2-O-[6-O-(p-Hydroxy-trans-cinnamoyl)-β-D-Glucosyl]-α-L-rhamnosyl}-7-O-(β-D-glucosyl) quercetin(槲皮素黄酮)；2. 3-O-[2-O-6-O-Bis(α-L-rhamnosyl)-β-D-glucosyl]quercetin(槲皮素黄酮)；3. 3-O-[2-O-6-O-Bis(α-L-rhamnosyl)-β-D-glucosyl] isorhamnetin(异鼠李亭)；4. 3-O-[2-O-6-O-Bis(α-L-rhamnosyl)-β-D-glucosyl] kaempferol(山萘酚)；5. 3-O-[6-O-(α-L-Rhamnosyl)-β-D-glucosyl] myricetin(杨梅酮)；6. 3-O-[6-O-(α-L-Rhamnosyl)-β-D-glucosyl]-3′-methylmyricetin(甲基杨梅酮)；7. 3-O-(2-O-{6-O-[p-(β-D-Glucosyl)oxy-trans-cinnamoyl]-β-D-glucosyl}-α-L-rhamnosyl) quercetin(槲皮素黄酮)；8. 3-O-[6-O-(α-L-rhamnosyl)-β-D-glucosyl] quercetin(槲皮素黄酮)；9. 3-O-(2-O-{6-O-[p-(β-D-Glucosyl)oxy-trans-cinnamoyl]-β-D-glucosyl}-α-L-rhamnosyl) kaempferol(山萘酚)；10. 3-O-[6-O-(α-L-rhamnosyl)-β-D-glucosyl] isorhamnetin(异鼠李亭)；11. 3-O-(β-D-Glucosyl) quercetin(槲皮素黄酮)；12. 3-O-[6-O-(α-L-rhamnosyl)-β-D-glucosyl] kaempferol(山萘酚)；13. 3-O-[2-O-(β-D-Glucosyl)-α-L-rhamnosyl] quercetin(槲皮素黄酮)；14. 3-O-(β-D-Glucosyl) isorhamnetin(异鼠李亭)；15. 3-O-(β-D-Glucosyl) kaempferol(山萘酚)；16. 7-O-(β-D-Glucosyl) pigenin(山萘酚)；17. 3-O-[2-O-(β-D-Glucosyl)-α-L-rhamnosyl] kaempferol(山萘酚)；18. 3-O-(α-L-rhamnosyl) quercetin(槲皮素黄酮)；19. 3′-O-(β-D-glucosyl) uteolin(毛地黄黄酮)；20. 3-O-(α-L-rhamnosyl) kaempferol(山萘酚)；21. 3-O-{2-O-[6-O-(p-Hydroxy-trans-cinnamoyl)-β-D-Glucosyl]-α-L-rhamnosyl}quercetin(槲皮素黄酮)；22. 3-O-{2-O-[6-O-(p-Hydroxy-trans-cinnamoyl)-β-D-Glucosyl]-α-L-rhamnosyl}kaempferol(山萘酚)；23. Myricetin(杨梅酮)；24. Luteolin(毛地黄黄酮)；25. Quercetin(槲皮素黄酮)；26. Apigenin(芹黄素)；27. Isorhamnetin(异鼠李亭)；28. Kaemferol(山萘酚)；29. Amentoflayon；30. Bilobetin(白果素)；31. Ginkgetin(银杏双黄酮)；32. Isoginkgetin(异银杏双黄酮)；33. Sciadopitysin(金松双黄酮)

对检测灵敏度的要求更高，定量限常需达到 ng/L 的范围。此时，用 HPLC 的常用检测器通常达不到要求，需采用质谱检测，而且常用二级质谱分析。因此 LC-MS/MS 技术已成为当代药物代谢研究的最重要手段。有关 LC-MS 的内容，可参阅本书第 11 章。能直接用 UV 等检测器的例子不多，而且多是一些老例子，如例 4-21。

【例 4-21】 血清中甾类化合物的分析（图 4-95）[53]。

色谱柱：Zorbax C_8（3μm），80mm×6.2mm。

流动相：水-四氢呋喃-乙腈（77：12：11，体积比）。

流量：2.5mL/mL。

检测器：UV 242nm；柱温：50 ℃。

6. 手性化合物的分离

制备单一活性异构体，替代外消旋药物是当今制药业发展的趋势。用手性固定相分析药物的异构体含量，是最成熟的方法。用 Pirkle 手性固定相填充的手性色谱柱，但价格较贵。环糊精固定相的价格较便宜，也是一种较常用的手性固定相。例 4-22 是用衍生化的 β-CD 手性固定相分离异构体，效果很好。

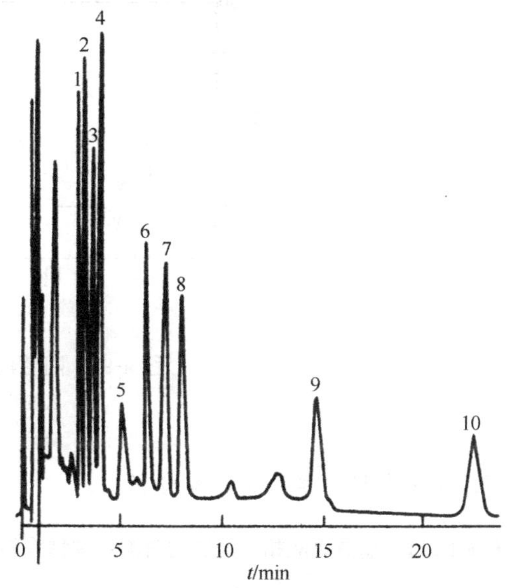

图 4-95　血清中甾类化合物的分析

1. 强的松Ⅰ；2. 可的松；3. 氢化泼尼松；4. 氢化可的松；5. 18-羟基脱氯皮质酮；6. 皮质酮；7. 地塞米松；8. 11-脱氧氢化可的松；9. 11-脱氢皮质酮；10. 17-羟基黄体酮

【例 4-22】 用衍生化 β-CD 手性固定相拆分和测定片剂中阿替洛尔对映体[54]（图 4-96 和图 4-97）。

样品：阿替洛尔片剂。

色谱柱：二硝基苯醚化 β-CD 手性色谱柱，150mm×4.6mm。

流动相：乙腈-甲醇-冰醋酸-三乙胺（90 ∶ 10 ∶ 2.5 ∶ 3.0，体积比）；流量：0.5mL/min。

检测器：UV 检测器；检测波长：275nm。

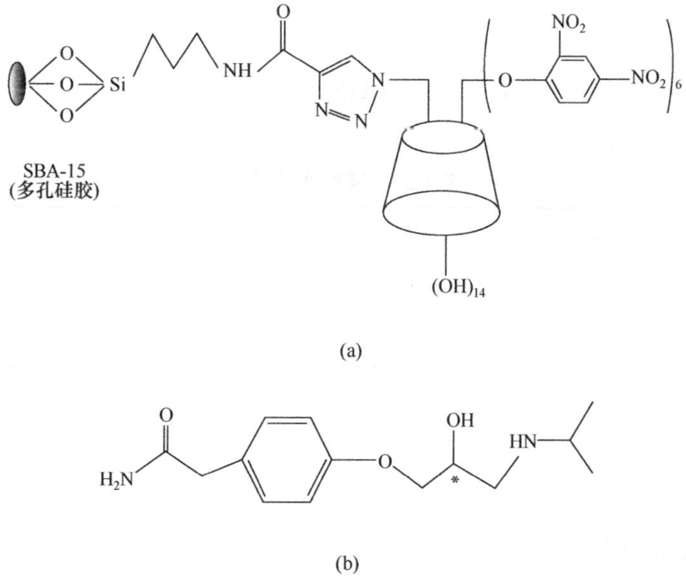

(a)

(b)

图 4-96　二硝基苯醚化 β-CD 手性固定相（NESP）(a)和阿替洛尔的化学结构式(b)

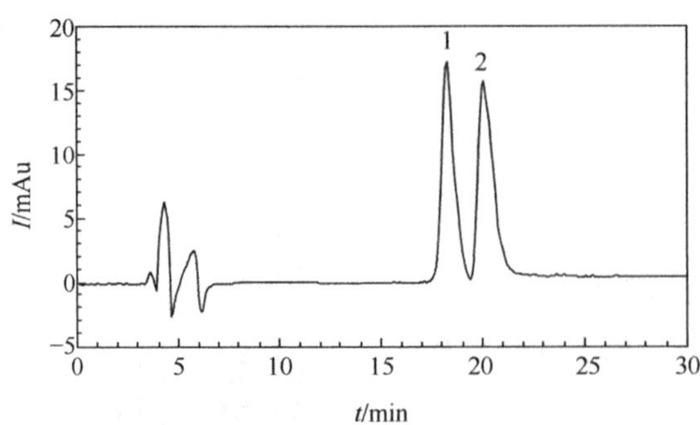

图 4-97 阿替洛尔对映体的分离

1. *S* 型；2. *R* 型

7. 香精香料中禁限用物质分析

【例 4-23】 超高效液相色谱法同时测定香精香料中 14 种禁限用物质[55]。

样品：国内生产的香精香料。

标准品储备液：安赛蜜、糖精钠、苯甲酸、山梨酸、对羟基苯甲酸甲酯、对羟基苯甲酸乙酯、对羟基苯甲酸丙酯、对羟基苯甲酸丁酯、柠檬黄及碱性嫩黄 O 等的纯度均>99.9%。日落黄、诱惑红、酸性红、酸性橙Ⅱ等的纯度为 70%～87%。用甲醇配成 1.0g/mL 溶液。

样品溶液：0.1g/mL 水溶液。

仪器：Waters ACQUITY 超高效液相色谱仪。

色谱柱：Waters BEH C_{18} 柱，50mm×2.1mm，粒径 1.7μm。

流动相：梯度洗脱(表 4-26)，A. 10mmol/L 乙酸铵(含 0.1%乙酸，体积比)；B. 乙腈。

流量：0.2mL/min。

柱温：35℃。

检测器：光电二极管检测器；200nm～500nm 扫描检测。

标准溶液的色谱图如图 4-98 所示。

表 4-26 梯度洗脱程序

时间/min	B/%
0～3.0	5.0
3.0～8.0	5.0～30
8.0～12.0	30～70
12.0～12.5	70～5.0

8. 除草剂的分析

【例 4-24】 除草剂的分析(图 4-99)[56]。

样品：八种常见的除草剂。

色谱柱：色谱柱 Zorbax SB-C_8(4.6mm×150mm，5μm)。

流动相：A. 0.1%TFA-H_2O；B. 乙腈；

pH 2；梯度：20%～60% B，30min。

流量：1.0mL/min。

柱温：35℃。

检测器：二极管阵列检测器。

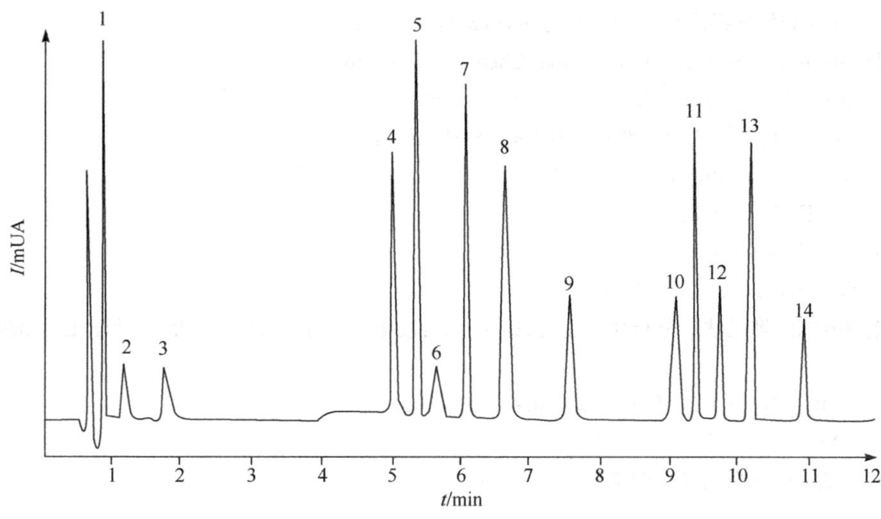

图 4-98　14 种目标物混合标准溶液(50mg/L)的色谱图

1. 柠檬黄;2. 安赛蜜;3. 糖精钠;4. 酸性红;5. 日落黄;6. 苯甲酸;7. 诱惑红;8. 山梨酸;9. 对羟基苯甲酸甲酯;10. 对羟基苯甲酸乙酯;11. 酸性橙Ⅱ;12. 碱性嫩黄 O;13. 对羟基苯甲酸丙酯;14. 对羟基苯甲酸丁酯

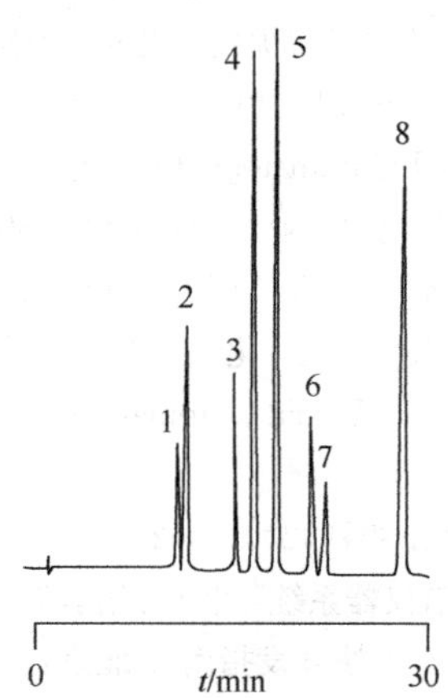

图 4-99　除草剂的分析

1. 丁噻隆;2. 扑灭通;3. 扑草净;4. 阿特拉津;5. 噻草平;6. 扑灭津;7. 敌稗;8. 异丙草甲胺

(沈阳药科大学　孙毓庆　邸欣)

(安捷伦科技[中国]有限公司　王祝伟)

参 考 文 献

[1] 孙毓庆,王延琮．现代色谱法及其在药物分析中的应用．北京:科学出版社,2005. 169-290

[2] Waters 公司．超高效液相色谱仪资料．2004

[3] Skoog D A,Holler F J,Nieman T A. Principles of Instrumental Analysis. 5th ed. Philadelphia:Harcourt Brace College Publishere,1998. 72

[4] 达世禄．色谱学导论．2 版．武汉:武汉大学出版社,1999. 331

[5] Waters公司．如何选择理想的HPLC分析柱(幻灯片)．2014
[6] Small H,Stevens T S,Ballman W C. Anal Chem,1975,47:1801
[7] Armstrong D M,et al. Anal Chem,1979,51(3):2160
[8] 安登魁．现代药物分析选论．北京:中国医药科技出版社,2001. 1-102
[9] Pirkle W H. J Chromatogr,1980,192:142
[10] Dalgliesh C E. J Chem Soc,1952,3940
[11] Cuatrecasas P,Wilchek M,Ainfinsen C B. Proc Natl Acad Sci,1968,61:636
[12] Ohlson S. FEBS Lett, 1978,93:5
[13] 张玉奎,张维冰,邹汉法．分析化学手册(第6分册:液相色谱分析)．2版．北京:化学工业出版社,2000. 86
[14] Agilent液相色谱柱与方法开发指南．北京:Agilent公司,2014. 18
[15] Waters. Anal Chem, 2003,75:6781-6788
[16] 日本资生堂．硅聚合物薄膜型填料．资料．2004
[17] Pirkle W H. J Chromatogr,1986,358:377
[18] 李发美,张丹丹,玄明浩．中华人民共和国知识产权局发明专利．授权公告号CN1740181B,授权公告日期2011,05,25
[19] Armstrong D W,et al. Anal Chem Acta,1988,208 :275
[20] 郭为,商振华,于亿年,等．染料膜亲和色谱法中膜堆的准备及应用. 色谱,1996,14(3):168
[21] 孙毓庆,胡育筑．液相色谱溶剂系统的选择与优化．北京:化学工业出版社,2008. 30-97;243-264
[22] Schoenmakers P J,Billiet H A H,de Galan L. J Chromatogr,1981,218:261
[23] Glajch J L,Kirkland J J,Minor J M. J Chromatogr,1980,109:57
[24] 何华,倪坤仪．现代色谱分析．北京:化学工业出版社,2004. 302-359.
[25] d'Agostino G,Mitchell F,Castagnetta L,et al. J Chromatogr,1985,338:7
[26] 牟世芬,刘克钠．离子色谱方法及应用．北京:化学工业出版社,2000. 28-83
[27] Meyer V R. Practical High Performance Liquid Chromatography. A John Wiley and Sons,Ltd. ,Publication,2010. 159-252
[28] 刘文英．药物分析．北京:人民卫生出版社,2005. 402-406.
[29] 李彤,张庆合,张维冰．高效液相色谱仪器系统．北京:化学工业出版社,2005. 33-38
[30] Agilent. 液相色谱手册(液相色谱柱与方法开发指南). 北京:Agilent公司,2012
[31] 孙毓庆,胡育筑．液相色谱溶剂系统的选择与优化．北京:化学工业出版社,2007. 307
[32] 张玉奎,张维冰,邹汉法．分析化学手册．2版．第6分册．液相色谱分析．北京:化学工业出版社,2000. 76
[33] 李彤,张庆合,张维冰．高效液相色谱仪器系统．北京:化学工业出版社,2005
[34] 金郁,肖珊珊,孙毓庆．HPLC/DAD/MS/MS联用在板蓝根注射液成分鉴定中的应用. 色谱,2003,21(6):558
[35] 法国Sedere公司. SEDEX-55 Evaporative Light Scattering Detector说明书. 1996
[36] 王俊德．高效液相色谱法．北京:中国石油化工出版社,1992. 69
[37] 杨维平,张琰图,章竹君. 高效液相色谱-化学发光法研究异烟肼和利福平. 化学学报,2003,61(1):1
[38] 魏月,章竹君. 孙永平,等. 高效液相色谱-化学发光法测定淫羊藿苷. 陕西师范大学学报,2006,34(3):63
[39] 张玉奎,张维冰,邹汉法．分析化学手册(第6分册:液相色谱分析)．2版．北京:化学工业出版社,2000. 86
[40] 62届匹兹堡会议资料:UPLC成为分离科学的新类别. 2012
[41] 于世林. 图解高效液相色谱技术与应用. 北京:科学出版社,2009. 296
[42] Agilent 1200系列液相培训资料．北京:Agilent公司,2014
[43] Willoughby R, Sheehan E, Mitrovich S. A Global View of LC/MS. Pittsbrgh: Global View

Publishing,2002
[44] 孙毓庆．仪器分析选论．北京:科学出版社,2005. 366
[45] 屠庆尧．高效液相色谱法测定复方氯喘胶囊中三组分含量．药物分析杂志,1993,13(2):122-123
[46] Agilent 1290 Infinity 液相色谱仪应用文集．北京:Agilent 公司,2013. 86
[47] Agilent. 液相色谱手册(液相色谱柱与方法开发指南). 北京:Agilent 公司,2013. 70
[48] Rajeudra W. J Chromatogr,1987,10:941
[49] 谢培山．中药指纹图谱研究．北京:人民卫生出版社,2005
[50] Haster,et al. J Chromatogr. 1992,605:41-48
[51] 马欣,孙毓庆．色谱,2003,21(6):562
[52] 郭涛．新编药物动力学．北京:中国科学技术出版社,2005. 1,443
[53] E I DuPont de Nemours & Co. J Chrom Sci,1989,27:336
[54] 程彪平,李来生,周仁丹,等．衍生化 β-环糊精手性固定相液相色谱拆分和测定药片中的阿替洛尔对映体．色谱,2014,32(11):1214
[55] 李晶,徐济仓,李雪梅,等．超高效液相色谱法同时测定香精香料中 14 种禁限用物质．色谱,2012,30(8):816-821
[56] Agilent. 液相色谱柱与方法开发指南．北京:Agilent 公司,2013. 40

第 5 章　薄层色谱法[1]

5.1　概　　述

平面色谱法　色谱过程在固定相构成的平面中进行的色谱法，称为平面色谱法（plane chromatography）。

平面色谱法又分为薄层色谱法（TLC）、薄膜色谱法（TFC）及纸色谱法（PC）等类别。

纸色谱法与薄膜色谱法　用滤纸作固定液载体的色谱法称为纸色谱法。薄膜色谱法是将高分子制成的薄膜（常用聚酰胺等），附着在纸片或基质膜上。

薄层色谱法是应用最多的平面色谱法，本章重点介绍薄层色谱法。

薄层色谱法　将固定相涂布在载板（基板）上，色谱过程在固相构成的薄层中进行的色谱法，称为薄层色谱法（TLC）。薄层色谱法按照分离机制，可分为吸附、分配（正、反相）、胶束及凝胶薄层色谱法等。按照流动相输送方式的差别，可分为常压与加压薄层色谱法。按照固定相的板效差别，又可分为一般薄层色谱法与高效薄层色谱法等类别。

由于薄层色谱法，具有设备简单、操作方便、分离速度快、灵敏度高、显色方便，以及可以制备纯成分等功能，因而广泛应用于药物分析与各种分析领域中。我国已将薄层色谱法纳入《中国药典》，已成为药物分析的法定方法。《中国药典》2010 年版一部品种中，用 TLC 鉴别的品种（中成药、提取物及中药材）共新增 2492 项（2005 年版 1507 项）。由此可见其应用之广泛。

随着高效薄层材料和预制板、自动薄层涂布器、自动点样器、自动展开系统以及薄层扫描仪等的使用，已形成了现代仪器化薄层色谱法，使薄层分离与分析检测，形成准在线连接，大大地提高薄层色谱定性的可靠性和定量分析的精密度与准确度。

目前，在药物分析实验室中，薄层色谱法与高效液相色谱法相互补充，提高了解决药物分析中问题的能力。薄层色谱法已是色谱法的一个重要分支，被广泛应用于医药、环境、生化、食品等许多领域。最近发展起来的超薄层色谱（ultra-thin-layer chromatography）为薄层色谱开辟了一个新领域。

5.2　薄层色谱法分类与分离机制

5.2.1　吸附薄层色谱法

吸附薄层色谱法的薄层固定相为吸附剂。它是利用吸附剂对样品中各组分吸附能力不同，使不同组分具有不同的迁移速度，而达到分离目的。吸附与洗脱过程，实际是溶质分子（样品中各组分分子）与流动相分子争夺吸附剂表面活性中心的结果。

以 X_m 表示溶质分子，Y_a 表示吸附剂表面溶剂分子，则吸附与洗脱中存在如下平衡

$$X_m + nY_a \rightleftharpoons X_a + nY_m \tag{5-1}$$

流动相中溶质分子 X_m 与吸附在吸附剂表面的 n 个溶剂分子 Y_a 相置换，溶质分子被吸附，以 X_a 表示，溶剂分子 Y_a 回至流动相内部，以 Y_m 表示。它们之间的浓度平衡关系服从质量作用定律

$$K_a=\frac{[X_a][Y_m]^n}{[X_m][Y_a]^n} \tag{5-2}$$

$$K_a\approx\frac{[X_a]}{[X_m]}=\frac{[C_a]}{[C_m]} \tag{5-3}$$

式中：K_a 称为吸附平衡常数(adsorption equilibrium constant)，或称吸附系数。因为溶质分子只吸附于吸附剂表面，不进入吸附剂内部，因此溶质在吸附剂表面的浓度为$[X_a]=X_a/S_a$。S_a为吸附剂的表面积，则 K_a 实际为

$$K_a=\frac{X_a}{X_m}=\frac{X_a/S_a}{X_m/V_m} \tag{5-4}$$

组分的吸附平衡常数 K_a 越大，跟随流动相的移动速度越慢，比移值 R_f 越小(R_f 值的定义见 5.4 节)。

若固定相为硅胶，则组分的极性越大，K_a 越大，R_f 值越小。若组分一定，则展开溶剂的极性越大，K_a 越小，R_f 值越大，即极性大的溶剂洗脱能力强。这是由于硅胶对极性大的溶剂氢键力或分子间作用力较强的缘故，因而调整溶剂的极性，可以改变组分的 R_f 值及分离情况。

5.2.2　分配薄层色谱法

流动相与固定相均为液体的色谱，称为液-液色谱(liquid-liquid chromatography)。它是利用样品中各组分在固定相与流动相的浓度比——分配系数的不同而分离，因而全称为液-液分配色谱，简称分配色谱。在薄层色谱法中，可称为分配薄层色谱。

溶质分子(样品中某组分的分子)在流动相与固定相中处于平衡状态

$$X_m \rightleftharpoons X_s$$

$$\frac{X_s/V_s}{X_m/V_m}=\frac{c_s}{c_m}=K \tag{5-5}$$

根据液-液分配色谱的要求，流动相与固定相必须是互不相溶的(并非是绝对的)。依据极性相似相溶原则，如不相溶，则两者的极性必须差别较大。按照固定相与流动相的极性差别，可将液-液分配色谱分为以下两种类型。

1. 正相薄层色谱法

流动相的极性小于固定相的极性时，称为正相分配薄层色谱法或正相液-液薄层色谱法，简称正相薄层色谱法。这种展开方式称为正相展开、正相冲洗或正相洗脱。用含水量大于17%(质量分数)的硅胶为薄层固定相时，由于水分子与硅胶表面的硅羟基的氢键作用力或定向作用力，在硅胶表面形成水层，使硅胶失去吸附活性，此时，水成为固定相。在正相薄层色谱法中，用极性小的有机溶剂或含水的有机溶剂为流动相，这种色谱法的分离机制是靠各组分在固定相(水相)与流动相间分配系数的差别进行分离的。分配系数 K 大(极性大)的组分，R_f 值小；反之，K 小(极性小)的组分，R_f 值大。

2. 反相薄层色谱法

流动相的极性大于固定相的极性的薄层色谱法，称为反相分配液-液薄层色谱法，简称反相薄层色谱法。最常用的固定相是烷基化学键合相。这种键合相是把非极性的烷基($C_2\sim C_{18}$)官能团用化学反应的方法，键合在硅胶表面上，相当于在硅胶表面上形成了一层非极性固

定液。常用的固定相为十八烷基键合硅胶(ODS)。水与醇类、乙腈、四氢呋喃等组成的二元或多元溶剂是反相薄层色谱法常用的流动相。反相薄层色谱法主要用于分离呈脂性的有机化合物。但对于在吸附色谱中无法分离的强极性物质(保留在薄层原点的组分)也可用反相薄层色谱法分离。另外,它还可以作为反相高效液相色谱法(RHPLC)实验条件选择的先导。

5.2.3 胶束薄层色谱法

胶束薄层色谱法分为正相与反相胶束色谱法两种。其区别是正相胶束色谱法是在聚酰胺、氧化铝或硅胶薄层上用低浓度表面活性剂的水溶液为展开剂(流动相);反相胶束色谱法是在硅烷化的硅胶薄层上,用低浓度的含有少量水的非极性有机溶剂(如氯化十六烷基三铵)为展开剂。

表面活性剂是由性质相反的两性基团组成。亲油基多为碳氢键结构,因此对非极性物质具有较强的亲和力,对极性物质作用力弱;而亲水基与水分子有较强的亲和力。

表面活性剂在水中的浓度低时,形成真溶液。当浓度高时,表面活性剂分子将聚集在一起,形成胶束。表面活性剂在水中形成胶束的浓度称为临界胶束浓度。例如,十二烷基磺酸钠的临界胶束浓度为 9.0×10^{-3}mol/L。当表面活性剂的浓度超过临界胶束浓度时,再增加表面活性剂的量,只能增加溶液中胶束的浓度,而游离的表面活性剂的浓度几乎不变。

表面活性剂能形成亲水基向外、疏水基向内的正胶束,也能形成亲水基向内、疏水基向外的反胶束,并处于动态平衡中。

当水溶液中有胶束存在时,它会使不溶或微溶于水中的有机化合物的溶解度明显增加,这就是胶束的增溶作用。由于胶束的内核与其周围溶剂有着不同的介电性质,且被增溶的物质性质不同,特别是它们的极性与非极性基团的比例以及它们在分子中的位置不同,它们将以不同的方式进入胶束中。改变胶束浓度或改变胶束电荷的性质等均会影响增溶作用。

胶束展开剂具有价廉、无毒、不挥发、不燃烧、使用安全等优点,但纯胶束溶液由于柱效低的缘故,分离效果不理想,必须添加合适的有机改性剂以提高柱效和分离效果。2006 年,崔淑芬等[2]为甘草的胶束薄层色谱指纹图谱寻找最优胶束流动相。采用单因子法,寻找影响甘草胶束薄层色谱的影响因素,在此基础上,采用控制加权可变步长单纯形优化法进行甘草胶束薄层色谱指纹图谱的流动相优化。结果对甘草的胶束薄层色谱分离条件(表面活性剂的种类和含量、醇和酸改性剂的影响等)进行了实验,表明纯胶束薄层色谱的柱效较低,加入醇和酸类改性剂后,柱效明显提高。通过对改性胶束的进一步优化(控制加权可变步长单纯形优化法),得到优化的甘草改性胶束展开剂组成为:0.23mol/L 的 SDS+16%(体积分数)正丁醇+11%(体积分数)甲酸。胶束薄层色谱的表面活性剂和各添加剂间存在交互作用,需采用合适的优化方法,才能达到分离中药材复杂活性成分群的目的。

5.3 薄层色谱系统简介

5.3.1 薄层板

1. 固定相与载板

薄层色谱分离物质的选择性,取决于固定相的化学组成及其表面的化学性质,因此,通过改变其化学组成及表面化学性质(改性),可得到不同选择性的固定相,以达到分离的目的。此外,固定相某些其他性质,如比表面积、比孔容、平均孔径等,也会影响固定相的色谱行为。

1) 固定相

(1) 硅胶。硅胶为多孔性无定形粉末,其表面带有硅醇基(silanol, $\equiv$Si—OH),呈弱酸性(pH 4～5)。通过硅原子上的—OH 基与极性化合物或不饱和化合物形成氢键而表现其吸附性能。由于化合物的极性及不饱和程度的不同,形成氢键的能力也不同,从而可将待测物质进行分离。

硅胶中有效的硅醇基数目越多,其吸附能力就越强。但硅胶也能吸附水分,形成水合硅醇基($\equiv$Si—OH · OH_2),它会降低其吸附能力。若想提高其吸附能力,可加温(150℃)活化后使其可逆地失去水分,增加其活性。当游离水含量高达 17%以上时,其吸附能力极低,这时只能作为分配色谱的固定相使用。然而,如果温度过高(大于 500℃),硅胶脱水形成硅氧烷结构,硅醇基全部失去而使活性大大降低。

若加热至 1100℃时,结合水完全失去,硅醇基数目锐减,吸附能力大大降低。因此,一般情况下温度应控制在 170℃以下。

硅胶是至今薄层色谱使用最为广泛的薄层固定相。

(2) 氧化铝。在薄层色谱法中,氧化铝的应用范围仅次于硅胶。用氧化铝作为吸附剂的固定相已成功地分离了萜类、生物碱类以及芳香族化合物。薄层色谱用的氧化铝是由氢氧化铝于 400～500℃下灼烧而成。由于制备与处理方法的不同,氧化铝又有弱碱性(pH 9～10)、酸性(pH 4～5)与中性(pH 7～7.5)之分,因此其使用范围也有所不同。弱碱性氧化铝适于分离中性和碱性化合物,如多环碳氢化合物、生物碱类、胺类等;中性氧化铝适用于酸性或对碱不稳定的化合物的分离;酸性氧化铝适用于酸性化合物的分离。

氧化铝薄层的分离容量虽没有硅胶大,但表面化学活性比一般硅胶高,因此表面活化也很重要。它不仅可得到稳定的表面活性和重复的色谱分离,也可避免某些化合物在分离过程中发生分解。

(3) 纤维素。纤维素是一种天然多糖类化合物,其分子式为$(C_6H_{10}O_5)_n$。用纤维素制成的薄层分离特性与纸色谱相似,但其斑点更集中,分离度更大,分离速度也快,可以代替纸色谱。

除普通纤维素外,还有用于反相分配色谱的乙酰化纤维素以及具有离子交换特性的离子交换纤维素。

由于纤维素本身具有一定的黏着性,涂板时一般不需要加入黏合剂。当然也可根据需要加入石膏等黏合剂和荧光指示剂。

(4) 聚酰胺。聚酰胺是由酰胺聚合而成的高分子聚合物。薄层色谱中常用的是聚己内酰胺和聚十一酰胺。

聚酰胺分子中存在许多酰胺基,其中的羰基与酚类、黄酮类、酸类中的羟基或羧基形成氢键;酰胺中的氨基与醌类或硝基类化合物中的醌基或硝基形成氢键。由于被分离物质结构不同,或同类物质中羟基等活性基团数目不同,则聚酰胺与这些化合物形成氢键的能力不同,产生不同的吸附力,而达到分离目的。

(5) 改性硅胶。改性硅胶是通过化学反应的方法,将不同极性的有机分子以共价键连接在硅胶的硅醇基上,因此又称化学键合固定相。按键合的有机分子官能团不同,又分为极性键合相硅胶(亲水改性硅胶)及非极性键合相硅胶(疏水改性硅胶)。

极性键合相硅胶是指键合的有机分子中含有极性基团,如氰基(—CN)、二醇基[—$(OH)_2$]、氨基(—NH_2)等。极性键合相硅胶一般用在正相薄层色谱中,使用非极性或极性小的展开剂。但有时分离强极性化合物,如糖类或多肽分离时,使用极性展开剂也能得到很好的分离。

非极性键合相又称反相键合相,用在反相薄层色谱中。键合相的表面都是极性很小的基团,如烷基(十八烷基、辛烷基、乙基等),最常用的是十八烷基键合相硅胶。我们可以利用烷基的链长不同,得到不同改性度的非极性键合相硅胶,再利用在较大范围内调整正、反相薄层色谱展开剂系统的极性,从而分离不同的化合物。

2) 载板

对用作薄层载板材料的要求是,具有一定的机械强度,对溶剂和显色试剂(包括酸和碱)呈化学惰性,能经受一定的温度,表面平整以及价格便宜。玻璃板(厚度为1.5～5mm)可以满足这些要求,因而在自制和商品预制板中,都广泛地被用作载板。特别是采用浓硫酸焦化显色时,必须使用玻璃载板,因为其他材料(如铝箔和聚酯箔)会受到腐蚀性酸的侵蚀。柔软的聚酯箔(通常为厚0.25mm聚乙烯对苯二酸酯箔)常被用作商品预制板载板。但由于它不像玻璃板那样容易操作,在实验室自涂板中则较少使用。铝箔(厚约0.1mm)也主要用作商品预制板载板。聚酯箔和铝箔薄层板的一个突出优点,是很容易根据需要将大尺寸板(出厂时一般是成卷包装)裁剪成较小尺寸和所需形状的板。此外,还有一种在玻璃纤维上浸以吸附剂制成的预制板。

2. 黏合剂与添加剂

为了使薄层牢固地附着在支持体上减少薄层破碎以便于操作,因此需要在吸附剂或载体上加入合适的黏合剂;为了符合特殊的分离或检出要求,有时需要在固定相中加入某些添加剂。

1) 黏合剂

涂薄层板时,有时不加黏合剂,如在涂布制备薄层板时,为了便于分离后的斑点洗脱,减少可能的干扰因素,往往不加黏合剂;有些吸附剂,如纤维素,本身就具有对载板的良好附着性,因而也不需要另外加黏合剂。但是,在多数情况下,涂板时要向吸附剂中添加某种适当的黏合剂。添加黏合剂的目的,主要是使吸附剂颗粒之间相互附着,并使薄层紧密地附着在载板上。其次,由于黏合剂的加入,改变了薄层的某些性质,如浸润性等,从而改善色谱分离结果。

理想的黏合剂要求亲水性好、黏结力强且具有化学惰性。常用的黏合剂有以下几种。

(1) 煅石膏。它是将石膏($CaSO_4 \cdot 2H_2O$)过200目筛后,于120～140℃烘烤2～4h,再过200目筛而得。它属于无机黏合剂,其优点是可使用腐蚀性的显色剂,缺点为制成的薄层硬度不够,且不利于无机化合物的分离。此外,含有煅石膏的硅胶,用水调成糊状后,极易在短时间内凝固,因此铺板时要求动作迅速。已添加石膏的商品吸附剂,一般以字母“G”标志,如硅胶G、氧化铝G等。硅胶G中含石膏为13%～15%,而制备用硅胶G含石膏可高达30%。氧化铝G中含石膏为9%左右。不含黏合剂的商品吸附剂标记有字母“H”,如硅胶H等。

(2) 羧甲基纤维素钠(CMC-Na)。这是一种有机黏合剂。它是将羧甲基纤维素钠用水调成糊状,再加足量水搅拌均匀,并加热煮沸尽可能使其溶解,放置澄清后,再取上清液代替水,与吸附剂混匀涂布薄层板。常用的浓度为0.2%～1.0%,浓度越高,薄层硬度越大。实践证明，用0.8%左右的羧甲基纤维素钠溶液涂布的薄层，具有较好的强度和色谱分离性能。这是一种最为常用的黏合剂，其缺点是不能耐受有腐蚀性的显色剂。

此外，淀粉、聚乙烯醇和有机高分子聚合物等有机黏合剂也有使用。

2）添加剂

为满足某些特殊需要，在制备薄层时常需要添加某种添加剂，制成具有特殊性能的薄层板。常用的添加剂有以下几种。

（1）荧光指示剂。对于某些化合物在薄层上分离后其斑点不显色，也无特殊显色剂显现其斑点位置，又无特征紫外吸收的化合物，若要分离这些化合物则可在吸附剂中添加某种荧光指示剂，以便在适当的激发光照射下，产生均匀的荧光背景，而化合物的斑点则以暗色被清晰地显示出来。

常用的荧光指示剂有两种：①短波长紫外荧光指示剂，它能在254nm紫外光激发下产生蓝色荧光的物质，如钠荧光素、硫化镉和锰激活过的硅酸锌（$ZnSiO_4$）等；②长波长紫外荧光指示剂，如羟基嘌呤磺酸钠和银激活过的硫化锌·硫化镉（ZnS·CdS·Ag）等。薄层色谱固定相中荧光指示剂的用量一般为1.5%～2.0%。此外，也可采用有机荧光指示剂，如彩蓝（366nm）和阴极绿（254nm）等。

含有荧光指示剂的商品吸附剂，常标记“F”，并以下标表示激发波长，如硅胶HF_{254}、硅胶HF_{365}。

（2）pH调节剂。硅胶带有弱酸性，在分离某些碱性化合物时斑点拖尾。为抑制拖尾，改善分离效果，可在硅胶中加入碱或碱性缓冲液，制成碱性薄层。它能较好地分离生物碱类化合物。例如，用0.2%磷酸钠与硅胶制成的薄层，能较好地分离小檗碱等6种生物碱类化合物。

此外，也有用硝酸银溶液作为添加剂，这样制成的薄层有利于分离饱和程度不同的化合物。如饱和化合物R_f值大于双键化合物，叁键化合物的R_f值也大于双键化合物；而双键化合物则随着双键数目的增多，R_f值变小[3]。

3. 薄层板的制备

薄层板制备的质量，在很大程度上取决于薄层板的涂布。最常用的涂布法是使用涂布器进行的。从操作上讲，所有涂布装置可分为两类：一类是载板固定，使装有吸附剂匀浆的涂布槽匀速地在并排放置的载板上移动；另一类是装有吸附剂匀浆的涂布槽固定不动，而载板在其下面连续地匀速通过。瑞士CAMAG公司生产的手动涂布器和自动涂布器均属后者。

目前，薄层制备普遍采用湿法涂布，即首先将固定相材料配制成匀浆再进行涂布。对薄层的基本要求是均匀、平整、无气泡造成的凹坑和龟裂。因此，对不同材料采用什么溶剂、溶剂量和配制技术，成为影响所涂布的薄层质量的重要因素。与工厂大规模自动化生产预制板的不同，实验室自涂板，规模很小，设备也不尽规格化。因此，调浆和涂布都较大程度上依赖于操作者个人经验。

预制板由于是工厂大批量生产，薄层表面及厚度较均匀，规格也统一，即使不同批号产品之间，也不会有太大差异，这对保证薄层定量的重现性至关重要。因此，发展高质量的薄层预制板是发展和完善薄层色谱法的必由之路。

4. 薄层板的活化

薄层板的活化是指将涂布好的薄层板，在室温下阴干之后，或使用之前，在适当温度下烘烤一定时间，使薄层材料增强吸附性，即提高其活性。这是因为在吸附剂表面及其空隙间，存在许多吸附中心，被吸附物质的量及被吸附的牢度，取决于吸附中心的活性强度(单位面积表面能)和数目(单位质量的表面积)。吸附中心强度及数目较大时，吸附剂活性就高，保留能力强，被吸附物质 R_f 值就小。由于不同物质在吸附剂上被吸附能力不同，而达到彼此分离。

预制板或是利用吸附作用进行分离的手工制薄层板，不需要进行活化。

薄层活度的大小，直接受大气相对湿度的影响。因湿度大时，吸附剂表面能可逆地吸附水分，降低了薄层的活性，因此需要在一定的温度下进行活化，但也不是活度越大越好。一般晾干后的薄层，在 105～120℃干燥 0.5～1h，即可达到常规要求。薄层活度大小与薄层的含水量有关，含水量越低，活度就越高；含水量越高，活度越低。

5.3.2 点样

1. 点样的要求

点样不仅是成功分离和精确定量的关键步骤，而且往往是薄层色谱法各步骤中最费时费事的一步。对于高效薄层色谱来说，改善点样质量更是获得高效分离的必需条件。因此，分析工作者重视不断改进点样技术，并致力于发展样品溶液点加的仪器化和自动化。

点样的体积，对于经典薄层一般为 1～5μL，高效薄层为 100～500nL。样品溶液浓度一般为 0.01%～1.00%。用毛细管或注射器点样，一次加到薄层上的样液不应超过 0.5μL。需要加较大体积的样品溶液时，应采用多次点加法。第二次点加时应待前一次点加的溶剂挥发之后再进行，以使样品在原点处集中。如果点加太快，会产生环状样品点，即溶剂将待测物质冲洗到样品点的外沿，形成“环”。若“环”的直径过大，会导致虚假分离。多次点加时，为加快溶剂挥发，可用氮气流在样品点上方缓缓吹过，或者微微加热。

点样量是点样的另一个关键因素，它影响着展开后斑点的形状与位置。样品超载会引起斑点拖尾，并且会使 R_f 值要么太大，要么太小，这将导致分离度变差，这是薄层色谱分析中常遇到的问题。实际上，定量分析中，为保证重复性和进行线性校正，样品量在最小可检测量的几十倍、十几倍，甚至是几倍的范围是比较恰当的。

点样质量的另一个重要判据是，点样过程中薄层是否被破坏。样品原点如果出现小坑，将引起展开后斑点的畸形，从而导致色谱分离变差。

2. 点样装置

点样方式、点样量及点样器的选择取决于分析的目的、样品溶液的浓度及被测物质的灵敏度。在进行薄层定量时，原点直径的一致、点样间距的精确是保证定量精确度的关键。

1) 手工点样

在单纯定性工作中，不一定要求点加的样品量太准确，使用实验室自制玻璃毛细管点样即可。但这样的点样既不易定容，又难以重复，显然不适合定量工作。定容毛细管点样器(图 5-1)是可以用于定量点样的。定容毛细管一般为 1～5μL。在这个范围内，一般操作者重复点样，测量结果的相对标准差不难做到小于 3%，有经验的操作者可做到小于 1%。

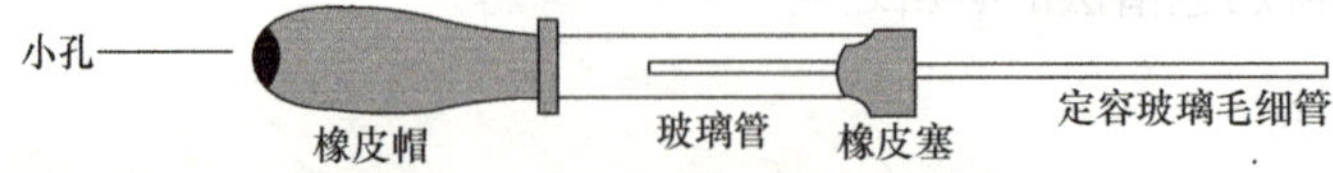

图 5-1　定容毛细管点样器

市售的常用定容玻璃毛细管容量有 0.5μL、1.0μL、2.0μL 和 5.0μL 等。用手工点加小于 0.5μL 的样品溶液时，需采用 100nL 和 200nL 的铂铱合金定容毛细管。这种毛细管一般被固定在玻璃管的一端，以便于操作。之所以采用铂铱合金毛细管不仅是由于制备的需要，还因其表面不易被样品溶液所黏附，这一点对微小体积样品的点加是十分重要的。

因为手工点样器难以保证点样的准确性，近年来自动点样器有了很大的发展。

2）自动点样

自动点样是通过自动点样器进行的。它是采用了最先进的电子与机械相结合的技术，可自动地完成点样工作。由于采用计算机编程控制，点样量从 10nL 到 50μL 可随意设定，且保证了点样的准确性，满足了薄层色谱的定量要求。

CAMAG 公司生产的自动薄层色谱点样仪，就是一种适用于定量分析的全自动点样仪。它是既可点带状也可点点状原点的点样仪。点样体积一般为 50～5000nL（点状原点）或 1～20μL（带状原点）。点样仪适用于在 20cm×20cm 范围内任何尺寸的薄层板。

点样工作程序的编制，包括依次输入下列参数：薄层板宽度、板边空距、样品点间距、通道数目及各通道对应的样品瓶号和点加的样品溶液容积等。工作程序编好后，只要按启动键，点样仪便开始全自动地工作。点样速度在 10nL/s 和 1000nL/s 之间可调。点样精度优于 1%，样品原点定位误差为±10.05mm。由于点样速度可调，即使点加较大容积样品溶液，也不至于影响原点质量。这种全自动点样，使薄层色谱点样完全摆脱操作者个人因素的影响，不仅省时省力，还保证了点样的可靠性。

3. 自动点样器

随着科技的发展最新推出 5 种型号点样仪：BD-Ⅰ电动点样仪、BD-Ⅱ电动点样仪、TD 电动条状点样仪、AD 薄层全自动点样仪和 AS 薄层全自动多针点样仪。

1）BD-Ⅱ电动点样仪

BD-Ⅱ型电动点样仪（图 5-2）在原 BD-Ⅰ型点样仪的基础上进行了较大的改进，首先是点样平台可左右移动，其次是点样机头改进得更加稳定可靠，点样开关可自锁，既可间隙点样，又可连续点样，使分析工作方便高效。BD-Ⅱ型是数显控温。

2）TD 电动条状点样仪

TD 电动条状点样仪（图 5-3）是在原薄层点样仪的基础上吸收国外先进技术并加以改进的高新产品；采用本公司自主知识产权设计的喷雾点样机构和气流非接触点样新技术，可单点、多点、条段状点样，顺向点样，反向点样，重复点样。因此方便操作，提高了工作效率。

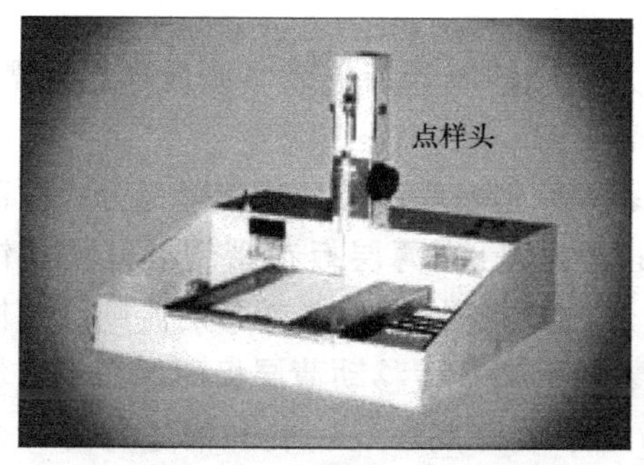

图 5-2　BD-Ⅱ电动点样仪

图 5-3　TD 薄层电动条状点样仪

3）AD 薄层全自动点样仪

AD 薄层全自动点样仪(图 5-4)是最新推出的系列薄层点样仪之一，是在吸收国外先进技术并加以改进的高新产品，它具有以下几个特点：

(1) 装有全自动点样座，以电脑编程控制高精度步进电机运动点样机头，下压针杆。采用德国进口传动机构，保证点样的精度和准确性。

(2) 由于采用自主知识产权设计的喷雾点样机构和气流非接触点样新技术，可单点、多点、条段状点样，顺向点样，反向点样，重复点样。因此方便操作，提高了工作效率。

(3) 可任意编辑点样程序，编程 50 种方法可无限期内存保留，随时调用。

(4) 仪器配有不锈钢的加热平台，恒温薄层板，加快溶剂挥发，降低斑点扩散，提高分离度和重现性。

4）AS 薄层全自动多针点样仪

AS 薄层全自动多针点样仪(图 5-5)是在吸收国内外先进技术并加以创新的高科技产品；可达到多样品同时点样的目的，提高了工作效率。

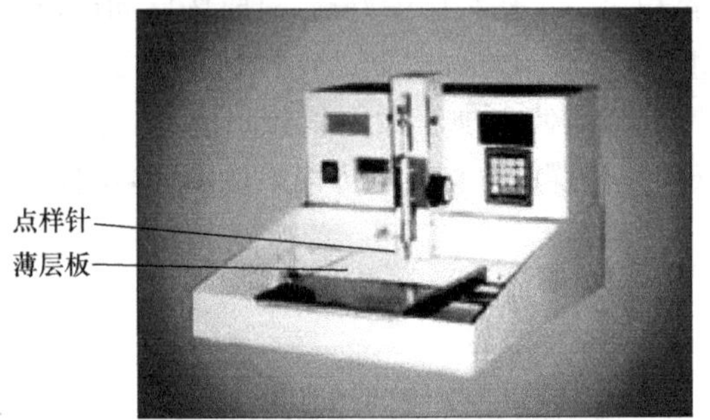

图 5-4　AD 薄层全自动点样仪

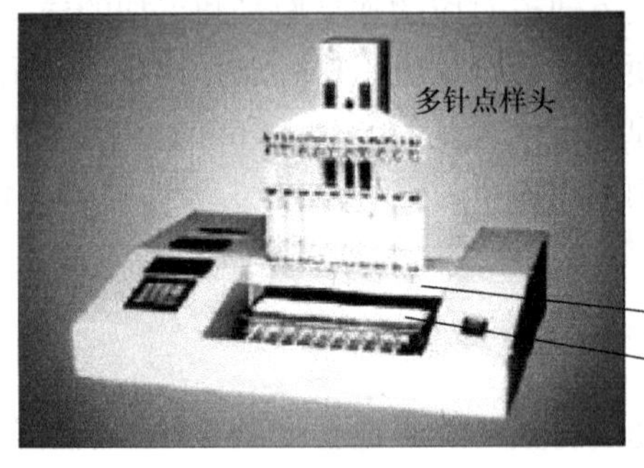

图 5-5　AS 薄层全自动多针点样仪

5.3.3　展开

点样后的薄层板，需要置于密闭的并加有展开剂的展开室中进行展开。多数情况下，是借助毛细管作用使展开剂流经固定相，也有通过压力或离心力的作用来完成的。

常用的展开形式有直线式与径向式。

展开形式中，以直线式展开最为常用，其中又有上行展开、下行展开与双向展开之分，但应用最为广泛的仍为上行展开。它是展开剂借助薄层的毛细管作用，在展开室中由下端向上端移至前沿。

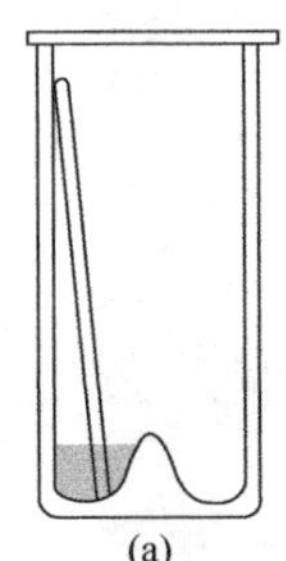

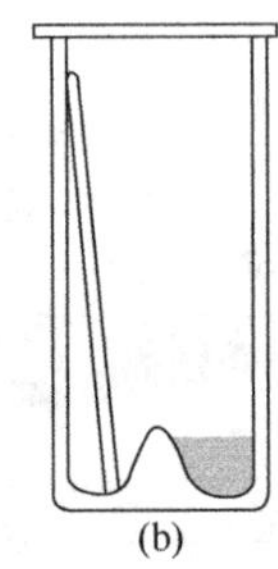

图 5-6　双底玻璃展开槽
(a) 展开中；(b) 预饱和中

上行展开中，最为实用的展开装置是双底玻璃展开槽，如图 5-6 所示。

它是一种矩形展开槽，但是底部被一均匀隆起分为两部分的双底展开槽。它的优点是：当薄层板在密闭展开槽预饱和[图 5-6(b)]完成后，通过倾斜展开槽，使展开剂流到已预饱和好的薄层板侧进行展开，无需开盖移动薄层板而保证不破坏预饱和状态，这样也节省了展开剂。双底展开槽还有另一个用途：在一格内放入展开剂和薄层板，在另一格内放入其他试剂，其目的是为了改进展开槽的空间状态和吸着剂的性能，使分离得到改善。另外也可以放入不同比例的硫酸-水溶液来调节展开槽和薄层的湿度，达到控制吸附剂活度的目的。

为了减少展开过程受周围环境的影响，使分离效果更好，且有较好的展开重现性，目前已有使用商品化的自动多步展开仪，其工作流程如图 5-7 所示。

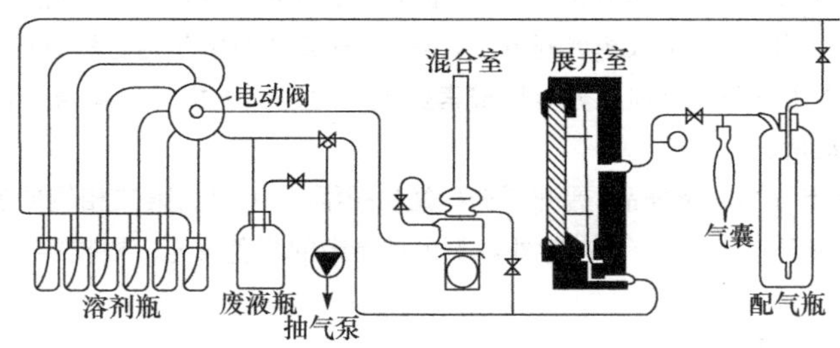

图 5-7　自动多步展开仪的工作流程

自动多步展开仪由主机、一台由 Z80 微处理机组成的控制单元和一个普通的真空泵系统组成。它包括一个可容纳 20cm×20cm 薄层板的色谱展开室、六个溶剂瓶、一个多路电动阀门、一个两级溶剂混合室、一个供配制预吸附平衡蒸气用的溶剂配气系统(包括一个配气瓶和一个气囊)及一些控制阀门和传感器等。控制单元可以程序控制展开仪自动运转。展开操作参数通过人机对话输入，编制成程序。这些参数有展开步数、每一步展开的距离(实际上是设定每一步的展开时间)和用来配制给定梯度程序所要求的溶剂瓶顺序号等。自动多步展开系统，可以方便地在硅胶薄层板上进行梯度展开。根据不同的待分析样品，可以有许多不同的梯度展开程序。但是，对于一个未知样品混合物来说，一般都是先采用某种通用的梯度程序：从较高极性溶剂(如甲醇)开始，逐步降低溶剂的极性，直到低极性溶剂(如正己烷)结束。值得指出的是：由于薄层色谱的非完全性洗脱的特点，梯度展开中展开剂(流动相)极性梯度变化次序与反相高效液相色谱梯度洗脱中流动相极性梯度变化顺序正好相反。

在实际工作中使用的展开装置很多，如径向展开装置、加压薄层展开系统等，它们均能满足一些特殊的需要，这里不再介绍。

【例 5-1】 用双向薄层层析检测红曲中的桔霉素[4]。

实验方法与步骤

1. 制板

硅胶加水调成糊状，均匀铺在玻璃板上(20cm×20cm)，自然干燥后于 105℃活化 1h，放于干燥器中待用。

2. 桔霉素标准溶液制备

准确称量 1mg 桔霉素标准品，用乙醇定容至 10mL，于 4℃低温保藏。

3. 待测样制备

方法 1：称取红曲样品，用甲醇浸泡 12h，然后用异辛烷脱脂两遍；再加入蒸馏水，用 H_2SO_4 调 pH 至 4.5。用氯仿萃取后，水浴蒸干，用甲醇定容至 1mL，作为样液，低温保藏。

方法 2：红曲样品用 70%乙醇浸泡 12h (或者用超声波提取 20min)，离心，过滤。留上清液，低温保藏，备用。

4. 点样

用微量注射器按需要量将标准品和待测样品分别点在适当位置，一般点样量不应超过 10μL，样圈直径不超过 5mm。

5. 展开

将展开剂按比例混合加入层析缸，展开剂的量以淹没薄板 8～10mm 为宜。第一相展开结束后，取出薄板放置一段时间，使展开剂自然挥发。进行第二相展开。

6. 紫外检测

将展开后的薄板，挥发至干。于紫外灯下进行观察。

实验分析

用氯仿-甲醇-水(32：12：1)作为展开剂，进行红曲中桔霉素的检测，结果不理想。这可能是红曲样品中成分复杂互相影响所致。所以考虑用双相展开方法，第一相分离红曲中除桔霉素外的其他成分，第二相主要分离桔霉素。采用这种方法可避免其他成分对桔霉素荧光点的视觉干扰。实验结果表明，利用双相展开法，可以检测出红曲中的桔霉素。

具体展开相，第一相点标准品及样品，展开剂选择氯仿-丙酮(9：1)。第二相侧向展开，展开剂选用苯-乙酸乙酯-甲酸(6：3：1)，展开结束，晾干。在紫外灯下可见清晰的绿色荧光。根据第二相展开的 R_f 值可确定为桔霉素。

双向展开结果如图 5-8 所示。

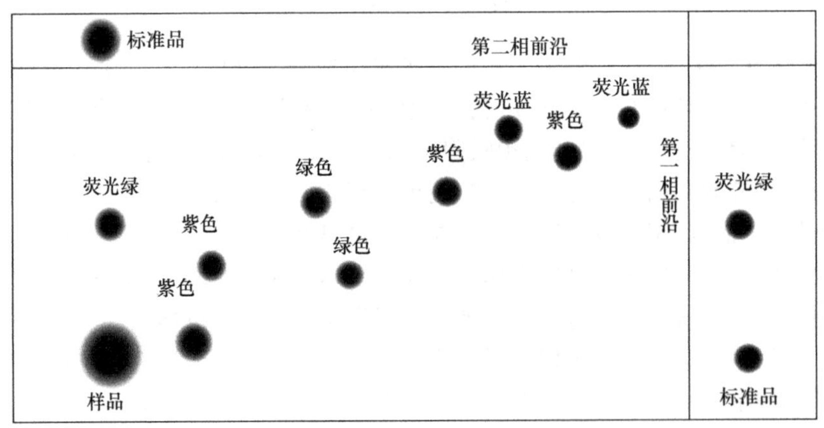

图 5-8 红曲样品双相展开示意图

结果讨论

利用双相薄层层析法可检测红曲中的桔霉素。这种方法可用于生产企业的自我监控。方法简单易行，是现阶段桔霉素检测的一种非常实用的方法。为保证结果的准确性，都需与随行标准品比对。

5.3.4 检测

1. 斑点的定位

若要薄层色谱分离开的各组分进行定性或定量分析，首先要确定各组分所对应斑点的位置，即进行定位。定位的方法很多，常用的方法有以下几种。

(1) 光学检出。有些化合物对可见光(400～800nm)有吸收，因此在自然光下，可以看到不同颜色的斑点，如蒽醌或萘醌类化合物，而多数化合物在可见光下不显颜色，但有的可吸收某种波长的紫外线(如 245nm 或 365nm)，在紫外灯下可显示出不同颜色；还有些化合物可吸收较短波长的光，而产生荧光。荧光斑点检测灵敏度非常高，比检测吸收可见光与紫外线的物质灵敏度高 50～100 倍，而且有很高的专属性。对那些既不吸收可见光，又不吸收紫外线的化合物，可通过荧光猝灭法检出其斑点。这种方法是将样品在含有荧光剂的薄层板上展开，在紫外灯下观察薄层板，看到被分离物质在发亮的荧光背景上显现出暗斑。这是由于这些化合物减弱了板上荧光剂对紫外线的吸收，形成荧光猝灭所致。此外，也可使用普通薄层板，先在其上喷洒具可产生荧光的罗丹明 B 试剂，展开后，在紫外灯下可看到红色荧光背景，而斑点呈现暗灰色，也收到与荧光薄层板同样的效果。

光学检测不仅使用方便，而且被检出的物质不被破坏，适用于双相展开或多次展开时的物质斑点定位。

(2) 熏蒸检出。这是利用一些物质的蒸气，熏蒸展开后的薄层板，使分离后的化合物斑点显出颜色。

最常用的熏蒸检测是利用碘蒸气进行的。碘是一种使用简单、灵敏、非破坏性和可逆的通用显色试剂。碘显色最简单的方法就是将一些碘晶体，放在一有密封盖的展开槽里(或专用碘显色缸)。由于碘的升华，槽内很快便充满紫色的碘蒸气。将展开好的薄层板挥去展开溶剂，放入此槽内，受碘蒸气熏蒸，数秒或数分钟后，薄层板上便出现亮棕色斑点。薄层板在碘蒸气中不应放置太长时间。时间太长，薄层材料也吸附碘，而使斑点测定信噪比降低。也可将碘用挥发性低的溶剂配成 1%浓度的溶液，喷洒在展开后的薄层板上，其效果与浸入碘蒸气中大体相同。

大多数有机化合物，如类脂化合物、氨基酸衍生物、某些兴奋药、吲哚类和甾族化合物等，均与碘发生可逆颜色反应。有些化合物则与碘发生不可逆的碘化反应，例如，多不饱和脂肪酸和酯类分子中的双键易被碘化；卵磷脂也对碘有很强的保留；雌酮等甾族化合物和吗啡、氧化吗啡等药物，也明显地生成碘化衍生物；一些生物碱类在碘蒸气暴露长时间后，也会产生衍生物。这些情况，在制备薄层色谱中选用斑点定位方法时，应特别注意。

挥发性的酸、碱，如盐酸、硝酸、浓氨水、二乙胺等蒸气也常用于熏蒸检出。

(3) 显色检出。这是使用最为广泛的一种斑点定位方法。通常是指利用各种化学试剂与被测物质斑点在薄层板上发生化学反应，生成有色斑点。显然，化学显色对被测物质来说是“破坏性”的、不可逆的。为使显色反应灵敏度高和选择性好，必须选择适当的显色剂和控制适当的反应。显色反应的一般要求为：选择性好，即无干扰或干扰容易消除；斑点边界清晰，与背景间色差尽可能大；灵敏度高，即最小检测限应足够低；显色反应结果(斑点大小和颜色深浅)与斑点物质量之间，在一定范围内，具有良好的线性关系；所产生的颜色物质应足够稳定，颜色持久不褪。

除上面介绍的几种方法外，还有生物检出法和放射显影法等，这里不再介绍。

2. 斑点的检测

对被测物质斑点定位后，下一步就是对物质进行定性与定量分析。

常用的定性方法有：利用斑点 R_f 值定性，利用斑点显色特性定性，利用物质斑点光谱特性定性，以及利用薄层色谱与其他分析方法联用定性等。

常用的定量方法有：目测比较法，斑点洗脱法，以及薄层色谱扫描法等，其中尤以薄层色谱扫描法最为准确。有关内容将在 5.7 节中详述。

5.4 薄层色谱参数

5.4.1 定性参数

1. 比移值(R_f)

比移值是指在展开过程中，某组分(溶质)移动的距离与流动相移动的距离之比。图 2-6

为薄层色谱展开示意图，其中 l_0 表示溶剂前沿与原点间的距离，l_1 与 l_2 分别表示展开后组分 1 与组分 2 斑点与原点间的距离。这时组分 1 与组分 2 的比移值分别为

$$R_{f1}=\frac{l_1}{l_0},\quad R_{f2}=\frac{l_2}{l_0}$$

故某组分的比移值 R_f 可统一表述如下

$$R_f=\frac{l}{l_0} \tag{5-6}$$

式中：l 为某组分斑点与原点间的距离。

当 $R_f=0$ 时，表示该组分滞留在原点处，而未被展开；当 $R_f=1$ 时，表示该组分不被固定相所吸附，随展开剂移动至前沿处。因此 R_f 值的范围应在 0～1 之间，且均为小数。

比移值 R_f 常受薄层板的性质(活性)、展开剂的性质(极性、组成等)以及被分离物质在薄层板上移动的距离等因素的影响，因此重现性较差，另外溶剂前沿位置确定比较困难，所以引入了相对比移值 R_s 这一参数。

2. 高比移值(hR_f)

有些文献中为了避免 R_f 值为小数，以高比移值(hR_f)代替 R_f 值来作为薄层色谱的定性参数，即 hR_f 值为 $R_f\times100$，因此 hR_f 值都是在 0～100 之间。

3. 相对比移值(R_s)

测定相对比移值 R_s 时，是将一选定的参照物(s)与被测物点在同一薄层板上，在相同条件下展开，测得被测组分移行距离 l 与参照物移行距离 l_s 之比，即

$$R_s=\frac{l}{l_s} \tag{5-7}$$

不难看出，相对比移值 R_s 与展开溶剂前沿距离无关，且参照物与被测物质在同一条件下展开，因此，其重复性及可比性均优于 R_f 值。

相对比移值可大于 1，也可小于 1。

4. 保留常数值(R_M)

在分配薄层色谱中，常用 R_M 值代替 R_f，它们的关系是

$$R_M=\lg\left(\frac{1}{R_f}-1\right) \tag{5-8}$$

R_M 值具有加和性。对某一溶剂系统来说，$—CH_2—$基团的 ΔR_M 值是一个常数。以亚甲基数目对同系物的 R_M 值作图，为一条直线。这一规律也适用于其他一些官能团，并可用下式来表示

$$R_M=m\Delta R_M(A)+n\Delta R_M(B)+o\Delta R_M(C)+\cdots+Z+\cdots \tag{5-9}$$

式中：m 为分子中 A 官能团的数目；n 为 B 官能团的数目；o 为 C 官能团的数目；Z 为基本常数(与所采用的固定相、流动相和色谱条件有关)，其单位与 R_M 相同。如果某物质的 R_M 值是已知的，各种不同官能团的 ΔR_M 值也已知。那么，在同样系统中，其衍生物的 R_M 值便可计算出来。R_M 值既可由 R_f 值计算出，也可由 R_M 对 R_f 关系表(表 5-1)中查出。于是，官能团的常数值便可根据两种化合物(与给定官能团不同)所测得的 R_f 值求出。

表 5-1　R_M 与 R_f 关系表

R_f	0	0.1	0.2	0.3	0.4	0.5	0.6	0.7	0.8	0.9	1.0
R_M	∞	0.95	0.60	0.37	0.18	0	−0.18	−0.37	−0.60	−0.95	−∞

5.4.2　相平衡参数

1. 分配系数(K)

在液-液分配色谱中，某组分在两相中达到平衡时，该组分在固定相(s)中的浓度 c_s 与其在流动相(m)中的浓度 c_m之比。在等温恒压条件下，可表示为

$$K=\frac{c_s}{c_m} \tag{5-10}$$

式中：K 称为分配系数。它与温度、溶质和溶剂的性质有关，物质不同其分配系数也不同。

2. 容量因子(k)

容量因子是衡量薄层板对待测组分保留能力的一个参数。它是指待测组分在两相达到平衡后，在固定相中的质量与在流动相中质量的比值，即

$$k=\frac{c_s V_s}{c_m V_m}=K\frac{V_s}{V_m} \tag{5-11}$$

式中：V_s 为固定相体积(分配色谱)或表面积(吸附色谱)；V_m 为薄层色板上流动相的体积。

分配系数与保留值的关系，已在式(2-23)中表示出，即

$$R_f=\frac{V_m}{V_m+KV_s}$$

而容量因子与 R_f 的关系已在式(2-24)中表述出，即

$$R_f=\frac{1}{1+k} \quad 或 \quad k=\frac{1}{R_f}-1$$

由上式可以看出，k 值大的组分，R_f 值就小。以硅胶(极性吸附剂)为固定相的吸附色谱法为例，对极性组分而言，当增大展开剂的极性，可以增大组分在流动相中的溶解度，使 c_m 增加，由式(2-24)可以看出 k 值变小，从而使 R_f 增大，因此，可以通过改变流动相的组成与极性，来调解 R_f 值，进而改变 k 值。

5.4.3　分离参数

分离参数用于衡量分离条件的优劣主要包括分离度(R)和分离数(SN)。

1. 分离度(R)

分离度 R 是用以衡量相邻峰分离程度的参数。对薄层色谱而言，分离度表示如下[式(2-48)]

$$R=\frac{2(l_2-l_1)}{W_1+W_2}$$

式中：l_1 与 l_2分别为组分 1 与组分 2 斑点中心至原点的距离；W_1 与 W_2 分别为表两组分斑点

的宽度(图 2-10)。

相邻两斑点中心距离越大,斑点直径越小,则分离度就越大。

2. 分离数(SN)

在薄层色谱中分离数 SN(或 TZ)可表示如下(见第 2 章式 2-57)

$$SN=\frac{L}{W_{1/2(0)}+W_{1/2(1)}}-1$$

式中:L 为 $R_f=0$ 与 $R_f=1$ 的两组分斑点质量重心间的距离(薄层扫描峰顶间的距离),近似为原点至溶剂前沿的距离;$W_{1/2(0)}$ 与 $W_{1/2(1)}$ 分别为 $R_f=0$ 与 $R_f=1$ 两组分斑点宽度的一半。

可以看出,分离数是指薄层上当用恒组成流动相展开(在展开方向上无溶剂梯度)时,从样品原点到溶剂前沿之间能够容纳的完全分离的峰的数目。斑点越集中,在相同展距离内能分离开的斑点数越多,SN 越大,板效则越高。

分离数是评价和比较色谱系统分离能力的一个比较客观的参数(见第 2 章)。

5.4.4 板效参数

1. 理论塔板数与理论塔板高度

薄层色谱过程不同于柱色谱过程。例如,在柱色谱中,所有物质在分离过程中都移动相同的距离(柱长),只是各物质在色谱柱中滞留的时间不同;在薄层色谱中,每种物质移动的距离不同,但所有物质的移动时间是相同的(展开时间)。尽管如此,薄层色谱的分离效能,仍然采用人们已熟悉的描述色谱分离效能的参数来表征。这些参数就包括理论塔板数(n)、理论塔板高度(简称板高)(H)等。

薄层色谱的这些参数,都与物质在薄层上不同的移动距离相关联,并通过 R_f 值来估计。薄层色谱的理论塔板数由式(5-12)计算

$$n=16\left(\frac{l}{W}\right)^2 \tag{5-12}$$

式中:W 为斑点纵向宽度(峰宽)(图 5-9)。

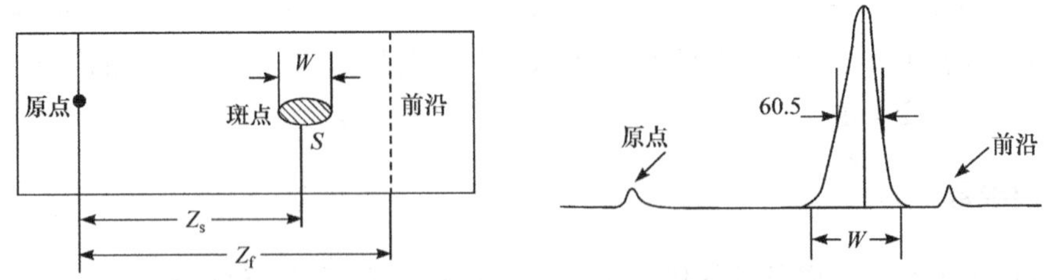

图 5-9 薄层色谱斑点及其扫描曲线的基本数据

已知 $l=R_f l_0$,于是理论塔板高度可表示为

$$H=\frac{l}{n}=\frac{R_f l_0}{n}=\frac{W^2}{16 l_0 R_f} \tag{5-13}$$

2. 真实塔板数与真实塔板高度

考虑到静态扩散对斑点半峰宽的影响,引入真实塔板数

$$n_{真实}=5.54\left(\frac{l}{W_{1/2}+W_{1/2(0)}}\right) \tag{5-14}$$

式中：l 为物质斑点中心至原点间的距离；$W_{1/2}$ 为某物质斑点半峰宽；$W_{1/2(0)}$ 为 该物质在原点处起始斑点半峰宽。

真实塔板数是评价薄层分离效率常用的参数之一。

由式(5-14)很容易计算出真实塔板高度

$$H_{真实}=\frac{l}{n_{真实}} \tag{5-15}$$

实验测得的常规薄层板的真实塔板数一般在600左右，真实塔板高度约为30μm；高效薄层板的真实塔板数一般约为5000，真实塔板高度约为12μm。

5.5 薄层色谱展开剂

薄层色谱法中展开溶剂的选择直接关系到能否获得满意的分离效果，是薄层色谱法的关键所在。

薄层色谱分离条件的选择是由被分离物质的性质(如溶解度、酸碱性及极性等)、吸附剂的活性及展开剂的极性三个因素决定的。在三个因素中，因被分离物质的性质是确定的，吸附剂常用的种类也不多，但展开剂种类则千变万化，如我们可以使用不同极性的单一溶剂作为展开剂，也可使用二元、三元或多元混合溶剂为展开剂。因此，选择与吸附剂相匹配的展开剂，对分离结果就能起决定性的作用。

展开剂又称溶剂系统、流动相或洗脱剂。点样后的薄层板，要用适当的流动相，将样品中各组分展开在薄层原点至溶剂前沿之间，理想的 R_f 应在0.2～0.8之间，且斑点集中，彼此分离开。如何能用简单的方法，快速地选出合适的展开剂，在薄层色谱中是最为重要的。

5.5.1 溶质与溶剂的性质

1. *溶质的性质*

根据溶剂的性质选择展开剂，仅仅是一个方面，更重要的是还要看被分离物质(溶质)的性质。不同物质要选用不同的展开剂。

溶质与流动相之间或溶质与固定相之间的相互作用，取决于溶质的官能团的类型及其数量。例如，羧基有很强的极性，而烃类无特征官能团。它们在相互作用中的行为，会有很大的不同。极性化合物要在薄层吸附剂中移动，就要求使用极性强的流动相。反之，对弱极性化合物，则应使用极性较弱的流动相。常见的一些官能团在相互作用中所表现出来的极性，按下列次序增加：

烷基＜卤素(F＜Cl＜Br＜I)＜醚＜硝基化合物＜腈＜叔胺＜酯＜酮＜醛＜醇＜酚＜伯胺＜酰胺＜羧酸＜磺酸

对被分离化合物性质的了解，是选择流动相的出发点和依据。通常，在色谱分离之前，要尽可能多地了解溶质的性质，如溶解度、相对分子质量范围、极性等。在色谱分离过程中，溶质与流动相之间发生相互作用，而它们同时又都与固定相发生作用。正是这些作用，引起溶质在流动相和固定相之间确定的分配状态，并决定着溶质被分离的状况。

各种固定相在色谱选择性方面是不同的，然而对于一给定的被分离物质而言，一般不是先考虑更换薄层材料,而是先通过改变流动相的组成或其比例,即改变溶剂系统的选择性,从而改变溶质的色谱行为,以实现满意的分离。当然,对一些固定相,如硅胶和氧化铝等,也可通过调节其水的吸附量,改变其活性,从而改变其分离性能,达到分离目的。

2. 溶剂的性质与分类

流动相体系是由各种单一溶剂组成。满足要求的溶剂应该纯度高、不含水、价格低、黏度小、毒性小,且易存放。溶剂种类繁多,性质差异很大,如何在众多溶剂中选出合适溶剂,首先要对溶剂进行合理的分类。Snyder[5] 按选择性参数 X_e、X_d 和 X_o,将 81 种溶剂分成八类(表 4-12)。按不同种类选取溶剂,可使溶剂的选取简单化。对于薄层色谱而言,常用硅胶为吸附剂,通过溶剂分类选取合适溶剂,可以得到适宜范围的容量因子($1<k<10$),使分离得到改善。

5.5.2 溶剂强度与溶剂强度参数

溶剂强度是用以表明溶剂洗脱能力的参数。Snyder 为了表示溶剂强度,引入了溶剂强度参数 ε^0。它的定义可参见式(4-32)。

通常,为得到满意的分离,一般选取的流动相要使溶质的 R_f 值在 0.2～0.8。实际上,单溶剂组分流动相虽然可能给出对某溶质的很好的移动性(适当的 R_f 值),但却不一定能够改善对“溶质对”的分离(提高分辨)。因此,在选择流动相时,既要考虑到保证溶质适当的移动性,又要考虑到其选择性,以保证“物质对”得到满意的分离。

一些常用溶剂的性质列在表 5-2 中。

表 5-2 常用溶剂的性质

溶剂	沸点/℃	η	ε	P'	ε^0	水溶性	δ	选择性分类
全氟烃[1)]	50	0.40	1.88	<−2	−0.25	—	6.0	—
正戊烷	36	0.22	1.84	0	0	0.010	7.1	—
正己烷	69	0.30	1.88	0.1	0.01	0.010	7.3	—
正庚烷	98	0.40	1.92	0.2	0.01	0.010	7.4	—
环己烷	81	0.90	2.02	−0.2	0.04	0.012	8.2	—
四氯化碳	77	0.90	2.24	1.6	0.18	0.008	8.6	—
苯	80	0.60	2.30	2.7	0.32	0.058	9.2	Ⅶ
甲苯	110	0.55	2.40	2.4	0.29	0.046	8.9	—
乙醚	35	0.24	4.30	2.8	0.38	1.30	7.4	Ⅰ
二氯甲烷	40	0.41	8.9	3.1	0.42	0.17	9.6	Ⅴ
正丙醇	97	1.90	20.3	4.0	0.82	互溶	10.2	Ⅱ
正丁醇	118	2.60	17.5	3.9	0.70	20.1	—	Ⅱ
四氢呋喃	66	0.46	7.6	4.0	0.57	互溶	9.1	Ⅲ
乙酸乙酯	77	0.43	6.0	4.4	0.58	9.8	8.6	Ⅵ

续表

溶剂	沸点/℃	η	ε	P'	ε^0	水溶性	δ	选择性分类
氯仿	61	0.53	4.8	4.1	0.40	0.072	9.1	Ⅷ
甲乙酮	80	0.38	18.5	4.7	0.51	23.4	—	Ⅶ
二氧六环	101	1.20	2.2	4.8	0.56	互溶	9.8	Ⅵ
吡啶	115	0.88	12.4	5.3	0.71	互溶	10.4	Ⅲ
硝基乙烷	114	0.64	—	5.2	0.60	0.9	—	Ⅶ
丙酮	56	0.30	20.7	5.1	0.50	互溶	9.4	Ⅵ
乙醇	78	1.08	24.6	4.3	0.88	互溶	—	Ⅱ
乙酸	118	1.10	6.2	6.0	1.00	互溶	12.4	Ⅳ
乙腈	82	0.34	37.5	5.8	0.66	互溶	11.8	Ⅵ
二甲基甲酰胺	153	0.80	36.7	6.4	—	互溶	11.5	Ⅲ
二甲亚砜	189	2.0	4.7	7.2	0.75	互溶	12.8	Ⅲ
甲醇	65	0.54	32.7	5.1	0.95	互溶	12.9	Ⅱ
硝基甲烷	101	0.61	—	6.0	0.64	2.1	11.0	Ⅶ
乙二醇	182	16.5	37.7	6.9	1.11	互溶	14.7	Ⅳ
甲酰胺	210	3.3	—	9.6	—	互溶	17.9	Ⅳ
水	100	0.89	78.5	10.2	—	—	21.0	Ⅷ

1) 不同化合物的平均值。表中 η 为黏度(厘泊,25℃);ε 为介电常数;P'为溶剂极性参数;ε^0 为氧化铝上的溶剂强度参数;δ 为溶解度参数(由沸点计算得)。

从表 5-2 中可以看出,除了用溶剂强度参数 ε^0 表示溶剂强度外,也可以用溶剂极性参数 P'和溶解度参数 δ 来表示。在薄层色谱中,流动相与固定相以及溶质之间的相互作用是决定因素。溶剂通过其本身被吸附而起作用。在流动相中,溶剂强度最大(ε^0 最高)的溶剂,被吸附剂吸附的最强,其洗脱能力也最大。溶剂强度变化,将引起溶质 k 值的变化,如溶剂 P'变化两个单位,能引起溶质 k 值 10 倍变化。在正相色谱中,k 和 P'有下列关系:

$$k_2/k_1=10^{(P_1'-P_2')/2} \tag{5-16}$$

在反相色谱中,则有

$$k_2/k_1=10^{(P_2'-P_1')/2} \tag{5-17}$$

两式中,P_1'和 k_1 分别为原溶剂的溶剂极性参数和某化合物的 k 值;P_2'和 k_2 是另一溶剂的溶剂极性参数和同一化合物的 k 值。显然,式(5-16)中,若 $P_1'>P_2'$,则 $k_1<k_2$;而在式(5-17)中,若 $P_1'>P_2'$,则 $k_1>k_2$。

图 5-10 是一系列强度相近,但组成不同的二元流动相系统分离睾丸甾酮、雌二醇-17β 和胆固醇的 R_f 值的变化情况。由图可见,不同系统中各化合物的 R_f 值在某一平均值附近波动,但它们的分离情况是明显不同的。

从图中可以看出,相同的溶剂强度而不同组成的溶剂系统,对某一"物质对"具有不同的分离结果。因此,改变流动相组成,可以改变对待测物质的分离情况。

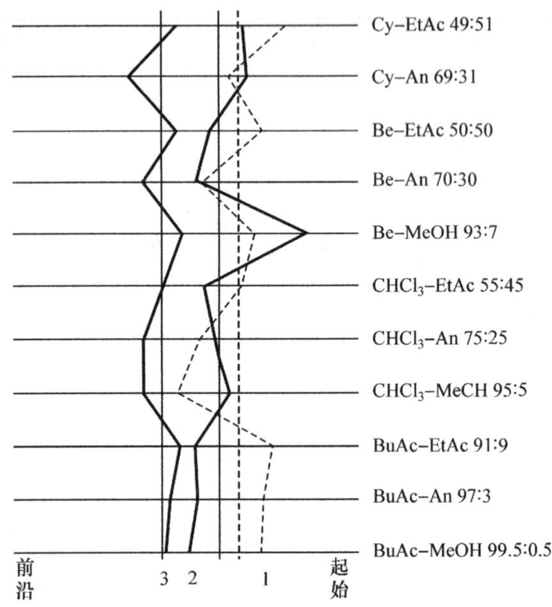

图 5-10　3 种化合物在 11 种二元流动相中 R_f 值的变化

5.5.3　展开剂的选择

1. 溶剂的选择性

在薄层色谱中，选择展开剂除要保证有适宜的 R_f 外，更重要的要有良好的选择性，即能使待测的两个或多个组分有较好的分离。

根据式(2-51)可知

$$R=\underset{a}{\frac{\sqrt{n}}{4}}\underset{b}{\left(\frac{\alpha-1}{\alpha}\right)}\underset{c}{(1-R_f)} \tag{5-18}$$

式中：n 为薄层板的板数；α 为容量因子比，即 k_2/k_1，k_2 为两组分中保留时间长的组分的容量因子，k_1 为保留时间短的组分的容量因子；R_f 为两组分（斑点）中移动距离小的组分的容量因子。

在薄层色谱中，式(5-18)中 a 项即$\sqrt{n}/4$，主要取决于薄层板的性能；b 项即$\left(\frac{\alpha-1}{\alpha}\right)$与 c 项$(1-R_f)$，主要受溶剂系统所左右。为了得到较好的分离，$R$ 应达到一定值，而首要任务是保证$\alpha\neq1$，即 $b\neq0$，只有在此条件下，增加板效（增加理论塔板数 n），适当增加 k_2 值（或适当降低 R_f），才能增加分离度 R。

在薄层色谱系统中，k 应小于 10。当 k 大于 10 时，溶质扩散为主要倾向，使分离显著变差。当 k 在 1～10 之间时，R_f 值在 0.1～0.6 之间。这正是薄层色谱适宜的分离范围。因此，Sauders 把能使某溶质的 $k=3$ 溶剂强度定义为该溶质的 E_3 值。图 5-11 表示出各种化合物在硅胶薄层上的 E_3 值范围。以萘为例，其 E_3 值从对高度活化硅胶的 0.09 到高度脱活（或失活）硅胶的－0.13。所以，在选定适宜的 E_3 值时，吸附剂的活性状态是必须考虑的重要因素。

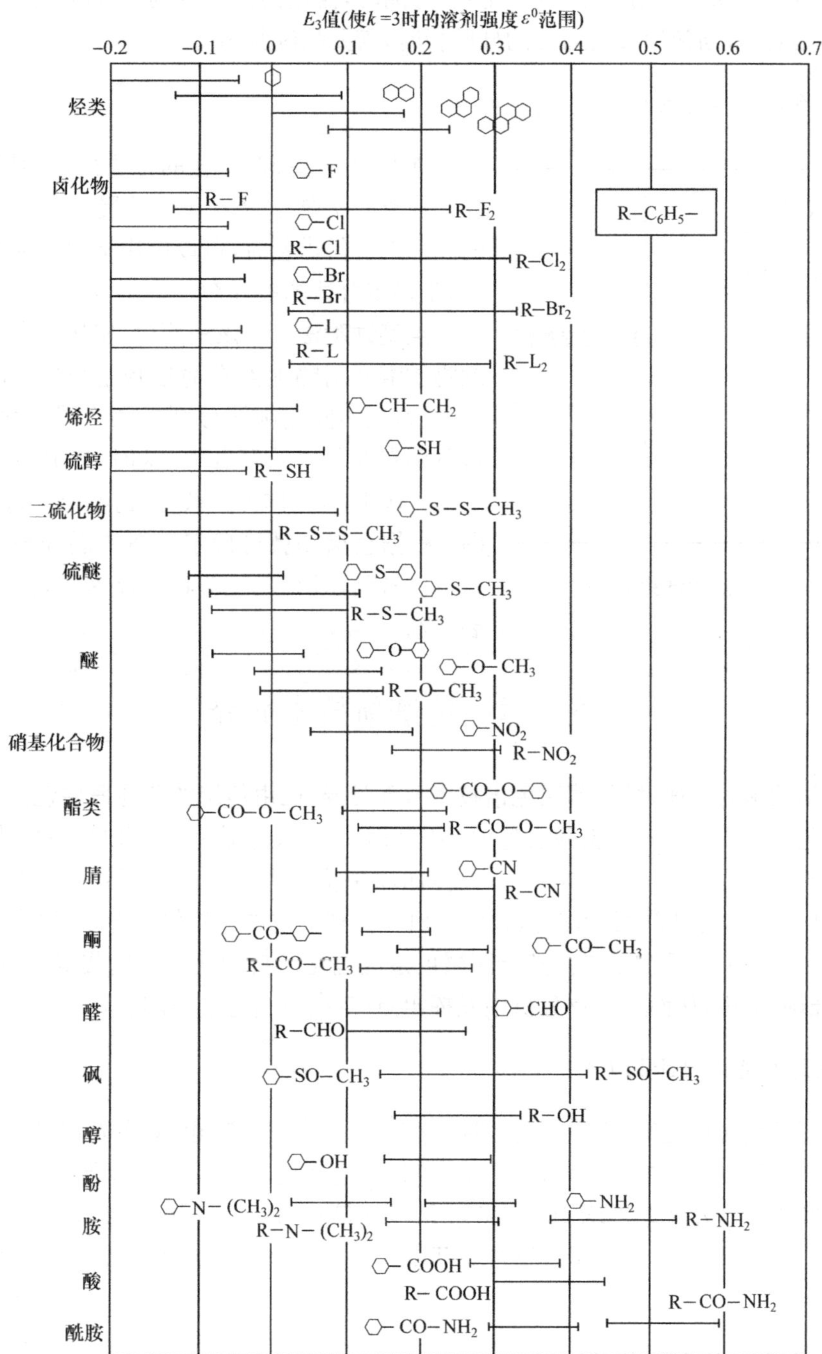

图 5-11　各种化合物在硅胶薄层上的 E_3 值范围

图 5-11 的每一条横线，表示一类化合物达到 $k=3$ 洗脱时，所需溶剂的 ε^0 范围。横线的左端代表该类化合物用高度失活硅胶(相当于活度级Ⅴ级，吸附力最小)，在 $k=3$ 时，所要求的溶剂强度；横线右端是用充分活化的硅胶(相当于活度级Ⅰ级，吸附力最强)，$k=3$ 时，所要求的溶剂强度。横线中段对应于中等活性硅胶所要求的溶剂强度。例如，图中第 2 条横线为萘，其 E_3 值为－0.13～0.09，说明萘用失活硅胶(Ⅴ级)分离时，用溶剂强度为 －0.13 的溶剂展

开,可使其容量因子 $k=3$;用活化硅胶(Ⅰ级)分离时,需用溶剂强度为 0.09 的溶剂展开,才能使 $k=3$。不难看出,当使用吸附力强的硅胶板时,需要强洗脱剂洗脱。

2. 展开剂的选择与优化

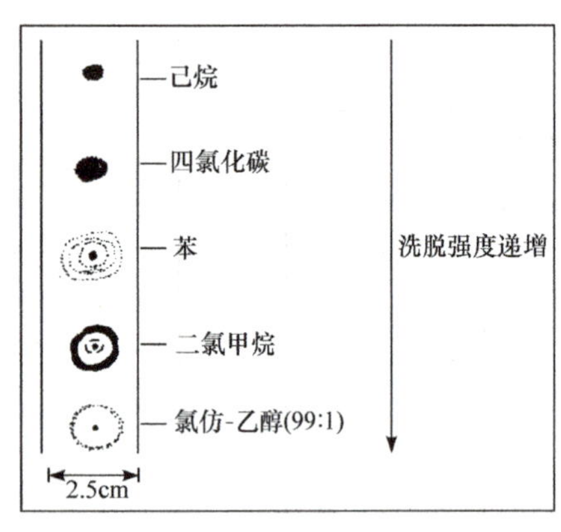

图 5-12 点滴试验法

展开剂的选择与优化的方法很多,但多是凭个人经验或查找文献来寻找合适的展开剂。当没有合适的展开剂可供借鉴时,可以应用下面将要介绍一种方法,来确定合适的展开剂。

点滴试验法[6] 该法简单、实用。它是将被分离的物质溶液间隔地点在薄层板上(图 5-12),待溶剂挥干后,用不同毛细管分别吸取不同极性的展开剂,再分别点在各样品斑点上,这时,展开剂将借助薄层毛细管作用,径向向外扩散,得到半径不同的环形色谱图。根据色谱图就可确定合适的展开剂。从图 5-12 中可以看到,只有苯能够将样品展开,因此是最好的展开剂。

5.6 薄层色谱新技术简介

随着科学技术的迅速发展,薄层色谱技术日新月异,已由传统的普通薄层色谱发展到现在的高效薄层色谱(HPTLC)、微乳薄层色谱(METLC)、棒状薄层色谱(TLC-FID)、加压薄层色谱(OPLC)、离心薄层色谱(CTLC)等,并逐步向联用检测方向发展,如薄层色谱-核磁共振联用、薄层色谱-电化学方法联用检测等,科学家研发出越来越先进的仪器设备,致力于控制影响色谱行为的个人因素和环境因素。随着薄层色谱规范化和自动化水平的提高,薄层色谱法将日趋高效、准确、灵敏,从而在药物分析中发挥出更广泛、更出色的作用。

1. 高效薄层色谱(HPTLC)

高效薄层色谱采用更细、更均匀的改性硅胶和纤维素为固定相,对吸附剂进行疏水和亲水改性,可以实现正反相薄层色谱分离,提高了色谱的选择性。常见反相薄层板有 C_2、C_8 和 C_{18} 化学键合硅胶板。高效板厚平均 100~250μm、点样量 0. 1~0. 2μL,展距 3~6cm,展开时间 3~20min,最小检测量 0.1~0.5μg,较常规 TLC 可改善分离度,提高灵敏度和重现性,适用于定量测定。

2. 微乳薄层色谱(METLC)

与传统薄层色谱相比,METLC 分离效果显著提高,分离的灵敏度较高,重现性和溶剂稳定性良好,可以简便、准确、高效地分离和鉴定化合物成分。崔淑芬研究了 METLC 在甘草指纹图谱中的应用,与 HPLC 比较,在甘草不同种类的鉴别方面,METLC-FP 更有优势,方法更加简单,图像形象直观、经济和实用;指纹图谱应用于甘草药材的采收期确定方面,二者结果相差不大;在指纹图谱的精细应用方面,HPLC 更有优势,而 HPLC-FP 可用于评价炙甘草炮制工艺和炮制品的稳定性。

3. 棒状薄层色谱(TLC-FID)

棒状薄层色谱是采用石英棒作支持物涂上硅胶，点样、溶剂展开。样品在色谱棒上分离后，将棒通过适当的机械传动装置穿过氢火焰离子化检测器火焰中心，使化合物燃烧裂解，形成离子碎片和自由电子，再由电极收集并产生与化合物量成正比的电流信号，从而测出各物质的含量(图 5-13)。该方法的优点是灵敏度高，操作简便，薄层棒可反复使用，通用性好，可用于非挥发性、没有可见及紫外吸收、没有荧光以及衍生化困难的有机化合物的定性定量分析，被广泛地应用于工业、食品、药物及医学等领域。

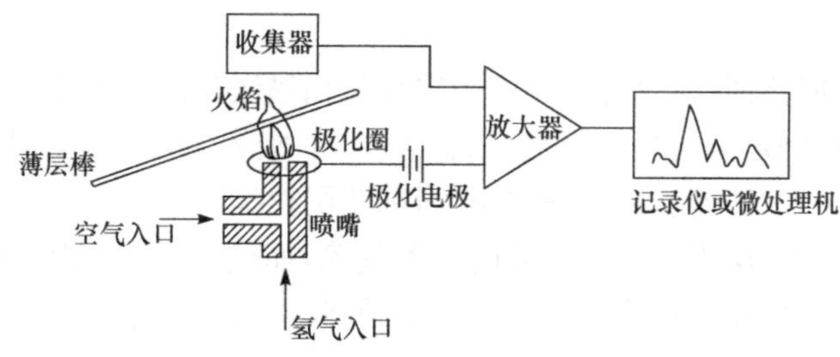

图 5-13　棒状薄层氢火焰扫描仪示意图

4. 加压薄层色谱(OPLC)

加压薄层色谱是指在水平的薄层色谱板上施加一弹性气垫。展开剂靠的是泵压被强制流动，而不是毛细作用力，所以可以采用更细颗粒的吸附剂和更长的色谱板，其分离所需时间缩短，扩散效应减小，分离效果更好。

5. 离心薄层色谱(CTLC)

离心薄层色谱又称旋转薄层色谱，它是一种离心型连续洗脱的环形薄层色谱分离技术，主要是运用离心力促使流动相加速流动。离心力用于分离，可以减少破坏，对沸点高、相对分子质量大的化合物有利，可用于分离 100mg 左右的样品。尽管其分辨率低于制备型 HPLC，但操作简便，分离时间短，并且无须将吸附剂刮下即可将产物洗脱下来，广泛应用于合成和天然产物的制备分离。

6. 薄层色谱-核磁共振联用

薄层色谱-核磁共振的方法是将样品用薄层色谱展开后，刮下样品薄层斑点，再用氘代试剂将样品洗脱下来，进行核磁共振检测。受核磁共振灵敏度所限，这种分析需样量较大。

7. 薄层色谱-电化学方法联用

薄层色谱方波阳极伏安法，可检测出纳克级重金属；另外还有薄层色谱脉冲极谱联用、薄层色谱库伦滴定联用等。薄层色谱与各种电化学方法联用操作简单，将薄层色谱分离出的样品斑点刮下，直接加入电化学反应溶液中即可获得电化学检测与分析结果。

8. 其他联用

薄层色谱可以与高效液相色谱联用，一些样品组成复杂或含量极微时，直接采用高效液相色谱分析比较困难，可用薄层色谱先分离、纯化，将样品在薄层的斑点洗脱下来，再将洗脱液进样于高效液相色谱分析。薄层色谱-气相色谱联用，将样品先在薄层上分离，定量收集欲测组分的斑点，经洗脱、浓缩、衍生化等步骤，注入气相色谱仪再进行分离和鉴定。除此之外，薄层色谱还可与原子吸收光谱、荧光光谱和光声光谱等联用。

5.7　薄层色谱扫描法

5.7.1　薄层色谱扫描法原理

1. 薄层吸收扫描法原理

薄层色谱扫描法简称薄层扫描法，其中薄层吸收扫描法是指用可见光或紫外线的单色光，照射展开后的薄层板，测定薄层色谱斑点（简称斑点）的吸光度（A）随展开距离（l）的变化，而获得的 A-l 或 A-R_f 曲线，即薄层色谱扫描图（简称薄层扫描图）。曲线上的色谱峰的峰面积可用于定量分析。但由于薄层板存在着明显的散射现象，而使斑点中物质的浓度与吸光度的关系不服从 Beer 定律，只能用 Kubelka-Munk（古柏尔卡-曼克）理论来描述[7,8]。它是薄层扫描法的定量基础。

Kubelka-Munk 理论说明了固定相的散射对斑点中物质的浓度与吸光度间关系的影响。该理论的基本方程可简要推导如下。

设薄层板固定相（由颗粒组成）的厚度为 X（薄层总厚度），照射光光强度为 I_0，当透过薄层固定相在厚度为 x（距载板）时，照射在微分层厚度 dx 上的入射光强度与反射光强度，分别为 i 与 j 时（图 5-14），可用式(5-19)及式(5-20)来描述。

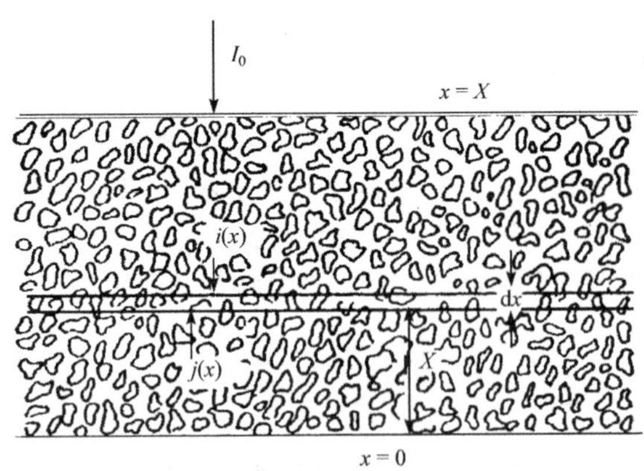

图 5-14　散射性薄层截面示意图

$$\begin{cases} -\dfrac{\mathrm{d}i}{\mathrm{d}x}=-(S+K)i+Sj & (5\text{-}19) \\ \dfrac{\mathrm{d}j}{\mathrm{d}x}=-(S+K)j+Si & (5\text{-}20) \end{cases}$$

式中：S 为薄层固定相单位厚度的散射系数；K 为薄层色谱斑点或薄层固定相单位厚度的吸收系数；x 为由载板表面算起的薄层厚度。式(5-19)与式(5-20)构成一个微分方程组。求解该方程组[9]可得

$$i=A\sinh(bSx)+B\cosh(bSx) \tag{5-21}$$

$$j=(aA-bB)\sinh(bSx)+(aB-bA)\cosh(bSx) \tag{5-22}$$

式中：i、j 分别为讨论的薄层厚度处透过光与反射光的强度。

在边界条件下

薄层下表面($x=0$)处　　$j=0, i=I_0T$　　(5-23)

薄层上表面($x=X$)处　　$i=I_0, j=I_0R$　　(5-24)

式中：T 为薄层透射率；R 为薄层反射率；I_0 为照射光强度。

$$T=\frac{b}{a\sinh(bSX)+b\cosh(bSX)} \tag{5-25}$$

$$R=\frac{\sinh(bSX)}{a\sinh(bSX)+b\cosh(bSX)} \tag{5-26}$$

其中

$$\begin{cases} a=\dfrac{S+K}{S}=\dfrac{SX+KX}{SX} \\ b=\sqrt{a^2-1}=\dfrac{\sqrt{KX(2SX+KX)}}{SX} \end{cases} \tag{5-27}$$

式中：X 为薄层厚度；K 为单位薄层厚度的吸光系数。K 虽称为“吸光系数”是因“单位厚度”而得名，但它与分光光度法中物质的吸光系数不同，这与薄层色谱斑点中物质的浓度有关。KX 称为吸收参数，相当于薄层色谱斑点单位面积中物质的含量($\mu g/cm^2$)。

式(5-25)与式(5-26)分别表示的是薄层斑点的透射率与反射率，实际使用中还要通过它们计算出薄层斑点的吸光度。

透射法中薄层色谱斑点的吸光度 A

$$A=-\lg\frac{i}{i_0}=-\lg\frac{i/I_0}{i_0/I_0}$$

$$A=-\lg\frac{T}{T_0} \tag{5-28}$$

式中：i 及 i_0 分别为透过斑点及空白板的透射光光强度；I_0 为照射光光强度；T 与 T_0 分别为斑点及空白板的透射率(图 5-15)。

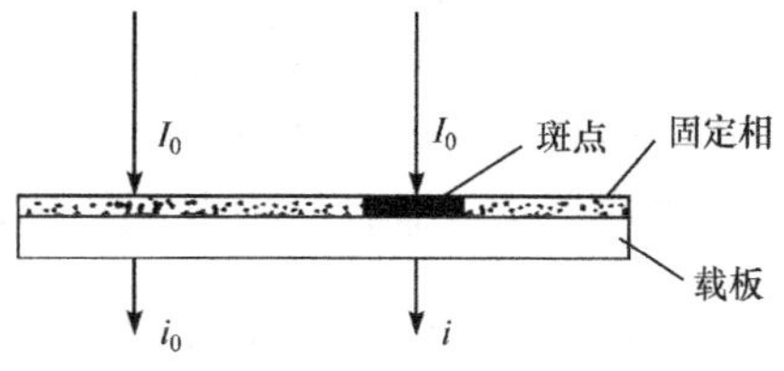

图 5-15　透射法示意图

反射法中薄层色谱斑点的吸光度 A

$$A=-\lg\frac{j}{j_0}=-\lg\frac{j/I_0}{j_0/I_0}$$

$$A=-\lg\frac{R}{R_0} \tag{5-29}$$

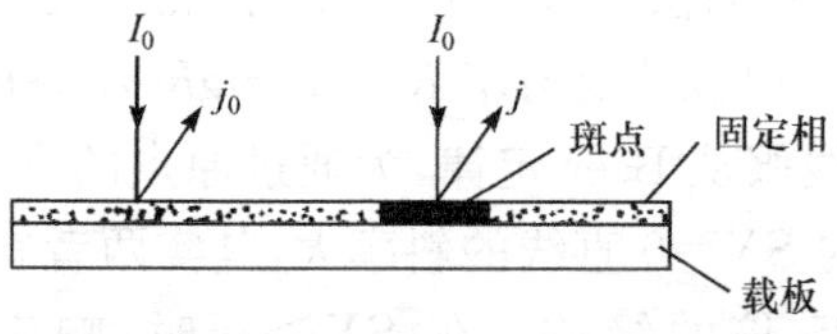

图 5-16　反射法示意图

式中：j 及 j_0 分别为斑点及空白板的反射光的光强度；I_0 为照射光光强度；R 与 R_0 分别为斑点及空白板的反射率(图 5-16)。式(5-29)是薄层扫描法中最常用的公式之一。

根据 Kubelka-Munk 理论有关方程式，计算出的待测斑点的 A-KX 理论曲线，称为 Kubelka-

Munk 曲线。它是以薄层固定相不吸收照射光，即空白板 $K=0$ 为前提，按照空白板的散射参数计算出的。

由于薄层固定相颗粒的散射作用，造成偏离 Beer 定律的影响，对于透射法与反射法正好相反，所以我们将分两种情况加以讨论。

1）透射法中的 Kubelka-Munk 曲线

将薄层板的散射参数 SX 的设定值与斑点吸收参数 KX 的设定值，代入式(5-27)中求出 a 与 b 两个参数，然后再将 a、b 与 SX 值代入式(5-25)中，求出透射率 T。代入一系列的 KX 值，就可求出相应的透射率 T。设空白板 $K=0$，将 SX 值代入 $T_0=1/(SX+1)$，可求出 T_0。将 T 与 T_0 代入式(5-28)中，求出一系列以相对透射率表示的吸光度 $A(-\lg T/T_0)$。用吸光度 A 对 KX 作图而获得在一定 SX 值时的 A-KX 理论曲线，即 Kubelka-Munk 曲线。图 5-17 是在 $SX=0\sim20$ 所获得的一组 Kubelka-Munk 曲线。

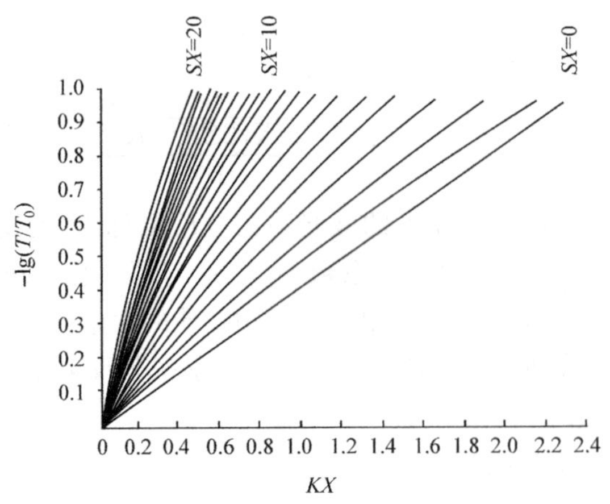

图 5-17　透射法的 Kubelka-Munk 理论曲线

由图 5-17 可以看出，在 $SX=0$（薄层固定相无散射作用）时，A 与 KX 呈直线关系，服从 Beer 定律。曲线族中直线的斜率为 0.4343，这时有

$$A=0.4343KX \tag{5-30}$$

式(5-30)与 Beer 定律 $A=\varepsilon cL$ 相比，不难看出，薄层厚度 X 相当于光路长度 L，K 正比于斑点中物质浓度 c，即 KX 相当于斑点单位面积中物质的量，常用的单位为 $\mu g/cm^2$。

若 $SX>0$，由图 5-17 中可看出，透射法的响应值 $\left(\dfrac{-\lg T/T_0}{KX}\right)$ 恒大于 0.4343，且 SX 越大，响应值越大。

2）反射法的 Kubelka-Munk 曲线

反射法的 Kubelka-Munk 曲线的计算与绘制步骤与透射法一致。不同的是用相对反射率表示吸光度 $A(-\lg R/R_0)$，用 $R_0=SX/(SX+1)$ 计算空白板的反射率 R_0。$(-\lg R/R_0)$-KX 曲线如图 5-18 所示。图 5-18 中 $SX=0$ 时，A-KX 曲线服从 Beer 定律，为通过原点的直线，直线斜率也是 0.4343。直观看，图 5-18 比图 5-17 中的 $SX=0$ 直线的斜率大，其实两者斜率相同，这是因为前图的横坐标比例尺，比后图大 25 倍的缘故。在 $SX>0$ 时，响应值 $\left(\dfrac{-\lg R/R_0}{KX}\right)$ 恒小于 0.4343，且 SX 越大，响应值越小。这一点与透射法正好相反。

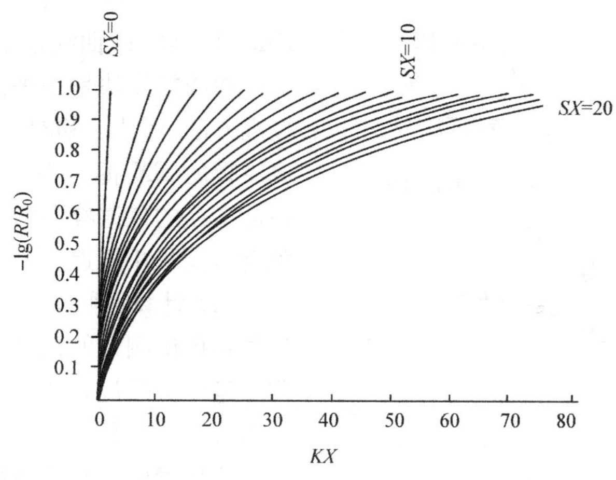

图 5-18　反射法的 Kubelka-Munk 理论曲线

对比图 5-17 与图 5-18 很容易发现，由于薄层固定相的散射作用，在透射法中所测得斑点吸光度产生正偏差，而在反射法测定时产生负偏差。这是因为照射光被散射，对透射而言，降低了透射率，吸光度增加；对反射而言，散射光增加了反射光光强，增加了反射率，而降低了吸光度的缘故。其次，从图 5-18 比图 5-17 横坐标大 25 倍，说明了反射法的灵敏度（响应值）比透射法低。

3) Kubelka-Munk 曲线校正

Kubelka-Munk 曲线说明了薄层色谱法斑点的吸光度与其浓度间呈非线性关系。该曲线是薄层扫描法进行定量分析的理论依据。通常对曲线采用两类处理方法：曲线校直法及计算回归法（线性与非线性回归）。岛津公司 CS 系列薄层扫描仪采用前种方法，而 CAMAG 公司薄层扫描仪采用后种方法。

(1) 曲线校直法。它是依据薄层板的散射参数 SX 值，将 Kubelka-Munk 曲线校正为直线，简化了 A-KX 间的关系，以利于定量分析。CS 系列薄层扫描仪是采用电学校直法将 A-KX 曲线校正为直线。例如，CS-910 薄层扫描仪具有两组线性化器，每组包括七个电位器，调整电位器可使 A-KX 曲线上的数值校正为相应直线上的数值。校直情况如图 5-19 所示。

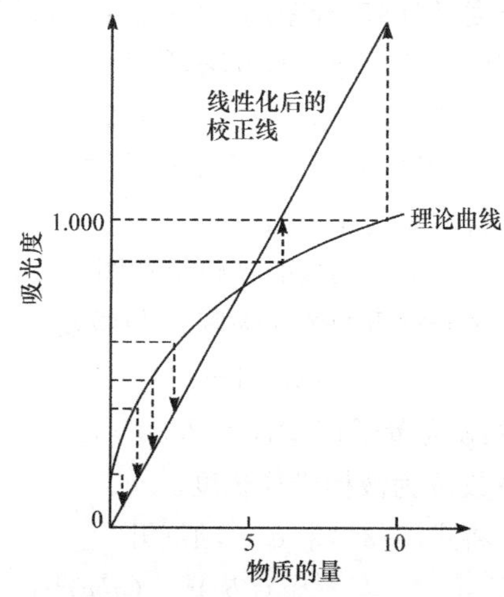

图 5-19　用线性化器校准工作曲线

用曲线校正法校直 Kubelka-Munk 曲线，必须已知薄层板的 SX 值。Merck 预制硅胶板的 $SX=3$，Merck 预制氧化铝板的 $SX=7$，Wako 预制硅胶 FM（硅胶 GF_{254}）板的 $SX=7$。国产预制薄层板及自涂薄层板，可参考上述数据试调，而后检查校正是否适宜，修正 SX 值再校，直至 A-KX 曲线成直线为止。检查方法如图 5-20 所示。图中点样量（横坐标）常用单位为 μg/点。

早期的 CS-910 型薄层扫描仪，采用手工进行校直，操作繁琐。CS-930 型薄层扫描仪具有微处理

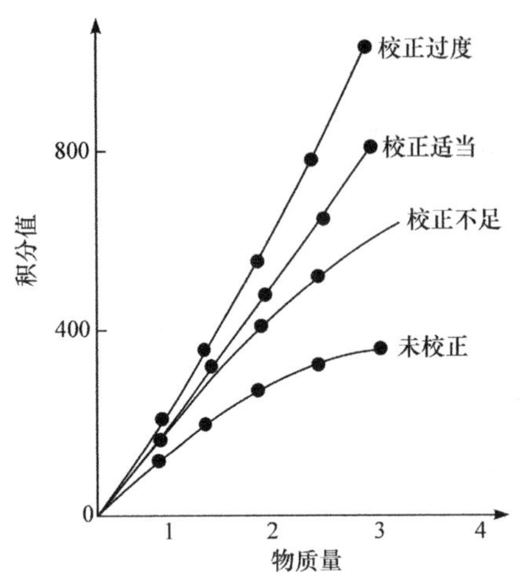

图 5-20　工作曲线校正情况的检查

机，只需输入适宜的 SX 值，即可将相应的 Kubelka-Munk 曲线校正为直线。

曲线校直法是一种简便的薄层扫描定量校准方法，但比较粗糙，且有时难以准确知道薄层板的 SX 值。为了降低定量误差，尽量使标准品的色谱峰面积与待测品（供试品）的色谱峰面积相接近。

(2) 计算回归法。它是通过计算机运算，将薄层色谱测得的色谱峰面积（或吸光度）与样品量的关系进行回归运算。最常用的回归方法有以下两种：

线性回归　它是将数据或将数据转换为其倒数、平方或对数等再进行线性回归，即

$$Y=A_0+A_1X \tag{5-31}$$

在薄层色谱定量分析中，这种方法只适用于低浓度和浓度范围窄的动态范围。

非线性回归　主要指二次回归，即

$$Y=A_0+A_1X+A_2X^2 \tag{5-32}$$

根据 Michaelis-Menten 函数所进行的回归，也是一种非线性回归，即

$$Y=A_1X/(A_2+X) \tag{5-33}$$

回归就是根据最小二乘法原理，对标准样测定值进行分析，得到回归方程，定义出最佳回归曲线，即定量校正用的工作曲线。计算机及多功能软件系统的应用，可很方便地进行大规模数据在线处理，从而使回归法成为方便、快速、可靠的校正方法。

2. 薄层荧光扫描法原理

薄层荧光扫描法也称薄层色谱-荧光法（thin-layer chromatography-fluorometry，TLCF）。这种扫描是用一定波长的激发光，照射展开后的薄层板，测定薄层斑点在固定发射波长下的荧光强度（F）随展开距离（l）的变化，所得到的 F-l 或 F-R_f 曲线为薄层荧光扫描图。利用该图进行定性与定量分析的方法，称为薄层荧光扫描法。

薄层荧光扫描法的检测灵敏度，比薄层吸收扫描法可高 1～3 个数量级，但适用范围比较窄，这是因为多数物质是非荧光物质。对于非荧光物，需与荧光试剂作用，生成荧光衍生物，才能进行薄层荧光扫描。

薄层荧光扫描的光路示意图，如图 5-21 所示。

荧光物质的荧光强度 F 与激发光光强 I_0 及物质浓度 c 之间有如下关系：

$$F=\phi I_0(1-e^{-abc}) \tag{5-34}$$

式中：ϕ 为量子产率；$a=2.303\varepsilon$，ε 为摩尔吸光系数；b 为液槽光径长度。

将式(5-34)中 e^{-abc} 项展开

$$e^{-abc}=1-abc+\frac{(abc)^2}{2}-\frac{(abc)^3}{3!}+\cdots \tag{5-35}$$

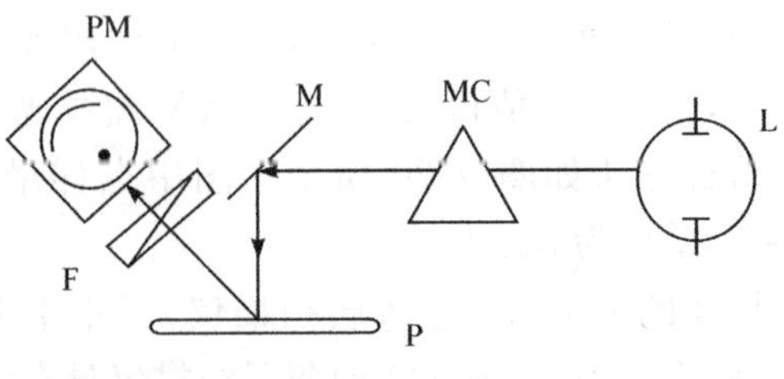

图 5-21　薄层荧光扫描示意图

在溶液浓度很稀时（$abc \leqslant 0.05$），式(5-35)中的高次项可以忽略，则

$$e^{-abc}=1-abc \tag{5-36}$$

将式(5-36)代入式(5-34)，得

$$F=\phi I_0 abc \tag{5-37}$$

或

$$F=Kc$$

式(5-37)是荧光分光光度法定量分析的基本公式，也同样适用于薄层荧光扫描法。所不同的是，式(5-37)中的 b 为薄层斑点的厚度（薄层的厚度）。在点样量很小时，斑点中组分的浓度与其荧光强度呈直线关系。Kubelka-Munk 理论不适用于薄层荧光扫描法，也不需进行曲线校直。这主要是因为斑点的荧光属于发射光谱，荧光波长大于激发光波长（散射光的波长等于激发光波长），因此，使用前截止滤光片或干涉滤光片很容易滤去散射光。即使不能完全滤去，也只是影响工作曲线的截距，不影响其线性关系。在实验中，为了提高检测灵敏度，都是选用合适的滤光片 F（图 5-21），使斑点的荧光最大限度地通过，而散射光尽可能地被截止，使直线的截距为零或接近于零。用薄层荧光扫描法进行定量分析时，用斑点荧光强度的积分值（色谱峰面积）与斑点中组分的含量，代替式(5-37)中 F 与 c 进行计算。

5.7.2　薄层扫描光学系统

1. 单波长单光束系统

这种系统的结构比较简单（图 5-22），维修也方便，但扫描结果受光源的稳定性与薄层板的质量影响严重。如果光源不稳定或薄层厚度不均匀，会增大测定的背景噪声，它会干扰物质的含量测定，因此，这种光学系统已较少使用。

2. 单波长双光束系统

图 5-23 为单波长双光束系统示意图。它是将一束单色光经分光镜分成两束光，分别照射在物质斑点和薄层空白处，两处的反射光（或透射光）分别由两个光电倍增管接收，并记录它们的信号差。这种系统有利于克服光源不稳定和薄层厚度不均匀所引起的误差。

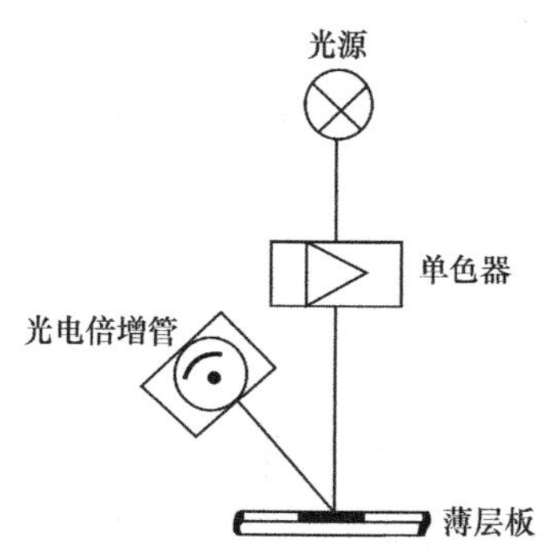

图 5-22　单波长单光束系统示意图

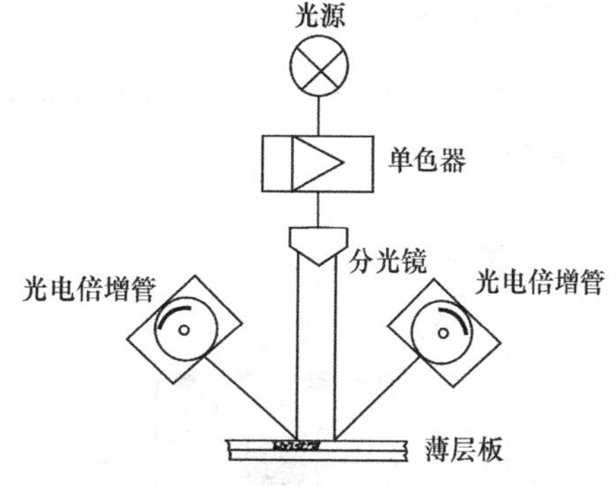

图 5-23　单波长双光束系统示意图

3. 双波长单光束系统

由两个单色器获得的不同波长的单色光 λ_1 与 λ_2，照到一个匀速旋转的半圆形斩光器上

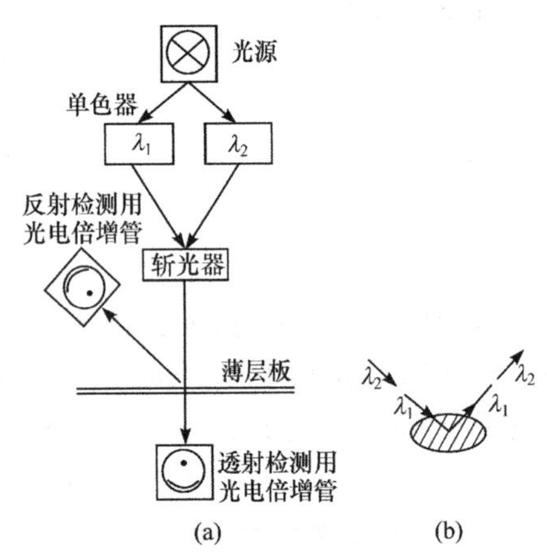

图 5-24 双波长单光束系统示意图

(图 5-24),使 λ_1 与 λ_2 光交替照到薄层斑点上,然后再反射到光电倍增管上。这时仪器给出斑点对 λ_1 与 λ_2 单色光吸光度的差 ΔA,即

$$\Delta A = A_{\lambda_1} - A_{\lambda_2} \quad 或 \quad \Delta A = A_{\lambda_S} - A_{\lambda_R} \tag{5-38}$$

式中 A_{λ_1}(或 A_{λ_S})及 A_{λ_2}(A_{λ_R})分别为斑点对样品波长 λ_1 及参考波长 λ_2 的吸光度。

5.7.3 薄层扫描方式

1. 直线式扫描

直线式扫描(简称直线扫描)是用一带状光束先照射在薄层板的一端,然后做直线运动至另一端。在作直线扫描时,实际是光带固定,薄层板相对于光带做直线运动。图 5-25 为直线式扫描示意图。

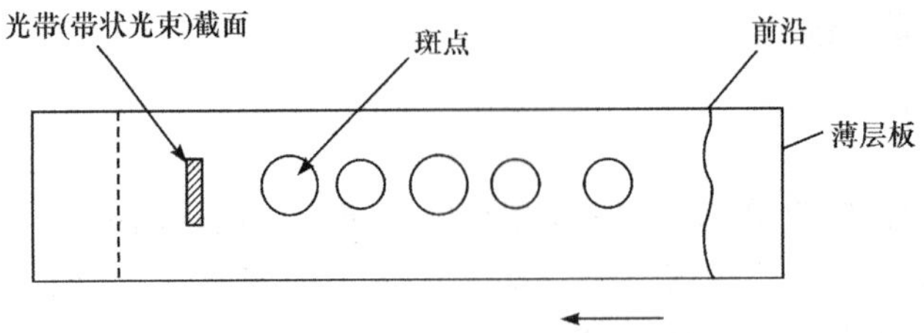

图 5-25 直线式扫描示意图

扫描时,光带长度应大于扫描通道中最大斑点的横向直径。

由于直线扫描时,光带的长度对扫描后所得色谱峰面积大小有一定的影响,因此这扫描方式较适合规则圆形薄层斑点或条状斑点的定量分析。

2. 锯齿式扫描

用截面积为正方形的光束照射薄层板,当光束的运动轨迹为矩形时(图 5-26),为锯齿式扫描(简称锯齿扫描)。

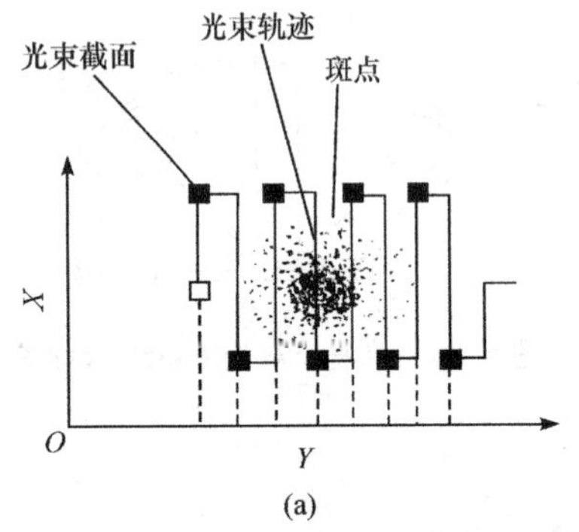

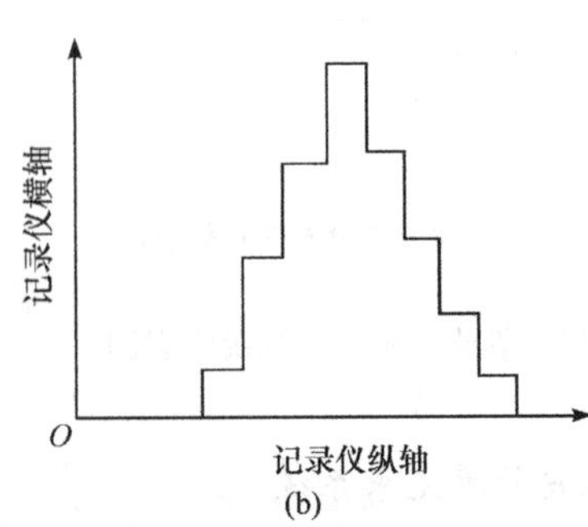

图 5-26 锯齿扫描示意图

岛津公司生产的 CS-930、CS-2000、CS-9301PC 等型号仪器均具有锯齿扫描功能。锯齿扫描所测得的结果，与物质斑点形状及从哪一方向开始对斑点扫描均无关系，因此，测定的重现性好，适用于各种形状物质斑点的定量分析。

5.7.4　薄层扫描波长选择

1. 单波长扫描

用单一波长的光进行薄层扫描的方法，称为单波长扫描法，简称单波长法。通常，单波长是选择在物质斑点吸收光谱中吸收峰所对应的波长，这样，检测的灵敏度比较高。选择的波长不同，测定的灵敏度也不同。从图 5-27 中(a)、(b)两扫描图即是选择不同波长测得结果。不难看出，用波长 475nm 扫描的灵敏度远高于波长 678nm 扫描的灵敏度。单波长法受薄层板所涂薄层厚度是否均匀、背景是否有干扰影响较大，因此多用于分离度较好，且无背景干扰的斑点测定。

2. 双波长扫描

用两种不同波长的光交替照射展开后的薄层板，测定斑点对两波长吸光度的差，称为双波长扫描法，简称双波长法。

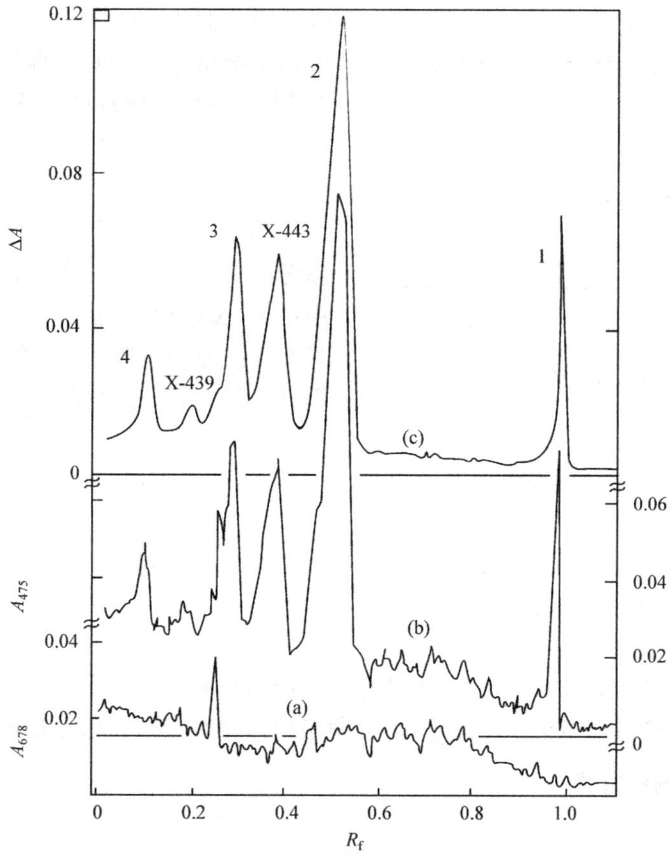

图 5-27　单波长法与双波长法比较

对斑点间的分离度合乎要求且无背景干扰时，双波长是这样选择的：先测定待测物质斑点的吸收曲线，以吸收曲线上对应吸光度最大吸收波长(λ_{max})定为样品波长(λ_S)；吸收曲线上吸光度较低部位对应的波长为参考波长(λ_R)。

混合物的薄层色谱经常有许多斑点，若用扫描图作定性鉴别(如对中药材或复方制剂的鉴别)时，为了获得较多的色谱峰，可选弱吸收斑点的 λ_{max} 为 λ_S 进行扫描，或选数对波长，用以鉴别不同的组分。

双波长法的优点是：可以排除两个斑点间的相互干扰，能用于分离不佳以至于完全重叠的斑点的定量分析；可以排除背景污染的干扰，使基线平直；可以提高检测灵敏度；可以改变色谱峰的正与倒。而这些优点的实现，主要取决于双波长的选择。

1) 排除背景干扰，使基线平直

图 5-27 为用单、双波长法测得植物色素的薄层扫描图。

由对比可以看出，双波长法[图 5-27(c)]的基线比单波长法图 5-27(a)和图 5-27(b)的基线平直，且检测灵敏度也较高。

2) 排除相邻组分的干扰

当两种组分分离不佳，斑点部分重叠或完全重叠时的双波长这样来选择：先由斑点不重合部分或由纯品(全重合斑点只能用纯品)测定各自的吸收曲线，如图 5-28 所示。

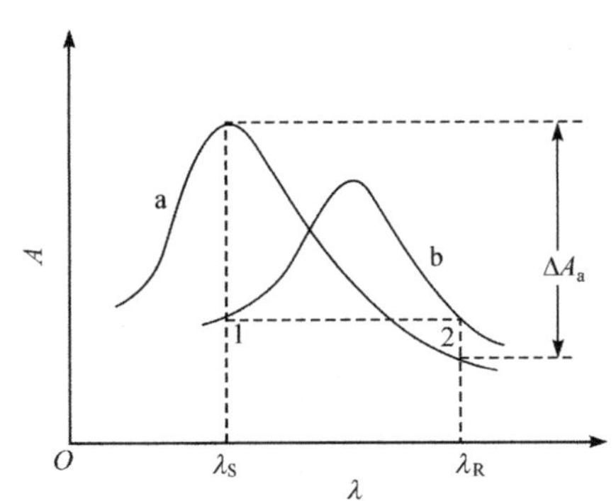

图 5-28　双波长法中排除干扰时波长的选择

(1) 测定 a 组分排除 b 组分的干扰。选 a 组分吸收曲线上的 λ_{max} 为 λ_S。由 λ_S 作横轴垂线与干扰组分 b 的吸收曲线相交于“1”点，由“1”点作平行于横轴的直线，交 b 组分吸收曲线于“2”点。“1”与“2”为干扰组分 b 的吸收曲线上两个等吸收点。用等吸点“1”对应的波长为样品波长 λ_S，等吸收点“2”所对应的波长为参考波长 λ_R。因为 $\Delta A = A_{\lambda_S} - A_{\lambda_R}$，从图 5-28 中可见，$\Delta A_a$ 很大，而 $\Delta A_b = 0$，因而在 ΔA 中只有 a 组分的贡献，而没有 b 组分的贡献，从而排除了 b 对 a 组分测量的干扰。

λ_S 以选 a 的 λ_{max} 较好，这样，可以提高检测灵敏度。当然，也可选 a 的吸收曲线上其他波长为 λ_S，但对干扰组分而言，λ_R 必须是 λ_S 的等吸收波长。

(2) 测定 b 组分，排除 a 组分的干扰。同理选 b 组分吸收曲线上的 λ_{max} 为 λ_S，选干扰组分 a 吸收曲线上与 λ_S 相对应的等吸收波长为 λ_R，则可测定 b 组分，排除 a 组分的干扰。

3) 改变扫描色谱峰的正与倒

如果对某一组分，选择的 λ_S 与 λ_R 测得的色谱峰为正峰时，则当将两波长对调后，测得的色谱峰则为倒峰。这对在多组分样品中，通过薄层扫描图鉴定某一组分是否存在是有用的。

5.7.5　薄层扫描测量方式

1. 吸收测量

吸收测量是依据某色谱斑点的物质量与其对 200～800nm 某一波长光的吸收强度具有一定关系，而进行测定的。

1) 反射法

光源与检测光电倍增管,均在薄层板的同侧。光源产生的光经单色器后,产生具有一定波长的单色光,再照射到薄层斑点上,根据反射光的强度与薄层斑点的物质量关系进行测量的方法。图 5-22、图 5-23 中光电倍增管与光源均在薄层板上方(同侧),就是进行反射法测量的。该法灵敏度虽较低,但重现性较好,且在紫外与可见光波长范围内均可测定,不受玻璃载板对紫外线有吸收的限制。因此,实际应用中多采用反射法进行测定。

2) 透射法

光源与检测光电倍增管分在薄层板的两侧。光源产生的光经单色器后,获得的一定波长的单色光,再照射到薄层斑点上,根据透射光的强度与薄层斑点物质量关系进行测定的方法。图 5-24 中进行透射测量的光电倍增管放置在薄层板下方,它是用来进行透射测定的。该法灵敏度高于反射法,但薄层厚度的不均匀性对测定有影响,且基线噪声较大,还因玻璃对紫外线有吸收等,因此实际应用中受到一些限制,不如反射法应用广泛。

2. 荧光测量

凡是化合物本身或在色谱展开前后经衍生化,能生成对紫外线有吸收,发出更长波长光的化合物,均可通过荧光法对其进行测量。

荧光测量所采用的光源一般为汞灯或氙灯。在进行荧光测量时薄层板与检测器之间必须加一块滤光片(如图 5-21 中的 F),以截去薄层反射的激发光,只让物质产生的荧光到达检测器。

一般来说,荧光测量时,薄层厚度均匀与否对测量影响并不显著,因此,测量噪声很小,基线更加稳定。荧光测量的灵敏度通常要比吸收测量高 2~3 个数量级(达皮克级)。这样,样品点加量也相应减少,样品原点直径也减小,有利于提高色谱分辨。此外,在荧光测量中,薄层实际上不吸收发射光。因此,如果所采用的激发光强度足以激发物质斑点中绝大部分物质分子,则测量信号响应受斑点定位或斑点形状的影响极小。斑点中物质的浓度(c)与其荧光强度(F)呈很好的线性关系。因此,荧光测量不仅灵敏度高,而且定量校正范围比较宽。

荧光测量既可进行反射测量,又可进行透射测量。

5.7.6 定性与定量分析方法

1. 定性分析方法

色谱是一种分离分析技术。样品中各组分得到分离,往往不是色谱分析的目的,而确定样品的成分和测定其含量才是最终目的。众所周知,色谱法是用于有机混合物组分定量分析的最普遍的技术,但其本身并不是一种好的定性技术。薄层色谱图基本上是一条在展开方向轴上的响应信号分布曲线。该信号的大小又基本上只依赖于所有有响应物质的总量,而不一定是对纯组分而言,也不一定与物质分子的结构或分子内的个别基团相关(采用选择性检测时除外)。色谱本身所能提供的定性信息,唯有保留值,对薄层色谱来说,即为 R_f 值。由于色谱分离能力的限制,显然利用保留值定性,只能是相对的。所以,薄层色谱定性,一般总是利用保留值与化学反应、选择性检测和联用技术相结合进行。在这方面,薄层色谱具有更多的灵活性。

1) 利用保留值定性

在特定的色谱系统中,化合物的 R_f 值是一定的。比较未知物与标准物质的 R_f 值,能够鉴定未知化合物。当然，R_f 值的准确测定受到多方面因素的影响，但利用相对比移值 R_s 进行比较，可以消除一部分影响因素，改善了测定的重现性。文献中有时报道一些物质的“标准”R_f 值，由于很难重复文献中的色谱条件，其参考意义不如气相色谱中的保留指数那么重要。实践中，为了增加通过保留值定性的可靠性，必须改变色谱系统的选择性，重复测定同一化合物的保留值。在薄层色谱中，改变选择性不仅能够通过变换固定相，而且很容易通过改变流动相来实现。只有在分离机理不同的色谱体系中，比较保留值，仍然得到与对照品一致的结果，那么，才能认定该斑点的物质与对照品为同一化合物。

2）利用化学反应定性

通过某种物质与待测组分斑点产生化学反应，生成一种具有特殊颜色的化合物，来鉴别待测组分，是应用最多的方法，包括利用定性的板上反应，如乙酰化、浓硫酸脱水、偶氮化、酯化、卤化、催化加氢、酸碱水解、异构化、硝化、氧化还原、热解和光化学反应等。在利用化学反应定性时，可以采用加热、辐射等手段，可以通过气体或蒸气相反应，也可以通过液体喷雾方法施加反应试剂，还可以将反应试剂载在固定相或流动相中。就色谱展开而言，可以在单向展开前后进行化学反应，也可在双相第一次展开前或两次展开之间反应或每次展开前反应，还可以多种方法同时进行，以获得多维信息。

薄层板上化学反应与保留值定性相结合，无疑会增加定性的可靠性。

3）利用光谱图定性

现代薄层扫描仪，一般都具有直接测定薄层板上斑点的紫外或可见吸收光谱的功能，有的还能够记录荧光激发光谱，这是十分重要的定性信息。当然，只有利用平行点加的标准样斑点的图谱进行对照，才有确切的意义。如果能够建立起不同类化合物，在标准条件下薄层板上光谱图库，就可通过检索来定性。

4）利用薄层色谱与其他分析技术联用定性

（1）薄层色谱与红外吸收光谱联用。傅里叶变换红外光谱仪(FTIR)具有快速扫描和很高的分辨能力，并且可进行弱信号的多次叠加，因而，可被用来直接测定薄层板上斑点的红外吸收光谱图。目前，这种直接联用技术多采用漫反射法，这要求傅里叶变换红外光谱仪必须配备有漫反射装置。

最新的这类联用仪器，如 Chromalect TLC/IR 系统，计算机能够自动将薄层背景的红外光谱扣除。利用这一技术，甚至能够得到未完全分离的物质的红外光谱图。

（2）薄层色谱与质谱联用。对薄层色谱斑点直接进行质谱分析的方法有两种：一种是将聚酰胺薄层板上的斑点(不经溶剂洗脱)直接刮入质谱仪石英探头中，再放入离子源中。当离子源升温至 300℃以上时，聚酰胺仅有很低的背景信号，不会影响质谱解析。这一方法可以测定 0.1μg 水平的酚类、核苷类、甾体类化合物及氨基酸等。另一种方法是，快原子轰击质谱分析法(FAB-MS)。采用的质谱离子源中，用快速原子(如氙气等)撞击在挥发性较低的溶剂(如甘油或硫甘油等)中的样品分子，使之离子化。由于快速原子的能量比较低，很容易产生 $M+H$、$M+Na^+$ 和 $M+K^+$ 以及 $M-H$ 等比较简单的碎片离子。

此外，还有薄层色谱与其他色谱技术联用、与电化学法联用、与荧光光谱法联用、与红外光声光谱法联用以及与核磁共振法联用等。

2. 定量分析方法

用薄层扫描法进行定量，样品不需洗脱、方法简便迅速。不显色扫描定量，准确度为

±2%～5%，精密度为 RSD≤4%。显色后，扫描定量误差则与显色条件及实验技术关系较大。

外标法是薄层扫描法中最常用的定量方法。方法简便是其优点，但点样量必须准确。内标法定量准确度与点样量无关(在一定点样量范围内)，是其优点，但需有适宜 R_f 值的纯品内标物，样品配制比较麻烦，应用不如外标法广泛。叠加法(追加法)适用于组分复杂的检品中某一组分的定量分析。这种方法既具有内标法的优点，又不需要内标物。叠加法类似于回收率实验，是中药物分析中很有前途的定量方法。

1) 归一化法

将样品中所有组分含量之和作为 100%，计算其中某一组分 i 的百分含量的方法，即归一化法。当样品中各组分的相对校正因子相近时，组分 i 的质量分数为

$$m_i = \frac{A_i}{\sum A_i} \times 100\% \tag{5-39}$$

式中：m_i 为 i 组分的量；A_i 为对应的峰面积。

归一化法简单方便，点样量对结果无影响。对于平面色谱而言，所有组分(包括随流动相移动的和滞留在原点的)都可被测量到，这对归一化法是有利的。但由于分离距离的限制，复杂混合物往往得不到完全分离，且有些组分的校正因子是未知的，归一化法就无法使用。

2) 外标法

用外标法定量时点样量必须准确。由于薄层板间差异较大，为了克服这种差异给定量结果带来的影响，定量时应采用随行标准法，即检品与标准品溶液(或对照品溶液)要点在同一块薄层板上。外标法是薄层扫描法中最常用的定量方法。工作曲线通过原点(截距为零)，可用外标一点法，否则将使用外标两点法。

(1) 外标一点法。外标一点法是指用一种已知浓度的标准溶液(或对照溶液)，与检品溶液(供试溶液)进行对比，测定出检品溶液含量的定量方法(图 5-29)。计算公式如下：

$$\frac{(m_i)_{检品}}{(m_i)_{标准}} = \frac{(A_i)_{检品}}{(A_i)_{标准}} \tag{5-40}$$

或

$$(m_i)_{检品} = \frac{(m_i)_{标准}}{(A_i)_{标准}}(A_i)_{检品}$$

$$(m_i)_{检品} = b(A_i)_{检品} \tag{5-41}$$

$(A_i)_{标准}$是标准溶液点样量为$(m_i)_{标准}$时的薄层斑点对应的峰面积，在薄层吸收扫描法中为吸光度积分值；在薄层荧光扫描法中为荧光强度的积分值(下同)。由于$(m_i)_{标准}/(A_i)_{标准}$为单位峰面积所相当的 i 组分的质量数，在实验条件(波长、薄层板性质等)一定时为常数。它相当于直线的斜率，故常用 b 来表示(CS-930 型薄层扫描仪说明书中用 F_1 表示)。$(A_i)_{检品}$为检品溶液中 i 组分斑点的峰面积，此斑点中所含 i 组分的量为 $(m_i)_{检品}$。

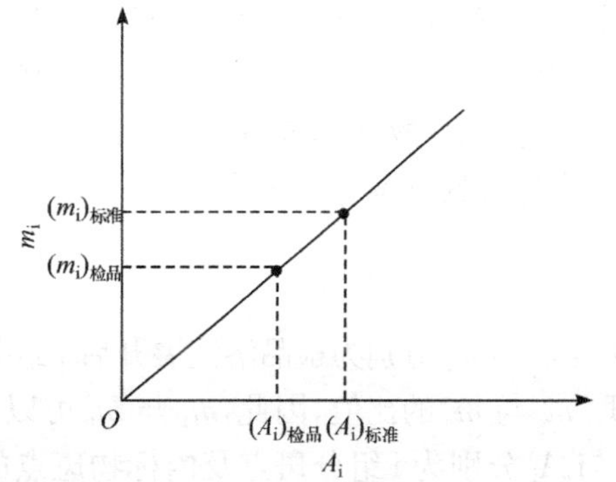

图 5-29　外标一点法示意图

外标一点法也并非标准溶液只点“一点”，只是强调用一种浓度的标准溶液对比定量。为了减小定量误差，标准溶液及检品溶液都可以点多个点

(点样量要相同),取各自多点峰面积平均值参加运算;调整标准溶液的浓度或检品与标准溶液点样量,使$(A_i)_{标准}$与$(A_i)_{检品}$值越接近越好,这样可以减小测定误差;点样量必须准确,否则,将直接影响定量结果。

点样最好使用定量毛细管,点样的原点直径要小,否则会影响分离结果。

(2) 外标两点法。用两种浓度的标准溶液,与检品溶液对比的定量方法(图 5-30)。在点样量与色谱峰面积的关系处于直线范围内时,未知浓度的检品溶液的含量可由式(5-42)求得

$$(m_i)_{检品}=b(A_i)_{检品}+a \tag{5-42}$$

式中:$(A_i)_{检品}$与$(m_i)_{检品}$分别为检品中 i 组分薄层斑点对应的峰面积与斑点中 i 组分的含量;b为斜率;a 为截距。a 与 b 需由标准溶液的点样量与对应的峰面积求得,即

$$b=\frac{(m_i)_2-(m_i)_1}{(A_i)_2-(A_i)_1} \tag{5-43}$$

$$a=\frac{1}{2}[(m_i)_1+(m_i)_2]-\frac{1}{2}b[(A_i)_1+(A_i)_2] \tag{5-44}$$

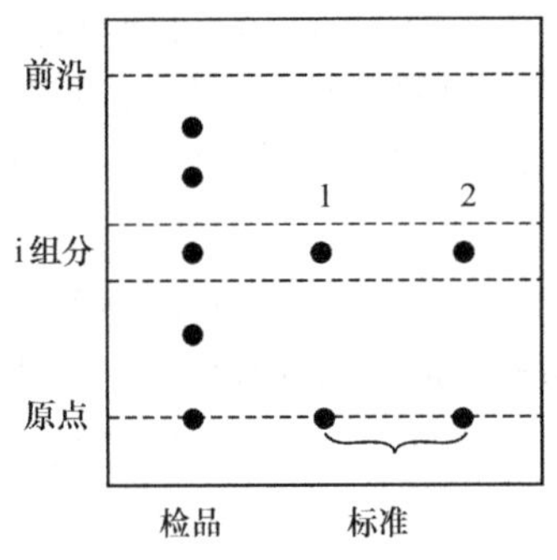

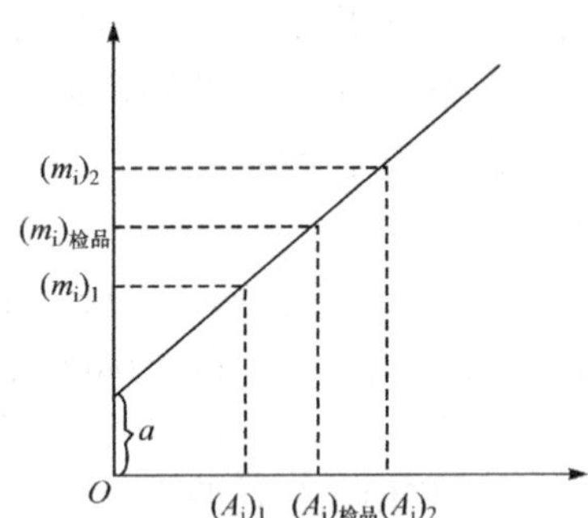

图 5-30 外标两点法薄层色谱图与工作曲线

式(5-43)与式(5-44)中的$(m_i)_1$、$(m_i)_2$ 与$(A_i)_1$、$(A_i)_2$ 分别为两种浓度的 i 组分标准溶液的点样量及其对应的斑点峰面积。每种浓度的标准溶液,在相同点样量条件下可点多个点,取峰面积平均值来进行计算。

3) 内标法

内标法是选一个纯物质作为内标物,并准确称量一定量加至检品溶液(供试液)中,借助内标物的量,求算检品溶液中待测组分含量的定量方法,称为内标法。

因为内标物是加入检品溶液中的,故称为内标物。内标物的选择必须符合下述条件:纯度合乎要求,展开后不得有杂质斑点,否则内标物斑点的峰面积将不能代表内标物的量(m_{is});内标物为样品中所不含有的组分;内标物在展开中不与其他斑点相重叠,分离度合乎要求;为了简化计算,内标物在标准溶液及检品溶液中的浓度应相等。

内标法的基本计算公式为

$$\frac{m_i}{m_{is}}=\frac{f_iA_i}{f_{is}A_{is}} \tag{5-45}$$

式中:m_i 与 m_{is}分别为检品溶液展开后 i 组分的量及内标物斑点中内标物的量。由于在式(5-45)中取 m_i 与 m_{is}的比值,因此,m_i 与 m_{is}可以分别为检品溶液中 i 组分的量及加入的内标物的量。A_i 与 A_{is}分别为 i 组分斑点及内标物斑点的峰面积(在吸收扫描为吸光度积分值)。f_i 与 f_{is}分别为 i 组分与内标物 is 的相对质量校正因子,其定义为:色谱峰单位面积所相当的质量是标准

物单位面积相当质量的多少倍。可以把相对质量校正因子看作单位峰面积所相当的相对质量。相对质量校正因子取决于物质的吸收系数及薄层板的性质等因素。

由于薄层色谱的相对质量校正因子 f_i 在手册上查不到，而且色谱条件千差万别不尽相同，因此在薄层扫描中用内标法定量时，都是用内标对比法来消除校正因子，并把内标对比法称为内标法。事实上，这两种方法没有本质区别。内标对比法是除了在检品溶液中加内标物外，在配制 i 组分纯品的标准溶液时，也要加入内标物。用标准溶液与检品溶液对比，测定检品溶液的含量。其实，用标准溶液对比，就是测定 i 组分的相对质量校正因子，只是没有算出而已。

内标一点法　在薄层扫描法中使用的内标一点法即内标对比一点法，其定义为：用含有内标物的一种浓度的标准溶液对比，测定含有内标物的检品溶液中 i 组分含量的方法(图 5-31)。

准确称取一定量样品(m_ig)，再准确称取一定量的内标物(m_{is}g)，并将其加入样品溶液中，混匀，作为检品溶液(供试液)备用。

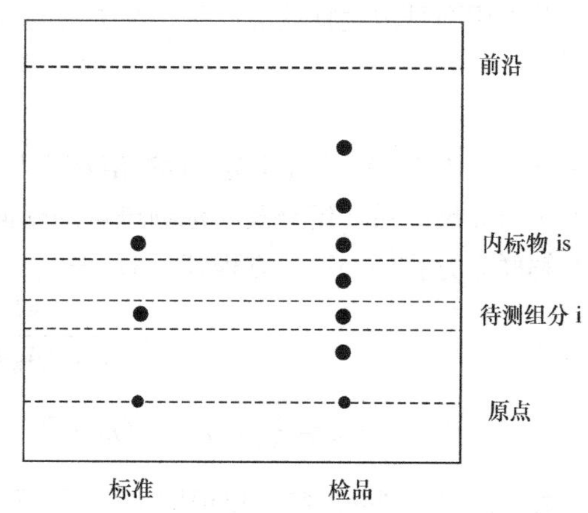

图 5-31　内标一点法薄层色谱图

准确称取 i 组分的纯品及内标物一定量，配成一定浓度的溶液，为标准溶液。将检品溶液与标准溶液点加在同一薄层板上(最好点样量相同)，展开后进行扫描测定，所测得的 $(A_i)_{检品}$、$(A_{is})_{检品}$、$(A_i)_{标准}$与$(A_{is})_{标准}$与相应斑点中物质的含量关系服从内标法公式

$$\left(\frac{m_i}{m_{is}}\right)_{检品}=\frac{f_i}{f_{is}}\left(\frac{A_i}{A_{is}}\right)_{检品} \tag{5-46}$$

$$\left(\frac{m_i}{m_{is}}\right)_{标准}=\frac{f_i}{f_{is}}\left(\frac{A_i}{A_{is}}\right)_{标准} \tag{5-47}$$

以式(5-46)除以式(5-47)，约去 f_i/f_{is}，得

$$\frac{(m_i/m_{is})_{检品}}{(m_i/m_{is})_{标准}}=\frac{(A_i/A_{is})_{检品}}{(A_i/A_{is})_{标准}} \tag{5-48}$$

若检品溶液点样量中的内标物量$(m_{is})_{检品}$与标准溶液点样量中的内标物量$(m_{is})_{标准}$相等，则式(5-48)可简化如下式

$$\frac{(m_i)_{检品}}{(m_i)_{标准}}=\frac{(A_i/A_{is})_{检品}}{(A_i/A_{is})_{标准}} \tag{5-49}$$

或

$$(m_i)_{检品}=\frac{(A_i/A_{is})_{检品}}{(A_i/A_{is})_{标准}}(m_i)_{标准} \tag{5-50}$$

式中：$(A_i/A_{is})_{检品}$为检品溶液中 i 组分斑点与其内标物斑点的峰面积比；$(A_i/A_{is})_{标准}$为标准溶液中 i 组分斑点与其内标物斑点的峰面积比；$(m_i)_{标准}$为标准溶液点样量中含 i 组分纯品的量。将这些数据代入式(5-50)中，则可求出检品溶液中 i 组分斑点的含量$(m_i)_{检品}$。式(5-50)为薄层扫描内标一点法的基本公式。

将式(5-50)与外标一点法公式(5-41)比较，不难发现，在内标法中仅仅是用峰面积比代替了峰面积而已。

用内标一点法定量时，必须证明工作曲线截距为零，且检品溶液与标准溶液点样量中所含内标物量相同。若$(m_{is})_{检品}$不等于$(m_{is})_{标准}$，则需用式(5-48)来计算；若需计算i组分在检品溶液中的w_i，当检品溶液的质量为m(不包含内标物质量)，则有

$$w_i=\frac{(A_i/A_{is})_{检品}}{(A_i/A_{is})_{标准}}\frac{(m_i)_{标准}}{m}\times 100\% \tag{5-51}$$

内标两点法 若m_i与A_i/A_{is}直线式的截距$a\neq 0$，则需用两种浓度的标准溶液，求算检品溶液中i组分的浓度。这种方法与外标两点法类似，所不同的是检品溶液与标准溶液中都需要加入一定量的内标物。

在一块薄层板上，点检品溶液和两种浓度的标准溶液，展开后，用标准溶液所得数据求直线式方程中斜率(b)与截距(a)。然后，再用a与b计算检品i组分斑点中i组分的量。计算公式如下。

首先用两种浓度标准溶液所得数据计算a与b，即

$$(m_i)_1=b(A_i/A_{is})_1+a \tag{5-52}$$

$$(m_i)_2=b(A_i/A_{is})_2+a \tag{5-53}$$

式中：$(m_i)_1$与$(m_i)_2$为纯组分i标准溶液1与2的点样量；$(A_i/A_{is})_1$与$(A_i/A_{is})_2$分别为标准溶液1与2展开后，i组分及内标物斑点的峰面积之比。

解联立方程(5-52)与方程(5-53)，得

$$b=\frac{(m_i)_2-(m_i)_1}{(A_i/A_{is})_2-(A_i/A_{is})_1} \tag{5-54}$$

$$a=\frac{1}{2}[(m_i)_1+(m_i)_2]-\frac{1}{2}b[(A_i/A_{is})_1+(A_i/A_{is})_2] \tag{5-55}$$

在CS-930型薄层扫描仪说明书中，用F_1表示b，用F_2表示a，并且称F_1与F_2为校正因子；$(m_i)_1$与$(m_i)_2$用c_1、c_2表示，含义相同。

求得a与b之后，就可以计算出检品i组分的量：

$$(m_i)_{检品}=b(A_i/A_{is})_{检品}+a \tag{5-56}$$

式中：$(m_i)_{检品}$为检品溶液中i组分斑点中i组分的量；$(A_i/A_{is})_{检品}$为检品溶液展开后，i组分斑点及内标物斑点的峰面积之比。

因为内标法所用的检品溶液与标准溶液中都加入了内标物，内标物与i组分的比例和点样量无关。在一定点样量范围内，点样量准确与否不影响定量结果，从而克服了外标法点样必须准确的缺点，这也是内标法的最大优点。但对于成分复杂的样品，不容易找到具有适宜R_f的内标物，且溶液配制也比较麻烦，这些又是内标法的不足。

4) 叠加法

在检品溶液中加入待测组分i的纯品，测定该纯品加入前后，i组分色谱峰面积的变化，来计算检品溶液中i组分含量的方法，称为叠加法或追加法。这里所介绍的为叠加一点法，只适用于工作曲线截距为零或接近于零的情况。

对于成分复杂的样品，薄层展开后斑点很多，不容易找到具有适宜R_f值的内标物或无插入内标物的位置时，可考虑使用叠加法。这种方法不需要内标物，但却具有内标法的优点，即在一定点样量范围内，定量结果不受点样量准确与否的影响。该法需要有待测组分i的纯品，不需要标准溶液对照，类似于回收率测定。

取V体积的检品溶液，准确加入待测组分i的纯品Δm_i(g)，混匀，此溶液可称为叠加溶液。取原检品溶液与叠加溶液相同体积，分别点样在同一块薄层板上。展开后，扫描测定原检

品溶液中 i 组分斑点的峰面积为 A_i，叠加溶液中 i 组分的峰面积为 A_i'，$A_i'-A_i=\Delta A_i$。在工作曲线截距 $a=0$ 时，ΔA_i 与 Δm_i 的关系如下

$$m_i \propto f_i A_i$$

$$\Delta m_i \propto f_i \Delta A_i$$

式中：f_i 为 i 组分的相对质量校正因子，两式中 f_i 相同。两式相除得下式

$$\frac{m_i}{\Delta m_i}=\frac{A_i}{\Delta A_i}$$

或

$$m_i=\frac{A_i}{\Delta A_i}\Delta m_i \tag{5-57}$$

式中：m_i 为原检品溶液展开后，i 组分斑点中含 i 组分的量；Δm_i 为叠加溶液点样体积中含 i 组分的追加量。式(5-57)为普通叠加法的基本运算公式。由式(5-57)中可见，点样量必须准确，否则 A_i 与 ΔA_i 准确测量就没有意义。

在实际应用中，常使用的是叠加对比法。它是在检品溶液与叠加溶液的色谱图上，选一个分离度适宜、峰面积与 i 组分峰面积相近的色谱峰作为参考峰(相当于内标峰)，用它的峰面积 A_r 作为相对标准，这样就可免除点样量的不准确对测定结果的影响。对于成分复杂的样品，可供选择的参考峰很多，找一个适宜的参考峰不难实现。由于参考组分是样品中原有的，无需另外加入，因而该法简便、易行。叠加对比法示意图可参看图 4-90。

用图 4-90 中的峰面积比 A_i/A_r 代替 A_i，用 $A_i'/A_r'-A_i/A_r$ 代替 ΔA_i，并将它们代入式(5-57)中，得

$$m_i=\frac{A_i/A_r}{A_i'/A_r'-A_i/A_r}\Delta m_i \tag{5-58}$$

式中：A_r 与 A_i 分别为原检品溶液中参考峰及 i 组分峰的峰面积；A_r' 与 A_i' 为叠加溶液中参考峰及 i 组分峰的峰面积。因为参考峰对应物质是检品溶液中原有的，不需另外加入，这是其优点。而且点样量的大小不影响峰面积比 A_i/A_r 与 A_i'/A_r'，克服了点样量准确与否对测定结果的影响。

若需计算 i 组分在原检品溶液中的质量分数，可由式(5-59)求出

$$w_i=\frac{A_i/A_r}{A_i'/A_r'-A_i/A_r}\frac{\Delta m_i}{m}\times 100\% \tag{5-59}$$

式中：Δm_i 为原检品溶液 m(g)中加入纯组分 i 的质量(g)。

5) 回归曲线法

将不同浓度(四种以上)标准溶液或同一浓度不同点样量(四种点样量以上)分别点加在同一块薄层板上，然后，在该板上点加检品溶液，展开后，进行薄层扫描测定，用计算机将所测得标准溶液峰面积与相应的点样量，进行线性或非线性回归。依据所得的回归方程或回归曲线，计算出检品溶液中待测组分含量的方法，称为回归曲线法。CAMAG Ⅱ 型薄层扫描仪与 SP-4290 或 HP9816S 等计算机联用，就具有回归功能。

【例 5-2】 薄层扫描法测定复方银花口服液中绿原酸的含量[10]。

聂松柳等使用薄层扫描法测定复方银花口服液中绿原酸的含量。

复方银花口服液由金银花、桑叶、白茅根三味中药组成，这三味中药均含有绿原酸成分。

他们使用 CAMAG Ⅲ 型薄层扫描仪，硅胶 H 薄层板(10cm×10cm，10cm×20cm)，点状点样，点样量为

1μL,展开剂:乙酸丁酯-甲酸-水(7∶2.5∶2.5)的上层溶液,展距为9cm,紫外光灯(365nm)下检视。

对照品溶液的制备:精密称取置P_2O_5干燥器中干燥24h的绿原酸对照品,加甲醇制成每1mL含0.48mg的溶液,作为对照品溶液。

供试品的制备:取本品10mL,加5%氢氧化钠溶液8滴,摇匀,用乙酸乙酯萃取三次,每次5mL,弃去乙酸乙酯层,再加稀盐酸8滴,摇匀,再用乙酸乙酯萃取6次,每次5mL,合并乙酸乙酯萃取液,蒸干,加甲醇使其溶解,作为供试品溶液。

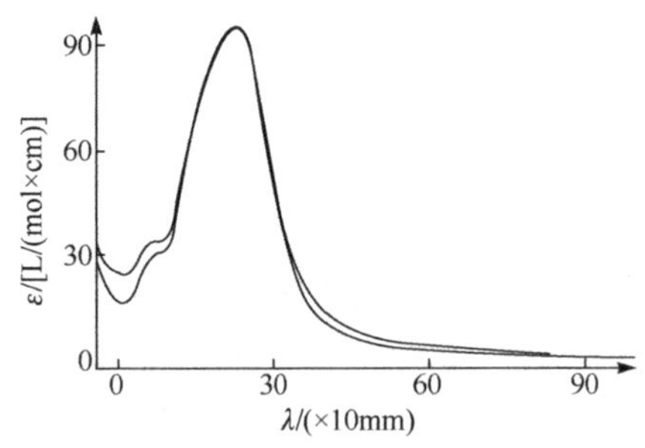

图5-32 绿原酸的波长扫描图

波长扫描:供试品溶液、对照品溶液经点样展开后,用200~700nm波长内扫描绿原酸斑点,结果供试品与对照品在330nm处均有最大吸收,650nm后几乎无吸收,故选择λ_S=330nm,λ_R=650nm(图5-32)。

线性范围的考察:精密吸取绿原酸对照品溶液0.5μL、1.0μL、1.5μL、2.0μL、2.5μL、3.0μL,分别点于同一硅胶H薄层板上,扫描后,以对照品量为横坐标(X),吸收峰面积值为纵坐标为(Y),绘制标准曲线,实验数据经直线回归,得回归方程$Y=13\ 052.207X+2276.215$($r=0.996\ 26$)。结果表明:绿原酸在0.240~1.440μg范围内,峰面积与对照品量呈良好的线性关系(图5-33和图5-34)。

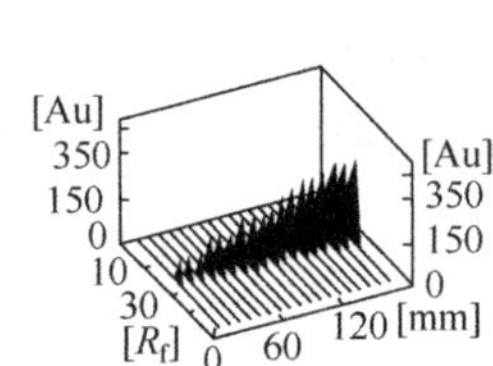

图5-33 绿原酸标准曲线色谱扫描

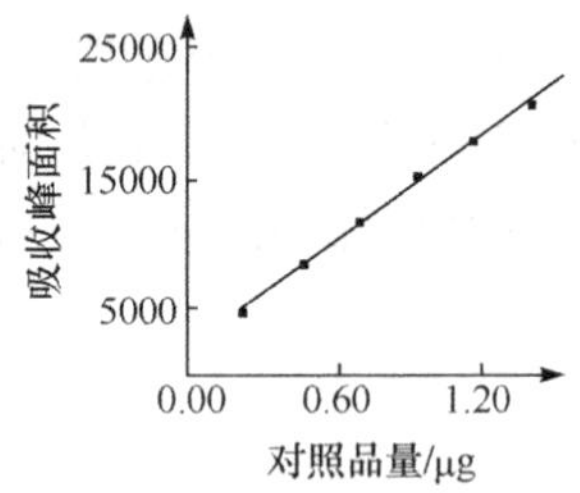

图5-34 绿原酸标准曲线

样品含量测定:取本样品的3批,绿原酸对照品溶液0.5μL,供试品溶液1μL,点于同一硅胶G板上(20cm×10cm),依法展开,测得绿原酸的含量为0.227g/L、0.2278g/L、0.2252g/L。

上面对复方银花口服液绿原酸含量测定方法进行了研究,该方法具有分离效果好、直观性强、灵敏度高以及测定快速等优点。该方法的建立对复方银花口服液在预防和治疗甲H_1N_1型流感的临床应用中具有重要的指导意义。

在绿原酸测定方法的研究中,发现复方银花口服液的金银花桑叶和白茅根的空白对照均有干扰,这也表明金银花桑叶和白茅根均有绿原酸成分,与文献报道一致(图5-35)。

绿原酸对照品溶液在自然光下稳定性较差,易产生分解,因此操作中应注意避光,选择采用棕色量瓶。

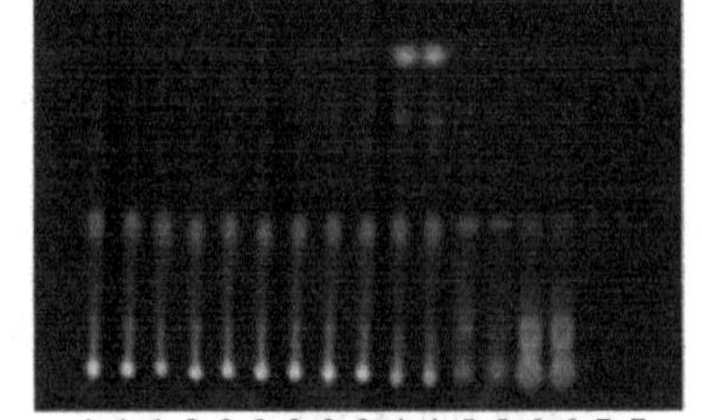

图5-35 绿原酸薄层色谱图

1~3. 三批复方银华口服液;4. 金银花;5. 桑叶;6. 白茅根;7. 绿原酸对照品

5.8 常用薄层色谱扫描仪

目前,世界上生产薄层色谱扫描仪(简称薄层扫描仪)的厂家较多,如日本岛津公司、瑞士CAMAG公司、法国BINISIS公司及德国Desaga公司等,但目前在我国使用最多的还是日本岛津公司和瑞士 CAMAG 公司生产的薄层扫描仪。下面将介绍常见的三种薄层扫描仪的性能与特点。

5.8.1　CS 系列薄层扫描仪

CS 系列薄层扫描仪为日本岛津制作所生产的产品。至目前为止，该系列仪器包括 CS-900、CS-910、CS-920、CS-930、CS-9000 以及 CS-9301PC 几种薄层扫描仪。

CS-900 型薄层扫描仪为双波长、锯齿式扫描仪，是 1972 年投入市场的。这种型号仪器在我国还很少。在 CS-900 型薄层扫描仪基础上，增加了标准曲线直线化和背景校正两种功能，于 1976 年投产了 CS-910 型薄层扫描仪。该型号仪器功能比较齐全，为我国较多的单位所使用，但所有功能都需要通过手动开关进行选择，使用起来比较麻烦。1978 年该公司推出了由微型计算机控制的 CS-920 型薄层扫描仪。这种仪器自动化程度有了一定的提高，但该型仪器为单波长仪器，且不能进行透射测定。几年后，一种自动化程度更高、功能更为齐全的 CS-930 型薄层扫描仪投产。这种仪器在我国使用的较多。为了克服 CS-930 型仪器测定速度过慢以及为了开发出更多功能，1987 年又推出了 CS-9000 型双波长飞点薄层扫描仪。它改进了扫描机构，提高了扫描速率，且增加了荧光显示屏(CRT)，给使用带来了很大方便。近年来该公司又推出了 CS-9301PC 型薄层扫描仪，它保留了 CS-9000 型仪器飞点扫描仪快速测定的特点，又增加了新的功能。

1. CS-930 型薄层扫描仪

1）光学系统

由图 5-36 可以看出，它主要包括光源(氘灯与钨灯)、单色器(入口狭缝、出口狭缝、光栅等)以及检测器(监测光电倍增管、反射和透射测定光电倍增管)组成。

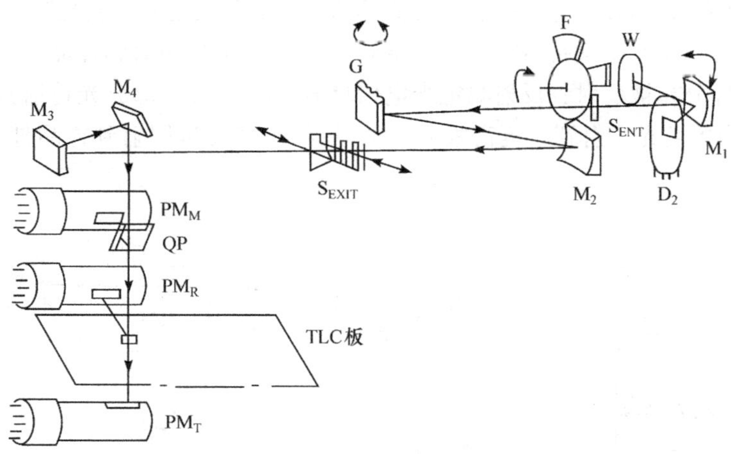

图 5-36　CS-930 型薄层扫描仪光学系统

氘灯用在 200～370nm 范围，钨灯用在 370～700nm 范围。光源的转换是通过转动反射镜 M_1 来完成的。

单色器入口狭缝前，安装有可见光测定用的 2 次滤光片(600nm 以上使用)。紫外光测定时使用杂散光滤光片(在 290～370nm 范围内使用)。光栅为 1200 条/mm 的衍射光栅。入口狭缝是固定的，而出口身狭缝的高与宽均可根据需要进行调整。

由光源发出的复合光，经光源转换镜 M_1 反射后进入入口狭缝 S_{ENT}，由光栅 G 色散后，再由单色器准直镜 M_2 反射到出口狭缝 S_{EXIT}，由出口狭缝后面所获得的为单色光。它经过平面镜 M_4 向下反射，在薄层板上成像。

反射测定时，光束在照射到样品前，一部分被石英窗板 QP 的表面反射，由监测光电倍增管 PM_M 接受。另一部分光透过 QP 照射到样品上，除部分光被样品吸收外其反射光被反射测定光电倍增管 PM_R 接受。两检测器输出信号之比，经对数转换器转换后，作为吸光度信号被测量；透射测量时，由透射测定光电倍增管 PM_T 来代替反射测定光电倍增管 PM_R，它的输出信号与监测光电倍增管的输出信号之比，经对数转换器转换后，得到透射测量的吸光度信号。

2）主要功能

可连续记录物质的紫外-可见吸收光谱；可多通道自动扫描；双波长色谱测定；可消除薄层板背景污染的干扰；可根据需要对测得的色谱峰面积进行不同的处理；具有各种不同的峰检出灵敏度供选择；通过提高信噪比，增强峰检测的能力；可进行倾斜通道的扫描；绘制薄层色谱斑点图；可进行荧光扫描及自动绘制工作曲线等功能。

2. CS-9000 型薄层扫描仪

CS-9000 型薄层扫描仪是岛津公司 1987 年推出的 CS 系列产品。它是在 CS-930 型仪器基础上，改进了扫描机构、加装了荧光显示屏、增加了软盘驱动装置等，不仅测定速度有所提高，功能也更为齐全，参数设定更为方便，存储图谱能力有了很大的提高，已成为一种功能比较齐全、操作较为方便的新型薄层扫描仪。

1）光学系统

图 5-37 为 CS-9000 型薄层扫描仪的光学系统。D_2 为氘灯，用在 200～400nm 范围内。W 为钨灯，使用范围在 400～700nm。光源的选择是通过光源选择镜 M_1 来完成的。光源发出的光，经 M_1 反射进入入口狭缝 S_{ENT} 中，再经准直镜 M_2 反射至光栅 G。经光栅色散后的光，穿过出口狭缝经凹面镜 M_3 和平面镜 M_4 反射，再通过石英窗板 QP 照射到样品上。其中一部分被样品所吸收，一部分光被反射到反射测定光电倍增管 M 上，另一部分光透射到透射测定光电倍增管 PM_T。当单色光照射到石英窗板 QP 时，除部分光透过照射到样品外，尚有一部分被

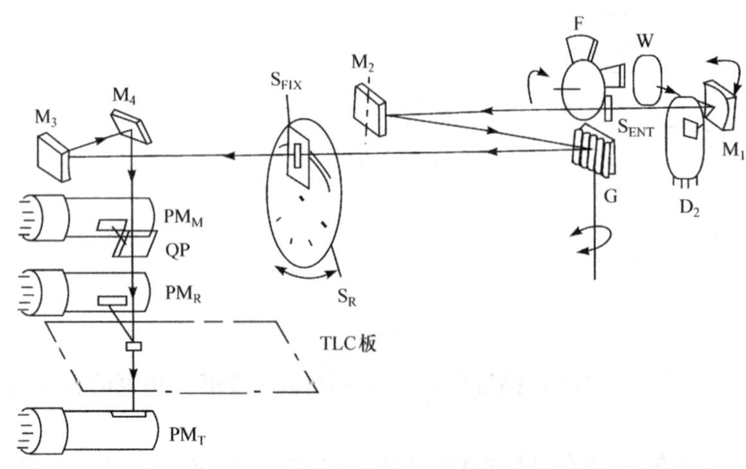

图 5-37　CS-9000 型扫描仪光学系统

反射到监测光电倍增管 PM_R 上。作反射测定时，PM_R 与 PM_M 两检测器所得信号之比经对数转换器转换后，提供反射吸收测定信号。透射测定时，用 PM_T 代替 PM_R，即 PM_T 与 PM_M 两检测器得到的信号之比，经对数转换器转换后，成为透射吸收测定信号。

色散元件为具有 600 条/mm 的 Monk Gillieson 型光栅。入口狭缝是固定的，而出口狭缝宽度与高度均可调整，共有 16 种规格。安装在单色器入口狭缝处的滤光片，可截止可见光中的二次光及荧光测定中的杂散光。滤光片可通过微型计算机在特定波长位置上，自动地进行选择。

锯齿扫描时，出口狭缝由两部分组成。一个为固定狭缝，一个为往复转动圆盘上的螺旋形狭缝(图 5-38)。当圆盘往复转动时，两狭缝组合得到的正方形截面积的光束，将在薄层板上进行往复扫描。若样品台同时垂直光束摆动方向匀速运动时，则在薄层板上形成了锯齿扫描。图 5-38 说明了锯齿扫描形成的原理。

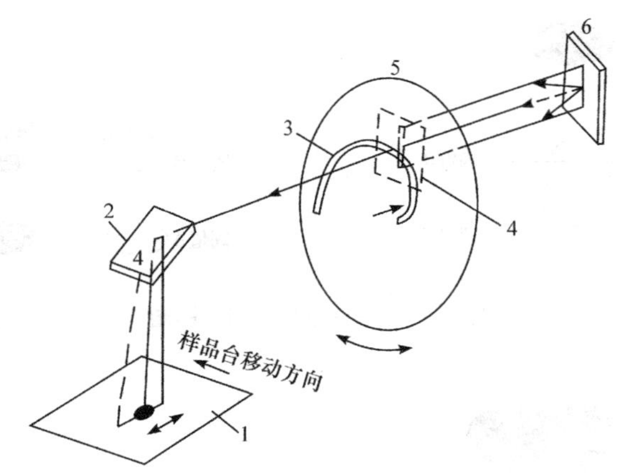

图 5-38 锯齿扫描形成的原理

作直线扫描时，可移去图中固定出口狭缝 S_{FIX}，光束截面积大小，可通过旋转圆盘上的几种规格的狭缝来确定。一旦狭缝选好后，圆盘将固定不动，只要样品台匀速移动，就可完成直线扫描。

2) 主要功能

该型仪器除具有 CS 系列仪器的一般功能，如可进行光谱与色谱测定、单波长和双波长测定、直线和锯齿扫描等功能外，还具有一些新功能。现将主要功能介绍如下：

(1) 按编制的程序工作。该型仪器有四种操作方式供选择，以满足不同需要，其中主要的操作方式有以下两种：编制程序方式与自动程序方式。前者允许操作者根据需要自己编制程序。它最多可完成 63 个指令的序列。数据处理可自动完成，不需要一系列的手工操作。自动程序方式是可完成已存储在随机存储器(RAM)中的自动程序。这是根据需要事先编制好的。当然，自动程序也可存储在磁盘(附件)中，它能自动地将色谱图、峰文件、光谱及所有参数进行归档。

(2) 具有可选择的峰检出灵敏度。检出峰的面积大小，取决于峰的起点与终点的确定。如果峰上升超过某一设定值，则作为峰的起点检出；下降时低于该值时，作为峰的终点检出。仪器提供的设定值范围为 1～200，可根据需要进行选择。

(3) 根据需要对色谱峰进行处理。与 CS-930 型仪器相似，它也是通过漂移线确定色谱峰的基线，从而确定色谱峰的面积。使用不同漂移线，将对峰进行不同的处理。

(4) 跟踪扫描。跟踪扫描功能是CS系列其他型号仪器所没有的。它是扫描非线性通道的一种有效手段。使用一般的倾斜扫描非线性通道是不行的，因为它既可能漏掉本通道的色谱斑点，也可能将邻近通道色谱斑点覆盖在内，得出错误结果。

跟踪扫描与倾斜扫描是两种不同功能。前者可完成非线性通道扫描，而后者虽然可扫描倾斜通道，但倾斜通道中斑点间也要求是呈直线的。

(5) 绘制薄层色谱图。该型仪器不仅保留了CS-930型仪器附件CCS-2程序盒所具有的绘图功能，并且有了改进。它可绘制任何薄层固定相或凝胶电泳色谱图。

它共有三种绘图方式：第一种是绘制阴影图(hatch)，第二种是绘制轮廓图(contour)(图5-39)，第三种是根据阈值上间距值绘出斑点密度等高线图(contour map)(图5-40)。它能更好地反映出斑点内物质密度的分布情况。

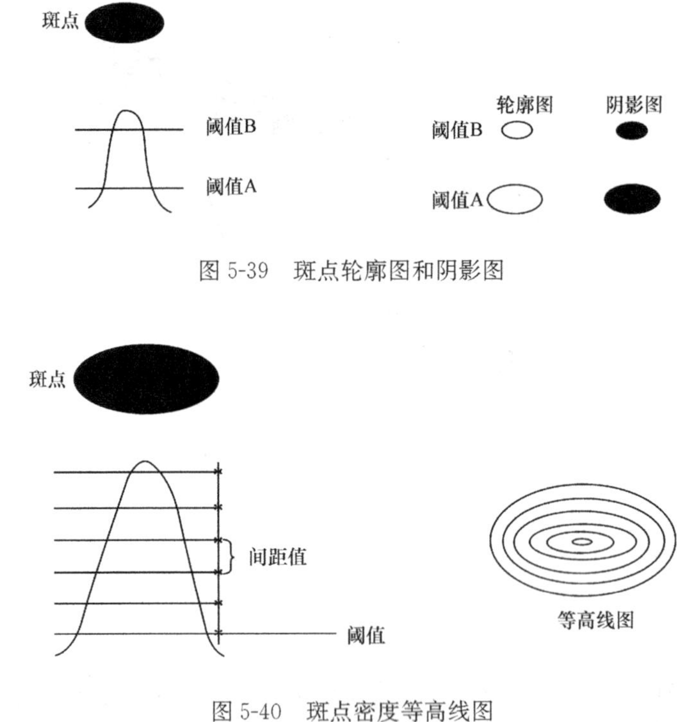

图5-39 斑点轮廓图和阴影图

图5-40 斑点密度等高线图

所画出的斑点大小，取决于阈值选取的高低。阈值的选取方法，可参阅该型号仪器说明书。

(6) 数据再处理。数据处理功能与数据处理方式相结合，可使操作者以不同的方式对测得数据进行再处理，以满足他们的特殊需要。其中主要包括以下几种：

① 重算面积。它仅能重新计算峰面积，但不能改变峰的检测方式。它是在完成峰的编辑(后面介绍)、改变漂移线或最小峰面积参数使用的一种功能。

② 重新处理色谱峰和计算峰面积。它与上面功能不同之处在于，使用新的峰检测参数，进行测定，并在新参数的基础上重新计算峰面积。

③ 峰的编辑。它不仅允许操作者在荧光屏上重新设定基线，计算峰面积，也能将原来分为几个峰的面积，加和成一个峰的面积。它在最小峰宽设定得不合适时，是很有用的。

④ 基线与图谱的平滑。此功能是将测得的基线与薄层扫描图进行平滑处理 。它是通过选取一定的平滑数来实现的。该数值选得越大,基线越平滑,小峰也很容易被分辨出来。

⑤ 绘制定量校正曲线。用仪器进行定量分析时,需使用校正曲线法,这样可以浓度为单位打印出测定结果。它可提供多种校正曲线,如一次函数、二次函数和三次函数曲线,并可自动对数据点进行拟合。此外,还可提供将多个数据点直接连接而成的校正曲线。校正曲线每个数据点,都允许由 1～5 个同一浓度、同一点样量的标准品测定值平均得到。这是为了有效地消除由点样和测定带来的偶然误差。取同一浓度标准品数越多,则分析结果就越准确。

⑥ 自动打印分析报告。CS-9000 型仪器有多种记录参数供选择,以便能更容易、更正确地记录数据和绘制薄层扫描图,完成一份分析报告。

⑦ 资料可随意存储与调出。该仪器提供一定数量的文件,用来存储操作者需要保存的资料,并随时可以调出。存入的资料用仪器内电池保护,即使关闭仪器,资料还可保存两周以上不被抹掉。

3. CS-9301PC 型薄层扫描仪

1) 光学系统

其光学系统与 CS-9000 型仪器相同。

2) 主要功能

(1) 具有多种测定方式。除了一般常用的反射与透射吸收测定外,当配有荧光装置时,还可进行荧光的透射和反射测定。

(2) 具有多种测定功能。除可进行线性与锯齿扫描、单波长与双波长扫描、倾斜扫描、光谱扫描外,也可进行跟踪扫描。

(3) 具有很强的峰解析能力。可检测每个通道最多至 200 个色谱峰,并能显示出所有峰数据的一览表。对色谱峰可进行手动分割以及对基线进行校正处理。

(4) 自动绘制工作曲线。根据测得色谱峰峰高或峰面积,进行定量分析。也可根据一次、二次和三次方程、对数、S 形曲线以及折线数据,绘制工作曲线进行定量分析。

(5) 根据需要打印出多种分析报告。可打印峰一览表、工作曲线、峰形解析参数、相对分子质量工作曲线等。

(6) 可对二维光谱图像进行精确的解析。

(7) 可对试样进行三维显示,也可精密放大,获得丰富多彩的图像。

(8) 利用微量多孔板附件,可进行酶免疫反应测试、单克隆抗体的筛选以及荧光标记生长因子等的测试。利用微量多孔板除可进行透射吸收测定外,还可进行高灵敏度的透射荧光测定。

5.8.2　CAMAG 系列薄层扫描仪

1. CAMAG Ⅱ型薄层扫描仪

1) 光学系统

CAMAG Ⅱ型薄层扫描仪的光学系统,如图 5-41 所示。扫描仪配备三个可随时互换的光源:氘灯、钨灯和高压汞灯。它们分别提供不同的可供选择的波长范围。

三种光源的供电电源均经过稳压或稳流,从而保证了光源的稳定性。光源变换通过手动光源选择杆来进行。氘灯除机内电源外,还另外配备了一个外接电源插头,以便在特殊情况下,在使用其他光源的同时,氘灯仍可处于工作状态。

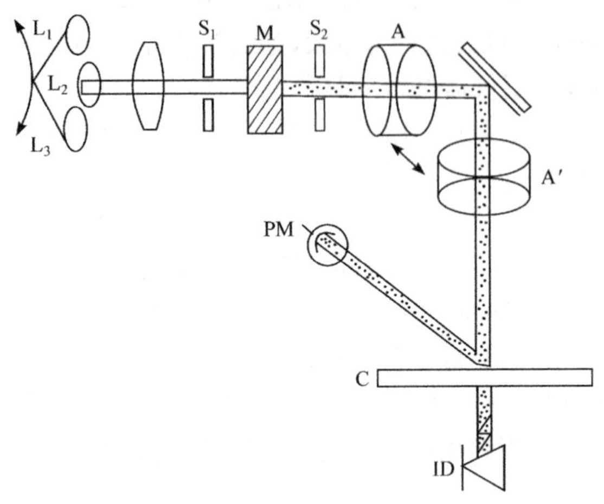

图 5-41　CAMAG Ⅱ型薄层扫描仪光学系统

单色器 M 基于一个 1200 条/mm 的凹面全息光栅。单色器由一高精度步进电机驱动，所得到的单色光波长范围为 195～800nm，精度达±1nm。单色器带宽由一可调狭缝 S_2 调节，给出 10nm 和 30nm 两种不同带宽。较宽者适用于在同一色谱通道上，同时对几个最大吸收波长不同的物质斑点在同一波长下进行扫描测量，也适用于氙灯作激发光源进行荧光测定。

透镜系统采用复消色差的 Suprasil 萤石，透光波长范围为 195～800nm。同时配备两套透镜 A 和 A′，可由变换杆手动设定两个位置，即 MICRO 和 MACRO 位置。前者适用于高效薄层板扫描测量，后者适用于常规薄层板的扫描测量。这种双透镜系统能够保证当调至 MICRO 位置时，采用较小的狭缝可以得到的光能量，实际上与调至 MACRO 位置时，狭缝增大四倍得到的光能量一样大。当调到 MICRO 位置时，光束狭缝长为 0.25mm、1mm、2mm、3mm、4mm、5mm 和 6mm 可调，宽为 0.025mm、0.1mm、0.2mm、0.3mm、0.4mm、0.5mm 和 0.6mm 可调。在 MACRO 位置时，扫描狭缝长和宽分别为上述数值的两倍。整个光学系统被密封在金属暗盒内，以免受灰尘和腐蚀性气体的损害。

CAMAG Ⅱ型薄层扫描仪所采用的检测器有两种：一种是用于反射测量和荧光测量的多碱型宽带光电倍增管。其光谱灵敏度范围为 185～1150nm，信号响应速度为 0.2ns；另一种是用于透射测量的硅酮光电二极管，光谱灵敏度范围也为 185～1150nm，测量范围为 0～3.0Abs。由于在大多数情况下，薄层色谱只采用反射测量方式，光电倍增管为扫描仪的标准配件，而光电二极管检测器作为备选单元。该型仪器既是薄层扫描仪，又可作为电泳谱图扫描仪使用。

2）主要功能

CAMAG Ⅱ型薄层扫描仪可以直线扫描对常规或高效薄层板进行测定，也可以对圆形高效薄层板进行扫描测定；既可进行吸收测定，又可进行荧光测定；既可按顺序进行多通道扫描，又可按任意次序进行自动扫描，同时还可记录光谱图。CAMAG Ⅱ型薄层扫描仪与不同的外围设备联用时，其功能也有很大的不同。

(1) 与模拟记录仪联用。这种情况下，记录仪仅能记录薄层色谱图。信号测量、数据处理以及报告结果等，均需手工完成。至于扫描仪的运行，是通过机内微处理机按编制的工作程序进行。因此这种简单的联用系统，虽能满足扫描仪的基本功能要求，但对定量分析工作是不方便的。

(2) 与 SP 系列积分仪联用。可按预先输入的参数如峰宽、峰面积阈值、时间标度因子、信号衰减因子等进行扫描。根据测得数据，给出定量结果，也可进行光谱图的绘制。

(3) 与 HP9816 桌上计算机联用。这将形成一种多功能全自动薄层扫描系统。计算机可进行数据采集与处理、自动斑点定位优化、扫描数据外存、不对称峰的高斯逼近处理、多种定量方法的选择、多波长扫描、光谱图绘制与光谱信息处理，最后给出结果报告。因此，大容量、高速计算机的应用，不仅实现了薄层扫描系统的自动化，也会提高测量结果的精密度与准确度。

(4) 计算机工作站与 CATS 软件相结合。它可以自动进行扫描、积分、标准计算、斑点纯度对比及样品含量测定等，同时可绘制出色谱图，并打印出分析报告。此外，还可进行多波长扫描，同时可显示出 10 个不同波长的色谱图。在全自动扫描后，自动积分仪可打印出分析报告。这对于常规质检工作是很方便的。

2. CAMAG Ⅲ型薄层扫描仪

CAMAG Ⅲ型薄层扫描仪的光学系统与电学系统与Ⅱ型基本相同，但由于采用了更为强大的 32bit 的 WinCATS 软件，它除了可控制扫描仪外，还可控制自动点样仪、自动多级展开系统以及数码成像系统。若该型仪器与选购件结合使用，其功能更齐全、使用更方便，其主要功能如下：

(1) 自动优化通道扫描。其自动优化原理如图 5-42 所示。

计算机先控制扫描仪对选定的一个待测物质斑点，沿 Y 轴方向进行扫描，并找出斑点吸光度最大值的位置，然后，再以该位置为中心，沿 X 轴方向扫描，并确定吸光度最大值位置，该位置即被认定为斑点的物质浓度分布中心。这时仪器以认定的中心，重新对斑点进行扫描，从而可以消除由于展开过程中色谱通道偏移，或者操作者对斑点定位不准确而引起的测量误差。

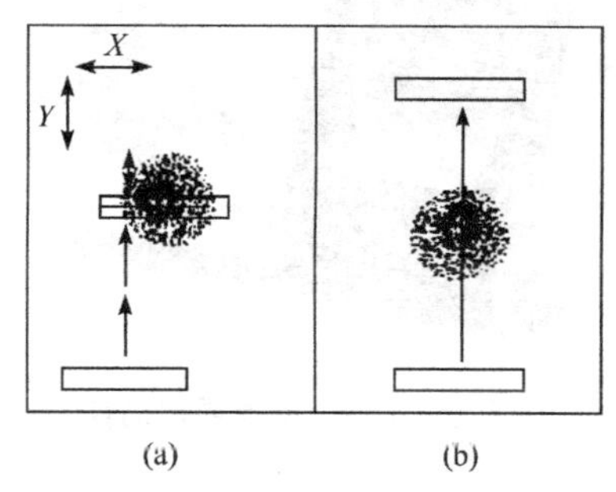

图 5-42　自动优化扫描原理

(a) 优化过程；(b) 优化后扫描

(2) 多波长扫描。在计算机的控制下，可在给定的波长范围内，对一个色谱斑点或一个色谱通道进行两个波长或多个波长的扫描，最多可达 10 个波长。扫描所得数据可存储、再调出和按需要进行处理。

多波长扫描所得到的色谱图，可以是二维的，也可以是三维的，并可用打印机打印下来。图 5-43 所示为含蒽醌的药物在 350～500nm 范围内，用六种不同波长扫描所得到的三维显示图。由图 5-43 可见，在 400nm 波长下扫描可对各组分同时进行定量分析。

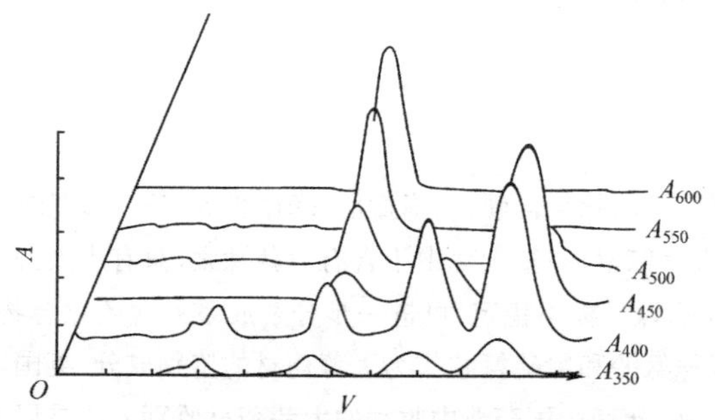

图 5-43　含蒽醌药物的多波长扫描显示图

(3) 扣除本底功能。对待测斑点扫描后所得数据中，包含本底吸收在内。为扣除本底的影响，可在点样展开前对薄层板本底测定，再用展开后测得斑点的数据减去本底吸收值，就可扣除本底的影响，使数据更准确可靠。当然，也可以采用双波长法测定消除本底影响。

(4) 进行回归运算。该型仪器具有回归校正功能,包括线性回归与非线性回归。经回归校正后,计算机可打印出回归校正曲线和回归方程。经回归校正后,计算出的数据更准确、更可靠,从而给出正确的分析结果。

(5) 配合薄层色谱数码摄像系统,利用高解像度及高灵敏度的3CCD摄像头,再配合VideoStore软件,可通过计算机和彩色打印机将色谱图直接打印出来。

除了上面介绍的功能外,该型器还具有基线校正、统计运算、光谱扫描及峰纯度检测等功能。

5.8.3 CD系列薄层扫描仪

1. 技术指标

(1) 扫描方式:线性扫描,线性-飞点扫描。
(2) 扫描速度:20mm/s(分辨率;50μm);10mm/s(分辨率;25μm)。
(3) 检测波长:190~900nm。
(4) 检测方式:吸收法,反射法,荧光法,透射法。
(5) 灯源:氘灯,卤钨灯,汞灯。

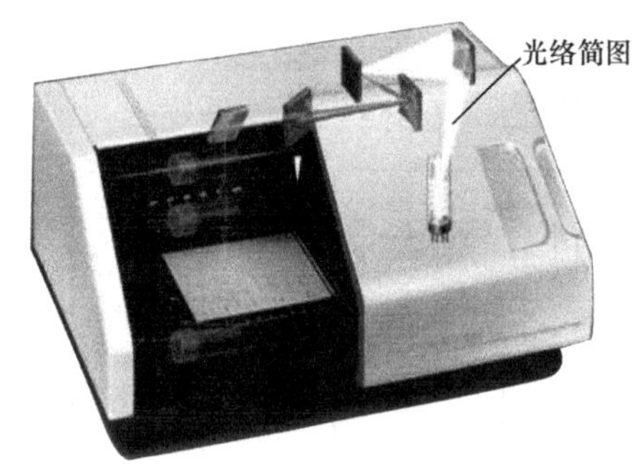

图 5-44 CD60型薄层扫描仪

2. 主要特点

(1) 检测光谱范围宽。
(2) 扫描速度快。
(3) 软件全自动控制和数据处理。
(4) 操作简便,结果重现性好。
(5) 应用广泛。
(6) 扫描方式全。
(7) 扫描范围宽且分辨率高。

3. 主要功能

CD60型薄层扫描仪(图5-44)广泛应用于凝胶电泳和等电聚焦等生化分析,如蛋白质、核酸和酶的分离检测,血液制品分析和医药、农药、生物样品等试样中的主体成分定性、定量分析。

5.9 薄层色谱法的应用

5.9.1 药材鉴别

【例5-3】 不同产地大蒜药材的鉴别[11]。

大蒜是历史悠久的药食两用植物,具有抗癌、抗氧化、抗动脉粥样硬化、降血压、降血脂等多种药理作用。大蒜的主要活性成分是蒜氨酸经蒜酶催化反应产生的大蒜辣素,完整大蒜中不含有大蒜辣素,只有当大蒜组织细胞被破坏,蒜氨酸与蒜酶接触才产生大蒜辣素。大蒜辣素极不稳定,可进一步分解成系列含硫化合物,而蒜氨酸是大蒜辣素的前体物质,较稳定。美国药典以蒜氨酸和甲硫氨酸作为大蒜药材的鉴别成分,英国药典和欧盟药典鉴别大蒜冻干粉以丙氨酸替代蒜氨酸。2010年版中国药典中收载的大蒜药材鉴别方法是以大蒜素为指标成分,大蒜素是大蒜辣素进一步分解的产物之一,样品处理复杂耗时,大蒜素所占比例也依处理条件而定。赵东升等结合美国药典、欧盟药典和英国药典中大蒜及其相关品种质量标准以及相关文献报道对大蒜药材的薄层鉴别方法，以蒜氨酸和精氨酸为对照品，采用灭酶处理，对大蒜药材进行了 TLC 鉴别，方法快速、特征明显、专属性强。

薄层板：硅胶 GF254 预制板（德国默克公司）。

展开剂：正丁醇-冰醋酸-水（4∶1∶1）。

展开距离：不详。

检测：展开后的硅胶板晾干，喷显色剂 2g/L 茚三酮无水乙醇溶液，再于 105℃下加热 5min 至斑点清晰，采用 Camag 数码成像系统于白光下成像。

采用上述方法对不同产地的大蒜药材进行了 TLC 鉴别，典型色谱图如图 5-45 所示。蒜氨酸和精氨酸斑点清晰，分离效果较好。除此之外，大蒜中可能还含有 *S*-烯丙基-L-半胱氨酸（SAC）和谷氨酰胺，如图 5-46 所示。

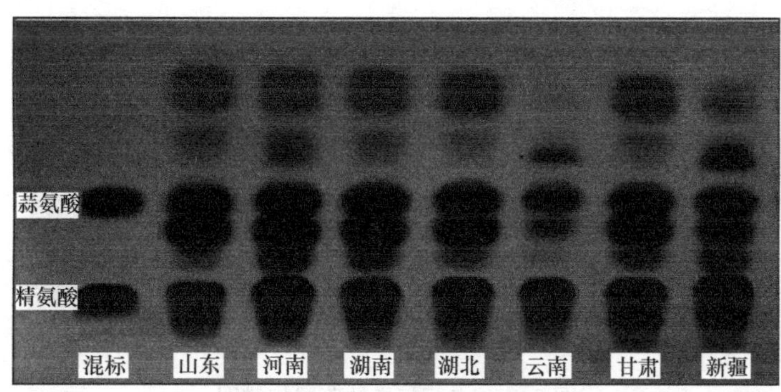

图 5-45　大蒜药材的薄层色谱图

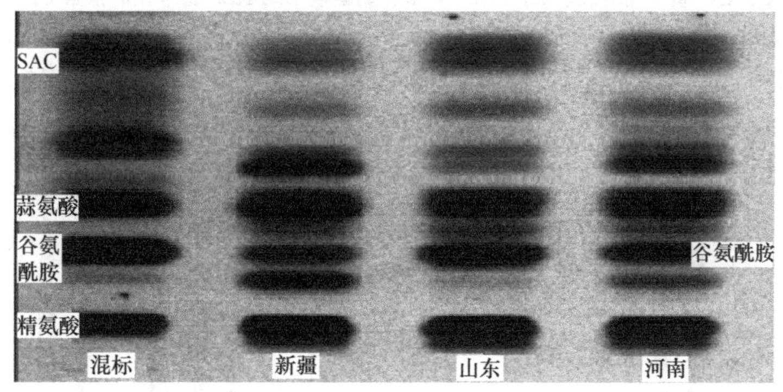

图 5-46　大蒜药材中其他氨基酸的薄层色谱图

【例 5-4】　不同栽培品种卡瓦胡椒的鉴别[12]。

卡瓦胡椒是太平洋岛屿地区用于制作传统饮料 kava 的原料，其根和根茎可供药用，用来调节压力、焦虑、抑郁等失眠问题和心理问题。欧美许多国家将卡瓦胡椒列为非处方药或处方药。卡瓦胡椒中的主要活性成分为卡瓦内酯类化合物，卡瓦胡椒中所含的黄卡瓦胡椒素被认为可能具有肝脏毒性。Lebot 等采用 HPTLC 法快速鉴别了不同栽培品种的卡瓦胡椒。

薄层板：硅胶 60F254 预制板（德国默克公司）（20×10cm）。

展开剂：正己烷-二氧六环（8∶2，体积比）。

展开距离：85mm。

检测方法：采用 Camag 数码成像系统于 254nm、366nm 下成像，采用 Camag TLC 扫描仪于 254nm、366nm 下扫描。

采用上述方法分析了不同栽培品种共 172 个卡瓦胡椒样品，典型色谱图如图 5-47 和图 5-48 所示。卡瓦胡椒中的黄卡瓦胡椒素与卡瓦内酯类化合物含量之比可用于卡瓦胡椒的品种鉴别和质量控制。

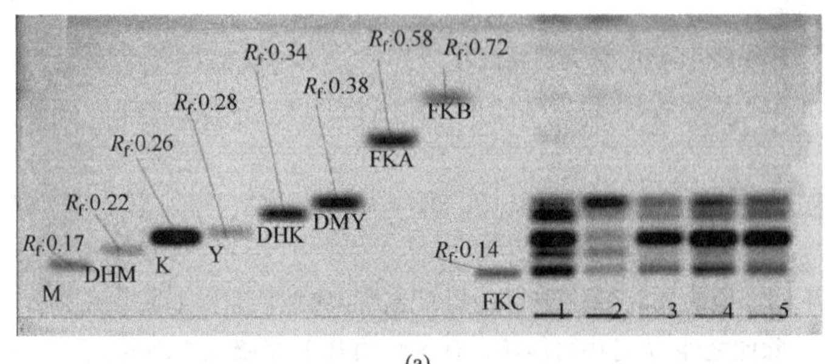

(a)

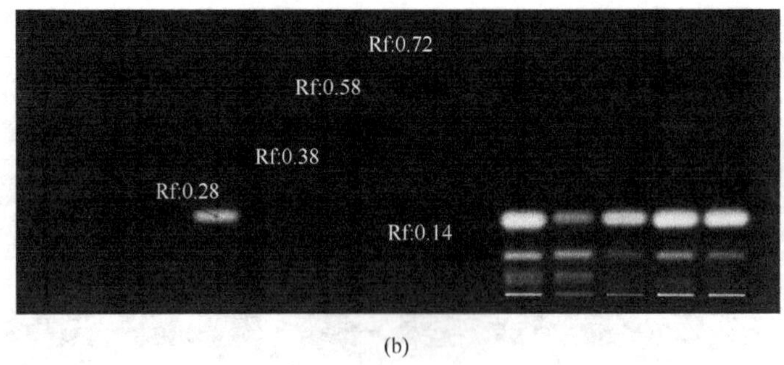

(b)

图 5-47 卡瓦胡椒的薄层扫描图

(a)254nm 下成像图片。M. 麻醉椒苦素；DHM. 二氢麻醉椒苦素；K. 醉椒素；DHK. 二氢醉椒素；Y. 甲氧醉椒素；DMK. 去甲基洋果宁；FKA. 黄卡瓦胡椒素 A；FKB. 黄卡瓦胡椒素 B；FKC. 黄卡瓦胡椒素 C；1. two-days 品种 *Isa*；2. wichmannii品种 *Sini Bo*；3. noble 品种 *Borogu*；4. noble 品种 *Ni Kawa Pia*；5. noble 品种 *Kelai*。(b)366nm 下成像图片。Y、DMY、FKA、FKB 和 FKC 有吸收。noble 品种中黄卡瓦胡椒素的含量较低

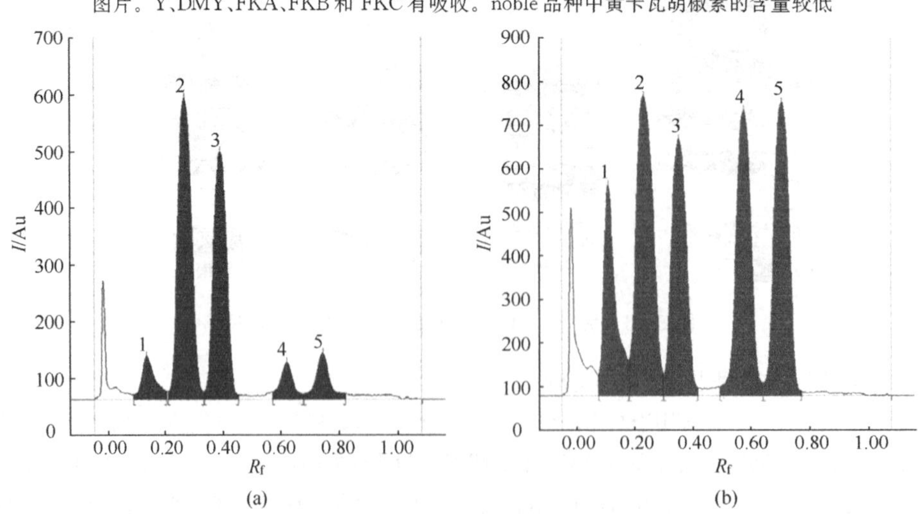

图 5-48 卡瓦胡椒的薄层扫描图

(a)366nm 下 noble 品种 *Borogu* 的图谱；(b)366nm 下 two-days 品种 *Palisi* 的图谱

1. FKC；2. Y；3. DMY；4. FKA；5. FKB

5.9.2 指纹图谱分析

【例 5-5】 灵芝多糖水降解产物的指纹图谱分析[13]。

中药多糖的药理作用极其广泛，其独特的活性和低毒效应在临床应用中具有极大的潜力。由于多糖为许多补益中药的药效物质基础，在建立此类中药的质量标准时，应将多糖类活性成分作为质量控制的重要依据。目前，指纹图谱已成为国际上公认的控制中药质量的最有效的方法。由于中药多糖的结构极其复杂和多样，现有的各种色谱和电泳分析技术用于中药多糖的指纹图谱分析难度很大。邸欣等在研究和优化灵芝多糖的水解条件、多糖水解产物的 TLC 分离/检测条件的基础上，在国际上首次利用多糖的水解产物建立了灵芝多糖的 TLC 指纹图谱。

薄层板：HPTLC Si50000 预制板（德国默克公司）。

展开程序：见表 5-3。

表 5-3　自动多步薄层展开程序

步骤[1]	展开时间/min		瓶号[2),3)]
	A[2]	B[3]	
1	4.2	5.8	1
2	10.0	12.2	2
3	16.3	18.6	2
4	23.9	27.0	2
5	32.4	35.7	2
6	44.7	48.0	2
7	56.0	59.5	2

1）每步展开间的板干燥时间：7min；洗瓶中的预处理溶液为 4.7% NH_3。

2）A. 用于单糖和寡糖的同时分离；瓶 1 为正丙醇-水（60∶40），瓶 2 为正丙醇-水（83∶17）。

3）B. 用于单糖的分离；瓶 1 为丙醇-水（60∶40），瓶 2 为丙醇-水（80∶20）。

检测：喷显色剂（由 0.5g 对氨基苯甲酸、9mL 冰醋酸、10mL 水和 0.5mL 85%磷酸组成），于 120℃下加热 20min 至斑点清晰，采用 Camag TLC 扫描仪于 365nm 下扫描。

灵芝粗多糖经硫酸水解所获取的单糖和寡糖片段按上述方法分析，典型色谱图如图 5-49 所示。

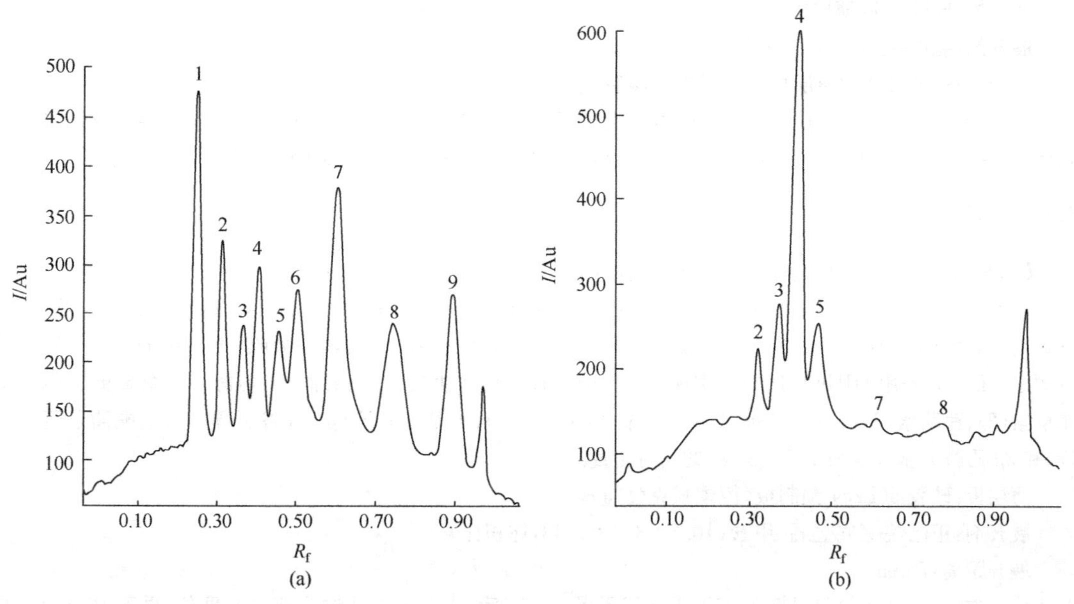

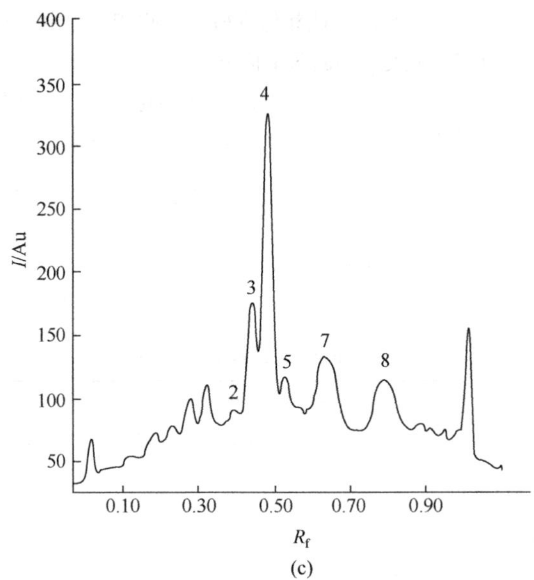

图 5-49　灵芝多糖水解产物的薄层扫描图

(a)9 个单糖对照品的薄层扫描图;(b)灵芝多糖完全水解所得单糖的薄层扫描图;(c)灵芝多糖部分水解所得单糖和寡糖的薄层扫描图

1. 半乳糖醛酸;2. 葡萄糖醛酸;3. 半乳糖;4. 葡萄糖;5. 甘露糖;6. 阿拉伯糖;7. 木糖;8. 岩藻糖;9. 鼠李糖

5.9.3　半定量分析

【例 5-6】　细菌产生的生物胺的半定量分析[14]。

食品中的生物胺主要由微生物氨基酸脱羧酶对氨基酸进行脱羧作用而形成。发酵食品生产过程中的生产菌株或环境微生物,常因具有氨基酸脱羧酶活性而造成产品中生物胺的积累。微生物产生物胺的活性常用培养基的 pH 变化指示,但存在假阳性和假阴性结果,而采用 HPLC 法测定则存在时间长、无法同时处理多个样品的弊端。Latorre-Moratalla 等采用 TLC 法对细菌产生的 8 种生物胺进行半定量分析,方法简单、快速、灵敏,相比于 HPLC 法大大降低了分析成本。

薄层板:硅胶 G60 薄层板。

展开剂:氯仿-乙酸乙酯-三乙胺(4∶1∶1)。

检测方法:展开后的薄层板在空气中干燥后,于 366nm 下检视。

上述方法经过了部分分析方法确证(重复性、检测限和专属性)后应用于细菌产生的生物胺分析(样品需先用丹酰化氯进行衍生化),通过薄层斑点大小和亮度进行半定量分析,典型色谱图如图 5-50 所示。

5.9.4　定量分析

【例 5-7】　党参中 8 种活性次生代谢产物的同时含量测定[15]。

党参原产于亚洲,主要分布于喜马拉雅山地区,其根和叶可供药用。党参中主要含有生物碱类、黄酮类、三萜类、皂苷类等化学成分。由于这些成分的极性差异大,且一些成分无紫外吸收,难以用 HPLC-UV 法同时测定。Dar 等采用 HPTLC 法成功实现了党参中 8 种活性次生代谢产物即 β-谷甾醇-β-D-葡萄糖苷(1)、木犀草素(2)、芹菜素(3)、1,7-二羟基-3,8-二甲氧基呫吨酮(4)、甲基当药宁(5)、β-谷甾醇(6)、乙酰蒲公英萜醇(7)和 3β-乙酰氧基齐墩果烷-12-酮(8)的同时含量测定。

薄层板:硅胶 60F254 预制板(德国默克公司)。

展开剂:正己烷-乙酸乙酯-甲酸(10.5∶3.5∶0.43,体积比)。

展开距离:75mm。

检测方法:展开后的薄层板在 25℃下空气干燥 30min 后,浸入硫酸铁铵溶液进行显色,再于 105～110℃

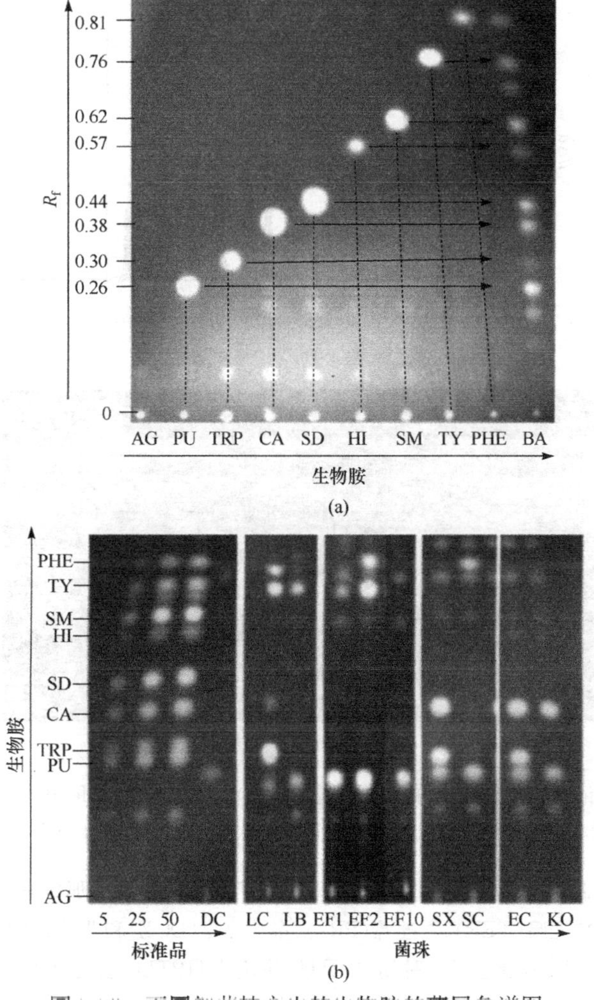

图 5-50　不同细菌株产生的生物胺的薄层色谱图

(a)对照品的薄层色谱图；(b)样品的薄层色谱图，生物胺标准溶液浓度分别为 5mg/L、25mg/L 和 50mg/L。AG. 胍基丁胺；PU. 腐胺；TRP. 色胺；CA. 尸胺；SD. 亚精胺；HI. 组胺；SM. 精胺；TY. 酪胺；PHE. 苯乙胺；BA. 细菌；DC. 脱羧酶培养基；LC. 弯曲乳杆菌；LB. 短乳杆菌；EF. 屎肠球菌；SX. 木糖葡萄球菌；SC. 肉葡萄球菌；EC. 阴沟肠杆菌；KO. 产酸克雷伯菌

下加热 5min，然后采用 Camag 数码成像系统于 254nm、366nm 和白光下成像，或采用 Camag TLC 扫描仪于 266nm(5)、261nm(4)、254nm(2 和 3)、370nm(1、6 和 8)以及 350nm(7)处扫描。

上述方法经过全面的分析方法确证后应用于从印度采集的党参样品的测定，典型色谱图见图 5-51。

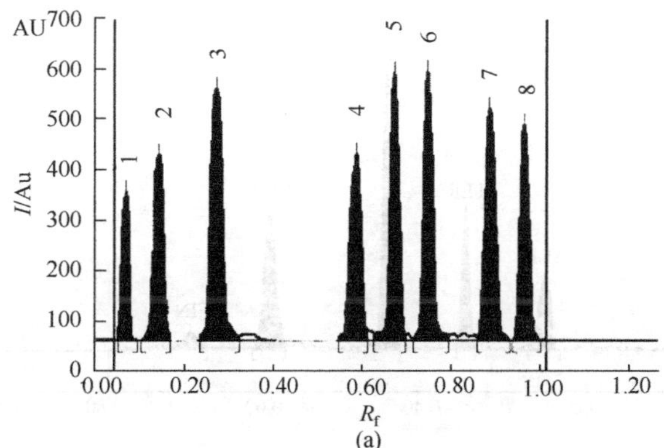

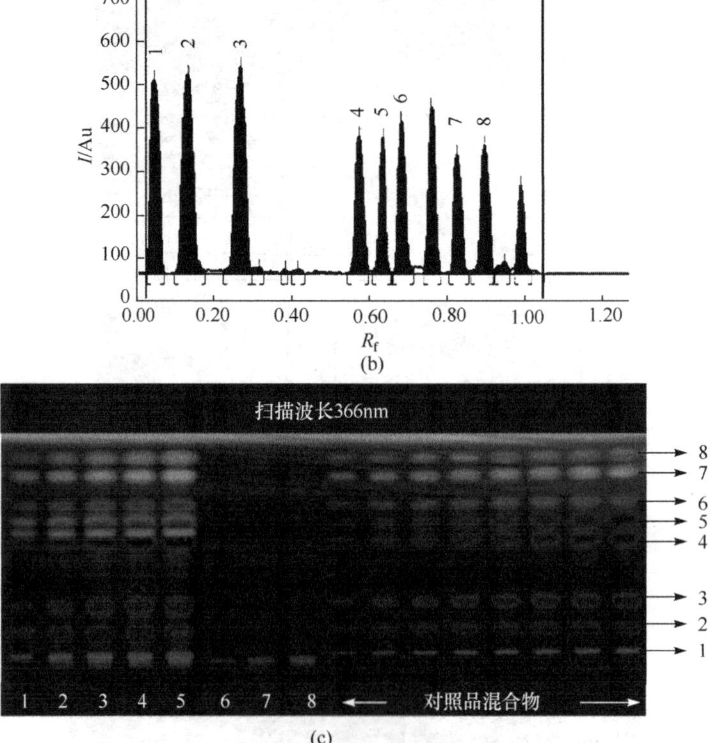

图 5-51 (a)8 个独立标记物(1～8)混标的薄层色谱图;(b)党参 DCM∶MeOH(1∶1)提取物样品色谱图;(c)1～5 为党参 DCM∶MeOH(1∶1)提取物,6～8 为党参水提物,对照品混合物为标记物 1～8 的线性混标

【例 5-8】 化学药物制剂中阿夫唑嗪、特拉唑嗪、哌唑嗪、多沙唑嗪和非那雄胺的同时含量测定[16]。

阿夫唑嗪(ALF)、特拉唑嗪(TER)、哌唑嗪(PRZ)、多沙唑嗪(DOX)和非那雄胺(FIN)是治疗良性前列腺增生的 5 种常用处方药,Belal 等建立了一种简单、灵敏、快速的 HPTLC 法同时测定这 5 种药物的含量。

薄层板:硅胶 60F254 预制板(德国默克公司)。

展开剂:二氯甲烷-正己烷-甲醇(8.8∶0.3∶0.9,体积比)。

展开距离:(135±2)mm。

检测方法:展开后的薄层板在空气中干燥后,采用 Camag TLC 扫描仪于 254nm(5)、261nm(ALF、TER、PRZ 和 DOX)和 220nm(FIN)处扫描。

上述方法经过全面的分析方法确证后应用于 5 种药物制剂的测定,典型色谱图见图 5-52。

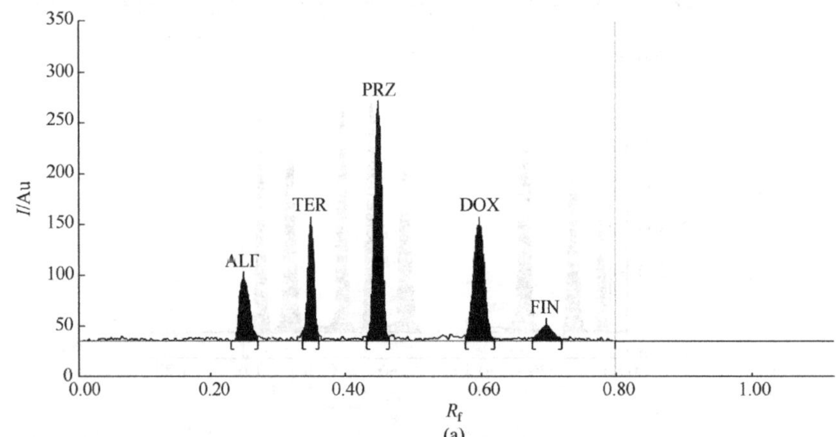

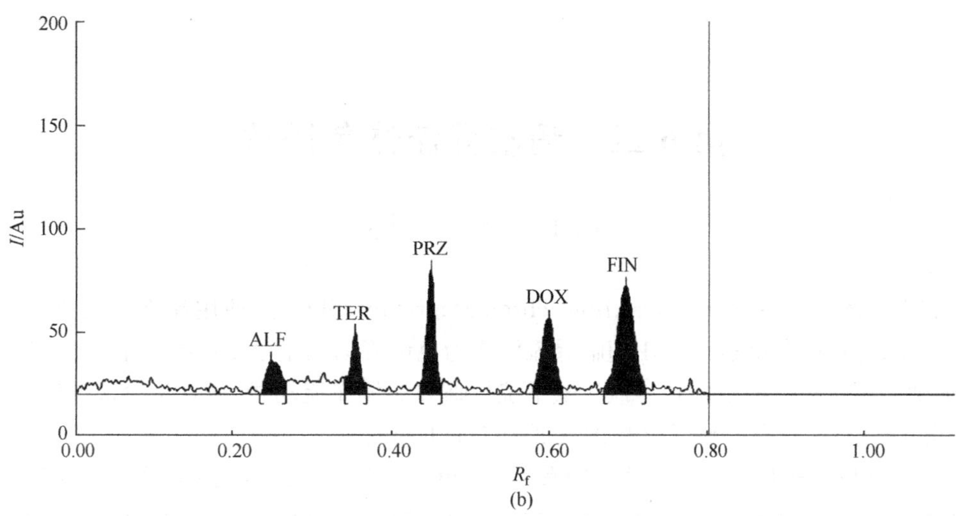

图 5-52 阿夫唑嗪(ALF)、特拉唑嗪(TER)、哌唑嗪(PRZ)、多沙唑嗪(DOX)和非那雄胺(FIN)的混合物在 254nm (a)和 220nm (b)下的薄层扫描图

(沈阳药科大学 彭缨 邸欣)

参考文献

[1] 孙毓庆,王延琮. 现代色谱法及其在药物分析中的应用. 北京:科学出版社,2005. 291-356

[2] 崔淑芬. 微乳薄层色谱及其在中药甘草指纹图谱质量控制方面的应用研究. 厦门:厦门大学出版社,2006. 10

[3] 何丽一. 平面色谱方法及应用. 北京:化学工业出版社,2000. 28

[4] 宫慧梅,赵树欣,邹海晏. 用双向薄层层析检测红曲中的桔霉素. 酿酒科技,2002,170(2):83

[5] Snyder L R. J Chromatogr, 1978,16:223

[6] 何丽一. 平面色谱方法及应用. 北京:化学工业出版社,2000. 97

[7] Goldman J, Goodall R R. J Chromatogr, 1968,32:24

[8] Goldman J. J Chromatogr,1973,78:7

[9] 孙毓庆. 薄层扫描法及其在药物分析中的应用. 北京:人民卫生出版社,1990. 84

[10] 聂松柳,孟楣. 薄层扫描法测定复方银花口服液中绿原酸的含量. 安徽医药,2010. 14(10):1147

[11] 赵东升,李新霞,关明,等. 大蒜药材的薄层鉴别方法研究. 西北药学杂志,2011,26(6):391-393

[12] Lebot V, Do T K T, Legendre L. Food Chem, 2014,(15):554-560

[13] Di X, Chan K K C, Leung H W, et al. J Chromatogr,2003, 1018:85-95

[14] Latorre-Aoratalla M L, Bover-Cid S, Veciana-Nogues T, et al. J Chromatogr,2009,1216:4128-4132

[15] Dar A A, Sangwan P L, Khan I,et al. J Pharmaceut Biomed,2014,300-308

[16] Belal T S,Mahrous M S, Abdel-Khalek M M,et al. Anal Chem Research,2014:23-31

第 6 章　超临界流体色谱法

6.1　概　　述

超临界流体色谱(supercritical fluid chromatography,SFC)是使用超临界流体作为流动相进行分离、分析的色谱过程。用超临界流体作为色谱流动相是由 Klesper 等于 1962 年首先提出的,他们用二氯二氟甲烷和一氯二氟甲烷超临界流体作流动相,成功地分离卟啉衍生物,由此拉开了 SFC 的序幕。SFC 之后的发展经历了下面的三个阶段。在 20 世纪 60～70 年代,Sie 和 Rijnderder 等的卓越工作,使人们看到了 SFC 的前途和希望,但是由于在使用超临界流体方面遇到了一些实验方面的问题,所以发展较慢,特别是与高速发展的液相色谱相比较而言。进入 20 世纪 80 年代,SFC 的发展有两个代表性的工作,一是 1981～1982 年在匹兹堡会议上发布了 SFC 色谱仪,二是 1981 年 Novotay 和 Lee 首先报道了毛细管柱 SFC,使这一技术得到了迅猛的发展。进入 20 世纪 90 年代,SFC 的发展又缓慢下来,这主要还是由于受到技术瓶颈制约而未能普及应用,如系统压力波动大、低比例助溶剂传输精度低、灵敏度低等的限制。在这期间研究的重点又重新转向了填充柱。这些年在 SFC 仪器改造上一直做了持续不断的努力,2012 年,Waters 公司推出了超高效合相色谱(ultra performance convergence chromatography, UPC^2)。该仪器是利用超临界流体色谱的技术原理,结合已有的 UPLC 硬件/软件技术平台,针对超临界流体的特性进行优化设计,突破了原有 SFC 的技术瓶颈。目前该仪器和技术正在推广扩大使用的过程中,希望能成为 SFC 发展的又一个里程碑。

尽管 SFC 的发展经历了很多困难,但是超临界流体色谱与普遍应用的气相色谱和液相色谱相比,也有自己独特的优势。它不仅能够分析气相色谱不宜分析的高沸点、低挥发性的试样组分,而且具有比高效液相色谱法更快的分析速率和更高的柱效,因此 SFC 也作为一项重要的色谱技术得到发展与应用。对于 SFC 的介绍在各种色谱丛书中都有介绍[1,2],另外还有综述性文章也可以作为学习的参考[3,4]。

6.2　超临界流体及其特性

对于某些纯净物质而言,根据温度和压力的不同,呈现出液体、气体、固体等状态变化,即具有三相点和临界点,纯物质的相图如图 6-1 所示。在温度高于某一数值时,任何大的压力均不能使该纯物质由气相转化为液相,此时的温度即被称之为临界温度 T_c;而在临界温度下,气体能被液化的最低压力称为临界压力 p_c。在临界点附近,会出现流体的密度、黏度、溶解度、热容量、介电常数等所有流体的物性发生急剧变化的现象。当物质所处的温度高于临界温度,压力大于临界压力时,该物质处于超临界状态。温度及压力均处于临界点以上的液体称为超临界流体(supercritical fluid,SF)。

超临界流体由于液体与气体分界消失,它的流体性质兼具液体性质与气体性质,见表 6-1。从表 6-1 中的数据可知,超临界流体的黏度接近于气体,扩散性能比液体约高两个数量级,因此超临界流体具有气体易于扩散和运动的特性,传质速率远远高于液体,在色谱分离过程中能

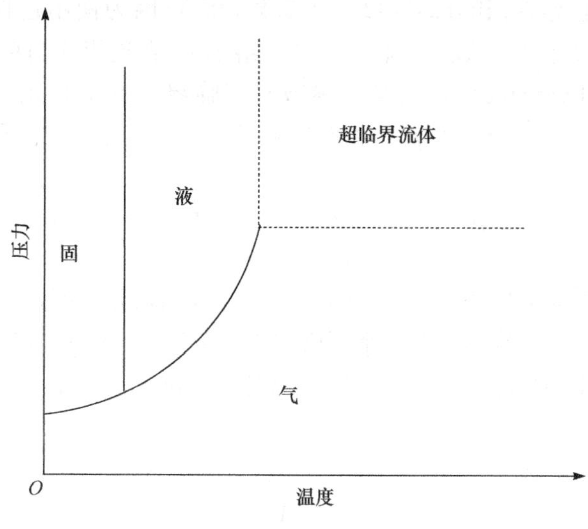

图 6-1　纯物质的相图

更迅速地达到分配平衡，获得更快速、高效的分离。另外，超临界流体的密度与液体相似，使其具有可与液体相比拟的溶解度。因为超临界流体的扩散系数、黏度等都与其密度有关，通过改变温度和压力都可以使超临界液体的密度发生改变，达到控制流体性能的目的。

表 6-1　气体、液体和超临界流体的物理性质比较

名称	密度 ρ/(g/mL)	黏度 η/[g/(cm·s)]	扩散系数 D/(cm²/s)
气体常压(15～60℃)	$0.6\times10^{-3}\sim2\times10^{-3}$	$10^{-4}\sim3\times10^{-4}$	0.1～0.4
超临界流体 T_c，P_c-T_c，$4P_c$	0.2～0.5 0.4～0.9	$10^{-4}\sim3\times10^{-4}$ $3\times10^{-4}\sim9\times10^{-4}$	0.7×10^{-3} 0.2×10^{-3}
液体(有机溶剂，水，15～60℃)	0.6～1.6	$0.2\times10^{-2}\sim3\times10^{-2}$	$0.2\times10^{-5}\sim2\times10^{-5}$

SFC 因其超临界流体自身的一些特性，使得 SFC 兼有气相色谱(GC)和液相色谱(LC)两者的特点，有其独到之处，可以作为两者的有力补充。SFC 与 GC 比较，SFC 比 GC 使用的温度低，从而可对热稳定性差的化合物进行有效的分离。由于超临界流体的扩散系数比气体小，因此 SFC 的谱带展宽比 GC 的要窄。SFC 溶剂能力强，许多非挥发性组分在 SFC 中溶解度较大，可分析非挥发性的高分子、生物大分子等样品。SFC 与 LC 比较，超临界流体黏度低，可使其流动速率比高效液相色谱(HPLC)快得多，在最小理论塔板高度下，SFC 的流动相速率是 HPLC 的 3～5 倍，分析速度快。SFC 使用起来也比较灵活，除了流动相的梯度以外，还可以选择压力程序、温度程序，操作条件的选择范围比较广。SFC 可连接各种类型的 GC、LC 检测器，检测器的选择范围也扩展了很多。SFC 因为使用压力低，还可以支持多柱串联分析，为样品的分离提供了更多的组合优化空间。

6.3　超临界流体色谱理论

SFC 中涉及的色谱基本概念与在 GC 和 HPLC 中定义的是一致的，如保留时间(t_R)、容量因子(k)、选择性(α)、柱效(N)和分离度(R_s)等参数。SFC 因为使用超临界流体作为流动相，还涉及两个特殊参数，即相对变数和超临界流体的溶剂力，在这里作简单介绍。

相对变数(reduced variable)，是指某一参数与其临界变数的比值，也称折合变数、归一变数或简化变数，主要有相对压力(p_r)、相对体积(V_r)、相对温度(T_r)和相对密度(ρ_r)，定义式为

$$p_r=\frac{p}{p_c} \qquad V_r=\frac{V}{V_c} \qquad T_r=\frac{T}{T_c} \qquad \rho_r=\frac{\rho}{\rho_c} \tag{6-1}$$

式中：p_c、V_c、T_c、ρ_c 分别为临界压力、临界体积、临界温度和临界密度。

超临界流体的溶剂力目前还没有一个严格定义。Gidding 认为，溶剂力主要由“状态效应”(如密度、分子间距离等)和“化学效应”(极性、酸碱性、氢键亲和力等)组成，可以用 Hildbrand 溶度参数(δ)表示

$$\delta=\frac{\sqrt{a}}{V} \tag{6-2}$$

式中：a 为分子间引力；V 为摩尔体积；δ 为溶度参数(cal/cm^3 或 J/cm^3)。

超临界流体状态 CO_2 的溶剂力与异丙醇($45.22J/cm^3$)、吡啶($44.80J/cm^3$)相当，即相当于极性较强的溶剂，故可溶解并分析大部分非极性、中等极性样品；一氧化氮的溶剂力($44.38J/cm^3$)与 CO_2 相似；当分离需要溶剂力更强的流动相时，可选用氨气($55.27J/cm^3$)，对于那些不能用 CO_2 来分离的碱性胺类物质，氨气是很好的流动相；n-C_4 和 n-C_5 是非极性流动相，分离非极性样品时选用。

毛细管 SFC 的速率理论模型与毛细管 GC 相同，对填充柱 SFC，目前尚未给出一个精确的塔板高度方程。一些研究沿用了普通 HPLC 中的范氏方程，有一定的借鉴意义。方程式为

$$H=A+\frac{B}{u}+Cu \tag{6-3}$$

以该公式为基础，探讨 SFC 的速率理论特点。

6.3.1 流动相线速度对塔板高度的影响

图 6-2 是在 UPC^2 上所做的范氏方程，曲线最低点处的线速度即为最佳线速度 $u_{最佳}$，对应的塔板高度为最小塔板高度 $H_{最小}$，在 $H_{最小}$ 处，色谱柱有最佳的柱效。在图 6-2 所示的实验中，可以观察到塔板高度随线速度的增加而缓慢增加，特别是在流动相密度较低时，增加更加缓慢，曲线趋于平滑。这是因为在最佳线速度的右侧主要是传质阻抗项(c 项)的贡献，因为超临界流体的传质阻力较液体小，所以 c 项比液相色谱中的传质阻力要小。并且超临界流体的黏度也比液体小，在高流速时不会产生过大的柱压，因此，在实际操作中可采用 3～5 倍的最佳线速度为操作线速度，从而加快了分析速度。

6.3.2 填料粒度对塔板高度的影响

从图 6-2 中可以看出，填料的颗粒越小，理论塔板高度越小，并且随着线速度的增加，塔板高度增加更加缓慢，这个规律与 HPLC 是相同的。SFC 使用小颗粒填料可以有效地提高柱效，并且超临界流体比液体的黏度低，在使用过程中比 UPLC 的柱压要小得多，这也是超高效 SFC 的优势之一。不过从图 6-2 也可以观察到，同是 1.7μm 的填料，不同规格的色谱柱在柱效方面却差别很大。2.1mm×50mm 规格的色谱柱比 3.0mm×100mm 规格的色谱柱的柱效

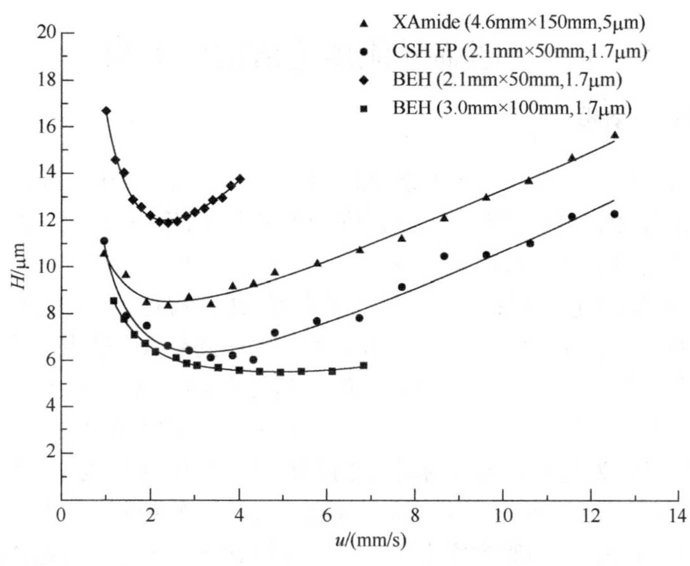

图 6-2　SFC H-u 曲线

降低了很多,而且超过最佳线速度时,塔板高度上升得更快。这主要与仪器本身的死体积有关。超高效 SFC 的死体积大约为 58μL,而 2.1mm×50mm 规格色谱柱的死体积约为 120μL,3.0mm×100mm 规格色谱柱的死体积约为 490μL。由此可见,仪器的死体积对于 2.1mm×50mm 规格的色谱柱相对来讲较大,增加了峰的扩展,降低了柱效。所以在使用超高效 SFC 时,要注意色谱柱的选择,才能获得更高的柱效。

6.3.3　流动相密度对塔板高度和最佳线速度的影响

在 SFC 中实际上是流动相的密度而不是压力控制着各种色谱柱参数。密度 ρ 对塔板高度和最佳线速度的影响如图 6-3 所示。从图中发现,当操作条件一定时,随流动相 ρ 值增加,最佳线速度在减小,而且曲线变陡。但其 H 值保持不变,说明程序升密度时并不影响柱效。

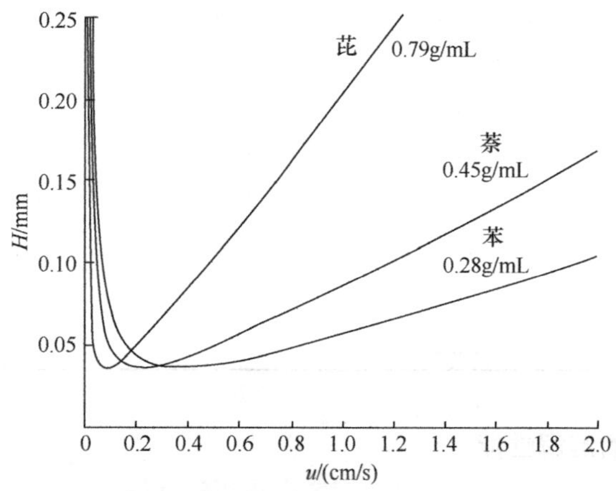

图 6-3　流动相密度对 H-u 曲线的影响

6.4 超临界流体色谱的流动相

6.4.1 常用的 SFC 流动相

选择 SFC 的流动相主要考虑以下因素：临界常数越低越好；对样品有合适的溶解度；具有化学惰性，不与样品作用；与检测器匹配；还需安全不易爆炸、价格便宜、方便易得等。

最常用的 SFC 流动相是二氧化碳(CO_2)。它的临界温度(T_c=31.3℃)和临界压力(p_c=72.9atm)适中，且无毒、无色、无味、不易燃、环境友好、便宜易得，并能用于大多数的检测器。因此，多数超临界色谱都使用 CO_2 作为流动相，但是 CO_2 也有两个缺点。首先 CO_2 是一种非极性溶剂，相对分子质量小和非极性化合物可以在超临界 CO_2 流体中溶解，当极性和相对分子质量增加时溶解度就下降。如果样品中含有氨或氨基时，CO_2 能与其发生反应，因而不能使用。除了 CO_2 可以作为超流界色谱的流动相以外，表 6-2 中的其他化合物也可以作为 SFC 的流动相。当分析极性化合物时，可以选用一氧化二氮或氨作为流动相。值得注意的是，氨气的化学性质较活泼，不适合于硅胶类固定相。当分析相对分子质量大的化合物时，可以选用正戊烷、正乙烷作为流动相。选择 SFC 流动相的另一个着眼点是与检测器相匹配，如果使用 UV 检测器，上述超临界流体均可使用。如果考虑到使用 FID，流动相要不可燃，只有 CO_2、六氟化硫和氙可以使用。氙适合于使用红外检测器，因为它是惰性气体，在检测波段处无红外吸收。另外，SFC/MS 联用可用氙作流动相。不过氙的价格太贵，这也限制了它在 SFC 中的应用。

表 6-2 用作流动相的 SF 性质

化合物	常压下沸点/℃	临界性质		
		T_c/℃	p_c/MPa	ρ_c/(g/mL)
二氧化碳	−78.5	31.3	7.387	0.448
一氧化二氮	−89	26.5	7.235	0.4457
氨	−33.4	132.3	11.277	0.24
水	100	374.4	22.981	0.344
氙	−107.1	16.6	5.76	1.113
乙烷	−88	32.4	4.894	0.203
正丁烷	−0.5	152.0	3.8000	0.228
正戊烷	36.3	196.6	3.874	0.232
正乙烷	69.0	234.2	3.000	0.254
甲醇	64.7	240.5	78.9	0.272
乙醇	78.4	243.4	63.0	0.276
异丙醇	82.5	235.3	47.0	0.273

6.4.2 SFC 流动相的溶解性能

人们一直关心超临界流体的溶解性能，与液相色谱或气相色谱不同，超临界流体色谱的流动相特点主要是，它在不同压力下对各种样品有不同的溶解能力。

溶剂的溶解能力常用溶解度常数 δ 来描述。溶解度常数 δ 的定义为

$$\delta=\sqrt{\frac{E}{v}} \tag{6-4}$$

式中：E 是分子的摩尔内聚能；v 是分子的摩尔体积。而 δ 和化合物临界参数的关系为

$$\delta=1.25\sqrt{p_c}\frac{\rho_c}{\rho_1} \tag{6-5}$$

式中：p_c 为临界压力；ρ_c 为与 p_c 对应的密度；ρ_1 为化合物在液态形式下的密度。式中的 $1.25\sqrt{p_c}$ 项称为化学效应项，它和分子内部作用力有关，而 $\frac{\rho_c}{\rho_1}$ 项称为状态效应项，它和分子的摩尔体积有关。从方程中可以看出溶解度常数随超临界流体密度的增加而增加。研究经验表明，当两组分的 δ 值接近，其互溶性就好。

6.4.3　SFC 流动相的改性剂

前面已经介绍过二氧化碳是最常见的 SFC 流动相，由于它是非极性溶剂，对极性化合物的溶解能力受到了限制。解决这个问题的办法是在二氧化碳中加入少量的极性溶剂，以增加其对极性化合物的溶解和洗脱能力。这些极性溶剂称为改性剂，主要包括甲醇、异丙醇、乙腈、二氯甲烷、四氢呋喃、二氧六环、二甲基酰胺、丙烯、碳酸盐、甲酸等。其中最常用的改性剂是甲醇，其次是其他脂肪醇和乙腈，通常情况下，添加剂的比例控制在 10%以内，随着 SFC 仪器硬件控制能力的提升，添加剂的比例可以控制在 40%以内。这种在流动相中加入改性剂的流动相可称为混合流动相。混合流动相的近似临界常数可用 Kay 法计算

$$T_{c,M}=Y_A T_{c,A}+Y_B T_{c,B} \tag{6-6}$$

$$p_{c,M}=Y_A p_{c,A}+Y_B p_{c,B} \tag{6-7}$$

式中：$T_{c,M}$、$p_{c,M}$分别为混合流动相的近似临界温度和临界压力；$T_{c,A}$、$T_{c,B}$、$p_{c,A}$、$p_{c,B}$分别为纯组分的临界温度和临界压力；Y_A 和 Y_B 分别为各组分相应的摩尔分数。

改性剂除了提高了二氧化碳对于极性化合物的溶解性以外，还在色谱分离中起到了关键作用。这一点在填充柱上表现得特别明显，普遍认为在填充柱 SFC 中加入改性剂，不但改变了流动相的性质，也掩盖了固定相上残留的硅醇基活性基团，降低了固定相表面的活性。改性剂的加入降低了极性化合物的保留时间，改进分离选择性，达到改善分离的效果，提高柱效。如果分析一些酸性或者碱性化合物，还可以在改性剂中加入一些酸、碱和缓冲盐，常用的有甲酸、乙酸、三氟乙酸、三乙胺、甲酸铵、乙酸铵等。正如在液相色谱中所认识的那样，这些酸、碱和缓冲盐的加入也可以很好地改善峰形。

6.5　超临界流体色谱的色谱柱

SFC 根据所用的色谱柱可分为两种：毛细管柱和填充柱，相应的 SFC 也称毛细管超临界流体色谱(capillary supercritical fluid chromatography)和填充柱超临界流体色谱(packed column supercritical fluid chromatography)，两者各有所长并已建立了相应的方法和理论。值得一提的是，毛细管超临界流体色谱和填充柱超临界流体色谱在仪器上有很大的不同，不能简单地更换色谱柱进行使用。

6.5.1　毛细管柱

在毛细管超临界流体色谱中使用的毛细管柱内径通常为 50μm 和 100μm。毛细管柱的内

径与柱效和最佳线速度成反比，减小柱内径可以提高最佳线速度和柱效，有利于分离。但是柱内径降低将导致柱压差的大幅度增加，这也就限制了特细内径高效柱的应用。SFC 的操作温度比 GC 低，因此 SFC 可用的固定相较 GC 多。但由于 SFC 的流动相是具有溶解能力的液体，所以毛细管柱内的固定相必须进行交联，并且延长老化处理时间，以使液膜牢固。所使用的固定相有聚二甲基硅氧烷、苯甲基聚硅氧烷、二苯甲基聚硅氧烷、含乙烯基的聚硅氧烷、正辛基聚硅氧烷、正壬基聚硅氧烷等。在手性分离中使用了连接手性基团的聚硅氧烷。在毛细管 SFC 中，液膜厚度主要受样品的挥发性和检测器灵敏度限制。薄液膜毛细管柱可达快速高效，适合分析非挥发性的样品，但样品容量低、检测器灵敏度要求高。厚液膜毛细管柱样品容量大，柱效损失小，可接各种检测器，对于一般样品的分析，柱效和柱容量能得到兼顾，应用面广。

6.5.2 填充柱

应该说填充柱是目前 SFC 使用的主流，在液相色谱中使用的填充柱几乎都可以在 SFC 上使用。填充柱使用的规格仍是常用的 4.6mm 内径，长度是 150mm 或 250mm。最常用的填料是 5μm 或 10μm 的键合硅胶。常用的极性固定相有硅胶(silica gel)、氰基(cyano bonded silica, CN)、氨基(amino-propyl bonded silica, NH_2)、二醇基(propanediol bonded silica, DIOL)、PEG[poly (ethylene glycol)]、PVA[poly (vinyl alcohol)]。液相色谱中最常用的烷基键合相，如 C_4、C_8、C_{18} 也经常应用在 SFC 中，包括一些极性基团嵌入的烷基键合相。在 SFC 中还经常使用一些芳环键合相，如苯基、五氟苯基(pentafluorophenyl-propyl bonded silica)、2-乙基吡啶键合相(2-ethylpyridine bonded silica)，包括一些苯基和烷基杂化的混合模式填料。应该说在 SFC 中应用比较多的是硅胶、C_{18}、五氟苯基和 2-乙基吡啶键合相。Lesellier 对 SFC 所用的键合相及其特性做了比较深入的研究[5-9]。

随着超高效超临界流体色谱的出现，亚 2μm 填料也使用在 SFC 中。这使得填充柱 SFC 分离的柱效得到了较大的提高，而且 SFC 采用超临界的 CO_2 作为流动相，本身黏度比液相色谱采用的流动相小很多。所以柱压问题没有在超高效液相色谱中那样突出，可以采用更高的流速来提高分离速度。Waters 公司率先推出的 SFC 超高效色谱柱有 ACQUITY UPC^2 BEH、ACQUITY UPC^2 BEH 2-EP、ACQUITY UPC^2 CSH Fluoro-Phenyl 和 ACQUITY UPC^2 SB C_{18}，采用 1.7μm 填料，柱内径为 2.1mm，柱长为 50mm 和 100mm。

6.6 超临界流体色谱仪

以超临界流体作流动相的色谱仪器称为超临界流体色谱仪，它与气相色谱仪和高效液相色谱仪类似，同样包括流体输送模块、柱温箱、进样系统、检测器和数据处理系统。基本的 SFC 仪器结构如图 6-4 所示。与 HPLC 不同的是，CO_2 在进入高压泵之前先要预冷却，将 CO_2 转为液态，便于流体的稳定输送。传统的超临界流体色谱采用高压泵把液态流体经脉冲抑制器注入在恒温箱中的预柱，进行压力和温度的平衡，形成超临界状态流体，进入色谱柱。要保持整个系统的压力，在泄压口处装限流器或背压控制器，这也是 SFC 仪器与普通 HPLC 仪器最大的差别之处。背压控制器对系统维持一个合适的压力，使流体在整个分离过程中始终保持在超临界流体状态。在 SFC 分离中，流体的密度对分离有很大影响，而流体的密度又与压力和温度相关联，所以仪器必须对压力和温度有很好的控制系统，以实现对超临界压力或密度变化以及柱温调节的控制等。图 6-5 所展示的是 Waters 公司最新的超高效合相色谱仪(ultra performance convergence chromatography，UPC^2)。应该说现代 SFC 仪器越来越注重仪器的整体化，通过整体设计减小系统体积，能使色谱分离完成精密的梯度洗脱，降低基线噪声，保持良好的重复性。

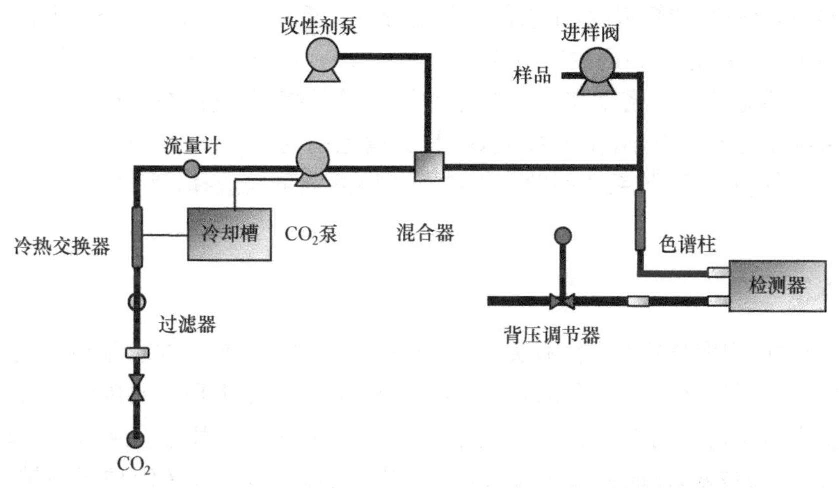

图 6-4　超临界流体色谱仪结构示意图

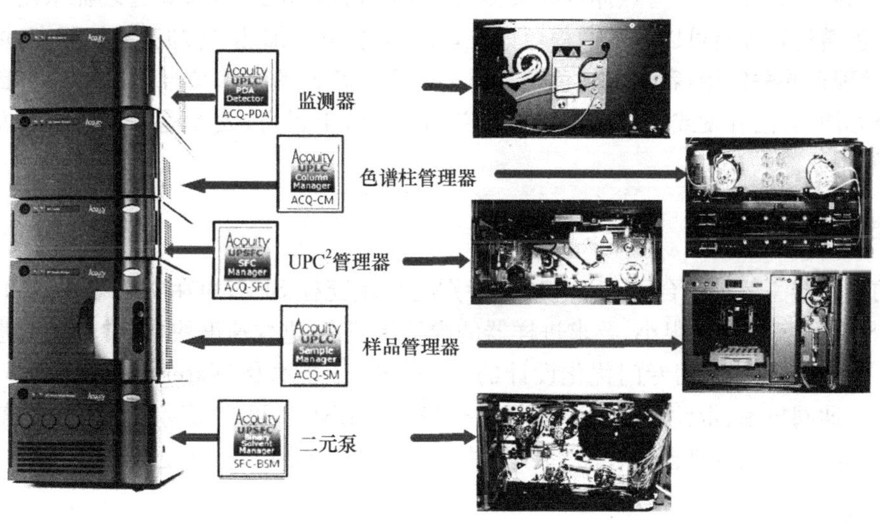

图 6-5　Waters 公司超高效合相色谱仪 UPC^2

6.6.1　流体输送系统

SFC 流动相输送系统有两个作用：一是在超临界压力下输送 CO_2；二是输送改性剂。目前 SFC 使用的泵有注射泵和往复泵两种。在毛细管 SFC 中，因为需要的流量很低，多采用注射泵，而在填充柱 SFC 中，多使用往复泵。与 HPLC 相同，SFC 的往复泵也可以采用双泵系统，一泵输送流动相，另一泵输送改性剂，进行梯度洗脱。不同于 HPLC 使用的往复泵，CO_2 泵需要用冷冻剂将泵头冷却，才能输送液体 CO_2。另外，在 SFC 中需要严格的压力控制。因此，注射泵、往复泵的控制参数通常是压力而不是流量。泵的流出压力一般由计算机控制。实际压力是由泵出口处的压力传感器监测，以设定压力与记录压力进行比较控制流出压力。控制系统有能控制流动相的压力或密度程序。密度程序是由有关流动相的压力及温度与密度的关系，通过一定算法而得到的，然后用密度作为控制参数。在填充柱 SFC 中，有机改性剂的加入对分离效果影响明显。一般有机改性剂加入的比例较低，有时会达到 1%以下，因此要求输送改性剂的泵具有较高的精密度，用以保证色谱分离的重复性。Waters 公司 UPC^2 的二元溶剂管理器的 CO_2 泵采用直接压力控制(direct pressure control，DPC)算法技术，以及泵头的两级制冷技术，能够对 CO_2 的密度和传送进行精密、准确地控制，进而在运行等度或者梯度的分析方法时，系统压力波动更小，重现性更好，其流量范围为 0.010～4.000mL/min，精度可至 0.001mL/min。此外，UPC^2 系统的助溶剂泵有 4 路溶剂可以选择，因此，对于方法开发和优化十分方便[10]。

6.6.2 柱温箱

超临界流体的密度与柱温直接有关，因此 SFC 的柱温控制精度要求很高。色谱柱应有精密的温控系统，以便为流动相提供精确的温度控制。现在用于 UPC^2 的色谱柱管理器可以在 4～90℃范围内实现精准的温度控制。色谱柱的加热/冷却，采用电子控制的主动预加热器(active pre-heater)技术，保证色谱柱内的温度分布十分均一，消除传统柱温箱被动加热模式所造成的柱入口至出口的温度梯度，保证分析方法的重现性更好[10]。

目前柱温箱的另外一个特点体现在灵活自动的柱切换功能。柱温箱管理器采用模块化的设计，每个色谱柱管理器可以容纳两根色谱柱，并带有独立的加热/冷却温度控制室，可配置多个柱温箱管理器并联使用，容纳多根色谱柱。多柱自动切换的技术结合多路助溶剂自动切换功能，十分方便，方法开发或者多个检测项目在同一系统上运行，大大提高了方法开发的效率和仪器的使用率。

6.6.3 进样系统

LC 的进样器一般都适合于 SFC 仪器，特别是对填充柱 SFC，可用类似于 LC 的进样器。但毛细管 SFC 因其进样量很小，要求进样器的内管体积小，进样速度快，故常用分流进样法进样。UPC^2 的进样系统采用专门优化设计的“定子-转子”技术及 Waters 先进的 nano 阀定量环技术、双六通阀技术、带针溢出的部分环进样模式(PLNO)，可实现离线清洗及提前加载样品的功能。同时，样品管理器的样品室可提供 4～40℃的冷藏功能，方便样品的保存[10]。

6.6.4 检测器

在 GC 和 LC 使用的检测器都可以在 SFC 中得以通用，使其可利用的检测器大为扩展。其中最重要的检测器是 GC 中的氢火焰离子化检测器(FID)和 LC 中的紫外检测器。实际过程中，检测器的选择要考虑不同的流体和检测方法的匹配问题。

FID 因其死体积小、响应快，是连接毛细管柱 SFC 的理想检测器。其他用于 SFC 的检测器还有氮磷检测器(NPD)、微波诱导等离子体检测器、无线电频率等离子体检测器、ICP 检测器及电子捕获检测器等。

在超临界流体色谱中，由于流动相具有惰性和流体性质，因此可接 LC 的光学检测器，紫外和荧光检测器在 SFC 中也很重要。当用正己烷、正戊烷等作流动相，或在超临界流体中添加改性剂梯度洗脱时，氢火焰离子化检测器不能使用，只能采用紫外和荧光检测器。在 SFC

中，紫外和荧光检测器是非破坏型检测器，因此可以用于制备 SFC。为了获得更多的信息，二极管阵列检测器(PDA)也多配置于 SFC 仪器上。当分析的化合物没有紫外或者荧光吸收时，蒸发光散射检测器(ELSD)也可以作为 SFC 的检测手段。质谱(MS)也是 SFC 中应用广泛的重要检测器。关于 SFC/MS 联用将在后面作更为详细的介绍。

6.6.5　阻力器

超临界流体色谱仪必须装有阻力器(或称背压调节器)。它的作用是对系统维持一个合适的压力，为使流体在整个分离过程中始终保持在超临界流体状态；另外通过它使流体转换为气体，实现相的转变。当使用氢火焰离子化检测器时，阻力器应放在检测器之前(以保证色谱柱的出口压力缓慢地降至常压)。使用其他(能承受高压的)检测器时，阻力器可放在检测器之后，如紫外检测器。为防止高沸点组分的冷凝，阻力器一般应维持在 300～400℃。

UPC^2 的自动背压调节器(auto back pressure regulator，ABPR)，采用两级背压调节(静态和动态压力调节)，精密而准确地调控系统压力，在运行等度或梯度分析方法时，系统的背压波动通常小于 5psi，进而保证分析方法的重现性良好，大大降低基线波动，并提高检测器灵敏度。此外，UPC^2 系统可通过 ABPR 实现压力梯度的分析方法，因此提供更多的分离选择[10]。

6.7　超临界流体色谱的条件优化

6.7.1　流动相的流速

流动相的流速是影响分离柱效和分析速度的操作参数。流动相流速选择的原则是快速、高效。由前所讨论，尽管 SFC 的最低塔板高度很低，但最佳线速度却很小，很难达到快速分析的目的。超临界流体的流速可远大于 LC 的流速，多采用 3～5 倍 LC 流速作为流动相的流速。

6.7.2　色谱柱温度

色谱柱温度提高，导致流体密度减小，洗脱能力减小，所以保留时间随温度的升高而增加，同时也会影响分离选择性。色谱柱温度对保留值的影响是复杂的，一般要大于或等于超临界流体的临界温度。Chester 研究了柱温和保留的关系，导出了以下公式

$$\lg k = 0.43\frac{\Delta H_m}{RT} - 0.43\frac{\Delta H_s}{RT} - \lg\beta \qquad (6\text{-}8)$$

式中：k 为容量因子；ΔH_m 为溶质在流动相中的溶解热；ΔH_s 为溶质在固定相中的熔解热；β 为柱子的相比；R 为摩尔气体常量；T 为热力学温度。式中第一项为类似 LC 溶解作用对保留的贡献，第二、三项为类似 GC 挥发作用对保留的影响。理想情况下，$\lg k$ 对 $1/T$ 作图应为直线，但这种情况并不总是存在。一些研究表明，当温度区间范围较小的线性关系才成立，因为在较小的温度范围，超临界流体的密度变化较小，溶解度变化不大。

图 6-6 所示为不同温度(35～50℃)下吴茱萸碱和吴茱萸次碱的保留行为。从图 6-6 中可以发现，随着温度升高，化合物的保留增强。这是因为提高温度会降低超临界二氧化碳流体的密度，密度降低使得溶剂化和洗脱能力减弱，导致化合物的保留增强[11]。

6.7.3　压力

增加流动相的压力会导致流体密度增大，洗脱能力增强，所以保留时间随压力的升高而减

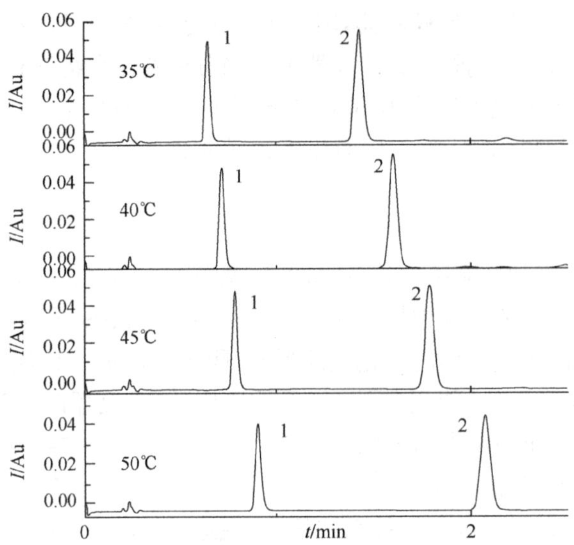

图 6-6　不同温度下吴茱萸次碱和吴茱萸碱的色谱图

1. 吴茱萸次碱；2. 吴茱萸碱

小，同时也会影响分离选择性。在 SFC 中，除了可以设定添加剂的梯度程度，还可以设定压力梯度，从而使复杂样品得到更好的分离。

图 6-7 所示为不同背压(110bar、138bar、172bar、207bar)下吴茱萸碱和吴茱萸次碱的保留行为。对于这两种化合物，随着背压的升高，保留时间随之降低。这是因为，随着背压的提高，

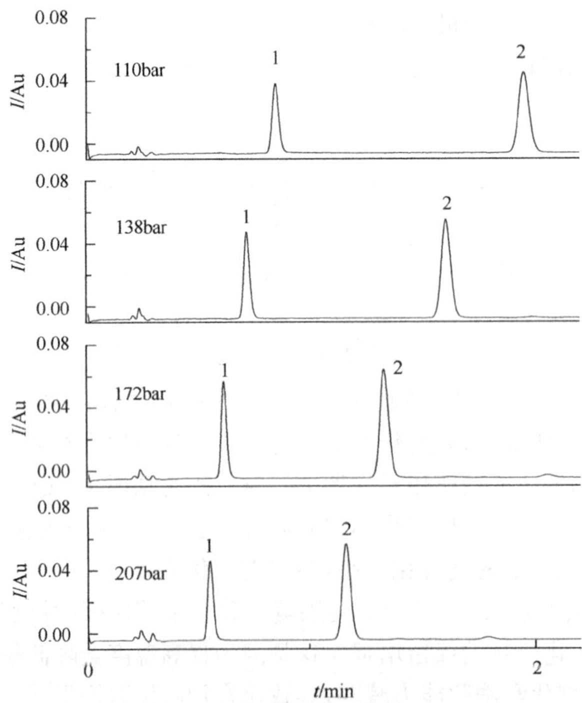

图 6-7　不同背压下吴茱萸次碱和吴茱萸碱的色谱图

1. 吴茱萸次碱；2. 吴茱萸碱

超临界二氧化碳流体的密度会增加，密度的增加可以提高流动相的溶解能力和洗脱能力，从而造成了化合物保留的减弱[11]。

6.7.4 改性剂

SFC中使用的超临界 CO_2 流体是非极性溶剂，它对极性化合物的溶解性能和洗脱性能较弱，在色谱上表现为保留强和峰形差。在 CO_2 中加入有机溶剂（如甲醇、乙醇等），可以增强流动相对极性化合物的洗脱能力和溶解能力。

图6-8所示为不同种类的改性剂对色谱分离的影响，结果表明：有机溶剂对吴茱萸碱和吴茱萸次碱洗脱能力的强弱顺序：甲醇＞乙醇＞异丙醇＞乙腈（由于乙腈条件下的出峰时间超过10min，所以未给出相应的色谱图）。在对该类化合物的分离上，有机溶剂的洗脱能力强弱与极性的强弱相对应。从图中还可以发现，随着保留因子的增加，色谱柱对化合物的选择性提高[11]。

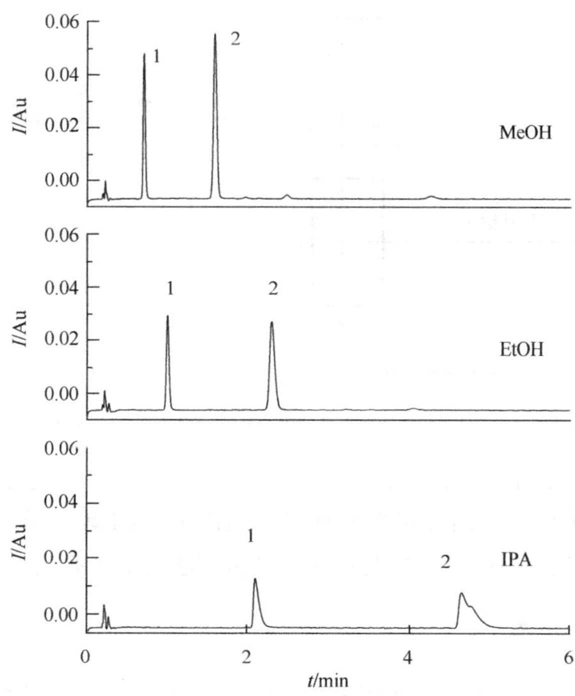

图6-8 不同改性剂下吴茱萸次碱和吴茱萸碱的色谱图

1. 吴茱萸次碱；2. 吴茱萸碱

6.8 超临界流体色谱法的联用技术

6.8.1 SFC-MS联用技术

现在与SFC联用的质谱多采用大气压离子源，从SFC系统出来的样品可以直接与大气压离子源连接，但是考虑SFC流量与质谱的兼容性问题，一般采用接口技术实现两者的联用。图6-9所示为ACQUITY UPC^2 系统的质谱接口装置示意图。该接口装置安装在背压调节器之前，从紫外检测器出来的流动相进入接口装置，同时连接补偿泵，补偿泵的作用主要是提供质谱要求的流动相，如提高 SFC 流动相中有机相的比例，同时加入甲酸等添加剂，有效地改善质谱离子化效率。如果 SFC 流动相的有机相比例较大，或者流速较高，可以省略补偿泵。在接口装置，按照质谱要求的流速进行分流，一部分流动相进入质谱，与质谱要求的流速匹配，另一部分经过仪器的背压调节器，进入废液。因为背压调节器对于系统压力的动态调节作用，在进行分流的过程中，SFC 仍然能够保持稳定的压力状态，不会影响 SFC 的分离。

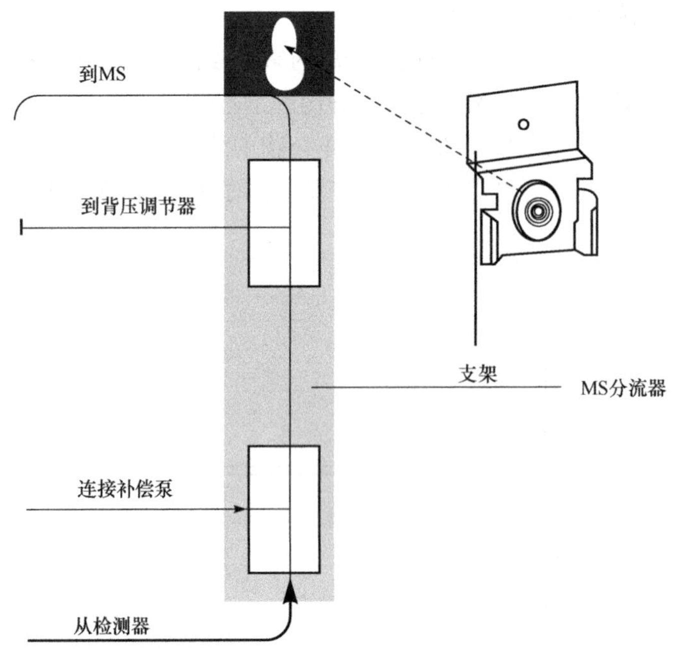

图 6-9　ACQUITY UPC^2 系统的质谱接口装置示意图

SFC-MS 联用技术分别有超临界流体色谱与四极杆质谱联用和超临界色谱与高分辨质谱联用。目前 SFC-MS 采用的电离方式主要有 ESI、APCI 和 CI 等。SFC-MS 联用的研究和应用日渐增加，为发展高速、高分辨率、高灵敏度的分析方法提供了有效的途径。

6.8.2　SFC-FTIR 联用技术

SFC 是分析热稳定性差、相对分子质量大的样品的分离技术，而 IR 光谱则可提供物质的结构数据，故 SFC-FTIR 联用将是强有力的手段之一。SFC-FTIR 联用的关键是接口部分，已经报道的接口有两类。

一类为高压红外流通池接口，置于阻力器之前。流通池必须有耐压能力，流通池两旁垂直于流动相方向开有能透过红外光的窗口，窗口材料必须具有足够的强度并在中等红外区有透明性。这类接口设备紧凑简单，但是受流动相的干扰较大。

另一类接口为溶剂消除接口，FTIR 接在阻力器之后，接口装置为一条沉积有薄层 KCl 粉末的自动旋转带。样品组分在色谱柱中实现分离后，随流动相通过流量限制器喷射在旋转带上，被分析组分则沉积在 KCl 粉末上，溶剂则挥发至大气中。与此同时，红外光束聚焦在带上，便可测定被分析组分的红外吸收光谱。该类接口可在常压下进行检测，而且检测灵敏度高，但接口在结构上较复杂。

6.8.3 SFC-NMR 联用技术

由于 SFC 中以超临界流体为流动相，避免了 HPLC-NMR 联用中溶剂峰的干扰问题，大大方便了溶质 NMR 谱图的测定，也促进了 SFC-NMR 联用技术及应用的发展。SFC-NMR 联用结合了 SFC 高效分离和 NMR 强大的结构分析功能，可以一次性完成从样品的分离纯化到色谱峰的检测、结构测定和定量分析，并提供混合物的组成和结构信息，从而提高了研究效率和灵活性。

SFC-NMR 联用装置框图如图 6-10 所示。SFC 装置与一般 SFC 装置相似，在常规检测器与 NMR 探头通过两个阀门连接在一起。在 NMR 探头后面连接一个反压调节器，其作用是对压力和流速进行独立调节，以保证 NMR 探头中的流体维持在超临界状态。

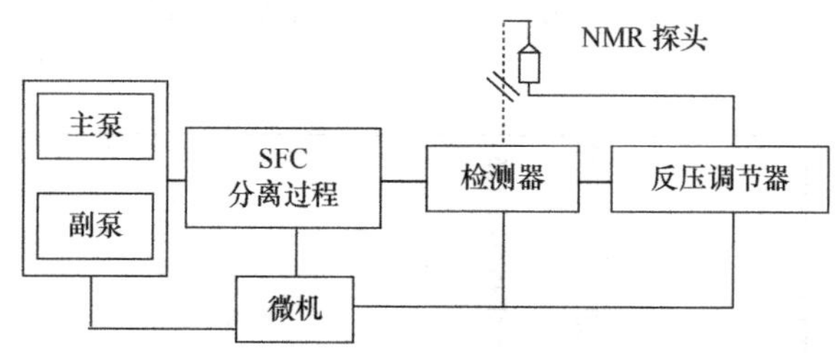

图 6-10　SFC-NMR 联用装置框图

6.9　应用与示例

近年来，超临界流体色谱技术的发展速度较快，商品化仪器也增长较快，发表的研究论文日渐增多，SFC 正广泛应用于对映体拆分、药物、食物和天然药物、生物分子、农药和化工产品等的分析。

6.9.1 在手性拆分中的应用

SFC 在手性拆分中有广泛的应用，绝大多数手性固定相(CSP)都可直接用于 SFC，而不需任何改进处理。和 HPLC 相比，SFC 具有以下的优点：分析速度快，可提高制备拆分的速度；采用 CO_2 为流动相，避免大量有机溶剂的使用，更加环保；除了优化流动相以外，还可以对温度和压力进行优化，在某些情况下，会产生与 HPLC 不一样的分离选择性。

【例 6-1】 手性化合物 SFC 拆分(图 6-11)。

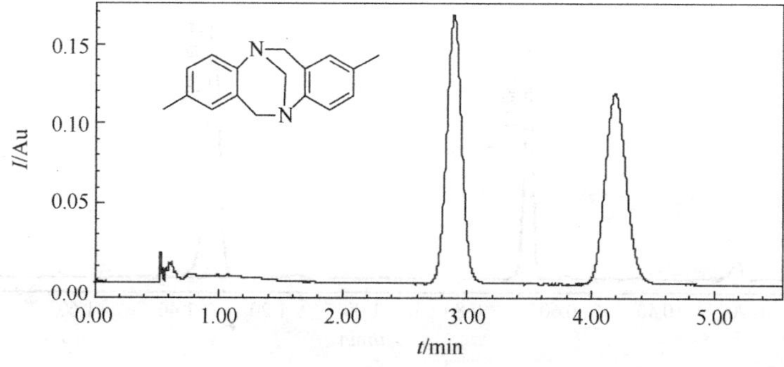

图 6-11　手性化合物在 SFC 上的分离色谱图

柱系统：S-Chiral A(4.6mm×150mm，5μm)。

分析条件：A：CO_2，B：异丙醇，0～5min，10% B，流速：3.0mL/min，背压：2000psi，柱温：40℃。

检测器：紫外，220nm。

6.9.2　在药物分析中的应用

SFC用于药物分析时，具有分析速度快、选择性好、分离效率高、样品处理简单等优点，并适用于稳定性差、强极性和弱极性的药物分析，可以作为GC和HPLC在该领域的重要补充技术。

【例6-2】　药物蒽啉(anthralin)含量测定(图6-12)。

柱系统：Viridis™ Silica 2-乙基吡啶(4.6mm×150mm，5μm)。

分析条件：A：CO_2，B：甲醇(0.25%冰醋酸)，A/B：95/5，流速：3.5mL/min，背压：2175psi，柱温：40℃。

检测器：紫外，351nm。

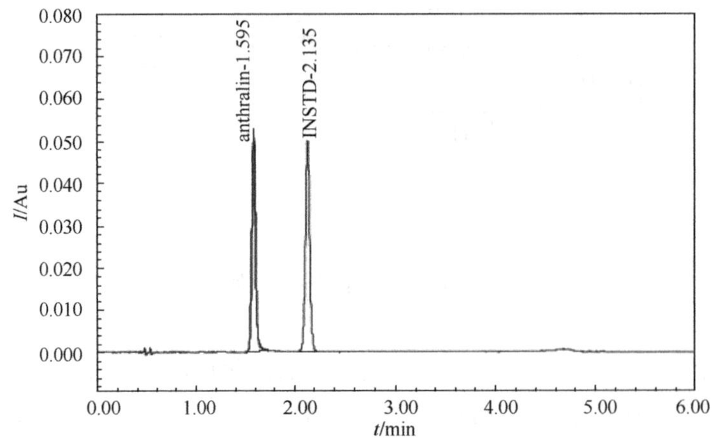

图6-12　蒽啉和邻硝基苯胺(内标物)的UPC^2分离

【例6-3】　测定甲糖宁(tolbutamide)色谱含量(图6-13)。

柱系统：ACQUITY UPC^2 BEH(3.0mm×100mm，1.7μm)。

分析条件：A：CO_2，B：甲醇/异丙醇(1∶1)，含0.2%三氟乙酸，A/B：95/5，流速：2.5mL/min，背压：1740psi，柱温：50℃。

检测器：紫外，254nm。

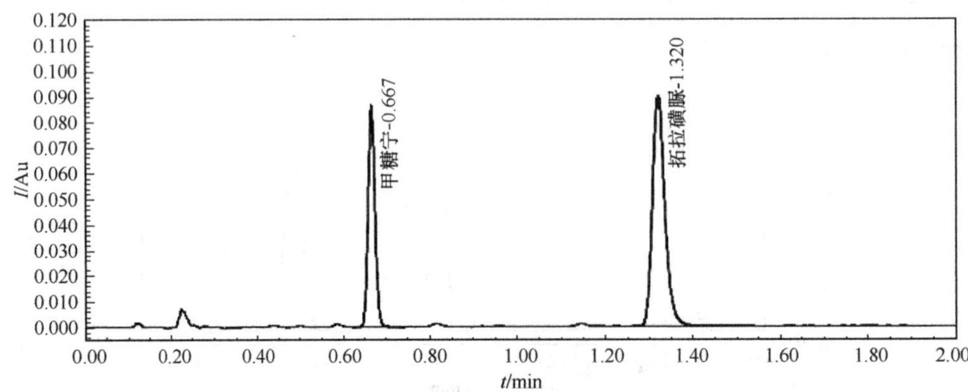

图6-13　甲糖宁和妥拉磺脲的ACQUITY UPC^2分析

【例 6-4】 颠茄提取物的分析(图 6-14)。

柱系统:ACQUITY UPC^2 BEH (3.0mm×100mm,1.7μm)。

分析条件:A:CO_2,B:98/2 甲醇/水[0.2% 氨水 (28%~30%)],0~4.5min, 10%~30% B,4.5~5min,30%~40% B,流速:2.0mL/min,背压:2000psi,柱温:50℃。

检测器:紫外,220nm,质谱。

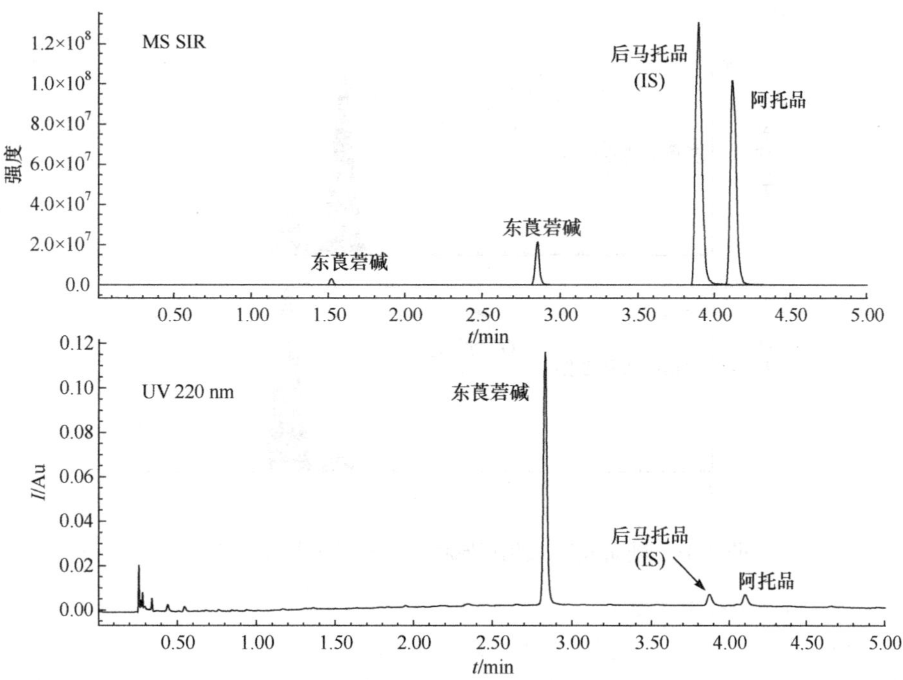

图 6-14 颠茄提取物(东莨菪碱、东莨菪醇、后马托品和阿托品)的 ACQUITY UPC^2 分析

6.9.3 在生物分子、食品和天然产物中的应用

利用 SFC 的高分辨能力,中等柱温和检测器可选范围大,可分离生物分子。食品和天然产物等一类复杂得多组分混合物,正是 SFC 发挥其高分离效能的场所,包括热不稳定的天然脂类、甾类化合物、多元不饱和脂肪酸及其脂、天然色素、氨基酸和糖类等。

【例 6-5】 胡萝卜素、叶黄素和叶绿素在反相 SFC 中的分离[12](图 6-15)。

柱系统:Zorbax ODS(4.6mm×250mm,5μm)。

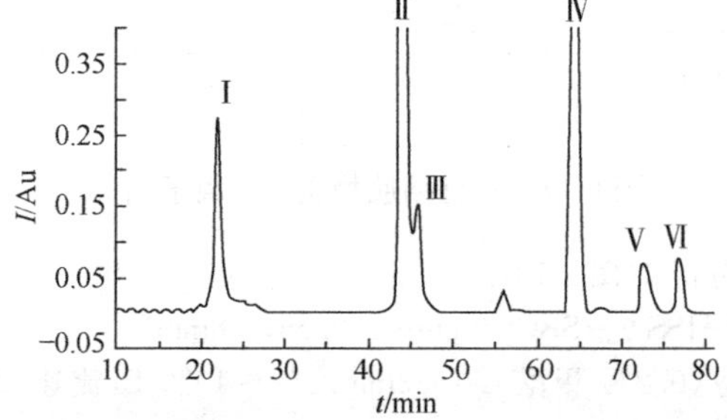

图 6-15 胡萝卜素、叶黄素和叶绿素在 SFC 中的分离色谱图

Ⅰ. β-胡萝卜素;Ⅱ. 叶绿素 b;Ⅲ. 叶绿素 a;Ⅳ. 叶黄素;Ⅴ. 含氧类胡萝卜素;Ⅵ. 含氧类胡萝卜素

分析条件：A：CO_2，B：正丙醇，A/B：97/3，流速：2.0mL/min，背压：4000 psi，柱温：40℃。

检测器：紫外，435nm。

【例 6-6】 辅酶 Q10 氧化还原状态的 SFC 分析[13]（图 6-16）。

柱系统：Chromolith Performance RP-18e(4.6mm×100mm，3μm)。

分析条件：A：CO_2，B：甲醇（含 0.1% 甲酸铵），A/B：70/30，流速：5.0mL/min，背压：1450 psi，柱温：35℃。

检测器：质谱(MS)。

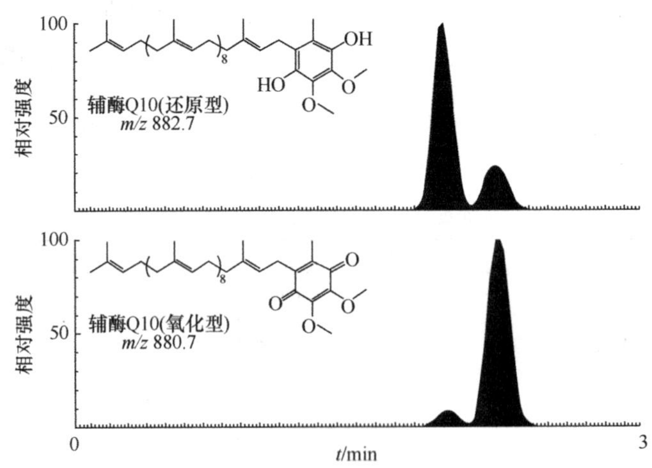

图 6-16　辅酶 Q10 氧化还原状态在 SFC 上的分离色谱图

【例 6-7】 短杆菌肽分析（图 6-17）。

柱系统：ACQUITY UPC² CSH 氟苯基(3.0mm×100mm，1.7μm)

分析条件：A：CO_2，B：甲醇（0.1% 三氟乙酸），梯度：0～1.5min，20%～30% B，流速：2.0mL/min，背压：1885psi，柱温：50℃。

检测器：质谱，ESI^+。

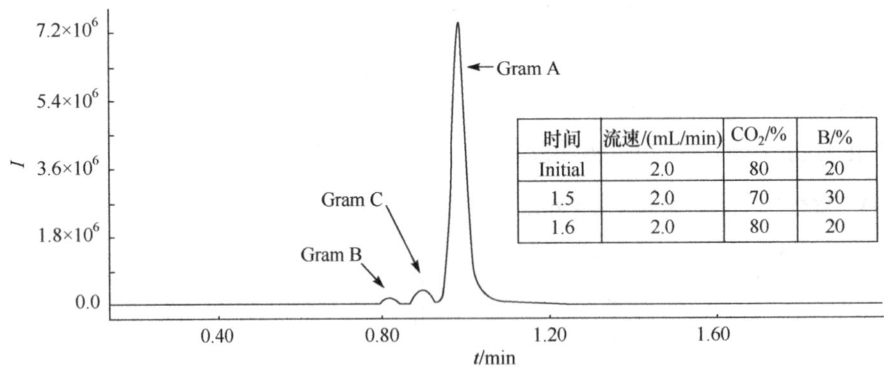

图 6-17　短杆菌肽物质的总离子图谱

【例 6-8】 脂溶性维生素分析-1（图 6-18）。

柱系统：ACQUITY UPC² HSS C_{18} SB(3.0mm×100mm，1.8mm)。

分析条件：A：CO_2，B：甲醇（0.2% 甲酸），0～3min，3%～10% B，流速：2.0mL/min，背压：2176psi，柱温：50℃。

检测器：紫外，320nm。

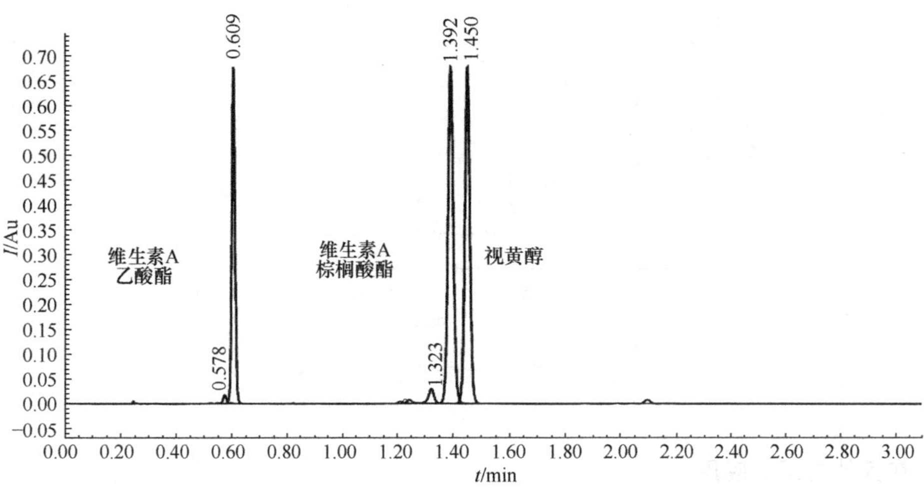

图 6-18　维生素 A 乙酸酯、维生素 A 棕榈酸酯和视黄醇的分离

【例 6-9】 脂溶性维生素分析-2(图 6-19)。

柱系统：ACQUITY UPC^2 BEH(3.0mm×100mm，1.7μm)。

分析条件：A：CO_2，B：甲醇，0～1.5min，2%～5% B，流速：2.5mL/min，背压：1885psi，柱温：50℃。

检测器：紫外，293nm。

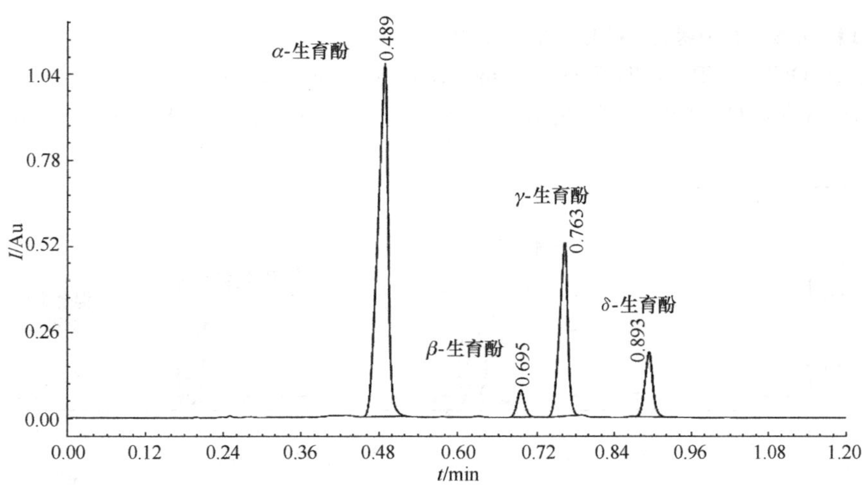

图 6-19　维生素 E 胶囊组分的 UPC^2 分离

【例 6-10】 吴茱萸生物碱 SFC 分离[11](图 6-20)。

柱系统：ACQUITY UPC^2 BEH (3.0mm×100mm，1.7μm)。

分析条件：A：CO_2，B：甲醇，0～1min，2% B；1～5min，2%～3% B；5～10min，3%～6% B；10～12.5min，6%～15% B；12.5～15min，15%～25% B；15～20min，25%B。流速：2.0mL/min，背压：3000psi，柱温：35℃。

检测器：紫外，254nm。

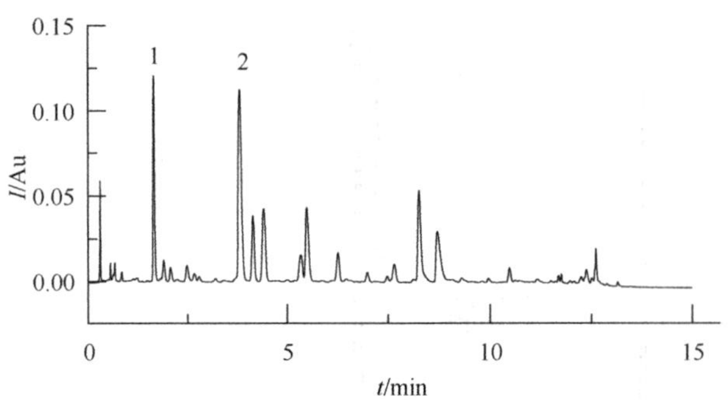

图 6-20　吴茱萸生物碱组分的 SFC 分离

1. 吴茱萸次碱；2. 吴茱萸碱

6.9.4　在其他方面的应用

SFC 在其他方面还有着非常广阔的应用前景，可用于聚合物及其添加剂的分析，在化工上用于石油化工产品的分析，在环保中用于农药、除草剂等的残留物检测和其他污染物分析，对氨基甲酸酯、拟除虫菊花酯、有机磷、有机氯、有机硫及有机氮类等农药具有良好的分离效果，还可用于炸药和多环芳烃化合物的分析。而 SFC 在金属络合物和金属有机化合物中的分析应用也有报道。

【例 6-11】　光刻材料中偶氮染料的分析(图 6-21)。

柱系统：ACQUITY UPC^2 CSH Fluoro-Phenyl (3.0mm×100mm，1.7μm)。

分析条件：A 相：CO_2，B 相：甲醇(2g/L 甲酸铵)，0～1.5min，2%～9% B，流速：2.0mL/min，背压：2000psi，柱温：50℃。

检测器：UV，478nm，520nm。

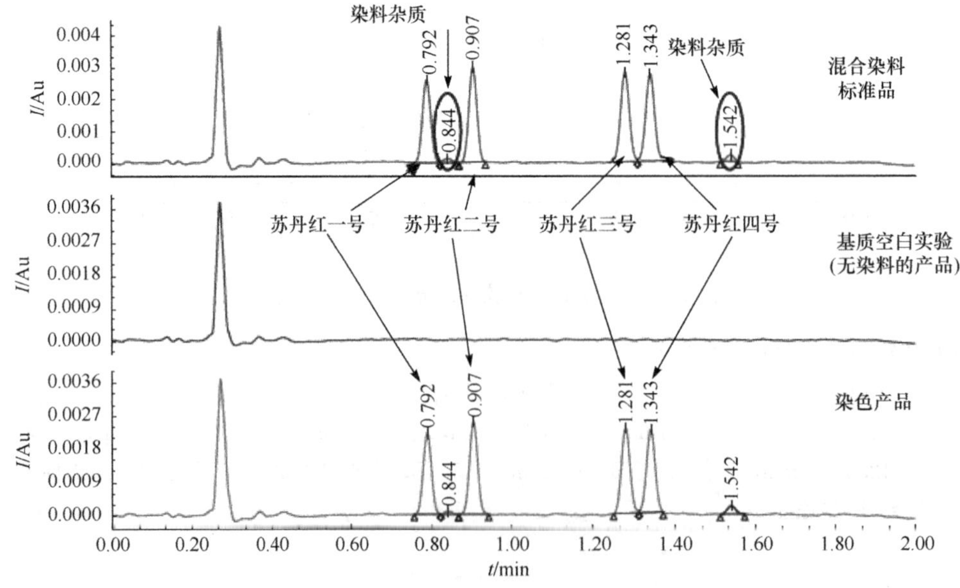

图 6-21　染色产品经 10 倍稀释后的 ACQUITY UPC^2 色谱图

【例 6-12】　纸质印刷包装材料中受限制光引发剂的检测[14](图 6-22)。

柱系统：Acquity UPC² CSH Fluoro-Phenyl(3.0mm×100mm，1.7μm)。

分析条件：A：CO_2，B：甲醇，0～2min，0%～10% B；2～4min，10%～30% B。流速：1.5mL/min，背压：1811psi，柱温：50℃。

检测器：紫外，246nm。

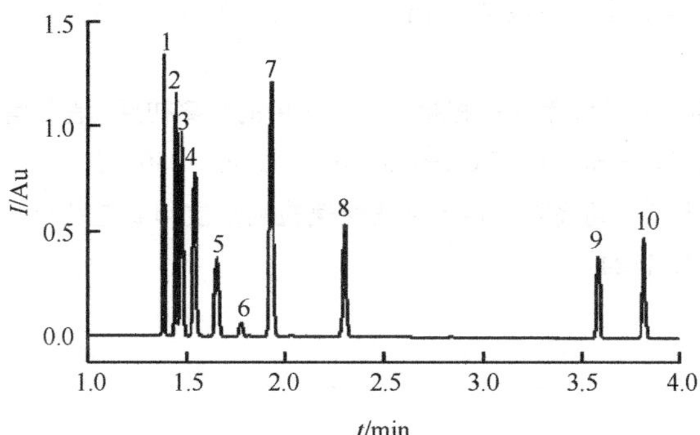

图 6-22　10 种光引发剂分离色谱图

1. 2-MBP；2. BP；3. 3-MBP；4. 4-MBP；5. OMBB；6. EDB；7. 2-ITX；8. 4-ITX；9. DEAB；10. MK

【例 6-13】 非离子型表面活性剂检测(图 6-23)。

柱系统：ACQUITY UPC² BEH(2.1mm×50mm，1.7μm)。

分析条件：A：CO_2，B：甲醇，0～1.25min，2%～35% B，流速：2.0mL/min，背压：1500 psi，柱温：40℃。

检测器：紫外，222nm。

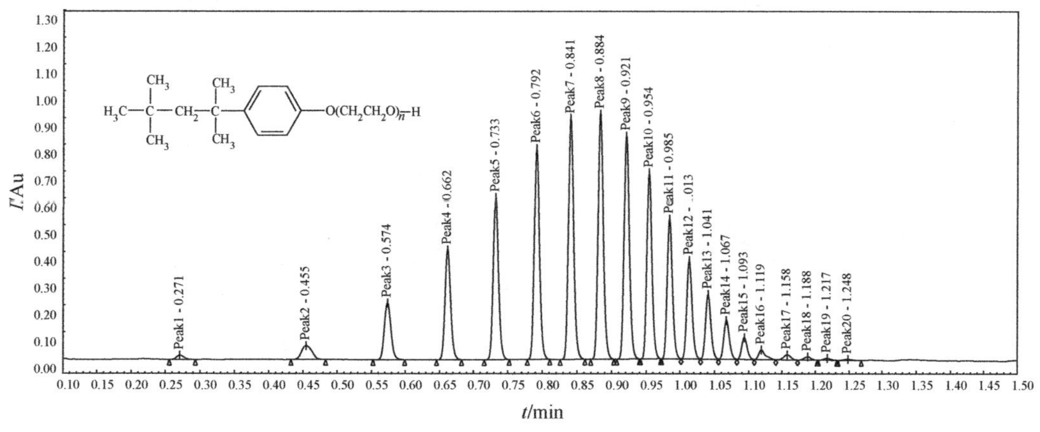

图 6-23　Triton X 的 ACQUITY UPC² 色谱图

(华东理工大学　金郁)

参 考 文 献

[1] 何华，倪坤仪. 现代色谱分析. 北京：化学工业出版社，2004. 512

[2] 苏立强，郑永杰. 色谱分析法. 北京：清华大学出版社，2009. 244

[3] Taylor L T. Anal Chem，2008，80：4285-4294

[4] Taylor L T. J Supercrit Fluid，2009，47：566-573

[5] West C，Lesellier E. J Chromatogr A，2006，1110：181-190

[6] West C，Lesellier E. J Chromatogr A，2006，1110：191-199

[7] West C, Lesellier E. J Chromatogr A, 2006, 1110: 200-213
[8] West C, Lesellier E. J Chromatogr A, 2006, 1110: 233-245
[9] West C, Lesellier E. J Chromatogr A, 2007, 1169: 205-219
[10] 徐永威,孙庆龙,黄静,等. Waters ACQUITY UPC^2 仪器结构和性能特点. 现代仪器,2012,18:93-96.
[11] 李振宇,傅青,李奎永,等. 超临界液体色谱对吴茱萸中吲哚类生物碱的快速分析. 色谱,2014,32:506-512.
[12] 惠伯棣. 胡萝卜素叶黄素和叶绿素在反相超临界色谱中的分离初探. 食品科学, 2005, 26:162-166
[13] Matsubara A, Harada K, Hirata K. J Chromatogr A, 2012,1250:76-79
[14] 李中皓,吴帅宾,刘珊珊,等. 超高效合相色谱法快速检测纸质印刷包装材料中 10 种受限制光引发剂. 分析化学,2013,41:1817-1824

第 7 章　制备色谱法

7.1　概　　述

制备色谱的目的是从混合体系中得到目标产物。所谓制备色谱，就是利用色谱原理从混合物中制备出相对纯净的单组分物质，即分离、收集一种或多种色谱纯物质。随着各行各业分离纯化需求的不断增加，制备色谱得到了快速发展和应用，特别体现在制药行业，如天然产物活性成分纯化制备、化学合成药物纯化制备、生物发酵药物纯化制备、蛋白质和多肽药物纯化制备等。这些需求不但体现在科学研究水平，越来越多的工业生产已增加了色谱纯化的分离工艺，以更有效地去除杂质，提高药品的纯度和稳定性。在对分离纯化技术需求的推动下，制备色谱从传统的硅胶吸附色谱，发展到高效制备液相色谱，在工业上大量应用动态轴向加压的制备色谱，在分离效率、在线检测和自动化操作等方面都有了很大的提高。可以说制备色谱是在实际需求推动下快速发展起来的一项技术。

目前最为常用的制备色谱按照实现方式可以分为平面色谱和柱色谱。平面色谱主要是制备薄层色谱。柱色谱在实际应用中占有主流地位，最为熟悉的是一些经典的柱色谱，包括硅胶柱色谱、氧化铝柱色谱、活性炭柱色谱、聚酰胺柱色谱。以上这些方法在有机合成、植物化学等方面应用得非常多，因此也为广大学者所熟知。大孔树脂是制备色谱发展的一个新的阶段，用于制备分离的主要有吸附树脂和离子交换树脂，应用在精细化工、天然产物纯化和环境保护等领域。近些年，中压和高压的制备色谱得到了人们的关注，这是因为这种加压的制备色谱可以采用更小颗粒的填料，大幅度地增加了分离的柱效，并且采用仪器的方式有效地缩短了分离纯化的时间，实现了在线检测、自动收集，这些在自动化方面的进步为制备能力和制备效率的提高提供了有力的保障。制备色谱应用日益广泛，相应的介绍制备色谱的丛书也较为详细地介绍了各种制备技术、装置及其应用[1]。本章将对制备色谱的原理、特点及制备液相色谱方法进行介绍。

7.2　制备色谱理论与实验方法

7.2.1　制备色谱非线性色谱理论

制备色谱从色谱理论的角度来讲具有非线性色谱的特点。线性色谱是指组分在固定相和流动相中的平衡浓度呈正比例关系，也即吸附分配等温线为一条直线。关于线性色谱的具体介绍可参考本书第 2 章。通常分析级的色谱进样量很小，如在微克级范围，样品在流动相和固定相之间的浓度关系大多为直线，因此分析色谱大多为线性色谱。而在制备色谱中进样量一般都比较大，如在克级范围，这时样品在流动相和固定相中的浓度关系不再是一条直线，即样品在流动相中的浓度与在固定相中的浓度比例不再是正比例关系，相应的吸附分配等温线将发生弯曲。这种情况下比较复杂，较常见的两种类型为 Langmuir 和 anti-Langmuir 类型，它们的吸附等温线如图 7-1 所示。

因此，在这种条件下所发生的色谱过程，就称为非线性色谱。在非线性色谱柱中最显著的

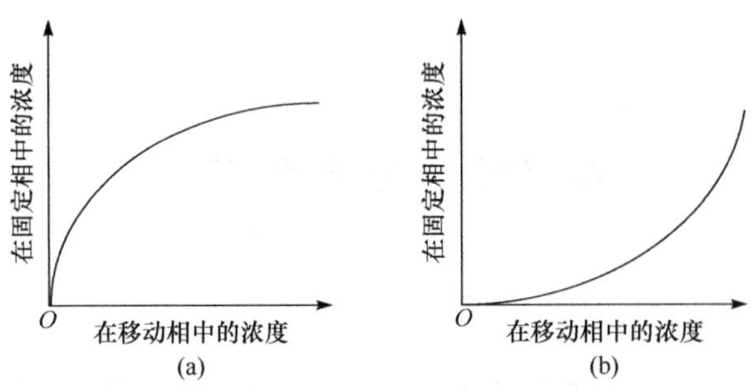

图 7-1　非线性等温方程

(a) Langmuir 型；(b) anti-Langmuir 型

特点如下：

1）色谱流出峰形不对称

对于 Langmuir 型，色谱峰出现拖尾现象，而对于 anti-Langmuir 型，则色谱峰出现伸舌。图 7-2 分别说明了这两种情况。由于色谱峰的拖尾或伸舌，色谱峰的谱带变宽，造成色谱柱的柱效降低。

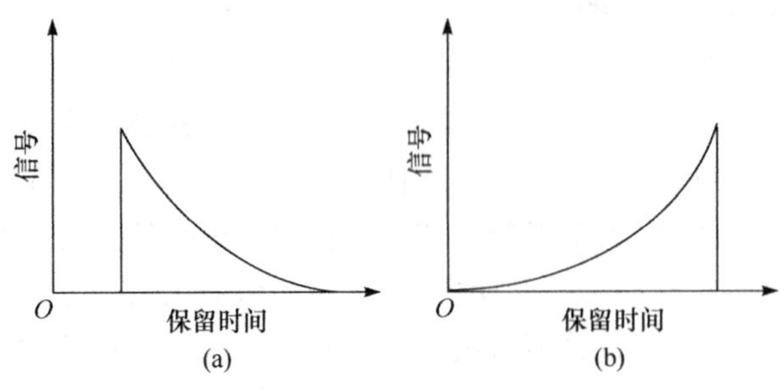

图 7-2　非线性色谱的流出峰示意图

(a) Langmuir 型；(b) anti-Langmuir 型

2）上样量对制备色谱保留时间有影响

色谱峰的保留时间随上样量的大小而发生变化。从图 7-3 可以看出，色谱峰的保留时间随上样量的大小而发生变化。对于 Langmuir 型，保留时间随着上样量的增加而提前，峰落点是一致的。对于 anti-Langmuir 型，保留时间随着上样量的增加而延后，峰起点是一致的。在制备色谱中通常采用超载进样，当上样量超过一定的数量后，色谱峰变得很宽。这种情况将会使原本可以分开的色谱峰产生重叠，让分离难以进行。

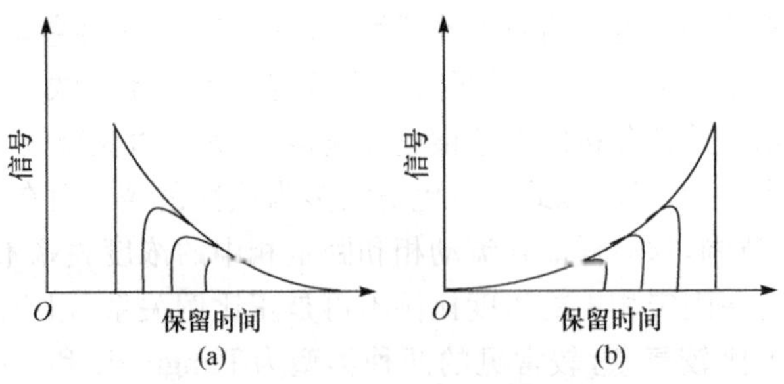

图 7-3　非线性色谱保留时间随上样量的变化示意图

(a) Langmuir 型；(b) anti-Langmuir 型

3）影响分离度的因素

虽然制备色谱多数是在非线性情况下工作的，分离因子、柱效及容量因子之间不符合分离度的等式关系，但分离度的基本公式 $\left[k=\left(\frac{k'}{k'+1}\right)\left(\frac{\alpha-1}{\alpha}\right)\left(\frac{\sqrt{N}}{4}\right)\right]$ 仍然是指导我们进行制备色谱条件优化的重要关系式。图 7-4 表明了分离因子、柱效及容量因子对分离的影响。

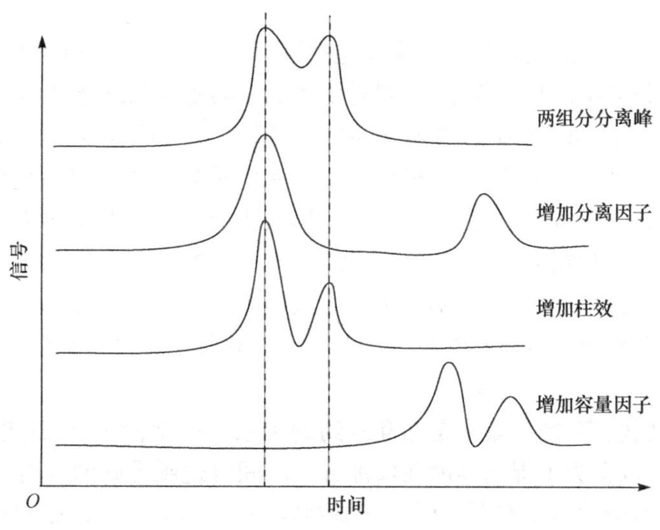

图 7-4　分离因子、柱效以及容量因子对分离的影响

从图 7-4 可以看出，为了提高在制备色谱上的分离，理论上可以通过提高容量因子来增加分离度。但当容量因子增加到一定数值后，容量因子对分离度的影响并不是很大。增加容量因子反而延长了分离时间，增大了溶剂消耗，这对于制备色谱来讲是非常不利的。

制备色谱的分离也可以通过提高柱效来改善。提高柱效的重要途径就是降低填料的颗粒度。我们知道现在分析的液相色谱采用亚 2μm 的小颗粒填料来提高柱效，开发了超高效液相色谱（UHPLC）。高效制备液相色谱也有采用 5μm 填料的制备柱。然而，在制备液相中常采用超载上样，色谱柱的柱效将会类似于指数下降。另外，通过采用更小颗粒的填料将带来柱压的升高，对于制备色谱的仪器也提出了更高的要求。

综上所述，分离因子即选择性是影响制备色谱分离的最重要因素。想要提高纯度、回收率、制备效率就要使目标峰与相邻色谱峰之间有很好的分离度。对选择性影响最大的是固定相。因此，在开始制备色谱条件优化时首先要根据样品性质筛选固定相，固定相的发展给提高选择性提供了很多机会。对于一般的疏水性样品通常选用反相色谱固定相，最常用的是 C_{18}。各个品牌的 C_{18} 在分离选择性上会有一些差异，特别是在 C_{18} 的基础上加入了一些功能基团，如混合模式 C_{18}，即疏水基团和离子交换基团杂化的 C_{18} 为带有电离的化合物分离提供了更多优化的空间[2-4]。亲水 C_{18} 可以在高比例的水相条件下使用，使一些极性较大的样品也可以在反相模式下分离[5]。极性较大的样品还可以采用亲水模式进行分离，亲水固定相种类非常丰富，从传统的硅胶、二醇基、氰基、氨基到近年来发展起来的酰胺键合固定相、糖键合固定相、两性离子固定相等[6-9]，多种多样的色谱填料为提高选择性提供了更多的固定相筛选空间。同时注重了解样品的特点和固定相的特性，合理地优化流动相，使要制备的目标产物与其相邻的色谱峰分离度最大，为提高上样量留有空间。

7.2.2 制备色谱的目标

制备色谱的根本目标是获取足够量的单一化合物。与分析水平的色谱不同，除了分离度这一重要因素以外，分离速度和分离样品量也是制备色谱的重要因素。这三个因素是一个互相制约的关系。在开展制备色谱的分离纯化工作之前，我们必须考虑以下几个问题。

1）样品性质

首先要确认样品组成的复杂情况。主要包括了解样品的组成，确认制备的目标，才能根据制备目标优化色谱分离条件和收集条件；同时要考虑样品基体的理化性质，基体对色谱分离是否有影响，是否需要前处理；其次要考虑样品的理化性质，主要包括样品的溶解性和稳定性。溶解性和制备的上样量有很大关系，是影响制备效率的重要因素。制备色谱的上样体积通常比较大，选择溶样的溶剂时，在考虑溶解度的情况下，还要考虑样品溶剂是否会对色谱行为产生影响。样品的稳定性和制备后处理有很大关系，对于不稳定的化合物要采用合理的处理手段，保证在后处理阶段不会由于产品不稳定而导致纯度下降。最后要考虑待收集物在整个样品中的浓度。制备目标是微量还是常量？这对于计算制备量有很大关系。

2）纯度

制备的纯度和回收率、制备效率是相互制约的关系。通常情况下，纯度要求越高，会牺牲一部分回收率，有时也会为了提高纯度而增加分离时间以达到更好的分离，从而降低了制备效率。所以明确制备目标的纯度有利于更合理地制定制备方案。例如，供核磁及红外测试的样品纯度要求达95%；做定量分析用的标准品其含量至少要在98%以上；在工业生产上有时是为了去除某些杂质，而使目标化合物达到一定的纯度要求或使杂质达到限量要求，这时由于成本和生产效率更要慎重综合考虑制备的纯度、回收率和制备效率这三个关键因素。

3）制备量

不同制备色谱方法都有自己适合的制备量范围，不同大小尺寸的制备柱都有自己最大的样品容量。根据制备目标的含量以及需要的目标产物量计算制备量，选择合适的方法和制备柱开展制备工作。

4）时间与成本

与分析色谱相比，时间与成本也是制备色谱的重要因素，特别体现在工业纯化方面。制备色谱条件优化要考虑一个制备周期的时间长短。

7.2.3 制备条件的优化

制备所需的样品量和溶剂都比较大，因此色谱条件的优化通常都在分析水平上完成，然后再放大到制备水平。优化过程可以分成以下五个阶段。

1）分析水平的条件优化

在这个阶段包括选择所需要的方法、筛选固定相和流动相、优化梯度条件等。经过在分析水平下的不断摸索，优化出比较适合的分离条件。

2）分析水平的模拟制备

在确定了分离条件以后，在分析水平可以模拟制备分离，包括增加上样量，确定在制备上的最大上样量，按目标进行手动的馏分收集，进行再分析检测纯度是否满足要求等。

3）分析水平向制备水平的放大

在所有的条件确定好了以后，按照分析和制备所采用的色谱柱比例，进行流速和上样量的线性放大。

4）样品制备

经过以上 3 个阶段确定了制备条件后，开始进行样品制备，如在放大过程中没有达到预期效果，可以进行制备条件的微调。经过多次制备，合并所要的目标化合物，根据样品性质和溶剂量的大小采用适当的后处理手段，如旋转蒸发、冷冻干燥、离心浓缩、固相萃取（SPE）浓缩等。

5）纯度检测

制备得到的样品需要进行纯度的检测。需要说明的是，为了提高纯度检测的可信度，应该采用不同于制备条件的分析方法，如更换分离模式、改变色谱柱或流动相、采用不同的梯度洗脱条件等。改变这些条件可能带来分离选择性的差异，使原本在制备时没有分离出来的微量杂质在纯度检测阶段被分离出来，正确评价制备样品的纯度。

7.3　中低压制备色谱法

制备色谱按照使用压力分类，主要分为三大类：即常压制备色谱、中低压制备色谱和高压制备色谱。常压制备色谱是指在常压条件下依靠重力作用进行分离的一种制备模式，是目前在植物药粗分离中应用最广泛的方法，经典柱色谱都属于常压制备色谱范畴。常压制备色谱虽有传统的分离优势和广阔的使用范围，但是其所采用的分离材料颗粒较大，填充粗糙，溶剂消耗量大，分离效率低，并且仅靠重力作用进行洗脱，分离速度慢，敏感分离物被长期暴露在空气中可能引起分解。为了克服这些问题，压力制备色谱逐渐发展起来。目前通常将压力低于 0.5MPa 的称为低压制备色谱，压力在 0.5～2MPa 范围内的称为中压制备色谱，高压制备色谱的压力大于 2MPa。

为了得到更好的分离，只能降低填料的粒度，细颗粒填料的使用带来了高柱效，同时也带来了较大的反压。对于更高效地快速制备色谱的需求，尤其是对系统自动化的追求也越来越迫切。中压制备色谱系统快速地发展起来，并且开始引入到各大制药公司和药物研究机构。中压制备色谱的基本组成有恒流泵、进样系统、色谱柱、检测器、自动馏分收集器和工作站。

7.3.1　恒流泵

中低压制备色谱用的恒流泵压力一般为 0～5MPa，目前使用的恒流泵多数是双柱塞式往复泵，最大流速可达到 250mL/min。随着中压制备色谱的广泛应用，现在也有二元梯度泵和四元梯度泵在中压制备色谱上使用，可以完成等度、台阶梯度、线性梯度等多种洗脱模式。

7.3.2　色谱柱

在中压制备色谱上使用的色谱柱材质可以是不锈钢、有机玻璃和聚丙烯材料等。不锈钢柱具有良好的耐腐蚀、抗压能力，但价格相对较高。半透明的有机玻璃柱，可以观察到液体的运行状态，对有色物质其特点就更突出。不过目前实验研究中应用最广泛的还是 Flash 色谱柱，如图 7-5 所示，这种 Flash 柱基于高强度聚丙烯材料柱或玻璃柱为柱管，可填充不同正相或反相分离材料，有预制柱，也可以根据需要自己进行填充，选择方便灵活。

目前 Flash 柱的种类和规格都比较齐全。最常用的仍然是正相的硅胶和反相的 C_{18}，其他类型有 C_8、CN、NH_2、HILIC、SAX、SCX 等。色谱填料的形态包括无定形和球形。通常选用

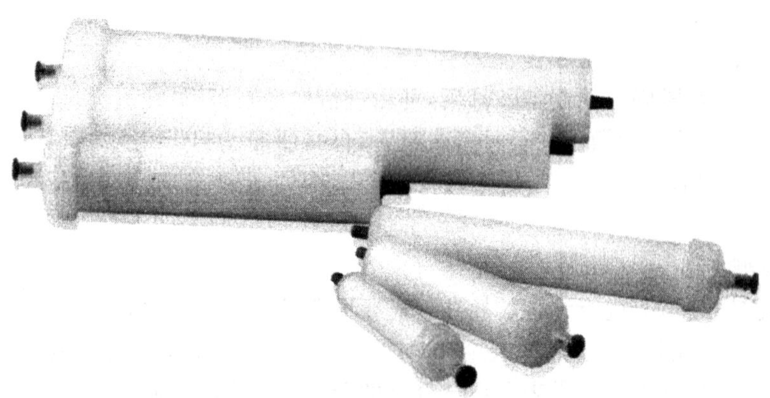

图 7-5　Flash 色谱柱

的填料粒度为 40～75μm，为了提高分离效果，也有采用 20～45μm 粒度范围的，甚至有的 Flash 柱填装了 15μm 填料。通常 Flash 柱的装填量可以为 4～330g，上样量范围为 0.1%～10%。最大的 Flash 柱填装了 3kg 填料，可以一次性上样 3～300g。常见柱规格和推荐上样量见表 7-1。

表 7-1　Flash 柱规格及推荐上样量

色谱柱尺寸/g	分离容易的样品最高 10%上样量/g	分离困难的样品低至 1%上样量/g
4	0.4	0.04
12	1.2	0.12
25	2.5	0.25
40	4.0	0.4
80	8.0	0.8
120	12	1.2
330	33	3.3

在 Flash 色谱柱中，相比于购买昂贵的预制柱，还可购买空柱管根据需求自己填充。装柱一般分为干法装填和湿法装填，总的原则是装填结实、高度适中、表面平整。高度最好在 15cm 左右，太长则扩散或拖尾，太短则柱效低。Flash 柱使用灵活，可以多根串联使用。在上样方面支持液体和固定的上样方式，可采用六通阀进样，大量进样还可选用与外泵连接。在没有进样阀或样品溶解不好的情况下，可以旋开 Flash 柱的柱帽进行直接上样。上样主要有两种方式：一种是干法上样，即样品拌在硅胶中，铺在填料的表面，低沸点溶剂中硅胶的质量是样品质量的 1.2～1.5 倍，旋干后，不能看到明显的固体颗粒；另一种是湿法上样，将液体或样品溶液直接加在填料的表面，对于液体样品或黏稠状半固体样品只能采用湿法上样，上样后，在柱管底端用针管减压，将液体样品均匀地吸附在填料表面。干法或湿法上样都要求尽可能薄地平铺在硅胶上，太厚会造成分离效果差或分不开样品。

7.3.3　检测器

中低压制备色谱可以实现自动在线检测，所配置的检测器最常用的是可变波长紫外检测器，另外还可以配置二极管阵列检测器，在 200～800nm 范围内实现全波长扫描，特别适合复杂样品的分离纯化。对于没有紫外吸收的化合物纯化制备，可选配蒸发光散射检测器(ELSD)。检测器实现在线检测，并且按照所得到的信号触发收集，使样品的收集变得有的放矢。

7.3.4　自动馏分收集器

在配制较完备的中压制备色谱中，一般都有自动馏分收集器。在线的自动馏分收集器有多种收集模式，可以按时间、按体积、按色谱峰信号进行馏分收集。一般自动馏分收集器可对任意样品架进行编程、存储和调用；收集架高度可以方便调节。自动馏分收集器使繁琐的样品收集工作变得轻松和准确。

7.4　高效制备液相色谱法

随着人们对于分离纯化需求的增加及纯度要求的提高，高效制备液相色谱(preparative high performance chromatography, prep-HPLC)得到了迅速发展。近十几年来，高效制备液相色谱已成为当代高效分离与纯化技术的研究前沿，是分离制备难分离物质的首选技术。而且该方法技术已经向着工业化方向发展，工业制备色谱成为药物纯化的重要手段，在天然产物活性成分、化学合成药物、生物发酵药物、蛋白质和多肽药物、药物杂质的纯化制备等各个方面都有很广泛的应用。

高效制备液相色谱与经典柱色谱没有本质的差别，不同点主要是高效制备液相色谱的色谱柱使用较小颗粒的填料填充而成，从而使得柱效大大高于经典制备色谱，分离上实现了高效和快速；在仪器装备上采用高压泵输送流动相，柱后配有检测器，还可配有自动进样装置和馏分收集器，在仪器上实现了自动化。高效制备液相色谱的特点和发展方向如下：

高柱效　球形填料，颗粒小，粒径分布窄。

高柱压　颗粒小，柱长短，内径大，呈圆饼状，使用高压泵。

高流速　分离速度快，效率高。

高分离度　填料类型多，选择性好。

高纯度　目标产品的纯度高。

高强度　填料强度高，寿命长，柱床稳定，重现性好。

高效率　分离速度快，分离周期短。

7.4.1　高效制备液相色谱设备

高效制备液相色谱设备主要包括高压泵、进样器、色谱柱、检测器、馏分收集器及工作站。

1) 高压泵

高效制备液相色谱的输液泵要求流量大，耐一定的压力。Waters 2525 型制备泵的最大流速可达到 300mL/min。对于工业制备色谱则要求泵的流量更大一些，如 100mm 的制备色谱柱使用流速可达到 0.5L/min。制备色谱泵的工作压力不需太高，一般 10MPa 左右就可以了，因为制备柱填料颗粒一般比分析型填料的颗粒大，制备柱的压降不会太大。

2）进样器

多数高效制备液相色谱采用自动方式进样，配有具有大样品环的六通进样阀。样品环的大小可以根据自己的需要进行调换。

如果样品的体积很大（>100mL），则应该使用一台小型的压力泵，将样品上样后，再进行流动相的输送。

3）色谱柱

（1）制备柱按规格分类。在高效制备液相色谱中由于压力较大，色谱柱材料一般都是采用不锈钢柱。色谱柱按照其规格可以分为半制备柱、制备柱和大制备柱。

半制备柱　这种柱的内径为 8～10mm，长度常用 150mm 或 250mm，往往装填颗粒直径为 5～10μm 的高效液相色谱柱填料，柱效可达 15 000/m 左右，对于毫克级样品的制备比较方便。

制备柱　通常这种色谱柱内径为 20mm、30mm 或 50mm，长度常用 150cm 或 250cm，一般填装颗粒直径为 5～20μm 的填料，它的柱效较前两种低，但样品处理量大，且成本较低。

大制备柱　这种制备柱的内径通常为 100mm、400mm、600mm、800mm，甚至可以达到 1m，长度范围在 25～50cm，一般填装颗粒直径为 10μm 以上的填料，它的柱效较前面的更低一些，但它的样品处理量更大。

因为大制备柱的直径较大，在柱头都加有分配盘，如图 7-6 所示。分配盘刻有均匀分布的流路，从中央孔径进入的流动相能够沿着孔道迅速均匀分布于柱头表面，避免流动相在中央流路快于边缘流路而造成制备柱各个部位洗脱速度不同。

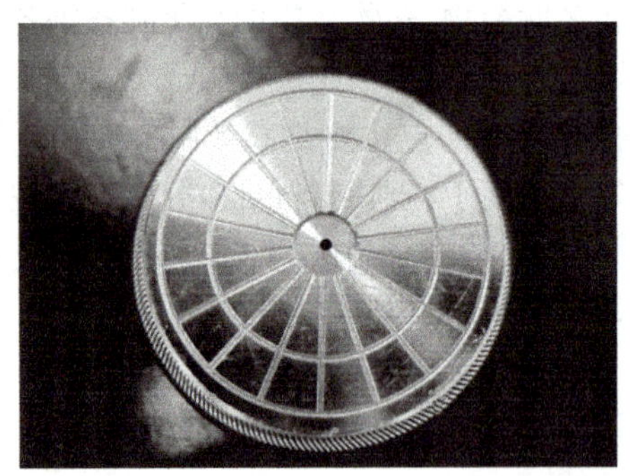
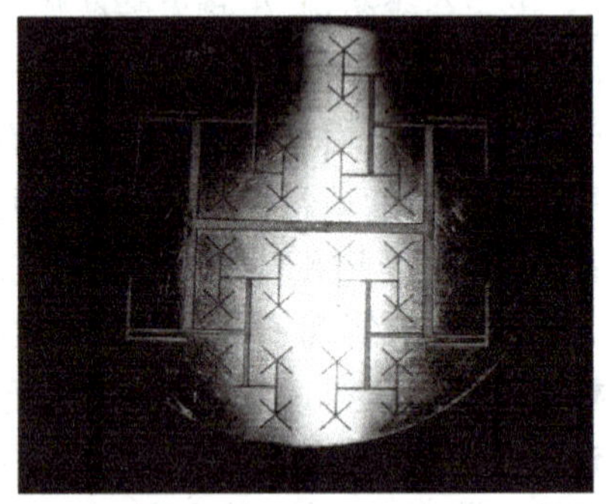

图 7-6　制备柱分配盘示例

（2）制备柱按装填方式分类。制备高效色谱柱按照其装填方法可以分为空管柱和压缩柱两大类。

空管柱　空管柱与分析柱相同，为中空的不锈钢管。常用空管柱内径为 10～50mm，采用匀浆填充技术填装 10～20μm 固定相。随空管柱直径的增大，用匀浆法填充高效色谱柱的难度也越来越大。内径 100mm 的空柱管是目前用匀浆法填充所能得到的高效的最大管状柱，内径大于 100mm 的制备柱目前均采用压缩柱。

匀浆法装柱是先根据柱规格称取适量的填料，选用适当的溶剂对填料进行匀浆，匀浆的体积根据选用的匀浆罐体积确定，一般超声数分钟，然后将匀浆液倒入匀浆罐中，迅速把出口端已经装好筛板的色谱柱管连接到匀浆罐上，加压（图 7-7）。在加压的过程中，匀浆液被顶出色谱柱，同时顶替液流经匀浆罐和色谱柱，填料被均匀地填充到色谱柱中。经过一定的平衡时间后，卸压，待压力完全卸去后，小心地将色谱柱从匀浆罐连接头处取下，盖好筛板和柱帽，装柱完成。匀浆法用于装填制备柱有如下重要的因素。首先是匀浆剂的选择。匀浆剂的选择目标主要是使填料均匀地分散开，使填料能在一定的压力作用下装填为均匀的柱床。其次要选择顶替液。顶替液的目标同样是使填充的柱床均匀稳定。在选择匀浆剂和顶替液时还要注意所用溶剂的黏度，黏度的不同影响装柱的速度，从而影响装填的紧密程度。另外重要的因素就是装柱的压力。对大直径的制备柱要求高压泵系统有很大的流量及压力，使柱床迅速、均匀、紧密地装满。

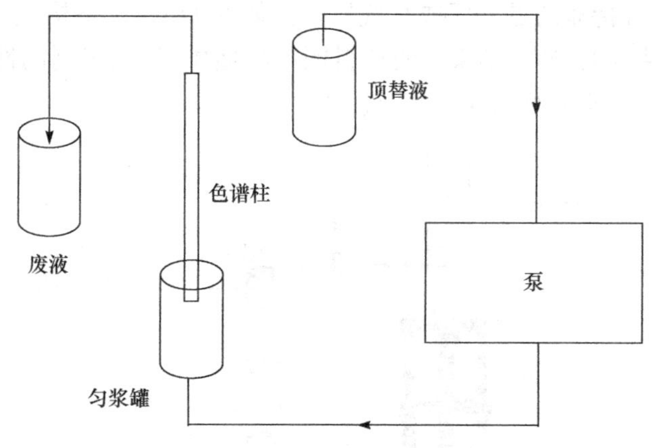

图 7-7　匀浆法装柱装置示意图

理论上，相同颗粒的填料不管在分析柱还是在制备柱中应有同样的柱效，即柱效与柱径无关。但柱径越大，保持填充后使用过程中柱床的稳定也越困难，这也是造成制备柱柱效易下降的原因之一。大直径柱在填充时，颗粒间会架空，形成不稳定结构，但这种不稳定结构在分析柱中由于受柱壁的支持变得较为稳定，随着柱直径与柱床比的增加，柱壁的支持作用逐渐减小至消失，在使用过程中，流动相不断地冲洗柱床，产生死体积及空隙。解决不稳定性的办法就是连续改变填允柱的体积，即采用轴向压缩技术，将死体积及空隙排除到色谱柱外。在直径大于 50mm 以上的制备柱中出现了压缩柱及相应的压缩填充技术。

压缩柱　压缩柱又可分为径向压缩、轴向压缩及环形膨胀三大类，如图 7-8 所示。压缩柱的发展历程经历了以下五个阶段：

① 1974 年，Godbille 和 Devaux 研发了轴向压缩(axial compression)柱。

② 20 世纪 70 年代中期，Little 等发明了径向压缩(radial compression)柱。

③ 1987 年，Separations Technology 公司(SepTech)开发了径向与轴向复合压缩技术(即

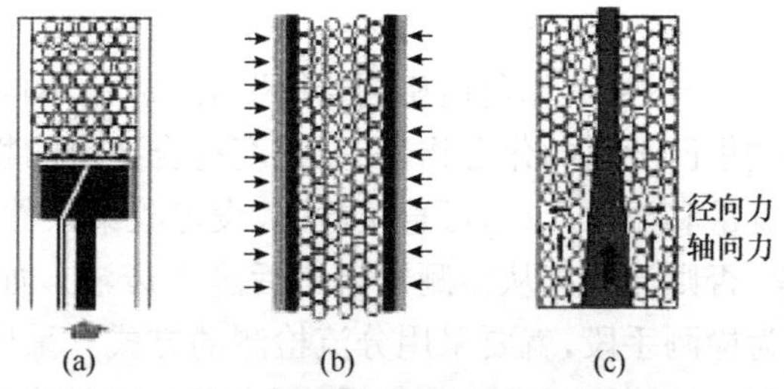

图 7-8　制备色谱柱中各种压缩技术示意图(箭头指示压力的方向和大小)
(a) 轴向压缩；(b) 径向压缩；(c) 环形膨胀

环形膨胀,annular expanison)。

④ 静态轴向压缩(static axial compression, SAC)柱。

⑤ 20 世纪 90 年代初,Colin 等开发了动态轴向压缩柱(DAC),采用活塞装柱(匀浆填充),并在操作过程中保持柱床压缩状态以确保其稳定性。

自从 Colin 等开发了动态轴向压缩技术后,动态轴向压缩柱(dynamic axial compression, DAC)在制备色谱中的应用与日俱增。DAC 的原理是通过活塞的上下运动来装柱、维持柱压和卸柱,活塞周边配备了特殊设计的密封圈能容许活塞上下自由滑动,同时又能保持高的密封压。活塞运动和压力维持靠的是液压或是气压。具体的 DAC 设备构造如图 7-9 所示。关于 DAC 柱性能和重现性等的研究,结果表明填料颗粒的性质、匀浆溶剂的性质、压缩力的强度、加压速度、流动相的性质都影响填充密度及柱效。

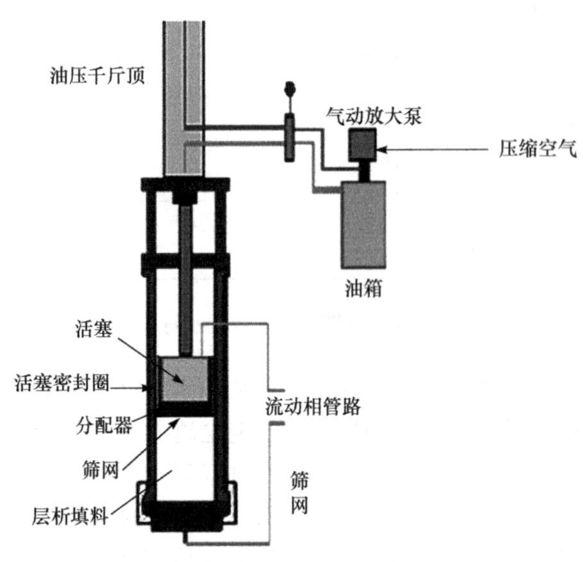

图 7-9　动态轴向加压柱的构造示意图

4) 检测器

高效制备液相色谱流出液的流量大,可采用直接检测的方式,也可以分流以后检测。最常用的检测器是紫外检测器,另外还有蒸发光散射检测器,用于检测和收集没有紫外吸收的化合物。质谱也可以作为制备液相色谱的检测器,对于目标检测和收集具有很好的灵敏度和选择性。紫外检测器经常和蒸发光散射检测器或者质谱检测器联用,在检测信息上可以互补,可以一次性检测和制备更多的化合物。

5) 馏分收集器

制备液相色谱的原理与分析型液相色谱相同,其仪器组成的不同之处在于制备液相色谱仪有馏分收集单元,用于收集已分离的化合物,获取纯度符合要求的物质。如果检测器是非破坏型检测器,并且检测器流量和压力允许,可直接检测、设定收集条件。如果收集条件满足,就触发馏分收集器开始收集,否则流动相从检测器流出后进入废液。如果检测器是破坏型检测器,如紫外和质谱同时作为检测手段,就要采用分流检测的方式。采用分流检测和收集的方式就涉及分流比的设定,大部分洗脱液要进入收集系统,小部分洗脱液进入检测系统。分流比的设定要依据制备流速和检测条件制定,如果采用紫外和质谱并行的方式进行检测,进入检测系统的洗脱液同时进入了紫外检测器和质谱检测器,其中质谱检测器部分还要给一定的补偿液,使其满足质谱雾化的条件,如图 7-10 所示。无论是直接检测和间接检测,在检测和收集之间都有个延迟时间的问题,也就是说从检测器检测到目标化合物到馏分收集器开始收集的时间差。延迟时间与制备系统的死体积和所采用的流速相关,现在一般采用染料来测定。要测准延迟时间,输入软件中,那么系统就会按照已测定好的延迟时间计算收集时间。

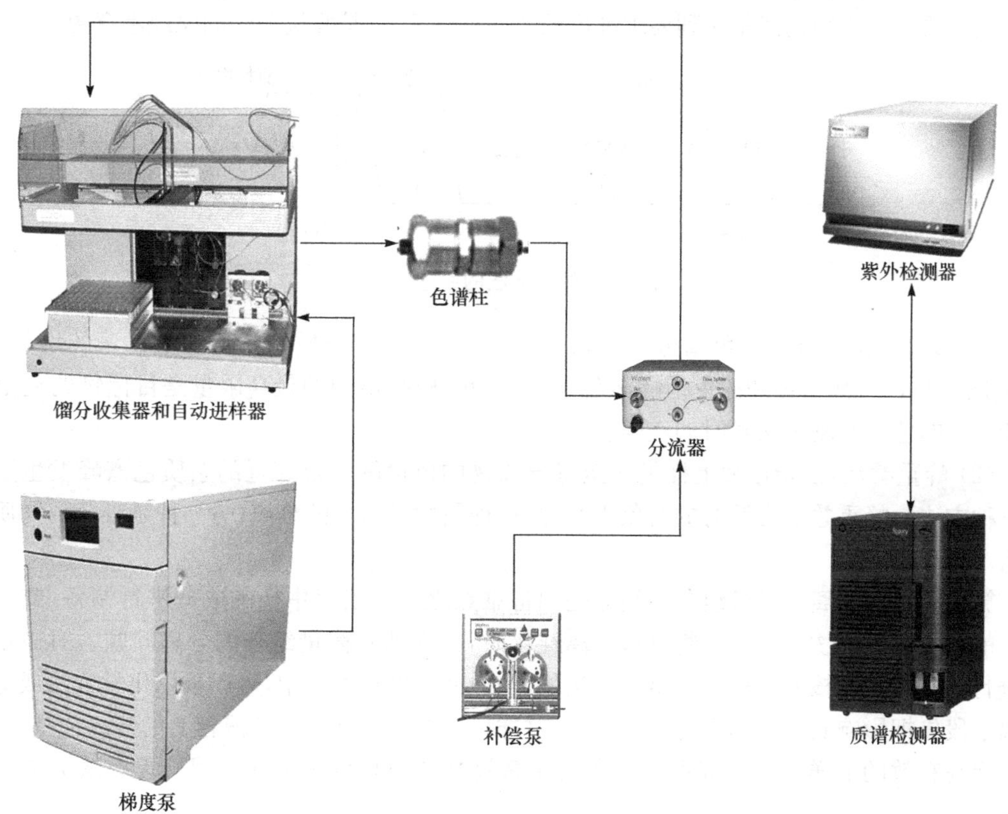

图 7-10　制备液相色谱仪工作示意图

7.4.2　制备方法的建立

在 7.2 节介绍了制备方法建立的基本原理。对于高效制备液相色谱通常在分析水平上用相同的固定相和流动相进行色谱条件的优化,再将分析条件转化为制备条件。

1) 制备参数转化

分析条件向制备条件的主要制备参数转化是转化流速和上样量。分析柱与制备柱流速转化的基本原则是保持两者的线速度相同,流量的放大比则为

$$制备柱流速=分析柱流速\times\left(\frac{d_2}{d_1}\right)^2 \tag{7-1}$$

把分析柱的上柱量按比例放大到制备柱,而不损失分辨率,可按式(7-2)计算:

$$制备柱上柱量=分析柱上柱量\times\left(\frac{d_2}{d_1}\right)^2\times\left(\frac{L_2}{L_1}\right) \tag{7-2}$$

式中:d_2 为制备柱的直径;d_1 为分析柱的直径;L_2 为制备柱的长度;L_1 为分析柱的长度。只要分析柱的填料颗粒大小与制备柱的填料颗粒大小一致,则通过式(7-1)和式(7-2)进行制备条件的放大,基本可以将优化好的分析条件转化到制备条件。

2) 分离策略

下面介绍根据制备目标所采用的分离策略。一种是峰接触法;另一种是峰重叠法。

(1) 峰接触法:就是在制备色谱分离方法的建立中,增加待分离物的上样量,直到待收集物的色谱峰与最邻近杂质的色谱峰刚好接触为止。也许增大的样品量已经使色谱柱过载,但此时收集的待分离物仍然是达到要求纯度的产品。图 7-11 是峰接触法的原理示意图。

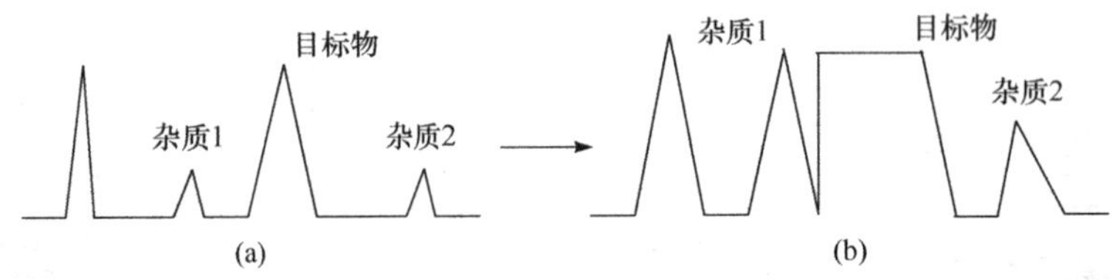

图 7-11 峰接触法的原理示意图

图 7-11(a)是分析型的色谱分离图,目标物峰前后均有杂质峰。随着上样量的增加,杂质 1[图 7-11(b)]离目标物的色谱峰逐渐靠近,因此,样品增加的最高限量是目标物的色谱峰与杂质 1 的色谱峰刚好接触时的进样量。

(2) 峰重叠法:是指增大上样量直至待分离物的色谱峰与最邻近的杂质色谱峰发生重叠的一种方法。峰重叠法常针对的对象为两种:一种是微量组分的分离;另一种是难分离物质的分离。

微量组分的分离 微量组分的纯化是制备难点之一。当对中药的成分进行制备,或者对药物的杂质以及药物的代谢产物进行分离纯化时,经常遇到微量组分的分离问题。对微量组分进行分离制备的核心问题在于富集。当然,在样品前处理过程中,可以采用化学方法或适当分离手段先把影响其制备的大量物质去除,这样可以提高在高效制备液相上的分离选择性,也可以提高有效的上样量。本节主要是介绍在高效制备液相色谱上如何用峰重叠法分离微量组分。

微量组分制备的分离策略具体步骤分两步:首先进行大剂量进样,使目标峰与邻近峰进行重叠,同时收集该重叠峰。图 7-12(a)为分析型的色谱图,可以看出目标峰与杂质峰 1 和杂质峰 2 相比,含量较小,在上样量增加的过程中,使微量组分峰与杂质主峰大量地重叠,如图 7-12(b)所示。同时按照图中虚线收集重叠峰的馏分。在这个过程中,虽然所收集的馏分还包含前后杂质,但是它们的含量已经大幅度下降了,而原来的微量组分得到了很好的富集,目标物变成了主要的色谱峰[图 7-12(c)]。因此,可以按照前面介绍的峰接触法再进行一次制备,就可以纯化该微量组分了。

难分离物质的分离 在制备分离中,另一种经常遇到的情况就是待收集物是两个峰位置非常接近的两个组分。在这种情况下,则也可以采取峰重叠法。在分析谱图中[图 7-13(a)],待分离物峰 1 和峰 2 在分析水平也没有达到完全分离。所以制备性分离的第一步就是大剂量进样,让峰 1 和峰 2 重叠,并使该重叠带与最接近的杂质带刚好接触,此时为最大上样量。同时收集重叠的馏分,如图 7-13(b)所示的虚线之间的部分。在第一次分离中首先将影响 1 和 2 再次分离的杂质除去,使上样量达到最大,富集 1 和 2。分离的第二步是将收集所得到的馏分进行再一次的分离。由于两个组分的峰位置距离很近,在该实验条件下不可能让两组分达到完全分离,因此产品的收集按照图 7-13(c)的两个阴影部分分别收集得到产物 1 和 2,中间带部分可使用手动或者自动循环技术,将柱流出液重新倒入色谱柱再次进行分离。

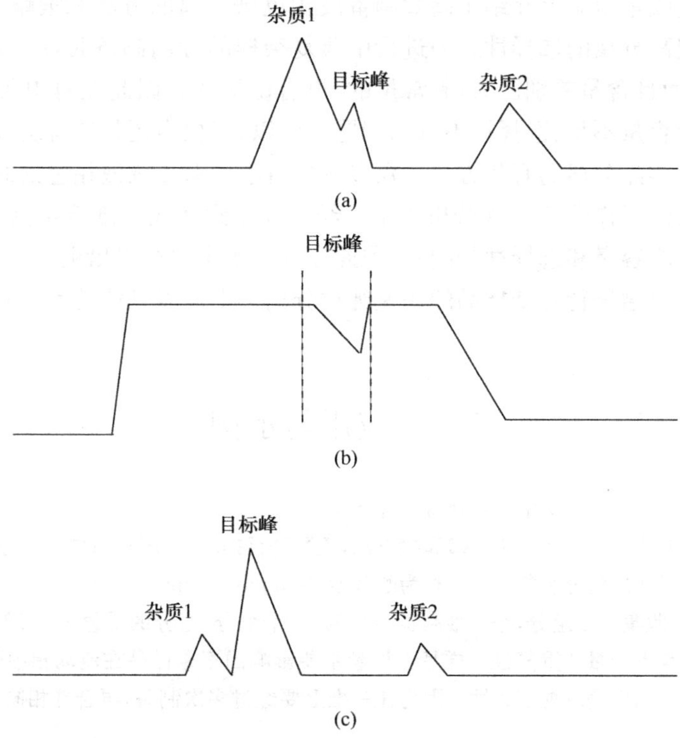

图 7-12　微量组分的制备分离策略示意图

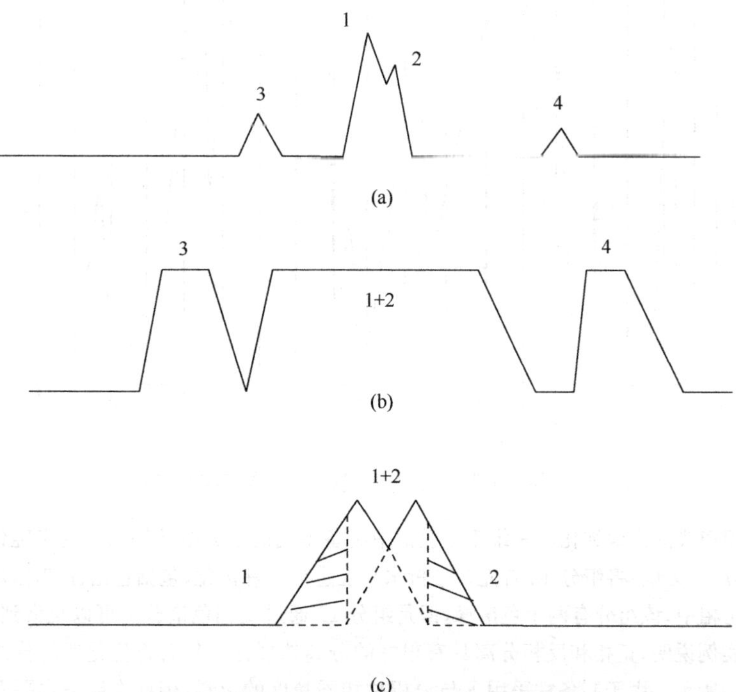

图 7-13　难分物质对的制备分离策略示意图

以上是在分离收集策略上介绍了高效制备液相色谱分离的方法和策略。然而，制备分离的本质问题还是提高分离的选择性。当进行中药复杂样品分离制备时，因为中药含有结构相似的大量化合物，而且含量差别巨大，有常量的，也有微量的。因此在对中药这样复杂样品进行分离时会遇到峰容量不足、选择性不够的问题。所以，其根本还是要解决分离问题。目前二维液相色谱是复杂样品分离的有效方法。众多分析科学家对二维液相色谱的理论、组合模式、应用示范做了大量的工作[10,11]。在分析水平已经可以做到在线二维液相色谱，认为二维液相色谱有效地解决了峰容量和选择性的问题，因此在制备水平也可以借助二维色谱的理念，采用二维高效制备液相色谱进行复杂样品的快速纯化分离。下面以具体的示例介绍二维高效制备液相色谱。

7.5　应用与示例

【例 7-1】 荜茇生物碱正相-反相二维分离制备[12]。

样品　荜茇的主要成分是酰胺类生物碱和挥发油，乙醇进行提取，再用石油醚萃取得到生物碱组分。

第一维采用正相模式的组分制备　固定相为酰胺型(XAmide，20mm×250mm，10μm)，流动相为正己烷和乙酸乙酯。每 2min 收集一个组分，经一维制备共得到 20 个组分，组分的质量为 0.22～5.73g。在一维分离上需要优化的参数是上样量和重复性。样品上样量主要影响因素是样品在流动相中的溶解，在流动相中加入乙酸乙酯的主要作用就是改善溶解性。因为在一维上要经过多次制备，再合并相同的组分，因此重复性是至关重要的(图 7-14)。

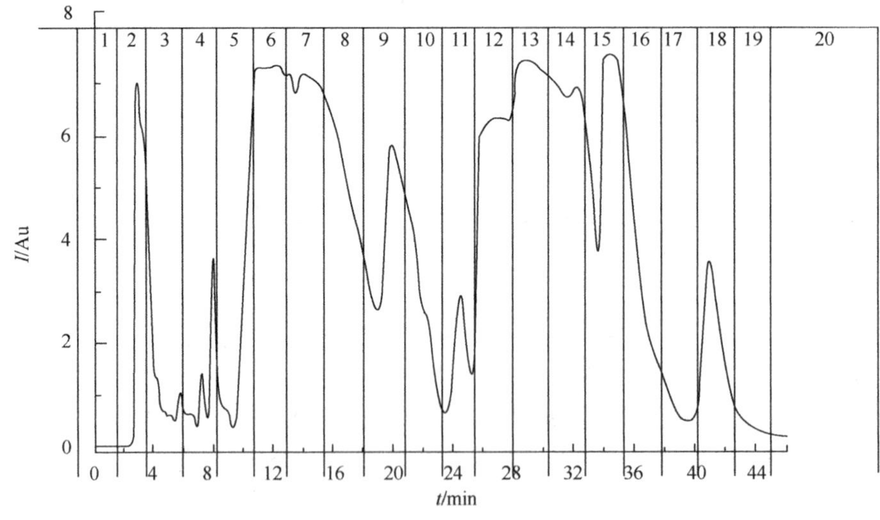

图 7-14　荜茇酰胺类生物碱粗组分一维正相制备色谱图

二维采用反相模式的高效纯化　一维正相色谱中制备得到的组分继续用反相色谱纯化。这里以一维正相色谱得到的组分 12 为例：将组分 12 首先在分析水平上进行条件优化，包括色谱柱和流动相的筛选、梯度条件的优化等。在正相中，该组分有两个色谱峰，但是组分 12 通过反相色谱分离可以观察到至少 20 个色谱峰(图 7-15)。这个实例说明，正相和反相分离具有很好的分离选择性。然后将优化后的分析条件放大到制备水平，如图 7-15(b)所示。由于制备柱采用了与分析柱相同粒度的填料，因此在制备水平保持了与分析水平同样的分离度，在设定了紫外收集条件后，可快速对化合物进行纯化，得到高纯度的化合物。组分 12 制备后共得到纯度超过 95%的化合物 8 个，回收率为 81.2%。本实验通过二维反相色谱对 5～20 号组分进行纯化，得到 28 个单一化合物。

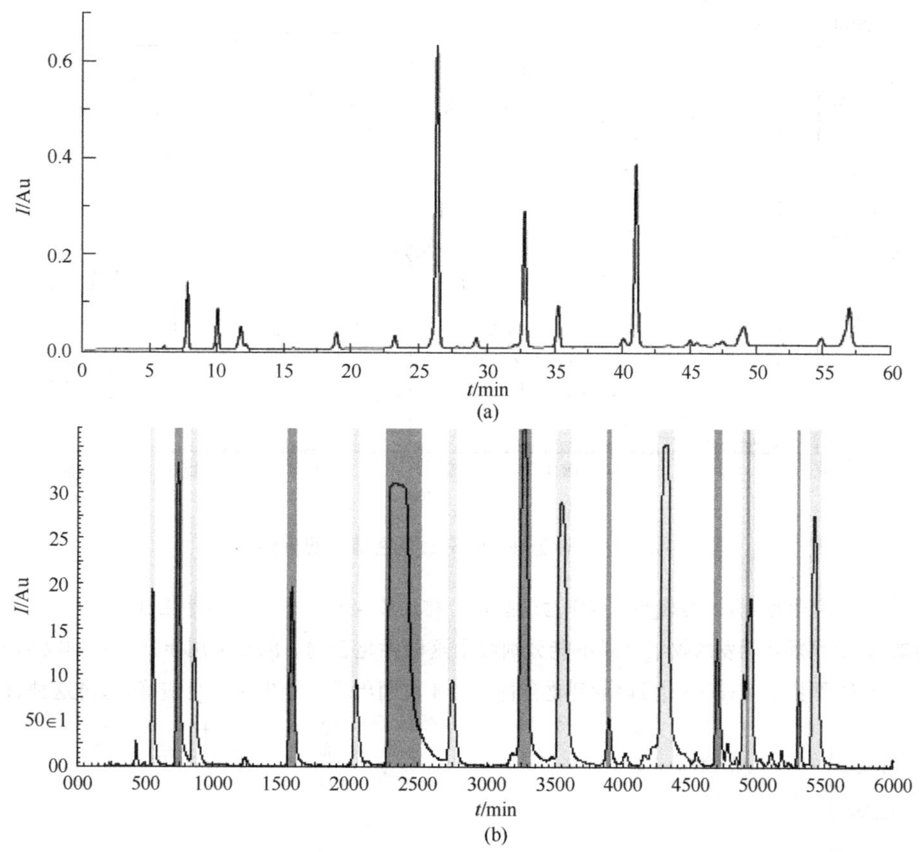

图 7-15　组分 12 的反相色谱图

(a)分析水平色谱图；(b)制备水平色谱图

化合物的结构确认与纯度评价　对制备的化合物用核磁、质谱等光谱手段进行结构确认。值得说明的是关于化合物的纯度检测问题。本实验生物碱类化合物的纯度检查采用超高效液相色谱(UHPLC)，通过使用小粒径的色谱柱，提高柱效，使纯度评价更为准确。纯度检测还可通过改变流动相和固定相种类进行分析，提高检测准确度。

【例 7-2】　降香中黄酮类化合物的分离纯化[13]。

样品　降香药材经过水提醇沉、乙酸乙酯萃取的组分。

一维工业制备色谱的组分制备　工业色谱采用了四聚乙二醇(OEG)键合硅胶作为固定相，采用反相模式进行分离。降香组分在工业色谱上的分离如图 7-16 所示，共连续收集 11 个制备组分。这 11 个制备组分在 C_{18} 色谱柱采用统一的分析条件进行分析。11 个组分的分析结果表明，OEG 和 C_{18} 固定相对中药复杂样品的分离具有良好的互补性。推测在 OEG 上的分离机理除了疏水作用外还可能有氢键作用和偶极-偶极作用，这使复杂样品在 OEG 和 C_{18} 上的分离具有良好的互补性。

在一维制备上采用了大制备柱，使用的填料粒度相对大一些，采用了大体积上样，提高单次上样量，有效地解决了组分的制备量问题。在一维上按照紫外信号进行收集，避免在一维的色谱峰被分到两种组分中。

二维制备色谱的化合物制备　利用 C_{18} 工业色谱制备所得到的组分可进一步在高效制备液相色谱上进行二维化合物的制备。固定相采用 C_{18} 填料，与 OEG 工业色谱进行互补分离。图 7-17 显示了组分 6 在纯化系统中进行分离的谱图，在这种组分的制备中以紫外和质谱两种收集方式组合起来对目标化合物进行收集，见 7.4.1 节。以紫外和质谱双检测模式进行收集会解决一些没有紫外吸收的化合物检测收集问题，同时也能够制定合理的收集方案，在收集方面提高化合物的纯度。如化合物 1、2、4、7、11、12、13、14 在紫外上峰形较

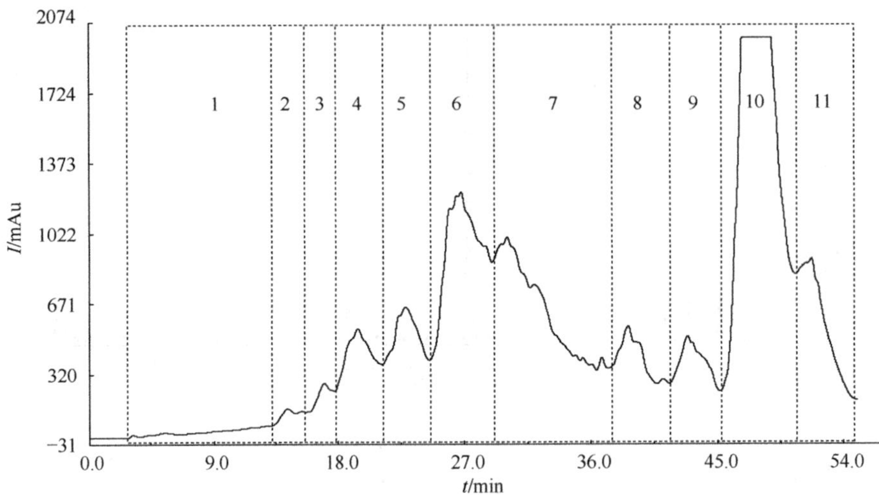

图 7-16　降香在 OEG 工业色谱上的分离

好,容易判断峰的起落点,所以用紫外信号作为这些化合物的收集触发条件。但是化合物 3 在化合物 4 之前被洗脱出来,只依靠紫外触发的收集模式不能分别收集这两种化合物。因此采用质谱触发的收集方式收集化合物 3,在 SIR 图上[图 7-17(b)]可以看到化合物 3 在 4 前面出了一个尖锐的色谱峰,通过这种收集方法,

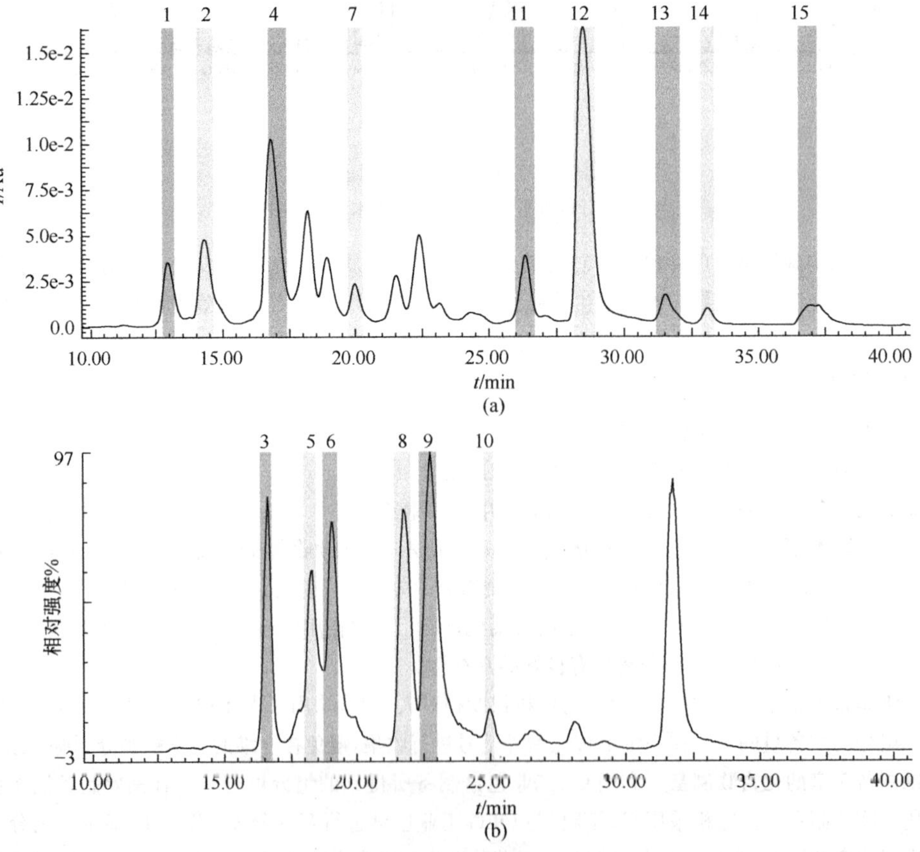

图 7-17　组分 6 在纯化系统上的制备谱图

(a)紫外检测谱图(280nm);(b)选择离子监测谱图(SIM)

可以收集到化合物 3,也提高了化合物 4 的纯化。由此可见,在分离上采用二维互补方法提高了复杂体系的分离,而在检测上紫外和质谱互补检测不但获得了更多的信息,还可以给出稳定的收集条件。因此二维制备结合多种检测技术可以一次性制备更多的化合物,大幅度地提高了分离制备的效率。在组分 6 中一次性制得 8 种化合物。

二维分离制备技术由于提供了很好的正交分离,解决了峰容量问题,因此可以快速地得到高纯度的化合物。在实验过程还需解决两个重要问题。一是一维的分离能力问题。如果一维能够得到更为精细的组分,将给第二维的分离纯化减轻很大压力。二是要解决上样量问题。目前在这样的分离体系中制约上样量的主要是溶解度问题,如果能够找到更好的体系,提高溶解度,就能得到足够多的组分量,这样才能更好地对微量化合物进行分离制备,更加深入地了解中药的化学组成。

(华东理工大学　金郁)

参考文献

[1] 袁黎明. 制备色谱技术及应用. 2 版. 北京:化学工业出版社,2005
[2] Yun Y, Geng X D. J Chromatogr A, 2011, 1218(49):8813-8825
[3] Raquel N, Dieter L, Alexander L, et al. J Sep Sci, 2006, 29(7):966-978
[4] Guo Z M, Wang C R, Liang X M, et al. J Chromatogr A, 2010, 1217(27): 4555-4560
[5] Zeng J, Guo Z M, Liang X M, et al. J Sep Sci, 2010, 33(21):3341-3346
[6] Jandera P. J Sep Sci, 2008, 31(9): 1421-1437
[7] Buszewski B, Noga S. A B C, 2012, 402(1):231-247
[8] Guo Z M, Lei A W, Liang X M, et al. Chem Commun, 2007,(24):2491-2493
[9] Shen A J, Guo Z M, Liang X M, et al. Chem Commun, 2011, 47(15): 4550-4552
[10] François I, Sandra K, Sandra P. Anal Chim Acta, 2009, 641(1-2):14-31
[11] Jandera P. Cent Eur J Chem, 2012, 10(3): 844-875
[12] Li K Y, Zhu W Y, Liang X M, et al. Analyst, 2013,138(11): 3313-3320
[13] Feng J T, Xiao Y S, Liang X M, et al. J Sep Sci, 2011, 34(3):299-307

第8章　毛细管电泳法[1]

8.1　概　　述

毛细管电泳法(capillary electrophoresis,CE)或称高效毛细管电泳法(high performance capillary electrophoresis,HPCE)。

8.1.1　电泳与毛细管电泳

电泳　在电场作用下,带电质点(离子或胶粒)在电解质溶液中,向荷电相反的电极迁移的现象称为电泳。因带电质点的电荷数量、电荷符号与质点大小的差别,造成迁移速率不同而分离。

电泳法　利用电泳现象进行定性、定量的分离分析方法,称为电泳法。

柱电泳法　将电解质溶液充满柱管,在柱状电解质溶液中进行的电泳法称为柱电泳法。柱电泳法按柱的粗细分为经典电泳法(低电压)与毛细管电泳法(高电压)两类。

毛细管电泳法　在毛细管中进行的电泳法,称为毛细管电泳法。一般毛细管柱内径为50～85μm,常用75μm。

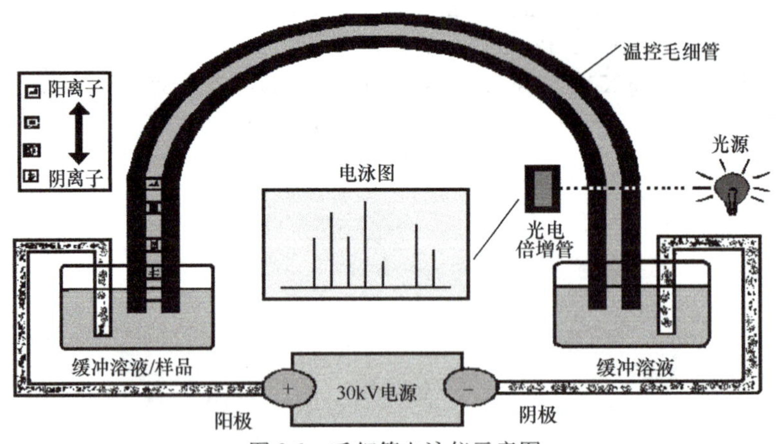

图8-1　毛细管电泳仪示意图

8.1.2　毛细管电泳法的流路

毛细管电泳仪的基本装置由毛细管、缓冲溶液槽、进样器、高压电源以及检测器组成(图8-1)。毛细管中充满缓冲溶液*,而后将毛细管的入口端插入样品槽,吸取一定量的样品后,再移至阳极槽。在阴、阳极槽间加20～30kV的高压直流电。样品中各组分离子因迁移速率的不同而分离。

* 毛细管电泳用的缓冲溶液称为背景电解质或运行电解质。

8.1.3　毛细管电分离分析法的分类

毛细管电泳技术的类别很多，而且由它又衍生出许多方法。在本书第 1 章绪论中已经介绍，凡运行电解质溶液(或流动相)依靠(或主要依靠)直流高电压驱动，样品组分在毛细管中进行分离分析的方法，统称毛细管电分离分析法(capillary electro-separation analytical method，CESA)或电动微分析法(electrokinetic micro-analytical method，EMAM)。因此，各类毛细管电泳法、微流控芯片分析法及毛细管电色谱法等，都应属于毛细管电分离分析法的范畴。分述如下。

- 毛细管电分离分析法(电动微分析法)
  - CE
    - CZE(毛细管区带电泳)(分离各类阴、阳离子)
    - MECC(胶束电动毛细管色谱)(分离中性分子与离子混合物)
    - CDECC(环糊精电动毛细管色谱)(分离异构体)
    - CGE(毛细管凝胶电泳)(分离荷电的大分子)
    - CIFE(毛细管等电聚焦电泳)(分离荷电的大分子)
    - CITP(毛细管等速电泳)(分离阴、阳离子)
    - NACE(非水毛细管电泳法)(分离疏水化合物的离子)
  - CEC(pCEC)
    - BPCEC(填充电色谱)(分离各类分子、离子)
    - MCEC(整体柱电色谱)(分离各类分子、离子)
    - 壁处理 CEC(分离各类分子、离子)
  - MFCA(微流控芯片分析)(分离各类离子、荷电的大分子、单细胞)

由上述可以看出，毛细管电分离分析法包含诸多方法，几乎可以囊括所有的分析对象，是非常值得重视的分析方法。在毛细管电分离分析方法中，目前以 CZE 和 MECC 应用最多，以 CEC 及 MFCA 较新。本章将重点介绍毛细管电泳法(CE)，简介电色谱法，微流控芯片分析法将在本书第 9 章介绍。

8.1.4　毛细管电泳法与高效液相色谱法对比

毛细管电泳法与高效液相色谱法的对比见表 8-1。

表 8-1　毛细管电泳法与高效液相色谱法对比

项目	CE	HPLC	项目	CE	HPLC
柱效	10^5～10^6/m	10^4/m	流通池光径	>100μm	1cm(10^4μm)
峰容量	15～11/min	< 5/min	驱动力	电压(电渗泵)	液压(液压泵)
UV 检测限	10^{-9}g/mL	10^{-10}g/mL	样品预处理	一般不需要	需要
进样量	10ng～0.1μg	≥10μg	分析成本	低	高

8.1.5　毛细管电泳法的应用范围

毛细管电泳法是 20 世纪末发展起来的新型分离分析方法，是分析化学中发展最为迅速的方法之一。它具有高速、高分辨率、高效率及分析速度快(三高、一快)等优点，广泛用于各种有机与无机离子、中性分子、手性分子及离子型大分子等的分离分析。离子型大分子，如氨基酸、肽、蛋白质及核酸等的快速分析，以及 DNA 序列和 DNA 合成中产物纯度的测定等，甚至 CE 可用于单个细胞和病毒的分析。CE 已成为生命科学研究、临床诊断及刑侦等的最重要的分析手段之一。不仅如此，CE 在制药、化工、农药、食品及环境监测等诸多领域，都有广泛的应用前景。值得一提是，CE 在中药分析中的应用，虽然起步较晚，但已显示出它的强大优势。

由于 CE 进样量少，一般仪器的定量分析的重复性与准确性不如 HPLC。但具有自动进样装置的高级毛细管电泳仪，能达到定量分析的要求。由于 CE 具有柱效高（比 HPLC 高 1～2 个数量级）、峰容量大、运行成本低、安全、无毒及样品一般无需处理等优点，CE 终将成为各种复杂成分样品常规分析的重要手段。

毛细管电泳-质谱联用（CE-MS）是解决 CE 的定性问题。但因多数 CE 的运行电解质溶液中含有非挥发性缓冲盐，限制了 CE 与 MS 的“强-强”联用。而含少数挥发性盐的缓冲溶液的 CE，分离效果又大受影响。因此，研制不受缓冲盐性质影响的 CE-MS 的接口是亟待解决的课题。

8.2 基本原理[2-4]

毛细管电泳法（CE 或 HPCE）和高效液相色谱法（HPLC）的主要区别在于：HPLC 分离原理是基于组分在流动相和固定相间的分配系数不同，即色谱行为不同，使选择性不同、保留时间不同而分离。CE 则是在电场作用下，由于离子的大小、电荷数量与符号及 ζ 电位的不同，而导致迁移速率（电泳淌度）的不同，即电泳行为的不同而分离。毛细管电色谱法（CEC）则具有电泳及色谱两种分离行为。

8.2.1 毛细管电泳柱效高的原因

毛细管电泳法比高效液相色谱柱效高的主要原因有两个：①无涡流扩散项与传质阻抗项；②流型不同，如图 8-2 所示。

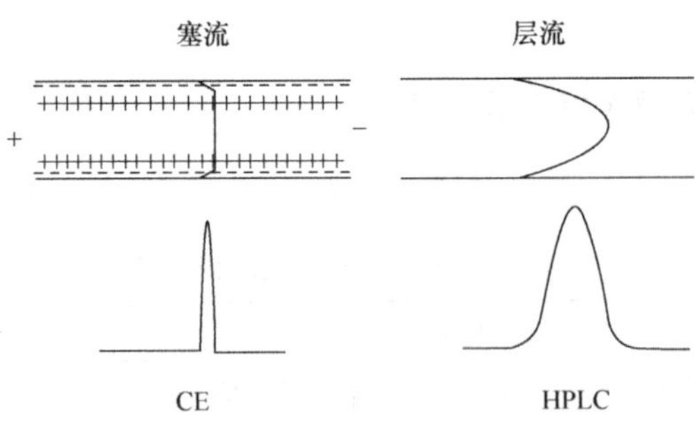

图 8-2　CE 与 HPLC 的流型比较

1. 无涡流扩散项与传质阻抗项，可由 van Deemter 方程式讨论

van Deemter 方程式原型

$$H=A+B/u+Cu \tag{8-1}$$

在毛细管区带电泳（CZE）中，使用空心毛细管柱，无涡流扩散项（$A=0$）。内壁也不涂渍固定液，消除了组分在固定相与流动相间的平衡所需要的时间，使传质阻力项（Cu）趋近于零。因此，使 van Deemter 变为

$$H=B/u \tag{8-2}$$

式中：H 为塔板高度；B/u 为纵向扩散项。

因 $A=0$，$C/u=0$，而大大提高了柱效。进样量小，谱带窄也是柱效高的原因之一。因此，CE 比 HPLC 的柱效高得多，柱数一般达 10^5/m 以上。

2. 流型不同

CE 与 HPLC 的流型不同，如图 8-2 所示。HPLC 由于存在涡流扩散项、纵向扩散项及传质阻力项的影响，其谱带中心的速率与靠近柱壁的速率有较大差别(横向扩散)，因而呈现正态分布型色谱峰。而在 CE 中因只有纵向扩散项影响，而无横向扩散。因而谱带呈平头型，形成三角形色谱峰，一般峰宽很窄。因此，CE 的柱效远高于 HPLC。

8.2.2　双电层理论与基本概念

1. 电渗效应

在熔融毛细管内壁的 Si—OH，解离为硅氧基$(Si—O—)^-$阴离子与 H^+。H^+ 与 H_2O，形成 H_3O^+，使缓冲溶液(运行电解质溶液)荷正电，而使毛细管内壁的硅氧基吸引了溶液中的阳离子，在其表面带形成双电层(图 8-3)。双电层外缘扩散层中的阳离子被电场阴极吸引，导致电解质溶液向阴极流动(图 8-2)，这种效应称为电渗(electroosmosis)效应。由电渗效应而产生电渗流(electroosmosis flow，EOF)。电渗效应是毛细管电泳的驱动力。扩散层表面(滑动面)与溶液内部间的电位差，称为双电层电位(ζ 电位)(图 8-3)。ζ 电位越大，电渗流的迁移速率(流速)越快。

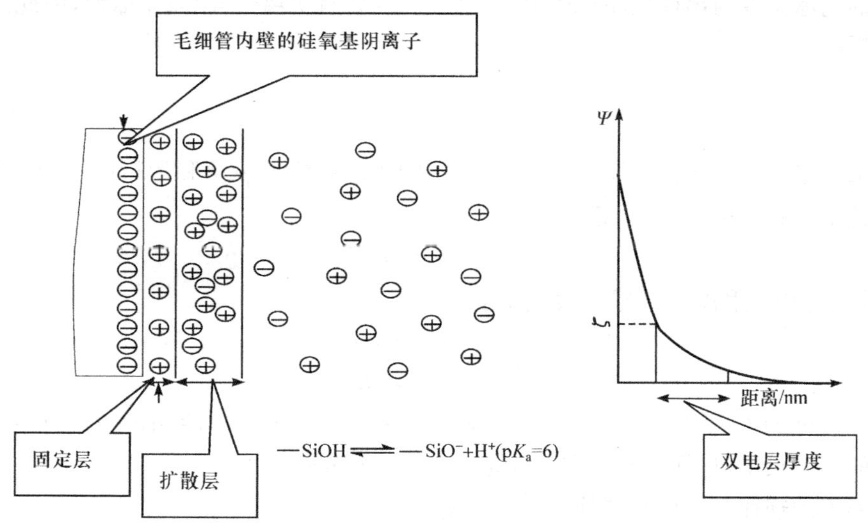

图 8-3　毛细管内壁与双电层 ζ 电位

2. 电渗淌度

电渗流的迁移速率 u_{eo} 和电场强度 E 成正比。单位电位强度的电渗速率称为电渗淌度 μ_{eo}。因此，电渗速率 u_{eo} 和场强 E 的比值为电渗淌度 μ_{eo}，即

$$\mu_{eo}=u_{eo}/E=\zeta\varepsilon/\eta \tag{8-3}$$

式中：ε 为缓冲溶液的介电常数；ζ 为双电层电位；η 为缓冲溶液的黏度；E 的单位为 V/cm。

电渗淌度与硅氧层表面的电荷密度成正比，和离子强度的平方根成反比。电渗淌度与 ζ 电位有关，而 ζ 受 pH 控制。例如，在 pH 9 的硼砂缓冲液中电渗速率约为 2 mm/s，而在 pH 3

介质中电渗速率减小约 1 个数量级。若 ζ 电位为 0，则电渗速率为 0，则无法实现电泳分离。因此，在毛细管电泳中，背景电介质的 pH 调整至关重要。一般电泳在运行电解质 pH>7 的情况下运行。也有 pH<7 的情况，如碱性药物的分离，pH=2.5(例 8-13)。

3. 电泳淌度

电泳速率 荷电质点(离子、荷电大分子或胶粒等)在电场作用下，在电解质溶液中的迁移速率称为电泳速率(u_{ep})。下标 ep 表示电泳(electrophoresis)。

电泳淌度 单位电场场强下，离子的电泳速率称为电泳淌度(μ_{ep})，即离子的电泳速率 u_{ep} 和电场场强 E 的比值。

$$\mu_{ep}=u_{ep}/E \tag{8-4}$$

式中：μ_{ep}的单位为 $m^2/(V\cdot s)$。

对于球形带电离子的电荷(q)及半径(r)与其电泳淌度的关系如式(8-5)。

$$\mu_{ep}=\frac{q}{6\pi r\eta} \tag{8-5}$$

式中：η 为运行电解质溶液的黏度。

由式(8-5)可知：在实验条件一定时，离子的电荷数越大、半径越小，即"荷径比"越大，则其电泳淌度越大。离子半径是指在电泳过程中离子的实际半径，而非裸离子半径。在电泳过程的缓冲溶液中，离子常以水合离子或配位离子等状态存在。因此，需要知道其实际半径，才能讨论离子的电泳淌度与出柱顺序。还由于一些离子(如有机离子等)而非球形，因此式(8-5)只是一般性规律。

4. 表观淌度

在毛细管电泳中离子被观测到的淌度是离子的电泳淌度(μ_{ep})和运行电解质溶液的电渗淌度(μ_{eo})之和，称为表观淌度。定义为

$$\mu_{app}=\mu_{ep}+\mu_{eo} \tag{8-6}$$

在实际实验中，用式(8-7)求算表观淌度

$$\mu_{app}=\frac{u}{E}=\frac{L_d/t}{V/L_t} \tag{8-7}$$

式中：u 为离子的迁移速率(cm/s)；V 为毛细管两端电压(V)；L_t 为毛细管的总长度(cm)；L_d 为毛细管的有效长度(进样端至检测器的距离)；t 为迁移时间。

表观淌度的规律 当检测器处于高压电场的阴极端时，

μ_{app}(阳离子) $>\mu_{eo}$(中性分子)$>\mu_{app}$(阴离子)

根据离子的电泳淌度与缓冲液的电渗淌度是否同向，而形成下述规律：

阳离子 $\mu_{app}=\mu_{eo}+\mu_{ep}$；中性分子 $\mu_{app}=\mu_{eo}$(电渗淌度)；阴离子 $\mu_{app}=\mu_{eo}-\mu_{ep}$。

5. 理论塔板数 n

$$n=\mu_{app}V/2D \tag{8-8}$$

式中：D 为组分的扩散系数。

若不知扩散系数，可由迁移时间 t 与半峰宽 $W_{1/2}$ 求得理论塔板数 n

$$n=5.54(t/W_{1/2})^2 \tag{8-9}$$

6. 分离度

$$R=\frac{\sqrt{n}}{4}\frac{\Delta u}{\bar{u}} \tag{8-10}$$

式中：n 为平均理论塔板数；Δu 为两个组分迁移速率的差值；$\bar{u}$ 为平均迁移速率。

【例 8-1】 设某毛细管区带电泳系统的毛细管长度为 55cm，进样端至检测器长度为 50cm，分离电压为 20kV，已知某中性分子 A 的迁移时间为 10min，其扩散系数 $D=5.0\times10^{-9}\,m^2/s$；某阴离子 B 的迁移时间 12min。试求：(1) 该系统的电渗淌度；(2) 阴离子 B 的表观淌度；(3) 阴离子 B 的电泳淌度；(4) 以中性分子 A 计算的理论塔板数；(5) A 与 B 的分离度 R。

(1) $\mu_{eo}=\frac{L_d L_t}{tV}=\frac{0.50\times0.55}{10\times60\times20\ 000}=2.3\times10^{-7}[m^2/(V\cdot s)]$

(2) $\mu_{app_B}=\frac{0.50\times0.55}{12\times60\times20\ 000}=1.91\times10^{7}[m^2/(V\cdot s)]$

(3) $\mu_{ep_B}=\mu_{eo}-\mu_{app_B}=2.3\times10^{-7}-1.91\times10^{-7}=3.9\times10^{-8}[m^2/(V\cdot s)]$

(4) $n=\frac{\mu_A V}{2D}=\frac{2.3\times10^{-7}\times20\ 000}{2\times5.0\times10^{-9}}=4.6\times10^{5}(/m)$

(5) $R=\frac{\sqrt{n}}{4}\frac{\Delta u}{\bar{u}}=\frac{\sqrt{4.6\times10^5}}{4}\frac{0.50/10-0.50/12}{1/2(0.50/10+0.50/12)}=9.8$

8.3 毛细管电泳法的分离模式

毛细管电泳的分离模式包括：毛细管区带电泳法(CZE)、胶束电动毛细管色谱法(MECC，或称毛细管胶束电泳法)、环糊精毛细管电动色谱法(CDECC，或称毛细管环糊精电泳法)、毛细管凝胶电泳法(CGE)、毛细管等速电泳法(CITP)、毛细管等电聚焦电泳法(CIFE)及非水毛细管电泳法(NACE)等类别。

按毛细管电泳法的分离机制可分为毛细管区带电泳及毛细管电色谱两大类。在上述毛细管电泳法中，只有毛细管区带电泳法与非水毛细管电泳的分离机制是靠电泳行为，即靠组分的电泳淌度的差别而分离。而其他毛细管电泳法，如胶束电动毛细管色谱法、环糊精电动毛细管色谱法及毛细管凝胶电泳法等，都是靠组分的电泳行为与色谱行为两种行为的差别而分离。因此，从广义上讲，它们都应属于毛细管电色谱法的范畴。而通常所说的毛细管电色谱是指具有毛细管色谱柱的加压或不加压(液压)的狭义电色谱法。

8.3.1 毛细管区带电泳法

在充满缓冲溶液(运行电解质溶液)的开口毛细管中，在电场作用下，在毛细管中，依据离子的电泳淌度的差别，而分离、分析的方法，称为毛细管区带电泳法(capillary zone electrophoresis，CZE)。毛细管区带电泳法是毛细管电泳法中最基础、使用最为广泛的方法。

1. 分离机制

毛细管区带电泳(CZE)是通过在充满电解质溶液的毛细管中，荷径比[离子的电荷与离子半径之比，式(8-5)]不同的离子，在电场的作用下，电泳淌度不同而被分离。区带电泳分离的示意图如图 8-4 所示。荷径比大的离子电泳淌度大，先到达检测窗口；反之，则后到达。中性分子不荷电，随电渗流流经检测窗口。即中性分子的表观淌度(μ_{app})等于电渗淌度(μ_{eo})。

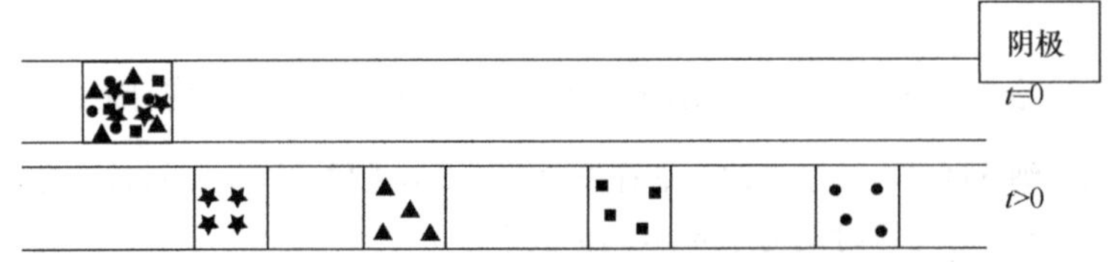

图 8-4　区带电泳分离的示意图

●荷 2 个正电荷的阳离子；■荷 1 个正电荷的阳离子；▲中性分子；★荷 1 个负电荷的阴离子

图 8-4 中的 3 种不同荷电的离子与一种中性分子。进样后，在 t_0 时间，4 种组分形成一个样品带。加电压运行($t>0$)，组分按其荷径比的大小及电荷符号，依次分离。在图 8-4 中，“圆点”代表荷 2 个电荷的正离子，电泳淌度最大，最先到达检测窗口；“方块”代表荷 1 个电荷的正离子，紧随其后；“三角形”代表中性分子，其电泳淌度即电渗淌度；“星号”代表荷 1 个负电荷的阴离子，其电泳方向与电渗流的方向相反。但由于电渗淌度大于阴离子的电泳淌度，最终阴离子仍以较慢的速度流经检测窗口。

2. CZE 的实验条件选择

(1) 毛细管柱。不同材料毛细管的表面电荷特性不同，产生的电渗流大小不同(图 8-5)。CE 最常用石英毛细管柱，因为它可以透过紫外线。为了增加毛细管的抗折性能，在毛细管的外壁涂有聚丙酰亚胺薄膜。对于石英毛细管，溶液 pH 升高时，表面电离多，电荷密度增加，管壁 ζ 电势增大，电渗流增大，pH=9 时趋于最大(图 8-5)；pH<3，完全被氢离子中和，表面电中性，电渗流为零。此时，只能靠组分的电泳淌度差别分离。

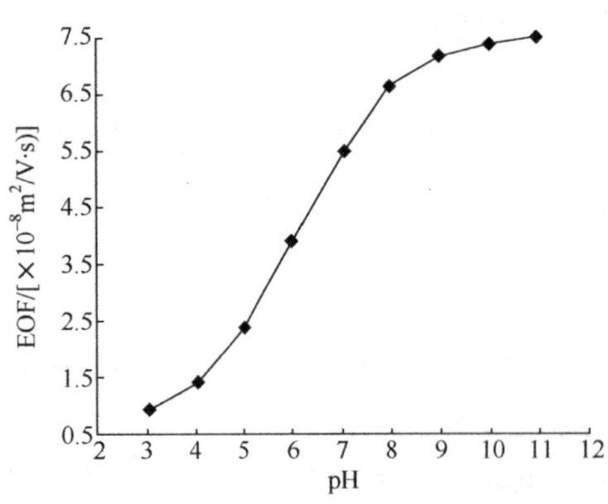

图 8-5　石英毛细管的电渗流速度与 pH 的关系

常用石英毛细管的规格：柱长 30～100cm，内径 50～75μm。

(2) 运行电解质溶液(缓冲溶液)。

①常用硼砂缓冲溶液、磷酸盐缓冲溶液等。CZE 一般在 pH>7 的情况下运行，pH 的选择至关重要。通常，宜选用 pH 稳定，缓冲最大的缓冲溶液。

②离子强度影响双电层的厚度、溶液黏度和工作电流。离子强度增加，ζ 电位降低，电渗流降低，工作电流和焦耳热增加，不利。离子强度太低，可能产生样品的吸附及载样量低等问题。因此，适宜的离子强度，对于 CZE 分析也很关键。

③有机改性剂的添加，改变 ζ 电位和黏度，降低电渗流，可以改变选择性，但需要通过实验确定添加有机改性剂的利弊。常用的有机改性剂如甲醇、乙腈等。

(3) 电场强度。电渗速率正比于电场强度。电场强度增加，焦耳热增加，不利。电场强度降低，分离效率和分辨率的降低。因此，应根据实验选择电场强度。一般长 100cm 左右、内径 50～75μm 的毛细管，电压可选 20～30kV(电流<100μA)。

(4) 实验温度。温度增加 1℃，黏度降低 2%～3%。根据式(8-5)运行电解质的黏度降低，离子的电泳淌度增加，电渗流增大。因此，不能在较低的柱温下进行电泳实验，应配备自动控温的柱温箱，以保持实验结果的重复性。

在 8.2 节中介绍的基本原理，都是以毛细管区带电泳为例，因为毛细管区带电泳是应用最广和最有代表性的毛细管电泳法，虽然它只能分离有机与无机的阴、阳离子，但这类样品很多，如天然产物及水溶性成分等。由于毛细管区带电泳还可以作为反相高效液相色谱的补充，因此应用很广。系统地研究 CZE 的迁移行为对于进一步认识 CE 的迁移机制，以及在实际分析工作中选择最佳分析条件具有十分重要的意义。

CZE 技术的分析结果的重复性和准确性对于 CZE 的应用有着直接的影响，因而需要首先得到解决。

采用相对值提高重复性是简易可行的方法。孙毓庆等[5]采用相对迁移时间及相对峰面积为指标，能有效地提高 CZE 的重复性(简易仪器 RSD≤4%)。在定量分析中采用内标对比法或叠加对比法[6]，分析结果的准确度(回收率 95%～105%)符合药物分析的要求。若采用具有自动进样的精密仪器，CZE 的保留时间与峰面积重复性的 RSD≤2%，可与 HPLC 相媲美。

实验结果的重复性与实验条件的关系详见 8.5.4 节 CE 定性与定量分析的重复性。

3. 应用实例

【例 8-2】 冬虫夏草的毛细管电泳分析[7]。

冬虫夏草为麦角科植物冬虫夏草菌的子座及其寄主虫草蝙蝠蛾的幼虫尸体的复合体。冬虫夏草是名贵的中药材，具有补肺益肾、止血化痰的功效，含有不饱和脂肪酸、虫草酸、虫草素及核苷类等主要成分。由于天然资源几近枯竭，伪品、次品充斥市场。鉴定冬虫夏草的真伪、优劣成为当务之急。冬虫夏草的水提取物，用毛细管区带电泳分析获 44 个峰(图 8-6)，很易区别冬虫夏草、蛹虫草、人工冬虫夏草、人工蛹虫草、伪品及次品等。而用 HPLC 法只能获得十几个色谱峰，较难鉴别。CE 同时还可以测定冬虫夏草中的核苷类成分的含量。

仪器　HV-301Unimicro 简易型毛细管电泳仪：高压电源(0～30kV)，Hyper Quan VUV-11 紫外检测器(195～400nm)，Echrom98 工作站。

毛细管　有效长度 50cm×75μm；运行电压：14.0kV；检测波长：254nm。

缓冲液　36mmol/L 硼砂-15mmol/L 磷酸氢二钠(pH 9.2)

毛细管电泳系统适用性试验　理论塔板数：以鸟苷计算为 2.78×10^5/m，鸟苷与尿苷的分离度 R 为 2.2；对称因子近似为 1；仪器的重复性 RSD<2.8%(n=6)。

样品　冬虫夏草的 95%乙醇提取物分析结果见表 8-2。

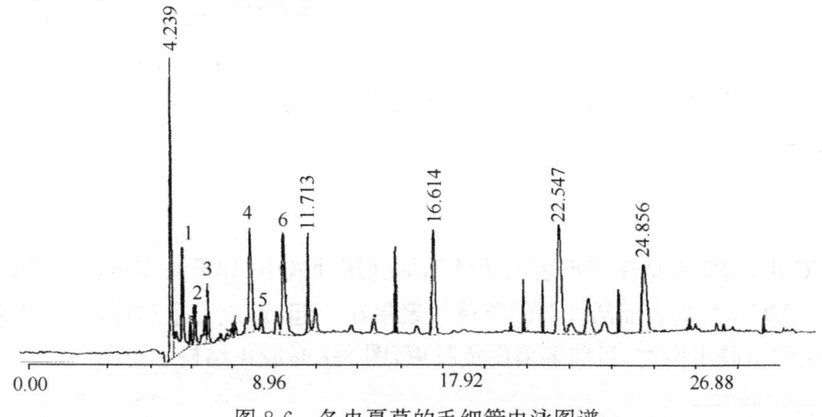

图 8-6　冬虫夏草的毛细管电泳图谱

1. 脱氧胸苷；2. 腺嘌呤；3. 尿嘧啶；4. 腺苷；5. 次黄嘌呤；6. 鸟苷

表 8-2 冬虫夏草样品测试结果($n=5$,μg/g)

样品＼成分	虫草素	腺嘌呤	胸苷	尿嘧啶	腺苷	次黄嘌呤	鸟苷	尿苷	肌苷
子座	30.1	9.4	1.1	3.3	75.1	2.2	26.7	24.8	8.5
虫体	37.6	8.9	0.6	3.1	71.5	5.4	29.6	31.2	15.1
	天然虫草样品 10 个								
1	3.7	9.0	0.4	0.1	50.0	0.4	7.7	15.6	1.7
2	5.8	2.6	0.4	2.7	22.0	0.4	7.4	10.8	0.4
3	2.3	5.8	0.3	3.5	36.5	0.9	9.7	14.1	0.7
4	3.9	4.1	0.3	2.9	24.9	1.2	7.2	7.4	—
5	0.8	6.9	0.4	1.6	23.4	1.3	4.2	7.3	3.6
6	3.4	1.2	0.8	1.1	16.3	3.8	7.4	16.2	10.0
7	47.6	70.4	3.8	18.9	116.6	0.6	59.3	53.0	41.6
8	3.5	10.6	0.5	1.6	42.4	1.5	7.7	18.4	—
9	5.2	8.9	0.9	3.4	40.4	0.5	12.6	18.3	1.4
10	5.6	32.8	0.8	5.6	34.9	2.0	15.6	28.1	9.6
	人工虫草(子实体)								
华东产	2.2	278.5	—	24.2	227.1	25.0	154.1	447.3	—
河北产	0.3	417.2	—	3.6	341.9	3.7	231.3	671.0	—
辽宁产	9.2	221.0	1.6	2.3	166.4	3.0	10.7	68.6	72.9

8.3.2 胶束电动毛细管色谱法

在含有胶束的运行电解质溶液中进行的毛细管电泳法,称为胶束电动毛细管色谱法(micellar electrokinetic capillary chromatography,MECC)*。

为什么把这种电泳称为电动色谱法,是因为其具有电泳及色谱双重分离性能,而色谱功能占主导。胶束与运行电解质溶液,分别具有固定相与流动相的性质。由于胶束在毛细管中的位置并非固定,而是缓慢迁移(电动),因此应称为"准固定相"。

由此,MECC 的完整定义:在毛细管中以含有胶束的缓冲溶液为流动相,在电场作用下,依据离子的分配系数与表观淌度的差别,而分离分析的方法,称为胶束电动毛细管色谱法。

MECC 可用于中性分子或中性分子与离子混合物的分离分析,是仅次于 CZE 的最常用毛细管电泳法之一。

1. 胶束

在 MECC 中,通常是把离子型表面活性剂加到缓冲液中,如果浓度足够大,达到或超过临界胶束浓度(CMC)时,则表面活性剂的单体就聚集在一起,形成一个球体,称之为胶束。胶束可分为正胶束和负胶束两类,目前多采用负胶束,图 8-7 是胶束结构示意图。

* 胶束电动毛细管色谱法,用缩写 MECC 比较贴切。但不少书籍习惯用传统缩写 MEKC。

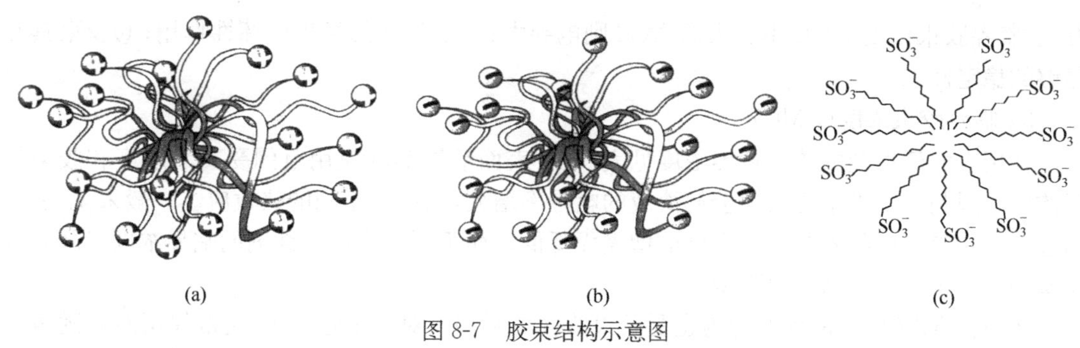

图 8-7　胶束结构示意图

(a)正胶束；(b)与(c)负胶束

1）表面活性剂的类型

可用于 MECC 的表面活性剂有四类：阴离子、阳离子、两性离子和非离子表面活性剂，其典型化合物及主要性质见表 8-3。其中用得最多的是前两类，而这两类中尤以 SDS 及 CTAB 使用最普遍。

表 8-3　四类表面活性剂

类型	表面活性剂	CMC/($\times10^{-3}$mol/L)	聚集度
阴离子表面活性剂	十二烷基硫酸钠(SDS)	8.1	62
	十四烷基硫酸钠(STS)	2.1	
	N-月桂酰-*N*-甲基牛磺酸钠(LMT)	8.7	
	聚氧乙烯醚基十二烷基硫酸钠	2.8	
阳离子表面活性剂	十六烷基三甲基溴化铵(CTAB)	0.92	61
	十二烷基三甲基氯化铵(DTAC)	16	
	十二烷基三甲基溴化铵(DTAB)	15	
	十四烷基三甲基溴化铵(TTAB)	3.5	
两性离子表面活性剂	*N*-十二酰基-L-氨酸钠(SDVal)	5.7	
	N-十烷基-*N*,*N'*-二甲基胺-3-丙烷-1-磺酸	3.3	55
非离子型表面活性剂	聚氧化乙烯-2,3-十二烷基醚(Brij-35)	0.1	40
	3-[3-(氯化酰胺基丙基)二甲基胺基]-1-丙基磺酸酯(CHAPS)		

注：聚集度为分子数和胶束数之比。

负胶束表面活性剂　十二烷基硫酸钠[$CH_3(CH_2)_{10}CH_2OSO_3Na$，SDS]，具有紫外吸收低、临界浓度(CMC)低(8.1×10^{-3}mol/L)及价格便宜等优点，是胶束电动毛细管色谱法首选的表面活性剂。它在水溶液中形成负胶束，胶束结构的中心是疏水内核，外围布满了—SO_3^-基团[图 8-7(b)和图 8-7(c)]。

正胶束表面活性剂　常用的有十六烷基三甲基溴化铵(CTAB)，其 CMC 为 9.2×10^{-4} mol/L[图 8-7(a)]。正胶束带正电，电泳方向与负胶束相反，向阴极迁移。

表面活性剂的类型对 MECC 的选择性影响很大，这主要是不同的表面活性剂形成的胶束有不同的荷电情况、不同的溶解度、不同的聚集度和形状，所有这些因素都影响选择性。

2）对胶束的要求

①胶束的黏度小；②水溶性好；③所形成的胶束必须均匀、透明，紫外吸收(背景)越低越

好；④临界胶束浓度 CMC 不宜太高，太高则电导大；⑤不与样品发生破坏性作用；⑥胶束具有足够的稳定性。

3）临界胶束浓度（CMC）

常用表面活性剂的胶束临界浓度见表 8-3。表面活性剂的应用范围受其溶解度和胶束临界浓度的限制。临界浓度太大会使溶液的电导率增大，而产生不利的热效应。一般来说，表面活性剂的临界浓度随着其离子强度的增大而降低。而不同的表面活性剂的临界浓度又随着其烷基的碳原子数目的增大而降低。

溶质在 MECC 中的保留行为也受胶束浓度的影响。对于中性分子，通常保留时间随着胶束含量的增加而增加，这相当于在 HPLC 中增加了固定相的用量。但对于常用的阴离子表面活性剂和石英毛细管柱构成的 MECC 系统，表面活性剂量的变动，不会显著地改变电渗流的电渗淌度。

2. 分离机制

在 MECC 系统中，实际上存在着类似于色谱的两相，一相是流动的水相（缓冲溶液），另一相是起到固定相作用的胶束相（准固定相）* 及两种作用力（色谱作用力与电泳作用力）。

1）中性分子的分离

虽然 MECC 存在两种作用力，但对中性分子（溶质）而言，电泳作用力只是起到使之“随波逐流”的作用。而对不同性质的中性分子的分离，毫无作用。中性分子在 MECC 的分离，主要靠色谱作用力，即分配系数的差别而分离。

对中性分子的色谱作用力：一是胶束的作用力；二是流动相的溶解力。即溶质处于两个作用力场的平衡之中，而在两相之间分配。胶束对溶质的作用力强，而流动相的溶解力差时，溶质的分配系数大，保留时间长，反之，则较早流出毛细管柱。由于溶质的分配系数差别，而产生差速迁移。

也可由中性分子的疏水性差别来解释。疏水性强、亲水性弱的中性分子的分配系数大；反之，亲水性强、疏水性弱的分配系数小，而产生分配系数的差别。

在 MECC 中多采用中性或碱性缓冲液。由于缓冲液在靠近管壁处形成的正电层，与毛细管区带电泳一样，使其显示出较强的电渗流向阴极移动。而对于 SDS 负胶束而言，因其外壳带很多的负电荷，则以较大的电泳淌度向阳极迁移。但在一般情况下，由于电渗淌度大于胶束的电泳淌度，所以迫使胶束最终以较低的速度向阴极迁移，其分离原理如图 8-8 所示。如果使用阳离子表面活性剂，则电泳方向相反，所以必须将电极倒向，以便于检测。

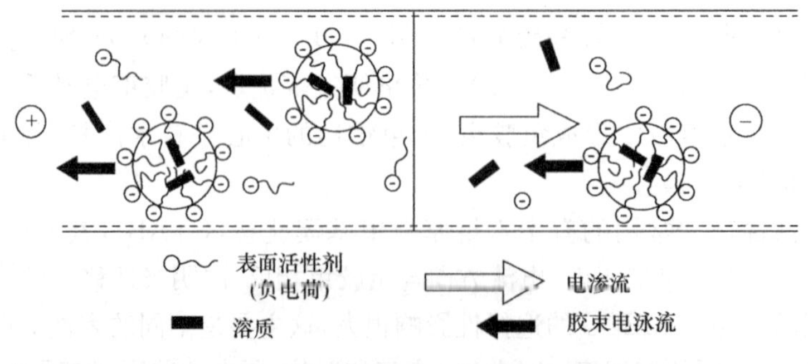

图 8-8　胶束电动毛细管色谱法分离原理示意图

* 因为胶束在胶束电动毛细管色谱过程中起固定相的作用，但也缓慢迁移，而非固定，故称为准固定相。

对于带有一定疏水基团的中性分子，它们的出峰时间，将介于流动相(如水，t_0)与胶束的保留时间(t_{mc})之间。而它们的出柱顺序，由分配系数的大小决定。t_{mc} 至 t_0 的时间间隔，称为 MECC 的迁移时间窗口。即任何性质的中性分子的保留时间，只能介于时间窗口之内(图 8-9)。

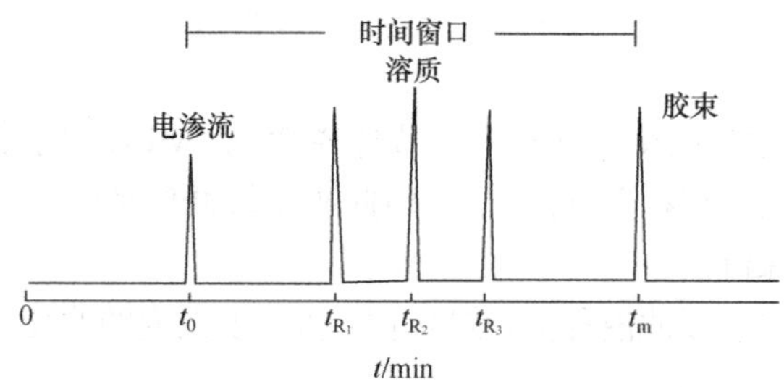

图 8-9　胶束电动毛细色谱的迁移时间窗口

2) 带电的大分子

带电大分子与中性分子不同，在 MECC 中受到色谱与电泳作用力的双重影响。由于带电大分子，一般都具有较大的疏水基团，在胶束中也有一定的溶解度，因此也受色谱作用力的影响，表现为分配系数的差别。已在中性分子的分离原理中叙述，无需重复。另外，带电大分子荷电，因此还受电泳作用力的影响。根据其荷径比等性质，表现为表观淌度的差别。

3. MECC 的基本关系式

作为一种广义的色谱方法，MECC 在很大程度上受控于分配机制。因此，可沿用色谱中常用的计算方法，当然要考虑到其中胶束相的移动因素。Terabe 提出了保留时间、容量因子和分离度的计算公式，如表 8-4 左侧所示。表中 t_0/t_{mc}的比值，是 MECC 中特有的一个重要变量，可被看作是中性溶质流出范围的宽度。当胶束的移动速率无限小，即 $t_{mc}\rightarrow\infty, t_0/t_{mc}=0$ 时，准固定相胶束固定不动，成为真正的固定相时，则所有表 8-4 的左侧的各式，被简化为右侧所示的色谱中常用的公式。此时，可把普通色谱(HPLC)看成 MECC 在胶束停止移动时的特例。

表 8-4　MECC 和普通色谱的基本关系式对比

MEKC	普通色谱
$t_R=\dfrac{1+k}{1+(t_0/t_{mc})k}\cdot t_0$	$t_R=(1+k)t_0$
$k=\dfrac{t_R-t_0}{t_0(1-t_R/t_{mc})}=\dfrac{n_{mc}}{n_{aq}}$	$k=\dfrac{t_R-t_0}{t_0}$
$R=\dfrac{\sqrt{n}}{4}\left(\dfrac{a-1}{a}\right)\left(\dfrac{k_2}{k_2+1}\right)\left[\dfrac{1-t_0/t_{mc}}{1+(t_0/t_{mc})k_1}\right]$	$R=\dfrac{\sqrt{n}}{4}\left(\dfrac{a-1}{a}\right)\left(\dfrac{k_2}{k_2+1}\right)$

在 MECC 中，中性分子(溶质)的分离，原则上所有的溶质都在 t_0 和 t_{mc}之间流出。MECC 系统的最佳容量因子 k 值，可由式(8-11)算出，可作为调整实验条件的依据。

$$k_{opt}=\sqrt{\frac{t_{mc}}{t_0}} \tag{8-11}$$

分离方程式(表 8-4 的第 3 式)是 MECC 中一个十分重要的关系式，它表明可以通过优化柱效、选择性和容量因子来改善分离度。分离方程式表明，t_0/t_{mc}比值的减小，有利于分离度 R 值的增大；增大容量因子，也有利于 R 的增大。增加缓冲液的浓度、表面活性剂的浓度及减小电渗流等均可增大容量因子。

4. 流动相

在 MECC 中还可以通过改变流动相来调节选择性，从 MECC 的分配机理的讨论中可知，溶质在胶束相和流动相之间存在着分配关系，因此改变缓冲体系将会影响溶质的分配系数，并进而影响其容量因子和保留值。

流动相的改变通常包括缓冲液种类、浓度、pH 和离子强度的改变，也可添加有机改性剂。

1）流动相的 pH

pH 能影响色谱中组分迁移的速率，但是不改变 SDS 胶束的荷电状况，因而不影响它的电泳速率。但因为电渗是受控于 pH 的，因此，溶质的表观淌度与 pH 有关。现以 α-萘酚胺为例说明，在低 pH 时，氨基会质子化，因此，会加强和胶束的静电吸引作用，使迁移时间增加。反之，酸性组分在 pH 较大时会失去 H^+，成为带负电的粒子。因为溶质与 SDS 胶束带相同的电荷，则在它们之间会产生排斥效应，而使分配系数降低，溶解度减小，保留时间缩短。值得注意的是，这种情况下，问题通常比较复杂，无论是胶束的相互作用，还是电泳淌度都会影响整个迁移时间。

2）流动相的离子强度

流动相的离子强度增大，将使表面活性剂的临界胶束浓度及电介质溶液（流动相）的电离电阻降低，因此能抑制热效应。

3）有机改性剂

在流动相中加入有机改性剂：①能改变电渗流的双电层，降低 ζ 电位，使电渗流降低，t_0 增加。因而拉大 t_0 和 t_{mc} 之间的距离，扩大迁移窗口，增加峰容量。②影响溶质在胶束和流动相之间的分配系数。因为有机溶剂的加入会使胶束的结构疏松，而使溶质进出胶束的传质过程加快，分配系数降低，保留时间适宜，提高分离效率。③可以减小石英毛细管因三甲基硅烷等的存在而产生的管壁作用力。

甲醇和乙腈是 MECC 中用得最多的有机改性剂，其浓度控制在 5%～25%范围内。有机改性剂的浓度不宜太高，否则影响胶束的聚集度及电荷数量。若浓度过高，可能使 MECC 转变为界面电泳，使保留时间难于预测。就降低电渗而言，甲醇等醇类的作用要比乙腈更大一些。在用 MECC 分离蛋白质和 DNA 时，常用尿素为改性剂，以增加它们的溶解度。

5. MECC 方法设计的一般途径

与高效液相色谱比较，胶束电动毛细管色谱的主要优点是分离效率高。若 HPLC 25cm 柱的柱效为 5 000～20 000/m，而在 MECC 中同样规格的色谱柱柱效可达 50 000～500 000/m。高柱效使复杂混合物的分离成为可能。另一个优点是速率快，分离时间通常小于 30min。MECC 之所以能达到高效、快速分离，主要原因有二：①流型更扁平；②胶束本身是运动状态，因而溶质进出方便迅速，使传质速率加快；③MECC 的质量检测极限低，相对增加了检测灵敏度。

MECC 的引入已大大加强了毛细管电泳的选择性，弥补了 CZE 在中性分子分离方面的不足，使 CE 技术的用途和潜力不断扩大。但对于疏水性很强的组分组成的混合物来说，MECC

在分离方面还存在着一定困难，此时可选用非水毛细管电泳法。

表 8-5 及图 8-10 给出 MECC 的实验条件的选择与优化以供参考。

表 8-5　MECC 的标准推荐条件

项目	实验条件
运行电解质溶液	含有 50mmol/L SDS 的 50mmol/L 硼酸盐缓冲液(pH 8.5～9.0)
毛细管	50～75μm(i.d.)×20～50cm(有效长度)
工作电压	10～20kV(电流应低于 100μA)
温度	25℃
样品溶剂	水或甲醇
样品浓度	0.1～1mg/mL
进样端口	阳极端
进样体积	应少于 20nL(或进样区带长度小于 1mm)
检测波长(有紫外吸收的样品)	200～220nm(视样品情况而定)

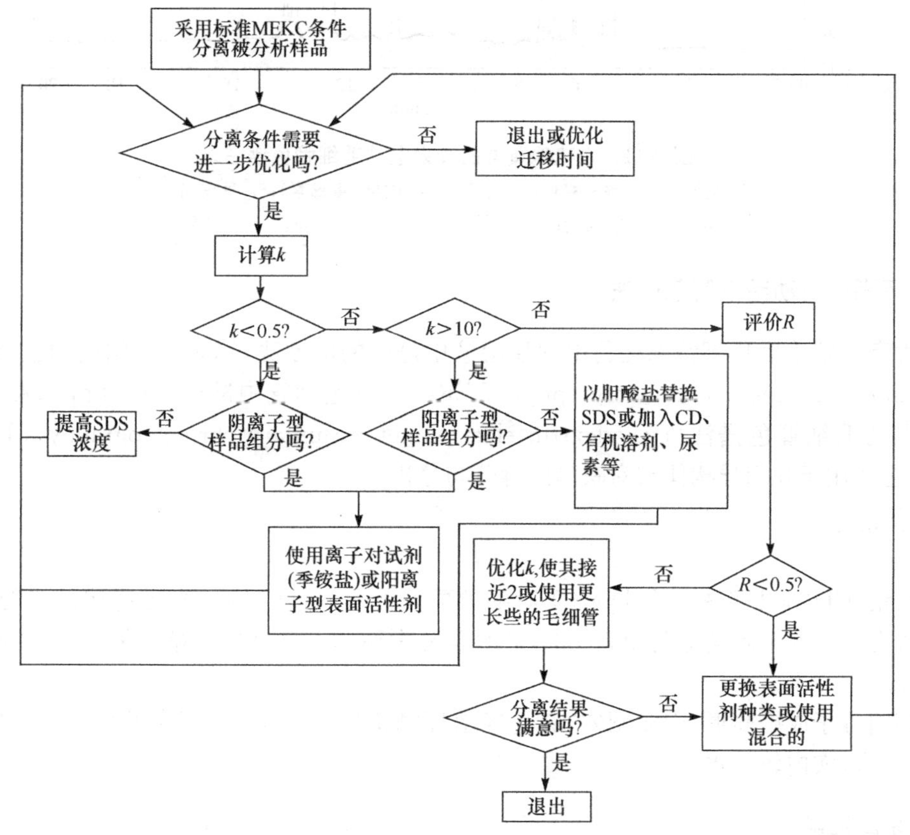

图 8-10　MECC 实验条件的选择与优化

【例 8-3】　六味地黄丸中丹皮酚等成分的 MECC 定量分析[8]。

毛细管电泳条件　毛细管 60cm×85μm，有效长度 50cm。

运行电解质　0.2 mol/L 硼酸-10mmol/L SDS-5%乙腈(氢氧化钠调 pH 至 10.5)。

运行电压 14kV。

检测波长 240nm，温度 11℃。

系统适用性试验 六味地黄丸中莫罗苷、番木鳖苷、芍药苷和丹皮酚的理论塔板数分别为 8.9×10^4、1.0×10^5、1.3×10^5、2.2×10^5。相邻组分的分离度 R 均大于 1.5，RSD 分别为 2.1%、1.9%、2.7%和 3.4%(n=5)。

定量方法 内标法，以氯霉素为内标物，同时对六味地黄丸中莫罗苷、番木鳖苷、芍药苷和丹皮酚进行含量测定（图 8-11）。它们的低、中、高三种浓度的加样回收率平均值分别为 101.4%、101.5%、101.9%和 99.5%，表明分析结果的准确度均较好。

线性关系考查：测得六味地黄丸中莫罗苷、番木鳖苷、芍药苷和丹皮酚在六味地黄丸中的含量的工作曲线的相关系数 r 均大于 0.999。

分析结果：测得六味地黄丸中莫罗苷、番木鳖苷、芍药苷和丹皮酚在六味地黄丸中的含量分别为 0.03%、0.06%、0.07%和 0.12%。

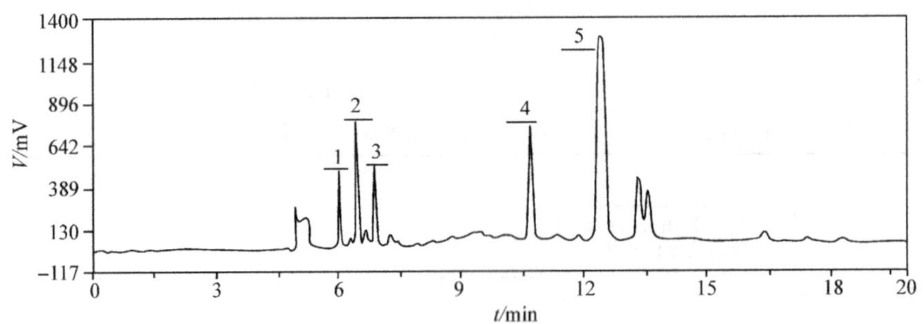

图 8-11 六味地黄丸的胶束电动毛细管色谱图

1. 莫罗苷；2. 番木鳖苷；3. 芍药苷；4. 内标(氯霉素)；5. 丹皮酚；

六味地黄丸的毛细管区带电泳图有 40 余个电泳峰，可用于鉴别

8.3.3 环糊精电动毛细管色谱法

在含有一定浓度环糊精的运行电解质溶液中进行的电泳法，称为环糊精电动色谱法（cyclodextrin electrokinetic chromatography，CDEKC）。在毛细管中进行的环糊精电泳法，称为环糊精电动毛细管色谱法（cyclodextrin electrokinetic capillary chromatography，CDECC）。CDECC 主要用于几何异构体与对映体的拆分与分析。

1. 环糊精

环糊精(CD)是由 6～12 个 D-(＋)-吡喃葡萄糖单元，通过 1,4-α-苷键连接而成的环状低聚糖。含有 6、7、8 个吡喃葡萄糖单元的环糊精，分别称为 α、β、γ-环糊精。常用环中等大小的 β-环糊精。

环糊精分子成锥筒形，构成洞穴，其孔径由环糊精环的大小所决定(图 8-12)。穴唇口有羟基，较亲水，穴内较疏水。

2. 分离机制

环糊精荷负电，在电泳过程，向电渗流反向运动，但因电渗流的作用力大于环糊精的反作用力，最终环糊精仍从毛细管的阴极端流出，但其表观淌度很慢。根据环糊精环的大小和极性与待分离的手性分子的大小和极性的相对关系，决定手性分子与环糊精的镶嵌关系，而达到分离的目的。镶嵌的匹配程度强，则表观淌度慢，反之，则快。CDECC 是分离异构体最常用、最便宜的方法。改性环糊精的选择性更好。

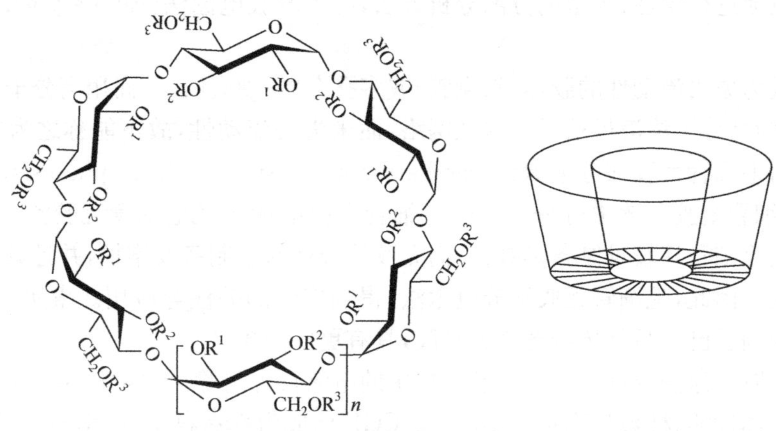

图 8-12 环糊精的结构

R 上角的 1,2 与 3 不是幂次,而是代表不同的取代基

环糊精电动毛细管色谱法的分离机制及基本关系式与胶束电动毛细管色谱法基本一致,将 MECC 表 8-4 中的第 3 式中相关部位的下标 mc(胶束)换成 c(环糊精)即可。如是,环糊精电动毛细管色谱法的分离方程式可写成

$$R=\frac{\sqrt{n}}{4}\left(\frac{\alpha-1}{\alpha}\right)\left(\frac{k_2}{k_2+1}\right)\left(\frac{1+t_0/t_c}{1+(t_0/t_c)k_1}\right) \tag{8-12}$$

环糊精电动毛细管色谱法的应用范围,虽然远不如胶束电动毛细管色谱法。从用药安全、增加疗效和减少副作用的要求出发,异构体的分离分析有重要的意义。CDECC 的许多实验条件的选择,可参照胶束电动毛细管色谱法,毋庸赘言。

【例 8-4】 用环糊精电动毛细管色谱法拆分 4 种手性药物(图 8-13)。

电泳条件 毛细管柱 64.5cm×50μm;操作电压:30kV;检测波长:200nm;柱温:25℃;缓冲液 50mmol/L Tris-H_3PO_4,20mmol/L 二甲基-β-CD(pH=2.4)。

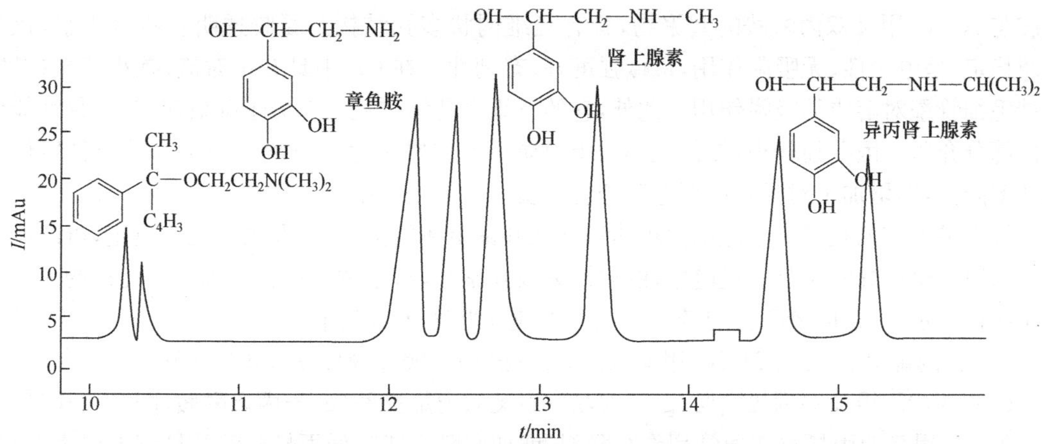

图 8-13 用 CDECC 法拆分 4 种手性药物

8.3.4 毛细管凝胶电泳法

在以凝胶或线性高分子溶液为填料的毛细管中进行的电泳,称为毛细管凝胶电泳。利用

毛细管凝胶电泳进行定性、定量的分离分析方法，称为凝胶电泳法(capillary gel electrophoresis,CGE)。

一般凝胶为失去流动性的胶体(软凝胶)或多孔介质(硬凝胶)。而用高分子溶液的毛细管凝胶电泳，因为高分子溶液虽然具有多孔网络，而未失去流动性，故不能称之为凝胶。因此这种色谱法称为毛细管无胶筛分电泳法(capillary non-gel sieving electrophoresis,CNGSE)。

故而，毛细管凝胶电泳法可分为一般毛细管凝胶电泳法及毛细管无胶筛分电泳法两类。由于一般凝胶毛细管柱较难制备和维护，而无胶筛分柱易于制备及维护，并且具有良好的筛分性能与重复性。因此，毛细管无胶筛分电泳法，得到广泛的关注与应用。事实上，毛细管凝胶电泳法中的"凝胶"已不只是传统意义的凝胶，具有更广泛含义。

毛细管凝胶电泳法依据组分在"凝胶"柱中的电泳行为与筛分两种作用而分离，因此 CGE 具有很高的分离性能，柱数最高可达 10^8/m。CGE 已成为生命科学、医学与分子生物学研究，以及法医鉴定、临床诊断等领域的最重要分析手段之一，应用十分广泛。如 DNA 测序、多聚酶链反应(polymerase chain reaction,PCR)产物分析、蛋白质组学研究、寡糖聚核苷酸的纯化、反应基因疗法，以及其他高分子化合物的分离分析等。CGE 已成功用于双螺旋 DNA 限制性片段的分离，可从几个碱基对至 10^6 bp 的大分子的分离。毛细管无胶筛分电泳法在 DNA 片段分离及 DNA 测序方面取得了显著成绩，并已成功地用于人类基因组的测定。毛细管无胶筛分电泳法在许多场合可以取代一般毛细管凝胶电泳法。

1. 筛分介质

筛分介质可分为凝胶及无胶筛分介质两类。

1) 凝胶

CGE 中常用的凝胶为共价交联型凝胶，如交联聚丙烯酰胺及葡聚糖等，它们都具有三维多孔结构。

(1) 交联聚丙烯酰胺。交联聚丙烯酰胺是一种广泛应用的凝胶，聚丙烯酰胺凝胶是丙烯酰胺与 N,N'-甲叉双丙酰胺的共聚物，具有三维网状多孔结构。凝胶透明且不溶于水，化学性质稳定，呈电中性，无吸附作用，机械强度好，有韧性。在 CE 中具有抗对流、减小溶质扩散、阻挡毛细管壁对溶质的吸附作用。此外，它的三维多孔结构还具有分子筛效应，是一种性能优良的筛分介质。因孔径较小，能使较小的蛋白质得到非常出色的分离。分子筛效应虽然使分离速率降低，但增加了对具有相似电荷密度的蛋白质的分辨率。

聚丙烯酰胺的孔径大小范围由单体和交联共聚单体的浓度，以及聚合程度决定，可以调节这些参数。聚丙烯酰胺是一类电中性物质，易成孔聚合，有很宽的孔径范围。其孔径的大小由两个指标确定：一是丙烯酰胺的量(T)；另一个是交联度(C)，其中

T={[丙烯酰胺(g)+N,N'-甲叉双丙烯酰胺(g)]/缓冲液体积(mL)}×100%

C={N,N'-甲叉双丙烯酰胺(g)/[N,N'-甲叉双丙烯酰胺(g)+丙烯酰胺(g)]}×100%

N,N'-甲叉双丙烯酰胺通常用作交联剂，增加交联度或降低丙烯酰胺的量都能增大孔径。大孔径凝胶适合于 DNA 序列反应产物的测定。反之，减少交联剂的量(即降低交联度)或增加丙烯酰胺的量均能使孔径变小，以适用于蛋白质和寡核苷酸的分离。

聚丙烯酰胺由丙烯酰胺和 N,N'-甲叉双丙烯酰胺共聚而成。聚合反应通常由四甲基乙二胺(TEMED)和过硫酸铵引发，也有用核黄酸引发的。用核黄酸或相关物质参加引发的聚合，称为光化学聚合。

交联聚丙烯酰胺凝胶毛细管柱的制备包括以下步骤：①毛细管内表面预处理；②丙烯酰胺聚合溶液的配制；③聚合物溶液导入毛细管中并发生聚合。

毛细管聚丙烯酰胺的柱效可达每米几百万塔板数，是分离技术中所能达到的最高柱效。分离度也达到了可以分辨 DNA 片段单碱基的能力。例 8-5 是使用低交联聚丙烯酰胺柱的毛细管凝胶电泳法，能分离 85～12 216 个碱基对的 DNA 系列。

(2) 葡聚糖凝胶。葡聚糖凝胶是经环氧氯丙烷交联，具有立体网络的多糖类物质，其物理化学性质比较稳定，但它的孔径较小，特别是经酰基偶联后，凝胶膨胀会使孔径进一步缩小。葡聚糖在溶于水后可形成黏稠状物质，其孔径的大小由聚合物的缠绕状态决定，未成胶的葡聚糖可流动，易于更换。由于其在低紫外区的吸光度很低，因此，有利于蛋白质的灵敏检测。

2) 无胶筛分介质

目前用于无胶筛分介质多是线性水溶性高分子(聚合物)，分为天然与合成高分子两类。天然高分子包括纤维素及琼脂糖等；合成高分子分为均聚高分子与共聚高分子两种。线性聚丙烯酰胺(LPA)、聚乙二醇(PEG)、聚乙烯醇(PVA)及聚乙烯吡咯烷酮(PVP)属于均聚高分子无胶筛分介质。*N*-异丙基取代聚丙烯酰胺和聚氧化乙烯的接枝共聚物等，属于共聚高分子无胶筛分介质。

凝胶与无胶筛分介质的区别是：凝胶是失去流动性的胶体，具有三维多孔结构；无胶筛分介质是线性水溶性的高分子溶液，虽然它有一定的流动性，因其黏度较高，在电泳过程中并不流动。线性高分子通常在溶液中呈卷曲状(图 8-14)，因此凝胶与无胶筛分介质都形成网状结构。毛细管无胶筛分电泳实例见例 8-6。

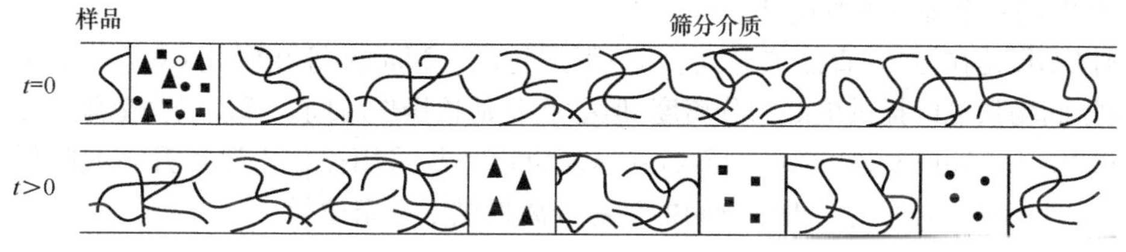

图 8-14　毛细管凝胶电泳法分离示意图

电荷数相同，分子体积：▲>■>●

2. 分离机制

毛细管凝胶电泳法(含毛细管无胶筛分电泳法)的分离机制，是靠电泳与凝胶色谱两种行为。电泳行为起迁移作用，筛分介质起选择性的作用(色谱行为)。在凝胶色谱法中主要是基于凝胶的筛分作用(反筛子)，渗透系数差别而分离，即分子体积大的组分先流出色谱柱。而在毛细管凝胶电泳中，主要靠被测组分的荷径比和分子体积两种差别而分离。若分子体积类似，则荷径比大的先出柱。对电荷数量相同而分子体积大小不同的组分，体积小的先出柱，体积大的后出柱(图 8-14)，这与凝胶色谱法的出柱顺序相反，必须注意。通常用 Ogston 模型[9] 及 Slater 爬行模型[10] 等解释在毛细管凝胶电泳法中大分子组分在聚合物网络中的分离行为。

Ogston 模型认为，筛分介质由许多互相连接的无规则的平均孔径为ξ的网络组成，并假定溶质分子为一半径 R_g 的刚性球状结构，且 $R_g<\xi$。这样溶质分子在电场力的作用下，可通过分子筛孔向对应的电极移动。分子因其体积的大小不同而分离，较小的分子迁移速率较快。

但此模型未考虑迁移分子能发生形变，以挤压的方式穿过网孔。因此，Ogston 模型对于分子直径比网孔大的情况不适用。

Slater 爬行模型认为，DNA 分子等溶质是以像线性链条似的方式在给定网络中运动。在低场强下，DNA 分子的电泳淌度与质量（或单元数）成反比，即 $\mu_{ep} \approx 1/n$ 。n 为大分子的重复单元数。而在高电场下，DNA 分子被拉伸，在极限情况下成棒状。

从理论上讲，凝胶是毛细管电泳的理想介质，它黏度大，抗对流，能减少组分（溶质）的扩散。因此，能限制谱带的展宽，所得的峰形尖锐，柱效极高。还由于组分与凝胶或其添加剂能生成络合物，分离度增加。凝胶还能防止溶质在毛细管管壁上的吸附并减少电渗流，因此能使组分在短柱上实现极好的分离。

3. 梯度毛细管凝胶电泳

梯度毛细管凝胶电泳分为用梯度凝胶毛细管柱及梯度场强下进行的凝胶电泳两类。前者是使样品在不同的凝胶浓度中电泳，后者是程序改变场强，相当于 HPLC 的梯度洗脱。其目的是改善凝胶毛细管电泳的分离性能。

1）梯度聚丙烯酰胺毛细管凝胶电泳

除梯度凝胶可以促使平常难以分离的组分获得良好分离外，还可以制作低背景凝胶毛细管，用以实现高灵敏度检测。

梯度聚丙烯酰胺凝胶毛细管柱制备的具体步骤包括：单体溶液的配制、毛细管的处理、灌制与聚合及后处理等，可参阅有关书籍[3]。

2）梯度场强毛细管凝胶电泳

普通 CGE 是在恒压（直流或脉动直流）下进行的。Macek 等在研究 CGE 的微制备分离时，发现降低场强可以提供更好的分离度，但必然要延长操作时间。梯度场强毛细管凝胶电泳（gradient field capillary gel electrophoresis，GFCGE），是采用操作中逐步升高或降低场强的方法，因此为在较短时间内获得组分间的良好分离提供了一条途径。

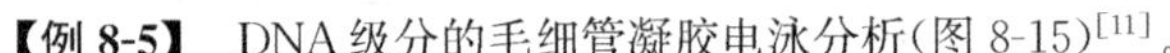
【例 8-5】 DNA 级分的毛细管凝胶电泳分析（图 8-15）[11]。

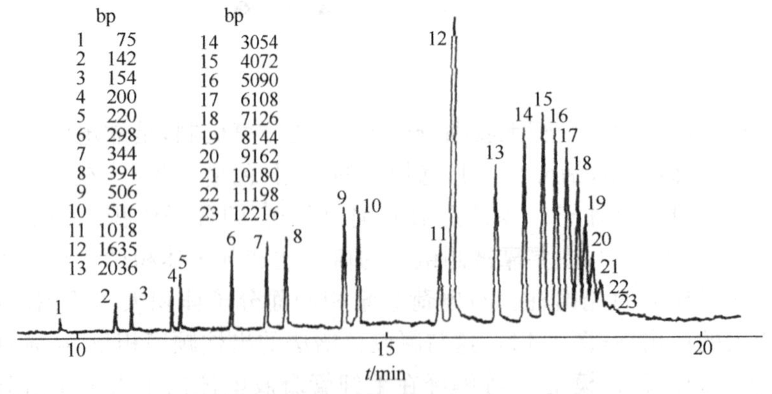

图 8-15 DNA 级分毛细管凝胶电泳分析图

bp 表示碱基对（base pair）

毛细管凝胶柱：总长度 40cm，有效长度 30cm，内径 75μm，3% T（单体）和 0.5% C（交联剂）生成的低交联聚丙烯酰胺。

缓冲溶液：10mmol/L Tris-硼砂，pH 8.3。

进样方式：电动进样；运行电压：10kV；电流：12.5μA；检测器：UV 260nm。

【例 8-6】 用聚乙二醇(PEG)无胶筛分柱分析 $Pd(A)_{12\sim18}$(12～18 个碱基对)(图 8-16)[12]。

无胶筛分柱：PVA 涂层毛细管，充满 28%(质量分数) 聚乙二醇(PEG)35 000 的溶液，毛细管长度 33cm(有效长度 24.5cm)；内径 100μm。

电动进样：−10kV×7s。

运行缓冲溶液：200mmol/L Bis Tris (pH 8.2) + 200mmol/L 硼酸。

负极端检测

柱温：30℃。

运行电压：25kV。

检测波长：260nm。

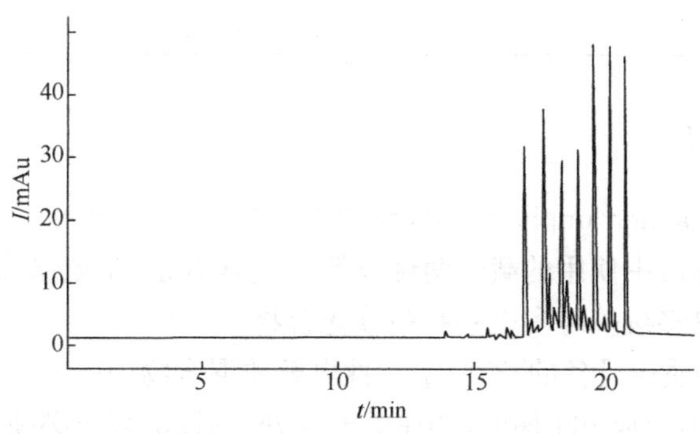

图 8-16　用 PEG 柱分析 $Pd(A)_{12\sim18}$

8.3.5　毛细管等电聚焦电泳法[13,14]

高分子两性化合物的等电点不同，在 pH 梯度毛细管凝胶电泳柱中迁移，若至某区间的 pH 达到其等电点时，则停止迁移(聚焦)。这种分离高分子两性化合物的毛细管电泳技术，称为毛细管等电聚焦电泳法(capillary isoelectric focusing electrophoresis，CIFE)或简称毛细管等电聚焦(CIF)。

1. 毛细管等电聚焦电泳法的特点与应用范围

毛细管等电聚焦电泳法具有极高的分辨率，可以分离等电点差异小于 0.01pH 单位的相邻蛋白质，而且可以实现蛋白质等两性化合物的浓缩。CIFE 法已成功地用于测定蛋白质的等电点、分离蛋白质的异构体、蛋白质纯化、蛋白组学及蛋白质制剂研究。特别是对于其他方法难于分离的蛋白质，如免疫球蛋白和血红蛋白等，可用 CIFE 法分离、分析。

CIFE 的优点可归结为：①分辨率高，可高达 0.01pH 单位。即可将 pI(等电点)相差 0.01pH 的蛋白质分开，分辨率最高可达 0.005pH；②灵敏度高，最低检出量达 0.1ng；③重复性好，RSD≤3%；

适用范围：①要求用无盐溶液，若在无盐溶液蛋白质发生沉淀，则不适用；②不适用于等电点不溶或发生变性的蛋白质。

毛细管等电聚焦电泳法与毛细管区带电泳法及毛细管凝胶电泳法的分离原理与操作方法，有很大区别，见表 8-6。

表 8-6 毛细管等电聚焦电泳与毛细管区带电泳及毛细管凝胶电泳的异同

项目	CIFE	CZE	CGE
原理	等电点(pI)差别	淌度差别	淌度与渗透系数差别
分析对象	高分子两性化合物	离子	荷电的大分子
毛细管柱	凝胶柱或聚丙烯酰胺涂层柱	空心柱	凝胶柱或无胶筛分柱
载体电解质	两性电解质	无	无
运行电解质溶液	一般电解质溶液	缓冲溶液	缓冲溶液
进样方法	混合在载体两性电解质中	柱头塞状进样	柱头塞状进样
区带宽度	随时间变窄	随时间变宽	随时间变宽
区带浓度	被浓缩	被稀释	被稀释
出柱顺序	pI 值大的先出	荷径比大的先出	体积小的先出

2. 载体两性电解质

载体两性电解质(carrier ampholytes),或称支持电解质、等电聚焦介质,简称两性电解质。在毛细管等电聚焦电泳法中使用的载体两性电解质是含有正、负电基团的异构体与同系物的混合物。其化学本质是多羧基与多氨基脂肪族化合物。

(1) 载体两性电解质应具备的条件:①两性电解质混合物中的成分足够多,而且各成分的等电点(pI)相差较小,能形成 pH 梯度;②在等电点处,两性电解质必须有良好的可溶性;③在其 pI 值附近有足够的缓冲能力;④在等电点处必须有良好的导电性;⑤对紫外检测波长的吸光度必须很低,而不干扰样品的测定;⑥相对分子质量要小,以便于被分离大分子物质分离;⑦化学性质稳定。

(2) 常用载体两性电解质:等电聚焦电泳法中较常使用的两性电解质有安福灵、Servalyte 及 Pharmalyte 等。

①Ampholine(安福灵,瑞典 LKB) 它是由 600～700 个相对分子质量为 300～1000 的脂肪族的多氨基多羧酸的异构体和同系物组成。pH 范围:2.5～4.5,4～6.5,5～8,3.5～10 等规格。结构式如图 8-17 所示。R=H 或 CH_2-COOH,x=2 或 3。安福灵的导电性能良好,可以使电场强度分布较均匀、水溶性良好。在 1%水溶液中,紫外 260nm 时的吸光值很低。

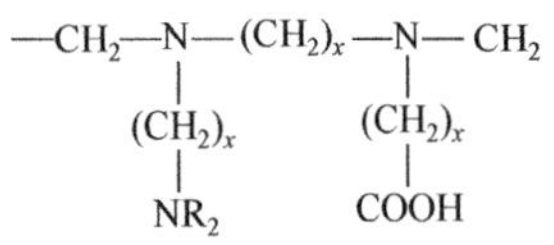

$$
\begin{array}{l}
-CH_2-N-(CH_2)_x-N-CH_2 \\
\quad\quad\;\, | \quad\quad\quad\quad\;\; | \\
\quad\;\; (CH_2)_x \quad\quad (CH_2)_x \\
\quad\quad\;\, | \quad\quad\quad\quad\;\; | \\
\quad\quad NR_2 \quad\quad\quad COOH
\end{array}
$$

图 8-17 Ampholine 的结构式

②Servalyte(德国 Serva 公司) 它是在由丙烯基乙胺与乙烯基亚胺缩合并蒸馏得到的多胺混合物中,再引入磺酸基团或磷酸基团合成的。pH 范围:2～4,3～5,4～6,5～7,6～8,7～9,9～11,2～11,3～10。化学结构式如图 8-18 所示。

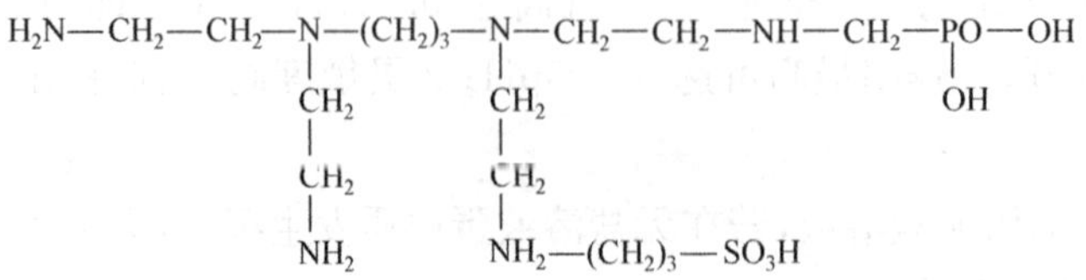

$$
\begin{array}{l}
H_2N-CH_2-CH_2-N(-CH_2-CH_2-NH_2)-(CH_2)_3-N(-CH_2-CH_2-NH_2-(CH_2)_3-SO_3H)-CH_2-CH_2-NH-CH_2-PO(OH)-OH
\end{array}
$$

图 8-18 Servalyte 两性电解质的结构式

③Pharmalyte（瑞士 Biochemical 公司），化学名称是 N,N,N,N-四甲基乙烯基二胺（TEMED），pH 范围：3.0～10.0。其他性质同安福灵。

3. 固相支持介质

毛细管等电聚焦电泳的毛细管柱内的填充物，由固相支持介质（凝胶）与载体两性电解质构成。常用的固相支持介质有：聚丙烯酰胺凝胶，浓度 5%～8%，交联度 3%；琼脂糖凝胶，浓度 1% 以及 4%甲基纤维素等。

固相支持介质通常引起电渗作用，使得形成的 pH 梯度与两性电解质标明的 pH 范围有差别。例如，聚丙烯酰胺凝胶使 pH 向阴极漂移，琼脂糖凝胶可使 pH 向阴极漂移约 2 个 pH 单位，需注意。因此，应选择电渗流小的凝胶。

4. 分离机制

等电点　在电场作用下带电的离子会在电介质中作定向的迁移，这种迁移与离子的电荷状况有关。对于两性物质蛋白质而言，其荷电状况视介质的 pH 而异（图 8-19）。在强酸性介质中蛋白质荷正电，而在强碱性介质中则荷负电。若在某一个 pH 时，蛋白质分子的电荷数为零，则此时的 pH 称为蛋白质的等电点（pI）。因此在电场中，蛋白质的迁移方向或停止不动，与介质的 pH 有关。

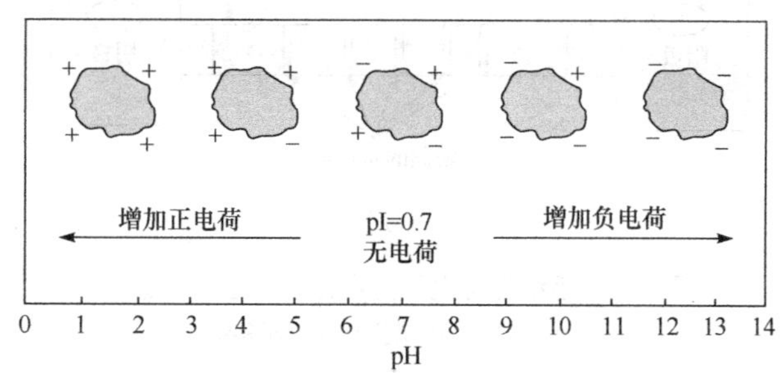

图 8-19　蛋白质在处于不同 pH 时的荷电状况

pH 梯度的形成　在不加电场时，载体两性电解质溶液的 pH 大约是该溶液 pH 范围的平均值。当加入电场后，载体两性电解质中的各化合物，根据各自的 pI 值分布。低 pI 值的分子向阳极移动，高 pI 值的分子向阴极移动，直至各自的等电点而停止迁移，从而形成 pH 梯度。由于毛细管内的载体两性电解质是含有 600～700 种两性化合物的同系物组成，它们的 pI 相差很小。因此，在电场的作用下，载体两性电解质可沿电场方向形成细致、平滑及稳定的 pH 梯度。

分离机制　蛋白质等两性荷电大分子，在 pH 梯度的凝胶柱中电泳时，当每种蛋白质迁移至与它的 pI 相一致的 pH 处时，电荷数为零，而停止迁移（聚焦）。因此，具有不同等电点的分子分别聚集在相应的 pH 区间，而达到彼此分离的目的，这就是等电聚焦分离过程。毛细管等电聚焦电泳具有极高的分辨率，通常用能被分离的两性荷电的大分子的等电点的差值ΔpI 表示分离度，如式（8-13）所示。

$$\Delta \mathrm{pI}=3\left(\frac{D(\mathrm{dpH})/\mathrm{d}x}{E(\mathrm{d}\mu/\mathrm{dpH})}\right)^{\frac{1}{2}} \tag{8-13}$$

式中：D 为扩散系数；E 为电场强度；$\mathrm{dp}H/\mathrm{d}x$ 为区带的 pH 梯度；$\mathrm{d}\mu/\mathrm{dpH}$ 为在等电点处淌度

的变化率。

ΔpI 值越小，系统的柱效和分离度越高。由式(8-13)可知，小的扩散系数和高的淌度变化率对提高柱效和分离度都有利。至于 pH 梯度，它的提高有利于区带变窄，但却不利于分离度的增加；高电场强度有利于提高分离度，与谱带展宽没有直接关系。

5. 毛细管等电聚焦电泳的运行过程简述

传统的毛细管等电聚焦电泳有三个基本操作步骤，即进样、聚焦和迁移。但目前多数的做法是将聚焦与迁移两个步骤合并(图 8-20)，或者省略迁移步骤，用激光束直接照射毛细管全柱检测[15]，而且检测限可达到 $10^{-8}\sim10^{-7}$mol/L。

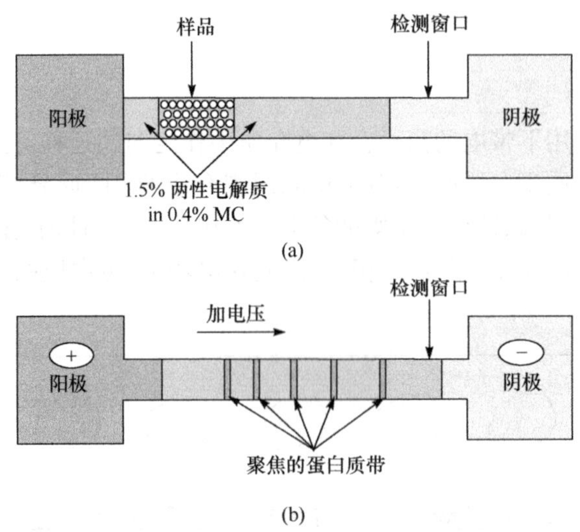

图 8-20 毛细管等电聚焦电泳运行过程示意图

(a) 进样；(b) 聚焦与加电压移动

(1) 第一步进样。预先将脱过盐的样品(如蛋白质等)以 1%～2%的浓度与两性电介质混合，约填充 1/4 柱长的毛细管柱，浓度越高，分离越好，但耗时越长。例如，一根 82cm×50μm (i. d.)的毛细管涂渍柱，先加入含 4%甲基纤维素的 20mmol/L 氢氧化钠溶液。然后，加入溶于 0.4%甲基纤维素的 1.5%两性电解质和溶于水中的样品及标准物，阴极用 20mmol/L 的氢氧化钠，阳极则用 100mmol/L 的磷酸。

(2) 第二步聚焦。先加高压 3～5min，电场强度通常为 500～800V/cm，直到电流降到很低的值。在这一过程中，在毛细管的整个长度范围内建立了一个 pH 梯度，然后蛋白质在毛细管中向它们各自的等电点处聚焦，并形成一些非常明显的区带。

(3) 第三步检测。用 635nm 的激光束，照射毛细管整体柱检测，测得电泳图谱。或者加压力，使毛细管中的凝胶条通过检测窗口，而获得电泳图谱[图 8-20(b)]。

【例 8-7】 用毛细管等电聚焦电泳分离蛋白质(图 8-21)。

载体两性电解质：安福灵，pH 3.5～10。

阴极液：50mmol/L 的 NaOH。

样品：蛋白质的 150mmol/L 的磷酸溶液。

电压：25kV。

迁移阴极液：50mmol/L 的 NaCl 及 50mmol/L 的 NaOH。

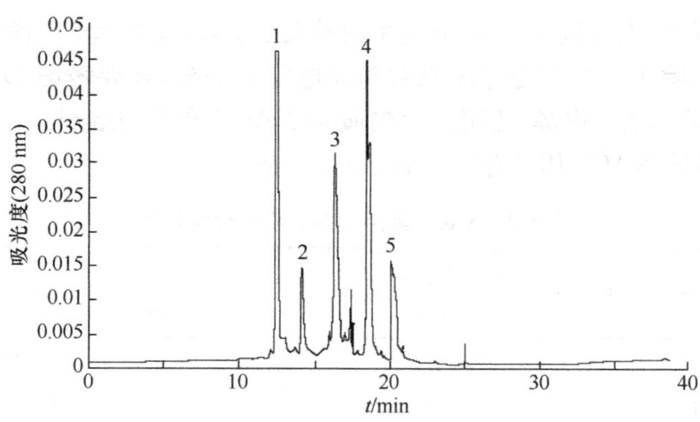

图 8-21　五种蛋白质的分离

8.3.6　非水毛细管电泳法[16]

用有机溶剂为电泳介质的毛细管电泳法称为非水毛细管电泳法(nonaqueous capillary electrophoresis,NACE)。NACE 是以水为运行电解质溶剂 CE 的重要补充,使许多疏水化合物可以用 CE 法分析。由于非水介质的导电能力差,降低了焦耳热效应,因此可施加较高的电压,增加分离效率。这种分离模式具有改善疏水物质的溶解性,减少毛细管壁的吸附,以及介质的酸碱性的可任意调节等特点而备受关注。NACE 常用甲醇、乙腈及四氢呋喃等有机溶剂与低浓度的酸、碱或盐组成缓冲溶液。近年来,NACE 应用的文章,逐年增多。NACE 用于手性化合物拆分[17]、几何异构体分析(例 8-9)、多环芳烃等诸多疏水样品的分析。在药物分析中也有广泛的应用[18],如药物杂质检查、制剂分析等方面。诸如激素类、吗啡类、喹啉类、氨基酸类及中药分析等。虽然也有用于体内药物及代谢产物分析等的报道,但毕竟非水体系与生物样品溶液的性质,存在较大的差别,其应用受到限制。

1. 分离机制

非水毛细管电泳(NACE)的分离机制与毛细管区带电泳(CZE)相同。组分的电泳淌度(μ_{ep})可由式(8-14)求出。

$$\mu_{ep}=\frac{L_d}{tE}-\mu_{eo}\text{或}\ \mu_{ep}=\frac{L_t L_d}{V}\left(\frac{1}{t}-\frac{1}{t_{eo}}\right) \tag{8-14}$$

式中:L_t 与 L_d 分别为毛细管的长度与有效长度;t 与 t_{eo}分别为组分与电泳介质迁移时间;V 为电压;E 为电场强度(V/L_t);μ_{eo}为非水介质的电渗淌度。

若要求算组分的表观淌度,只需将式(8-14)右侧的 μ_{eo}移项:

$$\mu_{app}=\mu_{ep}+\mu_{eo}=\frac{L_d}{tE} \tag{8-15}$$

式(8-15)与 CZE 的式(8-7),完全一致。在 NACE 中,组分也是靠电泳淌度的差别而分离,与 CZE 一致。其与 CZE 的区别只是运行电解质为非水溶液,而使电渗流、选择性与实验条件有所差别而已。

2. 实验条件的选择

1) 非水溶剂(有机溶剂)的选择

非水溶剂的性质对电渗流有较大的影响,通过改变非水溶剂,可以调控电渗流的大小与方向。因为非水溶剂的介电常数小于水，黏度系数常大于水，因此可降低电渗淌度、提高分离度。在选择非水溶剂时，除了需要考虑黏度系数与介电常数而外，还要考虑 UV 截止波长、挥发性、偶极矩及 pK_w 等因素。甲醇、乙腈与甲酰胺是 NACE 常用的溶剂。并且常用混合溶剂，如甲醇-乙腈。常见的 NACE 用的有机溶剂如表 8-7 所示。

表 8-7 NACE 常用溶剂的物理化学性质

名称	简称或分子式	沸点/℃	UV 截止波长 /nm	黏度 /(mPa · s)	偶极矩 /deb[1)]	介电常数	pK_w (pH+pOH)
水	H_2O	100.0	190(或 210)	0.890	1.85	78.36	14.00
甲醇	MeOH	64.5	205	0.551	2.87	32.66	16.91
乙醇	EtOH	78.2	210	1.083	1.66	24.55	19.10
正丙醇	1-PrOH	97.1	210	1.943	3.09	20.45	19.40
异丙醇	i- PrOH	82.2	210	2.044	1.66	19.92	21.08
正丁醇	1-BuOH	117.6	215	2.571	1.75	17.51	20.89
乙腈	CAN	81.6	190(或 210)	0.341	3.92	35.94	32.20
甲酰胺	FA	210.5		3.302	3.37	109.5	16.80
N-甲基甲酰胺	NMF	199.5		1.65	3.86	182.4	10.74
二甲基甲酰胺	DMF	153.0	268	0.802	3.82	36.71	23.10
二甲基亚砜	DMSO	189.0	268	1.991	4.06	46.45	31.80

1) 1deb=3.335 64×10^{-30}C · m。

甲醇与乙腈的 UV 截止波长低，为 210nm，可改善检测限。甲醇的沸点(64.5℃)比较低，易使系统稳定性降低。乙腈的沸点为 81.6℃，与甲醇组成二元溶液，是常用的 NACE 的溶剂系统。甲醇-乙腈能改善溶解性能，改善选择性与分离度。

一些沸点较高的非水溶剂，如甲酰胺类，虽然也可用，但 UV 截止波长较长，有时背景吸收过大，因此影响一些溶质的检测。另外，还会被电解为 CO、NH_3 及 CH_3CN 等，而影响组分的分离。

非水溶剂的介电常数对电渗淌度 μ_{eo} 的影响，如式(8-16)所示。

$$\mu_{eo}=\frac{\varepsilon_0\varepsilon_1\zeta}{\eta} \tag{8-16}$$

式中：ε_0 与 ε_1 分别为介质的真空与相对介电常数；ζ 为电位；η 为介质的黏度。

2) 电解质选择

在非水溶剂中加入电解质，使其具有一定的导电性能，是实现 NACE 的必要条件。加入电解质可改变 pH 和分离的选择性。乙酰胺是最常用的电解质。三羟甲基酰胺(Tris)、四丁基氢氧化铵(TBAH)、甲酸及柠檬酸(Cit)等也常用。

3) 表观 pH*

非水介质中的表观 pH 增大，电泳速度增大，对灵敏度与分离的选择性有较大的影响。表观 pH 还影响毛细管内壁的质子化程度和溶质的化学稳定性。因此，表观 pH 对分离条件的

* 表观 pH：在非水介质中，酸(或碱)的酸度(或碱度)，由其固有酸度(或碱度)与溶剂的碱性(或酸性)所确定，与酸、碱在水溶液中的 pH 不受溶剂水的影响不同。因此，非水溶液的酸碱度称为表观 pH。例如，酸 HA(或碱 B)在溶剂 SH 中，SH 的碱性(酸性)越强，反应越完全，HA(或 B)的酸性(碱性)越强，表观 pH 越小(越大)。

优化是不可忽视的因素。在 NACE 中，冰醋酸、三氟乙酸及氨水等，是常用的表观 pH 调节剂。

4）温度

温度升高，非水介质的黏度降低，电渗流的速度加快，分析时间缩短，有利。但温度过高，焦耳热增加，溶剂挥发，分析的重复性与准确性降低。因此，选择适宜的实验温度，也是实验成败的因素之一。

5）电压选择

在 NACE 中，电压是控制电渗流最重要的因素。因为非水介质的电渗流小，因而可施加较高的电压。但过高的电压，因焦耳热的增加，而使基线的稳定性与检测灵敏度降低及峰变形。因此，必须根据实验结果，选择适宜的高电压。

【例 8-22】 用 NACE 分析 6 种抗精神病药物（图 8-22）。

样品：6 种抗精神病药物的对照品 150μg/L。

仪器：Beckman CE5500 型电泳仪。

毛细管柱：75μm×57cm；有效长度：50cm。

电压：20kV。

背景电解质：150mmol/L 乙酸铵甲醇-乙腈（75∶25）。

压力进样：2s。

温度：15℃。

检测器：UV 254nm。

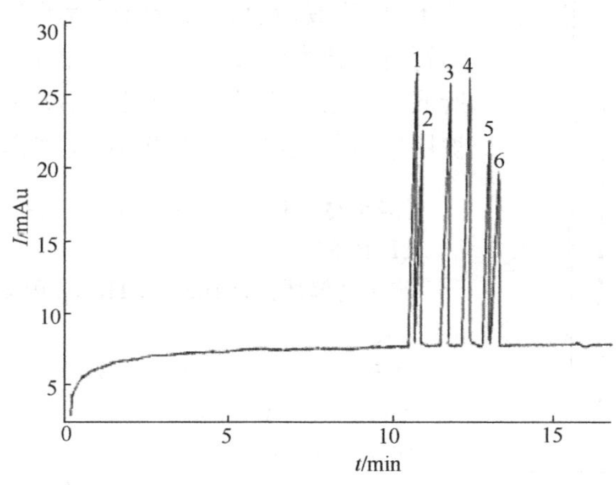

图 8-22　用非水毛细管电泳法分析 6 种抗精神病药物

1. 氯普噻吨；2. 盐酸氯丙嗪；3. 奥氯平；4. 哌泊噻嗪；5. 奋乃静；6. 盐酸氟奋乃静

8.3.7　其他毛细管电泳法

1. 毛细管等速电泳法

毛细管等速电泳（capillary isotachophoresis，CITP）是一种不连续介质毛细管电泳技术，或称“移动界面”电泳技术。在 CITP 中，使用两种电解质，使所有被分离的区带像“三明治”一样，被夹在这两种电解质 T 与 L 之间，毛细管电泳达到平衡后，分成清晰的界面等速移动（图 8-23）。

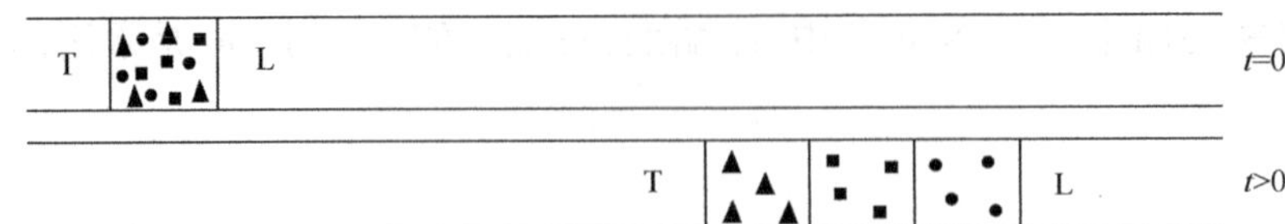

图 8-23 毛细管等速电泳示意图

L(·)前导电解质;T(▲)尾随电解质;■样品

在 CITP 中,所使用的两个缓冲溶液系统,一种为前导电解质,充满整个毛细管柱;另一种为尾随电解质,置于一端的电泳槽中。前者的淌度高于样品组分,后者的淌度则低于样品组分。被分离的组分按其不同的淌度夹在前导电解质与尾随电解质中间,以同一速度运动,而实现分离。进行等速电泳分离,必须满足以下两个特殊条件:①特殊的电解质系统,即要具有一定 pH 缓冲能力的前导电解质和尾随电解质;②背景电流要小到足以克服区带电泳效应。毛细管等速电泳分离所需的毛细管必须经过处理以消除电渗流的影响。在进样时,样品被挤在前导和尾随电解质中间。

在 CITP 中,区带的迁移速率=淌度×场强。

以分离阴离子为例,在紧靠阴极的地方是具有较高电泳淌度的阴离子溶液(如氯离子),在阳极是电泳淌度较低的阴离子(如庚酸盐),这两种电解质推动阴离子样品分离。在毛细管等速电泳进行的结尾,样品组分被分开。当离子组分迁移到检测器(通常为电导检测器)时,由于迁移阻力增加,或因焦耳热的产生引起温度的升高,所以输出结果为梯形的谱图(图 8-24)。阶长或面积用于定量,阶高用于定性。

毛细管等速电泳可用于各种离子,包括无机离子、有机离子、核苷酸、氨基酸、蛋白质等的分离分析。近年来,随毛细管电泳技术的发展,它的应用正逐渐被毛细管区带电泳所取代。由于它的区带自锐化效应和强的浓缩效应,通常被用来与其他电泳模式联用,实现样品的柱上浓缩。

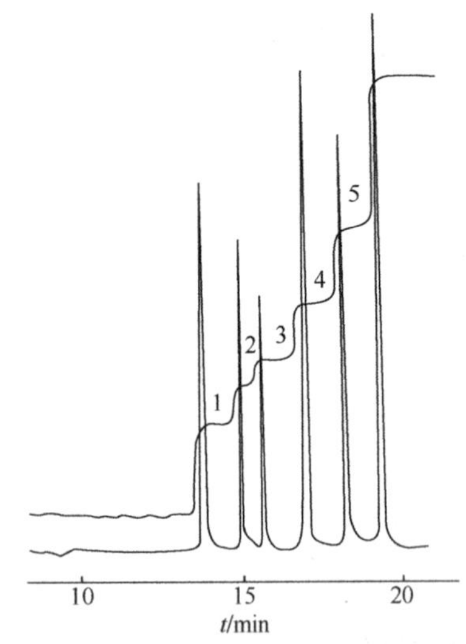

图 8-24 有机酸阴离子等速电泳分离

1. 酒石酸根;2. 柠檬酸根;3. 酸根;4. 琥珀酸根;5. 乙酸根

【例 8-9】 有机酸阴离子的毛细管等速电泳分离(图 8-24)。

CITP 条件

前导电解质:0.01mol/L HCl,β-丙氨酸,0.2% Triton X-100,pH 3.0。

终末电解质:0.01mol/L 己酸。

毛细管:0.5mm(i.d.)×20cm;电流:100μA。

柱温:20℃。

样品:500 mg/L 有机酸钠盐混合标样 8μL。

2. 毛细管电泳免疫分析

毛细管电泳免疫分析(capillary electrophoresis base immunoassay,CEIA)是一新技术将抗原抗体的特异性识别反应,利用抗原抗体复合物与游离的抗原、抗体在电泳行为上的差异,将 CE 作为分离与检测的手段。这种联用技术的发展为 CE 开拓了一个新的应用领域,也为免疫分析注入了新的活力。CEIA 具有样品用量少、测定速度快、易于自动化、进行多组分同时分析等优点。

3. 微芯片毛细管电泳

微芯片毛细管电泳(microchip CE)是将毛细管缩微移植到很小的芯片上,将样品进样、反应、分离、检测等过程集成在一块微芯片上的多功能快速、高效、低耗的缩微实验技术，是 20 世纪 90 年代初发展起来的一种新的分离技术。

微芯片上特殊的微通道结构使得微芯片毛细管电泳可在高电场强度条件下进行快速、高效的分离。与传统 CE 技术相比，微芯片毛细管电泳具有材料选择多样、通道尺寸相对较小、通道设计多变、通道更短、散热性能更好、样品用量更少(pI)、分析速度更快的特点。详见本书第 9 章微流控分析法。

其他毛细管电泳还有毛细管亲和电泳等。

8.3.8　毛细管电色谱法

具有色谱与电泳两种行为的毛细管电泳法称为毛细管电色谱法(capillary electro-chromatography，CEC)。CEC 是 20 世纪 90 年代才发展起来的新分析方法，是电动微分析系统的重要组成部分。

用填充柱或整体柱，代替开口毛细管柱是 CEC 与 CZE 的主要区别。毛细管电色谱法具有色谱与电泳双重分离效能，理论上优点很多，但技术上还有一些亟待解决的问题，如电色谱柱的制备及避免运行过程中气泡的产生等。

电色谱法可分两类：非加压(液压)电色谱法与加压(液压)电色谱法(pCEC)。前者流动相的驱动力是电渗效应(电渗泵)，后者是靠电渗与液压(液压泵)两种驱动力。但加液压的主要目的常是为了防止气泡的产生(毛细管柱两端反向加压)。

电色谱的特点　具有高柱效、高选择性、高分辨率及分离速率快(三高一快)，样品用量少、应用范围广等特点。CEC 能分离分析有机与无机阴、阳离子，手性分子及大分子，而且能分离中性分子。因此，CEC 已成为当前电动微分析法研究中最活跃的课题。有关电色谱法的详细内容，可参阅有关专著[19]。

1. 分离机制

CEC 的分离原理是基于电泳淌度与分配系数差别的双重性能而分离。电泳淌度与离子的电荷符号、荷径比及运行电解质的性质有关。而分配系数差别，则取决于样品与固定相、流动相间的分子间作用力。由于 CEC 具有电泳与色谱的双重分离性能(图 8-25)，因此理论上具有比色谱法及区带电泳法更强的分离效能。

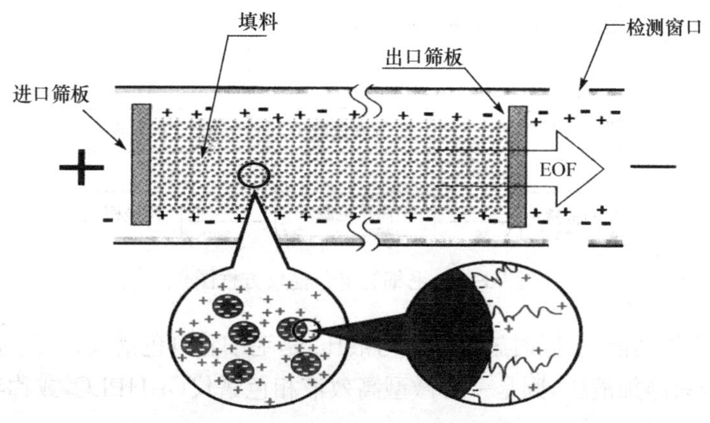

图 8-25　毛细管电色谱法的分离原理示意图

1) 毛细管电色谱的容量因子表达式[20]

$$k_{CEC}=k-\frac{\mu_{ep}}{\mu_{eo}+\mu_{ep}} \tag{8-17}$$

式中:k_{CEC}为溶质在毛细管电色谱中的容量因子;k 为单纯色谱因素引起的容量因子;μ_{ep}为溶质的电泳淌度;μ_{eo}为流动相的电渗淌度。

由式(8-17)可见,溶质在毛细管电色谱中的容量因子并非是色谱和区带电泳的简单加和,而是两者间相互影响。对于中性组分的电泳淌度为零,k_{CEC}等于 k,反映纯粹的色谱过程;对于色谱不保留的化合物 k 为零,反映纯粹的电泳过程;对于有保留的带电离子,电泳与色谱机理同时起作用。通常检测窗口在阴极端,此时阳离子组分的 μ_{ep} 越大,k_{CEC} 越小于 k,即在固定相中的保留越少。对于阴离子,μ_{ep} 为负值,其值越大,k_{CEC} 越大于 k。由于毛细管电色谱能同时分离中性和带电化合物,因而对于复杂成分的混合物样品显示了强大的分离能力。

2) CEC 的理论塔板高度

在填充毛细管电色谱中的谱带展宽与高效液相色谱相同,塔板高度可由 van Deemter 方程式表示。但由于在电场驱动下,流动相(电渗流)的流型与通道直径无关,故涡流扩散项对塔板高度的贡献很小,van Deemter 方程式的 A 项可以忽略。如果进一步减小填料的粒径,传质阻力项的贡献也可忽略不计,故可简化成毛细管区带电泳的塔板高度公式($H=B/u$)。

而在开管毛细管电色谱中塔板高度与开管液相色谱的相似,可用 Golay 方程表示,如下

$$H=\frac{2D_m}{u}+\frac{C_m d_c^2 u}{D_m}+\frac{C_s d_f^2 u}{D_s} \tag{8-18}$$

式中:u 是流动相的线速度;D_m 与 D_s 分别为溶质在流动相和固定相中的扩散系数;C_m 与 C_s 分别为流动相和固定相的传质阻力系数;d_c 为毛细管柱内径;d_f 为固定相的厚度。

通常情况下,式(8-18)的第 3 项(固定相传质阻力项)可以忽略不计,通常是第 1 项(轴向扩散项)和第 2 项(流动相传质阻力项) 对塔板高度起主要作用。

2. 电色谱装置简介

毛细管电色谱仪方框图,如图 8-26 所示。它与毛细管电泳仪的主要不同,是具有微量液压泵。而且液压可加至毛细管色谱柱的两端。一台毛细管电色谱仪的理论塔板数及分离度的计算公式与 CE 相同[式(8-9)与式(8-10)]。

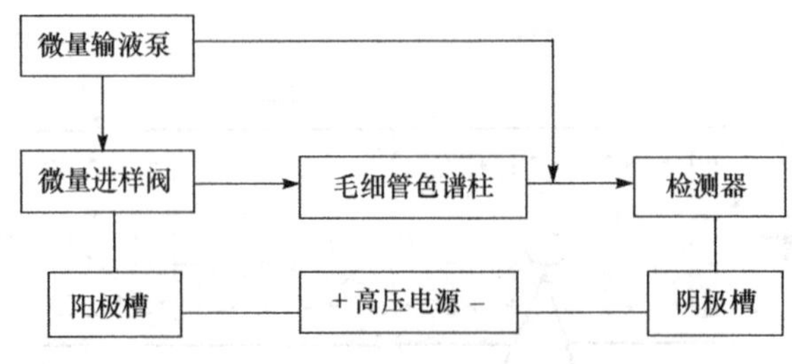

图 8-26　毛细管电色谱仪方框图

色谱仪具有 3 种功能:①同时施加电压与液压,是毛细管电色谱仪;②只施加电压,则是毛细管电泳仪;③若只施加液压,则是一台微型高效液相色谱仪(μ-HPLC,或称毛细管高效液相色谱仪)。

毛细管电色谱柱是电色谱分离的关键,根据固定相的形式,毛细管电色谱柱可分为填充

柱、开管柱及整体柱。反相填充柱，分离效果好，但制备麻烦，易生气泡。整体柱制备简单，是有发展前景的 CEC 柱，但分离效果尚待提高。

微量输液泵流量为 μL 级/min，有机械泵与电渗泵等类型，要求流量衡定、准确。进样方式可采用电动或微量进样阀进样。微量进样阀与 HPLC 的六通阀的结构一致，只是进样量小，为纳升级。CEC 的检测器和高压电源与 CE 一致。

图 8-26 中，在毛细管色谱柱两端加液压(或气压)，称为加压电色谱(pCEC)。其目的主要是阻碍毛细管电色谱柱中产生气泡，流动相主要靠电场驱动(电渗流)。

CEC 的应用很广，最大特点是既有电泳的性能，又有色谱的特长；既能分离中性分子，又能分析各种阴、阳离子，具有三高一快(高柱效、高选择性、高分辨率及分离速度快)的特点，但整体柱柱效还达不到高柱效。填充电色谱柱的制备还存在不少问题，有待解决。

例 8-10 是用 ODS 电色谱填充柱分析多环芳烃(中性分子)的混合物，2.2min 内即完成 16 个多环芳烃的分析。速度之快，是一般高效液相色谱法所无法比拟。

【例 8-10】 多环芳烃的分析(图 8-27)[21]。

色谱柱：1.5μm non-porous ODS，100 mm(i.d.)×30cm(填充 20cm)。

流动相：70% CH_3CN-30% 2mmol/L Tris (pH 9)。

电动进样：1kV×1s，每种成分 10^{-6}～10^{-8}mol。

运行电压：55kV；检测器：UV 257nm。

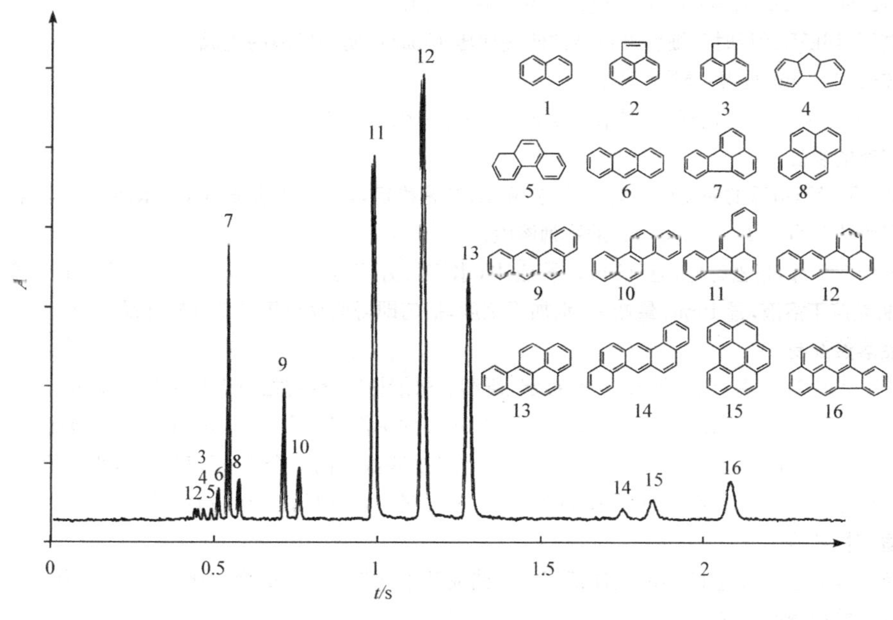

图 8-27　多环芳烃电色谱分离图

【例 8-11】 用毛细管电色谱法测定曲克芦丁片剂中曲克芦丁的含量[22](图 8-28)。

该实验运行时，毛细管电色谱柱两端加压 10bar 以防止气泡的生成。

实验条件

仪器：Agilent HP^{3D}毛细管电泳仪，具有 DAD 检测器与自动进样装置。

电色谱柱：聚甲基丙烯酸丁酯整体柱，总长为 34.5cm，有效长度 26.0cm。

流动相：35mmol/L 硼砂-乙腈(50∶50)；MLCEC 柱的平衡采用在进样口加压 12bar，同时加电压 10kV，一般在 20min 内，电流和基线可以达到稳定。

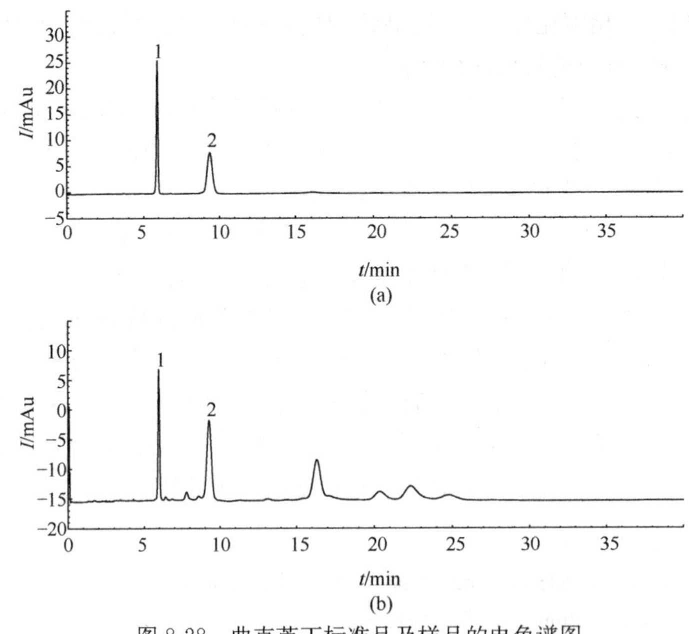

图 8-28　曲克芦丁标准品及样品的电色谱图

(a)对照品;(b)样品

1. 内标物;2. 曲克芦丁

进样:12bar×0.1min 样品液,随后进流动相 8bar×0.1min。

运行电压:16kV,运行时毛细管电色谱柱两端加压 10bar 以防止气泡的生成。

检测波长:254 nm;柱温:35℃。

定量方法:以硫脲作为内标物,量取峰面积,用内标一点法定量。

对照溶液的制备

取 105℃干燥至恒重的曲克芦丁对照品约 10mg,精密称定,置 10mL 量瓶中,加水溶解并定容,摇匀。用水依次稀释为浓度为 0.2～0.8mg/mL 的系列溶液。

取硫脲约 255mg,精密称定,置 100mL 量瓶中,水溶解并定容,摇匀。分别精密量取 1mL 硫脲溶液和 5mL 系列曲克芦丁溶液,置 10mL 量瓶中,水加至刻度,摇匀即得曲克芦丁的系列标准品溶液。

供试品溶液配制

取曲克芦丁片剂 20 片,剥去糖衣,精密称定,研细。取细粉适量(约相当于曲克芦丁 30mg),精密称定,置 50mL 烧杯中,加水 15mL,超声 10min。精密加入 2.5mL 内标溶液,混匀,0.45μm 微孔滤膜滤至一个 25mL 量瓶中,烧杯用水 8mL 分次洗涤,洗涤液用 0.45μm 微孔滤膜滤至同一个 25mL 量瓶中,水定容,摇匀即为样品测定液。样品液 54h 内稳定(峰面积 RSD 为 4.3%),通过比较对照品及样品的迁移时间确定峰位。

系统适应性试验

曲克芦丁峰的柱效超过 10^5/m,进样精密度以曲克芦丁峰与硫脲峰的面积比计算 RSD 为 0.9%(n=6)。结果表明方法的精密度良好。

方法重现性考察

依上法制备样品六份,依法测定曲克芦丁的含量,含量的 RSD 为 1.5%(n=6)。结果表明,方法的重现性良好。

回收率实验

在处方量的空白辅料中分别加入适量的曲克芦丁对照品溶液,按上法制备样品溶液,使溶液中曲克芦丁的浓度分别为 0.2022mg/mL、0.4044mg/mL 和 0.6066mg/mL。依法分析,计算三水平回收率分别为 100.9% (RSD 1.3%),98.9% (RSD 3.4%),98.4% (RSD 1.5%)。结果表明,方法的准确度满意。

标准曲线、检测限和定量限

按上述色谱条件测定系列标准溶液，读取峰面积，以曲克芦丁峰与硫脲峰的面积比对其相应浓度进行线性回归，得回归方程：

$$Y=2.285X+0.021, r=0.9991$$

可见，曲克芦丁溶液浓度在 0.2～0.8 mg/mL 的范围内，吸收度与其浓度呈良好的线性关系。检测限 LOD($S/N=3$)和定量限 LOQ($S/N=10$)分别为 2.22μg·mL 和 8.33μg·mL。

样品测定

取样品，进样，依法测定其含量，并与 HPLC 法结果比较，见表 8-8 与表 8-9。经过 t 检验($\alpha=0.05$)，结果表明，两者没有明显的差异。

表 8-8　样品测定结果(mg/片)

序号	CEC 法	HPLC 法
1	49.2	51.9
2	45.0	48.5
3	61.4	60.4
4	24.6	23.4
5	30.2	30.8
6	35.6	38.5
7	37.7	38.4

表 8-9　3 个批号样品中 5 种成分的含量(标示量 P, $n=3$)

成分	990 123 P(RSD)/%	990 125 P(RSD)/%	990 127 P(RSD)/%
维生素 B_1	98.4(3.1)	100.5(3.6)	98.2(3.2)
磷酸氯喹	100.1(3.3)	98.4(3.2)	99.6(3.1)
氢氯噻嗪	98.8(2.6)	101.8(2.7)	101.1(2.7)
维生素 B_6	101.6(3.5)	102.0(3.3)	97.4(3.4)
芦丁	100.9(2.4)	101.4(2.7)	102.3(2.5)

8.4　毛细管电泳装置

毛细管电泳装置由进样系统、毛细管柱系统、高压电源、检测系统及工作站等主要部分组成。

8.4.1　毛细管电泳仪简介

1. 简易型仪器

简易型毛细管电泳仪，仅具有高压电源(0～30kV)、可调波长紫外检测器(一般波长 195～400nm)、手动重力进样器、石英毛细管及工作站等。示意图如图 8-1 所示。

2. 高级型仪器

高级型(自动型)毛细管电泳仪，由自动进样装置、毛细管柱系统、二极管阵列等检测器、柱温控温箱、高压电源(一般为−30kV～30kV)、压力系统及可自动控制仪器的工作站等组成。有的仪器还具有馏分收集器。

图 8-29 是 Agilent 7100 型[23]毛细管电泳仪的结构示意图。图 8-30 是 Agilent HP^{3D}型毛细管电泳仪的桌面图。从图 8-30 中可以了解仪器的概貌与工作流程。

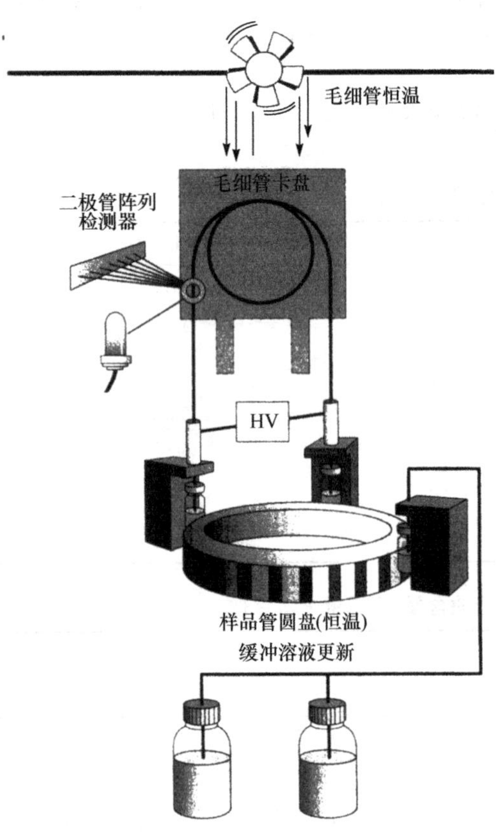

图 8-29 Agilent 7100 型毛细管电泳仪
(具有二极管阵列检测器及自动进样装置)

Agilent HP^{3D}毛细管电泳仪简介如下:

毛细管柱系统 由毛细管柱、卡盒、柱温箱及缓冲溶液槽等组成。毛细管卡盒中容纳毛细管的最小长度为 33cm,有效长度 8.5cm。

自动进样装置 具有 48 个样品管(加注台)及 2 个缓冲液加注台。按照操作者所设定的参数及编制的程序依次进样或更换缓冲液。具有电动、加压/真空两种进样方式。

二极管阵列检测器 波长 190～600nm。可给出由 190～600nm 各波长下的 CE 色谱图及各个电泳峰的光谱图。

毛细管柱柱温控制 15～60℃,±0.1℃。毛细管柱的温度不仅影响进样量,而且影响电渗流的稳定性及分析的重复性。因此,在毛细管电泳中除了选细径毛细管柱,以降低焦耳热的影响外,若要获得良好的分析的重复性,毛细管柱还需要恒温。柱温对毛细管电泳分析的重复性的影响,可参本章 8.5.4 节。

流通池光径 简易仪器直接用毛细管为流通池,光径为 75μm,灵敏度较低。该仪器具有 Z 型池或泡状池。Z 型池的光径约 1cm,比一般毛细管的 S/N 大 10 倍以上。

压力系统 样品瓶可加压 0.2～1.2MPa,用于加压电色谱法(pCEC)等。在加压电色谱法中,色谱柱入口加压,或出入口两端防止气泡产生。由图 8-30 可见,压力系统由外接氮气瓶供压(bar 级,0.2～1.2MPa)。在示意图中压差进样由另一气瓶(实为专用泵)供压(mbar 级,−50～50mbar)。

8.4.2 毛细管电泳法的进样方式

按进样的动力,可分为:电动进样及压差进样两种方式。进样器可分为手动进样器与自动进样器两类。

进样应当满足两个方面的要求:一是,在进样时不能引起显著的区带扩张。进样区带宽度大体是毛细管长度的 1%～2%,以确保系统的高效。二是,样品的浓度适宜。但进样量必须小于 100nL,否则易造成过载。

例如,对于 50cm×50μm 的毛细管,1%的长度(5mm)所对应的体积为 10nL。但对于较稀的样品,可能出现灵敏度不足的问题,若加大进样量,可能过载,过载的样品区带会加剧电场的不均匀性并将使其宽度大于扩散引起的宽度,显著降低柱效。

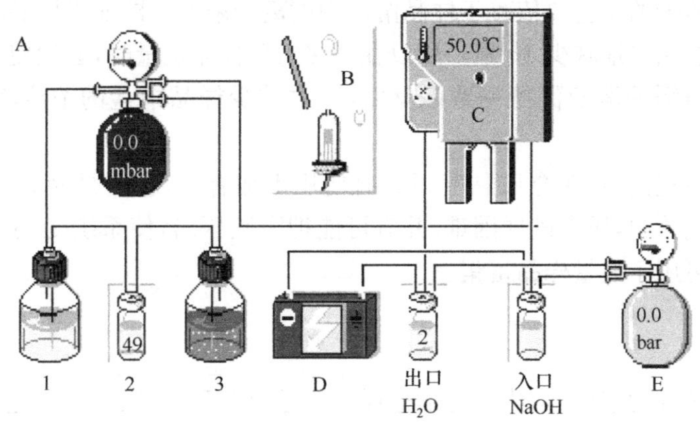

图 8-30　Agilent HP^{3D}CE 工作站桌面

A. 压力进样系统(1. 电解质溶液；2. 样品瓶；3. 废液瓶)；B. DAD；C. 毛细管卡套及温控系统；D. 高压电源；E. 外压气瓶(CEC 加压用)

1. 电动进样

电动进样也称电渗进样或电迁移进样，其示意图如图 8-31 所示。在这种进样方式下，毛细管的阳极端(假设电渗流向接地端移动)，先不与缓冲液接触，而直接置于样品溶液中，然后在很短时间内施加进样电压，使样品通过电迁移进入毛细管。

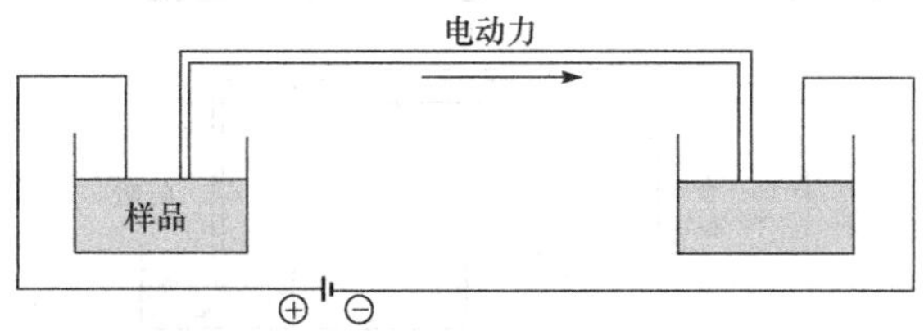

图 8-31　电动进样示意图

电动进样，由柱头进到毛细管中的样品量 Q 由式(8-19)给出

$$Q=\frac{(\mu_{ep}+\mu_{eo})V_i\pi r^2 ct_i}{L} \tag{8-19}$$

式中：μ_{ep}为溶质的电泳淌度；μ_{eo}为缓冲液的电渗淌度；$\mu_{ep}+\mu_{eo}$为组分的表观淌度；V_i 为进样电压；r 为毛细管的半径；c 为样品的浓度；t_i 为进样电压所施加的时间；L 为毛细管柱长度。

由式(8-19)可知电动进样量正比于溶质的表观淌度($\mu_{ep}+\mu_{eo}$)、进样电压、毛细管柱的截面积、样品的浓度及进样时间，反比于毛细管柱的柱长。

溶质的表观淌度大，同样的进样时间，进样量大。因此，可根据样品性质调整进样电压与时间，以获得适宜的进样量。需要注意，在电动进样中的电泳淌度(μ_{ep})是指单个组分的电泳淌度，即对电泳淌度较大的组分进样量会多一些，反之则少一些，这种现象称为歧视效应。而μ_{eo}则是电渗流引起的淌度，具有唯一性，与组分的性质无关。电渗淌度是场强、缓冲液 pH 和黏度的函数，同时还取决于毛细管壁带电的情况，即样品组分对壁的吸附会改变电渗流的量，因此反过来影响样品的进入量。如果毛细管柱是经过改性的，或者样品溶液的 pH 很低(pH

≤3)，此时，电渗流可忽略不计($\mu_{eo}=0$)，样品只借助于电泳淌度进入柱内。在这种情况下，进入毛细管的样品离子的量主要依赖于样品溶液中的离子浓度。即如果样品溶液中的盐浓度增加 10 倍，峰面积会相应地减少 10 倍。所以在对多组分样品定量时，必须使所有样品溶液的离子浓度尽可能地与缓冲溶液保持一致。反之，通过减少样品中盐的浓度将会显著地增加灵敏度。

电迁移进样装置简单，在介质黏度很高时使用更加有利，它还是凝胶电泳进样的唯一方式。因为在凝胶电泳中，压力进样困难，并有可能把凝胶压出，使系统受到破坏。电动进样的一个重要优点是可用于痕量样品富集。

2. 压差进样

压差进样又称气动进样、流体动力学进样。压差有三种方式：一是在进样端加压，二是在出口端减压，三是虹吸作用进样(图 8-32)。

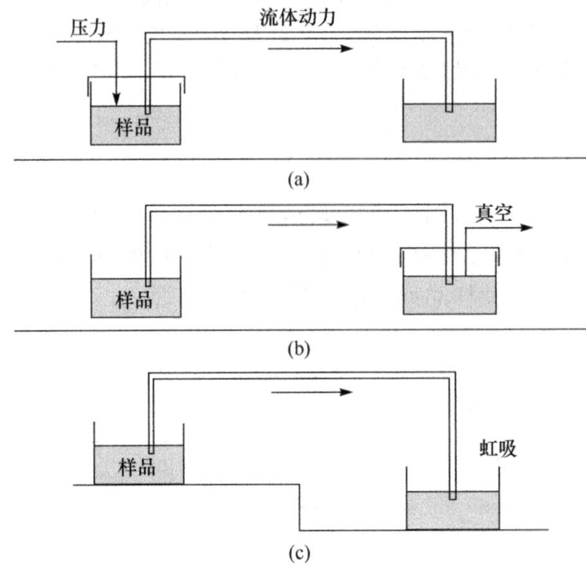

图 8-32 压差进样三种方式示意图

压差进样的进样量和通过毛细管截面的压差(Δp)、样品的浓度、进样时间及管径(四次方)成正比，与黏度及管长成反比。进样量和组分的表观淌度无关，因此，不存在电动进样中的歧视效应。

先将毛细管入口端插入样品槽中，并使样品槽的水平面高于毛细管出口的液面(压差 Δp)，可由式(8-20)计算进样体积(V)。

$$V=\frac{\Delta p\pi d^4 t}{8\eta L_t} \tag{8-20}$$

式中：d 为毛细管内径；t 为进样时间；η 为缓冲液的黏度；L_t 为毛细管的总长度。

对于压差进样中的虹吸进样的压差，如式(8-21)所示

$$\Delta p=\rho g\Delta h \tag{8-21}$$

式中：ρ 为溶质的密度；g 为重力加速度常量；Δh 为两个溶液槽液面高度差。

将式(8-21)代入式(8-20)，即可求算出虹吸进样的进样量。典型的 Δh 值为 5～10cm，t 为

10～30s，简易毛细管电泳仪使用虹吸进样方式。

3. 自动进样

自动进样装置如图 8-29 所示*。Agilent HP3D 毛细管电泳仪，具有 48 个样品管的加注台及 2 个缓冲液槽加注台，有电动（0～30kV）、加压/真空（$0\sim5\times10^{-3}$ MPa）两种进样方式。CZE 进样压强为－50～50mbar，CEC 为 2～12mbar。自动进样的精密度可达 RSD≤2%（$n=5$）。

按照操作者所设定的参数及编制的程序，自动运作，包括：①移开进样端的缓冲溶液槽，换上样品管；②使用低压或电迁移方式进样；③再换上缓冲溶液槽；④加上分离电压；⑤电泳运行后，当被分离组分的区带到达检测窗口区域时，由二极管阵列检测器检测，而后由工作站进行数据处理。

4. 进样方式的选择

电动进样法存在歧视效应，荷径比大的组分进样量多；反之，则少。因此，含有中性组分的样品，能造成组分的丢失。例如，用 MECC 及 CDECC 分析含有中性成分的样品时，为了防止中性组分丢失，不宜用电动进样法，需用压差进样法。电动进样方便是其优点，因此是多数毛细管电泳法的首选进样法。

压差进样无歧视效应是其优点，但不适用于毛细管凝胶电泳法，因为在加压过程，可能将凝胶挤出。因此，除了含有凝胶的 CGE、CIEF 及 CITP 等不能用压差进样法，其他各种毛细管电泳都可以用压差法进样。

简易的毛细管电泳仪只有压差进样一种方法。高级毛细管电泳仪具有电动与压差两种进样功能。

毛细管电色谱，常采用电动进样方式。但具有纳升级进样阀的毛细管电色谱仪，可采用压差进样。

8.4.3 毛细管电泳仪的柱系统

毛细管电泳仪的柱系统，由毛细管柱、缓冲溶液槽及柱温箱等组成。由于毛细管电泳的分离过程是在毛细管内完成的，因此，毛细管是毛细管电泳的核心部件。毛细管电泳柱可分为开口毛细管柱、凝胶毛细管柱及毛细管电色谱柱等类别。

1. 开口毛细管柱

开口毛细管柱主要用于毛细管区带电泳法、胶束电动毛细管色谱法及环糊精电动毛细管色谱法等。开口毛细管柱可分为一般开口毛细管柱与壁处理毛细管柱两种。

目前 CZE 多用内径 50～85μm、长 50～100cm、外径 360～385μm 的石英毛细管柱。细毛细管柱的优点：一是减小电流，而减少焦耳热；二是增大散热面积（外侧面积与截面积之比）。为了防止毛细管折断，毛细管外壁涂聚酰亚胺。（图 8-33）。

Agilent 毛细管电泳仪的柱系统，由毛细管柱、卡盒、缓冲溶液槽及柱温箱等组成。毛细管卡盒中容纳毛细管的最小长度为 33cm，有效长度 8.5cm。

---

* Agilent 毛细管电泳仪的自动进样装置，类似于 Agilent 高效液相色谱仪的自动进样装置。可参阅本书第 4 章。

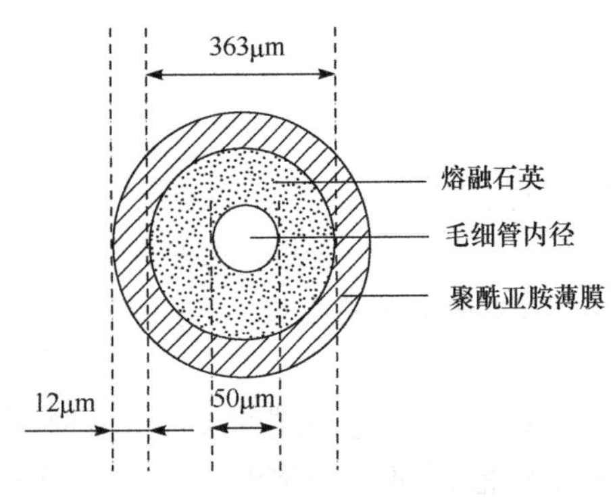

图 8-33　熔融石英毛细管横截面示意图

在理想条件下，如果电场强度保持恒定，则理论塔板数随着柱长的增加而增加。例如，采用 25cm 的毛细管柱，操作电压 15kV，为了使塔板数增加一倍，除了把柱子加长到 50cm 外，还要将电压增加至 30kV。区带电泳的常用长度在 50cm 左右，凝胶柱则要短得多。

理想的毛细管柱应是化学和电惰性的，可以透过紫外线和可见光，可以弯曲。目前采用的毛细管柱的材料主要是人造石英，是由四氯化硅燃烧水解而成，基本成分是二氧化硅。石英表面有硅醇基团，是构成氢键吸附并导致毛细管内电介质产生电渗流的主要原因。

1）石英毛细管的预处理

石英毛细管首次使用或长时间不用后重新使用时，应清洗毛细管内壁表面，并用稀碱液使之活化。通常，用 0.1～1mol/L 盐酸、氢氧化钠溶液和高纯水，依次冲洗即可。盐酸的 H^+ 可强力置换毛细管内壁上的吸附阳离子；碱液有去污及活化管壁的作用。石英毛细管的清洗程序没有一定之规，其区别在于酸碱的种类及冲洗时间的不同，可根据实验结果灵活设计。加电平衡已成为常用的毛细管预处理技术，加电平衡时间以不超过 1h 为宜。

2）毛细管柱的清洗与保存

电泳过程，毛细管内壁吸附是不可避免的，除非吸附严重而影响分析的重复性，需启动预处理程序。通常，在电场作用下，用缓冲液冲洗 3～5min 即可。用电渗流的流速冲洗毛细管，管壁复原作用显著。并且所建立的平衡，更接近运行实际。

毛细管使用后，用纯水充分冲洗 5～10min。然后用高纯氮吹干后保存。吹干的目的，是防止毛细管内壁出现水化凝胶层。

2. 凝胶毛细管柱

典型的凝胶毛细管柱的制备过程：在毛细管内灌入选定的缓冲液，如 pH 8.3 的 TBE 系统（T 为 Tris，三羟甲基氨基甲烷；B 为硼酸；E 为 EDTA），然后把线性非交联丙烯酰胺加到毛细管内，用过硫酸铵引发，四甲基乙二胺（TEMED）催化，完成聚合，为增加稳定性又将这种高黏度的线性聚丙烯酰胺共价键合到偶联剂上。具体制备方法可参阅相关书籍[3]，或本书第一版 419～420 页。

凝胶毛细管柱的一般操作要点

（1）毛细管柱接到仪器上后，应立即使其通入缓冲液，防止凝胶的干裂。

（2）先用标准物运行一遍，检查仪器和凝胶柱性能是否正常。

（3）凝胶电泳通常采用电动进样。采用压差进样，凝胶可能被从毛细管中挤出。

（4）凝胶柱有一个临界场强，操作场强若超过临界场强会使凝胶柱出现不可逆的损坏，表现为电压上升到一定值后电流有迅速下降的趋势。一般操作场强小于 400V/cm，大部分为 200～300V/cm，否则凝胶易龟裂。

（5）样品溶液的离子强度要低，以尽可能增大进样量。离子强度对定量和分离效率特别重要，它的变化还会导致响应因子的变化。

(6) 用系列标准物标定凝胶柱，以确保相对迁移时间的重复性及定性的准确性。

(7) 缓冲液需经常更换。

3. 无胶筛分毛细管柱

已经介绍无胶筛分介质是线性水溶性高分子(聚合物)，常用线性聚丙烯酰胺(LPA)、聚乙二醇(PEG)、聚乙烯醇(PVA)及聚乙烯吡咯烷酮(PVP)、*N*-异丙基取代聚丙烯酰胺和聚氧化乙烯的接枝共聚物等。

现以聚乙二醇(PEG)无胶筛分柱分析 $Pd(A)_{12\sim18}$(12～18 个碱基对)为例，说明其制备过程。

(1) 毛细管灌注聚乙烯醇(PVA)，使其内壁形成 PVA 涂层，抑制电渗流，减少吸附。

(2) 配制无胶筛分介质(聚合物溶液)：28%(质量浓度) 聚乙二醇 35 000(PEG 35 000)溶于缓冲溶液中(超声溶解后定容)。

(3) 装柱步骤　用 8.5bar×3min 的外部压力(由外接氮气瓶供给)，将聚合物溶液由毛细管出口端压入毛细管中。毛细管进口端瓶中放置纯水，以防聚合物溶液吸附在毛细管进口端，在进样时污染样品。

4. 毛细管电色谱柱[24]

毛细管电色谱柱是电色谱分离的关键，其制备被认为是目前制约其广泛应用毛细管电色谱的主要因素。根据固定相的形式，毛细管电色谱柱可分为填充毛细管电色谱柱、开管毛细管电色谱柱及连续床层柱(整体毛细管电色谱柱)。反相填充柱，分离效果好，但制备麻烦，易产生气泡。整体柱制备简单，是有发展前景的毛细管电色谱柱，但分离效果尚待提高。

1) 填充毛细管电色谱柱的制备方法

填充毛细管电色谱柱的制备方法，主要有匀浆填充法和电动填充法等。

匀浆填充法是将固定相在一定的溶剂体系中制备成匀浆液，利用高压液相色谱泵将其压入毛细管中。

电动填充法与匀浆填充法相近，只是改用电驱动方法填充，且更容易获得均匀床层的电色谱柱。

填充毛细管电色谱柱两端塞子的制备是重要技术问题。塞子的作用是防止在电渗流或压力流的驱动下，使固定相移动或流失。

2) 开管电色谱柱的制备方法

开管电色谱柱的制备方法，主要有涂布聚合物固定相法、表面粗糙化键合固定相法及溶胶-凝胶法等。开管色谱柱制备的关键在于增大表面积，以制备相比和柱容量均较大的柱子。

3) 整体毛细管电色谱柱

整体毛细管电色谱(monolithic capillary electrochromatograpy ,MLCEC)柱又称连续床层柱、棒柱(rod)、无塞柱(fritless column)等。MLCEC 柱是由单体、引发剂、致孔剂等的混合物通过原位聚合反应而形成连续、多孔的棒状整体，无需封口的电色谱柱。MLCEC 柱可分为聚合物整体柱及硅胶(ODS 等)整体柱等。聚合物整体柱又可分为：聚甲基丙烯酸酯类整体柱、分子烙印整体柱等，已有多种商品柱，可供选择。

由于 MLCEC 柱的固定相的性质易于调控，聚合单体的选择范围宽、适用 pH 范围宽(2～12)、制备方法灵活简单、柱容量高、重现性好和分析速度快等。MLCEC 柱也有一些缺点，如聚合物整体柱的溶胀效应会影响到固定相的稳定性和机械性，且制备时很难得到孔径分布非常均匀的连续床。而硅胶整体柱虽具有较好的机械强度，但其适用的 pH 为 2～8，范围较窄。

聚合物整体柱制备方法 先将高分子单体、交联剂、致孔剂和引发剂等的混合物引入经预处理的空毛细管，加热或用紫外光照射，引发其在毛细管内聚合。然后采用合适的有机溶剂除去致孔剂和未反应的单体后即得。

常采用的高分子(功能)单体有甲基丙烯酸酯类、2-丙烯酰胺-2-甲基丙磺酸(AMPS)、烯丙基二甲基胺，交联剂为乙叉二甲基丙烯酸酯(EDMA)，致孔剂有正丙醇、1,4-丁二醇等。

MLCEC 柱已成功地用于分离肽、蛋白质、类固醇、低聚核苷酸、聚合物及芳烃等物质。用整体毛细管电色谱柱分析实例见例 8-11，曲克芦丁含量测定。

8.4.4 毛细管电泳检测方法简介

电泳毛细管的直径很小，产生的样品组分谱带体积也极小。如在一根内径为 75μm，长为 100cm 的毛细管中，迁移 10 min 的组分，它的理论塔板数若为 500 000，在组分区带长度为 5.8mm时，体积应为 25nL。因此，在毛细管电泳检测器的研制中，首先面临的问题是，如何既对组分做灵敏的检测，又不使微小的区带展宽。

通常采用的解决办法是电泳的柱上检测，这是减小区带展宽的有效途径。毛细管的柱上检测和液相色谱的柱后检测有显著区别，柱上检测带来的问题之一是峰宽对迁移时间所表现的依赖性。在 HPLC 中，被分离组分尽管流出的次序不同，却都被流动相带着以相同的速率通过柱后的检测窗口。因此，所展示的峰宽是色谱过程的函数，不涉及谱带通过流动池的速率。而毛细管电泳则不然，组分通过毛细管的迁移速率是电泳和电渗的函数，由于检测发生在柱上，组分通过检测窗口时，这两种力仍然发挥作用。移动较快的组分通过检测窗口，所需要的时间较短，反之则较长。因此为了获得准确的数据必须用迁移时间予以修正[式(8-22)]。

$$A_c = A/t_m \tag{8-22}$$

式中：A_c 为校正后的面积；A 为直接测得的面积；t_m 为该组分的迁移时间。

几乎所有的液相色谱检测手段都在毛细管电泳中做了尝试，因此，电泳检测器按照用途来分，有通用型和选择型两类。前者如示差折光检测器，但灵敏度较低；后者如紫外、荧光、电化学等检测器对被测物质的响应有特异性，而对缓冲液系统则很少有响应，甚至没有响应，因此，灵敏度较高。

紫外检测器和激光诱导荧光检测器是目前使用最广的两种检测手段，虽然二者相比，紫外检测器的灵敏度低一些，但是它的通用性较好。用激光诱导的荧光检测，灵敏度很高，但对大多数样品来说，需要衍生，操作比较麻烦。

质谱检测器，已经显示出极其广泛的应用前景，但 CE-MS 的缓冲溶液不得含非挥发性缓冲盐，极大地影响了 CE 的分效果，这是亟待解决的课题。有关 CE-MS 联用技术的内容，在本书第 12 章介绍。其他还有电化学检测器、拉曼光谱检测器等，它们都有其优点和不足。各种检测器的性能比较见表 8-10。

表 8-10　各种不同的检测方法比较(假设进样体积 10nL)

检测方法	质量检测限/(mol)	浓度检测限/(mol/L)	优缺点
紫外	$10^{-13}\sim10^{-16}$	$10^{-5}\sim10^{-8}$	接近通用型。灵敏,DAD 可给出光谱信息很灵敏,
荧光	$10^{-15}\sim10^{-18}$	$10^{-8}\sim10^{-9}$	无荧光的样品需要衍生化
柱上衍生	8×10^{-16}		
柱后衍生	2×10^{-18}		
激光诱导荧光	$10^{-18}\sim10^{-20}$	$10^{-14}\sim10^{-16}$	极其灵敏,样品常需要衍生化
安培	$10^{-18}\sim10^{-19}$	$10^{-10}\sim10^{-11}$	极其灵敏,有选择性。只能用于能氧化、还原的组分分析。需用改性毛细管改性柱
电导	$10^{-15}\sim10^{-16}$	$10^{-7}\sim10^{-8}$	通用型,需用毛细管改性柱
质谱	$10^{-16}\sim10^{-17}$	$10^{-8}\sim10^{-9}$	很灵敏,并能提供结构信息,CE 和 MS 之间常用 ESI 接口(界面)

8.4.5　紫外检测器

用于毛细管电泳的紫外检测器有可变波长及二极管阵列检测器两种。它们有的含有可见波长(360～760nm)部分,因不常用,仍称为紫外检测器。

1. 紫外可变波长检测器

紫外可变波长检测器与一般的紫外分光光度计原理相同,只是不具有波长扫描功能。另外,由于透过毛细管柱的光程一般为 75μm,只有高效液相色谱流通池(1cm)的 1/133。因此,在毛细管柱检测部位的两侧,必须设置两块微透镜(图 8-34),其他与 HPLC 的紫外检测器一致。鉴于紫外检测器是目前商品仪器中最常用的一种检测器,有必要对它的基本性能予以说明。

1) 灵敏度

灵敏度是检测器的重要的性能指标,表示一定量的样品物质通过检测器时所能产生的信号的大小,即检测信号-样品浓度曲线的斜率。

光路短是影响紫外检测器在毛细管电泳中的灵敏度的重要因素,原因有两点:一是管内径小,二是毛细管的曲面使之只有一部分光能直接通过中心。常用的弥补方法是使用末端紫外检测波长,以增加信噪比。另一种方法是采用泡状池(图 8-35)或 Z 型池,以增加检测光程,但增加了峰扩展。采用 Agilent 特有的鼓泡池毛细管或高灵敏度 Z 型池时,灵敏度可以进一步提升 3～10 倍。

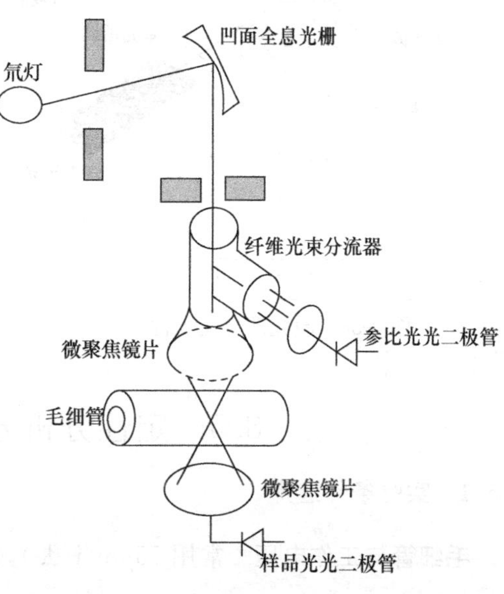

图 8-34　紫外可变波长检测器示意图

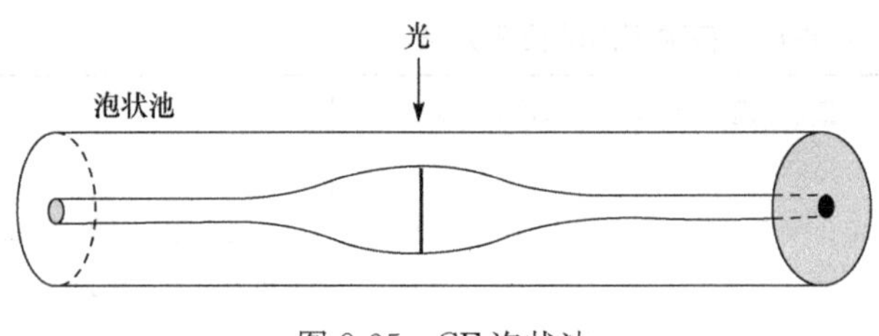

图 8-35　CE 泡状池

2）检测限

检测限是检测器最重要的指标。灵敏度的高低不能真正反映检测器的优劣，因为在鉴别信号时不仅要看灵敏度，还要顾及检测器的噪声水平。在毛细管电泳中，也把 $S/N=3$（或 $S/N=2$）作检测限。常用检测器的检测限见表 8-10。

3）线性检测范围

线性检测范围通常是指浓度-吸收曲线的直线段，所对应的浓度范围越大，线性范围越宽。其他性能指标见 1.3.2 节。

2. 二极管阵列检测器

用于毛细管电泳的二极管阵列检测器（DAD）与 HPLC 的二极管阵列检测器的结构一致，只是将流通池（图 4-65）换成毛细管或泡状池。由于毛细管的透光光径只有流通池的 1/133，因此在光源与毛细管之间，增加了一块消色差透镜，把光聚焦在毛细管上。有关 DAD 的结构与用途及紫外截止波长可参阅本书第 4 章。

8.4.6　激光诱导荧光检测器

激光诱导荧光检测器（laser induced fluorescence detector，LIFD 或 LIF）是毛细管电泳所接受的最常用的检测器之一。质量检测限达 $10^{-18}\sim10^{-20}$ mol。是毛细管电泳最灵敏的检测器。它与荧光检测器的区别是采用半导体激光器为激发光源，由于激光单色性好，强度大，因此灵敏度高。但目前商品只有红、黄、绿三种波长的半导体激光器，尚无紫外激光器，应用范围受到一定限制。孙毓庆等[25]研制的激光诱导荧光检测器的结构示意图如图 8-36 所示。

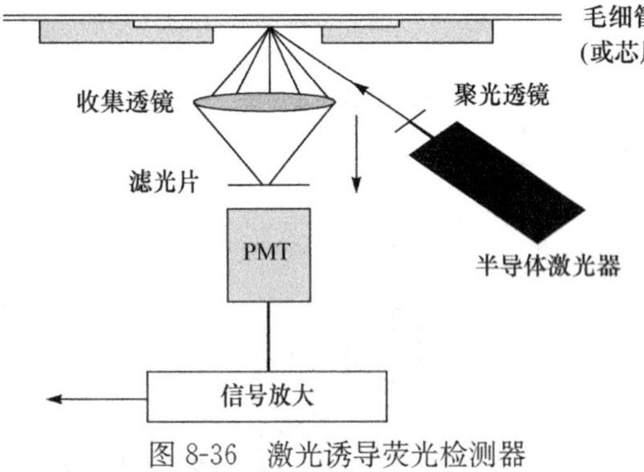

图 8-36　激光诱导荧光检测器

本章例 8-23（图 8-49）是激光诱导荧光检测有机磷除草剂的应用实例。

激光诱导荧光检测器在 DNA 测序的专用微流控芯片分析仪上被广泛使用（见本书第 9 章）。对于无荧光的样品需要进行柱前或柱后衍生化处理（详见本书第 15 章）。

8.5　定性分析方法与定量分析方法

8.5.1　实验条件选择

毛细管与工作电压　常用 75μm（i. d.），长 50～70cm 的石英毛细管。电压 10～30kV。

运行电解质　在多数毛细管电泳中，都用 10～50mmol/L 硼砂溶液作运行电解质(缓冲溶液)为底剂，只是在不同的毛细管电泳中需加入相应的物质。如在毛细管区带电泳(CZE)中，有时加入少量的有机改性剂，以改善迁移时间。在进行胶束电动毛细管色谱法(MECC)时，需在运行电解质中加入超过临界浓度的表面活性剂。进行环糊精电动毛细管色谱法(CDECC)时，则需在运行电解质中加入适量的环糊精。而在毛细管凝胶电泳(CGE)用 Tris-硼砂缓冲溶液。在非水毛细管电泳(NACE)，溶剂比较特殊，常用甲醇-乙腈二元溶液，有时加入乙酰胺等电解质。

有关毛细管电泳的溶剂系统的选择与优化，详见本书第 14 章。

紫外检测波长　多数 CE 仪器只有紫外检测器，除非水毛细管电泳外，运行电解质均为水溶液。在组分无最大吸收波长或在最大波长处的吸光度较低时，可用末端吸收波长，以增加检测灵敏度。

8.5.2　定性分析方法

用迁移值与对照品比对定性法　毛细管电泳的常用定性方法与 HPLC 相同，也多用组分的迁移时间或表观淌度与对照品比对定性。在 CE 中，为了克服简易型毛细管电泳仪重复性差的缺点，宜采用相对迁移时间比对定性，能有效地提高 CZE 的重复性，一般 RSD≤4%(略高)[5]。精密型仪器迁移时间的重复性，可以达到 RSD≤2%，合乎一般定性分析的要求。

紫外吸收光谱定性法　具有二极管阵列检测器(DAD)的毛细管电泳仪，可以用组分的紫外吸收光谱与标准光谱对照定性。虽然紫外吸收光谱的特征性较差，但对于已知范围的未知成分的定性，有很好的参考价值。

毛细管电泳-质谱联用法(CE-MS)　用 CE-MS 定性是最新的分析方法，常见的有毛细管电泳-离子阱质谱(多级质谱)联用仪及毛细管电泳-四极杆质谱联用仪等。它们都能给出样品的总离子色谱及各色谱组分的一级质谱，与离子阱质谱联用的仪器，还能给出组分的多级质谱，能获得大量的结构信息。CE-MS 联用是当前毛细管电泳组分定性的最好方法。作者等用 $CE\text{-}MS^2$ 分析中药六味地黄丸，鉴定出 34 种成分。有关 CE-MS 联用法的内容，见本书第 12 章 CE-MS 联用技术。

8.5.3　定量分析方法

在毛细管电泳中，由于进样量为纳升级，重复性不如 HPLC，因此不宜用外标法定量。为了提高定量分析的准确性与重复性，宜用内标对比法。若样品的成分异常复杂，电泳峰很多，又很难插入内标物峰时，可用叠加对比法进行定量分析。内标对比法与叠加对比法的计算公式同高效液相色谱法。

采用内标对比法或叠加对比法，用自动进样装置，定量分析结果的准确度(回收率)95%～105%，重复性(RSD)≤3%，可以达到一般定量分析的要求，可与 HPLC 相媲美。具体应用实例，见冬虫夏草[7]、六味地黄丸[26]及复方降压片[6]等的定量分析结果。叠加对比法的分析实例如例 8-12 所示。

【例 8-12】　毛细管电泳叠加对比法测定阿片粉中吗啡的含量[27]。

电泳条件　优尼特简易毛细管电泳仪；石英毛细管：65cm，有效长度 50cm，内径 75μm；紫外检测波长 228nm，灵敏度 0.020 AUFS；电压 14kV，电流 70μA；运行电解质(BGE)：50mmol/L 硼砂溶液；重力进样：10s(高度 7cm)；温度：室温(24±1℃)。

每天实验前用 0.1moL/L 的氢氧化钠溶液冲洗毛细管柱 15min，再用去离子水冲洗 10min，之后用运行电解质冲洗 20min。每两次进样之间仅用运行电解质加压冲洗 10min。

精密度与回收率　$n=5$，迁移时间比的 RSD≤1.1%；峰面积比的 RSD≤0.5%，回收率 100.7%。由此可见，虽然用简易仪器，叠加对比法的精密度与回收率，都可以达到高级仪器的水平。

测定结果如电泳图 8-37 及表 8-11 所示。

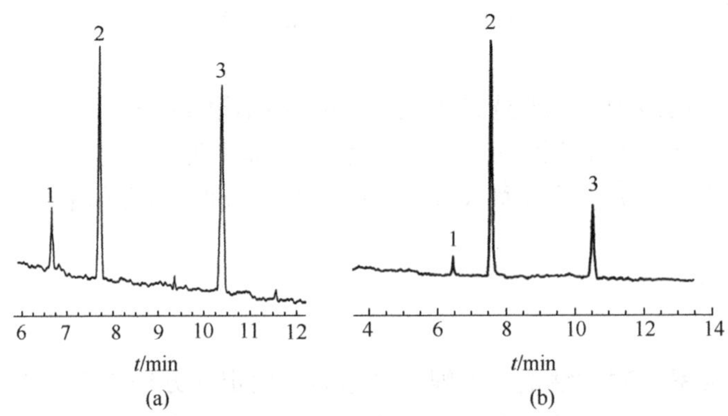

图 8-37　阿片粉溶液的毛细管电泳图

(a)加内标物的样品溶液；(b)叠加吗啡片的样品溶液

1. 未知成分；2. 吗啡；3. 氢氯噻嗪(内标物)

表 8-11　阿片粉中吗啡的含量测定结果

样品批次	样品重/mg	吗啡对照品的加入量/mg	$(A_i/A_r)/\Delta(A_i/A_r)$	吗啡的含量/%($n=3$)
1	158.0	4.75	0.740/2.350	9.5
2	157.0	6.50	0.738/3.177	9.6
3	130.1	4.00	0.734/2.330	9.7

8.5.4　定性与定量分析结果的重复性[28]

毛细管电泳分析结果的重复性，一直是备受关注的问题。分析结果的重复性主要受进样量的准确性、运行电解质电解(电渗流变化)、毛细管内壁性质变化及焦耳热的产生等因素，影响了组分迁移时间与定量分析的重复性。可以采取下述相应措施予以避免或降低。

1. 迁移时间重复性的影响因素

在 CE 中，两次分析之间的迁移时间和迁移速率的重复性一般可以小于 RSD 0.5%。这取决于毛细管壁、缓冲溶液的组成、pH 和黏度、样品的性质和仪器的质量等因素。各种因素对 CZE 的迁移时间的影响归纳，见表 8-12。

表 8-12　影响迁移时间重复性的因素[2]

影响因素	现象或原因	解决办法
温度变化	现象：改变黏度和电渗流	恒温
毛细管壁的吸附	现象：改变电渗流(由缓冲溶液、添加剂或样品的吸附引起)	清洗毛细管并平衡足够的时间

续表

影响因素	现象或原因	解决办法
管壁电荷的滞后	原因：由于用高（或低）pH 的溶液清洗毛细管以及用高（或低）pH 的缓冲溶液	（1）避免 pH 的改变 （2）足够的平衡时间
缓冲溶液组成的改变	原因：由电解引进的 pH 改变；缓冲溶液的蒸发；清洗的废液流进出口端池中；将清洗管中的 NaOH 带入	（1）更新缓冲溶液 （2）盖紧缓冲溶液管并冷却样品盘 （3）使用另外的小瓶来收集清洗液 （4）先将毛细管浸入缓冲溶液或水中
两个缓冲溶液池液面没有持平	层流不重现	（1）使两池中液面持平 （2）如果不更新，不要使用进口端小管中溶液冲洗毛细管
不同批号的石英硅羟基的量不同	表面电荷不同电渗流有变化	测电渗流，如果有必要则作校正
运行电压变化	迁移时间相应地改变	用户没有办法

2. 毛细管电渗流控制

电渗流的恒定是毛细管电泳分析重复性的关键，与毛细管的清洗、运行前的毛细管预处理及柱温控制等有关。毛细管的清洗与预处理的简单方法见 8.4.3 节。

1）降低缓冲液性质的动态变化

CE 运行电解质在电泳操作中保持均一稳定是保证分析各项结果稳定的重要条件。但电泳过程中运行电解质发生电解，尤其在缓冲液电解质浓度低、缓冲能力小的情况下。另外，缓冲液溶剂的挥发也是不可避免的，从而溶液中易产生气泡。电解使缓冲液的浓度、组成、pH 以及管壁 ζ 电位等将受到严重影响，改变了电渗流以及组分与管壁的相互作用系数，导致组分的迁移时间和峰面积的重现性变差。

措施　采用大容量储液槽并及时更新缓冲液；选择适当的缓冲体系如高浓度低电导的 MES[2-(*N*-吗啡啉)乙磺酸]和 Tris[三(羟甲基)氨基甲烷]缓冲体系；或加入适当的氧化剂、还原剂防止电解质电解，均有明显效果。

2）毛细管柱温度控制

毛细管电泳操作中柱温的影响实际上包括两个方面：一是焦耳热的产生，导致峰形、柱效及分离度恶化甚至分析不能进行；二是温度的波动导致分析结果的重复性变差。焦耳热的产生对缓冲液的 pH、黏度、电阻率、介电常数及管壁 ζ 电位等都有很大影响。其结果是，改变了组分的淌度、解离常数、扩散系数以及体系的电渗流，并使气泡快速形成，进而影响组分的迁移时间、峰面积以及分离度。

措施　①采用细内径毛细管（50～75μm），增加散热面；②良好的柱恒温系统；③使用低浓度缓冲液及低电导的缓冲介质，如硼酸、乙酸盐、Tris 等；④尽可能使用低电压等。这些措施，可以有效降低焦耳热效应对分析结果重现性的影响。

3. 进样控制

毛细管电泳中的进样方式主要有电动（电渗）进样和压差进样。与高效液相色谱相比，毛细管电泳进样重现性差，往往不能令人满意，并成为影响毛细管电泳推广应用的主要因素。不理想的进样对结果重现性的影响显而易见。分析工作者希望各次间进样量准确一致，样品带窄、连续、边缘清晰。必须注意毛细管端口应光滑而平坦，并选择适宜的进样方式（压差或电动）及合乎要求的进样装置，才能获得良好的定量重复性。使用自动进样装置，进样量准确性高，也可用外标法进行定量分析。但一般情况，其 RSD 大于内标法。

4.《中国药典》(2010 年版）有关毛细管电泳法的系统适用性试验的规定[29]

《中国药典》(2010 年版）附录 VG 毛细管电泳法规定："……系统适用性的测试项目和方法与高效液相色谱法或气相色谱法相同，相关的计算公式与要求也相同；如重复性、容量因子、毛细管理论塔板数、分离度等，可参照测定，"有关具体内容，可参阅本书第一章绪论及本书附录 XV。下述只介绍重复性要求。

1）外标法的重复性

外标法的重复性《中国药典》(2010 年版）二部（附录 VD 高效液相色谱法，附录第 30 页），相当于仪器的重复性。取各项下的对照品溶液，连续进样 5 次，除另有规定外，其峰面积的测量值的相对标准差（RSD）应不大于 2.0%。

2）内标法的重复性

内标法的重复性相当于定量方法的重复性（来源同上）。配制相当于 80%、100%和 120%的对照品溶液，加入规定的内标溶液，配制成 3 种不同浓度的溶液，分别至少进样 3 次。计算平均校正因子，其相对标准差（RSD）应不大于 2.0%。

CE 用内标法或叠加对比法定量与 HPLC 的重复性相当。

8.6 毛细管电泳法的应用

由于毛细管电泳法具有高柱效、分离速度快、分析对象广、样品用量少、分析成本低和适用于"脏样品"等特点，而且能用于无机与有机离子、极性与非极性分子、有机小分子与大分子，以及单细胞与病毒等的分离分析，几乎能囊括所有的分析对象，因而其应用范围十分广泛。诸如药物分析、中药成分研究、天然产物分析[30]、生化分析[31]、石化分析、毒品分析[32]、环境分析[33]、食品分析[34]、种子分析[35]、农药残留[36]、临床诊断[37]、法庭科学[38]、刑事侦查[39]及生命科学研究等诸多领域。2013 年，有 6 个国际学术会议及国内 2 个会议*，发表了有关毛细管电

* 1 与 2. HPLC 国际会议，International Symposium on High-Performance-Liquid-Phase Separations and Related Techniques；2013 年开了两次会议，第 39 次会议（2013，6 月），第 40 次会议（2013，10 月）。

3. ITP 国际会议，The 20th International Symposium, Exhibit & Workshops on Electro- and Liquid Phase-separation Techniques（简称 ITP）。

4. CE Parm 会议，The 15th Symposium on the Practical Applications for the Analysis of Proteins, Nucleotides and Small Molecules（简称 CE Pharm）。

5. APCE 会议，The 13th Asia Pacific International Symposium Microscale Separation and Analysis & 30th Symposium on Environmental Analysis & 7th Asia Pacific Symposium on Ion Analysis（简称 APCE）。

6. BCEIA 会议，Beijing Conference and Exhibition on Instrumental Analysis（简称 BCEIA）。

7. 第十九届全国色谱学术报告会及仪器展览会。

8. 第八届全国微全分析系统学术会议/第三届全国微纳尺度生物分离分析学术会议暨第五届国际微化学与微系统学术会议。

泳与CE-MS内容的文章与墙报共321篇[40]。在2012年涉及CE的5个国际学术会议及3个国内会议上[41]发表的有关毛细管电泳与CE-MS内容的文章与墙报共354篇，占文章总数2304篇的15.4%。由此可见，毛细管电泳技术应用之广泛与发展之迅速。

1. 生命科学与医学研究

生命科学研究 探索生命起源的基因工程和蛋白质组学是当今生命科学研究领域中令人十分重视的课题。1995年，Mathies用毛细管微流控芯片实现了高速DNA测序(见本书第9章)。2013年，Kennedy研究组[42]发展了一种用于蛋白质-蛋白质相互作用抑制剂筛选的快速毛细管电泳系统。因此，毛细管电泳已成为DNA、多肽与蛋白质[43]分析的重要手段之一。

在2013年第15届CE Pharm会议[40]上，利用毛细管电泳技术解决蛋白质、核酸和小分子类药物的研发成为大会的最主要议题。

毛细管凝胶电泳法可以高效、快速地分离DNA及其碎片分析。Cohen[44]等首次采用聚丙烯酰胺凝胶毛细管电泳对DNA片断进行分析，达到了单个碱基的分离。采用激光诱导荧光检测器，聚丙烯酰胺电泳可在1h内分离300个碱基，灵敏度可达10～20μmol/L。因此，凝胶毛细管电泳已成为DNA测序和DNA合成中产物纯度测定的重要手段。

单个细胞分析也是生命科学研究中艰巨而又十分吸引人的课题。由于CZE无固定相，直接在缓冲溶液中进行电泳，可容纳相对分子质量很大的样品，因此可用于单细胞、细菌和病毒颗粒的分析研究。在1992年，Hogan和Yeung[45]采用直接和间接荧光检测法，分离测定体积约为蜗牛神经细胞千分之一的人的单个红细胞。此项工作在单个细胞的CE分析中具有重要意义。

医学研究 毛细管电泳可用于临床诊断与疾病研究，如胃癌[46]、肝癌[47]、结直肠癌[48]及重大疾病[49]的诊断与研究。这说明毛细管电泳在医学上，也有广泛的应用前景。

根据本书的使用对象，下述着重介绍小分子及离子型样品的分析实例。

2. 毛细管电泳在药物分析中的应用

已经介绍毛细管电泳其柱效可比HPLC高1～2个数量级(表8-1)，具有分辨率高、柱容量大等优点，因而CE在药物分析的范围很广[50,51]，文章与日俱增。其已广泛用于化学药品、生化药品、抗生素、药物代谢[52]及滥用药物(毒品)分析(例8-16)等诸多方面，特别是用于手性药物分析[53]，效果好、分析成本低(HPLC手性色谱柱昂贵)。

虽然《中国药典》[29]在附录中收载了毛细管电泳法，但缺乏具体品种的呼应。看来真正成为药物分析的法定方法，还有待时日。

由于精密的自动进样装置的普及，CE的定量准确性与精密度已与HPLC相当。相信不久的将来，CE必将成为药物分析广泛使用的分析方法。

酸性药物、碱性药物、中性水溶性药物及各种制剂(液体制剂，如注射剂与糖浆；固体制剂，如片剂、胶囊等)的水溶性或非水溶性活性成分，都可用毛细管区带电泳法(CZE)或胶束电动毛细管色谱法(MECC)进行定量分析，见表8-13。

表 8-13　毛细管电泳法用于药物定量分析

分离模式与适用范围	分离模式与电解质	样品
1. 低 pH CZE		
各种碱性药物	CZE, NaH_2PO_4-H_3PO_4, pH 2.5	各种剂型
Eminase	CZE, pH 2.5, 纤维素	注射剂
Mirtazapin	CZE, pH 2, 甲醇	片剂
鸦片类	CZE, pH 4, 与 CD	天然鸦片
2. 高 pH CZE		
酸性药物	CZE, pH 9.5	制剂
NSAIDS	甘氨酸-三乙醇胺, pH 9.1	各种制剂
3. MECC		
各种解热镇痛药	MECC	片剂
Cefotaxime	MECC, SDS	毒物
Cephradine 及其相关杂质	MECC, SDS	试验品混合物
氢化氯磺噻唑和氯磺噻唑	MECC, SDS	片剂
对乙酰氨基酚	MECC, SDS	胶囊

【例 8-13】 用 CZE 分离碱性药物(图 8-38)。

毛细管柱：60cm×75μm(i. d.)石英毛细管。

运行电解质：0.05mol/L NaH_2PO_4-H_3PO_4。

缓冲溶液，pH 2.5。

压差进样：10s；电压：22kV。

检测波长：UV214nm。

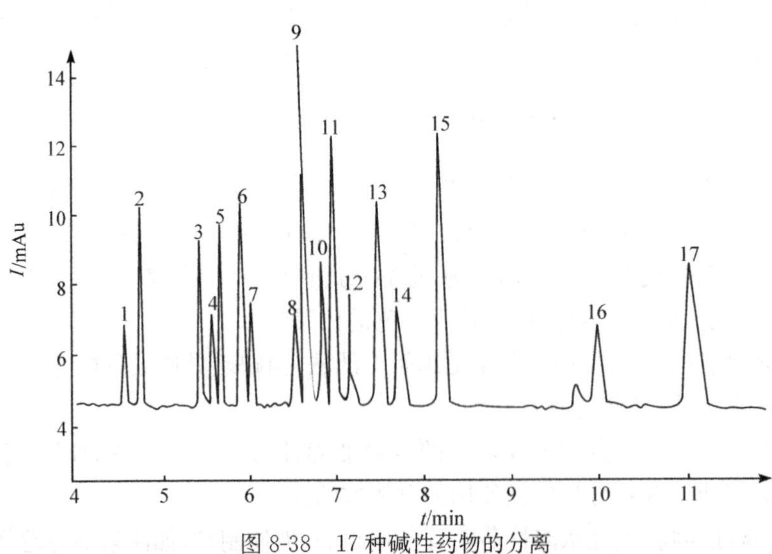

图 8-38　17 种碱性药物的分离

1. 美舍吡伦(methapyrilene)；2. 溴化苯吡胺(brompheniramine)；3. 安非他明(amphetamine)；4. 脱氧麻黄碱(methamphetamine)；5. 普鲁卡因(procaine)；6. 四氢唑啉(tetrahydrozoline)；7. 吩美嗪(phenmetrazine)；8. 丁卡因(betacaine)；9. 二氮卓类抗焦虑药(medazepam)；10. 利多卡因(lidocaine)；11. 可待因(codeine)；12. 乙酰丙嗪(acepromazine)；13. 美其敏(meclizine)；14. 安定(diazepam)；15. 多沙普伦(doxapram)；16. 苯佐卡因(benzocaine)；17. 安眠酮(methaqualone)

【例 8-14】 复方感冒制剂中的 13 种药物的 CE 分析(图 8-39)。

电泳条件

毛细管柱 60cm×75μm(i. d.);虹吸进样(10cm)。

电泳电压:18kV;检测波长:214nm。

缓冲液为:20mmol/L 硼酸钠-磷酸二氢钠-0.1mmol/L 胆酸钠(pH=9.0)。

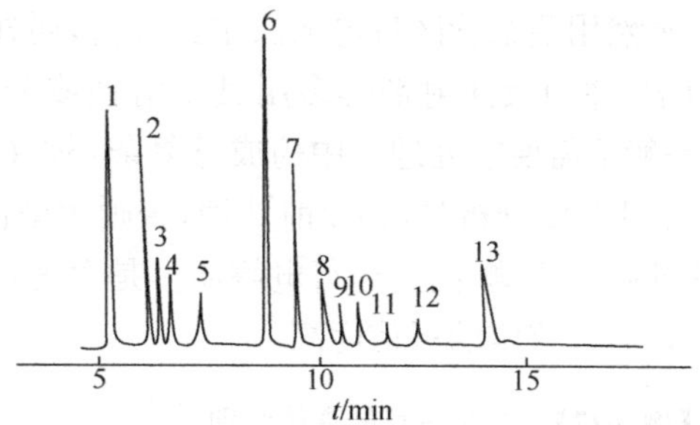

图 8-39 复方感冒剂 13 种成分的 MECC 分析

1. 苯丙醇胺(5.17min);2. 咖啡因(6.07min);3. 扑热息痛(6.44min);4. 异丙氨替比林(6.84min);5. 非那西丁(7.56min);6. 茶碱(8.83min);7. 苯巴比妥(9.59min);8. 扑尔敏(10.21min);9. 阿司匹林(10.58min);10. 那可丁(11.04min);11. 布洛芬(11.72min);12. 双氯灭痛(12.51min);13. 水杨酸(14.21min)

【例 8-15】 18 种违禁药物(毒品)的 MECC 分析(图 8-40)。

电泳条件

毛细管柱 27cm×50μm(i. d.),有效长度 25cm。

电泳电压:20kV;检测波长:210nm。

缓冲溶液:8.5mmol/L 磷酸盐+8.5mmol/L 硼砂+85mmol/L SDS-15%乙腈(pH=8.5)。

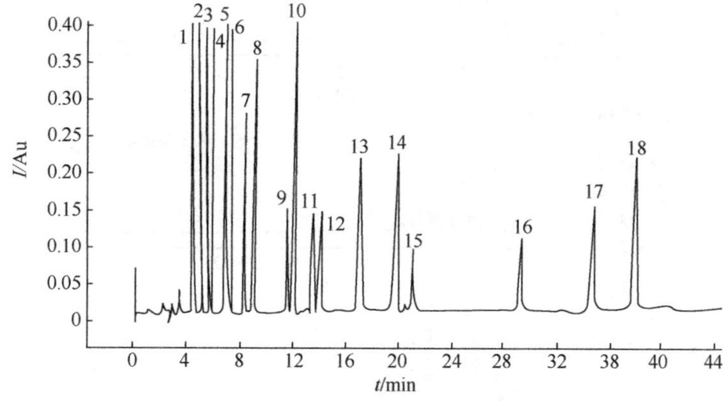

图 8-40 法庭违禁药物 MECC 分析

1. 西洛西宾;2. 吗啡;3. 苯巴比妥;4. 二甲-4-羟色胺;5. 可待因;6. 安眠酮;7. 麦角酰二乙胺;8. 海洛因;9. 苯丙胺;10. 利眠宁;11. 可卡因;12. 去氧麻黄碱;13. 氯羟去甲安定;14. 安定;15. 芬太尼;16. 五氯酚;17. 大麻二酚;18. 四氢大麻酚

【例 8-16】 头孢菌素的毛细管电泳分析(图 8-41)。

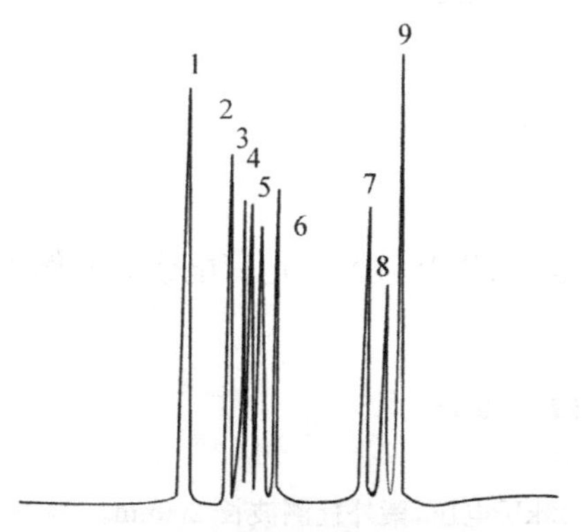

图 8-41 头孢菌素的 CE 分析

1. C-TA;2. 头孢他定;3. 头孢噻肟;4. 头孢甲肟;5. 头孢哌酮;6. 头孢匹胺;7. 头孢咪唑;8. 头孢米诺;9. 头孢曲松钠

电泳条件

毛细管:65cm×50μm(i. d.,有效长度 50cm)。

运行电压:20kV;检测波长:210nm。

运行电解质:(A)CZE:缓冲液:20mmol/L 磷酸盐与硼酸盐混合缓冲液(pH 9.0);

(B) MECC-1:向缓冲液 A 中加入 50mmol/L SDS;

(C) MECC-2 向缓冲液 B 中加入 40 mmol/L 四甲基溴化铵。

3. 毛细管电泳法在中药分析中的应用

1) 中药真伪鉴别

在中药分析中,毛细管电泳可用于中药成分分析、中药真伪鉴别、质量评价及指纹图谱[54]等方面。

虽然用毛细管区带电泳法中药分析，还处于起始阶段，但已显现其强大生命力。一是中药的煎剂、冲剂及注射剂等多用其水溶性成分为药效成分，适宜用 CZE 分析。二是 CZE 的样品，一般不需要前处理。中药成分复杂，萃取液含有大量蛋白质、糖类、淀粉及鞣质等大分子组分，用 HPLC 分析时，必须前处理，否则污染色谱柱。三是开管毛细管柱很便宜。四是可用末端紫外吸收检测，因为运行电解质多是含无机盐的水溶液。五是色谱峰多，其指纹图谱的专属性强，鉴别、鉴定的可信度高。

【例 8-17】 冬虫夏草的真伪鉴别[7]。

仪器与实验条件：同例 8-2。

冬虫夏草的毛细管电泳图谱（图 8-42）的特征性很强，对比测得的冬虫夏草、人工冬虫夏草、人工蛹虫草及亚香棒草的毛细管区带电泳图谱，很易发现各品种的电泳图谱存在着明显差别（核苷类组分的含量也存在着明显的差别）。因此，用毛细管电泳图谱很容易鉴别冬虫夏草的天然品、人工品及伪品。

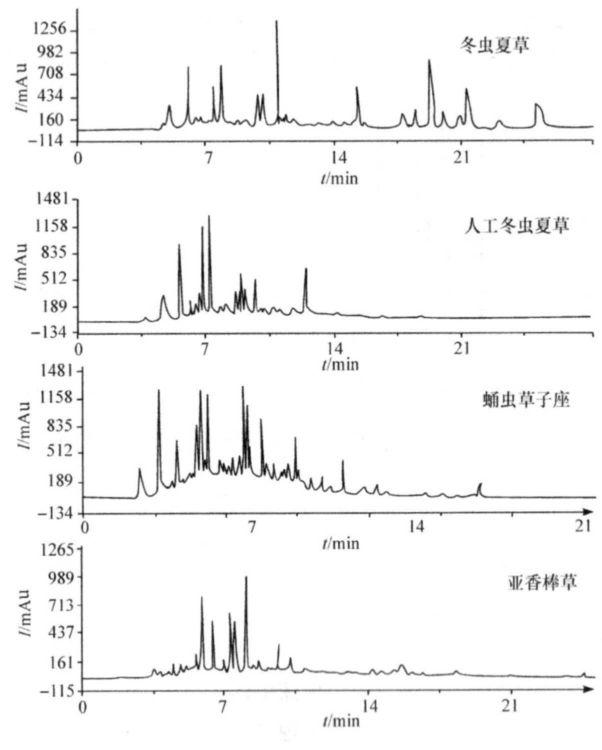

图 8-42　冬虫夏草等的毛细管电泳图

2）中药成分分析*

用毛细管电泳分析中药成分，如生物碱、有机酸、黄酮类、氨基酸及其他荷电成分的例子很多。仅举一例如下。

【例 8-18】 用非水毛细电泳法测定唐松草中的异喹啉生物碱（图 8-43）[55]。

电泳条件

75mmol/L 乙酸钠-1 mol/L 乙酸的甲醇缓冲液，25℃柱温、30kV 电压，紫外检测波长 200nm。

---

* 高效毛细管电泳法在中药化学成分分析中的应用（百度文库，2014）

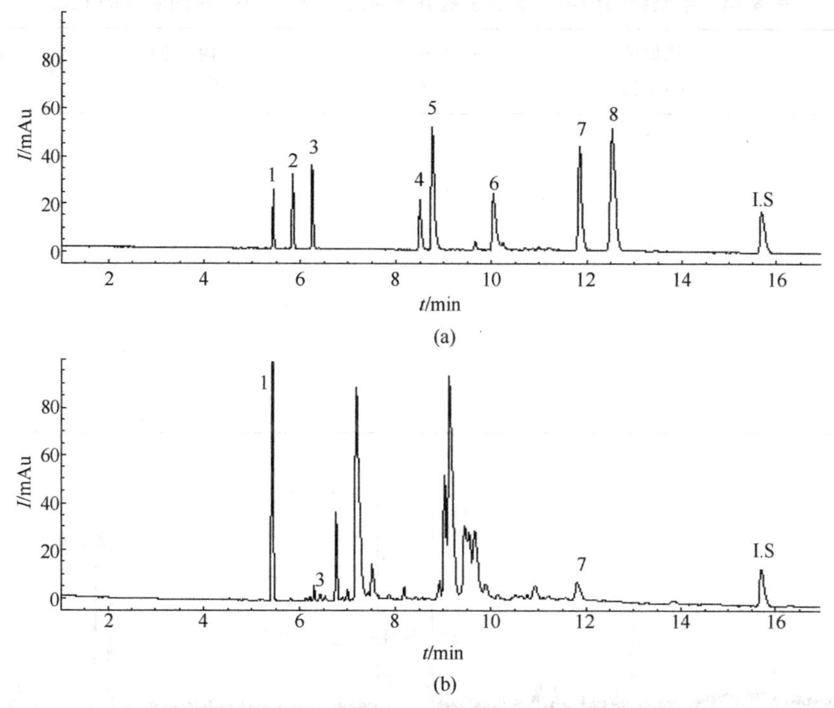

图 8-43　用 NACE 测定唐松草中的异喹啉生物碱

(a)对照品；(b)唐松草

1. 共连素；2. 巴马亭；3. 药根碱；4. (＋)汉防己碱；5. 小檗胺；
6. thalifaricine；7. northalfine；8. 唐松草斯亭；内标(I. S)番木鳖碱

4. 毛细管电泳在食品分析中的应用

食品的质量与安全直接关系到国计民生与身体健康。近年来由于用凯氏定氮法测定奶制品中的氮含量确定蛋白质的含量，导致不法生产单位为提高“蛋白质”的含量，在奶制品中添加三聚氰胺(“蛋白精”)，造成了严重后果，严重影响了儿童的身体健康。因此，近年来出现了用 HPLC 及 CE 等多种方法，测定奶制品中三聚氰胺的含量。用 CE 法测定三聚氰胺的方法简便易行。不仅如此，CE 用于食品中的添加剂、营养成分(维生素、糖类及氨基酸等)的含量测定，以及肉制品中抗生素的残留量测定等。

【例 8-19】　奶制品中的三聚氰胺的测定(表 8-14、图 8-44 和图 8-45)[56]。

电泳条件

仪器：Agilent HP^{3D}毛细管电泳仪。

毛细管：有效长度 50cm，内径 75μm；电压：25kV。

柱温：25℃；动力进样：3.5kPa×8s。

紫外检测波长：232nm。

缓冲溶液：20mmol/L 柠檬酸-40mmol/L 磷酸氢二钠(pH 2.6)。

表 8-14 牛奶和奶粉中添加的三聚氰胺的回收率及日内、日间测定的 RSD

样品	添加量/(mg/kg)	回收率/%	日内 RSD/%(n=5)	日间 RSD/%(n=3)
牛奶	0.5	97.5	2.1	2.1
	20	94.4	3.0	3.9
	50	91.4	3.0	2.4
奶粉	1.0	77.1	2.6	3.1
	20	73.8	2.8	3.6
	50	73.1	3.6	3.6

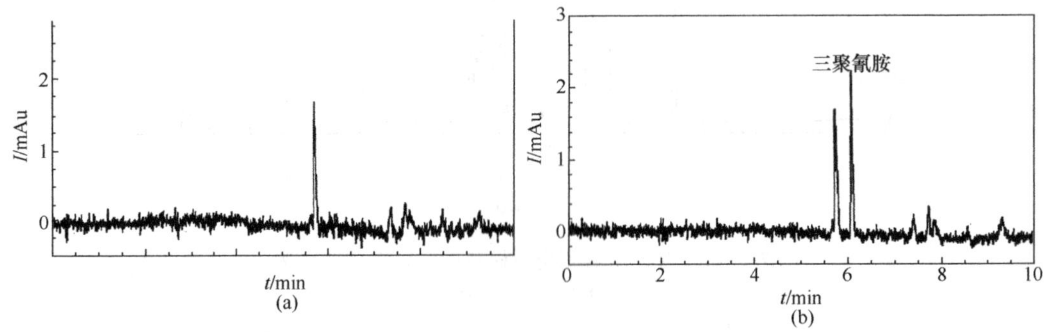

图 8-44 空白牛奶(a)和添加 0.5mg/kg 三聚氰胺的牛奶(b)的毛细管电泳谱图

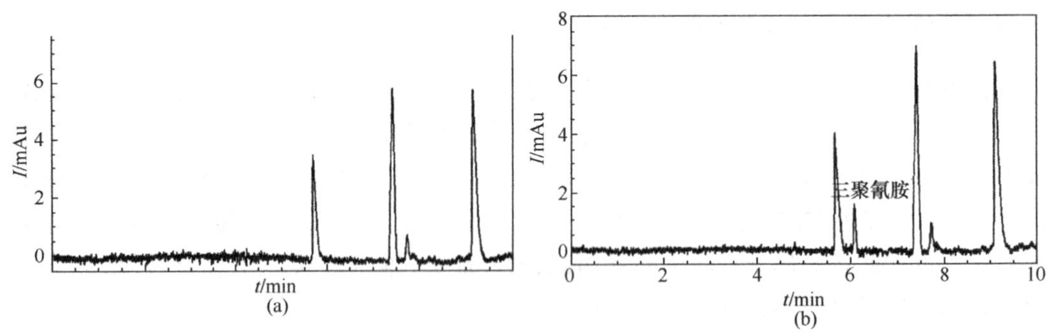

图 8-45 空白奶粉(a)和添加 1.0mg/kg 三聚氰胺的奶粉(b)的毛细管电泳谱图

【例 8-20】 饮料中 16 种食品添加剂的含量测定(图 8-46)[57]。

电泳条件

毛细管柱：未涂层的弹性石英毛细管 46cm×50μm。

缓冲溶液：70mmol/L 硼酸(pH 9.5)-乙腈(96∶4,体积比)。

电泳电压：30kV；柱温：25℃。

检测波长：220nm。

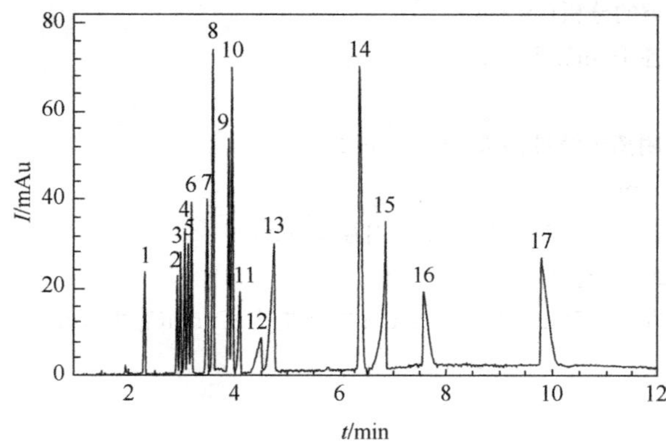

图 8-46　饮料中 16 种食品添加剂标准品混合溶液

1. 酚(内标物)；2. 丁基尼泊金；3. 丙基尼泊金；4. 乙基尼泊金；5. 专利蓝 V；6. 甲基尼泊金；7. 酸性红 92；8. 山梨酸；9. 苯甲酸；10. 萤元素钠；11. 酸性红 1；12. 食用靛蓝；13. 喹啉；14. 紫红色；15. 黑色 BN；16. 柠檬黄；17. 丽春红 6R

【例 8-21】 蔬菜中 8 种水溶性维生素的含量测定(图 8-47)[58]。

电泳条件

仪器：Beckman P/ACE^{TM} MDQ 毛细管电泳仪。

石英毛细管柱：长度 51cm，有效长度 41cm。

缓冲溶液：25mmol/L 硼酸-硼酸溶液(pH 8.8)

电泳电压：40kV；电动进样：5000×3s。

检测波长：214nm。

分析结果

8 种水溶性维生素的迁移时间的 RSD 为 0.13%～1.84%；峰面积的 RSD 为 1.15%～3.56%；方法检测限($S/N=3$)为 0.2～0.3mg/L。这证明在测定的质量浓度范围内线性关系良好(相关系数 0.9981～0.9999)。因此，该方法可用于蔬菜中的水溶性维生素的含量测定。

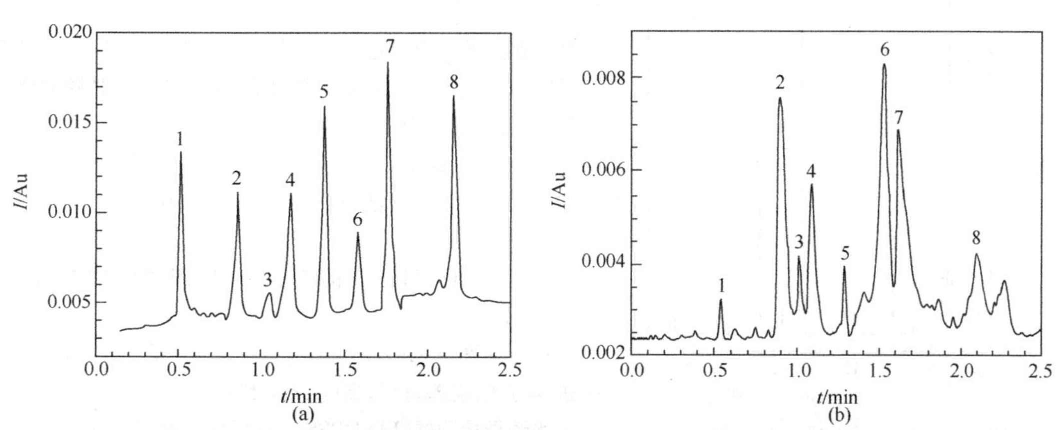

图 8-47　蔬菜中 8 种水溶性维生素的电泳图

(a) 8 种水溶性维生素的标准品溶液的电泳图；(b) 蔬菜中 8 种水溶性维生素的电泳图

1. VB1；2. VB2；3. D-VH；4. VB6；5. D-泛酸钙；6. VC；7. 烟碱酸；8. 叶酸

【例 8-22】 食品中糖类的分析(图 8-48)[59]。

样品 17 种糖的纯品各 1mmol/L。

电泳条件

缓冲溶液：Ailent 碱性阴离子缓冲溶液(PN5064-8209)。

预处理：缓冲溶液运行 4min。

熔融石英毛细管：长 80.5cm，有效长度 72cm，内径 50μm。

进样：300mbar；柱温：20℃；电压：－25kV。

紫外双波长检测：检测波长 350nm(带宽 20nm)；参比波长 275nm(带宽 10nm)。

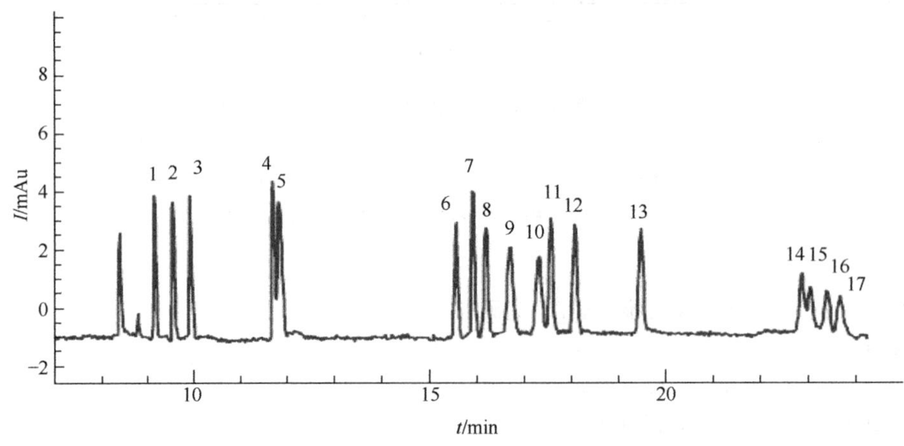

图 8-48　食品中的 17 种糖的毛细管电泳图

1. 甘露糖醛酸；2. 葡萄糖醛酸；3. 半乳糖醛酸；4. NGNA；5. NANA；6. 核糖；7. 甘露糖；8. 木糖；9. 氨基葡萄糖；10. 葡萄糖；11. 半乳糖胺；12. 半乳糖；13. 海藻糖；14. 甘露醇；15. 山梨醇；16. 木糖醇；17. 肌糖

5. 其他应用

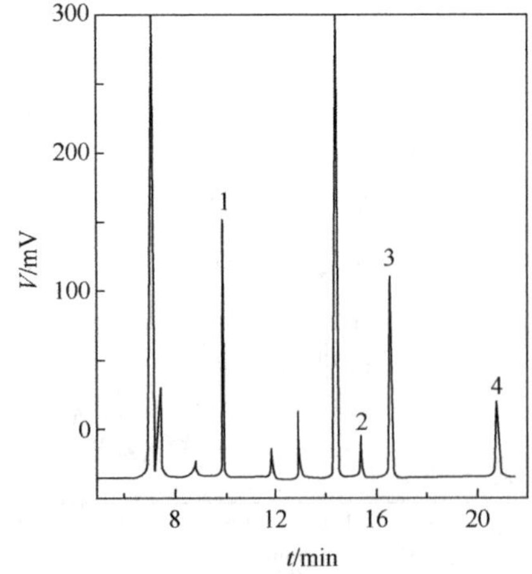

图 8-49　有机磷除草剂的分析

1. DTAF-IS；2. DTAF-Gluf；3. DTAF-AMPA；4. DTAF

【例 8-23】 毛细管电泳分离-激光诱导荧光检测有机磷除草剂(图 8-49)[36]*。

样品预处理　用荧光衍生试剂 5-(4,6-二氯三嗪基)氨基荧光素(DTAF)，将有机磷除草剂草甘膦、草胺膦和草甘膦的代谢物氨甲基膦酸，衍生为荧光化合物。

衍生化条件：DTAF 的浓度为 1.0μmol/L，以 50mmol/L 硼酸(pH 9.5)作为缓冲溶液，在 30℃下反应 40min。

电泳条件

运行电解质 pH 9.5 的 30mmol/L 硼酸缓冲溶液(含 15mmol/L Brij-35)。

石英毛细管：52cm×75μm，有效长度 42cm。

进样方式：压差进样，高度 5cm，15s。

激光诱导检测器，LD-DPSS 激光器(10mW，473nm)。

电泳电压：10kV。

分析结果如图 8-49 所示。

* DTAF 为氨基荧光素(衍生化试剂)；IS 为内标物(γ-氨基丁酸，GABA)；Gluf 为草氨膦；AMPA 为氨甲基磷酸(草甘膦的代谢物)。图中 DTAF-IS 为内标物氨基荧光素的衍生物，其他类推。

3 种衍生物得到基线分离。在优化的条件下，草甘膦、草胺膦、氨甲基膦酸的检测限分别为 3.21ng/kg、6.14ng/kg 和 1.99ng/kg。将该方法应用于环境水样和土壤中除草剂及代谢物的测定，回收率为 91.3%～106.0%。该方法准确、灵敏，可满足环境样品中有机磷农药及其代谢物残留的检测要求。

【例 8-24】 36 种阴离子的分析(图 8-50)。

电泳条件

毛细管柱：60cm×50μm(i. d.)；电泳电压：−30kV。

缓冲溶液：5mmol/L 铬酸盐＋OFM-BT(pH 8.0)。

阳极端检测：UV 254mm，间接检测。

讨论 阴离子电泳方向和电渗流方向相反、速度接近，分析时间长、效率低。质量小、电荷密度大的离子如 SO_4^{2-}、Cl^-、F^- 等，电泳速率大于电渗流，阳极端流出，在阴极端无法检测。加入电渗流改性剂，十六烷基三甲基溴化胺等，使离子的电泳方向和电渗流方向一致，可在 3.1min 内分离 36 种阴离子；阴极进样，阳极检测。

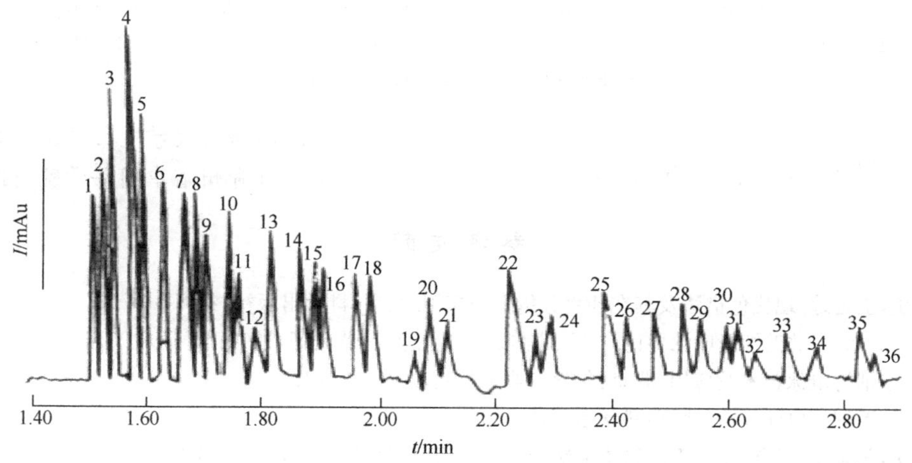

图 8-50　毛细管区带电泳分离 36 种阴离子

1. $S_2O_3^{2-}$；2. Br^-；3. Cl^-；4. SO_4^{2-}；5. NO_2^-；6. NO_3^-；7. 钼酸根；8. 叠氮化物；9. WO_4^{2-}；10. 氟磷酸根；11. ClO_3^-；12. 柠檬酸根；13. F^-；14. 甲酸根；15. 磷酸根；16. 亚磷酸根；17. 次氯酸根；18. 戊二酸根；19. 邻苯二甲酸根；20. 半乳糖二酸根；21. 碳酸根；22. 乙酸根；23. 氯乙酸根；24. 乙基磺酸根；25. 丙酸根；26. 丙基磺酸根；27. 天冬酸根；28. 巴豆酸根；29. 丁酸根；30. 丁基磺酸根；31. 戊酸根；32. 苯甲酸根；33. L-谷氨酸根；34. 戊基磺酸根；35. *d*-葡萄糖酸根；36. *d*-半乳糖醛酸根

【例 8-25】 24 种金属阳离子的分析(图 8-51)。

电泳条件

毛细管柱：36.5cm×75μm(i. d.)；电泳电压：30kV。

缓冲溶液：1mmol/L 四甲基苄胺＋15mmol/L 乳酸(pH 4.8)。

阴极端检测：UV 214mm，间接检测。

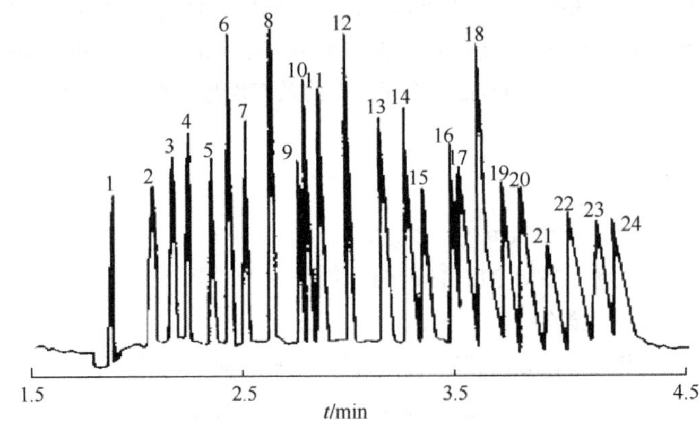

图 8-51　HPCE 分离多种金属离子

1. K^+；2. Ba^{2+}；3. Sr^{2+}；4. Ca^{2+}；5. Mg^{2+}；6. Mn^{2+} 7. Cd^{2+}；8. Co^{2+}；9. Pb^{2+}；10. Ni^{2+}；11. Zn^{2+}；12. La^{3+}；13. Ce^{3+}；14. Pr^{3+}；15. Nd^{3+}；16. Sm^{3+}；17. Gd^{3+}；18. Cu^{2+}；19. Dy^{3+}；20. Ho^{3+}；21. Er^{3+}；22. Tm^{3+}；23. Yb^{3+}；24. Lu^{3+}

（沈阳药科大学　孙毓庆　孙国祥）

（贵州省中国科学院　阮婧华）

参考文献

[1] 孙毓庆，王延琮. 现代色谱法及其在药物分析中的应用. 北京：科学出版社，2005

[2] Heiger D N. 高效毛细管电泳导论. 2 版. 孙亦梁，译. 北京：惠普公司，1993

[3] 陈义. 毛细管电泳技术及应用. 北京：化学工业出版社，2000. 82，131

[4] 林炳承. 毛细管电泳导论. 北京：科学出版社，1996

[5] 孙毓庆，阮婧华，马欣. 中药毛细管电泳法指纹图谱研究. 色谱，2003，21(4)：303

[6] 孙国祥，孙毓庆，李阳. 毛细管电泳叠加对比法测定复方降压片中 5 组分含量. 沈阳药科大学学报，2002，19(4)：265

[7] 阮婧华，孙毓庆. 毛细管区带电泳法同时测定冬虫夏草中多种核苷及其碱基成分含量. 沈阳药科大学学报，2002，19：112-114

[8] 赵新峰，孙毓庆. 胶束电动色谱法测定牡丹皮及六味地黄丸中丹皮酚的含量. 沈阳药科大学学报，2002，19：35

[9] Ogston A G. Trans Faraday Soc，1958，54：1754-1757

[10] Slater G，Noolandi. J Biopolymers，1989，28：1781-1791

[11] 王前，许旭. 用于毛细管电泳 DNA 分离的合成聚合物. 化学进展，2003，15(4)：285

[12] 张玉奎，张维冰，邹汉法. 分析化学手册(第 6 分册：液相色谱分析). 2 版. 北京：化学工业出版社，2000. 106-118

[13] 朱贵杰，杨春，刘和春，等. 新型毛细管等电聚焦驱动方法的建立及其应用. 高等学校化学学报，2005，26(4)：654

[14] Righetti P G. Determination of the isoelectric focusing. J Chromatogr，2004，1028：491-499

[15] 杨春，姬磊，张维冰，等. 毛细管等电聚焦技术的进展. 色谱，2003，21(2)：121

[16] 徐木生，王小如，杨芃原，等. 非水介质毛细管电泳. 色谱，1998，16(4)：309

[17] Wang F，Khaledi M G. J Chromatogr，2000，875：277-293

[18] 宋素异，杜斌，于秋影，等. 非水毛细管电泳技术在药物分析中的应用. 中国药房，2006，17(9)：699

[19] 邹汉法，刘震，叶明亮，等. 毛细管电色谱法及其应用. 北京：科学出版社，2001

[20] 郭怀忠,毕开顺,孙毓庆. 毛细管电色谱中组分保留因子表达式的讨论. 色谱,2004,22(5):465-468
[21] Dadoo R,Zare R N,Yan Chao. Anal Chem,1998,80:4888-4892
[22] Guo H Z,Wang L L,Bi K S,et al. J Liquid Chromatogr R T,2005,28(5):647-658
[23] Agilent 7100 CE 和 CE-MS 介绍. 北京:安捷伦公司,2012
[24] 张玉奎. 现代生物样品分离分析方法. 北京:科学出版社,2003. 184
[25] 孙毓庆,郭怀忠,陈蓉,等. 中国专利,授权号:200320128699. 8
[26] 赵新峰. 六味地黄丸的质量控制方法研究. 沈阳:沈阳药科大学博士学位论文,2003
[27] 孙国祥,苗菊如,王宇,等. 毛细管电泳叠加对比法测定阿片粉中吗啡的含量. 色谱,2002,20(1):69
[28] 郭怀忠,毕开顺,孙毓庆. 影响毛细管电泳法分析结果重现性的因素及其控制. 分析仪器,2005,144:42
[29] 国家药典委员会. 中华人民共和国药典:2010 年版二部. 北京:中国医药科技出版社,2010. 附录 35-37
[30] 张艳梅,康经武. 毛细管电泳结合高效液相色谱-质谱用于天然产物活性成分的筛选. 色谱,2013,31(7):640-645.
[31] 张倩倩,张雪佩,张含智,等. 毛细管电泳-激光诱导荧光检测用于多个胞内蛋白激酶的抑制剂筛选和选择性评价. 色谱,2013,31(7):646-655.
[32] 孟品佳,孙毓庆,姜兆林. 常见毒品的毛细管电泳分析. 分析测试学报,1999,18(1):17-20
[33] 张文慧,姜廷福,吕志华,等. 基于离子液体的单滴微萃取-毛细管电泳在线联用测定水体中 3 种溴酚类化合物. 色谱,2013,31(7):656-660.
[34] 董亚蕾,陈晓姣,胡敬,等. 高效毛细管电泳在食品安全检测中的应用进展. 色谱,2012,30(11):1117-1126.
[35] 王州飞. 毛细管电泳及其在种子科学领域的应用. 233 网校论文中心,2013
[36] 曹丽伟,梁丝柳,谭小芳,等. 毛细管电泳-激光诱导荧光法测定草甘膦、草胺膦及氨甲基膦酸. 色谱. 2012,30(12):1295-1300
[37] 沈霞. 高效毛细管电泳的临床应用及进展. 中华检验医学杂志,2004,27(12):883
[38] 孟品佳,王景翰,姚丽娟,等. 毛细管电泳分析在法庭科学中的应用. 广东公安科技,1998(4),34-41
[39] 王元凤,王景翰,姚丽娟. 高效毛细管电泳法分析蓝色签字笔字迹色痕种类及相对形成时间. 色谱,2007,25(4):468-472
[40] 赵新颖,屈锋,王勇,等. 2013 年毛细管电泳技术年度回顾. 色谱,2014,32(1):1-6
[41] 屈锋,赵新颖 王勇. 2012 年毛细管电泳技术年度回顾. 色谱,2012,30(12):1214-1219
[42] Rauch J N,Nie J,Buchholz T J,et al. Anal Chem,2013,85:9824;方群. 多相微流控分析与毛细管电泳研究进展. 色谱,2014, 32(7):673-674
[43] 李乐,陈志涛,夏之宁,等. 毛细管电泳法在测定蛋白多肽理化特性中的应用. 化学通报,2014,77(1):12-18.
[44] Cohen A S,Najarian O R,Karger B L. J Chromatogr,1990,516:49
[45] Hogan B L,Yeung E S. Anal Chem,1992,64:2841
[46] 郝颖,王荣,尹强,等. 毛细管电泳-激光诱导荧光检测法分析胃癌组织及癌旁正常组织蛋白质的差异性. 色谱,2013, 31(10):1005-1009
[47] 李贤煜,赵新元,应万涛,等. 等电聚焦预分离用于肝癌细胞分泌蛋白质组的分级与鉴定. 色谱,2013,31(9):831-837
[48] 石冬琴,王荣,谢华,等. 结直肠癌组织中 K-ras 基因突变的毛细管电泳检测. 色谱,2013,31(6):582-586.
[49] 钱金雄,杨秀娟,陈缵光. 毛细管电泳技术在重大疾病特异性蛋白质分析中的应用. 色谱,2011,29(04):298-302
[50] 张秀玲. 高效毛细管电泳法在药物分析的应用. 天津药学,2004,16(1):58
[51] 宋素异,杜斌,于秋影,等. 非水毛细管电泳技术在药物分析的应用. 中国药房,2006,17(9):699
[52] 李旭菲,杨燕英,周考文. 毛细管电泳电致化学发光法同时测定氯丙嗪、异丙嗪及其主要代谢物. 色谱,

2012,30(9):938-942.

[53] 柴逸峰. 毛细管电泳法在手性药物分析中的基础和应用研究. 上海:第二军医大学博士学位论文,2002

[54] 谢培山. 中药色谱指纹图谱. 北京:人民卫生出版社,2005. 95-104,444-461

[55] Agilent 7100 CE与CE-MS系统介绍. 北京:安捷伦公司,2013. 22

[56] 饶钦雄,童敬,郭平,等. 高效毛细管电泳法测定牛奶和奶粉中残留的三聚氰胺. 色谱,2008,26(6):755

[57] 龙魏然,岑怡红,王兴益,等. 毛细管区带电泳法同时测定饮料中16种食品添加剂. 色谱,2012,30(7):747

[58] 胡晓琴,尤慧艳. 毛细管电泳法高压快速分离分析菠菜中的水溶性维生素. 色谱,2009,27(6):835

[59] Agilent 7100 CE与CE-MS系统介绍. 北京:安捷伦公司,2013. 26

第9章 微流控分析法

9.1 概　　述

微流控分析是指利用微流控芯片或系统对物质的组成、含量、结构和功能进行测定和研究的一类分析方法。它起源于20世纪90年代初由瑞士的Manz和Widmer提出的以微机电系统(microelectromechanical systems,MEMS)技术为基础的“微全分析系统”(miniaturized total analysis systems,或micro total analysis systems,μTAS)概念[1],其目的是通过化学分析设备的微型化与集成化,最大限度地把分析实验室的功能转移到便携的分析设备中,甚至集成到方寸大小的芯片上。由于这种特征,该领域还有一个更为形象的名称“芯片实验室”(lab on a chip)。上述系统的核心是微流控芯片(microfluidic chips),其结构特征是在方寸大小的微芯片上加工微通道网络,通过对通道内微流体的操纵和控制,实现整个化学和生物实验室的功能[2-4]。

与常规分析系统比较,微流控分析系统通常具有以下特点:

(1) 微量——试样与试剂的消耗可由微升级降低至纳升级,甚至皮升级。不仅降低了分析费用和贵重生物试样的消耗,也减少了对环境的污染。

(2) 高速——许多微流控分析系统可在数秒至数十秒时间内完成反应和分析操作。速度常较宏观系统高1~2个数量级。其高速特点主要来源于微米级通道中的高传质和高传热速率,以及反应和分析系统空间尺寸的缩小。

(3) 高通量——在微流控芯片上容易加工多个反应和分析通道,形成并行的多通道阵列分析系统,实现高通量分析。

(4) 系统微型化、集成化和自动化——利用微加工技术可将多个分析和控制功能单元集成在数平方厘米的芯片上,能够实现分析系统的微型化、集成化和自动化,进而发展出功能齐全的便携式分析仪器,用于各类现场分析。

(5) 显著的尺度效应——在微流控系统内,存在着多种区别于宏观系统的尺度效应,如层流效应、快速扩散传质效应、快速传热效应、界面效应等。此外,由于尺度相近,微流控系统尤其擅长进行单个细胞的操控,是进行复杂细胞操控和分析、大规模单细胞分析及单分子分析的理想工具。

由于微流控分析技术所具有的独特优势,自该技术出现以来,相关研究取得了快速发展。目前,微流控分析技术已应用到化学、生物学、医学、药学、材料学、物理学、计算机学等多个学科领域。在超微量样品的生化检测,高灵敏单细胞单分子分析,分子生物学、细胞生物学、结构生物学和合成生物学研究,高通量药物筛选,临床诊断,现场即时检测(point-of-care testing,POCT),环境监测、卫生检疫、司法鉴定和生物试剂侦检中的现场检测,新材料合成与筛选,以及天体生物学研究等众多领域中,表现出突出的应用潜力和广阔的应用前景。

此外,随着微流控芯片技术本身的发展,也逐渐形成了一门多学科交叉的新兴学科——微流控学(microfluidics):在微米尺度空间内操控微量流体的技术与科学。近年来,在微流控芯片研究领域还出现了许多新的分支,如纳流控芯片与纳流控学(nanofluidic chip和nanofluidics)，多相微流控技术(multiphase microfluidics，或 droplet-based microfluidics)，光流控技术(optofluidics)，以及仿生器官芯片(organ on a chip)和人体芯片(human on a chip)等。这些科学和技术的出现，为微流控分析技术的发展提供了更加强大的理论和技术支撑，以及更加广阔的应用领域。

9.2　微流控分析中的基本技术

9.2.1　微流控芯片加工技术

微流控芯片的基本结构单元是具有微米级深度和宽度的微通道，由其构成微通道网络，并根据不同的需要集成微结构、微阀、微泵、微储液器、微电极、微检测器、微控制和微处理等单元，组成完整的微流控芯片系统。因此，加工微流控芯片需采用特殊的微细加工技术，该技术起源于微电子工业中的微机电加工技术(microelectromechanical systems，MEMS)，目前已发展出多种适合不同芯片材质的芯片微加工技术[2-4]。

微流控芯片所使用的材料包括无机和有机材料两大类。常用的无机材料包括单晶硅、无定形硅、玻璃、石英、金属等。利用硅材料加工微流控芯片的优点是芯片表面光洁度好，图形复制精度高，具备三维结构加工能力，工艺成熟，可批量生产。其缺点是材料易碎、不透光、电绝缘性能不好。通常被用于加工微泵、微阀和控制元器件，或制作高分子聚合物芯片的模具。玻璃和石英是目前加工微流控芯片中使用较多的材料，其优点是透光性好，机械强度高，微加工工艺较成熟；其表面的电渗和亲水性质适于进行毛细管电泳分析。石英材料可透过紫外光，但其成本是玻璃的 10 倍。

目前，用于制作微流控芯片的高分子聚合物主要有三类：热塑性聚合物、固化型聚合物和溶剂挥发型聚合物。热塑性聚合物包括聚酰胺、聚甲基丙烯酸甲酯、聚碳酸酯、聚苯乙烯等；固化型聚合物有聚二甲基硅氧烷(PDMS)、环氧树脂和聚氨酯。溶剂挥发型聚合物有丙烯酸、橡胶和氟塑料等。高分子聚合物材料的优点是材料种类多、成本低、适合大批量制作等。其中，PDMS 因其具有良好的微结构成形性、透光性和生物相容性，是目前使用最多的高聚物芯片加工材料。

通常微流控芯片的加工按流程分为两部分：芯片微通道(结构)加工和芯片的封合。目前，微通道(结构)的加工方法主要有光刻和蚀刻法、模塑法、热压法、激光刻蚀法、LIGA 技术和软光刻法等。其中，光刻和蚀刻法主要用于无机材料芯片的加工及芯片模具的加工。模塑法、热压法、激光刻蚀法、LIGA 技术和软光刻法等主要用于高分子聚合物芯片的加工。芯片的封合技术则有热键合、常温键合、黏结法等，不同材质的芯片封合方法各有不同。

9.2.2　微流体驱动技术

微流控芯片分析系统在结构上的主要特征是各种构型的微通道网络，通过对通道内微流体的操控，完成芯片系统的分析功能。微流体驱动系统是实现微流体控制的前提和基础。微流控芯片分析系统所使用的驱动系统，突出特点是流量低，通常范围在 pL～μL/min。依据驱动系统有无活动的机械部件，可分为有活动机械驱动部件和无活动机械驱动部件的微驱动系统(泵)，即机械和非机械驱动系统。依据微驱动系统所用驱动动力的不同，可分为流体动力、气动动力、电渗动力、电磁动力、重力(流体静压力)、热气动动力、表面张力、剪切力、离心力、声波动力、压电动力等。

目前在微流控分析系统中使用的流体动力驱动系统主要有微量注射泵和各类微机械往复泵。微量注射泵具有驱动流量稳定，可调范围大（pL-nL-μL/min 之间）的优点，但其体积较大，不易实现系统的微型化。微机械往复泵的组成通常包括以下部分：一个具有出入通道的微体积泵腔，出入两通道上分别设置两个控制流向的单向阀，泵腔的部分内壁由可往复运动的泵膜（可活动的机械部件，通常为隔膜或活塞形状）构成；致动器产生致动力作用于泵膜，使其发生形变或位移（运动），以驱动泵腔内的液体。其基本工作模式是由致动力的循环往复变化，产生泵膜的往复运动，配合两单向阀的限流作用，形成单向连续流动的液流。微机械往复泵按致动器类型的不同有压电微泵、电磁微泵、静电微泵、气动微泵、热气动微泵、双金属微泵等。微机械往复泵的特点是体积微小，易与芯片集成化，但结构复杂，加工难度较大，输出液流流速有脉动，泵压较低。目前，在微流控芯片分析系统中，使用最多的微机械往复泵是基于 PDMS 气动微阀的微蠕动泵[5]。该系统采用多层软光刻技术加工，具有结构简单，体积微小，易实现芯片集成化、规模化加工的特点。

目前，微流控芯片分析系统中使用较多的非机械驱动方式有电渗驱动、重力（流体静压力）驱动、负压驱动和离心力驱动等。电渗驱动是在芯片毛细管电泳系统中占主导地位的驱动技术。电渗驱动的原理是利用微通道表面存在的固定电荷进行驱动，属于致动力直接作用于流体的驱动方式。电渗驱动的特点是：以高电压直接驱动液流，无需活动的机械部件；液流流动无脉动，呈扁平流型；驱动同时，可以实现无阀无机械部件的微流控操作（如液流汇合、分流、切换等）；电渗流易受多种因素变化的影响，如外加电场强度、通道壁性质、介质解离性、离子强度、黏度等，以及试样中组分的吸附，系统长时间工作的稳定性有待提高。重力（流体静压力）驱动和负压驱动方法因其简便易行，也是目前芯片系统中经常使用的流体驱动方法。离心力驱动方法因可实现多通道内流体的同时驱动，多用于多通道阵列芯片中。

9.2.3　微流体控制技术

微流控技术的核心是对微流体的操纵和控制。根据实现微流体控制时使用方法的不同，基本的微流控技术可分为：驱动（微泵）控制、微阀控制、芯片微结构控制、多相流体控制，以及基于光、电、磁、声、热等效应的控制技术等。上述方法在各种微流控芯片分析系统中均有不同形式的应用。

阀是在流动通道内起控制性限流作用的器件。按阀的功能可分为单向阀和切换阀。切换阀的类型有多种，如三通阀和多位选择阀等。按阀的结构可分为机械阀和非机械阀，前者的阀系统通常含有活动的机械部件，而后者则不含活动的机械部件。按阀中有无致动器可分为主动阀和被动阀两类。主动阀的原理是利用致动器产生的致动力实现阀的开闭或切换操作。PDMS 气动微阀是目前微流控芯片系统中使用较多的一类主动阀。被动阀的工作原理是利用流体本身参数的变化（如流动方向、流动压力等）实现阀状态的改变。其特点是阀体积小，无需外来的致动力，多被用来实现单向阀的功能。被动阀的典型代表是突破阀（burst valve），利用通道表面张力的变化产生阻流作用，起到阀封闭的功能；利用增加流体前进的动力，突破上述阻力，实现阀开启的功能。

微流动通道不仅提供流体流动和进行微流控操作的场所，而且经过特殊设计的微通道网络本身即可作为微流体控制的一种重要手段。与流动通道有关的微流控方法，可分为改变微通道构型、改变表面性质、在通道内外附加装置等三类方法。在微流控芯片各单元功能的实现上，微通道构型的设计起到了至关重要的作用。例如，芯片进样操作中，不同的通道构型可完成不同模式的进样操作，如T型通道、十字通道、双T型通道等。此外，在芯片毛细管电泳系统中弯道效应的消除以及在微混合器设计中，通道构型的设计均起到了关键作用。

与常规流动分析系统相比，微流控分析系统通道尺度的减小，带来的一个主要变化是在微通道内的流体易形成多束液流并行流动的层流状态。利用此现象建立的多相层流控制技术在微流控系统中的应用非常广泛，如用于试样前处理的无膜过滤、渗析、萃取，进样系统中的夹流进样、门式进样、二次进样，以及液流切换和芯片微加工等。

9.3　微流控芯片分析系统

完整的微流控芯片分析系统应包括取样、进样、试样预处理(预分离、浓集、稀释、混合、反应等)、高分辨分离、检测及系统控制和数据处理显示等单元系统。

9.3.1　微流控芯片进样系统

进样技术是微流控芯片分析系统中的关键技术。以微流控芯片毛细管电泳系统为例，主要有两类进样方式，基于时间的和基于体积的进样方法。前者主要包括T型通道进样法和门式进样法，目前门式进样法使用较多；后者包括"十"字通道和"双T"型通道进样法。

门式进样法(gated injection)[6]的原理如图9-1所示。在注样阶段，即"十"字通道的交叉区，两液流呈并行流动的层流流形，相互间互不干扰；在充样阶段，一部分试样液流分流进入分离通道。通过控制充样电压和时间，可以控制进样量。其优点是在分离的同时可方便地进行试样更换操作，适用于在线连续监测和芯片上多维分离系统，但存在电动进样的歧视性效应问题。

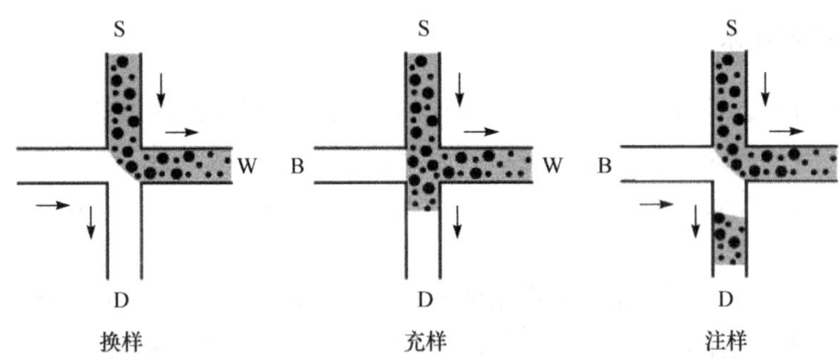

图9-1　门式进样法原理示意图[6,2]

S. 试样；B. 缓冲液；D. 分离分析通道；W. 废液。箭头表示液流流动方向；
图中小直径圆点表示电场下迁移速率快的离子，大直径圆点表示电场下迁移速率慢的离子

"十"字通道进样法是基于体积的进样方法，通常其通道构型为"十"字形(图9-2)，或"双T"形。该方法的优点是可消除注样过程中的歧视效应。但简单的"十"字通道进样方法[图9-2(a)]，在操作中存在泄漏效应。为此，1994年，Ramsey研究组[7]提出了夹流进样的方法。其工作原理如图9-2(b)所示。在充样阶段，利用三束液流(B→W，S→W，D→W)并行汇合形成的三路层流，消除试样向两侧的泄漏。在注样阶段，由主分离通道(B→D)向两侧通道适当分流(B→S，B→W)，消除样品泄漏效应对分离通道的影响。夹流进样的优点是可消除进样过程中的电歧视效应和泄漏效应，可准确地控制进样体积，获得比其他进样方法更高的分离效率和重现性。

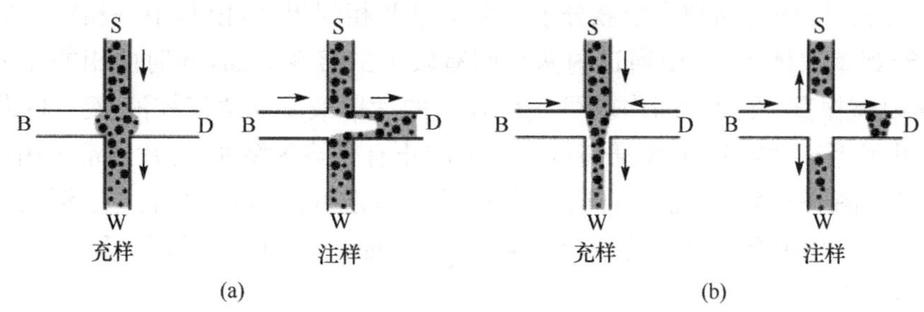

图 9-2 “十”字通道体积进样法原理示意图[7,2]

(a)简单进样法;(b)夹流进样法;S. 试样;B. 缓冲液;D. 分离分析通道;W. 废液;箭头表示液流流动方向;图中小直径圆点表示电场下迁移速率快的离子,大直径圆点表示电场下迁移速率慢的离子

9.3.2 微流控试样预处理系统

在进行检测之前,试样往往需经过一系列预处理(如试样预分离、预浓集和稀释等)和反应操作。通常预处理操作采用的技术有过滤、渗析、气体扩散、液-液萃取、固相萃取等。反应操作则包括为完成分析目的所进行的各类反应,如标记(衍生化)反应、酶催化反应、免疫反应、聚合酶链反应(PCR)及其他生化反应等。

多相层流无膜扩散分离 在微流控芯片内,在低流速条件下,在微通道内流动的流体通常其雷诺数远小于 1,流体表现为稳定的层流状态。因此,相互混溶的流体可在微通道内形成多束流体平行流动而不相混合的多相层流状态,而流体中的溶质和不溶性微粒则可通过分子扩散在两相之间迁移。利用上述特性,1997 年,Yager 研究组[8-10]提出了一种新的无膜分离技术——多相层流扩散分离技术,并建立了 H 型通道[8]和 T 型通道[10]两类芯片无膜扩散分离系统,用于试样的净化、提取、反应和测定。图 9-3 为一典型的 H 型通道无膜扩散分离芯片结构和分离原理示意图。含有大分子与小分子物质的试样液和接受液分别从各自的入口进入并汇合于主通道,形成并行流动的层流流形。由于小分子扩散速度快,大分子扩散速度慢,因此,在一定时间内,只有小分子物质可依靠扩散进入接受液内,由此实现小分子物质与大分子物质的分离。该技术已被应用于血液试样的净化,蛋白质的脱盐、净化,以及人血液中血清白蛋白、血液 pH 等的测定。

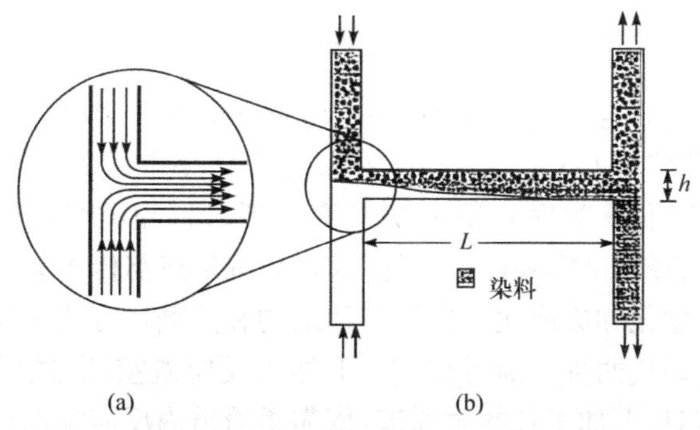

图 9-3 H 型通道芯片内多相层流分离原理示意图[8]

液-液萃取分离 Kitamori 研究组[11-13]建立了基于芯片的微流控液-液萃取分离系统。在微通道中,重力对两相界面的影响远小于界面张力,在较低流速下,水相和有机相可形成稳定

的层流流动状态。因而待测物可依靠分子扩散穿过两相间界面，由其中一相转入另一相完成萃取。相对宏观萃取体系，在微通道内两相间有较大的接触界面，同时两相的比表面积均较大，因此无需机械振荡，在短时间内就可获得较高的萃取效率。微流控液-液萃取芯片通道的构型通常采用 Y 型通道或双 Y 型通道构型。为防止有机溶剂腐蚀，芯片通常采用玻璃或石英材质进行加工。图 9-4 为一典型的石英基质液-液萃取芯片结构示意图。上述微流控液-液萃取系统已应用于水相中金属离子的萃取分离和检测，如 Fe^{2+}、Co^{2+}、Ni^{2+}、K^{+}、Na^{+} 及 Al^{3+} 离子的萃取分离分析。

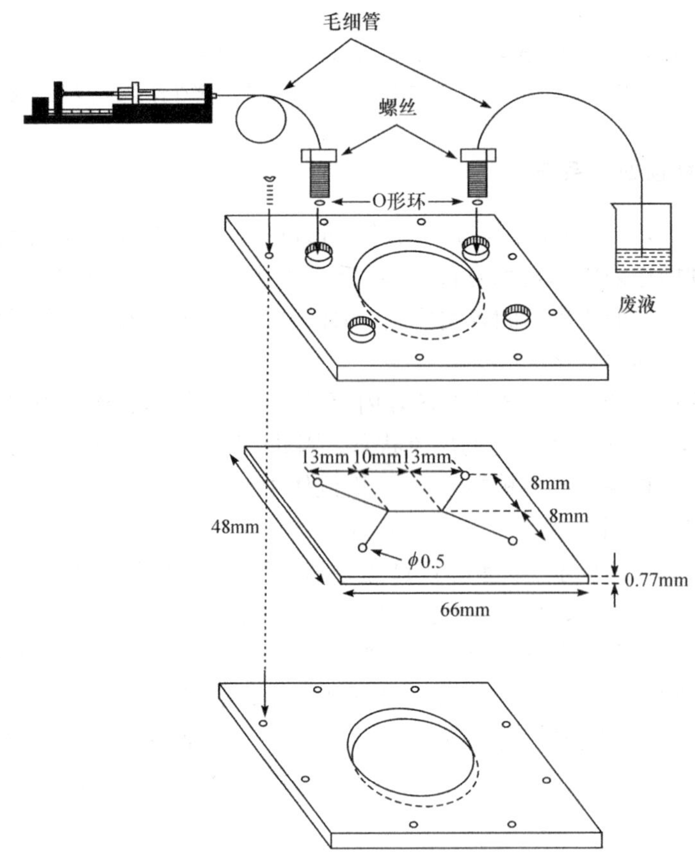

图 9-4　微流控液-液萃取芯片结构示意图[12,2]

聚合酶链反应　聚合酶链反应(polymerase chain reaction，PCR)是分子生物学和基因研究的关键技术，用于实现特定 DNA 片段的体外酶促扩增，其扩增过程要求反应体系的温度在三种温度下周期性循环变化。常规 PCR 扩增仪存在耗时长和试剂消耗大等缺点。微流控芯片 PCR 扩增系统可大幅降低试样和试剂消耗，加快系统传热与传质速率，进而提高扩增速度，同时还可实现系统的微型化和集成化。根据芯片结构和热循环方式不同，芯片 PCR 系统可分为微室静态式和连续流动式两种。前者在芯片上加工反应微室，通过周期性地改变微室温度实现扩增；而后者则在芯片上加工长的微通道，依靠微通道内反应液循环流过三个不同温区而实现扩增。Mathies 研究组[14]曾将微室静态型 PCR 反应器与玻璃芯片毛细管电泳系统集成，进行 PCR 扩增与 PCR 产物的电泳分离检测，在 15min 内完成 30 次循环的 PCR 扩增操作，在 2min 内完成 PCR 产物的在线电泳分离分析。1998 年，Manz 研究组[15]首次报道了连续流式芯片 PCR 系统，其芯片基本结构如图 9-5 所示。该芯片采用总长度约 2.2m 的逶迤式通道结构，通道中的 PCR 反应液在流经不同温区时完成变性、退火和延伸反应。该系统可在 1.5～18.7min 内实现 20 个循环的 PCR 扩增。

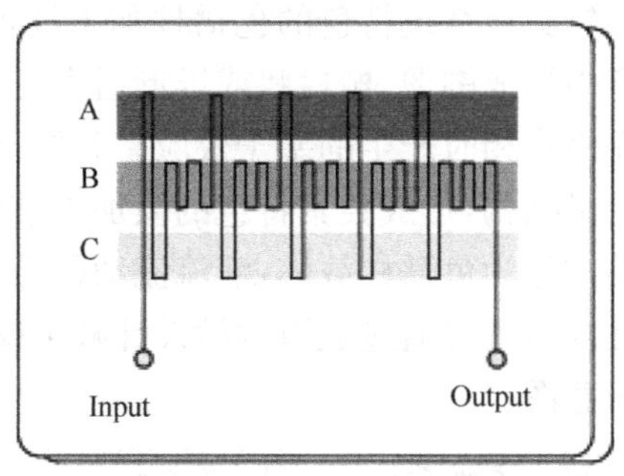

图 9-5　连续流动式 PCR 芯片结构示意图[15]

A. 95℃变性；B. 77℃延伸；C. 60℃退火

9.3.3　高分辨分离系统

目前微流控芯片系统中使用的高分辨分离技术主要为芯片毛细管电泳和芯片高效液相色谱技术。芯片毛细管电泳是以加工有微通道的玻璃、石英、高分子聚合物芯片为载体，进行毛细管电泳分离分析。与经典毛细管电泳系统相比，芯片毛细管电泳系统具有分离速度快、分离效率高、进样体积小、流体操控能力强、系统集成化和微型化等特点，已成功应用于多种电泳分离模式，包括区带电泳、胶束电动色谱、凝胶电泳、等电聚焦、等速电泳、电色谱等，分离的样品包括氨基酸、手性氨基酸、药物、金属离子、蛋白质、多肽、DNA、RNA 等生化样品。

毛细管区带电泳是芯片毛细管电泳中最常使用的一种分离模式。Rodriguez 等[16]曾在该分离模式下，以荧光素异硫氰酸酯(FITC)与抗人免疫球蛋白 IgG(抗人 Ig G)的反应混合物为试样，对常规毛细管、短毛细管和微芯片中的电泳分离性能进行了对比研究。结果表明(表 9-1)，在玻璃芯片上进行电泳分离时，柱效和分离速度均高于在石英毛细管中的结果。其高速、高效的分离结果主要来源于短分离距离(数 cm)、高分离场强(>500V/cm)和窄进样区带(皮升级进样体积)。

表 9-1　FITC-抗人 Ig G 在石英毛细管和玻璃芯片通道中电泳分离性能的比较[16,2]

参数	玻璃芯片	14cm 石英毛细管	47cm 石英毛细管
通道长度/cm	4.5	14	47
分离长度/cm	2.8	6	35
场强/(V/cm)	526	268	383
迁移时间/s	11.22	44.7	152
理论塔板数(n)	49,583	41,816	27,750
每伏塔板数(N/V)	19.83	11.15	1.54
塔板高度/μm	0.56	1.43	12.61
线速度/(cm/s)	0.25	0.13	0.23
表观迁移率/[$\times10^{-4}cm^2/(V\cdot s)$]	4.74	5.00	6.01

目前,芯片液相色谱技术也得到较快发展。在芯片色谱系统中,按固定相的结构不同,芯片色谱柱可分为填充柱、开口管柱和整体柱三种类型。其中,开口管柱和整体柱的加工方法与常规毛细管液相色谱柱相似。较具微系统特色的色谱柱加工技术是在芯片填充柱加工中,通过微加工技术直接在芯片通道中形成围堰、栅栏状或锥形通道等微结构以固定填充的固定相,可消除常规毛细管色谱柱填充固定相时产生的塞子效应。此外,利用微加工技术,还可在芯片通道内加工一系列有序排列的微结构,形成独具特色的微加工整体柱[17]。此类色谱柱的优点在于:以高度规则、有序的微结构作为色谱柱载体,液流流动路径均一可控,色谱柱机械性能稳定,不需要制作固定填料的"柱塞",且可通过通道构型设计减小或消除柱壁效应。图 9-6 为五种典型的微加工整体柱结构示意图。

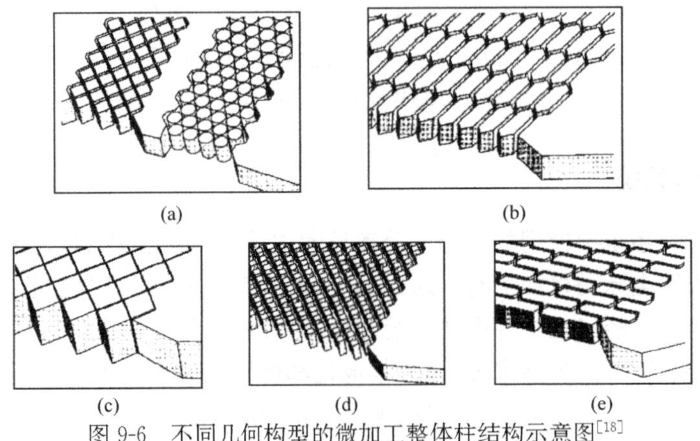

图 9-6　不同几何构型的微加工整体柱结构示意图[18]

最近,Agilent 公司研发了一种集成化的微流控高效液相色谱芯片[19],将液相色谱系统的进样阀、预富集柱、分离柱和用于电喷雾质谱检测的电喷雾喷针集成于高聚物芯片上(图 9-7)。首先利用预富集柱对样品进行富集,然后通过进样阀将富集在预富集柱上的样品洗脱,注入色谱柱中进行分离,流出的组分通过电喷雾喷针进入质谱进行检测。该系统被应用于酶解牛血清蛋白(BSA)样品的分析和肿瘤标志物的发现。

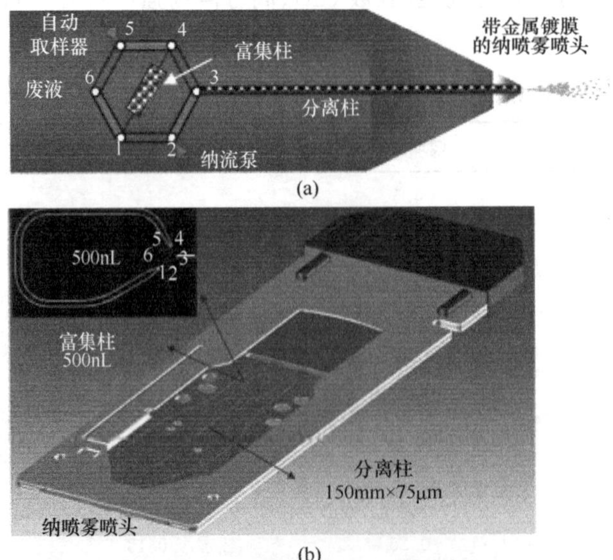

图 9-7　Agilent 公司研发的集成化微流控液相色谱芯片

(a) 芯片通道结构示意图;(b) 芯片立体结构示意图

9.3.4　微流控芯片检测系统

因微流控分析系统操控的液体体积通常在纳升、皮升，甚至飞升级，因此，相对常规分析系统，芯片系统对其检测系统的灵敏度和信噪比提出了更高的要求。此外，如需实现分析系统的微型化，还会在检测器的体积、系统集成度和成本等方面提出更高的要求。微流控分析系统的检测器一般按其检测原理可分为光学检测器、电化学检测器和质谱检测器等。其中，光学检测器还分为荧光、吸收光度、化学发光、激光热透镜、核磁共振、原子光谱、折射率检测器等。电化学检测器包括安培、电导和电位检测器。质谱检测器主要有电喷雾离子化质谱(ESI-MS)和基质辅助激光解析离子化质谱(MALDI-MS)检测器两类。

荧光检测器　荧光检测器是在微流控芯片系统中应用最早，并且至今仍然广泛使用的光学检测器[20]。采用激光作为激发光源的荧光(激光诱导荧光，laser induced fluorescence，LIF)检测方法具有很高的灵敏度($10^{-3}\sim10^{-9}$mol/L)，甚至可达到单分子检测水平。此外，配有高灵敏 CCD 照相机的荧光显微镜也是目前常用的芯片荧光检测器。

LIF 检测系统通常由激发光源、光路系统、检测系统三部分构成。激发光源包括气体激光器、半导体激光器、发光二极管及连续光源等，如氩离子激光器(输出波长为 488nm)，氦-镉气体激光器(输出波长为 325nm 及 442nm)，半导体激光器(输出波长为 635～750nm、532nm、473nm、445nm、405nm 等)，以及各种发射波长的发光二极管(LED)。荧光检测元件通常采用光电倍增管、光子计数器、光电二极管、雪崩二极管等。按结构的不同，LIF 检测系统通常分为共聚焦型和非共聚焦型系统。共聚焦型 LIF 检测器的检测信噪比较高，但光学系统结构较复杂，不易实现微型化。图 9-8 为一典型的共聚焦型 LIF 检测器的光路结构。激光束经过扩束准直，由二相色镜反射至垂直方向，由显微物镜聚焦后入射到芯片微通道内的检测区域；激光激发产生的荧光由同一显微物镜收集，经二相色镜透射，再经光阑和滤光片滤光后在光电检测元件上进行检测。

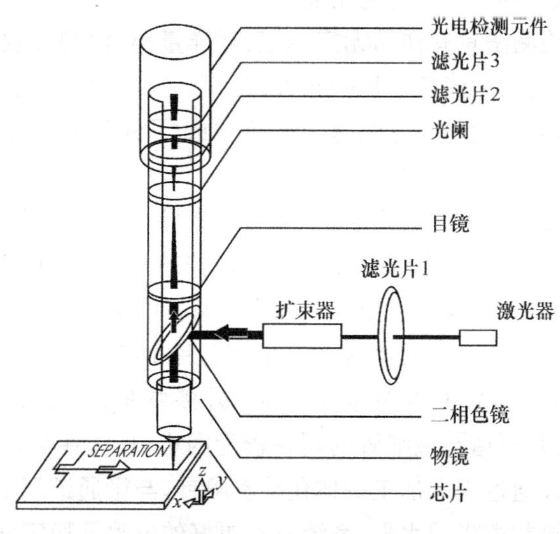

图 9-8　共聚焦型 LIF 检测器结构示意图[20,2]

非共焦型 LIF 检测器的光路结构多种多样，主要包括正交结构、斜射结构、透射结构等。其系统多采用将荧光信号收集方向偏离激光光束入射方向一定角度的方法，降低杂散光的干扰,提高检测信噪比,系统具有结构简单,易于搭建的特点。

吸收光度检测器 紫外-可见吸收光度检测是一种较为通用的光学检测方法,较早应用于微流控芯片分析系统。目前,微流控芯片系统经常使用的吸收光度检测方法是利用体视镜或显微镜匹配 CCD 照相机成像的方法,可实现芯片上一定区域的面阵检测。但这种采用垂直透过通道进行检测方法会受到芯片通道检测光程的限制,其检测灵敏度常低于常规宏观分析系统 2～4 数量级,仅适用于检测通道内浓度较高的待测物。文献已报道多种方法增加芯片检测池的吸收光程[21,22],如从通道的轴向方向进行检测,或加工具有多重反射或液芯波导功能的芯片微检测池,以提高芯片上吸收光度检测的灵敏度。

化学发光检测器 常规化学发光检测法具有检测灵敏度高、系统结构简单、容易搭建的特点。按检测原理的不同,目前芯片上化学发光检测系统有普通的化学发光检测和电致化学发光检测两类。因化学发光检测法的检测灵敏度与待测物的绝对量相关,因此,与常规体系相比,芯片上化学发光检测的灵敏度较低。此外,由于原理上的限制,能利用化学发光方法进行检测的试样种类较少。

电化学检测器 电化学检测方法的种类繁多,目前在微流控分析系统中所采用的电化学检测器主要有安培、电导和电位检测器。电化学检测器的电极容易在芯片上进行微型化加工,且其检测灵敏度不会因通道几何尺度的缩小而降低,因此在原理上在微流控分析系统中采用电化学检测具有独特的优势。目前,芯片电化学检测器中使用较多的工作电极是碳电极、金属电极和化学修饰电极。碳电极多采用碳素墨水、碳糊等材料通过筛印和填充等微加工技术制作。金属电极多使用金膜电极和铂电极,采用喷涂法、光刻法或化学镀法加工。

电导检测器是一种通用型检测器,尤其适于无机离子、氨基酸等小分子离子的检测。其系统结构简单,容易搭建和实现微型化。尤其近来发展的非接触型电导检测方法[23],由于电极不接触溶液,不存在电极的钝化和沾污,且制作简单,分析性能好,已被用于芯片上金属离子的分析,在微流控分析领域中具有较好的应用前景。

质谱检测器 质谱检测法具有样品无需标记、耗样量小、检测灵敏度高、能提供定性和定量信息的特点,是一种理想的微流控芯片检测方法。微流控芯片系统的质谱检测主要以联用方式进行,目前文献报道较多的是与电喷雾离子化质谱(ESI-MS)的在线联用,和与基质辅助激光解析离子化质谱(MALDI-MS)的脱线联用。

对于采用纳升级电喷雾离子源的质谱系统,因其流量与芯片系统所操纵的液体量较为匹配,更适于用作微流控芯片系统的在线检测器。微流控芯片-ESI-MS 联用系统中的关键是其接口部分,目前文献报道的接口模式主要有芯片出口直接喷雾型、外接喷雾毛细管型和芯片一体化喷针型三种[24,25]。芯片出口直接喷雾型是早期芯片-MS 系统所采用的接口模式,其系统结构简单,但出口处死体积较大,检测灵敏度不高。外接喷雾毛细管的方法可获得良好的喷雾状态和检测灵敏度,但芯片通道与毛细管的耦联较为困难,且易在接口处产生较大的死体积。利用微加工技术可在芯片通道末端加工一体化喷雾喷针,与微通道间不存在死体积,其尖端出口内径可达到数十微米至数微米的水平,系统具有更好的电喷雾稳定性和检测灵敏度,目前这种模式在芯片-质谱系统中使用较多。

9.4　应用与示例

微流控芯片系统在微量、高通量分析，以及分析仪器微型化、集成化和便携化方面的巨大潜力为其在化学和生物医学基础研究、药物研发、临床诊断、卫生检疫、司法鉴定、环保监测、生物试剂的侦检和天体生物学研究等众多领域的应用提供了广阔的前景。

生物医学领域是目前微流控分析系统应用最多的领域。在核酸分析方面，1999 年，Mathies 研究组[26]曾在直径 150mm 的圆盘式玻璃芯片上，高密度加工了 96 个毛细管电泳通道，采用旋转扫描 LIF 系统进行检测，在 120s 内平行分离 96 个 DNA 片段样品。2002 年，该研究组又加工了直径为 200mm 的圆盘玻璃芯片，通道数增加至 384 个[27]，在 325s 内成功平行分离 379 个 DNA 样品，对 100～1000bp DNA 标准物的分辨率达到 10 bp(图 9-9)。

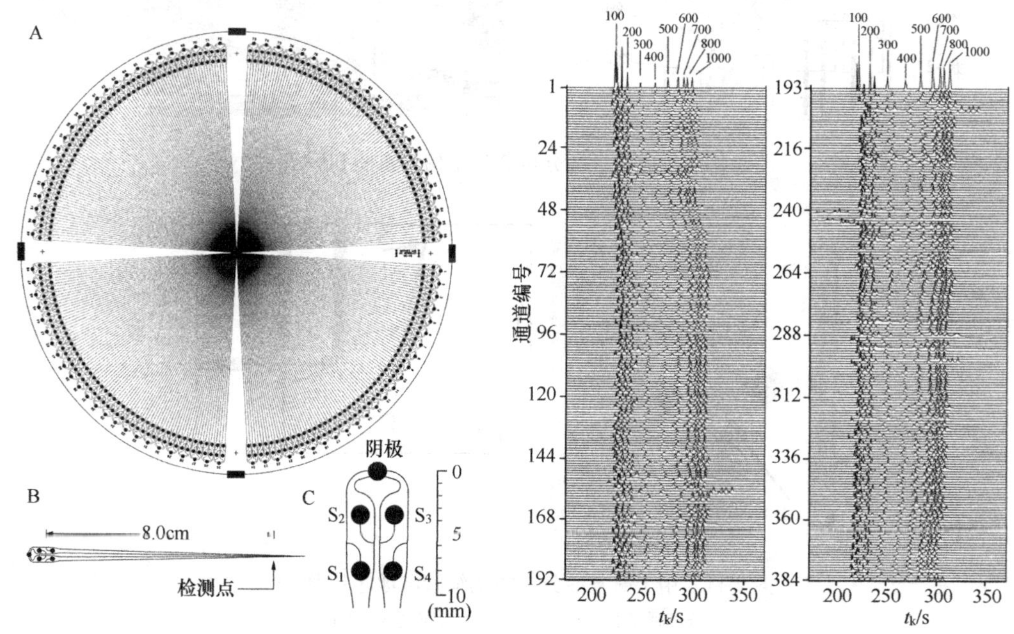

图 9-9　384 通道圆盘芯片及其对 DNA 片段的分离结果[27]
每个分离通道宽 60μm，深 30μm，有效分离距离 8.0cm；
S_1～S_4 分别为四个样品液池，阴极为四个通道共用的负极液池

微流控分析系统在实现分析仪器微型化和集成化方面独具优势，文献报道了多种可便携化的集成芯片系统。2004 年，Liu 等[28]建立了基于电解泵和高聚物芯片的全集成核酸分析系统(图 9-10)。芯片上集成加工了多个样品和试剂储液池、反应池，以及电解泵、石蜡热阀、混合器和检测器等单元器件，可自动完成血液中病原体的捕获、DNA 提取、PCR 扩增和 PCR 产物的杂交检测等一系列操作。此类系统有望在 POCT 领域获得广泛的应用。

在氨基酸分析领域，Ramsey 研究组[29]采用具有 25cm 长螺旋形分离通道的毛细管电泳芯片，在胶束电动色谱(MEKC)模式下，在 165s 内成功分离 19 种荧光标记的氨基酸。分离效率达到 280 000 平均塔板数，各氨基酸组分之间的分离度达到 1.2 以上(图 9-11、图 9-12)。

2003 年，该研究组[30]还研制了用于蛋白质酶解产物二维分离的毛细管电泳芯片。其中，用于第一维胶束电动色谱(MEKC)分离的通道长 19.6cm，用于第二维区带电泳(CE)的分离

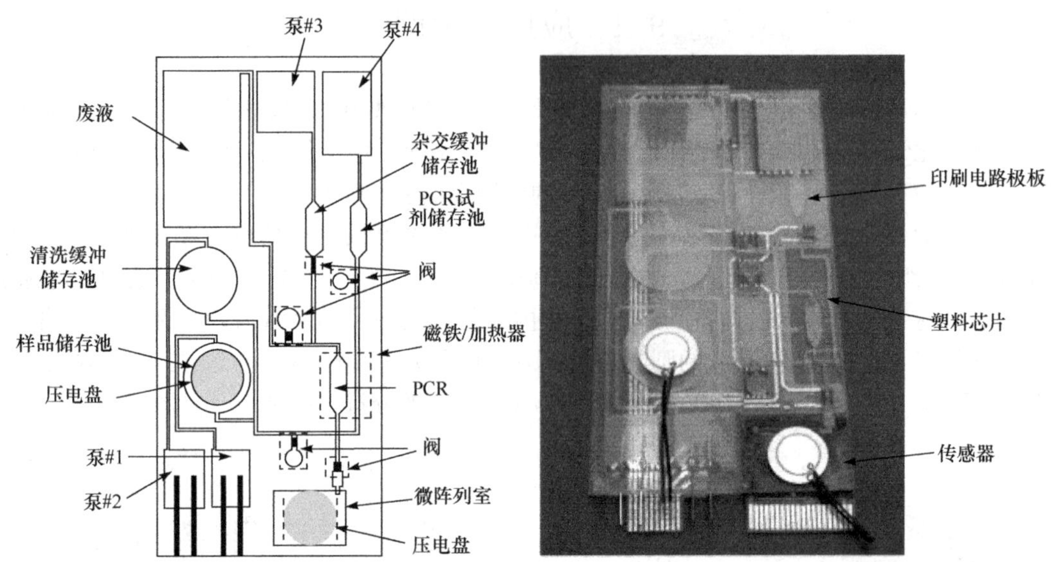

图 9-10　集成化核酸分析芯片结构示意图和照片[28]

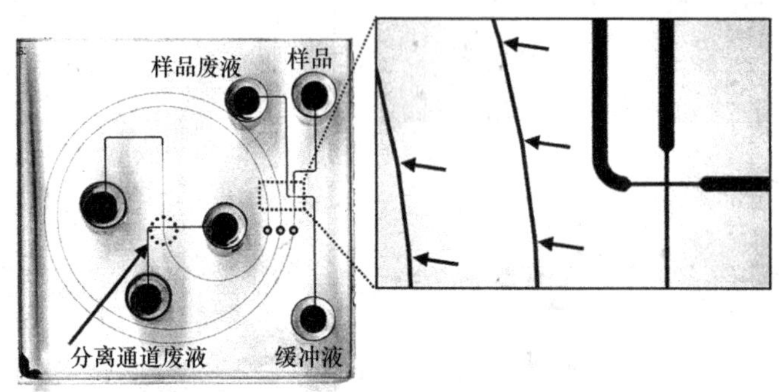

图 9-11　用于氨基酸分离的毛细管电泳芯片照片[29]

分离通道长 24.9cm，通道半深宽度为 40μm

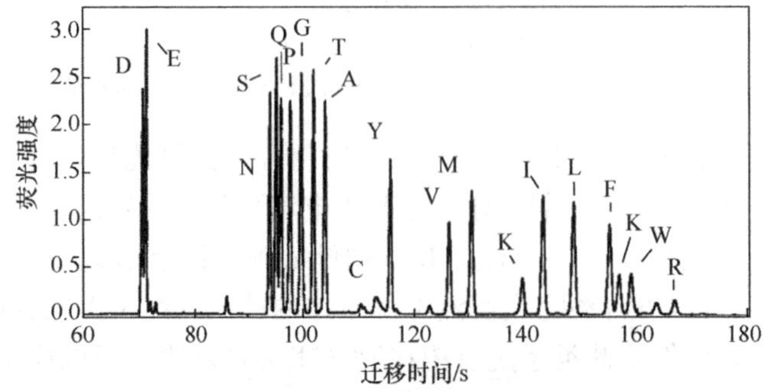

图 9-12　芯片毛细管电泳分离 19 种荧光标记氨基酸[29]

实验条件：荧光标记试剂，四甲基罗丹明异硫氰酸酯(tetramethylrhodamine isothiocyanate，TRITC)；分离介质，10mmol/L 硼砂/50mmol/L SDS 缓冲液[10%(体积分数)2-丙醇]；分离场强，770V/cm；有效分离距离，11.87cm；各氨基酸的峰位由其标准缩写字母标示通道长 1.3cm，分离场强分别为 200V/cm 和 2400V/cm。该系统被成功应用于蛋白质酶解产物的二维分离，在 15min 内，完成对牛血清白蛋白酶解产物的二维分离，峰容量达到 4200（一维分离峰容量为 110，二维为 38）。该系统还被应用于卵清蛋白酶解产物中特定肽段的识别，以及人血红蛋白与牛血红蛋白酶解产物的辨别（图 9-13）。

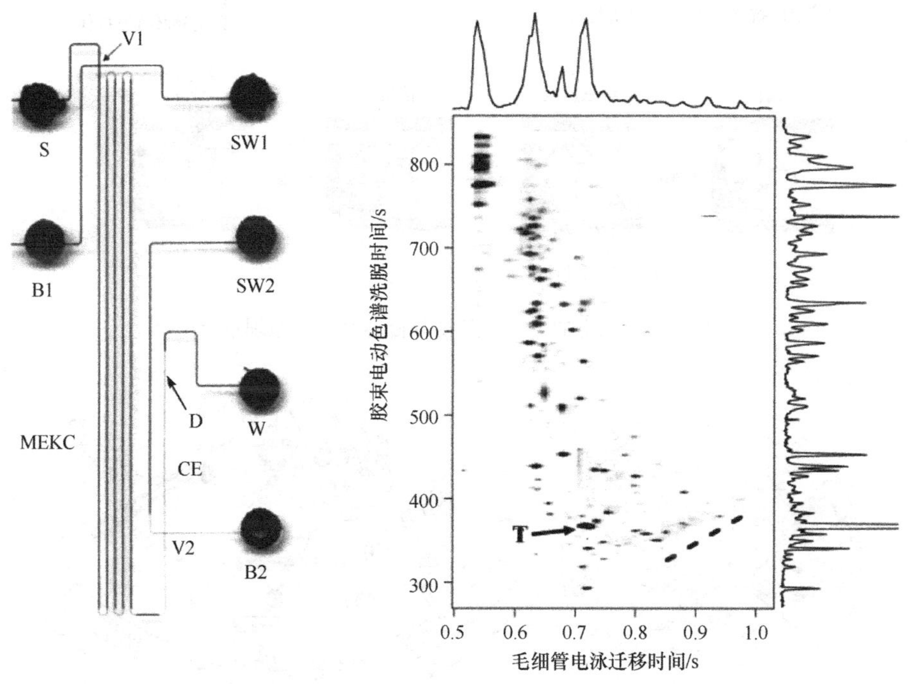

图 9-13　二维电泳分离芯片及其对牛血清白蛋白酶解产物的分离电泳图[30]

S. 样品；V1. 进样器；B1. 缓冲液；SW1. 样品废液 1；SW2. 样品废液 2；MEKC. 胶束电动毛细管色谱分离；CE. 毛细管电泳分离；D. 检测点；W. 废液；B2. 缓冲液 2；V2. 进样器 2

在微流控免疫分析方面，2000 年，Kitamori 研究组[31]采用聚苯乙烯微珠作为抗体固相载体，首次建立了芯片非均相免疫分析系统。在石英芯片通道内加工了带有微堰的结构，将作为固相载体的聚苯乙烯微珠截留在微堰处，利用微珠表面顺序进行多步免疫反应，以热透镜（thermal lens microscopy）检测器对反应产物进行检测。与传统的基于多孔板中的非均相免疫分析相比，该系统的分析时间和试样试剂消耗均显著降低。该研究组将该系统应用于血清中肿瘤标志物——癌胚抗原（CEA）的夹心法免疫分析[32]，其分析原理如图 9-14 所示。总分析时间从常规方法的 45h 缩短至 35min，且其检测限比传统的 ELISA 方法降低十几倍。

2009 年，Lee 等[33]建立了一个基于离心式芯片的全自动微流控 ELISA 分析系统，对全血样本中的乙肝病毒表面抗原和表面抗体（HBsAg 和 Anti-HBs）进行了分析。在圆盘形高聚物芯片上加工了多个微通道、储液池和反应池，在储液池内预先封装了分析所需的试剂，并在芯片上集成加工多个石蜡微阀，该微阀用较低强度的激光照射不到 1s 即可使其溶解。该芯片系统的结构和工作原理如图 9-15 所示。将全血样品加入到芯片样品池，利用芯片旋转时产生的离心力驱动液体，同时配合微阀的程序控制，顺序完成血浆从全血样品中分离、抗原-抗体反应、清洗、底物的引入、酶反应产物的吸收光度检测等一系列操作，分析时间为 30min。

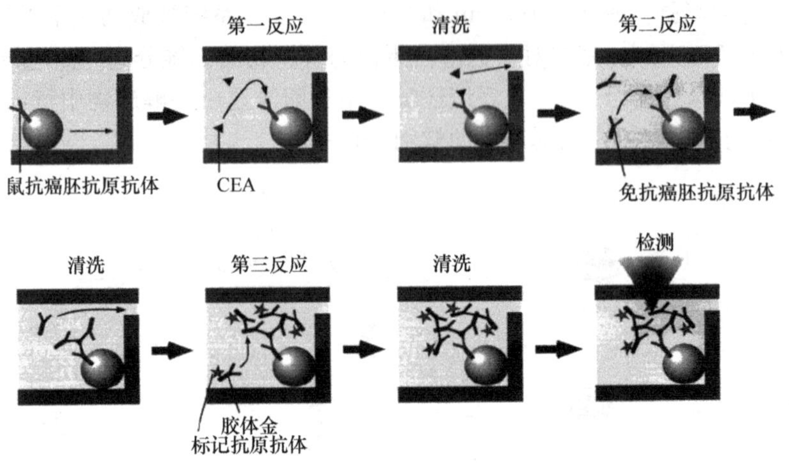

图 9-14 基于微珠的非均相免疫分析芯片工作原理示意图[32]

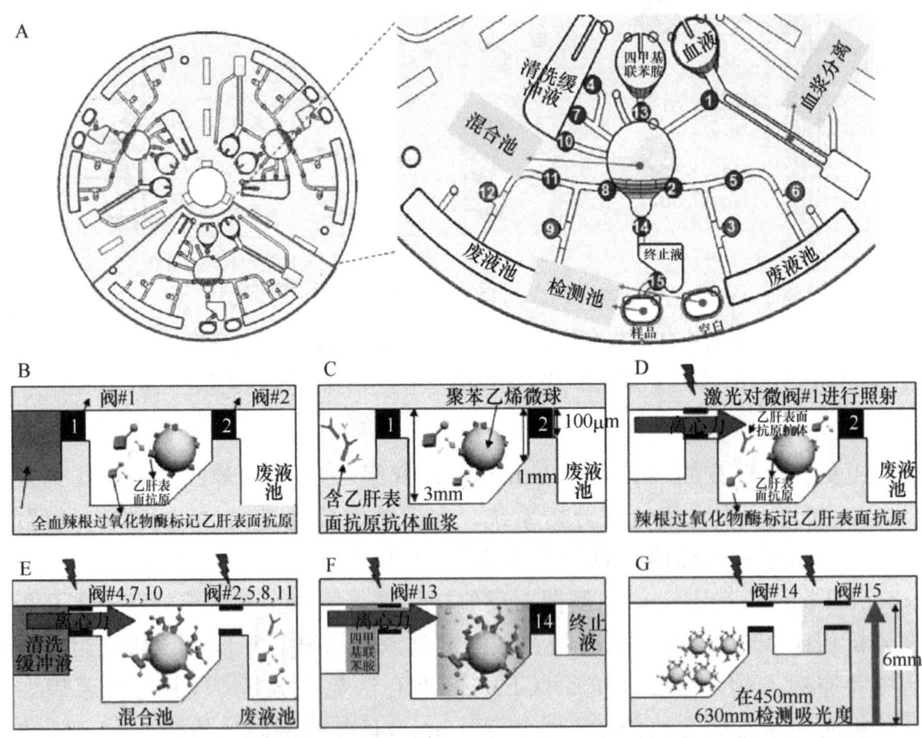

图 9-15 (A)全自动离心式免疫分析芯片结构及功能示意图(数字表示石蜡微阀的操纵顺序)及(B~G)芯片上免疫分析的原理及操作步骤示意图(“闪电”符号代表激光对微阀进行照射)[33]

细胞分析也是微流控芯片分析应用的主要领域之一。目前,微流控芯片系统可完成多种细胞操控操作,包括细胞培养、分选、捕获、刺激、破膜、内容物提取与分析等,已成为进行细胞操纵和研究的理想平台之一,尤其在单细胞操纵与分析方面更具优势。Zare 研究组[34]建立了一种基于 PDMS 气动微阀芯片和单分子荧光计数检测器的单细胞内低拷贝蛋白质定量分析系统。该芯片可集成完成单细胞捕获、清洗、细胞破膜、胞内蛋白质荧光标记、蛋白质电泳分离和检测等一系列操作。芯片结构和操作原理如图 9-16 所示。该系统被应用于昆虫细胞(SF9)中 β_2 肾上腺素能受体的分析,以及单个蓝藻细胞中藻胆蛋白的分析。

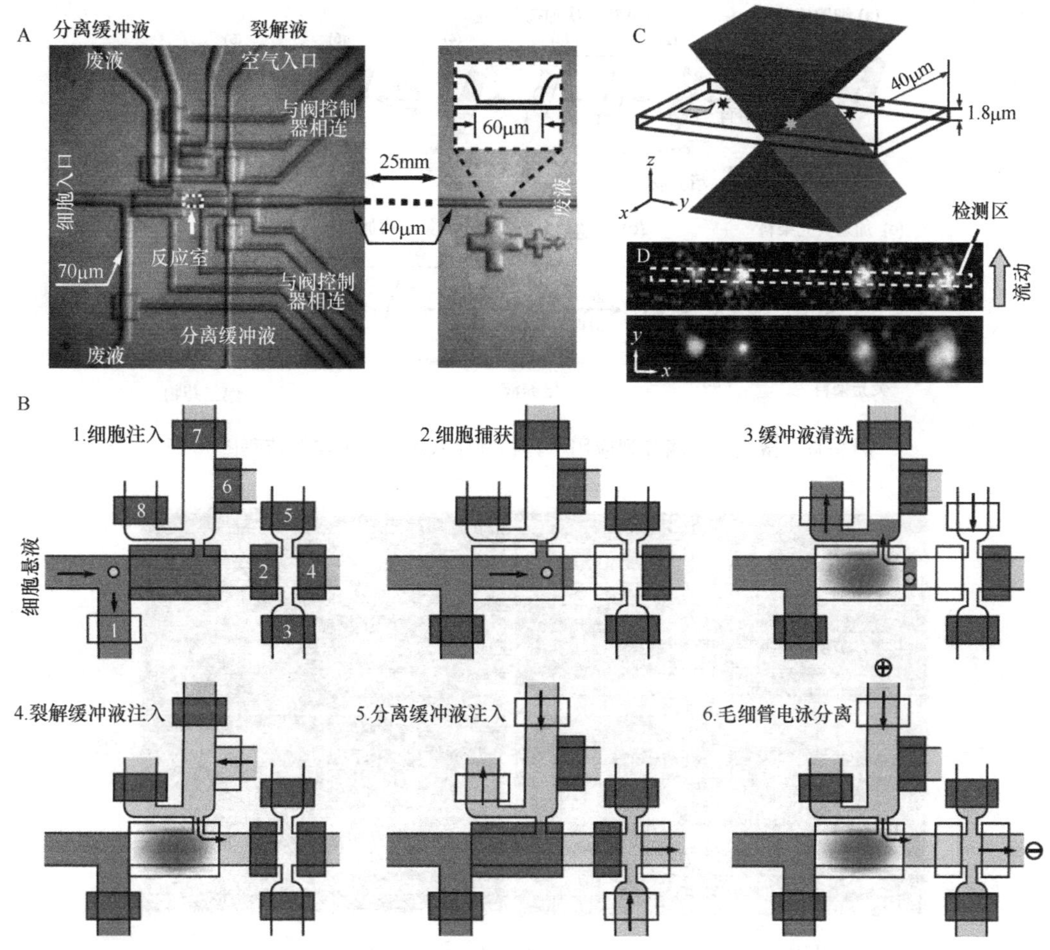

图 9-16 单细胞分析芯片照片与工作原理示意图[34]

A. 单细胞分析芯片照片；B. 单细胞分析过程原理示意图；C. 激光聚焦光束和检测通道示意图；D. 荧光分子流过检测区域的 CCD 成像照片及相应的图像识别结果

药物研发也是当前微流控分析系统的主要应用领域之一，微流控分析系统在微量、高通量分析和细胞操纵与分析等方面的优势，使其尤其适合应用于高通量药物筛选。目前文献已报道了多种系统应用于分子水平、细胞水平、组织水平和模式生物水平的药物筛选。2013 年，Du 等[35]建立了基于微流控多相液滴技术的细胞水平的药物联用筛选系统。该系统可通过对纳升级液体进行量取、混合、运输、吸取等多步操控，在数百纳升的液滴中完成细胞培养、培养液更换、顺序药物刺激和细胞活性检测等多步操作(图 9-17)。在一块 6cm×6cm 芯片上，可在 342 个液滴中进行不同药物种类或浓度的筛选(图 9-18)。该系统应用于 Flavopiridol、Paclitaxel 及 5-Fluorouracil 三种抗肿瘤药物对非小肺癌细胞 A549 的药物联用筛选。与传统多孔板系统相比，其药物的消耗量降低了 2～3 个数量级。

当前，微流控芯片在药物筛选领域应用的最新进展是构建仿生器官芯片用于药物筛选[36]。这类芯片通过在芯片上构建可模拟人体器官功能的集成微系统，为体外药物筛选、毒理学实验和生物医学研究提供有别于动物实验的、更接近人体真实生理和病理条件的筛选模型，有望大幅降低药物研发的费用，加快研发速度。

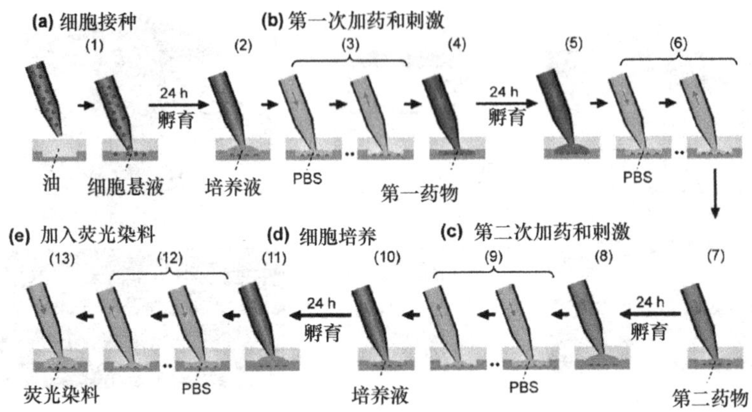

图 9-17 微流控液滴阵列应用于药物顺序联用筛选的实验流程图[35]

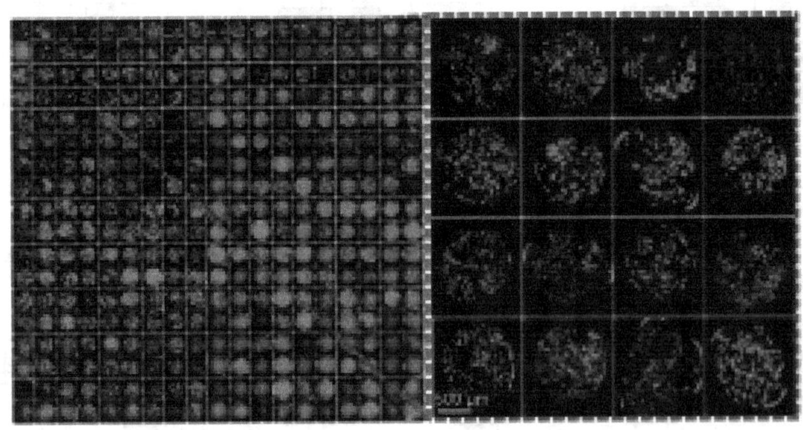

图 9-18 用于细胞水平药物筛选的微流控液滴阵列荧光显微组合照片[35]

液滴阵列：342 个液滴，液滴体积，500 nL；非小肺癌细胞 A549 在液滴中培养 24h 后，用细胞荧光染料进行活性染色后拍照

（浙江大学 方群）

参考文献

[1] Manz A，Graber N，Widmer H M. Sens Actuators B，1990，B1：244
[2] 方肇伦. 微流控分析芯片. 北京：科学出版社，2003. 1
[3] 方肇伦. 微流控分析芯片的制作及应用. 北京：化学工业出版社，2005. 1
[4] 林炳承，秦建华. 微流控芯片实验室. 北京：科学出版社，2006. 1
[5] Unger M A，Chou H P，Thorsen T，et al. Science，2000，288：113
[6] Jacobson S C，Hergenroder R，Moore A W，et al. Anal Chem，1994，66：4127
[7] Jacobson S C，Hergenroeder R，Koutny L B，et al. Anal Chem，1994，66：1107
[8] Brody J P，Yager P. Sens Actuators A，1997，58：13
[9] Weigl B H，Yager P. Science，1999，283：346
[10] Kamholz A E，Weigl B H，Finlayson B A，et al. Anal Chem，1999，71：5340
[11] Hibara A，Tokeshi M，Uchiyama K，et al. Anal Sci，2001，17：89
[12] Tokeshi M，Minagawa T，Kitamori T. Anal Chem，2000，72：1711

[13] Tokeshi M,Minagawa T,Kitamori T. J Chromatogr,2000,894:19
[14] Woolley A T,Hadley D,Landre P,et al. Anal Chem,1996,68:4081
[15] Kopp M U,de Mello A J,Manz A. Science,1998,280:1046
[16] Rodriguez I,Zhang Y,Lee H K,et al. J Chromatogr,1997,781:287
[17] Reniger F E. J High Resol Chromatogr,2000,23:19
[18] He B,Tait N,Regnier F. Anal Chem,1998,70:3790
[19] Yin N F,Killeen K,Brennen R,et al. Anal Chem,2005,77:527
[20] Jiang G,Attiya S,Ocvirk G,et al. Biosens Bioelectron,2000,14:861
[21] Liang Z H,Chiem N,Ocvik G,et al. Anal Chem,1996,68:1040
[22] Du W B,Fang Q,He Q H,et al. Anal Chem,2005,77:1330
[23] Pumera M,Wang J,Opekar F,et al. Anal Chem,2002,74:1968
[24] Ramsey R S,Ramsey J M. Anal Chem,1997,69:1174
[25] Licklider L,Wang X,Desai A,et al. Anal Chem,2000,72:367
[26] Shi Y,Simpson P C,Scherer J R,et al. Anal Chem,1999,71:5354
[27] Emrich C A,Tian H,Medintz I L,et al. Anal Chem,2002,74:5076
[28] Liu R H,Yang J N,Lenigk R,et al. Anal Chem,2004,76:1824
[29] Jacobson S C,Kounty L B,Hergenroder R. et al. Anal Chem,1994,66:3472
[30] Ramsey J D,Jacobson S C,Culbertson C T,et al. Anal Chem,2003,75:3758
[31] Sato K,Tokeshi M,Odake T,et al. Anal Chem,2000,72:1144
[32] Sato K,Tokeshi M,Kimura H. Anal Chem,2001,73:1213
[33] Lee B S,Lee J N,Park J M,et al. Lab Chip,2009,9:1548
[34] Huang B,Wu H K,Bhaya D,et al. Science,2007,315:81
[35] Du G S,Pan J Z,Zhao S P,et al. Anal Chem,2013,85:6740
[36] Huh D,Matthews B D,Mammoto A,et al. Science,2010,328:1662

第 10 章　气相色谱联用技术

10.1　概　　述

将两种气相色谱法或气相色谱法与光谱法(或质谱法)联用的方法,称为气相色谱联用技术。气相色谱-气相色谱联用的主要目的是提高色谱系统的分辨能力与增加峰容量,气相色谱-光谱联用的主要目的是提高色谱系统的定性鉴定能力,即气相色谱作为分离手段,光谱充当鉴定工具,两者取长补短,完成复杂成分样品的分离分析。

10.1.1　气相色谱-气相色谱联用技术

常见的气相色谱-气相色谱联用技术有:中心切割二维气相色谱法(GC-GC)、全二维气相色谱法(GC×GC)等。

(1) 中心切割二维气相色谱法(GC-GC)。将经第一根色谱柱分离而流出色谱柱的部分馏分转移到第二根色谱柱上,再进行进一步的分离,样品中的其他组分或被放空或也被中心切割。

(2) 全二维气相色谱法(GC×GC)。将分离机理不同而又互相独立的两根色谱柱以串联方式结合成二维气相色谱,在两根色谱柱中间装有一个调制器,起到捕集与再传送作用。样品经第一根色谱柱分离后的每一个馏分,依次进入调制器进行聚焦,再以脉冲方式送到第二根色谱柱进行进一步的分离。

10.1.2　气相色谱-光谱联用技术

常见的气相色谱-光谱联用技术有:气相色谱-傅里叶变换红外光谱联用法(GC-FTIR)、气相色谱-质谱联用法(GC-MS)等。

(1) 气相色谱-傅里叶变换红外光谱联用法(GC-FTIR)。红外光谱能提供丰富的分子结构信息,是理想的定性鉴定工具,然而色散型红外光谱仪的扫描速率跟不上气相色谱的出峰速率。傅里叶变换红外光谱仪是按照全波段进行数据采集的,其扫描速率快,可同步跟踪扫描气相色谱馏分,因此 GC-FTIR 能给出每个气相色谱峰的红外吸收光谱,弥补了气相色谱定性难的弱点。

(2) 气相色谱-质谱联用法(GC-MS)。气相色谱法特别适用于具有挥发性的复杂组分的分离、分析,质谱法是强有力的结构解析工具,能为结构定性提供较多的信息,是理想的色谱检测器。GC-MS 利用了气相色谱的高分离能力和质谱的高鉴别特性,可同时实现复杂混合样品的分离、定性和定量分析。

本章将着重介绍全二维气相色谱法和气相色谱-质谱联用技术。

10.2　全二维气相色谱法

全二维气相色谱法(comprehensive two-dimensional gas chromatography,GC×GC)是 20

世纪90年代初才出现的一种新型的二维气相色谱分离技术，它与传统的中心切割二维气相色谱法(GC-GC)有很大区别。尽管GC-GC可通过增加中心切断的次数来实现对某些组分的分离，但因流出第一根色谱柱进入第二根色谱柱时组分的谱带已展宽，致使第二维的分辨率会降低。由于第二维的分析速度一般较慢，因此，GC-GC只能把第一根色谱柱流出的部分馏分转移到第二根色谱柱上进行再分离，而不能完全利用二维气相色谱的峰容量。

GC×GC提供了一个真正的正交(无关联)分离系统，它把分离机理不同而又互相独立的两根色谱柱以串联方式结合成二维气相色谱，其系统流程图如图10-1所示。在两根色谱柱中间装有一个调制器，起到捕集与再传送作用。样品经第一根色谱柱(一般为较长的或液膜较厚的非极性柱)分离后的每一个馏分，都需先进入调制器进行聚焦，再以脉冲方式送到第二根色谱柱(一般为较短的或液膜较薄的极性柱或中等极性柱)进行进一步的分离，所有组分从第二根色谱柱进入检测器，信号经数据处理系统处理后，得到以第一根色谱柱上的保留时间为第一横坐标，第二根色谱柱上的保留时间为第二横坐标，信号强度为纵坐标的三维色谱图或二维轮廓图(图10-2)[1]。

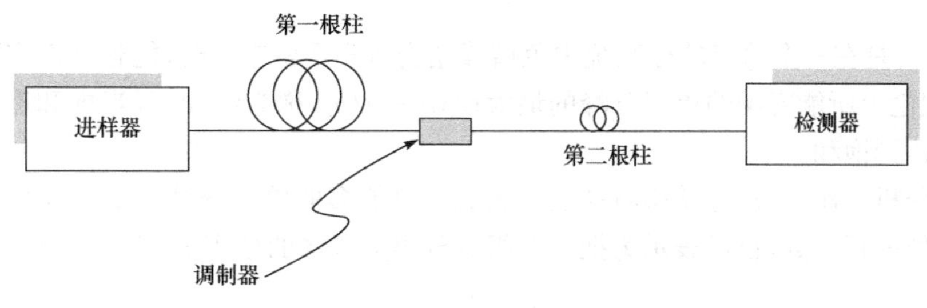

图10-1　全二维气相色谱流程图

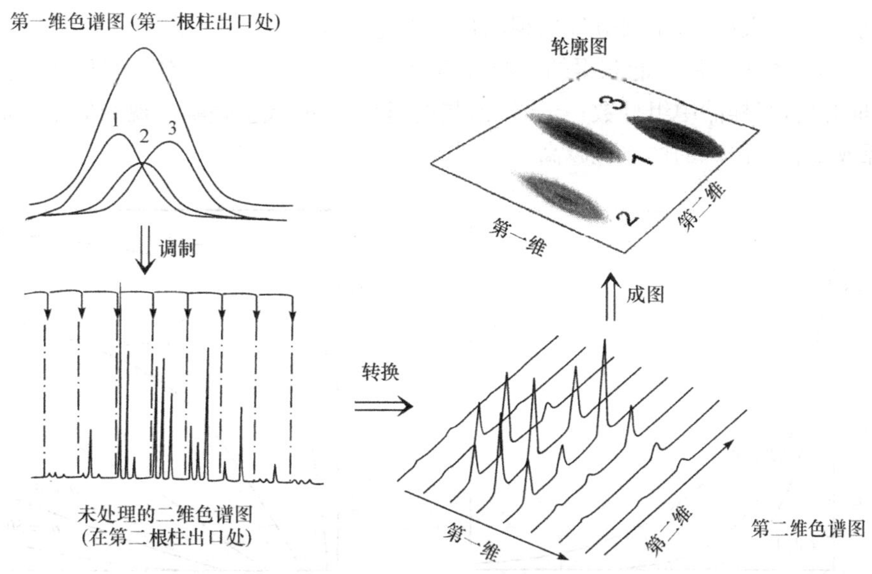

图10-2　全二维气相色谱图

GC×GC具有以下特点：

(1) 分辨率高、峰容量大。GC×GC的峰容量为组成它的两根柱子各自峰容量的乘积(传统的二维气相色谱的峰容量仅为二柱各自峰容量的和)，分辨率为两柱各自分辨率平方加和的平方根。

(2) 分析速度快。由于使用两根不同极性的色谱柱，GC×GC 对复杂样品能得到很好的分离，总的分析时间反而比一维色谱短。

(3) 检测灵敏度高。经第一根色谱柱分离后的馏分，进入调制器聚焦后再进入第二根色谱柱分离，因而提高了检测灵敏度，通常为一维色谱的 20～50 倍。

(4) 定性与定量准确度高。由于 GC×GC 具有极高的分离能力，待测组分能得到良好的分离，因而其定性与定量分析的准确度较高。

10.2.1 全二维气相色谱法的基本原理

根据 Giddings 所提出的并为后人所完善的组分重叠统计模型(statistical model of overlap，SMO)，一维 GC 法所能分离开的单组分峰的个数 s 与样品中组分的实际数目 m 和柱系统的峰容量 n_c 之间有如下关系：

$$s = m\mathrm{e}^{-\frac{m}{n_c}} \tag{10-1}$$

式中 n_c 的含义是在一个给定的柱系统中色谱峰紧密排列不留空位时，能容纳最多单组分峰的数目，也是理论上所能容纳的单组分峰的最大值；$\alpha = m/n_c$，称为饱和度，当饱和度 $\alpha=1$ 时，说明柱系统已达到饱和。

在实际分析工作中，总是希望将样品分离成尽可能多的单组分峰。用 s/m 可表示组分以单组分峰出现的百分数，也可表示为把一个组分分离为单峰的概率 P_1，则

$$P_1 = \frac{s}{m} = \mathrm{e}^{-\alpha} \tag{10-2}$$

不难看出，单组分峰出现的概率与饱和度有明显的关系。饱和度越高，获得单组分峰的可能性就越小。已有人证明，单组分峰出现的数目不超过峰容量的 18%。

图 10-3 为一维 GC 法所能获得的单峰或多组分重叠峰百分数与饱和度和柱容量的关系。从图中不难看到，当样品中组分数一定时，饱和度越高，单峰或重叠峰出现的概率越低；柱容量越高，单峰或重叠峰出现的概率也越高[2]。

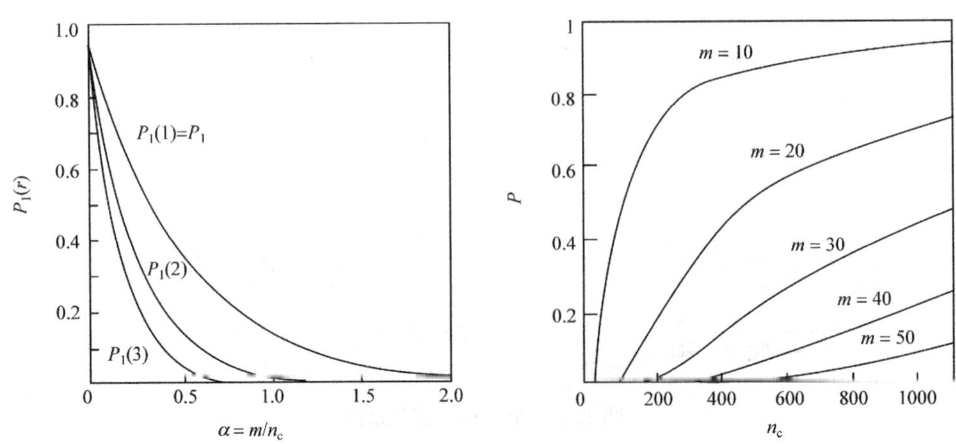

图 10-3　单峰或重叠峰出现的概率与饱和度和柱容量的关系

$P_1(1)$、$P_2(2)$和 $P_1(3)$分别是含 1、2 和 3 个组分的峰的比例

有人计算过，当柱的峰容量为 100，样品中组分数为 50 时，尽管峰容量为组分数的两倍，但色谱图中可看到的峰仅有 30 个，这其中约有 1/3 组分(18 个)被分离($R \geqslant 0.5$)，还有 2/3 组分是未分离开的重叠峰。要想获得更多的单组分峰，应减少饱和度，即要增加峰容量。为使分离的峰数增加到 90%，即 50 个组分中有 45 个被分离开，则峰容量 n_c 应增加 19 倍，这需要色谱柱理论塔板数增加 36 倍，这在实际分析中几乎是不可能的。因此，要改进分离，增加峰容量较好的办法不是增加柱长，而是选用多维色谱法。

在 GC×GC 中，对第一根色谱柱流出的馏分，每一次切割都应有一个专门的第二根色谱柱进行分析。图 10-4 给出了这种可能的安排。第一根柱流出的馏分聚焦在第一根色谱柱的末端或介面器中，并以尖脉冲的方式快速进入第二根色谱柱，这一功能的完成可通过切换阀[图 10-4(a)]或称为调制器的装置[图 10-4(b)]来完成。第二根色谱柱是一个短的快速分离柱，每个脉冲产生自己的色谱图，整个样品被扩展成一个二维平面图谱。如果第一根色谱柱的峰容量为 100，第二根色谱柱的峰容量为 50，且两根色谱柱的分离机制互为独立，则 GC×GC 的峰容量可达 5000。显然，GC×GC 的分离能力远远高于一维 GC。

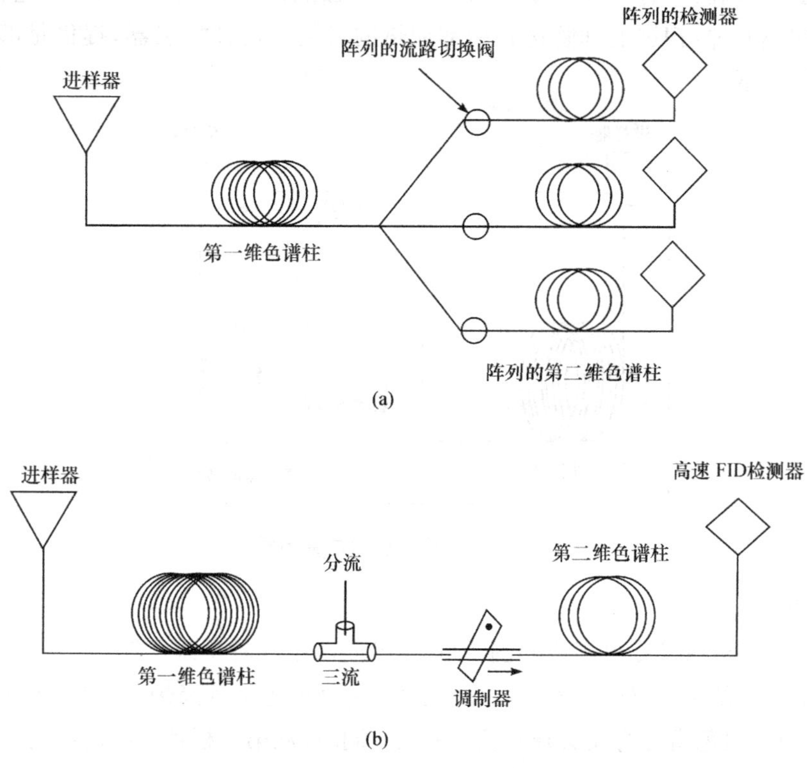

图 10-4　全二维气相色谱的基本连接方式

10.2.2　全二维气相色谱仪器

1. 调制器

在 GC×GC 中，调制器置于两根色谱柱中间，其作用是将第一根色谱柱分离后形成的大量小馏分，聚焦后送入分析速度更快的第二根色谱柱进行再分析。

调制器应满足的基本条件为：能定时浓缩从第一根色谱柱流出的组分；可转移很窄的区带到第二根色谱柱的柱头，起第二根色谱柱的进样器的作用；聚焦与再进样的作用应是重现的，且无歧视效应。

常用的调制器有阀调制器、热调制器和冷阱调制器。阀调制器因要求很高的载气流速通过第二根色谱柱，且只能将第一根色谱柱流出的馏分一小部分送进第二根色谱柱中，大部分被放空，因此不适用于定量分析。这里只介绍后两种调制器。

1）热调制器

热调制器是气相色谱中最常用的调制器。它是通过温度的改变，使几乎所有的挥发性物质在固定相上完成吸附或脱附的。用一段弹性石英毛细管（15cm 左右），在其外表面上涂一层导电涂料，通过其上的电流大小来控制其温度。由于毛细管热容量很小，因此，可快速地改变温度。当它处于室温时，可捕集第一根色谱柱流出的组分，捕集的时间长短，可按组分情况设置为 2～60s。然后在适当时刻通电加热，将捕集的组分快速导入第二根色谱柱中进行分析。整个操作过程，包括数据采集与处理均由专门计算机通过相应软件来进行控制。由于涂层常被烧坏，有人设计了一种基于移动加热的调制器（图 10-5），它使用一个步进马达带动加热元件，扫过毛细管达到局部加热的目的。这种加热器，提供足够的热量，并可稳定地控制温度。

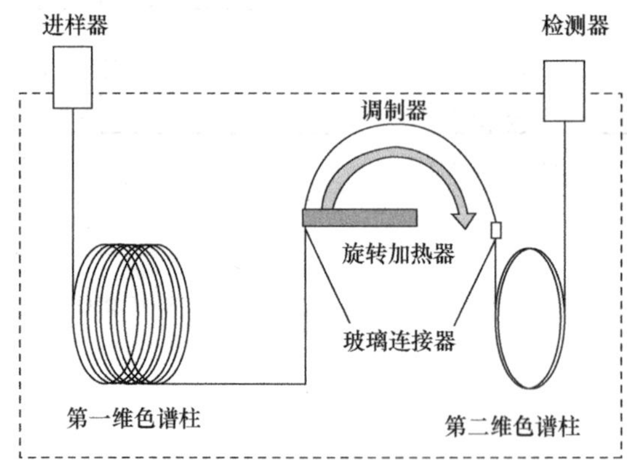

图 10-5　狭缝加热的热调制器

2）冷阱调制器

冷阱调制器是由移动冷阱组成。图 10-6 为径向调制冷阱系统。第一根色谱柱的馏分以很窄的谱带宽度保留在冷阱调制器中，每隔几秒被冷却的毛细管经炉子加热，被捕集的馏分立即释放，进入第二根色谱柱的柱头开始色谱分离。同时，从第一根色谱柱流出的馏分被冷阱捕集，防止与前一周期被释放的组分在第二根色谱柱中重叠。几秒（调制时间）后，上面的过程将重复。

图 10-7 为冷阱调制器工作原理示意图[1]。图中黑色箭头指示的为被 CO_2 气冷却的二维柱的部分，它的温度一般比炉温低 100℃；图 10-7(a)表示调制器保留的从第一根色谱柱流出的馏分；图 10-7(b)为调制器离开，冷却部分迅速被加热，组分被释放并开始进入第二根色谱柱进行分离；图 10-7(c)为调制器返回到捕获位置。

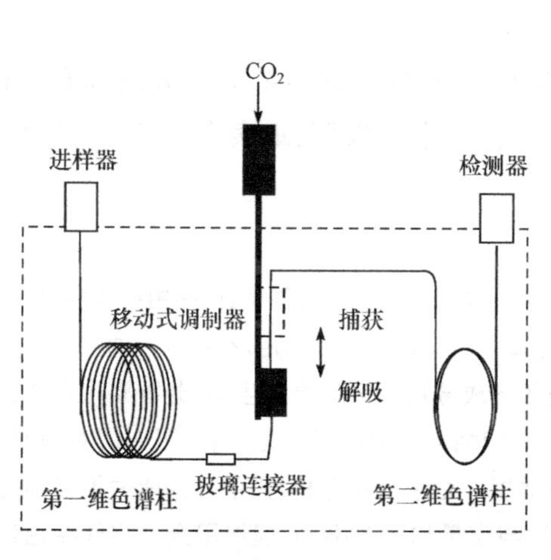

图 10-6　径向调制冷阱系统

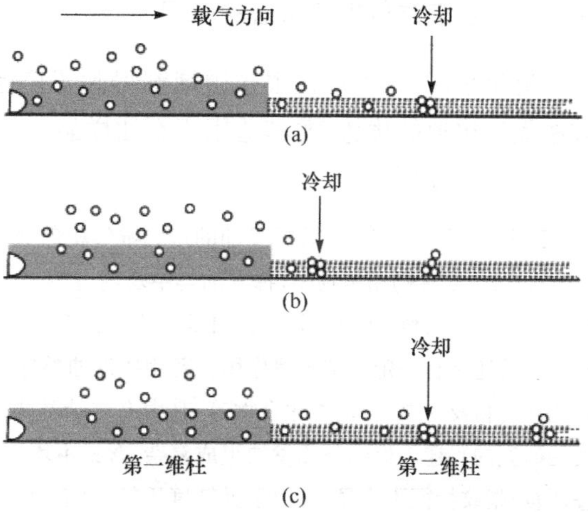

图 10-7　冷阱调制器工作原理示意图

冷阱调制器能处理更高沸点的样品，不足之处是调制器中的固定相处于低达－50℃的物理状态。

除径向调制冷阱系统外，还有双喷液氮冷阱调制器、双喷 CO_2 冷阱调制器、CO_2 环形调制器等。

2. 色谱柱与操作条件

为了实现二维的正交分离，要求两根色谱柱的分离机制是互为独立的。一般第一根色谱柱为较长的、液膜较厚的、具有相对较大内径的非极性柱，产生相对较宽的峰；第二根色谱柱则为较短的、液膜较薄的、细口径的极性柱或中等极性柱，有利于获得二维的快速分析速度和最大峰容量。

第一根色谱柱常用的固定相为 100％甲基硅氧烷或 5％苯基甲基硅氧烷，柱规格为(15～30m)×0.25mm；第二根色谱柱常用的固定相为 35％～50％甲基硅氧烷、聚乙二醇或氰丙基甲基硅氧烷等，柱规格为(0.5～2m)×0.1mm，有时也使用 50μm 口径的柱子，可加快分析速度。第一根色谱柱的载气流速较低，一般为 30cm/s；第二根色谱柱载气流速较高，一般可达 100cm/s。

为了使每一个一维峰，产生 3～4 次调制，程序升温速度要低于一维气相色谱，仅为 0.5～5℃/min，第二根色谱柱的温度可与第一根色谱柱相同，也可高 20～30℃。

3. 检测器

在 GC×GC 中，二维的分离非常快，应在一个脉冲内完成二维的分离，否则前一脉冲后的流出组分，可能会与后一脉冲的前面组分交叉或重叠。在第二根色谱柱头，调制脉冲的典型宽度为 60ms。流出第二根色谱柱的峰宽是 100～200ms 数量级。因此，要求检测器的响应时间非常短，数据处理机的采集速度至少应是 50～100Hz。能满足这些要求的最好的检测器为 FID，其死体积几乎为零，采样速度达 50～200Hz，FID 已成为 GC×GC 中主要使用的检测器。此外，ECD 也在 GC×GC 中得到了应用。

10.2.3 全二维气相色谱法的应用

近年来，GC×GC 在很多领域都得到了广泛的应用，其在复杂体系的分析方面具有其他方法无法比拟的优势，尤其适用于石油样品、环境样品、食品中的农药、地表水污染、烟草及中药挥发油等分析。

【例 10-1】 中药广藿香挥发油的全二维气相色谱分析[3]。

在 11 146 种药用植物中，挥发油类中药约占 20%。含挥发油类中药较丰富的科属有：松柏科、木兰科、樟科、芸香科、金娘科、龙樟香科及姜科等植物。许多挥发油具有镇咳、抗菌、消毒等作用，有些挥发油如莪术、香叶天竺葵还具有一定的抗肿瘤作用。药用挥发油类化合物按化学成分可分为萜类衍生物、芳香族化合物、脂肪族化合物及含氮、含硫类化合物等，其中有些萜类化合物具有较强的抗癌抗炎活性，引起了人们对中药挥发油研究的兴趣。但中药挥发油组成复杂，含量不均一，使用常规气相色谱法分析，由于分离能力不够，峰重叠严重，指纹特征不明显；又由于灵敏度不够，低含量组分定性与定量均不够准确，但使用全二维气相色谱，可大大增加分辨率，又因为调制器的聚焦作用，使得分析的灵敏度也得以提高。图 10-8 给出了用一维气相色谱与全二维气相色谱对广藿香挥发油分离的比较。

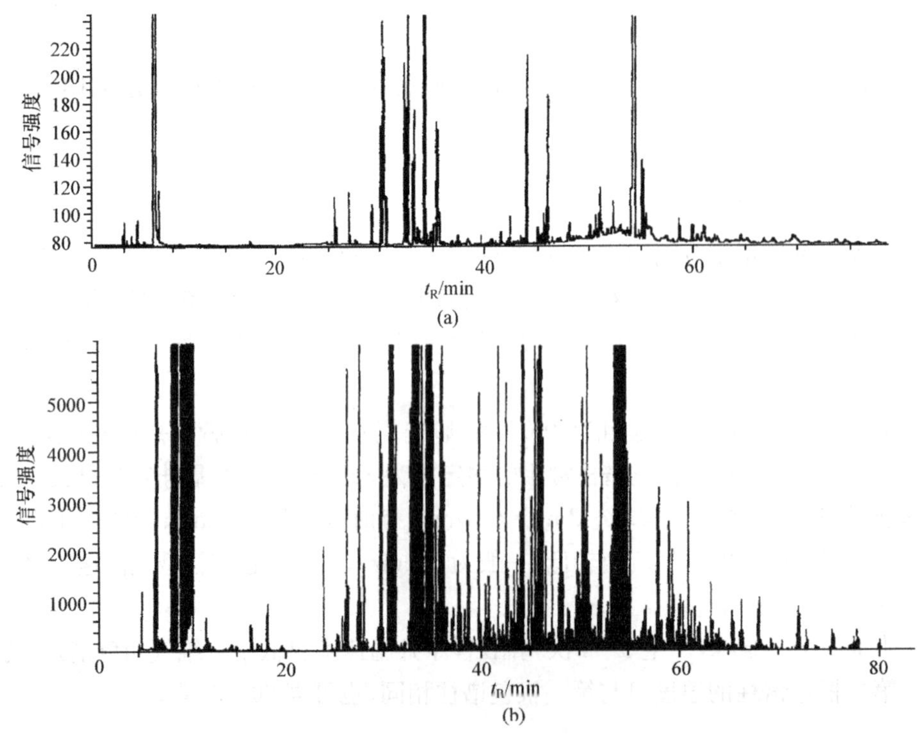

图 10-8 广藿香挥发油的一维与全二维气相色谱分析比较

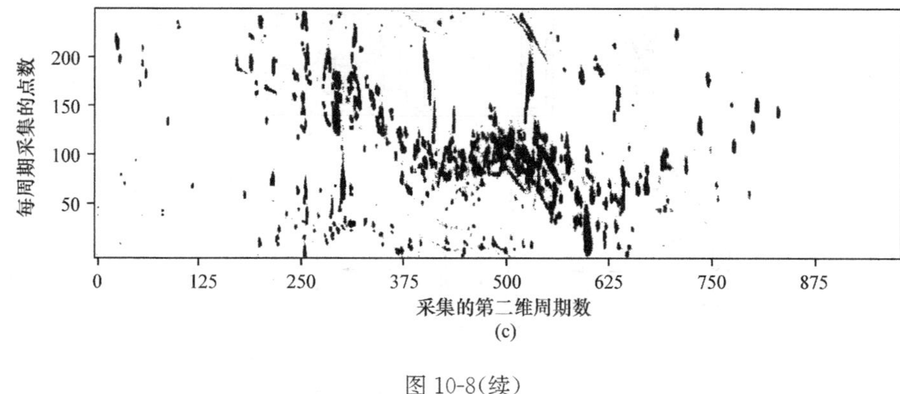

(c)

图 10-8(续)

采用 HP6890 气相色谱仪，柱温 70℃(3min)→200℃(35min)(3℃/min)，进样量 5μL，分流比 1∶30。

图 10-8(a)为一维 GC 图，使用 SOLGLEWAX(60m×0.25mm，0.25μm)色谱柱；图 10-8(b)为 GC×GC 色谱图，色谱柱为 DL-WAX(60m×0.25mm×0.25μm)＋DB-1701(3m×0.1mm×0.4μm)；图 10-8(c)为经变换与 Zeox 软件转化的 GC×GC 的二维轮廓图。

在相同的进样量、分流比及相同的操作条件下，一维 GC 仅给出了 76 个峰，GC×GC 则给出了 1625 个峰，而且很多小峰也能被检测出来。其原因是二维采用了与一维不同的色谱柱，使得二维具有正交的分离特性。

一维 GC 只能给出一个保留时间，而 GC×GC 能给出两维的保留时间，使之与质谱联机后，能给出更准确的定性结果。

10.3　气相色谱-质谱联用技术[4]

气相色谱是一种公认的快速、高效的分离技术，特别适合于复杂混合物的分离。由于它只是利用保留时间作为鉴定手段，要对分离出来的每个组分做出明确鉴定是困难的。而质谱法是一种重要的定性鉴定和结构分析方法，对复杂的有机化合物具有很高的鉴别能力，是一种高灵敏度、高效的定性分析工具，它与许多用于定性分析仪器一样，没有分离能力，不能直接分析混合物。二者结合起来，将色谱仪作为质谱仪的进样和分离系统，换句话说，是把质谱仪作为色谱仪的检测器，将能充分发挥色谱和质谱各自的优点。1957 年，Holmes 和 Morrell 首次试图把一个快速、高效的成分分离仪器——气相色谱仪和质谱仪结合起来。在解决了若干关键技术之后，气相色谱和质谱联用技术(GC-MS)已经相当成熟，并发展特别迅速，成功地解决了许多复杂混合物的分离和鉴定，成为有机分析必不可少的重要工具。现在，几乎所有有机质谱仪器公司均备有 GC-MS，其工作原理如图 10-9 所示。

气相色谱和质谱之所以适合于联用，有以下几种有利因素：

(1) 二者都要求被测的样品呈气态。

(2) 二者的灵敏度都很高，所需样品量为相同数量级，都适宜分析 1μg 以下的微量样品(表 10-1 和表 10-2)。

(3) 两者的扫描速率都很快。

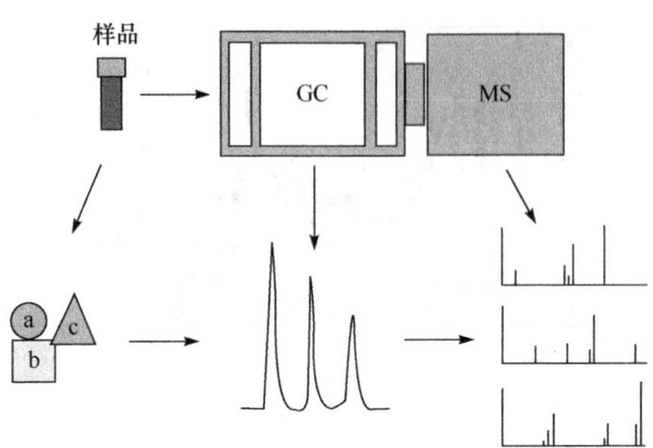

图 10-9　GC-MS 的原理示意图

表 10-1　各种仪器分析的检测极限

分析仪器	检测极限/g	分析仪器	检测极限/g
分光光度	$10^{-7}\sim10^{-5}$	气相色谱(H_2 焰)	10^{-10}
核磁	10^{-5}	气相色谱(电子捕获)	10^{-12}
红外	10^{-5}	质谱(GC-MS)	10^{-10}
紫外	$10^{-10}\sim10^{-6}$	GC-MS(选择离子检测)	10^{-12}

表 10-2　气相色谱仪检测器的灵敏度和检测范围

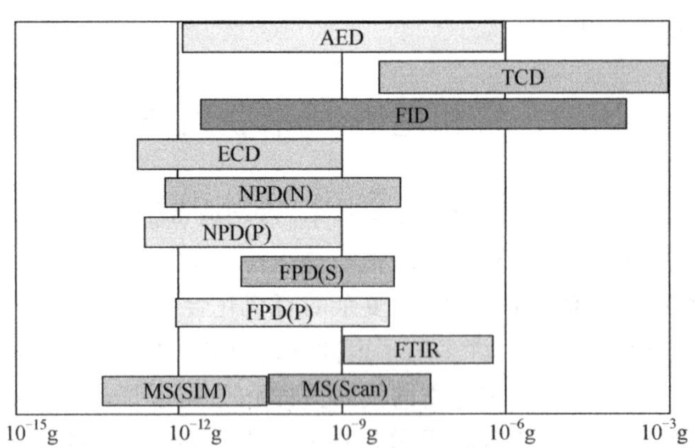

GC-MS 联用仪发展的方向更趋于自动化和高灵敏度，使得 GC-MS 联用仪的质谱仪部分大多采用四极杆、双聚焦磁质谱、飞行时间质谱质量分析器，它们都具有高灵敏度高分辨率等优点，已经用于 GC-MS 联用仪；离子阱质谱仪由于具有多级质谱的功能，用于 GC-MS 联用仪也有其特点。表 10-3 是近几年新型的几种 GC-MS 联用仪。

表 10-3　几种 GC-MS 联用仪

生产厂商	型号	离子源	质量分析器
Shimadzu(日)	GCMS-TQ 8030	EI,CI	三重四极杆型 GC-MS/MS 装置
Thermo Fisher(美)	ISQ Quantum XLS	EI,CI	串联四极杆
Thermo Fisher(美)	ITQ 700/900/1100	EI,CI	离子阱

续表

生产厂商	型号	离子源	质量分析器
Agilent(美)	7200 GCQTOF	EI,CI	QTOF
Agilent (美)	240-MSGC-MS/MS	EI,CI 自动切换	3-D 离子阱 MS^n (n=10)
Finigan(德)	MAT95 气相色谱高分辨双聚焦磁质谱联用仪	EI,CI	高分辨双聚焦磁质谱
LECO(美)	GC-HRT	EI,CI	HRT
气相色谱高分辨飞行时间质谱			
ZOEX(美)	GC×GC×HiResTOFMS 全二维气相色谱高分辨飞行时间质谱	EI,CI	HRT

GC-MS 联用分析得到的信息主要有三个:样品的总离子色谱图;样品中每一个组分的质谱图;每个质谱图的检索结果。高分辨仪器还可以得到化合物的精确相对分子质量和分子式。

(1) 总离子色谱图。GC-MS 分析中,样品连续进入离子源并被连续电离,经分析器多次扫描,检测器得到一个完整的质谱并送入计算机储存。同时,计算机可以把每个质谱的所有离子相加得到总离子强度。由计算机显示随时间变化的总离子强度,就是样品总离子色谱图。由 GC-MS 得到的总离子色谱图与一般色谱仪得到的色谱图基本上是一样的。如果所用色谱柱相同,样品出峰顺序就相同。其差别在于,总离子色谱所用的检测器是质谱仪。

(2) 质谱图。由总离子色谱图可以得到任何一个组分的质谱图。为了提高信噪比,通常由色谱峰峰顶处得到相应质谱图。如果两个色谱峰有相应干扰,应尽量选择不发生干扰的位置得到质谱,或通过扣本底消除其他组分的影响。

(3) 库检索。所得质谱图可以通过计算机检索对未知化合物进行定性。检索给出的几个可能化合物是以匹配度大小顺序排列出这些化合物的名称、分子式、相对分子质量和结构式等。目前 GC-MS 联用仪应用最为广泛的数据库有 NIST 系列库和 Willey 系列库,此外还有毒品库、农药库等专用谱库。

GC-MS 仪由气相色谱单元、接口和质谱单元组成。

10.3.1 质谱单元[5]

1. 离子源

并非所有的离子化方式都适用于 GC-MS,只有用于气相分子电离的离子化方式,如电子轰击(electron impact,EI)、化学电离(chemical ionization,CI)和场致电离(field ionization,FI)才适合于 GC-MS。那些为了适应热不稳定和难挥发样品分析的场解吸电离(field desorption,FD)、快原子轰击(fast atom bombardment,FAB)等电离方式,由于液、固态样品涂在发射丝或靶上送入电离盒,然后几乎不经气化直接电离,不可能也没必要用于 GC-MS。

离子源是质谱仪中使被分析的物质电离成为离子的装置。GC-MS 配置的离子源通常是最经典、使用最广泛的电子轰击离子源(EI 离子源)。

1) EI 离子源

利用具有一定能量的电子轰击束,使气体状态的样品分子或原子电离的离子源称为电子轰击离子源。在质谱分析中,电子轰击离子源是最早用于有机质谱仪和最常用的一种离子源。

电子轰击离子源由电离盒、灯丝(或称阴极)、栅极、电子收集极、狭缝、永久磁铁、电离盒加热器、热电偶及一套离子光学系统(或称透镜系统,包括推斥极、引出极、聚焦极、Z 向偏转极等)组成(图 10-10)。

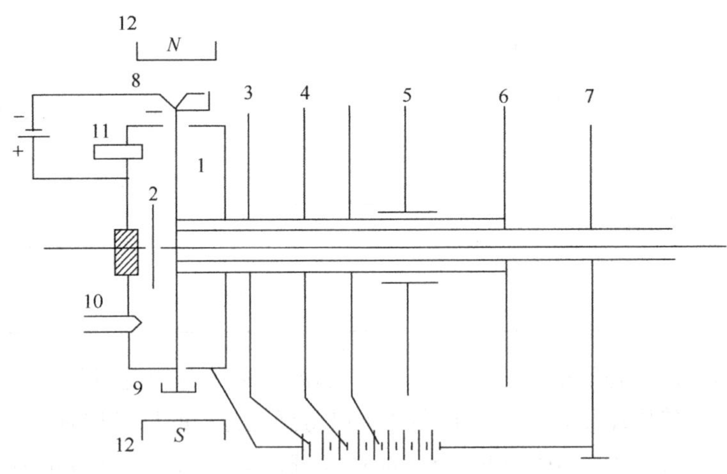

图 10-10　电子轰击离子源示意图

1. 电离盒;2. 推斥极;3. 引出极;4. 聚焦极;5. Z 向偏转极;6. 总离子流检测极;7. 主狭缝;8. 灯丝;9. 电子收集极;10. 电离盒加热器;11. 热电偶;12. 永久磁铁

如图 10-10 所示,在电离盒(阳极)1 与灯丝(阴极)8 之间加有电离电压(即加在电离盒和灯丝上的电压)。在高真空条件下,当电流通过灯丝(灯丝通常用铼丝或钨丝制成)时,灯丝温度高达 2000℃左右,炽热的灯丝发射出电子束,穿过电离盒,为阳极所接受,两极间的电位差使电子获得 70eV 的能量去轰击被检测物质并进入电离盒。被气化的样品分子进入离子源,带有高能量的电子束与气态分子作用,使中性分子(M)中电离电位较低的价电子或非键电子(如 O、N 的孤对电子)电离,丢失一个电子生成带正电荷的分子离子 ($M \xrightarrow{-e^-} M^{+\cdot}$,正离子游离基);质谱仪常使用具有 70eV 能量的轰击电子,而有机化合物分子的电离电位一般为 7~13eV(如甲烷的电离电位为 13.1eV,苯为 9.24eV),所以 70eV 大大高于有机分子的电离电位,使分子离子的剩余能量较大,当剩余能量大于分子中化学键断裂所需要的能量时,分子离子就碎裂成碎片离子。如果碎片离子的能量仍然大于键能,还可以发生二级、高级碎裂生成质荷比更小的离子。离子的碎裂不仅限于一个化学键简单断裂,有时还会发生离子中原子连接次序的变化,即在断键的同时还有新的化学键生成,这种现象在质谱中称为重排。新生成的碎片离子称为重排离子。众多的碎片离子(包括重排离子)提供了丰富的结构信息。但是对于那些分子中含有较多弱键的化合物来说,过高的剩余能量导致分子离子大部分甚至全部碎裂,所以也将 EI 称为硬电离,使质谱图上不出现分子离子峰,这就给测定化合物的相对分子质量带来困难。

EI 源的优点:①方法成熟,EI 谱重现性好,已建立了多种有机化合物标准品的 EIMS 谱库,如 Willey 系列库、NIST 质谱数据库等,有利于谱图检索时应用;②EIMS 图中有较多的碎片离子,能提供丰富的结构信息;③灵敏度高,能检测纳克级样品;④离子源结构简单,操作方便。

EI 源的不足是 70eV 的轰击电子能量较高,使某些化合物的分子离子检测不到,造成相对分子质量测定的困难。这些化合物可采用化学电离源(CI)检测。

2）CI 电离源

化学电离源的原理是通过离子-分子反应使样品分子电离，在此过程中没有发生像 EI 源那样强烈的能量交换，而是通过大量反应气，如 CH_4、N_2、异丁烷等。反应气分子被电子轰击后产生一些活性反应离子，这些离子再与样品分子发生离子-分子反应，使样品分子实现电离。选用这种温和的低能量方式使样品分子不直接与电离电子作用，使分子离子强度增大，可获得电子轰击技术无法得到的某些化合物的分子信息。以甲烷为例，说明化学电离的基本原理。

首先，甲烷反应气与轰击电子作用发生电离和碎裂，即

$$CH_4 + e^- \longrightarrow CH_4^{+\cdot} + 2e^-$$

$$CH_4^{+\cdot} \longrightarrow CH_3^{+} + H^{\cdot}$$

$$CH_4^{+\cdot} \longrightarrow CH_2^{+\cdot} + H_2$$

然后，甲烷电离生成的离子与尚未电离的甲烷分子之间发生离子-分子反应，生成反应离子，即

$$CH_4^{+\cdot} + CH_4 \longrightarrow CH_5^{+} + CH_3^{\cdot}$$

$$CH_3^{+} + CH_4 \longrightarrow C_2H_5^{+} + H_2$$

$$\vdots$$

最后，反应离子与样品分子发生离子-分子反应，经过质子交换使样品电离，即

$$CH_5^{+} + M \longrightarrow CH_4 + [M+H^{+}]$$

$$C_2H_5^{+} + M \longrightarrow C_2H_4 + [M+H^{+}]$$

$$\vdots$$

或

$$CH_5^{+} + M \longrightarrow CH_4 + H_2 + [M-H]^{+}$$

$$C_2H_5^{+} + M \longrightarrow C_2H_4 + H_2 + [M-H]^{+}$$

$$\vdots$$

化学电离的特点是：通过离子-分子反应传递的能量很少，大部分化合物能得到一个强的与相对分子质量有关的准分子离子峰，碎片离子较少，因而是 EI 质谱的补充（图 10-11 和图 10-12），也将化学电离称为“软电离”。

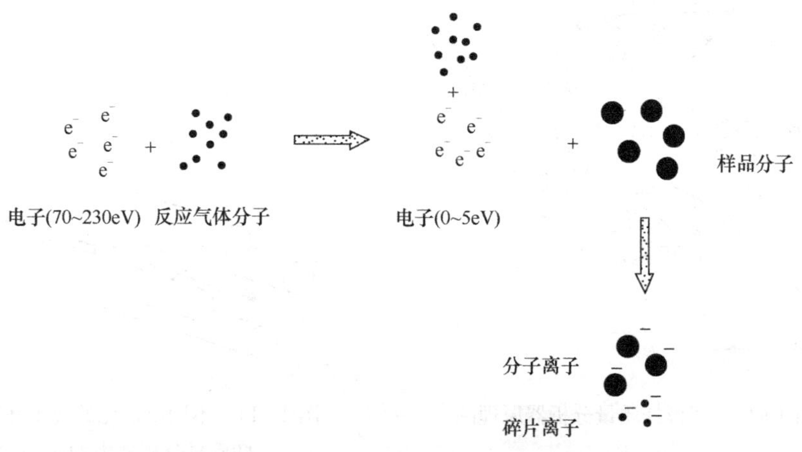

图 10-11　负化学电离源（NCI）工作原理

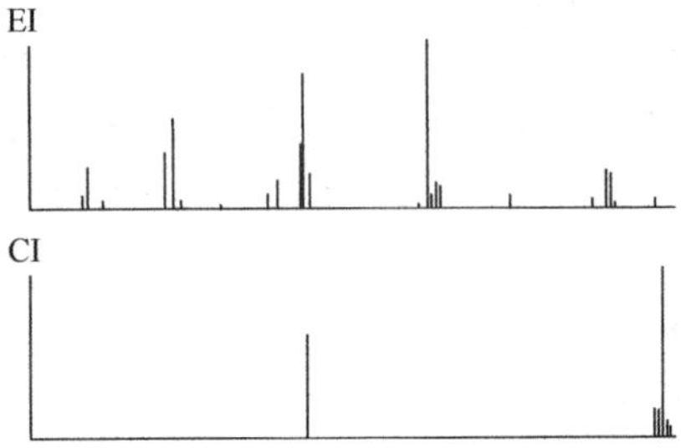

2. 质量分析器

图 10-12　EI 与 CI 质谱图

质量分析器的作用是将来自离子源的离子束按其质荷比的大小进行分离的装置。样品分子在电离源离子化后，经加速、聚焦被送入质量分析器，各种离子在质量分析器中按质荷比大小被分离，然后依次进入检测器。质量分析器是质谱仪器的核心部分，因为它的性能直接影响质谱仪器的分辨率、质量范围、扫描速率等指标。用于 GC-MS 的质量分析器一般采用四极杆质量分析器（quadrupole mass analyzer）、离子阱（ion trap）质量分析器、飞行时间（time of flying，TOF）质量分析器或双聚焦磁式（double focusing）等。

四极杆质量分析器（quadrupole mass analyzer）也称四极滤质分析器（quadrupole mass filter）。由于 GC-MS 要求质量分析器的扫描速率较快，特别是在使用色谱峰很窄（2s）的高效毛细管柱时，四极杆质量分析器更适合于 GC-MS。它的工作原理如图 10-13 所示，它是由四根相互平行的电极（金属杆）组成，对角的两个电极杆连接在一起，在两组电极间施加直流电压 U 和射频交流电压 V。当具有一定能量的离子进入筒形电极所包围的空间后，受到电极交、直流叠加电场的作用，产生了振荡和波动前进，在一定的电场强度和场半径固定条件下，对于某一种射频频率，只允许一种质荷比的离子通过电场区到达检测器，这些离子称为共振离子，其他离子在运动过程中撞击到圆筒电极上而被过滤掉，这些离子称为非共振离子，经改变电场强度（或改变射频频率），将不同质荷比的离子送到检测器（图 10-14）。

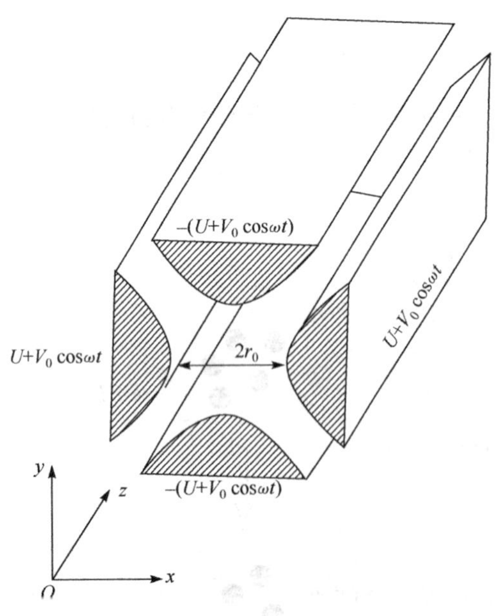

图 10-13　四极杆质量分析器原理图

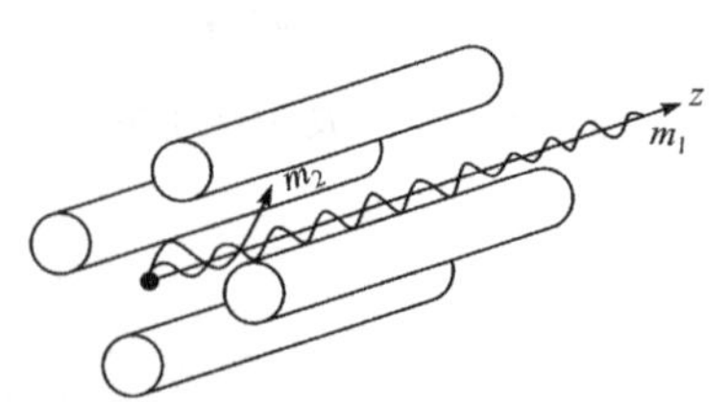

图 10-14　不同质荷比的离子在四极杆质量分析器中的运动

3. 离子检测器

离子检测器(ion detecter)用于检测各种质荷比离子的强度。质谱仪所用的检测器应具有稳定性好、响应速度快、增益高、检测的离子流宽、无质量歧视效应等特点。质谱仪最常用的是二次电子倍增器。电子倍增器的工作原理如图 10-15 和图 10-16 所示。当来自于质量分析器的正离子打击阴极的表面时,阴极产生二次电子,然后用多级瓦片状的二次电极(或称打拿极)使二次电子不断倍增。用于质谱仪的电子倍增器一般有 10～20 个二次电极,可获得 10^6～10^8 增益,最后由阳极检测,得到棒型质谱图。电子倍增器的检测灵敏度非常高,可检测到 10^{-18}～10^{-19} A 的微弱电流,这是质谱仪具有高灵敏度的原因之一。

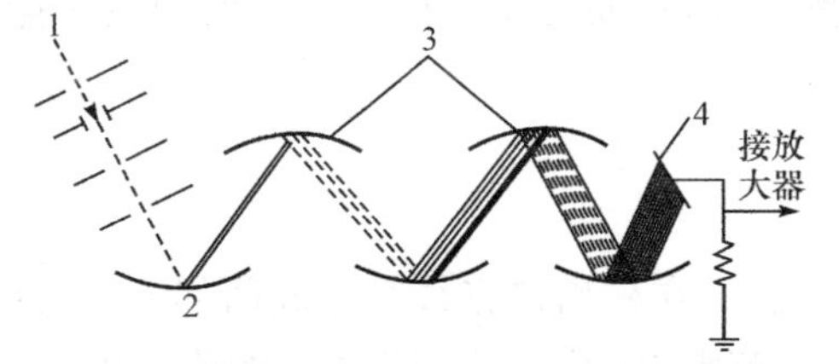

图 10-15 静电聚焦式电子倍增器

1. 离子束;2. 阴极;3. 打拿极(二次极);4. 阳极

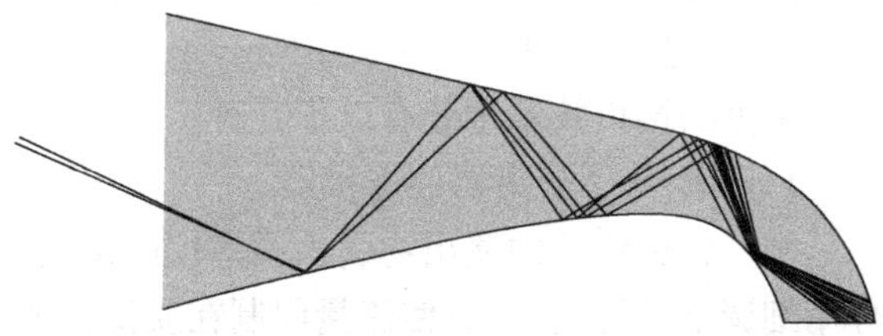

图 10-16 离子检测器-打拿极的工作原理

综上所述,四极杆质谱仪仪器构造和工作原理如图 10-17 所示。

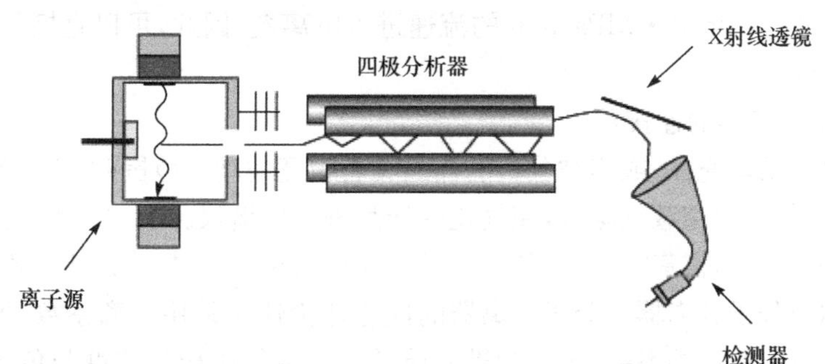

图 10-17 四极杆质谱仪仪器构造和工作原理

4. 真空系统

质谱仪必须在良好的真空条件下才能正常有效操作。真空系统为离子源和质量分析器提供所需的真空。它是由机械油泵抽低真空,再由涡轮分子泵(高真空泵)抽至高真空。涡轮分子泵的抽速为每秒几百升,允许来自于气相色谱仪每分钟几毫升的流量。

质谱仪为什么需要在高真空下操作,主要有以下几个理由:

(1) 离子的平均自由行程必须大于离子源到收集器的飞行路程。一般真空度 10^{-5} Torr* 时,离子的平均自由程可达 2m,这一距离大于离子从离子源到达检测器的距离,所以只有在高真空下才能防止离子与残留气体的中性分子碰撞,保证待测离子到达检测器。

(2) 高真空可延长灯丝寿命。因为氧气分压过高会影响电子轰击离子源中灯丝的寿命。

(3) 真空可减少本底的干扰。因为电离盒气压高时,发生离子-分子反应并改变碎片谱

* 1Torr＝1mmHg＝1.33322×10^2Pa

图，产生的高本底会影响质谱图及分析结果。

10.3.2 接口技术

接口或称连接器，是气相色谱-质谱联用系统的关键技术。

GC 和 MS 除了工作气压之外，具有很好的适应性：它们均采用连续流动分析方法；都具有纳克级的灵敏度；在分析速度方面也能匹配。色谱和质谱联用的困难在于：色谱是在高气压下工作，GC 柱出口气压为 1.013×10^5Pa；而质谱仪是工作在负压，MS 至少应在低于 10^{-3}Pa 的高真空下工作。因此，GC-MS 联用的关键问题是色谱和质谱必须通过一个接口——载气分离器（或称分子分离器）才能连接起来。连接器的作用在于消除载气，将 GC 载气的气压降低 8 个数量级；浓缩样品和减压，并把样品送到 MS 的离子源，从而使正压操作的色谱和负压操作的质谱能连接起来。

常见的接口技术主要有以下几种。

1）不用分子分离器的连接器

把气相色谱柱的流出物引入质谱仪的最简单的方法是在柱出口将载气分成两部分：一部分用细调定量针阀控制，使流量限制在质谱仪所能承受范围内；另一部分流掉。针阀就用作连接器。这种方法结构简单，使用方便，在 GC-MS 发展初期得到应用。使用这种连接器的样品利用率取决于分流比，即流入质谱仪电离盒的量和色谱柱流出物总量之比。现在气相色谱-质谱联用仪器在离子源部分使用一个通导在 500L/s 以上的高速真空泵（分子涡轮泵），允许色谱柱流出物以 $0.6\sim0.8\text{cm}^3\cdot\text{MPa/min}$ 的流速进入电离盒，因此，可以直接与毛细管柱连接，样品利用率为 100%。

2）使用分子分离器的连接器

如果色谱仪使用填充柱，或当被分析的样品具有很宽的动态范围时，必须经过一种接口装置——分子分离器，将色谱载气除去，使气化的样品进入质谱仪。上述简单的连接器不能满足要求，必须采用分馏技术富集样品，也就是使进入质谱仪的气流中样品量与载气量之比增加。样品富集装置称为分子分离器。分子分离器的性能评价通常采用分离系数（N）和收率（y）两个参数。分离系数也称浓缩系数，定义为进入质谱仪的载气中样品浓度与色谱柱出口的载气中样品浓度之比，即

$$N=\frac{c_{\text{MS}}}{c_{\text{GC}}}=\frac{(p_{\text{s}}/p_{\text{He}})_{\text{MS}}}{(p_{\text{s}}/p_{\text{He}})_{\text{GC}}} \tag{10-3}$$

式中：c 为浓度；p 为气体气压；下标 MS 表示进入质谱仪，GC 表示色谱柱出口，s 表示样品；He（氦气）表示载气。

由于分离系数不能说明进入质谱仪的样品量，为了全面评价分离器的性能，引入“收率”这一参数。所谓收率就是指进入质谱仪的样品量占全部样品的百分数，即

$$y=\frac{Q_{\text{MS}}}{Q_{\text{GC}}}\times100\% \tag{10-4}$$

式中：Q 为样品量；下标含义同式（10-3）。

按富集样品的原理，分子分离器可分为三类：隙透分离器、喷射式分离器和半透膜分离器。这里只介绍喷射式分离器。

GC-MS 通常采用喷射式分离器作为填充柱色谱和质谱联用的接口。它有一对被封在真空室中的同轴收缩型玻璃管。与气相色谱相连的一侧是喷射管，与质谱一侧相连的是接收管，

两管之间有小的间隙(图 10-18)。来自于气相色谱的携带样品分子的载气通过喷射管狭窄的喷嘴时形成喷射状态,气流进入真空室后发生扩散。扩散速率与相对分子质量的平方根成正比,相对分子质量小的载气扩散速率大,大部分扩散到真空室,然后被真空泵抽走;相比之下,样品的相对分子质量大得多,扩散速率低,大部分按原来运动方向射入相对的接收管,进入质谱的离子源。这样就可达到了分离载气,降低气压,并且富集样品的作用。

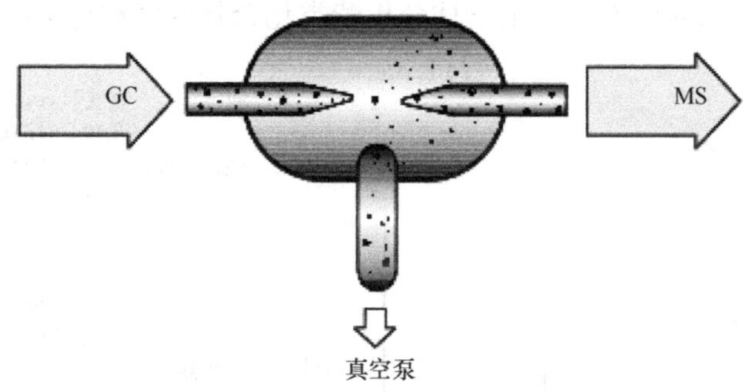

图 10-18　喷射式分离器工作原理

3) 毛细管柱直接接入离子源

如果色谱仪使用毛细管柱,由于它的载气流量比填充柱小得多,而质谱离子源部分的真空系统抽速比较大时,可以不通过载气分离器,直接和质谱连接起来,如图 10-19 所示。但需要考虑的一个问题是样品在离子源中的清除速率。清除速率低会造成色谱峰拖尾,影响分离度,含量高的组分尤其如此。因此,要求离子源的真空系统有较大的抽速。为了在四极杆处高效率地分离离子,需要尽可能地保持高真空度。由于色谱柱不断地流出载气(He)和样品进入离子源,只能有限地保持高真空。为解决这个矛盾,可采用分别在离子源和质量分析器处使用涡轮分子泵的差动排气系统。

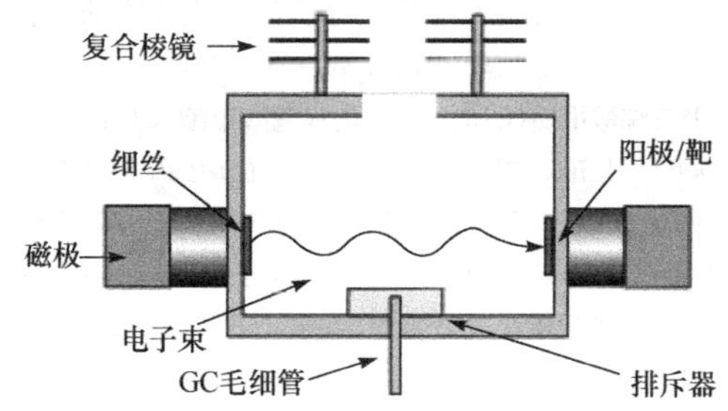

图 10-19　毛细管柱直接与电子轰击离子源(EI)连接示意图

10.3.3　气相色谱单元

用于 GC-MS 的气相色谱仪没有特殊的要求。对一般的商品仪器,填充柱、毛细管柱两种柱型都能用于 GC-MS。由 GC-MS 得到的总离子色谱图与一般色谱仪得到的色谱图基本上是一样的。只要所用色谱柱相同,样品出峰顺序就相同。其差别在于,总离子色谱图所用的检测器是质谱仪,而一般色谱所用的是氢火焰、热导等检测器。两种色谱图中各成分的校正因子不同。GC-MS 在操作条件上必须注意两个问题:一是固定相的选择,二是载气的选择。

固定相选择　选择固定相除了与气相色谱相同的要求之外，要着重考虑高温时固定液的流失问题。流失的固定液大部分随样品组分进入质谱仪，污染离子源，造成高的质谱本底，干扰质谱图的解释。当柱子流失量超过低含量的样品组分水平时，该组分的色谱峰就检测不出来。因此，应尽可能在同类型固定相中选择最高使用温度或采用键合型固定相。柱子在使用前应高于预定操作温度下老化，将柱流失减少到质谱仪可以接受的水平。图 10-20 是 DB-5 型，30m×0.25mm×0.25μm 石英毛细管柱分析酯类化合物的气相色谱图。

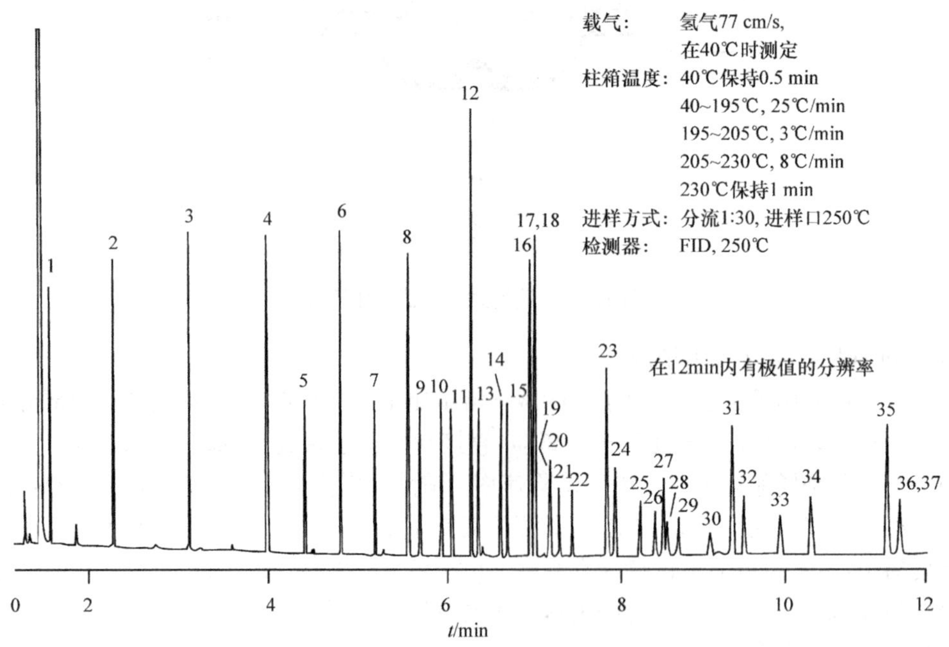

图 10-20　DB-5 型石英毛细管柱分析酯类化合物的气相色谱图

1. 丁酸甲酯(C4:0)；2. 己酸甲酯(C6:0)；3. 辛酸甲酯(C8:0)；4. 癸酸甲酯(C10:0)；5. 十一烷酯甲酸(C11:0)；6. 月桂酸甲酯(C12:0)；7. 十三烷酸甲酯(C13:0)；8. 肉豆蔻酸甲酯(C14:0)；9. 肉豆蔻脑酸甲酯(C14:1)；10. 十五碳酸甲酯(C15:0)；11. 顺-10-十五碳酸甲酯(C15:1)；12. 棕榈酸甲酯(C16:0)；13. 棕榈油酸甲酯(C16:1)；14. 十七酸甲酯(C17:0)；15. 顺-10-十七碳烯酸甲酯(C17:1)；16. 硬脂酸甲酯(C18:0)；17. 油酸甲酯(C18:ln9c)；18. 反油酸甲酯(C18:ln9t)；19. 亚油酸甲酯(C18:2n6c)；20. 反亚油酸甲酯(C18:2n6t)；21. Y-亚麻酸甲酯(C18:3n6)；22. 亚麻酸甲酯(C18:3n3)；23. 花生酸甲酯(C20:0)；24. 顺-11-二十碳烯酸(C20:1)；25. 顺-11,14-二十碳二烯酸甲酯(C20:2)；26. 顺-8,11,14-二十碳三烯酸甲酯(C20:3n6)；27. 二十一酸甲酯(C21:0)；28. 顺-11,14,17-二十碳五烯酸甲酯(C20:5n3)；29. 花生四烯酸甲酯(C20:4n6)；30. 顺-5,8,11,14,17-二十碳五烯酸甲酯(C20:5n3)；31. 二十二酸甲酯(C22:0)；32. 芥酸甲酯(C22:1n9)；33. 顺-13,16-二十二碳二烯酸甲酯(C22:2)；34. 二十三酸甲酸(C23:0)；35. 二十四酸甲酯(C24:0)，木蜡酸甲酯；36. 顺-4,7,10,13,16,19-二十碳六烯酸甲酯(C22:6n3)；37. 二十四酸甲酯；神经酸甲酯(C24：1)

载气的选择　用于 GC-MS 的载气选择有四条标准，即：①化学惰性；②不干扰质谱图；③具有能使载气中样品富集的某些性质；④不干扰总离子流检测。气相色谱中常用的载气是 H_2、N_2、He。He 全部符合上述条件，是最常用的；H_2 满足前三个条件，有时也使用；N_2 除了具有化学惰性外，完全不符合条件，一般不用。在化学电离时，载气可兼作化学反应气，因此，在某些特殊情况下，也有以甲烷、乙烷、异丁烷等为气相色谱载气。

10.3.4 计算机系统

GC-MS 的另外一个组成部分是计算机系统。由于计算机技术的提高，GC-MS 的主要操作都由计算机控制进行，这些操作包括利用标准样品校准质谱仪、设置色谱和质谱的工作条件、数据的收集和处理及库检索等。这样，一个混合物样品进入色谱仪后，在合适的色谱条件下，被分离成单一组分并逐一进入质谱仪，经离子源电离得到具有样品信息的离子，再经分析器、检测器即得每个化合物的质谱，如图 10-21 所示。这些信息都由计算机储存，根据需要，可以得到混合物的色谱图、单一组分的质谱图和质谱的检索结果等，根据色谱图还可以进行定量分析。

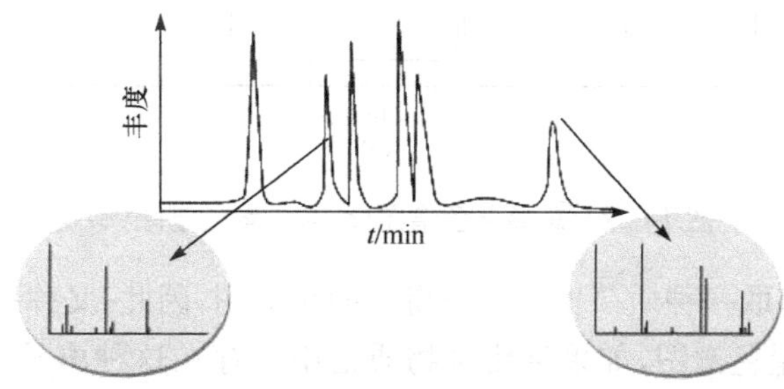

图 10-21 总离子流色谱图及色谱峰中每一个扫描点对应的 EIMS 图

质谱条件的建立包括电离电压、电子电流、扫描速率、质量范围，这些都要根据样品情况进行设定。为了保护灯源和倍增器，在设定质谱条件时，还要设置溶剂去除时间，使溶剂峰通过离子源之后再打开灯源和倍增器。

质谱仪扫描方式有两种：全扫描和选择离子扫描。全扫描是对指定质量范围内的离子全部扫描并记录，得到的是正常的质谱图，这种质谱图可以提供未知物的相对分子质量和结构信息，可以进行标准品的质谱谱库检索。质谱仪还有另外一种扫描方式称为选择离子监测（select ion monitoring ，SIM）。这种扫描方式是只对选定的离子进行检测，而其他离子不被记录。它的最大优点：①对离子进行选择性检测，只记录特征的、感兴趣的离子，不相关的干扰离子可以被排除；② 选定离子的检测灵敏度大大提高。在正常扫描情况下，假定 1s 扫描 2～500 个质量单位，那么，扫描每个质量所花的时间大约是 1/500s；也就是说，在每次扫描中，有 1/500s的时间是在接收某一质量的离子。在选择离子扫描的情况下，假定只检测 5 个质量的离子，同样也用 1s，则扫描一个质量所花的时间大约是 1/5s。换句话说，在每次扫描中，有 1/5s的时间是在接收某一质量的离子。结果采用选择离子扫描方式比正常扫描方式灵敏度可提高大约 100 倍（注：由于选择离子扫描只能检测有限的几个离子，不能得到完整的质谱图，因此不能用来进行未知物定性分析）。如果选定的离子有很好的特征性，就可以用来表示某种化合物的存在，所以选择离子扫描方式最主要的用途是定量分析，由于它的选择性好，可以把由全扫描方式得到的非常复杂的总离子色谱图变得十分简单，消除其他组分造成的干扰。例如，为了得知某个中药材提取的混合物中是否含有脂肪酸类化合物，经甲酯化后，选用 GCMS 的选择离子法进行检测。因为脂肪酸甲酯有一个特征碎片离子（重排离子）质量是 74，通过选择 m/z 74 的离子做选择离子扫描图可鉴定脂肪酸甲酯类化合物，如图 10-22 所示。

质量色谱图 总离子色谱图[图 10-22(a)]是将每个质谱的所有离子加和得到的。同样，由质谱中任何一个质荷比的离子也可以得到色谱图，即质量色谱图[图 10-22(b)]。质量色谱

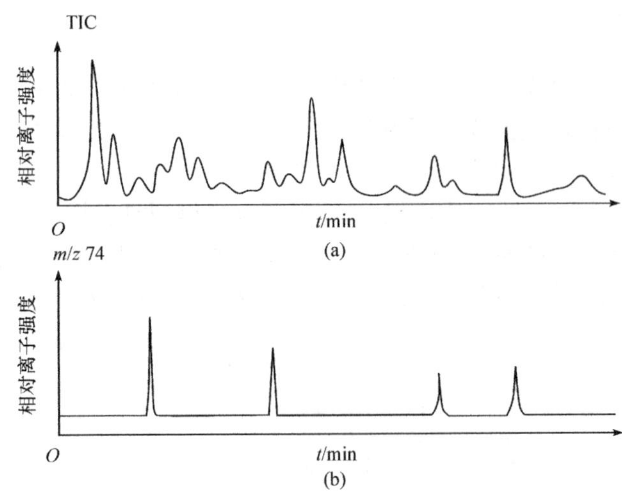

图 10-22　总离子色谱图(a)与质量色谱图(b)

图是由全扫描质谱中提取一种质荷比的离子得到的色谱图,因此,又称提取离子色谱图。假定质量为 m 的离子的质量色谱图,如果某化合物质谱中不存在这种离子,那么该化合物就不会出现色谱峰。一个混合物样品中可能只有几个甚至一个化合物出峰。利用这一特点可以识别具有某种特征的化合物,使正常色谱不能分开的两个峰实现分离,以便进行定量分析。

10.3.5　气相色谱-高分辨质谱仪

GC-MS 的质谱部分通常是四极杆质谱仪(QMS),质谱仪分离离子的能力称为分辨率,通常定义为高度相同的相邻两峰,当两峰的峰谷高度为峰高的 10%时,两峰质量的平均值与它们的质量差的比值。对于低、中、高分辨率的质谱,分别是指其分辨率在 100～2000、2000～10 000和 10 000 以上。高分辨质谱(HRMS)和 QMS 的区别是:HRMS 测得的离子碎片的 m/z 精度非常高,如某未知物离子的碎片 A 在 HRMS 中读数为 $m/z=39.1254$,而在 QMS 中只能显示为 $m/z=39.1$。使用 HRMS 的优势体现在:每个原子都有已知的精确相对原子质量,即每个离子碎片的 m/z 值也是精确的,当某些离子碎片的 m/z 值相差很小时,使用 QMS 分辨很难定性,如果用 HRMS 就简单多了。例如,在同样的保留时间处,还有另外一个杂质的离子碎片 B 的 $m/z=39.1258$,选用 HRMS 可以给出这个物质不是待测物(因为 m/z 相差 0.0008),而 QMS 因为精度不足无法鉴定。HRMS 一般指飞行时间质谱或者磁质谱。

1. 全二维气相色谱高分辨飞行时间质谱

以美国 Zoex 公司推出的 GC×GC×HiResTOFMS 型全二维气相色谱高分辨飞行时间质谱为例:该仪器分辨率为 5000 ,质量准确度为±0.002,扫描速率为 500scans/s,新颖特殊的脉冲式的质量校正系统保证极高的质量准确度,能够进行精确质量数计算和元素组分分析,具有高的分离度、峰容量及高的分辨率。应用比较广泛,主要应用在代谢组学、石油化工、挥发性组分、刑事技术及环境分析中。

2. 气相色谱-四极杆-飞行时间高分辨质谱仪

以美国 Agilent 公司推出的 7200 GC-QTOF 气相色谱-四极杆飞行时间高分辨质谱仪为

例:该仪器既具有 GC-TOF 的功能,又具有 MS-MS 的功能。其中 TOF 模式可获得全扫描的高分辨质谱图,并获得准确的质量数,可测定获得全谱的快速扫描,以满足未知物的筛查及目标物的确认和定量。例如,未知农药、持久性有机污染物(POPs)及环境代谢产物的快速筛选;同时,因为具有 MS-MS 模式,该系统的性能比传统的 GC-TOF 更出色,可获得全扫描的二级离子谱图,二级碎片离子具有高分辨以及准确的质量数,可满足未知组分的确认,最大限度减少假阳性结果,提高目标物和未知物分析的可信度。

10.3.6 应用与示例

【例 10-2】 GC-NCI-MS 法定量测定中药中农药残留量[6]。

气相色谱法是测定农药残留量的最常用的方法。由表 10-4 和表 10-5 可以看出,在所有的气相色谱检测器中,选择性检测器如 ECD 对有机卤化合物,NPD 对含氮或磷的化合物,FPD 对含磷化合物的灵敏度较高,检测限一般为 $10^{-15}\sim10^{-12}$g,但由于受其选择性的限制,只能选择性地测定某一类型的农药,不能广泛应用于多种结构类型的多农药残留的筛选测定。MS 检测器作为一种通用型检测器,可以提供可靠的结构信息,因而 MS 在结构定性和确证方面的优势是不言而喻的。虽然采用 Scan(扫描)方式进行采样时,灵敏度较低(一般为 $10^{-12}\sim10^{-9}$g),但采用 SIM(选择离子监测)方法进行定量时,灵敏度可大大提高,尤其是负化学源质谱(NCI-MS)对有机卤化合物的响应,完全可与 ECD 的检测限相媲美,我们采用 GC-NCI-MS 的方法对中药中残留的农药定性定量方法进行了研究。

选用 GC-NCI-MS 的方法对中药中的残留农药进行定性定量方法研究有以下优势,见表 10-4。

(1) 农药在中药中的残留种类、残留数量、具有很大的不确定性,与常规的气相检测器相比,GC-NCI-MS 可筛选中药中可能存在的残留农药。

(2) NCI-MS 的图谱较 EI-MS 的图谱简单,可降低背景干扰。

(3) 大部分有机氯农药和部分有机磷农药对 NCI-MS 检测器的响应较好,有比较好的灵敏度。

(4) 采用选择离子(SIM)定量时,可进一步减少背景干扰。

(5) 在进行结构定性、结构确证时,GC-NCI-MS 是可靠有效方便的手段之一。

表 10-4　选用 NCI-MS、SIM、SCAN 和 ECD 作为 GC 检测器进行定性定量分析及性能指标比较表

SCAN	NCI-MS	SIM	SCAN	ECD
定性	* * * *	* * *	* * * * *	* * *
定量	* *	* * * *	* *	* * * * *
重现性	*	* * *	*	* * * * *
检测限	* *	* * * * *	*	* * * * *
选择性	* * *	* * * * *	*	* * *
适应性	* * * *	* * * *	* * * * *	* * *

注:* 的数目代表性能优劣,数多者优。

实验方法　GC-MS:日本岛津 GCMS-QP 5050A 气相色谱质谱联用仪。

色谱柱:DB-1(J&W Scientific)30m×0.25mm×0.25μm。

色谱条件　进样口温度:250℃;柱温:80℃～200℃(3℃/min,3min),200～250℃(15℃/min,4min);接口温度:200℃;载气:He;柱流量:1mL/min。

质谱条件　EI:电子能量 70eV。

NCI:电子能量 70eV;扫描:30～500AMU;反应气:i-C_4H_{10};反应气压力:40kPa。

根据每种农药质谱图的特征,选择 1～3 个离子进行测定,根据高丰度高质荷比的原则,一般选择基峰作为定量离子,结果见表 10-5。

表 10-5 气相色谱-化学电离源-质谱(负离子检测)检测农药的选择离子

时间/min	杀虫剂	检测离子(*m*/*z*)	时间/min	杀虫剂	检测离子(*m*/*z*)
4.8~8.0	Dichlorvos	125*,134	19.7~21.4	MPCPS	281*
8.0~13.0	Chlordimeform	195*,180		Malathion	157*
13.0~14.2	α-HCH	35,71*,255		Parathion	154*,291
	Phroate	185*		Chlorpyrifos	169,214,313*
	Dimethoate	157*	21.4~24.1	Heptachlor epoxide	35*,282,318
	β-HCH	71*,35,255	24.1~26.2	Chlordane	35*,216,410
14.2~16.0	γ-HCH	71*,35,255		Endosulfan	35*,242,406
	δ-HCH	71*,35,255		Chlordane	35*,266,410
	PCNB	249*,265		Nonachlor	35*,444,300
	Phosphamidon	35,125*,178	26.2~31.0	*p*,*p*′-DDE	35*,318
16.0~18.1	PCA	265*		Endosulfan	35*,406,370
	Phosphamidon	35,125*,17		*p*,*p*′-DDD	35*,71,248
	Parathion-methyl	154*,263		*o*,*p*′-DDT	35*,71,248
18.1~19.7	Heptachlor	35*,266,300		*p*,*p*′-DDT	35*,71,248
	Fenitrothion	168*,277		Trizophos	284,169*,312

* 为定量离子。

标准溶液的配制 精密量取标准溶液甲拌磷、α-HCH、γ-HCH、δ-HCH、PCNB、马拉硫磷、毒死蜱各 30μL,敌敌畏、β-HCH、乐果、七氯、杀螟硫磷、对硫磷各 50μL,MPCPS 100μL,PCA、磷胺、氯丹、甲基对硫磷 200μL,硫丹、*p*,*p*′-DDE、*p*,*p*′-DDD、*o*,*p*′-DDT、*p*,*p*′-DDT 各 600μL,三唑磷 1mL 于 10mL 容量瓶中,用正己烷-丙酮(1∶1)定容至刻度(标准品混合储备液)。精密量取标准品混合储备液 10μL、50μL、100μL、500μL、1000 μL 分别于 1 mL 容量瓶中,加入环氧七氯标准溶液 5μL,测定得标准曲线。

在确定色谱分离条件的基础上,将保留时间相近的农药分为一组,为一个离子通道,共设计了 10 个离子通道,测定每一时间段内的各农药所选离子(表 10-5),所得色谱图如图 10-23 所示。

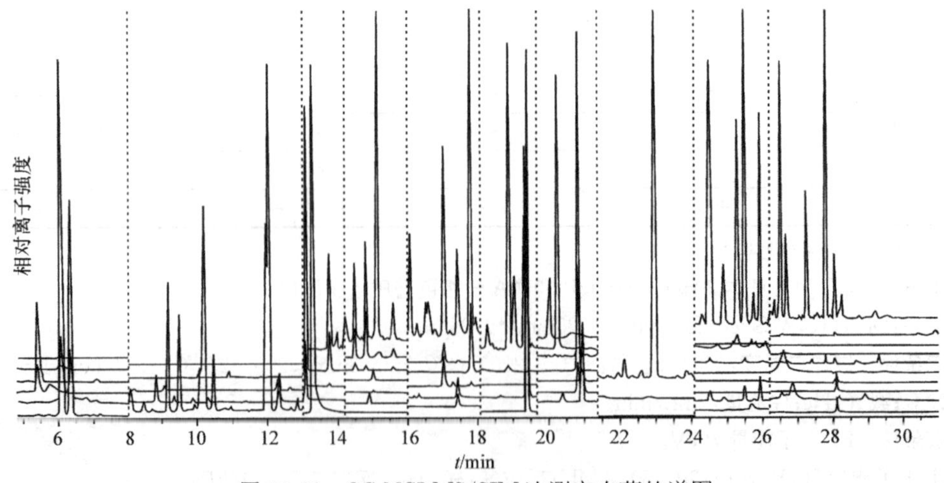

图 10-23 GC-NCI-MS/SIM 法测定农药的谱图

【例 10-3】 气相色谱-质谱联用法测定人尿中的沙丁胺醇[7]。

该法的线性范围 4.0～2000.0ng/mL，检测限达 0.7ng/mL，灵敏、准确，可用于运动员尿样的兴奋剂检测。

1. 仪器和试剂

仪器：美国 HP5890GC-5970B 气相色谱-质谱联用仪（美国惠普公司）。

试剂：硫酸沙丁胺醇片（批号 0209111，江苏林海药业）；沙丁胺醇对照品（中国药品生物制品检定所）；纳多洛尔（内标）、*N*-甲基-*N*-三甲基硅烷基三氟乙酰胺（MSTFA）和 *β*-葡萄糖苷酸酶（H-2 型，124 400U/mL 均购自美国 Sigma 公司）。

2. GC-MS 条件

1) 气相色谱条件

色谱柱：HP-1（聚甲基硅氧烷交联柱，Agilent）17m×0.2mm，0.11μm 石英毛细管柱。

柱温升温程序：180℃（20℃/min）→240℃（10℃/min）→280℃。

载气：He，流量：1mL/min。

进样口温度：250℃。

进样量：1μL，分流比 1∶10。

2) 质谱参数

接口温度：290℃。

电子轰击离子源（EI）；离子化能量 70eV；电子倍增器电压 1000V。

检测方式：选择离子检测（SIM），m/z 369（沙丁胺醇）和 86（内标物）。

3. 对照品溶液和内标溶液的配制

1) 对照品溶液的配制

精密称取沙丁胺醇对照品约 10mg，置 10mL 量瓶中，用甲醇溶解并稀释至刻度，制成沙丁胺醇对照品储备液。将该储备液用甲醇分别稀释成 1ng/μL、10ng/μL、100 ng/μL 的工作液备用。

2) 内标溶液的配制

精密称取纳多络尔对照品约 10mg，置 10mL 量瓶中，用甲醇溶解并稀释至刻度，制成内标对照品储备液。将该储备液用甲醇稀释成 10ng/μL 的工作液备用。

4. 尿样的前处理

精密吸取尿样 1.0mL，加入 10ng/μL 的内标溶液 30μL，涡流混匀。加入 pH 为 5.0 乙酸钠缓冲液 0.5mL，涡流混匀，再加入 40μL 葡萄糖醛酸苷酶，涡流混匀，(55±1)℃酶解 2h。酶解后冷却至室温，加入 pH 为 9.5 氯化铵缓冲液 0.5mL，涡流混匀，通过先后用甲醇和水各 2mL 活化后的 Bond Elut-Certify 小柱，待样品全部流经小柱后，再分别用水 2mL，pH 4.0 乙酸缓冲液 1mL 和甲醇 1mL 洗杂质，最后用 4mL 氯仿-异丙醇(4∶1)+2%氨水的洗脱液洗脱组分，在 40℃下氮气流吹干，加 MSTFA 80μL，在 60℃下衍生化 30min，进行 GC-MS 分析。

5. 方法学考查

步骤从略，只介绍结果。

(1) 专属性考察。尿样中的内源性杂质不干扰沙丁胺醇的测定（图 10-24）。沙丁胺醇的定量离子为 m/z 369，内标的定量离子为 m/z 86。沙丁胺醇的保留时间为 2.88min，内标物为 4.99min。

(2) 线性范围　4.0～2000.0ng/mL，定量下限为 4.0ng/mL。工作曲线见表 10-6。

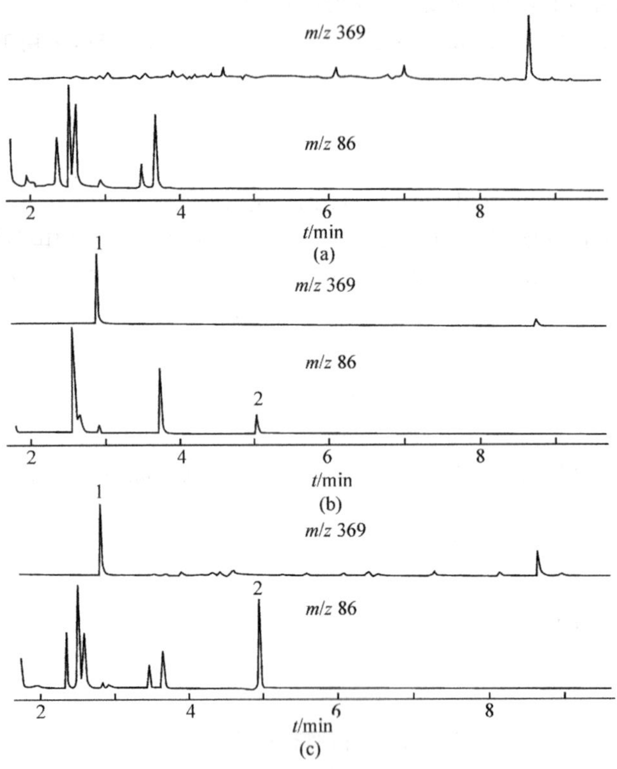

图 10-24　选择离子色谱图

(a)空白尿;(b)空白尿+沙丁胺醇+内标;(c)受试者服药后尿样;1. 沙丁胺醇;2. 纳多络尔(内标)

表 10-6　人尿中沙丁胺醇的定量分析(3 个分析批的标准曲线参数)

序号	截距/$\times 10^{-3}$	斜率/$\times 10^{-3}$	r
1	1.630	1.999	0.9963
2	1.470	1.629	0.9962
3	3.700	2.098	0.9977

(3) 提取回收率　沙丁胺醇 3 次提取回收率均值约 71%。

(4) 精密度与准确度　见表 10-7。

表 10-7　尿样中沙丁胺醇测定方法的精密度与相对回收率

加入量/(ng/mL)	测得量/(ng/mL)	日内精密度(RSD)/%	日间精密度(RSD)/%	相对回收率/%
4.0	3.95	6.88	7.24	98.8
100.0	99.39	5.18	5.49	99.4
2000.0	2075.30	4.81	5.08	103.8

6. 尿样测定

尿样的测定按“尿样的前处理”项下操作,以当日的标准曲线计算各时间点的尿药浓度。测定了两名健康志愿受试者(一男一女)口服给药后的尿药浓度,得到尿排曲线如图 10-25 所示。

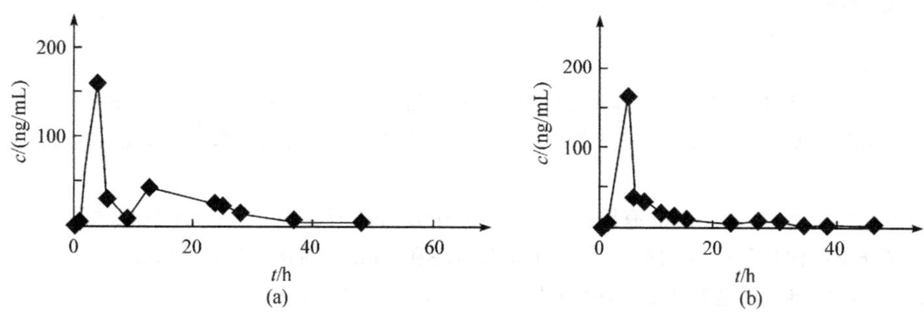

图 10-25　口服给药后沙丁胺醇的尿排曲线

(a)女性;(b)男性

【例 10-4】　气相色谱串联质谱法测定奶粉、液态奶及鸡蛋中三聚氰胺的含量[8]。

本法对奶粉、液态奶及鸡蛋试样中的三聚氰胺用无水甲醇超声提取，经混合型阳离子交换固相萃取柱净化，且净化液用 BSTFA+TMCS(99：1)进行硅烷化衍生，衍生产物采用选择离子监测质谱扫描模式，利用化合物的保留时间和质谱碎片的丰度比定性，外标法定量。

1. 仪器和试剂

仪器：美国 Agilent 6890-5973 N 气相色谱-质谱联用仪。

试剂：甲基硅基三氟乙酰胺(BSTFA)+1%三甲基硅烷(TMCS)；混合型阳离子交换固相萃取柱(Strata-X-C)；三聚氰胺标准品：纯度≥99.9 %。

2. GC-MS 条件

1)气相色谱条件

色谱柱：DB 5 石英毛细管色谱柱，30m×0.25mm(i. d.)，0.25μm，或相当条件的色谱柱。

升温程序：起始温度 75℃，持续 1min，以 30℃/min 升温至 220℃，再以 5℃/min 速率升温至 270℃，保持 2min。

载气：氦气，恒流模式，流速为 1.3mL/min。

进样量：1μL，不分流进样。

进样口温度：250℃。

2) 质谱参数

接口温度：250℃。

电离方式：电子轰击源(EI)；电离能量：70eV；离子源温度：230℃；四极杆温度：150℃；溶剂延迟：5min。

扫描方式：选择离子扫描(SIM)，监测离子 m/z 99、171、327、342，定量离子为 m/z 327。

3. 标准溶液的配制

1) 标准储备液 160mg/L

称取 0.016g(精确到 0.0001g)于小烧杯中，加少量甲醇溶解并转入 100mL 容量瓶，用甲醇：水=7：3 定容至刻度。于 4℃冰箱中储存，有效期 1 年。

2) 标准工作液 3.4mg/L

准确吸取标准储备液 2.135mL 于 100mL 容量瓶中，用无水甲醇定容至刻度。于 4℃冰箱中储存，有效期 3 个月。

4. 测定步骤

1）试样提取

准确称取混匀试样(奶粉类为 0.5g,液态奶为 1.0g,鸡蛋为 2g)加入无水甲醇(奶粉和液态奶加入 5mL,鸡蛋类加入 20mL)涡旋混匀 2min 后,超声提取 30min,于 4℃以 8000r/min 速率冷冻离心 10min。

2）净化

取奶粉和牛奶上清液用 0.45μm 有机滤膜过滤,取 1mL 过滤液准备衍生;对于鸡蛋样品取上清液 2mL 上混合型阳离子交换固相萃取小柱净化(预先用 3mL 甲醇和 3mL 水活化),弃去流出液,然后分别用 3mL 甲醇和 3mL 水淋洗,将淋洗液全部抽干后,用 5mL 氨水-甲醇洗脱,收集洗脱液。

3）衍生化

取(2)净化后的样液用于 50℃水浴中氮气吹干,加入 200μL 的吡啶和 200μL 的衍生化试剂混匀,放于 70℃反应 30min。衍生化产物直接进行气相色谱-串联质谱仪分析。同时用三聚氰胺标准物质的相应浓度做同步衍生。

5. 结果

1）标准曲线的绘制和线性回归方程

分别配制浓度为 0.015 625mg/L、0.031 25mg/L、0.046 875mg/L、0.17mg/L 和 1.7mg/L 的标准溶液,各取 200μL 氮气吹干,加入 200μL 的吡啶和 200μL 的衍生化试剂混匀,放于 70℃反应 30min 衍生。分别取 1μL 衍生产物注入气相色谱仪,按上述色谱条件测定,得到三聚氰胺衍生物的峰面积。以含量为横坐标,以峰面积为纵坐标,得标准曲线 $y=10^6x-16\ 384, R^2=0.9997$。

2）定性测定

根据标准物质保留时间定性,三聚氰胺的保留时间(7.16±0.05)min,如图 10-26 所示。

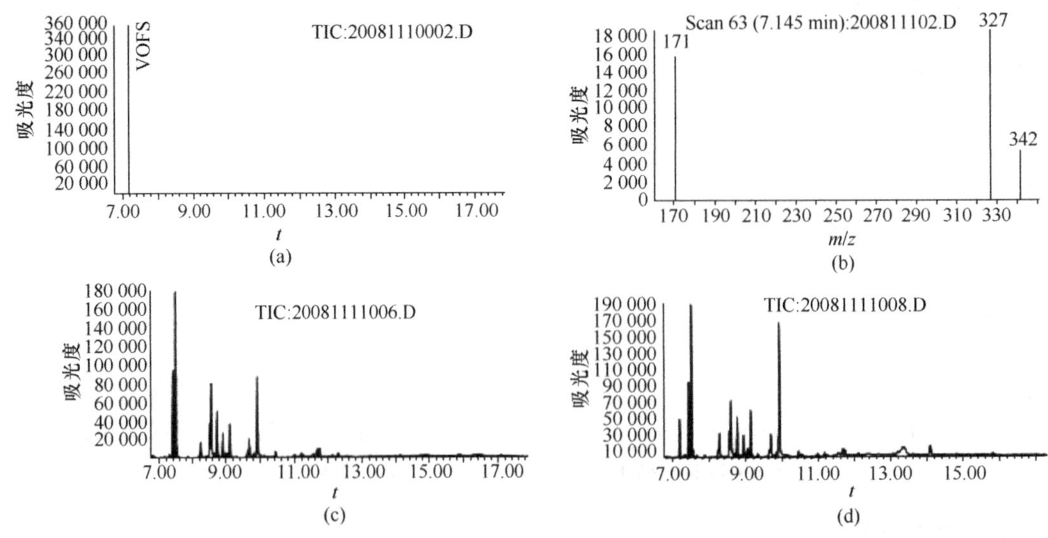

图 10-26　选择离子色谱

(a) 三聚氰胺总离子流色谱图;(b) 三聚氰胺全扫描质谱图;(c) 鸡蛋空白谱图;(d) 鸡蛋加 0.5mg/kg 的谱图

3）定量测定

外标定量法。

4）测定结果

平行实验 6 次实测结果及平均回收率、精密度,见表 10-8。

表 10-8　样品中三聚氰胺回收率与精密度

添加水平/(mg/kg)	奶粉	液态奶	鸡蛋
0.05	87.2	85.6	83.5
0.1	84.6	79.2	76.8
0.5	72.1	74.8	73.2
平均回收率/%	81.3	79.9	77.8
精密度/%	4.3	3.8	5.2

【例 10-5】 高分辨气相色谱-高分辨质谱联用测定大气降尘中的二噁英[9]。

多氯代二苯并二噁英(PCDDs)和多氯代二苯并呋喃(PCDFs)统称二噁英类化合物,具有致癌、致畸及致基因突变的作用,对生态系统和人体健康造成极大危害。由于环境样品中二噁英含量极少,样品背景对二噁英干扰大,二噁英同系物之间性质又十分接近,彼此很难分离,因此,二噁英同系物的准确定量需要复杂而严格的前处理程序与高精密度的仪器。本法利用多段混合硅胶柱、氧化铝柱和硅胶柱对大气降尘样品进行前处理,采取高分辨气相色谱-高分辨双聚焦磁式质谱联用和同位素稀释法,定量检测降尘中 17 个 2,3,7,8-氯取代 PCDD/Fs。

1. 仪器和试剂

仪器:Finnigan MAT 95 XP 型高分辨质谱,Trace GC 2000 气相色谱(美国热电公司)。

试剂:含 15 个^{13}C 标记的 2,3,7,8-氯取代 PCDD/Fs 的混合标准溶液(即同位素稀释剂);含^{13}C-1,2,3,4-TCDD 和 ^{13}C-1,2,3,7,8,9-HxCDD 的进样内标;CS_1-CS_5 校正标准溶液;仪器参考标样全氟三丁胺(FC43);GC 保留时间窗口定义标准溶液(GC retention time window defining solution);同分异构体特异性检测标准溶液(isomer specificity test standard);PCDD/Fs 标准溶液;国际通用土壤标准参考样(EDF-2513)。

2. GC-MS 条件

1) 气相色谱条件

色谱柱:CP-8(60m×0.25mm,0.25μm)。

升温程序: 90℃(1min)→220℃(76℃/min)→275℃(1.2℃/min)→301℃(1.7℃/min)。

载气:恒流模式,流速为 0.8mL/min。

进样方式:不分流进样。

进样口温度:250℃,传输线温度:250℃。

2) 质谱参数

离子源: EI;电离能量:55eV;温度:250℃;检测方式:多离子检测 MID;加速电压:5000V;分辨率:用 FC43 调协到 10 000 以上。

3. 样品前处理

(略)

4. 方法学考察

1) 工作曲线

由于实际样品中二噁英的含量很低,故只用较低浓度的标准溶液 CS_1、CS_2 和 0.5CS_3,(将 CS_3 稀释 1 倍)建立标准工作曲线。根据浓度与峰面积关系,得到 RR 和 RF 值。经计算,二噁英标记物和非标记物的 RR 和 RF 值的相对标准差为 1%～10% ,满足美国二噁英标准分析方法 EPA1613 的要求(分别为小于 20%和小于 30%)。

2) 精密度和回收率

抽提时加入 PCDD/Fs 标准溶液和同位素稀释剂,平行 4 份,测定同位素稀释剂的回收率为 62%～103%;相对标准差为 3.4%～14.7%;PCDD/Fs 标准溶液的平均浓度和标准差均达到或优于 EPA1613 的要求。

3) 方法空白

空白样品大多数情况下没有检出 PCDD/Fs,偶尔会检出高氯代 PCDD/Fs,但其量远低于样品中的量,对测量不会造成干扰。

4) 标准参考样

根据 EPA1613 要求,标准参考样每季度至少做一次。称一定量土壤标准参考样(EDF-2513)按方法流程进行实验,表明本方法检验标准参考样的结果与标准值基本吻合,3 次实验结果的 RSD≤15%。

5) 检测限

检测限:2,3,7,8-TCDF 0.1pg;2,3,7,8-TCDD 0.2pg;OCDD 0.8pg。

5. 降尘样品中二噁英的测定

本次测定的 PCDD/Fs 同位素稀释剂的回收率为 72%～89%,HRGC/HRMS 测定样品中 PCDD/Fs 的总离子流图如图 10-27 所示。该图表明,采用本研究方法测定环境样品中二噁英所得到的谱图具有基线平稳、峰形良好、分离度高的特点,有利于二噁英的准确定性和定量。经计算,此样品的降尘通量为 14.02pg/(m^2 · d)毒性当量(toxicity equivalent,TEQ)(以 30 天为一月),表明在此次采样时间内,采样地点受到了一定程度的 PCDD/Fs 污染。

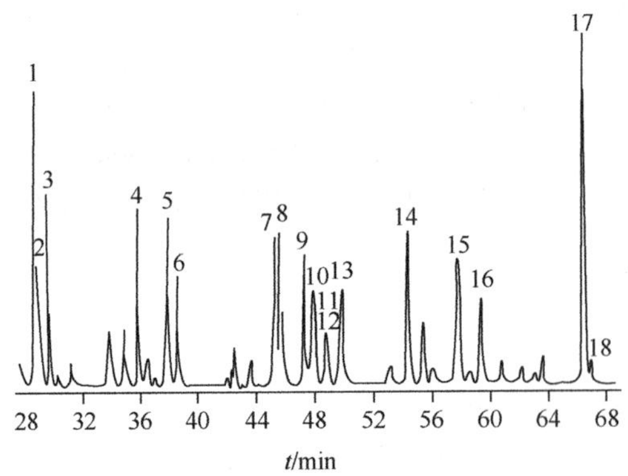

图 10-27 降尘中 PCDD/Fs 的总离子色谱图

1. 2,3,7,8-TCDF; 2. ^{13}C-1,2,3,4-TCDD; 3. 2,3,7,8-TCDD; 4. 1,2,3,7,8-PeCDF; 5. 2,3,4,7,8-PeCDF; 6. 1,2,3,7,8-PeCDD; 7. 1,2,3,4,7,8-HxCDF; 8. 1,2,3,6,7,8-HxCDF; 9. 2,3,4,6,7,8-HxCDF; 10. 1,2,3,4,7,8-HxCDD; 11. 1,2,3,6,7,8-HxCDD; 12. 1,2,3,7,8,9-HxCDD; 13. 1,2,3,7,8,9-HxCDF; 14. 1,2,3,4,6,7,8-HpCDF; 15. 1,2,3,4,6,7,8-HpCDD; 16. 1,2,3,4,7,8,9-HpCDF; 17. OCDD; 18. OCDF。

(烟台大学 孙秀燕)

(沈阳药科大学 邸欣)

参考文献

[1] Dallüge J, van Rijn M, Beens J, et al. J Chromatogr, 2002, 965: 207-217

[2] 许国旺,等. 现代实用气相色谱法. 北京:化学工业出版社,2004. 246

[3] 许国旺，等. 现代实用气相色谱法. 北京：化学工业出版社，2004. 274
[4] 汪正范，杨树民. 色谱联用技术. 2 版. 北京：化学工业出版社，2007
[5] 安登魁. 现代药物分析选论. 北京：中国医药科技出版社，2001. 347-498
[6] 彭勤纪，王璧人. 气相色谱-质谱联用. 北京：中国石化出版社，2001. 55，359-360
[7] 张建丽，徐友宣，邸欣. 气相色谱-质谱联用法测定人尿中的沙丁胺醇. 药物分析杂志，2004，24(3)：323-326
[8] 董伟峰. 张翠芬，陈溪，等. 气相色谱串联质谱法测定奶粉，液态奶及鸡蛋中三聚氰胺的含量. 食品研究与开发，2010，31(1)：116-118
[9] 任曼，彭平安，张素坤，等. 高分辨气相色谱/高分辨质谱联用测定大气降尘中的二噁英. 分析化学，2006，34(1)：16-20

第 11 章 液相色谱-质谱联用技术

11.1 概 述

液相色谱联用技术包含:液相色谱-光谱联用及液相色谱-质谱联用两大部分。前者主要有:LC-UV、LC-FTIR 及 LC-NMR 等。其中 LC-UV 以 LC-DAD 最常用(已在 HPLC 章介绍)。FTIR 是鉴定物质的有力手段,但因为水对于 IR 的干扰很大,而 HPLC 的流动相,多数含水,因此应用大受限制。虽然 NMR 是物质鉴定与分子结构研究最重要的手段,由于其扫描速率一般小于 HPLC 组分的出柱速率,因此目前还处于"准"联用的阶段。即把 LC 的馏分先储存,而后依次检测。由于存在该缺点,虽然 LC-MS-NMR 联用仪商品已经出现,但使用者较少。就目前而言,最成熟、最实用的液相色谱联用技术,莫过于 LC-MS。因此本章只介绍 LC-MS 联用技术。

液相色谱与质谱联用技术(liquid chromatography-mass spectrometry, LC-MS)是以高效液相色谱为分离手段,以质谱为鉴定工具的分离分析方法,其仪器称为液相色谱-质谱联用仪。液相色谱-质谱联用技术是在 GC-MS 基础上发展起来的联用技术,弥补了 GC-MS 应用的局限性,适用于不挥发性、极性较大或热不稳定化合物的分析测试。由于有机化合物中大约 80%不能直接气化,更适用于高效液相色谱分离,特别是近年来发展迅速的生命科学中的样品分析和纯化等方面,都广泛使用液相色谱法。加之 LC-MS 接口技术的日趋成熟,使得 LC-MS 有了飞速发展,广泛应用于药物、化工、临床医学和分子生物学等诸多领域的分离分析。

11.2 仪器简介和工作原理

液相色谱-质谱联用仪主要由液相色谱系统、接口(LC 和 MS 之间的连接装置)、质量分析器、真空系统和计算机数据处理系统组成(图 11-1)。

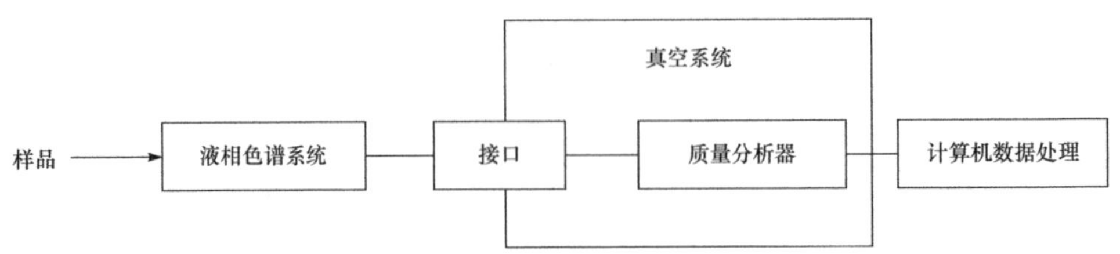

图 11-1 LC-MS 联用仪组成的框图

使用液相色谱-质谱联用仪分析样品的基本过程是:样品通过液相色谱系统进样,由色谱柱进行分离,而后进入接口(又称界面,interface)。在接口中,样品由液相中的离子或分子转变成气相中的离子,其后被聚焦于质量分析器中,根据质荷比而分离。最后离子信号被转变为电信号,由电子倍增器检测,检测信号被放大后传输至计算机数据处理系统。真空系统能够保证质谱仪在高真空状态下工作,减少本底的干扰,避免发生不必要的离子-分子反应。计算机控制仪器的所有功能,并完成数据处理任务。

11.2.1　液相色谱系统

液相色谱-质谱联用仪的液相色谱系统与传统的液相色谱系统相同，只是检测器由常用的紫外检测器变成质谱检测器。因为检测器的变化，也使得其他组成部分产生了或大或小的改变。

液相色谱-质谱联用仪要求液相色谱泵能在较低流速下提供流量准确、稳定的流动相，以保证实验结果的稳定性和重现性。色谱柱为最常用的反相 ODS 柱，一般为 10～50mm 的短色谱柱，以缩短分析时间。LC-MS 分析对流动相的要求，高于普通液相色谱，因为 LC-MS 的检测灵敏度不但与分析物的性质有关，也与流动相的组成（如有机相的比例、缓冲液浓度和溶液的 pH 等）及流速有很大关系。流动相的基本要求是不能含有非挥发性盐类（如磷酸盐缓冲液和离子对试剂等），因为接口中高速喷射的液流会产生制冷效应，造成液流中的非挥发性组分极易冷凝析出，堵塞毛细管等小口径入口，影响分析的稳定性和仪器的使用寿命。流动相中挥发性电解质（如甲酸、乙酸、氨水等）的浓度也不要超过 10mmol。一般认为低浓度电解液和高比例有机相容易获得较好的离子化效率。有时为了实现宽极性范围样品的同时检测，只能采用不适于质谱检测的流动相进行分析，这导致样品的灵敏度大幅降低。为了提高信号响应，可以采用柱前衍生化法，即通过化学衍生化的方法使待测物转变为更适合质谱检测的形式。另外，也可以采用柱后添加改性剂法来提高分析物的信号响应，本法不影响色谱分离，尤其适合于混合物或生物样品中多种代谢物的同时检测。改性剂的作用主要是降低表面张力和改善离子抑制情况。

11.2.2　进样方式[1]

1. 直接注入方式

以注射器泵推动一支钢化玻璃注射器将样品溶液连续注入离子化室。这种方式在仪器调机时被广泛使用，也可在测定纯品的质谱时使用。由于它的连续进样方式，可以得到稳定的多电荷离子，故在蛋白质和肽类的分析中多采用。在正常情况下，注入方式进样所得到的为大小恒定的信号输出，总离子流图（TIC）表观上为一条直线，样品纯度低时，由于无法扣除流动相背景，不能获得纯净的质谱图。

2. MS 与 HPLC 联机的进样方式

HPLC-MS 联用仪采用“泵→色谱柱→ESI 接口”的串接方式进样。有时也在色谱柱的出口处接入一个 T 型三通，将一端接紫外检测器，或将紫外检测器与质谱串接，则可同时获得紫外检测的色谱图、各组分的紫外光谱（DAD 检测器）及 MS 给出的总离子流色谱图。

当 HPLC 的流动相组成不适合 ESI 的离子化条件时，也可在此三通处接入另一台泵，泵入某些溶剂或一定量的助剂做柱后补偿或修饰，如在蛋白质分离及质谱检测中广泛使用的“TFA-fix”技术。

除上述两种进样方式外，还可用流动注射分析（FIA）方式进样，但应用较少。

11.2.3　接口和离子化方式

LC-MS 技术的关键在于解决高流量的液相色谱系统和高真空的质谱仪器之间的矛盾，如果液相色谱的流动相直接进入质谱的高真空区（10^{-5} Torr），则每分钟增加的气体量为几百升，这将严重破坏质谱系统的真空。为解决这个问题，必须通过接口。接口起到下列作用：①将流动相及样品气化;②分离除去大量的流动相分子;③常需完成对样品分子的电离。

在20多年的发展进程中,前后引入了20多种不同的接口技术,其中主要包括传送带接口(MB)、粒子束接口(PB)、直接导入接口(DLI)、连续流动快原子轰击(CFFAB)和热喷雾接口(TSP)等[2,3]。这些接口技术都有不同方面的限制和缺陷,都未能广泛应用。直到大气压离子化接口(atmospheric pressure ionization,API)技术成熟后,LC-MS才得到飞速发展,成为科研及日常分析的有力工具。API是一种在大气压下将溶液中的分子或离子转变成气相中离子的接口,包括电喷雾电离(electrospray ionization,ESI)和大气压化学电离(atmospheric pressure chemical ionization,APCI)两种方式,它们都是非常温和的离子化技术,其区别主要在于:①在大气压下产生气相离子的方式不同。ESI只能用于离子型样品,喷雾后即是气相离子,而APCI具有电晕放电针,因此可用于非极性样品的电离。②待测物的相对分子质量范围不同(图11-2)。由于APCI和ESI使用同一API箱体,可以在几分钟内对两种离子化技术进行切换。切换并不破坏质谱仪的真空,而只涉及探头的更换[4]。

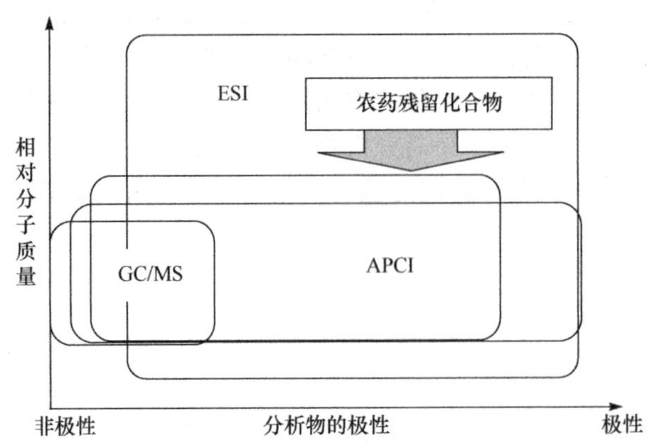

图11-2　各种接口技术的相对适用范围[10]

1. 电喷雾离子化源[5,6](ESI,图11-3)

电喷雾离子化是目前为止“最软”的电离技术,它将溶液中的分析物离子转化为气态离子。最早的电喷雾原理由Zeleny在1917年阐述,但直到1968年,Dole等才首先发现了从带电毛细管尖端喷射溶液而产生大分子气态离子的可能性,而把这一技术用于实际分析并取得结果则是由耶鲁大学的John Fenn博士和他领导的小组在1984年完成。在ESI接口中,通常采用套管喷口设计,除了LC的喷口外,还能引入雾化气、鞘液和辅助气。前两者使LC的液流充分雾化和离子化,而辅助气能包裹着这一雾流和离子流,而不被扩散,由此得到较高的离子产率。电喷雾的过程可简述为:常压下,样品溶液通过一带高电压的毛细管,在约几千伏的高电场作用下,并在雾化气、鞘液等辅助手段帮助下,产生高度带电荷的雾状液滴,它们沿着

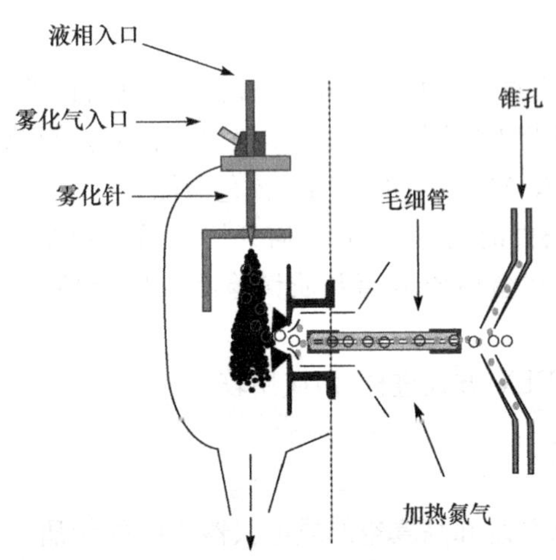

图11-3　电喷雾电离源的结构示意图

电压和压力梯度，经锥孔（skimmer）到达质谱仪的质量分析器。在迁移过程中，液滴由于溶剂蒸发或库伦爆炸而体积逐渐减小，最后产生完全脱溶剂的离子。

电喷雾过程可被分为 3 个阶段：液滴形成、液滴萎缩和气态离子形成。溶液被输送至一带高电压的电喷雾毛细管尖端，假如在正电压下，溶液中的正离子会在表面累积，并沿低场方向被吸出，形成“泰勒锥”。如果所加的电场足够高，使静电力超过表面张力时，锥被抽成细丝，经过“发芽”（budding）过程产生带正电荷的液滴。当带电液滴沿压力梯度向质谱仪的分析器迁移时，溶剂从液滴上蒸发，导致液滴体积缩小，表面的电荷密度增大，当达到 Rayleigh 极限时，电荷间的库伦斥力足以抵消使液滴保持完整的表面张力，液滴发生碎裂，即库伦爆炸，形成更小的液滴。

对电喷雾离子化过程中产生气态离子的机理主要有两种解释：Dole 的“单一离子液滴理论”认为，液滴由于溶剂蒸发或库伦爆炸而体积逐渐减少，最终可能导致形成仅含单一离子的液滴，随着溶剂的进一步蒸发，可能生成完全脱溶剂的气态离子；Iribarne 和 Thomson 的“离子蒸发理论”认为，由于带电离子与液滴中其他电荷的相互排斥作用，可能从小的、高度带电的液滴上蒸发出离子。另外，由 ESI 产生的单一分子形式的气态离子可能有几种电荷态，而在接口中经历离子-分子碰撞，还可能导致气态离子电荷态的变化，这样通常会观察到多重电荷形式。

ESI 可用于在溶液中能以离子形式存在的化合物，因此适用于大多数化合物的定性和定量研究。事实上，ESI 可用于分析任何能在溶液中预先形成离子的极性化合物，“预先形成的离子”也包括加合离子。例如，可在含乙酸铵的溶液中分析聚乙二醇等多聚物，因为溶液中的 NH_4^+ 可与聚合物中的氧原子形成加合物。由于 ESI 产生多电荷离子，质量分析器能够检测的相对分子质量范围大大拓宽，单电荷质量数范围为 2000 u 的质量分析器可以比较准确地测定几十万甚至上百万的相对分子质量。因此 ESI 可用于分析大分子质量化合物（包括蛋白质、多肽、多糖和多聚物），这些化合物在 ESI-MS 中通常生成一系列呈正态分布的多电荷离子，通过计算机的数据处理系统能够方便地得到样品的相对分子质量。

2. 大气压化学离子化源（APCI）

大气压化学离子化也是一种非常“软”的离子化技术，它将溶液中的样品分子转化为气态离子。Horning 等在 20 世纪 70 年代早期开始将 APCI 用于 LC-MS。在 APCI 接口中，样品溶液由具有雾化气套管的毛细管端流出，被氮气流雾化，通过加热管时被气化，在加热管端进行电晕尖端放电，溶剂分子被电离，形成溶剂离子，然后这些溶剂离子和雾化气与气态的样品分子反应，得到样品分子的准分子离子。由于要求样品分子气化，因而大气压化学电离的对象为极性较弱的小分子化合物。

在正离子方式下，样品的离子化过程是起源于电子引发的正离子生成，经过初级离子形成、次级离子形成和加合离子形成三个阶段，典型反应如下

$$e^- + N_2 \longrightarrow N_2^{+\cdot} + 2e^-$$

$$N_2^{+\cdot} + H_2O \longrightarrow N_2 + H_2O^{+\cdot}$$

$$H_2O^{+\cdot} + H_2O \longrightarrow H_3O^+ + HO^\cdot$$

$$H_3O^+ + M \longrightarrow [M+H]^+ + H_2O$$

在负离子方式下，样品的准分子离子$[M-H]^-$一般通过与 OH^- 争夺质子而形成。

APCI 通常用于分析有一定挥发性的中等极性与弱极性的小分子化合物，相对分子质量

在 2000u 以下。APCI 是一种非常耐用的离子化技术，与 ESI 相比，APCI 对溶剂选择、流速和添加物的依赖性较小，当样品为非酸非碱性物质，且易被蒸发，溶剂、流速和添加物等不适于 ESI 或样品有较差的 ESI 响应时应选用 APCI。它不受大部分条件的微小变化的影响，通常不需要特殊的优化，仪器的默认值一般能提供良好的结果，因此 APCI 非常容易使用。

3. 基质辅助激光解析电离

基质辅助激光解析电离(matrix-assisted laser desorption-ionization，MALDI)发展较晚，首创于 1988 年，但已逐渐显示出它在生物大分子分析中的重要作用。这种离子化方式的原理是，对于热敏感的化合物，如果对它们进行极快速的加热，可以避免其加热分解。利用这个原理，在一个微小的区域，极短的时间间隔(纳秒级)内，采用激光可对靶物提供较高的能量，局部产生高达等离子体(plasma)的高温，对热敏感或不挥发的化合物可直接从固相得到离子，从而实现离子化。

MALDI 实验过程是将被分析物质(μmol/L 级浓度)的溶液和某种基质(mmol/L 级浓度)溶液混合；经加热和抽气使溶剂蒸发，被分析物质与基质成为晶体或半晶体；用一定波长的脉冲式激光进行照射，基质分子能有效地吸收激光的能量，将质子传递给样品分子，使之离子化。常用的基质有 2,5-二羟基苯甲酸、芥子酸、烟酸、α-氰基-4-羟基肉桂酸等。

MALDI 的优点主要是使一些难于电离的样品电离，且无明显的碎裂，得到完整的被分析物的电离产物。随着肽类合成和基因工程的快速发展，迫切需要一种高灵敏度和高准确性的方法来测定肽类和蛋白质的相对分子质量。MALDI 具有很大的潜力来适应这一需要。目前开发出的 MALDI 接口仪器可以测定高达上百万的相对分子质量，精密度可达 0.2%，所需样品量一般仅为 100fmol～50pmol。另外，由于 MALDI 应用的是脉冲式激光，特别适合于与飞行时间质谱相配。

11.2.4 质量分析器

质量分析器是质谱仪的核心，它能够将离子源产生的离子按照其质荷比(m/z，m 为离子的质量数，z 为离子携带的电荷数)的不同，通过离子在空间位置、时间先后或轨道稳定性方面的不同进行分离，以便得到按质荷比大小顺序排列而成的质谱图。不同类型的质量分析器有不同的原理和技术指标，而且有不同的功能和应用范围，质量分析器的不同构成了不同类型的质谱仪。由于质量分析器只是将已生成的离子按照质荷比进行分离，而不与液相色谱系统直接连接，直接与液相仪器连接的是“接口”。因此，各种质量分析器的质谱仪原则上都可通过“接口”与液相仪器联用。目前在液相色谱-质谱联用仪中常使用的是四极杆质量分析器(quadrupole mass analyzer)和离子阱质量分析器(ion trap)，近年来，飞行时间(time of flight，TOF)质量分析器的应用也日益广泛。

1. 四极杆质量分析器

四极杆质量分析器或称四极质量分析器，由四根平行的圆柱形电极组成，在一定的射频与直流电压比值下工作，能够使质荷比相差为 1 的离子得到分离。如果射频和直流电压逐渐上调，则使更高质荷比的离子能够依次通过质量分析器。如果将射频和直流电压保持恒定，则只能输送具有特定质荷比的离子。因为单极四极杆质量分析器的功能较少，在液相色谱-质谱联用仪中经常是将三个四极杆质量分析器串联使用，这样可以使质谱的功能大大提高。四极杆质量分析器与液相色谱系统联用的优点比较突出，现在处于大力应用阶段，主要是：①结构简单，体积小，质量轻，价格便宜，清洗方便，操作容易；②仅用电场而不用磁场，无磁滞现象，扫描速率快；③操作时对真空度的要求相对较低，因而特别适合同液相色谱联用。四极杆质量分析器的缺点主要是分辨率不够高和对较高质量的离子有质量歧视效应。

2. 离子阱质量分析器

从原理上考虑，离子阱和四极杆质量分析器是类似的，设想将四极杆质量分析器旋转 180°，这时其中对双曲面电极构成内部为双曲面的一个圈状体，称为环电极。另一对双曲面电极不变，构成环电极两端的“顶盖”，它们称为端盖极，这就形成了离子阱。离子阱质量分析器以其离子能被短暂地陷留在三维的射频场内为特点，离子损失小，离子利用率高，因此灵敏度高而著称。而在 LC-MS 分析中，它能方便地作 MS-MS 串联质谱分析。离子阱具有以下优点：①单一的离子阱可实现多级串联质谱$(MS)^n$，四极杆质量分析器的串联质谱是“空间上”的串联，由三个四极杆质量分析器串联而成，价格成倍增加。离子阱是“时间上”的串联质谱，因而价格较低。离子阱的检测限很低，这也为其实现多级串联质谱提供了重要条件。②灵敏度高，较四极杆质量分析器高 10～1000 倍；③质量范围大，商品化仪器已达 6000。离子阱的缺点是所得的质谱与标准图有一定差别，这是由于在离子阱中生成的离子有较长的停留时间，可能发生离子-分子反应。

3. 飞行时间质谱

飞行时间质谱(time-of-fight mass spectrometry，TOF MS)计的核心部分是一个离子漂移管(飞行管)，它进行质量分析的原理很简单：用一个脉冲将离子源中的离子瞬间引出，经加速电压加速，使它们具有相同的动能进入漂移管，质荷比最小的离子具有最快的速率，因而首先到达检测器，质荷比最大的离子则最后到达检测器。飞行时间质谱计有下列优点：①从原理可知，飞行时间质谱计检测离子的质荷比是没有上限的，这特别适合于生物大分子的质谱测定；②飞行时间质谱计要求离子尽可能“同时”开始飞行，也就特别适合于与脉冲产生离子的电离过程相搭配，现在 MALDI-TOF 已成为一个完整的术语；③不同质荷比的离子同时检测，因而飞行时间质谱计的灵敏度高，适合于作串联质谱的第二级；④扫描速率快，适于研究极快的过程；⑤结构简单，便于维护。飞行时间质谱计的重要缺点是分辨率随质荷比的增加而降低，质量越大时，飞行时间的差值越小，分辨率越低。

11.2.5　仪器的基本功能

1. 离子极化方式

两种 API 离子化方法都能够生成正离子或负离子，通过改变加在 API 源和离子通道(位于 API 源和质量分析器中间)上的电压极性，可以选择只让正离子或负离子进入质量分析器进行检测分析。一种物质在正离子和负离子方式下的质谱图完全不同，但可以相互补充。将正、负离子的质谱图进行比较分析，更有利于样品的结构测定。在定量分析实验中，也可以通过选择不同的离子极化方式，获得更高的灵敏度。

ESI 中的正离子和负离子方式　在电喷雾离子化过程中，离子是在溶液中预先形成的，酸性分子在溶液中形成负离子，而碱性分子则生成正离子。作为一般规则，由溶液中预先形成的离子极性决定离子极化方式的选择：如果分析物为酸性，则检测负离子；如果分析物为碱性，则检测正离子。在正离子检测方式下,ESI 质谱获得的准分子离子通常是质子加合离子,但加合其他离子的现象也较常见,如$[M+Na]^+$、$[M+Na+CH_3OH]^+$、$[M+H+CH_3OH]^+$、$[M+NH_4]^+$等,有时甚至很难观察到$[M+H]^+$离子,得到的完全是加合其他离子的图谱。为了得到较强的$[M+H]^+$离子,可将离子源更换为 APCI 源,一般能够获得满意的实验结果。在 ESI 谱中还可见聚合离子情况,如二聚体$[2M+H]^+$、$[2M+Na]^+$、三聚体$[3M+H]^+$等,聚合离子的强度与分析物浓度有关。ESI 可以通过交替扫描,同时得到正离子和负离子质谱,也就是说可在一次分析周期的一部分得到一种离子极性方式的质谱,然后在该分析周期的另一部分得到另一极性的质谱。

APCI 中的正离子和负离子方式 在大气压化学离子化过程中,一般在正离子方式下产生更强的离子流,特别对于含有碱性氮原子的分析物更是如此。一个例外是酸性化合物如羧酸及酚羟基,它们产生的负离子比正离子更多。尽管事实上负离子比正离子产生的少,但负离子扫描方式有时是非常有意义的选择,这是由于负离子扫描方式产生的噪声比正离子方式低,具有更好的专属性。APCI 也可通过交替扫描同时获得正离子和负离子质谱。由于电晕放电针的高电压,针上的电位从一极向另一极切换时的延迟时间在 1s 以上。

2. 碰撞诱导裂解

采用各种软电离技术易于得到十分有用的相对分子质量信息。但软电离技术生成的准分子离子的过剩内能较少,因而碎片离子很少(甚至没有),这对于推测样品分子的化学结构很不利。如果我们先测得准分子离子,随后将其“打碎”,然后再测定碎片,这当然是最理想的情况。为了使样品离子裂解生成碎片离子,主要采用惰性气体碰撞的方式来达到增加其内能的目的。通过碰撞使样品离子的内能增加,进而裂解形成碎片离子的过程称为碰撞诱导裂解(collision-induced dissociation,CID)。CID 在一定的装置中进行,该装置称为碰撞室。在 CID 过程中,将碰撞前、后的离子分别称为前体离子和产物离子,较少用母离子、子离子的术语。

CID 的目的是裂解某一(或某些)特定的分子离子,给出其碎片离子,从而获得针对这一分子离子的结构信息。由于最能提供结构信息的离子是由简单诱导裂解反应产生的,属于高能反应类型,所以要实现 CID 需要在前体离子中储存大量内能。这可以通过下面两种方式获得:一是次数较少(1~5 次)的高能(千电子伏特范围,keV)碰撞;二是多次低能(电子伏特范围,eV)。这也将 CID 分为两类,第一类是离子具有几千 eV 的动能,这相应于使用扇形磁场、电场质量分析器的情况;第二类是离子动能小于 100eV,这相应于使用四极杆质量分析器、离子阱、离子回旋共振质量分析器的情况。碰撞可以诱导离子裂解的机制是,在低能碰撞(eV 级)时,动能将导致离子的振动激发,而在高碰撞能(keV 级)时,电子激发和振动激发将同时产生。为使产物离子图谱易于分析,需根据样品分子离子的质荷比调整加速电压。CID 在使用中会受到一定的限制。首先,随着前体离子质荷比的增加,会导致碰撞能的降低,最终很难得到有鉴定意义的碎片离子。在高能碰撞的情况下,有效的 CID 对质荷比的限制是不大于 2500。另外,由于可被检测到的产物离子只占入射的前体离子束的一定百分比,因此 CID 使检测的绝对灵敏度有所降低。

虽然对 CID 的研究为时不短,但因其难度较大,因而研究还不充分,各种观点也不完全相同,已达成的共识包括:①通过碰撞,离子的一部分动能可以转换为内能,导致该离子的裂解;②由软电离得到的准分子离子,经 CID 得到的质谱(称 CID 谱)与 EI 谱不同,但有一定的相似性,因而弥补了结构信息的缺乏;③高能 CID 和低能 CID 所得到的结果是有差别的。

3. 扫描类型

质谱系统可在不同的扫描类型下工作。常见的扫描类型有:全扫描(full scan)、选择离子监测(selected ion monitoring,SIM)和选择反应监测(selected reaction monitoring,SRM)。

全扫描　全扫描提供样品中每一个分析物的全部质谱。进行全扫描时,质量分析器在给定的时间内无间断地从第一个质荷比扫描到最后一个质荷比。全扫描实验用于测定或确认未知化合物的身份,或鉴定未知混合物中的每一个组分。为鉴定未知化合物,通常需要其全扫描质谱。例如,可用全扫描测定某药物进行生物转化后每一组分的相对分子质量,因为测定前无法预知需要检测的代谢物中含有哪些质量数。

全扫描比选择离子监测(SIM)和选择反应监测(SRM)提供更多的关于分析物的信息,但全扫描比另外两种扫描类型的灵敏度低。使用全扫描监测每个离子信号所用的时间比 SIM 和 SRM 少,所以全扫描虽然比它们提供的信息多,但灵敏度低。在进行 SIM 和 SRM 实验前,需要确定监测哪些离子或反应。这时可通过全扫描确定分析物的身份并得到它的质谱,以进行 SIM 实验;或通过多级全扫描测定感兴趣的前体离子和产物离子质谱,以进行 SRM 实验。然后再使用 SIM 或 SRM 对化合物进行常规的定量分析。

选择离子监测(SIM)　选择离子监测又称萃取离子监测,对一个或一组特定离子进行检测的技术。当目标化合物的质谱已知时,可用 SIM 检测复杂混合物中少量的该化合物。所以,SIM 被用于痕量分析,以及在数量众多的样品中快速筛选目标化合物。

由于仅监测少数离子,SIM 比全扫描能达到更低的检测限和更快的速率。由于用更多的时间监测目标化合物质谱中已知的主要离子,所以达到了更低的检测限。由于仅对少数感兴趣的离子进行监测而实现了更快的速率。SIM 可改善检测灵敏度和缩短分析时间,但也可能降低专属性。由于在 SIM 下仅监测特定的离子,所以任何产生这些离子的化合物都可能被当作目标化合物,这样有可能得到假阳性结果。

选择反应监测(SRM)　选择反应监测是利用串联质谱监测一个或多个特定的反应,如一个离子的碎裂或一个中性结构的丢失。在 SRM 中,首先选定前体离子,然后对前体离子进行碰撞诱导裂解,生成产物离子,最后对选定的产物离子进行扫描。像 SIM 一样,SRM 使我们能够对混合物中的痕量组分进行非常快速的分析。然而,SRM 比 SIM 所获得的化学专属性要高得多,原因是能够选择和测定两组特定而且直接相关的离子。

11.2.6　LC-MS 技术的应用

1. LC-MS 技术的优点

LC-MS 技术实际上是以质谱为检测手段的色谱技术,它集液相色谱的高分离能力与质谱的高灵敏度和极强的定性专属性于一体,成为其他方法所不能取代的有效工具,其主要优点如下[7]:

(1) 适用范围广。与 GC-MS 相比,LC-MS 适用的样品范围很广,一般不要求水解或者衍生化处理,即可以直接用于检测强极性化合物,如结合型代谢产物。LC-MS 技术测定的分子质量范围很宽,一般为 m/z 50～2000,有的仪器能够达到 m/z 50～6000,而且能够检测多种结构的化合物。

(2) 检测灵敏度高。质谱是色谱的理想检测器,不仅具有专属性和通用性,还常有较高的检测灵敏度,这样就能够对复杂基质中痕量的组分进行定性和定量分析。

(3) 提供结构信息。通过 LC-MS 技术可以分别得到样品中各个组分的结构信息。通过软电离方式,一级质谱中的准分子离子峰和加合离子峰可以给出相对分子质量信息;利用碰撞诱导裂解能够进行多级质谱分析,提供了丰富的化学结构信息。

(4) 高样品通量。LC-MS 具有非常高的专属性,无需将样品完全色谱分离,所以定量测定可以在很短的时间内完成,这就实现了常规分析中的高样品通量。

2. LC-MS 技术的应用概述

LC-MS 技术已经在药物、化工、临床医学、分子生物学等许多领域中获得了广泛的应用。对有机合成中间体、药物代谢产物、生物样品、中药成分分析及基因工程产品的大量分析结果为生产和科研提供了许多有价值的数据,解决了许多在此之前难以解决的分析问题。

1) 在中药成分分析中的应用

中药成分复杂,用 HPLC-MS 可以同时获得定量与定性信息,对于分离不佳的组分,可以用选择离子检测(萃取离子检测)获得指定质荷比一级与二级质谱信息,有利于定性分析。作者等用 LC-MS 分析了银杏叶提取物[8,9]、红毛五加[10]、板蓝根注射液[11]、地黄、山茱萸、牡丹皮[12]及中成药六味地黄丸[13,14]等取得了许多有用的信息,解决了一些定性分析的问题。

2) 药物代谢产物鉴定

药物代谢是研究机体与药物相互作用的一个重要方面,主要研究机体对药物分子结构的改变及其规律。药物代谢产物分析包括两个方面:①在复杂的基质中分离并定性鉴别药物及其各种代谢产物;②准确而精密地定量测定生物样品中药物及其代谢物的浓度。过去的 20 年中,高效液相色谱-紫外检测法是进行药物代谢研究的主要仪器,定量检测的灵敏度一般可达 10～100ng/mL。随着现代药物作用选择性更强,使用剂量更低,在生物样品中的浓度也相应降低,通常达到 pg/mL 级,高效液相色谱-紫外检测法通常无法达到所需的灵敏度。在药物开发和临床研究中,待测的生物样品数量急剧增加,迫切要求缩短分析时间。但由于通常的光谱学检测器专属性较差,为了使样品提取物中的待测物与介质组分能够实现色谱分离,HPLC 的分析时间经常被延长,平均为 20～30min。这些都造成了高效液相色谱-紫外检测法的样品测试速率和定量下限不能满足需求。因此需要为 HPLC 配备更好的检测器。

液相色谱-质谱联用技术的发展基本满足了药物代谢研究目前的需要。采用 LC-MS 可以获得复杂混合物中单一成分的质谱图,这大大有利于药物、药物代谢物和内源性化合物的分离与鉴定。其主要依据是药物发生代谢转化后,一般仅在原药的基础上进行部分结构修饰,因此代谢物与原药常有相似的质谱特征离子,据此可对代谢物进行识别,并结合其他碎片特征,对其结构作出合理的推断。定量测定时,LC-MS 具有很高的专属性和灵敏度,可以准确测定复杂生物样品中单一组分的浓度,而且因为无须将样品完全色谱分离,所以测定可以在很短的时间内完成,平均为 3～5min。目前,液相色谱-质谱联用技术在药物代谢产物的定性和定量分析中已成为首选方法。

3) 药物动力学研究

由于 LC 和 MS 的互补性,采用 APCI 和 ES 等功能强大的接口提供温和但有效的离子化条件及 SRM 方式的 MS-MS 检测,LC-MS-MS 成为定量分析中理想的连接技术,提供了独特的专属性,较低的 LOQ,方法的快速建立和高速/高样品的通量分析。

现在测定药物在体内经历的复杂过程仍是一个富有挑战性的任务。药物在生物体内的动力学过程是吸收、分布和清除的总和,这些过程相互关联并由于多种因素而复杂化。准确而精密地测定生物样品中药物的浓度水平是一项基本需求。这些生物分析测定的要求有:定性区分母体药物和代谢物及未知样品中的未知内源性组分。此外,现代药物动力学研究需要十亿分之一以上的定性与定量灵敏度,以及在很短时间内提供大批量样品分析结果的能力。采用 LC-MS 技术进行药物动力学研究,具有高灵敏度和高专属性,这样不仅能够简化工作过程,缩短样品制备和色谱分离的时间,而且能够同时测定生物样品中复方制剂的多组分浓度,达到常规分析中的高样品通量。

氯苯那敏和伪麻黄碱的复方制剂是目前广泛使用的治疗感冒症状的有效药物,其中伪麻黄碱可直接激动 α、β 受体,选择性收缩血管,缓解鼻黏膜的充血和肿胀;氯苯那敏是一种 H_1 受体拮抗剂,具有抗组胺作用,临床常用于治疗各种过敏症状。尽管氯苯那敏在我国已经长时间广泛使用,但由于其血药浓度低,采用一般的色谱方法无法测定,因此对于氯苯那敏在中国人体内的药代动力学行为还知之甚少。通过 LC-MS 技术建立了同时测定人血浆中氯苯那敏和伪麻黄碱的分析方法[15]。血浆样品经过液-液萃取处理后,采用选择反应监测(SRM)进行分析,伪麻黄碱为 m/z166 →147,氯苯那敏为 m/z 275 →230,内标苯海拉明为 m/z 256 →166。本法的线性范围:伪麻黄碱 2.0～400.0ng/mL,氯苯那敏 0.2～40.0ng/mL,最低定量浓度伪麻黄碱为 2.0ng/mL,氯苯那敏为 0.2ng/mL。采用本法研究了中国健康受试者单剂量口服含有盐酸伪麻黄碱 60mg 和马来酸氯苯那敏 4mg 复方制剂后的药物动力学行为。

11.3　液相色谱-离子肼质谱联用技术

液相色谱-质谱联用仪中使用离子阱质量分析器时称为液相色谱-离子肼质谱联用技术。离子阱质量分析器起步于 20 世纪 50 年代,80 年代中期开始作为有机质谱的质量分析器。由于发展离子阱并将其应用于原子物理,Paul 和 Dehmelt 荣获了 1989 年诺贝尔物理奖。

从原理上考虑,离子阱和四极杆质量分析器是类似的,这可由图 11-4 来说明。从图中可知,设想四极杆质量分析器旋转 180°,这时其中一对双曲面电极构成内部为双曲面的一个圈状体,称为环形电极。另一对双曲面电极不变,构成环形电极两端的"顶盖",它们称为端盖电极,这就形成了离子阱。电极之间以绝缘物隔开,但两个端盖电极是等电位的,端盖电极上有小孔,以进入和排出样品离子。有几种加电压的方式,其中常见之一为端盖电极接地,在环形电极上加直流电压和射频交变电压。相比于其他质量分析器,离子阱的理论是比较复杂的。由于离子阱既能直接用于不同质荷比离子的检测,又能用于时间上的串联质谱,后者就要求在离子阱内储存某种质荷比的离子,因此对离子阱应有一个较深入的了解。

从理论分析,可知四极杆质量分析器和离子阱密切相关,这两者的电场都属于四极场,但都是四极场的特例。经过复杂的数学推导,与四极杆质量分析器的结果相似,离子在离子阱中的运动也有稳定和不稳定两种情况。处于稳定区的离子,运动幅度均不大,能长期储存在离子阱中。处于稳定区之外的离子,由于运动幅度过大,会与环形电极或端盖电极相碰撞,而消亡。通过设定实验参数,可以使质荷比从小到大的离子由端盖电极上的小孔排出而被记录,由此得到了质谱。当离子阱用于储存离子时,调节参数数值,使得工作点正好在稳定区上部顶端之下,此时仅一很窄的质荷比范围的离子储存于离子阱中。离子阱能选择某一质荷比的离子储存,所以由它完成时间上的串联质谱就容易了。将离子阱内部充以 10^{-3} Torr 的氦气,这使得离子在阱中的运动受到阻力,集中于离子阱的中心,其结果既提高灵敏度又显著地提高了分辨率,这样离子阱才能较好地应用于有机质谱。

离子阱质量分析器以其离子能被短暂地陷留在三维的射频场内为特点，离子损失小，离子利用率高，因此以灵敏度高而著称。而在 LC-MS 分析中，它能方便地做 MS-MS 串联质谱分析，甚至于做到 MS^{10} 的多次串联分析，这一特点更使这一技术显示了明确的优势。

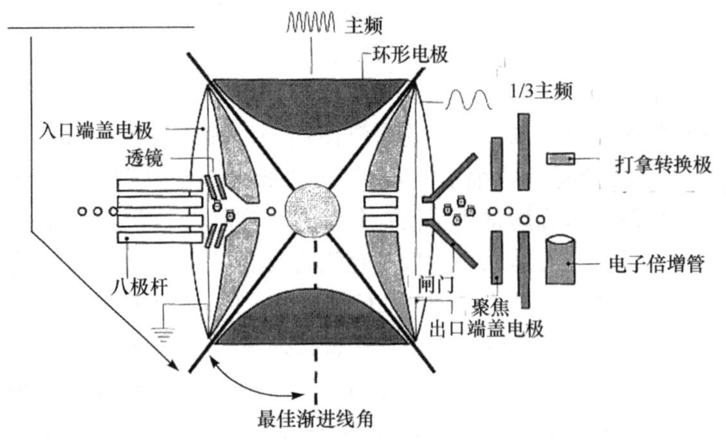

图 11-4　离子阱的结构示意图

离子阱具有以下优点：①单一的离子阱可实现多级串联质谱$(MS)^n$，四极杆质量分析器的串联质谱是“空间上”的串联，由三个四极杆质量分析器串联而成，价格成倍增加。离子阱是“时间上”的串联质谱，因而价格较低。离子阱的检测限很低，这也为其实现多级串联质谱提供了重要条件。②灵敏度高，较四极杆质量分析器高 10～1000 倍。③质量范围大，商品化仪器已达 6000。离子阱的缺点是所得的质谱与标准图有一定差别，这是由于在离子阱中生成的离子有较长的停留时间，可能发生离子-分子反应。为克服这个缺点，通常采用外加的离子源，所得到的质谱图以便于比较。另外，在采用外加离子源之后，离子阱也就便于作为质量分析器而与液相色谱系统联用。

【例 11-1】 中药银杏叶化学成分的 LC-MS/MS 分析[8]。

银杏为我国特有的珍稀植物。银杏叶制剂临床广泛应用于治疗心脑血管疾病，目前认为其有效成分主要为黄酮类和银杏萜内酯类化合物，其分子结构式如图 11-5 所示。文献报道的黄酮醇苷类化合物已有 20 余种，但由于其对照品不易购得，所以银杏叶中黄酮醇类化合物的鉴定有一定困难，一般以测定总黄酮含量为质量指标。而内酯类化合物紫外吸收较弱，从而限制了内酯类化合物和黄酮醇苷类化合物同时在紫外上被检测。应用高效液相色谱-质谱联用技术，使同时检测银杏叶中两类活性成分成为可能。

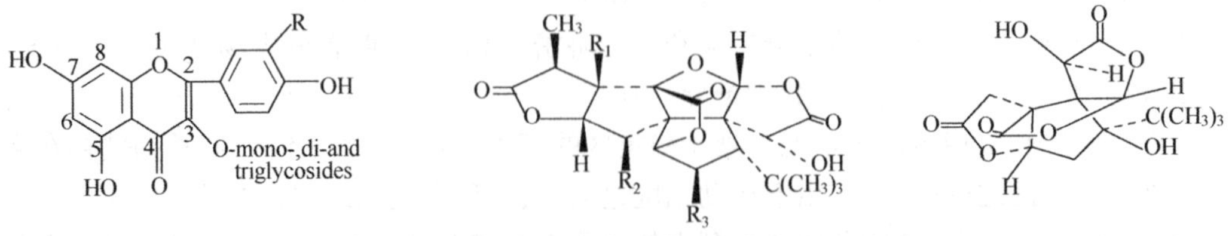

O-mono-,di-and triglycosides

R=OH　槲皮素(bilobalide)的衍生物
R=H　山奈素的衍生物
$R=OCH_3$　异鼠李素的衍生物

$R_1=OH, R_2=R_3=H$ ginkgolide A
$R_1=R_2=OH, R_3=H$ ginkgolide B
$R_1=R_2=R_3=OH$ ginkgolide C

槲皮素

图 11-5　黄酮苷类和内酯类化合物结构式

1. 实验条件

1) 液相色谱部分

Agilent 1100 型高效液相色谱仪，低压四元梯度泵，二极管阵列检测器；色谱柱：Zorbax SB-C_{18}(250mm×4.6mm,5 μm)；流动相：溶剂 A 0.5%甲酸，溶剂 B 乙腈，梯度洗脱：A：85.0%(0～5min)，82.0%(5～10min)，79.0%(10～15min)，79.0%～69.0%(15～20min)，69.0～0%(20～30min)；检测波长：350nm；流速：1mL/min；进样方式：自动进样 10 μL。

2) 质谱部分

Agilent SL 型离子阱多级质谱仪，离子源：API-ES；扫描范围：m/z 150～950；干燥气(N_2)流速：10.0L/min；雾化气压力：35.0psi(1psi=6894.76Pa)；干燥气温度：350℃；毛细管电压：3000V；质谱数据采集模式：自动质谱/质谱；数据处理系统：Agilent 化学工作站。

3) 样品与对照品溶液配制

将干燥的银杏叶粉碎后，称取 300mg，置于索氏提取器中加氯仿 100mL，回流提取 2h，弃去氯仿，挥干粉包，将干燥药渣转移至 5mL 量瓶中，加 40%(体积分数)甲醇 4mL，超声提取 30min，冷却，用 40%(体积分数)甲醇定容后，摇匀，静置。将上清液经 0.45 μm 过滤器过滤后分析。

取对照品芦丁和异槲皮苷适量，用 40%(体积分数)甲醇分别配置成 50 μg/mL 的对照品溶液。

2. 实验结果与讨论

1) 液相紫外色谱图和质谱总离子流色谱图(TIC)

质谱总离子流色谱图与液相紫外色谱图基本对应(图 11-6)。通过解析二级质谱图中的主要碎片，鉴定和识别了银杏叶提取物中的 20 种黄酮醇苷类化合物和 4 种内酯类化合物。

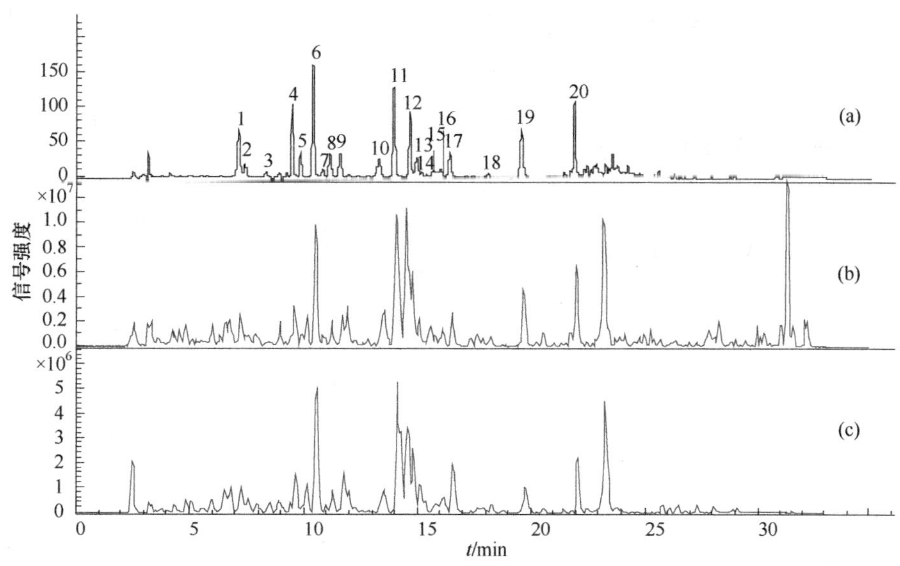

图 11-6 银杏叶提取物的 HPLC 与 TIC 图

(a) 银杏叶提取物液相紫外色谱图(350mm)；(b) 银杏叶提取物质谱总离子流色谱(正离子检测模式)；(c) 银杏叶提取物质总离子色谱图(负离子检测模式)

由于极性的不同，黄酮苷＞黄酮苷元＞双黄酮，黄酮苷类化合物应先出峰，其次为黄酮苷元，最后为双黄酮类化合物。不同苷元的黄酮苷的流出顺序一般为槲皮素苷、山奈素苷和异鼠李素苷。黄酮苷类化合物的流出顺序与糖分子结构也有一定关系，一般来说，三糖苷、双糖苷、单糖苷依次先后流出；葡萄糖苷、阿拉伯糖苷、鼠李糖苷依次先后流出。

2）电喷雾质谱及其解析

黄酮类化合物的质谱解析　根据各黄酮醇苷的极性和流出顺序，对照现有对照品的保留时间和二级质谱图，鉴定和推测出 20 种黄酮醇苷类化合物，见表 11-1。

表 11-1　黄酮苷类化合物质谱数据及峰归属

t_R/min	峰号	相对分子质量	归属	扫描方式	$[M+H]^+$或$[M-H]^-$	MS/MS 或 MS^n	丢失碎片
7.10	1	756	* Q-glu-rha-rha	pos	757	611,465,303	146,146,162
				neg	755	737,301	18,454
7.37	2	626	M-glu-rha	pos	627	481,319	146,162
				neg	625	607,317	18,308
8.28	3	480	M-glu	pos	481	319	162
				neg	479	461,317	18,162
9.44	4	740	K-glu-rha-rha	pos	741	595,449,287	146,146,162
				neg	739	575,285	18,146,454
9.80	5	770	I-glu-rha-rha	pos	771	625,479,317	146,146,162
				neg	769	605,315	18,146,454
10.36	6	610	Q-glu-rha (Rutin)	pos	611	465,303	146,162
				neg	609	301	308
10.77	7	640	Methyl-M-glu-rha	pos	641	495,333	146,162
				neg	639	331,316	308,15
11.08	8	640	Methyl-M-glu-rha	pos	641	495,333	146,162
				neg	639	331	308
11.52	9	464	Q-glu (Isoquercitrin)	pos	465	303	162
				neg	463	301	162
9.23	10	610	Q-rha-glu	pos	611	449,303	162,146
				neg	609	301	308
9.89	11	594	K-glu-rha	pos	595	449,287	146,162
				neg	593	285	308
14.60	12	624	I-glu-rha	pos	625	479,317	146,162
				neg	623	315	308
14.89	13	448	K-glu	pos	449	287	162
				neg	447	285	162

续表

t_R/min	峰号	相对分子质量	归属	扫描方式	$[M+H]^+$或$[M-H]^-$	MS/MS 或 MS^n	丢失碎片
15.10	14	448	Q-rha	pos	449	303	146
				neg	447	301	146
15.62	15	448	K(/L)-glu	pos	449	287	162
				neg	447	285	162
15.95	16	432	A-glu	pos	433	271	162
				neg	431	269	162
16.36	17	594	K-rha-glu	pos	595	433,287	162,146
				neg	593	285	308
18.03	18	448	K(/L)-glu	pos	449	287	162
				neg	447	285	162
19.51	19	756	rha-Q-rha-glu	pos	757	595,449,303	162,146,146
				neg	755	609,301	146,308
21.83	20	740	rha-K-rha-glu	pos	741	579,433,287	162,146,146
				neg	739	593,287	146,308

注:Q 为 quercetin 槲皮素;K 为 kaempferol 山奈素;I 为 isorhamnetin 异鼠李素;A 为 apigein 芹黄素;M 为 myricetin 杨梅黄酮;L 为 luteolin 木犀草素;pos 表示正离子检测模式;neg 表示负离子检测模式。

(1) 通过比较正、负离子检测模式下的碎片,认为在苷元同一位置连接多个糖的黄酮苷,正离子模式下,各个糖基顺序逐个脱落;而在负离子模式下,整个糖链一次脱落。其中化合物 19 和化合物 20,由于在正离子模式下,首先脱落葡萄糖;在离子模式下,首先脱落鼠李糖,推测为在苷元两个不同位置分别连有一个鼠李糖和双糖(鼠李糖、葡萄糖)的三糖苷。

(2) 化合物 7 与化合物 8 保留时间不同,但其分子离子峰和正、负离子模式下的二级质谱图均相同,推测此两个化合物为在不同位置连有双糖的同分异构体。

(3) 化合物 6(芦丁)和化合物 11 的二级质谱图分别如图 11-7 所示。

(4) 内酯类化合物的解析:

银杏内酯和白果内酯均为萜内酯类化合物,在负离子模式下检测较好。

白果内酯(bilobalide)B:m/z 325.0$[M-H]^-$,307.0$[M-H_2O]^-$,250.7$[(M-H)-H_2O-(CH_2)C(CH_3)_2]^-$

银杏内酯(ginkgolide)A(GA):m/z 407.0$[M-H]^-$,363.0$[(M-H)-CO_2]^-$,319.0$[(M-H)-CO_2-CO_2]^-$;

银杏内酯(ginkgolide)B(GB):m/z 423.0$[M-H]^-$,367.0$[(M-H)-(CH_2)C(CH_3)_2]^-$;银杏内酯(ginkgolide)C(GC):$m/z$ 439.0$[M-H]^1$,410.9$[(M-H)-CO]$,383.1$[(M-H)-(CH_2)C(CH_3)_2]^-$。

银杏叶某些成分的二级质谱如图 11-7 所示。

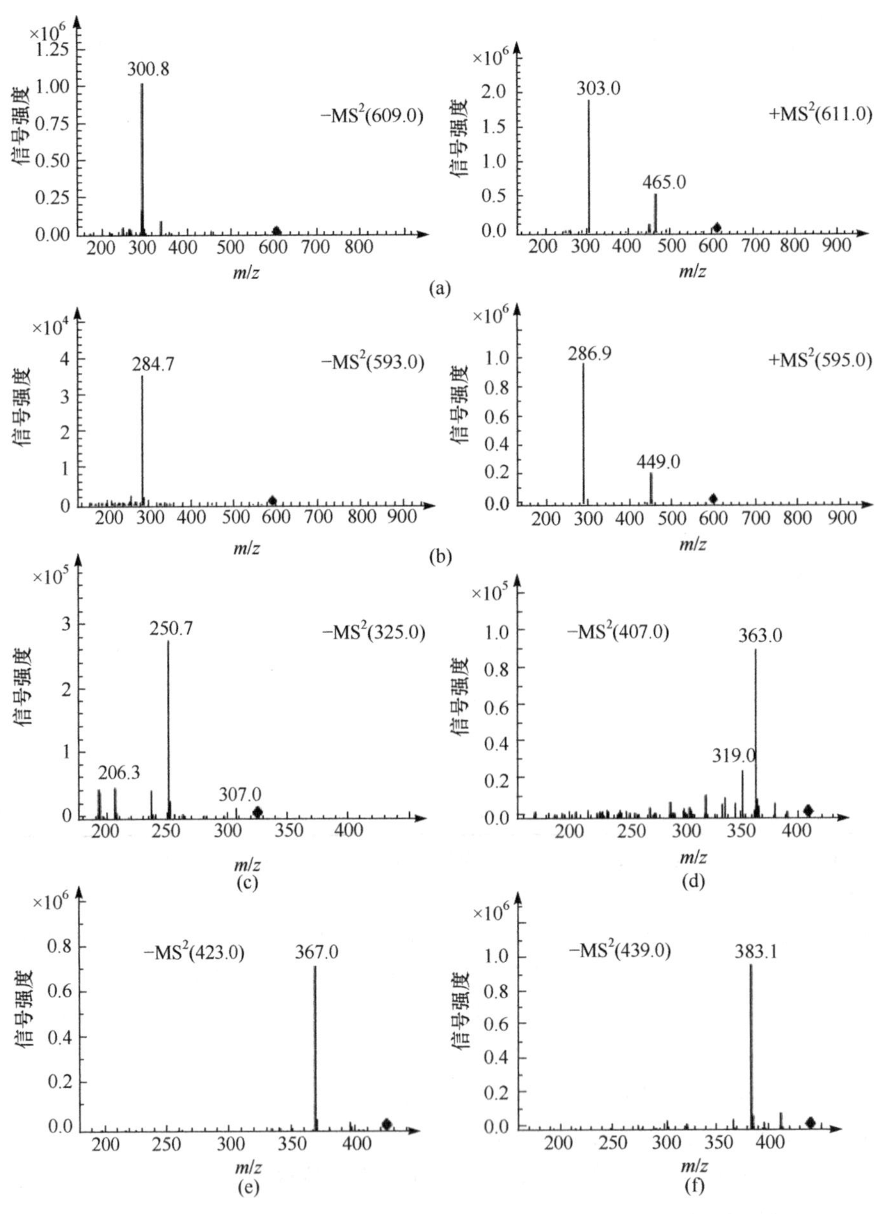

图 11-7　银杏叶某些成分的二级质谱

【例 11-2】 LC-MS/MS 法鉴定罗红霉素的代谢产物[16,17]。

液相色谱-质谱联用技术能够直接分析溶液样品，特别适合分析复杂介质中强极性、难挥发或热不稳定的化合物，在药物代谢研究中得到了越来越广泛的应用。罗红霉素化学名称为(*E*)-9-[*O*-[(2-甲氧基乙氧基)甲基]肟基]红霉素(图 11-8)，属半合成大环内酯类抗生素，临床主要用于治疗呼吸道感染、泌尿道感染、皮肤和软组织感染等。对罗红霉素代谢产物的测定已有报道，在尿中检出四种代谢产物，分别为罗红霉素的 *N*-去甲基和 *N*-双去甲基衍生物、罗红霉素脱红霉糖衍生物及红霉素肟。尽管证明罗红霉素主要经胆汁排泄，但未见对胆汁中代谢产物的报道。本实验采用(+)ESI-MS^n 离子阱技术，对一名患者口服罗红霉素后，胆汁中罗红霉素代谢物进行了定性分析。在实验中共检出 14 种代谢物，其中 11 种未见报道[17]。采用美国 Finnigan 公司 LCQ 型液相色谱-质谱联用仪完成。

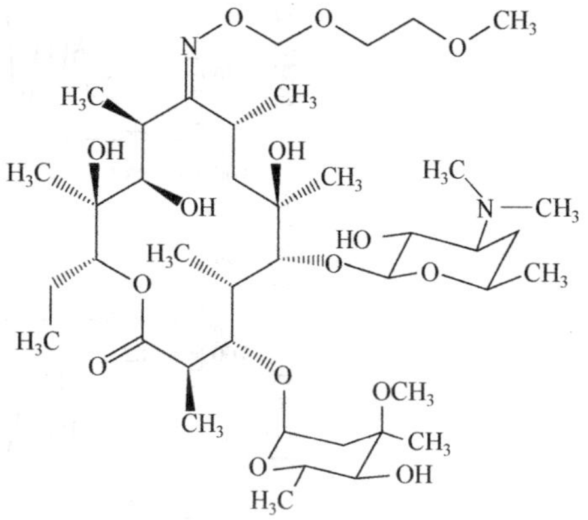

1. 样品收集和预处理

胆汁样品收集　胆管结石患者(女性,60 岁,肾功能正常,肝功能恢复正常)胆囊切除、胆管切开取石、T 形管引流术后,于恢复稳定期口服罗红霉素片 150mg(b. i. d.)。由 T 形引流管收集服药后 1.5～5h 流出胆汁,于冰箱中－30℃冷冻保存,待测。

胆汁样品的预处理　取 0.5mL 胆汁样品,以 0.5mL 蒸馏水稀释后,用微孔滤膜(0.45μm)过滤。滤液以 30 滴/min 的速率通过已活化的 Sep-Pak C_8 固相萃取柱。用 3mL 水洗涤后,再用 2mL 甲醇洗脱,待测。

图 11-8　罗红霉素的化学结构

2. (＋)ESI-MS^n 分析

分析条件　离子源喷射电压:4.0kV;毛细管温度:180℃;毛细管电压:27V;鞘气(N_2)流速:0.3L/min;注射泵进样速率:10L/min;采集范围:m/z 150～1000。

样品分析方法　取胆汁固相萃取洗脱液,用注射泵直接导入 ESI 离子源,选择正离子方式检测。先用一级全扫描质谱方式获得待测物的准分子离子峰$[M+H]^+$,然后利用(＋)ESI-MS^n 离子阱技术对准分子离子及碎片离子进行多级质谱分析,获得相应的产物离子质谱图。

3. LC-MS^n 分析

色谱条件　色谱柱:Kromasil C_{18},200mm×4.6mm (i. d.),粒径 5μm;流动相:甲醇-乙腈-水(含 10mmol/L 乙酸胺)(10∶43∶47,体积比);流量:0.3mL/min;柱温:20℃;进样量:20μL。

质谱参数设置　离子源喷射电压 4.25kV;毛细管温度 180℃;毛细管电压 30V;鞘气流速 0.75L/min;辅助气流速 0.15L/min。采用一级全扫描质谱、选择离子检测(SIM)及选择离子二级全扫描质谱(full scan MS^2)三种方式同时测定。

4. 分析结果

胆汁中代谢产物的(＋)ESI-MS^n 分析　在(＋)ESI-MS 一级全扫描质谱条件下,观测到胆汁中有一组罗红霉素相关物质的准分子离子峰,分别为 m/z 837、823、749、679 和 809,分别与罗红霉素及文献报道的 4 个代谢产物的质荷比相符;另外还发现准分子离子为 m/z735 和少量 m/z721 的物质。为进一步了解这些物质的质谱断裂规律,本实验分别对这 7 个准分子离子进行 MS^2 及 MS^3 级质谱分析。发现 m/z 837、749 和 679 准分子离子得到的质谱图分别与罗红霉素、红霉素肟及脱红霉糖罗红霉素对照品同样条件下所得的各级质谱图基本一致,提示胆汁样品中存在上述物质。

胆汁中代谢物的 LC-MS^n 色谱-质谱行为　本实验采用 LC-ESI-MS^n 离子阱技术同时检测 m/z 837、823、809、749、735、721 和 679 七个准分子离子,得到各条件下的色谱图(图 11-9)和 MS^2 级质谱图。发现除 m/z 823 准分子离子(有三个色谱峰)外,其他各选择离子 MS^2 级色谱图中均出现一对 MS 级和 MS^2 级质谱完全相同的色谱峰。因为罗红霉素结构中具有一个(*E*)-构型的肟醚结构,推测它很有可能在代谢过程中发生异构化,生成(*Z*)-异构体,因而出现两个色谱峰。经与标准物质对照,证明 M8 为(*Z*)-罗红霉素;M2 和 M10 分别为红霉素肟的(*E*)-和(*Z*)-异构体;M1 为(*E*)-脱红霉糖罗红霉素,M3 为(*E*)-*N*-去甲基-罗红霉素。

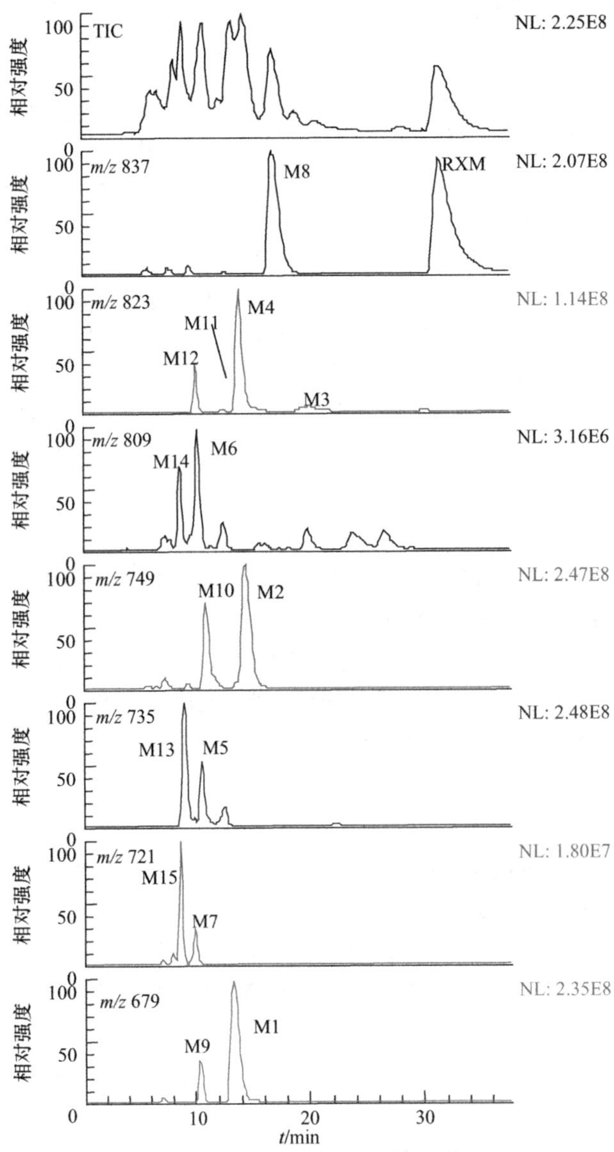

图 11-9　罗红霉素及其代谢物的 TIC 及 SIM

进一步分析这些物质的 MS^2 级质谱断裂规律，发现均有前体离子脱去结构中的红霉糖生成的产物离子及继续脱去氨基糖生成的产物离子，以及由前体离子脱去 9 位肟醚侧链生成的产物离子；M4 和 M11 的 MS^2 级质谱碎片完全一致但与 M3 不同，有丢失中性碎片 107u 的产物离子，比罗红霉素脱去 9 位肟醚侧链少 14u，根据以上断裂规律，推测这一对物质可能是罗红霉素 9 位肟醚侧链末端脱 *O*-甲基代谢物（*O*-去甲基罗红霉素）的(*E*)-和(*Z*)-异构体。同理推测 M6 和 M13 为罗红霉素 9 位肟醚侧链脱甲基又脱去二甲氨基糖上的一个 *N*-甲基（*N*,*O*-双去甲基罗红霉素）的(*E*)-和(*Z*)-异构体，但没有发现 *N*-双去甲基-罗红霉素。m/z 735 和 m/z 721 两准分子离子分别比红霉素肟少 14 和 28 个质量数，即分子中分别脱去一个及两个甲基，根据其质谱断裂情况及上述代谢物的质谱特征，可判断二者为红霉素肟 *N*-去甲基和 *N*-双去甲基代谢物。罗红霉素及其代谢产物的 LC-MS^n 数据见表 11-2。

表 11-2 罗红霉素及其代谢物的 LC-MS 数据

化合物		t_R/min	MS[M+H]⁺	MS-MS					
			m/z	m/z(%,相对强度)					
RXM	(E)	31.5	837	716(4)	679(100)	558(8)	540(2)	522(7)	
M8	(Z)	17.0	837	716(4)	679(100)	558(9)	540(3)	522(6)	
M3	(E)	19.8	823	702(2)	665(100)	544(6)	526(2)	508(6)	
M4	(E)	14.1	823	716(1)	665(100)	558(13)	540(5)	522(5)	
M11	(Z)	10.2	823	716(1)	665(100)	558(10)	540(5)	522(5)	
M6	(E)	10.2	809		651(100)	544(10)	526(5)	508(12)	
M13	(Z)	9.08	809		651(100)	544(5)	526(3)	508(10)	
M2	(E)	14.5	749	716(2)	591(100)	558(34)	540(11)	522(7)	434(7)
M10	(Z)	11.1	749	716(2)	591(100)	558(8)	540(3)	522(3)	434(5)
M5	(E)	10.7	735	702(2)	577(100)	544(17)	526(7)	508(12)	434(12)
M12	(Z)	9.13	735	702(2)	577(100)	544(5)	526(3)	508(5)	434(12)
M7	(E)	9.9	721	688(2)	563(100)	530(15)	512(10)	494(23)	434(7)
M14	(Z)	8.8	721	688(2)	563(100)	530(5)	512(5)	494(10)	434(8)
M1	(E)	9.4	679		558(61)	540(36)	522(100)		
M9	(Z)	10.5	679		558(73)	540(41)	522(100)		

仪器重现性 本实验将同一加样胆汁样品(罗红霉素为 4.0g/mL)经提取后所得溶液重复进样 6 次,计算仪器响应的重现性,罗红霉素峰面积的相对标准差为 3.1%,说明仪器定量的重现性良好。根据胆汁中各代谢物以 SIM 方式检测的色谱峰面积,估算各组分相对含量。通过与加样胆汁样品比较,求出样品中罗红霉素浓度为 4.26g/mL。

5. 讨论

ESI 是一种软电离方式,利用 ESI-MS^n 离子阱技术可在温和的条件下获得待测物的准分子离子峰。MS^n 多级质谱可给出丰富的化合物分子的结构信息;特别由于其选择性强,碎片离子质谱图重现性好,使这项技术在未知化合物的推测中具有非常重要的意义。本实验采用 LC-MS^n 联用技术,进一步从色谱行为上确证了代谢产物,并发现了发生构型转化的代谢产物,丰富了对药物代谢产物立体选择性规律的认识。

11.4 液相色谱-四极杆质谱联用技术

质量分析器是质谱仪的核心,它能够将离子源产生的离子按照其质荷比(m/z,m 为离子的质量数,z 为离子携带的电荷数)的不同,通过离子在空间位置、时间先后或轨道稳定性方面的不同进行分离,以便得到按质荷比大小顺序排列而成的质谱图。目前在液相色谱-质谱联用仪中常使用的是四极杆质量分析器(quadrupole mass analyzer)。

四极杆质量分析器(图 11-10)由四根平行的圆柱形电极组成,从理论上讲,电极的截面最好为双曲线。四根电极中相对的一对电极是等电位的,而两对电极之间的电位则是相反的。电极上加直流电压 U 和射频交变电压 $V\cos\omega t$,可通过改变加于四极杆上的射频电压和直流电压的比值,来调节四极杆质量分析器分离不同质荷比离子的能力。四极杆质量分析器在一定的射频与直流电压比值下工作,能够使质荷比相差为 1 的离子得到分离。如果射频和直流电压逐渐上调,则使更高质荷比的离子能够依次通过质量分析器。如果将射频和直流电压保持恒定,则只能输送具有特定质荷比的离子。四极杆质量分析器的工作原理简单来说就是从离子源出来的离子,沿着纵轴方向进入到四极杆质量分析器的中心,这时只有质荷比满足条件的离子才能通过四极杆质量分析器,到达检测器,其他离子则撞到电极上而被"过滤"掉。

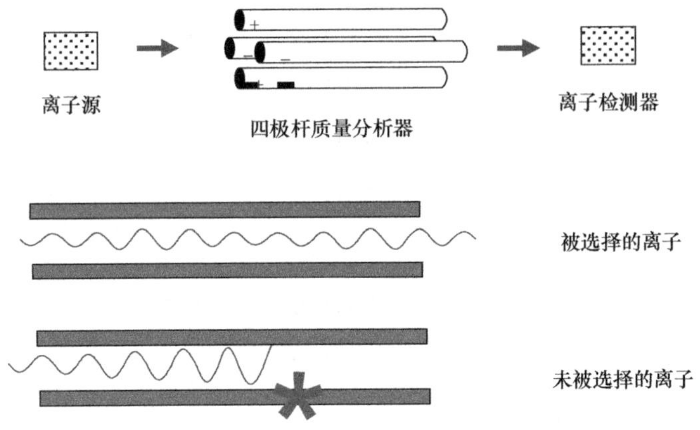

图 11-10 四极杆质量分析器示意图

经过复杂的数学推导,离子在四极杆质量分析器中的运动可以准确求解。对于每一质荷比的离子,四极杆质量分析器都可被分为稳定区和不稳定区。在稳定区的离子,又称共振离子,它的运动是稳定的。也就是说共振离子在纵轴垂直的截面上的有限范围内运动,并沿纵轴方向飞行而到达检测器。在不稳定区的离子,在四极杆质量分析器中运动时,会撞到某一根电极上,而不能到达检测器。四极杆质量分析器的另一种操作方式为仅用射频电压。在此情况下,除极少量的低质量离子之外,所有的离子均通过质量分析器。利用这个性质,这样的四极杆质量分析器可用作串联质谱中的碰撞室。

四极杆质量分析器与液相色谱系统联用的优点比较突出,现在处于大力应用阶段,主要是:①结构简单,体积小,质量轻,价格便宜,清洗方便,操作容易;②仅用电场而不用磁场,无磁滞现象,扫描速率快;③操作时对真空度的要求相对较低,因而特别适合与液相色谱联用。四极杆质量分析器的缺点主要是分辨率不够高和对较高质量的离子有质量歧视效应。

因为单极四极杆质量分析器的功能较少,在液相色谱-质谱联用仪中经常是将三个四极杆质量分析器串联使用,这样可以使质谱的功能大大提高。样品在离子源中被离子化,并在第一个四极杆质量分析器中进行质量分析。然后,按质荷比选定的离子离开第一个四极杆质量分析器,在第二个四极杆质量分析器中与惰性气体碰撞,或可能经历自身分解,产生一系列新离子。第二个四极杆质量分析器被一箱体包围,称为碰撞池。碰撞池中可充入惰性气体。第二级离子产物被第三个四极杆质量分析器检测。在这种方式下,进行了两级分析:在第一级,离子源中产生离子，第一个质量分析器对其进行质量分析；在第二级，产物离子在碰撞池中形成，由第三个质量分析器进行质量分析。两级质量分析比单级所获得的化学专属性要高得多，原因是能够选择和测定两组特定的且直接相关的离子。两级质谱分析使最终质谱中的化学噪声降低，得到非常高的分析选择性和灵敏度。

液相色谱-质谱联用仪可在不同的扫描方式下工作。常用的多级质谱扫描方式有产物离子扫描(product ion scan)、前体离子扫描(precursor ion scan)和中性丢失扫描(neutral loss scan)。

产物离子扫描 在离子源中生成的离子进入 Q1，设定它只输送某一质荷比的离子。由该级质量分析所选择的离子称为前体离子，Q1 称为前体离子质量分析器，它输送离子的质荷比称为前体离子设定质量。然后，由 Q1 选择的前体离子进入 Q2 碰撞池中。在 Q2 中前体离子碎裂生成产物离子，产物离子可由亚稳态离子分解产生，也可通过与碰撞池中的碰撞气相互作用产生。产物离子进入 Q3(产物离子分析器)，进行第二级质量分析。Q3 扫描以获得选定的前体离子碎裂生成的产物离子的质谱。在产物离子扫描方式下获得的质谱是所选择的前体离子的二级质谱。产物离子扫描方式可被用于研究复杂有机混合物如生物样品、多肽测序、代谢物扫描，或对特定的目标化合物进行定量分析。

前体离子扫描 在离子源中形成的离子被导入前体离子质量分析器，通过扫描将前体离子依次输送到碰撞池中。碰撞池中的前体离子通过 CID 生成产物离子。这些产物离子进入产物离子分析器，后者输送某一选择的产物离子，其质荷比称为产物设定质量。这样得到的质谱显示前体离子，它们都能够碎裂产生选定的产物离子。应指出，在前体离子扫描方式下获得的质谱(前体离子质谱)，其质荷比轴的数据来自于 Q1(前体离子)，而离子强度轴的数据来自于 Q3(被监测的产物离子)。前体离子扫描方式可用于分子结构和断裂研究及混合物的分析研究。通常，前体离子扫描用于检测可裂解为一个共同碎片的所有化合物。因此，它适用于快速检测一系列结构同系物，如芳香环取代物、邻苯二甲酸酯、甾体化合物或脂肪酸，它们都有各自共同的碎片离子，如邻苯二甲酸酯的 m/z 149。

中性丢失扫描 中性丢失扫描是将两个质量分析器(Q1 和 Q3)联系在一起，使之以同一速率扫描同一宽度的质量范围。然而，相应的质量范围被一选择的质量所补偿，使产物离子质量分析器的扫描比前体离子质量分析器低一定的质量单位。这样，在中性丢失扫描方式下，有两级质量分析。在第一级，离子源中形成的离子由前体离子质量分析器以质荷比分离，并被依次引入碰撞池。进入碰撞池的离子可通过 CID 进一步裂解为产物离子。然后，它们被产物离子质量分析器按质荷比分离。离子离开 Q1 和进入 Q3 之间这段时间内若要被检测到，它必须丢失一中性部分，其质量等于两个质量分析器扫描的质量范围之差。这样得到的质谱称为中性丢失质谱，它记录丢失一定质量中性碎片的全部前体离子。应指出，也可通过使 Q3 扫描质量范围被一选定质量补偿，使其高于 Q1 的扫描范围，从而进行中性增加实验。对于中性丢失(或中性增加)质谱，与前体离子质谱一样，质荷比轴的数据来自 Q1(前体离子)，而离子强度轴的数据来自 Q3(被监测的产物离子)。中性丢失扫描方式可被用于分析具有相同官能团的多种化合物。官能团经常发生中性丢失碎片，如羧基失去 CO_2，醛基失去 CO，卤素失去 HX，醇失去 H_2O。

【例 11-3】 测定人血浆中奥当卡替浓度的 LC-MS/MS 方法[18]。

奥当卡替(ODN，MK-0822)是一种组织蛋白酶 K 抑制剂，它是正在开发的具有较大潜力的治疗骨质疏松药物。本实验建立了一种定量测定人血浆中奥当卡替浓度的 LC-MS/MS 方法。该方法灵敏度高、选择性好和准确度好，已经用于分析测定临床Ⅰ期和Ⅲ期实验中的血浆样品。

1) 仪器设备

LC-10ADVp 泵，SIL-HTc 自动进样器，MDS Sciex API4000 质谱仪。

2) 样品制备

300μL 血浆和 30μL 内标加入 96 孔板中，然后加入 150μL 0.15mol/L 氢氧化铵，溶液混匀，加入 0.9mL 甲基叔丁基醚，密封 96 孔板涡旋 10min，然后离心 5min，取有机相移入另一 96 孔板中，在氮气流下吹干，用 500μL 乙腈/1mmol/L 甲酸铵(pH=3)(50∶50，体积比)复溶。

3) 实验方法

LC 条件 流动相：溶剂 A(0.1%甲酸溶液)，溶剂 B(乙腈)；流速 0.2mL/min；柱温：室温；65%B 进行洗脱，在下次进针之前，分析物被洗脱后用乙腈以 0.75mL/min 流速冲柱 1min，然后用 65%B 以 0.75mL/min 再平衡 1min。

质谱条件 涡轮离子喷雾源；正离子模式；选择性离子检测(图 11-11)；离子源温度 500℃；离子喷雾电压 4500V；curtain gas(N_2)压力 30psi；气体 1(喷雾器气体，N_2)和气体 2(辅助气体，N_2)分别为 30psi 和 50psi；碰撞活化分解气(N_2)为 6psi；去聚势能(DP)为 58.56V；碰撞能量为 41.10V。

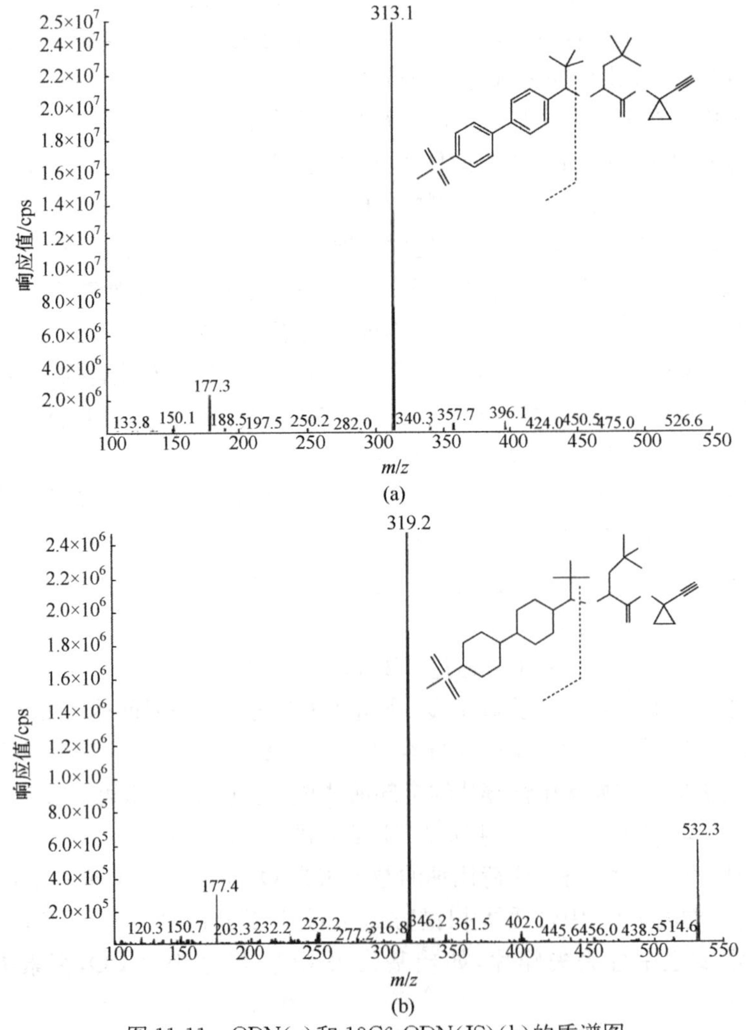

图 11-11 ODN(a)和 13C6-ODN(IS)(b)的质谱图

OND 的$[M+H]^+$为 526，m/z 313 为主要分子离子，内标 m/z 532→319

4) 实验结果

对分析方法进行了系统全面的方法学确证考察，通过与空白血浆和空白加样血浆进行比较，血浆中内源性物质不干扰奥当卡替和内标的测定(图 11-12)。奥当卡替的线性范围为 0.500～500ng/mL，定量下限为

0.500ng/mL。方法的日内、日间精密度均小于 6%，基质效应可忽略，应用所建立的分析方法进行了药物动力学研究(图 11-13)。

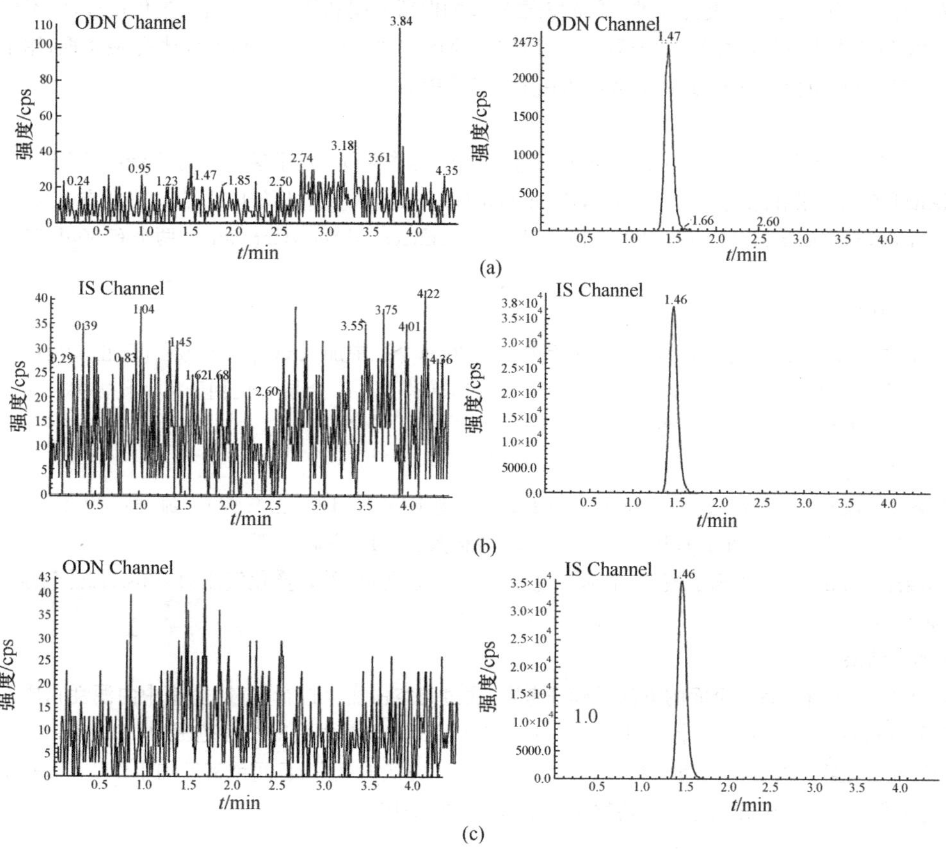

图 11-12　(a) 空白血浆；(b)定量下限处的血浆样品(0.5ng/mL)加入 10ng/mL 的内标；(c) 空白样品加入 10ng/mL 的内标

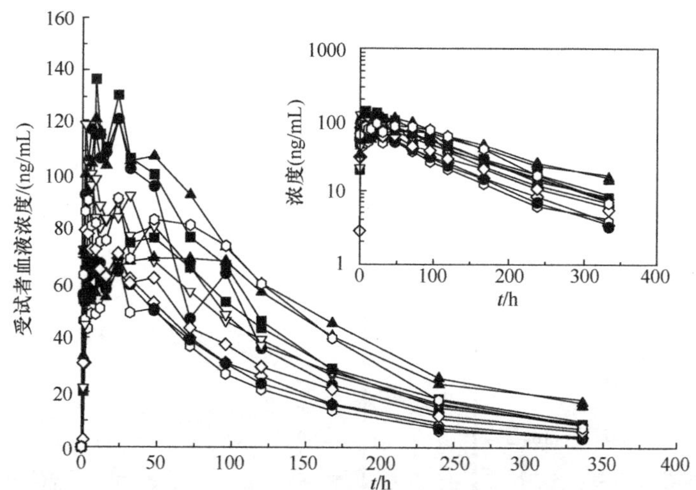

图 11-13　12 名健康受试者单剂量给药 25mg ODN 后的血药浓度-时间曲线

【例 11-4】　同时测定血浆中罗氟司特和罗氟司特 *N*-氧化物浓度的 LC-MS/MS 方法[19]。

罗氟司特是一种选择性的磷酸二酯酶 4(PDE4)抑制剂，用来治疗世界上最流行的疾病之一，严重的慢性阻塞性肺病。它在人和许多动物体内的主要代谢物是罗氟司特 *N*-氧化物，这种代谢物大大增加了药物的生物活性。采用传统高效液相色谱的紫外检测器或荧光检测器对罗氟司特和罗氟司特 *N*-氧化物进行定量分析时，低浓度样品的灵敏度和重复性较差。同时需要较长的保留时间和复杂的柱后衍生化过程，已不再适用于临床药动学研究中大量生物样品的分析测定。LC-MS/MS 方法采用柱切换和半自动液-液萃取，用于定量测定口服给药后罗氟司特和罗氟司特 *N*-氧化物在生物基质中的浓度。

1）仪器设备

LC-ESI-MS/MS 包括 AB Sciex API 4000 三重四极杆质谱仪和正离子模式下的 Turbo-V ESI 离子源；两台 Agilent1100 二元泵和除气系统（Agilent，Boblingen，Germany）；CTC HTS PAL 自动进样器（CTCAnalyticsAG，Zwingen，Switzerland），100μL 汉密尔顿注射器（Chromtech，Idstein，Germany），两个有 50μL 定量环的进样口。

2）样品制备

200μL 血浆和 50μL 内标溶液加入 96 孔板中，然后在每个孔中加入 600μL 乙酸乙酯/正丁烷（50∶50，体积比），密封孔板后自动混匀 5min，3000r/min 离心 5min，转移 500μL 上层有机相于另一孔板中。在氮气流下吹干后用 15μL DMSO 和 25μL 水复溶。

3）实验方法

LC 条件　流动相：溶剂 A（水 0.006%乙酸铵），溶剂 B（乙腈 10%乙酸铵）。流速：500μL/min。梯度：B18%（0～1min），54%（1～3min），100%（3～4min）；进样量：20μL；柱温：10℃。

质谱条件　API-ESI，正离子模式；电喷雾电压 4200V，温度 600℃。雾化气压力 40psi，加热气压力 70psi，curtain gas 40psi。

4）实验结果

对分析方法进行了系统全面的方法学确证考察，通过与空白血浆进行比较，血浆中内源性物质不干扰罗氟司特、罗氟司特 *N*-氧化物和内标的测定（图 11-4、图 11-15）。罗氟司特的线性范围为 0.1004～51.9ng/mL，罗氟司特-*N* 氧化物的线性范围为 0.0992～51.01ng/mL。方法的日内、日间精密度均小于 14%，基质效应可忽略。应用所建立的分析方法进行了药物动力学研究（图 11-16）。

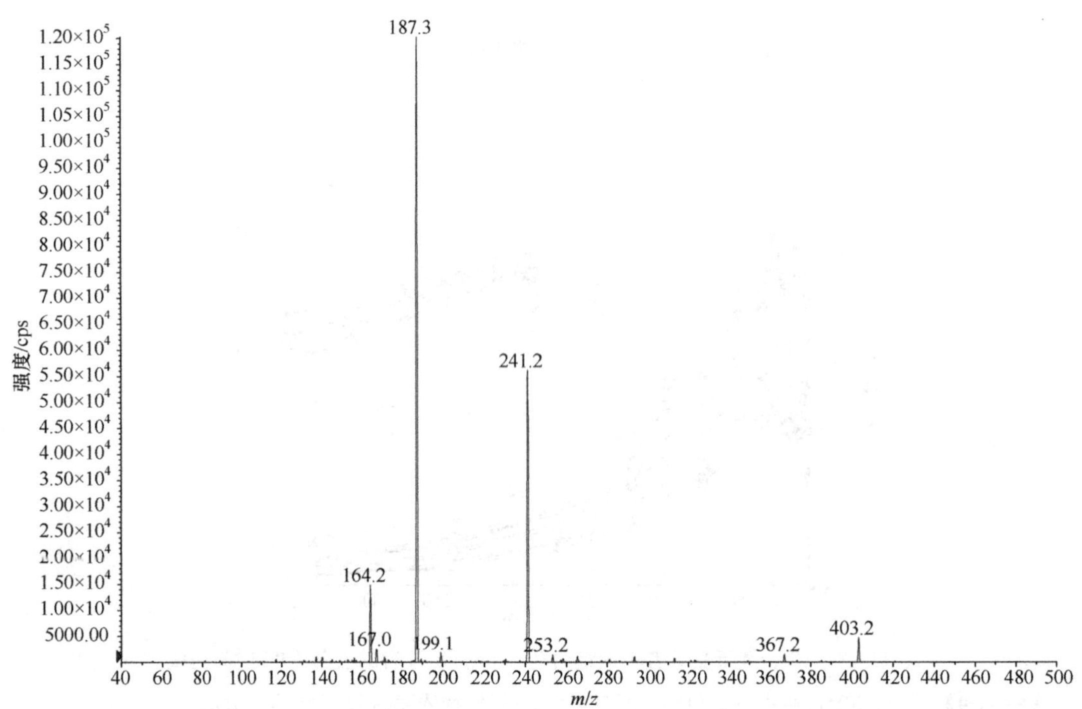

(a)

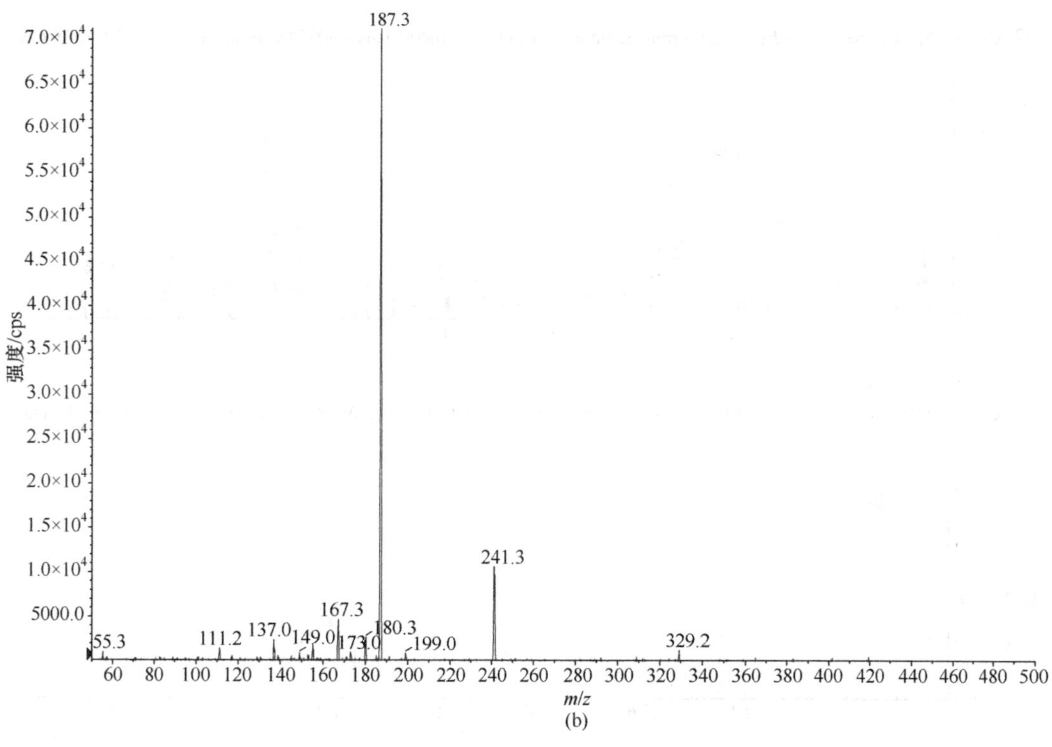

图 11-14

(a) 罗氟司特的母离子为 403，子离子为 187；(b) 罗氟司特 *N*-氧化物的母离子为 419，子离子为 187

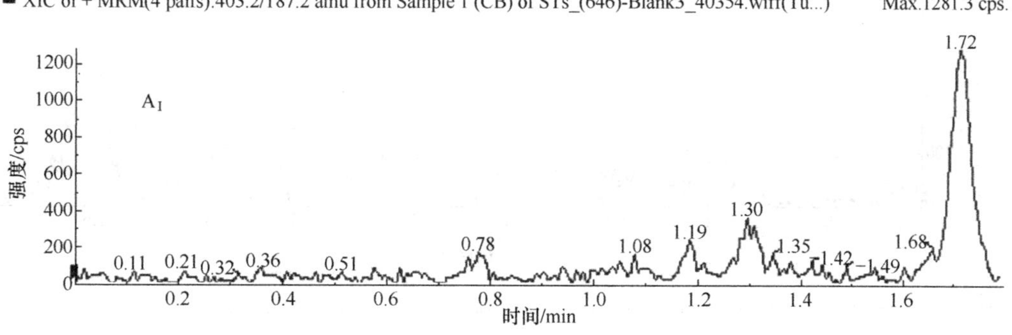

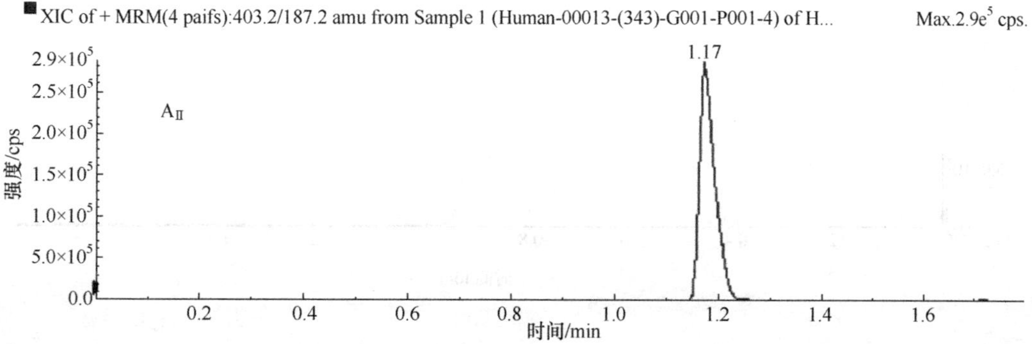

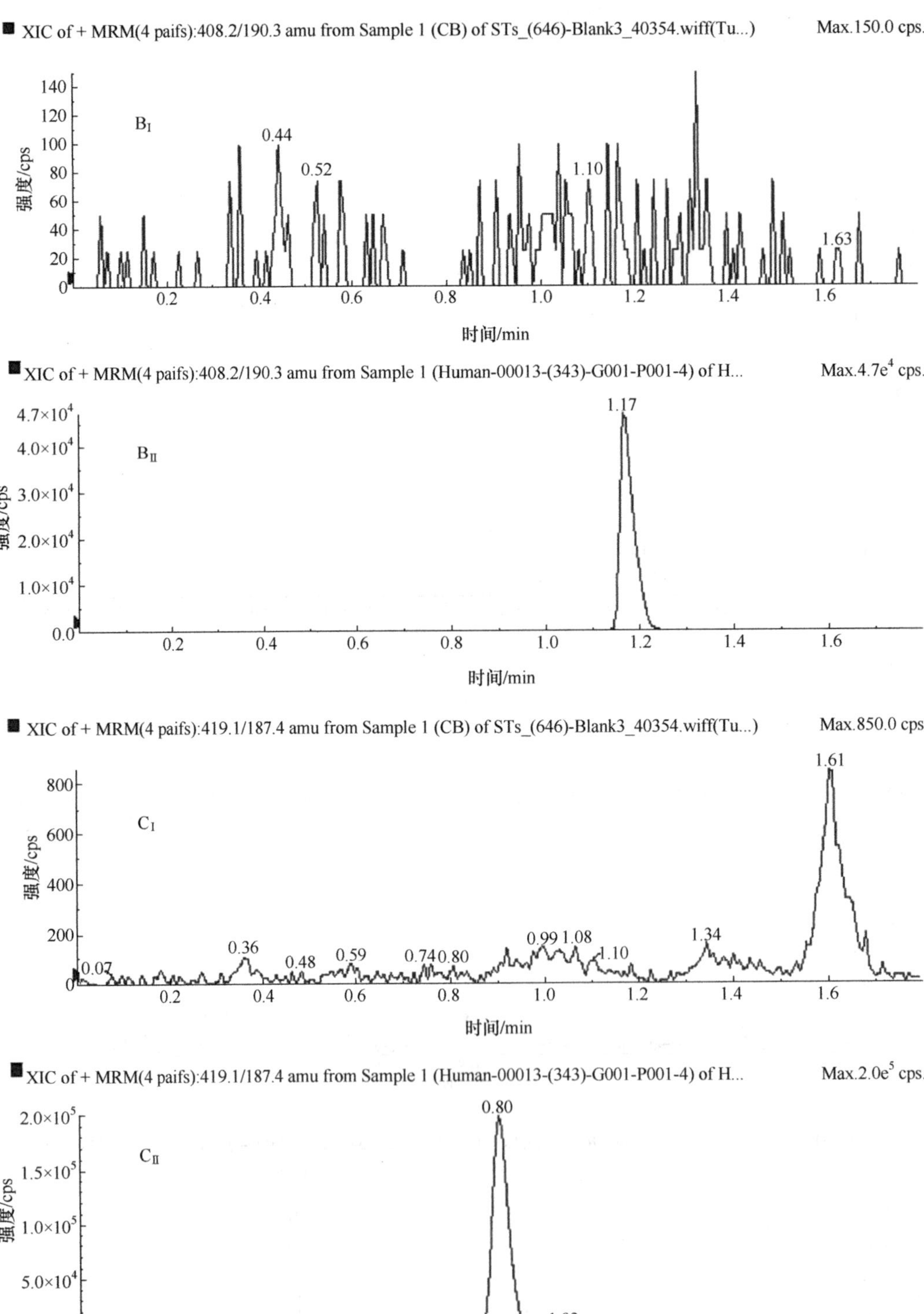

XIC of + MRM(4 paifs):408.2/190.3 amu from Sample 1 (CB) of STs_(646)-Blank3_40354.wiff(Tu...)
Max.150.0 cps.
B_I
强度/cps
时间/min
XIC of + MRM(4 paifs):408.2/190.3 amu from Sample 1 (Human-00013-(343)-G001-P001-4) of H...
Max.4.7e4 cps.
B_II
强度/cps
时间/min
XIC of + MRM(4 paifs):419.1/187.4 amu from Sample 1 (CB) of STs_(646)-Blank3_40354.wiff(Tu...)
Max.850.0 cps.
C_I
强度/cps
时间/min
XIC of + MRM(4 paifs):419.1/187.4 amu from Sample 1 (Human-00013-(343)-G001-P001-4) of H...
Max.2.0e5 cps.
C_II
强度/cps
时间/min

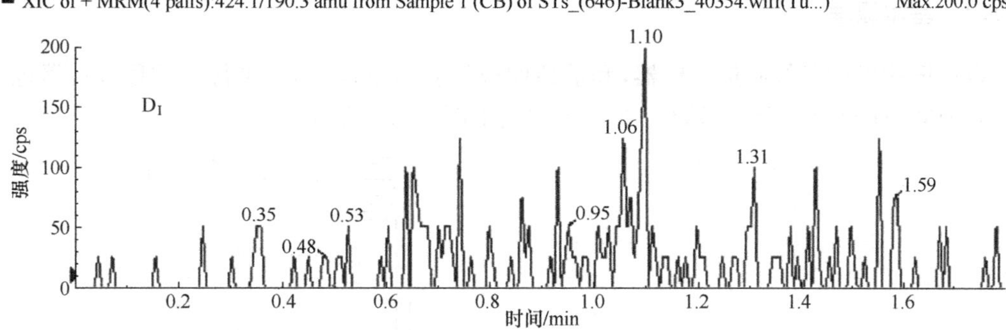

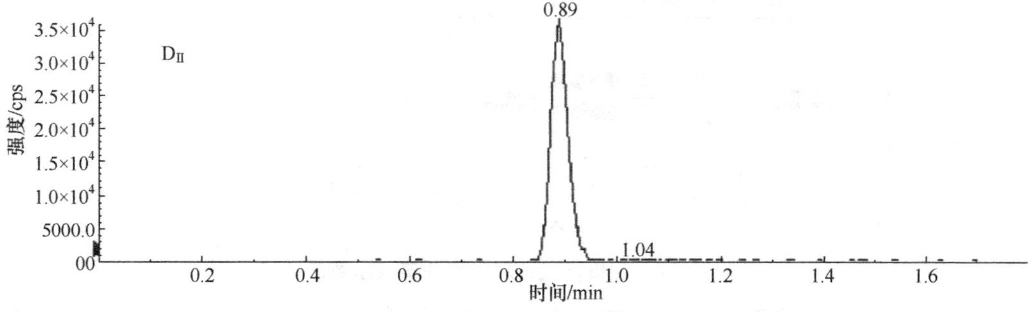

图 11-15

Ⅰ为空白血浆的 SRM 色谱图；Ⅱ为男性健康受试者口服给药 500μg 罗氟司特 1h 后的血浆样品的 SRM 色谱图。A、B、C、D 分别为罗氟司特、内标[$^2H_5$]罗氟司特、罗氟司特 *N*-氧化物、内标[$^2H_5$]罗氟司特 *N*-氧化物的典型色谱图

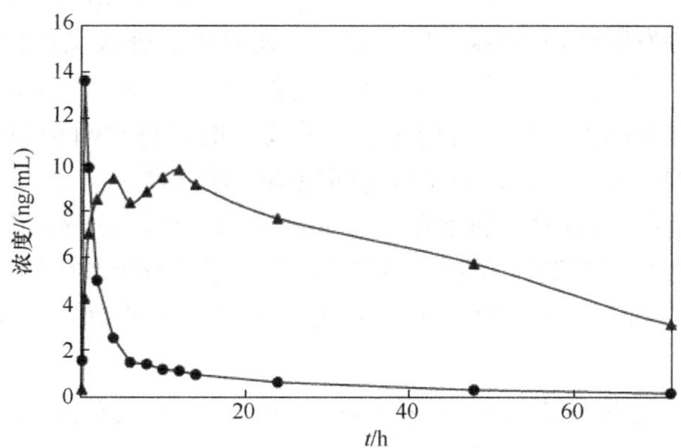

图 11-16　1 名健康受试者单剂量给药 500μg 罗氟司特后的血药浓度-时间曲线

●代表罗氟司特；▲代表罗氟司特 *N*-氧化物

11.5　LC-QTOF 联用技术[20]

四极杆飞行时间串联质谱仪(quadruple time of flight mass analyzer)简称 QTOF，是由四极杆和飞行管两个质量分析器组成。在四极杆和飞行管之间，配有碰撞池，故可以做二级质谱，得到碎片信息。

11.5.1 基本原理

QTOF 中的四极杆质量分析器，和前述四极杆质谱原理相同，飞行管质量分析器也和前述飞行时间质谱原理相同。QTOF 的组成机构如图 11-17 所示。

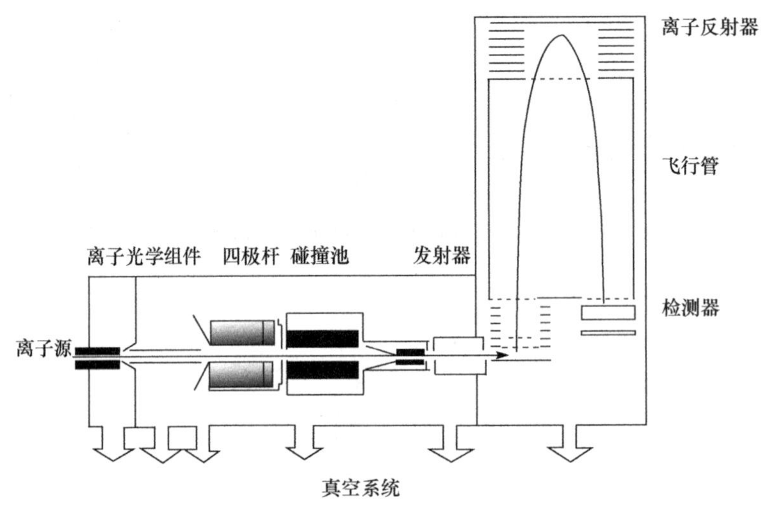

图 11-17 四极杆飞行时间串联谱仪示意图

QTOF 可以配合多种离子源使用，如前述的电喷雾离子源、大气压化学离子源、大气压光致离子源、Maldi 离子源等。离子源处形成离子后，经过离子光学组件聚焦导引到第一个质量分析器四极杆组件。四极杆组件的过滤作用，可以将非目标离子过滤，只有目标离子通过四极杆进入碰撞池。碰撞池一般通有碰撞气体(常用高纯氮气或氩气)，离子于碰撞池内在碰撞电压的作用下和碰撞气体碰撞发生碰撞诱导解离(collision induced dissociation，CID)，得到碎片离子。碎片离子束再经过压缩来到发射器，发射器按照一定频率发射离子进入飞行管。质荷比小的离子飞得快，质荷比大的离子飞得慢。有些仪器设计有反射器，以延长飞行路径，飞行路径越长，不同质荷比离子飞行时间的差异越大。检测器记录不同质荷比的飞行时间和强度。所以 QTOF 可以得到母离子和子离子的高分辨信息。和飞行时间质谱一样，BQTOF 也属于高分辨质谱，所以对真空要求较高。一般情况下，高真空通常在 10^{-7} Torr 左右。而低分辨质谱(如四极杆质谱、离子阱质谱)的高真空，通常在 10^{-5} Torr 左右。高真空一般是指飞行管和检测器所在区域的真空度。

除了灵敏度外，飞行时间质谱的两个重要指标是质量准确度(mass accuracy)和分辨率(resolution)。

质量准确度 质量准确度由 ppm 来表示，ppm 数值越小，质量准确度越高。计算公式：

$$质量准确度(ppm)=(\Delta m/m)\times 10^6 \quad (11\text{-}1)$$

式中：m 为质量；Δm 为质量偏差。

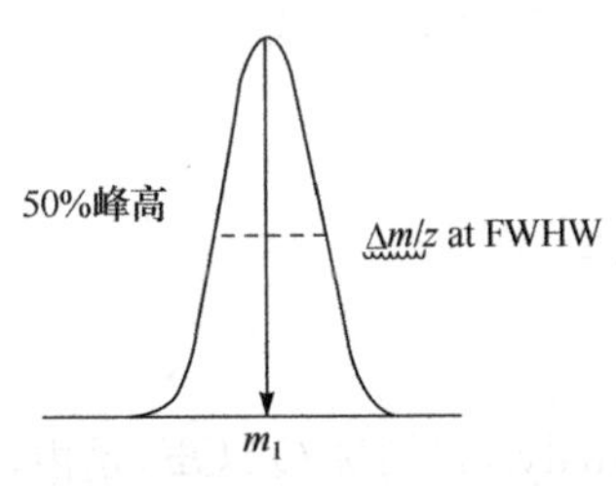

图 11-18 质量分辨率

质量分辨率 质量分辨率能力是指仪器能够区分两个间隔很近的质量峰的能力。分辨能力越高，所分辨的离子之间的质量差越小(通常质量峰的宽度越窄)。质量分辨率(图 11-18)一般是以 50%强度定义公式来计算。

$$R=(m/z)/W_{1/2} \quad (11\text{-}2)$$

式中：R 为质量分辨率；m/z 为质谱峰的质荷比；$W_{1/2}$ 为质谱峰的半峰宽，或称半峰全宽(full width at half maximum，FWHM)。

质谱峰的半峰宽越窄，该质谱的分辨率越高。

QTOF 的采集方式 共有三种：TOF 模式，属于一级质谱，可获得母离子高分辨质量数；自动二级质谱(auto MSMS)，获得母离子和子离子的高分辨质量数；目标二级质谱(targeted MSMS)，获得母离子和子离子的高分辨质量数。TOF 模式时，四极杆并没有质量过滤的作用，而是让所有质荷比离子通过，由飞行管做全扫描。工作原理和飞行时间质谱一样。目标二级质谱是由操作者设置目标离子信息(质荷比、保留时间等)，QTOF 会先做全扫描，发现目标离子后，做目标离子的二级质谱。如果没有发现目标离子，则继续做全扫描。自动二级质谱，是由操作者设置一系列限制条件(母离子个数、强度阈值、价态等)QTOF 先做全扫描，寻找是否符合限制条件的离子，做二级质谱。如果没有离子符合限制条件，则继续做全扫描。

11.5.2 LC-QTOF 的应用示例

以人参为例，介绍用 QTOF 的分析的实验条件与质谱数据的解析步骤。

人参(*Panax* 种属)是著名的亚洲草药，已有 5000 多年的药用历史。其主要活性成分人参皂苷属于三萜皂苷类化合物。在过去，通过电喷雾质谱已分离并鉴定了其中的 80 多种人参皂苷。复杂天然产物提取物分析的首选方法已逐渐从 HPLC 变为 LC-MS。利用高分辨质谱 QTOF 分析，可进行复杂天然产物提取物中已知化合物的检测和未知化合物的鉴定。

1. 实验条件与方法

仪器设备 Agilent 1200 系列快速高分离度液相色谱系统(RRLC)。包括带脱气机的 Agilent 1200 系列二元泵 SL、带温控的 Agilent 1200 系列高性能自动进样器 SL、Agilent 1200 系列柱温箱(TCC)和 Agilent 1200 系列二极管阵列检测器 SL(DAD SL)。

Agilent 6520Q-TOF LC/MS 系统。采用双喷雾器离子源进行实时质量校正。

Agilent Zorbax SB-C_{18}柱，(2.1mm×150mm，1.8μm)。

Agilent Mass Hunter 工作站软件。

样品制备 将两种冻干的人参根粉末(各 1g)分别置于 10mL 甲醇中超声提取 30min，过滤，然后直接用于分析。这两种样品分别为：亚洲人参(Panax ginseng)，购自 ILHWA 有限公司(韩国)；美洲人参(西洋参，Panaxquinquefolius)，购自 Sigma-Aldrich 公司(德国，Taufkirchen)。

实验方法

1) LC 条件

流动相：溶剂 A(水-0.1%甲酸)，溶剂 B(乙腈-0.1%甲酸)。流速：0.5mL/min。梯度：B 5%(0～1min)，B 95%(1～30min)，停止时间：30min，后运行时间：15min。

进样量：10μL。柱温：50℃。

检测波长：220nm，参比波长 360nm。

2) 质谱条件

离子源：API-ES，正离子模式，带双喷雾器，用于参比离子校正。

干燥气：12L/min，干燥气温度：200℃，雾化气压力：60psi。

扫描范围：m/z 200～1300。

碎裂电压：150V，毛细管电压：3000V。

质谱数据采集模式：自动质谱/质谱分析。一级质谱：2 张质谱图/秒，二级质谱：2 张质谱图/秒。

2. 亚洲人参与西洋参的质谱解析

1）数据分析的第一步

将亚洲人参(Panaxginseng)的 QTOF 数据文件在 Agilent Mass Hunter 定性分析软件中打开，采用分子特征提取算法(molecular feature extraction，MFE)进行化合物提取，可得到所有 MFE 化合物的提取离子流色谱图(EIC)和 MFE 质谱图。将这些化合物与 Agilent 数据库中的化合物进行比较，该数据库包括精确质量数和保留时间。最后，基于精确质量数计算匹配得到化合物的名称和分子式信息。

2）数据分析的第二步

数据分析的第二步是更为细致地检查样品中的未知化合物，以鉴定新的天然产物化合物。对这些未知化合物，根据精确质量数、同位素分布、MS/MS 裂解模式进行分子式推测。如图 11-19，质荷比为 1195.6109 的化合物，经过计算与化学式 $C_{57}H_{94}O_{26}$ 同位素模式匹配得最好，相对质量偏差仅为 0.09ppm。相对于活性成分人参皂苷 Rb_1（$C_{54}H_{93}O_{23}$，m/z=1109.6108），该未知化合物增加了 $C_3H_2O_3$ 部分。

（1）图 11-19 测得的 m/z 为 1195.6109 的化合物（t_R 为 16.612～16.890min）的同位素分布与化学式 $C_{57}H_{94}O_{26}$ 的匹配结果。

（2）图 11-20 为人参皂苷 Rb_1 的二级质谱图。在该谱图内，发现了相似化合物的典型碎片。在本例中，这些碎片是典型的糖基和甾体化合物的碎片。对于所有的碎片离子，计算了分子式与质量精度和人参皂苷 Rb_1 的 MS-MS 谱图和碎片离子归属（表 11-3）。

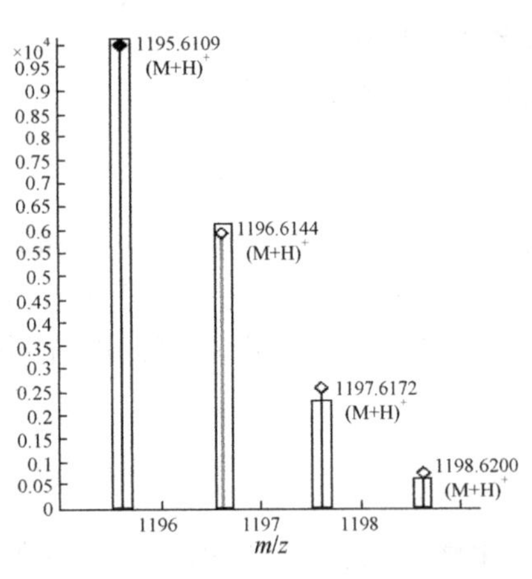

图 11-19　m/z 1195.6109 的化合物

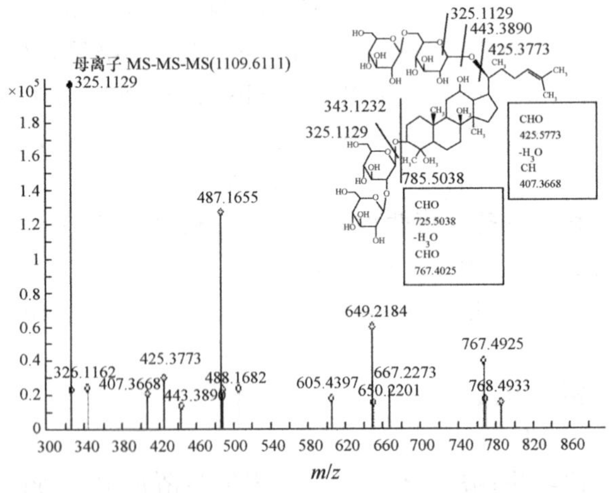

图 11-20　人参皂苷 Rb_1 的 MS-MS 谱

表 11-3　人参皂苷的 Rb_1 的二级质谱碎片，计算化学式和质量精度

m/z	离子化学式	计算值 m/z	$\Delta m/z$/mDa	$\Delta m/z$/ppm	中性丢失基团	丢失基团的化学式	丢失基团的质量数
163.0596	$C_6H_{11}O_5$	163.06010	0.48	2.92	946.5515	$C_{48}H_{82}O_{18}$	946.5501
325.1129	$C_{12}H_{21}O_{10}$	325.11292	0.01	0.02	784.4982	$C_{42}H_{72}O_{13}$	784.4973
343.1232	$C_{12}H_{23}O_{11}$	343.12349	0.24	0.71	766.4878	$C_{42}H_{70}O_{12}$	766.4867
407.3668	$C_{30}H_{47}$	407.36723	0.45	1.10	702.2443	$C_{24}H_{46}O_{23}$	702.2430
425.3773	$C_{30}H_{49}O$	425.37779	0.51	1.21	684.2338	$C_{24}H_{44}O_{22}$	684.2324

续表

m/z	离子化学式	计算值 m/z	$\Delta m/z$/mDa	$\Delta m/z$/ppm	中性丢失基团	丢失基团的化学式	丢失基团的质量数
443.3890	$C_{30}H_{51}O_2$	443.38836	−0.69	−1.56	666.2220	$C_{24}H_{42}O_{21}$	666.2219
487.1655	$C_{18}H_{31}O_{15}$	487.16575	0.26	0.54	622.4456	$C_{36}H_{62}O_8$	622.4445
505.1757	$C_{18}H_{33}O_{16}$	505.17631	0.65	1.30	604.4354	$C_{36}H_{60}O_7$	604.4339
605.4397	$C_{36}H_{61}O_7$	605.44118	1.50	2.48	504.1714	$C_{18}H_{32}O_{16}$	504.1690
649.2184	$C_{24}H_{41}O_{20}$	649.21857	0.16	0.24	460.3927	$C_{30}H_{52}O_3$	460.3916
667.2273	$C_{24}H_{43}O_{21}$	667.22913	1.87	2.80	442.3838	$C_{30}H_{50}O_2$	442.3811
767.4925	$C_{42}H_{71}O_{12}$	767.49400	1.53	1.99	342.1186	$C_{12}H_{22}O_{11}$	342.1162
785.5038	$C_{42}H_{73}O_{13}$	785.50457	0.75	0.96	324.1073	$C_{12}H_{20}O_{10}$	324.1056
929.5454	$C_{48}H_{81}O_{17}$	929.54683	1.43	1.54	180.0657	$C_6H_{12}O_5$	180.0634
1109.6118	$C_{54}H_{93}O_{23}$	1109.61020	−1.32	−1.19			

（3）对质荷比 1195.6115 的化合物的 MS-MS 谱进行进一步考察时，通过比较参考化合物人参皂苷 Rb_1 的 MS-MS 谱图，发现 m/z 为 325.1138、407.3666、425.3778 和 443.3906 的碎片可解释为葡萄糖组分和甾体分子母体的碎片离子（图 11-21）。

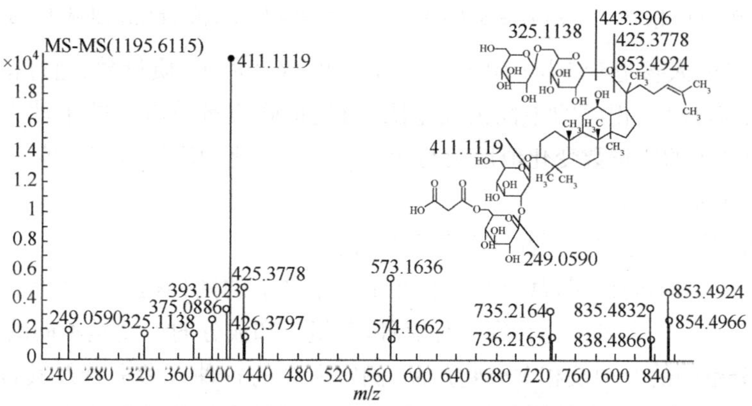

图 11-21　m/z 1195.6115 的化合物的 MS-MS 谱

图 11-21 为 m/z 1195.6115、保留时间为 16.7min 的化合物的 MS-MS 谱图，及其推测的结构和主要碎片归属。该化合物被归为人参皂苷 Rb_1 的丙二酰衍生物（mRb_1），与 Rb_1 的区别为一个 $C_3H_2O_3$（Δm 为 86.0004）基团。依据这些信息，MS-MS 谱图中的 m/z 为 411.1119 和 249.0590 的碎片离子可进一步得到解释，结构也可得以确定（图 11-21）。对于所有 MS-MS 碎片离子的全部信息，如质量数、分子式、母离子中性丢失基团、质量精度、质量数变化值等所有信息均列于表 11-4 中。

表 11-4　丙二酰人参皂甙 Rb1 的 MS-MS 的碎片离子、质量数及化学式

m/z	离子化学式	计算值 m/z	$\Delta m/z$ /mDa	$\Delta m/z$ /ppm	中性丢失基团	丢失基团的化学式	丢失基团的质量数	FPM m/z 1)	m/z 变化值 2)	$\Delta m/z$/mDa 变化值 3)	化学式变化
127.1110	$C_8H_{15}O$	127.11174	0.74	5.80	1068.50045	$C_{49}H_{80}O_{25}$	1068.49887				
249.0590	$C_9H_{13}O_8$	249.06049	1.53	6.14	946.55249	$C_{48}H_{82}O_{18}$	946.55012				
325.1138	$C_{12}H_{21}O_{10}$	325.11292	−0.90	−2.77	870.49763	$C_{45}H_{74}O_{16}$	870.49769	325.1129		0.91	
375.0886	$C_{15}H_{19}O_{11}$	375.09219	3.57	9.53	820.52284	$C_{42}H_{76}O_{15}$	820.51842				

续表

m/z	离子化学式	计算值 m/z	$\Delta m/z$ /mDa	$\Delta m/z$ /ppm	中性丢失基团	丢失基团的化学式	丢失基团的质量数	FPM m/z[1)]	m/z 变化值[2)]	$\Delta m/z$/mDa 变化值[3)]	化学式变化
393.1023	$C_{15}H_{21}O_{12}$	393.10275	0.43	1.08	802.50912	$C_{42}H_{74}O_{14}$	802.50786				
407.3666	$C_{33}H_{47}$	407.36723	0.58	1.42	788.24480	$C_{27}H_{48}O_{26}$	788.24338	407.3668		0.13	
411.1119	$C_{15}H_{23}O_{13}$	411.11332	1.44	3.50	784.49957	$C_{42}H_{72}O_{13}$	784.49729	325.1129	86.0004	1.43	$C_3H_2O_3$
425.3778	$C_{30}H_{49}O$	425.37779	−0.05	−0.11	770.23361	$C_{27}H_{46}O_{25}$	770.23282	425.3773		0.56	
443.3906	$C_{30}H_{51}O_2$	443.38836	−2.25	−5.07	752.22085	$C_{27}H_{44}O_{24}$	752.22225	443.3890		1.56	
573.1636	$C_{21}H_{33}O_{18}$	573.16614	2.50	4.36	622.44781	$C_{36}H_{62}O_8$	622.44447	487.1655	86.0004	2.24	$C_3H_2O_3$
735.2164	$C_{27}H_{43}O_{23}$	735.21896	2.51	3.42	460.39500	$C_{30}H_{52}O_3$	460.39165	649.2184	86.0004	2.36	$C_3H_2O_3$
835.4832	$C_{45}H_{71}O_{14}$	835.48383	0.68	0.82	360.12830	$C_{12}H_{24}O_{12}$	360.12678				
853.4924	$C_{45}H_{73}O_{15}$	853.49440	2.02	2.37	342.11907	$C_{12}H_{22}O_{11}$	342.11621	767.4925	86.0004	0.49	$C_3H_2O_3$

1) FPM＝原始(参考)化合物的类似碎片的 m/z 值。

2) m/z 变化值＝原始(参考)化合物的碎片离子与其衍生物碎片离子相比发生的质量数变化＝由于衍生而发生的质量数变化。

3) $\Delta m/z$/mDa 变化值＝[(FPM m/z＋m/z 变化值)－m/z]×1000＝与参考化合物相比的质量数变化值。

表 11-4 丙二酰人参皂苷 Rb_1(mRb_1)的 MS-MS 碎片离子、质量数、通过精确质量数计算得到的化学式、与母离子相比的中性丢失基团、通过精确质量数得到的中性丢失基团的化学式、由于衍生而产生的质量数变化值以及与参考化合物相比的质量数变化值。

3) 数据分析的第三步

数据分析的第三步是两个样品成分的差异分析。

同一植物家族的不同种属,甚至是生长在不同条件下的同种植物中天然产物提取物的含量往往也会存在差别。人参植物存在各种亚种,其组成和成分的浓度是不同的。通过 LC-MS 分析有可能区分不同的亚种及相关药物产品,测定所含的各种人参皂苷及其含量。为调查这些天然产物提取物,将所研究的提取物与已知的相关天然产物提取物进行了比较。该比较可采用 Agilent Mass Hunter 代谢产物鉴定软件进行。采用分子特征提取功能从每个样品数据中提取得到了化合物列表,并对来自这两个不同样品的化合物列表进行了比较。通过比较,可得到下列三类化合物:

(1) 新化合物。

(2) 在两个样品中都存在,但在所研究样品中响应增加的化合物。

(3) 在两个样品中都存在,但在所研究样品中响应降低的化合物。

例如,在西洋参样品中响应增加的化合物中有一个 m/z 为 801.5012 的化合物,该化合物在西洋参中的含量相对亚洲参样品增加了 8.5 倍。响应的增加可通过西洋参样品和亚洲参对照样品的提取化合物色谱图(extracted compound chromatogram,ECC)和提取离子流色谱图(EIC)比较清楚地得到。对于这种 m/z 为 801.5012 的化合物,计算得到的化学式为 $C_{42}H_{72}O_{14}$,相对分子质量为 800.4940,相对质量偏差为 2.22ppm。该化学式和相对分子质量与已知化合物拟人参皂苷 F11 相匹配。MS-MS 谱图分析得到的碎片与该化合物的结构一致(图 11-22),这些碎片的计算化学式表明相对质量偏差很低(表 11-5)。

图 11-22 保留时间为 15.5min、m/z 为 801.5012 的化合物在亚洲参(B)和西洋参(A)中的

比较。在西洋参中的响应增加；

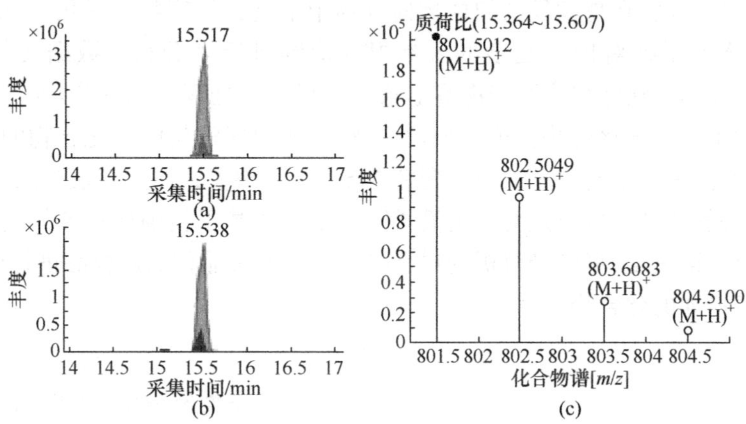

图 11-22　m/z 801.5012 化合物的质量色谱图与同位素分布谱

(a) m/z 801.5012 化合物的 ECC 色谱图；(b) m/z 801.5012 化合物的 EIC 色谱图；(c) m/z 801.5012 的化合物的同位素分布

4）拟人参皂苷 F11 的 MS-MS 的谱图和结构解析(图 11-23 和表 11-5)

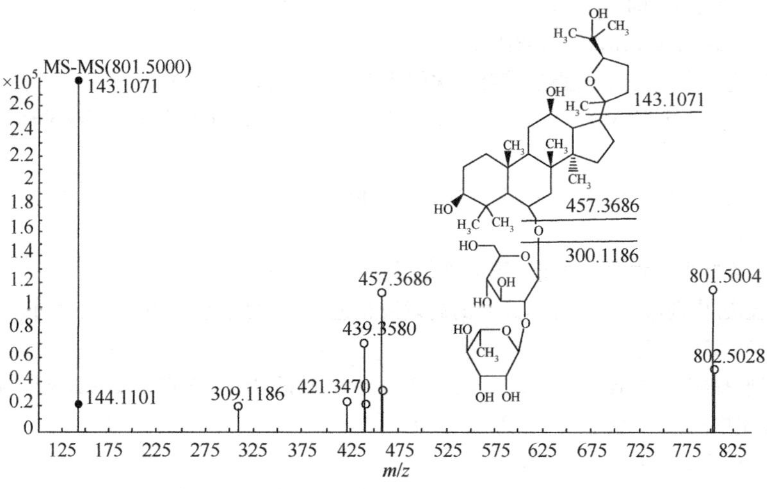

图 11-23　拟人参皂苷 F11 的 MS-MS 的谱图

表 11-5　拟人参皂苷 F11 的 MS-MS 碎片质量数、计算化学式和计算质量精度

m/z	离子化学式	计算值 m/z	$\Delta m/z$ /mDa	$\Delta m/z$ /ppm	中性丢失基团	丢失基团的化学式	丢失基团的质量数
143.1071	$C_8H_{15}O_2$	143.10666	−0.44	−3.09	658.39290	$C_{34}H_{58}O_{12}$	658.39283
309.1186	$C_{12}H_{21}O_9$	309.11801	−0.58	−1.83	492.38141	$C_{30}H_{52}O_5$	492.38147
421.3470	$C_{30}H_{45}O$	421.34649	−0.49	−1.16	380.15302	$C_{12}H_{28}O_{13}$	380.15299
439.3580	$C_{30}H_{47}O_2$	439.35706	−0.94	−2.13	362.14200	$C_{12}H_{26}O_{12}$	362.14243
457.3886	$C_{30}H_{49}O_3$	457.36782	−0.99	−2.17	344−13138	$C_{12}H_{24}O_{11}$	344.13188
801.5004	$C_{42}H_{72}O_{14}$	801.49950	−0.92	−1.14			

5）结论

本例通过软件辅助，在高度复杂的植物提取物中鉴定天然产物。采用 Agilent 6520 精确质量 QTOFLC-MS 系统对极其复杂的人参根提取物进行了分析。数据文件采用 Agilent Mass Hunter 定性分析软件和代谢产物鉴定软件进行数据处理。第一步，通过软件辅助分析进行数据库检索鉴定已知化合物。第二步，通过软件辅助搜索与已知化合物的相似性来鉴定未知化合物。为此，采用了同位素分布匹配和 MS-MS 碎裂模式匹配算法。人参皂苷（提取物中的主要成分）的复杂结构可通过对碎裂模式匹配结果和基于精确质量数的化学式计算结果的解释进行解析。第三步，将已经解析的样品与另一个人参品种的新样品进行比较，鉴定了新化合物和表达量增加的化合物。

（沈阳药科大学　孙璐）

（安捷伦科技[中国]有限公司　马欣）

参考文献

[1] 孙毓庆. 现代色谱法及其在药物分析中的应用. 北京：科学出版社，2005. 498

[2] Niessen W M A，Tinke A P. J Chromatogr，1995，703：37

[3] Ho J H，Marquet P，Verneuil B，et al. J Anal Toxicol，1997，21：116

[4] Agilent LC-MS 资料，2004

[5] Gaskell S J. J Mass Spectrm，1997，32：677

[6] 邸欣，钟大放. 电喷雾质谱法的理论与实践. 沈阳药科大学学报，1999，16：146

[7] Willoughby R，Sheehan E，Mitrovich S. A Global View of LC/MS. Pittsburgh：GGlobal View Publishing，1998. 60

[8] 马欣，孙毓庆. 高效液相色谱-紫外-电喷雾-质谱法分析银杏叶中黄酮醇苷类化合物. 沈阳药科大学学报，2003，20(4)：275

[9] 马欣，孙毓庆. 杏叶提取物的多维指纹图谱研究. 色谱，2003，21(6)：562

[10] 王祝伟，孙毓庆. 中药红毛五加化学成分的高效液相色谱/电喷雾电离/质谱/质谱（HPLC/ESI/MS^2）分析. 色谱，2003，21(6)：554

[11] 金郁，肖珊珊，孙毓庆. 高效液相色谱/二极管阵列检测/质谱/质谱（HPLC/DAD/MS^2）联用在板蓝根注射液成分鉴定中的应用. 色谱，2003，21(6)：558

[12] Zhao X F，Sun Y Q. Anal Sci，2003，19(9)：1313

[13] 赵新峰，孙毓庆. 六味地黄丸的高效液相色谱-电喷雾电离-质谱分析. 色谱，2003，21(5)：500

[14] 赵新峰. 六味地黄丸的质量控制方法研究. 沈阳：沈阳药科大学，2003

[15] 杨汉煜，陈笑艳，徐海燕，等. 液相色谱-串联质谱法测定人血浆中的伪麻黄碱的浓度. 沈阳药科大学学报，2001，18(2)：116-119

[16] 李雪庆，钟大放，吴硕东，等. 人胆汁中罗红霉素代谢产物的研究. 药学学报，1999，34(1)：49-53

[17] Zhong D，Li X，Wang X，et al. Drug Metabolism and Disposition，2000，28：552-559

[18] Sun Li，Forni S，Schwartz M，et al. J Chromatogr B，2012，885-886：15-23

[19] Knebel Norbert，Herzog R，Reutter F，et al. J Chromatogr B，2012，893-894：82-91

[20] Edgar Nägele. 计算机辅助复杂天然产物提取物分析. 安捷伦科技有限公司应用文献 5990-3234CHCN，2009.

第 12 章　毛细管电泳-质谱联用技术

12.1　概　　述

开发新型检测器一直是 CE 技术中具有挑战性的研究内容。质谱(mass spectrometry, MS)是最有应用价值的检测器之一,可在一次分析中同时得到多个化合物相对分子质量及其分子碎片丢失的特征信息,具有较强的定性功能和较高的灵敏度。将 CE 分离技术与质谱检测器相结合的分离分析方法称为毛细管电泳-质谱联用技术(electrophoresis-mass spectrometry, CE-MS),相应仪器称为毛细管电泳-质谱联用仪(electrophoresis-mass spectrometer)。

CE-MS 法是 20 世纪 80 年代末期才发展起来的新联用技术。1987 年,Olivares 等[1]首次报道了 CE-MS 的联用技术具有超群的分离效能。它将现在最有力的分离手段 CE 和能提供组分结构信息的 MS 联用,结合了 CE 的高分辨与 MS 的高灵敏度,弥补了 CE 有限的进样量和定性鉴定的不足,可实现高效分离和高灵敏、高信息量的检测。CE-MS 联用是分析科学方法学中的一项重大进展。

与 LC-MS 联用相比(图 12-1),CE-MS 联用技术在生命科学领域的应用尚处于起步阶段,其关键问题在于 CE 与 MS 的接口还不能满足需要。主要原因是:①CE 的运行电解质(BGE)溶液通常是高离子强度、低挥发性的,与质谱的兼容性较差。②二者的工作速度不匹配。CE 的 BGE 溶液是由电渗驱动的,其流量为纳升级(一般为 10～100nL/min),远小于 HPLC 由蠕动泵高压驱动的流动相的流量(一般为 0.1～1.0mL/min),不能满足各种质谱接口对流速的要求(2～10μL/min)。③CE 实验中毛细管末端电接触的问题。④与其他接口类似,CE-MS 联用还要求其接口能有效地将 CE 尾端流出物依次输送入 MS 检测系统而不损失或尽可能少损失 CE 的分离度和灵敏度。因此接口技术是 CE-MS 联用的核心所在。一般情况下,能用于 LC-MS 的质谱仪,只要解决了接口问题,就也能用于 CE-MS。

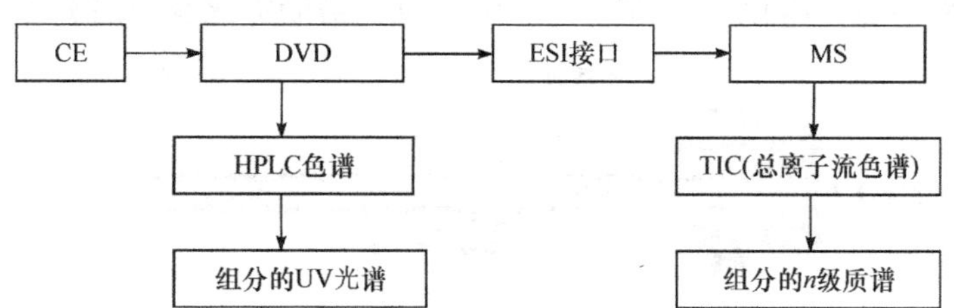

图 12-1　CE-MS 联用仪方框图

CE-MS 联用仪的方框图与 LC-MS 类似,主要不同是接口的差别

CE-MS 联用主要在两方面发展:一是各种 CE 模式和 MS 联用(六种 CE 模式均已和 MS 联用);二是 CE 和各种 MS 技术联用。最早报道 CE-MS 联用是采用单级四极杆质谱,现已发展到三重四极杆质谱(QQQ-MS)、离子阱质谱(ion trap-MS)、飞行时间质谱(TOF-MS)、电感耦合等离子体质谱(ICP-MS)、磁质谱和傅里叶变换离子回旋共振质谱(FTICR-MS)等。

12.2 毛细管电泳-质谱联用接口简介

目前 CE-MS 接口中的离子化技术有：电喷雾接口(electrospray ionization，ESI)、离子喷雾(ISP)、连续流快原子轰击(CF-FAB)、大气压化学电离(APCI)、蒸发离子化(VI)、基质辅助激光解吸离子化(MALDI)、等离子体解析(PD)和音波喷雾离子化(SSI)技术等[2]。其中 ESI 是 CE-MS 中最常用、最成熟的联用接口技术(图 12-2)。

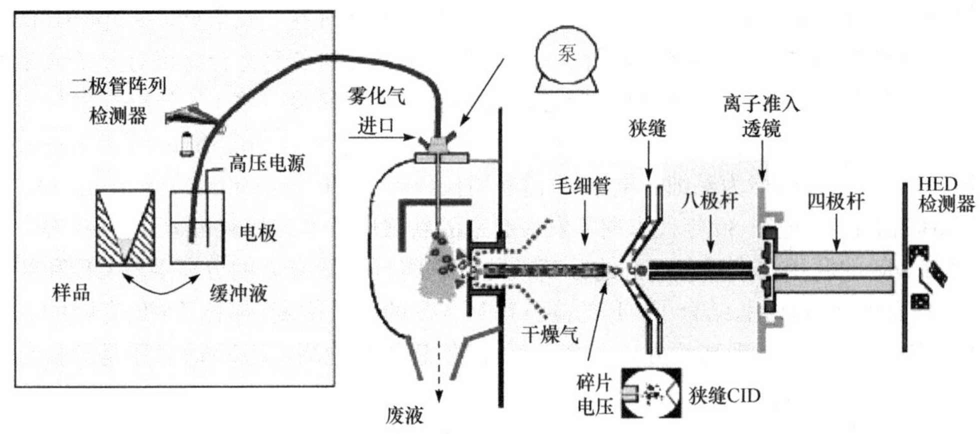

图 12-2 CE-ESI-MS 联用仪示意图

CE-ESI-MS 接口又可以分为六种类型：鞘流接口(sheath interface)[3]、液接型接口[4]、无鞘接口(sheathless interface)[5]、直接电极接口(direct electrode interface)[6]、微透析接口(microdialysis junction interface)[7]和微加工芯片接口(microfabricated device interface)[8]。

目前鞘流接口是 CE-ESI-MS 联用的主要接口方式，大约占到文献已报道所有类型接口的 77%[9]，且商品化的 CE-ESI-MS 接口基本均属此类型。由于 CE 的 BGE 溶液的流量很小，在通过 ESI 的喷嘴时，较难形成雾滴。因此，CE-MS 联用仪的 ESI 源与 LC-MS 的不同，改为三套管式 ESI 源(图 12-3)，即在 CE 流出的 BGE 溶液与喷雾气体间，增加了鞘液(夹套液，sheath liquid)的套管。整个接口由毛细管 BGE 溶液通路、雾化气通路(nebulizer gas)和鞘液通路三个同轴通路组成。雾化气起到稳定电喷雾、辅助液滴雾化及溶剂蒸发的作用。

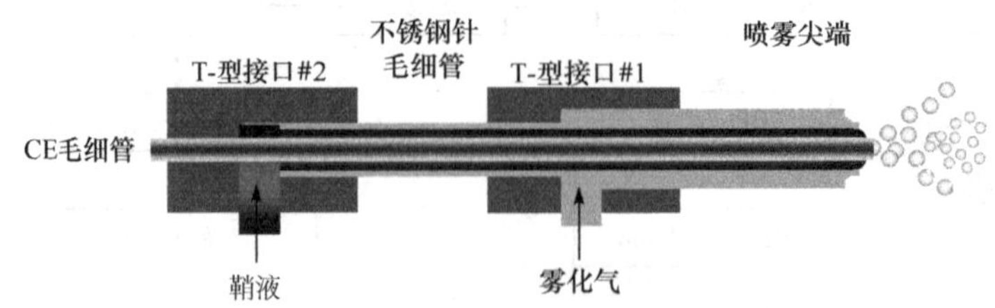

图 12-3 CE-ESI-MS 三套管式接口示意图

Agilent 公司商品化的三套管式 CE-ESI-MS 接口的外形与局部结构和电喷雾离子化过程如图 12-4 所示。

鞘液的作用有三方面：建立电连接，形成电泳的电流通路；提高 CE 尾端流出液的液体流量，有助于在 ESI 的喷口处形成稳定的电喷雾雾滴；调整 CE 流出物的酸度和有机相比例，提高离子化效率，得到好的分析结果。但是同时鞘液的流量对检测信噪比(S/N)有一定的影响，流量大则样品被稀释，S/N 小，待测物检测灵敏度降低；流量小，S/N 大，但不利于雾化(图 12-5)。

鞘液组成及流量需根据具体样品优化。

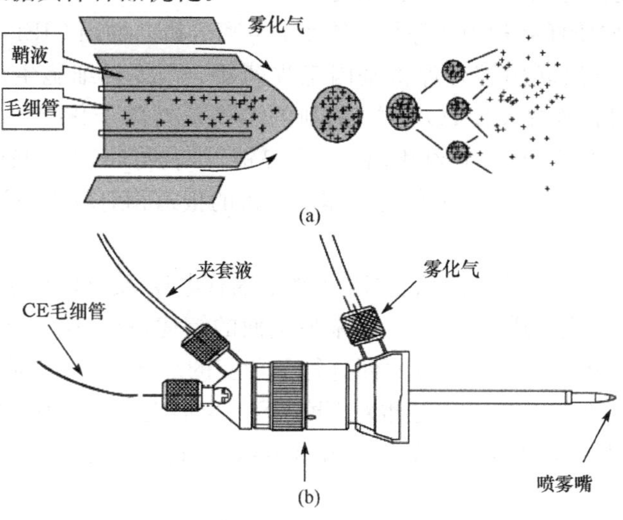

图 12-4　Agilent CE-ESI-MS 的三套管式的 ESI 源

(a) 示意图;(b) 外形图

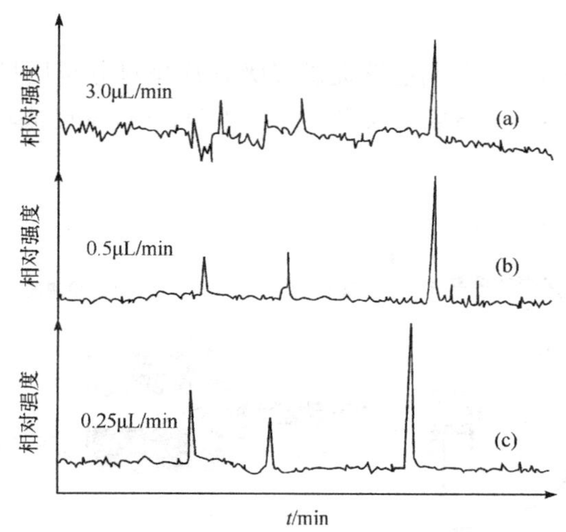

图 12-5　夹套液流量对 S/N 的影响

夹套液:H_2O-MeOH-HAc(50/50/0.1 体积比)

从理论上讲,CE-MS 联用应是分辨率及灵敏度最高的仪器,但事实并非如此。主要原因是 CE-MS 用的 BGE 溶液与 CZE 所用的 BGE 溶液有很大的区别。在 CZE 中常用硼酸盐、磷酸盐和柠檬酸盐等,以硼酸盐 BGE 溶液应用最广,由于它能与许多离子生成络合物而增加了 CZE 的分离效能。然而质谱检测中要求必须使用挥发性的缓冲系统,二者是相互矛盾的。

因此,在 CE-ESI-MS 中溶剂的选择范围与 LC-ESI-MS 一致,即在 CE-MS 的 BGE 溶液中一般不能用非挥发性盐,应选用乙酸铵、甲酸铵等挥发性盐代替 CE 中经常使用的硼酸盐、磷酸盐和柠檬酸盐等非挥发性的 BGE 溶液体系,而且浓度一般还需低于 20mmol/L。在鞘液中为甲醇、甲氧基甲醇、乙腈、水并/或含有 10%～20%甲酸、乙酸或与其铵盐的缓冲溶液。这是为了防止非挥发性盐在接口析出、沉积,而使质谱的离子源不能正常工作。通常可通过以下途径来改善检测的分辨率与灵敏度:①换用低浓度挥发性的 BGE 溶液;②提高鞘液中有机相的比例,增加体系的挥发性。

CE-MS 联用特别适合于复杂生物体系的分离鉴定。因所需样品少，目前大部分工作集中在基因工程产品、蛋白质样品和中药等复杂体系的分离分析。如用 CIEF-ESI-MS 监测蛋白质的去折叠过程、各种方法联用综合评价基因工程药物——促红细胞生成素(EPO)等。CE-ICP-MS 进行元素分析、连接 CE-TOF-MS 的新的激光蒸发离子化接口及用 CE-FTICR-MS 成功地分离和鉴定单个红细胞中血红蛋白的 α-和 β-链等，表明 CE-MS 联用已成为生物大分子分离分析的有力手段。CE-MS 在中药复杂体系分析的报道相对较少，且多为生物碱、黄酮类化合物。

Schmitt-Kopplin 等[9,10]著录的综述“15 年来毛细管电泳-质谱联用法的进展与应用”是自 CE-MS 联用于 1987 首次报道至 2004 年以来最全面的综述，累计引用文献达 511 篇，对 CE-MS 从理论、装置与应用及发展的方方面面进行了翔实的综述与评论，是很值得参阅的文章。此外，Ding 等[11]于 1999 年发表的综述也对 CE-MS 的发展提出了很有价值的评论。有关 CE-MS 联用分析应用的最新进展可以参见以下各章节综述，此处不再赘述。

12.3 毛细管电泳-离子阱质谱联用技术

12.3.1 联用仪接口

CE-ESI-Ion Trap-MS 是将 CE 与能够提供多级碎片相对分子质量和结构信息的离子阱质谱结合在一起，是常用的 CE-MS 联用仪之一(图 12-6)，该技术已成功地用于分析复杂样品基质中的不同的化合物。

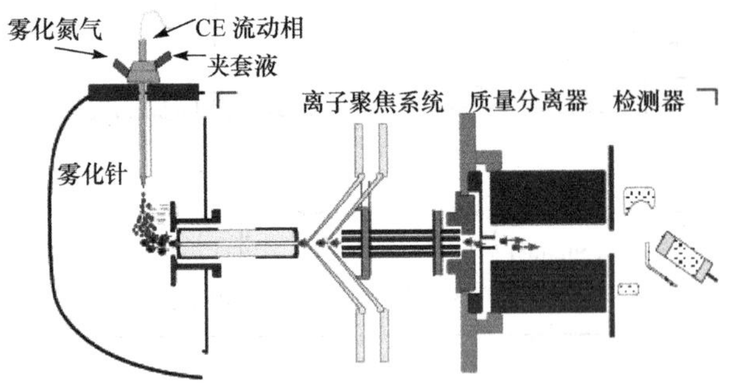

图 12-6 CE-MS 联用仪示意图

12.3.2 CE-ESI-Ion Trap-MS 应用示例

【例 12-1】 银杏叶提取物的 CE-ESI-MS/MS 分析[12]。

银杏叶提取物主要含有 30 多种黄酮类化合物，根据其化学结构可分为 3 类：单黄酮类、双黄酮类、儿茶素类。其他还有萜内酯类、多糖类及有机酸类等成分。银杏叶提取物制剂是治疗老年痴呆、高血压、冠心病、动脉硬化、脑功能障碍等疾病的药物。

1. 仪器、药品

Agilent 毛细管电泳-质谱联用仪，具有电喷雾接口(ESI)、二极管阵列检测器(DAD)及自动进样装置等。

未涂层石英毛细管(河北永年光导纤维厂)、甲酸铵及磷酸铵(北京化工厂)、乙酸铵、碳酸氢铵及草酸铵(沈阳化学试剂厂)。

2. 供试品溶液的配制

称取干燥的 EGb761 适量,用 70%甲醇配置成 2.0mg/mL 的供试品溶液,经 0.45μm 滤膜过滤待用。

3. 电泳条件

未涂层毛细管 80cm×50 μm;缓冲溶液为 80mmol/L 碳酸氢铵-15%(体积分数)乙腈;运行电压 20.0kV;分离温度 25℃;压力自动进样 50mbar×20s。实验前,用 1mol/L 氢氧化钠溶液冲洗新毛细管 30min,再依次用水、0.1mol/L 盐酸和水冲洗 10min。每次进样前只用缓冲溶液冲洗毛细管 5min。

4. 质谱条件

离子源:ESI,同轴套流接口;检测方式:正离子;扫描范围:m/z 200～1000;干燥气(N_2)流速:10.0L/min;雾化气压力:10.0psi(1psi=6894.76Pa);干燥气温度:250℃;毛细管电压:3500V。

夹套液:5mmol/L 乙酸铵,50%(体积分数)甲醇溶液;流速:5μL/min;由注射泵泵入三套管接口。

5. 结果

(1) 银杏叶提取物的总离子流色谱图(TIC)与选择离子色谱图(SIC)如图 12-7 所示。

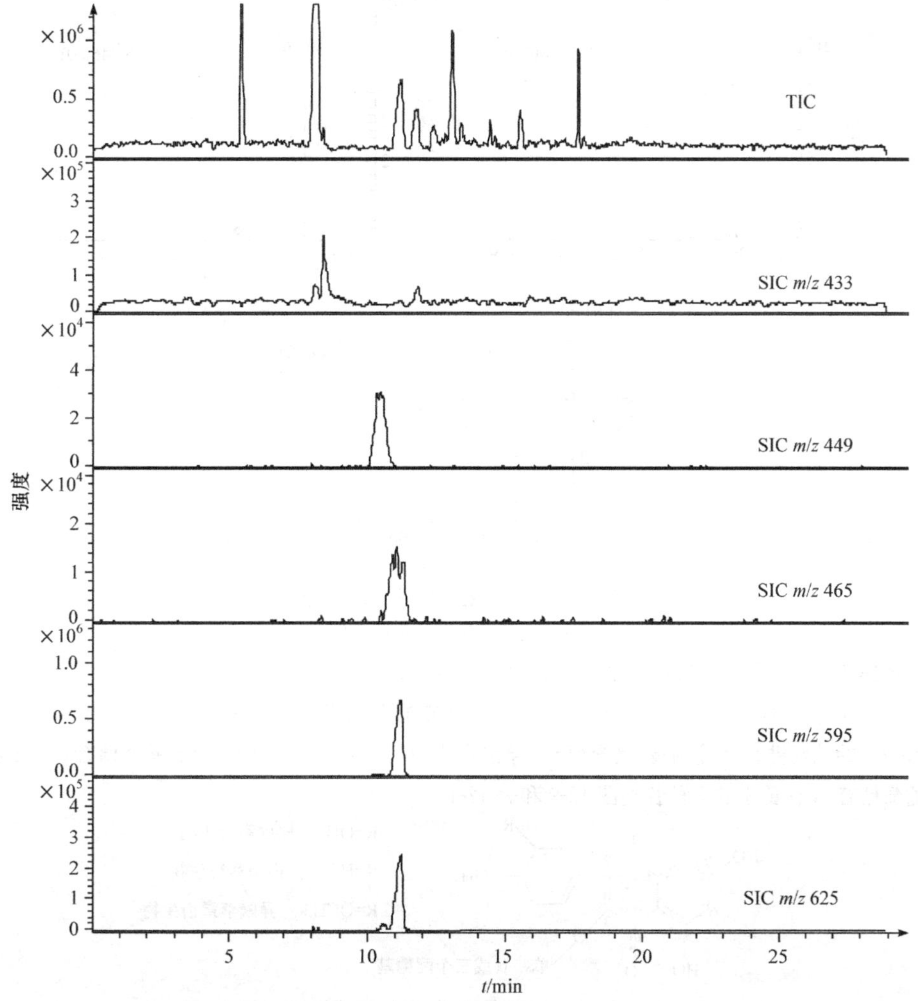

图 12-7 银杏叶提取物的总离子流色谱图与选择离子流色谱图对照

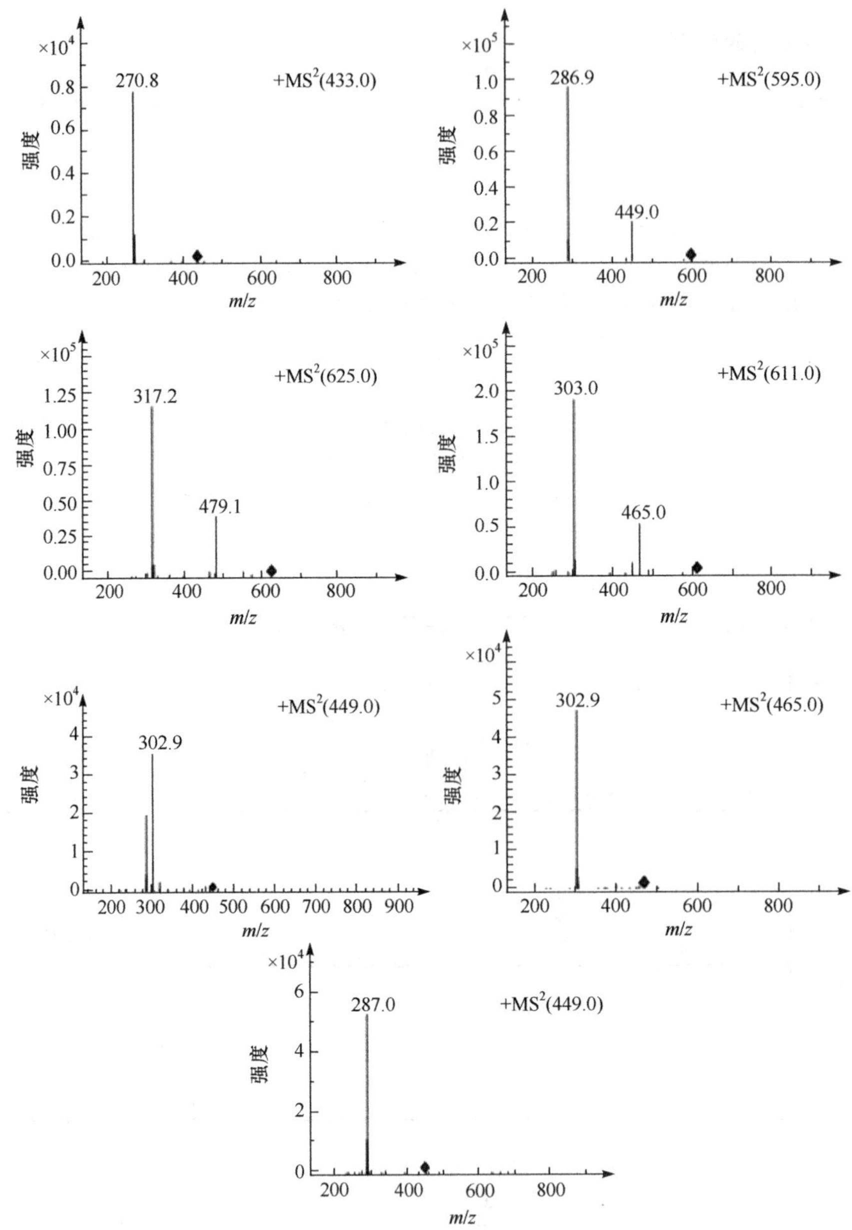

图 12-8　黄酮化合物的二级质谱图

♦为二级质谱母离子的位置

(2) 选择离子的二级质谱图(图 12-8),质谱解析见表 12-1。

根据二级质谱的解析,确认了槲皮素(Quercetin)的葡萄糖苷,鼠李糖苷及葡萄糖-鼠李糖苷,山奈素(Kaempferol)的葡萄糖苷及葡萄糖-鼠李糖苷,异鼠李素(Isorhamnetin)的葡萄糖-鼠李糖苷,芹黄素(Apigenin)的葡萄糖苷,4 种黄酮的 7 种苷类图 12-9 和表 12-1。

R=OH　槲皮素衍生物

R=H　山奈素衍生物

R=OCH3　异鼠李素衍生物

单、双或三个配糖基

图 12-9　黄酮苷类化合物结构式

表 12-1 二级质谱数据和峰归属

t_m/min	相对分子质量	归属	扫描类型	$[M+H]^+$	MS-MS 或 MS^n	丢失 m/z
8.4	432	A-glu	pos	433	271	162
11.2	594	K-glu-rha	pos	595	449,287	146,162
11.2	624	I-glu-rha	pos	625	479,317	146,162
11.7	610	Q-glu-rha	pos	611	465,303	146,162
11.8	448	Q-rha	pos	449	303	146
12.3	464	Q-glu	pos	465	303	162
13.9	448	K-glu	pos	449	287	162

注：Q 为 quercetin 槲皮素；K 为 kaempferol 山奈素；I 为 Isorhamnetin 异鼠李素；A 为 apigenin 芹黄素。

【例 12-2】 六味地黄丸的 CE-ESI-MS/MS 分析[13]。

中药成分复杂，中成药成分更复杂，用 CE-MS 联用技术，可以提供中成药的许多有用的定性信息。六味地黄丸是重要的滋阴、补肾中药，但长期以来，只有其臣药与佐药山茱萸与牡丹皮的含量测定方法(2010 年版《中国药典》)，而无其君药熟地黄指标成分的含量测定方法，实为药典法的缺憾。用 CE 及 CE-MS，发现君药熟地黄指标成分，用色谱制备单体，配合药理实验，确定其为与六味地黄丸相关的活性成分。用 IR、^{1}H-NMR、^{13}C-NMR 及 C-HCOSY 进行综合光谱解析，确定了其化学结构。解决了君药熟地黄在六味地黄丸中的指标成分的定性与定量问题。

用 CE-MS 分析六味地黄丸，因为成分太复杂，而使总离子流色谱分离不佳，但用选择离子检测及获得的一级及二级质谱(MS-MS)，可以很快认定该成药及其药材熟地黄、牡丹皮、山茱萸、泽泻的 34 个成分。

1. 仪器与药品

仪器：Agilent 毛细管电泳-质谱联仪，由 HP^{3D}毛细管电泳仪与 SL 型离子阱质谱仪组成。

药品：熟地黄药材购于沈阳中街天益堂药房，经沈阳药科大学生药教研室孙启时教授鉴定。甲醇、乙腈、异丙醇(色谱醇，迪马公司)，甲酸铵、乙酸铵、碳酸氢铵(分析醇，沈阳化学试剂厂)，其余试剂均为分析醇。

2. 实验条件

1) 毛细管电泳部分

Agilent 毛细管电泳仪；毛细管：75μm(i. d.)×65cm(河北永年光纤厂)；运行电压：14kV；正离子检出模式下电泳运行缓冲液为：50mmol/L 乙酸铵-30%(体积分数)甲醇，pH7.4，鞘液为 5mmol/L 乙酸铵-50%甲醇(甲酸调 pH 至 4.5)，鞘液流速为 4μL/min(以下均为此流速)；负离子检出模式下电泳运行缓冲液为：50mmol/L 乙酸铵-30%(体积分数)甲醇，氨水调 pH 至 9.5，鞘液为 5mmol/L 乙酸铵－50%甲醇(氨水调 pH 至 9.5)；压力进样：30mbar×3s。

2) 质谱部分

Agilent 电喷雾离子阱多级质谱仪，离子源：API-ES；扫描范围：m/z 100～800；干燥气(氮气)，流速：10L/min；雾化气压力 10psi(1psi＝6994.76Pa)；干燥气温度：200℃；质谱数据采集模式：自动质谱-质谱；高效液相色谱仪和离子阱质谱的数据采集和分析采用化学工作站进行(Agilent)。

3. 实验结果与讨论

1) 正离子检出模式

在质谱正离子检出模式下多数化学成分响应不好，仅找到泽泻醇-乙酸酯(alisolC-23-aceate)、二氢梓醇(dihydrocatalpol)、二氢美利妥双苷(dihydromelittoside)和芍药苷(sweroside)，质谱总离子流色谱图如图 12-10 所示，

4 种化合物的质谱数据及归属见表 12-2。正离子检出模式六味地黄丸中芍药苷的二级质谱见图 12-12。

2）负离子检出模式

在负离子检出模式下电泳运行缓冲液为：50mmol/L 乙酸铵-50%（体积分数）异丙醇，pH 7.6，鞘液为 5mmol/L 乙酸铵－50%甲醇（氨水调 pH 至 9.5），运行电压：20kV，其他条件同上。质谱总离子流色谱图如图 12-11 所示。在负离子检出模式下，本实验对 11 种化学成分其进行了质谱解析，质谱数据及归属见表 12-3。负离子检出模式六味地黄丸中梓醇的二级质谱如图 12-13 所示。

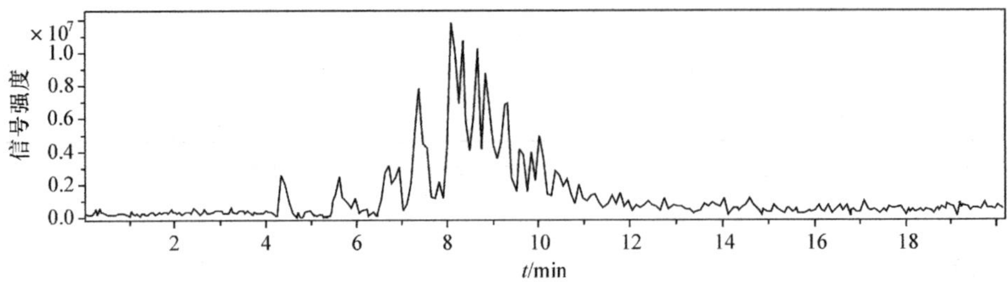

图 12-10 六味地黄丸正离子检出模式质谱总离子流色谱图

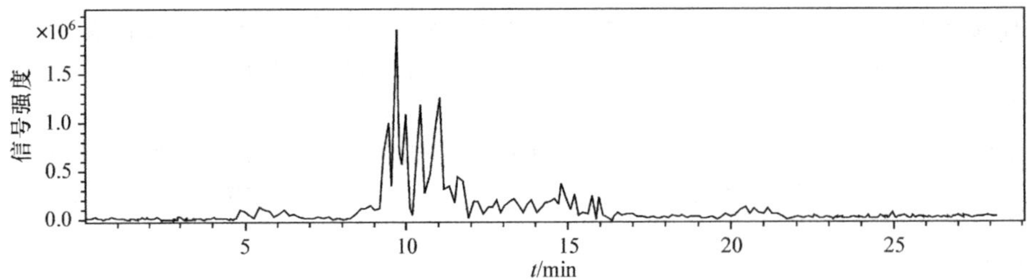

图 12-11 六味地黄丸负离子检出模式质谱总离子流色谱图

由图 12-10 及图 12-11 可以看出在 CE 与 MS 联用后，分离情况远远不如单用 CE 的效果（见第 7 章 CE）。这是因为 CE 与 MS 联用不能用非挥发缓冲盐的缘故；但可以用选择离子检测模式补救。表 12-2 及表 12-3 就是用选择离子检测模式测定的结果。

表 12-2 六味地黄丸中 4 种化合物的正离子模式下质谱数据及归属

相对分子质量	归属	$[M+H]^+$	MS/MS 或 MS^n	丢失碎片
358	芍药苷	359	341,329,239,197	18,30,120,162
364	二氢梓醇	365	347,305,275,203	18,60,90,162
526	二氢美利妥双苷	527	509,467,437, 407,365	18,60,90, 120,162
528	泽泻醇-乙酸酯	529	511,469,451	18,60,78

表 12-3 六味地黄丸中 11 种化合物的负离子模式下质谱数据及归属

相对分子质量	归属	$[M-H]^-$	MS/MS 或 MS^n	丢失碎片
486	泽泻醇 C	485	467,449,395	18,36,90
362	梓醇	361	343,301,271	18,60,90
390	番木鳖苷	389	371,353,269,226	18,36,120,162
632	未知	631	613,601,583, 509,491,479	18,30,48, 122,140,152

续表

相对分子质量	归属	[M−H]⁻	MS/MS 或 MS^n	丢失碎片
18,30,138,156	616	羟基苯甲酰羟基芍药苷	615	597,585,477,459
166	丹皮酚	165	150	15
524	地黄苷 A 或地黄苷 B	523	505,463,433, 403,361,343	18,60,90 120,162,180
600	羟基苯甲酰芍药苷	599	569,551,477 459,429	30,48,122, 140,170
348	益母草苷	347	329,311,287	18,36,60
170	没食子酸	169	125	44
510	地黄苷 C	509	477,419,329	32,60,180

受篇幅所限仅列出正离子检出模式中的芍药苷的二级质谱(图 12-12)及负离子检出模式中的梓醇的二级质谱(图 12-13),其他 13 个二级质谱图从略。

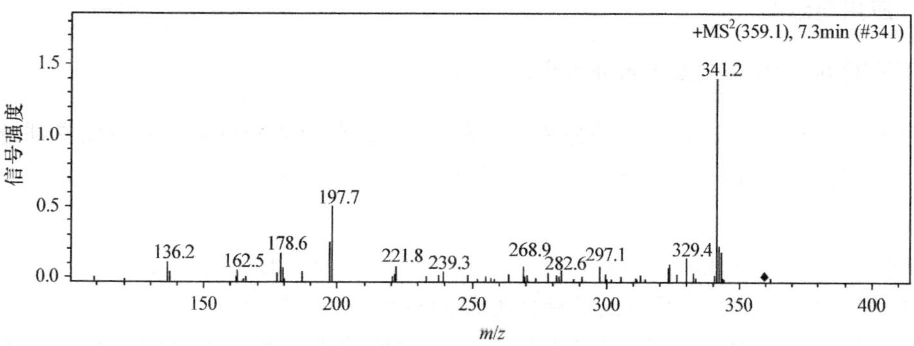

图 12-12　正离子检出模式六味地黄丸中芍药苷的二级质谱

+MS^2 代表二级质谱正离子检出模式;359.1 为二级质谱的母离子的质荷比;

7.3min 为该母离子峰在总离子流色谱图上的保留时间;"◆"符号即母离子在质谱图上的位置

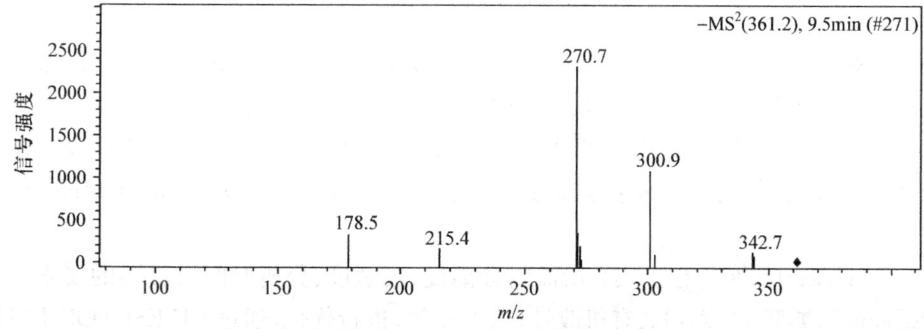

图 12-13　负离子检出模式六味地黄丸中梓醇的二级质谱

−MS^2 代表二级质谱负离子检出模式;361.2 为二级质谱的母离子的质荷比;

9.5min 为该母离子峰在总离子流色谱图上的保留时间

12.4　CE-TOF 联用技术

12.4.1　工作原理与特点

飞行时间质谱(time-of-fight mass spectrometry,TOF/MS)早在 1955 年就已经商品化。近几年,随着空间聚焦、反射镜和垂直加速技术的发展,TOF/MS 的分辨率得以提高,可以达到 55 000,而且数据采集速度高达 4G/s。同时,电离方式的改进及各种联用技术促进了 TOF/MS 技术的发展与应用,使得 TOF/MS 技术显示出更大的优势。以 TOF/MS 技术搭建的分析平台具有分析速度快、灵敏度高和质量范围宽等优点,并且 TOF/MS 的一大特点是可以提供有关分析物质的准确质量数,已经被广泛地应用于多肽、核酸、多糖等生物大分子的相对分子质量测定、药物筛选、蛋白质的序列测定以及测定高分子化合物的分子质量分布和末端分析等领域。

毛细管电泳-飞行时间质谱(CE-TOF/MS)联用技术将 CE 的高分离能力和 TOF/MS 的高灵敏度、高分辨率相结合,具有较高的分离分析能力[14-18]。本节重点对 CE-TOF/MS 在药物复杂体系分析中的应用予以总结和展望。

12.4.2　应用与示例

1. CE-TOF/MS 在天然产物分析中的应用

由于 CE-TOF/MS 具有高效的分离能力和灵敏度,在中药分析方面的应用受到越来越广泛的关注。下面主要针对 CE-MS 联用技术中的 CE-TOF/MS 技术在中药分析方面的应用进行综述。

Bringmann 等[19]应用 CE-ESI-TOF/MS 技术对拟南芥中的硫代葡萄糖酸盐进行了分析,ESI-TOF/MS 系统允许对 CE 分离的硫代葡萄糖酸盐的元素组成进行测定。

陈军辉等[20,21]首次采用了 CE-ESI-TOF/MS 联用技术对黄连中生物碱类化合物成分进行快速的定性分析,并通过二极管阵列(DAD)紫外光谱分析和质谱分析,对黄连中 7 种生物碱进行了分析鉴定。实验结果表明,该方法可以快速分离、鉴别黄连中的生物碱类化合物,在中草药生物碱类化合物的鉴定研究中具有很强的适用性,有望成为一种快速、高效定性和定量中药生物碱成分的有效方法。

Arraez-Roman 等[22]对 *Ranunculus petiolaris* HKB 花粉微球浸膏中的酚类化合物进行了鉴定,通过对缓冲液类型、浓度、pH、有机改性剂等实验条件的优化,确定了以 80mmol/L 乙酸铵(用氨水调节 pH 至 10.5)为缓冲体系,可以得到最优的峰形、分离度及柱效。在此条件下,利用 TOF/MS 提供的准确质量数信息,鉴定出了 *Ranunculus petiolaris* HKB 花粉中的 10 种酚类化合物。

Carrasco-Pancorbo 等[23]根据实验所需的分离度、灵敏度、分析时间及峰形的要求对实验条件(包括缓冲液的类型、浓度、pH、有机改性剂、电压等)进行优化,通过 CE-ESI TOF/MS 联用技术分别对橄榄油中的 45 个紫锥菊多酚类成分进行了分析测定,实验得到的准确度不低于 5ppm。

Segura-Carretero 等[24]采用固相萃取法对玫瑰茄中的花青苷类进行提取分离,采用 CE-TOF/MS 正离子模式对花青苷类中的飞燕草苷元、花青定、芸香糖苷、绿原酸及花青素等进行分离和快速鉴定,实验得到的准确度不低于 10ppm,并且还提供了有关同位素匹配模式(误差小于 5%)。实验还结合傅里叶变换质谱对有关化合物的结构进行了鉴定。

Verardo 等[25]在优化了缓冲液、鞘液等 CE 和 ESI-TOF/MS 参数后,建立了荞麦中抗氧化成分的 CE-ESI-TOF/MS 分析方法。结果鉴定出荞麦含有酚酸类、原花青素和酯型原天竺葵定(galloylated propelargonidins)等成分,其中獐牙莱苦苷(swertiamacroside)和 2-羟基-3-*O*-*β*-D-吡喃葡萄糖-苯甲酸(2-hydroxy-3-*O*-*β*-D-glucopyranosil-benzoic acid)属首次鉴定。此外,还推测荞麦中可能含有 5,7,4′-三甲氧基异黄烷(5,7,4′-trimethoxyflavan)和二羟基三甲氧基异黄烷(dihydroxy-trimethoxyisoflavan)。

随着 CE-TOF/MS 联用技术在天然药物分析方面应用的日渐成熟,结合目前中药真伪鉴别和中药质量控制的常用方法——中药指纹图谱法,建立有关中药有效成分的 CE-TOF/MS 指纹图谱,将会成为 CE-TOF/MS 联用技术在中药分析方面的一大应用。与传统的二维色谱指纹图谱相比,由于 TOF/MS 可以提供准确质量数,因此可以将保留时间和准确质量数结合,建立有关保留时间、准确质量数和峰强度之间的三维指纹图谱,从而提高相应指纹图谱的准确性。

【例 12-3】 CE-TOF-MS 鉴定中药材延胡索中的生物碱成分。

生物碱是一类具有多种生理活性的重要天然产物,目前主要利用 HPLC 法对其进行分离分析。延胡索作为中医临床常用中药材,其有效成分多为生物碱类。用 HPLC 进行分离分析时,分析时间长、效率低;色谱柱容易被污染,使寿命降低;而且极性成分生物碱中的—*N*—基可与填料上的残余—Si—OH 基结合而造成色谱峰拖尾,使分离度变差、"指纹"特征不强;尤其是当存在同分异构体的情况下,其分离情况更为复杂。

在中药生物碱类成分分析方面,CE 与 HPLC 相比具有明显的优势。CE 是以空心毛细管为通道、依靠电渗淌度和电泳淌度不同进行分离的,分离效率高;同时对样品预处理要求低,容易清洗,不存在柱污染问题;此外,CE 方法本身需要分析带有一定电荷的物质,而生物碱在结构上以含有氮原子为特点,氮原子上的孤电子对能接受质子而显碱性,常携带正电荷,所以十分适用。

但是,由于 CE 技术的分离原理与毛细管内壁的活性位点有关,因此保留时间的漂移造成重现性较差的现象一直阻碍 CE 技术的广泛应用。与 HPLC 类似,CE UV 检测的定性能力较差。因此,为了得到较好的定性效果,将 CE 与 TOF/MS 检测技术联用,利用 TOF/MS 提供的准确质量数信息,可以克服 CE 定性效果差的缺陷。在对延胡索中的生物碱成分进行 CE-TOF/MS 定性分析时,由于其含有大量同分异构体,因此,如果仅凭借准确质量数对所得谱图进行数据处理,不进行色谱峰保留时间的匹配,会导致错误的结果和结论。

孙毓庆课题组通过 CE-TOF/MS 联用技术,对中药材延胡索中的生物碱成分进行分离,得到相应的电泳-质谱图,并根据 TOF/MS 提供的准确质量数信息,利用化学计量学的相关功能,建立中药延胡索中生物碱成分基于准确质量数的指纹图谱和数据库,为更好地控制中药质量提供有益参考。

仪器:Agilent G1602A 毛细管电泳仪,G1969A TOF/MS 仪,G1376A 毛细管液相泵,G1603A CE-MS 适配器,G1607A CE-ESI-MS 喷雾接口装置(Agilent Technologies,USA);系统控制和数据处理由 G2201AA Agilent Chemstation CE 控制软件和 Agilent Mass Hunter 软件(B03.01)完成。

延胡索中生物碱成分的鉴定结果

①黄连碱(coptisine,$[M+H]^+$ m/z320.0933);②延胡索己素(tetrahydrocoptisine,$[M+H]^+$ m/z324.125);③异波尔定或其同分异构体(isoboldine or isomer,$[M+H]^+$ m/z 328.1559);④二氢血根碱(dihydrosanguinarine,$[M+H]^+$ m/z 334.1087);⑤小檗碱(berberine,$[M+H]^+$ m/z 336.1247);⑥、⑦非洲防己碱(columbamine isomers,$[M+H]^+$ m/z 338.1402,m/z 338.1403);⑧药根碱(jatrorrhizine,$[M+H]^+$ m/z 338.1402);⑨四氢小檗碱或其同分异构体(canadine or isomer,$[M+H]^+$ m/z 340.1561);⑩L-四氢非洲防己碱或其同分异构体(tetrahydrocolumbamine or isomer,$[M+H]^+$ m/z 342.1714);⑪巴马汀及其同分异构体(palmatine,$[M+H]^+$ m/z 352.1561)、⑫、⑬palmatine isomers($[M+H]^+$ m/z 352.1562,m/z 352.1562);⑭延胡索丙素(protopine,$[M+H]^+$ m/z 354.1352);⑰四氢帕马汀及其异构体(tetrahydropalmatine,$[M+H]^+$ m/z

356.1876)；⑮、⑯和⑱tetrahydropalmatine isomers([M+H]$^+$ m/z 356.1876，m/z 356.1876，m/z356.1875)；⑲脱氢紫堇碱(dehydrocorydaline，[M+H]$^+$ m/z 366.1722)；⑳延胡索寅素(homochelidonine，[M+H]$^+$ m/z 370.1667)；㉑、㉒、㉓紫堇碱及其同分异构体(corydaline isomers，[M+H]$^+$ m/z 370.2037，m/z 370.2033，m/z 370.2034)。具体结果见图12-14和表12-4。

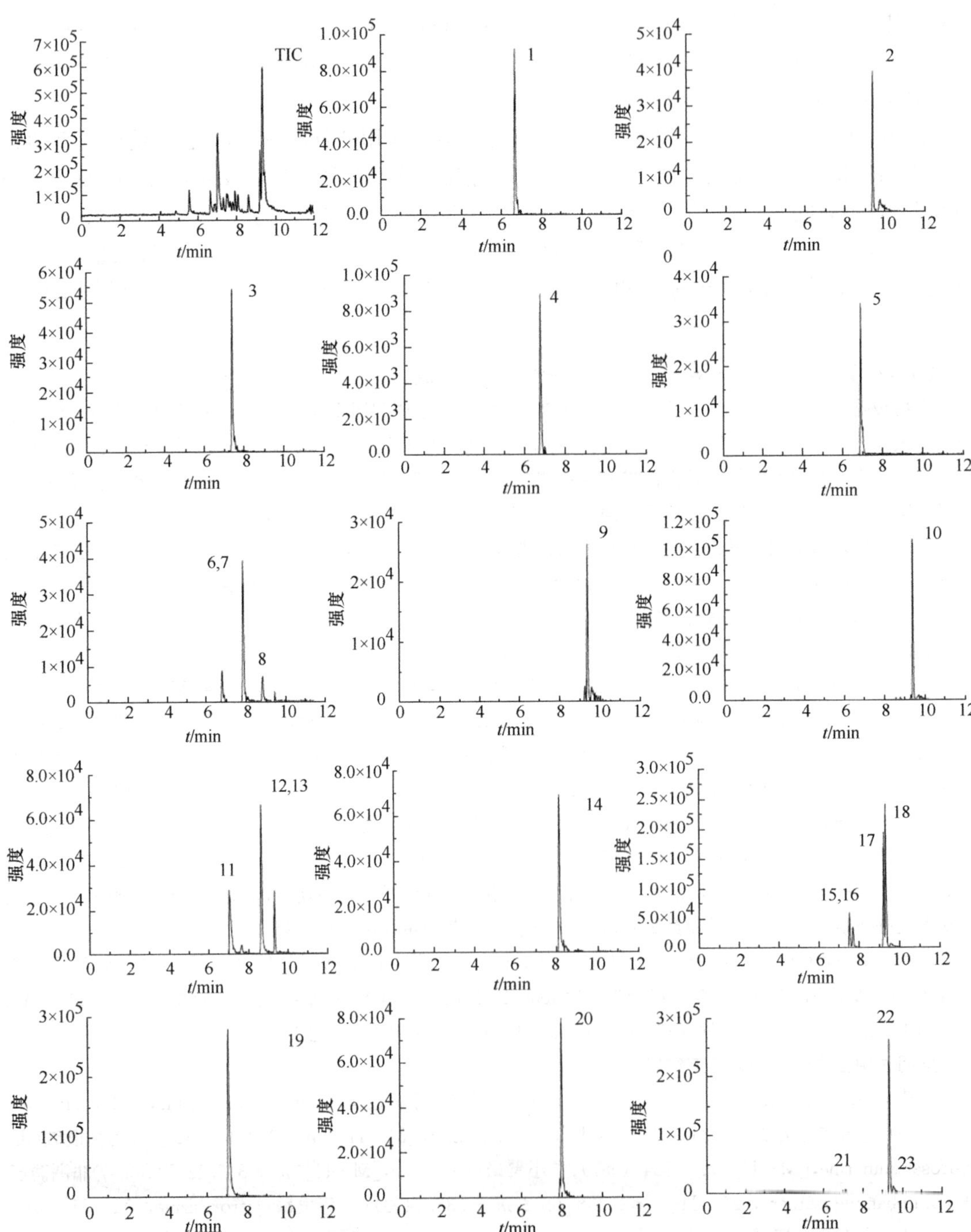

图12-14　延胡索提取物CE-ESI-TOF/MS的总离子流图(TIC)和提取离子流图(EIC)

缓冲液：50mmol/L甲酸铵(氨水调pH 9.0)：甲醇=80：20，体积比；

未涂层石英毛细管：75cm×50μm(i.d.)；分离电压：30kV；进样量：30mbar×10s.

表 12-4　CE-ESI-TOF/MS 鉴别延胡索样品中的生物碱

序号	化合物	分子式	m/z EIC	实验测得准确质量数	计算所得准确质量数	偏差/(DB,ppm)	偏差/(DB,mDa)	t_R/min
1	coptisine	$C_{19}H_{13}NO_4$	320.0933	319.086	319.0844	−5.14	−1.64	6.697
2	tetrahydrocoptisine	$C_{19}H_{17}NO_4$	324.125	323.1177	323.1157	−6.32	−2.04	9.411
3	isoboldine or isomer	$C_{19}H_{21}NO_4$	328.1559	327.1486	327.1470	−5.03	−1.65	9.380
4	dihydrosanguinarine	$C_{20}H_{15}NO_4$	334.1087	333.1014	333.1001	−3.98	−1.32	6.777
5	berberine	$C_{20}H_{17}NO_4$	336.1247	335.1174	335.1163	−3.27	−1.09	6.895
6	columbamine isomers	$C_{20}H_{19}NO_4$	338.1402	337.1329	337.1319	−3.03	−1.02	6.788
7	columbamine isomers	$C_{20}H_{19}NO_4$	338.1403	337.1330	337.1319	−3.23	−1.09	7.841
8	jatrorrhizine	$C_{20}H_{19}NO_4$	338.1402	337.1330	337.1319	−3.15	−1.06	8.808
9	canadine or isomer	$C_{20}H_{21}NO_4$	340.1561	339.1489	339.1470	−5.51	−1.87	9.383
10	tetrahydrocolumbamine or isomer	$C_{20}H_{23}NO_4$	342.1714	341.1641	341.1627	−4.06	−1.39	9.375
11	palmatine	$C_{21}H_{21}NO_4$	352.1561	351.1489	351.1470	−5.33	−1.87	7.082
12	palmatine isomers	$C_{21}H_{21}NO_4$	352.1562	351.1489	351.1470	−5.54	−1.95	8.658
13	palmatine isomers	$C_{21}H_{21}NO_4$	352.1562	351.1489	351.1470	−5.35	−1.88	9.318
14	protopine	$C_{20}H_{19}NO_5$	354.1352	353.1279	353.1263	−4.63	−1.64	8.117
15	tetrahydropalmatine isomers	$C_{21}H_{25}NO_4$	356.1876	355.1803	355.1783	−5.59	−1.99	7.543
16	tetrahydropalmatine isomers	$C_{21}H_{25}NO_4$	356.1876	355.1803	355.1783	−5.67	−2.02	7.720
17	tetrahydropalmatine	$C_{21}H_{25}NO_4$	356.1876	355.1802	355.1783	−5.48	−1.95	9.250
18	tetrahydropalmatine isomers	$C_{21}H_{25}NO_4$	356.1875	355.1802	355.1783	−5.32	−1.89	9.353
19	dehydrocorydaline	$C_{22}H_{23}NO_4$	366.1722	365.1649	365.1632	−4.76	−1.74	7.089
20	homochelidonine	$C_{21}H_{23}NO_5$	370.1667	369.1594	369.1576	−4.76	−1.76	7.971
21	corydaline isomers	$C_{22}H_{27}NO_4$	370.2037	369.1964	369.1940	−6.62	−2.45	7.161
22	corydaline isomers	$C_{22}H_{27}NO_4$	370.2033	369.1960	369.1940	−5.37	−1.98	9.384
23	corydaline isomers	$C_{22}H_{27}NO_4$	370.2034	369.1961	369.1940	−5.62	−2.08	9.586

2. CE-TOF/MS 在外源和内源性代谢物分析中的应用

Elhamili 等[26]采用 SCX-SPE 柱提取人血浆中三环抗抑郁药——米帕明(imipramine)、地昔帕明(desipramine)、氯米帕明(clomipramine)和去甲氯米帕明(norclomipramine),并用 ω-碘代烷基铵盐(ω-iodo-alkyl ammonium salt)(M7C4I)涂层(减少毛细管表面硅羟基吸附)的毛细管柱,在线联用 TOF-MS 分析上述提取物。提取回收率达 87%～91%。电解质为添加了 ACN 的乙酸缓冲液,完成上述分析物分析的时间小于 6min。结果表明,该方法可用于生物体液样本和制剂中的碱性药物提取和含量测定。

Elhamili 等[27]采用单四哌嗪化合物[monoquaternarized piperazine compound(M7C4I)]作为毛细管内壁涂层材料,CE-ESI-TOF/MS 技术测定并比较了常规的液液萃取(LLE)和阳离子交换固相萃取(SCX-SPE)技术提取人血浆中的抗癌药物依马替尼(Imatinib)。SCX-SPE 柱的提取回收率达 85%～91%,而常规 LLE 只有 30%～35%。使用含 5% ACN 的乙酸缓冲溶液,10min 内完成样品分析且柱效达 4.7×10^5/m,迁移时间的重现性为 1.9%($n=3$)。方法学实验结果表明,采用 SCX-SPE 结合 CE-ESI-TOF/MS 技术可以快速、有效、灵敏地测定 Imatinib 血浆提取物,可以用于其治疗药物监测的准确测定,此外还可以用于 Imatinib 代谢物以及其他碱性药物小分子的制剂和生物样本的提取和临床测定。

Haselberg 等[28]使用无鞘液 CE-TOF/MS 技术测定了药物——溶解酵素结合物。

Sugimoto 等[29]用 375 个标准阳离子代谢物和支持向量回归法建立预测模型,通过预测迁移时间和 CE-TOF/MS 质谱图数据结合,实现了人尿液中未知代谢物的鉴定。实验先采用专业软件 Master Hands 对 CE-TOF/MS 的数据进行了去噪声、基线校正、峰鉴定、去卷积及峰面积积分等相关处理。通过支持向量回归和多元线性回归对质谱图中代谢物峰的迁移时间进行回归处理,将样品连续测定五次,得到的尿液中 1551 个峰的迁移时间的标准差由 0.26 减小到 0.008 86。将不同组分样品的谱图中的峰进行归一化处理后,减小了组分间的偏差,提高了结果的重现性。

此外,Ohashi 等[30]用 CE-TOF/MS 测定组氨酸缺乏的大肠杆菌的代谢组变化。Sugimoto 等[31]用基于 CE-TOF/MS 的唾液代谢组学鉴定口腔/乳腺/胰腺癌特异谱。Kim 等[32]用 CE-TOF/MS 测定了韩国豆酱在发酵过程中的代谢物谱及其代谢通路。

3. CE-TOF/MS 在生物大分子分析中的应用

Haselberg 等[33]采用非共价键涂层的 CE-TOF/MS 技术分析了人生长因子(rhGH)和后叶催产素(oxytoxin)在长期放置、热破坏或不同 pH 时的降解产物变化。为了减小蛋白质和肽段吸附的影响,在实验中采用了聚苯-聚乙烯磺酸(PB-PVS)和聚苯-右旋糖苷硫酸-聚苯(PB-DS-PB)作为毛细管内非共价键合涂层材料。对于 rhGH 来讲,在上述条件下其氧化、磺酸化及去氨基化产物的量均增加;而对于后叶催产素来讲,在低 pH 时进行热破坏,其去氨基化作用强烈(>40%),而中等和高 pH 时,则易形成二、三磺酸化产物。CE-TOF/MS 对同类蛋白质显示了强大的分离分析能力。

Haselberg 等[34]还采用 CE-TOF/MS 分析了原位蛋白质。Giménez 等[35]采用 CE-TOF/MS 分析了重组人促红细胞生长素糖肽。

12.4.3 总结和展望

CE 技术与其他光谱、色谱分析方法相比,更适合用于有效成分复杂且极性大的中药及中药制剂的分析。虽然 CE 的重现性、准确性较差，使其在中药复杂体系的分析受到一定的限制，但与 TOF/MS 技术联用后，结合 TOF/MS 技术提供的准确质量数及较高的准确度、灵敏度，使得 CE 迁移时间漂移造成的重现性差的情况有了显著的改善。同时，随着化学计量学的发展，应用于 CE-TOF/MS 的数据处理方法有了很大的改善，因此 CE-TOF/MS 联用技术在复杂体系的分析方面的应用具有显著的优势，相信在不久的将来将会有巨大的发展空间。

12.5 毛细管电色谱-质谱联用技术

12.5.1 工作原理与特点

毛细管电色谱(CEC)结合了毛细管区带电泳的高柱效和高效液相色谱的高选择性固定相的优点，在分离效能和选择性调节等方面具有高效、快速、微量的特点，已经成为目前色谱领域的研究热点之一[36]。CEC 和质谱检测器具有良好的兼容性：①流速匹配——CEC 柱内径为 50～100μm，体积流速为 1～2μL/min，与 ESI 质谱允许流量匹配；②接口匹配——与 CZE-MS 和 HPLC-MS 联用相比，CEC-MS 联用时喷雾可直接由柱末端产生，不需要专门的接口，可以有效避免由于接口不适带来的诸多问题；③CEC-MS 一般采用低离子强度的缓冲溶液，利于 MS 检测。

自 1991 年 Verheij 等第一次报道了 CEC-MS 联用技术以来，CEC 已被成功地与 ESI、大气压电离质谱(API-MS)及快原子轰击质谱(FAB-MS)等各种离子化方式联用，用于甾体类化合物、药物、DNA、肽类、染料和药物先导物等各类样品的分离分析和结构鉴定，可以检测从浓度低至飞克摩尔到阿托摩尔的药物分子[37,38]。

12.5.2 应用与示例

【例 12-4】 CEC-ESI-IT/MS 检测人尿中的多种滥用药物[39]。

Aturki 等利用 CEC-ESI-MS 技术检测了人尿中的多种滥用药物。尿液用强阳离子交换柱提取后，经 CEC-ESI-Ion Trap/MS 分析。采用填充有 3μm 氰基衍生化硅烷填料的 CEC 柱(100μm×30cm)，乙腈：25mmol/L 甲酸铵缓冲液(pH 3)(30：70，体积比)作为缓冲溶液，电压 12kV，13min 内即可检测安非他命(AM)、甲基安非他命(MA)、可待因、可卡因、吗啡等 9 种滥用药物残留，加样回收率为 80%～90%，检测限可达 0.78～3.12ng/mL。结果见表 12-5 和图 12-15。

表 12-5 待测物 m/z 及其主要碎片离子

序号	待测物	$[M+H]^+$	碎片离子 m/z
1	AM	136.1	119.1,91.1
2	MA	150.1	119.1,91.1
3	MDA	180.1	163.1
4	MDMA	194.1	163.1
5	吗啡	286.2	229.2,211.1,201.1
6	可待因	300.2	215.3,243.1
7	MDEA	208.1	163.1
8	可卡因	304.3	182.1
9	海洛因	370.2	310.1,268.2

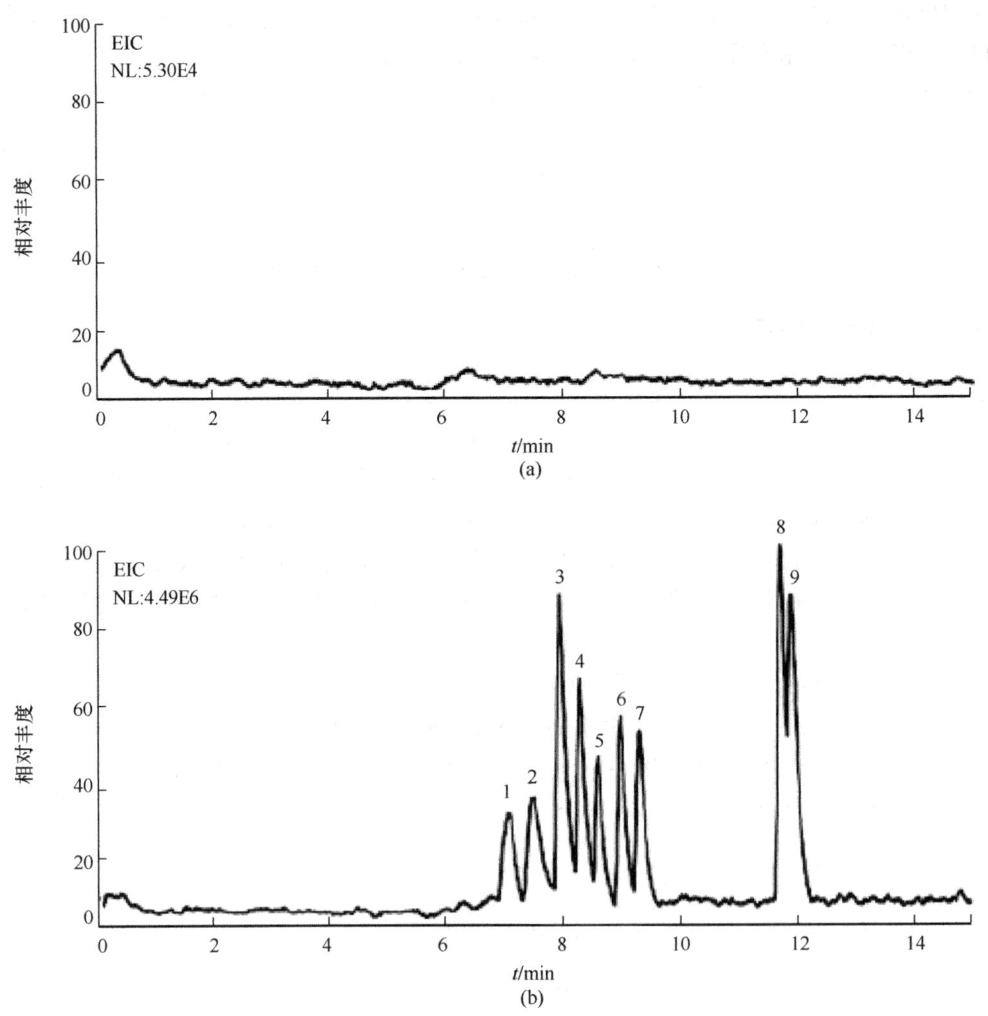

图 12-15　空白尿样和添加 9 种滥用药物的尿样 CEC-MS 分析的 EIC 图

(a) 空白尿样；(b) 9 种滥用药物添加尿样

1 安非他命(AM)；2. 甲基安非他命(AM)；3. MDA；4. MDMA；5. 吗啡；6. 可待因；7. MDEA；8. 可卡因；9. 海洛因

12.6　微流控芯片-质谱联用技术

12.6.1　工作原理与特点

微流控芯片技术(microfluidic chip)以芯片为操作平台，同时结合了分析化学、微机电加工技术、微管道网络流体力学、生命科学等理论和技术，是当前微全分析系统(miniaturized total analysis systems)发展的热点领域。它的目标是将生物、化学、医学分析过程的样品制备、反应、分离、检测等基本操作单元集成到一块微米尺度的芯片上，自动完成分析的全过程。由于其在生物、化学、医学等领域的巨大潜力，已经发展成为一个生物、化学、医学、流体、电子、材料、机械等学科交叉的崭新研究领域[40-42]。

微流控芯片技术的发展依赖于多学科的交叉发展。当前的创新研究多集中在分离、检测体系方面；而对芯片上如何实现实际样品分析(如采样、前处理)、提高分析结果重现性等诸多问题还有待加强。

接口技术是常规 CE-MS 联用技术的核心，微流控芯片-质谱检测技术对接口的设计和制作有着更高的要求。这是因为质谱检测器要求微流控芯片上的待分析物由芯片出口流出并进入质谱离子源进行离子化，相应的接口设计需要满足：无死体积、提供稳定的离子化过程、对样品无稀释、检测灵敏度高等等条件。

从 1997 年首个微流控芯片-质谱接口诞生以来，接口技术得到了很大的发展与改进。相比于其他类型的离子化技术，电喷雾(ESI)质谱与微流控芯片的接口制作相对简单，其探索与应用也最为广泛。从其接口形式和发展历程主要分为：①直接将微流控芯片出口作为流出液喷口；②仿照 CE-MS 联用的接口，在芯片通道出口处外接一段毛细管作为流出液喷口；③采用微加工技术，直接在芯片通道末端制作出流出液喷口。

1997 年，Xue[43]将质谱检测器接地，直接将微流控芯片的通道出口对准质谱检测器的进样口，在芯片进样端施加电压，进行离子化。此类接口装置简单，但是由于电渗流驱动的微流控芯片的液体流出物流速在 100～200nL/min，离子化效果不稳定。

Figeys[44]及 Zhang[45]的课题组的分别报道了将一段毛细管连接到微流控芯片的末端作为接口的装置，同时将毛细管通过一段不锈钢套管和一个纳米喷头连接，甚至施加雾化气和鞘液，以改善微流控芯片-质谱柱后流出物的电喷雾性能和离子化效果。但是，此类外接毛细管接口存在死体积大、接口制作技术要求较高等问题，此外，鞘液对微流控芯片流出物的稀释效应明显，导致检测灵敏度大大降低。

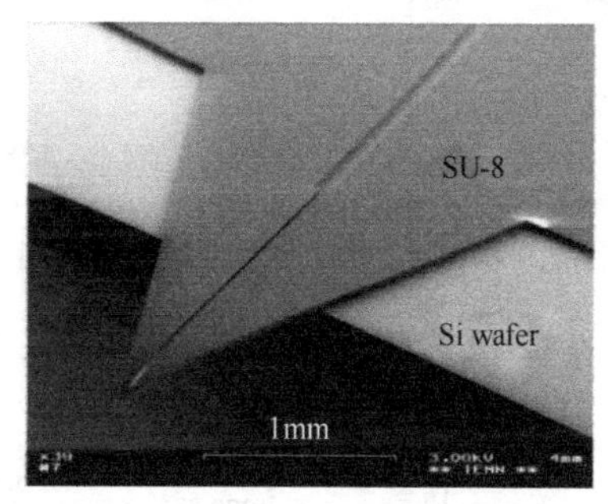

图 12-16　以 SU-8 为基质的塑料芯片 ESI 喷头扫描电子显微镜图[46]

随着微加工技术的不断发展，将电喷雾接口直接集成在弹性高聚物芯片上，在芯片通道末端加工成夹角适宜的三角锥形喷头[46]（图 12-16）。此种一体化的锥形接口无死体积，且更加有利于电喷雾泰勒锥的形成，可以采用较小的喷雾液流量即可完成雾化效果，从而极大地提高了微流控芯片-质谱的灵敏度。

12.6.2　应用与示例

毛秀丽等[47]采用上述自行组装的鞘液流辅助纳米电喷雾接口（图 12-17）在 557V/cm 电场下分离五种肽——KGGK（m/z 389.5）、LWL（m/z 431.5）、YGGFLK（m/z 684.3）、YGGFLR（m/z 712.6）和 YRPPGFSPF（m/z 612.8）（图 12-18）和牛胰核糖核酸酶 B(RNaseB)（图 12-19）。

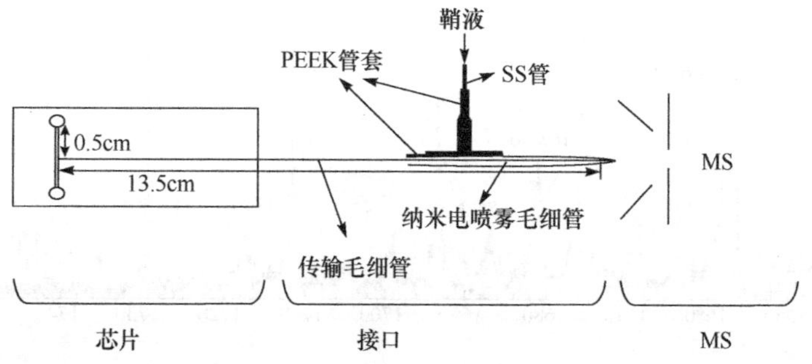

图 12-17　微流控芯片-质谱的鞘液辅助纳米电喷雾接口示意图[47]

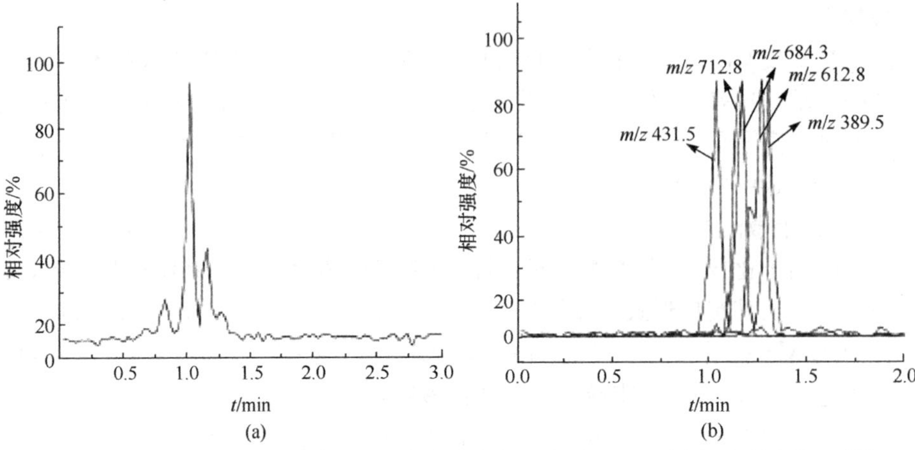

图 12-18　微流控芯片-质谱分离五种肽的总离子流图(a)和选择离子监测图(b)[47]

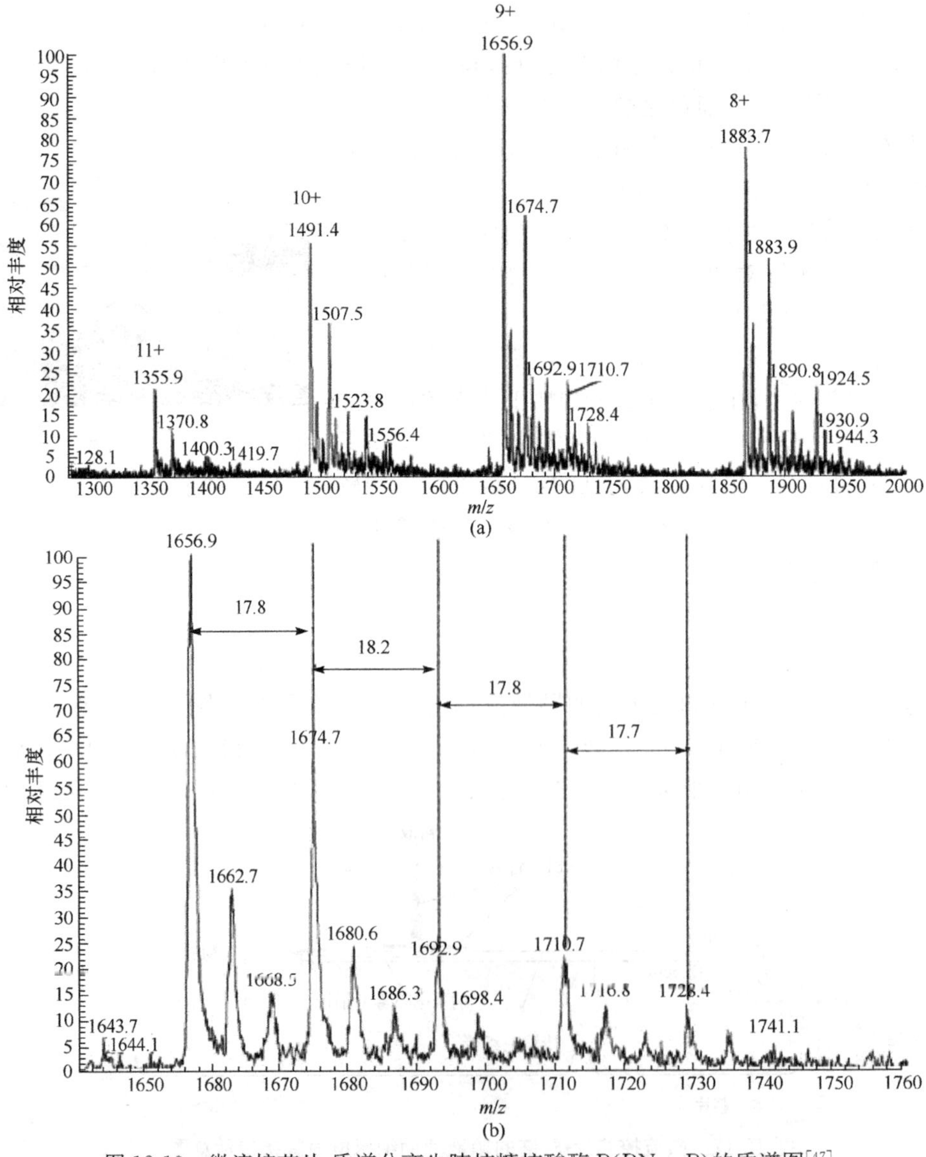

图 12-19　微流控芯片-质谱分离牛胰核糖核酸酶 B(RNaseB)的质谱图[47]

梁玉等[48]在玻璃芯片上以甲基丙烯酸十二酯(LMA)和三羟甲基丙烷三甲基丙烯酸酯(TMPTMA)为单体,制备了以聚丙烯酸酯整体材料为固定相的捕集柱和分离柱。通过在芯片通道末端连接细内径的毛细管作为芯片-质谱接口,并以常规的液相色谱泵和微阀控制流体,构建了芯片反相液相色谱-电喷雾串联质谱(RPLC-ESI-MS/MS)平台,并将其用于分析牛血清白蛋白(BSA)的酶解产物。经过 3 次平行分析,BSA 的序列覆盖率分别为 39.37%、37.89%和 34.10%(相对标准偏差为 7.3%)。采用不同批次制作的芯片构建 RPLC-ESI-MS/MS 平台,对 BSA 酶解产物进行分析,其序列覆盖率相当。上述结果表明,该平台具有灵敏度高和重现性好等优点,有望用于蛋白质样品的快速分离和高灵敏度鉴定。

魏慧斌[49]利用微流控芯片的手段对细胞进行操作和控制,连接质谱分析的方法对细胞的分泌物进行检测分析,得到细胞生命活动中扮演重要角色的物质的结构和含量信息。

微流控芯片最初只是作为纳米技术革命的一个补充,在经历了大肆宣传及冷落的不同时期后,近年来最终实现了商业化生产。

安捷伦的 HPLC-Chip[50]是可以实现纳流高效液相色谱(HPLC)的第一个基于微流控芯片的装置(图 12-20)。HPLC-Chip 技术的核心是可重复使用的微流控聚合物芯片。HPLC-Chip 比信用卡还小,上面无缝集成了样品富集柱和纳流 LC 系统的分离色谱柱,在聚合物芯片上有错综复杂的连接和用于电喷雾质谱的电喷雾针。该技术不再使用纳流 LC/MS 系统通常所需的 50%的传统接头和连接,大幅度减少了死体积和泄漏的可能性,显著改善了分析过程中的使用方便性、灵敏度、工作效率和可靠性。

HPLC-Chip 技术的第二个组成部件是 HPLC-Chip/MS 接口,安装在安捷伦纳流蛋白质解决方案 XCT-iontratp 质谱仪上。当插入芯片时,该设计配置保证电喷雾针处于质量分析的最佳位置。芯片的更换简单,可在几秒钟内完成,这与更换纳流 LC 色谱柱需要更长的时间形成鲜明对照。

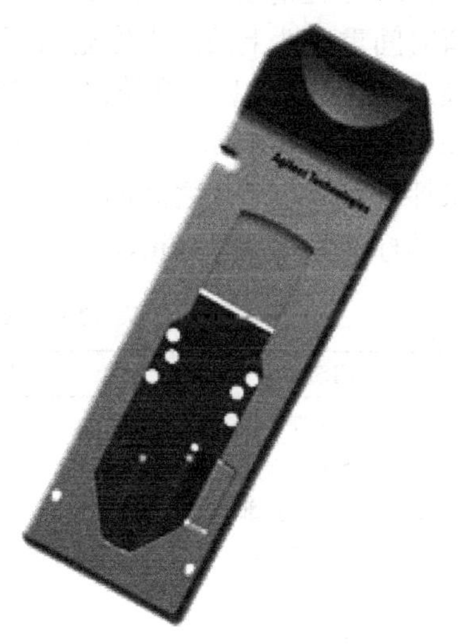

图 12-20　安捷伦 HPLC-Chip

安捷伦的 HPLC-Chip 实现纳流 HPLC,可用最少的样品获得最高的灵敏度。HPLC-Chip 在单一芯片上集成了样品制备、分离和电喷雾针,大大减少了纳流 HPLC 所需的接头、连接、阀和管线的数量。它还包含一个与质谱有效联用的喷雾头,可以通过质谱对分离后的化合物如多肽进行鉴定和定量分析。这一高度集成的自动化系统可以实现未知组成的复杂样品的分析,提高了工作效率和分析通量。与基于传统的色谱柱的纳流 HPLC 相比,HPLC-Chip 提供了无可比拟的使用方便性、更高的可靠性、耐用性和更高的灵敏度。HPLC-Chip 技术在广泛的领域都有潜在的应用,包括蛋白质组学研究、药物开发和生产、组合化学、化合物分析、DMPK、食品安全、环境监测和国土安全。

在液相色谱-芯片/质谱系统上(质谱的型号是 XCT)分析磺胺药物。进样体积为 1μL,首先在富集柱上进行样品的富集,然后正向洗脱至分析色谱柱上进行分离,最后被质谱检测。在血清样品中磺胺的最低检测限是 10^{-15} g(32×10^{-18} mol)。

在液相色谱-芯片/质谱系统上分析四个多肽的混合物,得到每个峰的峰宽和峰形[图 12-21(a)],将结果与常规纳流液相色谱/质谱的结果进行比较图 12-21(b)]。

在纳流液相色谱中,色谱峰扩展的主要原因是来自连接管线各接头部分。当色谱峰体积与连接管线死体积的比很小时,管线和接头的影响就越来越大。对于 75μm 色谱柱的常规纳

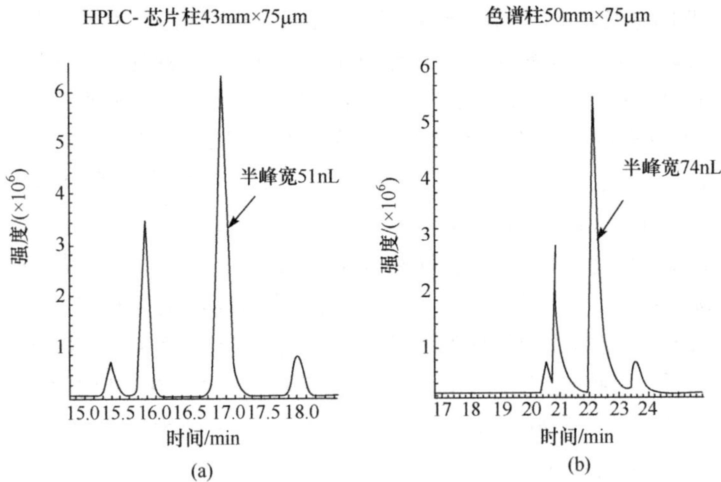

图 12-21 Agilent 液相色谱-芯片系统色谱性能表现

流液相色谱系统，所有连接管线的体积占色谱峰体积的 45%，这就导致了峰形的扩展和变宽。在液相色谱-芯片上，纳流色谱柱和纳流电喷雾针通过死体积极小的短通道连接，这样的设计就消除了色谱峰的扩散，最终得到最好的色谱峰形。

液相色谱-芯片分析酶解牛血清蛋白样品中 17 个峰的重现性(69 个氨基酸)见表 12-6。50fmol 牛血清蛋白的酶解产物在液相色谱-芯片/质谱上进样 69 次，用其中 17 个峰来评价保留时间重现性上面的表格显示了重现性的分析结果，平均相对标准差(RSD)是 0.27(平均标准差，SD 是 0.01)。在第二个实验中，在三个芯片上，利用四个多肽的混合物(angiotensin I，LHRF，neurotensin 和 substance P)，100 次进样的平均标准差小于 0.2min。同样的样品被用来评价芯片与芯片之间的偏差，对于 35 系列蛋白质鉴定芯片(G4240-62001)，LHRF 保留时间的标准差是 0.10min，而对于 substance P，保留时间的标准差是 0.26min。

表 12-6 Agilent 液相色谱-芯片系统的分析结果重现性

EIC m/z	平均 t_R	SD	RSD/%
EIC 487.8±全部 MS	3.618	0.014	0.40
EIC 752	3.788	0.011	0.29
EIC 740.6±全部 MS	5.018	0.010	0.20
EIC 874.4	3.968	0.012	0.31
EIC 653.6	4.289	0.012	0.28
EIC 511.7	3.681	0.012	0.31
EIC 722.7	3.547	0.012	0.35
EIC 778	4.143	0.010	0.23
EIC 526.3	4.399	0.015	0.34
EIC 547.5	4.472	0.011	0.25
EIC 746.7	5.196	0.011	0.20
EIC 610.1	4.142	0.011	0.26
EIC 508.2	4.972	0.011	0.23
EIC 582.4	4.679	0.011	0.23
EIC 461.9	3.905	0.012	0.30
EIC 474	4.759	0.011	0.22
EIC 628	4.584	0.010	0.22

聚合物材料的液相色谱-芯片与安捷伦双电极纳流电喷雾离子源/质谱联用具有极高的信噪比。与其他纳流电喷雾设计不同，它无需喷雾针电压优化，即可在梯度分析中变化电压，具有非常稳定的纳流喷雾(图 12-22)。

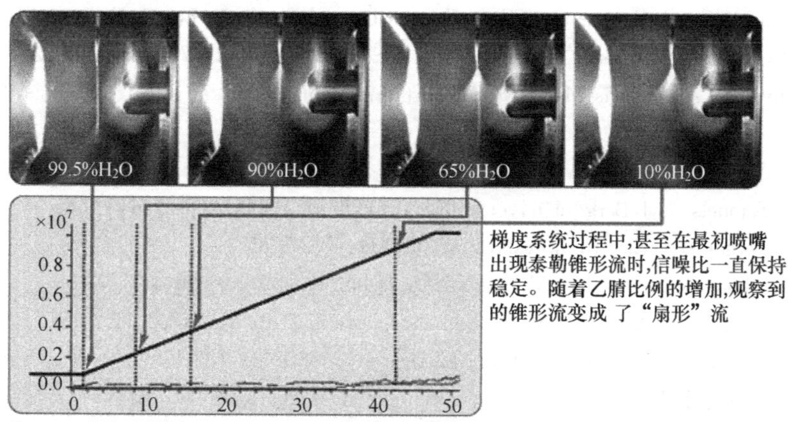

图 12-22　Agilent 液相色谱-芯片系统保证纳流电喷雾的稳定性

(中国药科大学　陈蓉)

参考文献

[1] Olivares J A,Nguyen N T ,Yonker C R,et al. Anal Chem,1987,59(8):1230

[2] Graspar A,Englmann M,Fekete A,et al. Electrophoresis,2008,29(1):66-79

[3] Smith R D,Barinaga C J,Udseth H R. Anal Chem,1988,60(18):1948

[4] Lee E D,Mück W,Henion J D,et al. J Chromatogr,1988,458(2):313

[5] Wahl J H,Gale D C,Smith R D. J Chromatogr,1994,659(1):217

[6] Niessen W M A,Tinke A P. J Chromatogr,1995,703(1-2):37

[7] Severs J C,Smith R D. Anal Chem,1997,69(11):2154

[8] Li J,Kelly J F,Chernushevich I,et al. Anal Chem,2000,72(3):599

[9] Schmitt-Kopplin P,Frommberger M. Electrophoresis,2003,24:3837

[10] Schmitt-Kopplin P,Englmann M. Electrophoresis,2005,26:1209

[11] Ding J M,Vouros P. Anal Chem New & Feature,1999,378A

[12] 马欣. 银杏叶毛细管电泳及色谱联用技术指纹图谱研究. 沈阳:沈阳药科大学硕士学位论文,2003

[13] 赵新峰. 六味地黄丸的质量控制方法研究. 沈阳:沈阳药科大学博士学位论文,2003

[14] Jose A,Olivares N,Clement R Y. Anal Chem,1987,59(8):1232-1236

[15] Simpson D C,Smith R D. Electrophoresis,2005,26(7-8):1291-1305

[16] Smyth W F. Electrophoresis,2005,26(7-8):1334-1357

[17] Jiang Y,David B,Tu P F. Anal Chim Acta,2010,675:9-18

[18] 孙毓庆,孙国祥,金郁,等. 毛细管电泳指纹图谱及毛细管电泳-质谱联用在中药质量控制中的作用. 色谱,2008,26(2):160-165

[19] Bringmann G,Kajahn I,Neusuess C,et al. Electrophoresis,2005,(26):1513-1522

[20] 陈军辉,赵恒强,李文龙,等. 高效毛细管电泳-电喷雾飞行时间质谱联用分析黄连中的生物碱. 化学学报,2007,(23):2743-2749

[21] Chen J H,Zhao H Q,Wang X R,et al. Electrophoresis,2008,29(10):2135-2147

[22] Arraez-Roman D,Zurek G,Bassmann C,et al. Anal Bioanal Chem,2007,389(6):1909-1917

[23] Carrasco-Pancorbo A,Neususs C,Pelzing M,et al. Electrophoresis,2007,28(5):806-821

[24] Segura-Canvetero A, Puertas-Mejia M A, Cortacero-Ramirezs, et al. Electrophoresis, 2008, 29 (13): 2852-2861

[25] Verardo V,Gomez-Caravaca A M,Segura-Carretero A,et al. Electrophoresis,2011,32(6-7):669-673

[26] Elhamili A,Samuelsson J,Bergquist J,et al. Electrophoresis,2011,32(6-7):647-658

[27] Elhamili A,Bergquist J. Electrophoresis,2011,32(13):1778-1785

[28] Haselberg R,Harmsen S,Dolman M E,et al. Anal Chim Acta,2011,698(1-2):77-83

[29] Sugimoto M,Hirayama A,Robert M,et al. Electrophoresis,2010,31(14):2311-2318

[30] Ohashi Y,Hirayama A,Ishikawa T,et al. Mol Biosyst,2008,4(2):135-47

[31] Sugimoto M,Wong D W,Hirayama A,et al. Metabolomics. 2010,6(1):78-95

[32] Kim J,Choi J N,John K M,et al. J Agric Food Chem,2012,60(38):9746-9753

[33] Haselberg R,Brinks V,Hawe A,et al. Anal Bioanal Chem,2011,400(1):295-303

[34] Haselberg R,de Jong G J,Somsen G W. J Chromatogr,2007,1159(1-2):81-109

[35] Giménez E,Ramos-Hernan R,Benavente F,et al. Anal Chim Acta,2012,709:81-90

[36] 张维冰. 毛细管电色谱理论基础. 北京:科学出版社,2006

[37] 邹汉法,刘震,叶明亮,等. 毛细管电色谱及其应用. 北京:科学出版社,2001

[38] 罗国安,王义明,陈令新,等. 毛细管电色谱及其在生命科学中的应用. 北京:科学出版社,2005

[39] Aturki Z,D'Orazio G,Rocco A,et al. Electrophoresis,2010,31:1256-1263

[40] 林炳承,秦建华. 微流控芯片实验室. 北京:科学出版社,2006

[41] 方肇伦. 微流控分析芯片. 北京:科学出版社,2003

[42] 林炳承,秦建华. 图解微流控芯片实验室. 北京:科学出版社,2008

[43] Xue Q F. Anal Chem,1997,69(3):426-430

[44] Figeys D,Ning Y B,Aebersold R. Anal Chem,1997,69(16):3153-3160

[45] Zhang B,Liu H,Karger B L,et al. Anal Chem,1999,71(15):3258-3264

[46] Le Gas S,Arscott S,Rolando C. Electrophoresis,2003,24(21):3640-3647

[47] Mao X L,Chu I K,Lin B C. Electrophoresis,2006,27:5059-5067

[48] 梁玉,吴慈,戴忠鹏,等. 基于整体材料的微流控芯片反相液相色谱-串联质谱平台用于蛋白质分析. 色谱 2011,29(6):469-474

[49] 魏慧斌. 微流控芯片-质谱联用技术用于细胞代谢及相互作用研究. 北京:清华大学博士学位论文,2011

[50] Http://www. agilent. com

第 13 章　多维指纹图谱技术

中药材受生长环境变化和加工储藏条件变化而直接影响其质量，中药疗效与其活性成分种类和含量直接相关。对中药材、半成品和成品的质量控制必须以其有效成分的种类和含量等作为指标，才能保证中药安全、有效、稳定和可靠[1]。中药和中药制剂化学成分复杂，仅通过一种或几种化合物含量控制其质量无法全面有效地控制中药质量。中药指纹图谱能全面地反映中药原料和中药制剂中所含化学成分种类与含量，进而对质量进行整体描述和评价[2]。然而中药多为复方用药，化学成分复杂且理化性质存在显著差异，仅靠单一分析方法或检测技术获得指纹图谱难以完整表征其化学指纹全貌，通常是在一个侧面上描述和表征中药的部分组分的分布状况。多元指纹图谱是指依据多种原理完全不同的分析方法获得的指纹图谱，即用多元分析技术获得指纹图谱；多维指纹图谱是采用相同分离技术和不同检测条件或不同检测原理获得指纹图谱；多元多维指纹图谱是利用不同分析技术方法和同一分离方法的不同检测条件或不同检测方式获得的立体空间指纹图谱。

13.1　中药多波长 HPLC 指纹图谱

中药指纹图谱的首要任务是反映中药化学成分种类、数量和含量分布，以便对中药进行定性定量评价。高效液相色谱法常用紫外检测器，但紫外光谱仅反映分子外层价电子发生 $\pi\rightarrow\pi^*$，$n\rightarrow\pi^*$ 和 $n\rightarrow\sigma^*$ 以及长共轭体系信息，故紫外检测获得 HPLC 指纹图谱的信息具有局限性（无法检测饱和化合物信息），而且不同化合物最大紫外吸收波长不同，因此用单一波长指纹图谱对中药进行整体定性定量的结果具有片面性，用平行多波长检测获得 HPLC 指纹图谱能展示中药多波长指纹图谱的丰富信息，用其定性和定量分析更准确。

13.1.1　系统指纹定量法原理[3]

中药指纹图谱构成样品指纹向量 $\vec{X}=(x_1,x_2,\cdots,x_n)$ 和其对照指纹向量 $\vec{Y}=(y_1,y_2,\cdots,y_n)$，$x_i$ 与 y_i 为各指纹峰面积。用宏定性相似度 S_m 整体鉴定化学指纹数量和含量分布，用宏定量相似度 P_m 测定全部指纹总含量，同时用一个指纹变动性系数 α 监控指纹信号均化性变动差异，见式(13-1)～式(13-3)，据此将中药质量划分为 8 级，等级标准见表 13-1。由此 3 个指标构成系统指纹定量法（SQFM），它是对中药复杂科学体系的一种理想定量方法，不同类型的中药原料和成药制剂的指纹图谱均可用 SQFM 评价。

$$S_m=\frac{1}{2}(S_F+S'_F)=\frac{1}{2}\left[\frac{\sum_{i=1}^{n}x_iy_i}{\sqrt{\sum_{i=1}^{n}x_i^2}\sqrt{\sum_{i=1}^{n}y_i^2}}+\frac{\sum_{i=1}^{n}\frac{x_i}{y_i}}{\sqrt{n\sum_{i=1}^{n}\left(\frac{x_i}{y_i}\right)^2}}\right] \tag{13-1}$$

$$P_m=\frac{1}{2}(C+P)=\frac{1}{2}\left(\frac{\sum_{i=1}^{n}x_iy_i}{\sum_{i=1}^{n}y_i^2}+\frac{\sum_{i=1}^{n}x_i}{\sum_{i=1}^{n}y_i}S_F\right)\times 100\% \tag{13-2}$$

$$\alpha=\left|1-\frac{\gamma_X}{\gamma_Y}\right|=\left|1-\frac{P}{C}\right| \tag{13-3}$$

表 13-1 系统指纹定量法(SQFM)划分中药质量等级标准

等级	1	2	3	4	5	6	7	8
S_m	≥0.95	≥0.90	≥0.85	≥0.80	≥0.70	≥0.60	≥0.50	<0.5
P_m/%	95～105	90～110	80～120	75～125	70～130	60～140	50～150	0～∞
α	≤0.05	≤0.10	≤0.15	≤0.20	≤0.30	≤0.40	≤0.50	>0.50
Grade	1	2	3	4	5	6	7	8
质量	极好	很好	好	良好	中	一般	次	劣

13.1.2 平行多波长 HPLC 指纹图谱[4-8]

对于 n 个样品，在 p 个波长下检测 $n\times p$ 个多波长指纹图谱。因为不同检测波长的 HPLC 指纹图谱鉴定中药结果有差异，孙国祥[4-8]等用独立权重法、均值法和投影参数法整合多波长下各样品定性定量全信息，实现对全紫外吸收化学信息的简化定量，在鉴定十全大补丸、补中益气丸和杞菊地黄丸的整体质量时，以多波长 HPLC 指纹图谱弥补单波长 HPLC 指纹图谱的片面性。尽可能使每个化学指纹成分在最大吸收波长的信息表达在指纹图谱中，突出强调信息最大化，并显著降低 HPLC-DAD 三维指纹系统信息冗余度。

1. 均值法

均值法是用 p 个紫外波长下 S_m、P_m 和 α 均值分别作为样品的宏定性相似度、宏定量相似度和均化性变动系数。实质是进行等权融合，简单便捷，但降低极大值和极小值对整合结果的影响。p 个紫外波长下的 S_m、P_m 和 α 的标准偏差不大时使用较为理想。

2. 权重法

自然权重法 是以固定波长指纹图谱生成对照指纹图谱并评价样品，同法分别求得 p 波长下 S_m、P_m 和 α 来计算权重 w_{ij}，见式(13-4)，其突出大值贡献。

$$X_j=\sum_{i=1}^{p}w_{ij}X_{ij}=\frac{\sum_{i=1}^{p}X_{ij}^2}{\sum_{i=1}^{p}X_{ij}},i=1,2,\cdots,n,j=S_m,P_m,\gamma \tag{13-4}$$

独立权重法 以独立样品自身 p 波长指纹图谱按平均值法计算生成一个拟合谱，以其计算不同波长下的 S_m、P_m 和 α 值，以此为基础再计算权重 w_{ij}，该法注重了样品自身的实际性，不与对照指纹图谱发生联系，属于独立权重。

固定权重法 以 p 波长的 p 个对照指纹图谱按平均值法计算生成一个对照拟合谱，以其计算不同波长的对照指纹图谱的 S_m、P_m 和 α，以此为基础再计算权重 w_{ij}。对不同样品采取统一的固定权重，该法注重了标准的固定分布。

3. 投影参数法

分别计算 $\vec{a}=(1,1,\cdots,1)$ 与 p 波长指纹图谱向量 $\vec{S}_m=(S_{m1},S_{m2},\cdots,S_{mn})$，$\vec{P}_m=(P_{m1},P_{m2},\cdots,P_{mn})$ 和 $\vec{\alpha}=(\alpha_1,\alpha_2,\cdots,\alpha_n)$ 的夹角余弦 S 见式(13-5)，以反映不同波长时比例分布。再计算其与均值 $\overline{X}$ 的均值见式(13-6)，是投影和均值等权整合，因表达两种条件下数据量的分

别贡献而更具代表意义。应用见表 13-2，平波长指纹图谱如图 13-1 所示。

$$S=\cos\theta=\frac{\sum_{i=1}^{n}X_i}{\sqrt{n\sum_{i=1}^{n}X_i^2}}=\overline{X}\sqrt{\frac{n}{\sum_{i=1}^{n}X_i^2}}\quad i=1,2,\cdots,p,X=S_m,P_m,\alpha \tag{13-5}$$

$$X_m=\frac{1}{2}(1+S)\overline{X}=\frac{1}{2}\left(1+\overline{X}\sqrt{\frac{n}{\sum_{i=1}^{n}X_i^2}}\right)\overline{X}\quad i=1,2,\cdots,p,X=S_m,P_m,\alpha \tag{13-6}$$

4. 均谱法[9]

均谱法是将 p 波长指纹图谱求均值得到均谱，以其代表多波长指纹图谱，是对指纹图谱信号的均化处理。以最多指纹峰的指纹图谱为基准，按固定漂移时间（0.1～1min）执行峰匹配，实现同一组分在不同波长检测的指纹峰完成匹配，若某组分不出峰则峰积分以 0 计。显然能把不同波长下同一化学成分指纹信号的合理表达出来，最后用 SQFM 判定样品质量。

表 13-2　基于多波长指纹图谱的系统指纹定量法鉴定 11 批杞菊地黄丸(QJDHWs)质量结果[6]

类型	参数	DMS1	DMS2	DMS3	DMS4	DMS5	DMS6	DMS7	DMS8	DMS9	DMS10	DMS11
203nm	S_m	0.94	0.98	0.97	0.99	0.99	0.98	0.95	0.95	0.94	0.96	0.93
	P_m/%	100.3	107.4	97.9	102.8	97.7	103.6	83.2	85.8	90.2	87.7	102.9
	α	0.07	0.02	0.05	0.03	0.04	0.03	0.04	0.02	0.01	0.03	0.01
	等级	2	2	1	1	1	1	3	3	2	3	2
228nm	S_m	0.93	0.98	0.96	0.98	0.98	0.98	0.93	0.92	0.94	0.96	0.93
	P_m/%	103.2	97.3	87.4	95.8	93.0	99.2	74.7	74.1	93.2	80.7	110.7
	α	0.20	0.01	0.04	0.01	0.04	0.02	0.01	0.02	0.05	0.04	0.05
	等级	4	1	3	1	2	1	5	5	2	3	3
265nm	S_m	0.86	0.97	0.91	0.97	0.98	0.97	0.87	0.90	0.92	0.93	0.92
	P_m/%	69.8	88.9	64.6	88.4	88.9	88.9	45.5	49.0	124.0	78.4	139.5
	α	0.11	0.03	0.06	0.05	0.01	0.04	0.20	0.21	0.40	0.07	0.10
	等级	6	3	6	3	3	3	8	8	6	4	6
280nm	S_m	0.87	0.96	0.92	0.98	0.97	0.98	0.91	0.92	0.92	0.93	0.91
	P_m/%	78.2	107.3	73.8	102.9	105.8	105.1	50.8	57.0	139.8	98.8	153.9
	α	0.04	0.10	0.01	0.07	0.12	0.05	0.15	0.15	0.42	0.21	0.18
	等级	4	2	5	2	3	2	7	7	7	5	8
326nm	S_m	0.94	0.96	0.96	0.96	0.97	0.96	0.92	0.90	0.92	0.74	0.81
	P_m/%	113.2	119.7	110.7	108.4	104.2	112	72.2	84.4	86.5	114.8	58.1
	α	0.23	0.20	0.21	0.19	0.18	0.20	0.09	0.17	0.08	0.24	0.16
	Grade	5	4	5	4	4	4	5	4	3	5	7
平均		4.2	2.4	4.0	2.2	2.6	2.2	5.6	5.4	4.0	4.0	5.2
SD		1.5	1.1	2.0	1.3	1.1	1.3	1.9	2.1	2.3	1.0	2.6
NWM	S_m	0.91	0.97	0.94	0.98	0.98	0.98	0.92	0.92	0.93	0.91	0.90
	P_m/%	94.7	103.5	87.8	99.5	97.6	101.4	70.2	73.7	112.6	91.7	123.9
	α	0.15	0.12	0.11	0.11	0.11	0.11	0.12	0.16	0.31	0.16	0.13
	等级	3	3	3	3	3	3	5	5	6	4	4

续表

类型	参数	DMS1	DMS2	DMS3	DMS4	DMS5	DMS6	DMS7	DMS8	DMS9	DMS10	DMS11
AM	S_m	0.91	0.97	0.94	0.98	0.98	0.97	0.92	0.92	0.93	0.91	0.90
	P_m/%	92.9	104.1	86.9	99.7	97.9	101.8	65.3	70.1	106.7	92.1	113.0
	α	0.13	0.07	0.07	0.07	0.08	0.07	0.10	0.11	0.19	0.12	0.10
	等级	3	2	3	2	2	2	6	5	4	3	3
PPM	S_m	0.91	0.97	0.94	0.98	0.98	0.97	0.92	0.92	0.93	0.90	0.90
	P_m/%	92.2	103.9	86.1	99.5	97.8	101.6	64.5	69.3	105.7	91.6	110.7
	α	0.12	0.06	0.06	0.06	0.07	0.06	0.09	0.10	0.17	0.11	0.09
	等级	3	2	3	2	2	2	6	6	4	3	3
平均		3.0	2.3	3.0	2.3	2.3	2.3	5.7	5.3	4.7	3.3	3.3
SD		0.0	0.6	0.0	0.6	0.6	0.6	0.6	0.6	1.2	0.6	0.6

注：NWM：natural weighted method，自然权重法；AM：average method，均值法；PPM：project parameter method，投影参数法。SD：standard deviation，标准偏差。

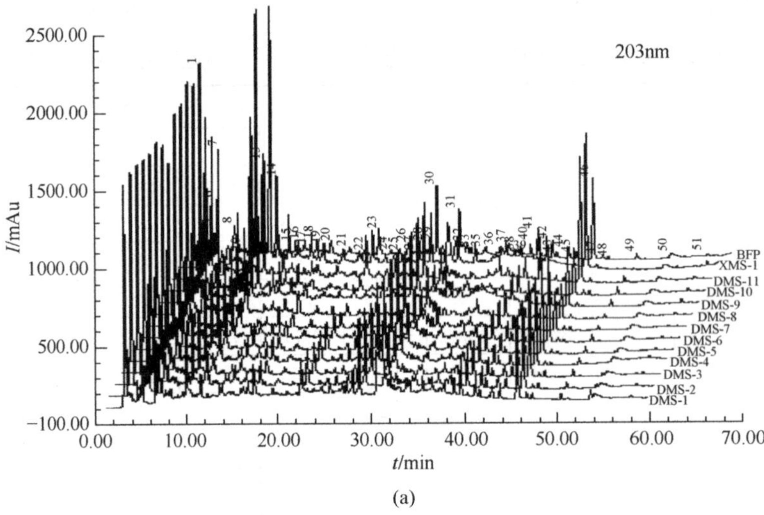

(a)

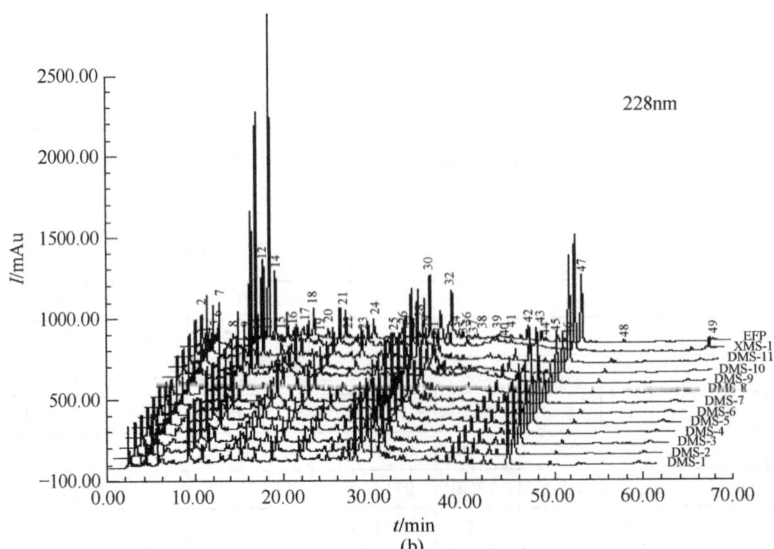

(b)

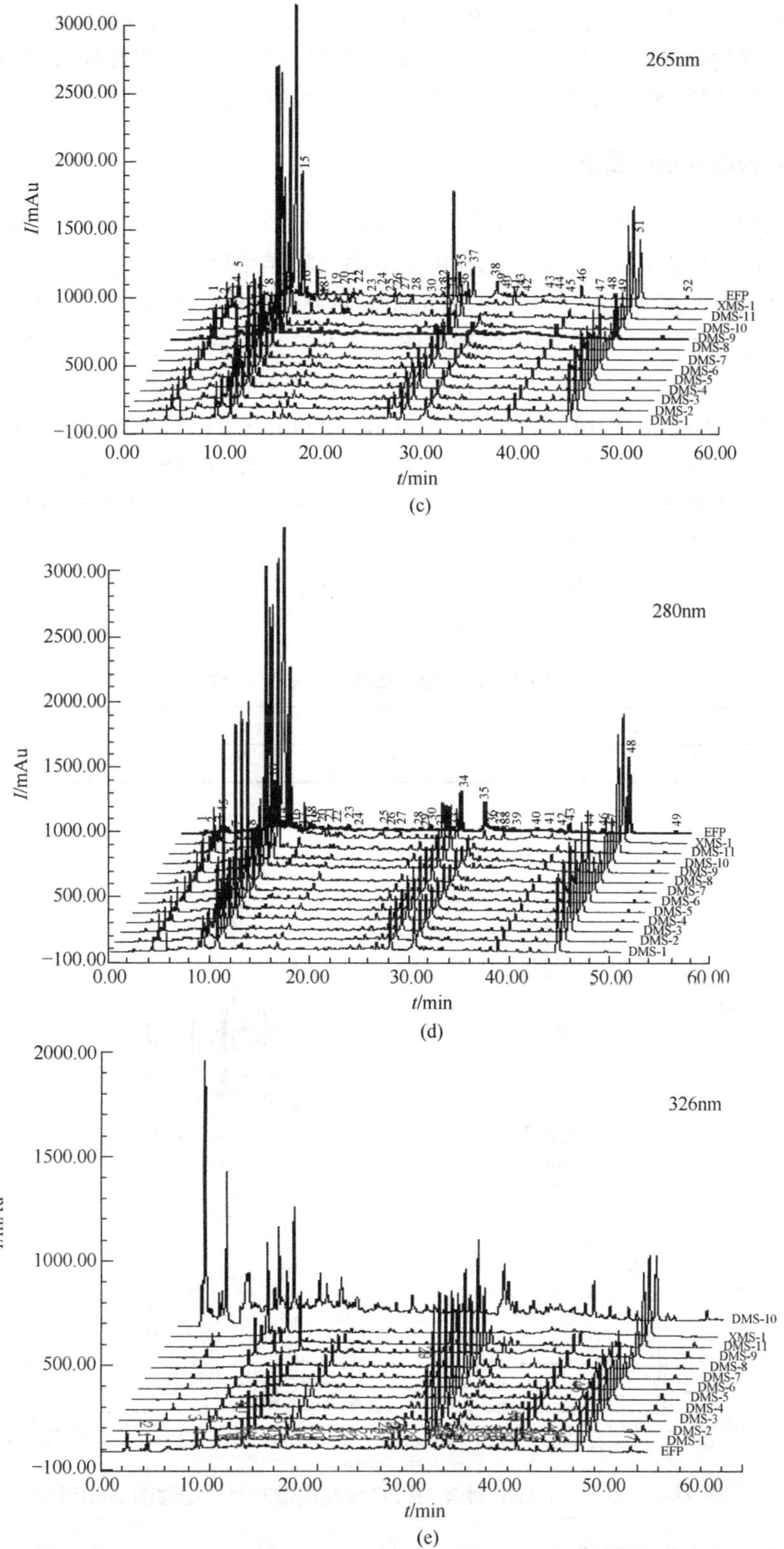

图 13-1　在 5 个不同波长下 11 批 QJDHWs 的 HPLC 指纹图谱和其对照指纹图谱

(a)203nm；(b)228nm；(c)265nm；(d)280nm；(e)326nm

利用平行多波长色谱指纹图谱均值评价法的不确定度和可靠度评价理论[10]，对平行六波长HPLC指纹图谱均值法综合鉴定二妙丸的不确定度和可靠度进行有效评价，是对鉴定中药质量的方法进行再评价，平行多波长指纹图谱是工业化控制中药质量的可行方法之一。

13.1.3 多波长融合指纹图谱[11-15]

多波长融合指纹图谱是对不同波长谱图的指纹峰信号很强区段按时间顺序融合得到的图谱。具有以下两个优点：①信号最大化和更能准确反映样品化学指纹信息；②能够对图谱隐含的定性、定量信息进行多侧面、全方位的展示而方便数据挖掘。用双波长融合谱技术对甘草和栀子进行质量鉴别[11-12]，对附子理中丸和龙胆泻肝丸进行质量鉴定[14,15]。用DAD采集200～400nm的龙胆泻肝丸色谱光谱图，结果大部分组分在254nm有较强吸收，黄酮类、有机酸类在270～360nm有较大吸收，选择254nm、280nm和326nm三个波长按表13-3等信号融合。融合点选择在无色谱峰处以不损失谱峰进行，信号不作任何改变的融合（连接）。如果谱图基线纵坐标有差异则需要将整体平移至同一信号水平，见表13-3，采用“中药色谱指纹图谱超信息特征数字化评价系统3.0”软件融合谱如图13-2所示。目前，融合谱技术（或变波长检测）和多波长中药指纹图谱技术日益得到重视和发展，这增强了对中药实施整体定性和整体定量的准确性，但该法仍无法检测无紫外吸收组分。

表13-3 融合指纹谱检测波长区段构成

t/min	0～15.0	15.0～50.5	50.0～59.0	59.0～72.5	72.5～77.5	77.5～95.0
λ/nm	280	254	326	280	254	280

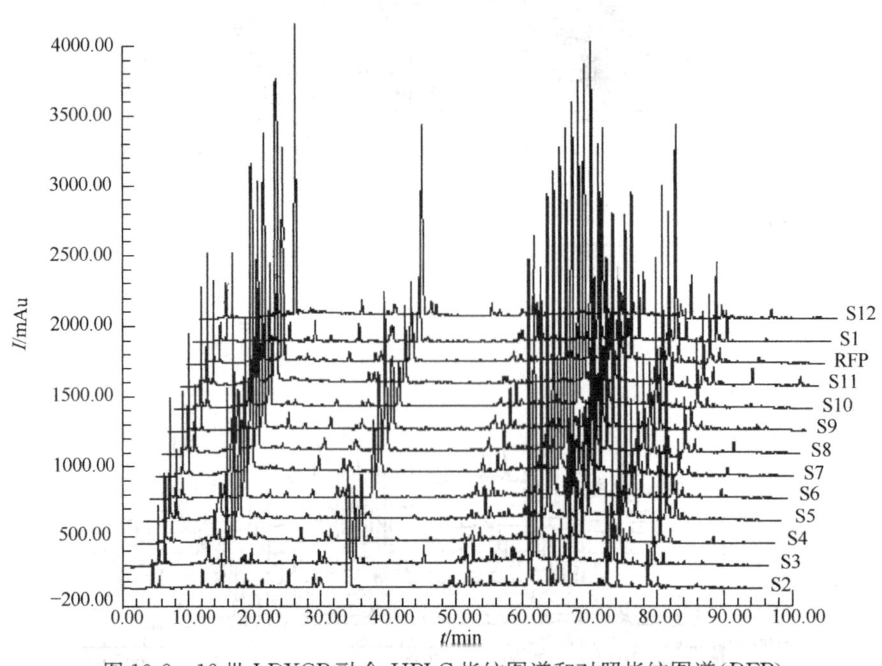

图13-2 12批LDXGP融合HPLC指纹图谱和对照指纹图谱（RFP）

13.1.4 多波长切换指纹图谱

由于中药成分复杂，其有效成分最大吸收波长相差甚远，通过在不同保留时间段切换检测波长实现有效成分均在最大吸收波长处测定指纹图谱，即得多波长切换指纹图谱。具有以下优点：①增加方法灵敏度和准确度及减少干扰；②能全面体现特征吸收波长相差较大的多成分指纹信息；③将单波长不能同时测定的药效成分信息同时显示，可解决单波长指纹图谱信息量不足问题；④分离效果好、指纹信量大、多个成分明确。魏惠珍等[16]采用多波长切换技术建立麻杏石甘汤指纹图谱，避免了遗失药效化学成分信息，其比融合指纹技术操作简便。因不涉及信号剪切，用该法控制中药质量更易获得认可和批准。徐大志等[17]在双黄连口服液 4 种有效成分含量分析时，运用 DAD 检测器在多波长下同时测定绿原酸、连翘苷、黄芩苷、汉黄芩素含量。多波长切换指纹图谱由于检测波长切换可能导致基线变化，因此对仪器检测技术要求较高。

13.2　多元指纹图谱技术

应用指纹图谱鉴定中药质量方法很多，如薄层色谱法、紫外光谱法、红外光谱法、高效液相色谱法、气相色谱法、X 射线衍射法和核磁共振光谱法等仪器分析方法都能对中药化学成分进行指纹图谱鉴定。因中药化学指纹图谱的复杂性，仅用单一方法鉴定中药具有片面性，几种方法联用构成多元指纹图谱技术能更加客观地从整体上评价中药质量。

13.2.1　HPLC 联用指纹图谱

1. HPLC-GC 联用指纹图谱

HPLC-GC 联用指纹图谱是高效液相色谱与气相色谱联用获得指纹图谱，毛细管气相色谱(GC)具有高分离能力和高分离速度，是分离复杂样品的重要手段，但 GC 族分离能力较差、进样量小，很难用于多簇组成复杂样品及痕量组分分析。与之相反，液相色谱能提供很好的族分离，可以对样品做净化、富集等处理，但其总柱效低，难于分离检测复杂异构体，将液相色谱与 GC 联用可使两者扬长避短[18]。因微柱 HPLC 流量小，将较长时间内 HPLC 流出物转移到 GC 中不至于对 GC 分离造成较大干扰，能减少峰重叠，便于定性定量分析。胡坪等[19]在重质石油中含氮化合物的形态及分布分析时，采用该法将 HPLC 流出物部分转移到极性毛细管柱中进行分离，实现 HPLC-GC 联用分析极性化合物。

2. HPLC-MS 联用指纹图谱

HPLC-MS 联用指纹图谱是高相液相色谱法与质谱法联用获得指纹图谱，是以质谱仪为检测手段，集高效液相色谱法(HPLC)高分离能力与质谱法(MS)高灵敏度和高选择性于一体的强有力分离分析方法。HPLC-MS 联用技术具有灵敏、快速的特点，以及对高沸点、难挥发和热不稳定化合物，对含量低、不易分离得到或缺乏特征紫外吸收的物质的分析中有独特优势，其在中药分析中应用最为广阔。刘训红等[20]对太子参采用 HPLC-MS 联用技术，应用模糊聚类法、色谱峰重叠率、共有峰百分比及相似度评价作分析比较，准确地反映不同产地药材 HPLC-MS 联用指纹图谱的关系。赵恒利等[21]用 HPLC-MS 快捷地获得了阿奇霉素片剂与胶囊的代谢指纹图谱。HPLC-MS 总粒子流色谱可以对无紫外吸收的成分和低含量组分都能进行多维定性和定量指纹图谱研究。

3. HPLC-IR 联用指纹图谱

HPLC-IR 联用指纹图谱是高效液相色谱法与傅里叶变换红外光谱联用获得指纹图谱。傅里叶变换红外光谱仪(FTIR)以其高分辨、高灵敏度和快速扫描等特点把红外光谱的定性特长提高到了一个新水平。HPLC-IR 可以得复杂混合物中各组分红外谱图,弥补色谱定性分析的不足,实现在线方式单指纹 IR 鉴别。第二个联用方式是 HPLC 和 IRFP 的离线联用,HPLC 紫外检测器主要检测具有不饱和双键、叁键和长共轭体系结构的组分产生的指纹峰,突出反映分子结构不饱和键信息。中红外光谱能反映中药中多种化合物成分的单键、双键和叁键等的振动(转动)时对中红外线吸收光谱的叠加(但以振动为主),主要反映饱和化学键特征,孙国祥等[22]提出把 HPLC 指纹图谱和 IRFP 用等权整合法来鉴定中成药质量,是一种很好的思路。

4. HPLC-CE 联用指纹图谱

HPLC-CE 联用指纹图谱是液相色谱与毛细管电泳联用获得指纹图谱。毛细管电泳柱效高、分离模式多样,因此二者联用可实现复杂样品指纹分离。HPLC-CE 部分弥补 2D PAGE 的不足,在蛋白质分离鉴定方面取得令人瞩目的成绩。叶淋泉等[23,24]在高效液相色谱-毛细管电泳二维分离平台初探时,考察了液滴接口二维分离平台的可行性和有效性,并获得 3000 以上的指纹峰容量,构建了反相液相色谱-毛细管电泳二维分离平台,并应用于复杂多肽混合物的分离分析。

5. HPLC-TLC 联用指纹图谱

HPLC-TLC 联用指纹图谱是高效液相与薄层色谱联用获得二元指纹图谱,可用薄层色谱先分离纯化,将样品在薄层的斑点洗脱下来,再将洗脱液进样与高效液相色谱分析。因 TLC 分离时间长且有明显扩散效应,而 HPLC 分离能力强和扩散效应小,HPLC-TLC 联用指纹图谱可改善分离度、提高灵敏度和重现性,适用于复杂样品分析。尤其适用于中药原料和中成药制剂的局部指纹图谱建立和单一指纹定量分析。吴文达等[25]用 HPLC-TLC 联用指纹图谱检测玉米赤霉烯酮含量即以薄层色谱处理样品。

6. HPLC-UV 联用指纹图谱

HPLC-UV 联用指纹图谱是高效液相色谱与紫外光谱联用获得二元指纹图谱。HPLC 精度高、分析时间长,但检测波长单一;紫外灵敏度高,操作方便,DAD 可对 190～400nm 光谱同时进行检测。将 HPLC 指纹图谱与紫外指纹图谱联用能对样品中 $\pi\rightarrow\pi^*$、$n\rightarrow\pi^*$ 及 $\sigma\rightarrow\pi^*$ 的化学组分进行彻底检测。孙国祥等用三波长高效液相色谱指纹图谱和紫外指纹图谱联用鉴定了银翘解毒丸质量[26]。

13.2.2 GC MS 联用指纹图谱

GC-MS 联用指纹图谱是气相色谱与质谱联用获得指纹图谱。前者解决挥发性有机混合物样品分离,质谱检测离子质量获得化合物质谱,二者结合能很好地定性定量鉴定化合物。谢丽琼等[27]采用 GC-MS 联用指纹图谱对刺山柑进行研究,用面积归一化法测定 46 个成分的相对百分数。

13.2.3　三谱联用指纹图谱

1. HPLC-UV-ELSD 联用指纹图谱[28-31]

HPLC-UV-ELSD 联用指纹图谱是高效液相色谱法(HPLC)紫外检测器与蒸发光散射检测器联用,因同一分离系统用不同检测原理固属于二维指纹图谱。HPLC 检测速度快、分辨率高,紫外吸收光谱只能用于具有共轭体系组分的检测分析,灵敏度高,检测限低,但无法检测只含饱和化学键组分。蒸发光散射检测器属于质量检测器,能进行全物质检测,HPLC-UV-ELSD 联用可以取长补短,弥补了色谱定性定量分析的不足。

2. HPLC-UV-HCS 联用指纹图谱

HPLC-UV-HCS 联用指纹图谱是高效液相色谱、紫外、燃烧热三者联用。紫外检测灵敏度高、操作方便,但检测限低,且只能鉴定具有共轭体系的化合物而应用受局限。燃烧热能反映有机组分变成最高氧化态时的热释放情况,用热含量相似度(HCS)评价中药总物质含量具有一定的现实意义。把 HPLC-UV-HCS 综合联用可覆盖中药化学物质总体信息全貌,能准确、便捷、快速、重现、有效地控制中药,形成中药质量控制和评价新模式。孙国祥[26]等将银翘解毒丸三波长 HPLC 指纹图谱和紫外指纹及燃烧联用,从整体角度监控制剂全部化学物质含量变动情况。

13.3　中药 IR-UV 联用指纹图谱[32,33]

中药 IR-UV 联用指纹系统等权融合模型如图 13-3 所示:①中红外光谱能反映中药中多种化合物成分的单键(C—H,O—H,N—H,C—C,C—N,C—O)、双键(C ═C,C ═O,C ═N,C ═S)和叁键(C≡C,C≡N)等化学键振动(转动)时对中红外线吸收光谱的叠加(以振动为主),突出反映中药中饱和化合物的质量信息即反映化合物单键对红外光谱贡献;②中药紫外光谱(200～400nm)主要由不饱和双键、叁键和长共轭体系结构产生,突出反映分子结构的不饱和键信息;③选择一固定对照模式作评价标准,分别以 IR 和 UV 光谱各数据点为评价单元,计算样品 IR 和 UV 光谱与标准间的宏定性相似度 S_m 见式(13-1),宏定量相似度 P_m 见式(13-2),均化系数相对偏差 α 见式(13-3);④对 IR-FP 和 UV-FP 的两类宏观定性定量信息进

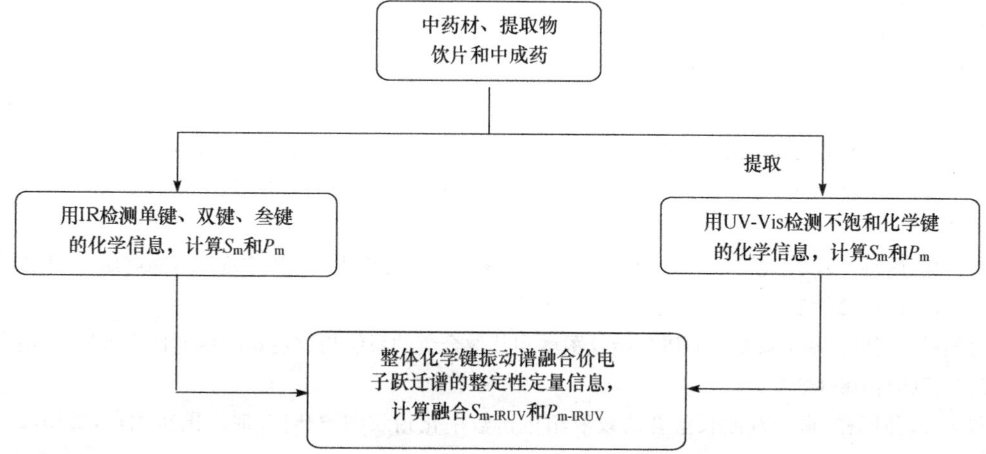

图 13-3　IR-UV 联用指纹系统化学定性定量信息补偿模型

行等权融合，即为 IR-UV 联用指纹系统等权融合模型。二者全方位补偿，其定性定量信息好于单一色谱和光谱指纹谱。

13.3.1 化学全成分指纹图谱

中药成分较复杂，用单一提取溶剂很难将药物有效成分完整提取出来，采用多种提取溶剂能有效提取更多极性差别大的组分。艾立等[34]对腰痛宁胶囊 HPLC 指纹图谱研究，采用30%乙醇、60%乙醇、90%乙醇和甲醇提取，发现甲醇可将大多数成分提取，但非极性成分少，最终选择甲醇和氯仿配合提取并加适量浓盐酸。

13.3.2 不同部位化学指纹图谱

对中药的根、茎、叶分别建立指纹图谱。黄月纯等[35]在研究了广藿香茎和叶的 HPLC 指纹图谱，结果广藿香茎、叶特征指纹峰差异很大。易中宏等[36]研究了巫山淫羊藿的根、茎及叶的黄酮类成分指纹图谱具有明显差异。周刚等[37]研究牡丹皮栓皮部、韧皮部、粗木心部、中木心部、细木心部指纹图谱时发现栓皮部、韧皮部、木心部存在差异，提出不去皮只去心，既能简化产地加工的繁琐程序又能提高样品有效成分含量。

多元多维指纹图谱技术是在实践中发展起来的，立足于中药指纹图谱信息最大化原则，目标在于完整准确地控制好中药质量。

（沈阳药科大学 孙国祥）

参考文献

[1] 刘文，姜世云. 中药指纹图谱研究与应用进展. 中国药房，2011，22(19)：1819-1822

[2] 陈慧贞. 芪参益气滴丸多维指纹图谱研究. 浙江：浙江大学硕士学位论文，2012. 1-84

[3] 孙国祥，胡玥珊，毕开顺. 系统指纹定量法评价牛黄解毒片质量. 药学学报，2009，44(4)：401-405

[4] 于文成，董鸿晔，孙国祥. 平行四波长高效液相指纹图谱鉴定十全大补丸质量. 中南药学，2010，8(12)：925-928

[5] 孙国祥，蔡新凤，丁楠. 平行五波长高效液相色谱指纹图谱全息整合法定量鉴定补中益气丸整体质量. 中南药学，2010，8(6)：473-478

[6] 孙国祥，吴波，毕开顺. 平行五波长高效液相色谱指纹图谱全息整合法定量鉴定杞菊地丸的整体质量. 色谱，2010，28(9)：877-884

[7] 孙国祥，王玲娇. 基于双波长 HPLC 指纹谱的一级系统指纹定量法鉴定木香顺气丸质量. 化学学报，2010，68(18)：1903-1908

[8] 孙国祥，赵梓余. 五波长高效液相色谱指纹谱定量鉴定速效救心丸. 中成药，2012，34(5)：777-780

[9] 孙国祥，车磊，李闫飞. 一种评价多波长中药色谱指纹图谱新方法——均谱法. 中南药学，2011，9(7)：533-538

[10] 孙国祥，詹丹丹，李闫飞，等. 平行多波长色谱指纹图谱均值评价法的不确定度和可靠度研究. 中南药学，2011，9(12)，924-929

[11] 孙国祥，王佳庆. 基于双波长 HPLC 指纹图谱和其融合谱的系统指纹定量法鉴定甘草质量. 中南药学，2009，7(5)：378-383

[12] 侯志飞，孙国祥. 栀子双波长融合高效液相色谱数字化指纹图谱研究. 时珍国医国药，2010，21(9)：2353-2357

[13] 任培培，孙国祥，孙丽娜. 附子理中丸多波长融合 HPLC 指纹图谱研究. 药物分析杂志，2009，29(3)：

411-415

[14] 花汝凤，黄可儿，柯雪红，等. 补中益气汤双波长融合指纹图谱的整体性分析. 中药新药与临床药理，2008，19(1)：42-47

[15] 孙国祥，张静娴. 基于三波长融合谱的系统指纹定量法鉴定龙胆泻肝丸真实质量. 色谱，2009，27(3)：318-322

[16] 魏惠珍，王信，王跃生，等. 麻杏石甘汤多波长切换指纹图谱研究. 时珍国医国药，2012，23(1)：60-62

[17] 徐大志，张荣，刘启德，等. HPLC 波长转换法同时检测双黄连口服液中 4 种有效成分的含量. 中药新药与临床药理，2012，23(1)：73-76

[18] 江涛，关亚风. 填充毛细管液相色谱-毛细管气相色谱在线联用技术. 高等学校化学学报，1998，19(4)：520-525

[19] 胡坪，孙科夫，陈卫东，等. 重质石油中含氮化合物的形态及分布分析. 色谱，1996，14(1)：10-13

[20] 刘训红，居文政，蔡宝昌，等. 太子参 HPLCMS 指纹图谱的初步研究. 中成药，2008，30(2)：160-163

[21] 赵恒利，崔稀，王本杰，等. HPLC-MS 法研究阿奇霉素片剂与胶囊的人体相对生物利用度及药代动力学. 药物分析杂志，2006，26(3)：304-307

[22] 孙国祥，池剑玲，孙万阳，等. 五波长高效液相指纹谱和红外指纹谱联合鉴定复方丹参片质量. 中南药学，2013，11(8)：601-605

[23] 叶淋泉，吴清实，戴思敏，等. 基于液滴微流控接口的高效液相色谱-毛细管电泳二维分离平台初探. 色谱，2011，29(9)：857-861

[24] 张维冰，张丽华，张玉奎. 蛋白质组研究中分离新技术与新方法. 生命科学，2007，19(3)：281-288

[25] 吴文达，王宝杰，蔡兰芬，等. 薄层色谱与高效液相色谱联用检测玉米赤霉稀酮的方法研究. 畜牧与兽医，2010，42(7)：17-20

[26] 孙国祥，邵艳玲，刘中博，等. 三波长高效液相色谱指纹图谱、紫外指纹图谱及燃烧热联合鉴定银翘解毒丸质量. 中南药学，2012，10(6)：463-468

[27] 谢丽琼，马东建，薛淑媛，等. 维药刺山柑果实挥发油和脂肪酸成分的 GC-MS 研究. 食品科学，2007，28(5)：262-263

[28] 谷筱玉，陈振鹏，陈乾平，等. HPLC-UV-ELSD 测定山银花中绿原酸、灰毡毛忍冬皂苷乙和川续断皂苷乙的含量. 药物分析杂志，2011，31(5)：884-887

[29] 张东，杨岚，杨立新，等. HPLC-UV-ELSD 法同时测定青蒿中青蒿素、青蒿乙素和青蒿酸的含量. 药学学报，2007，42(9)：978-981

[30] 王珏，瞿海斌，邵青. HPLC-UV-ELSD 法同时测定痰热清注射液中主成分含量. 药物分析杂志，2009，29(11)：1804-1807

[31] 陈靖，赵瑞，陈俊，等. HPLC-UV-ELSD 联用测定黄花蒿叶片中青蒿素及相关倍半萜的含量. 沈阳药科大学学报，2008，25(11)：897-900

[32] 孙国祥，孙丽娜，毕开顺. 基于整体化学键振动和价电子跃迁的光谱指纹定量法鉴定麻黄质量 . 中南药学，2010，8(1)：52-57

[33] 孙国祥，豆小文，李利锋. 紫外和红外光谱指纹谱与燃烧热谱联合定量评价人参归脾丸质量 . 中南药学，2012，10(7)：543-548

[34] 艾立，罗国安，王义明. 腰宁胶囊 HPLC 指纹图谱研究. 中成药，2008，30(11)：1409-1412

[35] 黄月纯，魏刚，尹雪. 广藿香不同部位 HPLC 指纹图谱的比较研究. 中成药，2008，30(8)：1096-1099

[36] 易中宏，郑敏，傅善全，等. 巫山淫羊藿不同部位的高效液相色谱指纹图谱测定. 时珍国医国药，2005，16(5)：377-378

[37] 周刚，吕庆红. 牡丹皮不同部位有效成分含量测定及指纹图谱化学成分研究. 中国中药杂志，2008，33(18)：2070-2073

第 14 章　溶剂系统和运行电解质的选择与优化[1-4]

14.1　概　　述

液相色谱分析与毛细管电泳，都是分离分析方法。其首要功能是分离，而后是分析。因此，选择与优化分离条件，通常是建立色谱分析与毛细管电泳方法的首要关键步骤。色谱与电泳的分离条件优化的目的是要控制各组分的保留及洗脱顺序，在尽可能短的时间内实现各组分的最优分离。

14.1.1　液相色谱溶剂系统的选择与优化

在液相色谱分析中，固定相和流动相是液相色谱法分离优化的两个关键。虽然固定相和流动相均可以选择，但流动相的选择余地更大，因为可用作液相色谱流动相的溶剂有几十种，而且它们还可组成不同配比的多元溶剂系统。

液相色谱的溶剂系统对分离度的影响，可用分离方程式(14-1)说明

$$R=\frac{\sqrt{n}}{4}\cdot\frac{\alpha-1}{\alpha}\cdot\frac{k_2}{1+k_2} \tag{14-1}$$

由式(14-1)可见，要改善分离可以有三个途径，即改变 n、α 及 k 值，其中，改变 α 和 k 值是提高分离度的较为简便的方法，这部分内容已在第 2 章基础理论中讨论。在液相色谱法中，α 主要受溶剂种类的影响，因为选择不同种类的溶剂，流动相与组分间的分子间作用力不同，则选择性不同，即 α 不同；而在溶剂的组成确定后，k 主要受溶剂配比的影响，因为改变多元溶剂系统的配比，则洗脱能力改变，即 k 改变。可见，在固定相一定时，溶剂的种类、配比能严重影响分离效果。因此，溶剂的种类和配比的选择是进行液相色谱分离优化时必须解决的关键问题。

14.1.2　毛细管电泳运行电解质的选择与优化

由于广义的毛细管电泳法(电动微分析法)包含区带毛细管电泳法(CZE)、胶束电动毛细管色谱法(MECC)、环糊精电动毛细管色谱法(CDECC)、毛细管凝胶电泳法(CGE)及非水毛细管电泳法(NACE)等诸多毛细管电泳分离分析方法。除了 CZE 与 NACE 的分离原理是靠电泳淌度的差别而外，其他多数方法都是靠电泳淌度及分配系数的差别而分离，因此这些方法都具有色谱分离的机制，此其一。另外一个原因是毛细管电泳的分离过程与参数描述及溶剂系统的选择等，与色谱法类似或一致。因此，其运行电解质的选择和优化方法与液相色谱有诸多相同之处。因此，本章也包含毛细管电泳法的溶剂系统的选择与优化方法。

14.2　液相色谱的优化策略

14.2.1　优化参数及其范围的选择

进行色谱分离优化时，应选择对样品的分离具有显著影响的条件参数作为待优化的参数。

各参数对色谱分离的影响大小与所选用的色谱技术有关。以反相离子对色谱法为例，可供选择的优化参数有：流动相中有机溶剂的浓度、离子对试剂的浓度和种类、流动相的 pH 和离子强度等。一般来说，优化参数的数目不宜选取过多，通常可根据经验选择两个或三个对分离选择性有突出贡献的参数作为优化参数；若预先难以确定各参数的重要性，可采用正交设计或均匀设计安排因素试验，通过方差分析或多元回归分析等方法确定各因素的主次效应。优化参数取值的上、下限范围即参数范围的选择在色谱分离优化中非常重要。参数范围过大，易导致局部优化；参数范围过小，则有可能漏掉优化点。

14.2.2　优化指标的确定

优化指标（或称目标函数）是在优化的过程中用来衡量试验效果的质量标准。大多数情况下，人们用目标函数的极值衡量试验效果的好坏，即仅用一个指标就可以对试验效果进行评价，这种优化称为单指标优化。但是在有些情况下，则需要使用多于一个的指标进行效果评价，这类优化称为多指标优化。

优化指标的选择对色谱分离优化具有决定性的意义。根据色谱分析的特点和要求，在建立优化指标时应全面考虑：①样品中有尽可能多的组分被检测；②样品中各组分能得到比较满意的分离；③分析时间尽可能短。目前，进行色谱分离优化时多采用单指标优化，常用的色谱优化指标列于表 14-1 中。

表 14-1　常用色谱优化指标

名称	表达式
基本指标	
（1）分离度	$R=\dfrac{t_2-t_1}{(W_1+W_2)/2}$
（2）峰谷比	$P=f/g$
（3）峰分离度	$K_3=\dfrac{C_{max}-C_1}{C_{max}}$
综合指标	
（4）色谱响应函数(CRF)	$\mathrm{CRF}=\sum_{i=1}^{n}\ln\dfrac{P_i}{P_0}+\beta(t_{max}-t_n)$
（5）色谱响应函数(CRF)	$\mathrm{CRF}=\sum_{i=1}^{n}R_i+n^a-b(t_{max}-t_n)-c(t_0-t_1)$
（6）色谱优化函数(COF)	$\mathrm{COF}=\sum_{i=1}^{n}A_i\ln\dfrac{R_i}{R_{id}}+B(t_{max}-t_n)$
（7）串行色谱响应函数(HCRF)	$\mathrm{HCRF}=10^6n+10^4K_{3min}+(100-T)$

注：t_i、W_i 分别为峰 i 的保留时间、基线宽；f 为峰谷与两相邻峰尖间的连线距离；g 为峰谷和两相邻峰尖连线交点与基线间的距离；C_{max}为两相邻峰中较矮峰的峰高；C_1 为两相邻峰之间谷点的高度；R_i、R_{id}、P_i、P_0 分别为第 i 峰对的分离度、理想分离度、峰谷比、理想峰谷比；β、a、b、c、A_i、B 为加权因子；t_{max}为实际允许的最长分析时间；t_0 为实际允许的最小保留时间；t_n 为最终洗脱峰的保留时间；t_1 为最先洗脱峰的保留时间；n 为色谱图中峰的数目；K_{3min}为最难分离物质对的峰分离度；T 为实际分析时间。

其中，指标(1)～(3)为基本指标，用来评价相邻两色谱峰的分离质量。应用最广泛的是指标(1)，但若两色谱峰的峰高不一致或峰形不对称，用指标(2)或(3)衡量分离效果则更为方便。

指标(4)～(7)为综合指标，用来综合评价欲分离混合物的全色谱的分离质量。在建立综合优化指标时，通常需兼顾峰数目、峰分离度、分析时间等多种因素。目前国外应用比较广泛的是指标(4)～(6)，这几个指标的优点是既考虑了各个峰对分离度的贡献，同时又有分析时间限制[指标(5)还考虑了峰数目的影响],并且对不同因素给以不同的权重系数。但是上述优化指标把实际上应该串行考虑的因素(如峰数目、峰分离度、分析时间等)用并行的方法处理,故难以反映实际分离情况。有时可以发现,相同的色谱响应函数(CRF)或色谱优化函数(COF)值却对应着分离效果相差甚远的色谱图。

指标(7)是我国著名色谱专家卢佩章等提出的综合优化指标,该指标将峰数目、最小分离度和出峰时间等三个因素串行处理,即:不管对未知样品还是已知样品,能分离出的峰数目越多越好,这是首要条件;在峰数目相同的情况下,应使最难分离物质对的分离度满足分析要求;在最难分离物质对的分离度满足要求的情况下,分析时间越短越好。该指标既吸取了并行优化指标的优点,又克服了其中某些不合理之处,可给予全色谱图分离质量的直观评价。

应该指出的是,无论将峰数目、峰分离度、分析时间等因素并行考虑还是串行考虑,上述优化指标均是人为地将各种因素合成在一起而得到的目标函数,其函数界面极不平滑,在寻优过程中很容易导致局部优化。由于色谱分析中各种实验因素的复杂性和相互作用,加之实验误差等原因,要建立一个理想的优化指标目前仍存在一定困难。

14.2.3 优化方法的建立

确定了优化参数与优化指标后,需要选择合适的优化方法进行寻优。优化方法大致可分为两类:①“解析式”方法:如果能够得到优化指标和优化参数间的函数关系,即建立起数学模型,则优化点的确定将很容易地用数值算法计算得到,这种寻优方法称为“解析式”方法,又称“间接寻优法”。②“黑箱式”方法:不研究数学模型,仅通过试验以优化指标指导优化进行的方向,直至寻找到最优点,这种寻优方法称为“黑箱式”方法,又称“直接寻优法”。应用于色谱分离的最优化,“解析式”方法的代表是 Glajch 三角形法,“黑箱式”方法的代表是单纯形法。

根据实验设计和优化的过程及相互关系,优化方法又可分为并行优化方法和序贯优化方法两类。并行(simultaneous)优化是通过实验设计对有关因素的水平规划后同时进行诸因素各水平的试验,并由实验结果直接计算最优条件。序贯(sequential)优化,即序贯地进行一系列试验,每进行一次或少数几次试验后先分析已取得的试验结果,预测优化的可能方向,在此基础上设计新的实验,重复该步骤至最佳。色谱优化方法中的 Glajch 三角形法即属于并行优化方法,而单纯形法则属于序贯优化方法。

14.3 高效液相色谱溶剂系统的选择与优化方法

HPLC 溶剂系统的优化方法较多,本节仅讨论最具代表性且应用较广泛的两类方法——Glajch 三角形法(包括四面体法)和单纯形法。三角形与四面体法已在第 14 章高效液相色谱法中简要介绍,本章对四面体法给予必要的补充,着重介绍单纯形法。

14.3.1 溶剂系统的选择

溶剂的分类是液相色谱溶剂系统选择与优化的基础。可用于液相色谱的溶剂有 80 余种,了解溶剂分类有利于合理选择流动相。Snyder 选用乙醇、二氧六环、硝基甲烷等三种极性溶质为参考物质,用于检验溶剂与溶质间的三种分子间作用力,即质子受体作用力、质子给予作用力和强偶极作用力,并以此作为溶剂选择性分类的依据(见第 4 章)。

Snyder 溶剂选择性三角形法将 81 种溶剂分为 8 类。业已在第 4 章中介绍。现补充介绍

1993 年，Snyder 等[5]又根据 Kamlet-Taft 实验数据，以氢键给予体作用力(酸性)、氢键受体作用力(碱性)和偶极作用力作为溶剂选择性分类的依据，建立了修正溶剂选择性三角形(图 14-1)，并与基于 Rohrschneider 实验数据建立的溶剂选择性三角形进行了比较，发现两种溶剂分类方法基本相似。例如，图 14-1 中小三角形的三顶点为反相色谱法首选的醇类、腈类及四氢呋喃溶剂。

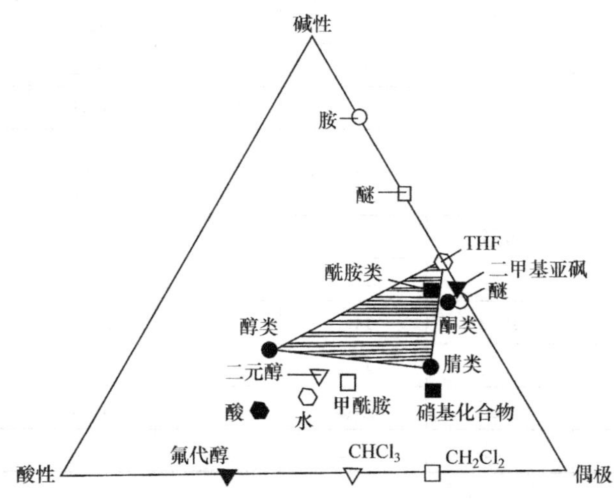

图 14-1　修正溶剂选择性三角形

14.3.2　四面体法

四面体法是液相色谱溶剂系统最常用的简易优化方法，已在第 4 章流动相中介绍。为了加深理解，仅举一实例说明优化过程的具体步骤。

【例 14-1】　四面体法优化分离 12 种磺胺类药物的 RP-HPLC 溶剂系统[6]。

解　(1) 以甲醇-水二元溶剂系统作为初试溶剂，经数次调整配比，发现甲醇-水(20.0∶80.0)时，样品中各组分的 k 值在 1～20 之间，说明该溶剂系统的洗脱强度适宜，将其作为(1)点溶剂，计算 $S_t=3.0\times0.2+0\times0.8=0.6$。

(2) 由 $S_t=0.6$，计算出(2)点溶剂的组成为乙腈-水(18.8∶81.2)，(3)点溶剂的组成为四氢呋喃-水(13.3∶814.7)，再由此计算出(4)～(7)点溶剂的组成，见表 14-2。

表 14-2　Glajch 三角形法的 7 点溶剂设计

序号	溶剂组成/%(体积分数)			
	MeOH	ACN	THF	H_2O
1	20.0			80.0
2		18.8		81.2
3			13.3	86.7
4	10.0	9.4		80.6
5		9.4	14.7	84.0
6	10.0		14.7	83.4
7	14.7	14.3	4.4	82.6

(3) 按 1～7 点溶剂组成配制流动相，分别进行色谱实验，结果表明，7 个溶剂系统均无法将 12 个组分峰

分开(表 14-3)。

表 14-3　7 点溶剂试验的结果(t_R/min)

组分	s1	s2	s3	s4	s5	s6	s7
1	1.58	1.73	2.03	1.63	1.85	1.72	1.60
2	1.78	1.43	1.85	1.48	1.83	1.43	1.43
3	3.07	2.83	3.22	3.12	2.95	2.77	2.62
4	2.62	3.18	3.60	3.57	2.98	3.13	2.93
5	14.40	5.52	14.08	14.48	5.58	5.02	4.90
6	7.53	14.25	14.60	7.77	14.53	14.13	14.11
7	14.87	4.62	3.72	14.00	3.77	3.70	3.72
8	11.2	8.17	7.97	10.6	7.90	14.97	7.22
9	8.43	8.03	12.3	9.95	9.50	8.55	8.00
10	9.20	10.2	14.9	11.4	11.7	10.9	9.85
11	7.38	8.78	19.9	10.4	20.5	15.5	13.7
12	7.42	8.88	19.9	10.3	24.4	15.6	13.7
峰重叠	3	2,2	2,2	2,2	2,2	2	2

(4) 将(1)～(7)点的实验数据进行多项式回归计算，多项式模型采用 $\ln k = \beta_1 X_1 + \beta_2 X_2 + \beta_3 X_3 + \beta_{12} X_1 X_2 + \beta_{23} X_2 X_3 + \beta_{13} X_1 X_3 + \beta_{123} X_1 X_2 X_3$，以 $COF = \sum R_i + n$ 为优化指标，其中 R_i 为第 i 对峰的分离度($R > 1.5$ 时，令 $R = 1.5$)，n 为基本分开($R > 1.0$)的峰数。然后采用网格搜索法进行寻优计算，得到最佳溶剂系统为甲醇-乙腈-四氢呋喃-水(4.0∶2.8∶8.6∶84.5)，按此溶剂配比进行实验。

上述优化方法很容易用计算机实现，方法流程图如图 14-2 所示。通过初试实验确定(1)点溶剂的配比后，计算机自动给出等洗脱强度的(2)～(7)点溶剂的组成。配制 7 种溶剂系统，分别进行色谱实验。将死时间、样品中的组分数、7 点溶剂试验中各组分的保留时间等实验数据输入计算机，计算机将自动进行多项式拟合和寻优计算，共模拟优化 231 次，最后得出最佳溶剂系统[甲醇-乙腈-四氢呋喃-水(4.0∶2.8∶8.6∶84.5)(图 14-3)]，并给出模拟色谱图(图 14-4)。按最佳溶剂系统进行实验，结果如图 14-5 所示，与模拟结果基本一致。

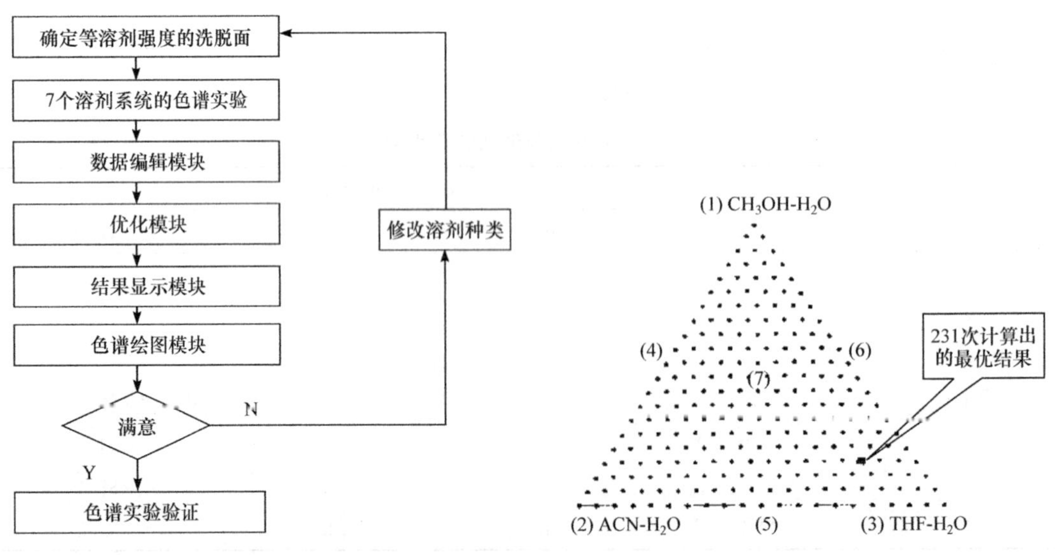

图 14-2　四面体优化法流程图　　　　图 14-3　三角形法优化过程图

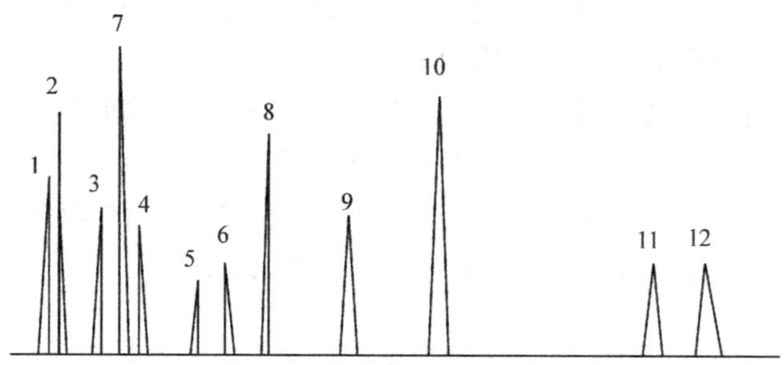

图 14-4 按优化条件分离 12 种磺胺类药物的计算机模拟色谱

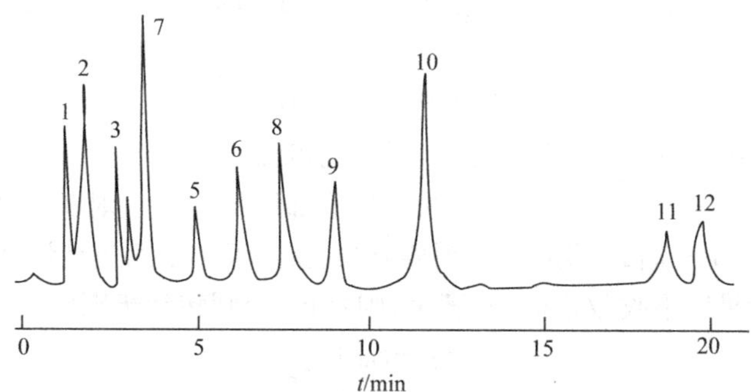

图 14-5 按优化条件分离 12 种磺胺类药物的实际色谱图

14.3.3 单纯形法

单纯形是指在一定空间中由直线组成的最简单的封闭图形。例如，在一维空间中，单纯形是一条直线；在二维空间中是一个三角形；在三维空间中是一个四面体；在 n 维空间中，单纯形是一个具有 $n+1$ 个顶点的凸多面体。单纯形法的基本思想就是按照单纯形来设计实验（若有 n 个待优化的因素，则使用具有 $n+1$ 个顶点的单纯形，以单纯形顶点的坐标作为试验各因素的数值），首先按照起始单纯形的 $n+1$ 个顶点的坐标安排 $n+1$ 个试验，通过比较这些试验结果，淘汰其中指标值最差的点，以新的点代之，从而构成新的单纯形，如此不断取代，逐步调向最优点。

单纯形法是一种应用较为广泛的多因素优化方法，最早提出的是固定步长单纯形法或称基本单纯形法（BSM），后来又出现了改进单纯形法（MSM）、控制加权形心法（CWC）等多种方法。

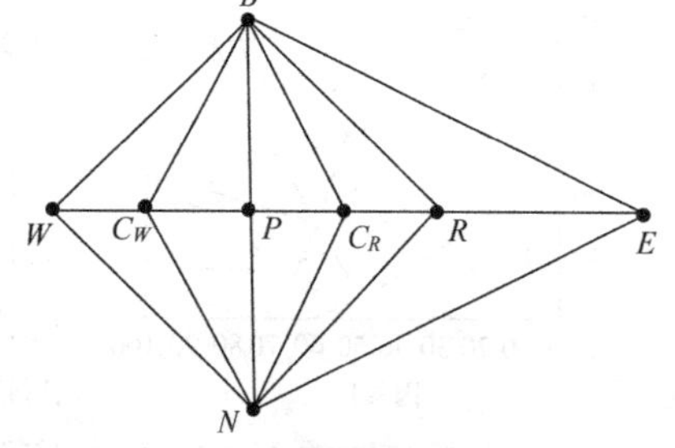

图 14-6 改进单纯形的搜索算法

下面以二因素试验为例，介绍改进单纯形法寻优的步骤和规则（图 14-6）：

(1) 建立初始单纯形。设初始单纯形为 $\triangle BNW$，按三个顶点所对应的条件进行试验，将试验结果按优化指标值排序，确定最好点为 B，次之为 N，最差为 W（即 $W<N<B$）。

(2) 反射。设 P 为 BN 的中点，找出 W 关于 P 的反射点 R，

$$R=P+\alpha(P-W) \tag{14-2}$$

式中：α 称为反射系数，一般取 $\alpha=1$。测定 R 点的指标值，若 $N<R<B$，则以 $\triangle BNR$ 作为新单纯形；若 $R>B$，则转到步骤(3)；若 $R<N$，则转到步骤(4)。

(3) 扩展。继续沿 WR 方向搜索，扩展点 E 可通过式(14-3)确定：

$$E=P+\gamma(P-W) \tag{14-3}$$

式中：γ 称为扩张系数，一般取 $\gamma=2$。测定 E 点的指标值，若 $E>B$，则保留 E，以 $\triangle BNE$ 作为新的单纯形，然后转到步骤(6)；否则，可认为扩展失败，以 ΔBNR 作为新的单纯形，然后转到步骤(6)。

(4) 收缩。若 $W<R<N$，则取靠近 R 点的新点 C_R，则

$$C_R=P+\beta(P-W) \tag{14-4}$$

式中：β 称为压缩系数，常取 $\beta=0.5$。以 ΔBNC_R 为新单纯形，然后转到步骤(6)；若 $R<W$，则取靠近 W 点的新点 C_W

$$C_W=P+\beta(P-W) \tag{14-5}$$

一般取 $\beta=-0.5$，即新单纯形为 $\triangle BNC_W$，然后转到步骤(6)。

(5) 中心移动。若 WP 方向上所有点的指标值都比 W 点差，则以 B 点为中心，将单纯形向中心移动，即使 W 和 N 向 B 移近一半距离，得到新的缩小了的单纯形，然后转到步骤(6)。

(6) 检验是否满足以下收敛指标，若满足，则停止；否则转到步骤(2)。

$$\left|\frac{S_B-S_W}{S_B}\right|<\varepsilon \tag{14-6}$$

式中，S_B、S_W 分别为最好点 B 和最坏点 W 的指标值；ε 为允许误差。

单纯形法初始点的选取通常可凭经验指定，或应用格点法、均匀设计法及随机取点法确定。另外，待优化的因素通常有自己的边界条件，如果单纯形超越了边界，需用一定的方法强制它返回规定的区域，通常采用的方法是给予一个极坏的响应值或直接用边界值代替计算得到的因素值。

图 14-7 显示了改进单纯形法的寻优过程，二因素平面上各点所对应的指标值用轮廓图表示，每根轮廓线表示的指标值是相同的，图中最小轮廓圈的中心点对应最高的优化指标值。可见，单纯形法总是向最差点的反对称方向进行搜索。

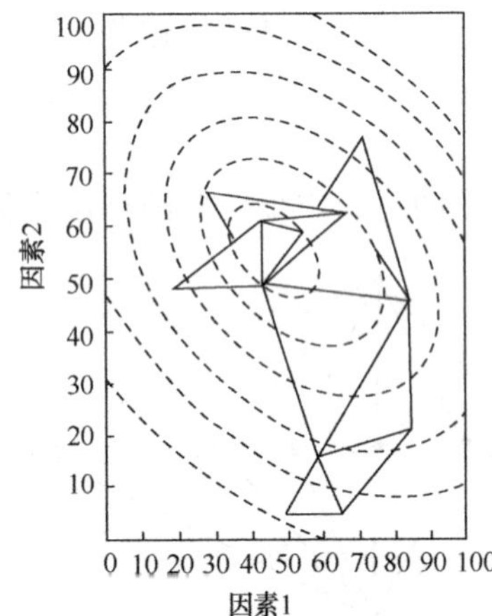

图 14-7 改进单纯形法的寻优过程

单纯形法不受因素数限制，当因素增多时，实验次数并不增加很多，并且该法不要求对峰组分进行鉴别，故可用于未知样品的色谱分离优化。但单纯形法也存在某些局限性，该法较多地应用于无约束条件下的寻优，而进行色谱溶剂系统优化时，溶剂的配比只能在一定范围内变化，若无不等式约束，所得结果会因不切实际而导致计算失败，故单纯形法在寻优时遇有边界限制需撤销不可行顶点，容易导致多面体的退化甚至“崩溃”。单纯形法的另一个缺点是当响应面有多个极值时，由于初始点的位置不同可能得到不同的优化点，即有时只能找到局部优化点。此外，单纯形法的实验次数仍然偏多(通常需 20 次以上)。

【例 14-2】 单纯形法优化分离 4 种取代苯酚的 RP-HPLC 溶剂系统[7]。

欲采用甲醇-乙腈-水三元溶剂系统分离 4 种取代苯酚，由于三种溶剂的体积分数之和等于 1，故仅需优化其中两个因素。选择甲醇和水的比例作为待优化的参数，采用表 14-1 中的指标(5)作为优化指标，起始单纯

形为 $A(0,0)$、$B(90,1)$和 $C(80,10)$，寻优过程如图 14-8 所示。图 14-9 给出了优化指标与实验次数的关系图。经过 30 次实验，最后得到的优化条件是甲醇-乙腈-水（21 ∶ 27 ∶ 52）。按优化条件进行实验，结果如图 14-10所示。

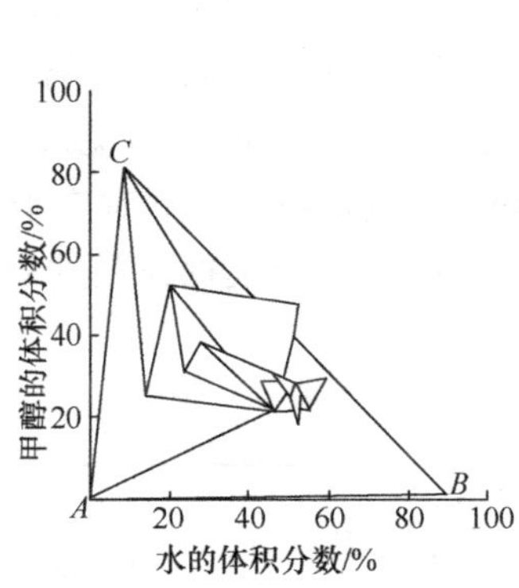

图 14-8　单纯形法的优化过程图

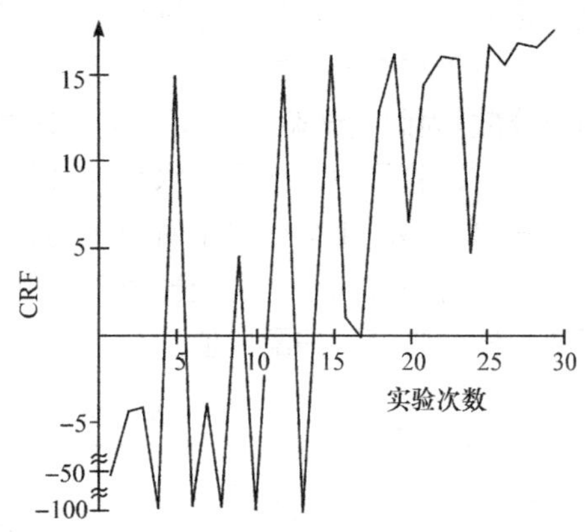

图 14-9　优化指标与实验次数的关系

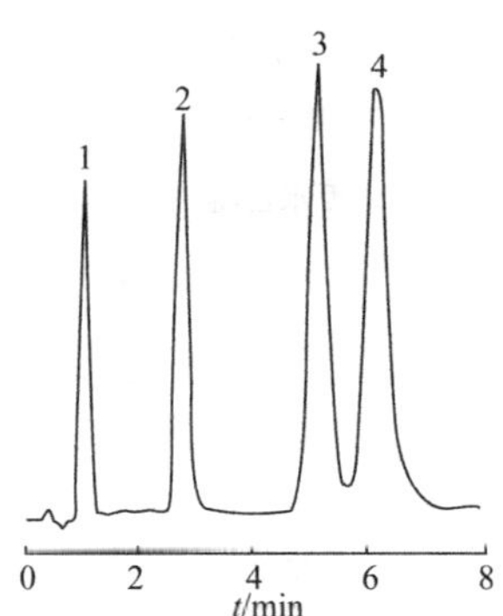

图 14-10　按优化条件分离 4 种取代苯酚的色谱图

14.4　薄层色谱溶剂系统的选择与优化方法

TLC 溶剂系统的优化方法大多是沿用 HPLC 溶剂系统的优化方法，上一节介绍的三角形法和单纯形法均适用于 TLC 溶剂系统的最优化，在此不再赘述。本节将介绍一种结合 TLC 自身特点而建立的优化方法——均匀设计法。

14.4.1　溶剂系统组分的选择

Snyder 将 81 种溶剂按 X_e（接受质子的能力）、X_d（给予质子的能力）和 X_n（偶极作用的能力）分成 8 组。张敬宝等[8]将其进一步简化处理，用 Fuzzy 聚类分析将 81 种溶剂分成 6 类，几乎囊括了有机溶剂的各种类型，即电子授受体溶剂（Ⅰ）、质子授受体溶剂（Ⅱ、Ⅳ）、诱导作用力溶剂（Ⅴ）及溶剂强度调节溶剂（Ⅲ、Ⅵ）。

选择薄层色谱的展开剂时，一般可从电子授受体溶剂（Ⅰ）、质子授受体溶剂（Ⅱ、Ⅳ）、诱导作用力溶剂（Ⅴ）及溶剂强度调节溶剂（Ⅲ、Ⅵ）中分别选出一种溶剂来构成四元系统进行试验。

由于薄层色谱常用的溶剂有20多种，而要从中选择四元系统的最佳组合，进行全面试验几乎是不可能的(需做4845次试验)。为了减少试验工作量并保证试验效果，班允东等[9]应用均匀设计试验建立了TLC溶剂选择和优化的系统方法。

该法是从全面试验中科学地选出部分点进行试验，而仍然能得到基本上反映全面情况的试验结果。由于均匀设计试验法不考虑“数据的整齐可比”性，而只是让试验点在试验范围内充分均衡分散，因此其试验次数比正交设计试验法要少得多，因而是一种优越性很大的试验设计方法。由于试验是四因素十二水平，所以选用$U_{12}(12^4)$表仅做12次试验即可，见表14-4。表14-5、表14-6、表14-7列出了对应于弱、中、强三种洗脱强度(介电常数ε分别对应于5.0、13.0及21.0)时的溶剂系统的配比值。在使用溶剂系统组分选择表时，应根据样品的极性大小选择适宜洗脱强度下的配比值。

表14-4 溶剂系统组分选择表

序号	A	B	C	D
1	甲苯	甲醇	二氯乙烷	四氯化碳
2	苯	正丁醇	二氯甲烷	正己烷
3	乙酸乙酯	无水乙醚	二氯甲烷	三氯甲烷
4	乙酸乙酯	正丁醇	二氯乙烷	正己烷
5	乙腈	异丙醇	二氯乙烷	四氯化碳
6	乙腈	无水乙醚	二氯甲烷	环己烷
7	乙酸乙酯	甲醇	水	三氯甲烷
8	—	正丁醇	水	冰醋酸
9	苯	甲醇	乙酸乙酯	甲酸
10	苯	异丙醇	丙酮	水
11	苯	甲醇	丙酮	三氯甲烷
12	甲苯	无水乙醇	乙酸乙酯	正己烷

注：①若分离碱性物质或其盐时，通常在不含酸碱的溶剂中加入1%～5%氨水或三乙胺；分离酸性物质或其盐时，常加入1%～5%的乙酸，以抑制被分离组分的解离。

②第1、3、4、6～9、11号系统为推荐系统。

③第7～12号系统中的C列溶剂是从实际效果角度考虑而进行的特殊安排。

④正己烷可以用60～90℃或30～60℃石油醚代替。

表14-5 溶剂系统组分选择表(ε=5.0)

序号	A	B	C	D
1[1)]	甲苯	甲醇	二氯乙烷	四氯化碳
	(0.3)	(0.05)	(0.25)	(0.4)
2	苯	正丁醇	二氯甲烷	正己烷
	(0.3)	(0.15)	(0.2)	(0.35)
3	乙酸乙酯	无水乙醚	二氯甲烷	三氯甲烷
	(0.3)	(0.25)	(0.2)	(0.25)
4	乙酸乙酯	正丁醇	二氯乙烷	正己烷
	(0.35)	(0.05)	(0.2)	(0.4)

续表

序号	A	B	C	D
5	乙腈 (0.05)	异丙醇 (0.05)	二氯乙烷 (0.1)	四氯化碳 (0.8)
6	乙腈 (0.05)	无水乙醚 (0.3)	二氯甲烷 (0.2)	环己烷 (0.45)
11	苯 (0.45)	甲醇 (0.05)	丙酮 (0.05)	三氯甲烷 (0.45)
12	甲苯 (0.3)	无水乙醇 (0.1)	乙酸乙酯 (0.25)	正己烷 (0.35)

1)若此系统出现假前沿现象,可以用甲苯-无水乙醇-二氯乙烷-三氯甲烷(0.4∶0.05∶0.2∶0.35)替换。

表 14-6　溶剂系统组分选择表(ε=13.0)

序号	A	B	C	D
1[1)]	甲苯 (0.25)	甲醇 (0.25)	二氯乙烷 (0.25)	四氯化碳 (0.25)
2	苯 (0.15)	正丁醇 (0.5)	二氯甲烷 (0.3)	正己烷 (0.05)
3	乙酸乙酯 (0.3)	无水乙醚 (0.35)	二氯甲烷 (0.2)	甲酸 (0.15)
4	乙酸乙酯 (0.45)	正丁醇 (0.25)	二氯乙烷 (0.25)	水 (0.05)
5	乙腈 (0.15)	异丙醇 (0.2)	二氯乙烷 (0.35)	四氯化碳 (0.3)
6	乙腈 (0.25)	无水乙醚 (0.25)	二氯甲烷 (0.25)	环己烷 (0.25)
7	乙酸乙酯 (0.4)	甲醇 (0.15)	水 (0.05)	三氯甲烷 (0.4)
8	—	正丁醇 (0.35)	水 (0.05)	冰醋酸 (0.6)
9	苯 (0.45)	甲醇 (0.25)	乙酸乙酯 (0.25)	甲酸 (0.05)
10	苯 (0.5)	异丙醇 (0.3)	丙酮 (0.15)	水 (0.05)
11	苯 (0.25)	甲醇 (0.2)	丙酮 (0.25)	三氯甲烷 (0.3)
12	甲苯 (0.25)	无水乙醇 (0.4)	乙酸乙酯 (0.25)	正己烷 (0.1)

1)若此系统出现假前沿现象,可以用甲苯-无水乙醇-二氯乙烷-三氯甲烷(0.15∶0.3∶0.3∶0.25)替换。

表 14-7　溶剂系统组分选择表(ε=21.0)

序号	A	B	C	D
1[1)]	甲苯	甲醇	二氯乙烷	四氯化碳
	(0.15)	(0.5)	(0.25)	(0.1)
2	苯	正丁醇	二氯甲烷	正己烷
	(0.25)	(0.25)	(0.25)	(0.25)
3	乙酸乙酯	无水乙醚	二氯甲烷	甲酸
	(0.25)	(0.25)	(0.2)	(0.3)
4	乙酸乙酯	正丁醇	二氯乙烷	水
	(0.3)	(0.3)	(0.25)	(0.15)
5	乙腈	异丙醇	二氯乙烷	四氯化碳
	(0.35)	(0.25)	(0.2)	(0.2)
6	乙腈	无水乙醚	二氯甲烷	环己烷
	(0.5)	(0.2)	(0.1)	(0.2)
7	乙酸乙酯	甲醇	水	三氯甲烷
	(0.35)	(0.3)	(0.1)	(0.25)
8	—	正丁醇	水	冰醋酸
		(0.4)	(0.15)	(0.45)
9	苯	甲醇	乙酸乙酯	甲酸
	(0.3)	(0.3)	(0.25)	(0.15)
10	苯	异丙醇	丙酮	水
	(0.3)	(0.35)	(0.25)	(0.1)
11	苯	甲醇	丙酮	三氯甲烷
	(0.15)	(0.35)	(0.35)	(0.15)
12	甲苯	无水乙醇	乙酸乙酯	正己烷
	(0.1)	(0.8)	(0.05)	(0.05)

1)若此系统出现假前沿现象，可以用甲苯-无水乙醇-二氯乙烷-三氯甲烷(0.05∶0.75∶0.15∶0.05)替换。

14.4.2　溶剂系统配比的选择

若溶剂系统未知，则由步骤(1)开始；若溶剂系统组分已知且为四元，则由步骤(2)开始；若为三元则由步骤(3)开始；若为二元，则由步骤(4)开始；若多于四元，则可查相应的均匀设计表[10]。

(1) 按表 14-6(中等洗脱强度)进行一次实验，若洗脱强度合适，则可按表 4-6 继续进行实验；若洗脱强度过大，则改换表 14-5 进行实验；若洗脱强度过小，则改换表 14-7 进行实验。比较 12 个溶剂系统的试验结果，若某四元系统分离效果较好，则转向(2)；若三元系统较好，则转向(3)。

(2) 按表 14-8 进行四元系统减元试验。若某四元系统较好，说明四元优于三元，不应减元，可按表 14-9 进行调配比试验，以结果最好者作为最佳溶剂系统，然后转向(5)；否则，若三元系统较好或与四元系统相当，说明三元优于四元，则转向步骤(3)。

表 14-8　$U_7(7^4)$ 四元系统减元表

序号	A 的体积/mL	B 的体积/mL	C 的体积/mL	D 的体积/mL
1	0	1.25	2.50	14.25
2	0.77	2.31	3.85	3.08
3	1.82	4.55	0.91	2.73
4	3.33	0	4.44	2.22
5	5.71	2.86	0	1.43
6	4.17	3.33	2.50	0
7	2.50	2.50	2.50	2.50

表 14-9　$U_6(6^4)$ 四元系统调配比表

序号	A 的体积/mL	B 的体积/mL	C 的体积/mL	D 的体积/mL
1	0.83	1.67	2.50	5.00
2	1.18	2.35	3.53	2.94
3	2.00	4.00	1.33	2.67
4	3.08	0.77	3.85	2.31
5	4.55	2.73	0.91	1.82
6	3.75	3.12	2.50	0.62

(3) 按表 14-10 进行三元系统减元试验。若某三元系统较好，说明三元系统优于二元系统，不应再减元，只需按表 14-11 进行调配比试验，以结果最好者作为最佳溶剂系统，然后转向(5)；否则，若某二元系统较好或与三元系统相当，说明二元优于三元，则转向(4)。

表 14-10　$U_5(5^3)$ 三元系统减元表

序号	A 的体积/mL	B 的体积/mL	C 的体积/mL
1	0	2.50	7.50
2	1.67	5.00	3.33
3	14.67	0	3.33
4	14.00	4.00	0
5	3.33	3.33	3.33

表 14-11　$U_4(4^3)$ 三元系统调配比表

序号	A 的体积/mL	B 的体积/mL	C 的体积/mL
1	1.43	2.86	5.71
2	2.22	4.44	3.33
3	5.00	1.67	3.33
4	5.00	3.75	1.25

(4) 按表 14-12 进行二元系统减元及调配比试验，以结果最好者作为最佳溶剂系统，然后转向(5)。

(5) 结束。

表 14-12　二元系统减元及调配比表

序号	A 的体积/mL	B 的体积/mL
1	0	10.00
2	2.00	8.00
3	3.82	14.18
4	14.18	3.82
5	8.00	2.00
6	10.00	0

【例 14-3】　均匀设计法优化分离 10 种磺胺类药物的 TLC 溶剂系统[11]。

(1) 按表 14-6(ε=13.0)进行实验，比较 12 个溶剂系统的试验结果，2 号系统(苯-正丁醇-二氯甲烷-正己烷)的分离效果较好。

(2) 按表 14-8 进行四元系统减元试验(A=苯，B=正丁醇，C=二氯甲烷，D=正己烷)，结果表明，6 号系统较好，减去 C 二氯甲烷。

(3) 按表 14-10 进行三元系统减元试验(A=苯，B=正丁醇，C=正己烷)，结果表明，三元系统优于二元系统，不能减元。

(4) 按表 14-11 进行三元系统调配比试验，结果表明，所有系统均不及表 14-8 的 5 号系统好，故确定最佳溶剂系统为苯-正丁醇-正己烷(5.71∶2.86∶1.43)。

按优化条件进行实验，结果如图 14-11 所示。

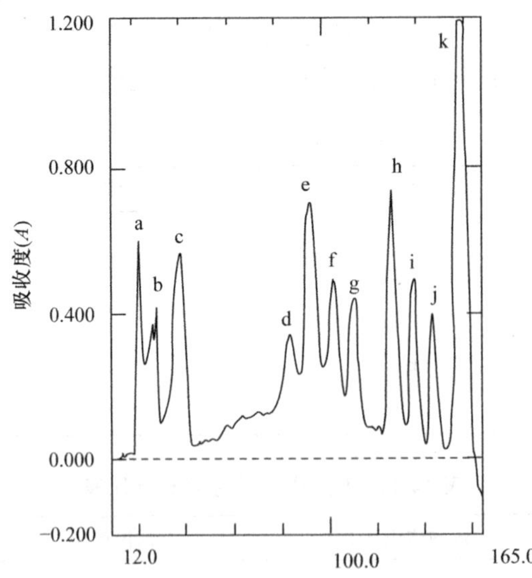

图 14-11　按优化条件分离的 10 种磺胺类药物的薄层扫描图

a. 乙酰磺胺米隆；b. 甲氧苄氨嘧啶；c. 磺胺胍；d. 磺胺嘧啶；e. 磺胺；f. 磺胺二甲嘧啶；g. 消炎磺；h. 周效磺胺；i. 磺胺甲噻啶，j. 磺胺氯哒嗪，k. 二氯磺胺

14.5　毛细管电泳运行电解质的选择与优化

14.5.1　毛细管电泳分离因素相关图

用色谱优化函数 COF[12]作为评价电泳分离情况的目标函数，COF 最主要指标是各组分间的分离度 R_S 和 t_{mig}，电渗淌度 μ_{eo} 对 t_{mig} 和 R_S 都产生很重要的影响。BGE 浓度 c、黏度 η 和 pH、分离时的温度 T、分离系统电流值 I 对电渗淌度 μ_{eo} 都会产生十分重要的影响。此外，BGE 浓度 c、黏度 η 和 pH、分离时的温度 T、电压 V、毛细管长度 L 和分离时毛细管柱内的电阻 R 决定了分离系统电流 I 和理论塔板数 n 的大小，诸多因素间的相互影响如图 14-12 所示。

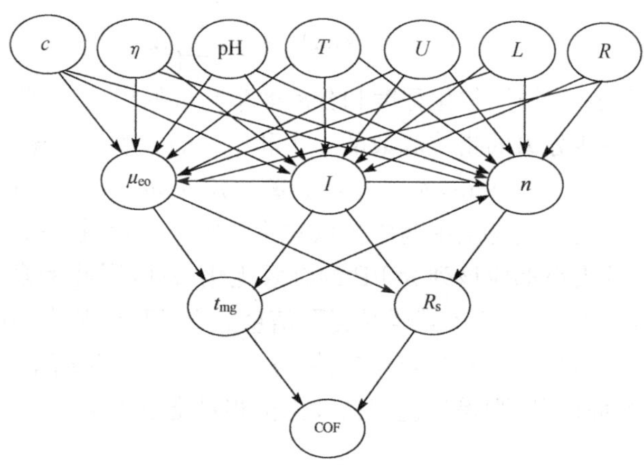

图 14-12　高效毛细管电泳实验因素与分离结果的相关图

14.5.2　色谱指纹图谱指数(F)和相对指数(F_r)的应用

孙国祥等在研究色谱指纹图谱的评价方法时提出了色谱指纹图谱指数(F)等概念[13]，其基本内容包括以下几方面。

(1) 有效分离率(β)。若色谱法获得 n 个峰，基线分离的峰对数为 $m(R\geqslant 1.5)$，则有效分离率为

$$\beta=\frac{m}{n-1} \tag{14-7}$$

式中：$n-1$ 为总峰对数。显然 $m=n-1$ 时，$\beta=1$，所有峰都达到基线分离(最理想情况)，因此 β 值代表分离的效果。

(2) 峰信号响应强度(R)。将 n 个峰作谷-谷积分，则总分离信号大小的乘积

$$R=\prod_{i=1}^{n}A_i=A_0^n\left(A_0=\sqrt[n]{\prod_{i=1}^{n}A_i}\right) \tag{14-8}$$

式中：A_i 为第 i 个峰的面积；A_0 为指纹峰的几何平均峰面积；R 为指纹信号响应总强度，其值越大越好。

(3) 均化系数(γ)。峰信号分布的均匀性直接影响判别化学成分分布的有效性，在不考虑各成分药理活性大小的前提下，以各化学成分峰等信号强度分布最为理想。通过计算向量 $\vec{a}=(1,1,1,\cdots,1)$ 和各色谱峰构成的向量 $\vec{P}=(A_1,A_2,A_3,\cdots,A_n)$ 之间的夹角余弦，即求出 $\vec{P}$ 与 $\vec{a}$ 相似度系数 γ，以 γ 表征峰信号均化程度：

$$\gamma=\frac{\vec{P}\cdot\vec{a}}{\|\vec{P}\|\ \|\vec{a}\|}=\frac{\sum_{i=1}^{n}A_i}{\sqrt{n\sum_{i=1}^{n}A_i^2}}=\frac{\overline{A}}{\sqrt{\frac{1}{n}\sum_{i=1}^{n}A_i^2}}=\left[\frac{1}{n}\sum_{i=1}^{n}\left(\frac{A_i}{\overline{A}}\right)^2\right]^{-\frac{1}{2}} \tag{14-9}$$

$\overline{A}$ 为指纹峰的平均峰面积，γ 越接近 1，则信号平均化越好。

(4) 色谱指纹图谱指数(F)。在同时考虑峰信号均化系数 γ 和有效分离率 β 时，FP 信号强度

$$R\approx A_0^{n\beta\gamma} \tag{14-10}$$

则定义

$$F=\lg R=n\beta\gamma\lg A_0=\beta\gamma\sum_{i=1}^{n}\lg A_i \tag{14-11}$$

F 是代表指纹峰信号大小、信号均匀化程度和分离效率高低的指数，因此称之为色谱指纹图谱指数，它直接反映获得基线分离的指纹峰数的多少和信号的大小。根据中药成分的复杂性，假设获得理想 FP 的合理时间为 50min，实际完成分离所用时间为 t，t 越小越好，代表时间效率越高。FP 赖以产生的物质基础是从中药中提取的化学成分，样品制备时使用的原生药量及样品的稀释倍数，进样量的大小都应该列为 FP 的有效优化条件，因此考察由 1mg 中药材(或制剂)提取物进样后获得的 F，有助于了解样品提取信息的丰富程度和中药中化学成分分布浓度的大小。综合指纹峰信号强度、信号分布均匀性、分离效率(有效分离率和时间效率)及原生药材(或制剂)取量等多方面信息，则得到色谱指纹图谱相对指数 F_r：

$$F_r=\frac{50}{t}n\beta\gamma\lg\frac{A_0}{Q}=\frac{50}{t}\beta\gamma\sum_{i=1}^{n}\lg\frac{A_i}{Q} \tag{14-12}$$

式中：n 为指纹峰总数；γ 为信号均化系数；β 为有效分离率；A_i 为以谷-谷积分获得的峰面积；A_0 为 n 个指纹峰的几何平均峰面积；Q 为与一次进样量相当的原生药材(或制剂)质量(mg)；t 为最后一个指纹峰出完峰的时间(min)；F_r 为将 1mg 药材(或制剂)提取物进样后，在 50min 内经色谱柱分离后产生基线分离的、信号均化的指纹峰信号的大小，较大的 F_r 代表 FP 条件越理想。若 100 个指纹峰在 50min 内完全分离，$m=100-1$，$\beta=1$，指纹信号均化系数 $\gamma=1$，进样量相当于原生药 1mg(即 $Q=1$mg)，则 $F_r=100\lg A_0$，若 $A_0=10^2\sim10^8$，因此 F_r 不大于 1000，很容易证明 HPLC 的 F 和 F_r 通常都低于 1000，但 CE 法由于进样量是 HPLC 的 1%以下，因此 CE 法的 F_r 是 HPLC 的 3 倍之上。这种方法可用于波长选择、流动相系统选择、提取溶剂选择时的评价指标，孙国祥等已开发出“中药色谱指纹图谱超信息特征数字化评价系统 4.0”软件用于计算 F 和 F_r 值，支持最常见的进口和国产仪器的实验数据信号，仅仅将实验的原始信号积分文件导入软件，输入检测波长和表观进样量后可立即计算出 F 和 F_r 等多种优化参数，选择不同条件下最大 F 和 F_r 即是优化的最佳结果。

14.5.3 运行电解质的三角形优化法

1. 一般步骤

(1) 基本操作步骤。首先分别选择①50mmol/L 硼砂、②150mmol/L 磷酸二氢钠和③100mmol/L 磷酸氢二钠进行电泳试验；根据分离情况，确定样品组分适合在哪种电解质中分离。如果①50mmol/L 硼砂作 BGE 分离好，调整其浓度至最佳，还可以用 0.1mmol/L 氢氧化钠溶液调其 pH，解决难分离物质对的分离。如果③100mmol/L 磷酸氢二钠作 BGE 分离效果

好，除同法实验外，可考虑图 14-13 中点②和③连线的任意比例点，寻找最佳实验点。如果②150mmol/L磷酸二氢钠作 BGE 分离效果好，说明系统适合在酸性条件下分离，选择条件应偏重于向低 pH 变化。如果物质分离情况在上述三顶点条件下区别不大，可进行④～⑩点的试验条件，并在实验结果好的区域进行细实验。

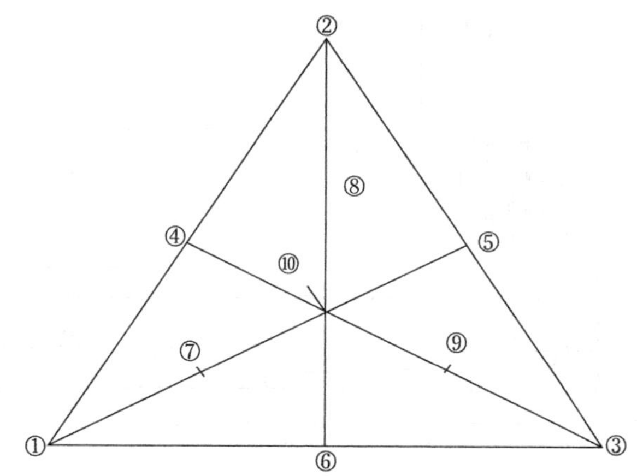

图 14-13　毛细管区带电泳运行电解质三角形法优化选择图

① 硼砂(50mmol/L)；② 磷酸二氢钠(150mmol/L)；③ 磷酸氢二钠(100mmol/L)

(2) 电泳条件。石英毛细管柱 63cm×75μm(i. d.)，有效长度 48cm。运行电解质(BGE)为图 14-13 中三角形所示十点。电压 12kV，紫外检测波长 228nm，重力进样 10s(高度10cm)。每次进样前用 BGE 加压冲洗毛细管柱 5min，并运行 5min，每天实验结束后依次用 0.1mol/L 氢氧化钠和水冲洗毛细管 10min。

(3) 样品供试液制备。将栀子于 60℃ 干燥 40min，粉碎后取约 2.5g，精密称定，加水 50mL，回流提取 2h，滤过，残渣加水 40mL，继续回流 2h，合并两次滤液，减压浓缩至 20mL，加乙醇至 80%(体积分数)，冷处避光放置、醇沉 24h，滤除沉淀，减压回收乙醇至无醇味，残液再用水定容至 25mL，摇匀，即得。

(4) 测定法。配制图 14-13 中各点电解质溶液，分别按上述实验条件进行实验，记录电泳图如图 14-14 所示。将实验结果的原始信号导入“中药指纹图谱超信息特征数字化评价系统 4.0”软件，计算各实验条件下的 F 值结果如图 14-15 所示，第②点无峰 $F=0$，说明栀子水提取液不适合在酸性条件下进行分离。F 值最大点为⑥即 50mmol/L 硼砂-100mmol/L 磷酸氢二钠(1∶1)混合液。以色谱指纹图谱指数 F 作为衡量电泳分离好坏的指标，是选择实验条件的一种很新的方法，它同样适用于 HPLC 的条件优化。

2. 硼砂运行电解质的三角形优化法

首先分别选择①50mmol/L 硼砂、②200mmol/L 硼酸、③100mmol/L 磷酸氢二钠进行电泳试验；根据分离情况，确定样品组分适合在哪种电解质中分离。如果①50mmol/L 硼砂作 BGE 分离好，调整其浓度至最佳，还可以用 0.1mmol/L 氢氧化钠溶液调其 pH，解决难分离物质对的分离。如果③100mmol/L 磷酸氢二钠作 BGE 分离效果好，除同法实验外，可考虑图 14-16中点②和③连线的任意比例点，寻找最佳实验点。如果②200mmol/L 硼酸作 BGE 分离效果好，说明系统适合在含硼元素 BGE 酸性条件下分离，选择条件应偏重于向低 pH 变化。

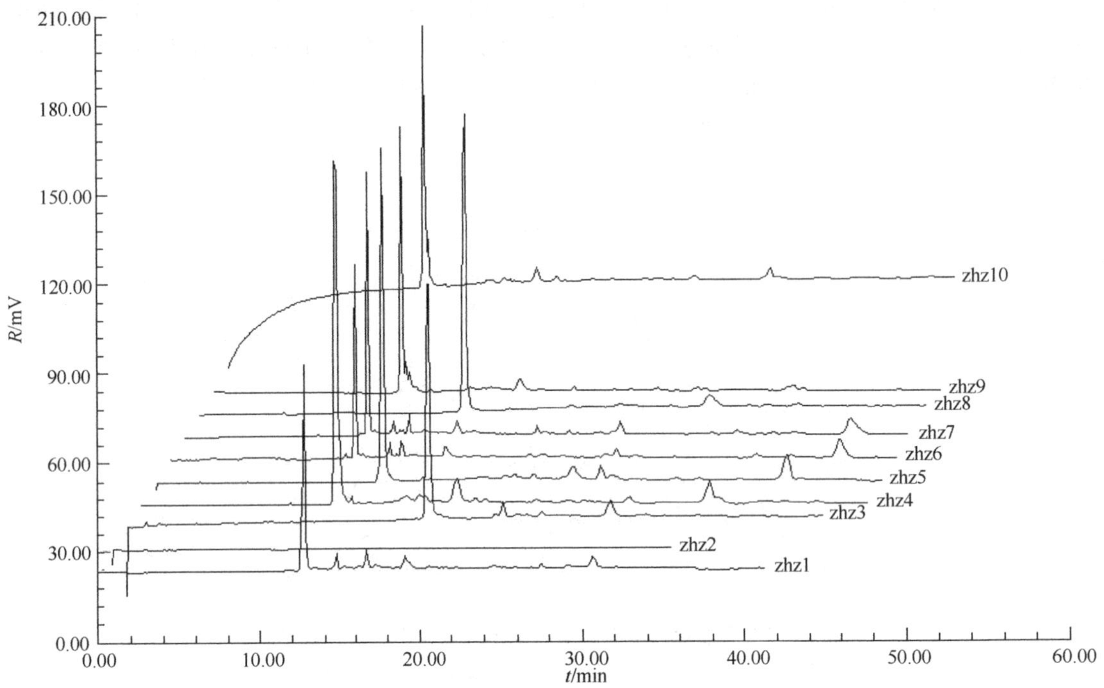

图 14-14　三角形法优化 BGE 测得栀子水提液毛细管电泳图

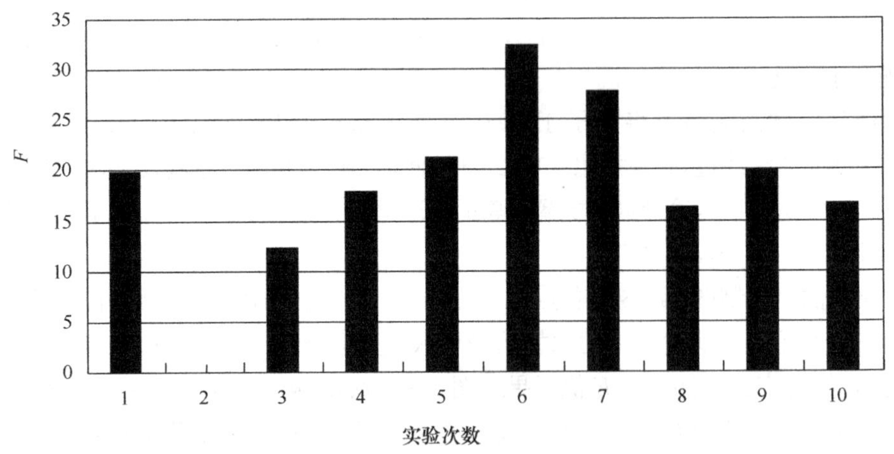

图 14-15　不同 BGE 时测得栀子水提液毛细管电泳图 F 值

其次，如果物质分离情况在上述三顶点条件下区别不大，可进行④～⑩点的试验条件，并在实验结果好的点区域进行细实验。用此方法我们选择出大青叶的毛细管电泳指纹图谱条件[14]，如图 14-17 所示。实验条件为：石英毛细管 65cm×75μm(i. d.)，有效长度 50cm(河北永年光导纤维厂)；紫外检测波长 228nm，灵敏度 0.002AUFS；运行电压 12.5kV；BGE 为硼酸(100mmol/L)∶硼砂(50mmol/L)＝11∶10(调 pH 11)；电流约 125μA；重力进样 20s(高度 8.5cm)；每次实验开始前用 BGE 冲洗毛细管柱 5min，再运行 5min 后进样。

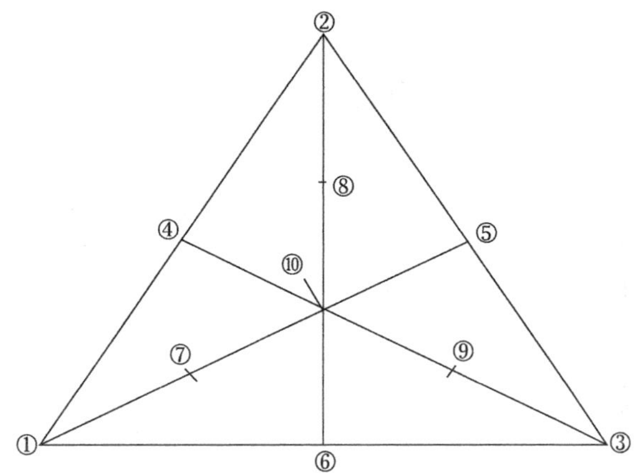

图 14-16 毛细管区带电泳运行电解质三角形法优化选择图

① 硼砂(50mmol/L);② 硼酸(200mmol/L);③ 磷酸氢二钠(150mmol/L)

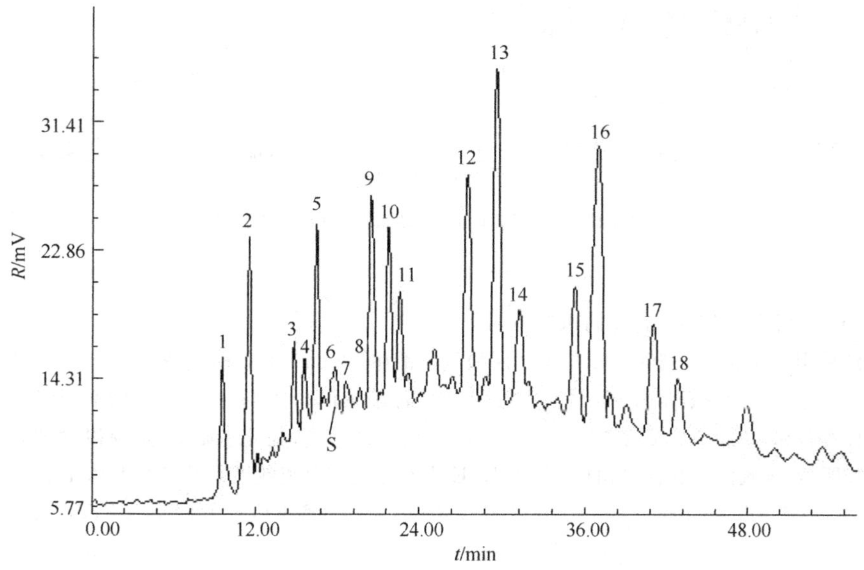

图 14-17 大青叶水提液的毛细管电泳指纹图谱

3. 优化实例

【例 14-4】 连翘的毛细管电泳的运行电解质的优化。

在连翘的毛细管电泳指纹图谱分析中,用第一种三角形法 1、2、3 点试验,发现 1 点效果最好,但分离不是十分完全,所以增大硼砂浓度至 75mmol/L,并调节 pH 9.7 获得良好的分析结果,如图 14-18 所示。

电泳条件 毛细管柱 65cm×75μm(i. d.),有效长度 50cm,以 75mmol/L 硼砂溶液(氢氧化钠溶液调 pH 9.7)为 BGE,电压 14kV,紫外检测波长 228nm,重力进样 15s(高度 9cm),每次进样前用 BGE 加压冲洗毛细管柱 5min,并运行 5min 后进样。

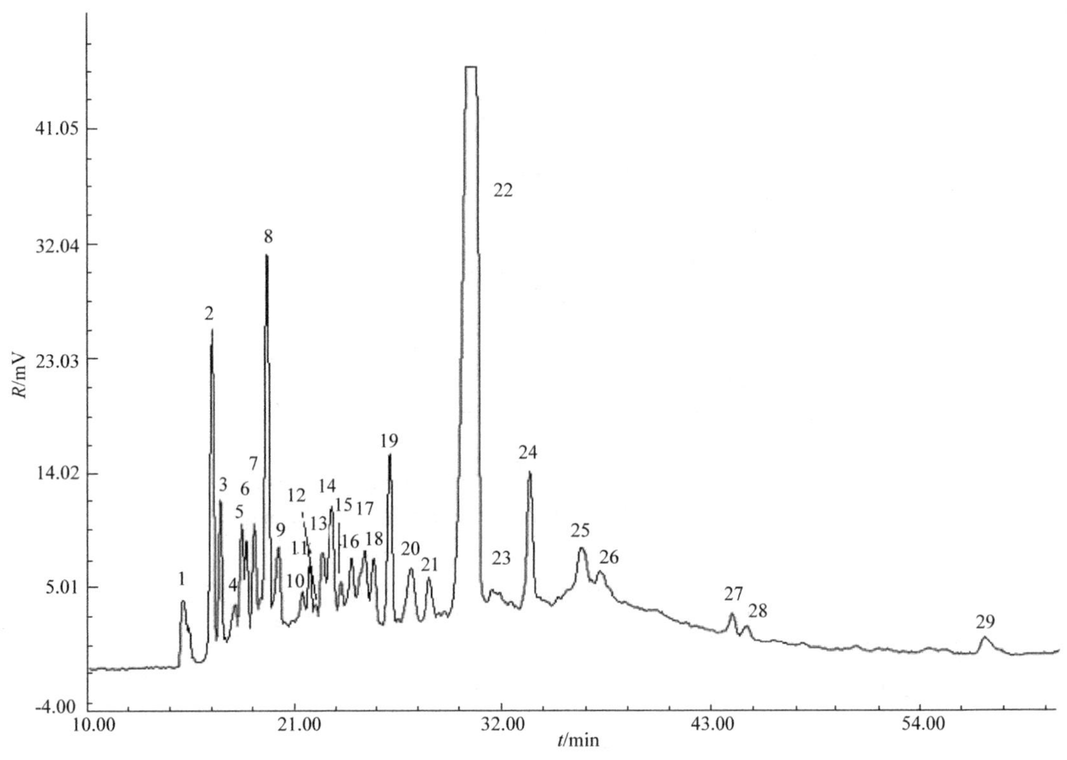

图 14-18　连翘水提液的毛细管电泳指纹图谱图

【例 14-5】　射干的毛细管电泳运行电解质的优化[15]。

首先分别采用 50mmol/L 硼砂、50mmol/L 磷酸氢二钠和 50mmol/L 磷酸氢钠溶液作 BGE 时分离均不理想；100mmol/L 硼酸(氢氧化钾溶液调 pH 10)作 BGE 时电流较小，分离明显改善，但仍不理想。经试验当用含 50mmol/L 硼砂和 50mmol/L 硼酸作 BGE 时，有个别峰不能分离，在此基础上，选择以含 80mmol/L 硼酸和 15mmol/L 硼砂(氢氧化钾溶液调 pH 9.7)为 BGE，获得了良好分离效果。考察上述 BGE 在 pH 9.2，9.7，11.0，11.2 时的分离情况，以 pH 9.7 最好；在确定 BGE 后，考察分离电压为 10kV，12.1kV，13kV，16kV 时的分离情况，以 12.1kV 时分离效果最佳。最后确定实验条件如下：毛细管柱(65cm×75μm i.d.)，有效长度 50cm，以含 80mmol/L 硼酸和 15mmol/L 硼砂溶液(氢氧化钾溶液调 pH 9.7)为 BGE，运行电压 12.1kV，检测波长 228nm，灵敏度 0.01AUFS，重力进样 10s(高度 7cm)，样品供试液经 0.45μm 滤膜滤过后进样。毛细管柱在每次进样前用运行 BGE 冲洗 5min，如图 14-19 所示。

【例 14-6】　复方甘草片毛细管电泳运行电解质的优化。

用三角形优化法成功选择了复方甘草片毛细管电泳的运行电解质。用此运行电解质测定的复方甘草片毛细管电泳指纹图谱[16]，如图 14-20 所示。

电泳条件石英毛细管：65cm×75μm(i.d.)，有效长度 50cm；重力进样 10s(高度 7cm)；运行电解质溶液：50mmol/L 硼砂溶液；运行电压：14.0kV；检测波长：228nm。

对于一般的中药水提取液若用上述方法优化不理想时，可考虑在各点溶剂中加入 1mg/mL 的庚烷磺酸钠，可收到较好的分离效果。孙国祥课题组开发的“中药色谱指纹图谱超信息特征数字化评价系统 4.0”软件有多项指标可作为毛细管电泳试验的优化目标函数[16]。

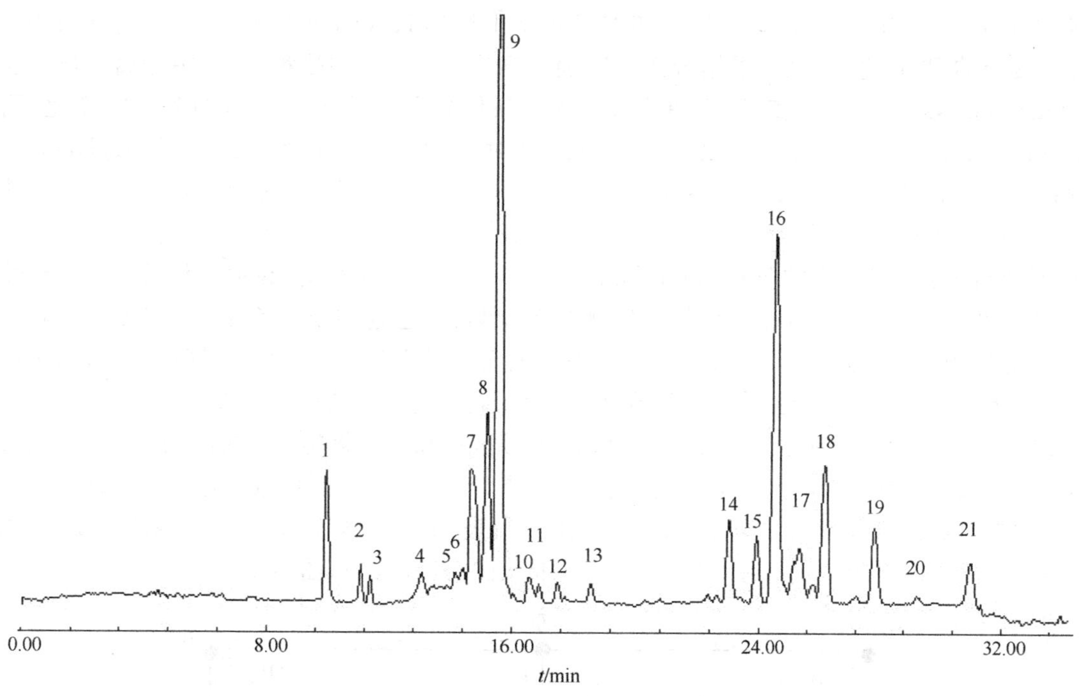

图 14-19 射干的毛细管电泳指纹图谱

1. 次野鸢尾黄素；9. 射干苷；14. 野鸢尾黄素(参照物峰)

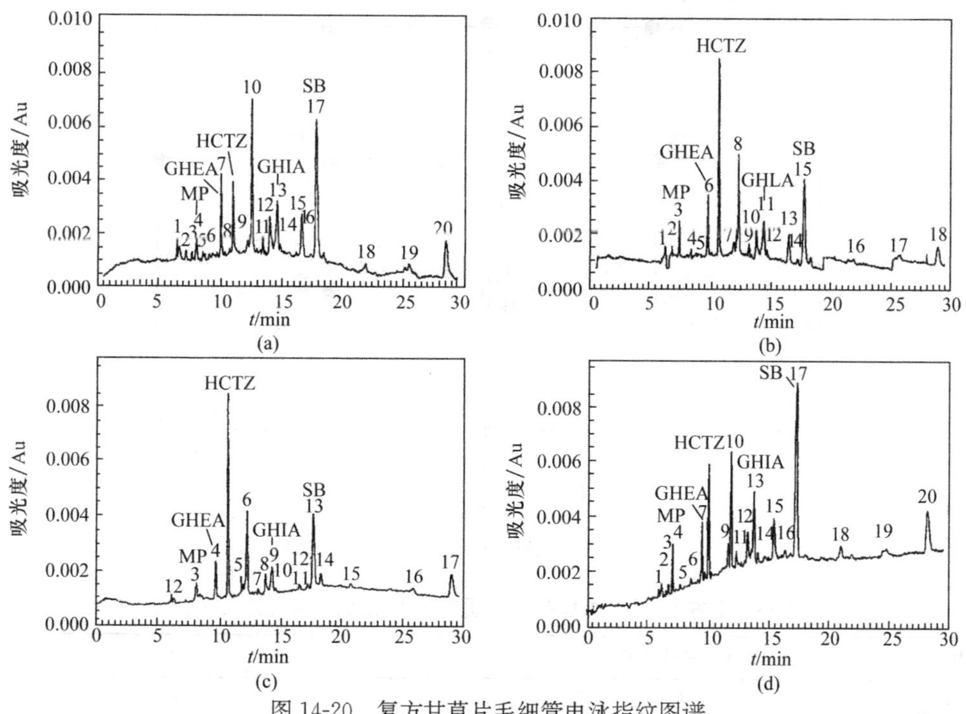

图 14-20 复方甘草片毛细管电泳指纹图谱

(a) 水提取液；(b) 50%乙醇提取液；(c) 0.1mmol/L 氢氧化钾提取液；(d) 50mmol/L 硼砂溶液(含 10%乙醇)提取液

14.5.4 运行电解质的正方形优化法

选择一正方形 *ABCD*，四顶点 *BGE* 分别为 A：50mmol/L $Na_2B_4O_7$，B：50mmol/L

Na_2HPO_4，C：150mmol/L NaH_2PO_4 和 D：50mmol/L $NaHCO_3$，见图 14-21。首先分别选择①～④点的 BGE 进行试验，根据分离情况确定样品组分适合在哪种 BGE 中分离。若①点 50mmol/L $Na_2B_4O_7$ 分离较好，说明适合在碱性条件分离，选择应偏重于向高 pH 变化（用 0.1mmol/L NaOH 溶液调 pH），以解决难分离物质对的分离。若②点的 50mmol/L Na_2HPO_4 作 BGE 时分离较好，除了同法试验外，还可考虑采用⑥和⑦点的 BGE 进行试验。如果③点的 150mmol/L NaH_2PO_4 作 BGE 时分离效果较好，除了同法试验外，还可考虑采用⑦和⑧点的 *BGE* 进行试验。若④点的 50mmol/L $NaHCO_3$ 作 BGE 时分离较好，说明系统适合在弱碱性分离，条件应向适合的 pH 范围变化。若物质分离情况在上述四顶点条件下区别不大或者分离情况不理想，可分别用□ABCD、□IJKL 等 10 个正方形分别优化，以获得理想的 BGE；采用⑤～⑰点的 BGE 进行试验，并在试验结果好的区域进行进一步试验。见图 14-21中 17 个点构成的 BGE 中可通过添加甲醇、乙腈、三乙胺、庚烷磺酸钠和 β-环糊精等有机溶剂来改善分离或用稀磷酸或稀氢氧化钠调整 pH，以便得到理想结果。正方形优化法是通过对不同的 BGE 组成进行考察，以实现难分离电泳组分间的分离优化。见表 14-13 和表 14-14中各点 BGE 组成，孙国祥等[17]用此法优化选择了逍遥丸的毛细管电泳指纹图谱实验条件（图 14-22）。

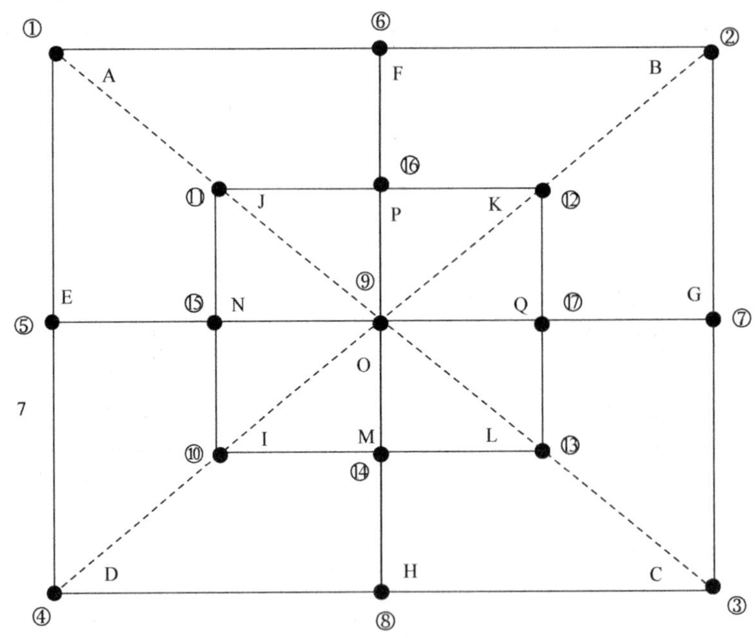

图 14-21 正方形优化法选择毛细管区带电泳 BGE

A=50mmol/L $Na_2B_4O_7$；B=50mmol/L Na_2HPO_4；C=150mmol/L NaH_2PO_4；D=50mmol/L $NaHCO_3$

表 14-13 正方形上 17 点运行电解质的组成、配比及其浓度（mmol/L）

序号	运行电解质的组成	A	B	C	D
1	A	50	—	—	—
2	B	—	50	—	—
3	C	—	—	150	—
4	D	—	—	—	50
5	E=A−D(1∶1,体积比)	25	—	—	25

续表

序号	运行电解质的组成	A	B	C	D
6	F=A—B(1∶1,体积比)	25	25	—	—
7	G=B—C(1∶1,体积比)	—	25	75	—
8	H=C—D(1∶1,体积比)	—	—	75	25
9	O=A—B—C—D(1∶1∶1∶1,体积比)	12.5	12.5	37.5	12.5
10	I=D—O(1∶1,体积比)	14.25	14.25	18.75	31.25
11	J=A—O(1∶1,体积比)	31.25	14.25	18.75	14.25
12	K=B—O(1∶1,体积比)	14.25	31.25	18.75	14.25
13	L=C—O(1∶1,体积比)	14.25	14.25	93.75	14.25
14	M=I—L 或 H—O(1∶1,体积比)	14.25	14.25	514.25	18.75
15	N=J—I 或 E—O(1∶1,体积比)	18.75	14.25	18.75	18.75
16	P=K—J 或 F—O(1∶1,体积比)	18.75	18.75	18.75	14.25
17	Q=L—K 或 G—O(1∶1,体积比)	14.25	18.75	514.25	14.25

A=$Na_2B_4O_7$;B=Na_2HPO_4;C=NaH_2PO_4;D=$NaHCO_3$。

表 14-14　正方形上 17 点运行电解质的组成方法与试验时体积比

序号	运行电解质的组成	A	B	C	D
1	A	1	—	—	—
2	B	—	1	—	—
3	C	—	—	1	—
4	D	—	—		1
5	E=A—D(1∶1,体积比)	1	—	—	1
6	F=A—B(1∶1,体积比)	1	1	—	—
7	G=B—C(1∶1,体积比)	—	1	1	—
8	H=C—D(1∶1,体积比)	—	—	1	1
9	O=A—B—C—D(1∶1∶1∶1,体积比/体积比)	1	1	1	1
10	I=D—O(1∶1,体积比)	1	1	1	5
11	J=A—O(1∶1,体积比)	5	1	1	1
12	K=B—O(1∶1,体积比)	1	5	1	1
13	L=C—O(1∶1,体积比)	1	1	5	1
14	M=I—L 或 H—O(1∶1,体积比)	1	1	3	3
15	N=J—I 或 E—O(1∶1,体积比)	3	1	1	3
16	P=K—J 或 F—O(1∶1,体积比)	3	3	1	1
17	Q=L—K 或 G—O(1∶1,体积比)	1	3	3	1

A=$Na_2B_4O_7$;B=Na_2HPO_4;C=NaH_2PO_4;D=$NaHCO_3$。

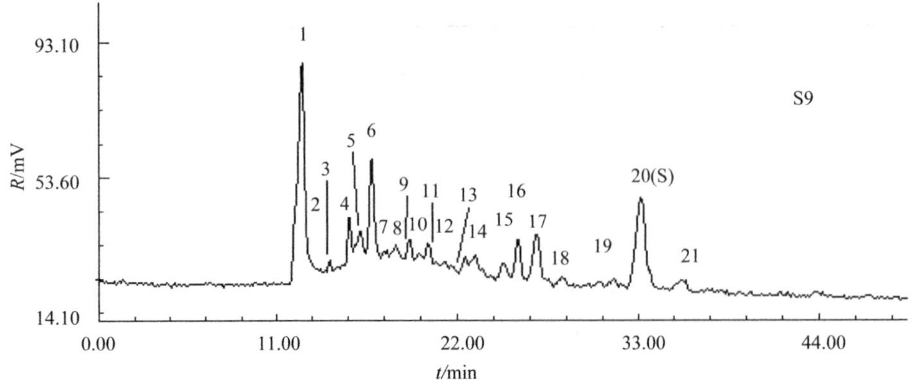

图 14-22 逍遥丸的毛细管电泳图

最佳点为 10:50mmol/L 硼砂-50mmol/L 磷酸氢二钠-150mmol/L 磷酸二氢钠-50mmol/L 碳酸氢钠（体积比为 1∶1∶1∶5），A∶B∶C∶D=14.25∶14.25∶18.75∶31.25(mmol/L)

14.5.5 运行电解质的三棱柱优化法

以 ABCDEF 为顶点构成三棱柱，A＝50mmol/L $Na_2B_4O_7$，B＝50mmol/L Na_2HPO_4，C＝150mmol/L NaH_2PO_4，D＝150mmol/L SDS，E＝150mmol/L $NaHCO_3$ 和 F＝200mmol/L H_3BO_3[图 14-23(a)]，BGE 组成及浓度见表 14-15。为弥补三角形与四面体优化法的不足，对于适合在碱性环境下易于分离的物质，三棱柱优化法加入了 E 点；同样加入硼酸可弥补正方形优化法的不足，硼酸具有电离微弱的优点，可以用来加强能与硼原子形成配合物的组分间的分离；加入 SDS 不仅可以作为有机改性剂调节 BGE，或形成胶束，比较适合某些中性分子的分离。实验方案设计一：按图 14-23 中①～③点的 BGE 条件进行电泳实验，粗略确定样品组分适合在哪种 BGE 中分离。若①点 50mmol/L $Na_2B_4O_7$ 作 BGE 时分离较好，说明系统较适合在碱性条件下分离，可用 1mmol/L NaOH 溶液调至高 pH，还可通过添加有机改性剂或调整 BGE 浓度至最佳，以充分解决难分离物质对的分离，同时还可考虑采用⑩和⑯点的 BGE 或其附近点进行试验。以同样的选择方法进行②点 BGE 和③点 BGE。然后选择图 14-23 中④～⑥点的 BGE 条件进行电泳实验，如果④点的分离效果较好，说明系统中可能含有较多的中性分子，适合在 SDS 中分离，同时除了同法试验外，还可考虑⑫和⑮点进行试验。同法进行⑤点 BGE 和⑥点 BGE 及其余各点试验。实验设计方案二：将图 14-23(a)中 20 点依次进行试验，然后选择最优化的一个或几个试验点或集中在一个图形中进行试验，本实验按方案二实行后，发现 P 点、B 点及 E 点峰数较多，但分离不是十分理想，实验则选择□ABEF 继续优化，最终确立最佳 BGE，见图 14-23(b)(Q_5)。在实验时，应根据实验情况选择试验点，具体可参考正方形优化法优化 BGE，当其比例调整好后，再通过添加甲醇、乙腈、三乙胺、庚烷磺酸钠等有机溶剂和 β-环糊精来改善分离或用稀磷酸(1mmol/L)或氢氧化钠(1mmol/L)调整 pH，以便得到理想的分析结果。同样可根据实验情况选择用□ACDF、□BCDE，并在试验结果好的区域进一步试验。文献[18]用此法优化选择了柏子养心丸的毛细管电泳指纹图谱实验条件。

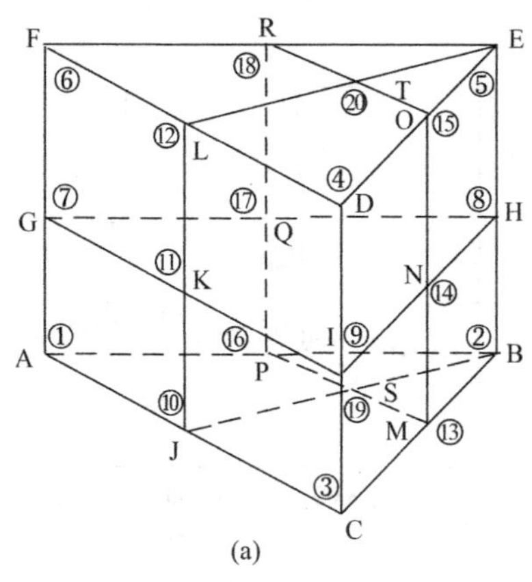

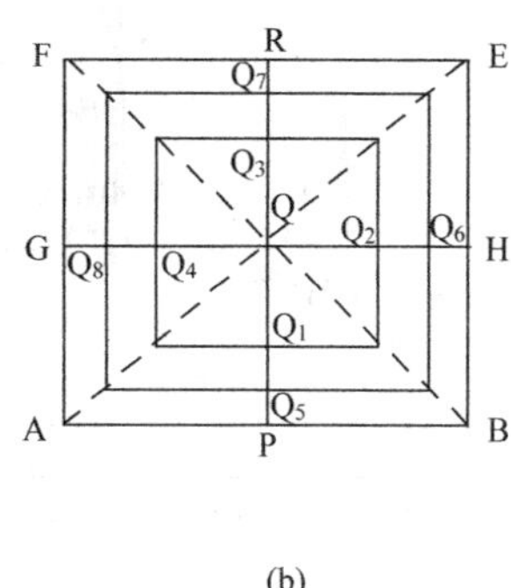

图 14-23　毛细管区带电泳 BGE
(a) 三棱柱优化法；(b) 正方形优法

表 14-15　三棱柱上 20 点 BGE 组成及其浓度(mmol/L)

序号	运行电解质(BGE)的组成	A	B	C	D	E	F
1	A	50	—	—	—	—	—
2	B	—	50	—	—	—	—
3	C	—	—	150	—	—	—
4	D	—	—	—	150	—	—
5	E	—	—	—	—	150	—
6	F	—	—	—	—	—	200
7	G=A−F(1∶1,体积比)	25	—	—	—	—	100
8	H=B−E(1∶1,体积比)	—	25	—	—	75	—
9	I=C−D(1∶1,体积比)	—	—	75	75	—	—
10	J=A−C(1∶1,体积比)	25	—	75	—	—	—
11	K=A−C−D−F(1∶1∶1∶1,体积比)	12.5	—	37.5	37.5	—	50
12	L=D−F(1∶1,体积比)	—	—	—	75	—	100
13	M=B−C(1∶1,体积比)	—	25	75	—	—	—
14	N=B−C−D−E(1∶1∶1∶1,体积比)	—	12.5	37.5	37.5	37.5	—
15	O=D−E(1∶1,体积比)	—	—	—	75	75	—
16	P=A−B(1∶1,体积比)	25	25	—	—	—	—
17	Q=A−B−E−F(1∶1∶1∶1,体积比)	12.5	12.5	—	—	37.5	50
18	R=E−F(1∶1,体积比)	—	—	—	—	75	100
19	S=A−B−C(1∶2∶1,体积比)	12.5	25	37.5	—	—	—
20	T=D−E−F(1∶2∶1,体积比)	—	—	—	37.5	75	50

A=50mmol/L $Na_2B_4O_7$；B=50mmol/L Na_2HPO_4；C=150mmol/L NaH_2PO_4；D=150mmol/L SDS；E=150mmol/L $NaHCO_3$；F=200mmol/L H_3BO_3。

【例 14-7】 柏子养心丸 CE 指纹图谱分析(图 14-24)。

石英毛细管 70cm×75μm(i. d.)，有效长度 57cm(河北永年光导纤维厂)；紫外检测波长 228nm；灵敏度 0.005AUFS；运行电压 12kV；电流约 0.05mA；BGE 经优化为第 Q_5 点(A∶B∶E∶F=7∶7∶1∶1) 50mmol/L 硼砂-50mmol/L 磷酸氢二钠-200mmol/L 硼酸-50mmol/L 碳酸氢钠 (体积比为 7∶7∶1∶1，含 4%乙腈调 pH

至 9.70);重力进样 25s,高度 14cm。

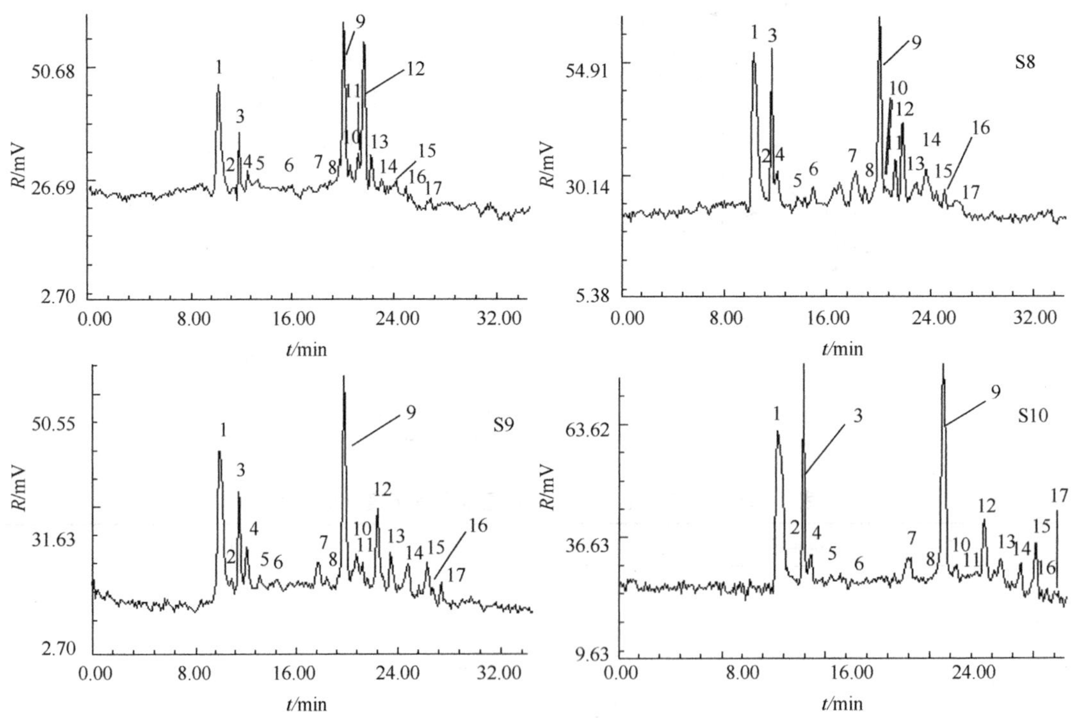

图 14-24　柏子养心丸 CE 指纹图谱(S7～S10)

(沈阳药科大学　孙国祥　邸欣　班允东　孙毓庆)

参考文献

[1] 孙毓庆,胡育筑. 液相色谱溶剂系统的选择与优化. 北京:化学工业出版社,2007

[2] 孙毓庆,王延琮. 现代色谱法及其在药物分析中的应用. 北京:科学出版社,1998. 313-356

[3] Schoenmakers P J. Optimization of Chromatographic Selectivity. Amsterdam:Elsevier,1986

[4] Snyder L R,Glajch J L,Kirkland J J. Practical HPLC Method Development. John Wiley & Sons,Inc. 1988

[5] Snyder L R,Carr P W,Rutan S C. J Chromatogr A,1993,656:537

[6] 吴文,班允东,邸欣,等. 高效液相色谱溶剂系统四面体优化法. 色谱,1994,12(5):345

[7] Berridge J C. J Chromatogr,1982,244:1

[8] 张敬宝,班允东,孙毓庆. 常用溶剂的 Fuzzy 聚类分析. 色谱,1989,7(5):256

[9] 班允东,孙毓庆. 用均匀设计选择薄层色谱溶剂系统. 药物分析杂志,1991,11(4):247

[10] 王小芹,邓勃,秦建侯. 分析测试中的试验设计和优化方法三、均匀设计法. 分析试验室,1985,4(12):46

[11] 班允东. 薄层色谱溶剂系统的优化方法研究. 沈阳:沈阳药科大学博士学位论文,1994

[12] 孙毓庆,胡育筑. 液相色谱溶剂系统的选择与优化. 北京:化学工业出版社,2007. 339

[13] 孙国祥,刘晓玲,邓湘昱,等. 色谱指纹图谱指数 F 和相对指数 F_r 的研究. 药学学报,2004,39(11):921

[14] 孙国祥,慕善学,侯志飞,等. 大青叶的毛细管电泳指纹图谱研究. 分析化学,2005,33(6):853-856

[15] 孙国祥,万月生,孙毓庆. 射干的毛细管电泳指纹图谱研究. 色谱,2004,1(3):131-134

[16] 孙国祥,智雪枝,张春玲,等. 中药色谱指纹图谱超信息特征数字化评价系统. 中南药学,2007,5(6):549-555

[17] 孙国祥,丁国瑜. 逍遥丸的毛细管电泳指纹图谱的建立. 色谱,2011,29(10):1020-10214

[18] 孙国祥,殷瑞娟. 柏子养心丸的毛细管电泳指纹图谱. 色谱,2012,30(1):495-500

第 15 章　样品预处理方法

15.1　概　　述

色谱分析技术涉及的样品种类繁多、样品组成及其浓度复杂多变、样品物理形态范围广泛，对采用色谱分析方法进行直接分析测定构成的干扰因素特别多，所以需要选择并实施科学有效的处理方法及其技术，需要对样品进行某种预处理，将采集的样品转化为适合于色谱仪器分析测定的形态。现代色谱仪器对一个样品的分析测定所用的时间越来越短，但是色谱分析样品制备过程所用的时间却仍然很长。分析工作者的任务从分析测量逐步转入样品制备。

样品的预处理是中药材、中成药、各种药物制剂和生物样品分析中极为重要的环节。任何先进的色谱技术都需有先进的样品制备技术相匹配，可以说，色谱分析的成功与否通常取决于是否有合适的样品制备方法。一般来说，样品预处理主要达到以下目的：将待测物质有效地从样品基质中释放出来，并制备成便于分析测定的稳定试样；除去基体中干扰杂质，纯化样品，提高分析精度，改善分离效果；富集、浓缩样品或进行衍生化，以提高检测灵敏度和方法的选择性。

传统的方法一般采用蒸发、浓缩、吸附、沉淀、萃取等手段，并且常需要通过上述多种方法的组合用多个步骤才能完成。目前，在不断改进传统的样品制备方法的同时，分析化学家在不断地开发新的样品处理技术，如气体萃取技术（顶空技术）、膜萃取技术、微捕集技术、微波提取技术、超临界流体萃取技术、搅动棒吸附萃取技术、微透析技术、高压溶剂萃取技术、微量衍生化技术等[1]。下面主要介绍固相萃取、固相微萃取和化学衍生化技术[2]。

15.2　固相萃取技术

固相萃取（solid-phase extraction，SPE）是近十几年迅速发展起来的一种样品预处理技术，它是以液相色谱分离机理为基础，建立起来的分离和纯化及富集的方法。固相萃取法预处理样品有许多引人注目的优点：首先是其安全性，可以避免使用毒性较强或易燃的溶剂；其次是不会发生液-液萃取中经常出现的乳化问题，萃取回收率高，重现性好；再次，固相萃取操作简便、快速，可同时进行批量样品的预处理；最后，由于可选择的固相萃取填料种类很多，因此其应用范围很广，可用于药物（包括中药）及其制剂分析，生物样品中的药物及其代谢物分析和临床生化研究等复杂样品的预处理；固相萃取的另一特点是易于实现自动化。

15.2.1　固相萃取剂的种类

1. 吸附型

氧化铝、硅胶、活性炭、硅酸镁等是传统的吸附剂，多年来一直用于样品的预处理，如硅胶柱能用于脂溶性维生素和类脂的富集纯化。HPLC 分析氨茶碱时，氧化铝仍常用作预分离吸附剂。这类固相萃取剂的作用机制是溶质在吸附剂表面的吸附作用。

新型的碳吸附剂如多孔碳、石墨碳具有结构均匀、适用 pH 范围宽的优点，而且是一种典型的非极性吸附剂，能用于醇、醛、酮等的富集纯化。

2. 键合型

键合硅胶是最近十几年发展起来的固相萃取剂。它们与 HPLC 中所用的键合硅胶固定相类似。键合硅胶固相萃取剂的种类很多，它又分为极性和非极性，也即液相色谱中的正相和反相键合相。非极性键合相易吸附水中的非极性物质，可用有机溶剂洗脱，适用于萃取、纯化水溶液中非极性或弱极性物质。非极性键合相有 C_1、C_2、C_8、C_{18}、环己烷、苯基等。常见的商品 SPE 柱有 Spe-Par C_{18}，Bond-Elut C_{18}，C_2(乙基)、Ph(苯基)、Baker 10 C_{18}等。极性键合相有—NH_2、—CN、—OH 等；离子交换型键合相有—COOH、—SO_3H、季铵基等。

3. 高分子大孔树脂

许多高分子聚合树脂能用于痕量组分的富集和样品纯化，这类非离子型大孔树脂的结构均一，重现性好。苯乙烯-二乙烯苯(ST-DVB)聚合树脂如 XAD-1、XAD-2、XAD-4 等通过疏水作用对非极性水溶性化合物有强吸附力。而且组分随着相对分子质量减小在树脂中的保留增强；易离子化的化合物可通过离子抑制办法而产生保留，因此有可能同时萃取样品中的酸性、中性、碱性药物。例如，XAD-2 成功地用于尿样的药物检查和药物及代谢物的分离。丙烯酰聚合物与 ST-DVB 有相似的性质，但是其极性较强，因而对极性化合物有相对较强的吸附力，XAD-7、XAD-8 等属于此类。

X-5 树脂是一种新型国产非极性高分子大孔吸附树脂，有吸附量大，传质速度快、适用范围广的特点。高分子大孔树脂在浓缩样品中痕量组分前必须进行严格的纯化，即先把它浸泡在甲醇中以除去细粉、单体和污染物，然后分别用甲醇、乙腈和乙醚进行溶剂提取。经过精制的树脂要浸泡在甲醇中，并密封储存。

4. 离子交换树脂

将各种形式的离子交换树脂引入聚四氟乙烯(PTFE)薄膜，得到离子交换树脂固相萃取剂。它们的作用机制是离子交换。离子交换树脂可用于除去样品中金属离子，防止组分的分解，更常用于萃取样品溶液中可解离的化合物。常用的有两类离子交换固相萃取剂，阳离子型的可保留带正电荷的或阳离子化合物，阴离子型的可保留带负电荷的或阴离子化合物。

在进行离子交换固相萃取时，首先要对固定相和被分析物的 pK_a 有所了解。分析物的 pK_a 值可以在文献上查到，常见的离子交换固相萃取剂的 pK_a 为：苯磺酸型阳离子交换剂的 pK_a 为 2～3；三甲基丙铵型阴离子交换剂的 pK_a 为 11～12；NH_2 型阴离子交换剂的 pK_a 为 9.5～10。

在离子交换过程中存在一个阴阳离子对：一个是固定相，一个是带相反电荷的分析物。为使分析物在柱中保留，溶液 pH 必须低于正离子的 pK_a，以得到正电荷，而高于负离子的 pK_a，以得到负电荷。一般来说，溶液 pH 和阴离子或阳离子的 pK_a 差值要大于 2 个单位以上。在这一 pH 下，大约 99%的离子带上电荷。而 pH 与 pK_a 之差小于 2 时，由于分析物和离子交换剂被部分中和，保留将受到影响。基于以上考虑，分析物与离子交换剂的 pK_a 差值应大于 4 个单位以上。而对于洗脱过程来说，洗脱溶剂 pH 必须高于阳离子的 pK_a 或低于阴离子的 pK_a，同样 pH 与 pK_a 的差值也应是 2 个单位以上。

5. 其他 SPE 柱

近年来，SPE 小柱出现了一些更具选择性的填料[3]。①苯基硼酸(PBA)键合硅胶，它选择性地萃取血浆中的一系列 β-拮抗剂，其作用机理是药物与填料间以共价键结合，较为专属地保留该类含醇羟基的药物。②二硫腙或二硫代氨基甲酸盐键合硅胶，其作用机理为离子交换，可选择地保留重金属。③内表面反相吸附柱(ISRP)：它是特别设计用来分析药物和代谢产物的 HPLC 柱，使用这种柱，血清和血浆样品可直接进样分析，不需事先沉淀蛋白质。由于柱填料由疏水内表面和亲水外表面组成，因此蛋白质无保留地通过 ISRP 小柱，而小分子药物进入孔隙内部被保留。这种柱有以下优点：可直接注入样品；分离快速；自动化程度高；蛋白质回收率高；柱寿命长；样品处理量大。④将填料表面经化学修饰后，结合金属离子，形成金属离子覆盖相。这种固定相通过药物与金属离子之间形成复合物，从而保留药物。van der Vlies 等利用 Fe^{3+} 覆盖的 8-羟基喹啉键合硅胶，专属地将阿霉素从血浆中萃取出来。⑤环糊精键合硅胶，它与药物结合可形成分子排阻型复合物滞留药物。Agarwd 等成功地用 β-环糊精键合硅胶萃取了一系列磺胺类药物。⑥亲和固定相，即将一种专属性的抗体固定在琼脂糖或硅胶上，当样品通过柱时发生抗原-抗体结合，从而专属性地萃取药物。该方法在生物活性大分子的分离分析中尤为重要。此外，还可以用分子印迹聚合物(MIP)作为 SPE 的固定相。MIP 基质对分子的特殊吸附作用类似于抗原与抗体，酶与底物之间的立体作用，具有特殊的选择性，而且 MIP 具有良好的机械强度。

15.2.2 固相萃取的一般装置和操作

一个 SPE 柱由三部分组成：柱管、烧结垫、固定相。

柱管由血清级的聚丙烯制成，一般做成注射器形状，也有玻璃柱管。柱管下端有一突出的头，可用于各种不同的固相萃取管真空装置。

烧结垫除了能固定固定相外，也能起一些过滤作用。聚乙烯是常见的烧结垫材料，对于特殊要求也可以使用特氟隆或不锈钢片。

固定相是 SPE 柱中最重要的部分。最常见的 SPE 固定相是键合的硅胶材料。不规则形状的孔径 6nm、粒径 40μm 的硅胶作为原材料，然后用各种硅烷将基团键合上。也有一些非硅胶基的固定相被使用。

固相萃取有两种实现样品纯化的途径。一种是保留杂质，待测组分不被保留而自然流出或者被洗脱。如以亲水性硅藻土为填料，药物样品被全部吸附在固相颗粒表面，用一种与水不相混溶的有机溶剂洗脱药物。更为常用的一种途径是先使待测物完全保留在柱上，使干扰杂质随样品溶剂或洗脱液洗出，然后以小体积溶剂洗脱待测物。后者有两个优点：第一，能浓缩试样，往往可以将大体积的低浓度样品加到小柱上，最后以小体积洗脱剂洗脱被萃取组分；第二，只保留待测组分比保留全部样品组分所需要的固相萃取剂要少得多。

键合硅胶固相萃取的一般操作步骤如下：

(1) 以适当强溶剂湿润小柱，活化固相萃取填料，以使固相表面易于和被分析物发生分子间相互作用，同时可以除去填料中可能存在的杂质。C_{18} 柱在甲醇含量大于 8% 的水溶液中才能保持湿润而有利于药物的吸附。

(2) 以弱溶剂通常是水或缓冲溶液洗涤填料，使其达到良好的分离状态。

(3) 用弱溶剂如缓冲溶液等溶解样品后加到固相萃取柱上。

(4) 用强度等于或稍强于上样的溶剂进行淋洗，以除去基质或干扰组分。

(5) 用强度高于淋洗的溶剂洗脱待测组分，收集洗脱液，直接或适当浓缩后进行色谱分析。

固相萃取填料必须先被溶剂化才能与溶质产生重现性的相互作用。固相萃取中唯一不应被溶剂化的填料是未键合硅胶。溶剂化实际上就是以溶剂湿润固相萃取剂，这能打开卷曲在硅胶表面的烷基链，使溶质与键合相之间充分接触，提供适当环境使待分离物得以保留，保证回收率。第二点作用是除去填料中的一些残留物质，避免在色谱图上出现与样品无关的杂质峰。甲醇既能与硅胶的硅醇基作用又能与键合基团的碳原子作用，因此是最有效的湿润溶剂。极性作用的萃取剂最好用非极性溶剂湿润。固相萃取剂一经溶剂化后就不要使其过分干燥而去溶剂化。5～10 倍体积弱溶剂（水或缓冲溶液）洗涤的作用是为组分的分离做准备，此溶剂的极性、离子强度和 pH 等都应与样品溶液相似。没有平衡好的萃取剂会降低回收率。但是大量水洗涤后的萃取剂也可能降低回收率。

15.2.3 萃取方法的建立

为了确立最佳固相萃取条件，使方法有良好的选择性、准确度和重现性，最可靠的办法是实验，实验中应当从下列方面着手：

(1) 首先要研究待测组分的物理、化学性质，如极性强弱、溶解度大小、pK_a 值等，根据这些性质选择合适的固相萃取剂。如果已有该化合物或与其结构相似的化合物的 HPLC 测定方法，其保留行为则是选择固相萃取剂的参考依据。也可以根据相似性原则选择，一般来说，选择与待萃取组分极性相似的萃取剂，如弱极性或非极性化合物的萃取应选用 C_{18}、C_8、C_2 等非极性萃取剂。C_{18} 的适用性广，但选择性差，有人建议以 C_2 为试验起点更方便。能离子化的组分选择离子交换萃取剂。有时串联使用两个萃取柱能大大提高选择性，还能从中草药等样品中萃取得到两种不同的组分。

(2) 根据待萃取组分的性质和已选用的萃取剂来选择洗脱剂。已报道的 HPLC 流动相可作为选择的参考。

(3) 了解样品基质的性质，如极性强弱等，这有助于选择上样前固相萃取剂的平衡溶剂、样品溶剂和消除杂质用的洗涤溶剂。可以通过空白试验考查基质的干扰情况。

(4) 进行回收率试验，考查萃取的完全程度。对于基质复杂的生物样品中的药物分析，要注意实际样品回收率与单纯水溶液样品回收率的差异。

在建立方法时还需注意以下几点：

(1) 固相萃取剂可能以多种作用机制与溶质作用。

(2) 不同公司生产的同一种类型的固相萃取剂的萃取性能并不完全相同，甚至同一公司生产的不同批号间的萃取回收率也可能不同。使用时尤其引用他人方法时要注意。

(3) 键合硅胶总含有少量硅醇基，加入三乙胺或使用乙酸铵作缓冲溶液能起掩蔽硅醇基的作用。

(4) 有时会发现来自萃取剂本身的杂质峰，有的能在洗涤过程中被除去，但有的却难以消除，进行色谱分析时要注意区别这种杂质峰和样品组分峰。

15.2.4 自动化 SPE 技术

采用固相萃取能够实现样品预处理的自动化，应用最广泛的是在线固相萃取设备，包括与 HPLC 仪器和与 LC-MS-MS 仪器联用。

全自动的 SPE 通过柱切换技术，采用六通阀与 HPLC 仪器联用。这种系统也被认为是预柱或双柱系统。该类商品化仪器有荷兰 Spark 公司的 Prospect 及 Merk 公司的 OSP-2 系统、Varian 公司的 AASP 等。例如，Prospect 在线固相萃取仪，利用柱切换技术，通过三个电动切换阀与 HPLC 相结合，一次分析可以放上几百个固相萃取小柱，在特定程序控制下，可将样品直接加到小柱上，杂质被稀释到废液缸中，待测物被洗脱到在线 HPLC 分析柱上。由于所有的柱切换都预先设置，在洗脱液的选择上有一定的限制，即要和待测成分相匹配，又要适用于 HPLC 的色谱系统。

在线预处理不仅能浓缩净化样品，保护分析柱，缩短色谱分析时间，而且由于减少了人工操作，减少了引入误差和污染的机会，因而能提高方法的精密度。同时，由于萃取在预柱上的试样全部一次地进入分析柱，因此也提高了方法的灵敏度，使痕量成分的分析成为可能。

15.3　固相微萃取技术

固相微萃取(solid phase micro-extraction，SPME)是在固相萃取的基础上发展起来的一种新型样品预处理方法[4]。它基于被萃取组分在两相间的分配平衡，将萃取、浓缩和解吸集为一体，其装置简单，便于携带，易于操作，快速灵敏，选择性高，样品用量小，重现性好，精度高，检测限低，无需溶剂或仅需极少量溶剂即可完成分析。自 1993 年商品化以来，已在环境、生化、食品等领域得到了广泛的应用和发展。

SPME 的概念最早由加拿大 Waterloo 大学的 Pawliszyn 等提出[5]，随后迅速被广大分析化学家所接受，并发展出多种萃取模式和操作方案。目前已实现了与气相色谱和液相色谱的联用。

15.3.1　固相微萃取技术的装置及操作

SPME 主要可分为两类：纤维固相微萃取(fiber SPME)和管内固相微萃取(in-tube SPME)。

1. 纤维固相微萃取技术的装置及操作

fiber SPME 装置的主要部件包括萃取头和手柄两部分，如图 15-1 所示。萃取头一般是一段长约 1cm、直径约 150μm 的熔融石英纤维，其上涂覆气相色谱固定相或键合一层多孔固定相作为吸附层，萃取过程就在此完成。萃取头接不锈钢丝，外套一段细不锈钢管，用来保护石英纤维不被折断，同时可以方便地穿透橡胶或塑料垫片进行取样或进样，不锈钢管内径约 180μm，外径约 380μm。压杆卡特螺钉可通过 Z 形槽调节萃取头在不锈钢内的伸缩进出。定位器用于精确调节萃取纤维头在不锈钢管中伸出的位置。手柄也由不锈钢制成，用于安装或固定萃取头，可以永久使用。

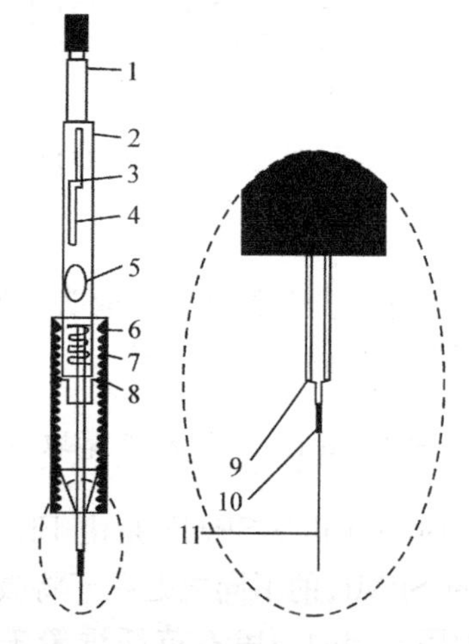

图 15-1　fiber SPME 装置及实物图

1. 压杆；2. 筒体；3. 压杆卡特螺钉；4. Z形槽；5. 筒体视窗；6. 定位器；7. 拉伸弹簧；8. 密封隔膜；9. 注射针管；10. 纤维连接管；11. 熔融石英纤维

最初仅用熔融石英作为萃取介质，因其具有很好的耐热性和化学稳定性。后来出现了将色谱固定液涂覆在熔融石英上或石英纤维表面键合一层多孔固相作为吸附涂层的方法，进一步提高了 SPME 的萃取效率。合适的涂层应对被萃取组分有较强的富集能力，还应保证组分在其有较快的扩散速度，能在短时间内达到分配平衡，并在热解吸时迅速脱离涂层而不会造成峰展宽。目前常用的液相涂层主要包括以下几种：

（1）聚二甲基硅氧烷类（PDMS）。100μm 的 PDMS 适用于分析低沸点、低极性物质，如苯类、有机农药等，7μm PDMS 适用于分析中等沸点及高沸点的物质，如多环芳烃等。

（2）聚丙烯酸酯类（PA）。适用于分析强极性物质，如酚类物质。

（3）聚二乙醇/二乙烯基苯（CW/DVB）。适用于分析极性大分子，如芳香胺等。

（4）PDMS/DVB。适用于分析极性物质。

此外，还有 XAD 和 Carboxen 等。其中 PDMS 与 PA 应用最广泛。纤维双液相涂层可以克服单一液相涂层萃取有机化合物范围狭窄的缺点，适用范围更广，因此是目前研究和发展的趋势和方向。

多孔固相是在高温条件下在石英纤维表面键合一层 C_1、C_8、C_{18}或苯基，其中 C_8 适用于分析挥发性有机化合物，C_{18}则具有较好的选择性；它们的萃取选择性受键合基团、烷基链长和固定相的类型等诸多因素影响。

fiber SPME 的操作过程可分为萃取过程和解吸过程两步。

（1）萃取过程。如图 15-2 所示，样品中待萃取组分在吸附涂层与样品间扩散、吸附和浓缩。将萃取器针头插入样品瓶内，压下活塞，使纤维头暴露在样品中进行萃取，经一段时间后，拉起活塞，使纤维头缩回到起保护作用的不锈钢针头中，然后拔出针头完成萃取过程。

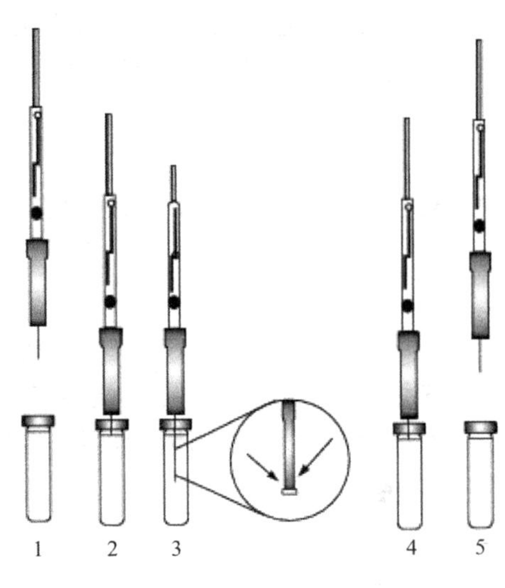

图 15-2　fiber SPME 萃取过程
1～5 为 5 个操作步骤

（2）解吸过程。在此过程中，浓缩在涂层中的组分脱附进入分析仪器完成分析。在气相色谱分析中采用热解吸法来解吸被萃取物质，将已完成萃取过程的萃取针头插入气相色谱的进样室内，压下活塞，使萃取纤维暴露在高温载气中，并使被萃取物不断地被解吸下来，进入后续的气相色谱分析。解吸的难易程度主要由被萃取物质与萃取头作用力大小来决定，最佳解吸条件可由解吸量和解吸温度及解吸时间的解吸曲线来确定。解吸温度通常为 150～250℃，时间通常为 2～5min。对于难解吸的分子，需要较高的解吸温度；如果组分在高温下易分解，可在进样口采用程序升温方式进行解吸。如果分析仪器为 HPLC，则需要使用微量溶剂洗涤萃取纤维头来进行解吸。

fiber SPME 装置轻巧易拿，携带方便，非常适合于现场分析。石英纤维萃取头可循环使用 50～100 次，在采用某些吸附涂层时，冷藏条件下样品可在萃取头上保存 3 天。

2. 管内(in-tube)固相微萃取技术的装置和操作

管内(in-tube) SPME 是由 Eisert 和 Pawliszyn 提出的一种新型 SPME 操作模式[6]。它与 fiber SPME 的不同之处在于将吸附涂层涂覆在长 50～60cm 的石英毛细管内表面，或将涂有萃取固定相的一段石英纤维置于细管中（图 15-3）。目前常用的固定相有 SPB-1、SPB-5、PTE-5、Supelcowax 和 Omegawax 250 等。

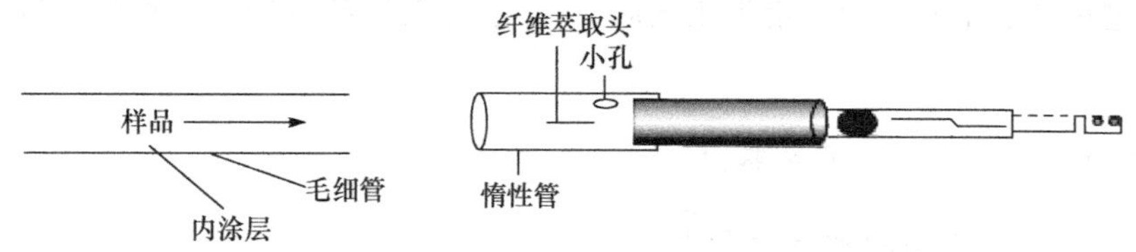

图 15-3 in-tube SPME 装置示意图

除了 SPME 普遍的优点外，in-tube SPME 还具有以下优点[7]：①萃取柱可用常规的气相色谱毛细管柱，分析成本更低；②萃取柱的内涂层厚度（0.1～1.5μm）远远小于萃取纤维头的外涂层厚度（10～100μm），使得萃取平衡时间大大缩短；③洗脱后无样品组分残留；④萃取固定相膜薄、交联度高，在样品解吸时由于固定相流失造成的系统“鬼峰”大大减少；⑤可以采用长的毛细管萃取柱以增加萃取固定相来增大萃取吸附倍数；⑥有大量不同固定相的商品毛细管柱可供选择。

采用 in-tube SPME 装置时，样品基质流经管内，其中的某些组分被吸附到管内的固定相上完成萃取过程，解吸时用少量溶剂注入管内进行洗脱，或利用载气吹扫热解吸。目前 in-tube SPME 多与 HPLC 联用[8,9]。

15.3.2 固相微萃取技术的萃取模式

1. 纤维固相微萃取的萃取模式

作为目前最常用的 SPME 装置，fiber SPME 有以下几种基本的萃取模式。

1）直接萃取（direct SPME，D-SPME）

将纤维头直接插入样品溶液中或暴露于气样中，对目标组分进行萃取。经过一定时间达到分配平衡，即可取出进行仪器分析。该方法适用于气态样品和较为纯净的液体样品。

2）顶空萃取（headspace SPME，HS-SPME）

HS-SPME 与 D-SPME 不同之处在于石英纤维萃取头不与样品接触，而是放在固体样品或者样品溶液的上方进行顶空萃取。这种方法主要用于萃取易挥发性物质（如苯系物）或半挥发性物质。当待萃取组分存在于固体样品或者含油类及高分子质量腐殖酸的废水样品中时，采用 HS-SPME 方式可以保护萃取纤维头不被腐殖质酸、蛋白质、黏度大的废水、泥浆等污染破坏，避免基体的干扰，延长其使用寿命。HS-SPME 还能大大缩短萃取平衡的时间，如对于水中的 BTEX，用 D-SPME 萃取需要 5min，而用 HS-SPME 可在 1min 内完成萃取，检测限可以达到 10^{-12} 级。与传统的顶空方法相比，HS-SPME 可以提高检出灵敏度几倍到几十倍。但是在实验条件相同时，顶空的吸附量小于直接萃取的吸附量。

如果要萃取难挥发性组分，但样品基体的成分复杂且含有易损坏纤维头的物质时，可以采用膜保护萃取（membrane-SPME）的方式，即在萃取头之外加一层由特殊材料制成的保护膜，使有害组分被拦截在膜外。此外，保护膜也可增加萃取过程的选择性。

3）衍生化萃取（derivation SPME）

当待萃取组分不适用于气相色谱等仪器分析，或是不适合直接萃取（如离子化合物）时，可以采用衍生物的方法将某些基团引入样品中，以降低极性化合物的极性并提高涂层/水的分配系数，从而提高萃取效率并使后续的色谱分析过程易于进行，这称为衍生化的 SPME 法。衍生化可以通过在样品基质中加入衍生化试剂实现，也可以先萃取后在气相色谱进样口进样后完成。

2. 管内(in-tube) SPME 的萃取模式

in-tube SPME 有以下两种萃取模式。

1) 静态萃取

样品中的被测组分通过分子扩散富集到管内的萃取固定相中。萃取时固定相被保护在一个套管内浸入样品中，靠分子扩散实现萃取。

2) 动态萃取

此时样品动态地流过萃取管，被测组分通过分子扩散或对流扩散转移到管壁上的萃取固定相内。因为流动状态下对流扩散的速度很快，达到萃取平衡所需的时间相对较短，该模式被较多地使用。

15.3.3 影响萃取效率的因素

1. 石英纤维萃取头涂层的选择

萃取头涂层是 SPME 的核心部分，其种类和厚度对萃取灵敏度影响最大，要根据待萃取组分的性质，综合考虑其在各相中的极性、沸点和分配系数来选择不同类型的纤维头进行萃取。选择的基本原则是"相似相溶"原理，用极性涂层萃取极性化合物，非极性涂层萃取非极性化合物。较长的纤维头和较厚的涂层可以富集更多的样品，提高分析灵敏度，但长纤维头较易折断，目前除非特别指出，一般都用 1cm 长的纤维头。

SPME 常用的纤维涂层有聚二甲基硅氧烷(PDMS)和聚丙烯酸酯(PARL)，均可用于气相色谱和液相色谱法。PDMS 为非极性涂层，对非极性物质如挥发性物质、多环芳烃、芳香烃等的萃取有较好的效果。PARL 为极性涂层，适用于萃取极性物质如酚类、羧酸类等。

2. 温度

适当升高水温可以加速分子运动，提高分子扩散速度，从而缩短萃取时间；对于 HS-SPME，升高温度还可使试样在气相中的浓度增大，提高分析的灵敏度。但萃取吸附是放热过程，升温会使分配系数 K 降低，导致吸附能力下降。多数研究选择在室温下进行萃取。如果需要在较高温度下萃取，可在升温的同时用干冰保护萃取头。应注意在一批实验中要保持恒温以免损失精密度。

3. 搅拌

为促进样品均一化，尽快达到分配平衡，通常在萃取过程中对样品进行搅拌。在样品瓶中采样时可以采用电磁搅拌，超声振荡被认为效率最高，但在实验室中不太常见。由于有机化合物分子的扩散速度在气相中比在液相中高 4 个数量级，HS-SPME 可以大大缩短萃取时间，但其中液相扩散仍是最慢的一步，因此仍然需要搅拌，以加快分子由气相向液相的扩散速度，缩短平衡时间，提高分析的灵敏度。

4. 萃取时间

萃取时间是指从开始萃取到达到萃取平衡所需的时间，在 SPME 中一般在 2～30min 之内，但也有 30s 即可达到平衡或需要萃取 30min 以上的样品。萃取时间的长短与以上讨论的各个因素都有关系，通常在确定了其他实验条件后根据吸附平衡曲线选择萃取量较大而时间较短为实际操作时间。

5. 样品基体中的无机盐和 pH

样品中的无机盐浓度在萃取水中极性物质时非常重要，无机盐浓度升高时，利用盐析效应可增加极性有机化合物进入涂层的分配系数。提高样品的离子强度，降低被分析物的溶解性，从而提高萃取效率。常用的无机盐试剂为 NaCl 和 Na_2SO_4。

在样品溶液中加入控制一定 pH 的缓冲液，可以降低被分析物的溶解性，提高酸性和碱性物质的挥发性。通常 2 以下的 pH 用于分析酸性组分，11 以上的 pH 用于分析碱性组分。应注意以下两点：①Carbowax-DVB 不能用在 pH＞9 的液体中；②调 pH 时不要用矿物酸或氢氧化物，建议用 0.1mol/L 的磷酸盐缓冲液。

除此之外，固相样品的湿度、样品瓶的容积和形状、进样口的形状、纤维头在进样口的位置、进样口的条件和检测器的稳定性等都会不同程度影响萃取效率。

15.4　化学衍生化技术

化学衍生化(chemical derivation)是指在一定条件下，利用某种特定试剂(衍生化试剂)与待测组分发生化学反应，反应产生的衍生物有利于色谱的分离和检测。在本节中我们将重点介绍在 HPLC 和 GC 中常用的衍生化技术和方法。

在色谱分析中，化学衍生化法主要有以下几个目的：

(1) 提高检测灵敏度。

(2) 改变化合物的色谱性能，改善分离效果。

(3) 扩大了色谱分析的应用范围。

化学反应多种多样，但用于色谱分析的化学衍生化反应必须满足下列要求：

(1) 反应能迅速、定量地进行，而且对反应条件要求不苛刻。

(2) 反应的选择性高，最好只与待分析组分发生反应。

(3) 过量的衍生化试剂或反应的副产物不干扰样品的分离和检测。

(4) 衍生化试剂方便、易得。

选择化学衍生化反应(衍生化试剂)时，首先要考虑的最重要问题是待测化合物的结构和化学性质，根据这一点可以找出可能合适的衍生化反应及相应的分离和检测方法。其次还要考虑样品基质和可能存在的干扰物质的影响，有时可能要进行适当的分离或净化后才能进行衍生化反应。最后还要考虑将要采用的色谱方法是否与之匹配。

15.4.1　用于高效液相色谱的衍生化试剂

化学衍生化技术在高效液相色谱中发展最快，应用最多，尤其在生物样品的药物及其代谢物或内源性物质的色谱分析中，由于样品基质复杂，待测组分含量很低，因此化学衍生化具有更重要的意义。许多化合物经过衍生化反应后才能进行可见-紫外、荧光、电化学检测或者实现光学异构体的分离。本节只介绍可见-紫外衍生化试剂和荧光衍生化试剂及其应用。这两类衍生化试剂同时也能应用于薄层色谱分析，因为可见-紫外和荧光检测也是 TLC 的最常用检测方法。

1. 可见-紫外衍生化试剂

药学和生物医学研究中许多物质在可见-紫外光区没有吸收，而不能被检测，将它们与带有紫外吸收基团的衍生化试剂在一定的条件下发生反应，由于反应产物带有发色基团而能被检测。可见-紫外衍生化试剂种类很多[10]，下面按被测化合物类别来介绍它们的衍生化试剂。

1) 胺类化合物的衍生化试剂

胺的化学性质与其原子上两个未成对的电子有关。胺具有亲核性，能与亲电性化合物发生反应，容易与卤代烃、羰基、酰基化合物、酸等发生反应，因此，这些化合物经常作为胺类的衍生化试剂。

(1) 卤代烃衍生化试剂。2,4-二硝基氟苯(FDNB)这种试剂主要与仲胺发生衍生化反应，因此常用于仲胺的鉴别。

$$\text{F—C}_6\text{H}_3(\text{NO}_2)_2 + \text{R}'\text{—NH(R)} \longrightarrow \text{R}'\text{—N(R)—C}_6\text{H}_3(\text{NO}_2)_2 + \text{HF}$$

(2) 酰氯类衍生化试剂。对硝基苯甲酰氯适用于伯胺及仲胺的衍生化反应[11]。

$$\text{O}_2\text{N—C}_6\text{H}_4\text{—C(=O)—Cl} + \text{HN(R)—R}' \longrightarrow \text{O}_2\text{N—C}_6\text{H}_4\text{—C(=O)—N(R)—R}' + \text{HCl}$$

对甲基苯磺酰氯为

$$\text{H}_3\text{C—C}_6\text{H}_4\text{—S(=O)}_2\text{—Cl} + \text{HN(R)—R}' \longrightarrow \text{H}_3\text{C—C}_6\text{H}_4\text{—S(=O)}_2\text{—N(R)—R}' + \text{HCl}$$

(3) *N*-琥珀酰亚胺-对硝基苯乙酸酯。它与仲胺反应生成对硝基苯乙酰胺。

$$\text{O}_2\text{N—C}_6\text{H}_4\text{—C(=O)—O—N(CO)}_2\text{C}_2\text{H}_4 + \text{HN(R}')\text{—R} \longrightarrow \text{O}_2\text{N—C}_6\text{H}_4\text{—C(=O)—N(R}')\text{—R} + \text{HO—N(CO)}_2\text{C}_2\text{H}_4$$

2) α 氨基酸的衍生化

(1) 异硫氰酸苯酯。它与 α-氨基酸中氨基反应，形成 PTH 氨基酸，具有很强的紫外吸收。它能与伯胺或仲胺氨基酸反应，反应式如下：

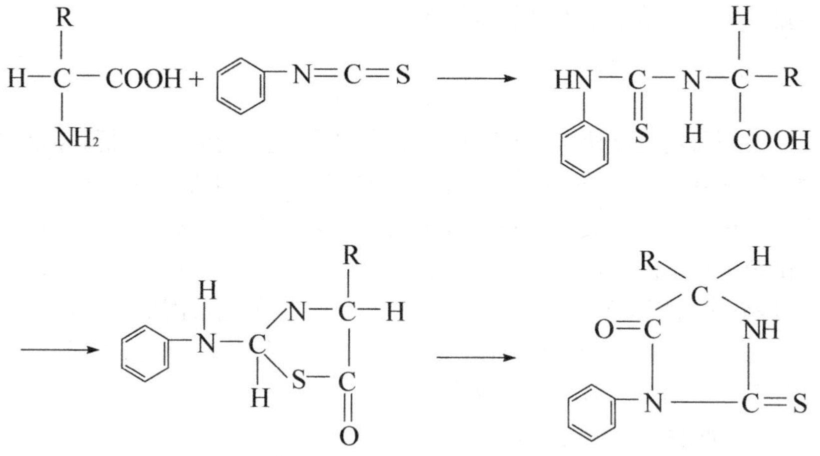

PTC氨基酸　　PTH氨基酸

这种衍生化试剂一般都采用柱前衍生化方式。

(2) 茚三酮。在定量测定氨基酸的方法中，茚三酮仍是较常用的氨基酸衍生化试剂，主要用于柱后衍生。在经离子交换色谱柱分离后的氨基酸与茚三酮反应，反应温度是 130℃，所有伯胺氨基酸生成的衍生物在 570nm 都有最大吸收，茚三酮与所有蛋白质及肽等带有氨基酸的化合物也能形成这种发色衍生物。其反应如下：

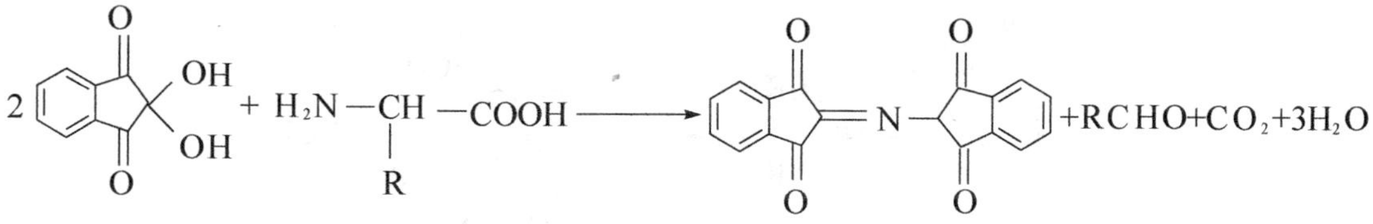

$$+RCHO+CO_2+3H_2O$$

茚三酮与仲胺氨基酸，如脯氨酸及羟基脯氨酸反应，生成的黄色衍生物在 440nm 有最大吸收。

3) 羧酸的衍生化

羧酸的衍生化反应主要是有机酸与带有紫外吸收基团发生的卤代烃反应。常用的卤代烃有对硝基苄基溴、对溴代苯甲酰甲基溴、萘酰甲基溴。羧酸的衍生化条件与一般的酯化不同，先将欲衍生的酸制成它的盐，然后，再以冠醚作催化剂的条件下，使钾离子进入冠醚结构中。只有在冠醚外边的 $RCOO^-$ 基可以与卤代烃反应，这样形成的酯的产率在 90%以上。

4) 羟基的衍生化

由于酰氯的化学性质很活泼，容易与亲核试剂，如醇、胺、水发生反应，所以它不仅是胺类的衍生化试剂，同时也是羟基化合物的衍生化试剂。

$$ROH + R'—\overset{O}{\overset{\|}{C}}—Cl \longrightarrow R'—\overset{O}{\overset{\|}{C}}—OR + HCl$$

常用的衍生化试剂是 3,5-二硝基甲酰氯，对甲氧基甲酰氯。

5) 羰基化合物(酮、醛)的衍生化

对于羰基化合物最典型的衍生化试剂是 2,4-二硝基苯肼，它的衍生化产物是 2,4-二硝基苯腙，其反应如下：

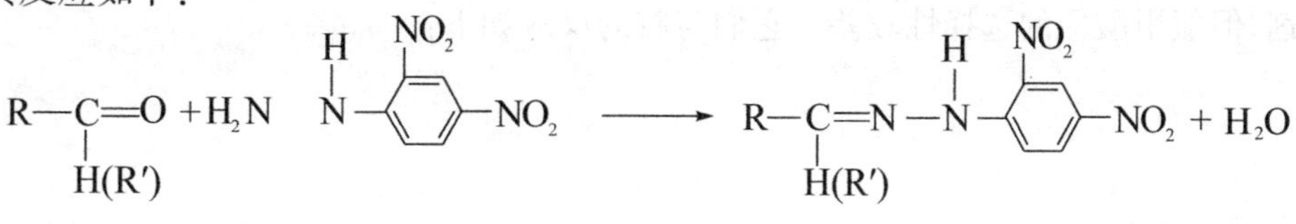

$$+ H_2O$$

另一种衍生化试剂是对硝基苯甲氧胺盐盐酸。

2. 荧光衍生化试剂

HPLC 的荧光检测器灵敏度比 Vis-UV 检测器高得多，适合于痕量分析。但是大多数药物及生命重要物质如氨基酸、生物胺、甾体、生物碱和脂肪酸等本身都不具有荧光，因此必须与荧光衍生化试剂反应接上能产生荧光的基团后才能进行荧光检测。荧光衍生物的激发波长和发射波长往往与试剂本身不同，因此荧光衍生化反应既可在柱前也可在柱后进行。荧光衍生物都有 UV 吸收，因此也可用 UV 检测，但 UV 检测灵敏度比荧光检测低 1～3 个数量级。下面介绍胺类、羧酸、羟基化合物和羰基化合物的一些荧光衍生化试剂，关于这些试剂的来源、纯化、反应、衍生化程序和应用可参考有关文献[12]。

1）胺类和氨基酸的荧光衍生化试剂

（1）磺酰氯类试剂。能与氨基发生荧光衍生化反应的试剂很多，其中磺酰氯的应用最为广泛，其典型代表是丹磺酰氯（DNSCl，5-二甲氨基萘磺酰氯-1）。DNSCl 即使在微碱性条件下也能与伯、仲胺反应，能用于测定游离氨基酸或肽类的 *N*-末端氨基酸。但 pH 较高时还能与酚、咪唑甚至醇反应。也有报道 DNSCl 与巴比妥酸盐、嘌呤和氨基甲酸酯的反应。

DNSCl 与胺类的反应如下：

$$N(CH_3)_2\text{-}C_{10}H_6\text{-}SO_2Cl + HN(R_1)(R_2) \longrightarrow N(CH_3)_2\text{-}C_{10}H_6\text{-}SO_2\text{—}N(R_1)(R_2) + HCl$$

伯胺的衍生化几乎没有副反应，能得到化学计量的衍生物。DNSCl 微溶于水，常将其溶于丙酮。衍生化反应在丙酮-水介质中进行。pH 升高使反应速率加快，同时也加速 DNSCl 本身的水解；在 pH 低于 8 时，反应不完全。室温下反应的最佳 pH 是 9.5～10。在高 pH 和高温下 DNSCl 还能取代叔胺的一个烷基形成 DNS 的仲胺衍生物。多基团化合物如酪胺和组胺能形成 *O*,*N*-双-DNS-酪胺和 *N*,*N*-双-DNS-组胺。DNS-氨基酸衍生物在过量 DNSCl 存在时会发生降解，这不利于体液或组织中游离氨基酸的测定。DNS 衍生物溶于有机溶剂，微溶于水。它们的激发波长为 350～370nm，发射波长为 490～540nm。DNSCl 也能用于测定体液和组织中的生物胺和氨基酸、药物及其代谢物，还可用于确定肽序和酶的活性中心等。

5-二正丁基氨萘磺酰氯-1（BNSCl）的用途和 DNSCl 相似，但其亲脂性较强。它的最大特点是其衍生物的电子轰击质谱的$[M-43]^+$离子峰是基峰，该碎片保留了被测定胺的完整结构信息。2-对-氯磺酸苯-3-苯茚满酮（DISCl）的胺衍生物在 6mol/L HCl 中仍然稳定，因此尤其适合于蛋白质和多肽的 *N*-端氨基酸测定。

（2）氯甲酸酯类试剂。氯甲酸酯的反应比磺酰化的反应快，因此可用作自动化的柱前衍生化试剂，但氯甲酸酯的选择性较差。它们与胺的反应如下：

$$X-O-\overset{\overset{\displaystyle O}{\|}}{C}-Cl + HN\begin{matrix} R_1 \\ R_2 \end{matrix} \longrightarrow X-O-\overset{\overset{\displaystyle O}{\|}}{C}-N\begin{matrix} R_1 \\ R_2 \end{matrix} + HCl$$

氯甲酸芴酯(FMOCCl)曾用于测定氨基酸、13-内酰胺及多胺。在 0.02mol/L 的硼酸缓冲溶液(pH 7.7)中，它不与酚、醇反应，因此酪氨酸可得到只是氨基被取代的衍生物。

氯甲酸萘酯-2(NCFCl)曾用于测定含有叔胺基的药物，反应在苯和碳酸钾介质中，100℃下进行 1h。叔胺脱去一个烷基形成有荧光的氨基甲酸萘酯，激发波长为 275nm，发射波长为 335nm。

(3) 异硫氰酸酯。荧光素异硫氰酸酯(FITC)和氨基酸的反应类似于 PITC，生成的硫代氨基甲酰氨基酸在酸性条件下转变成荧光素乙内酰硫脲(FTH)。试剂溶于有痕量吡啶的丙酮，加至氨基酸溶液(pH 9 的碳酸盐缓冲溶液)中，反应在 25℃下 4h 即完成，加入冰醋酸至 pH 4.5 终止反应。将沉淀溶于 0.5mL 丙酮，再加入 0.2mL 6mol/L 的 HCl，使产物转变成 FTH。

(4) 荧光胺。只有伯胺与荧光胺的衍生物能产生荧光，因此荧光胺是伯胺的特效性试剂。它与大多数氨基酸或伯胺的反应在 pH 9 和室温条件下能瞬时完成，而试剂本身则迅速水解成不产生荧光的物质，因此特别适合用作柱后衍生化试剂。衍生物激发波长为 390nm，发射波长为 475nm。荧光胺曾用于生物胺、多肽、多胺和药物等的测定。

(5) 含有羰基的试剂。邻苯二甲醛(OPA)是应用广泛的伯胺衍生化试剂，用于测定氨基酸、生物胺、抗生素等。在硫醇(通常是 2-巯基乙醇)参与下 OPA 与伯胺的反应如下

$$C_6H_4(CHO)_2 + \begin{matrix} HS-CH_2-R_1 \\ H_2N-CH(R_3)-R_2 \end{matrix} \longrightarrow \text{(1-}S\text{-}CH_2\text{-}R_1\text{-isoindole-}N\text{-}CH(R_3)\text{-}R_2) + 2H_2O$$

在 pH 10(硼酸盐缓冲溶液)、室温和试剂过量 2～3 个数量级的条件下反应在 1～2min 内完成。通常以 340nm 作为衍生物激发波长，但有人采用强吸收的 230nm，发射波长为 455nm。以手性硫醇参与反应，可实现大多数氨基酸的光学异构体分离。例如，*N*-乙酰-L-半胱氨酸曾用于去甲肾上腺素、多巴、胍乙基磷酸丝氨酸和天冬氨酸等的光学异构体分离。

吡哆醛及其 5-磷酸酯是唯一的天然衍生化试剂，它与伯胺形成席夫碱，经硼氢化钠还原成吡多醇衍生物。衍生物的荧光效率与 pH 有关。一般都在 pH 5.28 时荧光最强，只有组氨酸在 pH 12 时最强。激发波长为 295～328nm，发射波长为 400nm。

安息香是胍基化合物的衍生化试剂，形成的咪唑类衍生物的激发波长 325nm，发射波长 425nm，用于测定体液中的肌酸、肌酐精氨酸、精氨琥珀酸、精胺和含有胍基的肽类等。

2) 羧酸的荧光衍生化试剂

(1) 香豆素类试剂。最典型的香豆素类荧光衍生化试剂是 4-溴甲基-7-甲氧基香豆素(BrMMC)，它与羧酸的反应和其他烷基卤化物相似，即在质子惰性溶剂中如丙酮、乙腈等，以无水碳酸钾或冠醚为催化剂。试剂及其衍生物对光敏感，最好在暗处进行反应。

BrMMC 可用于测定脂肪酸、二元酸、胆酸、生物素和前列腺素等。衍生物的激发波长为 325nm 左右，发射波长在 400nm 左右。荧光量子产率受羧酸碳链长度和溶剂影响，在甲醇中为 0.08～0.095，在水-甲醇(9∶1)中为 0.054～0.44。

其他香豆素衍生化试剂包括4-溴甲基-6,7-二甲氧基香豆素(BrMDMC)、4-溴甲基-7-乙酰氧基香豆素(BrMAC)和4-偶氮甲基-7-甲氧基香豆素(DMC)等。

另外,其他一些烷基化试剂与羧酸也发生类似的反应,这类衍生化试剂中许多有荧光发生基团,如9-溴甲基吖啶、9-蒽重氮甲烷、萘甲酰甲基溴等。

(2) 芳胺和醇类衍生化试剂。9,10-二氨基菲(DAP)在80℃下与羧酸形成的菲骈咪唑有很高的荧光量子产率(0.68),激发波长254nm,发射波长为382nm。这一类试剂还包括萘胺、9-氨基菲和9-羟甲基蒽、4-羟甲基-7-甲氧基香豆素。与在Vis-UV衍生化试剂中所指出的一样,许多羧酸需活化后才能与这一类衍生化试剂反应。

3) 羟基化合物的荧光衍生化试剂

7-甲氧基香豆素-3-碳酰叠氮(3-MCCA)和7-甲氧基香豆素-4-碳酰叠氮(4-MCCA)在二氯甲烷中与伯醇和仲醇反应,其甾醇酯的检测限为50fg/100μL。类似地,7-(氯甲酰甲氧基)-4-甲基香豆素可作前列腺素和甾醇的荧光衍生化试剂。一些含有腈基的试剂也可作伯醇和仲醇的衍生化试剂,它们是4-甲氨基-1-萘甲酰腈、1-或9-蒽甲酰腈和2-甲基-1,1′-联二萘-2′甲酰腈。后者是手性试剂,能作光学异构体的荧光衍生化试剂。

4) 羰基化合物的荧光衍生化试剂

(1) 肼类试剂。能产生荧光的肼类如丹磺酰肼(DNSH)可用作羰基化合物的衍生化试剂,其反应与2,4-DNPH相似。产物的荧光特性也与丹磺酰胺相似。DNSH曾用于3-或17-羰基甾体及其葡萄糖醛酸苷和3-OH被氧化后胆酸的衍生化,尤其对单糖和多糖的测定具有很高的精密度。半卡巴肼也曾用于吡哆醛5′-磷酸酯的荧光衍生化。

(2) 邻苯二胺及其类似试剂。邻苯二胺与α-羰基酸形成荧光很强的喹喔啉酚,方法的灵敏度非常高。除蛋白后的生物样品(0.5mL)与1.5mL 0.13%的邻苯二胺(3mol/L HCl)溶液混合,加入5μL巯基乙醇,加水至3mL,沸水浴上加热30min后,冰浴冷却,并加入0.5g无水硫酸钠,再用乙酸乙酯萃取纯化。同样,4,5-甲二氧基邻苯二胺(DMB)也用于测定血清和尿样的α-羰基酸。DMB测定的灵敏度是6~29fmol/5μL。另外还有4,5-二甲氧基邻苯二胺、4,5-乙二氧基邻苯二胺等都是羰基化合物的荧光衍生化试剂。这类试剂还可用于含有酚羟基的芳醛和含有甲酰基和能转变成甲酰基的化合物如含酪氨酸的肽的测定。

15.4.2 用于气相色谱的衍生化反应

在气相色谱法中化学衍生化的目的主要是将难挥发或热不稳定化合物,通过化学反应转变成易挥发和稳定的化合物,然后再进行GC分析。硅烷化是最典型的衍生化反应,此外酯化、酰化、烷基化、裂解、缩合和成环反应等也是常用的反应。

1. 硅烷化反应

本法常用于含有R—OH、R—COOH、R—NH—R等质子性基团的化合物的衍生化。一般反应式为

$$R_3Si—X + H—R' \longrightarrow R_3Si—R' + HX$$

最常用的硅烷化试剂是三甲基硅烷(TMS)、三甲基氯硅烷(TMCS)、三乙基硅烷(TES)、*N*,*N*-二乙氨基二甲基硅烷(DADS)、叔丁基甲氧基苯基硅烷(TBMPS)等。一些常用的三甲基硅烷化试剂及其特性介绍如下:

(1) 三甲基氯硅烷(TMCS)。这是最早的硅烷化试剂,现在主要用作硅烷化的催化剂。

(2) *N*,*O*-双(三甲基硅)三氟乙酰胺(BSTFA)。室温为液体,既可单独使用,也能与 I'MCS等催化剂共同使用,其应用最广。反应副产物三氟乙酸和三甲基硅三氟乙酰胺的挥发性很强,出现在 GC 的前沿,不干扰测定。

(3) *N*-甲基-*N*-三甲基硅三氟乙酰胺(MSTFA)。沸点 132℃,已成为最重要的一种硅烷化试剂;反应副产物比 BSTFA 的副产物挥发性还强;试剂本身分子极性强;硅烷化能力强。能与氨基酸或胺的盐酸盐作用。

(4) *N*-三甲基硅二乙胺(TMSDEA)。是中等强度的硅烷化试剂。强碱性,强挥发性,很适合于低分子羧酸和氨基酸的硅烷化。TMSDEA-BSTFA-TMCS-吡啶(30∶99∶1∶1000)能使酪氨酸和色氨酸的酸性、碱性、中性代谢物同时硅烷化。

(5) 三甲基硅咪唑(TMSIM)。是羟基化合物的最强硅烷化试剂,不与脂肪胺反应,挥发性较差,在 GC 或 GC-MS 分析前需对硅烷化产物进行纯化。

能进行硅烷化的化合物包括醇、硫醇、酚、羧酸和胺等,其反应性一般为醇>酚>羧酸>胺>酰胺,同时反应性也受立体阻碍的影响,因此与醇的反应性是伯醇>仲醇>叔醇,胺也是伯胺>仲胺。

硅烷化反应总是在密闭小瓶中进行,因为所有硅烷化试剂及其衍生物都很易受湿气的水解作用,TMS 更易水解。大多数情况下试剂本身就是很好的溶剂;需要溶剂时应当避免使用含有活泼氢的溶剂。吡啶是最合适的溶剂,其他还有二甲基甲酰胺、二甲基亚砜和四氢呋喃等也能作硅烷化反应的介质。还可以采用气相衍生化法和柱上衍生化法,如将吗啡和 TMSIM 同时注射到 GC 填充柱上,使其在柱内完成衍生化。

2. 酯化反应

羧酸的极性较强,常与 GC 的“惰性”固定相发生非特异性作用,产生拖尾峰;羧酸的挥发性也差,由于缔合作用,其挥发性比按相对分子质量大小预计的还要弱,因此难于用 GC 直接分析羧酸。而羧酸酯的极性较弱,挥发性也强,很符合 GC 的要求,所以许多羧酸在 GC 测定之前都要衍生化成相应的酯,最常用的是甲基酯。

1) 甲基酯化反应

(1) 重氮甲烷法。重氮甲烷与酸的反应如下:

$$R—COOH + CH_2N_2 \longrightarrow R—COOCH_3 + N_2\uparrow$$

反应在非水介质中进行,因为重氮甲烷能与水反应。此反应的速率快,产率高,很少副反应,而且反应条件比较温和。但是重氮甲烷不稳定,具有爆炸性,而且有致癌作用,制备和使用时应特别小心,并以少量进行试验为宜。常温下酚羟基也能与重氮甲烷缓慢反应,因此含有酚羟基的羧酸进行甲酯化时可能有副反应,但是冷却到 0℃以下就可避免酚羟基的反应。

(2) 甲醇法。以甲醇作为酯化试剂,反应往往需要催化剂,常用盐酸、硫酸、BF_3、BCl_3 或酸酐作催化剂。以 BF_3 为催化剂时反应在数分钟内即可完成。通常将这些催化剂制成一定浓度的甲醇溶液。例如,氨基酸的甲酯化是将一定质量的样品与 2mL(4mol/L)的盐酸甲醇溶液反应,在 70℃进行 2h。

(3) 热解法。在 300～400℃温度下,热解羧酸的四甲基铵盐,便可制得甲基酯。将羧酸溶于甲醇,并以 24%的氢氧化四甲基铵甲醇溶液滴定至酚酞变色,此溶液直接注射进 GC 的加热装置(350℃)内,分离测定相应的羧酸甲酯。反应式如下

$$R—COOH+(CH_3)_4NOH \longrightarrow R—COOCH_3+H_2O+(CH_3)_3N$$

以氢氧化三甲基苯胺代替氢氧化四甲基胺，反应温度只需 250℃，因为 N,N'-二甲苯胺比三甲胺更容易脱去。

2）其他酯化反应

为了提高方法的灵敏度和选择性，有时需要制备甲酯以外的较复杂的酯，这些酯化反应有的类似于甲酯化反应，如以重氮乙烷、重氮丙烷、重氮甲苯等代替重氮甲烷，就可制得相应的酯，而且这些试剂的稳定性好，爆炸性小。用 BF_3 的丙醇、丁醇或戊醇溶液与羧酸反应，也能制得相应的丙酯、丁酯或戊酯，以 L-薄荷醇为试剂还可以分离羧酸的光学异构体[13]，另外，酯交换也能将甲酯转化成高级酯。

五氟苄基酯被广泛用于短链脂肪酸的电子捕获 GC 分析。进行五氟苄基酯这一衍生化反应时，将酸溶于丙酮并加入五氟苄基溴和碳酸氢钾，回流 3h。反应后加入乙醚和乙酸乙酯，并以乙醚饱和的水洗涤，干燥后残渣溶于含有 1%乙醚和丙酮的己烷。类似的短链脂肪酸溶于甲醇，在氢氧化钾存在下，与对-溴、对-甲基或对-硝基苄基溴反应，生成相应的对-取代苄基酯。

3. 酰化反应

酰化能降低羟基、氨基、巯基的极性，改善这些化合物的色谱性能，酰化还能增加氨基酸、糖类等化合物的挥发性，也能使儿茶酚胺等易于氧化的化合物的稳定性增强。另外，电子捕获检测器(ECD)是 GC 的最灵敏检测器，适合于低浓度物质分析，如果通过酰化反应引入含有卤原子的酰基就能进一步提高 ECD 检测的灵敏度。酰化试剂有三类，酰卤、酸酐和有反应活性的酰化物如乙酰咪唑，应根据需要进行选择。

1）乙酰化反应

标准的乙酰化步骤是：将样品溶于 5mL 氯仿中，与 0.5mL 乙酸酐和 1mL 乙酸在 50℃下反应 2～6h 后，真空除去剩余试剂。还可以用乙酸钠为碱性催化剂，以乙酸酐为乙酰化试剂，这一反应曾用于分析尿样中分离得到的糖类化合物。吡啶是另一碱性催化剂，在氨基酸的 GC 分析中，先将氨基酸制成正丙酯，再在室温下与乙酸酐和吡啶(1∶4)反应 10min，即得产物乙酰氨基酸正丙酯。其他的碱性催化剂包括三乙胺和 N-甲基咪唑。乙酰化反应通常在非水介质中进行，但是胺类和酚类的乙酰化也可在水溶液中进行。

2）多氟酰化反应

最常用的多氟酰化反应是三氟乙酰(TFA)、五氟丙酰(PFP)和七氟丁酰(HFB)化。反应活性是 TFA>PFP>HFB，TFA 或 PFP 衍生物的挥发性较强，而 HFB 衍生物的 ECD 检测灵敏度最高。TFA 常用于氨基酸的衍生化，只为了增加其挥发性，而不以 ECD 检测；PFP 用于含有酚羟基的胺类，而 HFB 用于甾体化合物。它们的共同优点是剩余试剂很容易挥发除尽。

多氟酰化试剂都是多氟酸酐。除了试剂的活性外，待测物质的活性在反应中也起重要作用。例如，麻黄碱、伪麻黄碱及其同系物与三氟乙酸酐(TFAA)在 60℃下反应 5min 完成；三环类抗抑郁药物与七氟丁酸酐(HFBA)在 60℃下反应 10min 完成；哌可酸、脯氨酸、谷氨酸和 7-氨基丁酸的甲基酯与 HFBA 需在 120℃下反应 20min 。在很多情况下氟酰化反应不需要任何溶剂，但有些反应需要在溶剂中进行，如氨基酸正丁基酯的酰化是在 TFAA-二氯甲烷(1∶3)中进行，DNA 的水解物和核酸碱的衍生化也是在二氯甲烷中进行；乙腈曾用作氨基酸和胺的衍生化反应溶剂；乙醚、乙醚-庚烷和乙酸乙酯是芳香化合物多氟酰化反应的很好溶剂。此外，有时还加入碱性催化剂，它们能除去反应生成的酸，常用的催化剂有 TEA、碳酸氢钠、吡啶，甚至三氟乙酸钠。例如，胺、酚的酰化反应常以苯为溶剂，TEA 为催化剂；糖类的 TFA 化在二氯甲烷溶剂中以吡啶为催化剂。

15.4.3　柱前衍生化和柱后衍生化技术

化学衍生化的实验操作技术可分为两类，即柱前衍生化和柱后衍生化。柱前衍生化是在色谱分离前，预先将样品制成适当的衍生物，然后进行分离和检测。这种方法的优点是衍生化试剂、反应时间和反应条件的选择都不受色谱条件的限制；衍生化后的样品能用各种预处理方法进行纯化或浓缩，也不需要附加特殊的仪器设备。缺点是操作比较繁杂费时，容易引入误差，影响测定的准确度。柱后衍生化是样品经色谱分离后，使衍生化试剂与色谱流出组分在系统内进行反应，然后检测衍生物。柱后衍生化的优点是操作简便，可以连续进行，实现自动化，重复性好，便于建立色谱分离条件。其缺点是要求反应迅速并有很好的重现性；被选择的流动相应该适合于作为衍生化反应的介质；过量试剂或反应副产物可能会干扰衍生物的检测；需要附加输液泵、混合室和反应器等装置；另外由于柱出口至检测器间有较长的流程，还可能发生色谱峰扩展。

1. 柱前衍生化技术

1）衍生化反应的容器

最方便的衍生化反应容器是容积小于 2mL 的玻璃小瓶，一般带有铝薄密封或螺旋帽盖，反应后能够用注射器方便地取样。某些特殊反应要求对玻璃瓶壁硅烷化，以除去表面硅醇基的活性。对光敏感的反应需使用棕色瓶。也能使用各种塑料瓶，只要这些塑料在反应条件下是惰性的，不产生干扰。使用橡胶、硅橡胶或金属薄膜盖时，必须事先确证它们不产生污染或干扰。

2）加热和蒸发装置

许多衍生化反应需要控制在一定温度下进行，简单的办法就是把反应小瓶置于恒温箱内或多孔加热器上，甚至微波炉内。扰动如此小体积的反应液的办法是振摇整个反应瓶，也可以将其置于超声波水浴内或者向瓶内微微通入氮气。反应完全后往往需要除去溶剂和剩余的试剂，氮气流吹干或真空干燥都是常用的方法。

3）溶剂和试剂

衍生化反应所用的溶剂和试剂都应该具有很高的纯度。溶剂中往往含有一些防腐剂，使用时应注意。建议从衍生化开始做空白试验，检查可能来自溶剂和试剂的污染、杂质或不应有的色谱峰。

2. HPLC 中的柱后衍生化技术

HPLC 柱后衍生化过程的示意图如图 15-4 所示。

柱后衍生化必须满足下列条件：

(1) 衍生化试剂足够稳定，对检测器的响应可以忽略，不产生干扰。

(2) 衍生化试剂溶液与色谱流动相能互相混溶，混合后不产生沉淀或分层。而且色谱流动相适宜作衍生化反应的介质。

(3) 衍生化试剂与色谱柱流出液的速度要匹配，混合迅速且均匀，以免产生噪声。

(4) 衍生化反应必须迅速和重现性好，反应器的设计要合理，以尽可能减少峰扩展。

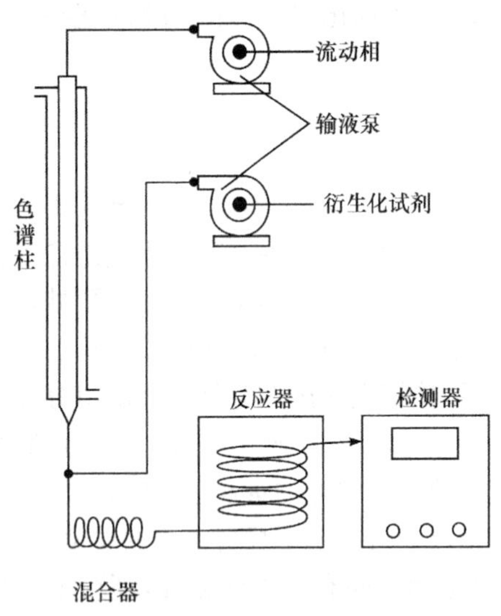

图 15-4　柱后衍生化过程示意图

1）反应器

(1) 单珠线型反应器。在内径 0.6mm 的管内装入直径稍小一些的圆形小珠，液体绕过这些小珠时即产生紊流，相互混合均匀，减小峰扩展。

(2) 空气分割式反应器。空气分割能克服“携带”和纵向扩散，减小峰扩展，特别适用于速度较慢的衍生化反应。其方法是在反应液流动过程中不断用空气或不相溶的液体分割反应液，反应后除去空气泡，再进入检测器。这种分割装置比较复杂，其理论处理也相当复杂。

2）固相化学衍生化器

将固体微粒（硅胶或高分子微球）填充于内径 5～6mm、长度 25～30cm 的柱子内就是一个固相化学衍生化器。这些固体微粒的表面通常经过处理连接有反应基团，称为固相反应剂。样品通过时能发生衍生化反应。这是一种非均匀体系的反应。这种衍生化装置比较简单，实际上固相反应器也可以放在色谱柱前而成为柱前衍生化装置。其特点是：反应试剂的局部浓度很高，有利于反应进行完全；不会将过量衍生化试剂引入检测器，降低了本底，提高检测灵敏度；反应速率取决于溶液接触的表面积（填料粒度），由于填料粒度小，因而反应速率快；不受色谱流动相的限制；不需额外的装置、设备（混合器、管线、接头等），减少了峰扩展因素。

有多种类型的固相反应剂，包括氧化型、还原型、基团转移型和催化剂型，以适应各种衍生化反应的需要。

3）固定化酶反应器

把一种酶连接于螺旋管的内壁就是最早的最简单的酶反应器，现在的固定化酶反应器都是将酶固定于担体上，这实际上是一种特殊的催化剂型固相衍生化试剂。固定化酶的典型例子是用于氧化胆汁酸的 3α-羟基类固醇脱氢酶反应器，将酶固定于氨基玻璃微珠上，填充于 4.6mm×25mm 的不锈钢柱内。3α-羟基类固醇脱氢酶催化胆汁酸的氧化反应，同时使其辅助因子烟酰胺腺嘌呤二核苷酸（NAD）还原成 NADH，产物用荧光或电化学检测器检测。

酶反应的专一性很强，因此方法的选择性很高。固定化后，酶的稳定性大大提高，而且可以重复使用。但是固定化酶的工作稳定性受担体、温度、溶剂、pH 和酶抑制剂的影响。如果溶剂及其 pH 不合适，都可能使酶迅速失去活性。HPLC 流动相中的固体微粒、细菌、某些金属离子等都有可能使酶失去活性，应当除去。

3. GC 中的柱后衍生化技术

柱后衍生化技术在 GC 中的应用主要是提高检测灵敏度和对色谱组分进行结构鉴定。最典型、最现代化的技术就是 GC-MS，对这一技术已有了专门讨论，因此下面只介绍其他一些柱后衍生化技术。

1）柱后裂解器

裂解器是一个石英或金线圈或者是一个氧化还原器，在反应器后检测分析各色谱组分裂解产生的 C、H、O 和 N 元素。柱后裂解能对色谱峰进行化学结构鉴定，这一点与 MS 的作用相似。

2）柱后浓集器

柱后浓集器主要用于 GC-MS，但是也能改善其他检测器的信噪比。浓集器主要有四类，即喷射分离器、烧结玻璃分离器、多孔膜和高聚膜。

3）柱后反应器

有一种含有镍-硅藻土催化剂的微型反应器，加热至 425℃时，能允许氢气自由通过，而其他组分则裂解成甲烷和水。除去水后，以热导池检测甲烷。

氢反应器能使色谱峰中含有卤素或氮的组分还原成氢卤酸和氨，然后进行库伦检测或电导检测。另一种氢反应器将含氮化合物转变成氨后，再流进一个装置与邻苯二甲醛（OPA）和巯基乙醇反应，并进行荧光检测。

等离子体反应器是一个衬有镀^{63}Ni 的金箔的离子化室，一对钨电极提供高压，产生等离子体。基于氩气的 p-受激放电，等离子化过程具有特征性。将这一反应器置于两色谱柱之间，第一根柱的色谱峰在反应器内反应后，产物再经第二根柱分离，由电子捕获检测器检测。

15.5　应用与示例

【例 15-1】　水中有机氯农药的 SPE 萃取[14]。

设备：Accubond ODS（C_{18}） 6mL/500mg 柱；24mL 储样器；歧管真空装置。

试剂：水、甲醇、丙酮。

活化：初溶剂为 5mL 丙酮，终溶剂为 5mL 水。

上样：0.2mL 甲醇加到 20mL 水样中（样液体积可达 100mL，调节甲醇用量以使甲醇浓度为 1%），上柱。流速控制在 10mL/min。

淋洗：3mL 水，抽尽并保持 30s 真空。在 1000～1500r/min 下离心 5min（离心以除去水有利于样品浓缩）。

洗脱：用 3mL 丙酮洗脱。洗脱液在干燥氮气流下浓缩至干（浓缩加热时会降低回收率）。用丙酮溶解并定容至 200μL。

色谱柱：DB-608 30m×0.53mm（i.d.），0.15μm

J&W P/N：125-5032

载气：氦气，35mL/min。

程序升温：

$$140℃，2min \xrightarrow{25℃/min} 240℃（5min）\xrightarrow{5℃/min} 265℃（10min）$$

进样方式：不分流进样，250℃。

检测器：ECD，325℃，补氮：30mL/min。

取 2μL，注入气相色谱仪。萃取后的色谱图如 15-5 所示。

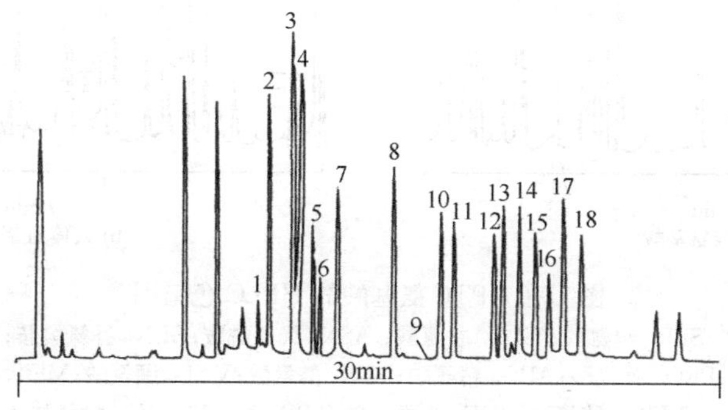

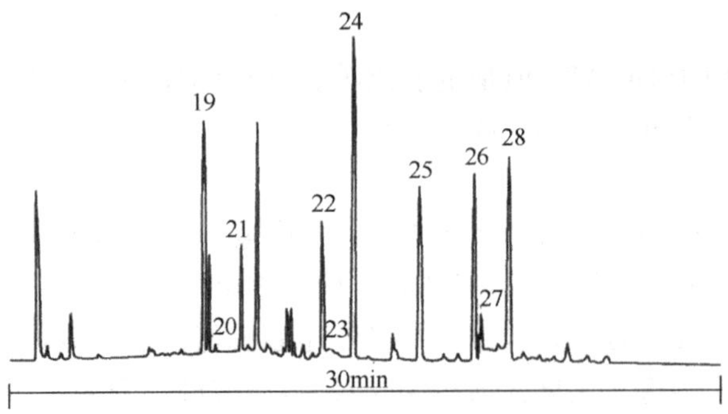

图 15-5 含有机氯农药的水经 SPE 萃取后的色谱图

1. (HCB)六氯苯;2. α-六氯苯;3. g-林丹;4. b-六氯苯;5. 七氯;6. d-六氯苯;7. 艾氏剂;8. 环氧七氯;9. 硫丹 1;10. p,p′-DDE;11. 狄氏剂;12. 异狄氏剂;13. p,p′-DDD;14. 硫丹 2;15. p,p′-DDT;16. 乙醛;17. 硫丹硫酸盐;18. 甲基氯;19. 氟乐灵;20. 地茂丹;21. 扑草胺;22. 白菌清;23. 草不绿 24. 敌草素;25. o,p′-DDE;26. o,p′-DDD;27. 杀螨酯;28. o,p′-DDT

【例 15-2】 人体血浆中氨基酸的柱前衍生化[1]。

PTC-氨基酸是异硫氰酸苯酯(PITC)与氨基酸反应的第一步产物,衍生化反应快,并能在 C_{18} 柱上获得良好的分离,是目前较好的柱前衍生化分析氨基酸的方法之一。Furst 等采用 PITC 衍生化方法,用 HPLC 分析了 22 种标准氨基酸和人体血浆中的氨基酸的 PTC-氨基酸。HPLC 条件如下:

色谱柱:Spherisorb ODS Ⅱ(125mm×4.6mm,3μm)。

保护柱:10mm×4.0mm。

流动相:A:12.5mmol/L 磷酸盐缓冲液(pH 6.8)。

B:60%乙腈-12.5mmol/L 磷酸盐缓冲液(pH 6.8)

流速:1.2mL/min。

检测器:UV 254nm。

分析结果如图 15-6 所示。

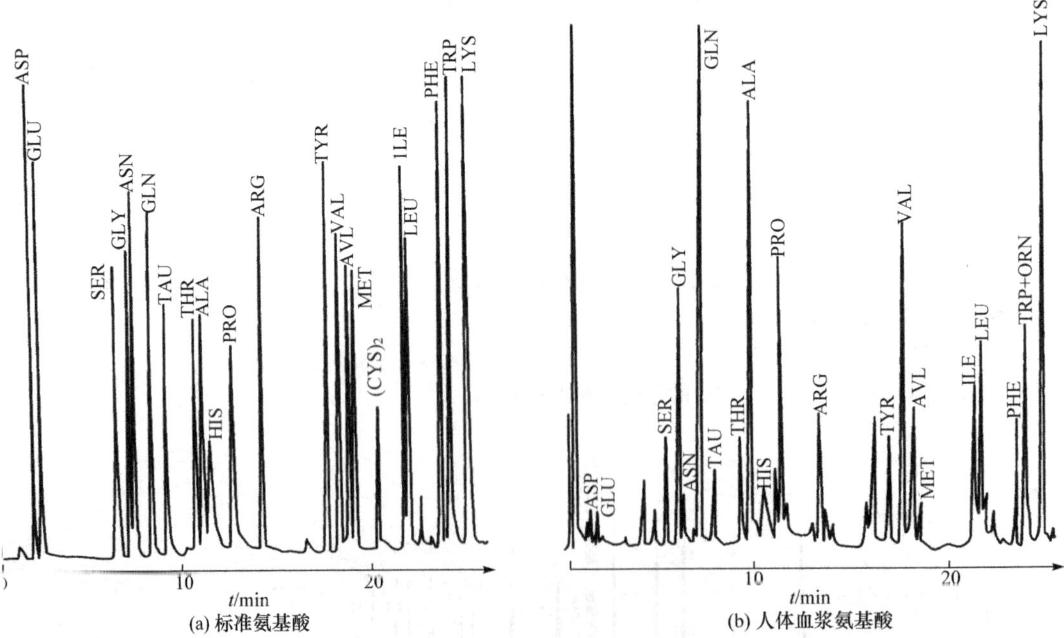

图 15-6 PTC 氨基酸的 HPLC 色谱图

ASP. 天冬氨酸; GLU. 谷氨酸; SER. 丝氨酸; GLY. 甘氨酸; ASN. 天冬酰胺;GLN. 谷氨酰胺;TAU. 牛磺酸;THR. 苏氨酸;ALA. 丙氨酸;HIS. 组氨酸;PRO. 脯氨酸;ARG. 精氨酸;TYR. 酪氨酸;VAL. 缬氨酸;MET. 甲硫氨酸;ILE. 异亮氨酸;LEU. 亮氨酸;$(CYS)_2$. 胱氨酸;PHE. 苯丙氨酸;TRP. 色氨酸;LYS. 赖氨酸;ORN. 鸟氨酸

【例 15-3】 血浆中苯并二氮杂䓬类药物(安定)的测定

固相萃取柱:6mL,柱内填充 500mg C_{18} 吸附剂。用 5mL 甲醇活化,再用 5mL 水淋洗。将 1mL 0.1mol/L 乙酸钠加入 4mL 血浆中,充分混合后倒入萃取柱内,抽滤。然后,加入 3mL 水,抽滤 30s。再将固相萃取柱在 1000～1500r/min 离心机上离心 5min 。用 3mL 丙酮洗脱,收集洗脱液,将洗脱液在氮气流下缓缓加热(<45℃)至干燥。用 200μL 甲醇溶解残渣,进样 20μL,进行 HPLC 分析。

HPLC 条件:

色谱柱:ODS-3,150mm×4.6mm,5μm。

流动相:乙腈-甲醇-5mmol/L KH_2PO_4(体积比=15 : 30 : 55)。

流速:2mL/L。

柱温:40℃。

检测器:UV 254nm。

实验结果如图 15-7 所示。

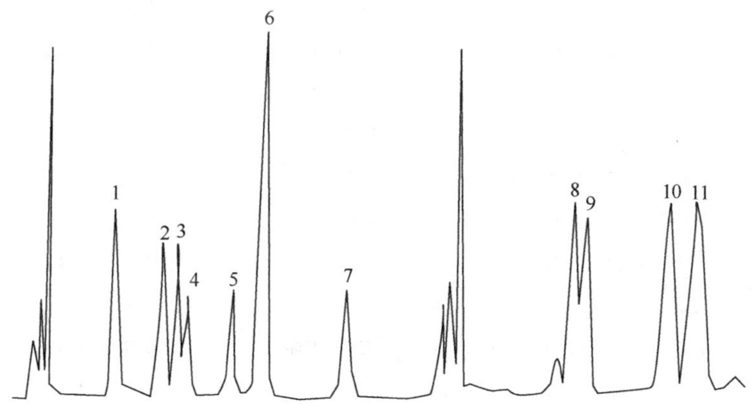

图 15-7　固相萃取测定人体血浆中安定的 HPLC 谱图

1. 溴西泮;2. 奥沙西泮(舒宁);3. 氟硝西泮;4. 劳拉西泮;5. 替马西泮;6. 去甲地西泮;7. 地西泮(安定);8. 硝西泮;9. 氯硝西泮;10. 利眠宁;11. 氯巴占

(沈阳药科大学　赵怀清)

参 考 文 献

[1] 王立,汪正范. 色谱技术丛书——色谱分析样品处理. 2 版. 北京:化学工业出版社,2006. 1,81,105

[2] 孙毓庆 . 现代色谱法及其在药物分析中的应用. 北京:科学出版社,2005. 535-564

[3] 高立勤,刘文英 . 固相萃取技术及其在生物样本分析中的应用. 药学进展,1997,21(1):8

[4] 许国旺 . 现代实用气相色谱法. 北京:化学工业出版社,2004. 328-330

[5] Arthur C,Pawliszyn J. Anal Chem,1990,62:2145

[6] Eisert R,Pawliszyn J. Anal Chem,1997 ,69:3140

[7] 王涵文. 毛细管柱内固相微萃取的研究及与毛细管气相色谱在线联用装置的研制及应用. 大连:中国科学院大连化学物理研究所博士学位论文,2003. 11-12

[8] Kumazawa T,Lee X P,Sato K,et al. Analytica Chimica Acta,2003,492:49

[9] Wu C,Lord H,Pawliszyn J. Talanta,2001,54:655

[10] 邹汉法,张玉奎,卓佩章 . 高效液相色谱法. 北京:科学出版社,1998. 284-288

[11] 张仁斌,俆修容 . 高效液相色谱——在医药研究中的应用. 上海:上海科学出版社,1983

[12] Blau K,Halket J. Handbook of Derivatives for Chromatography. 2nd ed. Chichester John Wiley & Sons,1993

[13] Ackman R G,Hooper S N,Kates M,et al. J Chromatogr,1969,44:256

[14] J&W Scientific Products Catalogue &Reference Guide. 1992/1993,330

附　　录

附录Ⅰ　热导检测器的相对响应值和校正因子

组分名称	S_M	S_W	f_M	f_W	相对分子质量
直链烷烃					
甲烷	0.357	1.73	2.80	0.58	16
乙烷	0.512	1.33	1.96	0.75	30
丙烷	0.645	1.16	1.55	0.86	44
丁烷	0.851	1.15	1.18	0.87	58
戊烷	1.05	1.14	0.95	0.88	72
己烷	1.23	1.12	0.81	0.89	86
庚烷	1.43	1.12	0.70	0.89	100
辛烷	1.60	1.09	0.63	0.92	114
壬烷	1.77	1.08	0.57	0.93	128
癸烷	1.99	1.09	0.50	0.92	142
十一烷	1.98	0.99	0.51	1.01	156
十四烷	2.34	0.92	0.42	1.09	198
C_{20}～C_{36}		1.09	—	0.92	
支链烷烃					
异丁烷	0.82	1.10	1.22	0.91	58
异戊烷	1.02	1.10	0.98	0.91	72
新戊烷	0.99	1.08	1.01	0.93	72
2,2-二甲基丁烷	1.16	1.05	0.86	0.95	86
2,3-二甲基丁烷	1.16	1.05	0.86	0.95	86
2-甲基戊烷	1.20	1.09	0.83	0.92	86
3-甲基戊烷	1.19	1.08	0.84	0.93	86
2,2-二甲基戊烷	1.33	1.04	0.75	0.96	100
2,4-二甲基戊烷	1.29	1.01	0.78	0.99	100
2,3-二甲基戊烷	1.35	1.05	0.74	0.95	100
3,5-二甲基戊烷	1.33	1.04	0.75	0.96	100
2,2,3-三甲基丁烷	1.29	1.01	0.78	0.99	100
2-甲基己烷	1.36	1.06	0.74	0.94	100
3-甲基己烷	1.33	1.04	0.75	0.96	100
3-乙基戊烷	1.31	1.02	0.76	0.98	100
2,2,4-三甲基戊烷	1.47	1.01	0.68	0.99	114
不饱和烃					
乙烯	0.48	1.34	2.08	0.75	28
丙烯	0.65	1.20	1.54	0.83	42
异丁烯	0.82	1.14	1.22	0.88	56
1-丁烯	0.81	1.13	1.23	0.88	56
(*E*)-2-丁烯	0.85	1.19	1.18	0.84	56
(*Z*)-2-丁烯	0.87	1.22	1.15	0.82	56
3-甲基-1-丁烯	0.99	1.10	1.01	0.91	70
2-甲基-1-丁烯	0.99	1.10	1.01	0.91	70
1-戊烯	0.99	1.10	1.01	0.91	70
(*E*)-2-戊烯	1.04	1.16	0.96	0.86	70
(*Z*)-2-戊烯	0.98[1)] (0.785)	1.10	1.02	0.91	70
2-甲基-2-戊烯	0.96	1.04	1.04	0.96	70
2,4,4-三甲基-1-戊烯	1.58	1.10	0.63	0.91	112
丙二烯	0.53	1.03	1.89	0.97	40
1,3-丁二烯	0.80	1.16	1.25	0.86	54
环戊二烯	0.68	0.81	1.47	1.23	66
2-甲基-1,3-丁二烯（异戊二烯）	0.92	1.06	1.09	0.94	68
乙基环己烷	1.45	1.01	0.69	0.99	112
正丙基环己烷	1.58	0.98	0.63	1.02	126
1,1,3-三甲基环己烷	1.39	0.86	0.72	1.16	126
含氧化合物					

续表

组分名称	S_M	S_W	f_M	f_W	相对分子质量	组分名称	S_M	S_W	f_M	f_W	相对分子质量
酮类						**酯类**					
丙酮	0.86	1.15	1.16	0.87	58	乙酸乙酯	1.11	0.99	0.90	1.01	88
甲乙酮	0.98	1.05	1.02	0.95	72	乙酸异丙酯	1.21	0.93	0.83	1.08	102
二乙酮	1.10	1.00	0.91	1.00	86	乙酸正丁酯	1.35	0.91	0.74	1.10	116
3-己酮	1.23	0.96	0.81	1.04	100	乙酸正戊酯	1.46	0.88	0.68	1.14	130
2-己酮	1.30	1.02	0.77	0.98	100	乙酸异戊酯	1.45	0.87	0.69	1.10	130
3,3-二甲基-2-丁酮	1.18	0.81	0.85	1.23	114	乙酸正庚酯	1.70	0.84	0.59	1.19	158
甲基正戊基酮	1.33	0.91	0.75	1.10	114	**醚类**					
甲基正己基酮	1.47	0.90	0.68	1.11	128	乙醚	1.10	1.16	0.91	0.86	74
环戊酮	1.06	0.99	0.94	1.01	84	异丙醚	1.30	0.99	0.77	1.01	102
环己酮	1.25	0.99	0.80	1.01	98	正丙醚	1.31	1.00	0.76	1.00	102
2-壬酮	1.61	0.93	0.62	1.07	142	正丁醚	1.60	0.96	0.63	1.04	130
甲基异丁基酮	1.18	0.91	0.85	1.10	100	正戊醚	1.83	0.91	0.55	1.10	158
甲基异戊基酮	1.38	0.94	0.72	1.06	114	乙基正丁基醚	1.30	0.99	0.77	1.01	102
醇类						**二醇类**					
甲醇	0.55	1.34	1.82	0.75	32	1-碘-2-甲基丙烷	1.22	0.52	0.82	1.92	184
乙醇	0.72	1.22	1.39	0.82	46	1-碘戊烷	1.38	0.55	0.73	1.82	198
丙醇	0.83	1.09	1.20	0.92	60	二氯甲烷	0.94	0.87	1.06	1.14	90
异丙醇	0.85	1.10	1.18	0.91	60	氯仿	1.08	0.71	0.93	1.41	119
正丁醇	0.95	1.00	1.05	1.00	74	二溴甲烷	1.07	0.48	0.93	2.08	174
2-甲基-2-丁醇	1.06	0.94	0.94	1.06	88	溴氯甲烷	1.00	0.61	1.00	1.64	129
正己醇	1.18	0.90	0.85	1.11	102	1,2-二溴乙烷	1.17	0.48	0.85	2.08	188
3-己醇	1.25	0.98	0.80	1.02	102	1-溴-2-氯乙烷	1.10	0.59	0.91	1.69	143
2-己醇	1.30	1.02	0.77	0.98	102	1,1-二氯乙烷	1.03	0.81	0.97	1.23	99
正庚醇	1.28	0.86	0.78	1.16	116	1,2-二氯丙烷	1.12	0.77	0.89	1.30	113
5-癸醇	1.84	0.91	0.54	1.10	158	(*Z*)-1,2-二氯乙烯	1.00	0.81	1.00	1.23	97
十二烷-2-醇	1.98	0.84	0.51	1.19	186	2,3-二氯丙烯	1.10	0.77	0.91	1.30	111
环戊醇	1.09	0.99	0.92	1.01	86	三氯乙烯	1.15	0.69	0.87	1.45	131
环己醇	1.12	0.88	0.89	1.14	100	氟代苯	1.05	0.85	0.95	1.18	96
异丁醇	0.96	1.02	1.04	0.98	74	氯代苯	1.16	0.80	0.86	1.25	112
仲丁醇	0.97	1.03	1.03	0.97	74	邻氯代甲苯	1.28	0.79	0.78	1.27	127
叔丁醇	0.96	1.02	1.04	0.98	74	氯代环己烷	1.20	0.79	0.83	1.27	119
3-甲基-1-戊醇	1.07	0.98	0.93	1.02	102	1-甲基环己烯	1.15	0.93	0.87	1.07	96
2-戊醇	1.10	0.98	0.91	1.02	88	甲基乙炔	0.58	1.13	1.72	0.88	40
3-戊醇	1.09	0.96	0.92	1.04	88	双环戊二烯	0.76	0.78	1.32	1.28	132
						4-乙烯基环己烯	1.30	0.94	0.77	1.07	108

续表

组分名称	S_M	S_W	f_M	f_W	相对分子质量
环戊烯	0.80	0.92	1.25	1.09	68
降冰片烯	1.13	0.94	0.89	1.06	94
降冰片二烯	1.11	0.95	0.90	1.05	92
环庚三烯	1.04	0.88	0.96	1.14	92
1，3-环辛二烯	1.27	0.91	0.79	1.10	108
1，5-环辛二烯	1.31	0.95	0.76	1.05	108
1,3,5,7-环辛四烯	1.14	0.86	0.88	1.16	104
芳烃					
苯	1.00	1.00	1.00	1.00	78
甲苯	1.16	0.98	0.86	1.02	92
乙基苯	1.29	0.95	0.78	1.05	106
间二甲苯	1.31	0.96	0.76	1.04	106
对二甲苯	1.31	0.96	0.76	1.04	106
邻二甲苯	1.27	0.93	0.79	1.08	106
异丙苯	1.42	0.92	0.70	1.09	120
正丙苯	1.45	0.95	0.69	1.05	120
1,2,4-三甲苯	1.50	0.98	0.67	1.02	120
1,2,3-三甲苯	1.49	0.97	0.67	1.03	120
对乙基甲苯	1.50	0.98	0.67	1.02	120
1,3,5-三甲苯	1.49	0.97	0.67	1.03	120
仲丁基苯	1.58	0.92	0.63	1.09	120
联二苯	1.69	0.86	0.59	1.16	154
邻三联苯	2.17	0.74	0.46	1.35	230
间三联苯	2.30	0.78	0.43	1.28	230
对三联苯	2.24	0.76	0.45	1.32	230
三苯甲烷	2.32	0.74	0.43	1.35	244
萘	1.39	0.84	0.72	1.19	128
四氢萘	1.45	0.86	0.69	1.16	132
1-甲基四氢萘	1.58	0.84	0.63	1.19	146
1-乙基四氢萘	1.70	0.83	0.59	1.20	160
反十氢萘	1.50	0.85	0.67	1.18	138
顺十氢萘	1.51	0.86	0.66	1.16	138
环烷烃					
环戊烷	0.97	1.09	1.03	0.92	70
甲基环戊烷	1.15	1.07	0.87	0.93	84
1,1-二甲基环戊烷	1.24	0.99	0.81	1.01	98
乙基环戊烷	1.26	1.01	0.79	0.99	98
(*Z*)-1,2-二甲基环戊烷	1.25	1.00	0.80	1.00	98
(*Z*,*E*)-1，3-二甲基环戊烷	1.25	1.00	0.80	1.00	98
1,2,4-三甲基环戊烷(顺,反,顺)	1.36	0.95	0.74	1.05	112
1,2,4-三甲基环戊烷(顺,顺,反)	1.43	1.00	0.70	1.00	112
环己烷	1.14	1.06	0.88	0.94	84
甲基环己烷	1.20	0.95	0.83	1.05	98
1,1-二甲基环己烷	1.41	0.98	0.71	1.02	112
1,4-二甲基环己烷	1.46	1.02	0.68	0.98	112
2,5-己二醇	1.27	0.84	0.79	1.19	118
1,6-己二醇	1.21	0.80	0.83	1.25	118
1,10-癸二醇	1.08	0.48	0.93	2.08	174
1,12-十二醇	1.10	0.49	0.91	2.04	174
含氮化合物					
正丁胺	1.14	1.22	0.88	0.82	73
正戊胺	1.52	1.37	0.66	0.73	87
正己胺	1.04	0.80	0.96	1.25	101
吡咯	0.86	1.00	1.16	1.00	67
二氢吡咯	0.83	0.94	1.20	1.06	69
四氢吡咯	0.91	1.00	1.09	1.00	71
吡啶	1.00	0.99	1.00	1.01	79
1,2,5,6-四氢吡啶	1.03	0.96	0.97	1.04	83
哌啶	1.02	0.94	0.98	1.06	85
丙烯腈	0.78	1.15	1.28	0.87	53
丙腈	0.84	1.20	1.19	0.83	55
正丁腈	1.05	1.19	0.95	0.84	69
苯胺	1.14	0.95	0.88	1.05	93
喹啉	1.94	1.16	0.52	0.86	129
反十氢喹啉	1.17	0.66	0.85	1.51	139
顺十氢喹啉	1.17	0.66	0.85	1.51	139

续表

组分名称	S_M	S_W	f_M	f_W	相对分子质量	组分名称	S_M	S_W	f_M	f_W	相对分子质量
氨	0.40	1.86	2.5	0.54	17	1-溴丁烷	1.19	0.68	0.84	1.47	137
杂环化合物						2-溴丁烷	1.16	0.66	0.86	1.52	137
环氧乙烷	0.58	1.03	1.72	0.97	44	1-溴戊烷	1.28	0.66	0.78	1.52	151
环氧丙烷	0.80	1.07	1.25	0.93	58	碘代甲烷	0.96	0.53	1.04	1.89	142
甲硫醇	0.59	0.96	1.69	1.04	48	碘代乙烷	1.06	0.53	0.94	1.89	156
乙硫醇	0.87	1.09	1.15	0.92	62	1-碘丙烷	1.17	0.54	0.85	1.85	170
1-丙硫醇	1.01	1.04	0.99	0.96	76	1-碘丁烷	1.29	0.55	0.78	1.82	184
四氢呋喃	0.83	0.90	1.20	1.11	72	2-碘丁烷	1.23	0.52	0.81	1.92	184
噻吩烷	1.03	0.91	0.97	1.09	88	溴代苯	1.24	0.62	0.81	1.61	157
硅酸乙酯	2.08	0.79	0.48	1.27	208	间二氟代苯	1.07	0.73	0.93	1.37	114
乙醛	0.65	1.15	1.54	0.87	44	邻氟代甲苯	1.16	0.83	0.86	1.20	110
2-乙氧基乙醇	1.07	0.93	0.93	1.08	90	对氟代甲苯	1.17	0.83	0.85	1.20	110
卤化物						间氟代甲苯	1.18	0.84	0.85	1.19	110
1-氟己烷	1.24	0.93	0.81	1.08	104	1-氯-3-氟代苯	1.19	0.72	0.84	1.38	130
1-氯丁烷	1.11	0.94	0.90	1.06	92	**无机物**					
2-氯丁烷	1.09	0.91	0.92	1.10	92	氩	0.42	0.82	2.38	1.22	40
1-氯-2-甲基丙烷	1.08	0.91	0.93	1.10	92	氮	0.42	1.16	2.38	0.86	28
2-氯-2-甲基丙烷	1.04	0.88	0.96	1.14	92	氧	0.40	0.98	2.50	1.02	32
1-氯戊烷	1.23	0.91	0.81	1.10	106	二氧化碳	0.48	0.85	2.08	1.18	44
1-氯己烷	1.34	0.87	0.75	1.14	120	一氧化碳	0.42	1.16	2.38	0.86	28
1-氯庚烷	1.47	0.86	0.68	1.16	134	四氯化碳	1.08	0.55	0.93	1.82	154
溴代乙烷	0.98	0.70	1.02	1.43	109	羰基铁[$Fe(CO)_5$]	1.50	0.60	0.67	1.67	195
1-溴丙烷	1.08	0.68	0.93	1.47	123	硫化氢	0.38	0.88	2.63	1.14	34
2-溴丙烷	1.07	0.68	0.93	1.47	123	水	0.33	1.42	3.03	0.70	18

1)S_M为0.98,摘自:顾蕙祥、阎宝石. 气相色谱实用手册. 2版. 北京:化学工业出版社,1990;S_M为0.785,摘自:孔令平,孔祥生. 分析化验工口诀. 北京:化学工业出版社,2008。

附录Ⅱ　氢火焰离子化检测器的相对响应值和校正因子

组分名称	S_m	f_m	组分名称　组分名称	S_m	f_m
直链烷烃			壬烷	0.88	1.14
甲烷	0.87	1.15	**支链烷烃**		
乙烷	0.87	1.15	异戊烷	0.94	1.06
丙烷	0.87	1.15	2,2-二甲基丁烷	0.93	1.08
丁烷	0.92	1.09	2,3-二甲基丁烷	0.92	1.09
戊烷	0.93	1.08	2-甲基戊烷	0.94	1.06
己烷	0.92	1.09	3-甲基戊烷	0.93	1.08
庚烷	0.89	1.12	2-甲基己烷	0.91	1.10
辛烷	0.87	1.15	3-甲基己烷	0.91	1.10

续表

组分名称	S_m	f_m	组分名称　组分名称	S_m	f_m
2,2-二甲基戊烷	0.91	1.10	**醇类**		
2,3-二甲基戊烷	0.88	1.14	甲醇	0.21	4.76
2,4-二甲基戊烷	0.91	1.10	乙醇	0.41	2.43
3,3-二甲基戊烷	0.92	1.09	正丙醇	0.54	1.85
3-乙基戊烷	0.91	1.10	异丙醇	0.47	2.13
2,2,3-三甲基丁烷	0.91	1.10	正丁醇	0.59	1.69
2-甲基庚烷	0.87	1.15	异丁醇	0.61	1.64
3-甲基庚烷	0.90	1.11	仲丁醇	0.56	1.79
4-甲基庚烷	0.91	1.10	叔丁醇	0.66	1.52
2,2-二甲基己烷	0.90	1.11	戊醇	0.63	1.59
2,3-二甲基己烷	0.88	1.14	1,3-二甲基丁醇	0.66	1.52
2,4-二甲基己烷	0.88	1.14	甲基戊醇	0.58	1.72
2,5-二甲基己烷	0.90	1.11	己醇	0.66	1.52
3,4-二甲基己烷	0.88	1.14	辛醇	0.76	1.32
3-乙基己烷	0.89	1.12	癸醇	0.75	1.33
2-甲基-3-乙基戊烷	0.88	1.14	**醛类**		
2,2,3-三甲基戊烷	0.91	1.10	丁醛	0.55	1.82
2,2,4-三甲基戊烷	0.89	1.12	庚醛	0.69	1.45
2,3,3-三甲基戊烷	0.90	1.11	辛醛	0.70	1.43
2,3,4-三甲基戊烷	0.88	1.14	癸醛	0.72	1.40
2,2-二甲基庚烷	0.87	1.15	**酮类**		
3,3-二甲基庚烷	0.89	1.12	丙酮	0.44	2.27
2,4-二甲基-3-乙基戊烷	0.88	1.14	甲乙酮	0.54	1.85
2,2,3-三甲基己烷	0.90	1.11	甲基异丁基酮	0.63	1.59
2,2,4-三甲基己烷	0.88	1.14	乙基丁基酮	0.63	1.59
2,2,5-三甲基己烷	0.88	1.14	二异丁基酮	0.64	1.56
2,3,3-三甲基己烷	0.89	1.12	乙基戊基酮	0.72	1.39
2,3,5-三甲基己烷	0.86	1.16	环己酮	0.64	1.56
2,4,4-三甲基己烷	0.90	1.11	2,2,4,5-四甲基戊烷	0.89	1.12
2,2,3,3-四甲基戊烷	0.89	1.12	**五环烷烃**		
2,2,3,4-四甲基戊烷	0.88	1.14	环戊烷	0.93	1.08
2,3,3,4-四甲基戊烷	0.88	1.14	甲基环戊烷	0.90	1.11
3,3,5-三甲基庚烷	0.88	1.14	乙基环戊烷	0.89	1.12
2,2,3,4-四甲基己烷	0.90	1.11	1,1-二甲基环戊烷	0.92	1.09
不饱和烃			(*E*)-1,2-二甲基环戊烷	0.90	1.11
乙炔	0.96	1.04	(*Z*)-1,2-二甲基环戊烷	0.89	1.12
乙烯	0.91	1.10	(*E*)-1,3-二甲基环戊烷	0.89	1.12
1-己烯	0.88	1.14	(*Z*)-1,3-二甲基环戊烷	0.89	1.12
1-辛烯	1.03	0.97	1-甲基-(*E*)-2-乙基环戊烷	0.90	1.11
1-癸烯	1.01	0.99	1-甲基-(*Z*)-2-乙基环戊烷	0.89	1.12

续表

组分名称	S_m	f_m	组分名称　组分名称	S_m	f_m
1-甲基-(*E*)-3-乙基环戊烷	0.87	1.15	1-甲基-4-异丙苯	0.88	1.14
1-甲基-(*Z*)-3-乙基环戊烷	0.89	1.12	仲丁苯	0.89	1.12
1,1,2-三甲基环戊烷	0.92	1.09	叔丁苯	0.91	1.10
1,1,3-三甲基环戊烷	0.93	1.08	正丁苯	0.88	1.14
(*E*)-1,2-(*Z*)-3-三甲基环戊烷	0.90	1.11	**酸类**		
(*E*)-1,2-(*Z*)-4-三甲基环戊烷	0.88	1.12	甲酸	0.009	111.11
(*Z*)-1,2-(*E*)-3-三甲基环戊烷	0.88	1.12	乙酸	0.21	4.76
(*Z*)-1,2-(*E*)-4-三甲基环戊烷	0.88	1.12	丙酸	0.36	2.78
异丙基环戊烷	0.88	1.12	丁酸	0.43	2.33
正丙基环戊烷	0.87	1.15	己酸	0.56	1.79
六环烷烃			庚酸	0.54	1.85
环己烷	0.90	1.11	辛酸	0.58	1.72
甲基环己烷	0.90	1.11	**酯类**		
乙基环己烷	0.90	1.11	乙酸甲酯	0.18	5.56
1-甲基-(*E*)-4-甲基环己烷	0.88	1.14	乙酸乙酯	0.34	2.94
1-甲基-(*Z*)-4-乙基环己烷	0.86	1.16	乙酸异丙酯	0.44	2.27
1,1,2-三甲基环己烷	0.90	1.11	乙酸仲丁酯	0.46	2.17
异丙基环己烷	0.88	1.14	乙酸异丁酯	0.48	2.08
环庚烷	0.90	1.11	乙酸丁酯	0.49	2.04
芳烃			乙酸异戊酯	0.55	1.82
苯	1.00	1.00	乙酸甲基异戊酯	0.56	1.79
甲苯	0.96	1.04	己酸乙基(2)乙酯	0.64	1.56
乙基苯	0.92	1.09	乙酸 2-乙氧基乙醇酯	0.45	2.22
对二甲苯	0.89	1.12	己酸己酯	0.70	1.42
间二甲苯	0.93	1.08	**氮化物**		
邻二甲苯	0.91	1.10	乙腈	0.35	2.86
1-甲基-2-乙基苯	0.91	1.10	三甲基胺	0.41	2.44
1-甲基-3-乙基苯	0.90	1.11	叔丁基胺	0.48	2.08
1-甲基-4-乙基苯	0.89	1.12	二乙基胺	0.54	1.85
1,2,3-三甲苯	0.88	1.14	苯胺	0.67	1.49
1,2,4-三甲苯	0.87	1.15	二正丁基胺	0.67	1.49
1,3,5-三甲苯	0.88	1.14	**其他**		
异丙苯	0.87	1.15	溶纤剂[1)]	0.40	2.50
正丙苯	0.90	1.11	丁基溶纤剂[2)]	0.55	1.82
1-甲基-2-异丙苯	0.88	1.14	异佛尔酮[3)]	0.76	1.32
1-甲基-3-异丙苯	0.90	1.11	噻吩烷	0.51	1.96

1) 2-乙氧基乙醇。
2) 2-丁氧基乙醇。
3) 3,5,5-三甲基-2-环己烯-1-酮。
注:表中数据是将原文数据换算成以苯为 1.00 而得。
摘自:顾蕙祥,阎宝石. 气相色谱实用手册. 2 版. 北京:化学工业出版社,1990。

附录Ⅲ 电子捕获检测器的相对摩尔响应值

化合物	S_M	化合物	S_M	化合物	S_M
苯	0.06	1-氯辛烷	1.6	溴代环戊烷	280
甲苯	0.2	1-氯-2-甲基丙烷	1.7	(*E*)-1,2-二氯乙烯	370
丙酮	0.5	2-氯丁烷	2.0	五氟丙酸正丙酯	450
2-氟甲苯	0.55	三氟乙酸正庚酯	4.5	溴苯	450
4-氟甲苯	0.55	2-氯-2-甲基丙烷	12	1-2-溴丙烯	4×10^3
正丁醚	0.6	1,4-二氯丁烷	15	2,3-丁二酮	5×10^4
丁酸甲酯	0.9	氯苯	75	氯仿	6×10^4
1-氯丁烷	1.0	(*Z*)-1,2-二氯乙烯	90	1-碘丁烷	9×10^4
1-氯戊烷	1.0	1,1-二氯丁烷	110	1,1-二溴乙烷	1.1×10^5
丁醇-1	1.0	1,2-二氯乙烷	190	四氯化碳	4×10^5
1-氯己烷	1.1	1-溴丙烷	255		
1-氯庚烷	1.5	1-溴丁烷	280		

注:放射源:氚-钛箔,5.55GBq(150mCi);工作条件:脉冲间隙 50μs,脉冲宽度 0.5μs,振幅 50V,检测器温度 190℃;载气:Ar(含 5%甲烷);参比物质:1-氯丁烷(绝对响应值:$K=0.25\times10^6$mL/mol)。

摘自:顾蕙祥,阎宝石.气相色谱实用手册.2 版.北京:化学工业出版社,1990。

附录Ⅳ 气相色谱固定液[按 CP 值(极性)大小排列]

固定液	说明	使用温度/℃	溶剂[1)]	McReynolds 常数(ΔI 值)[2)]					CP 值[3)]
				X'	Y'	Z'	U'	S'	
烷烃类									
Squalane	异三十烷	0～150	T	0	0	00	0	0	0
Nujol	液状石蜡	20～100	T	9	5	2	6	11	1
C_{87}烃	二(十八烷基),二乙基四十七烷	30～280	H	25	11	5	11	26	2
Apiezon L	饱和烃润滑脂	50～250	T	32	22	15	32	42	3
Apiezon M	饱和烃润滑脂	50～300	T	31	22	15	30	40	3
Apiezon N	饱和烃润滑脂	50～300	T	38	40	28	52	58	5
Apiezon J	饱和烃润滑脂	20～250	T	38	36	27	49	57	5
Halocarbon 10-25	氯代烃油	30～100	C	47	70	108	133	111	11
Halocarbon K-352	氯代烃油	0 ～250	C	47	70	73	238	146	11
Halocarbon Wax	氯代烃蜡	50 ～150	A	55	71	116	143	123	12

续表

固定液	说明	使用温度/℃	溶剂[1]	McReynolds 常数(ΔI 值)[2]					CP 值[3]
				X'	Y'	Z'	U'	S'	
Fluorolube HG 1200	聚全氟氯代烯	50 ～200	A	51	68	114	144	118	12
Squalene	三十碳六烯	0～100	C,T	152	341	238	329	344	33
聚甲基硅氧烷类									
(1)OV 系列									
OV-1	100%甲基硅氧烷	100～350	T,C	16	55	44	65	42	5
OV-101	100%甲基硅氧烷	0～350	C,T	17	57	45	67	43	5
OV-3	10%苯基,90%甲基硅氧烷	0～350	T,C	44	86	81	124	88	10
OV-73	5.5%苯基,94.5%甲基硅氧烷	0～325	T	40	86	76	114	85	10
OV-105	5%氰乙基,95%甲基硅氧烷	0～275	A	36	108	93	139	86	11
OV-7	20%苯基,80%甲基硅氧烷	0～350	T,C	69	113	111	171	128	14
OV-11	35%苯基,65%甲基硅氧烷	0～350	T,C	102	142	145	219	178	18
OV-17	50%苯基,50%甲基硅氧烷	0～375	T,C	119	158	162	243	202	21
OV-22	65%苯基,35%甲基硅氧烷	0～350	C,A	160	188	191	283	253	25
OV-25	75%苯基,25%甲基硅氧烷	0～350	A,C	178	204	208	305	280	28
OV-202	50%三氟丙基,50%甲基硅氧烷	0～275	C	146	238	358	468	310	36
OV-210	50%三氟丙基,50%甲基硅氧烷	0～275	C,A	146	238	358	468	310	36
OV-215	50%三氟丙基,50%甲基硅氧烷	0～275	E,C	149	240	363	478	315	37
OV-225	25%苯基,25%氰丙基,50%甲基硅氧烷	0～275	A	228	369	338	492	386	43
OV-275	100%二氰丙烯基硅氧烷	25～250	C,A	629	872	763	1106	849	100
(2)DC 系列									
DC-200	100%甲基硅氧烷	0～250	C,T	16	57	45	66	43	5
DC-410	100%甲基硅氧烷	50～300	A	18	57	47	68	44	6
DC-11	100%甲基硅氧烷	30～300	C,T	17	86	48	69	56	7
DC-560	11%氯苯基,89%甲基硅氧烷	0～270	T	32	72	70	100	68	8
DC-550	25%苯基,75%甲基硅氧烷	0～250	T,A	74	116	117	178	135	15
DC-710	50%苯基,50%甲基硅氧烷	0～250	A	107	149	153	228	190	20
(3)SE 与 SP 系列									
SE-30	100%甲基硅氧烷	50～300	T,C	15	53	44	64	41	5
SP-2100	100%甲基硅氧烷	0～350	C	17	57	45	67	43	5
SE-52	5%苯基,95%甲基硅氧烷	50～300	T,C	32	72	65	98	67	8
SE-54	1%乙烯基,5%苯基,94%甲基硅氧烷	50～300	T,C	33	72	66	99	67	8
SP-2250	50%苯基,50%甲基硅氧烷	0～375	C,T	119	158	162	243	202	21

续表

固定液	说明	使用温度/℃	溶剂[1)]	McReynolds 常数(ΔI 值)[2)]					CP 值[3)]
				X′	Y′	Z′	U′	S′	
(4)其他型号									
CP tm Sil 5	100%甲基硅氧烷(100%二甲基聚硅氧烷)	50～350	H,T,C	15	53	44	64	41	5
SF-96	100%甲基硅氧烷	0～250	T,C	12	53	42	61	37	5
Dexsil 300	25%聚甲基碳硼,75%甲基硅氧烷	40～400	C	47	80	103	148	96	11
QF-1	50%三氟丙基,50%甲基硅氧烷	50～200	C,A	144	233	355	463	305	36
XE-60	25%氰乙基,75%甲基硅氧烷	0～250	A	204	381	340	493	367	42
聚二醇类									
Ucon LB 550X	10%聚乙二醇-90%聚丙二醇	0～200	M	118	271	158	243	206	24
PPG 1500(2000)	聚丙二醇	20～180	C	128	294	173	264	226	26
Ucon 50 HB 280X	30%聚乙二醇-70%聚丙二醇	0～200	M,C	177	362	227	351	302	34
Ucon 50 HB 2000	40%聚乙二醇-60%聚丙二醇	0 ～200	M,C	202	394	253	392	341	37
Ucon 50 HB 5100	50%聚乙二醇-50%聚丙二醇	0～200	M,C	214	418	278	421	375	40
Ucon 75 H 90000	80%聚乙二醇-20%聚丙二醇	0～200	M	255	452	299	470	406	45
Carbowax6000	聚乙二醇 M_t=6000～7500	60～200	C	322	540	369	577	512	55
Carbowax 20M	聚乙二醇 M_t≈20 000	60～250	C	322	536	368	572	510	55
PEG20M	聚乙二醇 20000	60～250	C	322	536	368	572	510	55
Carbowax4000	聚乙二醇 M_t=3000～3700	60～200	C	325	551	375	582	520	56
Carbowax1000	聚乙二醇 M_t=950～1050	40～150	A,C	347	607	418	626	589	61
Carbowax600	聚乙二醇 M_t=570～630	30～120	A,C	350	631	428	632	605	63
Carbowax400	聚乙二醇 M_t=380～420	0～100	C	—	—	—	—	—	64
聚酯类									
Dioctyl sebacate	癸二酸二辛酯	0～125	A,C	72	168	108	180	123	15
Diisodecyl adipate	己二酸二异癸酯	0～150	M,A	71	171	113	185	128	16
Diisooctyl adipate	己二酸二异辛酯	0～125	M	78	187	126	204	140	17
Diisodecyl phthalate	邻苯二甲酸二异癸酯	0～150	M,A	84	173	137	218	155	18
Dinonyl phthalate	邻苯二甲酸二壬酯	20～150	D,A	83	183	147	231	159	19
Dioctylphthalate	邻苯二甲酸二辛酯	0～150	M,A	92	186	150	236	167	20
Didecyl phthalate	邻苯二甲酸二癸 酯	50～150	A	136	255	213	320	235	27
NPGSB	聚新戊二醇癸二酸酯	50～225	C	172	327	225	344	326	33
GETCP	聚乙二醇四氯邻苯二甲酸酯	100～200	C	307	345	318	428	466	44
NPGA	聚新戊二醇己二酸酯	50～225	C	232	421	311	461	424	44
NPGS	聚新戊二醇丁二酸酯	50～225	C	272	467	365	539	472	50
Carbowax 20M TPA	聚乙二醇 20 000 对苯二酸酯	60～250	C,D	321	537	367	573	520	54
EGSPZ	聚乙二醇丁二酸酯	50～230	C	308	474	399	548	549	54

续表

固定液	说明	使用温度/℃	溶剂[1]	McReynolds常数(ΔI值)[2]					CP值[3]
				X'	Y'	Z'	U'	S'	
EGA	聚乙二醇己二酸酯	100～200	C,A	372	576	453	655	617	63
Butanediol Succinate	琥珀酸丁二醇酯	50～230	D,C	370	571	448	657	611	63
Lac-1-R-296	聚二乙二醇己二酸酯	20 ～210	A	377	601	458	663	655	65
PDEAS	聚苯基二乙醇胺丁二酸酯	20～230	A,C	386	555	472	674	654	65
DEGA	聚二乙二醇己二酸酯	20～210	A,,C	378	603	460	665	658	66
DEGS	聚二乙二醇丁二酸酯	20～200	A,,C	492	733	581	833	791	81
其他型号的固定液									
Hallcomid M-18 OL	二甲基油酸酰胺	30～150	M,C	89	280	143	239	165	22
Versamid 930	聚酰胺树脂	115～150	B,C	109	313	144	211	209	23
Span 80	脱水山梨糖醇单油酸酯	25～150	T	97	266	170	216	268	24
Zinc stearate	硬脂酸锌	50～150	B,C	61	231	59	98	544	24
Trimer acid	含 10% C_{36}二元酸的 C_{54}三元酸	20～150	C	94	271	163	182	378	26
OS-124	五环聚对苯基醚	20～200	C,T	176	227	224	306	283	29
OS-138	六环聚对苯基醚	20～250	C,T	182	233	228	313	293	30
Tricresyl phosphate	磷酸三甲苯酯	20～125	M,C	176	321	250	374	299	34
SAIB	二乙酰蔗糖六异丁酸酯	30～200	T,C	172	330	251	378	295	34
SP-2410	50%三氟丙基,50%甲基硅氧烷	0～275	A	146	238	358	468	310	36
Igepal CO-630	壬基苯氧基聚(乙烯氧基)乙醇，$N=9$(聚乙二醇壬基苯基醚)	30 ～200	C	192	381	253	382	344	37
Tergitol NPX	壬基苯氧基聚(乙烯氧基)乙醇，$N=9$	100 ～200	A,C	197	386	258	389	351	37
Emulphor ON-870	聚乙二醇十八醚	40～200	M,C	202	395	251	395	344	38
Triton X-100	辛基苯氧基聚(乙烯氧基)乙醇，$N=9$(聚乙二醇辛基苯基醚)	50 ～200	M,A	203	399	268	402	362	39
OV-330	苯基硅氧烷-聚乙二醇共聚物	0～250	A,T	222	391	273	417	368	40
Tween 80	聚环氧乙烷山梨醇单油酸酯	0～160	M	227	430	283	438	396	42

续表

固定液	说明	使用温度/℃	溶剂[1]	McReynolds 常数(ΔI 值)[2] X'	Y'	Z'	U'	S'	CP 值[3]
CW 4000 Monostearate	聚乙二醇 4000 单硬脂酸酯	60～200	C	282	496	331	517	467	50
Quadrol	N,N,N',N'-四(2-羟丙基)乙二胺	0～150	C	214	571	357	472	489	50
Igepal CO-990	壬基苯氧基聚(乙烯氧基)乙醇，N=100 聚乙二醇壬基苯基醚	100～220	A	298	508	345	540	475	51
Polyethylene lmine	聚乙烯亚胺	0～180	M，A	322	800	17	573	524	53
Epon 1001	环氧树脂	50～200	C	284	489	406	539	601	55
OV-351 (SP-1000)	聚乙二醇 20000-硝基对苯二甲酸反应物	60～275	C	335	552	382	583	540	57
SP-2300	64%苯基，36%氰丙基硅氧烷 (50%苯基，50%氰丙基硅氧烷)	50～275	C，A	322	480	446	636	524	57
Silar 5CP (CP tm Sil 58)	50%苯基，50%氰丙基硅氧烷	50～275	C，A	319	495	446	637	531	58
EGIP	聚乙二醇间苯二甲酸酯	100～200	C	326	508	425	607	561	58
EGSS-Y	乙二醇丁二酸酯-甲基硅氧烷共聚物	100～230	C	391	597	493	693	661	67
Hyprose SP-80	八(2-羟丙基)蔗糖	20～200	M，C	336	742	492	639	727	70
ECNSS-M	乙二醇丁二酸酯-氰乙基硅氧烷共聚物	30～180	C	421	690	581	803	732	76
SP-2310	45%苯基，55%氰丙基硅氧烷 (20%苯基，80%氰丙基硅氧烷)	50～275	C，A	440	637	605	840	670	76
Silar 7CP	25%苯基，75%氰丙基硅氧烷 (20%苯基，80%氰丙基硅氧烷)	50～275	A，C	440	638	605	844	673	76
CP tm Sil 76	25%苯基，75%氰丙基硅氧烷	50～275	C，M	—	—	—	—	—	76
Diglycerol	双甘油	20～150	C，M	371	826	560	676	854	78
Silar 9CP	10%苯基，90%氰丙基硅氧烷	50～275	A，C	489	725	631	913	778	84
CP tm Sil 84	10%苯基，90%氰丙基硅氧烷	50～275	C，M	—	—	—	—	—	84
Lac-3-R-728	聚乙二醇丁二酸酯 (聚丁二酸二乙二醇酯)	20～200	A	502	755	597	849	852	84
SP-2330	32%苯基，68%氰丙基硅氧烷	50～275	A	490	725	630	913	778	84
SP-2340	25%苯基，75%氰丙基硅氧烷	50～275	A，C	520	757	659	942	800	87
Silar 10C	100%氰丙基硅氧烷	50～275	A，C	523	757	659	942	801	87
CP tm Sil 88	100%氰丙基硅氧烷	50～275	C，M	—	—	—	—	—	88

续表

固定液	说明	使用温度/℃	溶剂[1]	McReynolds 常数(ΔI 值)[2]					CP 值[3]
				X'	Y'	Z'	U'	S'	
THEED	N,N,N',N'-四(2-羟乙基)乙二胺	20～120	M	463	942	626	801	893	88
EGS	聚乙二醇丁二酸酯	100～200	C	537	787	643	903	889	89
TCEP	1,2,3-三(2-氰乙氧基)丙烷	20～180	M,C	593	857	752	1028	915	98
BCEF	N,N-双(2-氰乙基)甲酰胺	20～125	M,C	690	991	853	1110	1000	110

1) 溶剂：A＝丙酮；B＝丁醇；C＝氯仿；D＝二氯甲烷；E＝乙醇；H＝己烷；M＝甲醇；T＝甲苯。

2) 常数：$X'=\Delta I_{苯}$；$Y'=\Delta I_{丁醇}$；$Z'=\Delta I_{戊酮\text{-}2}$；$U'=\Delta I_{硝基丙烷}$；$S'=\Delta I_{吡啶}$。

3) $$\mathrm{CP}=\frac{\sum_{1}^{5}\Delta I_{固定液}}{\sum_{1}^{5}\Delta I_{\mathrm{OV\text{-}275}}}\times 100=\frac{\sum_{1}^{5}\Delta I_{固定液}}{629+872+763+1106+849}\times 100。$$

附录Ⅴ　常用商品气相色谱毛细管柱

极性	固定相	相似固定相	使用温度/℃	程序升温/℃	分析对象	长度/m	内径/mm	膜厚/μm	生产厂商
非极性	100%聚二甲基硅氧烷	AT-1,BP-1,CP-SIL-5,DB-1,DC-200,HP-1,007-1,MDN-1,OV-17,OV-101,RSL-150,SE-30,SP-2100,SF-96	－60～325	－60～350	胺类、烃类、酚类、杀虫剂、聚氯联苯、硫化物、香精和香料	10,20,40	0.1	0.1	Alltech,HP,Restek
						40	0.1	0.2	HP
						10,20,40	0.1	0.4	Alltech,HP
						10,15,30,60,105	0.25	0.1,0.25,1.0	Alltech,HP,J&W,Restek
						10,30,60,105	0.32	0.1	Alltech,Restek
						15,30,60	0.53	0.1	HP,Restek,Supelco
						5,15	0.53	0.15	Alltech,HP,
						10,15,30,60	0.53	0.25	Alltech, Restek
						10,15,30,60	0.53	0.5	Alltech, J&W,Restek,Supelco

续表

极性	固定相	相似固定相	使用温度/℃	程序升温/℃	分析对象	长度/m	内径/mm	膜厚/μm	生产厂商
弱极性	5%二苯基-95%二甲基硅氧烷	AT-5，BP-5，BP-5，DB-5BCB，DB-5，GC-5，HP-5，MDN-5，OV-5，PTE-5，RSL-150，SPB-5，SE-52，SE-54	−60～325	−60～350	生物碱、脂肪酸甲酯、卤代化合物、芳香化合物、药品	10，20，30，40	0.1	0.1	HP，J&W，Restek
						40	0.1	0.2	HP
						10，20，40	0.1	0.4	HP，J&W，
						12，25，50	0.2	0.33	HP，J&W，
						25，50	0.2	0.5	HP
						15，30，60，105	0.25	0.25，0.5，1.0	Alltech，HP，J&W，Restek
						30	0.32	3.0	Alltech，HP，Restek
						15，30，60，105	0.32	4.0	Alltech，HP，Restek
						15，30，60	0.32	5.0	HP，Restek
						15，30，60	0.53	7.0	Restek
中等极性	6%氰丙基苯基-94%二甲基硅氧烷	AT-1301，DB-624，DB-1301，HP-1301，Rtx-1301，Rtx-624，007-502	−20～280	−20～300	杀虫剂、醇类、氧化剂、亚老格尔类	15，30，60，105	0.25	0.1	HP，Restek
						15，30，60，105	0.25	0.25	Alltech，HP，J&W，Restek
						15，30，60，105	0.25	0.5，1.0	HP，Restek，J&W，Alltech
						15，30，60，105	0.32	1.5	HP，Restek
	35%二苯基-65%二甲基硅氧烷	AT-35，DB-35，HP-35，Rtx-35，SPB-3，SPB-608，Sup-Herb	40～300	40～320	胺类、杀虫剂、药品、亚老格尔（Aroclors）	10，20，40	0.18	0.2，0.4	Restek
						50	0.2	0.33	HP
						10，15，30，60，105	0.25	0.1，0.25	Alltech，HP，Restek，J&W，Supelco
						15，30，60，105	0.25	0.5，1.0	HP，Restek，Alltech

续表

极性	固定相	相似固定相	使用温度/℃	程序升温/℃	分析对象	长度/m	内径/mm	膜厚/μm	生产厂商
中等极性	4%氰丙基苯基-86%二甲基硅氧烷	AT-1701，DB-1701，HP-1701，OV-1701，Rtx-1701，SPB-1701，007-1701	−20～280	−20～300	杀虫剂、药品、除草剂、TMS糖、亚老格尔类(Aroclors)	10,20,40	0.18	0.2	Alltech,Restek
						10,20,40	0.18	0.4	Alltech,J&W,Restek
						25	0.2	0.2	HP
						15,30,60,105	0.25	0.1	Alltech,HP,Restek
						15,30,60,105	0.25	0.25,0.5	Alltech,HP,J&W,Restek,Supelco
						15,30,60,105	0.25	1.0	Alltech, HP,J&W,Restek
						15,30,60,105	0.32	1.5	HP,Restek
	50%二苯基-50%二甲基硅氧烷	AT-50，BPX-50，CP-Sil，DB-17，DB-17ht，HP-50，OV-17，SP-2250，SPB-50，007-17	40～280	40～300	药品、乙二醇、杀虫剂、甾族化合物	10,20,40	0.18	0.2	HP
						10,20,40	0.18	0.4	Restek
						12,25,50	0.2	0.3	HP
						15,30,60	0.25	1.0	HP,Restek
						15,30,60	0.53	1.5	HP
	50%三氟丙基-50%甲基硅氧烷	AT-210，HP-210，DB-210，Rtx-200	−45～240	−45～260	醛类、酮类、有机或有机磷、杀虫剂、除草剂	10,20,40	0.18	0.2,0.4	HP,Restek
						15,30,60,105	0.25	0.1	HP,Restek
						15,30,60,105	0.25	0.25,0.5	Alltech, HP,J&W,Restek
						15,30,60,105	0.2或0.53	1.0,1.5,3.0	HP,Restek
	50%氰丙基苯基-50%二甲基硅氧烷	AT-225，BP-225，DB-225，HP-225，OV-225，Rtx-225，RSL-500，SP-2330	40～220	40～240	醛醇、乙酸酯类、中性甾醇、聚不饱和脂肪酸	12,25	0.2	0.2	HP
						15,30	0.25	0.1	HP,Restek
						15,30,60	0.25	0.2	Supelco
						15,30,60	0.25	0.25	Alltech, HP,J&W,Restek
						15,30,60	0.25	0.5	HP,Restek

续表

极性	固定相	相似固定相	使用温度/℃	程序升温/℃	分析对象	长度/m	内径/mm	膜厚/μm	生产厂商
	顺/反FAME柱(50%-氰丙基-50%-甲基硅氧烷共聚物)	DB-23, HP-23, Rtx-2330, SP-2330/2340/2380/2560,007-23	40～250	40～260	顺/反脂肪酸异构体	25,50	0.2	0.2	HP
						15,30,60	0.25,0.32	0.25	HP,J&W, Restek
						15,30,60	0.53	0.5	J&W,Restek
极性	键合聚乙二醇	AT-WAX, BP-20 007-CW, Carbowax PEG20M, DB-WAX-etr, HP-Was Stabilwax, Supelcowax-10,	40～260 或 20～250	40～270 或 20～260	醇类、芳香族类、香精油、溶剂	25,50	0.2	0.2	HP,Supelco
						25,50	0.2	0.4	HP
						15,30,60	0.25	0.1	HP,Restek
						10,15, 30,60	0.25	0.25, 0.5	Alltech,HP, J&W,Restek,
						15,30, 60	0.53	1.0,1.5	Alltech, HP, J&W,Restek, Supelco
						15,30	0.53	2.0	J&W,Restek
	交联聚乙二醇	AT-1000, CPWax 58CB, DB-FFAP, HP-FFAP, Nukol, OV-351, SP-1000, 007-FFAP,	60～240	60～250	酸类、醇类、醛类、酮类、腈类、丙烯酸酯类	25,50	0.2	0.3	HP
						15,30	0.25	0.1	HP,Restek
						15,30,60	0.25	0.25	Alltech, HP, J&W,Restek
						15,30,60	0.25	0.5	HP,Restek
						15,30, 60	0.53	1.0	Alltech,HP, J&W,Restek

附录Ⅵ　常用微粒型吸附剂或载体

名称	粒径/μm	表面积/(m^2/g)	孔径/nm	形状	厂家
多孔硅胶					
YWG	5,7,10	300	6～8	非球	青岛海洋化工厂
YQG	5	450	8	球	青岛海洋化工厂
GYQG	3,5	300	10	球	北京化学试剂研究所

续表

名称	粒径/μm	表面积/(m^2/g)	孔径/nm	形状	厂家
Adsorbosphere silica	3,5,10	200	8	球	Alltech
Alltech silica	5,10	—	—	非球	Associates
Bakerbond-silica	5	200	10	球	J. T. Baker
	10	550	6	非球	J. T. Baker
Bio-Sil HP-10	10	340		非球	Bio-Rad
Chromosorb LC-6	5,10	300	13		Analabs
Chromegasorb	5,10	500	6	非球	ES Industries
	5,10	300	10	非球	ES Industries
Chromegaspher	3,5,10	500	6	球	ES Industries
	3,5,10	300	10	球	ES Industries
	5,10	100	30	球	ES Industries
Econosphere silica	5	250	10	球	Applied Science
Hypersil	3,5,10	170	12	球	Shandon
LiChrosorb Si 100	5,7,10	420	10	非球	Merck
LiChrospher Si 60	4		6	球	Merck
LiChrospher Si 100	5,10	250	10	球	Merck
LiChrospher Si 500	10	50	50	球	Merck
LiChrospher Si 1000	10	20	100	球	Merck
LiChrospher Si 4000	10	6	400	球	Merck
Nucleosil 50	5,7.5,10	500	5	球	Macherey-Nagel
Nucleosil 100	3,5,7.5,10,30	300	10	球	Macherey-Nagel
Nova Pak	4	120	6	球	Waters
Partisil	5,10.20,53	350	8.5	非球	Whatman
P. E. Analytical Silica	10	—	6	非球	Perkin Elmer
P. E. HS-5 silica	5	—	6	非球	Perkin Elmer
P. E. HS-3 silica	3	—	10	球	Perkin Elmer
Pecosphere5C Si	5	—	10	球	Perkin Elmer
μ-Porasil	10	300	12.5	非球	Waters
μ-Porasil	10	300	12.5	非球	Waters
Resolve	5,10	200	9	球	Waters
Ro Sil	3,5,8	400	8	球	Applied Science
Si Ultrasphere	3.5	—	—	球	Beckman
Si Ultrasil	10	—	—	非球	Beckman
Spheri-10 silica	10	—	10	球	Brownnlee
Spheri-5 silica	5	—	8	球	Brownnlee
Ultrex silica	3,5	200	—	球	Phenomenex
Vydac TP 101 silica	5,10	100	30	球	Separations Group

续表

名称	粒径/μm	表面积/(m^2/g)	孔径/nm	形状	厂家
Vydac HS 101 silica	5,10	500	6	球	Separations Group
Zorbax Sil	6	350	7	球	Du Pont
薄壳型吸附剂					
薄壳玻珠	25～37	2		球	上海试剂一厂
YBG	25～37	2		球	上海试剂一厂
Corasil Ⅰ	37～50	7		球	Waters
Corasil Ⅱ	37～50	14		球	Waters
Perisorb	30～40	14		球	Merck
Vydac SC	30～40	12	6	球	Separations group
Zipax	25～37	1	100	球	Du Pont
多孔氧化铝					
Chromega-alumina	5,10	—		非球	Es Industries
LiChrosorb Alox T	5,10	70		非球	Merck
Spherisorb A5Y, A10Y and A20Y	5,10,20	—		球	Phase Sep.

附录Ⅶ　HPLC 化学键合相(按生产厂家顺序)

附表Ⅶ-1　长链非极性键合相

名称	孔径/nm	粒径/μm	形状	厂家
GYQG-G_{18}		5		北京化学试剂研究所
YQG- C_{18} ,- C_{16}		5		天津试剂二厂
YWG- $C_{18}H_{37}$		10		天津试剂二厂
Adsorbosphere-C_{18}	8	3,5,10	S	Alltech
Alltech- C_{18}	—	5,10	I	Assoc
C_{18}-Ultrasphere	—	3,5	S	Beckman
C_{18}-IP Ultrasphere		5	S	Beckman
Hi-Pore RP 318	33	5	S	Bio-Rad
Bio-Sil ODS5,10	8	5,10	S,I	Bio-Rad
Spheri-10 RP-18	—	10	S	Brownlee
Spheri-5 RP-18	—	5	S	Brownlee
Spheri-5 ODS	—	5	S	Brownlee
Nucleosil C_{18}	5,10	5,10	S	Macherey-Nagel

续表

名称	孔径/nm	粒径/μm	形状	厂家
PE HS-3 C_{18}	10	3	S	Perkin Elmer
PE HS(5) C_{18}	6	5,10	I	Perkin Elmer
PE HS(5)HCODS(polymeric)	30	5,10	I	Perkin Elmer
LiChrosorb RP-18	6,10	5,10	I	Merck
LiChrosphere RP-18	6,10	5,10	S	Merck
Spherisorb ODS1	8	3,5,10	S	Phase Sep
Spherisorb ODS2	8	3,5,10	S	Phase Sep
ODS-Hypersil	12	3,5,10	S	Shandon
Vydac TP C_{18}	30	5,10	S	Separations Group
Vydac HS C_{18}	6	5,10	S	Separations Group
Supelcosil LC_{18}	10	3.5	S	Supelco
Synchropak C_{18}	30	6.5	S	Synchrom
Nova-Pak C_{18}	6	4	S	Waters
Resolve C_{18}	9	5,10	S	Waters
μ Bondpak C_{18}	12.5	10	I	Waters

附表Ⅶ-2　中等链非极性键合相

名称	孔径/nm	粒径/μm	形状	厂家
MOS-Hypersil 1	12	3,5,10	S	Shandon
MOS-Hypersil 2				
Hypersil-WP 300-octyl	30	5,10	S	Shandon
Hypersil-WP 300-butyl	30	5,10	S	Shandon
Bakerbond-butyl	33	5	S	J. T. Baker
	6	10	I	J. T. Baker
Bakerbond-hexyl	6	10	I	J. T. Baker
	5	5	S	J. T. Baker
Bakerbond-octyl	33	5	S	J. T. Baker
	6	10	I	J. T. Baker
Hi-Pore RP-304	33	5	S	Bio-Rad
Adsorbosphere C_8	8	3,5,10	S	Alltech
Alltech C_8	—	5,10	I	Assoc
Econosphere C_8	10	5	S	Applied Science
Ro Sil C_8	8	3,5,8	S	Applied Science
R Sil C_8	6	5,10	I	
Spheri-10 RP8	—	10	S	Brownlee
Spheri-5 RP8	—	5	S	Brownlee
Aquapore Octyl RP-300	30	10	S	Brownlee

续表

名称	孔径/nm	粒径/μm	形状	厂家
Aquapore Butyl BP-300	30	10	S	Brownlee
C_8-Ultrasphere	—	3,5	S	Beckman
Spherisorb C_6	8	3,5,10	S	Phase Sep.
Spherisorb Octyl	8	3,5,10	S	Phase Sep.
LiChrosorb RP-8	6,10	5,10	I	Merck
LiChrospher RP-8	6,10	5,10	S	Merck
Partisil CCS/ C_8	8.5	5,10	I	Whatman
Supelcosil LC-8	10,30,50	3,5	S	Supelco
Chromegabond C_4	6,10,30	3,5,10	S	E. S. Industries
Chromegabond C_6	6,10	3,5,10	S	E. S. Industries
Chromegabond C-C_6(cyclohexyl)	6,10	3,5,10	S	E. S. Industries
Chromegabond C_8	10	5,10	S	E. S. Industries
Chromegabond M-C_8	6,10,30	3,5,10	S	E. S. Industries
Resolve C_8	9	10	S	Waters
Vydac TPC_4	30	5,10	S	Separations Group
Synchropak C_8	30	6.5	S	Synchrom
Synchropak C_4	30	6.5	S	Synchrom
Nucleosil C_8	5,10	5,10	S	Macherey-Nagel
P. E. -C_8	6	5,10	I	Perkin Elmer
Pecosphere C_8	10	3,5	S	Perkin Elmer

附表Ⅶ-3　短链非极性键合相

名称	孔径/nm	粒径/μm	形状	厂家
SAS Hypersil	12	3,5,10	S	Shandon
Bakerbond-methyl	6	10	I	J. T. Baker
Bakerbond-ethyl	6	10	I	J. T. Baker
Adsorbosphere TMS	8	5,10	S	Alltech Assoc
Ro Sil C_3	8	3,5,8	S	Applied Science
R Sil C_3	6	5,10	I	Applied Science
Spheri-10 RP2		10	S	Brownlee
C_3 Ultrapore	—	5	S	Brownlee
Spherisorb C_1	8	3,5,10	S	Phase Sep.
LiChrosorb RP-2	6,10	5,10	I	Merck
Chromegabond C_1/ C_2 ethyl	6,10	3,5,10	S	E. S. Industries
Chromegabond C_2(dimethyl)	6,10	3,5,10	S	E. S. Industries
Chromegabond-TMS	30			E. S. Industries

续表

名称	孔径/nm	粒径/μm	形状	厂家
Chromegabond C_3				E. S. Industries
Synchropak propyl	30	6.5	S	Synchrom
Synchropak C_1	30	6.5	S	Synchrom
Synchropak LC-1	—	5	S	Supelco

附表Ⅶ-4　苯基键合相

名称	孔径/nm	粒径/μm	形状	厂家
Phenyl-Hypersil	12	3,5,10	S	Shandon
Bakerbond phenylethyl	5	5	S	J. T. Baker
	6	10	I	J. T. Baker
Bakerbond-diphenyl	33	5	S	J. T. Baker
	6	10	I	J. T. Baker
Supelcosil-DP	10,30,50	5	S	Supelco
Adsorbosphere phenyl	8	5,10	S	Alltech Assoc
Ro Sil Phenyl	8	3,5,8	S	(Applied Science)
R Sil Phenyl	6	5,10	I	(Applied Science)
Vydac diphenyl	30	10	S	Separations Group
Aquapore phenyl PH300	30	10	S	Brownlee
Nucleosil phenyl	5,10	7	S	Macherey-Nagel
Spherisorb phenyl	—	3,5,10	S	Phase Sep.
Chromegabond alkyl phenyl	6	3,5,10	S	E. S. Industries
Chromegabond Diphenyl	6,10,30	3,5,10	S	E. S. Industries
μBondapak phenyl	12.5	10	I	Waters
Nova-Pak phenyl	6	4	S	Waters

附表Ⅶ-5　极性键合相

名称	孔径/nm	粒径/μm	形状	厂家
氨基				
YWG- NH_2		10		天津试剂二厂
μBondapak NH_2	12.5	10	I	Waters
Chromegabond NH_2	6,10	3,5,10	S	E. S. Industries
Chromegabond $R(NH_2)_2$	6,10	5,10	S	E. S. Industries
Chromegabond $R(NH_2)_3$	6,10	5,10	S	E. S. Industries
Partisil PAC(contains amino-cyano groups)	8.5	5,10	I	Whatman
LiChrosorb NH_2	6,10	5,10	I	Merck
Spherisorb NH_2	8	3,5,10	S	Phase Sep.

续表

名称	孔径/nm	粒径/μm	形状	厂家
NH_2-Ultrasil	—	10	I	Beckman
Adsorbosphere-NH_2	8	3,5,10	S	Alltech
Alltech NH_2	—	5,10	I	Associates
Econosphere NH_2	10	5	S	Applied Science
Ro Sil NH_2	8	3,5,8	S	Applied Science
R Sil NH_2	6	5,10	I	Applied Science
Nucleosil-NH_2	10	5,10	S	Macherey-Nagel
Nucleosil-$N(CH_3)_2$	10	5,10	S	Macherey-Nagel
Spheri-10 NH_2	—	10		Brownlee
Spheri-5 NH_2	—	5	S	Brownlee
APS Hypersil/Hypersil 2	12	3,5,10	S	Shandon
Bakerbond NH_2	10	5	S	J. T. Baker
	6	10	I	
Zorbax NH_2	7	6	S	DuPont
Supelcosil NH_2	10	5	S	Supelco
氰基				
YWG-CN		10		天津试剂二厂
μBondapak CN	12.5	10	I	Waters
Resolve CN	9	10	S	Waters
Nova Pak CN	6	4	S	Waters
Chromegabond CN	6,10,30	3,5,10	S	E. S. Industries
LiChrosorb CN	6,10	5,10	I	Merck
Nucleosil CN	10	5,10	S	Macherey-Nagel
Spheri-10 CN	—	10	S	Brownlee
Spheri-5 CN	—	5	S	Brownlee
Vydac TP CN	30	10	S	Separations Group
Bakerbond CN	10,30	5	S	J. T. Baker
	6	10	I	J. T. Baker
CPS Hypersil	12	3,5,10	S	Shandon
Chromosorb LC-8	13	5,10		Analabs
Zorbax CN	7	6	S	DuPont
Supelco-CN	10	3,5	S	Supelco
Spherisorb CN	8	3,5,10	S	Phase Sep.
CN-Ultrasphere	—	3,5	S	Bechman
Adsorbosphere CN	8	3,5,10	S	Alltech
Alltech CN	—	5,10	I	Assoc
Econosphere CN	10	5	S	Applied Science

续表

名称	孔径/nm	粒径/μm	形状	厂家
Ro Sil CN	8	3,5,8	S	Applied Science
R Sil CN	6	5,10	I	
二醇基				
Chromegabond-diol	6,10,30	3,5,10	S	E. S. Industries
LiChrosorb diol	6,10	5,10	I	Merck
LiChrosphere Si 100 diol	10	5,10	S	Merck
LiChrosphere diol	50,100,400	10	S	Merck
Spheri-10 diol	—	10	S	Brownlee
Bakerbond diol	10	5	S	J. T. Baker
	6	10	I	J. T. Baker

附录Ⅷ　常用离子交换剂*

附表Ⅷ-1　离子交换键合相

类型	名称	基团	粒度/μm	形状	孔径或 pH 使用范围
阳离子	YWG-SO_3H	磺酸基	10	非球形	
	Partisil 10 SCX	磺酸基	10	非球形	pH=1.5~7.5
	LiChrosorb KAT	磺酸基	5, 10	非球形	孔径 10nm
	Zorbax SCX	磺酸基	7	球形	pH=2~9
阴离子	YWG-R_4NCl	季铵离子	10	非球形	
	LiChrosorb AN	季铵离子	5. 10	非球形	孔径 10nm
	Nucleosil SB	季铵离子	5. 10	球形	pH=1~9
	Vydac 301 TP	季铵离子	10	球形	pH=1~9

附表Ⅷ-2　离子交换树脂

种类	缩写	官能团	基质材料	类型
阳离子交换剂	S	$-SO_3^-$	树脂	强酸性
	SM	$-CH_2SO_3^-$	树脂	强酸性
	SE	$-C_2H_4SO_3^-$	纤维素、葡聚糖	强酸性
	SP	$-C_2H_5SO_3^-$	葡聚糖	强酸性
	P	$-PO_3^-$	纤维素、树脂	中强酸性
	C	$-COO^-$	亲水合成胶、树脂	弱酸性
	CM	$-CH_2COO^-$	纤维素、葡聚糖、树脂	弱酸性

续表

种类	缩写	官能团	基质材料	类型
阴离子交换剂	TAM	$-CH_2H^+(CH_3)_3$	树脂	强碱性
	HEDAM	$-CH_2N^+(CH_3)_2C_2H_4OH$	树脂	强碱性
	TEAE	$-C_2H_4N^+(C_2H_3)_3$	纤维素	强碱性
	QAE	$-C_2H_4N^+(C_2H_5)_2CH_2CH(OH)CH_3$	葡聚糖	强碱性
	GE	$-C_2H_4NHC—N^+H_2(NH_2)$	纤维素	中强碱性
	MP	$-C_2H_4N+CH_3$	树脂	强碱性
	DEAE	$-C_2H_4N^+H(C_2H_5)_2$	纤维素、葡聚糖	中强碱性
	ECTEOLA	不稳定胺的混合物	纤维素	中等/弱碱性
	AE	$-C_2H_4N^+H_3$	纤维素	弱碱性
	PEI	$-(C_2H_4N^+H_2)_nC_2H_4N^+H_3$	纤维素	弱碱性
	AAM	$-N^+HR_2$	树脂	弱碱性
	PAB	$-CH_2C_6H_6N^+H_3$	纤维素	弱碱性

* 张玉奎，张维冰，邹汉法. 分析化学手册(第 6 分册：液相色谱分析). 2 版. 北京：化学工业出版社，2000. 27-29。

附录Ⅸ　分子排阻色谱固定相

附表Ⅸ-1　凝胶渗透色谱固定相（用于溶解于有机溶剂的样品）

名称	粒径/μm	基质	平均孔径/nm	相对分子质量范围	厂家
μStyragel	10	PS-DVB	10	50～1500	Waters
Ultrastyragel	<10	PS-DVB	50	100～10 000	
			10^2	200～30 000	
			10^3	5000～600 000	
			10^4	50 000～4×10^6	
			10^5	200 000>10^6	
μSpherogel	10	PS-DVB	5	<1000	Beckman
			10	<4000	
			50	500～2×10^4	
			100	1000～4×10^4	
			10^3	1×10^3～4×10^5	
			10^4	4×10^4～4×10^6	
			10^5	4×10^5～4×10^7	

注：PS-DVB 为苯乙烯-二乙烯基苯共聚物。

附表Ⅸ-2　凝胶过滤色谱固定相（用于水溶性样品）

名称	粒径/μm	基质	平均孔径/nm	相对分子质量范围	厂家
Zorbax-PSM-60	6	硅胶	6	$0.01\sim4\times10^{4}$	DuPont
PSM-50			50	$0.1\sim5\times10^{5}$	
PSM-1000			100	$0.03\sim2\times10^{6}$	
μBondagel	10	硅胶	E-125	2000～50 000	Waters
μPorasil			E-500	$5000\sim5\times10^{5}$	
			E-1000	$5\times10^{4}\sim2\times10^{6}$	
			E-High A	$15\ 000\sim7\times10^{6}$	
			E-Linear	$2000\sim2\times10^{6}$	
μPorasil GPC60A	10	硅胶	6	$1000\sim10^{4}$	Waters
Chromegapore	10	硅胶	6	$<5\times10^{4}$	E. S. Industries
			10	$5\sim8\times10^{4}$	
			30	$1.5\sim3\times10^{5}$	
			50	$3\sim6\times10^{5}$	
			100	$6\sim1.4\times10^{6}$	
Spherogel PW	10	聚醚	100	5×10^{2}	Beckman
			200	5×10^{3}	
		13	300	6×10^{4}	
		13	400	5×10^{5}	
		17	500	8×10^{5}	
	5	二氧化硅	10	—	Supelco
Supelcosil LC-Si			30	—	
			50	—	
SynChropak GPC	5，10	硅胶	10	$10^{3}\sim10^{5}$	Syn Chrom
			30	$5\times10^{3}\sim8\times10^{5}$	
			50	$5\times10^{3}\sim4\times10^{6}$	
			100	$10^{4}\sim5\times10^{7}$	
			400		
Spherogel SW	10	硅胶	200	9×10^{3}	Beckman
		10	300	4×10^{4}	
		13	400	2×10^{5}	
Bio-Sil TSK125	10	硅胶	12.5	500～20 000	Bio-Rad
Bio-Sil TSK250	10	硅胶	25	$1000\sim10^{5}$	
Bio-Sil TSK400	13	硅胶	40	$5000\sim4\times10^{5}$	
Bio-Sil TSK-10	10	羟基化的聚醚树脂			
Bio-Sil TSK-20	10	树脂	5		
Bio-Sil TSK-30	13	树脂	20	100 000	

续表

名称	粒径/μm	基质	平均孔径/nm	相对分子质量范围	厂家
Bio-Sil TSK-40	13	树脂	50	$1000\sim7\times10^5$	
Bio-Sil TSK-50	17	树脂	100	$10^4\sim2\times10^6$	
Bio-Sil TSK-60	25	树脂	—	$10^5\sim2\times10^7$	
CPG	5，10	多孔玻璃	4	$1\sim8\times10^3$	Corning
			10	$1\sim30\times10^3$	
			25	$2.5\sim125\times10^3$	
			55	$1.1\sim35\times10^4$	
			150	$1\sim10\times10^5$	
			250	$2\sim15\times10^5$	

附录Ⅹ　常用高效液相色谱柱

附录Ⅹ-1　大连依利特分析仪器有限公司产高效液相色谱柱

（进口填料，国内填装）

(1) Kromasil 固定相（填料）参数

固定相	粒度/μm	表面积/(m^2/g)	孔径/Å	碳含量/%	封尾
C_{18}	5，10	330	110	20	是
C_8	5，10	330	110	12	是
C_4	5，10	330	110	8	是
NH_2	5，10	330	110	1.7	否

(2) Spherisorb 固定相（填料）参数

固定相	粒度/μm	表面积/(m^2/g)	孔径/Å	碳含量/%	封尾
C_{18}	5，10	200	80	11.5	是
C_8	5，10	200	80	5.75	是
SAX	5，10	200	80	4	否
SCX	5，10	200	80	4	否

(3) LiChrosorb 固定相（填料）参数

固定相	粒度/μm	表面积/(m^2/g)	孔径/Å	碳含量/%	封尾
RP-18	5，10	300	100	16.20	是
RP-8	5，10	300	100	9.50	是
Si_{60}	10	500	60	8	—

(4) SinoChrom 固定相（填料）参数

固定相	粒度/μm	表面积/（m^2/g）	孔径/Å	碳含量/%	封尾
ODS-BP	5，10	300	120	15	是
ODS-AP	5，10	300	120	17	是
C_8	5，10	300	120	11	是
C_8	5，10	100	300	5	是
C_4	5，10	300	120	8	是
C_4	5，10	100	300	3	是
C1	5，10	300	120	5	是
APS	5，10	300	120	4	是
Si_{60}	5，10	450	60	—	—

(5) Hypersil 固定相（填料）参数

固定相	粒度/μm	表面积/（m^2/g）	孔径/Å	碳含量/%	封尾
ODS_2	5	220	80	11	是
C_8	5，10	170	120	6.5	是
CN	5，10	170	120	4.0	是
NH_2	5，10	170	120	1.9	是
SiO_2	5，10	170	120	—	—
C_1	5，10	170	120	2.5	是
C_6H_5	5，10	170	120	5.0	是
SAX	5，10	170	120	2.5	是
SCX	5，10	300	100	7.0	否

附录Ⅹ-2　Agilent 公司产高效液相色谱柱

系列	键合相	最高温度/℃	USP号	粒径/μm	微孔径/Å	表面积/（m^2/g）	含碳量/%	端基封尾	使用推荐 pH 范围	功能团最大压力	相对分子质量范围流速最高压力
1. 反相柱 Poroshell 120	SB-C_{18}	90		2.7	120		8	无	1.0~8.0		
	EC-C_{18}	60		2.7	120		10	单	2.0~8.0		
	EC-C_8	60		2.7	120		5	单	2.0~8.0		

续表

系列	键合相	最高温度/℃	USP号	粒径/μm	微孔径/Å	表面积/m^2/g	含碳量/%	端基封尾	使用推荐pH范围	功能团最大压力	相对分子质量范围流速最高压力
ZORBAX Eclipse Plus	ZORBAX Eclipse Plus C_{18}	60	L1	1.8，3.5，5	95	160	9	双	2.0～9.0		
	ZORBAX Eclipse Plus C_8	60	L7	1.8，3.5，5	95	160	7	双	2.0～8.0		
	ZORBAX Eclipse PAH	60	L1	1.8，3.5，5	95	160	14	无	2.0～8.0		
	ZORBAX Eclipse PlusPhenyl-Hexyl	60	L11	1.8，3.5，5	95	160	9	双	2.0～8.0		
ZORBAX Eclipse XDB	ZORBAX Eclipse XDB-C_{18}	60	L1	1.8，3.5，5，7	80	180	10	双	2.0～9.0		
	ZORBAX Eclipse XDB-C_8	60	L7	1.8，3.5，5，7	80	180	7.6	双	2.0～9.0		
	ZORBAX Eclipse XDB-Phenyl	60	L11	1.8，3.5，5，7	80	180	7.2	双	2.0～9.0		
	ZORBAX SB-Phenyl	80	L11	1.8，3.5，5	80	180	5.5	无	1.0～8.0		
ZORBAX 80Å StableBond	ZORBAX SB-C_{18}	90	L1	1.8，3.5，5	80	180	10	无	0.8～8.0		
	ZORBAX SB-C_8	80	L7	1.8，3.5，5	80	180	5.5	无	1.0～8.0		
	ZORBAX SB-C3	80	L56	1.8，3.5，5	80	180	4	无	1.0～8.0		
	ZORBAX SB-Aq	80		1.8，3.5，5	80	180	专利	无	1.0～8.0		

续表

系列	键合相	最高温度/℃	USP号	粒径/μm	微孔径/Å	表面积/(m²/g)	含碳量/%	端基封尾	使用推荐pH范围	功能团最大压力	相对分子质量范围流速最高压力
ZORBAX Rx	ZORBAX Rx-C_{18}	60	L1	3.5，5	80	180	12	无	2.0～8.0		
	ZORBAX Rx-C_8	80	L7	3.5，5	80	180	5.5	无	1.0～8.0		
ZORBAX 80Å Extend-C_{18}	ZORBAX Extend-C_{18}	60	L1	1.8，3.5，5	80	180	12.5	双	2.0～11.5		
ZORBAX Bonus-RP	ZORBAX Bonus-RP	60	L60	1.8，3.5，5	80	180	9.5	三	2.0～9.0		
Poroshell 300	Poroshell 300SB-C_{18}，C_8，C_3	90		5	300			无	1.0～8.0		
	Poroshell 300Extend	40℃以上pH 8，60℃以下pH 8		5	300			有	2.0～11.0		
ZORBAX 300Å StableBond	ZORBAX 300SB-C_{18}	90	L1	3.5，5	300	45	2.8	无	1.0～8.0		
	ZORBAX 300SB-C_8	80	L7	3.5，5	300	45	1.5	无	1.0～8.0		
	ZORBAX 300SB-C_3	80	L56	3.5，5	300	45	1.1	无	1.0～8.0		
	ZORBAX 300SB-CN	80	L10	3.5，5	300	45	1.2	无	1.0～8.0		
ZORBAX 300Å Extend-C_{18}	ZORBAX 300Extend-C_{18}	60		3.5，5	300	45	4	双	2.0～11.5		

续表

系列	键合相	最高温度/℃	USP号	粒径/μm	微孔径/Å	表面积/(m²/g)	含碳量/%	端基封尾	使用推荐pH范围	功能团最大压力	相对分子质量范围流速最高压力
2. 极性柱	ZORBAX Eclipse XDB-CN	60	L10	1.8，3.5，5，7	80	180	4.3	双	2.0～8.0		
	ZORBAX Eclipse XDB-CN		L10	1.8，3.5，5，7	80	180	4.3	有	2.0～8.0		
	ZORBAX CN		L10	5	70	300	7	有	2.0～7.0		
	ZORBAX SB-CN	80	L10	1.8，3.5，5	80	180	4	无	1.0～8.0		
	ZORBAX NH_2		L8	5	70	300	4	有	2.0～7.0		
3. 离子交换柱	ZORBAX SAX			5	70	300			2.0～7.0	季铵 350bar	
	ZORBAX 300SCX			5	300	50			2.0～7.0	磺酸 350bar	
	ZORBAX Bio-SCX 系列Ⅱ			3.5	300	90			2.5～8.5	磺酸 350bar	
4. 凝胶过滤柱	ZORBAX GF-250			4	150	140			3.0～8.0		4 000～400 000 <3.0mL/min 350 bar
	ZORBAX GF-450			6	300	50			3.0～8.0		10 000～900 000 <3.0mL/min 350bar

附录Ⅹ-3　Waters 公司产高效液相色谱柱

系列	色谱柱	温度限制	USP 号	粒径 /μm	孔径 /Å	表面积/ (m^2/g)	含碳量 /%	端基封尾	推荐使用 pH 范围
Charged Surface Hybrid（表面带电杂化颗粒技术）	CSH C_{18}	Low pH=80℃ High pH=45℃	L1	1.7	130	185	15	全封	1~11
	CSH 苯己基 (Phenyl-Hexyl)	Low pH=80℃ High pH=45℃	L11	1.7	130	185	14	全封	1~11
	CSH 氟苯基 (Fluoro-Phenyl)	Low pH=60℃ High pH=45℃	L43	1.7	130	185	10	未封	1~8
Bridged Ethylene Hybrid（亚乙基桥杂化颗粒技术）	BEH C_{18}	Low pH=80℃ High pH=60℃	L1	1.7	130	185	18	全封	1~12
	BEH C_8	Low pH=60℃ High pH=60℃	L7	1.7	130	185	13	全封	1~12
	BEH Shield RP18（内嵌极性官能团的 C_{18} 键合相）	Low pH=50℃ High pH=45℃	L1	1.7	130	185	17	全封	2~11
	BEH Phenyl 苯基	Low pH=80℃ High pH=60℃	L11	1.7	130	185	15	全封	1~12
	BEH HILIC	Low pH=45℃ High pH=45℃	L3	1.7	130	185	未键合		1~9
	BEH Amide（酰胺基）	Low pH=90℃ High pH=90℃	—	1.7	130	185	12		2~11
	BEH 130 C_{18}（肽分离技术）	Low pH=80℃ High pH=60℃	L1	1.7	130	185	18	全封	1~12
	BEH 300 C_{18}（肽分离技术）	Low pH=80℃ High pH=60℃	L1	1.7	300	90	12	全封	1~12
	BEH 300 C_4（蛋白质分离技术）	Low pH=80℃ High pH=50℃	L26	1.7	300	90	8		1~10
	BEH C_{18}（寡核苷酸分离技术）	Low pH=80℃ High pH=60℃	L1	1.7	130	185	18	全封	1~12
	BEH Glycan（糖基侧链分离技术）	Low pH=90℃ High pH=90℃	—	1.7	130	185	12		2~11
	BEH200 SEC（分子筛）	Low pH=60℃ High pH=60℃	L33	1.7	200	216	12		1~8
High Strength Silica（高强度硅胶）	HSS C_{18}	Low pH=45℃ High pH=45℃	L1	1.8	100	230	15	全封	1~8
	HSS C_{18} SB	Low pH=45℃ High pH=45℃	L1	1.8	100	230	8	无封	2~8
	HSS T3	Low pH=45℃ High pH=45℃	L1	1.8	100	230	11		2~8

续表

系列	色谱柱	温度限制	USP 号	粒径 /μm	孔径 /Å	表面积 /(m²/g)	含碳量 /%	端基封尾	推荐使用 pH 范围
Atlantis HPLC 色谱柱	T3	Low pH=45℃ High pH=45℃	L1	3，5，10	100	330	14		2～8
	HILIC⁻	Low pH=45℃ High pH=45℃	L3	3，5	100	330	无键合		1～5
	dC18	Low pH=45℃ High pH=45℃	L1	3，5，10	100	330	12	全封	3～7
XSelect HPLC 色谱柱	CSH C_{18}	Low pH=80℃ High pH=45℃	L1	3.5，5	130	185	15	全封	1～11
	CSH 苯己基 (Phenyl-Hexyl)	Low pH=80℃ High pH=45℃	L11	3.5，5	130	185	14	全封	1～11
	CSH 氟苯基 (Fluoro-Phenyl)	Low pH=60℃ High pH=45℃	L43	3.5，5	130	185	10	末封	1～8
XBridge HPLC 色谱柱	C_{18}	Low pH=80℃ High pH=60℃	L1	2.5，3.5，5，10	130	185	18	全封	1～12
	C_8	Low pH=60℃ High pH=60℃	L7	2.5，3.5，5，10	130	185	13	全封	1～12
	Shield RP18（内嵌极性基团 C_{18}）	Low pH=50℃ High pH=45℃	L1	2.5，3.5，5，10	130	185	17	全封	2～11
	Phenyl（苯基）	Low pH=80℃ High pH=60℃	L11	2.5，3.5，5	130	185	15	全封	1～12
	HILIC⁻	Low pH=45℃ High pH=45℃	L3	2.5，3.5，5	130	185	未键合		1～9
	Amide	Low pH=90℃ High pH=90℃	—	3.5	130	185	12		2～11
	BEH130 C_{18}	Low pH=80℃ High pH=60℃	L1	3.5，5，10	130	185	18	全封	1～12
	BEH300 C_{18}	Low pH=80℃ High pH=60℃	L1	3.5，5，10	300	90	12	全封	1～12
	BEH 300 C_4	Low pH=80℃ High pH=50℃	L26	3.5	300	90	8		1～10
	BEH C_{18}	Low pH=80℃ High pH=60℃	L1	2.5	130	185	18	全封	1～12
HSS HPLC 色谱柱	HSS C_{18}	Low pH=45℃ High pH=45℃	L1	3.5，5	100	230	15	全封	1～8
	HSS C_{18} SB	Low pH=45℃ High pH=45℃	L1	3.5，5	100	230	8	无封	2～8
	HSS T3	Low pH=45℃ High pH=45℃	L1	3.5，5	100	230	11		2～8

续表

系列	色谱柱	温度限制	USP号	粒径/μm	孔径/Å	表面积/(m^2/g)	含碳量/%	端基封尾	推荐使用pH范围
SunFire HPLC色谱柱	C_{18}	Low pH=50℃ High pH=40℃	L1	2. 5，3. 5，5，10	100	340	16	全封	2～8
	C_8	Low pH=40℃ High pH=40℃	L7	2. 5，3. 5，5，10	100	340	12	全封	2～8

附录Ⅹ-4　岛津公司产高效液相色谱柱

系列	色谱柱	特点	USP号	粒径/μm	微孔径/nm	表面积/(m^2/g)	含碳量/%	端基封尾	惰性度	使用推荐pH范围
ODS反相	InertSustain C_{18}	高惰性、高耐久性首选ODS色谱柱	L1	2，3，5	10	350	14	○	★★★★★	1～10
	Inertsil ODS-4（ODS-4V）	高惰性、高理论塔板数、中保留能力ODS色谱柱	L1	2，3，5	10	450	11	○	★★★★★★	2～7.5
	Inertsil ODS-3（ODS-3V）	高保留能力、低压力、惰性ODS色谱柱	L1	2，3，4，5，10	10	450	15	○	★★★★	2～7.5
	Inertsil ODS-SP	对疏水性化合物低保留能力的ODS色谱柱	L1	3，5	10	450	8.5	○	★★★★	2～7.5
	Inertsil ODS-P	高立体选择性的ODS色谱柱	L1	3，5	10	450	29	—	★★★	2～7.5
	Inertsil ODS-EP	含有极性基团的ODS色谱柱	L1	5	10	450	9	—	★★★★	2～7.5
	Inertsil WP300 C_{18}	适合分析高分子的色谱柱	L1	5	30	150	9	○	★★★★	2～7.5
	Inertsil ODS-80A	低分子化合物洗脱峰形更尖锐	L1	5	8	450	17.5	○	★★★★	2～7.5
	Inertsil ODS-2	高纯度的第二代Inertsil ODS色谱柱	L1	5	15	320	18.5	○	★★★★	2～7.5
	Inertsil ODS	高惰性的第一代Inertsil ODS色谱柱	L1	5，10	10	350	14	○	★★	2～7.5
	Inertsil Peptides C_{18}	有效分析多肽类物质	L1	4	10	450	15	○	★★★★	2～7.5
	Inertsil Acrolein C_{18}	最适合分析丙烯醛	L1	5	10	450	9	○	★★★★	2～7.5
	Inertsil Sulfa C_{18}	适合分析磺胺类药物的ODS色谱柱	L1	3，5	10	450	15	○	★★★★	2～7.5
	MonoClad C_{18}-HS	低压力、低保留能力整体型硅胶ODS色谱柱	L1	整体型	18	200	14	○	★★★★	2～7.0

续表

系列	色谱柱	特点	USP号	粒径/μm	微孔径/nm	表面积/(m^2/g)	含碳量/%	端基封尾	惰性度	使用推荐pH范围
其他反相	Inertsil C_{30} S-Select	最适合分析高疏水性异构体化合物的C_{30}色谱柱	L62	5	10	450	26	—	★★	2～7.5
	InertSustain C_8	高惰性、高耐久性首选C_8色谱柱	L7	3，5	10	350	8	○	★★★★★	1～10
	Inertsil C_8-4	高惰性、高理论塔板数、低保留能力的C_8色谱柱	L7	2，3，5	10	450	5	○	★★★★★★	2～7.5
	Inertsil C_8-3	高保留能力、低压力、惰性C_8色谱柱	L7	2，3，5，10	10	450	9	○	★★★★	2～7.5
	Inertsil C_8	高纯度硅胶基质C_8色谱柱	L7	5	15	320	10.5	○	★★	2～7.5
	Inertsil C_4	低保留能力反相色谱柱	L26	5	15	320	7.5	○	★★★★	2～7.5
	Inertsil WP300 C_8	适合分析高分子的色谱柱	L7	5	30	150	4	○	★★★★	2～7.5
	Inertsil WP300 C_4		L26	5	30	150	3	—	★★★★	2～7.5
	Inert Sustain Phenyl	具超高π电子相互作用的苯基柱	L11	3，5	10	350	10	—	★★★★	2～7.5
	Inertsil Ph-3	具高π电子相互作用的苯基柱	L11	2，3，5	10	450	9.5	—	★★★	2～7.5
	Inertsil Ph	高惰性、弱π电子相互作用苯基柱	L11	5	15	320	10	○	★★★	2～7.0
HILIC	Inertsil HILIC	对碱性高极性化合物有效	L20	3，5	10	450	20	—		2～7.5
	Inertsil Amide	最适合高级性成分的保留	—	3，5	10	450	18	—		2～7.5
	Inert Sustain NH_2	最适合分析糖类	L8	3，5	10	350	7	—		2～7.5
	Inertsil NH_2	对于糖类分析或正相分析具高保留的色谱柱	L8	3，5	10	450	8	—		2～7.5

续表

系列	色谱柱	特点	USP号	粒径/μm	微孔径/nm	表面积/(m²/g)	含碳量/%	端基封尾	惰性度	使用推荐pH范围
正相	Inertsil Diol	正相色谱柱的首选(也可作为SEC分析)	L20	3，5	10	450	20	—		2～7.5
	Inertsil SIL-100Å	微孔径100Å高纯度硅胶色谱柱	L3	3，5	10	450	—	—		2～7.5
	Inertsil SIL-150Å	微孔径150Å高纯度硅胶色谱柱	L3	5	15	320	—	—		2～7.5
	Inertsil WP300 SIL	微孔径300Å高纯度硅胶色谱柱	L3	5	30	150	—	—		2～7.5
	Inertsil CN-3	可作为反相分析	L10	3，5	10	450	14	—		2～7.5
SEC	Inertsil WP300 Diol	可以进行高分子的SEC·正相分析	L20，L33	5	30	150	9	—		2～7.5
离子交换	Inertsil AX	阴离子交换色谱柱	—	5	10	450	17			2～7.5
	Inertsil CX	阳离子交换色谱柱	L9	5	10	450	14	—		2～7.5
其他	Titansphere TiO	选择分离磷酸化肽	—	5	10	100	—	—		2～12
	InertSphere Sugar-1	最适合配合电化学检测器进行糖类分析	—	5	10	—	—	—		2～14
	Bioptic AV-1	反相型光学分离色谱柱	—	5	10	—	—	—		2～7.5
	Bioptic AV-2	反相保留分析色谱柱	—	5	10	—	—	—		2～7.5
	MonoCap 系列	整体型硅胶毛细管柱	—							
	Unisil 系列	旧型ODS色谱柱	—							

注：“○”表示封尾。

附录Ⅺ　高效液相色谱分离模式选择及固定相与流动相的搭配

附表Ⅺ-1　高效液相色谱分离模式选择

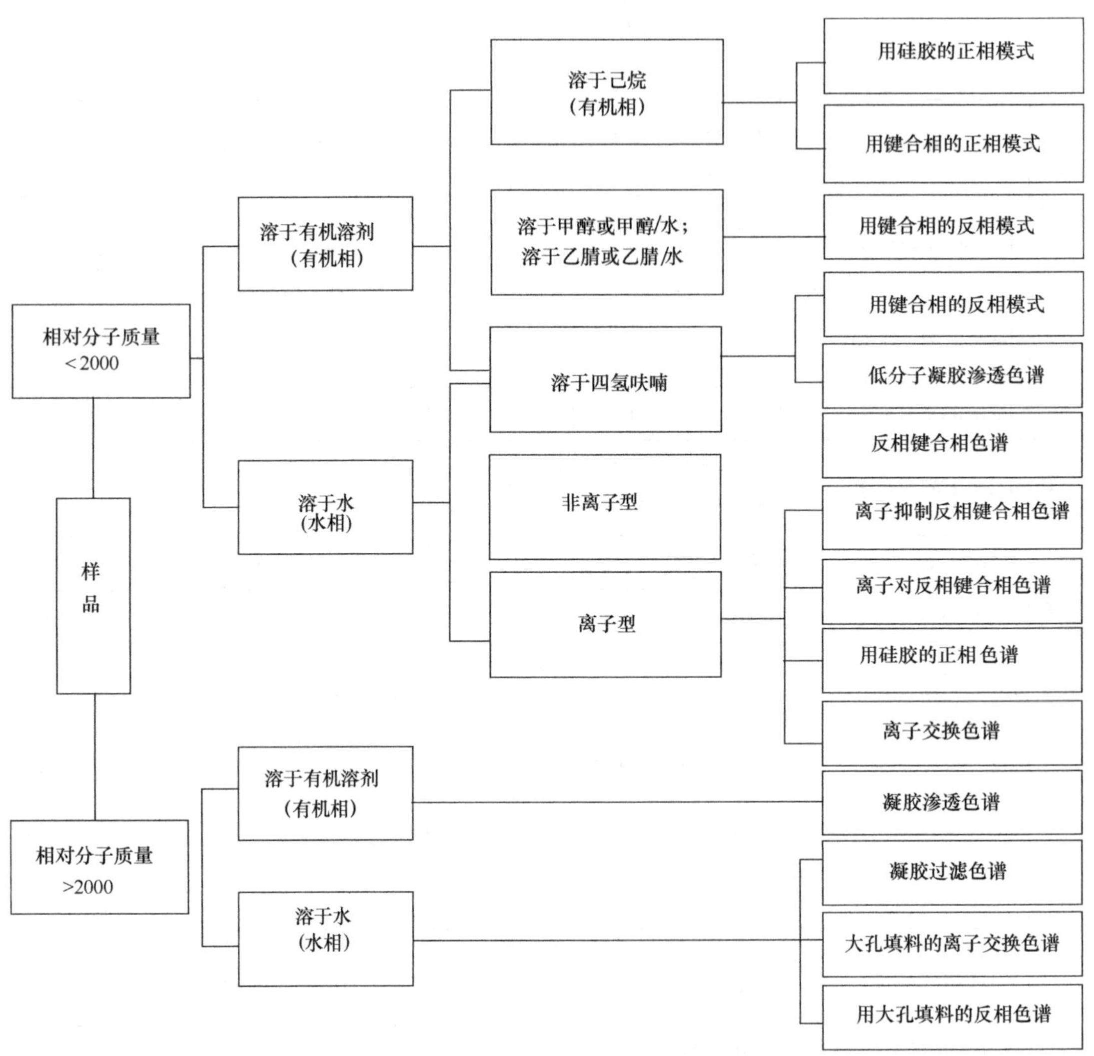

附表Ⅺ-2　高效液相色谱固定相与流动相的搭配及主要用途

固定相	色谱类型	常用流动相[1]	分析对象（参考）
1. 硅胶	吸附色谱（ISC）	烷烃加极性调整剂	各类稳定分子型化合物，分离几何异构体更有力
2. 十八烷基键合相	(1) 反相键合相色谱法（RBPC）	甲醇-水或乙腈-水	各类分子型化合物

续表

固定相	色谱类型	常用流动相[1]	分析对象（参考）
（ODS）	（2）RPIC	在反相洗脱溶剂中加离子对试剂并调至一定的 pH	各类有机酸、碱、盐及两性化合物
	（3）ISC	在反相洗脱溶剂中加入少量的弱酸、弱碱或缓冲盐并调至一定的 pH	分析 $3.0 \leqslant pK_a \leqslant 7.0$ 的有机弱酸与 $7.0 \leqslant pK_a \leqslant 8.0$ 的有机弱碱及两性化合物
3. 苯基键合相	反相键合相色谱法	甲醇-水或乙腈-水	效果与 ODS 类似，但表面极性稍强
4. 醚基键合相	正相色谱法或反相色谱法	前者同 LSC，后者同 RBPC	在用于 NBPC 时，分离苯酚异构体较好
5. 氰基键合相	主要用于 NBPC（但极小于硅胶）	同 LSC	各类弱极性至极性化合物
6. 氨基键合相[2]	（1）主要用于 RBPC	乙腈-水	糖类分析等
（极性大于氰基柱）	（2）NLC	同 LSC	同氰基键合相
7. 阳离子交换剂	（1）IEC	缓冲溶液（一定的 pH 及离子强度）	无机、有机阳离子（如生物碱、氨基酸及有机碱等）
（SCX）	（2）IC（抑制柱[3]为 SAX）	HCl 溶液	阳离子分析（主要是无机阳离子）
8. 阴离子交换剂	（1）IEC	同上缓冲溶液	无机、有机阴离子（有机酸等）
（SAX）	（2）IC（抑制柱[3]为 SCX）	NaOH 溶液	阴离子分析（主要是无机阴离子）
9. 凝胶	（1）GFC	水溶液	水溶性高分子，如蛋白制剂、人工代血浆等
	（2）GPC	有机溶剂	橡胶、塑料及化纤等

1）只举常用简单流动相，进一步的选择见本书第 14 章。

2）也有书认为氨基柱属于吸附色谱。

3）双柱离子色谱法需两根色谱柱，一根为分析柱，另一根为抑制柱，二者的性质相反。抑制柱串联在分析柱与检测器之间，其目的是交换通过分析柱后流动相的剩余离子，使流动相变为水，以降低流动相的本底信号。

附录Ⅻ 薄层色谱固定相

固定相	型号	所含成分	石膏含量/%	粒度/μm	孔径/nm	比表面/(m^2/g)	pH	生产厂
硅胶	硅胶 H	不含黏合剂	—	10～40	80～100	300～400	6～7	①
	硅胶 G	含石膏	12～14	10～40	80～100	300～400	6～7	①
	硅胶 GF_{254}	含石膏及荧光剂	12～14	10～40	80～100	300～400	6～7	①
	硅胶 HF_{254}	只含荧光剂	—	10～40	80～100	300～400	6～7	①
硅胶	硅胶 H	不含黏合剂						②
	硅胶 G	含有石膏						②
	硅胶 GF_{254}	含石膏及荧光剂						②
硅胶	150	不含黏合剂	—					③
	150G	含石膏黏合剂	15					③
	150S	含 15%淀粉黏合剂	—					③
	$150LS_{254}$	含无机荧光剂	—					③
	$150G/LS_{254}$	含石膏及荧光剂	15					③
	$150S/LS_{254}$	含淀粉及荧光剂	—					③
硅胶	硅胶 G	含石膏		10～40				④
	硅胶 GF	含石膏与荧光剂		10～40				④
	硅胶 H	不含石膏		10～40				④
硅胶	Kieselgel G	含石膏	13					⑤
	Kieselgel 40G	含石膏	13		40			⑤
	Kieselgel 60G	含石膏	13		60			⑤
	Kieselgel 100G	含石膏	13		100			⑤
	Kieselgel GF_{254}	含石膏与荧光剂	13					⑤
	Kieselgel H	不含石膏	—					⑤
氧化铝	氧化铝 G	含石膏						⑥
	Aluminium oxide G	含石膏	15					⑥
	Aluminium oxide GF_{254}	含石膏与荧光剂	15					⑥

注：表中石膏均指煅石膏。生产厂代号：①青岛海洋化工厂；②北京化工厂；③Schleicher & Schuell Co.（美国）；④Stahl.；⑤E. Merck；⑥上海试剂五厂。

附录XIII　常用溶剂的截止波长[1]（按截止波长顺序排列）[2]

溶剂	紫外最大吸收波长/nm	截止波长/nm	折射率，20℃	黏度（20℃）/(mPa·s)
水	167	190	1.333	1.00
乙腈	170	190	1.344	0.37
环己烷		195	1.426	0.98
石油醚		210		
正戊烷		210	1.358	0.24[3]
环戊烷	190	210	1.407	0.44
戊醇		210	1.410	4.1
正丙醇	184	210	1.386	2.25
异丙醇	181	210	1.377	2.50
乙醇	174/182	210	1.361	1.20
甲醇	174/184	210	1.328	0.59
二氧六环	192	215	1.420	1.44[3]
二氧六环	192	215	1.420	1.44[3]
乙醚	188	218	1.353	0.25
四氢呋喃	190	220	1.407	0.55
2-氯丙烷		225	1.389	0.35
1，2-二氯乙烯（顺/反）		230	1.449/1.446	0.467/0.404
二氯甲烷		235	1.425	0.44
氯仿		245	1.443	0.57
乙酸乙酯	220	255	1.372	0.45
乙酸	208	260	1.372	1.23
二乙胺	195	275	1.386	0.33
苯	255	280	1.501	0.65
甲苯	262	286	1.497	0.59
二甲苯	269	290	1.505	0.81
甲乙酮（2-丁酮）	279	330	1.379	0.42[3]
丙酮	274	330	1.359	0.32
吡啶	255	330	1.510	0.97
硝基甲烷	279	380	1.394	0.67
二硫化碳		380	1.626	0.36

1）主要参考：程能林．溶剂手册．4版．化学工业出版社，2008，第1230页的内容，添加了9个溶剂的截止波长等参数。

2）本书作者按溶剂的截止波长重排。

3）是15℃的值。

附录XIV　81种溶剂的溶剂参数

溶剂	P'	x_e	x_d	x_n	选择性组
1. 二硫化碳	0.3	—	—	—	—
2. 环己烷	0.2	—	—	—	—
3. 三乙胺	1.9	0.56	0.12	0.32	Ⅰ
4. 乙醚	2.8	0.53	0.13	0.34	Ⅰ
5. 溴乙烷	—	—	—	—	
6. 正己烷	0.1	—	—	—	—
7. 异辛烷	0.1	—	—	—	—
8. 四氢呋喃	4.0	0.38	0.20	0.42	Ⅲ
9. 异丙醚	2.4	0.48	0.14	0.38	Ⅰ
10. 甲苯	2.4	0.25	0.28	0.47	Ⅷ
11. 苯	2.7	0.23	0.32	0.45	Ⅷ
12. 树二甲苯	2.5	0.27	0.28	0.42	Ⅷ
13. 氯仿	4.1	0.25	0.41	0.33	Ⅷ
14. 四氯化碳	1.6	—	—	—	—
15. 丁醚	2.1	0.44	0.18	0.38	Ⅰ
16. 二氯甲烷	3.1	0.29	0.18	0.53	Ⅴ
17. 正癸烷	0.4	—	—	—	—
18. 氯苯	2.7	0.23	0.33	0.44	Ⅷ
19. 溴苯	2.7	0.24	0.33	0.43	Ⅷ
20. 氟苯	3.2	0.24	0.32	0.45	Ⅷ
21. 2，6-二甲基吡啶	4.5	0.45	0.20	0.36	Ⅲ
22. 角鲨烷	1.2	—	—	—	—
23. 六氟苯	—	—	—	—	—
24. 苯乙醚	3.3	0.28	0.28	0.44	Ⅷ
25. 2-甲基吡啶	4.9	0.44	0.21	0.36	Ⅲ
26. 1，2-二氯乙烷	3.5	0.30	0.21	0.49	Ⅴ
27. 乙酸乙酯	4.4	0.34	0.23	0.43	Ⅵ
28. 碘苯	2.8	0.24	0.35	0.41	Ⅷ
29. 甲乙酮	4.7	0.35	0.22	0.43	Ⅵ
30. 二（2-乙氧基乙基）醚	4.6	0.37	0.21	0.43	Ⅵ
31. 苯甲醚	3.8	0.27	0.29	0.43	Ⅷ
32. 正辛醇	3.4	0.56	0.18	0.25	Ⅱ
33. 环己酮	4.7	0.36	0.22	0.42	Ⅵ

续表

溶剂	P'	x_e	x_d	x_n	选择性组
34. 叔丁醇	4.1	0.56	0.20	0.24	Ⅱ
35. 四甲基胍	6.1	0.47	0.17	0.35	Ⅰ
36. 异戊醇	3.7	0.56	0.19	0.26	Ⅱ
37. 吡啶	5.3	0.41	0.22	0.36	Ⅲ
38. 二氧六环	4.8	0.36	0.24	0.40	Ⅵ
39. 正丁醇	3.9	0.59	0.19	0.25	Ⅱ
40. 异丙醇	3.9	0.55	0.19	0.27	Ⅱ
41. 正丙醇	4.0	0.54	0.19	0.27	Ⅱ
42. 二苯醚	3.4	0.27	0.32	0.41	Ⅷ
43. 丙酮	5.1	0.35	0.23	0.42	Ⅵ
44. 苯腈	4.8	0.31	0.27	0.42	Ⅵ
45. 四甲基脲	6.0	0.42	0.19	0.39	Ⅲ
46. 二苄醚	4.1	0.30	0.28	0.42	Ⅶ
47. 苯乙酮	1.8	0.33	0.26	0.41	Ⅵ
48. 六甲基磷酸三酰胺	7.4	0.47	0.17	0.37	Ⅰ
49. 乙醇	4.3	0.52	0.19	0.29	Ⅱ
50. 喹啉	5.0	0.41	0.23	0.36	Ⅲ
51. 硝基苯	4.4	0.26	0.30	0.44	Ⅷ
52. 间甲酚	7.4	0.38	0.37	0.25	Ⅷ
53. *N*，*N*-二甲基乙酰胺	6.5	0.41	0.20	0.39	Ⅲ
54. 乙酸	6.0	0.39	0.31	0.30	Ⅳ
55. 硝基乙烷	5.2	0.28	0.29	0.43	Ⅶ
56. 甲醇	5.1	0.48	0.22	0.31	Ⅱ
57. 苯甲醇	5.7	0.40	0.30	0.30	Ⅳ
58. 二甲基甲酰胺	6.4	0.39	0.21	0.40	Ⅲ
59. 磷酸三甲酚酯	4.6	0.36	0.23	0.41	Ⅵ
60. 甲氧基乙醇	5.5	0.38	0.24	0.38	Ⅲ
61. 壬基酚氧乙酸脂	6.5	0.38	0.22	0.40	Ⅲ
62. *N*-甲基-2-吡咯酮	6.7	0.40	0.21	0.39	Ⅲ
63. 乙腈	5.8	0.31	0.27	0.42	Ⅵ
64. 苯胺	6.3	0.32	0.33	0.36	Ⅵ
65. 甲基甲酰胺	6.0	0.41	0.23	0.36	Ⅲ
66. 氰基吗啉	5.5	0.35	0.25	0.40	Ⅵ
67. 丁丙酯	6.5	0.34	0.26	0.40	Ⅵ
68. 硝基甲烷	6.0	0.28	0.31	0.40	Ⅶ
69. 十二氟庚醇	8.8	0.33	0.40	0.27	Ⅷ
70. 甲酰吗啉	6.4	0.36	0.24	0.39	Ⅵ

续表

溶剂	P'	x_e	x_d	x_n	选择性组
71. 碳酸丙烯酯	6.1	0.31	0.27	0.42	Ⅵ
72. 二甲亚砜	7.2	0.39	0.23	0.39	Ⅲ
73. 四氟丙醇	8.6	0.34	0.36	0.30	Ⅷ
74. 四氢噻吩-1，1-二氧化物	6.9	0.33	0.28	0.39	Ⅵ
75. 三氰乙氧基丙烷	6.6	0.32	0.27	0.41	Ⅵ
76. 氧二丙腈	6.8	0.31	0.29	0.40	Ⅵ
77. 二甘醇	5.2	0.44	0.23	0.33	Ⅲ
78. 三甘醇	5.6	0.42	0.24	0.34	Ⅲ
79. 乙二醇	6.9	0.43	0.29	0.28	Ⅳ
80. 甲酰胺	9.6	0.36	0.33	0.30	Ⅳ
81. 水	10.2	0.37	0.37	0.25	Ⅷ

附录ⅩⅤ　药品质量标准分析方法验证指导原则*

药品质量标准分析方法验证的目的是证明采用的方法适合于相应检测要求。在建立药品质量标准时，分析方法需经验证；在药品生产工艺变更、制剂的组分变更、原分析方法进行修订时，则质量标准分析方法也需进行验证。方法验证理由、过程和结果均应记载在药品质量标准起草说明或修订说明中。

需验证的分析项目有：鉴别试验，杂质定量检查或限度检查，原料药或制剂中有效成分含量测定，以及制剂中其他成分（如防腐剂等）的测定。药品溶出度、释放度等检查中，其溶出量等的测试方法也应做必要验证。

验证内容有：准确度、精密度（包括重复性、中间精密度和重现性）、专属性、检测限、定量限、线性、范围和耐用性。视具体方法拟订验证的内容。附表中列出的分析项目和相应的验证内容可供参考。

方法验证内容如下：

一、准确度

准确度系指用该方法测定的结果与真实值或参考值接近的程度，一般用回收率（%）表示。准确度应在规定的范围内测试。

1. 含量测定方法的准确度

原料药可用已知纯度的对照品或供试品进行测定，或用本法所得结果与已知准确度的另一个方法测定的结果进行比较。

制剂可用含已知量被测物的各组分混合物进行测定，如不能得到制剂的全部组分，可向

* 国家药典委员会. 中华人民共和国药典. 北京：中国医药科技出版社，2010，二部，附录ⅪⅩA

制剂中加入已知量的被测物进行测定，或用本法所得结果与已知准确度的另一个方法测定结果进行比较。

如该分析方法已经测试并求出了精密度、线性和专属性，在准确度也可推算出来的情况下，这一项可不必再做。

2. 杂质定量测定的准确度

可向原料药或制剂中加入已知量杂质进行测定。如不能得到杂质或降解产物，可用本法测定结果与另一成熟的方法进行比较，如药典标准方法或经过验证的方法。在不能测得杂质或降解产物的响应因子或不能测得对原料药的相应响应因子的情况下，可用原料药的响应因子。应明确表明单个杂质和杂质总量相当于主成分的质量比（%），或面积比（%）。

3. 数据要求

在规定范围内，至少用 9 个测定结果进行评价，例如，设计 3 个不同浓度，每个浓度各分别制备 3 份供试品溶液，进行测定。应报告已知加入量的回收率（%），或测定结果平均值与真实值之差及其相对标准偏差或可信限。

二、精密度

精密度是指在规定的测试条件下，同一个均匀供试品，经多次取样测定所得结果之间的接近程度。精密度一般用偏差、标准偏差或相对标准偏差表示。

在相同条件下，由同一个分析人员测定所得结果的精密度称为重复性；在同一个实验室，不同时间由不同分析人员用不同设备测定结果之间的精密度，称为中间精密度；在不同实验室由不同分析人员测定结果之间的精密度，称为重现性。

含量测定和杂质的定量测定应考虑方法的精密度。

1. 重复性

在规定范围内，至少用 9 个测定结果进行评价，例如，设计 3 个不同浓度，每个浓度各分别制备 3 份供试品溶液，进行测定，或将相当于 100%浓度水平的供试品溶液，用至少测定 6 次的结果进行评价。

2. 中间精密度

为考察随机变动因素对精密度的影响，应设计方案进行中间精密度试验。变动因素为不同日期、不同分析人员、不同设备。

3. 重现性

法定标准采用的分析方法，应进行重现性试验。例如，建立药典分析方法时，通过协同检验得出重现性结果。协同检验的目的、过程和重现性结果均应记载在起草说明中。应注意重现性试验用的样品本身的质量均匀性和储存运输中的环境影响因素，以免影响重现性结果。

4. 数据要求

均应报告标准偏差、相对标准偏差和可信限。

三、专属性

专属性是指在其他成分（如杂质、降解产物、辅料等）可能存在下，采用的方法能正确测定出被测物的特性。鉴别反应、杂质检查和含量测定方法，均应考察其专属性。如方法不够专属，应采用多个方法予以补充。

1. 鉴别反应

应能与可能共存的物质或结构相似化合物区分。不含被测成分的供试品，以及结构相似或组分中的有关化合物，应均呈负反应。

2. 含量测定和杂质测定

色谱法和其他分离方法，应附代表性图谱，以说明方法的专属性。并应标明诸成分在图中的位置，色谱法中的分离度应符合要求。

在杂质可获得的情况下，对于含量测定，试样中可加入杂质或辅料，考察测定结果是否受干扰，并可与未加杂质或辅料的试样比较测定结果。对于杂质测定，也可向试样中加入一定量的杂质，考察杂质之间能否得到分离。

在杂质或降解产物不能获得的情况下，可将含有杂质或降解产物的试样进行测定，与另一个经验证了的方法或药典方法比较结果。用强光照射、高温、高湿、酸(碱)水解或氧化的方法进行加速破坏，以研究可能的降解产物和降解途径。含量测定方法应比对两法的结果，杂质检查应比对检出的杂质个数，必要时可采用光二极管阵列检测和质谱检测，进行峰纯度检查。

四、检测限

检测限是指试样中被测物能被检测出的最低量。药品的鉴别试验和杂质检查方法，均应通过测试确定方法的检测限。常用的方法如下。

1. 非仪器分析目视法

用已知浓度的被测物，试验出能被可靠地检测出的最低浓度或量。

2. 信噪比法

用于能显示基线噪声的分析方法，即把已知低浓度试样测出的信号与空白样品测出的信号进行比较，算出能被可靠地检测出的最低浓度或量。一般以信噪比为 3∶1 或 2∶1 时相应浓度或注入仪器的量确定检测限。

3. 数据要求

应附测试图谱，说明测试过程和检测限结果。

五、定量限

定量限是指试样中被测物能被定量测定的最低量，其测定结果应具一定准确度和精密度。杂质和降解产物用定量测定方法研究时，应确定方法的定量限。

常用信噪比法确定定量限。一般以信噪比为 10∶1 时相应浓度或注入仪器的量确定定量限。

六、线性

线性是指在设计的范围内，测试结果与试样中被测物浓度直接呈正比关系的程度。

应在规定的范围内测定线性关系。可用一储备液经精密稀释，或分别精密称样，制备一系列供试样品的方法进行测定，至少制备 5 份供试样品。以测得的响应信号作为被测物浓度的函数作图，观察是否呈线性，再用最小二乘法进行线性回归。必要时，响应信号可经数学转换，再进行线性回归计算。

数据要求：应列出回归方程、相关系数和线性图。

七、范围

范围是指能达到一定精密度、准确度和线性，测试方法适用的高低限浓度或量的区间。

范围应根据分析方法的具体应用和线性、准确度、精密度结果和要求确定。原料药和制剂含量测定，范围应为测试浓度的 80％～120％；制剂含量均匀度检查，范围应为测试浓度的 70％～130％，根据剂型特点，如气雾剂和喷雾剂，范围可适当放宽，溶出度或释放度中的溶出量测定，范围应为限度的±20%；如规定了限度范围，则应为下限的－20%至上限的＋20%；杂质测定，范围应根据初步实测，拟订为规定限度的±20%。如果含量测定与杂质检查同时进行，用百分归一化法，则线性范围应为杂质规定限度的－20%至含量限度（或上限）的＋20%。

八、耐用性

耐用性是指在测定条件有小的变动时，测定结果不受影响的承受程度，为使方法可用于常规检验提供依据。开始研究分析方法时，就应考虑其耐用性。如果测试条件要求苛刻，则应在方法中写明。典型的变动因素有：被测溶液的稳定性，样品的提取次数、时间等。液相色谱法中典型的变动因素有：流动相的组成和 pH，不同厂牌或不同批号的同类型色谱柱、柱温、流速等。气相色谱法变动因素有：不同厂牌或批号的色谱柱、固定相、不同类型的担体、柱温，进样口和检测器温度等。

经试验，应说明小的变动能否通过设计的系统适用性试验，以确保方法有效。

检验项目和验证内容

项目 / 内容	鉴别	杂质测定		含量测定及溶出量测定
		定量	限度	
准确度	－	＋	－	＋
精密度				
重复性	－	＋	－	＋
中间精密度	－	＋①	－	＋①
专属性②	＋	＋	＋	＋
检测限	－	－③	＋	－
定量限	－	＋	－	－
线性	－	＋	－	＋
范围	－	＋	－	＋
耐用性	＋	＋	＋	＋

①已有重现性验证，不需验证中间精密度。

②如一种方法不够专属，可用其他分析方法予以补充。

③视具体情况予以验证。

（沈阳药科大学　刘袁媛）

缩写与符号

1. 缩　　写

AC	affinity chromatography	亲和色谱法
ACE	affinity capillary electrophoresis	亲和毛细管电泳
AD	amperometric detector	安培检测器
APCI	atmospheric pressure chemical ion source	大气压化学电离源
API	atmospheric pressure ionization	大气压离子化（源）
AUFS	Absorbance unit of full scale	满量程吸光度
BGE	background electrolyte	运行电解质（溶液）
BPC	bonded phase chromatography	化学键合相色谱法
CC	chiral chromatography	手性色谱法
CD	cyclodextrin	环糊精
CDC	cyclodextrin chromatography	环糊精色谱法
CDECC（或 CDEKC）	cyclodextrin electrokinetic capillary chromatography	环糊精电动毛细管色谱法
CE	capillary electrophoresis	毛细管电泳法
CEC	capillary electro-chromatography	毛细管电色谱法
CE-MS	capillary electrophoresis-mass spectrometry	毛细管电泳-质谱联用法
CGE	capillary gel electrophoresis	毛细管凝胶电泳
CI	chemical ionization	化学电离源
CID	chemiluminescence detection	化学发光检测法
CIEF	capillary isoelectric focusing	毛细管等电聚焦电泳
CITP	capillary isotachophoresis	毛细管等速电泳
CLCC	cross-linked capillary column	交联毛细管柱
CID	chemiluminescence detector	化学发光检测器
CMC	critical micelle concentration	临界胶束浓度
CMPA	chiral mobile phase additive	手性添加剂
CNGSE	capillary non-gel sieving electrophoresis	毛细管无胶筛分电泳
COF	chromatographic optimization function	色谱优化函数

CRF	chromatographic response function	色谱响应函数
CSP	chiral stationary phase	手性固定相
CTAB	cetyl trimethyl ammonium bromide	十六烷基三甲基溴化铵
CZE	capillary zone electrophoresis	毛细管区带电泳
D	detection limit 或 detectability	检测限
DAD	diode array detector	二极管阵列检测器
DRID	differential refractive index detector	示差折光检测器
ECD	electron capture detector	电子捕获检测器
ECD	electrochemical detection	电化学检测法
EI	electron impact ion source	电子轰击离子源
EIC	extracted ion chromatogram	萃取离子色谱图
EIM	extracted ion monitoring	萃取离子监测
ELSD	evaporative light scattering detector	蒸发光散射检测器
EMAS (EKMAS)	electrokinetic micro analytical system	电动微分析系统
EOF	Electroosmotic flow	电渗流
ESI	electrospray ion source	电喷雾离子源
FAB	fast atom bombardment	快原子轰击
FD	fluorescence detector	荧光检测器
FD	field desorption (ionization)	场解析(电离)
FI	field ionization	场致电离
FIA	flow injection analysis	流动注射分析
FID	hydrogen flame ionization detector	氢火焰离子化检测器
FPD	flame photometric detector	火焰光度检测器
FS	full scan	全扫描
FSWCOT	fusing silica wall coated open tubular column	熔融石英涂壁开管柱
FT	Fourier transform	傅里叶变换(法)
GC×GC	comprehensive two-dimensional gas chromatography	全二维气相色谱
GC-MS	gas chromatography-mass spectrometry	气相色谱-质谱联用法
GFC	gel filtration chromatography	凝胶过滤色谱法
GPC	gel permeation chromatography	凝胶渗透色谱法
HCRF	hierachical chromatography response function	串行色谱响应函数

HPCE	high performance capillary electrophoresis	高效毛细管电泳法
HRGC	high resolution gas chromatography	高分辨气相色谱法
HPLC	high performance liquid chromatography	高效液相色谱法
IC	ion chromatography	离子色谱法
ICE	ion exclusion chromatography	离子排斥色谱法
IEC	ion exchange chromatography	离子交换色谱法
IR	infrared absorptionspectroscopy	红外吸收光谱法
	infrared spectrophotometry	红外分光光度法
	infrared absorption spectrum（复数 spectra）	红外吸收光谱
	infrared spectrophotometer	红外分光光度计
ISC	ion suppression chromatography	离子抑制色谱法
IT	ion trap（mass analyzer）	离子阱（质量分析器）
IUPAC	International Union of Pure and Applied Chemistry	国际纯粹与应用化学联合会
K	distribution coefficient 或 partition coefficient	分配系数
KFM	Kalman filtering method	卡尔曼滤波法
K-M 函数	Kubelka-Munk function	K-M 函数
LC-MS	liquid chromatography-mass spectrometry	液相色谱-质谱联用法
LED	light emitting diode	发光二极管
LIF（D）	laser induced fluorescence（detector）	激光诱导荧光（检测器）
LLC	liquid-liquid（partition） chromatography	液-液（分配）色谱法
NP-LC	normal phase liquid chromatography	正相-液相色谱法
RP-LC	reversed phase liquid chromatography	反相-液相色谱法
LOC	lab-on-a-chip	芯片实验室
LSC	liquid-solid（adsorption） chromatography	液-固（吸附）色谱法
MALDI	matrix-assisted laser desorption-ionization	基质辅助激光解析电离
MC	micellar chromatography	胶束色谱法
MCDM	multicriteria decision making	多指标决策判定法
MDGC	multidimensional gas chromatography	多维气相色谱
MECC（或 MEKC）	micellar electrokinetic capillary chromatography	胶束电动毛细管色谱法
MEMS	microelectromechanical systems	微机电加工系统
MFC	microfluidic chip	微流控芯片
MIR	mid-infrared absorption spectrum	中红外吸收光谱
MLCEC	monolithic CEC	整体（柱）毛细管电色谱

MLR	multiple linear regression	多元线性回归（法）
MS	mass spectrometry	质谱法
	mass spectrum	质谱（图）
	mass spectrometer	质谱仪
MS-MS	mass spectrometry— mass spectrometry	质谱一质谱联用法
MTCD	micro thermal conductivity detector	微型热导检测器
NACE	nonaqueous capillary electrophoresis	非水毛细管电泳法
NIR	near infrared absorption spectroscopy	近红外吸收光谱
NIRDRS	near infrared diffuse reflectance spectroscopy	近红外漫反射光谱
NMR	nuclear magnetic resonance spectroscopy	核磁共振波谱法
	nuclear magnetic resonance spectrum（复数 spectra）	核磁共振谱
	nuclear magnetic resonance spectrometer	核磁共振波谱仪
NPD	nitrogen phosphorus detector	氮磷检测器
ODS	octadecylsilyl bonded phase octadecylsilane	十八（硅）烷基键合相 十八烷基（键合）硅胶
OPA	ortho-phenyl-di-laldehyde	邻苯二甲醛
ORM	overlapping resolution maps	叠加分离度图
OTCEC	open tubular CEC	开管毛细管电色谱
PC	paper chromatography	纸色谱法
pCEC	pressed capillary electro-chromatography	加压毛细管电色谱
PCEC	packed capillary electro-chromatography	填充毛细管电色谱
PCR	principal component regression	主成分回归法
PCR	polymerase chain reaction	聚合酶链反应
PFT-NMR	pulse Fourier transform NMR	脉冲傅里叶变换核磁共振波谱法
PIC	paired ion chromatography	离子对色谱法
PLOT	porous layer open tubular column	多孔层开管柱
PLS	partial least squares method	偏最小二乘法
PMR	proton magnetic resonance spectrum	质子核磁共振谱或核磁共振氢谱
PMT	photomultiplier tube	光电倍增管
PTV	programmed temperature vaporizing injection	程序升温气化进样
Q（QQ）	quadrupole mass analyzer	四极杆（或串联四极杆）质量分析器
QIT	quadrupole ion trap	四极离子阱
QM	quadrupole moment relaxation	四极矩弛豫

QMS	quadrupole mass spectrometer	四极质谱仪
QTOF	quadruple time of flight mass analyzer	四极杆飞行时间串联质谱仪
RG	retention gap	保留隙
S	sensitivity	灵敏度
SCE	saturated calomel electrode	饱和甘汞电极
SCOT	support-coated open tubular column	载体涂层开管柱
SDS	sodium dodecylsulfate	十二烷基硫酸钠
SEC	steric exclusion chromatography	空间排阻色谱法
SFE	supercritical-fluid extraction	超临界流体萃取
SIA	sequential injection analysis	顺序注射分析
SIC	selected ion chromatogram	选择（萃取）离子色谱图
SIM	selected ion monitoring	选择（萃取）离子监测
SM	simplex method	单纯形法
SN	separation number	分离数
SPE	solid phase extraction	固相萃取
SPME	solid phase microextraction	固相微萃取
SRM	selected reaction monitoring	选择反应监测
TCD	thermal conductivity detector	热导检测器
TFC	thin film chromatography	薄膜色谱法
TIC	total ion current	总离子流
	total ion chromatogram	总离子流色谱图
TLC	thin layer chromatography	薄层色谱法
TOF	time of flight mass analyzer	飞行时间质量分析器
UPLC（UHPLC）	ultra high performance liquid chromatography	超高效液相色谱法
UV	ultra violet absorption spectroscopy	紫外吸收光谱法
	ultra violet spectrophotometry	紫外分光光度法
	ultra violet absorption spectrum	紫外吸收光谱
	ultra violet spectrophotometer	紫外分光光度计
UV-Vis	ultraviolet-visible spectrophotometry	紫外-可见分光光度法
WCOT	wall coated open tubular column	涂壁开管（毛细管）柱
WT	wavelet transform	离散小波变换
WTOT	wall treated open tubular column	壁处理毛细管柱
μTAS（μ-TAS）	micro（miniaturized）total analysis systems	微全分析系统

2. 常用英文符号

A 吸光度；峰面积或涡流扩散项

B 组分（溶质）纵向扩散系数或分子扩散系数

C 传质阻力系数

C_m 流动相传质阻力系数

C_{sm} 静态流动相传质阻力系数

d_f 固定液液膜厚度

d_P 填料（固定相）颗粒的直径

D 扩散系数或检测限

E 电场强度；吸光系数

EPN 有效峰数

F 荧光强度

F_c 流动相流速（mL/min）

f_s 对称因子

f_i 校正因子

GDX 高分子多孔小球

H 折合塔板高度

H（或 HETP） 理论塔板高度

$H_{有效}$（H_{eff}） 有效塔板高度

I 保留指数

k 容量因子

K 分配系数

k_{CEC} 毛细管电色谱中组分的容量因子

L 色谱柱长度

L_t 毛细管的总长度

L_d（或 L_{eff}） 毛细管的有效长度

M 敏感度

$\overline{M}_n$ 数均相对分子质量

$\overline{M}_w$ 重均相对分子质量

$\overline{M}_z$ Z 均相对分子质量

$\overline{M}_\eta$ 黏均相对分子质量

+MS 质谱正离子检测

−MS 质谱负离子检测

MS^2 二级质谱

MS^n 多级质谱

n 理论塔板数

$n_{真实}$（或 n_{eff}） 真实塔板数

P 相对极性

P' 溶剂的极性参数

pI 等电点

Q_i 进样量（或样品量）

R 分离度

R_f 比移值

R_s 相对比移值

RSD 相对标准差

S（或 SD） 标准差

S 溶剂的强度因子

SN（或 TZ） 分离数

SV 分离值

SX 薄层板的散射参数

t_0 死时间

t_{inj} 进样时间

t_m CE 中组分的迁移时间

t_R 保留时间

t'_R 调整保留时间

T_C 柱温

T_R 保留温度

u_{ep} 电泳速率度

$u_{最佳}$ 最佳流速

v 组分在毛细管中的迁移速度

Δv 组分在毛细管中的迁移速度差

V_0 死体积

V_m 色谱柱中流动相所占有的体积

V_s 色谱柱中固定相所占有的体积

V_R 保留体积或淋洗体积

v_{eo} 电渗流的速度

W 色谱峰峰宽

$W_{1/2}$（或 $Y_{1/2}$） 半峰宽

W_{det} 检测窗口宽度

W_{inj} 进样带宽度

X_e 溶剂的接受质子作用力

X_d 溶剂的给予质子作用力

X_n 溶剂的偶极作用力

YQG 球形全多孔硅胶

YWG 无定形全多孔硅胶

3. 常用希文符号

α 选择系数，分配系数比或容量因子比

γ 扩散阻碍因子

δ 溶解度参数

ε 介电常数

ε^0 溶剂强度参数（吸附色谱）

ζ电位 双电层电位

η 黏度

λ 波长；填充不规则因子

λ_c 截止波长

λ_{em} 荧光发射波长

λ_{ex} 荧光激发波长

λ_{max} 最大吸收波长

μ_{app} 表观淌度

μ_{eo} 电渗淌度

μ_{ep} 电泳淌度

$\bar{\nu}$ 微分比体积（偏摩尔体积）

σ 总体标准差

σ^2 峰浓度分布方差

（沈阳药科大学 刘袁媛）

色谱期刊与网站

1. 色 谱 期 刊

（1）*Journal of Chromatography A*（*J. Chromatogr. A*）（荷兰），1958年创刊，1993年改现名。主要刊载色谱法和电泳法及其联用技术的理论和应用研究文章，现为周刊。

（2）*Journal of Chromatography B*（*J. Chromatogr. B*）（荷兰），由*Journal of Chromatography*的"*Biomedical Applications*"副刊发展而成，1994年创刊。主要刊载色谱法和电泳法及其联用技术在生物医学和生命科学等方面的应用和方法研究的文章。现为半月刊。

（3）*Journal of Chromatographic Science*（*J. Chromatogr. Sci.*）（美国），1963年创刊，原名*Journal of Gas Chromatography*，1969年改现名。每年一卷，每卷10期。

（4）*Chromatographia*（德国），1968年创刊。1980年前，期刊的副名为"*International Journal for Rapid Communication in Chromatography and Related Techniques*"。现为半月刊。

（5）*Journal of Liquid Chromatography & Related Technologies*（*J. Liq. Chronatogr. Relat. Technol.*）（美国），该刊原为1978年创刊的*Journal of Liquid Chromatography*，1996年改现名。现每年一卷，每卷20期。

（6）*Journal of Seperation Science*（*J. Sep. Sci.*）（德国），该刊原为1978年创刊的*Journal of High Resolution Chromatography and Chromatographic Communications*，2001年改现名。现每年一卷，每卷18期。

（7）*Journal Planar Chromatography-Modern TLC*（*J. Planar. Chromatogr.*）（匈牙利），1992年创刊，刊载分析和制备平面色谱方面的研究文章。每年一卷，每卷6期。

（8）*Biomedical Chromatography*（*Biomed. Chromatogr.*）（英国），1986年创刊，主要刊载色谱法及其联用技术在生物医学和生命科学等方面的应用和方法研究文章。现每年一卷，每卷10期。

（9）*Electrophoresis*（德国），1980年创刊，主要刊载电泳及其联用技术的理论和应用研究文章。现为半月刊。

（10）色谱（中国化学会），1982年创刊。每年一卷，至2014年，已发行32卷。1982至2009年为双月刊。由2010年改为月刊（每卷12期）。

（11）*Liquid Chromatography Literature Abstracts and Index*（美国），1972年创刊。

（12）*Gas Chromatography Literature Abstracts and Index*（美国），1958年创刊。

（13）*Chemical Abstract*（CA）（美国）是最全的化学文摘。有关色谱法的文摘可查阅CA主题索引的"Chromatography"栏目。该栏目包含：Chromatography，Column and Liquid（柱色谱法与液相色谱法）；Chromatography，Gas（气相色谱法）；Chromatography，Gel（凝胶色谱法）；Chromatography，Paper（纸色谱法）；Chromatography，Thin－Layer（薄层色谱法）五个子栏目。

2. 色 谱 手 册

（1）张玉奎，张维冰，邹汉法. 分析化学手册（第6分册：液相色谱分析）. 2版. 北京：化学工业出版社，2003

（2）李浩春. 分析化学分析化学手册（第5分册）. 2版. 气相色谱分析. 北京：化学工业出版社，2004

（3）吉化公司研究院物化室色谱组. 气相色谱手册. 2版，北京：化学工业出版社，1990

（4）成都科技大学分析化学教研室. 分析化学手册（第4分册：色谱分析）. 北京：化学工业出版社，1989

(5) The Sadtler Standard Gas Chromatography Retention Index Library. Vol 1～4. Philadeiphia：Sadtler Research Laboratories Inc，1985～1986

3. 色谱网站

(1) 美国化学会网址：http：//pubs. acs. org

(2)（美国）分析化学（期刊）网址：http：// pubs. acs. org/journal/anchem

(3)（日本）分析化学（期刊）网址：http：//www. soc. nii. ac. jp

(4)（中国）分析化学（期刊）网址：http：//www. analchem. cn

(5)（中国）药物分析杂志网址：http：//ywfxzz. cn

(6) 中国分析化学网：www. 33ge. com 是我国最大的分析化学、分析仪器、分析测试、分析问题咨询、仪器展示及在线交流的网站。

(7) 中国科学院大连化学物理研究所图书档案信息中心网：http：//www. ifc. dicp. ac. cn，可下载《色谱》的论文及资料等

(8)《色谱》杂志网：http：//www. chrom. china. cn 可以查阅各卷、各期《色谱》的目录、文章摘要、文章全文与相关文献等内容。

(9) 中国色谱网：www. sepu. net 是国内专业色谱网站、色谱论坛。网站为广大色谱爱好者提供丰富的色谱学术、色谱技术、色谱仪器、色谱柱、气相色谱等专业色谱信息。

(10) 中国仪器信息网：www. instrument. com. cn 包含咨询、人物、光谱、色谱、质谱、元素分析、X 射线分析、热分析、电化学、实验室设备、食品检测、水质分析及生命科学等内容。

(11) 色谱世界：www. chemalink. net 是以色谱谱图数据库、色谱技术交流、资料共享和会员互动交流为主要功能的一个网络平台。目前已经有超过十万的注册会员，是目前最为专业的色谱技术交流平台。